기계 기사 및 공무원 시험대비

기계유체역학 문제/해설

국가기술시험연구회 엮음

- 새 출제기준에 따른 핵심 이론
- 최근 출제문제 분석 / 수록
- 적중률 높은 엄선된 예상 문제

일진사

책 머리에

...

다양화된 현대 사회는 유능한 자격증을 갖춘 기술인력을 필요로 하게 된다.

특히, 기계기사 시험에서 「기계유체역학」은 1차 학과시험에서 필수과목이므로 기초지식에 대한 이해와 그 응용이 선행되어야 한다. 따라서 본 책은 대학과 전문대학에서 기계 공학 및 자동차 공학을 전공하는 공학도는 물론 산업체 근무자, 기계기사 자격증을 취득하려는 수험생 여러분들을 위한 「기계유체역학」의 학습지침서이다.

이 책은 이해하기 쉽고 체계적인 내용정리에 역점을 두고 다음과 같이 엮었다.

첫째, 「기계유체역학」을 단시일 내에 마무리하도록 수검에 필요한 주요 공식을 자세하게 체계적으로 요약, 정리하였다.

둘째, 내용의 이해를 위하여 각 단원마다 「주관식문제」를 실어 해설하였으며, 출제 기준에 따른 「연습문제」를 요약하여 수록하였고, 각종 자격시험에서 출제된 문제를 연구·분석하여 「예상문제」를 엄선하여 설명하였다. 그리고 「과년도 출제 문제」를 상세한 해설과 함께 부록으로 수록하였다.

셋째, 단위는 미터 공학 단위를 위주로 사용하였고, SI 단위의 문제도 부분적으로 삽입하여 SI 단위의 출제 문제에 대해 철저히 대비하도록 하였다.

넷째, 독자의 이해를 돕기 위하여 많은 그림과 도표를 수록하였다.

아무쪼록 내용에 있어서 완벽함을 추구하려고 노력함으로써 독자 여러분께 정확한 이해와 올바른 지식으로 합격의 영광이 있을 것으로 기대하고 있으나, 뜻하지 않게 오류가 발생된다면 여러분의 기탄 없는 충고에 힘입어 판이 거듭될 때마다 좀더 완벽하게 고쳐 나갈 것이다.

끝으로 이 책으로 공부하는 수험생들의 합격을 기대하며 정성을 다하여 만들어 주신 도서출판 **일진사** 여러분께 감사를 드린다.

저자 씀

차 례

제 1 장　유체의 기본 성질과 정의

제2장　　　　　유체 정역학

제 **3** 장   유체 운동학

제 **4** 장   운동량 방정식과 그 응용

제 5 장　　실제 유체의 흐름

제 6 장　차원해석과 상사법칙

제 7 장　폐수로의 흐름

제 8 장 개수로의 흐름

부   록

제 1 장　유체의 기본 성질과 정의

1. 유체 역학의 개요

유체 역학(fluid mechanics)은 정지 또는 운동하고 있는 유체의 성질을 다루는 응용역학의 한 분야로서 유체의 운동이나 유체와 물체 상호간에 작용하는 힘의 관계를 일반역학의 원리를 이용하여 풀이하는 학문이다.

유체 정역학(fluid statics)에서는 유체의 비중량이 중요한 성질이 되며, 유체 동역학(fluid dynamics)에서는 유체의 밀도와 점성이 중요한 성질이 된다.

2. 유체의 정의 및 분류

2-1　유체의 정의

모든 물질은 고체(solid), 액체(liquid), 기체(gas)의 세 가지 중 하나의 상태로 존재한다. 그림 1-1과 같이 액체와 기체는 형태가 없고 쉽게 변형되는데, 이 액체와 기체를 합쳐 유체(fluid)라 한다.

물질을 분자의 집합체로 생각할 때 고체, 액체, 기체의 순으로 분자들 사이의 간격이 멀어지고, 따라서 분자들 사이에 작용하는 응집력도 작아진다.

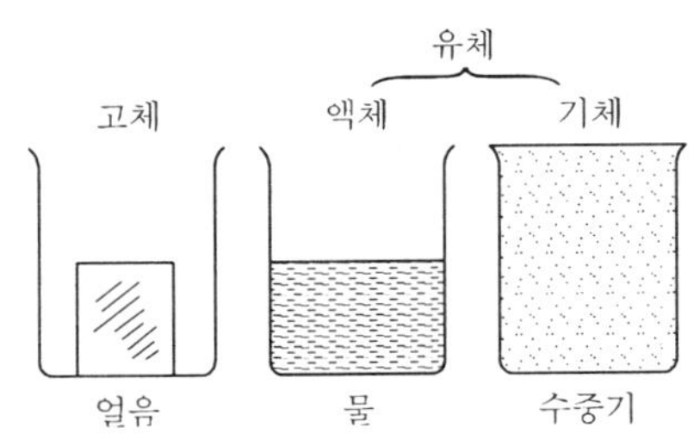

그림 1-1　물질의 세 가지 상태

유체는 아무리 작은 전단력(shear force)이 작용하여도 쉽게 미끄러지는데, 분자들 간에 계속적으로 미끄러지면서 전체 모양이 변형되는 것을 흐름(流動, flow)이라 한다.

2-2 비압축성 유체와 압축성 유체

유체의 운동에서 유체에 미치는 압축의 정도가 작아서 밀도가 일정한 유체를 비압축성 유체(incompressible fluid)라 하고, 유체에 미치는 압축의 정도가 커서 밀도가 변하는 유체를 압축성 유체(compressible fluid)라 한다.

(1) 비압축성 유체

① 액체

② 물체(건물, 굴뚝 등)의 주위를 흐르는 기류

③ 달리는 물체(자동차, 기차 등) 주위의 기류

④ 저속으로 비행하는 항공기 주위의 기류

⑤ 물 속을 잠행하는 잠수함 주위의 수류

(2) 압축성 유체

① 기체

② 음속보다 빠른 비행기 주위의 공기의 유동

③ 수압 철판 속의 수격 작용(water hammer)

④ 디젤 기관에 있어서 연료 공급 파이프의 충격파

2-3 이상 유체와 실제 유체

유체의 운동에서 점성을 무시할 수 있는 유체를 완전 유체(perfect fluid) 또는 이상 유체(ideal fluid)라 하고, 점성을 무시할 수 없는 유체를 실제 유체(real fluid)라 한다.

2-4 유체 분자 사이의 자유도와 자유표면

유체를 구성하는 분자 사이의 거리와 운동범위를 자유도(degree of freedom)라 한다. 액체의 표면은 담는 그릇에 관계없이 항상 수평을 이루며, 이것을 자유표면(free surface)이라고 한다.

3. 연속체로서의 유체

유체는 많은 분자들로 구성되어 있으며, 유체의 운동을 해석할 때 하나하나의 분자 운동을 통계학적인 방법으로 해석할 수 있으나 공학적인 목적을 위해서는 유체 입자들의 평균 성질만을 취급하기 때문에 미시적인 방법보다는 거시적인 면에서 취급한다.

유체의 흐름 문제를 해석적인 방법으로 해결할 때는 분자로 구성되어 있는 유체를 하나하나의 가상적인 연속체(continuum)로 취급한다. 유체를 거시적인 관점에서 연속체로 취급할 때는 유체의 운동을 특징지어 주는 물체의 특성 길이가 분자의 평균 자유행로(mean free path)에 비해 충분히 크다는 가정을 세운다.

예제 1. 다음은 유체를 정의한 것이다. 가장 알맞은 것은?

㉮ 주어진 체적을 채울 때까지 팽창하는 물질을 말한다.
㉯ 흐르는 물질을 모두 유체라 한다.
㉰ 유동 물질 중에 전단응력이 생기지 않는 물질을 말한다.
㉱ 아주 작은 전단응력이라도 물질 내부에 전단응력이 생기면 정지상태로 있을 수 없는 물질을 말한다.

해설 유체는 전단응력이 작용하면 아무리 작더라도 전단응력이 작용하는 한 계속해서 변형하는 물질이다.   답 ㉱

예제 2. 이상 유체란 어떠한 유체를 말하는가?

㉮ 밀도가 장소에 따라 변화하는 유체
㉯ 점성을 무시할 수 있는 유체
㉰ 온도에 따라 체적이 변하지 않는 유체
㉱ 순수한 유체

해설 이상 유체를 비점성 유체라고도 한다.   답 ㉯

예제 3. 비압축성 유체라고 볼 수 없는 것은 어느 것인가?

㉮ 흐르는 냇물   ㉯ 달리는 기차 주위의 기류
㉰ 건물 둘레를 흐르는 공기   ㉱ 관 속에서 흐르는 충격파

해설 관 속에서 생기는 충격파는 압력파 때문이다.   답 ㉱

예제 4. 다음 중 유체를 연속체로 취급할 수 있는 경우는 어느 것인가? (단, l 은 물체의 특성길이, λ 는 분자의 평균 자유행로이다.)

㉮ $l \ll \lambda$ ㉯ $l = \lambda$ ㉰ $l \gg \lambda$ ㉱ $l = 0,\ \lambda = 0$

해설 유체를 연속체로 취급하기 위해서는 물체의 특성길이가 분자의 크기나 분자의 평균 자유행로보다 매우 커야 하며 분자의 충돌과 충돌 사이에 걸리는 시간이 아주 짧아야 한다.   답 ㉰

4. 차원과 단위

자연 현상에서의 여러 물리적 법칙은 수학적인 방법으로 쉽게 표시될 수 있다. 그러나 물리학에서 사용하는 방정식은 수학에서 사용하는 방법과는 달리 단지 물리적 양(quantity)만을 취급하고 있다. 이러한 물리적 양은 차원(dimension)으로 표시할 수 있으며, 차원은 길이(length), 질량(mass), 시간(time), 속도(velocity) 등과 같이 일정한 물리적인 양을 표시하는 값을 말한다. 그리고 이러한 차원들은 일정한 단위(unit)로 측정된다.

한 개의 물리적 양은 단지 한 개의 차원을 갖지만, 이 한 개의 차원은 여러 개의 다른 단위로 표시할 수 있다. 차원을 나타내는 단위들은 서로 환산이 가능하지만 차원 상호간의 환산은 불가능하다. 따라서 자연 현상에 있어서 물리적 양은 서로 같은 차원을 나타내는 양만을 비교할 수 있다. 즉, 서로 다른 차원의 양은 가감할 수 없으며, 또한 물리적 관계를 표시하는 방정식의 양변은 반드시 같은 차원을 가져야 한다.

4-1 차원 (dimension)

길이, 질량, 시간, 속도, 압력, 점성계수 등 여러 가지의 자연 현상을 표시하는 양을 물리량이라 한다. 그 중에서 모든 물리량을 나타내는 기본이 되는 양으로 예를 들면 길이, 시간, 힘, 혹은 질량 등을 기본량(basic quantity)이라 하고, 이 기본량들을 구체적으로 정한 절차에 따라 유도해 낸 양을 유도량(derived quantity)이라 한다.

- 기본 차원 ┌ 절대 단위계(MLT계) : 질량 M, 길이 L, 시간 T
            └ 공학 단위계(FLT계) : 힘 F, 길이 L, 시간 T
                (중력 단위계)

4-2 단위(unit)와 단위계(unit system)

물리량을 측정하려면 일정한 기본 크기를 정해 놓고 이 크기와 비교하여 몇 배가 되는가로 표시하게 되는데, 이 기본 크기를 단위(unit)라 한다.

(1) 절대 단위계(absolute unit system)

MLT계로서 기본 크기를 결정한 단위계를 말한다.

물리량의 차원

물 리 량	절대 단위계	공학 단위계	물 리 량	절대 단위계	공학 단위계
길 이	L	L	각 도	1	1
질 량	M	$FL^{-1}T^2$	각 속 도	T^{-1}	T^{-1}
시 간	T	T	각가속도	T^{-2}	T^{-2}
힘	F	MLT^{-2}	회 전 력	ML^2T^{-2}	FL
면 적	L^2	L^2	모 멘 트	ML^2T^{-2}	FL
체 적	L^3	L^3	표면장력	MT^{-2}	FLT^{-1}
속 도	LT^{-1}	LT^{-1}	동 력	$ML^{-1}T^{-1}$	$FL^{-2}T$
가 속 도	LT^{-2}	LT^{-2}	절대점성계수	$ML^{-1}T^{-1}$	$FL^{-2}T$
탄성계수	$ML^{-1}T^{-2}$	FT^{-2}	동점성계수	L^2T^{-1}	$L2T^{-1}$
밀 도	ML^{-3}	$FL^{-4}T^2$	압 력	$ML^{-1}T^{-2}$	FL^{-2}
비 중 량	$ML^{-2}T^{-2}$	FL^{-3}	에 너 지	ML^2T^{-2}	FL

① C.G.S 단위계 : 질량, 길이, 시간의 기본 단위를 g, cm, s로 하여 물리량의 단위를 유도하는 단위계이다.

② M.K.S 단위계 : 질량, 길이, 시간의 기본 단위를 kg, m, s로 하여 물리량의 단위를 유도하는 단위계이다.

(2) 중력 단위계(공학 단위계 ; technical unit system)

FLT계로서 기본 크기를 결정한 단위계를 말한다.

차원과 단위

물 리 량	중력 단위		절대 단위	
길 이	L	m, ft	L	m, cm, ft
힘	F	kg, lb	MLT^{-2}	$kg \cdot m/s^2$
시 간	T	s	T	s
질 량	$FL^{-1}T^2$	$kg_f \cdot s^2/m$	M	kg, slug
밀 도	$FL^{-4}T^{-2}$	$kg_f \cdot s^2/m^4$	ML^{-3}	kg/m^3
속 도	LT^{-1}	m/s	LT^{-1}	m/s, ft/s
압 력	FL^{-2}	kg_f/cm^2	$ML^{-1}T^{-2}$	$kg \cdot m/s^2$

(3) 국제 단위계(SI 단위계 ; System International unit)

7개의 기본 단위(base unit)와 2개의 보조 단위(supplementary unit)를 이용하여 모든 실용적인 단위를 조립하여 사용하는 국제적으로 규정한 단위계를 말한다.

SI 기본 단위와 보조 단위

양	SI 단위의 명칭	기호	정 의
길 이 (length)	미 터 (meter)	m	1미터는 진공에서 빛이 1 / 299,792,458초 동안 진행한 거리이다.
질 량 (mass)	킬로그램 (kilogram)	kg	1킬로그램(중량도, 힘도 아니다.)은 질량의 단위로서, 그것은 국제 킬로그램 원기의 질량과 같다.
시 간 (time)	초 (sond)	s	1초는 세슘 133의 원자 바닥 상태의 2개의 초미세 준위 간의 전이에 대응하는 복사의 9,192,631,770 주기의 지속시간이다.
전 류 (electric current)	암페어 (Ampare)	A	1암페어는 진공 중에 1미터의 간격으로 평행하게 놓여진, 무한하게 작은 원형 단면을 가지는 무한하게 긴 2개의 직선 모양 도체의 각각에 전류가 흐를 때, 이들 도체의 길이 1미터마다 2×10^{-7}N 의 힘을 미치는 불변의 전류이다.
열역학 온도 (thermodynamic temperature)	켈빈 (Kelvin)	K	1켈빈은 물 3중점의 열역학적 온도의 1 / 273.16 이다.
물질의 양 (amount of substance)	몰 (mole)	mol	① 1몰은 탄소 12의 0.012킬로그램에 있는 원자의 개수와 같은 수의 구성 요소를 포함한 어떤 계의 물질량이다. ② 몰을 사용할 때에는 구성 요소를 반드시 명시해야 하며, 이 구성 요소는 원자, 분자, 이온, 전자, 기타 입자 또는 이 입자들의 특정한 집합체가 될 수 있다.
광 도 (luminous intensity)	칸델라 (candela)	cd	1칸델라는 주파수 540×1012 헤르츠인 단색광을 방출하는 광원의 복사도가 어떤 주어진 방향으로 매 스테라디안당 1 / 683 와트일 때, 이 방향에 대한 광도이다.
평면각 (plane angle)	라디안 (radian)	rad	1라디안은 원둘레에서 반지름의 길이와 같은 길이의 호(弧)를 절취한 2개의 반지름 사이에 포함되는 평면각이다.
입체각 (solid angle)	스테라디안 (steradian)	sr	1스테라디안은 구(球)의 중심을 정점으로 하고, 그 구의 반지름을 한 변으로 하는 정사각형의 면적과 같은 면적을 구의 표면상에서 절취하는 입체각이다.

SI 접두어

인 자	접두어	기 호	인 자	접두어	기 호
10^{24}	yotta	Y	10^{-1}	deci	d
10^{21}	zetta	Z	10^{-2}	centi	c
10^{18}	exa	E	10^{-3}	milli	m
10^{15}	peta	P	10^{-6}	micro	μ
10^{12}	tera	T	10^{-9}	nano	n
10^{9}	giga	G	10^{-12}	pico	p
10^{6}	mega	M	10^{-15}	femto	f
10^{3}	kilo	k	10^{-18}	atto	a
10^{2}	hecto	h	10^{-21}	zepto	z
10^{1}	deca	da	10^{-24}	yocto	y

고유 명칭을 가진 SI 조립 단위

양	SI 조립 단위의 명칭	기호	SI 기본 단위 또는 SI 보조 단위에 의한 표시법, 또는 다른 SI 조립 단위에 의한 표시법
주 파 수	헤르츠 (Hertz)	Hz	$1\,\mathrm{Hz}=1\,\mathrm{s}^{-1}$
힘	뉴턴 (Newton)	N	$1\,\mathrm{N}=1\,\mathrm{kg}\cdot\mathrm{m/s}^2$
압력, 응력	파스칼 (Pascal)	Pa	$1\,\mathrm{Pa}=1\,\mathrm{N/m}^2$
에너지, 일, 열량	줄 (Joule)	J	$1\,\mathrm{J}=1\,\mathrm{N}\cdot\mathrm{m}$
공 률	와트 (Watt)	W	$1\,\mathrm{W}=1\,\mathrm{J/s}$

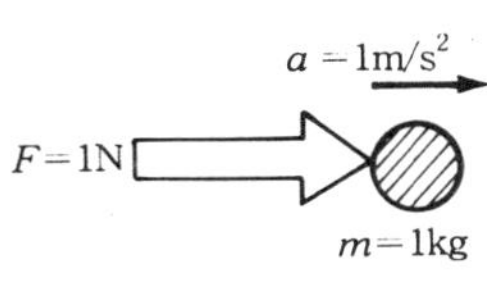

(a) 절대 단위계의 힘

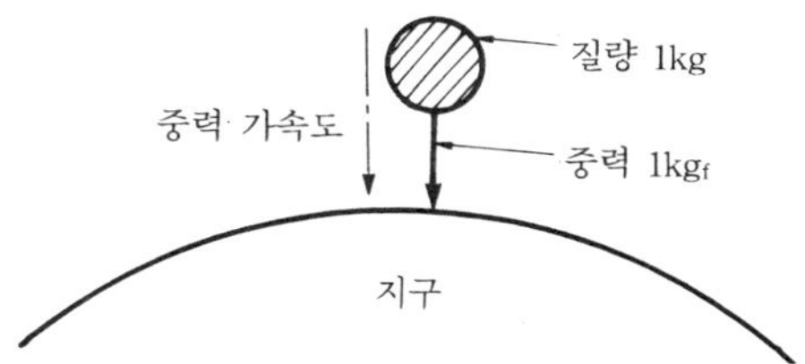

(b) 중력 단위계의 힘

그림 1-2 단위계의 힘

4-3 주요 물리량의 단위

① 힘(force) : 질량×가속도

$$F = m \cdot a$$

$$1\,\mathrm{kg}\times1\,\mathrm{m/s}^2 = 1\,\mathrm{kg}\cdot\mathrm{m/s}^2 = 1\,\mathrm{N}$$

$$1\,\mathrm{kg_f} = 1\,\mathrm{kg}\times9.80665\,\mathrm{m/s}^2 = 9.80665\,\mathrm{kg}\cdot\mathrm{m/s}^2 = 9.80665\,\mathrm{N}$$

② 압력(pressure) 또는 응력(stress) : 단위 면적당 작용하는 힘

$$p = \frac{F}{A}$$

$1\,\mathrm{N}/\mathrm{m}^2 = 1\,\mathrm{kg}/\mathrm{m}\cdot\mathrm{s}^2 = 1\,\mathrm{Pa}$

$1\,\mathrm{kg_f}/\mathrm{m}^2 = 9.8\,\mathrm{kg}/\mathrm{m}\cdot\mathrm{s}^2 = 9.8\,\mathrm{Pa}$

③ 일(work), 에너지, 열량

$$W = F \cdot r$$

$1\,\mathrm{N}\cdot\mathrm{m} = 1\,\mathrm{kg}\cdot\mathrm{m}^2/\mathrm{s}^2 = 1\,\mathrm{J}$

$1\,\mathrm{kg_f}\cdot\mathrm{m} = 9.8\,\mathrm{kg}\cdot\mathrm{m}^2/\mathrm{s}^2 = 9.8\,\mathrm{J}$

④ 일률(工率), 동력(power)

$$L = \frac{W}{t} = F \cdot v$$

$1\,\mathrm{J}/\mathrm{s} = 1\,\mathrm{N}\cdot\mathrm{m}/\mathrm{s} = 1\,\mathrm{kg}\cdot\mathrm{m}^2/\mathrm{s}^3 = 1\,\mathrm{W}$

$1\,\mathrm{kg_f}\cdot\mathrm{m}/\mathrm{s} = 9.8\,\mathrm{N}\cdot\mathrm{m}/\mathrm{s} = 9.8\,\mathrm{W}$

$1\,\mathrm{PS} = 75\,\mathrm{kg}\cdot\mathrm{m}/\mathrm{s}$

$1\,\mathrm{kW} = 102\,\mathrm{kg}\cdot\mathrm{m}/\mathrm{s}$

예제 5. 다음 중에서 힘의 차원을 절대단위계로 바르게 표시한 것은?

㉮ M ㉯ MT^2 ㉯ $ML^{-1}T^{-2}$ ㉣ MLT^{-2}

답 ㉣

예제 6. 다음 중 질량의 공학단위계 차원을 옳게 표시한 것은?

㉮ FLT^{-2} ㉯ FT^{-2} ㉯ $FL^{-1}T^{-2}$ ㉣ FLT^2

답 ㉯

예제 7. 다음 중 힘의 단위가 아닌 것은?

㉮ dyne ㉯ Joule ㉯ kg ㉣ Newton

답 ㉯

예제 8. 1 Newton은 중력단위로 몇 $\mathrm{kg_f}$인가?

㉮ 9.8 ㉯ 980 ㉯ $\dfrac{1}{9.8}$ ㉣ $\dfrac{1}{980}$

답 ㉯

5. 유체의 성질

(1) 밀도(density) **또는 비질량**(specific mass) ; ρ

단위 체적의 유체가 갖는 질량으로 정의한다.

$$\rho = \frac{m}{V} \, [\text{kg} / \text{m}^3, \; \text{kg}_\text{f} \cdot \text{s}^2 / \text{m}^4]$$

여기서, m : 질량, V : 체적

· 1 atm , 4℃의 순수한 물의 밀도는 다음과 같다.

$$\rho_w = 1000 \, \text{kg} / \text{m}^3 = 1000 \, \text{N} \cdot \text{s}^2 / \text{m}^4 = 102 \, \text{kg}_\text{f} \cdot \text{s}^2 / \text{m}^4$$

(2) 비중량 (specific weight) ; γ

단위 체적의 유체가 갖는 중량으로 정의한다.

$$\gamma = \frac{W}{V} \, [\text{N} / \text{m}^3, \; \text{kg}_\text{f} / \text{m}^3]$$

여기서, W : 중량

· 1 atm, 4℃의 순수한 물의 비중량은 다음과 같다.

$$\gamma_w = 9800 \, \text{N} / \text{m}^3 = 1000 \, \text{kg}_\text{f} / \text{m}^3$$

· 비중량과 밀도 사이의 관계는 다음과 같다.

$$W = m \cdot g \, (g : \text{중력 가속도})\text{이므로}$$

$$\therefore \; \gamma = \frac{W}{V} = \frac{m \cdot g}{V} = \rho \cdot g$$

(3) 비체적 (specific volume) ; v

단위 질량의 유체가 갖는 체적(SI 단위계), 또는 단위 중량의 유체가 갖는 체적(중력 단위계)으로 정의한다.

$$v = \frac{1}{\rho} \, [\text{m}^3 / \text{kg}] \; \text{또는} \; v = \frac{1}{\gamma} \, [\text{m}^3 / \text{kg}_\text{f}]$$

(4) 비중 (specific gravity) ; S

같은 체적을 갖는 물의 질량 또는 무게에 대한 그 물질의 질량 또는 무게의 비로 정의하며, 단위는 없다.

$$S = \frac{\rho}{\rho_w} = \frac{\gamma}{\gamma_w}$$

단, $\rho = \rho_w \cdot S$, $\gamma = \gamma_w \cdot S$

예제 9. 체적이 $5 \, \mathrm{m^3}$인 유체의 무게가 $3500 \, \mathrm{kg_f}$이었다. 이 유체의 비중량(γ), 밀도(ρ), 비중(S)은 각각 얼마인가?

㉮ $\gamma = 700 \, \mathrm{kg_f / m^3}, \quad \rho = 71.43 \, \mathrm{kg_f \cdot s^2 / m^4}, \quad S = 0.7$

㉯ $\gamma = 800 \, \mathrm{kg_f / m^3}, \quad \rho = 60.08 \, \mathrm{kg_f \cdot s^2 / m^4}, \quad S = 0.7$

㉰ $\gamma = 900 \, \mathrm{kg_f / m^3}, \quad \rho = 73.21 \, \mathrm{kg_f \cdot s^2 / m^4}, \quad S = 0.7$

㉱ $\gamma = 700 \, \mathrm{kg_f / m^3}, \quad \rho = 60.08 \, \mathrm{kg_f \cdot s^2 / m^4}, \quad S = 0.7$

[해설] · 비중량 : $\gamma = \dfrac{W}{V} = \dfrac{3500}{5} = 700 \, \mathrm{kgf / m^3}$

· 밀도 : $\rho = \dfrac{\gamma}{g} = \dfrac{700}{9.8} = 71.43 \, \mathrm{kgf \cdot s^2 / m^4}$

· 비중 : $S = \dfrac{\gamma}{\gamma_w} = \dfrac{700}{1000} = 0.7$

[SI 단위]

$$\gamma = \frac{W}{V} = \frac{3500 \times 9.8}{5} = 6860 \, \mathrm{N / m^3}$$

$$\rho = \frac{\gamma}{g} = \frac{6860}{9.8} = 700 \, \mathrm{kg / m^3}$$

$$S = \frac{\gamma}{\gamma_w} = \frac{6860}{9800} = 0.7$$

[답] ㉮

예제 10. 밀도가 $129 \, \mathrm{kg_f \cdot s^2 / m^4}$인 글리세린의 비중은 얼마인가?

㉮ 0.129   ㉯ 1.264   ㉰ 1.29×103 ㉱ 12.6

[해설] $S = \dfrac{\gamma}{1000} = \dfrac{g\rho}{1000} = \dfrac{9.8 \times 129}{1000} = 1.264$

[답] ㉯

예제 11. 어떤 오일의 체적이 $5.8 \, \mathrm{m^3}$이고, 무게가 $4400 \, \mathrm{kg_f}$이다. 이 오일의 비중은 얼마인가?

㉮ 0.13   ㉯ 0.27   ㉰ 0.67   ㉱ 0.76

[해설] $\rho = \dfrac{W}{1000 \, V} = \dfrac{4400}{(1000 \times 5.8)} = 0.76$

[답] ㉱

6. 유체의 점성

6-1 유체의 점성(viscosity)

유체의 점성이란 유체가 유동할 때 흐름의 방향에 저항을 주어 전단 응력을 일으키는 성질을 말한다. 이와 같이 유체가 흐를 때 손실 저항의 요인이 되는 유체의 점성은 유체 분자 상호간에 작용하는 여러 가지 힘에 기인되는 것이다.

액체의 점성은 주로 분자간의 응집력 때문에 생긴다. 따라서 액체는 온도가 높아지면 분자의 간격이 다소 커지고 분자의 운동이 활발해져서 점성이 작아지게 된다. 한편 기체도 점성을 가지고 있는데 분자의 활발한 운동이 점성의 주된 원인이 되며, 기체는 온도가 상승할수록 점성이 더욱 커진다.

6-2 뉴턴의 점성법칙

그림 1-3과 같이 평행한 두 평판 사이에 유체가 있을 때 이동 평판을 일정한 속도로 운동시키는데 필요한 힘 F는 평판의 면적 A와 이동 속도 u가 클수록, 두 평판의 간격 Δy가 작을수록 크다는 것을 실험으로 확인할 수 있다.

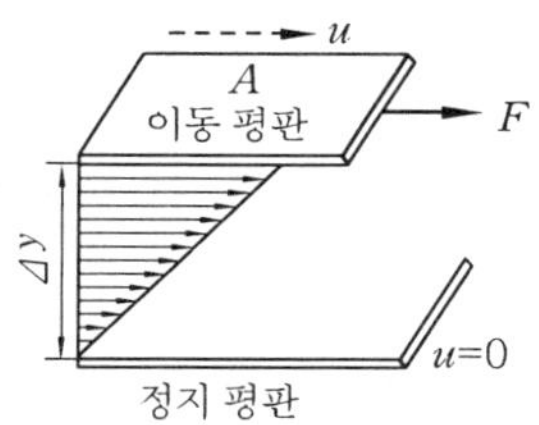

그림 1-3 두 평판 사이의 유체 흐름

즉, $F \propto A \dfrac{u}{\Delta y}$ 또는 $\dfrac{F}{A} \propto \dfrac{u}{\Delta y}$

여기서, $\dfrac{F}{A}$ 는 그림 1-4처럼 이동 평판에 밀착된 유체 분자층이 바로 아래의 유체층으로부터 응집력을 이기고, 미끄러지는데 필요한 단위 면적당의 전단력이 된다.

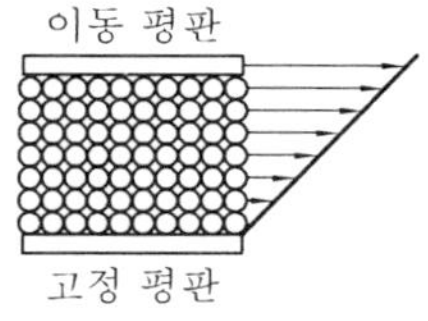

$$\therefore \ \frac{F}{A} = \tau = \mu \frac{\mu}{\Delta y} \ \text{(뉴턴의 점성법칙)}$$

그림 1-4 유체층 사이의 미끄럼 운동 모형

비례상수 μ는 유체의 점성계수 또는 점도라 하며, 각 유체마다 온도에 따라 독특한 값을 갖는다. 점성계수는 압력에는 커다란 변화가 없고 온도에 크게 좌우되며, 액체의 점성계수는 일반적으로 온도가 증가하면 감소되지만, 기체의 점성계수는 온도가 증가함에 따라 증가되는 경향이 있다.

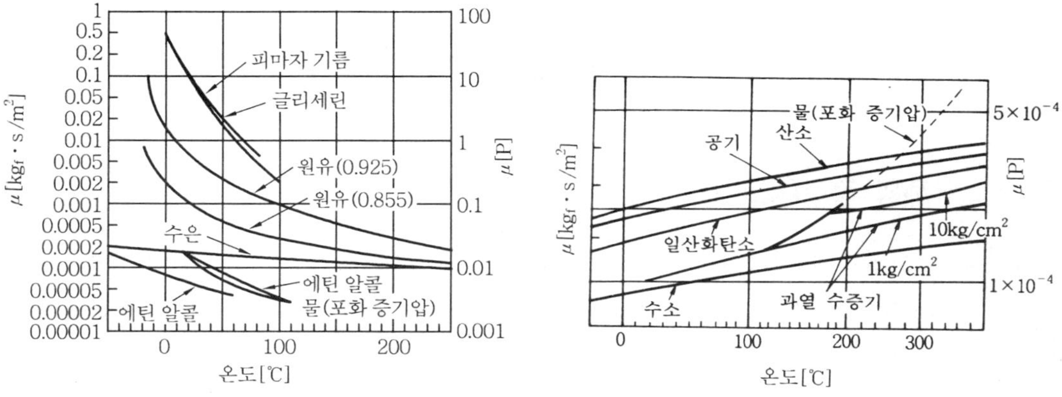

그림 1-5 액체의 점성계수   그림 1-6 기체의 점성계수

 뉴턴의 점성법칙을 만족시키는 유체를 뉴턴 유체(Newtonian fluid), 만족시키지 않는 유체를 비뉴턴 유체(Non‑Newtonian fluid), 점성이 없고 비압축성인 유체를 이상 유체 (ideal fluid)라고 한다.

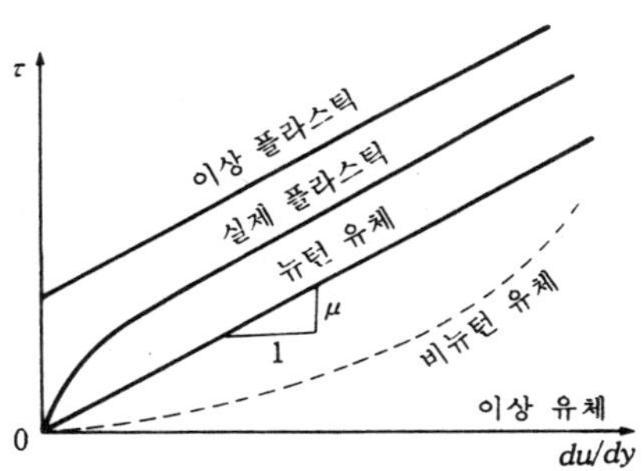

그림 1-7 전단응력과 속도구배의 관계

6-3 점성계수(coefficient of viscosity)

(1) **절대 점성계수**(absolute viscosity)

$$\mu = \frac{\tau}{\dfrac{du}{dy}} \ \text{에서}$$

- 절대 단위계 $[ML^{-1}T^{-1}]$: kg / m·s, g / cm·s
- 중력 단위계 $[FL^{-2}T]$: kgf·s / m², gf·s / cm²
- SI 단위 : N·s / m², dyne·s / cm²
- 1 P(Poise) = 1 g / cm·s = 1 dyne·s / cm² = $\dfrac{1}{98}$ kgf·s / m²

$1 \, \text{cP(centi Poise)} = 0.01 \, \text{P}$

· 20℃ 물의 점성계수 : $\mu = 1.0 \, \text{cP}$

(2) 동점성계수(kinematic viscosity)

$$\nu = \frac{\mu}{\rho} \ \text{에서}$$

· $[\text{L}^2 \text{T}^{-1}] : \text{m}^2 / \text{s}, \ \text{cm}^2 / \text{s}$

· $1 \, \text{St(Stokes)} = 1 \, \text{cm}^2 / \text{s} = 10^{-4} \, \text{m}^2 / \text{s}$

  $1 \, \text{cSt} = 0.01 \, \text{St}$

· 20℃ 물의 동점성계수 : $\nu = 1.0 \, \text{cSt}$

예제 12. 10 mm의 간격을 가진 평행한 두 평판 사이에 점성계수 $\mu = 15 \, \text{P}$인 기름이 차 있다. 아래평판을 고정하고 위평판을 5 m / s의 속도로 이동시킬 때 평판에 발생하는 전단응력은 몇 $\text{kg}_\text{f} / \text{m}^2$인가 ?

㉮ 73.52 ㉯ 56.75 ㉰ 76.53 ㉱ 65.73

해설 $\tau = \mu \dfrac{v}{h} = 15 \times \dfrac{1}{98} \times \dfrac{5}{0.01} = 76.53 \, \text{kg}_\text{f} / \text{m}^2$

$1 \, \text{P} = \dfrac{1}{98} \, \text{kg}_\text{f} \cdot \text{s} / \text{mm}^2$

답 ㉰

예제 13. 어떤 유체의 점성계수 $\mu = 0.245 \, \text{kg}_\text{f} \cdot \text{s} / \text{m}^2$, 비중 $S = 1.2$이다. 이 유체의 동점성계수는 몇 m^2 / s인가 ?

㉮ $2 \, \text{m}^2 / \text{s}$ ㉯ $0.2 \, \text{m}^2 / \text{s}$ ㉰ $0.02 \, \text{m}^2 / \text{s}$ ㉱ $0.002 \, \text{m}^2 / \text{s}$

해설 $\nu = \dfrac{\mu}{\rho} = \dfrac{\mu}{102 \times S} = \dfrac{0.245}{102 \times 1.2} = 0.002 \, \text{m}^2 / \text{s}$

답 ㉱

예제 14. $1 \, \text{kg}_\text{f} \cdot \text{s} / \text{m}^2$은 몇 P인가 ?

㉮ 9.8 ㉯ 98 ㉰ 980 ㉱ 9800

해설 $1 \, \text{kg}_\text{f} \cdot \text{s} / \text{m}^2 = \dfrac{9.8 \times 10^5 \, \text{dyne} \cdot \text{s}}{10^4 \, \text{cm}^2} = 98 \, \text{dyne} \cdot \text{s} / \text{cm}^2 = 98 \, \text{P}$

답 ㉯

예제 15. 뉴턴의 점성법칙과 관계있는 것만으로 구성된 것은 ?

㉮ 전단응력, 속도구배, 점성계수 ㉯ 동점성계수, 전단응력, 속도
㉰ 압력, 동점성계수, 전단응력 ㉱ 속도구배, 온도, 점성계수

해설 $\tau = \mu \dfrac{du}{dy}$ 이므로 전단응력은 점성계수와 속도구배에 비례한다.

답 ㉮

7. 완전 기체

　기체의 많은 구성 분자 사이에 분자력이 작용하지 않으며, 분자의 크기도 무시할 수 있다는 가정하에서 성립하는 상태 방정식을 만족하는 기체를 이상 기체(ideal gas) 또는 완전 기체(perfect gas)라 한다.

7-1　기체의 상태방정식

　보일−샤를의 법칙에 의하여 다음 식이 성립한다.

$$\frac{p \cdot v}{T} = \text{const} = R\,[\text{kg} \cdot \text{m} / \text{kg} \cdot \text{K}]$$

$$\therefore\ p \cdot v = R \cdot T,\quad p \cdot V = G \cdot R \cdot T$$

여기서, R : 기체 상수, T : 절대 온도, v : 비체적
V : 체적, p : 절대 압력, G : 중량

이것을 이상 기체의 상태방정식이라 한다.

또, $\gamma = \dfrac{1}{v}$ 이므로 다음과 같다.

$$p\frac{1}{\gamma} = R \cdot T \text{이므로}\ p = \gamma \cdot R \cdot T \quad \therefore\ \gamma = \frac{p}{R \cdot T}$$

SI 단위에서는 다음과 같다.

$$pv = RT,\ pV = mRT \quad \therefore\ \rho = \frac{p}{R \cdot T}$$

여기서, m : 질량

7-2　기체 상수

　"모든 완전 기체는 등온 등압하에서 같은 체적 내에 같은 수의 분자를 갖는다."는 아보가드로(Avogadro)의 법칙에 의하여 다음 식이 성립한다.

$$m \cdot R = \boldsymbol{R} : \text{일반 기체 상수(universal gas constant)}$$

$$\boldsymbol{R} = 847.8\,\text{kg}_\text{f} \cdot \text{m} / \text{kmol} \cdot \text{K} = 8314.3\,\text{J} / \text{kmol} \cdot \text{K}$$

예제 16. 다음 중 완전 기체를 설명한 것으로 옳은 것은 ?
　㉮ 비압축성 유체　　　　　　　　　㉯ 실체 유체
　㉰ $pv = RT$ 를 만족시키는 유체　　　㉱ 일정한 점성계수를 갖는 유체

답　다

예제 **17.** 온도 20℃, 절대 압력이 $5\,\mathrm{kg_f/cm^2}$인 산소의 비체적은 얼마인가?

㉮ $0.551\,\mathrm{m^3/kg_f}$ ㉯ $0.155\,\mathrm{m^3/kg_f}$ ㉰ $0.515\,\mathrm{m^3/kg_f}$ ㉱ $0.605\,\mathrm{m^3/kg_f}$

해설 $R = \dfrac{848}{M} = \dfrac{848}{32} = 26.5\,\mathrm{m/K}$

$pv = RT$ 에서

$$v = \frac{RT}{P} = \frac{265 \times (273 + 20)}{5 \times 10^4} = 0.155\,\mathrm{m^3/kg_f}$$

답 ㉯

8. 유체의 탄성과 압축성

8-1 체적탄성계수(bulk modulus of elasticity)

모든 유체는 압력을 가하면 압축이 되며, 기체는 압력 변화에 따라서 차지하는 체적이 쉽게 변하지만, 액체는 압력이 상당히 크게 변하여도 체적은 거의 변하지 않는다.

그림 1-8과 같이 유체를 용기 속에 넣고 피스톤으로 밀어 압축할 때 유체의 체적이 V_1에서 V로 감소되고, 압력이 dP만큼 상승하였다면 용기에 가해진 압력 dP와 체적의 감소율 $\dfrac{dV}{V_1}$와의 관계는 그림 1-8(b)와 같은 곡선이 되며, 이 곡선상의 임의의 점에서 기울기를 그 유체의 체적탄성계수라고 정의한다.

$$E = -\frac{dp}{\dfrac{dV}{V_1}}\;[\mathrm{kg/cm^2}]$$

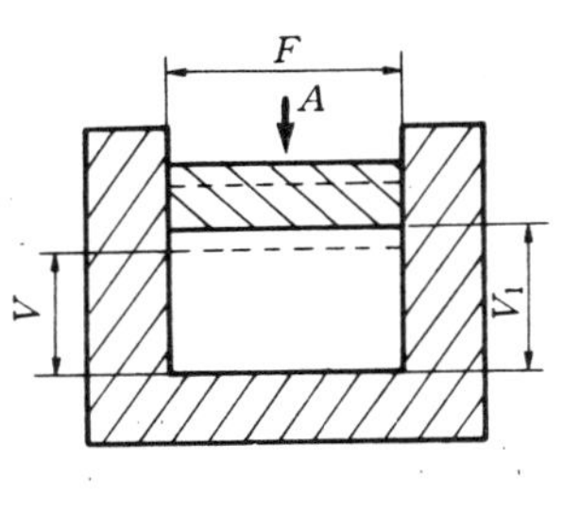

그림 1-8 유체의 변형률과 압력

그런데 비체적 v와 체적 V 및 밀도 ρ 사이에는 다음 식이 성립한다.

$$\frac{dV}{V} = \frac{dv}{v} = -\frac{d\rho}{\rho}$$

즉, 비중량 γ 또는 밀도 ρ의 상대적 증가는 체적 V의 상대적 감소와 같게 된다.

$$\therefore E = \frac{dp}{\dfrac{dV}{V_1}} = \frac{dp}{\dfrac{d\rho}{\rho}} = \frac{dp}{\dfrac{d\gamma}{\gamma}}$$

이 체적탄성계수 E의 값이 클수록 그 유체는 압축하기가 더 어렵다는 것을 나타낸다.

· 대기압, 20℃의 물의 체적탄성계수 : $E = 2 \times 10^4 \, \text{bar} = 2 \times 10^9 \, \text{N} / \text{m}^2$

8-2 압축률(compressibility)

압축률은 단위 압력 변화에 대한 체적의 변형도를 뜻하며, 체적탄성계수 E의 역수이다.

$$\beta = \frac{1}{E} = -\frac{\dfrac{dV}{V_1}}{dp} \ [\text{cm}^2 / \text{kg}_\text{f}]$$

8-3 완전 기체의 체적탄성계수

(1) 등온 변화

$$\therefore E = \frac{dp}{\dfrac{dV}{V_1}} = \frac{dp}{\dfrac{d\gamma}{\gamma}} = p$$

(2) 단열 변화

$$\therefore E = \frac{dp}{\dfrac{dV}{V_1}} = \frac{dp}{\dfrac{d\gamma}{\gamma}} = kp$$

예제 **18.** 물의 체적탄성계수가 $0.25 \times 105 \, \text{kg}_\text{f} / \text{cm}^2$일 때 물의 체적을 0.5 % 감소시키기 위하여 가해준 압력의 크기는 몇 $\text{kg}_\text{f} / \text{cm}^2$인가?

  ⑦ $250 \, \text{kg}_\text{f} / \text{cm}^2$ ⓝ $500 \, \text{kg}_\text{f} / \text{cm}^2$

  ⓓ $125 \, \text{kg}_\text{f} / \text{cm}^2$ ⓛ $1500 \, \text{kg}_\text{f} / \text{cm}^2$

해설 $E = -\dfrac{dp}{dV}$

$$dp = -E\frac{dV}{V} = -0.25 \times 10^5 \times (-0.005) = 125 \, \text{kg}_\text{f} / \text{cm}^2$$

답 ⓓ

예제 **19.** 기체를 단열적으로 압축할 때 체적탄성계수는 얼마인가?

   ㉮ p ㉯ $\dfrac{1}{p}$ ㉰ kp ㉱ v_s

해설 단열변화일 때는 $pv^k = \text{const}$ 이므로 이것을 미분하면

$$dp \cdot v^k + kp \cdot v^{k-1} dv = 0 \quad \therefore E = -v \frac{dp}{dv} = kp$$

   답 ㉰

예제 **20.** 다음 중 유체의 압축률의 차원은 어느 것인가?

   ㉮ $F^{-1}L^2$ ㉯ FLT^{-2} ㉰ FT^{-2} ㉱ $F^{-1}LT$

해설 압축률 $\beta = -\dfrac{1}{v} \cdot \dfrac{dv}{dp}$ 이므로 $\dfrac{1}{L^3} \times \dfrac{L^3}{FL^{-2}} = F^{-1}L^2$

   답 ㉮

예제 **21.** 4℃의 순수한 물의 체적탄성계수 $E = 2 \times 10^4\,\text{kg}/\text{cm}^2$이다. 이 물 속에서의 음 속은 몇 m/s인가? (단, 4℃ 순수한 물의 $\rho = 102\,\text{kg}_\text{f} \cdot \text{s}^2/\text{m}^4$이다.)

   ㉮ 1200   ㉯ 1300   ㉰ 1400   ㉱ 1500

해설 $C = \sqrt{\dfrac{E}{\rho}} = \sqrt{\dfrac{2 \times 10^4 \times 10^4}{102}} = 1400\,\text{m/s}$

   답 ㉰

9. 표면장력과 모세관 현상

9-1 표면장력(surface tension)

액체는 액체 분자간의 인력에 의하여 발생하는 응집력(cohesive force)을 가지고 있어서 액체의 표면적을 최소화하려는 장력이 작용된다. 이것을 표면장력이라고 하며, 단위 길이당의 힘의 세기로 표시한다.

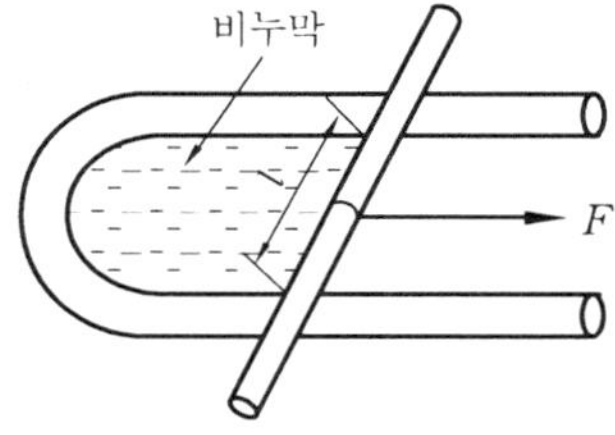

그림 1-9 표면장력

9-2 표면장력과 압력차

$$\Delta p = p_1 - p_2 = \sigma \left(\frac{1}{R_1} + \frac{1}{R_2} \right)$$

여기서, σ : 표면장력, R_1, R_2 : 2중 만곡면의 곡률 반지름

- 액면이 원주면일 때 : $R_1 = R$, $R_2 = \infty$ 이므로 $\Delta p = \dfrac{\sigma}{R}$

- 액면이 구면일 때 : $R_1 = R_2 = R$ 이므로 $\Delta p = \dfrac{2\sigma}{R}$

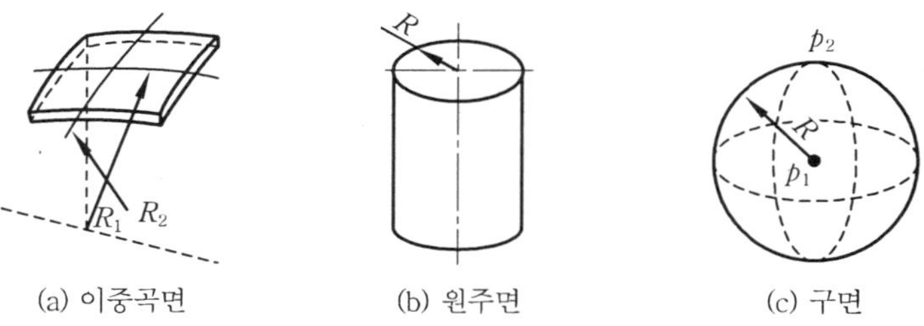

그림 1 - 10　표면장력의 실례

9-3　모세관 현상(capillarity)

　　액체 속에 세워진 가는 모세관 속의 액체 표면은 외부(용기)의 액체 표면보다 올라가거나 내려가는 현상이 있다. 이러한 현상을 모세관 현상이라 하며, 이 모세관 현상은 액체의 표면장력에 기인되는 것으로 고체면에 대한 액체의 응집력(cohesive force)이나 부착력(adhesive force)의 상대적인 값에 따라서 모세관에서 액체의 높이가 결정된다.

　　즉, 부착력이 응집력보다 크게 되면 모세관의 액체는 용기의 액체 표면보다 올라가고, 반대로 액체의 응집력이 부착력보다 크면 모세관의 액체 표면은 용기의 액체 표면보다 내려간다.

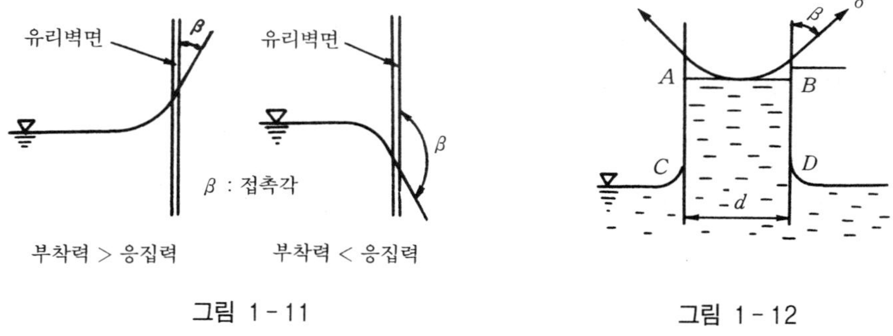

그림 1 - 11　　　　　　　　　　　그림 1 - 12

　　모세관 현상에 의한 액면의 상승 또는 하강 높이 h 는 표면장력의 크기와 액체의 무게와의 평형 조건식으로부터

$$h = \frac{4\sigma \cos \beta}{\gamma \cdot d}$$

　　여기서, σ : 유체의 표면장력, γ : 유체의 비중량, d : 관의 지름, β : 유체의 접촉각

유체의 접촉각

고 체	액 체	표면 유체	온 도	접촉각
유 리	수 은	공 기	실 온	139°
	수 은	물	실 온	41°
	물	오레인 산	실 온	80°
철(Fe)	올리브유	공 기	실 온	27°33′
	물	공 기	실 온	5°10′
운 모	수 은	공 기	실 온	126°
	물	아밀 알코올	실 온	0°
구리(Cu)	물	공 기	실 온	6°41′
납(Pb)	물	공 기	실 온	2°36′

물의 표면장력($\sigma \times 10^{-3}$ kg$_f$ / m)

온 도(℃)		0	10	20	30	40	60	80
표면	습공기	7.703	7.552	7.401	7.248	7.096	6.73	6.36
상태	포화증기	7.47	7.341	7.204	7.051	6.888	6.56	6.21

20℃ 공기와 접했을 때 유체의 표면장력

유 체	$\sigma \times 10^{-3}$kg$_f$ / m	유 체	$\sigma \times 10^{-3}$kg$_f$ / m
수 은	48.5	메 틸	1.68
수은(水)	38	벤 졸	2.95
메틸알코올	2.30	올리브유	3.3
젤라틴	2.3~3.33	10 % 식염수	7.69
원 유	2.4~3.9	스핀들유	3.17

예제 22. 지름이 40 mm인 비눗방울의 내부 초과압력이 0.035 kg$_f$ / cm^{2}이다. 비눗방울의 표면장력은 얼마인가?

㉮ 1.4 kg$_f$ / m   ㉯ 0.7 kg$_f$ / m   ㉰ 7 kg$_f$ / m   ㉱ 3.5 kg$_f$ / m

해설 $\sigma = \dfrac{pd}{4} = \dfrac{0.035 \times 4}{4} = 0.035$ kg$_f$/cm $= 3.5$ kg$_f$/m   답 ㉱

예제 23. 지름 1 mm인 유리관이 물이 담긴 그릇 속에 세워져 있다. 물의 표면장력이 8.75×10^{-5} kg$_f$ / cm이고, 물과 유리의 접촉각 $\beta \fallingdotseq 0°$이면 모세관에서의 최대 상승 높이는 몇 m인가?

㉮ 0.035 m   ㉯ 0.0175 m   ㉰ 0.35 m   ㉱ 0.175 m

해설 $h = \dfrac{4\sigma\cos\beta}{\gamma \cdot d} = \dfrac{4 \times 8.75 \times 10^{-5} \times 10^2}{1000 \times 0.001} = 0.035$ m   답 ㉮

연·습·문·제

문제 1. 공학 단위계에서는 힘(무게)의 단위는 kg_f, 길이의 단위는 m, 시간의 단위는 s 를 사용한다. 이때 질량 m의 단위는 다음 중 어느 것을 사용하여야 하는가?

㉮ kg_f　　　　㉯ slug　　　　㉰ $kg_f \cdot s^2 / m$　　　　㉱ $kg_f \cdot m / s^2$

문제 2. 다음은 점성계수의 단위이다. 틀린 것은?

㉮ P　　　　㉯ St　　　　㉰ cP　　　　㉱ dyne $\cdot$ s $/$ cm^2

문제 3. 다음 비중이 0.88인 알코올의 밀도는 몇 $kg_f \cdot s^2 / m^4$ 인가?

㉮ 79.8　　　　㉯ 89.7　　　　㉰ 98.7　　　　㉱ 88

[해설] $\rho = \dfrac{\gamma}{g} = \dfrac{1000 S}{g} = \dfrac{1000 \times 0.88}{9.8} = 89.7 \, kg_f \cdot s^2 / m^4$

문제 4. 어떤 유체의 밀도가 $138.63 \, kg_f \cdot s^2 / m^4$ 일 때 비중은?

㉮ 1.06　　　　㉯ 1.16　　　　㉰ 1.26　　　　㉱ 1.36

[해설] $S = \dfrac{\rho}{102} = \dfrac{138.63}{102} = 1.36$

문제 5. 체적이 $3 \, m^3$이고, 무게가 24000 N인 기름의 비중은 얼마인가?

㉮ 0.672　　　　㉯ 0.816　　　　㉰ 0.927　　　　㉱ 0.714

[해설] $S = \dfrac{\gamma}{9800} = \dfrac{8000}{9800} = 0.816$

문제 6. 비중량이 $1.22 \, kg_f / m^3$이고 동점성계수가 $0.1501 \times 10^{-4} \, m^2 / s$인 건조한 공기의 점성계수는 몇 P인가?

㉮ 1.87×10^{-3}　　　　㉯ 1.87×10^{-4}　　　　㉰ 1.87×10^{-5}　　　　㉱ 1.87×10^{-2}

[해답] 1. ㉰　 2. ㉯　 3. ㉯　 4. ㉱　 5. ㉯　 6. ㉰

[해설] $\nu = \dfrac{\mu}{\rho}$ 에서

$$\therefore \mu = \nu \cdot \rho = \nu \cdot \frac{\gamma}{g} = 0.1501 \times 10^{-4} \times \frac{1.22}{9.8}$$

$$= 1.87 \times 10^{-6}\,\text{kg}_f / \text{m} \cdot \text{s} = 1.87 \times 10^{-5}\,\text{g}_f / \text{cm} \cdot \text{s} = 1.87 \times 10^{-5}\,\text{P}$$

문제 7. 온도가 20℃, 압력이 760 mmHg인 공기의 밀도는 몇 $\text{kg}_f \cdot \text{s}^2 / \text{m}^4$ 인가? (단, 공기의 기체상수는 29.27 $\text{kg}_f \cdot \text{m} / \text{kg} \cdot \text{K}$이다.)

㉮ 0.312   ㉯ 0.213   ㉰ 0.123   ㉱ 1.23

[해설] $\gamma = \dfrac{p}{RT} = \dfrac{1.0332 \times 10^4}{29.27 \times (273 + 20)} = 1.2\,\text{kg}_f / \text{m}^3$

$$\therefore \rho = \frac{\gamma}{g} = \frac{1.2}{9.8} = 0.1234\,\text{kg}_f \cdot \text{s}^2 / \text{m}^4$$

문제 8. 뉴턴의 점성법칙으로 맞는 것은 다음 식 중 어느 것인가?

㉮ $pv = \text{const}$ ㉯ $F = ma$ ㉰ $F = Ap$ ㉱ $\tau = \mu \dfrac{du}{dy}$

문제 9. 다음 SI 단위계에서 기본 단위가 아닌 것은?

㉮ kg   ㉯ m   ㉰ N   ㉱ s

문제 10. 비중이 0.8인 어떤 기름의 비체적은?

㉮ $125\,\text{m}^3 / \text{kg}_f$ ㉯ $1.25 \times 10^{-3}\,\text{kg}_f / \text{m}^3$

㉰ $800\,\text{kg}_f / \text{m}^3$ ㉱ $1.25 \times 10^{-3}\,\text{m}^3 / \text{kg}_f$

[해설] $\gamma = 1000 \times S = 800\,\text{kg}_f / \text{m}^3$, $v_s = \dfrac{1}{800} = 1.25 \times 10^{-3}$

문제 11. 온도가 100℃이고, 압력이 1.0332 $\text{kg}_f / \text{cm}^2$ abs인 산소의 비중은 얼마인가?

㉮ 1.045×10^{-3} ㉯ 1.045×10^{-2} ㉰ 1.045×10^{-1} ㉱ 1.045×10^{-4}

[해설] 산소의 분자량 $M = 32$이므로

$$R = \frac{848}{M} = \frac{848}{32} = 26.5\,\text{kg}_f \cdot \text{m} / \text{kg} \cdot \text{K}$$

상태방정식 $p \cdot v = RT$ 에서

$$\gamma = \frac{p}{RT} = \frac{1.0332 \times 10^4}{26.5 \times (273 + 100)} = 1.045\,\text{kg}_f / \text{m}^3$$

[해답] 7. ㉰   8. ㉱   9. ㉰   10. ㉱   11. ㉮

문제 12. 체적이 $4\,\text{m}^3$인 기름의 무게가 $28000\,\text{N}$이었다. 이 기름의 비중은 얼마인가?

  ㉮ 0.615   ㉯ 0.714   ㉰ 0.815   ㉱ 1.0

[해설] · 비중량 $\gamma = \dfrac{W}{V} = \dfrac{28000}{4} = 7000\,\text{N}/\text{m}^3$

· 밀도 $\rho = \dfrac{\gamma}{g} = \dfrac{7000}{9.8} \fallingdotseq 714\,\text{N}\cdot\text{s}^2/\text{m}^4 = 714\,\text{kg}_\text{f}/\text{m}^3$

$\therefore$ 비중 $S = \dfrac{\rho}{\rho_w} = \dfrac{714}{1000} = 0.714$

$$\dfrac{\gamma}{\gamma_w} = \dfrac{7000}{9800} = 0.714$$

문제 13. $15℃$인 공기의 밀도는 얼마인가? (단, 공기의 기체상수 $R = 29.27\,\text{kg}_\text{f}\cdot\text{m}/\text{kg}\cdot\text{K}$이며 대기압은 $760\,\text{mmHg}$이다.)

  ㉮ 0.005   ㉯ 0.025   ㉰ 0.125   ㉱ 1.006

[해설] $\gamma = \dfrac{p}{RT} = \dfrac{760 \times 13.6}{29.27 \times (273 + 15)} = 1.226\,\text{kg}_\text{f}/\text{m}^3$

$\rho = \dfrac{\gamma}{g} = \dfrac{1.226}{9.81} = 0.125\,\text{S}^2/\text{m}^4$

[SI 단위]

$\rho = \dfrac{p}{RT} = \dfrac{1.01325 \times 10^5}{287 \times (273 + 15)} = 1.226\,\text{kg}/\text{m}^3$

문제 14. 어떤 완전기체의 절대 압력이 $2\,\text{kg}_\text{f}/\text{cm}^2(19.6\,\text{N}/\text{cm}^2)$이고, 온도는 $45℃$, 비체적이 $0.481\,\text{m}^3/\text{kg}_\text{f}$이다. 이 기체의 기체상수는 얼마인가?

  ㉮ $3.025\,\text{kg}_\text{f}\cdot\text{m}/\text{kg}$ ㉯ $30.25\,\text{m}/\text{K}(296.5\,\text{J}/\text{kg}\cdot\text{K})$

  ㉰ $0.00303\,\text{m}/\text{K}$ ㉱ $2.80 \times 10^4\,\text{m}/\text{K}$

[해설] $R = \dfrac{Pv_s}{T} = \dfrac{2 \times 10^4 \times 0.481}{(273 + 45)} = 30.25\,\text{m}/\text{K}$

[SI 단위]

$R = \dfrac{Pv_s}{T} = \dfrac{2 \times 10^4 \times 0.481}{(273 + 45)} = 296.5\,\text{J}/\text{kg}\cdot\text{K}$

문제 15. 무게가 $3200\,\text{kg}_\text{f}$(SI 단위 : $31360\,\text{N}$)인 기름의 체적이 $4.8\,\text{m}^3$이다. 이 기름의 비중은 얼마인가?

  ㉮ 666.67   ㉯ 6.07   ㉰ 0.667   ㉱ 1.50

[해답] 12. ㉯   13. ㉰   14. ㉯   15. ㉰

[해설] $\gamma = \dfrac{W}{V} = \dfrac{3200}{4.8} = 666.67 \ \text{kg}_f / \text{m}^3$

$\therefore S = \dfrac{\gamma}{1000} = 0.667$

문제 16. 무게가 $4000\,\text{kg}_f$ 이고, 체적이 $8\,\text{m}^3$인 유체의 비중은?

㉮ 2 ㉯ 1.5 ㉰ 1 ㉱ 0.5

[해설] $\gamma = \dfrac{W}{V} = \dfrac{4000}{8} = 500 \ \text{kg}_f / \text{m}^3$

$\therefore S = \dfrac{\gamma}{\gamma_w} = \dfrac{500}{1000} = 0.5$

문제 17. 질량 $2\,\text{kg}$을 스프링 저울에 달았더니 $19.6\,\text{kg}_f$ 의 무게를 가리켰다. 이 지방의 중력가속도는 얼마인가?

㉮ $9.8\,\text{m} / \text{s}^2$ ㉯ $96.04\,\text{m} / \text{s}^2$ ㉰ $980\,\text{m} / \text{s}^2$ ㉱ $78\,\text{m} / \text{s}^2$

[해설] $m = 2\,\text{kg}, \ F = 19.6\,\text{kg}_f = 192.08\,\text{N}$

$F = ma, \ 192.08 = 2 \times a \quad \therefore a = 96.04\,\text{m} / \text{s}^2$

문제 18. 질량이 $20\,\text{kg}$인 물체의 무게를 저울로 달아보니 $19\,\text{kg}_f$ 이었다. 이 곳의 중력가속도는 얼마인가?

㉮ $9.8\,\text{m} / \text{s}^2$ ㉯ $7.72\,\text{m} / \text{s}^2$ ㉰ $9.31\,\text{m} / \text{s}^2$ ㉱ $3.62\,\text{m} / \text{s}^2$

[해설] $F = ma$ 에서 $19 \times 9.8 = 20 \times a$

$\therefore a = \dfrac{19 \times 9.8}{20} = 9.31\,\text{m} / \text{s}^2$

문제 19. 비중량이 $850\,\text{kg}_f / \text{m}^3$인 기름 $18\,l$의 중량은?

㉮ $0.85\,\text{kg}$ ㉯ $15.3\,\text{kg}$ ㉰ $18\,\text{kg}$ ㉱ $850\,\text{kg}$

[해설] $W = \gamma V = 850 \times 0.018 = 15.3\,\text{kg}$

문제 20. 다음 중 동력의 차원은?

㉮ $[\text{ML}^{-2}\text{T}^{-3}]$ ㉯ $[\text{ML}^{-1}\text{T}^{-2}]$ ㉰ $[\text{MLT}^{-2}]$ ㉱ $[\text{ML}^2\text{T}^{-3}]$

[해설] 동력 $= \dfrac{\text{힘} \times \text{거리}}{\text{시간}} = \text{FLT}^{-1} = \text{MLT}^{-2}\text{LT}^{-1} = \text{ML}^2\text{T}^{-3}$

[해답] 16. ㉱ 17. ㉯ 18. ㉰ 19. ㉯ 20. ㉱

문제 21. 물의 체적을 2 % 감소시키려면 얼마의 압력을 가하여야 하는가? (단, 물의 체적탄성계수는 2×10^4 kgf / cm²이다.)

  ㉮ 600 kgf / cm²   ㉯ 400 kgf / cm²   ㉰ 200 kgf / cm²   ㉱ 0

[해설] $E = -\dfrac{dp}{\dfrac{dV}{V}}$ $\therefore\ dp = -E \cdot \dfrac{dV}{V} = -2 \times 10^4 \times \left(\dfrac{-2}{100}\right) = 400$ kgf / cm²

문제 22. 등온하에서 압력이 10 kgf /cm² abs인 공기의 체적탄성계수는?

  ㉮ 14 kgf / cm² abs   ㉯ 14 kgf /cm² gage

  ㉰ 10 kgf /cm² abs   ㉱ 10 kgf /cm² gage

[해설] 등온이면 $E = p$

문제 23. 온도 20℃, 절대압력 2 kgf / cm²의 질소 15 m³를 등온적으로 2 m³로 압축할 때 압력은 얼마나 되는가?

  ㉮ 2 kgf / cm²   ㉯ 15 kgf / cm²   ㉰ 20 kgf / cm²   ㉱ 150 kgf / cm²

[해설] 등온 변화이므로 $T = C$

$p_1 V_1 = p_2 V_2,\ \ 2 \times 15 = p_2 \times 2$

$\therefore\ p_2 = 15$ kgf / cm²

문제 24. 온도가 4.5℃인 CO_2 가스 2.3 kg이 체적이 0.283 m³인 용기에 가득 차 있다. 가스의 압력은 얼마인가?

  ㉮ 8.13 kgf / m²   ㉯ 8.13 kgf / cm²   ㉰ 4.35 kgf / m²   ㉱ 4.35 kgf / cm²

[해설] $R = \dfrac{848}{44} = 19.27$ m / K

$\gamma = \dfrac{W}{V} = \dfrac{2.3}{0.283} = 8.13$ kgf / m³

$p = \gamma RT = 8.13 \times 19.27 \times (273 + 4.5) = 43474.6$ kgf / m² $= 4.35$ kgf / cm²

문제 25. 점성계수의 단위 P와 관계없는 것은 어느 것인가?

  ㉮ dyne · s / cm²   ㉯ $\dfrac{1}{98}$ kgf · s / m²   ㉰ gf / cm · s   ㉱ gf · s / cm

---

[해답] **21.** ㉯   **22.** ㉰   **23.** ㉯   **24.** ㉱   **25.** ㉱

문제 26. 그림과 같이 평행한 두 평판 사이에 점성계수가 13.15 P인 기름이 들어 있다. 아래쪽 평판을 고정시키고 위쪽 평판을 4 m/s로 움직일 때 속도분포는 그림과 같이 직선이다. 이때 두 평판 사이에서 발생하는 전단응력은 몇 kg_f/m^2인가?

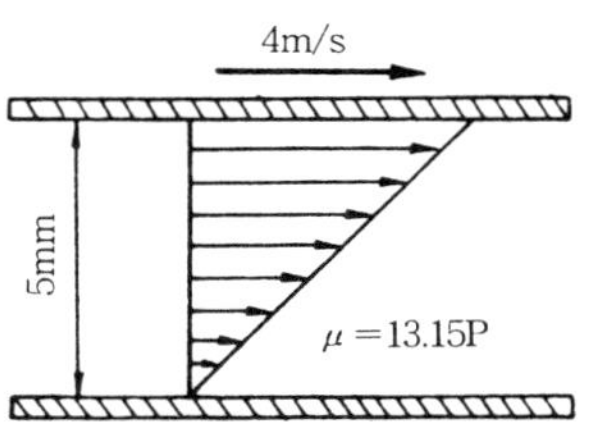

㉮ 92.36   ㉯ 107.35
㉰ 113.64   ㉱ 128.37

해설 속도구배는

$$\frac{du}{dy} = \frac{4}{0.005} = 800 \frac{1}{s}$$

$$\therefore \tau = \mu \cdot \frac{du}{dy} = 13.15 \times \frac{1}{98} \times 800 = 107.35 \ kg_f \cdot m^2$$

$$\left(\because 1P \fallingdotseq \frac{1}{98} \ kg_f \cdot s/m^2 \right)$$

문제 27. 어떤 기계유의 점성계수가 $1.5 \times 10^{-2} \ kg_f \cdot s/m^2$, 비중량은 $850 \ kg_f/m^3$이면 동점성계수는 몇 St인가?

㉮ 5.6   ㉯ 1.73   ㉰ 0.57   ㉱ 0.176

해설 $\nu = \frac{\mu}{\rho} = \frac{g \cdot \mu}{\gamma} = \frac{9.81 \times 1.5 \times 10^{-2}}{850}$

$$. = 1.73 \times 10^{-4} \ m^2/s = 1.73 \ cm^2/s = 1.73 \ St$$

문제 28. 어떤 기름의 동점성계수가 1.5 St이고, 비중량이 $0.00085 \ kg_f/cm^3$(SI 단위 : $0.00833 \ N/cm^3$)이다. 점성계수 μ는?

㉮ $1.30 \times 10^{-6} \ kg_f \cdot s/cm^2$ ($1.27 \times 10^{-5} \ N \cdot s/m^2$)

㉯ $0.0130 \ kg_f \cdot s/cm^2$ ($0.127 \ N \cdot s/cm^2$)

㉰ $1.30 \times 10^{-5} \ kg_f \cdot s/m^2$ ($1.27 \times 10^{-4} \ N \cdot s/m^2$)

㉱ $0.0130 \ kg_f \cdot s/m^2$ ($0.128 \ N \cdot s/m^2$)

해설 $1 \ St = 1 \ cm^2/s$이므로 $1.5 \ St = 1.5 \ cm^2/s$

$$\mu = \rho\nu = \frac{\gamma\nu}{g} = \frac{0.00085 \ kg_f/cm^3 \times 1.5 \ cm^2/s}{980 \ cm/s^2}$$

$$= 1.30 \times 10^{-6} \ kg_f \cdot s/cm^2 = 1.30 \times 10^{-10} \ kg_f \cdot s/m^2$$

해답 26. ㉯ 27. ㉯ 28. ㉱

문제 29. 어떤 액체의 동점성계수와 밀도가 각각 $5.6 \times 10^{-4}\ \mathrm{m^2/s}$와 $19.6\ \mathrm{kgf \cdot s/m^4}$이다. 이 액체의 점성계수는 몇 $\mathrm{kgf \cdot s/m^2}$인가?

㉮ 0.0109　　　㉯ 2.9×10^{-5}　　　㉰ 2.79×10^{-4}　　　㉱ 0.106

[해설] $\nu = \dfrac{\mu}{\rho}$ 에서 $\mu = \rho \times \nu = 5.6 \times 10^{-4} \times 19.6 = 0.0109\ \mathrm{kgf \cdot s/m^2}$

문제 30. 그림과 같이 0.1 m인 틈 속에 두께를 무시해도 좋을 정도의 얇은 판이 있다. 이 판 위에는 점성계수가 μ인 유체가 있고, 아래쪽에는 점성계수가 2μ인 유체가 있을 때 이 판을 수평으로 0.5 m /s의 속도로 움직이는 데 40 N의 힘이 필요하다면, 단위면적당 점성계수는 몇 $\mathrm{N \cdot s/m^2}$인가?

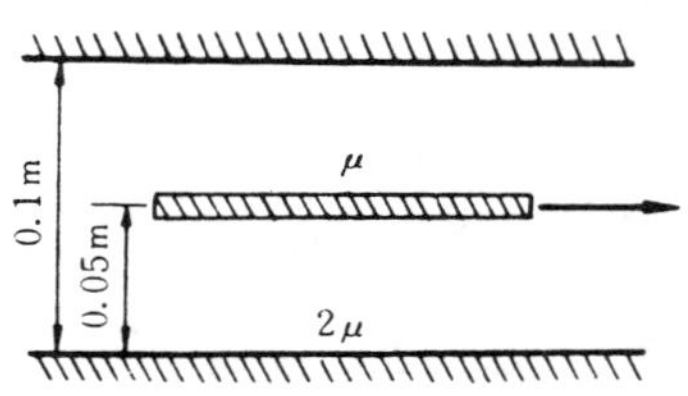

㉮ 0.75　　　㉯ 0.94　　　㉰ 1.33　　　㉱ 1.31

[해설] Newton의 점성법칙에 의해서

$$\tau = \frac{F}{A} = \mu \cdot \frac{du}{dy}$$

$$F = A\left(\mu \cdot \frac{du}{dy} + 2\mu \frac{du}{dy}\right) = A \cdot 3\mu \cdot \frac{du}{dy}$$

$$\therefore \mu = \frac{1}{3} \cdot \frac{F}{A} \cdot \frac{dy}{du} = \frac{1}{3} \times \frac{40}{1} \times \frac{0.05}{0.5} \fallingdotseq 1.33\ \mathrm{N \cdot s/m^2}$$

문제 31. 안지름 1 mm의 유리관을 알코올 속에 세웠더니 알코올이 10.5 mm 올라갔다. 알코올의 비중을 0.81, 유리와의 접촉각을 0°로 할 때 알코올의 표면장력은 몇 dyne/ cm인가? (단, SI 단위로 한다.)

㉮ 10.3　　　㉯ 15.7　　　㉰ 20.8　　　㉱ 32.1

[해설] $h = \dfrac{4\sigma \cos\beta}{\gamma d}$ 에서

$\beta = 0°,\ d = 1\ \mathrm{mm} = 10^{-3}\ \mathrm{m},\ h = 10.5\ \mathrm{mm} = 10.5 \times 10^{-3}\ \mathrm{m}$

$\gamma = \gamma_w S = 9800 \times 0.81 = 7938\ \mathrm{N/m^3}$이므로

$$\therefore \sigma = \frac{\gamma h d}{4\cos\beta} = \frac{7938 \times 10.5 \times 10^{-3} \times 10^{-3}}{4} = 0.0208\ \mathrm{N/m}$$

$$= 0.0208 \times \frac{10^5}{10^2}\ \mathrm{dyne/cm} = 20.8\ \mathrm{dyne/cm}$$

문제 1. 공학단위계에서 힘(무게)의 단위는 kg_f, 길이의 단위는 m, 시간의 단위는 s를 사용한다. 지구중력 가속도를 $g \cdot \mathrm{m/s^2}$라 할 때 질량 m의 무게는 $W = mg$ 식으로 계산한다. 이때 질량 m의 단위는 다음 중 어느 것을 사용하여야 하는가? (단, kg은 kgmass의 약자로서 kg의 질량을 의미한다.)

　㉮ $\mathrm{kg_f/m}$　　　㉯ $\mathrm{s^2/m^4}$　　　㉰ $\mathrm{kg_f \cdot s^2/m}$　　　㉱ $\mathrm{m^3/kg_f}$

[해설] $W = mg$에서 $\mathrm{kg_f = kg \cdot m/s^2}$　∴ $\mathrm{kg = kg_f \cdot s^2/m}$

문제 2. 다음 중 무차원인 것은 어느 것인가?

　㉮ 동점성계수　　　㉯ 체적탄성계수　　　㉰ 비중량　　　㉱ 비중

문제 3. 중력 단위계에서 질량의 차원으로 맞는 것은?

　㉮ $[\mathrm{FL^2T^2}]$　　　㉯ $[\mathrm{FLT^2}]$　　　㉰ $[\mathrm{FL^{-1}T^{-1}}]$　　　㉱ $[\mathrm{FL^{-1}T^2}]$

[해설] $F = ma$

$$[m] = \left[\frac{\mathrm{F}}{a}\right] = \left[\frac{\mathrm{F}}{\mathrm{LT^2}}\right] = [\mathrm{FL^{-1}T^2}]$$

문제 4. 다음 중 차원이 틀린 것은?

　㉮ $[\mu] = [\mathrm{ML^{-1}T^{-1}}]$　　　　㉯ $[\gamma] = [\mathrm{ML^{-2}T^{-2}}]$
　㉰ $[P] = [\mathrm{ML^{-1}T^{-2}}]$　　　　㉱ $[F] = [\mathrm{MLT^{-2}}]$

[해설] $[\gamma] = \left[\dfrac{\mathrm{kg_f}}{\mathrm{m^3}}\right] = \left[\dfrac{\mathrm{MLT^2}}{\mathrm{L^3}}\right] = [\mathrm{ML^{-2}T^2}]$

문제 5. 다음의 관계가 틀린 것은?

　㉮ $1\,\mathrm{N} = 10^5\,\mathrm{dyne}$　　　　㉯ $1\,\mathrm{PS} = 75\,\mathrm{kg_f \cdot m/s} = 735.5\,\mathrm{W}$
　㉰ $1\,\mathrm{J} = 0.102\,\mathrm{kg_f \cdot m}$　　　　㉱ $1\,\mathrm{dyne} = 1\,\mathrm{gr} \times \mathrm{cm/s^2}$

[해답]　1. ㉰　　2. ㉱　　3. ㉱　　4. ㉯　　5. ㉱

문제 6. 실제 혹은 이상 유체의 흐름에 의해서 충족되어야 할 사항은?

① 뉴턴의 점성법칙　　　　　　　② 뉴턴의 운동 제 2 법칙

③ 연속방정식　　　　　　　　　④ $\tau = (\mu + n)\dfrac{du}{dy}$

⑤ 속도는 경계벽에서 0이다.　　⑥ 유체는 경계벽을 갖지 않는다.

㉮ ①, ②, ③, ④　　㉯ ①, ③, ⑥　　㉰ ②, ③, ⑤　　㉱ ②, ③, ⑥

문제 7. 모세관 현상으로 올라가는 액주의 높이는?

㉮ $\dfrac{4\sigma\cos\beta}{\gamma d}$

㉯ $\dfrac{2\sigma\cos\beta}{\gamma d}$

㉰ $\dfrac{4d\cos\beta}{\gamma\sigma}$

㉱ $\dfrac{2d\cos\beta}{\gamma\sigma}$

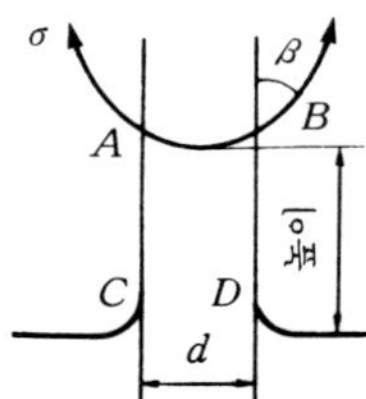

해설　$W = \dfrac{rh\pi d^2}{4}$, $F = \pi\sigma d\cos\beta$

$W = F$, $\quad \dfrac{rh\pi d^2}{4} = \pi\sigma d\cos\beta$

문제 8. 유체의 압축률에 대한 차원으로 맞는 것은?

㉮ $[\mathrm{M}^{-2}\mathrm{T}]$　　　　㉯ $[\mathrm{M}^{-1}\mathrm{L}\mathrm{T}^2]$　　　　㉰ $[\mathrm{ML}^{-1}\mathrm{T}^2]$　　　　㉱ $[\mathrm{L}^{-1}\mathrm{T}^{-1}]$

해설　$\beta = -\dfrac{dv}{v}\cdot\dfrac{1}{dp} = \dfrac{[\mathrm{L}^3]}{[\mathrm{L}^3]\cdot[\mathrm{FL}^{-2}]} = [\mathrm{F}^{-1}\mathrm{L}^2] = [\mathrm{M}^{-1}\mathrm{L}^2] = [\mathrm{M}^{-1}\mathrm{L}\mathrm{T}^2]$

문제 9. 다음 식 중 음속의 식이 아닌 것은?

㉮ $\sqrt{\dfrac{E}{\rho}}$　　　　㉯ $\sqrt{\dfrac{kp}{\rho}}$　　　　㉰ $\sqrt{kgRT}$　　　　㉱ $\dfrac{dp}{\dfrac{dv}{V}}$

해설　$\dfrac{dp}{\dfrac{dv}{V}}$ 는 체적탄성계수이다.

해답　6. ㉰　7. ㉮　8. ㉯　9. ㉱

문제 10. 다음 중 비점성 유체란?

㉮ 유체유동시 마찰저항이 존재하지 않는 유체를 말한다.
㉯ 유체유동시 마찰저항이 존재하는 유체이다.
㉰ 실제 유체를 말한다.
㉱ 전단응력이 존재하는 유체 흐름을 말한다.

문제 11. 등온기체에 대한 체적탄성계수 E는 다음 중 어느 식인가? (여기서, p는 절대 압력, v_s는 비체적이다.)

㉮ $E = p$　　　㉯ $E = pv_s$　　　㉰ $E = \dfrac{p}{v_s}$　　　㉱ $E = \dfrac{dp}{dv_s}$

문제 12. 점성계수의 단위로 P를 사용하는데, 다음 중 P의 단위로 옳은 것은?

㉮ dyne / cm · s　　㉯ Newton · s / m²　　㉰ dyne · s / cm²　　㉱ cm² / s

---

문제 13. 동점성계수의 단위로 St를 사용하는데 다음 중 St는 어느 것인가?

㉮ ft² / s　　㉯ m² / s　　㉰ cm² / s　　㉱ m² / h

문제 14. 다음 중 동점성계수 ν의 차원은 어느 것인가?

㉮ $[L^2 T^{-1}]$　　㉯ $[L^{-2} T^{-1}]$　　㉰ $[L^{-2} T]$　　㉱ $[LT^{-2}]$

문제 15. 다음 중 점성계수의 단위가 아닌 것은 어느 것인가?

㉮ $kg_f \cdot s / m^2$　　㉯ $kg_f / m \cdot s$　　㉰ dyne · s / cm²　　㉱ $kg_f \cdot m / s^2$

문제 16. 다음 그림 중에서 뉴턴의 점성 법칙을 바르게 나타낸 것은? (단, μ는 점성계수, $\dfrac{du}{dy}$는 속도구배이다.)

㉮ ①　　　　㉯ ②
㉰ ③　　　　㉱ ④

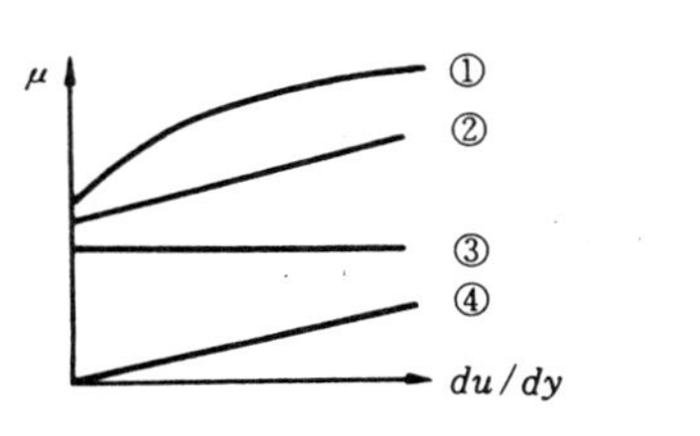

[해설] 뉴턴의 점성법칙 $\tau = \mu \cdot \dfrac{du}{dy}$ 에서 μ는 비례상수이므로 속도구배와 관계없이 일정해야 한다.

[해답] 10. ㉮　11. ㉮　12. ㉰　13. ㉰　14. ㉮　15. ㉱　16. ㉰

문제 17. 모세관 현상으로 인한 액체의 상승높이에 관계 없는 것은?

㉮ 관의 길이   ㉯ 관의 지름   ㉰ 관의 종류   ㉱ 액체의 종류

[해설] $h = \dfrac{4\sigma\cos\theta}{\gamma D}$ 에서 상승높이 h는 관의 지름 D에 반비례하며 접촉각, θ는 관의 종류, 액체의 종류 등과 관계된다.

문제 18. 다음 중 뉴턴 유체란?

㉮ 비압축성 유체로서 속도구배가 항상 일정한 유체
㉯ 유체 유동시에 전단응력과 속도구배의 관계가 원점을 통과하는 직선적인 관계를 갖는 유체
㉰ 유체가 정지상태에서 항복응력을 갖는 유체
㉱ 전단응력이 속도구배에 관계없이 항상 일정한 유체

[해설] 뉴턴의 점성법칙을 만족하는 유체를 뉴턴 유체라고 한다. 유체유동시에 전단응력과 속도구배의 관계가 원점을 지나는 직선적인 관계를 가지며, 이때 비례상수에 해당하는 것이 점성계수이다. 따라서 Newton 유체의 점성계수는 속도구배에 관계없이 일정한 값을 갖는다.

문제 19. 모세관의 지름비가 $1:2:3$인 3개의 모세관 속을 올라가는 물의 높이의 비는?

㉮ $1:2:3$ ㉯ $3:2:1$ ㉰ $2:3:6$ ㉱ $6:3:2$

[해설] 모세관 현상으로 인한 상승높이는

$$h = \frac{4\sigma\cos\theta}{\gamma D}$$

즉, 모세관의 지름에 반비례한다. 따라서 상승높이의 비는 다음과 같다.

$$1 : \frac{1}{2} : \frac{1}{3} = 6 : 3 : 2$$

문제 20. 지름이 d이고 내압이 p(계기압력)인 비눗방울의 표면장력은 얼마인가?

㉮ $\dfrac{pd}{4}$ ㉯ $\dfrac{4p}{\pi d}$ ㉰ $\dfrac{\pi d}{4p}$ ㉱ $\dfrac{pd}{2}$

문제 21. 표면장력의 차원은 다음 중 어느 것인가? (단, F는 힘, L은 길이의 차원이다.)

㉮ F   ㉯ FL^{-1} ㉰ FL^{-2} ㉱ FL^{-3}

[해답] 17. ㉮   18. ㉯   19. ㉱   20. ㉮   21. ㉯

문제 22. 다음 중 모세관 속의 액체가 상승하는 경우는?

㉮ 부착력이 응집력보다 크다.

㉯ 모세관 속의 액체표면은 위로 볼록하다.

㉰ 다른 조건이 모두 같다면 모세관의 지름이 클수록 상승높이가 크다.

㉱ 부착력과 응집력의 크기에는 관계없고 위로 오목한 표면을 갖는다.

[해설] 모세관 속의 액체는 부착력과 응집력의 크기 관계에 따라 상승하거나 하강한다. 또 상승하는 경우는 액면이 오목하고, 하강하는 경우는 위로 볼록하다.
- 응집력 > 부착력 : 하강
- 응집력 < 부착력 : 상승

문제 23. 700 kPa, 90℃의 CO_2(이산화탄소)의 비중량은 다음 중 어느 것인가?

㉮ $100 \text{ kg} / \text{m}^3$ ㉯ $100 \text{ N} / \text{m}^3$

㉰ $1008 \text{ kg} / \text{m}^3$ ㉱ $1008 \text{ N} / \text{m}^3$

문제 24. 무게와 체적이 각각 4000 kg_f과 8 m^3인 유체의 비중은 얼마인가?

㉮ 8.6   ㉯ 0.5   ㉰ 1.16   ㉱ 11.6

[해설] $S = \dfrac{\gamma}{1000} = \dfrac{1}{1000} \cdot \dfrac{W}{V} = \dfrac{1}{1000} \times \dfrac{4000}{8} = 0.5$

문제 25. 밀도가 $10 \text{ kgf} \cdot \text{s}^2 / \text{m}^4$인 유체의 비중량은 얼마인가?

㉮ $980 \text{ kg}_f / \text{m}^3$ ㉯ $0.023 \text{ kg}_f / \text{m}^3$

㉰ $98 \text{ kg}_f / \text{m}^3$ ㉱ $82.9 \text{ kg}_f / \text{m}^3$

[해설] $\gamma = \rho g = 10 \times 9.8 = 98 \text{ kg}_f / \text{m}^3$

문제 26. 어떤 액체가 0.01 cm^3의 체적을 갖는 강체의 실린더 속에서 $69 \text{ kg}_f / \text{cm}^2$의 압력을 받고 있다. 그런데 압력이 $138 \text{ kg}_f / \text{cm}^2$로 증가되었을 때 액체의 체적은 0.0099 cm^3로 축소되었다. 이 액체의 체적탄성계수는 얼마인가?

㉮ $690 \text{ kg}_f / \text{cm}^2$ ㉯ $960 \text{ kg}_f / \text{cm}^2$

㉰ $9600 \text{ kg}_f / \text{cm}^2$ ㉱ $6900 \text{ kg}_f / \text{cm}^2$

[해설] $E = -\dfrac{dp}{\dfrac{dV}{V}} = -\dfrac{p_2 - p_1}{\dfrac{V_2 - V_1}{V_1}} = -\dfrac{0.01(138 - 69)}{0.0099 - 0.01} = 6900 \text{ kg}_f / \text{cm}^2$

[해답] 22. ㉮   23. ㉯   24. ㉯   25. ㉰   26. ㉱

문제 27. 질량 1 kg인 물체를 저울에 달았더니 무게가 10 kgf이었다. 이 지점의 중력가속도는 얼마인가?

　㉮ 98　　　　　　㉯ 105　　　　　　㉰ 130　　　　　　㉱ 142

[해설] 질량 $m = 1$ kg, 무게 $F = 10$ kgf $\fallingdotseq 98$ kg $\cdot$ m / s^2

$$\therefore a = \frac{F}{m} = \frac{98}{1} \text{ m / s}^2$$

문제 28. 10 kg의 질량체를 중력가속도 $g = 3$ m/s^{2}인 유량에서 용수철 저울로 달았다. 무게는 몇 kgf인가?

　㉮ 10 kgf　　　　㉯ 3.06 kgf　　　　㉰ 32.67 kgf　　　　㉱ 30 kgf

[해설] $W = mg$에서　$W = 10 \times 3 = 30$ kg $\cdot$ m / s$^2 = 30$ N

$$\therefore W = \frac{30}{9.8} \text{ kgf} = 3.06 \text{ kgf}$$

문제 29. 압력이 200 kPa에서 밀도가 1.1 kg / m^{3}인 메탄가스(CH_4)의 온도는 다음 중 어느 것인가?

　㉮ 288 K　　　　㉯ 35.7 K　　　　㉰ 350 K　　　　㉱ 29.4 K

[해설] 1 kPa $= 1000$ N / m^2,　$T = \dfrac{p}{\rho R} = \dfrac{200 \times 10^3}{1.1 \times \dfrac{8314.3}{16}} = 349.9$

문제 30. 체적이 5 m^{3}인 어떤 기름의 무게가 5000 kgf 이었다. 이 기름의 밀도는 몇 kgf $\cdot$ s^2 / m^{4}인가?

　㉮ 78　　　　　　㉯ 86　　　　　　㉰ 94　　　　　　㉱ 102

[해설] 비중량 $\gamma = \dfrac{W}{V} = \dfrac{5000}{5} = 1000$ kgf / m^3

$$\therefore \rho = \frac{\gamma}{g} = \frac{1000}{9.8} \fallingdotseq 102 \text{ kgf} \cdot \text{s}^2 / \text{m}^4$$

문제 31. 압력 3 kgf / cm^2 abs, 온도 50℃인 기체의 비중량이 2.25 kgf / m^{3}이다. 이 기체의 분자량은 얼마인가?

　㉮ 8　　　　　　㉯ 14　　　　　　㉰ 21　　　　　　㉱ 36

[해답]　27. ㉮　　28. ㉯　　29. ㉰　　30. ㉱　　31. ㉰

[해설] 상태방정식 $pv_s = RT$ 에서

$$R = \frac{p}{\gamma T} = \frac{3 \times 10^4}{2.25 \times (273 + 50)} \fallingdotseq 41.28 \, \text{kg}_\text{f} \cdot \text{m} / \text{kg} \cdot \text{K}$$

$$\therefore M = \frac{848}{R} = \frac{848}{41.28} \fallingdotseq 21$$

문제 32. 50℃, 압력 10 kg$_\text{f}$ / cm² abs인 공기에서 밀도는 몇 kg$_\text{f}$ · s²/ m⁴인가? (단, 공기를 이상기체로 가정하고 기체상수 $R = 29.27$ kg$_\text{f}$ · m / kg · K이다.)

㉮ 1.08　　　　㉯ 5.32　　　　㉰ 10.57　　　　㉱ 8.8

[해설] 상태방정식 $pv_s = RT$ 에서

$$\rho = \frac{1}{v_s} = \frac{p}{RT} = \frac{10 \times 10^4 \, \text{kg}_\text{f} / \text{m}^2}{(29.27 \, \text{kg}_\text{f} \cdot \text{m} / \text{kg} \cdot \text{K}) \times (273 + 50)\text{K}}$$

$$= 10.57 \, \text{kg}_\text{f} / \text{m}^3 = 10.57 \, \text{N} \cdot \text{s} / \text{m}^4 = 1.08 \, \text{kg}_\text{f} \cdot \text{s}^2 / \text{m}^4$$

문제 33. 표준기압 4℃인 순수한 물의 밀도는 얼마인가?

㉮ 102 kg$_\text{f}$ · s² / m⁴(1000 kg / m³)　　　㉯ 102 kg$_\text{f}$ · s² / m³(1000 N · s²/m³)

㉰ 1000 kg$_\text{f}$ / m³(9800 N / m³)　　　㉱ 10^{-3} kg$_\text{f}$ / m³(9.8×10^{-3} N / m³)

[해설] $\rho = \dfrac{\gamma}{g} = \dfrac{1000}{9.81} = 102 \, \text{kg}_\text{f} \cdot \text{s}^2 / \text{m}^4$

[SI 단위]

$$\rho = \frac{\gamma}{g} = \frac{9800}{9.81} = 1000 \, \text{kg} / \text{m}^3$$

문제 34. 온도 10℃의 암모니아 가스(NH_3) 2 kg$_\text{f}$이 체적 0.5 m³인 용기에 가득 차 있다. 가스의 압력(kg$_\text{f}$ / cm²)은 얼마인가?

㉮ 5.65×10^4　　　㉯ 4.35　　　　㉰ 5.65　　　　㉱ 4.35×10^{-4}

[해설] $\gamma = \dfrac{W}{V} = \dfrac{2}{0.5} = 4 \, \text{kg} / \text{m}^3$,　$R = \dfrac{848}{17} = 49.88 \, \text{m} / \text{K}$

$$\therefore p = \gamma RT = 4 \times 49.88 \times (273 + 10) = 56464 \, \text{kg}_\text{f} / \text{m}^2 \fallingdotseq 5.65 \, \text{kg}_\text{f} / \text{cm}^2$$

문제 35. 대기 중의 온도가 20℃일 때 대기 중의 음속은 얼마인가? (단, 공기를 완전가스로 취급하여 $k = 1.4$, $R = 29.27$ kg$_\text{f}$ · m / kg · K이다.)

㉮ 433 m / s　　　　㉯ 343 m / s　　　　㉰ 1344 m / s　　　　㉱ 1433 m / s

[해설] $C = \sqrt{kgRT} = \sqrt{1.4 \times 9.8 \times 29.27 \times 293} = 343 \, \text{m} / \text{s}$

[해답]　32. ㉮　　33. ㉮　　34. ㉰　　35. ㉯

문제 36. 어떤 액체에 $7\,\mathrm{kg_f}/\mathrm{cm^2}(68.6\,\mathrm{N}/\mathrm{cm^2})$의 압력을 가하였더니 체적이 $0.035\,\%$ 감축되었다. 이 액체의 체적탄성계수는 얼마인가?

㉮ $2 \times 10^8\,\mathrm{kg_f}/\mathrm{m^2}(1.96 \times 10^5\,\mathrm{Pa})$ ㉯ $2 \times 10^3\,\mathrm{kg_f}/\mathrm{m^2}(1.96 \times 10^9\,\mathrm{Pa})$

㉰ $2 \times 10^6\,\mathrm{kg_f}/\mathrm{m^2}(1.96 \times 10\,\mathrm{Pa})$ ㉱ $2 \times 10^9\,\mathrm{kg_f}/\mathrm{m^2}(1.96 \times 10^7\,\mathrm{Pa})$

[해설] $E = \dfrac{7 \times 10^4}{0.035 \times 10^{-2}} = 2 \times 10^8\,\mathrm{kg_f}/\mathrm{m^2}$

문제 37. 어떤 뉴턴 유체에서 $40\,\mathrm{dyne}/\mathrm{cm^2}$인 전단응력이 작용하여 $1\,\mathrm{rad}/\mathrm{s}$의 각 변형률을 얻었다. 이때 유체의 점성계수는 몇 cP인가?

㉮ 4 ㉯ 40 ㉰ 400 ㉱ 4000

[해설] $1\,\mathrm{P} = 100\,\mathrm{cP}$

문제 38. 동점성계수와 비중이 각각 $0.002\,\mathrm{m^2}/\mathrm{s}$와 $1.2\,\mathrm{m^2}/\mathrm{s}$인 액체의 점성계수 μ는 몇 $\mathrm{kg_f} \cdot \mathrm{s}/\mathrm{m^2}$인가?

㉮ 1.002 ㉯ 0.12 ㉰ 0.274 ㉱ 0.245

[해설] $\rho = \rho_w S = 1000 \times 1.2 = 1200\,\mathrm{kg_f}/\mathrm{m^3} = 1200\,\mathrm{N} \cdot \mathrm{s^2}/\mathrm{m^4} = 122.45\,\mathrm{kg_f} \cdot \mathrm{s^2}/\mathrm{m^4}$

$\therefore \nu = \dfrac{\mu}{\rho}$ 에서 $\mu = \rho\nu = 122.45 \times 0.002 = 0.245\,\mathrm{kg_f} \cdot \mathrm{s}/\mathrm{m^2}$

문제 39. 동점성계수와 비중이 각각 $0.0019\,\mathrm{m^2}/\mathrm{s}$와 $1.2\,\mathrm{m^2}/\mathrm{s}$인 액체의 점성계수 μ는 몇 $\mathrm{kg_f} \cdot \mathrm{s}/\mathrm{m^2}$인가?

㉮ $0.274\,\mathrm{kg_f} \cdot \mathrm{s}/\mathrm{cm^2}\,(2.69\,\mathrm{N} \cdot \mathrm{s}/\mathrm{cm^2})$ ㉯ $0.233\,\mathrm{kg_f} \cdot \mathrm{s}/\mathrm{m^2}\,(2.28\,\mathrm{N} \cdot \mathrm{s}/\mathrm{m^2})$

㉰ $0.194\,\mathrm{kg_f}/\mathrm{m^2}\,(1.9\,\mathrm{N}/\mathrm{m^2})$ ㉱ $1.9\,\mathrm{kg_f} \cdot \mathrm{s}/\mathrm{m^2}\,(18.6\,\mathrm{N} \cdot \mathrm{s}/\mathrm{m^2})$

[해설] $\mu = \rho\nu = 1.2 \times 1000 \times 0.0019 = 0.233\,\mathrm{kg_f} \cdot \mathrm{s}/\mathrm{m^2}$

[SI 단위]

$\mu = \rho\nu = 1.2 \times 1000 \times 0.0019 = 2.28\,\mathrm{N} \cdot \mathrm{s}/\mathrm{m^2}$

문제 40. 어떤 기름의 동점성계수가 $2\,\mathrm{St}$이고, 비중량이 $0.0008\,\mathrm{kg_f}/\mathrm{cm^3}$이다. 이때 점성계수는 몇 P인가? (단, SI 단위)

㉮ 1 ㉯ 1.3 ㉰ 1.6 ㉱ 2

[해답] 36. ㉮ 37. ㉱ 38. ㉱ 39. ㉯ 40. ㉰

[해설] $\mu = \rho\nu$에서 $\rho = \dfrac{\gamma}{g}$ 이므로

$$\mu = \frac{\gamma\nu}{g} = \frac{0.0008\,\mathrm{kg_f/cm^3} \times 2\,\mathrm{cm^2/s}}{980\,\mathrm{cm/s^2}}$$

$$= 1.63 \times 10^{-6}\,\mathrm{kg_f \cdot s/cm^2} = 1.6 \times 10^{-5}\,\mathrm{N \cdot s/cm^2} = 1.6\,\mathrm{dyne \cdot s/cm^2} = 1.6\,\mathrm{P}$$

문제 41. $\mu = 0.60\,\mathrm{P}$, 비중 $= 0.60$인 유체의 ν는 St 단위로 얼마인가?

㉮ 2.78　　　　㉯ 1.0　　　　㉰ 0.60　　　　㉱ 0.36

[해설] $\nu = \dfrac{\mu}{\rho} = \dfrac{\mu}{1000S} = \dfrac{0.60 \times 10^{-1}}{1000 \times 0.60} = 1 \times 10^{-4}\,\mathrm{m^4/s}$

$\therefore \nu = 1 \times 10^{-4} \times 104\,\mathrm{cm^2/s} = 1\,\mathrm{St}$

문제 42. 간격이 $3\,\mathrm{mm}$인 평행한 두 평판 사이에 점성계수가 $15.14\,\mathrm{P}$인 피마자 기름이 차 있다. 한쪽 판이 다른 판에 대해서 $6\,\mathrm{m/s}$의 속도로 미끄러질 때 면적 $1\,\mathrm{m^2}$당 받는 힘은 얼마인가?

㉮ $308.9\,\mathrm{kg_f/m^2}$　　　　　　㉯ $274.2\,\mathrm{kg_f/m^2}$

㉰ $369.2\,\mathrm{kg_f/m^2}$　　　　　　㉱ $1524.5\,\mathrm{kg_f/m^2}$

[해설] $\tau = \mu\dfrac{v}{h} = 15.14 \times \dfrac{1}{98} \cdot \dfrac{6}{0.003} = 308.9\,\mathrm{kg_f/m^2}$

문제 43. 점성계수가 $102.9\,\mathrm{kg_f \cdot s/m^2}$, 동점성계수가 $1.010\,\mathrm{m^2/s}$인 유체의 비중은 얼마인가?

㉮ 0.91　　　　㉯ 1　　　　㉰ 1.21　　　　㉱ 4

[해설] $\nu = \dfrac{\mu}{\rho} = \dfrac{\mu}{102S}$ 에서 $S = \dfrac{\mu}{102 \times \nu} = \dfrac{102.9}{102 \times 1.010} = 1$

문제 44. 지름 $1\,\mathrm{mm}$, 온도 $20\,℃$의 유리관 속을 상승하는 물의 모세관의 상승 높이는 얼마인가? (단, $\sigma = 7.42 \times 10^{-3}\,\mathrm{kg_f/m}$, $\beta = 0°$이다.)

㉮ $7.42\,\mathrm{mm}$　　　　㉯ $7.42\,\mathrm{cm}$　　　　㉰ $29.68\,\mathrm{mm}$　　　　㉱ $29.68\,\mathrm{cm}$

[해설] $h = \dfrac{4\sigma\cos\beta}{\gamma d} = \dfrac{4 \times 7.42 \times 10^{-3} \times \cos 0°}{1000 \times 1 \times 10^{-3}}$

$$= 29.68 \times 10^{-3}\,\mathrm{m} = 29.68\,\mathrm{mm}$$

해답　41. ㉯　42. ㉮　43. ㉯　44. ㉰

문제 45. 지름이 50 mm인 비눗방울의 내부 초과압력이 20 N/m²일 때 표면장력 σ는?

㉮ 0.25 N/m   ㉯ 0.5 N/m   ㉰ 0.75 N/m   ㉱ 1 N/m

[해설] $\sigma = \dfrac{pD}{4} = \dfrac{20 \times 0.05}{4} = 0.25$ N/m

문제 46. 물방울이 20℃인 대기 중에 있을 때 물방울의 내부 압력이 외부 압력보다 0.01 kg$_f$/cm² 만큼 높아졌다면 물방울의 지름은? (단, $\sigma = 7.4 \times 10^{-2}$ kg$_f$/m)

㉮ 1.96 mm   ㉯ 2.96 mm   ㉰ 3.96 mm   ㉱ 4.96 mm

[해설] $D = \dfrac{4\sigma}{p} = \dfrac{4 \times 7.4 \times 10^{-2}}{0.01 \times 104} = 0.00296$ m = 2.96 mm

문제 47. 그림과 같이 지름 D인 모세관을 물 속에 α만큼 기울여서 세웠을 때 상승높이 H는 몇 mm인가? (단, $D = 5$ mm, $\theta = 10°$, $\alpha = 15°$, 표면장력은 8.4×10^{-3} kg$_f$/m이다.)

㉮ 5.4   ㉯ 6.6

㉰ 7.8   ㉱ 9.0

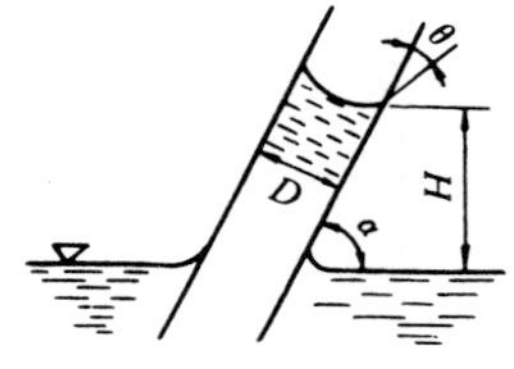

[해설] 모세관이 기울어졌더라도 액체의 상승높이 H는 마찬가지이다.

$$\therefore \ H = \dfrac{4\sigma \cos\theta}{\gamma D} = \dfrac{4 \times 8.4 \times 10^{-3} \times \cos 10°}{1000 \times 5 \times 10^{-3}} \fallingdotseq 6.6 \times 10^{-3} \text{ m} = 6.6 \text{ mm}$$

문제 48. 5 cm 지름인 비누풍선 속의 내부 초과압력은 2.08×10^{-5} kg$_f$/cm²이다. 이 비누막의 표면장력은 얼마인가?

㉮ 0.6×10^{-5} kg$_f$/m   ㉯ 2.6×10^{-5} kg$_f$/m

㉰ 0.6×10^{-3} kg$_f$/m   ㉱ 2.6×10^{-3} kg$_f$/m

[해설] $\sigma = \dfrac{pD}{4} = \dfrac{2.08 \times 10^{-5} \times 5}{4} = 2.6 \times 10^{-5}$ kg$_f$/cm = 2.6×10^{-3} kg$_f$/m

문제 49. 비중이 0.8인 액체에 지름이 3 mm인 유리관을 세웠을 때 모세관 현상에 의해 올라간 높이는 얼마인가? (단, 액체의 표면장력 $\sigma = 2.95 \times 10^{-3}$ kg$_f$/m, 접촉각 $\beta = 10°$이다.)

㉮ 2.84×10^{-3} m   ㉯ 4.84×10^{-3} m   ㉰ 8.48×10^{-3} m   ㉱ 8.84×10^{-3} m

---

해답 45. ㉮   46. ㉯   47. ㉯   48. ㉱   49. ㉯

[해설] $h = \dfrac{4\sigma\cos\beta}{\gamma d} = \dfrac{4 \times 2.95 \times 10^{-3} \times \cos 10°}{800 \times 0.003} = 4.84 \times 10^{-3}$ m

---

문제 50. 그림과 같이 폭 0.06 m의 틈 속 가운데 매우 넓고 얇은 판이 있다. 이 얇은 판 위에는 점성계수가 μ인 유체가 있고, 아랫면에는 점성계수가 2μ인 유체가 있다. 이 얇은 판이 0.3 m / s의 속도로 움직일 때 1 m²당 필요한 힘이 30 N이다. 이때 점성계수 μ는 몇 N·s/m²인가? (단, SI 단위)

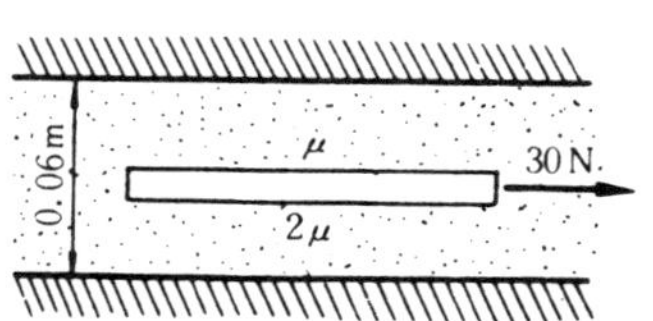

㉮ 1　　　　㉯ 0.33　　　　㉰ 0.5　　　　㉱ 0.8

[해설] 윗면이 받는 전단응력 $\tau_\mu = \mu \dfrac{0.3}{0.03} = 10\mu$

아랫면이 받는 전단응력 $\tau_{2\mu} = 2\mu \dfrac{0.3}{0.03} = 20\mu$

$F = (\tau_\mu + \tau_{2\mu}) \cdot 1$ 에서　$30 = 10\mu + 20\mu = 30\mu$

$\therefore \mu = 1$ N·s/m²

문제 51. 절대 압력이 3 kg_f/cm²이고, 온도가 33℃인 공기의 밀도는 몇 kg_f/m³인가? (단, 공기의 기체상수는 29.27 kg_f·m/kg·K이다.)

㉮ 3.35　　　　㉯ 4.36　　　　㉰ 5.78　　　　㉱ 6.31

[해설] · 절대 압력 $p = 3 \times 10^4$ kg_f/m² $\fallingdotseq 3 \times 10^4 \times 9.8$ N/m²

· 절대 온도 $T = 33 + 273 = 306$ K

· 기체상수 $R = 29.87$ kg_f·m/kg·K $= 29.27 \times 9.8$ N·m/kg·K

· 상태방정식 $pv_s = RT$ 에서

$\therefore \rho = \dfrac{p}{RT} = \dfrac{3 \times 10^4 \times 9.8}{29.27 \times 9.8 \times 306} \fallingdotseq 3.35$ kg_f/m³

문제 52. 체적탄성계수와 관계 있는 것은?

㉮ 온도에 무관하다.　　　　　　㉯ 압력이 증가하면 증가한다.

㉰ 압력과 점성에 영향을 받지 않는다.　　　㉱ $\dfrac{1}{\rho}$ 의 차원을 갖고 있다.

[해설] $E = -\dfrac{Vdp}{dV}$ 이므로 압력이 증가하면 체적탄성계수는 증가된다.

[해답]　50. ㉮　　51. ㉮　　52. ㉯

주·관·식

문제 1. 안지름이 $6\,\text{mm}$인 액주계에 의하여 어떤 용기의 압력을 측정한 결과 수주 $545\,\text{mm}$ 를 얻었다. 액주계의 모세관 현상을 고려할 때 실제 압력을 구하여라. (단, 액주계의 접 촉각 $\beta = 9°$이며, 물의 표면장력 $\sigma = 0.0757\,\text{g}_\text{f}\,/\,\text{cm}(0.742 \times 10^{-3}\,\text{N}\,/\,\text{cm})$이다.)

[해설] $\sigma = 0.0757\,\text{g}_\text{f}\,/\,\text{cm} = 7.57 \times 10^{-3}\,\text{kg}_\text{f}\,/\,\text{m}$

$$h = \frac{4\sigma\cos\theta}{\gamma d} = \frac{4 \times 7.57 \times 10^{-3} \times \cos 9°}{10^3 \times 6 \times 10^{-3}} = 4.98 \times 10^{-3}\,\text{mm} = 4.98\,\text{mm}$$

$$\therefore\ p = 545 - 4.98 = 540.02\,\text{mmAq}$$

[SI 단위]

$$h = \frac{4\sigma\cos\theta}{\gamma d} = \frac{4 \times 0.742 \times 10^{-1} \times \cos 9°}{9800 \times 6 \times 10^{-3}} = 4.98\,\text{mm}$$

$$\therefore\ p = 545 - 4.98 = 540.02\,\text{mmAq}$$

문제 2. 실린더 속에 액체가 흐르고 있다. 내벽에서 수직거리 y에서의 속도가 $u = 5y - y^2$ [m／s]로 표시된다. 이때 벽면에서의 마찰전단응력을 구하여라. (단, 유체의 점성계수 $\mu = 3.9 \times 10^{-3}\,\text{kg}_\text{f} \cdot \text{s}\,/\,\text{m}^2(0.0382\,\text{N} \cdot \text{s}\,/\,\text{m}^2)$, 실린더의 안지름은 $10\,\text{cm}$이다.)

[해설] $u = 5y - y^2$에서　$\dfrac{du}{dy} = [5 - 2y]_{y=0} = 5\,\text{s}^{-1}$

$$\therefore\ \tau_0 = \mu\left(\frac{du}{dy}\right)_{y=0} = 3.9 \times 10^{-3} \times 5 = 1.95 \times 10^{-2}\,\text{kg}_\text{f}\,/\,\text{m}^2$$

[SI 단위]

$$\tau_0 = 1.95 \times 10^{-2} \times 9.8 = 0.191\,\text{N}\,/\,\text{m}^2$$

문제 3. 지름이 $80\,\text{mm}$이고, 길이가 $120\,\text{mm}$인 축이 Journal Bearing으로 지지되어 있고 $200\,\text{rpm}$으로 회전하고 있을 때 베어링의 틈새가 $0.015\,\text{mm}$, 점성계수 $\mu = 0.005\,\text{kg}_\text{f} \cdot \text{s}\,/\,\text{m}^2$이다. 이때 마찰에 의한 손실동력을 구하여라.

[해설] $\mu = \dfrac{\pi D n}{60} = \dfrac{3.14 \times 0.08 \times 200}{60} = 0.838\,\text{m}\,/\,\text{s}$

$$\tau = \mu\,\frac{du}{dy} = 0.005 \times \frac{0.838}{0.015 \times 10^{-3}} = 279\,\text{kg}_\text{f}\,/\,\text{m}^2$$

$$F = \tau A = \tau D l = 279 \times 3.14 \times 0.08 \times 0.12 = 8.41\,\text{kg}_\text{f}\ (\text{SI 단위}: 2737\,\text{N})$$

$$\therefore\ 손실동력\ P = Fu = 8.41 \times 0.838 = 7.04\,\text{kgf} \cdot \text{m}\,/\,\text{f}\ (\text{SI 단위}: 69\,\text{W})$$

문제 4. 지름이 d_1인 비눗방울을 불어서 지름이 d_2까지 크게 하는데 필요한 일을 구하여라.

해설 비눗방울의 체적 V를 크게 하는데 필요한 일 W는

$$W = \int_{V_1}^{V_2} p\, dV \quad \left(\text{단, } V = \frac{4}{3}\pi r^3\right)$$

비눗방울 속의 초과압력 $p = \dfrac{4\sigma}{d} = \dfrac{2\sigma}{r}$

$$\therefore\ W = \int_{V_1}^{V_2} p\, dV = \int_{V_1}^{V_2} \frac{4\sigma}{d}\, dV = \int_{\frac{d_1}{2}}^{\frac{d_2}{2}} \frac{2\sigma}{r} 4\pi r^2\, dr = 4\sigma\pi\left[r^2\right]_{\frac{d_2}{2}}^{\frac{d_1}{2}} = \sigma\pi(d_2^2 - d_1^2)$$

문제 5. 회전반지름이 $30\,\text{cm}$인 플라이휠(fly wheel)이 $600\,\text{rpm}$으로 회전할 때 그 속도는 축과 슬리브 사이에서 유체의 점성에 의해 $1\,\text{rpm}/\text{s}$로 감소된다. 이때 슬리브의 길이는 $5\,\text{cm}$, 축 지름은 $2\,\text{cm}$, 틈새는 $0.05\,\text{mm}$이다. 이때 유체의 점성계수$(\text{N}\cdot\text{s}/\text{m}^2)$를 구하여라. (단, 플라이휠의 무게는 $500\,\text{N}$이고, SI 단위로 한다.)

해설 · 원주속도 : $u = r\omega$

· 플라이휠의 회전력 : $T_f = I\dfrac{d\omega^*}{dt} = mk^2\dfrac{d\omega}{dt}$

이때 발생하는 전단력에 의한 회전력 T_τ는

$$T_\tau = \tau A r = \mu \frac{u}{t} \cdot (2\pi r L) \cdot r$$

이때 $T_f = T_\tau$이므로

$$mk^2\frac{d\omega}{dt} = \mu\frac{r\omega}{t}(2\pi r L)\cdot r$$

따라서 $\mu = \dfrac{mk^2 t}{2\pi r^3 \omega L} \cdot \dfrac{d\omega}{t}$

윗 식에서 $m = \dfrac{W}{g} = \dfrac{500}{9.8}\,\text{kg}$

$$k = 0.3\,\text{m},\ t = 0.05 \times 10^{-3}\,\text{m}$$

$$\omega = \frac{2\pi n}{60} = \frac{2\pi \times 600}{60} = 20\pi\,[\text{rad}/\text{s}]$$

$$L = 0.05\,\text{m},\ r = 0.01\,\text{m}$$

$$\frac{d\omega}{dt} = \frac{2\pi}{60}\,[\text{rad}/\text{s}^2]\text{를 대입하면}$$

$$\therefore\ \mu = \frac{\dfrac{500}{9.8} \times 0.3^2 \times 0.05 \times 10^{-3}}{2\pi(0.01)^3 20\pi \times 0.05} \times \left(\frac{2\pi}{60}\right) = 1.218\,\text{N}\cdot\text{s}/\text{m}^2$$

회전모멘트 = 관성모멘트 × 각가속도이므로

$$T = I\alpha = I\frac{d\omega}{dt}$$

문제 6. 그림에서와 같이 반지름이 10 cm, 길이가 40 cm인 원통의 길이가 같고, 반지름이 11 cm인 고정된 원통 속을 40 rpm의 속도로 회전시키는데 0.016 kg$_f$ · m (0.157 Nm)의 토크가 필요하였다. 이때 두 원통 사이에 채워진 기름의 점성계수를 구하여라.

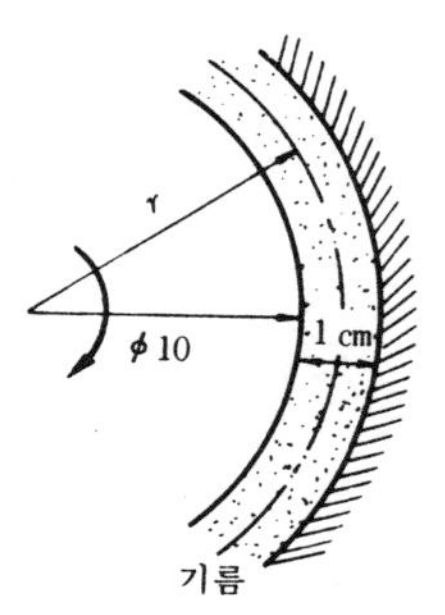

해설　$u = r\omega = 0.1 \times \dfrac{40 \times 2\pi}{60} = 0.419 \ \mathrm{m/s}$

따라서　$T = Fr = (A_\tau)\,r = (2\pi rl) \cdot \left(\mu \dfrac{u}{\varDelta r}\right) r$

$$\mu = \frac{T(\varDelta r)}{2\pi r^2 lu} = \frac{0.016}{2\pi \times 0.1^2 \times 0.4 \times 0.419} = 1.52 \ \mathrm{kg_f \cdot s/m^2}$$

[SI 단위]

$$\mu = 1.52 \times 9.8 = 14.9 \ \mathrm{N \cdot s/m^2}$$

문제 7. 그림에서 윤활유의 동점성계수가 $2.8 \times 10^{-5} \ \mathrm{m^2/s}$이고 비중이 0.92이다. 피스톤의 평균속도가 6 m/s일 때 마찰에 의한 손실동력은 얼마인가?

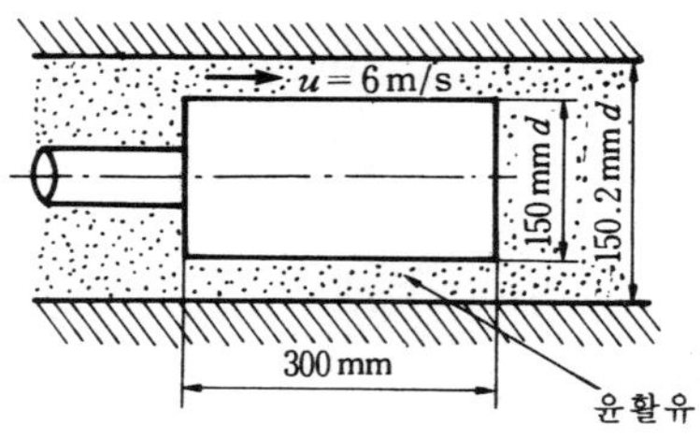

해설　동점성계수의 정의 $\nu = \dfrac{\mu}{\rho}$ 에서

$$\mu = \rho\nu = (0.92 \times 1000 \ \mathrm{N \cdot s^2/m^4}) \times (2.8 \times 10^{-5} \ \mathrm{m^2/s}) = 0.02576 \ \mathrm{N \cdot s/m^2}$$

Newton의 점성법칙에서

$$\tau = \frac{F}{A} = \mu \frac{u}{h} \ \text{이므로}$$

$$F = \mu A \frac{u}{h} = 0.02576 \times \left\{ \pi \times \left(\frac{150 + 150.2}{2} \times 10^{-3} \right) \times 0.3 \right\} \times \frac{6}{0.1 \times 10^{-3}} = 218.65 \ \mathrm{N}$$

∴　손실동력 $L = Fu = 218.65 \times 6 = 1312 \ \mathrm{N \cdot m/s} = 1312 \ \mathrm{J/s} = 1312 \ \mathrm{W} = 1.78 \ \mathrm{PS}$

제 2 장 유체 정역학

1. 압 력

> **일러두기** : 질량 kg과 중량 kg_f 는 내용상 구별되므로 kg_f 의 _f_는 생략하기로 한다.

유체가 벽 또는 가상면의 단위 면적에 수직으로 작용하는 유체의 압축력, 즉 압축응력을 압력(pressure)이라 한다.

$$p = \frac{F}{A}$$

여기서, p : 압력, F : 전압력, A : 단위 면적

미소 평면의 면적을 A, 그에 작용하는 유체의 힘을 F라 하면, 압력 p는 다음과 같이 정의된다.

$$p = \lim_{\Delta A \to 0} \frac{\Delta F}{\Delta A} = \frac{dF}{dA}$$

2. 압력의 단위와 측정

2-1 압력의 단위

압력 p의 차원은 $[FL^{-2}]$ 또는 $[ML^{-1}T^{-2}]$이며, 압력 p의 단위로는 kg / cm², N / m²(= Pa), dyne / cm², mmHg, mmAq, bar, lb / in²(= psi) 등이 사용되고 있다.

(1) 표준 대기압 (standard atmospheric pressure)

1 atm = 760 Torr = 760 mmHg = 29.92 inHg = 10332.3 mmAq = 10.3323 mAq

= 1.03323 kg / cm² = 14.7 lb / in² = 1.01325 bar

(2) 공학 기압(technical pressure)

$$1\,\mathrm{at} \equiv 1\,\mathrm{kg/cm^2} = 10\,\mathrm{mAq} = 735.6\,\mathrm{mmHg} = 0.98\,\mathrm{bar} = 14.2\,l\,\mathrm{b/in^2}$$

2-2 절대 압력과 계기 압력

(1) 절대 압력(absolute pressure)

절대 진공(완전 진공)을 기준으로 하여 측정한 압력을 말한다.

(2) 계기 압력(gauge pressure)

국소 대기압(지방 대기압, local atmospheric pressure)을 기준으로 하여 측정한 압력을 말하며, 특별히 절대 압력이라고 명시하지 않는 한, 압력이라고 하면 이 계기 압력을 뜻한다.

국소 대기압보다 높은 압력을 압축 압력 또는 정압(正壓)이라고 하며, 국소 대기압보다 낮은 압력을 진공 압력 또는 부압(負壓)이라고 한다.

(3) 절대 압력과 계기 압력과의 관계

$$\text{절대 압력} = \text{국소 대기압} + \text{계기 압력} \begin{cases} +\text{압축 압력} \\ -\text{진공 압력} \end{cases}$$

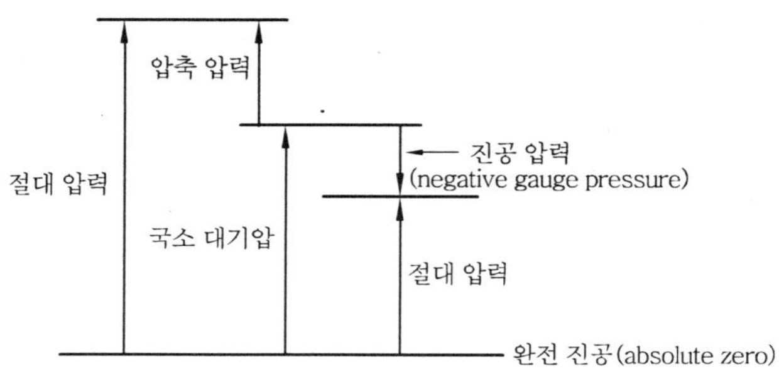

그림 2-1

2-3 압력의 측정

(1) 탄성 압력계

탄성체에 압력을 가하면 변형되는 성질을 이용하여 압력을 측정하는 방법으로 공업용으로 널리 사용되고 있다.

① 부르동(burdon)관 압력계 : 고압 측정용($2.5\sim1000\,\mathrm{kg/cm^2}$)으로 가장 많이 사용한다.

② 벨로스(bellows) 압력계 : $2\,\mathrm{kg/cm^2}$ 이하의 저압 측정용으로 사용한다.

③ 다이어프램(diaphragm) 압력계 : 대기압과의 차이가 미소인 압력 측정용으로 사용한다.

(2) 액주식 압력계

유체의 압력은 정지하고 있는 액체의 무게와 평형을 이루게 하여 측정하는 장치를 말하며, 장치가 단순하면서도 정밀한 압력의 측정이 가능하다.

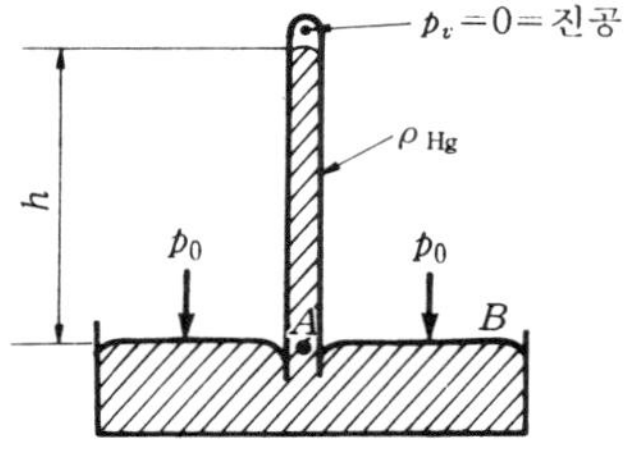

그림 2-2 토리첼리 압력계

① 수은 기압계(mercury barometer) 또는 토리첼리 압력계 : 대기압 측정용으로 사용한다.

· A점에서의 압력 : $p_A = p_v + \rho g h$

· B점에서의 압력 : $p_B = p_0$ (대기압)

$$\therefore \ p_0 = \rho g h$$

② 피에조미터(piezometer) : 탱크나 관 속의 작은 유체압 측정용으로 사용한다.

· A점에서의 절대 압력 : $p_A = p_o + \gamma h = p_o + \gamma(h' - y)$

· B점에서의 절대 압력 : $p_B = p_o + \gamma h'$

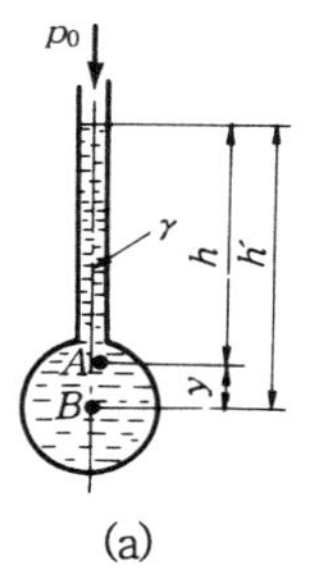
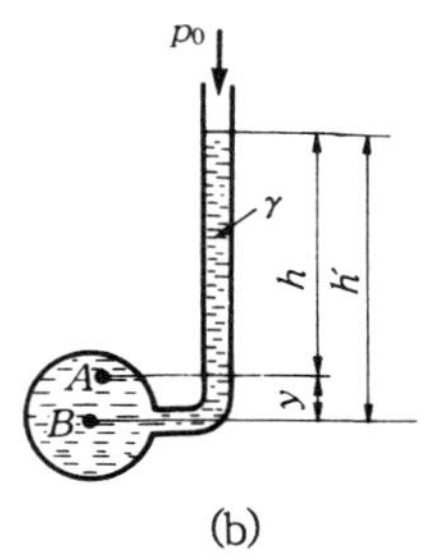
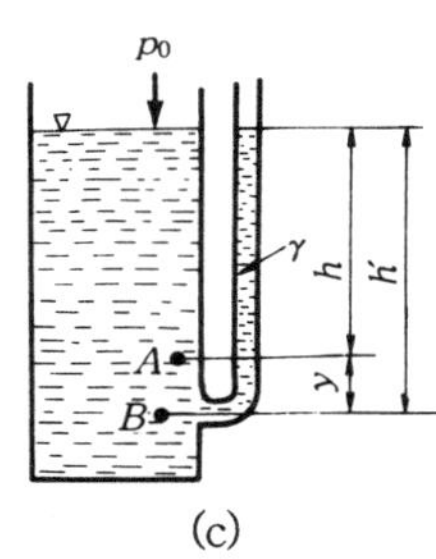

그림 2-3 피에조미터(piezometer)

③ U자관 액주계(U-type manometer)

· (a)의 경우 : $p_B = p_C$, $p_A + \gamma_1 h_1 = \gamma_2 h_2$ $\therefore \ p_A = \gamma_2 h_2 - \gamma_1 h_1$

· (b)의 경우 : $p_B = p_C$, $p_A + \gamma_h = 0$ $\therefore \ p_A = -\gamma h$ (진공)

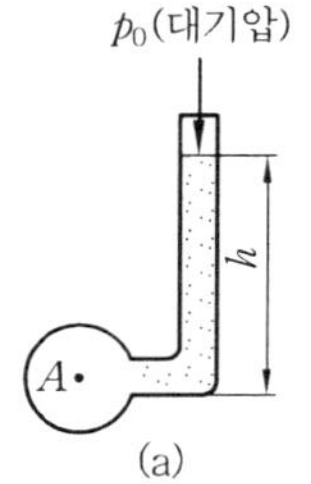
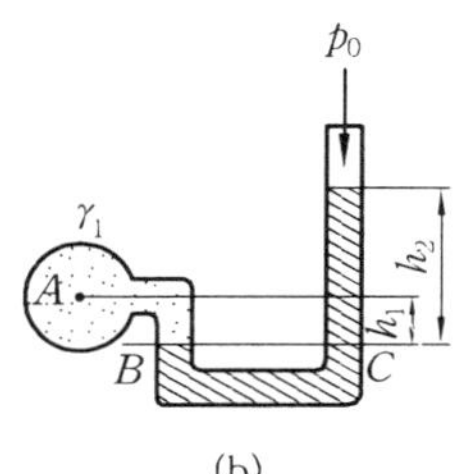
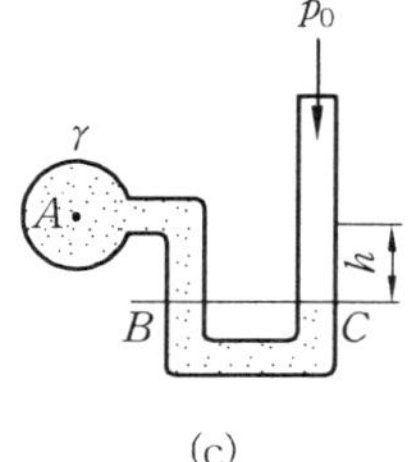

그림 2-4

④ 시차액주계(differential manometer)

· (a) U자관의 경우 : $p_C = p_D,\ p_A + \gamma_1 h_1 = p_B + \gamma_3 h_3 + \gamma_2 h_2$

$$\therefore\ p_A - p_B = \gamma_3 h_3 + \gamma_2 h_2 - \gamma_1 h_1$$

· (b) 역U자관의 경우 : $p_C = p_D,\ p_A - \gamma_1 h_1 = p_B - \gamma_3 h_3 - \gamma_2 h_2$

$$\therefore\ p_A - p_B = \gamma_1 h_1 + \gamma_3 h_3 - \gamma_2 h_2$$

· (c) 축소관의 경우 : $p_C = p_D,\ p_A + \gamma_1 (k + h_1) = p_B + \gamma_s h + \gamma h$

$$\therefore\ p_A - p_B = (\gamma_s - \gamma)h$$

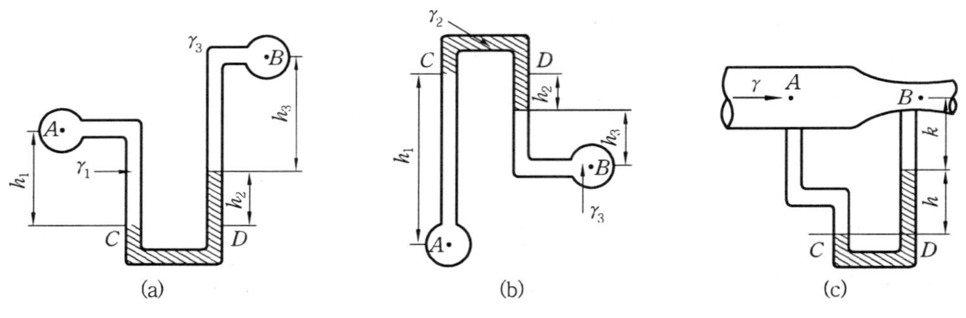

그림 2-5

⑤ 미압계(micro manometer)

· 그림 2-6에서

$$p_C = p_D$$

$$p_A + \gamma_1 (y_1 + \Delta y) + \gamma_2 \left(y_2 - \frac{h}{2} - \Delta y \right)$$

$$= p_B + \gamma_1 (y_1 - \Delta y) + \gamma_2 \left(y_2 - \frac{h}{2} + \Delta y \right) + \gamma_3 h$$

$$\therefore\ p_A - p_B = \gamma_3 h + \gamma_2 (2 \Delta y - h) - 2 \Delta y \gamma_1$$

$$\Delta y A = h \frac{a}{2}\ \text{이므로}\ 2 \Delta y = h \frac{a}{A}$$

$$\therefore\ p_A - p_B = \gamma_3 h + \gamma_2 h \frac{a}{A} - \gamma_1 h \frac{a}{A} = h \left\{ \gamma_3 - \gamma_2 \left(1 - \frac{a}{A} \right) - \gamma_1 \frac{a}{A} \right\}$$

만약 $A \gg a$이면 $\dfrac{a}{A}$ 항은 미소하므로 무시한다.

$$\therefore\ P_A - P_B = h(\gamma_3 - \gamma_2)$$

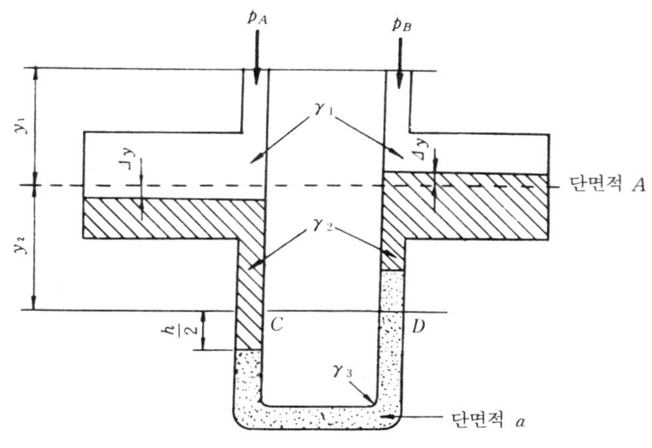

그림 2-6

· 그림 2−7에서

$$p_A = p_B + \gamma\left(y\sin\alpha + \frac{a}{A}\,y\right)$$

$$\therefore\; p_A - p_B = \gamma y\left(\sin\alpha + \frac{a}{A}\right)$$

만일 $A \gg a$ 이면 $\dfrac{a}{A}$ 항은 미소하므로 무시한다.

$$\therefore\; p_A - p_B = \gamma y\sin\alpha$$

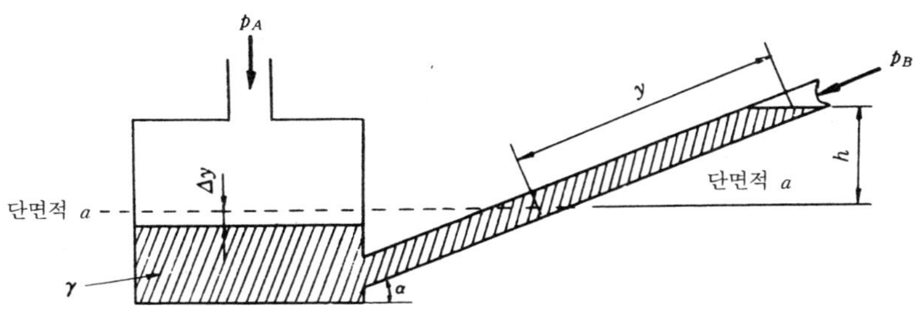

그림 2-7

예제 1. 다음 중 압력의 단위가 아닌 것은?

   ㉮ bar   ㉯ at   ㉰ mHg   ㉱ N

답 ㉱

예제 2. 다음 중 표준대기압이 아닌 것은?

   ㉮ 101325 N / m²   ㉯ 14.2 kg / cm²   ㉰ 760 mmHg   ㉱ 1.01325 bar

---

예제 3. 대기압이 $750\,\mathrm{mmHg}$일 때 어떤 용기속의 압력이 $5\,\mathrm{kg/cm^2}$이었다. 이 압력을 절대 압력으로 계산한 값 중 맞는 것은?

  ㉮ $4.42\,\mathrm{kg/cm^2}$ abs   ㉯ $6020\,\mathrm{mmHg}$ abs

  ㉰ $8.02\,\mathrm{kg/cm^2}$ abs   ㉱ $4428\,\mathrm{mmHg}$ abs

---

[해설] $p = p_o + p_g = 750 + \dfrac{5}{1.03323} \times 760 = 4428\,\mathrm{mmHg}$

$p = p_o + p_g = 5 + \dfrac{750}{760} \times 1.0332 = 6.02\,\mathrm{kg/cm^2}$ [답] ㉱

예제 4. 계기 압력 $1\,\mathrm{kg/cm^2}$를 수두로 환산하면 몇 m인가?

  ㉮ $1\,\mathrm{m}$ ㉯ $10\,\mathrm{m}$ ㉰ $100\,\mathrm{m}$ ㉱ $0.1\,\mathrm{m}$

[해설] $p = \gamma h,\ h = \dfrac{p}{\gamma} = \dfrac{1 \times 10^4}{10^3} = 10\,\mathrm{mAq}$ [답] ㉯

예제 5. 표준대기압 하에서 비중이 0.95인 기름의 압력을 액주계로 잰 결과가 그림과 같을 때 A 점의 계기 압력은 몇 $\mathrm{kg/m^2}$인가?

  ㉮ $2130\,\mathrm{kg/m^2}$

  ㉯ $1284\,\mathrm{kg/m^2}$

  ㉰ $10688\,\mathrm{kg/m^2}$

  ㉱ $410\,\mathrm{kg/m^2}$

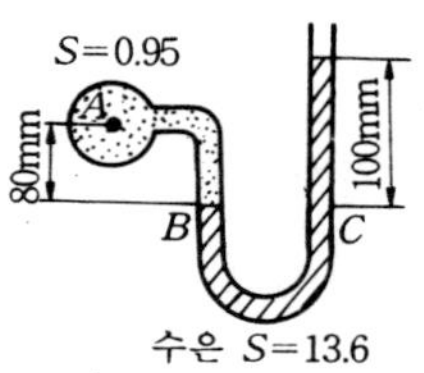

[해설] $p_B = p_C$ 이므로

$p_A + 1000 \times 0.95 \times 0.08 = 1000 \times 13.6 \times 0.1$

$\therefore\ p_A = 1284\,\mathrm{kg_f/m^2}$ [답] ㉯

예제 6. 다음 그림과 같은 시차액주계에서 압력 차 $p_A - p_B$는 얼마인가?

  ㉮ $0.632\,\mathrm{kg/cm^2}$

  ㉯ $0.645\,\mathrm{kg/cm^2}$

  ㉰ $0.685\,\mathrm{kg/cm^2}$

  ㉱ $0.702\,\mathrm{kg/cm^2}$

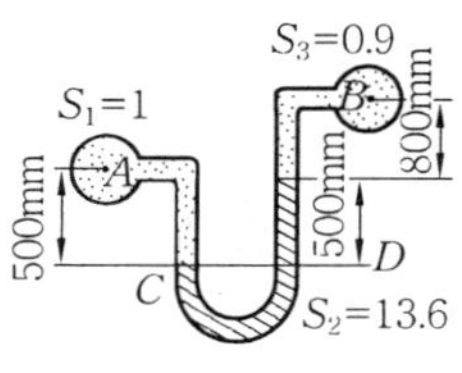

[해설] $p_B = p_C$ 이므로

$p_A + 1000 \times 0.5 = p_B + 1000 \times 0.9 \times 0.8 + 1000 \times 13.6 \times 0.5$

$\therefore\ p_A - p_B = 900 \times 0.8 + 13600 \times 0.5 - 1000 \times 0.5$

$\qquad\qquad = 7020\,\mathrm{kg/m^2} = 0.702\,\mathrm{kg/cm^2}$ [답] ㉱

예제 7. 그림과 같이 비중이 0.8인 기름이 흐르는 벤투리관에서 시차액주계를 설치하여 $h = 500\,\text{mm}$이다. 압력차 $p_A - p_B$는 얼마인가?

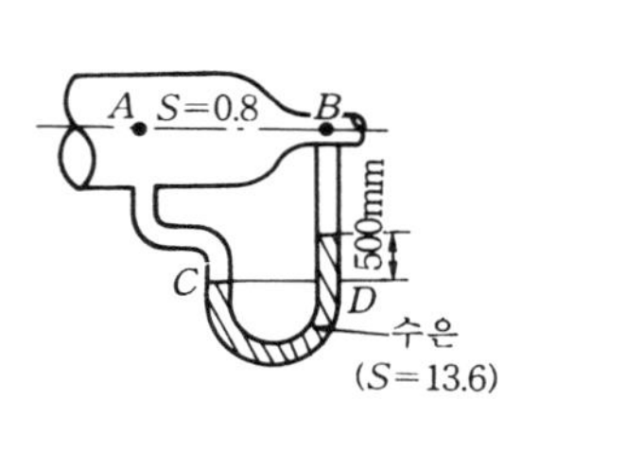

㉮ $0.64\,\text{kg}/\text{cm}^2$

㉯ $0.74\,\text{kg}/\text{cm}^2$

㉰ $0.84\,\text{kg}/\text{cm}^2$

㉱ $0.94\,\text{kg}/\text{cm}^2$

해설 $p_A - p_B = h(\gamma_s - \gamma) = 0.5(13600 - 800)$

$$= 6400\,\text{kg}/\text{cm}^2 = 0.64\,\text{kg}/\text{cm}^2$$

답 ㉮

예제 8. 그림과 같은 역 U자관 차압계에서 $p_A - p_B$는 몇 kg/m^2인가?

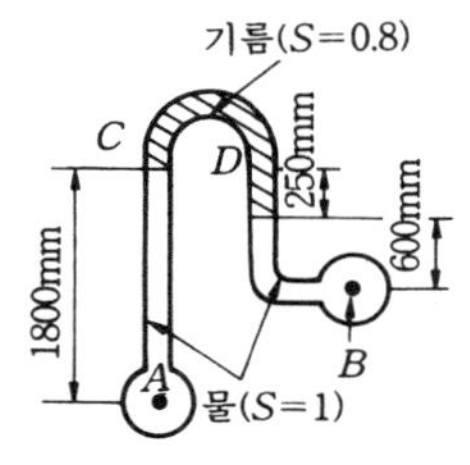

㉮ $1250\,\text{kg}/\text{m}^2$

㉯ $1000\,\text{kg}/\text{m}^2$

㉰ $750\,\text{kg}/\text{m}^2$

㉱ $500\,\text{kg}/\text{m}^2$

해설 $p_B = p_C$이므로

$$p_A - 1000 \times 1.8 = p_B - 1000 \times 0.6 - 1000 \times 0.8 \times 0.25$$

$$\therefore\ p_A - p_B = 1000\,\text{kg}/\text{m}^2$$

답 ㉯

3. 정지 유체 속에서 압력의 성질

정지 유체 속에서는 유체 입자 사이에 상대 운동이 없기 때문에 점성에 의한 전단력은 나타나지 않는다.

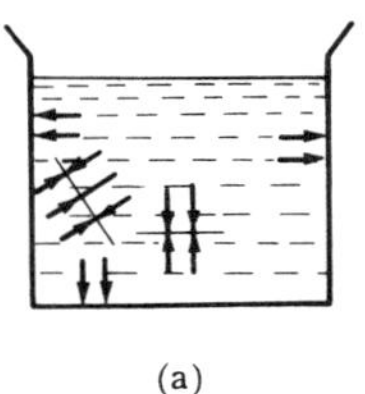

(a)

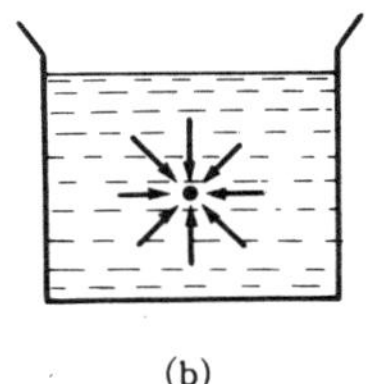

(b)

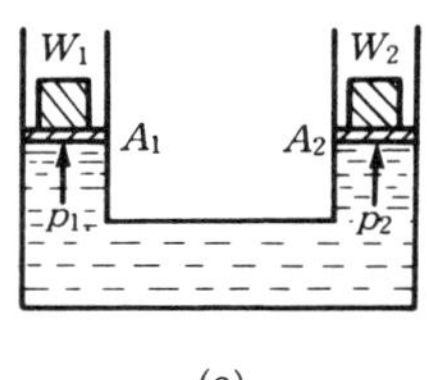

(c)

그림 2-8 정지 유체에서의 압력

① 정지 유체 속에서의 압력은 모든 면에 수직으로 작용한다.
② 정지 유체 속에서의 임의의 한 점에 작용하는 압력은 모든 방향에서 그 크기가
　같다.
③ 밀폐된 용기 속에 있는 유체에 가한 압력은 모든 방향에 같은 크기로 전달된다
　(파스칼의 원리).
④ 정지된 유체 속의 동일 수평면에 있는 두 점의 압력은 크기가 같다.

4. 정지 유체 속에서 압력의 변화

4-1　수평방향의 압력의 변화

그림 2-9에서와 같이 수평방향의 평형 조건으로부터

$$\sum F_x = 0 \text{에서}$$

$$p_1 dA - p_2 dA = 0$$

$$\text{즉 } p_1 = p_2$$

정지 유체 속에서 같은 수평면 위에 있는
두 점은 같은 압력을 가지기 때문에 수평면
에 대한 압력의 변화가 없다.

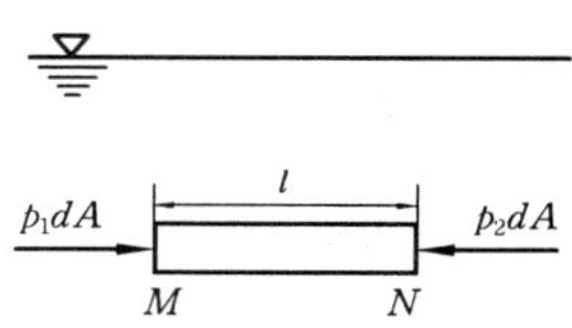

그림 2-9　수평방향의 압력 변화

4-2　수직방향의 압력의 변화

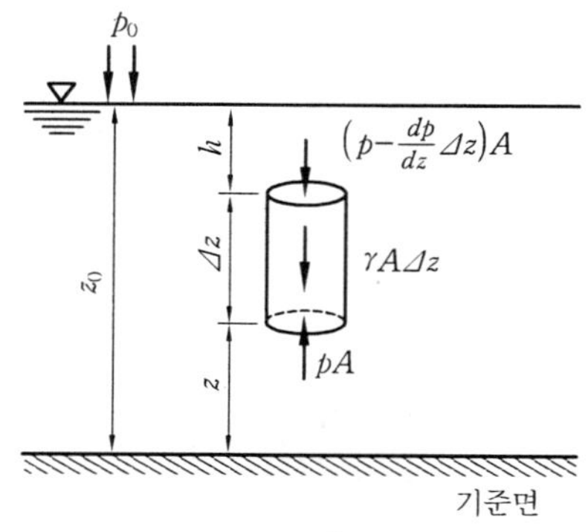

그림 2-10　수직방향의 압력 변화

그림 2-10에서와 같이 임의의 기준면에서 수직방향으로 z축을 잡고 체적요소에 대한 힘의 평형을 생각하면 다음과 같다.

$$\sum F_z = 0 \text{에서}$$

$$p_A - \left(p + \frac{dp}{dz}\,\Delta z\right)A - \gamma A\Delta z = 0$$

$$\frac{dp}{dz} = -\gamma \qquad \therefore\ dp = -\gamma dz$$

(1) 비압축성 유체 속에서의 압력의 변화

앞의 식에서 $\gamma = $const(일정)하다면 적분한다.

$$p = -\gamma z + C$$

여기서, C : 적분 상수

유체 표면의 압력을 p_0라 하고, 표면에서 수직 하방으로 거리 $h(=-z)$라 하면 다음과 같다.

$$p = \gamma h + p_0$$

유체 표면이 자유 표면이라면 p_0는 대기압이 되므로 다음과 같다.

$$p = \gamma h$$

(2) 압축성 유체 속에서의 압력의 변화

압축성 유체이면 γ는 압력 p의 함수이므로 다음과 같다.

$$\therefore\ dz = -\frac{dp}{\gamma}$$

기준면에서의 압력을 p_0, 비중량을 γ_0, 높이 z에서의 압력을 p, 비중량을 γ라 할 때 완전 가스로 취급하면

$$\therefore\ dz = -\frac{1}{\gamma}\,dp = -\frac{p_0}{\gamma_0}\cdot\frac{dp}{p}$$

적분하면 $z = -\dfrac{p_0}{\gamma_0}\displaystyle\int\frac{1}{p}\,dp = -\dfrac{p_0}{\gamma_0}\ln\dfrac{p}{p_0} = y - y_0$

$$\therefore\ p = p_0\,e^{\frac{y-y_0}{\frac{p_0}{\gamma_0}}}$$

예제 9. 유체 내부에서 한 점에 작용하는 압력이 같은 경우는 다음 중 어느 것인가?

㉮ 유체가 점성이 없을 때   ㉯ 이상 유체일 때
㉰ 유체입자 사이에 상대운동이 없을 때   ㉱ 유체가 점성이 있고 비압축성일 때

답 ㉱

예제 **10.** 수압기에서 피스톤의 지름이 각각 $25\,cm$와 $5\,cm$이다. 작은 피스톤에 $1\,kg$의 하중을 가하면 큰 피스톤에 몇 kg의 하중을 올릴 수 있겠는가?

  ㉮ $1\,kg$ ㉯ $5\,kg$ ㉰ $25\,kg$ ㉱ $125\,kg$

해설 $\dfrac{W_1}{A_1} = \dfrac{W_2}{A_2}$

$$\therefore\ W_2 = \frac{A_2}{A_1}\,W_1 = \left(\frac{25}{5}\right)^2 \times 1 = 25\ kg$$

      답 ㉰

예제 **11.** 높이 $9\,m$인 물통에 물이 가득 차 있다. 기압계가 $750\,mmHg$를 가리키고 있다면 물 속의 밑바닥에서의 절대 압력은?

  ㉮ $1.033\,kg\,/\,cm^2$ ㉯ $0.933\,kg\,/\,cm^2$ ㉰ $10.033\,kg\,/\,cm^2$ ㉱ $1.933\,kg\,/\,cm^2$

해설 $p = p_0 + \gamma h = \dfrac{750}{760} \times 1.0332 + 1000 \times 9 \times 10^{-4} = 1.9332\ kg\,/\,cm^2$

      답 ㉱

예제 **12.** 해면에서 $60\,m$ 깊이에 있는 점의 압력은 해면상보다 몇 $kg\,/\,cm^2$가 높은가? (단, 해수의 비중은 1.025이다.)

  ㉮ 5.55 ㉯ 5.75 ㉰ 6.15 ㉱ 4.0245

해설 $p = \gamma h = 1000 \times 1.025 \times 60 \times 10^{-4} = 6.15\ kg\,/cm^2$

      답 ㉰

예제 **13.** 액면에서 $20\,m$ 깊이에 있는 점의 계기압이 $3.16\,kg\,/\,cm^2$이다. 이 액체의 비중량은?

  ㉮ $1580\,kg\,/\,m^3$ ㉯ $1850\,kg\,/\,m^3$ ㉰ $15800\,kg\,/\,m^3$ ㉱ $18500\,kg\,/\,m^3$

해설 $p = \gamma h$ 에서

$$\gamma = \frac{p}{h} = \frac{3.16 \times 10^4}{20} = 1580\ kg\,/\,m^3$$

      답 ㉮

5. 유체 속에 잠겨 있는 면에 작용하는 힘

5-1 수평면에 작용하는 힘

그림 2-11과 같이 수평하게 잠겨 있는 면에 작용하는 압력은 모든 점에서 같다.

$$F = \int_A p\,dA = \int_A \gamma h\,dA = \gamma hA$$

① 힘의 크기 : $F = \gamma hA$

② 힘의 방향 : 면에 수직한 방향

③ 힘의 작용점 : 면의 중심

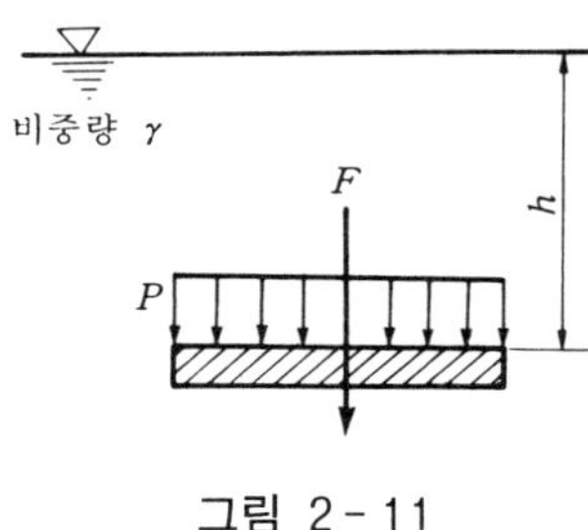

그림 2-11

5-2 수직면에 작용하는 힘

$$F = \int p\,dA = \frac{p_1 + p_2}{2} A = \gamma \frac{h_1 + h_2}{2} A = \gamma h_c A$$

① 힘의 크기 : $F = \gamma h_c A$

② 힘의 방향 : 면에 수직한 방향

③ 힘의 작용점 : Varignon의 정리에 의한다.

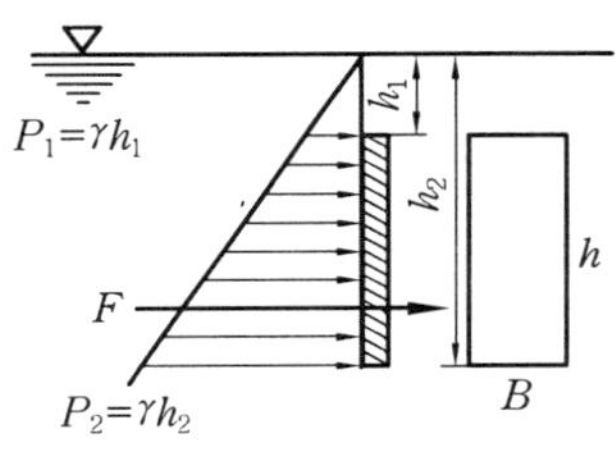

그림 2-12

5-3 경사면에 작용하는 힘

그림 2-13에서와 같이 자유 표면과 $\alpha°$의 경사를 이루고 있는 경사면에서 미소 면적 dA에 작용하는 힘은 다음과 같다.

$$dF = p\,dA = \gamma h\,dA = \gamma y \sin \alpha\, dA$$

따라서 전체 면적에 작용하는 전체 힘은 다음과 같다.

$$F = \int_A dF = \int_A \gamma y \sin \alpha\, dA = \gamma \sin \alpha \int_A y\,dA$$

$$\therefore\ F = \gamma A y_c \sin \alpha \qquad 여기서,\ \int_A y\,dA = A y_c$$

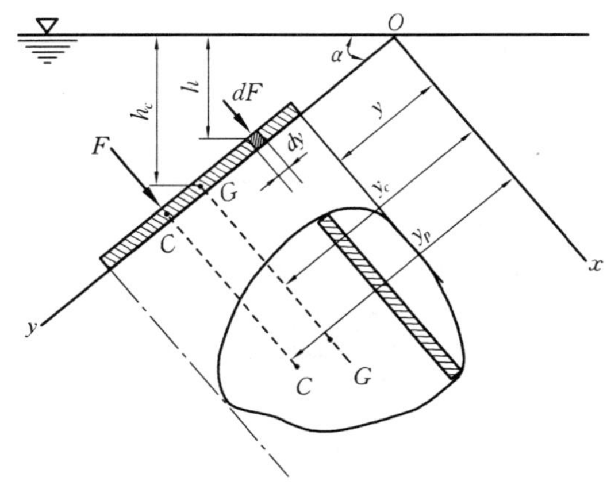

그림 2 - 13

■ Varignon의 정리

· 전체 힘 F가 작용하는 점의 위치는 다음과 같이 구할 수 있고, 전체 힘 F의 O_x축에 대한 모멘트의 방정식을 세우면 다음과 같다.

$$Fy_p = \int_A y\, dF$$

$$\gamma A y_c \sin\alpha\, y_p = \int_A \gamma y^2 \sin\alpha\, dA$$

$$\therefore\ y_p = \frac{1}{Ay_c} \int_A y^2\, dA$$

여기서, $\int_A y^2\, dA = I_{Ox}$: O_x축에 대한 단면 2차 모멘트

· 도형의 도심을 지나는 축의 관성 모멘트를 I_G라 하면, 평행축의 정리에 의하여 다음과 같다.

$$I_{Ox} = I_G + A y_c^2$$

$$\therefore\ y_p = y_c + \frac{I_G}{Ay_c} = y_c + \frac{K_G^2}{y_c}$$

여기서, $K_G = \sqrt{\dfrac{I}{A}}$: 도심축에 관한 회전반지름

5-4 곡면에 작용하는 힘

그림 2-14와 같은 AB 곡면에 작용하는 전체 힘 F는, AB의 수평 및 수직방향으로 투영한 평면을 각각 AC 및 BC라고 하면, AC면에 작용하는 힘 F_y, BC면에 작용하는 힘 F_x를 구할 수 있다.

AB 곡면에 작용하는 힘 F는 곡면 AB 가 유체의 전체 힘 F에 저항하는 항력 R과 크기가 같고, 방향이 반대이다. 이때 R의 x, y의 분력을 각각 R_x, R_y라 하면, 곡선 AB 에 작용하는 힘의 크기는 다음과 같다.

$$R_x = F_x$$

$$R_y = F_y + W_{AEDBA}$$

여기서, W_{AEDBA} : $AEDBA$ 내의 유체의 무게(γV)

$$R = \sqrt{R_x{}^2 + R_y{}^2}, \quad \theta = \tan^{-1}\left(\frac{R_y}{R_x}\right)$$

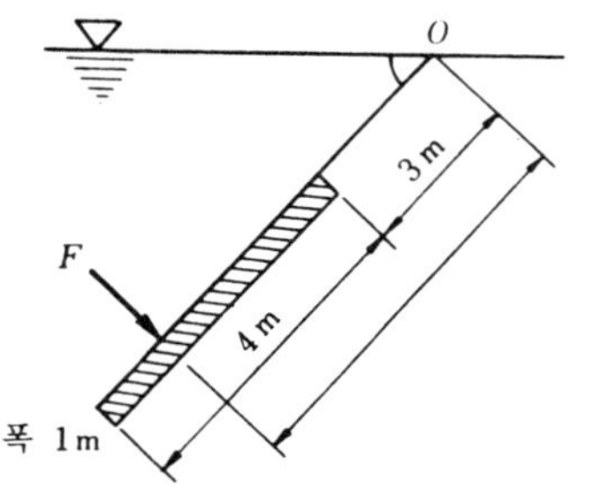

그림 2-14 곡면의 전압력

예제 14. 그림에서 $1 \times 4\,\mathrm{m}$의 구형평판에 수면과 $45°$ 기울어져 물에 잠겨 있다. 한쪽면에 작용하는 전압력의 크기와 작용점의 위치는 각각 얼마인가?

㉮ $F = 28284\,\mathrm{kg}$, $y_F = 5.267\,\mathrm{m}$

㉯ $F = 14142\,\mathrm{kg}$, $y_F = 5.267\,\mathrm{m}$

㉰ $F = 28284\,\mathrm{kg}$, $y_F = 5.334\,\mathrm{m}$

㉱ $F = 14142\,\mathrm{kg}$, $y_F = 5.334\,\mathrm{m}$

해설 · 전압력 $F = \gamma A y_c \sin\alpha = 1000 \times 4 \times 1 \times 5 \times \sin 45° = 14142\,\mathrm{kg}$

· 작용점의 위치는

$$y_F = y_c + \frac{I_G}{A y_c} = 5 + \frac{\dfrac{1 \times 4^3}{12}}{4 \times 1 \times 5} = 5.267\,\mathrm{m}$$

답 ㉯

예제 15. 지름이 $1\,\mathrm{m}$이고, 높이가 $0.8\,\mathrm{m}$인 원통 용기에 물이 가득 차 있다. 밑변에 작용하는 전압력의 크기는 얼마인가?

㉮ $314.2\,\mathrm{kg}$　　㉯ $628\,\mathrm{kg}$　　㉰ $1256.6\,\mathrm{kg}$　　㉱ $157\,\mathrm{kg}$

해설 $F = \gamma h A = 1000 \times 0.8 \times \dfrac{\pi}{4} \times 1^2 = 628.3\,\mathrm{kg}$

답 ㉯

예제 16. 그림과 같이 수문이 수압을 받고 있다. 수문의 상단이 힌지되어 있을 때 수문을 열기 위하여 하단에 주어야 할 힘은 몇 kg인가? (단, 수문의 폭은 1 m이다.)

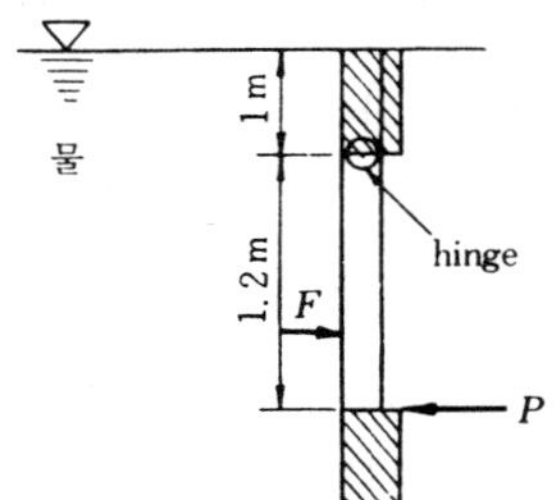

㉮ 1680 kg

㉯ 2680 kg

㉰ 1080 kg

㉱ 2080 kg

해설・수문에 작용하는 전압력

$$F = \gamma h_c A = 1000 \times 1.6 \times 1.2 \times 1 = 1920\,\text{kg}$$

・작용점의 위치는

$$y_F = y_c + \frac{I_G}{A y_c} = 1.6 + \frac{\dfrac{1 \times 1.2^3}{12}}{1.2 \times 1 \times 1.6} = 1.675\,\text{m}$$

・힌지점에 관한 모멘트

$$\therefore\ F \times (y_F - 1) = P \times 1.2\text{이므로}\quad P = 1080\,\text{kg}$$

답　㉰

예제 17. 그림과 같은 수조에 있어서 $\dfrac{1}{4}$ 원통곡면 A, B에 작용하는 전압력의 수평성분 F_x와 수직성분 F_y는 각각 얼마인가? (단, 원통곡면의 길이는 2.4 m이다.)

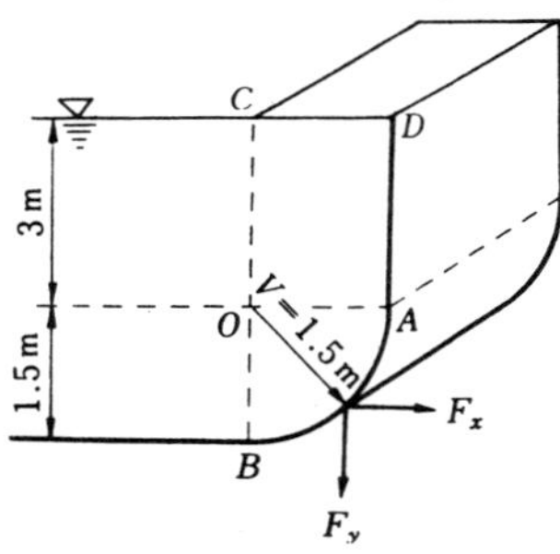

㉮ $F_x = 13.5 \times 10^3$ kg, $F_y = 15.04 \times 10^3$ kg

㉯ $F_x = 3.75 \times 10^3$ kg, $F_y = 3 \times 10^3$ kg

㉰ $F_x = 3 \times 10^3$ kg, $F_y = 10.8 \times 10^3$ kg

㉱ $F_x = 1.25 \times 10^3$ kg, $F_y = 4.36 \times 10^3$ kg

해설 수평성분 F_x는 수평투영 면적이 1.5×2.4이고 투영면적에 대한 $F = 3.75$ m이므로

$$F_x = \gamma h_c A = 1000 \times 3.75 \times 1.5 \times 2.4 = 13.5 \times 10^3\,\text{kg}$$

수직성분 F_y는 연직상방향에 실린 물의 무게와 같으므로

$$F_y = \gamma V = \gamma(\text{체적}\ AODC\ +\ \text{체적}\ ABO)$$

$$= 1000\left(3 \times 1.5 \times 2.4 + \frac{1}{4} \times \pi \times 1.5^2 \times 2.4\right) = 15.04 \times 10^3\,\text{kg}$$

답　㉮

예제 18. 그림과 같은 곡면 AB에 작용하는 힘 F_x와 F_y는 얼마인가?

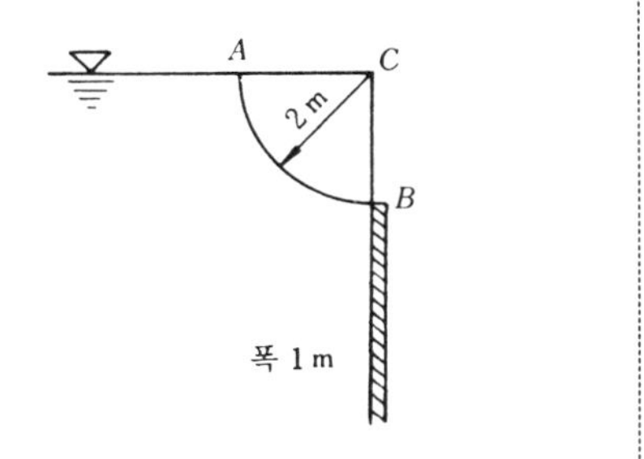

㉮ $F_x = 1000\,\text{kg}, \ F_y = 3140\,\text{kg}$

㉯ $F_x = 2000\,\text{kg}, \ F_y = 3140\,\text{kg}$

㉰ $F_x = 1000\,\text{kg}, \ F_y = 6280\,\text{kg}$

㉱ $F_x = 2000\,\text{kg}, \ F_y = 6280\,\text{kg}$

[해설] · 수평분력 $F_x = \gamma h_c A = 1000 \times 1 \times 1 \times 2 = 2000\,\text{kg}$

· 수직분력 $F_y = \gamma V = 1000 \times \dfrac{1}{4} \times \pi \times 2^2 \times 1 = 3140\,\text{kg}$ **답 ㉯**

예제 19. 그림과 같이 폭 × 높이가 $4\,\text{m} \times 8\,\text{m}$인 평판이 물 속에 수직으로 잠겨 있다. 이 평판에 작용하는 힘은 몇 ton인가?

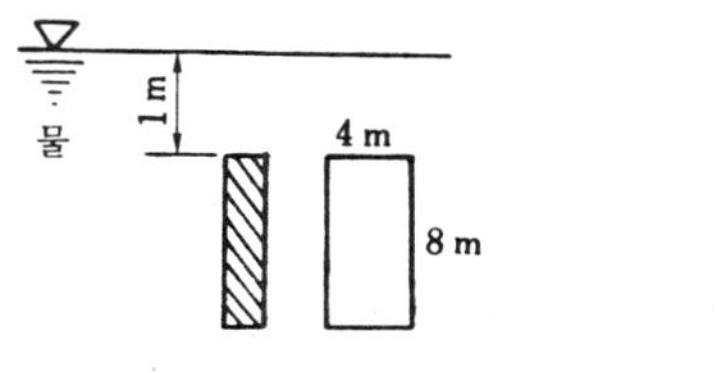

㉮ 40 ton   ㉯ 80 ton

㉰ 160 ton   ㉱ 320 ton

[해설] $F = \gamma h_c A = 1000 \times 5 \times 4 \times 8 = 160000\,\text{kg} = 160\,\text{ton}$ **답 ㉰**

6. 부력 및 부양체의 안정

6-1 부력(buoyant force)

물체가 정지 유체 속에 부분적으로 또는 완전히 잠겨 있을 때는 유체에 접촉하고 있는 모든 부분은 유체의 압력을 받고 있다. 이 압력은 깊이 잠겨 있는 부분일수록 크고, 유체 압력에 의한 힘은 항상 수직 상방으로 작용하는데 이 힘을 부력(浮力 ; buoyant force)이라고 한다.

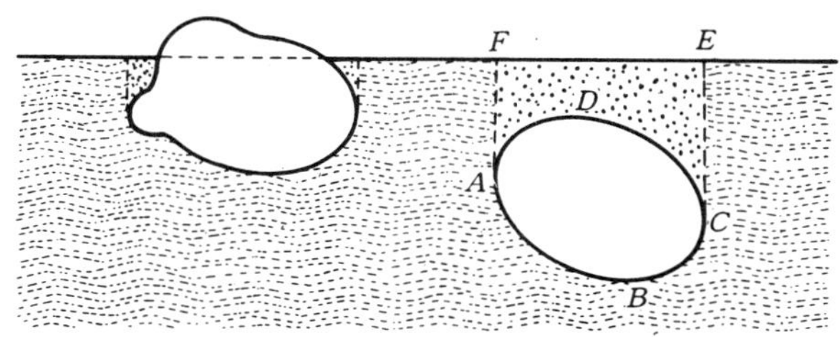

그림 2-15

잠긴 물체의 부력은 그 물체의 하부와 상부에 작용하는 힘의 수직 성분들의 차이다. 그림 2-15에서 아랫면 ABC의 수직력은 표면 $ABCEFA$ 내의 액체의 무게와 같고, 윗면 ADC에 작용하는 수직력은 액체 $ADCEFA$의 액체 무게와 같다. 이 두 힘의 차가 곧 물체에 의하여 배제된 유체, 즉 $ABCDA$의 무게에 의한 부력이다.

$$F_B = \gamma V$$

여기서, F_B : 부력, γ : 물체의 비중량, V : 배제된 유체의 체적

그림 2-16에서 물체의 요소에 가해진 수직력은 다음과 같다.

$$dF_B = (p_2 - p_1)\,dA = \gamma h dA = \gamma dV$$

이때 γ가 일정할 경우, 전 물체에 대하여 적분하면 다음과 같다.

$$F_B = \gamma \int_V dV = \gamma V$$

또 부심(center of buoyance)은 다음과 같다.

$$\gamma \int_V x dV = \gamma V x_c \qquad \therefore \ x_c = \int_V x \frac{dV}{V}$$

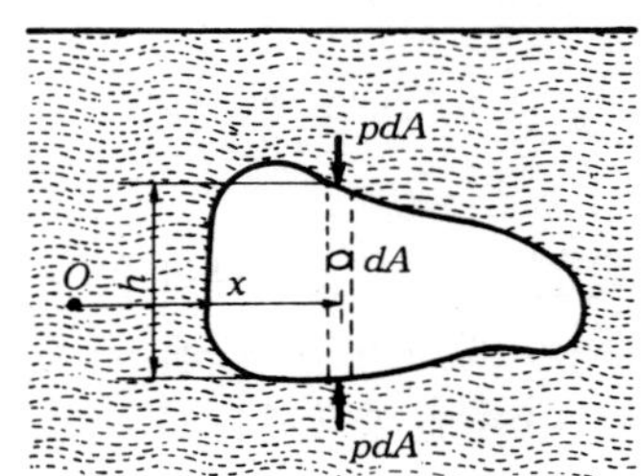

그림 2 - 16

물체가 두 종류의 정지 유체에 걸쳐서 떠 있을 경우에는 그림 2 - 17에서 다음 식을 얻는다.

$$dF_B = (p_2 - p_1)\,dA = (\gamma_2 h_2 + \gamma_1 h_1)\,dA$$

$$\therefore \ F_b = \int dF_B = \gamma_2 V_2 + \gamma_1 V_1$$

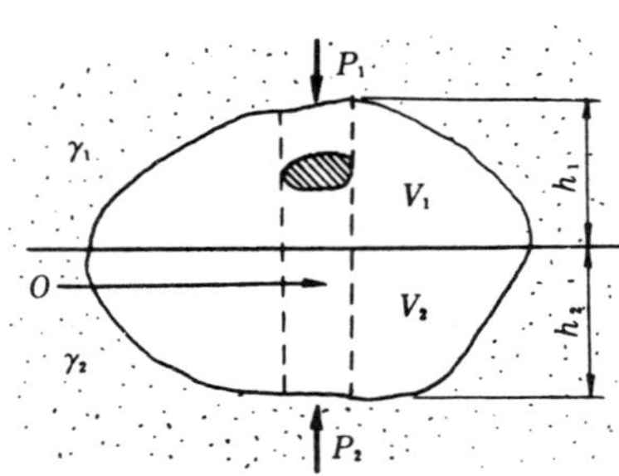

그림 2 - 17

또한 부력의 작용선은 모멘트를 취하여 다음과 같다.

$$F_B x_c = \gamma_1 \int vx dV_1 + \gamma_2 \int vx dV_2$$

$$\therefore \ x_c = \frac{\gamma_1 x_{1c} V_1 + \gamma_2 x_{2c} V_2}{\gamma_1 V_1 + \gamma_2 V_2}$$

불규칙한 물체를 두 개의 다른 유체 속에서 무게를 달면 그 물체의 무게, 체적 및 비중량을 구할 수 있다.

$$W = F_1 + \gamma_1 V, \quad W = F_2 + \gamma_2 V$$

$$\therefore \ V = \frac{F_1 - F_2}{\gamma_1 - \gamma_2}, \quad W = \frac{F_1\gamma_2 - F_2\gamma_1}{\gamma_2 - \gamma_1}$$

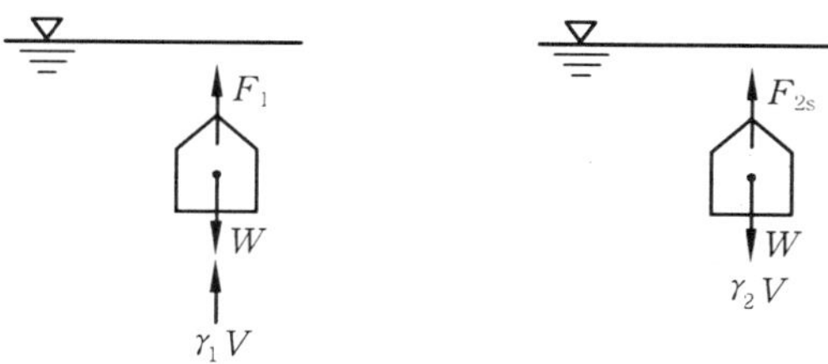

그림 2-18

■ Archimedes의 원리

· 유체 속에 잠겨 있는 물체는 그 물체가 배제하는 유체의 무게와 같은 크기의 힘에 의한 부력을 수직 상방으로 받는다.

$$F_B = \gamma V (\text{물체의 체적})$$

· 유체 위에 떠 있는 부양체는 자체의 무게와 같은 무게의 유체를 배제한다.

$$F_B = \gamma V (\text{배제된 체적})$$

6-2 부양체의 안정

물 위에 뜨는 배는 그 중량과 부력의 크기가 같고 또 같은 연직선 위에서 평형을 이루는데, 이 연직선을 부양축이라 한다.

그림 (a)에서 부양체의 중량을 G, 그 중심을 C, 부력을 F, 부력의 중심을 B라 하면 그림 (a)는 평형 상태를 나타낸다. 그림 (b)에서 배가 수평과 θ만큼 경사지고 있을 때 B'를 지나는 F의 작용선과 부양축과의 교점 M을 경심(metacenter)이라 한다.

① 표면에 떠 있는 배, 또는 유체 속에 잠겨 있는 기구나 잠수함에 있어서 그의 부력과 중력은 상호 작용하여 불안정한 상태를 안정된 위치로 되돌려 보내려는 복원 모멘트(righting moment)가 작용하여 항상 안정된 위치를 유지하게 된다(경심이 부양체의 중심보다 위에 있으면 복원 모멘트가 작용하여 안정성이 이루어지고, 두 점이 일치하면 중립 평형이 된다).

② 배가 너무 기울게 되어 부심의 위치가 중력선 밖으로 빠져나가게 되면 오히려 전복 모멘트(overturning moment)가 작용되어서 배는 뒤집히게 된다(경심이 부양체의 중심보다 아래에 올 때는 전복 모멘트가 작용하여 뒤집히게 된다).

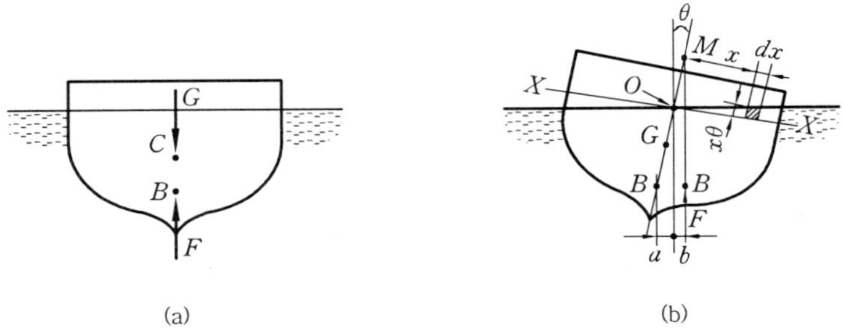

그림 2-19 부양체의 안정

예제 20. 가로, 세로, 높이가 각각 $7.5\,\mathrm{m} \times 3\,\mathrm{m} \times 4\,\mathrm{m}$인 상자의 무게가 $4 \times 10^4\,\mathrm{kg}$이다. 이 상자를 물 위에 띄웠을 때 수면 밑으로 얼마나 가라앉겠는가?

가 $2.05\,\mathrm{m}$ 　　　　 나 $2.25\,\mathrm{m}$ 　　　　 다 $1.78\,\mathrm{m}$ 　　　　 라 $1.25\,\mathrm{m}$

해설 상자의 무게는 부력과 같으므로

$$W = \gamma V$$
$$4 \times 10^4 = 1000 \times 7.5 \times 3 \times h$$
$$\therefore h = 1.78\,\mathrm{m}$$

답 다

예제 21. 위의 예제 20번에서 상자를 완전히 물 속에 가라앉게 하려면 얼마의 무게를 주어야 하는가?

가 $2 \times 10^4\,\mathrm{kg}$ 　　　 나 $3 \times 10^4\,\mathrm{kg}$ 　　　 다 $4 \times 10^4\,\mathrm{kg}$ 　　　 라 $5 \times 10^4\,\mathrm{kg}$

해설 주어야 할 하중이 F라면

$$F + 4 \times 10^4 = \gamma V$$
$$F + 4 \times 10^4 = 1000 \times 7.5 \times 3 \times 4$$
$$\therefore F = 9 \times 10^4 - 4 \times 10^4 = 5 \times 10^4\,\mathrm{kg}$$

답 라

예제 22. 어떤 돌의 중량이 공기 중에서는 $400\,\mathrm{kg}$이고, 수중에서는 $222\,\mathrm{kg}$이었다. 이 돌의 비중과 체적은 각각 얼마인가?

가 $S = 1.25,\ V = 1.78\,\mathrm{m}^3$ 　　　　 나 $S = 2.25,\ V = 0.178\,\mathrm{m}^3$

다 $S = 0.95,\ V = 0.42\,\mathrm{m}^3$ 　　　　 라 $S = 1.95,\ V = 1.42\,\mathrm{m}^3$

[해설] 공기 중의 부력을 무시하면 공기중의 무게는 $W = W_l + \gamma V$

$400 = 222 + 1000 \times V$ 이므로

$$\therefore V = \frac{400 - 222}{1000} = 0.178 \, \text{m}^3$$

$$S = \frac{\gamma}{1000} = \frac{\dfrac{W}{V}}{1000} = \frac{400}{1000 \times 0.178} = 2.25$$
[답] 나

[예제] **23.** 얼음의 비중이 0.918, 해수의 비중이 1.026일 때 해면 위로 500 m³이 나와 있는 빙산의 전 체적은 몇 m³인가?

[가] 1750 m³　　　[나] 2750 m³　　　[다] 3750 m³　　　[라] 4750 m³

[해설] 빙산의 전 체적을 V 라면

$W = \gamma V'$ (V' 는 해수면에 잠긴 체적 : $V - 500 \, \text{m}^3$)

$1000 \times 0.918 \times V = 1000 \times 1.026 \, (V - 500)$

$918 V = 1026 V - 513000$

$108 V = 513000 \quad \therefore V = 4750 \, \text{m}^3$
[답] 라

[예제] **24.** 폭이 5 m, 높이 3 m, 길이가 10 m 인 각주가 그림과 같이 수중에 떠 있다. 이때 경심고는 얼마인가?

[가] 0.245 m　　　[나] 0.425 m

[다] 0.542 m　　　[라] 0.254 m

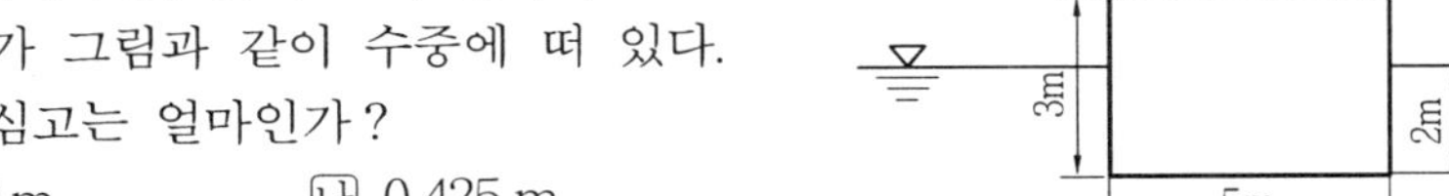

[해설] 경심고 $\overline{MG} = \dfrac{I_y}{V} - \overline{GB}$ 에서

$$I_y = \frac{lb^3}{12} = \frac{10 \times 5^3}{12} = 104.16 \, \text{m}^4$$

$$V = 5 \times 2 \times 10 = 100 \, \text{m}^3$$

$$\overline{GB} = 1.5 - 1 = 0.5$$

$$\therefore \overline{MG} = \frac{104.16}{100} - 0.5 = 0.5416 \fallingdotseq 0.542 \, \text{m}$$
[답] 다

7. 등가속도 운동을 받는 유체

일정한 등가속도 운동을 받는 유체는 유체 입자 사이에 상대 운동이 없어서 전단 응력이 발생하지 않으며, 고체와 같은 운동을 하게 된다. 이때를 상대적 평형(relative equilibrium)이라 한다.

7-1 등선가속도 운동을 받는 유체

(1) 수평 등가속도 운동을 받는 유체

① 수직 방향의 압력 변화

$$\Sigma F_y = ma_y$$

$$pA - \gamma hA = 0$$

$$\therefore \ p = \gamma h$$

② 수평 방향의 압력 변화

$$\Sigma F_x = ma_x = \left(\gamma A \frac{l}{g}\right)a_x$$

$$p_1 A - p_2 A = \left(\gamma A \frac{l}{g}\right)a_x$$

$$\frac{p_1 - p_2}{\gamma l} = \frac{a_x}{g} = \frac{h_1 - h_2}{l}$$

$$\tan\theta = \frac{a_x}{g} = \frac{h_1 - h_2}{l}$$

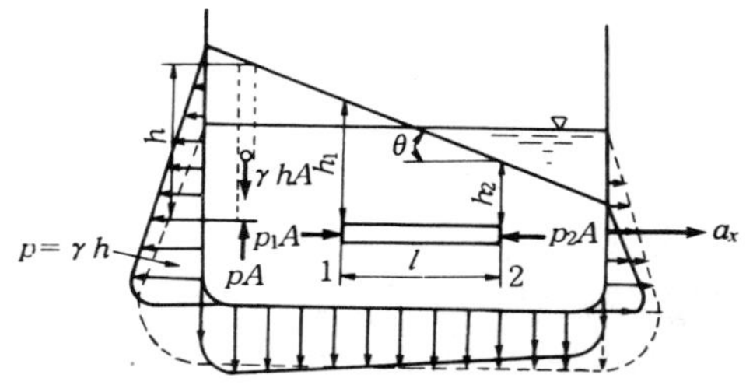

그림 2-20 수평 등가속도를 받는 유체

(2) 수직 등가속도 운동을 받는 유체

$$\Sigma F_y = ma_y$$

$$p_2 A - p_1 A - W = ma_y$$

$$p_2 A - p_1 A - \gamma hA = \left(\gamma A \frac{h}{g}\right)a_y$$

$$\therefore \ p_2 - p_1 = \gamma h\left(1 + \frac{a_y}{g}\right)$$

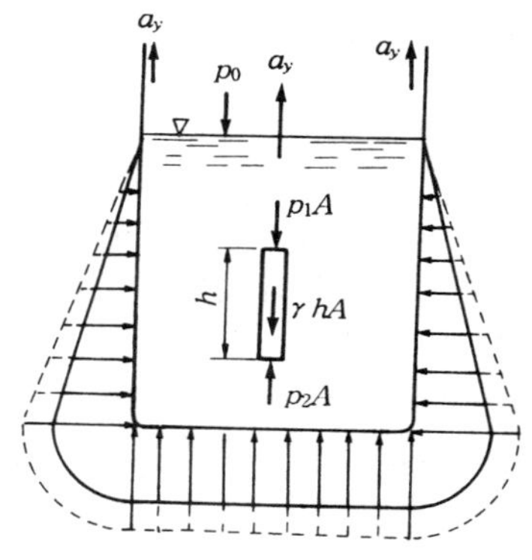

그림 2-21 수직 등가속도를 받는 유체

만약 자유 낙하 운동이면 $a_y = -g$가 되어 $p_1 = p_2$가 된다.

7-2 등속 회전운동을 받는 유체

$$\Sigma F_r = ma_r$$

$$pdA - \left(p + \frac{\partial p}{\partial r}\,dr\right)dA$$

$$= \frac{\gamma dA dr}{g}(-r\omega^2)$$

$$\therefore \ \frac{dp}{dr} = \frac{\gamma}{g}\,r\omega^2$$

$$\therefore \ p = \frac{\gamma}{g}\,\omega^2\,\frac{r^2}{2} + C$$

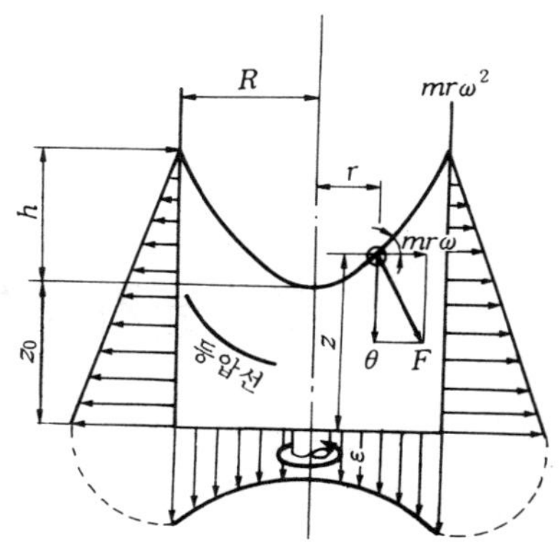

그림 2-22 등속 원운동을 받는 유체

$r = 0$일 때 $p = p_0$라 하면 $C = p_0$이므로

$$\therefore p = \frac{\gamma}{2g} r^2 \omega^2 + p_0 \qquad \therefore p - p_0 = \frac{\gamma}{2g} r^2 \omega^2$$

$\dfrac{p - p_0}{\gamma} = y - y_0 = h$라 하면

$$\therefore h = y - y_0 = \frac{p - p_0}{\gamma} = \frac{r^2 \omega^2}{2g}$$

[예제] **25.** 일정가속도 $5.65\,\mathrm{m/s^2}$로 달리고 있는 열차 속에서 물그릇을 놓았을 때 수면은 수평에 대하여 얼마의 각도를 이루겠는가?

  [가] $30°$ [나] $35°$ [다] $45°$ [라] $60°$

[해설] $\tan \theta = \dfrac{a_x}{g} = \dfrac{5.65}{9.8} = 0.577 \qquad \therefore \theta = \tan^{-1} 0.577 = 30°$ [답] [가]

[예제] **26.** $2\,\mathrm{m} \times 2\,\mathrm{m} \times 2\,\mathrm{m}$인 정육면체의 탱크에 비중량이 $\gamma\,[\mathrm{kg/m^3}]$인 액체를 절반 정도 채우고 수평 등가속도 $9.8\,\mathrm{m/s^2}$을 가할 때 옆면 AC가 받는 전압력은 몇 kg인가?

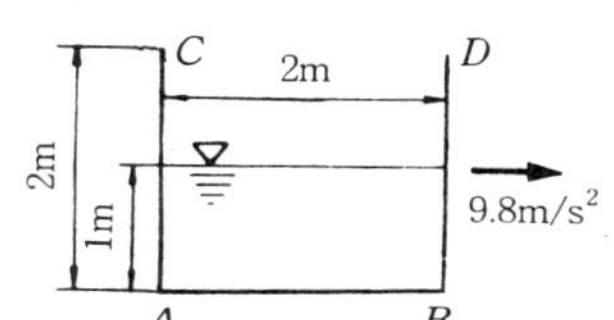

  [가] γ [나] $9.8\,\gamma$

  [다] $2\,\gamma$ [라] $4\,\gamma$

[해설] $\tan \theta = \dfrac{a_x}{g} = \dfrac{9.8}{9.8} = 1$

$$\therefore \theta = \tan^{-1} 1 = 45°$$

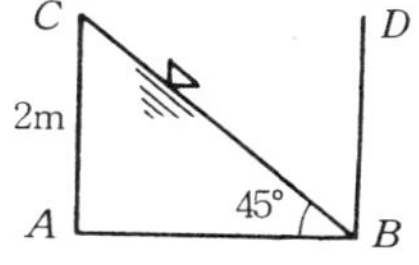

AB 양단에 생기는 수위차는 그림과 같이 된다.

따라서 AC면이 받는 전압력

$$F_{AC} = \gamma h_c A = \gamma \times 1 \times 2 \times 2 = 4\,\gamma\,[\mathrm{kg}]$$

    [답] [라]

[예제] **27.** 입방체의 탱크에 비중이 0.7인 기름이 $1.5\,\mathrm{m}$ 차 있다. 이 탱크가 연직상방향으로 $4.9\,\mathrm{m/s^2}$의 가속도를 작용시킬 때 탱크 밑에 작용하는 압력은 몇 $\mathrm{kg/m^2}$인가?

  [가] $1375\,\mathrm{kg/m^2}$ [나] $1475\,\mathrm{kg/m^2}$ [다] $1575\,\mathrm{kg/m^2}$ [라] $1675\,\mathrm{kg/m^2}$

[해설] $p = \gamma h \left(1 + \dfrac{a_y}{g}\right) = 1000 \times 0.7 \times 1.5 \left(1 + \dfrac{4.9}{9.8}\right) = 1575\,\mathrm{kg/m^2}$ [답] [다]

[예제] **28.** 반지름이 $5\,\mathrm{cm}$인 원통에 물을 담아 중심축에 대하여 $120\,\mathrm{rpm}$으로 회전시킬 때 중심과 벽면의 수면의 차는 얼마인가?

  [가] $0.01\,\mathrm{m}$ [나] $0.02\,\mathrm{m}$ [다] $0.03\,\mathrm{m}$ [라] $0.04\,\mathrm{m}$

$\boxed{\text{해설}}$ $y - y_0 = \dfrac{r^2 \omega^2}{2g} = \dfrac{0.05^2 \times \left(\dfrac{2\pi \times 120}{60}\right)^2}{2 \times 9.8} = 0.02\,\text{m}$ $\boxed{\text{답}}$ $\boxed{\text{나}}$

$\boxed{\text{예제}}$ **29.** 반지름이 $0.5\,\text{m}$, 높이가 $1.5\,\text{m}$인 용기에 물이 가득 차 있다. 수직축을 중심으로 각속도 $10\,\text{rad}\,/\,\text{s}$로 회전한다면 용기 중심점 밑면에 작용하는 압력은 몇 $\text{kg}\,/\,\text{m}^2$인가 ?

$\boxed{가}$ 124 $\boxed{나}$ 224 $\boxed{다}$ 324 $\boxed{라}$ 424

$\boxed{\text{해설}}$ $y - y_0 = \dfrac{r^2 \omega^2}{2g}$ 에서

- 중심에서의 높이

$$y_0 = y - \dfrac{r^2 \omega^2}{2g} = 1.5 - \dfrac{0.5^2 \times 10^2}{2 \times 9.8} = 0.224\,\text{m}$$

- 용기 밑면의 중심점에서의 압력

$$p = \gamma y_0 = 1000 \times 0.224 = 224\,\text{kg}\,/\,\text{m}^2$$

$\boxed{\text{답}}$ $\boxed{\text{나}}$

$\boxed{\text{예제}}$ **30.** 반지름이 $1\,\text{m}$, 높이가 $10\,\text{m}$인 원통형의 용기속에 액체가 $5\,\text{m}$ 높이까지 채워져 있다. 이 용기를 중심축에 대하여 $100\,\text{rpm}$의 일정한 속도로 회전시킨다면 용기의 바닥 중심과 끝에서의 압력은 얼마인가 ?

$\boxed{가}$ $p_1 = 0.22\,\text{kg}\,/\,\text{cm}^2$, $p_2 = 0.80\,\text{kg}\,/\,\text{cm}^2$

$\boxed{나}$ $p_1 = 0.56\,\text{kg}\,/\,\text{cm}^2$, $p_2 = 1.06\,\text{kg}\,/\,\text{cm}^2$

$\boxed{다}$ $p_1 = 2.2\,\text{kg}\,/\,\text{cm}^2$, $p_2 = 8.0\,\text{kg}\,/\,\text{cm}^2$

$\boxed{라}$ $p_1 = 5.6\,\text{kg}\,/\,\text{cm}^2$, $p_2 = 10.6\,\text{kg}\,/\,\text{cm}^2$

$\boxed{\text{해설}}$ 일정한 회전 운동이므로 액체의 표면은 포물선의 회전체가 된다.

$$\therefore\ h = \dfrac{p_2 - p_1}{\gamma} = \dfrac{w^2 R^2}{2g} = \dfrac{\left(\dfrac{2 \times \pi \times 100}{60}\right)^2 \times (1)^2}{2 \times 9.8} = 5.59\,\text{m}$$

포물선 회전체의 체적은 외접 원통의 체적의 반과 같다. 따라서 정점을 통과하는 수평면의 상부에 있는 액체의 체적 V는

$$V = \dfrac{1}{2}\,\pi^2 R h = \dfrac{1}{2} \times \pi^2 \times R \times \dfrac{w^2 R^2}{2g}\ \text{이다.}$$

그러므로 회전체가 정지하게 되면 액체의 수면은 정점을 통하는 수면 위로

$$\dfrac{1}{2}\,h = \dfrac{1}{2}\,\cdot\,\dfrac{w^2 R^2}{2g}\ \text{만큼 올라가게 된다.}$$

따라서 $\dfrac{p_1}{\gamma} = 5 - \dfrac{1}{2}\,h = 5 - \dfrac{1}{2} \times 5.59 = 2.205$

$$\dfrac{p_2}{\gamma} = 5 + \dfrac{1}{2}\,h = 5 + \dfrac{1}{2} \times 5.59 = 7.795$$

$\therefore\ p_1 = \gamma \cdot h_1 = 1000 \times 2.205 \times 10^{-4} = 0.2205\,\text{kg}\,/\,\text{cm}^2$

$p_2 = \gamma \cdot h_2 = 1000 \times 7.795 \times 10^{-4} = 0.7795\,\text{kg}\,/\,\text{cm}^2$ $\boxed{\text{답}}$ $\boxed{\text{가}}$

연 · 습 · 문 · 제

문제 1. 진공 압력을 절대 압력으로 환산하면 다음 중 어느 것인가?

  ㉮ 진공 압력 + 표준 대기압력   ㉯ 표준 대기압력 − 진공 압력

  ㉱ 진공 압력 + 국소 대기압   ㉲ 국소 대기압 − 진공 압력

문제 2. 압력 $2.4 \, kg / cm^2$에서 수주로는 몇 m인가?

  ㉮ $2.4 \, mAq$ ㉯ $24 \, mAq$ ㉱ $2.32 \, mAq$ ㉲ $23.2 \, mAq$

[해설] $1 \, kg / cm^2 = 10 \, mAq$이므로 $2.4 \, kg / cm^2 = 24 \, mAq$

문제 3. 대기압이 $750 \, mmHg$일 때 $0.5 \, kg / cm^2$의 진공 압력은 절대 압력으로 몇 $kg / cm^2 \, abs$인가?

  ㉮ $1.5 \, kg / cm^2 \, abs$ ㉯ $1.02 \, kg / cm^2 \, abs$

  ㉱ $0.5336 \, kg / cm^2 \, abs$ ㉲ $0.52 \, kg / cm^2 \, abs$

[해설] · 대기압 $= 750 \times 13.6 = 1.02 \, kg / cm^2$

     · 절대 압력 $= 1.02 - 0.5 = 0.52 \, kg / cm^2 \, abs$

[SI 단위]

$$P = 0.52 \times 10^4 \times 9.81 = 5.1 \times 10^4 = 0.51 \, bar \, abs$$

문제 4. 어떤 액체에서 수면으로부터 $15 \, m$ 깊이에서 압력을 측정하였더니 $2.04 \, kg / cm^2$ $(2.0 \, bar)$이었다. 이 액체의 비중량은?

  ㉮ $136 \, kg / m^3 \, (1.333 \, N / m^3)$ ㉯ $1360 \, kg / m^3 \, (13333 \, N / m^3)$

  ㉱ $1.36 \, kg / m^3 \, (13.33 \, N / m^3)$ ㉲ $13.6 \, kg / m^3 \, (133 \, N / m^3)$

[해설] $\gamma = \dfrac{p}{h} = \dfrac{2.04 \times 10^4}{15} = 1360 \, kg / m^3$

[SI 단위]

$$\gamma = \frac{p}{h} = \frac{2 \times 10^5}{15} = 13333 \, N / m^3$$

해답   1. ㉲   2. ㉯   3. ㉲   4. ㉯

문제 5. 그림에서 피스톤에 유압이 작동하고
있다. 지금 압력계의 읽음이 10 kg / cm²(9.8
bar)이고 피스톤의 단면적이 200 cm²일 때
피스톤에 걸리는 힘은 얼마인가 ?

㉮ 1000 kg(9800 N)

㉯ 2000 kg(19.6 kN)

㉲ 2000 kg / cm²(19.6 kN / cm²)

㉭ 1000 kg / cm²(9800 N / cm²)

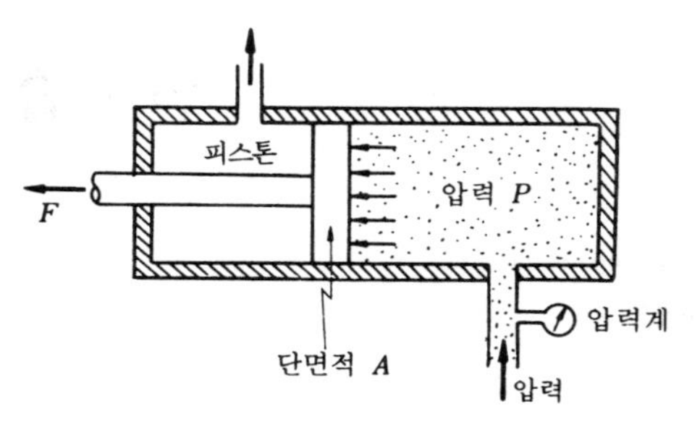

해설　$F = pA = 10 \times 200 = 2000\,\text{kg}$

[SI 단위]

$$F = pA = 9.8 \times 105 \times 200 \times 10^{-4} = 19600\,\text{N} = 19.6\,\text{N}$$

문제 6. 펌프로 물을 양수할 때 흡입관에서 압력은 진공 압력계로 50 mmHg이다. 이 압
력은 절대 압력으로 얼마인가 ? (단, 대기압은 750 mmHg)

㉮ 0.952 kg / cm² abs　　　　　　　㉯ 0.921 kg / cm² abs

㉲ 0.679 kg / cm² abs　　　　　　　㉭ 0.658 kg / cm² abs

해설　$P_{\text{abs}} = 750 - 50 = 700\,\text{mmHg}$

$$P_{\text{abs}} = \frac{700}{735.5} = 0.952\,\text{kg} / \text{cm}^2\,\text{abs}$$

문제 7. 다음 그림과 같이 단면적 A인 실린더
와 피스톤이 있다. 피스톤의 좌측과 우측의
공기 압력을 각각 계기 압력으로 p_1, p_2라고
할 때 피스톤을 좌측으로 밀기 위해서는 최
소한 얼마 이상의 힘을 가해야 하는가 ? (단,
피스톤 로드의 단면적은 a이다.)

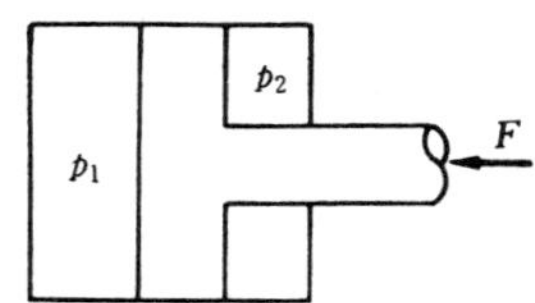

㉮ $F = (p_1 - p_2)(A - a)$　　　　　　㉯ $F = (p_0 - p_2)A$

㉲ $F = p_1 A - p_2 a$　　　　　　　　㉭ $F = p_1 A - p_2(A - a)$

해설　대기압을 p_0로 하면 피스톤 좌측의 절대 압력은 $p_1 + p_0$이므로 피스톤을 우측으로 미는 힘
은 $(p_1 + p_0)A$이다. 피스톤 우측의 절대 압력은 $p_2 + p_0$이므로 피스톤을 좌측으로 미는 힘은
$(p_2 + p_0)(A - a)$이다. 또 피스톤 로드의 우측 끝에도 대기압이 작용하므로 $p_0 a$의 힘이 좌
측으로 작용한다. 따라서 힘의 평형조건을 생각하면

$$(p_1 + p_0)A - (p_2 + p_0)(A - a) - p_0 a - F = 0 \qquad \therefore\ p_1 A - p_2(A - a)$$

즉, 이 힘보다 커야 피스톤을 좌측으로 움직일 수 있다.

해답　5. ㉯　　6. ㉮　　7. ㉭

문제 8. Bourdon 압력계가 $3\,\mathrm{kg/cm^2}$이고, 대기압이 $740\,\mathrm{mmHg}$일 때 절대압력을 $\mathrm{kg/cm^2}$, bar로 표시한 것 중 옳은 것은?

㉮ $4.0064\,\mathrm{kg/cm^2}$, $3.93\,\mathrm{bar}$ ㉯ $2.945\,\mathrm{kg/cm^2}$, $3.006\,\mathrm{bar}$

㉰ $1.0332\,\mathrm{kg/cm^2}$, $4.0332\,\mathrm{bar}$ ㉱ $3.93\,\mathrm{kg/cm^2}$, $2.945\,\mathrm{bar}$

[해설] 절대 압력 = 국소 대기압 + 계기 압력이므로

$$3 + \frac{740}{760} \times 1.0332\,\mathrm{kg/cm^2} = 4.0064\,\mathrm{kg/cm^2}$$

$$4.0064 \times 9.8 \times 10^4 = 392627.2\,\mathrm{N/m^2}$$

$$392627.2 \div 10^5 = 3.93\,\mathrm{bar}$$

문제 9. 국소 대기압이 $710\,\mathrm{mmHg}$인 곳에서의 절대 압력이 $0.5\,\mathrm{kg/cm^2}$ abs($0.49\,\mathrm{bar}$ abs)일 때 그 지점의 계기 압력은 얼마인가? (단, 수은의 비중은 13.6이다.)

㉮ $-0.533\,\mathrm{kg/cm^2}(-0.5223\,\mathrm{bar})$ ㉯ $0.533\,\mathrm{kg/cm^2}(0.5223\,\mathrm{bar})$

㉰ $-0.4656\,\mathrm{kg/cm^2}(-0.456\,\mathrm{bar})$ ㉱ $0.4656\,\mathrm{kg/cm^2}(0.456\,\mathrm{bar})$

[해설] $p_{gage} = p_{abs} - p_0$이므로

$$p_{gage} = 0.5 - \left(71 \times \frac{13.6}{1000}\right) = 0.5 - 0.956 = -0.4656\,\mathrm{kg/cm^2}$$

(또는 $0.4656\,\mathrm{kg/cm^2}$ 진공)

[SI 단위]

$$p_{gage} = -0.456\,\mathrm{bar}$$

문제 10. 밀폐된 용기 안에 비중이 0.8인 기름이 들어 있고 위 공간부분은 공기가 들어 있다. 공기의 압력이 $0.1\,\mathrm{kg/cm^2}$일 때 기름표면으로부터 $1.5\,\mathrm{m}$ 깊이에 있는 점의 압력은 수주로 몇 m인가? (단, 물의 비중은 1, 비중량은 $1000\,\mathrm{kg/m^3}$이다.)

㉮ 4.4 ㉯ 2.2 ㉰ 1.6 ㉱ 1.22

[해설] $p = p_0 + \gamma h = 0.1 + 1000 \times 0.8 \times 1.5 \times 10^{-4} = 0.22\,\mathrm{kg/cm^2}$

$$h_w = \frac{p}{\gamma_w} = \frac{0.22 \times 10^4}{1000} = 2.2\,\mathrm{mAq}$$

문제 11. 수압기에서 피스톤의 지름이 각각 $10\,\mathrm{mm}$, $100\,\mathrm{mm}$이고 큰 쪽의 피스톤에다 $1000\,\mathrm{kg}$의 하중을 올려 놓으면 작은 쪽에는 얼마의 힘이 작용하게 되는가?

㉮ $1\,\mathrm{kg}$ ㉯ $10\,\mathrm{kg}$ ㉰ $100\,\mathrm{kg}$ ㉱ $1000\,\mathrm{kg}$

[해답] 8. ㉮   9. ㉰   10. ㉯   11. ㉯

해설 $p = \dfrac{F_1}{A_1} = \dfrac{F_2}{A_2}$, $F_2 = F_1 \dfrac{A_2}{A_1} = F_1 \left(\dfrac{\frac{\pi}{4} d_2{}^2}{\frac{\pi}{4} d_1{}^2} \right) = F_1 \left(\dfrac{d_2{}^2}{d_1{}^2} \right) = 1000 \left(\dfrac{10}{100} \right)^2 = 10 \, \text{kg}$

문제 12. 그림에서 p_0는 표준대기압이 작

용하고 있다. B점의 압력은 얼마인가?

㉮ 1.843 kg / cm² abs(1.806 bar abs)

㉯ 1.843 kg / m² (18.06 Pa)

㉱ 1.843 kg / cm² (1.806 bar)

㉲ 0.9 kg / cm² abs(0.882 bar abs)

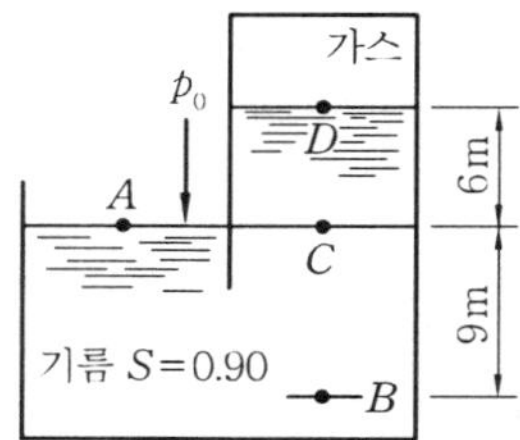

해설 $p_B = p_0 + \gamma h = 1.033 \times 10^4 + 1000 \times 0.9 \times 9 = (1.033 + 0.81) \times 10^4$

$\qquad\qquad = 1.843 \times 10^4 \, \text{kg} / \text{m}^2 \, \text{abc} = 1.843 \, \text{kg} / \text{cm}^2 \, \text{abc}$

[SI 단위]

$\qquad p_B = 1.806 \, \text{bar abs}$

문제 13. 그림에서 공기의 압력 p_A는 얼

마인가?

㉮ -2.2 kg / cm²

㉯ -0.22 kg / cm²

㉱ -0.022 kg / cm²

㉲ -22 kg / cm²

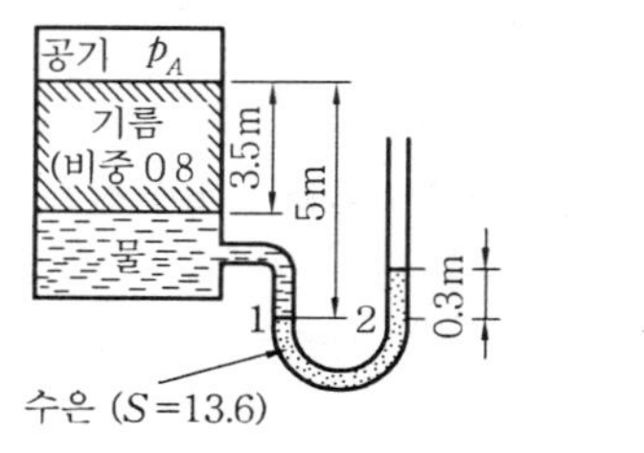

해설 그림에서 $p_1 = p_2$이다.

$\quad p_1 = p_A + 1000 \times 0.8 \times 3.5 + 1000 \times 1.5$

$\quad p_2 = 1000 \times 13.6 \times 0.3$

$\quad \therefore \ p_A = 1000 \times 13.6 \times 0.3 - 1000 \times 0.8 \times 3.5 - 1000 \times 1.5$

$\qquad\quad = -220 \, \text{kg} / \text{m}^2 = -0.022 \, \text{kg} / \text{cm}^2$

문제 14. 밑면이 $2\,\text{m} \times 2\,\text{m}$인 탱크에 비중

이 0.8인 기름과 물이 다음 그림과 같이

들어 있다. AB면에 작용하는 압력은 몇

kPa인가?

㉮ 34.3

㉯ 343

㉱ 31.36

㉲ 313.6

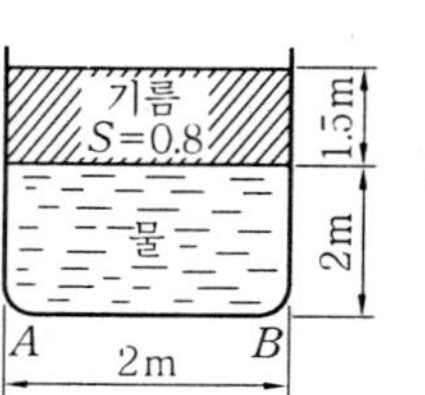

해설 AB 면에 작용하는 압력은

$$p_{AB} = 1000 \times 0.8 \times 1.5 + 1000 \times 2 = 3200 \text{ kg} / \text{m}^2 = 0.32 \text{ kg} / \text{cm}^2$$

[SI 단위]

$$p_{AB} = 9800 \times 0.8 \times 1.5 + 9800 \times 2 = 31360 \text{ N} / \text{m}^2 = 31.36 \text{ kPa}$$

문제 15. 압력계가 $7.5 \text{ kg} / \text{cm}^2$를 지시하였다. 이때의 대기압이 $0.97 \text{ kg} / \text{cm}^2$이면 절대 압력은 몇 kg / cm^2인가?

㉮ $6.15 \text{ kg} / \text{cm}^2$ abs   ㉯ $7.50 \text{ kg} / \text{cm}^2$ abs

㉰ $8.47 \text{ kg} / \text{cm}^2$ abs   ㉱ $7.73 \text{ kg} / \text{cm}^2$ abs

해설 $p_{\text{abs}} = p_a + p_{\text{gage}} = 0.97 + 7.5 = 8.47 \text{ kg} / \text{cm}^2$ abs

---

문제 16. 공기와 기름이 들어있는 밀폐된 탱크에 그림과 같이 부르동관 압력계를 설치하여 계기 압력을 측정하였더니 $0.4 \text{ kg} / \text{cm}^2$이었다. 압력 계의 위치가 기름 표면보다 1 m 아래에 있다고 할 때 공기의 절대 압력은 얼마인가? (단, 대기 압은 1.03기압이고, 기름의 비중은 0.9이다.)

㉮ $1.34 \text{ kg} / \text{cm}^2$ ㉯ $13.4 \text{ kg} / \text{cm}^2$

㉰ $0.134 \text{ kg} / \text{cm}^2$ ㉱ $134 \text{ kg} / \text{cm}^2$

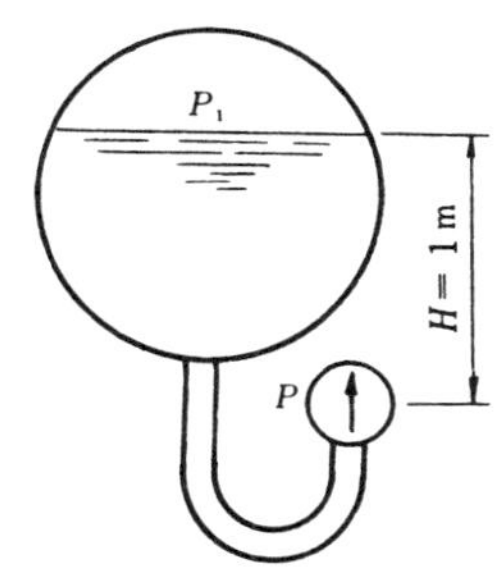

해설 탱크속의 공기 압력을 p_1, 압력계 내의 기름 압력을 p라고 하면

$$p = p_1 + \gamma H$$

여기서 γ는 기름의 비중량으로서 $0.0009 \text{ kg} / \text{cm}^3$, H는 100 cm이고 p는 대기압과 $0.4 \text{ kg} / \text{cm}^2$의 합이므로

$$p_0 + 0.4 = p_1 + \gamma H$$

$$\therefore \ p_1 = p_0 + 0.4 - \gamma H = 1.03 + 0.4 - 0.009 \times 100 = 1.34 \text{ kg} / \text{cm}^2 \text{ abs}$$

문제 17. 다음 그림과 같은 시차액주계에서 $p_x - p_y$는 몇 kN / m^2인가? (단, $\gamma_1 = 1000 \text{ kg} / \text{m}^3$, $\gamma_2 = 800 \text{ kg} / \text{m}^3$, $\gamma_3 = 13600 \text{ kg} / \text{m}^3$이다.)

㉮ 58.694

㉯ 62.877

㉰ 67.321

㉱ 70.074

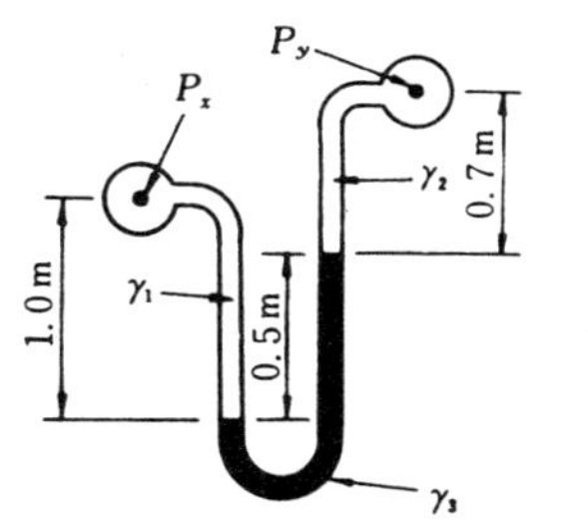

해답 **15.** ㉰   **16.** ㉮   **17.** ㉯

[해설] $p_x + 1.0 \times 1000 \times 9.8 = p_y + 0.7 \times 880 \times 9.8 + 0.5 \times 13600 \times 9.8$

$\therefore p_x - p_y = 0.7 \times 880 \times 9.8 + 0.5 \times 13600 \times 9.8 - 1.0 \times 1000 \times 9.8$

$\doteqdot 62877 \text{ N} / \text{m}^2 = 62.877 \text{ kN} / \text{m}^2$

문제 18. 다음 그림에서 A, B점 사이의
압력차는 얼마인가?

㉮ $0.28 \text{ kg} / \text{cm}^2$

㉯ $2.8 \text{ kg} / \text{cm}^2$

㉰ $0.052 \text{ kg} / \text{cm}^2$

㉱ $0.52 \text{ kg} / \text{cm}^2$

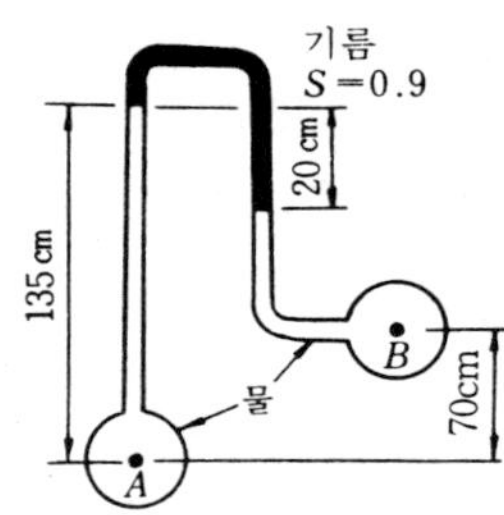

[해설] $p_A - p_B = \gamma(1.35) - \gamma 0.9(0.2) - \gamma(0.65) = \gamma\{(1.35 - 0.65) - 0.9(0.2)\}$

$= 1000\{(1.35 - 0.65) - 0.9(0.2)\} = 520 \text{ kg} / \text{m}^2 = 0.052 \text{ kg} / \text{cm}^2$

[SI 단위]

$p_A - p_B = 520 \times 9.81 = 5101 \text{ Pa}$

문제 19. 그림에서 $p_A - p_B$는 몇 kg / cm^2
인가? (단, 수은의 비중은 13.6이다.)

㉮ 0.679

㉯ 1.26

㉰ 1.68

㉱ 2.78

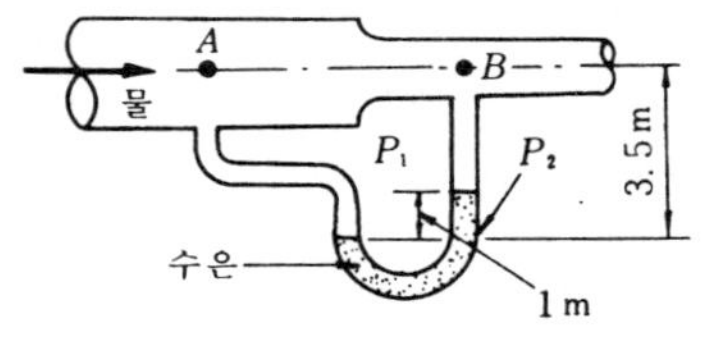

[해설] $p_A - p_B = h(\gamma_0 - \gamma) = 1 \times (13600 - 1000) \times 10^{-4} = 1.26 \text{ kg} / \text{cm}^2$

문제 20. 그림에서 $p_A - p_B$는 얼마인가?

㉮ $2.57 \text{ kg} / \text{cm}^2 (2.52 \text{ bar})$

㉯ $2.75 \text{ kg} / \text{cm}^2 (2.695 \text{ bar})$

㉰ $2.57 \text{ kg} / \text{m}^2 (25.19 \text{ Pa})$

㉱ $2.75 \text{ kg} / \text{m}^2 (26.95 \text{ Pa})$

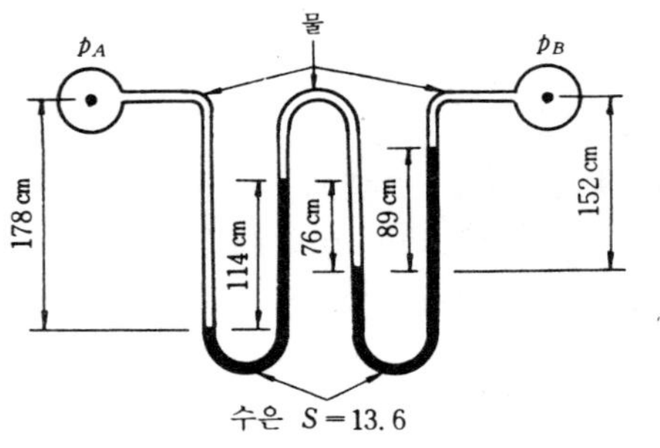

[해설] $p_A - p_B = (1.14 + 0.89) \times 13.6 \times 10^3 - (1.78 - 0.89) \times 10^3$

$+ (1.52 - 0.89) \times 10^3 + (0.89 - 0.76) \times 10^3$

[해답] 18. ㉰ 19. ㉯ 20. ㉮

$$= 2.03 \times 13.6 \times 10^3 + (1.52 - 0.89 + 0.89 - 0.76 - 1.78 - 0.89) \times 10^3$$

$$= 2.03 \times 13.6 \times 10^3 - 1.91 \times 103 = 25698 \, kg/m^2 = 2.57 \, kg/cm^2$$

또는, $p_A + 1.78 \times 10^3$

$$= 1.14 \times 13.6 \times 10^3 - 0.76 \times 10^3 + 0.89 \times 13.6 \times 10^3 + (1.52 - 0.89) \times 10^3 + p_B$$

$$\therefore p_A - p_B = 25698 \, kg/m^2 = 2.57 \, kg/cm^2$$

[SI 단위]

$$p_A - p_B = 2.519 \, bar$$

문제 21. 그림과 같은 미압계에서 $\gamma_1 = 1.225$ kg/m³인 공기, γ_2는 물, γ_3는 비중이 1.2인 액체이다. 또 U자관에서 단면적이 넓은 부분과 단면적이 좁은 부분의 단면적비는 $\dfrac{a}{A} = 0.01$이고, h는 5 mm이다. 이때 압력차 $p_C - p_D$는 몇 mmAq인가?

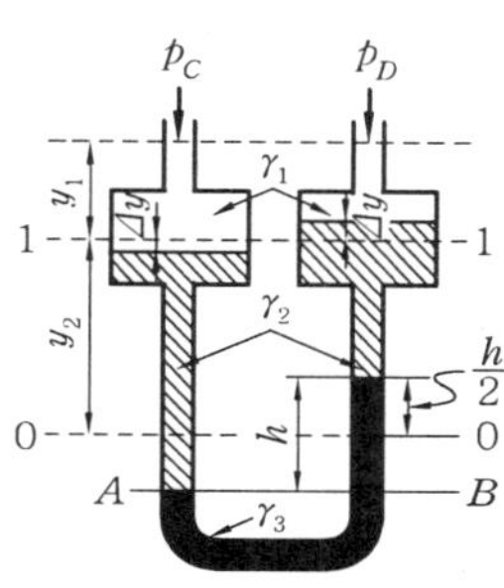

㉮ 1.04495 ㉯ 2.04051

㉰ 3.10472 ㉭ 4.92104

[해설] 점 A, B의 압력은 같으므로

$$p_C + \gamma_1(y_1 + \Delta y) + \gamma_2\left(y_2 - \Delta y + \frac{h}{2}\right) = p_D + \gamma_1(y_1 - \Delta y) + \gamma_2\left(y_2 + \Delta y - \frac{h}{2}\right) + \gamma_3 h$$

$$p_C - p_D = \gamma_1(-2\Delta y) + \gamma_2(2\Delta y - h) + \gamma_3 h$$

또 $A \cdot \Delta y = a \cdot \dfrac{h}{2}$이므로 $\Delta y = \dfrac{a}{A} \cdot \dfrac{h}{2}$

$$\therefore p_C - p_D = \gamma_1\left(-\frac{a}{A}h\right) + \gamma_2\left(\frac{a}{A}h - h\right) + \gamma_3 h = h\left[\gamma_3 + \gamma_2\left(\frac{a}{A} - 1\right) - \gamma_1\frac{a}{A}\right]$$

$$= 5 \times 10^{-3}(1.2 \times 1000 + 1000(0.01 - 1) - 1.225 \times 0.01)$$

$$= 1.04995 \, kg/m^2 = 1.04995 \times 10^{-4} \, kg/cm^2$$

$$= 1.04995 \times 10^{-3} \, mAq = 1.04995 \, mmAq$$

문제 22. 비중이 1.59인 CCl_4가 담겨진 용기에 경사액주계를 30° 각도로 설치하고 여기에 0.07 kg/cm²(0.0686 bar)의 압력을 가하였을 때 l은 얼마인가? (단, 공기의 무게는 무시할 수 있다.)

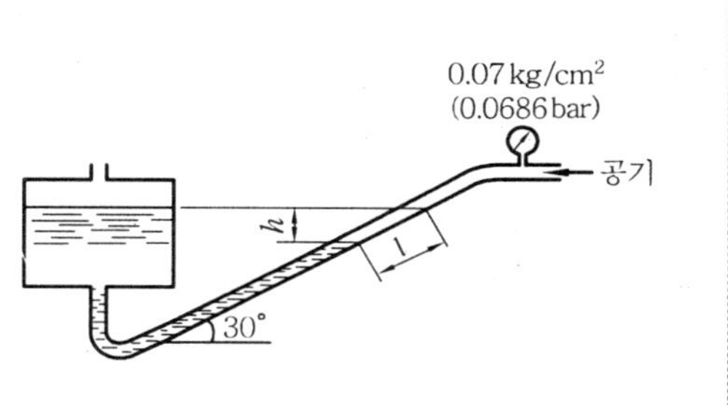

㉮ 0.951 m ㉯ 0.441 m

㉰ 0.881 m ㉭ 0.522 m

[해설] $p = \gamma h$에서 $p = \gamma l \sin\theta$이므로

$$l = \frac{p}{\gamma \sin\theta} \qquad \therefore l = \frac{0.07 \times 10^4}{1.59 \times 10^3 \times 0.5} = 0.8805 \text{ m}$$

[SI 단위]

$$l = \frac{p}{\gamma \sin\theta} = \frac{0.0686 \times 10^5}{1.59 \times 9800 \times 0.5} = 0.881 \text{ m}$$

문제 23. 온도가 일정하게 유지된 호수에 지름이 0.5 cm인 공기의 기포가 수면까지 올라올 때 지름이 1 cm로 팽창하였다. 이때 기포 최초의 위치는 수면으로부터 몇 m 아래인가? (단, 공기를 이상기체로 가정하고 이때의 기압은 720 mmHg이다.)

 ㉮ 19.67 m   ㉯ 27.68 m   ㉰ 49.76 m   ㉱ 68.54 m

[해설] 기포의 지름이 2배가 되었으므로 체적은 8배가 된다.

보일의 법칙($p_1 V_1 = p_2 V_2 =$ 상수)에서 압력은 $1/8$로 되었다.

p_0를 수면의 압력 지름이 0.5 cm인 공기 기포의 수심을 h라 하면 $p_0 + \gamma h = 8 p_0$이므로

$$h = \frac{7 p_0}{\gamma} = \frac{7}{1000} \times \left(720 \times \frac{1.0336}{760} \times 10^4 \right) = 68.54 \text{ m}$$

문제 24. 수심이 30 m인 물 속에서 지름 1 cm인 기포가 생겼다. 이 기포가 수면까지 떠오를 때 지름은 얼마로 되겠는가? (단, 기포 속의 공기는 등온변화하고, 대기압은 1.0332 kg / cm²이다.)

 ㉮ 1.57 cm   ㉯ 2 cm   ㉰ 3 cm   ㉱ 3.57 cm

[해설] 수심 30 m 지점의 압력 $p = \gamma h + p_0 = 1000 \times 30 + 10332 = 40332 \text{ kg / m}^2$

등온변화하므로 $pV =$ const에서

$$\frac{p_0}{p} = \frac{V}{V_0} = \left(\frac{d}{d_0} \right)^3 = \frac{10332}{40332} \fallingdotseq 0.256$$

$$\therefore d = d_0 \times \sqrt[3]{\frac{1}{0.256}} = 1 \times \sqrt[3]{\frac{1}{0.256}} \fallingdotseq 1.575 \text{ cm}$$

문제 25. 다음 그림과 같은 경사미압계에서 점 A의 계기압력은 몇 kg / m²인가? (단, 미압계에는 물이 들어 있고, $\alpha = 10°$, $l = 20$ mm이다.)

 ㉮ 0.72   ㉯ 1.25

 ㉰ 2.27   ㉱ 3.47

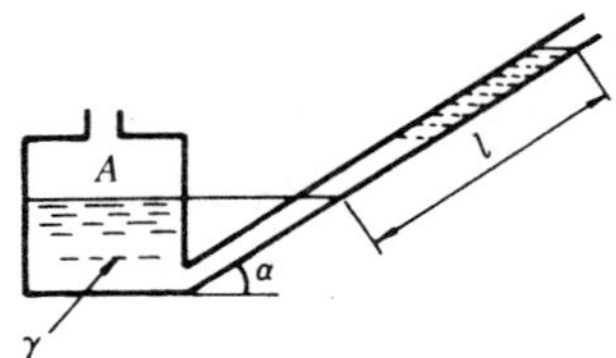

문제 26. 밑면의 지름이 2 m, 높이가 1 m인 직원추형의 용기에 물을 높이 0.5 m로 넣었을 때 측면이 받는 힘은?

  ⑦ 1830   ⑭ 1570   ⑭ 1295   ㉠ 654

[해설] $F = 1000\left\{\dfrac{\pi}{4}(2)^2 \times 0.5 - \left(\dfrac{1}{3} \times \dfrac{\pi}{4} \times 2^2 \times 1 - \dfrac{1}{3} \times \dfrac{\pi}{4} \times 1^2 \times 0.5\right)\right\} = 654 \text{ kg}$

문제 27. 그림과 같은 수문이 60° 경사져 있다. 상단이 힌지(hinge)일 때 수문에 작용하는 전압력과 작용점을 구하고, 또 이 상태에서 수문 밑에 힘을 가해서 밀고자 한다. 이때 필요한 힘은 얼마인가?

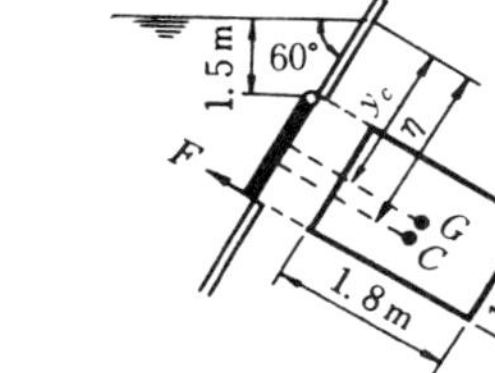

  ⑦ 237 kg   ⑭ 250 kg

  ⑭ 1250 kg   ㉠ 2370 kg

[해설] $F = \gamma H_c A = 1000 \times 2.33 \times \sin 60° \times 1.8 \times 1.2 = 4360$

$$y_p = y_c + \frac{I_c}{y_c A} = \left(0.6 + \frac{1.5}{\sin 60°}\right) + \frac{\dfrac{1.8 \times 1.2^3}{1.2}}{2.332 \times (1.8 \times 1.2)} = 2.38 \text{ m}$$

힌지에서의 $\Sigma M = 0$

$F' \times 1.2 - F \times 0.651 = 0$

$$\therefore\; F' = \frac{4360 \times 0.652}{1.2} = 2370 \text{ kg}$$

문제 28. 그림과 같이 수문 AB가 받는 전압력은 얼마인가? (단, 폭은 3 m이다.)

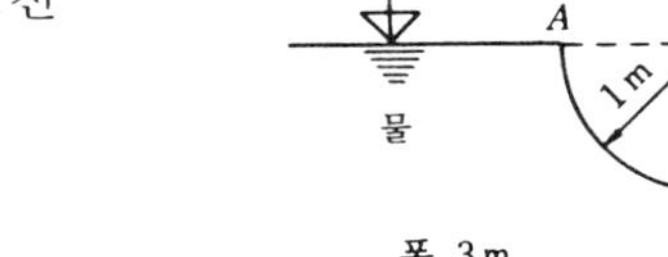

  ⑦ 1500 kg

  ⑭ 2353 kg

  ⑭ 2790 kg

  ㉠ 3853 kg

[해설] $F_H = \gamma H_C A = 1000 \times \dfrac{1}{2} \times 1 \times 3 = 1500 \text{ kg}$

$$F_V = 1000 \times \frac{\pi}{4} \times 1^2 \times 3 = 2353 \text{ kg}$$

$$F = \sqrt{F_H^2 + F_V^2} = 2970 \text{ kg}, \quad \theta = \tan\frac{2352}{1500} = 57.5°$$

[SI 단위]

$$F = 2790 \times 9.81 = 27370 \text{ N}$$

해답 26. ㉠   27. ㉠   28. ⑭

문제 29. 지름이 2 m인 원형 수문의 상단이 수면 밑 5 m의 위치에 놓여 있다. 이 수문에 작용하는 전압력과 작용점은 수문 중심보다 몇 m 밑에 작용하겠는가?

㉮ 18400 kg 수문 중심 밑 0.05 m   ㉯ 18840 kg 수문 중심 밑 0.0417 m

㉰ 15700 kg 수문 중심점   ㉱ 10990 kg 수문 중심 밑 0.0632 m

[해설] $F = \gamma H_c A = 1000 \times 6 \times \dfrac{3.14}{4}(2)^2 = 18840\ \text{kg}$

$$y_p - y_c = \frac{I_c}{y_c A} = \frac{\dfrac{\pi(2)^4}{64}}{\dfrac{6 \cdot \pi(2)^2}{4}} = \frac{(2)^2}{96} = 0.0417\ \text{m}$$

문제 30. 사각형으로 된 수문 *CDEF*는 그림에서처럼 *C*, *D*점에서 힌지로 연결되어 있다. 그리고 수문 *C*점에서 수직력 *P*로 열도록 되어 있다. 이 용기에는 비중이 0.8인 기름이 채워져 있다. 수문의 자중을 무시하고 수문을 여는데 필요한 힘 *P*와 수문에 걸리는 전압력, 즉 힘의 작용점 y_P는 얼마인가?

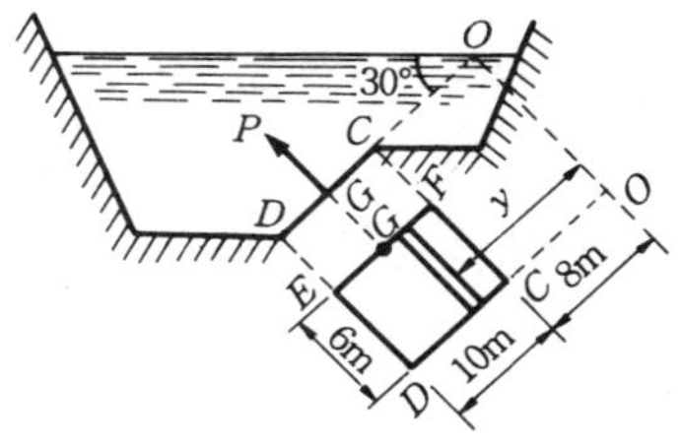

㉮ $2.54 \times 10^5\ \text{kg}(2.49 \times 10^9\ \text{N})$, 13 m   ㉯ $1.56 \times 10^5\ \text{kg}(1.53 \times 10^6\ \text{N})$, 13.65 m

㉰ $1.34 \times 10^5\ \text{kg}(1.313 \times 10^6\ \text{N})$, 12.65 m   ㉱ $1.26 \times 10^5\ \text{kg}(1.235 \times 10^6\ \text{N})$, 12.35 m

---

[해설] $F = \gamma h_c A = 0.8 \times 10^3 \times (8+5)\sin 30° \times (10 \times 6) = 3.12 \times 10^5\ \text{kg}$

$$y_p = y_c + \frac{I_c}{y_c A} = 13 + \frac{\dfrac{6 \times 10^3}{12}}{13 \times (10 \times 6)} = 13.641\ \text{m}$$

*CD*변에 모멘트를 취하면

$3.12 \times 10^5 \times 3 - 6P = 0 \qquad \therefore\ P = 1.56 \times 10^5\ \text{kg}$

[SI 단위]

$$P = \frac{3.12 \times 10^5 \times 9.8 \times 3}{6} = 1.53 \times 10^6\ \text{N},\ 13.65\ \text{m}$$

문제 31. 그림과 같은 수문($H \times B = 3\,\text{m} \times 1\,\text{m}$)이 *A*점 힌지로 평형을 이루고 있다면 공기의 압력은 얼마인가?

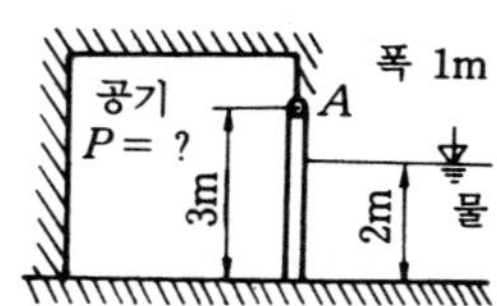

㉮ $0.2\ \text{kg}/\text{cm}^2$ ㉯ $0.1037\ \text{kg}/\text{cm}^2$

㉰ $0.0445\ \text{kg}/\text{cm}^2$ ㉱ $0.009\ \text{kg}/\text{cm}^2$

[해답] 29. ㉯   30. ㉯   31. ㉯

문제 32. 그림과 같이 폭이 3 m인 수로가 수문에 의하여 막혀져 있다. 한쪽 수심이 2.5 m이고, 다른 쪽의 수심이 1.5 m였다면 이 수문에 작용하는 전압력과 바닥에서의 작용점은 각각 얼마인가?

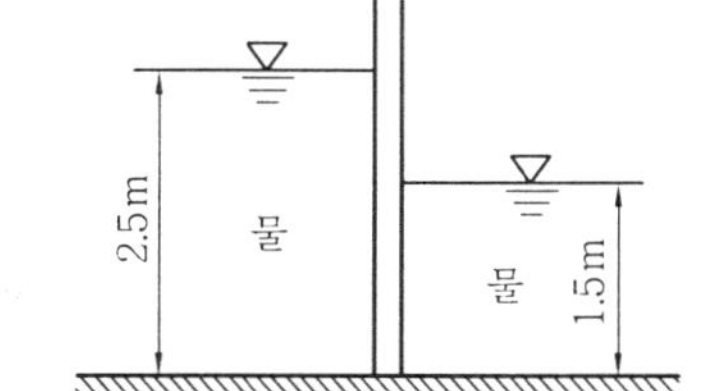

㉮ $F = 6000 \text{ kg}, \ \overline{y} = 1.021 \text{ m}$

㉯ $F = 6000 \text{ kg}, \ \overline{y} = 2.021 \text{ m}$

㉰ $F = 5500 \text{ kg}, \ \overline{y} = 1.021 \text{ m}$

㉱ $F = 5500 \text{ kg}, \ \overline{y} = 2.021 \text{ m}$

[해설] $F_1 = \gamma \dfrac{H_1}{2} A_1 = 1000 \times \dfrac{2.5}{2} \times (2.5 \times 3) = 9375 \text{ kg}$

$$y_{P1} - y_c = \frac{I_C}{y_C A} = \frac{\dfrac{3 \times 2.5^3}{12}}{\dfrac{2.5}{2} \times (3 \times 2.5)}$$

$y_{P1} = 2.5 - 1.667 = 0.833 \ (\text{바닥에서})$

$F_2 = \gamma \dfrac{H_2}{2} A_2 = 1000 \times \dfrac{1.5}{2} \times (1.5 \times 3) = 3375 \text{ kg}$

$y_{P2} = 1.5 - 1 = 0.5 \ (\text{바닥에서})$

$F = 6000 \text{ kg} = 58800 \text{ N}$

$F\overline{y} = F_1 \times y_{P1} - F_2 \times y_{P2} = 9375 \times 0.833 - 3375 \times 0.5 = 7809.4 - 1687.5 = 6121.9 \text{ kg} \cdot \text{m}$

$\overline{y} = \dfrac{F_1 \times y_{P1} - F_2 \times y_{P2}}{F} = \dfrac{6121.9}{6000} = 1.021 \text{ m}$

문제 33. 그림과 같이 60° 경사진 댐이 있다. 저수지 물의 깊이가 10 m일 때 압력에 의해서 댐에 걸리는 힘의 분력과 그 작용점은 댐의 수면지점으로부터 몇 m 아래에 있는가? (단, 댐의 단위 길이당 값에 대하여 구한다.)

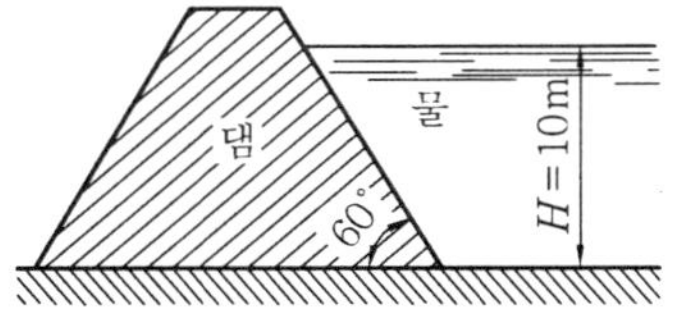

㉮ 57750 kg, 7.70 m (565.95 kN, 7.70 m)　　㉯ 57750 kg, 5.8 m (565.95 kN, 5.8 m)

㉰ 54500 kg, 6.7 m (534 kN, 6.7 m)　　㉱ 54500 kg, 7.70 m (534 kN, 7.7 m)

[해설] $F = \gamma h_C A = 10^3 \times 5 \times \left(\dfrac{10}{\cos 30°} \times 1 \right) = 57750 \text{ kg}$

$$y_P = y_C + \frac{I_C}{y_C A} = 5.774 + \frac{\dfrac{1 \times 11.547^3}{12}}{5.774 \times (11.547 \times 1)} = 7.698 \text{ m}$$

[SI 단위]

$$F = \gamma h_C A = 9800 \times 5 \times \left(\frac{10}{\cos 30°} \times 1 \right) = 565.950 \text{ kN}$$

$$y_P = y_C + \frac{I_C}{y_C A} = 7.70 \text{ m}$$

문제 34. 어떤 물체를 공기 중에서 잰 무게는 60 kg이고, 수중에서 잰 무게는 11 kg이었다. 이 물체의 체적과 비중은 얼마인가? (단, 공기의 무게는 무시한다.)

㉮ $V = 0.052 \text{ m}^3$, $S = 1.324$ ㉯ $V = 0.062 \text{ m}^3$, $S = 1.134$

㉰ $V = 0.049 \text{ m}^3$, $S = 1.224$ ㉱ $V = 0.0334 \text{ m}^3$, $S = 1.452$

[해설] $W = \gamma V + F$이므로

$$60 = 1000 \times V + 11 \quad \therefore \; V = 0.049 \text{ m}^3$$

$$S = \frac{\gamma}{1000} = \frac{1}{1000} \cdot \frac{W}{V} = \frac{60}{1000 \times 0.049} = 1.224$$

문제 35. 그림과 같이 수직인 평면 $OABCO$의 한면에 작용하는 힘은 얼마인가? (단, $\gamma = 9500 \text{ N} / \text{m}^3$) [SI 단위]

㉮ 10748 N

㉯ 21496 N

㉰ 430224 N

㉱ 5374 N

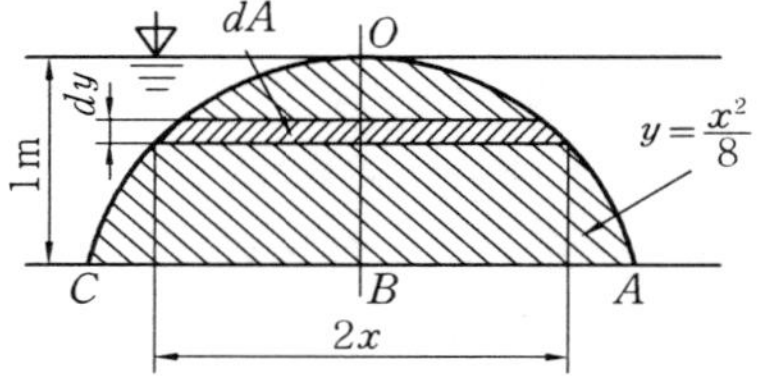

[해설] 미소면적 $dA = 2xdy$, $y = \dfrac{x^2}{8}$에서 $2x = 2\sqrt{8y} = 4\sqrt{2y}$이므로

$$\therefore F = \int \gamma y \sin\theta \, dA = \int_0^1 9500 y \sin 90° \cdot 4\sqrt{2y} \cdot dy = 53740 \int_0^1 y^{\frac{5}{2}} dy$$

$$= 53740 \left[\frac{2}{5} y^{\frac{5}{2}} \right]_0^1 = 21496 \text{ N}$$

문제 36. 비중량이 1025 kg / m³인 해수에 비중이 0.92인 얼음이 떠 있다. 해면상에 나와 있는 부분이 15 m³일 때 얼음 전체의 무게는 얼마인가?

㉮ $1.5375 \times 10^4 \text{ kg}$ ㉯ $1.464 \times 10^5 \text{ kg}$ ㉰ $1.38 \times 10^4 \text{ kg}$ ㉱ $1.347 \times 10^5 \text{ kg}$

[해설] $FB = W$이므로 $(V - 15) \gamma_{해수} = V \gamma_{얼음}$

$$V(\gamma_{해수} - \gamma_{얼음}) = 15\gamma_{해수}$$

$$V = \frac{15(1025)}{1025 - 920} = \frac{15(1025)}{105} = 146.4$$

$$\therefore \ W = 146.4 \times 920 = 1.347 \times 105 \ \text{kg}$$

[SI 단위]

$$W = 1.347 \times 105 \times 9.81 = 1.321 \times 106 \ \text{N}$$

문제 37. 그림과 같이 사다리꼴의 평면이 수면 밑 0.5 m 지점에서 그 단이 놓이도록 잠겨져 있다. 이 사다리꼴 평면에 작용되는 전압력은 얼마인가?

㉮ 1900 kg (18.62 kN)

㉯ 2900 kg (28.42 kN)

㉰ 3900 kg (38.22 kN)

㉱ 4900 kg (48.02 kN)

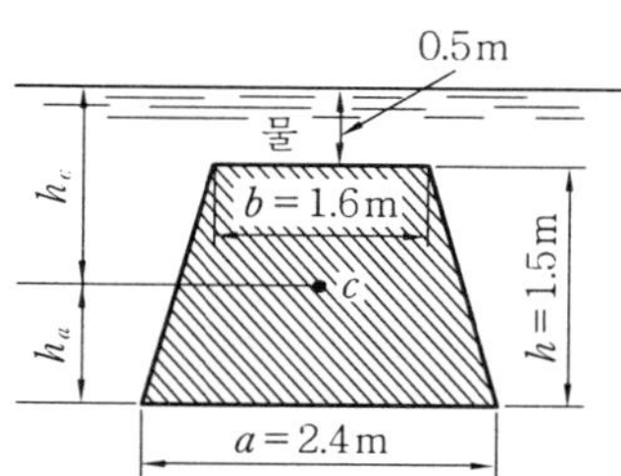

해설 그림에서

$$h_a = \frac{h}{3} \times \frac{a + 2b}{a + b}$$

$$h_c = 2.0 - \frac{1.5}{3} \times \frac{2 \times 1.6 + 2.4}{1.6 + 2.4} = 1.3 \ \text{m}$$

$$\therefore \ F = \gamma h_c A = 10^3 \times 1.3 \times \frac{1.5(1.6 + 2.4)}{2} = 3900 \ \text{kg}$$

[SI 단위]

$$F = \gamma h_c A = 9800 \times 1.3 \times \frac{1.5(1.6 + 2.4)}{2} = 382200 \ \text{N}$$

문제 38. 어떤 물체가 물 속에서 3 N이고, 비중이 0.83인 기름 속에서는 4 N이었다. 이 물체의 비중량은 얼마인가?

㉮ 24900 N / m³   ㉯ 14795 N / m³   ㉰ 60020 N / m³   ㉱ 88800 N / m³

해설 이 물체의 공기 중에서의 무게를 W_A, 체적을 V라 하고, 물과 기름의 자유물체도를 각각 그리면 다음 그림과 같다.

· 물에서 : $W_A = 3 \ \text{N} + 9800 V$

· 기름에서 : $W_A = 4 \ \text{N} + 9800 \times 0.83 \times V$

위의 두 식을 풀면

$$V = 6.002 \times 10^{-4} \ \text{m}^3, \quad W_A = 8.88 \ \text{N}$$

$$\therefore \ \gamma = \frac{W_A}{V} = \frac{8.88}{6.002 \times 10^{-4}} = 14795 \ \text{N/m}^3$$

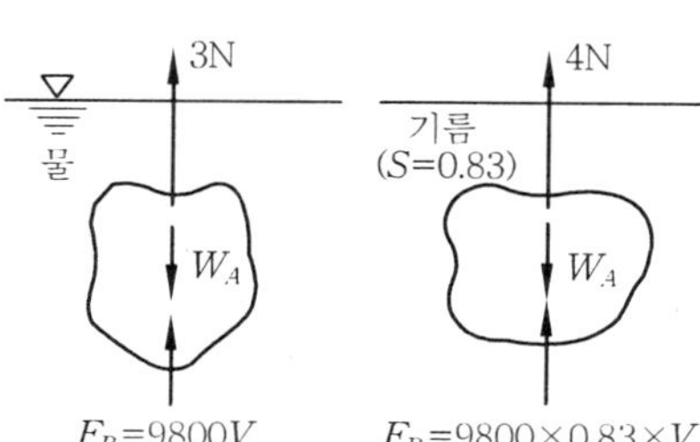

해답 37. ㉯   38. ㉯

문제 39. 그림에서는 비중계를 보여주고 있다. 어떤 액체에 이 비중계를 띄운 결과 물에 띄웠을 때보다 60 mm만큼 더 가라앉았다. 이 액체의 비중은 얼마인가? (단, 비중계의 무게는 20 g (0.196 N)이고, 통의 지름은 6 mm이다.)

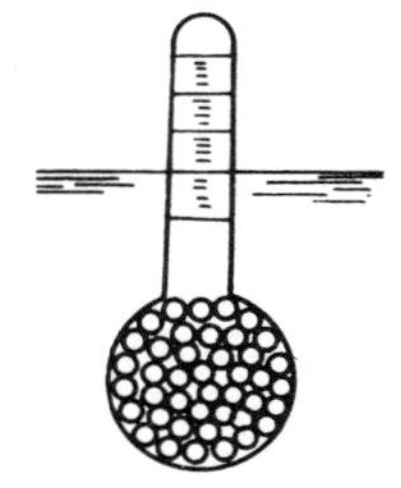

㉮ 0.822   ㉯ 0.872

㉰ 0.882   ㉱ 0.922

[해설] 비중계가 물 속으로 들어간 체적을 $V\,[\mathrm{cm}^3]$이라고 할 때

$$20 = V \times 1.0 \quad \therefore\ V = 20\,\mathrm{cm}^3$$

구하고자 하는 액체의 비중을 S라 하고 물보다 더 가라앉은 체적을 V'라고 할 때

$$V' = \frac{\pi}{4}(0.6)^2 \cdot 6 = 1.696\,\mathrm{cm}^3 \fallingdotseq 1.7\,\mathrm{cm}^3$$

또한 $20 = (V + V) \times S \times 1$

$$\therefore\ S = \frac{20}{V + V'} = \frac{20}{20 + 1.7} = 0.922$$

문제 40. 다음 그림에서 비중계의 중량이 22이고 이 비중계를 비중 0.85인 알코올과 비중 0.8인 기름 속에 넣었을 때 높이차 h는 얼마인가?

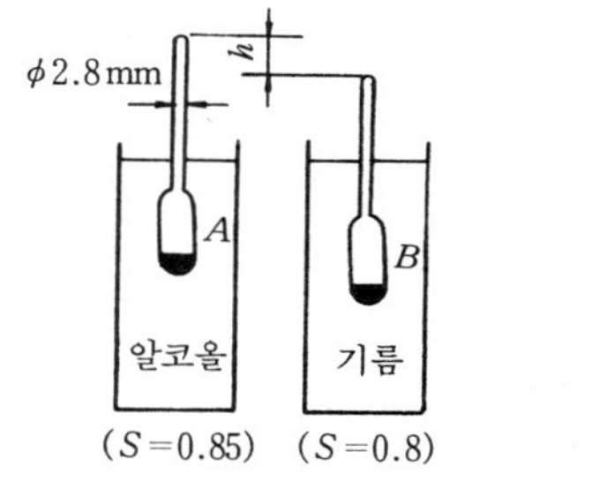

㉮ 0.0266 m

㉯ 0.266 m

㉰ 2.66 m

㉱ 0.00266 m

[해설] · 비중계를 알코올 속에 담은 경우

$$W = 22 \times 10^{-3} = 0.85 \times 10^3 \times 9.8 \times V_1 = F$$

여기서 V_1은 비중계가 배제한 액체(알코올)의 체적이다.

$$\therefore\ V_1 = \frac{22 \times 10^{-3}}{0.85 \times 10^3 \times 9.81} \fallingdotseq 2.64 \times 10^{-6}\,\mathrm{m}^3$$

· 기름에 담은 경우

$$W = 22 \times 10^{-3} = 0.8 \times 10^3 \times 9.81 \times (2.64 \times 10^{-6} \times Ah) = F$$

$$A = \frac{\pi(2.8 \times 10^{-3})^2}{4} \fallingdotseq 6.13 \times 10^{-6}\,\mathrm{m}^2$$

$$\therefore\ h \fallingdotseq 0.0266\,\mathrm{m}$$

해답   **39.** ㉱   **40.** ㉮

문제 41. 그림과 같이 수조 밑에 있는 구멍을 원추 모양으로 된 물체의 자중과 부력만의 작용으로 막으려고 한다. 이 물체의 자중이 얼마 이상이면 되겠는가?

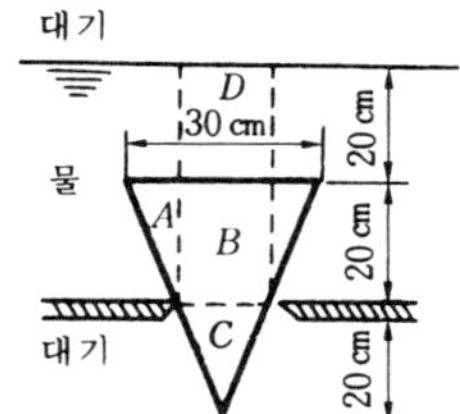

㉮ 1.178 kg

㉯ 9.42 kg

㉰ 3.5325 kg

㉱ 14.13 kg

[해설] $F_B = W + F$

$$W = F_B - F = \frac{\pi}{4} d^2 l \left(1 + \frac{1}{3}\right)\gamma - \frac{\pi}{4} d^2 l \gamma$$

$$= \left(\frac{\pi}{4} d^2 \frac{l}{3}\right)\gamma = \frac{3.14}{4}(15)^2 \times \frac{20}{3} \times 1 = 1.178 \, \text{kg}$$

[SI 단위]

$$W = 1.178 \times 9.81 = 11.556 \, \text{N}$$

문제 42. 그림과 같이 길이 12 m, 폭 6 m, 높이 2.5 m인 배가 1.5 m 침수되어 있고, 중심의 위치는 배 밑에서 1.8 m 되는 곳에 있다. 10° 기울어졌을 때 복원 모멘트 값은 얼마인가?

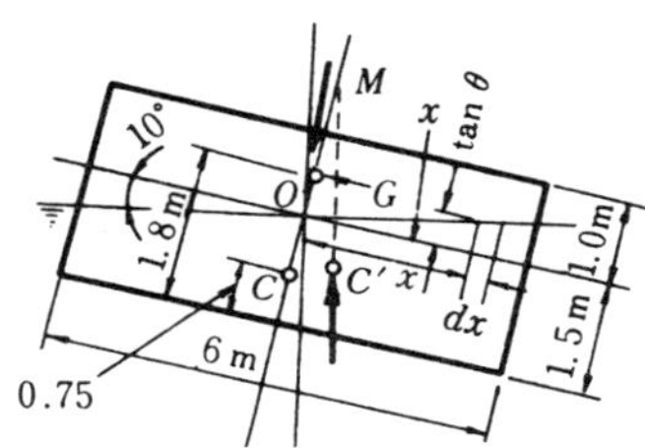

㉮ 84100 kg · m   ㉯ 17816 kg · m

㉰ 48100 kg · m   ㉱ 41800 kg · m

[해설] 부양면이 O축에 관한 관성 모멘트 : I

$$I = \frac{12 \times 6^3}{12} = 216 \, \text{m}^4$$

· 배제된 체적 : V

$$V = 12 \times 6 \times 1.5 = 108 \, \text{m}$$

$$\overline{MC} = \frac{I}{V} = \frac{216}{108} = 2 \, \text{cm}$$

$$\overline{GC} = 1.8 - 0.75 = 1.05 \, \text{m}$$

· 경심 높이 : $\overline{MG}$

$$\overline{MG} = \overline{MC} - \overline{GC} = 2 - 1.05 = 0.95 \, \text{m}$$

· 복원 모멘트 : T

$$T = \gamma \, \overline{VMG} \sin \theta = 10^3 \times (108) \times (0.95) \sin 10° = 17816 \, \text{kg} \cdot \text{m}$$

문제 43. 그림과 같은 탱크가 수평방향으로 $3\,\mathrm{m/s^2}$의 가속도로 움직일 때 벽면 AB와 CD가 받는 힘은 얼마인가?[SI 단위]

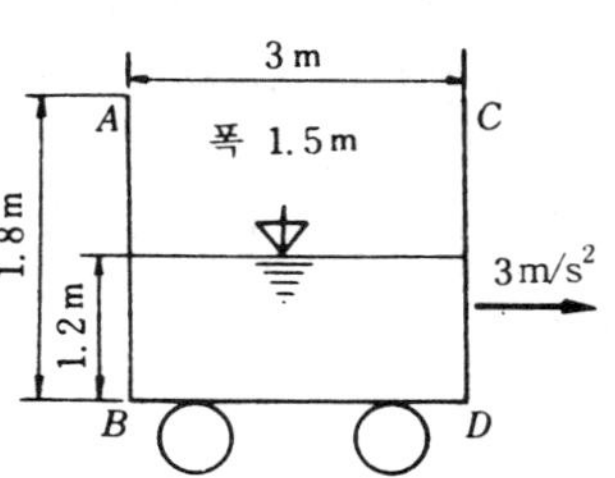

㉮ $F_{AB}=4024.8$, $F_{CD}=20253.6$

㉯ $F_{AB}=3024.8$, $F_{CD}=20343.6$

㉰ $F_{AB}=20253.6$, $F_{CD}=4024.8$

㉱ $F_{AB}=20343.6$, $F_{CD}=3024.8$

[해설] 수평면과 경사면이 만드는 각을 θ 라 하면

$$\tan\theta=\frac{a_x}{g}=\frac{3}{9.8}=0.306$$

벽면 AB의 수위는

$$y_{AB}=1.2+\frac{3}{2}\times0.306=1.66\,\mathrm{m}$$

벽면 CD의 수위는

$$y_{CD}=1.2-1.5\times0.306=0.74\,\mathrm{m}$$

따라서 벽면 AB가 받는 힘 F_{AB}는

$$F_{AB}=\gamma hA=9800\times\frac{1.66}{2}\times(1.66\times1.5)=20253.6\,\mathrm{N}$$

벽면 CD가 받는 힘 F_{CD}는

$$F_{CD}=\gamma hA=9800\times\frac{0.74}{2}\times(0.74\times1.5)=4024.8\,\mathrm{N}$$

문제 44. 잠긴 체적의 중량이 1000 ton인 전마선이 있다. 이 배의 부심과 중심의 위치는 수면으로부터 2 m, 0.5 m 깊이에 있다. 이 배가 롤링(rolling : $y-y'$축에 대한 롤링)할 때와 피칭(pitching : $x-x'$축에 대한 피칭)할 때의 경심 높이는 얼마인가?

㉮ 롤링 : 0.75 m, 피칭 : 21.9 m

㉯ 롤링 : -0.75 m, 피칭 : -21.9 m

㉰ 롤링 : 21.9 m, 피칭 : 0.75 m

㉱ 롤링 : -21.9 m, 피칭 : -0.75 m

[해설] $\overline{CB}=2-0.5=1.5\,\mathrm{m}$

전마선에 잠긴 체적 : V

$$V=\frac{W}{\gamma}=\frac{1000\times1000\,\mathrm{kg}}{1000\,\mathrm{kg/m^3}}=1000\,\mathrm{m^3}$$

$$y-y=\frac{12(24)^3}{12}+4\left(\frac{10\times6^3}{36}\right)+2\times30$$

$$\times(12+2)^2=23400\,\mathrm{m^4}$$

따라서 롤링에 대하여

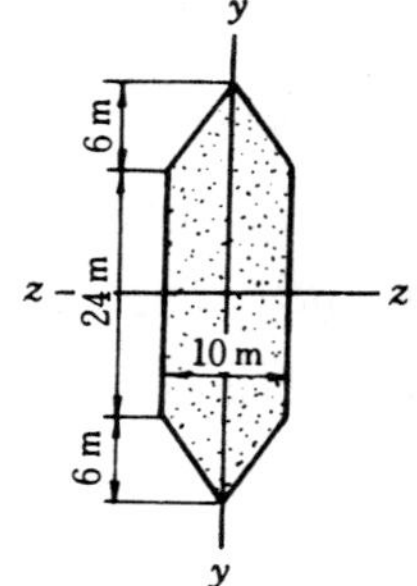

$$\overline{MC} = \frac{I_{y\cdot y}}{V} - \overline{CB} = \frac{2250}{1000} - 1.5 = 0.75\,\mathrm{m} > 0$$

또 피칭에 대하여

$$\overline{MC} = \frac{I_{x\cdot x}}{V} - \overline{CB} = \frac{23400}{1000} - 1.5 = 21.9\,\mathrm{m} > 6$$

문제 45. 다음 그림과 같은 탱크에 물이 1.2 m만큼 담겨져 있다. 탱크가 4.9 m/s² 의 일정한 가속도를 받고 있을 때 높이가 1.8 m인 경우에 물이 넘쳐 흐르게 되는 탱크의 길이는 얼마인가?

㉮ 2.8 m ㉯ 4.8 m

㉰ 1.2 m ㉱ 2.4 m

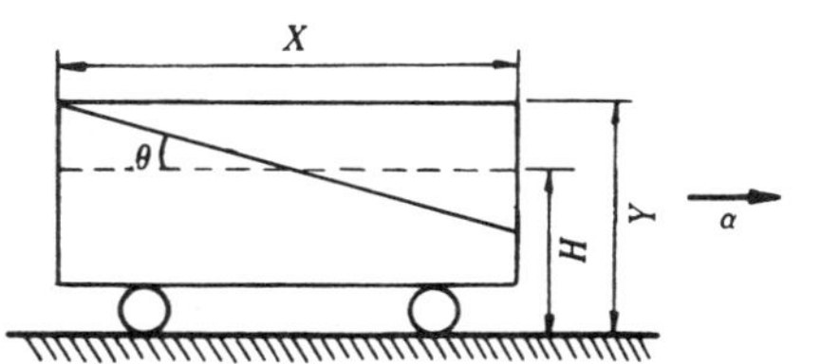

[해설] $\tan\theta = \dfrac{a_x}{g} = \dfrac{4.9}{9.8} = 0.5,\quad \tan\theta = \dfrac{(Y-H)}{\dfrac{X}{2}} = 0.5$

$$\therefore\ X = \frac{2(Y-H)}{0.5} = \frac{2 \times (1.8 - 1.2)}{0.5} = 2.4\,\mathrm{m}$$

문제 46. 다음 그림과 같이 지름이 10 cm 인 원통에 물이 담겨져 있다. 중심축에 대하여 300 rpm의 속도로 원통을 회전시 키고 있다면, 수면의 최고점과 최저점의 높이차는 얼마인가?

㉮ 12.6 cm

㉯ 4 cm

㉰ 40 cm

㉱ 1.26 cm

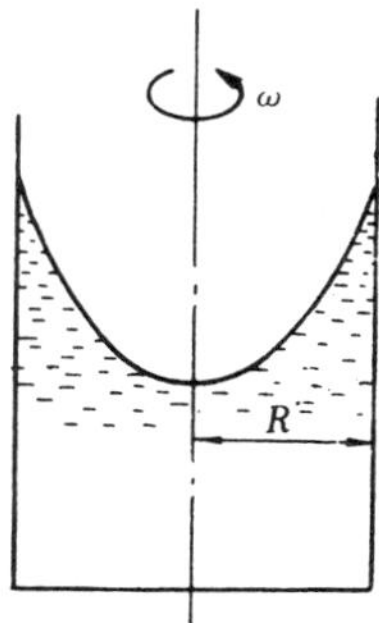

[해설] $h = \dfrac{\omega^2 R^2}{2g} = \dfrac{(2\pi \times 300 \div 60)^2 \times 0.05^2}{2 \times 9.8} = 0.1258\,\mathrm{m} = 12.6\,\mathrm{cm}$

문제 47. 바닷속 40m에 서식하고 있는 물고기는 얼마의 압력을 받고 있는가? (단, 바닷 물의 비중 $s = 1.025$이다.)

㉮ 4.0 kg / cm² ㉯ 4.1 kg / cm² ㉰ 40 kg / cm² ㉱ 41 kg / cm²

[해설] $p = \gamma h = s\gamma_w h = 1.025 \times 1000 \times 40 = 4.1 \times 10^4\,\mathrm{kg/m^2} = 4.1\,\mathrm{kg/cm^2}$

[해답] 45. ㉱ 46. ㉮ 47. ㉯

문제 48. 그림과 같이 길이, 폭, 높이가 각각 6 m, 2 m, 2 m인 사각형 탱크에 물이 1 m의 깊이로 채워져 있다. 이 탱크가 길이 방향으로 수평가속도 2.5 m / s²을 받고 있다면 탱크 양단에 걸리는 힘은 얼마인가?

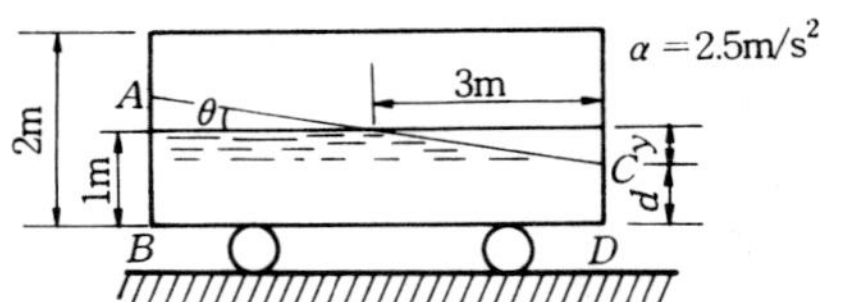

㉮ 3115 kg, 55.2 kg (30.527 kN, 541 N)

㉯ 7230 kg, 55.2 kg (70.9 kN, 541 N)

㉰ 3115 kg, 110.4 kg (30.527 kN, 1.08 kN)

㉱ 7230 kg, 110.4 kg (70.9 kN, 1.08 kN)

[해설] 그림에서 $\tan\theta = \dfrac{a_x}{g} = \dfrac{2.5}{9.8} = 0.255$ ∴ $\theta = 14.3°$

$$CD = 1 - y = 1 - 3\tan 14.3 = 0.235\,\mathrm{m} \qquad ∴\ AB = 1 + 0.765 = 1.765\,\mathrm{m}$$

$$F_{AB} = \gamma h_c A = 10^3 \times \frac{1.765}{2} \times (1.765 \times 2) = 3115.23\,\mathrm{kg}$$

$$F_{CD} = \gamma h_c A = 10^3 \times \frac{0.235}{2} \times (0.235 \times 2) = 55.23\,\mathrm{kg}$$

[SI 단위]

$$F_{AB} = \gamma h_C A$$
$$= 9800 \times \frac{1.765}{2} \times (1.765 \times 2) = 30527\,\mathrm{N}$$

$$F_{CD} = \gamma h_e A$$
$$= 9800 \times \frac{0.235}{2} \times (0.235 \times 2) = 541\,\mathrm{N}$$

문제 49. 반지름이 30 cm인 원통에 물을 담아 중심축에 대하여 180 rpm으로 회전시킬 때 중심과 벽면 수면의 차는 몇 m인가?

㉮ 0.96 ㉯ 1.37 ㉰ 2.76 ㉱ 1.63

[해설] $h = \dfrac{\gamma^2 \omega^2}{2g} = \dfrac{0.3^2 \times \left(\dfrac{2\pi \times 180}{60}\right)^2}{2 \times 9.8} = 1.63\,\mathrm{m}$

문제 50. 어떤 물체를 물, 알콜, 수은 속에 넣었을 때 부력의 크기는 어느 곳에서 가장 큰가? (단, 비중은 물 : 1, 알콜 : 0.79, 수은 : 13.6이다.)

㉮ 물 ㉯ 알콜 ㉰ 수은 ㉱ 같다.

문제 1. 정지 유체에 있어서 비중량을 γ, 밀도를 ρ 라고 할 때 압력변화 dp와 깊이 dy와의 관계는?

㉮ $dp = -ddy$　　㉯ $dy = dp$　　㉰ $dp = -\gamma dy$　　㉱ $dp = -\rho dy$

문제 2. 피에조미터(piezometer) 구멍은 무엇을 측정하기 위한 것인가?

㉮ 정압　　㉯ 동압　　㉰ 속도　　㉱ 밀도

문제 3. 다음 설명 중에서 옳은 것은?

㉮ 국지대기압은 언제나 표준대기압을 표시한다.
㉯ 국지대기압은 언제나 표준대기압보다 높다.
㉰ 기압계의 읽음은 표준대기압보다 낮다.
㉱ 압력계의 읽음은 국지대기압과의 차를 가리킨다.

[해설] 기압계는 언제나 국지대기압과의 차를 나타내도록 만들어졌으며, 국지대기압과의 차가 없을 때는 0을 가리키게 된다.

문제 4. 유체 속에 잠겨있는 판면의 압력 중심은?

㉮ 판면체의 위의 원심과 같다.　　㉯ 압력 프리즘(prism)의 원심과 같다.
㉰ 판면체의 크기와는 관계가 없다.　　㉱ 판면의 원심보다 항상 위에 있다.

문제 5. 피스톤 A_2의 반지름이 A_1의 반지름의 2배일 때 힘 F_1과 F_2 사이의 관계는?

㉮ $F_1 = F_2$　　㉯ $F_2 = 2F_1$　　㉰ $F_2 = 4F_1$　　㉱ $F_1 = 4F_2$

[해설] 파스칼의 원리에 의하여 피스톤 A_1, A_2의 반지름을 각각 r_1과 r_2라 하면

$$\frac{F_1}{\pi r_1^2} = \frac{F_2}{\pi r_2^2}, \quad \frac{F_1}{F_2} = \left(\frac{r_1}{r_2}\right)^2 = \left(\frac{1}{2}\right)^2 = \frac{1}{4}$$

[해답] 1. ㉰　2. ㉮　3. ㉱　4. ㉯　5. ㉰

문제 6. 피스톤 A_2의 반지름이 A_1의 반지름의 2배일 때 피스톤 A_1과 A_2에 작용하는 압력을 각각 p_1, p_2라 하면 p_1과 p_2 사이의 관계는?

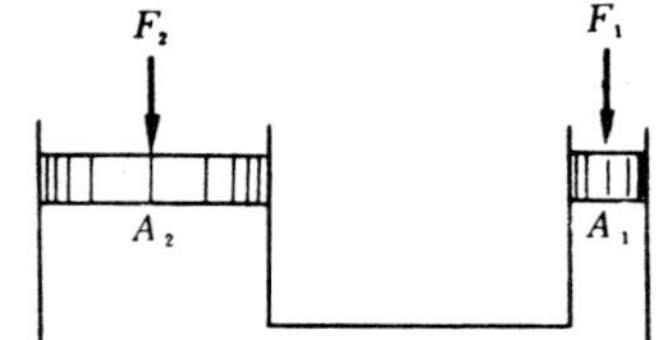

㉮ $p_1 = p_2$

㉯ $p_2 = 2p_1$

㉰ $p_1 = 2p_2$

㉱ $p_2 = 4p_1$

문제 7. 유체 속에 잠겨있는 경사진 평판의 한쪽면에 작용하는 전압력의 크기는?

㉮ 경사각에 비례한다.

㉯ 경사각에 반비례한다.

㉰ 도심점의 압력과 면적을 곱한 값과 같다.

㉱ 작용점의 압력과 면적을 곱한 값과 같다.

해설 경사진 평판의 한쪽면에 전압력의 크기는 도심점의 압력과 면적을 곱한 값과 같다.

문제 8. 액체 속에 잠겨있는 곡면에 작용하는 수직분력은?

㉮ 곡면의 수직투영면에 작용하는 힘과 같다.

㉯ 곡면 수직방향에 실려있는 액체의 무게와 같다.

㉰ 중심에서의 압력과 면적의 곱과 같다.

㉱ 곡면에 의해서 배제된 액체의 무게와 같다.

문제 9. 다음 중 부력의 작용선은?

㉮ 유체에 잠겨진 물체의 중심을 통과한다.

㉯ 떠 있는 물체의 중심을 통과한다.

㉰ 잠겨진 물체에 의해 배제된 유체의 중심을 통과한다.

㉱ 잠겨진 물체의 상방에 있는 액체의 중심을 통과한다.

문제 10. 경심(metacenter)의 높이는?

㉮ 부심과 메타센터 사이의 거리

㉯ 부심에서 부양축에 내린 수선

㉰ 중심과 부심 사이의 거리

㉱ 중심과 메타센터 사이의 거리

해답 6. ㉮   7. ㉰   8. ㉯   9. ㉰   10. ㉱

문제 11. 유체에 잠겨있는 곡면에 작용하는 전압력의 수평성분은?

㉮ 전압력의 수평성분 방향에 수직인 연직면에 투영한 투영면의 압력 중심의 압력과 투영면을 곱한 값과 같다.

㉯ 전압력의 수평성분 방향에 수직인 연직면에 투영한 투영면 도심의 압력과 곡면의 면적을 곱한 값과 같다.

㉰ 수평면에 투영한 투영면에 작용하는 전압력과 같다.

㉱ 전압력의 수평성분 방향에 수직인 연직면에 투영한 투영면의 도심의 압력과 투영면의 면적을 곱한 값과 같다.

문제 12. 유체 속에 잠겨진 물체에 작용하는 부력은?

㉮ 물체의 중력과 같다.

㉯ 물체의 중력보다 크다.

㉰ 그 물체에 의해서 배제된 액체의 무게와 같다.

㉱ 유체의 비중량과는 관계없다.

문제 13. 다음 중 부양체에 대한 설명으로 맞는 것은?

㉮ 원심이 부양체와 일치할 때만 안정하다.

㉯ 부양체의 중심이 부심보다 아래에 있을 때만 안정하다.

㉰ 부양체의 중심이 부심과 일치할 때만 안정하다.

㉱ 원심이 부양체의 중심보다 아래에 있지 않을 때만 안정하다.

문제 14. 유체 속에 잠겨진 경사평면에 작용하는 힘의 작용점은?

㉮ 면의 중심에 있다.　　　　　㉯ 면의 중심보다 위에 있다.

㉰ 면의 중심과는 관계없다.　　㉱ 면의 중심보다 밑에 있다.

문제 15. 부양체는 다음 중 어느 경우에 안정한가?

㉮ 경심의 높이가 0일 때　　　　　㉯ 경심이 중심보다 위에 있을 때

㉰ $\dfrac{1}{V}$ 이 0일 때　　　　　㉱ $\overline{CB} - \dfrac{1}{V}$ 이 0, C 가 B 위에 있을 때

[해설] 부양체는 $\overline{MC} > 0$ 일 때 안정하므로 경심이 중심보다 위에 있을 때 안정하다.

[해답]　11. ㉱　12. ㉰　13. ㉱　14. ㉱　15. ㉯

문제 16. 복원 모멘트(moment)에 대한 설명이다. 틀린 것은?

㉮ 복원 모멘트가 작용하는 부양체는 안정하다.
㉯ 복원 모멘트는 원심고와 부력의 크기를 곱한 값이다.
㉰ 복원 모멘트의 크기는 부력의 물체 중심에 대한 모멘트이다.
㉱ 중심평형이 되어있는 물체는 복원 모멘트가 작용하지 않는다.

문제 17. 액체가 강체(rigid body)처럼 일정 각속도로 수직축 주위를 회전 운동할 때 유체 내에서의 압력은?

㉮ 반지름의 제곱에 반비례해서 감소한다.
㉯ 반지름에 정비례해서 증가한다.
㉰ 연직 거리의 제곱에 반비례해서 변한다.
㉱ 반지름의 제곱에 비례해서 변한다.

문제 18. 자유 낙하를 하고 있는 유체에서 내부 압력은?

㉮ 모든 점에서 같다. ㉯ 모든 점에서 다르다.
㉰ 아래 방향으로 갈수록 커진다. ㉱ 아래 방향으로 갈수록 작아진다.

[해설] 그림에서

$$p_2 A - p_1 A - \gamma h A = \frac{\gamma h A a_y}{g}$$

정리하여 $p_2 - p_1 = \gamma h \left(1 + \dfrac{a_y}{g}\right)$

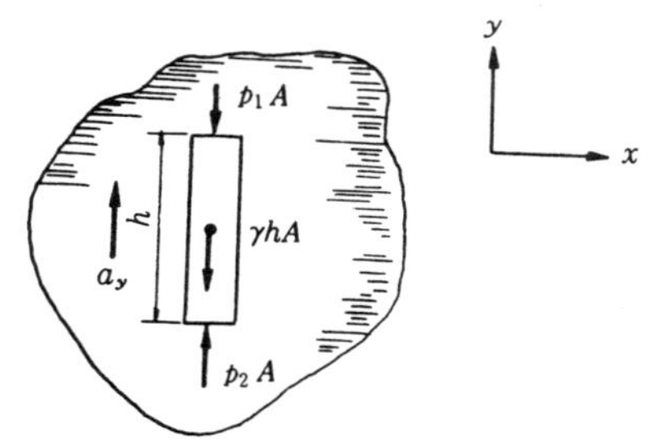

여기서 자유낙하를 할 때에는
$a_y = -g$가 되므로 $p_2 - p_1 = 0$
따라서 자유낙하를 하고 있는 액체의 내부
에서는 모든 점에서 압력의 변화가 없다.

문제 19. 압력이 $p\,(\mathrm{kg}/\mathrm{m}^2)$일 때 비중이 S인 액체의 수두(head)는 몇 mm인가?

㉮ $\dfrac{p}{S}$ ㉯ $\dfrac{p}{1000S}$ ㉰ Sp ㉱ $1000\,Sp$

[해설] $h = \dfrac{p}{\gamma} = \dfrac{p}{1000S}\,[\mathrm{m}]$ $\therefore\ h = \dfrac{p}{1000S} \times 1000 = \dfrac{p}{S}\,[\mathrm{mm}]$

[해답] 16. ㉯ 17. ㉱ 18. ㉮ 19. ㉮

문제 20. 그림과 같은 용기가 가속도 α_x로 직선 운동을 할 때 액체 표면경사 각도 θ는?

가　$\tan^{-1}\dfrac{\alpha_x}{g}$

나　$\sin^{-1}\dfrac{\alpha_x}{g}$

다　$\cos^{-1}\dfrac{\alpha_x}{g}$

라　$\cot^{-1}\dfrac{\alpha_x}{g}$

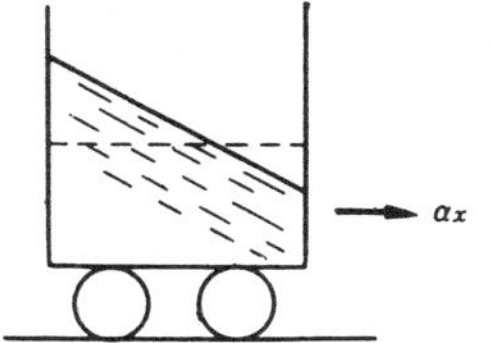

해설　$\tan\theta=\dfrac{\alpha_x}{g}$

문제 21. 다음 환산법에서 맞지 않는 것은?

가　$1\,\text{bar}=1.02\,\text{kg}/\text{cm}^2=750.5\,\text{mmHg}$

나　$1\,\text{atm}=1013.25\,\text{mb(millibar)}=760\,\text{mmHg}$

다　$1\,\text{at}=10.0\,\text{mAq}=735.5\,\text{mmHg}$

라　$1\,\text{Pa}=0.102\,\text{kg}/\text{m}^3=75\,\text{mmHg}$

해설　$1\,\text{Pa}=0.102\,\text{kg}/\text{m}^2=1.02\times10^{-5}\,\text{kg}/\text{cm}^2=75\times10^{-4}\,\text{mmHg}$

문제 22. 비중 S인 액체의 표면으로부터 x[m] 깊이에 있는 점의 압력은 수주(metres of water) 몇 m인가?

가　x　　　　나　$\dfrac{x}{S}$　　　　다　Sx　　　　라　$1000Sx$

해설　이때 압력 $P=1000Sx\,[\text{kg}/\text{m}^2]$이다.

$$\therefore \ \text{수두} \ \ h=\frac{P}{\gamma_w}=\frac{1000Sx}{1000}=Sx\,[\text{m}]$$

문제 23. 기압계의 압력이 $750\,\text{mmHg}$를 가리키고 있다. 이때 계기 압력이 $3\,\text{at}$일 때 절대 압력은 수주로 몇 m인가?

가　40.2　　　　나　36.7　　　　다　4.17　　　　라　3.67

해설　$p_a=3+\dfrac{750}{760}\times1.0332=4.02\,\text{kg}/\text{cm}^2$

$$\therefore \ h=\frac{p}{\gamma}=\frac{4.02\times10^4}{1000}=40.2\,\text{m}$$

해답　**20.** 가　**21.** 라　**22.** 다　**23.** 가

문제 24. 비중이 S인 액체의 수면으로부터 x[m] 깊이에 있는 점의 압력은 수은주로 몇 mm인가? (단, 수은주 비중은 13.6이다.)

㉮ $13.6\,Sx$　　　㉯ $13600\,Sx$　　　㉰ $\dfrac{1000\,Sx}{13.6}$　　　㉱ $\dfrac{Sx}{13.6}$

문제 25. 폭 × 높이 $= a \times b$인 직사각형 수문의 도심이 수면에서 h의 깊이에 있을 때 압력 중심의 위치는 수면 아래 어디에 있는가?

㉮ $\dfrac{2}{3}h$　　　㉯ $\dfrac{1}{3}h$　　　㉰ $h+\dfrac{bh^2}{12}$　　　㉱ $h+\dfrac{b^2}{12h}$

문제 26. 다음 그림에서 압력 중심은 자유 표면 아래 어디에 있는가?

㉮ $\dfrac{h}{2}$　　　㉯ $\dfrac{3}{4}h$

㉰ $\dfrac{2}{3}h$　　　㉱ $\dfrac{h}{4}$

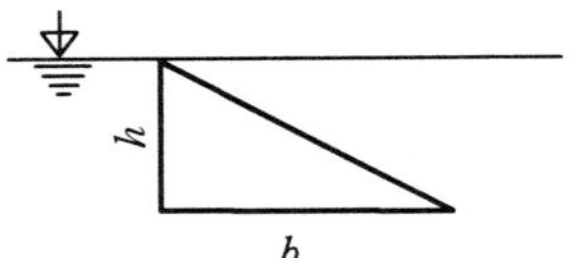

문제 27. 다음 액주계에서 γ, γ_1이 비중량을 표시할 때 압력 p_x는?

㉮ $p_x = \gamma_1 h + \gamma_l$

㉯ $p_x = \gamma_1 h - \gamma_l$

㉰ $p_x = \gamma_1 l - \gamma h$

㉱ $p_x = \gamma_1 l + \gamma h$

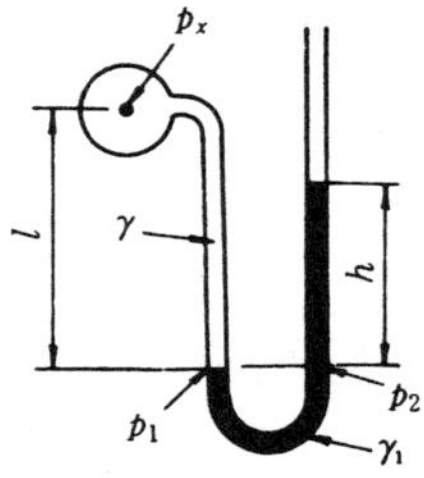

문제 28. 국소대기압이 710 mmHg일 때 0.1 kg / cm²의 진공과 같은 압력은 몇 kg / cm² abs인가? (단, 수은의 비중은 13.6이다.)

㉮ 1.0656　　　㉯ 0.9656　　　㉰ 0.71　　　㉱ 0.8656

[해설] $p_{atm} = 710\,\text{mmHg} = 1000 \times 13.6 \times 0.71 = 9656\,\text{kg / cm}^2 = 0.9656\,\text{kg / cm}^2$

∴ 절대압력 $p_{abs} = 0.9656 - 0.1 = 0.8656\,\text{kg / cm}^2\,\text{abs}$

[해답]　24. ㉰　25. ㉱　26. ㉯　27. ㉯　28. ㉱

문제 29. 2 m×2 m×2 m의 입방체 그릇 안에 비중이 0.8인 기름이 차 있다. 위뚜껑이 열렸다고 가정하면 밑면에서의 압력은 몇 kg / cm²인가? (단, 물의 비중량은 1000 kg / cm³이다.)

  ㉮ 2000 kg / cm²   ㉯ 0.16 kg / cm²   ㉰ 0.64 kg / cm²   ㉱ 1600 kg / cm²

[해설] $F = \gamma \cdot h \cdot A = 1000 \times 0.8 \times 2 \times 2 \times 2 = 6400\,kg$

$$p = \frac{F}{A} = \frac{6400}{4} = 1600\,kg/m^2 = 0.16\,kg/cm^2$$

[SI 단위] $p = 0.157\,bar$

문제 30. 표준 대기압이 아닌 것은?

  ㉮ 101325 N / m²   ㉯ 1.01325 bar   ㉰ 14.7 kg / cm²   ㉱ 760 mmHg

[해설] 14.7 psi가 표준 대기압이다.

문제 31. 높이 10 m 되는 기름통에 비중이 0.9인 액체가 가득 차 있을 때 밑바닥에서의 압력은 얼마인가?

  ㉮ 1 kg / cm²   ㉯ 0.9 kg / cm²   ㉰ 1.9 kg / cm²   ㉱ 1.933 kg / cm²

[해설] $p = \gamma_{oil} \times H = 0.9 \times 1000 \times 10 = 9000\,kg/m^2 = 0.9\,kg/cm^2$

문제 32. 저수지에 높이가 20 m만큼 물이 채워져 있고, 그 위에 다시 높이 10 m만큼 비중 0.9인 기름이 들어있을 경우, 밑면의 압력은 얼마인가? (단, 대기압은 760 mmHg이다.)

  ㉮ 2.9   ㉯ 3.933   ㉰ 3.322   ㉱ 1.332

[해설] $p_a = p_o = p_g = 1.0332 + (1000 \times 20 + 1000 \times 0.9 \times 10) \times 10^{-4}$

$$= 3.9332\,kg/cm^2\,abs$$

문제 33. U자관에서 어떤 액체 25 cm의 높이와 수은 3.3 cm 높이가 평행을 이루고 있다. 이 액체의 비중은? (단, 수은의 비중은 13.6이다.)

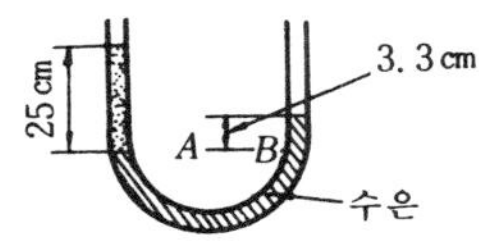

  ㉮ 1.8   ㉯ 1.52

  ㉰ 2.067   ㉱ 15.2

[해답] 29. ㉯   30. ㉰   31. ㉯   32. ㉯   33. ㉮

[해설] $p_A = p_B$이므로 $1000 \times S \times 0.25 = 1000 \times 13.6 \times 0.033$ $\therefore S = 1.8$

문제 34. U자관에 수은과 물 기름을 넣었더니 그림과 같이 되었다. 이때 기름의 밀도는 몇 $kg \cdot s^2/m^4$인가?

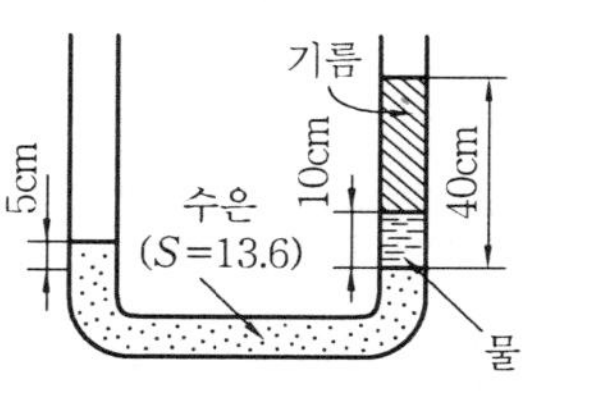

가 102　　나 1567

다 167.36　　라 197.2

[해설] 동일 수평에서

$$1000 \times 13.6 \times 0.05 = 1000 \times 0.1 + 1000 \times S \times 0.3$$

$$\therefore S = \frac{13600 \times 0.05 - 100}{3000} = 1.934$$

$$\therefore \rho = 102S = 102 \times 1.934 = 197.2\,kg \cdot s^2/m^4$$

문제 35. 다음 그림과 같은 역U자관 마노미터에서 A, B에는 물이 들어 있고, 액주계 속에는 비중이 0.9인 기름이 들어 있다. $h_1 = 0.27\,m$, $h_2 = 0.35\,m$, $h_3 = 0.8$ m일 때 $p_A - p_B$는 몇 kg/m^2인가? (단, 물의 비중량은 $1000\,kg/m^3$이다.)

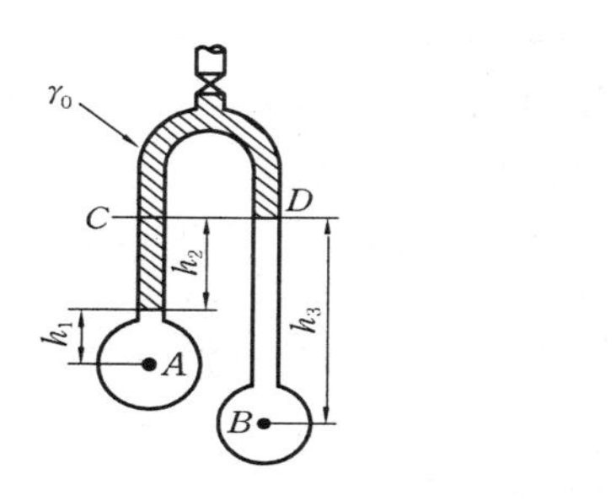

가 -172　　나 -215

다 -312　　라 -417

[해설] C와 D점의 압력은 같으므로 $p_A - \gamma_F h_1 - \gamma_o h_2 = p_B - \gamma_F h_3$

$$\therefore p_A - p_B = \gamma_F h_1 + \gamma_o h_2 - \gamma_F h_3 = \gamma_F(h_1 - h_3) + \gamma_o h_2$$

$$= 1000(0.27 - 0.8) + 0.9 \times 1000 \times 0.35 = -215\,kg/m^2$$

문제 36. 피에조미터에서 M점의 압력은 얼마인가? (단, 대기압 $= 750\,mmHg$ 상태이며, $H_1 = 2\,m$이다.)

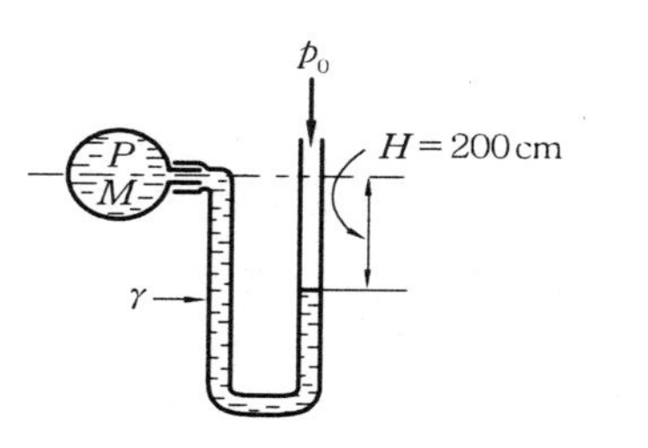

가 $0.189\,kg/cm^2$

나 $0.981\,kg/cm^2$

다 $0.819\,kg/cm^2$

라 $0.198\,kg/cm^2$

해설 $p_m = p_o - \gamma H = \dfrac{750}{760} \times 1.0332 \times 10^4 - 10^3 \times 2$

$\qquad = 1.0196 \times 10^4 - 10^3 = 8.196 \times 10^3 \, \text{kg/m}^2$

$\qquad = 0.8196 \, \text{kg/cm}^2$

문제 37. 다음 그림과 같은 액주계에서 S_1 = 1.6, $S^2 = 13.6$, $h_1 = 100 \, \text{mm}$, $h_2 = 200 \, \text{mm}$일 때 A점의 압력은?

㉮ $0.256 \, \text{kg/cm}^2$

㉯ $0.288 \, \text{kg/cm}^2$

㉰ $0.256 \, \text{kg/cm}^2 \text{abs}$

㉱ $0.288 \, \text{kg/cm}^2 \text{abs}$

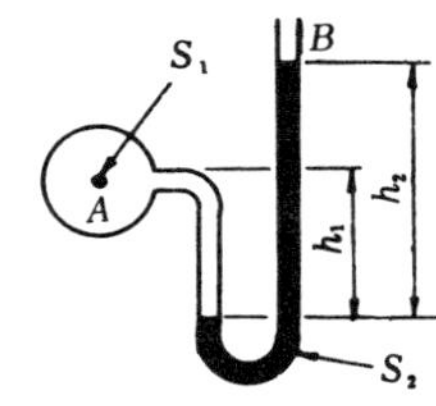

해설 $p_A = 1000 \times S_2 \times h_2 - 1000 S_1 \times h_1$

$\qquad = 1000 \times 13.6 \times 0.2 - 1000 \times 1.6 \times 0.1$

$\qquad = 0.256 \times 10^4 \, \text{kg/m}^2 = 0.256 \, \text{kg/cm}^2$

문제 38. 그림과 같이 비중이 0.8인 기름이 흐르고 있는 U자관을 설치했을 때 H는 얼마인가? (단, $p = 0.5 \, \text{kg/cm}^2$이고, 대기압은 735.5 mmHg이다.)

㉮ $0.426 \, \text{m}$ ㉯ $0.368 \, \text{m}$

㉰ $1.103 \, \text{m}$ ㉱ $1.16 \, \text{m}$

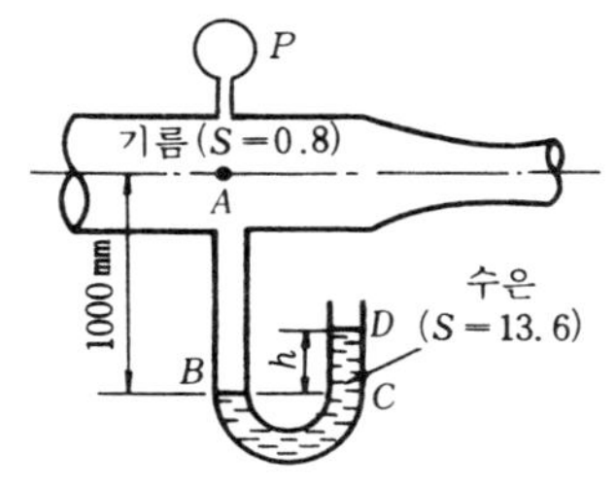

해설 $p_A + \gamma H = \gamma_{Hg} \times H + p_o$

$0.5 \times 10^4 + 800 = 13.6 \times 10^6 \times H \qquad \therefore \ H = \dfrac{5800}{13600} = 0.426 \, \text{m}$

문제 39. 다음 그림에서 액주계에 비중 0.8인 기름이 있다. 만일 $h = 500 \, \text{mm}$라 할 때 A점의 압력은?

㉮ $0.4 \, \text{m}$ 수주 abs

㉯ 0.4 수주

㉰ $0.4 \, \text{m}$ 수주 진공

㉱ $0.625 \, \text{m}$ 수주 진공

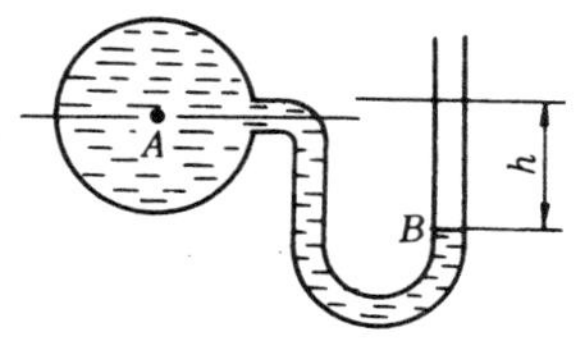

해답 37. ㉮   38. ㉮   39. ㉰

[해설] $p_A = -1000 \times 0.8 \times 0.5 = -400 \, \text{kg/m}$

$$h = \frac{p}{\gamma} = -\frac{4000}{1000} = -0.4 \, \text{mAq}$$

문제 40. 그림의 수직관 속에서 비중이 0.9
인 기름이 흐르고 있을 때 수직관의 압력
p_x는 얼마인가?

㉮ $1.272 \, \text{kg/cm}^2$

㉯ $0.272 \, \text{kg/cm}^2$

㉰ $0.2 \, \text{kg/cm}^2$

㉱ $0.002 \, \text{kg/cm}^2$

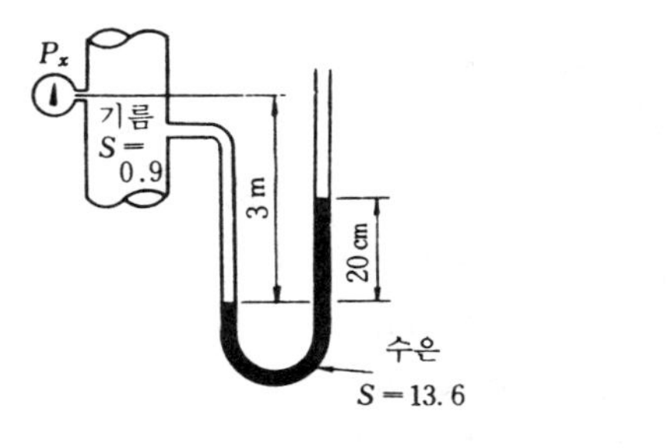

[해설] $p_x + \gamma_s(3) = \gamma Hg(0.2)$

$$p_x = 13.6 \times 10^3 (0.2) - 0.9 \times 10^3 (3) = 2720 - 2700 = 20 \, \text{kg/m}^2 = 0.002 \, \text{kg/cm}^2$$

문제 41. 그림에서 A점의 계기압력은 몇
mmHg인가? (단, 기름의 비중은 0.8이고,
대기압력은 750 mmHg)

㉮ 588 mmHg

㉯ 600 mmHg

㉰ 162 mmHg

㉱ 90 mmHg

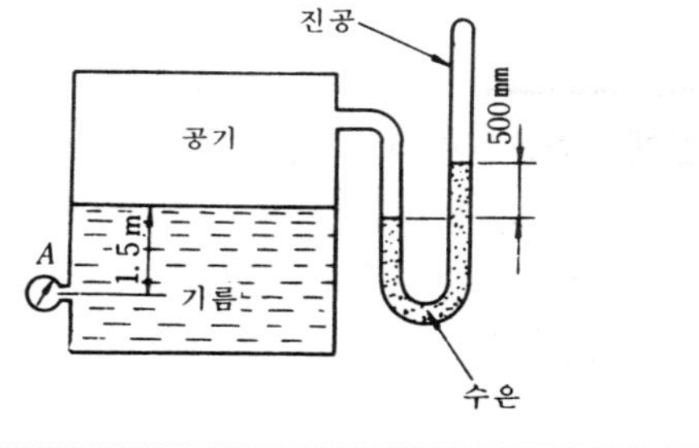

[해설] $p_{abs} = $ 공기압력 $+$ 기름압력

$\qquad = 13.6 \times 1000 \times 0.5 + 1000 \times 0.8 \times 1.5$

$\qquad = 8000 \, \text{kg/m}^2 = 0.8 \, \text{kg/cm}^2$

$\qquad = 588 \, \text{mmHg}$

$p_{gage} = 750 - 588 = 162 \, \text{mmHg}$ (진공)

문제 42. 깊이를 알 수 없는 곳에서 생긴 지름 1 cm인 기포가 수면에 떠올랐을 때 지름
이 2 cm로 팽창했다면 이 기포가 생긴 수심은? (단, 기포내의 공기는 등온변화이고,
대기압은 $1.03 \, \text{kg/cm}^2$이다.)

㉮ 88.24 ㉯ 72.1 ㉰ 20.6 ㉱ 10.3

[해설] $8p_a = p_a + \gamma H$ 이므로 $\quad H = \dfrac{7p_a}{\gamma} = \dfrac{7 \times 1.03}{0.001} = 7210 \, \text{cm} = 72.1 \, \text{m}$

[해답] 40. ㉱ 41. ㉰ 42. ㉯

문제 43. 다음 그림과 같이 물이 <u>흐르고</u> 있는 관에 시차액계를 설치하였더니 수은의 높이 h가 80 cm이었다. 이때 A, B 두 점의 압력차는 몇 kg / m²인가?

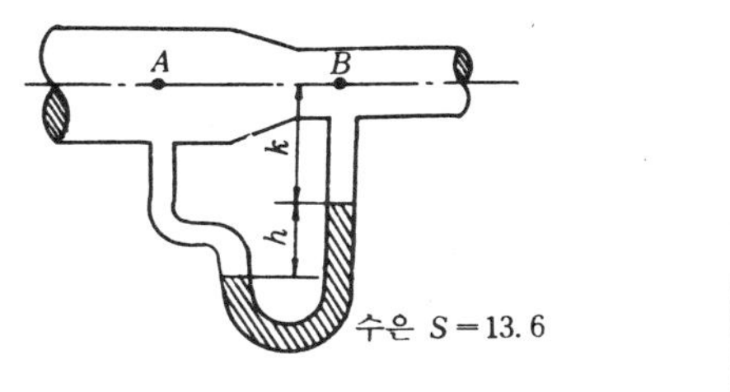

㉮ 9260 ㉯ 9840

㉰ 10080 ㉱ 12420

[해설] 물의 비중량 γ, 수은의 비중량 γ_s라고 하면

$$p_A + \gamma(k + h) = p_B + \gamma k + \gamma_s h$$

$$\therefore p_A - p_B = \gamma_s h - \gamma h = h(\gamma_s - \gamma) = 0.8 \times (13600 - 1000) = 10080 \, \text{kg/m}^2$$

문제 44. 다음 그림과 같이 용기 A와 B에 각각 280 kPa, 140 kPa인 물이 들어 있다. 그러나 같은 상태에서 평형을 유지한다면 수은주의 높이 h는 몇 m인가? (단, 수은의 비중은 13.6이다.)

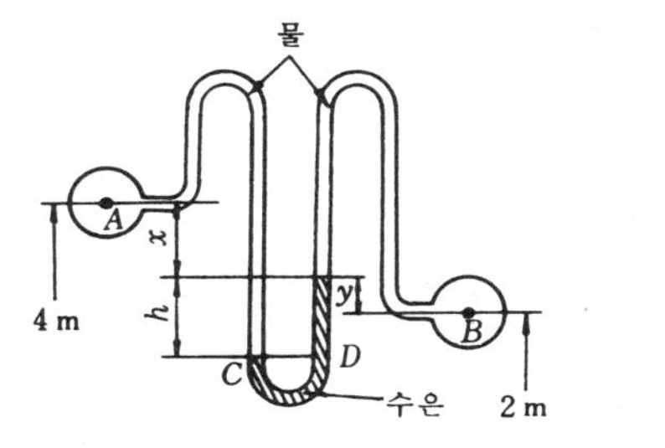

㉮ 0.52 ㉯ 0.84

㉰ 1.29 ㉱ 1.76

[해설] C점과 D점이 압력은 같으므로 물의 비중량을 γ_w, 수은의 비중량을 γ_s라고 하면

$$p_A + \gamma_w(x + h) = p_B - \gamma_w y + \gamma_s h$$

$$\therefore p_A - p_B = \gamma_s h - \gamma_w y - \gamma_w(x + h)$$

$$= \gamma_s h - \gamma_w y - \gamma_w x - \gamma_w h$$

$$= h(\gamma_s - \gamma_w) - \gamma_w(y + x)$$

$$280 - 140 = h(13.6 \times 9.8 - 9.8) - 9.8(y + x)$$

$$\therefore h = \frac{140 + 9.8(x + y)}{13.6 \times 9.8 - 9.8} = \frac{140 + 9.8(4 - 2)}{13.6 \times 9.8 - 9.8} \fallingdotseq 1.29 \, \text{m}$$

문제 45. 비중이 0.9인 글리세린이 담긴 용기에 경사 압력계를 30° 각도로 설치하였을 때 압력차는 얼마인가? (단, $\dfrac{a}{A} = 0.01$이며, l $= 25$ cm이다.)

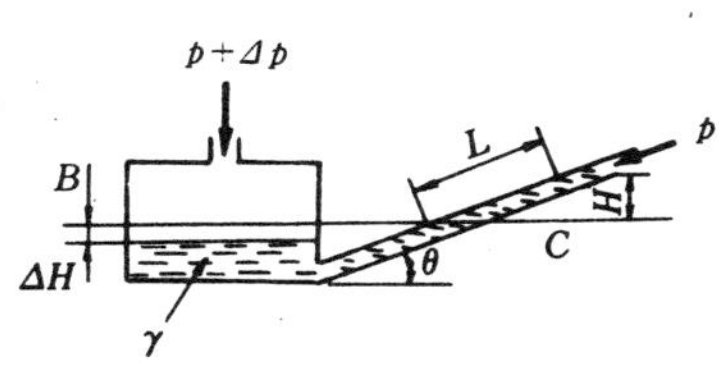

㉮ 0.0115 kg / cm² ㉯ 0.115 kg / cm²

㉰ 1.15 kg / cm² ㉱ 11.5 kg / cm²

[해설] $\Delta H = \dfrac{a}{A}\,l,\quad p + \Delta p = p + \gamma(H + \Delta H)$

$H = l\sin\alpha,\quad \Delta H = \dfrac{a}{A}\,l$ 이므로

$\Delta p = \gamma l\left(\sin\alpha + \dfrac{a}{A}\right) = 0.9\times10^{3}\times0.25(0.5+0.01)$

$\qquad = 115\,\mathrm{kg/m^2} = 0.0115\,\mathrm{kg/cm^2}$

문제 46. 그림과 같이 벤투리관에서 압력 차는 얼마인가? (단, $h = 500\,\mathrm{mm}$이다.)

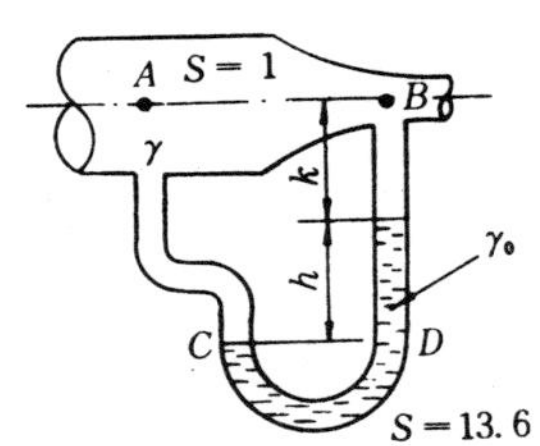

㉮ $0.63\,\mathrm{kg/cm^2}$

㉯ $0.68\,\mathrm{kg/cm^2}$

㉰ $0.73\,\mathrm{kg/cm^2}$

㉱ $0.5\,\mathrm{kg/cm^2}$

[해설] $\Delta p = p_A - p_B = (\gamma_{\mathrm{Hg}} - \gamma_{\mathrm{H_2O}})H = (13600 - 1000)0.5$

$\qquad = 12600\times0.5 = 6300\,\mathrm{kg/m^2} = 0.63\,\mathrm{kg/cm^2}$

문제 47. 다음 그림과 같은 사각형 단면의 탱크가 물 위에 있다. 수면과 유면과의 차 h는 얼마인가? (단, 공기의 압력은 $0.1\,\mathrm{kg/cm^2}$, 기름의 비중은 0.85이다.)

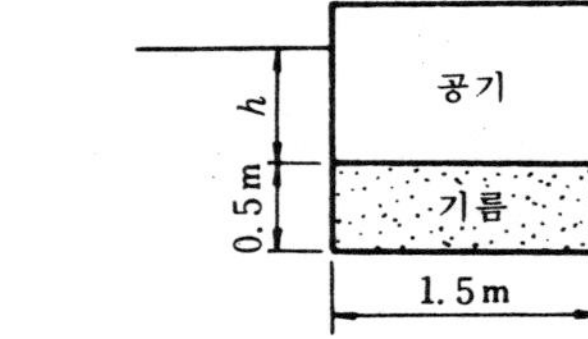

㉮ $0.925\,\mathrm{m}$ ㉯ $1.93\,\mathrm{m}$

㉰ $0.66\,\mathrm{m}$ ㉱ $1.66\,\mathrm{m}$

[해설] $1000\times(h+0.5) = 0.1\times10^{4} + 1000\times0.85\times0.5 \qquad \therefore\ h = 0.925\,\mathrm{m}$

문제 48. 그림과 같은 폭이 $50\,\mathrm{cm}$인 물탱크가 있다. 탱크 밑면 AB에 작용하는 힘은 몇 kg인가?

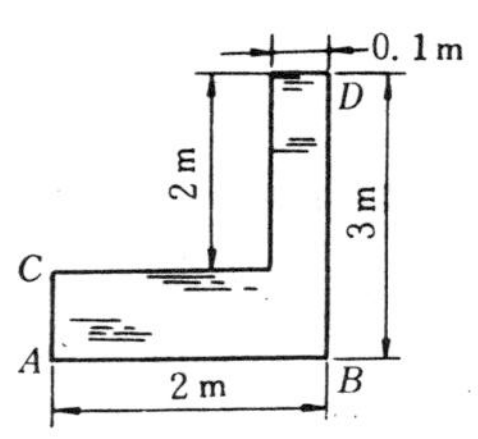

㉮ 1000

㉯ 1100

㉰ 2000

㉱ 3000

[해설] $F_{AB} = 1000\times3\times2\times0.5 = 3000\,\mathrm{kg}$

문제 49. $4\,m \times 4\,m \times 4\,m$의 입방체 용기 안에 비중이 0.8인 기름이 가득차 있다. 위의 뚜껑이 열렸다고 가정하면 밑면에서의 압력은 몇 kg/cm^2인가? (단, 물의 비중량은 $1000\,kg/m^3$이다.)

　㉮ 1600　　　　㉯ 0.32　　　　㉰ 2000　　　　㉱ 0.2

해설　$p = 1000 \times 0.8 \times 4 \times 10^{-4} = 0.32\,kg/cm^2$

문제 50. 그림에서 평판이 물에 의해서 작용되는 힘은 얼마인가?

　㉮ 150 kg　　　　㉯ 200 kg
　㉰ 300 kg　　　　㉱ 1500 kg

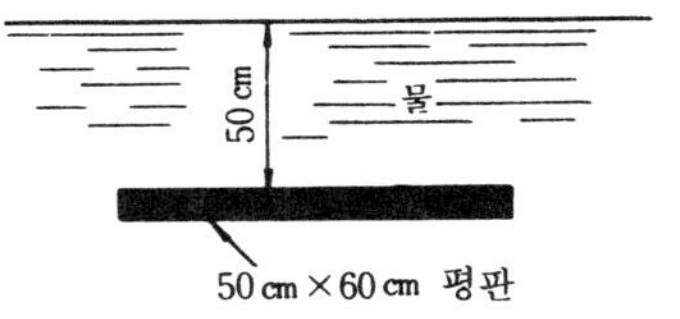

해설　$F = \gamma h A = 1000 \times 0.5 \times 0.5 \times 0.6 = 150\,kg$

문제 51. 그림과 같이 폭이 $2\,m$이고, 높이가 $4\,m$인 수문의 상단이 수면 밑 $3\,cm$에 놓여 있다. 이 수문에 작용되는 힘과 작용점은 얼마인가?

　㉮ 4×10^4 kg, 수면 밑 $5.27\,m$ (3.92×10^5 N, $5.27\,m$)
　㉯ 2×10^4 kg, 수면 밑 $5.27\,m$ (1.96×10^5 N, $5.27\,m$)
　㉰ 3×10^4 kg, 수면 밑 $5\,m$ (2.94×10^5 N, $5\,m$)
　㉱ 4×10^4 kg, 수면 밑 $5\,m$ (3.92×10^5 N, $5\,m$)

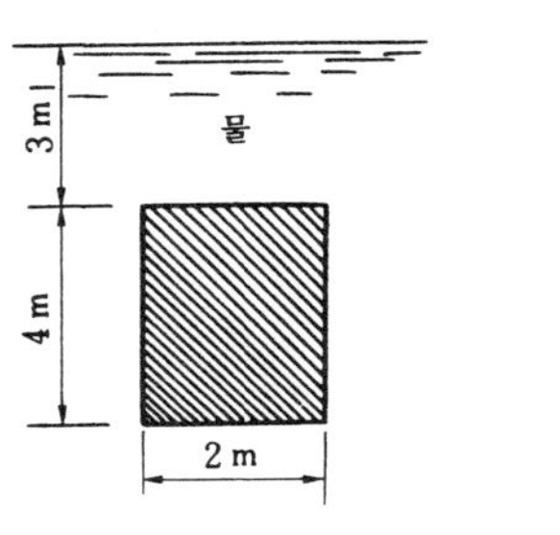

해설　$F = \gamma h_c A = 1000 \times 5 \times 4 \times 2 = 4 \times 10^4\,kg$, $\quad y_p = y_c + \dfrac{I_c}{y_c A} = 5 + \dfrac{\frac{2 \times 4^3}{12}}{5 \times 8} = 5.27\,m$

[SI 단위]
$$F = \gamma h_c A = 9800 \times 5 \times 4 \times 2 = 392\,N$$

문제 52. 단면적의 원판이 액체 속에 잠겨 있다. 원판의 중심이 수면으로부터 $10\,m$ 깊이에 위치한다면, 원판 한면에 작용하는 힘은? (단, $\gamma\,[kg/m^3]$은 액체의 비중량이다.)

　㉮ $10\,\gamma$ 보다 작다.
　㉯ 원판이 향하는 방향에 따라 다르다.
　㉰ 액체의 비중량 γ에 압력 중심까지의 깊이를 곱한 값이다.
　㉱ $10\,\gamma$

해설　$p = \gamma \times 10$

해답　49. ㉯　50. ㉮　51. ㉮　52. ㉱

문제 53. 그림과 같이 $2\,\mathrm{m} \times 3\,\mathrm{m}$ 인 평판이 물속 $1\,\mathrm{m}$ 깊이에 연직하게 잠겨 있다. 이 평판의 한쪽 면에 작용하는 유체압력의 합력은 몇 ton인가?

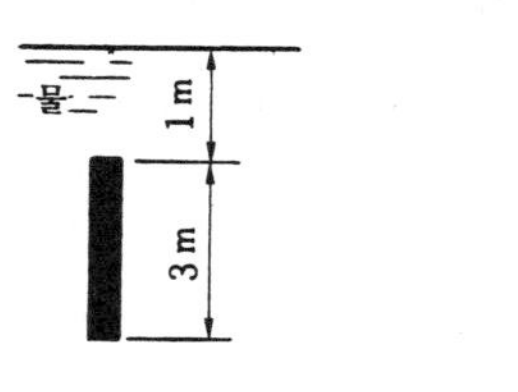

  ㋖ 6   ㋙ 9

  ㋗ 12   ㋚ 15

해설 $F = \gamma h_c A = 1000 \times 2.5 \times 3 \times 2 = 15000\,\mathrm{kg} = 15\,\mathrm{ton}$

문제 54. 그림에서 수직평판의 한쪽 면에 작용되는 힘은 얼마인가?

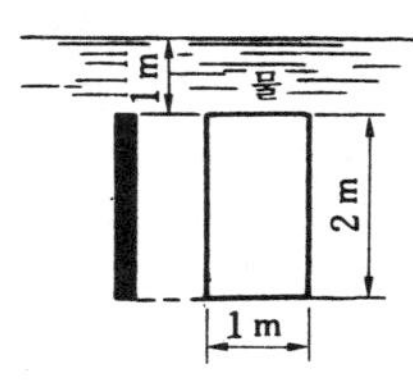

  ㋖ 3.13 kg

  ㋙ 3.92 kN

  ㋗ 15.68 kN

  ㋚ 156.8 kN

해설 $F = 9800 \times 2 \times 2 = 39200\,\mathrm{N} = 3.92\,\mathrm{kN}$

문제 55. 그림과 같은 삼각형 ABC 의 한 쪽면에 작용하는 힘은?

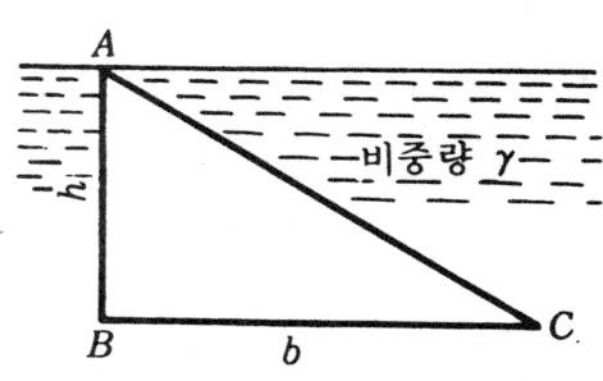

  ㋖ $\dfrac{\gamma bh^2}{2}$ ㋙ $\dfrac{\gamma bh^2}{3}$

  ㋗ $\dfrac{2\gamma bh^2}{3}$ ㋚ $\dfrac{\gamma bh^2}{4}$

해설 $F = \gamma y_c \sin \theta A = \gamma \left(\dfrac{2}{3} h \right) \sin 90° \left(\dfrac{1}{2} bh \right) = \dfrac{\gamma bh^2}{3}$

문제 56. $50\,\mathrm{cm} \times 70\,\mathrm{cm}$ 의 평판이 수면에서 깊이 $40\,\mathrm{cm}$ 되는 곳에 수평으로 놓여 있을 때 평판에 작용하는 전압력은 몇 kg인가?

  ㋖ 140 kg   ㋙ 400 kg   ㋗ 0.14 kg   ㋚ 14 kg

해설 $F = \gamma h_c A = 1000 \times 0.4 \times 0.5 \times 0.7 = 140\,\mathrm{kg}$

  [SI 단위]

     $F = 140 \times 9.81 = 1373.4\,\mathrm{N}$

해답 53. ㋚   54. ㋙   55. ㋙   56. ㋖

문제 57. 그림과 같은 수문이 수압을 받아서 넘어지지 않게 하는 최소 y의 값은 얼마인가?

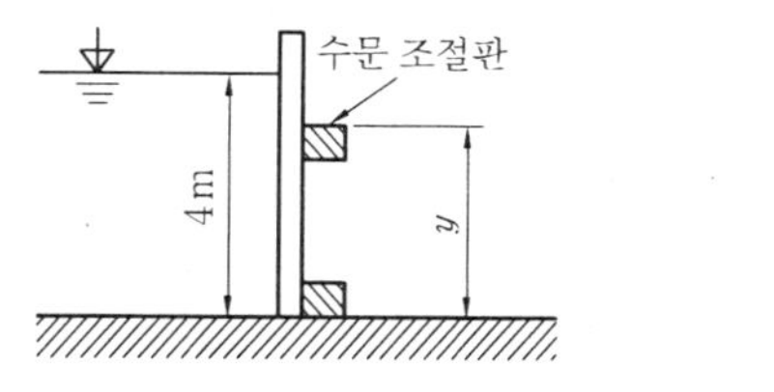

㉮ 2.667 m ㉯ 2 m

㉰ 1.333 m ㉱ 1.532 m

[해설] $y_p = y_c + \dfrac{I_c}{y_c A} = 2 + \dfrac{\frac{3 \times 4^2}{12}}{2 \times (4 \times 3)} = 2 + \dfrac{16}{24} = 2.667\,\text{m}$

$\therefore\ y = 4 - 2.667 = 1.333\,\text{m}$

문제 58. 그림에서 $5 \times 8\,\text{m}$인 사각형평판이 수평면과 $45°$ 기울어져 물에 잠겨 있다. 한쪽면에 작용하는 전압력의 작용점 y_p는 얼마인가?

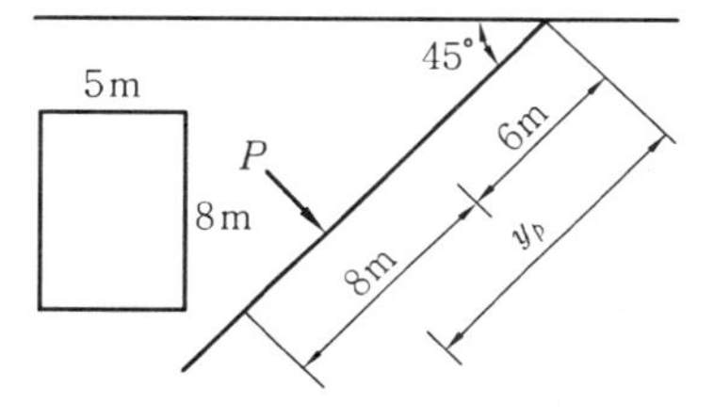

㉮ 10.10 m ㉯ 10.53 m

㉰ 10.96 m ㉱ 11.50 m

[해설] $y_p = y_c + \dfrac{\frac{bh^3}{12}}{y_c A} = 10 + \dfrac{\frac{5 \times 8^3}{12}}{10 \times 40} = 10.533\,\text{m}$

문제 59. 그림과 같이 자동으로 열리는 수문이 있다. 수심 H가 몇 m이면 저절로 열리겠는가?

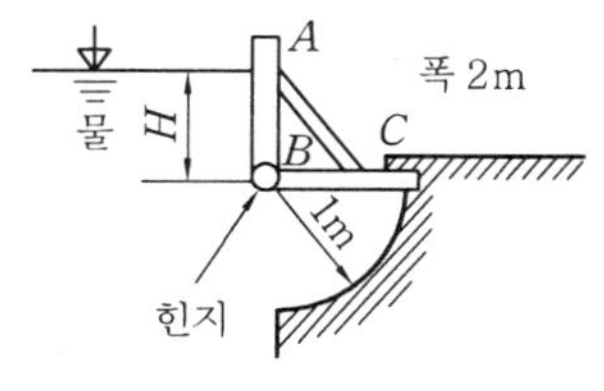

㉮ 1.414 m ㉯ 1.612 m

㉰ 1.732 m ㉱ 3.451 m

[해설] · A, B면에 작용하는 힘

$$F_{AB} = \gamma H_c A = 1000 \times \frac{H}{2} \times (H \times 2) = 1000 H^2$$

· B, C면에 작용하는 힘

$$F_{BC} = p \cdot A = 1000 H \times (1 \times 2) = 2000 H$$

$$\Sigma M_B = F_{AB} \times \frac{1}{3} H - F_{BC} \times \frac{1}{2} = \frac{1000}{3} H^3 - 1000 H = 0$$

$\therefore\ H^2 = 3 \qquad \therefore\ H = 1.732\,\text{m}$

문제 60. 그림과 같은 $50\,\text{cm} \times 3\,\text{m}$의 수문 평판 AB를 $30°$로 기울여 놓았다. A점에서 힌지(hinge)로 연결되어 있으며 이 문을 열기 위한 힘 F(수문에 수직)는 몇 kg인가?

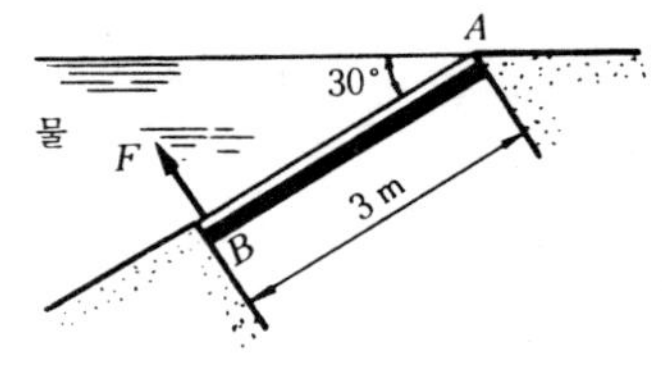

  ㉮ 1125   ㉯ 750

  ㉰ 225   ㉱ 112

[해설] 전압력 $=1000 \times 3 \times 0.5 \times 1.5 \times \sin 30° = 1125\,\text{kg}$

$$y_p = 1.5 + \dfrac{\dfrac{0.5 \times 3^3}{12}}{3 \times 0.5 \times 1.5} = 2\,\text{m}$$

A점에 관한 모멘트 식을 세우면 $F \times 3 = 1125 \times 2$

$$\therefore\ F = \frac{1125 \times 2}{3} = 750\,\text{kg}$$

문제 61. 어떤 돌이 공기중에서 무게는 $40\,\text{kg}$이고, 물 속에서 무게는 $23\,\text{kg}$이다. 이때 돌의 체적과 비중은 얼마인가? (단, 공기의 비중량은 무시한다.)

  ㉮ $V = 0.01\,\text{m}^3$, $s = 4$ ㉯ $V = 0.063\,\text{m}^3$, $s = 6.34$

  ㉰ $V = 0.03\,\text{m}^3$, $s = 1.333$ ㉱ $V = 0.017\,\text{m}^3$, $s = 2.353$

[해설] 다음 자유물체도에서

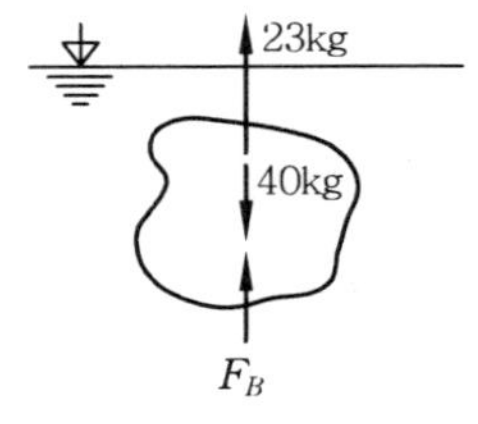

$23 + F_B = 40$, $F_B = 1000\,V = 17$

$$\therefore\ V = 0.017\,\text{m}^3$$

그리고 돌의 비중량

$$\gamma = \frac{W}{V} = \frac{40}{0.017} = 2353\,\text{kg}/\text{m}^3$$

$$\therefore\ s = \frac{\gamma}{\gamma_w} = \frac{2353}{1000} = 2.353$$

문제 62. 그림에서 구형평판 $4 \times 8\,\text{m}$가 수평면과 $60°$로 기울어지게 놓여졌다. 면에 작용하는 전압력의 크기, 방향, 작용점은 얼마인가?

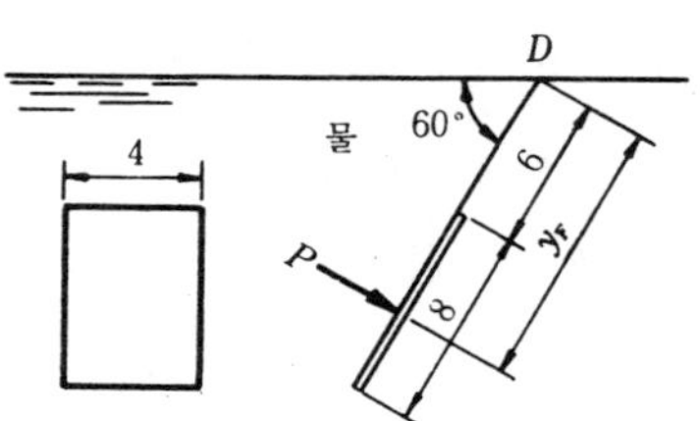

  ㉮ $F = 310254\,\text{kg}$, $y_F = 11.50\,\text{m}$

  ㉯ $F = 119423\,\text{kg}$, $y_F = 10.96\,\text{m}$

  ㉰ $F = 277128\,\text{kg}$, $y_F = 10.534\,\text{m}$

  ㉱ $F = 359680\,\text{kg}$, $y_F = 10.10\,\text{m}$

[해답] 60. ㉯ 61. ㉱ 62. ㉰

문제 63. 다음 그림과 같이 물 속 10 m 깊이에 있는 4분원통면 AB가 받는 힘의 크기는 몇 kg인가? (단, 4분원통의 길이는 5 m이다.)

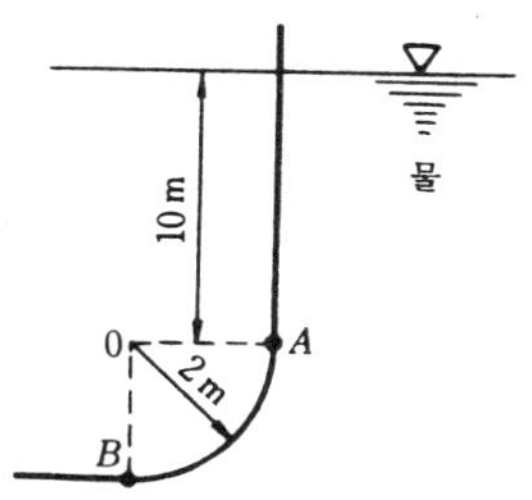

가 119645   나 159650

다 224324   라 273563

[해설] 다음 그림에서 수평력은 AC면에 작용하는 전압력과 같고 AB면의 연직상방에 있는 물의 무게와 같다.

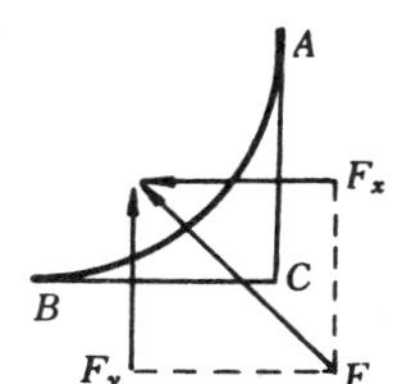

① 수평분력 $F_x = \gamma FA$

$$= 1000 \times (10+1) \times (2 \times 5) = 110000 \, \text{kg}$$

② 수직분력 $F_y = \gamma V$

$$= 1000 \times \left(10 \times 2 + \frac{\pi \times 2^2}{4}\right) \times 5 = 115708 \, \text{kg}$$

$$\therefore \ \text{합력} \ \ F = \sqrt{F_x^2 + F_y^2} = \sqrt{110000^2 + 115708^2} \fallingdotseq 159650 \, \text{kg}$$

문제 64. 그림과 같이 반지름 1 m, 폭 2 m인 4분 원통 수문 AB에 작용하는 힘의 수평분력은 몇 kg인가?

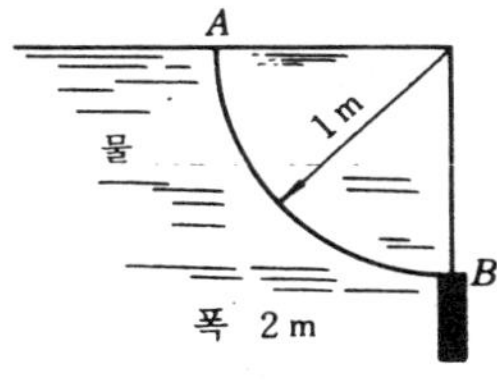

가 500   나 1000

다 1571   라 2000

[해설] $F_H = \gamma h A = 1000 \times 0.5 \times 2 \times 1 = 1000 \, \text{kg}$

문제 65. 다음 그림과 같은 수문에서 작용하는 전압력과 작용점의 위치는 각각 얼마인가?

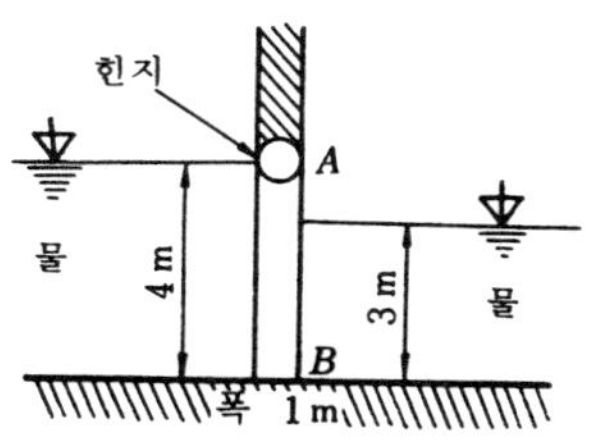

가 8000 kg, 수면 밑 2.667 m

나 3500 kg, 힌지 밑 2.238 m

다 4500 kg, 수면 밑 2 m

라 12500 kg, 힌지 밑 3.5 m

[해설] $F_1 = \gamma H_{c1} A_1 = 1000 \times 2 \times (4 \times 1) = 8000 \, \text{kg}, \quad y_{p1} = 4 \times \dfrac{2}{3} = \dfrac{8}{3} \, \text{m}$

$$F_2 = \gamma H_{C2} A_2 = 1000 \times 1.5 \times (3 \times 1) = 4500 \, \text{kg}, \quad y_{p2} = 1 + 3 \times \dfrac{2}{3} = 3 \, \text{m}$$

$$\therefore \ F = F_1 - F_2 = 3500 \, \text{kg}$$

[해답] 63. 나   64. 나   65. 나

힌지 A 점의 모멘트

$$F \times y_p = F_1 \times y_{p1} - F_2 \times y_{p2}$$

$$\therefore y_p = \frac{21333 - 13500}{3500} = \frac{7833}{3500} = 2.238\,\text{m}$$

문제 66. 비중이 0.8인 판자를 물에 띄우면 전체의 몇 %가 물 속에 가라앉는가?

⑦ 20 %　　　　　⑭ 40 %　　　　　⑭ 60 %　　　　　⑭ 80 %

[해설] 판자의 체적을 V, 판자의 잠긴 체적을 V_1이라 하면

판자의 무게 = 부력이므로 $1000 \times 0.8 \times V = 1000\,V_1$　$\therefore \dfrac{V}{V_1} = 0.8$

문제 67. 직사각형 평판이 그림과 같이 물 속에 수직으로 놓여 있다. 이때 압력중심의 x, y좌표는?

⑦ $x = 1.5\,\text{m}$, $y = 1.5\,\text{m}$

⑭ $x = 2\,\text{m}$, $y = 1.5\,\text{m}$

⑭ $x = 2\,\text{m}$, $y = 2\,\text{m}$

⑭ $x = 1.5\,\text{m}$, $y = 2\,\text{m}$

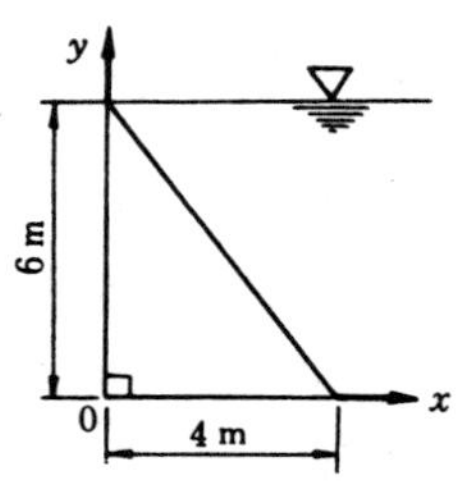

[해설] C는 도심점, P는 작용점으로 하면

$$y_p = \frac{I_G}{y_c A} + y_c = \frac{\dfrac{4 \times 6^3}{36}}{4 \times \dfrac{1}{2} \times 4 \times 6} + 4 = 4.5$$

$$\therefore y = 6 - y_p = 6 - 4.5 = 1.5\,\text{m}$$

또 $6 : 2 = y_p : x$이므로

$$x = \frac{2\,y_p}{6} = \frac{2 \times 4.5}{6} = 1.5\,\text{m}$$

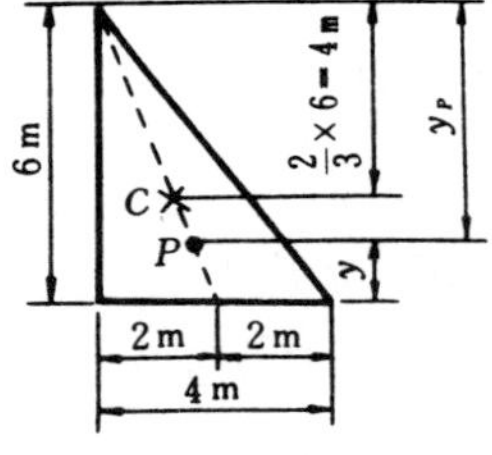

문제 68. 다음 그림은 어떤 물체를 물, 수은, 알콜 속에 넣었을 때 떠 있는 모양을 나타낸 것이다. 이 중 부력이 큰 것은?

⑦ A　　　　　⑭ B

⑭ C　　　　　⑭ 부력은 같다.

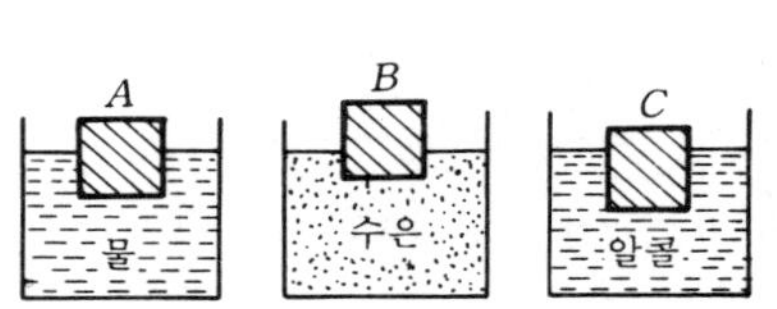

[해설] 물체 무게 = 액체의 부력(즉, 무게는 변하지 않으므로 어느 액체에 넣어도 부력은 같다)

문제 69. 바다에 떠 있는 빙산이 해상에 나타난 부분의 부피를 $10000\ \mathrm{m}^3$라 하면 빙산의 전 부피는 얼마인가? (단, 바닷물의 비중은 1.026, 얼음의 비중은 0.917이다.)

㉮ $9.41 \times 10^4\ \mathrm{m}^4$ ㉯ $3.17 \times 10^4\ \mathrm{m}^4$ ㉰ $2.67 \times 10^4\ \mathrm{m}^4$ ㉱ $8.5 \times 10^4\ \mathrm{m}^4$

[해설] 전부피를 V라 하면

$$10000 \times 0.917 \times V = (V - 10000) \times 1000 \times 1.026 \qquad \therefore\ V = 94128\ \mathrm{m}^3$$

문제 70. 수은면에 쇠덩어리가 떠 있다. 이 쇠덩어리가 보이지 않을 때까지 물을 부었을 때 쇠덩어리의 수은 속에 있는 부분과 물 속에 있는 부분의 부피의 비는 얼마인가? (단, 쇠의 비중은 7.8, 수은의 비중은 13.6이다.)

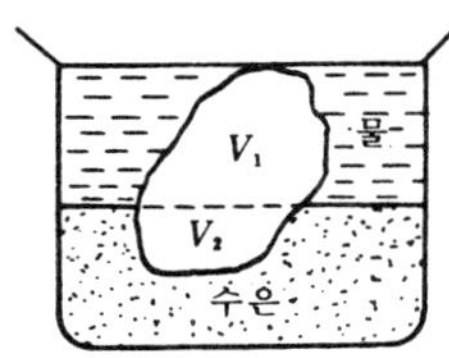

㉮ $\dfrac{34}{29}$ ㉯ $\dfrac{78}{136}$ ㉰ $\dfrac{5}{7}$ ㉱ $\dfrac{4}{3}$

[해설] 쇠덩어리의 물 속과 수은 속에 있는 부피를 V_1, V_2라 하면

쇠의 무게＝물에 의한 부력＋수은에 의한 부력

$$7.8(V_1 + V_2) = V_1 + 13.6 V_2$$

$$\therefore\ 6.8 V_1 = 5.8 V_2 \qquad \therefore\ \frac{V_2}{V_1} = \frac{6.8}{5.8} = \frac{34}{29}$$

문제 71. 비중이 0.25인 물체를 물 위에 띄웠을 때 물 밖으로 나오는 부피는 전체 부피의 얼마에 해당되는가?

㉮ $\dfrac{1}{4}$ ㉯ $\dfrac{1}{2}$ ㉰ $\dfrac{3}{4}$ ㉱ $\dfrac{1}{3}$

[해설] $1000 \times V \times 0.25 = 1000 \times 1 \times V(1 - x) \qquad \therefore\ x = 0.75 = \dfrac{3}{4}$

문제 72. 밑면이 $1\,\mathrm{m} \times 1\,\mathrm{m}$, 높이가 $0.5\,\mathrm{m}$인 나무 토막 위에 $200\,\mathrm{kg}$의 추를 올려놓고 물에 띄웠다. 나무의 비중을 0.5라고 할 때 물속에 잠긴 부분의 부피는 몇 m^3인가?

㉮ 0.5 ㉯ 0.45 ㉰ 0.25 ㉱ 0.05

[해설] $W + 200 = \gamma V$

$$1000 \times 0.5 \times 1 \times 1 \times 0.5 + 200 = 1000 \times V \qquad \therefore\ V = 0.45\ \mathrm{m}^3$$

[해답] 69. ㉮ 70. ㉮ 71. ㉰ 72. ㉯

주·관·식

문제 1. 다음 그림에서 원통은 그 중심축을 회전
시킴으로써 회전할 수 있다. 이 축에 걸리는 힘
과 원통을 회전시키려고 하는 모멘트를 구하여
라. (단, 원통의 반지름을 R, 폭을 b라 한다.)

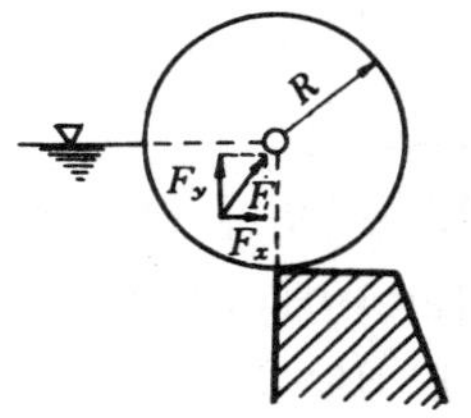

[해설] · 원통이 받는 전압력의 수평분력 $F_x = \gamma \cdot \dfrac{R}{2} bR = \dfrac{\gamma bR^2}{2}$

· 전압력의 수직분력 : $F_y = \dfrac{\gamma \pi bR^2}{4}$

$$\therefore F = \sqrt{F_x{}^2 + F_y{}^2} = \gamma bR^2 \sqrt{\left(\dfrac{1}{2}\right)^2 + \left(\dfrac{\pi}{4}\right)^2} \fallingdotseq 0.93\,\gamma bR^2$$

원통을 회전시키려고 하는 모멘트는 작용하지 않는다. 왜냐하면 곡면상의 미소면적에 작용하
는 전압력은 모두 원통의 중심을 통과하는 방향이므로 모멘트는 작용하지 않는다.

문제 2. 길이 $\times$ 폭 $\times$ 높이 $= l \times b \times h$인 직육
면체의 부양체가 비중량 γ인 액체에 떠 있을
때의 안정조건을 구하여라. (단, 이 부양체의
비중은 γ_s이다.)

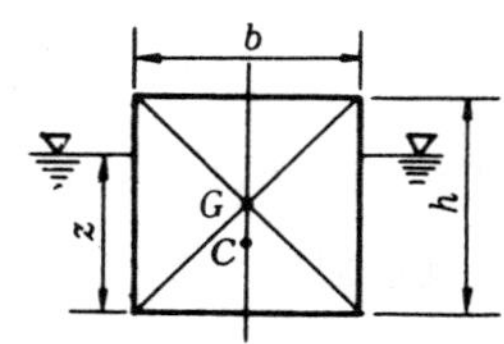

[해설] 부력 $F = \gamma V$이므로 $\gamma bzl = \gamma_s bhl$, 여기서 $Z = h \cdot \dfrac{\gamma_s}{\gamma}$

중심 G는 부양체의 바닥에서 $\dfrac{h}{2}$인 곳에 부심 C는 부양체의 바닥에서 $\dfrac{Z}{2}$인 곳에 있으므로

$$\overline{GC} = \dfrac{h - Z}{2} = \dfrac{h}{2}\left(1 - \dfrac{\gamma_s}{\gamma}\right)$$

따라서 이 부양체의 메타센터 높이는

$$h_M = \dfrac{I_b}{V} - \overline{GC} = \dfrac{\dfrac{lb_3}{12}}{Zbl} - \dfrac{h - z}{2} = \dfrac{b^2}{12Z} - \dfrac{h}{2}\left(1 - \dfrac{\gamma_s}{\gamma}\right) = \dfrac{b^2}{12h} \cdot \dfrac{\gamma}{\gamma_s} - \dfrac{h}{2}\left(1 - \dfrac{\gamma_s}{\gamma}\right)$$

부양체의 안정조건은 $h > 0$이므로

$$h_M = \dfrac{b^2 \gamma}{12h\gamma_s} - \dfrac{h}{2}\left(1 - \dfrac{\gamma_s}{\gamma}\right) > 0$$

$$\frac{b^2}{12h} \cdot \frac{\gamma}{\gamma_s} > \frac{h}{2}\left(1 - \frac{\gamma_s}{\gamma}\right), \quad \frac{b^2}{h^2} > 6 \cdot \frac{\gamma_s}{\gamma}\left(1 - \frac{\gamma_s}{\gamma}\right), \quad \frac{b^2}{h^2} > 6 \cdot \frac{\gamma_s}{\gamma}\left(1 - \frac{\gamma_s}{\gamma}\right)$$

$$\therefore \frac{b}{h} > \sqrt{6 \cdot \frac{\gamma_s}{\gamma}\left(1 - \frac{\gamma_s}{\gamma}\right)}$$

문제 3. 다음 그림과 같이 레버 AB의 끝단 A에 100 kg 힘을 AB에 수직하게 작용했다. 하단 B는 지름이 10 cm인 피스톤과 연결되어 있고, 실린더 안에 비압축성인 기름이 있다면 평형상태에서 실린더 안에 발생하는 기름의 압력과 지름 50 cm의 큰 피스톤에 얼마의 힘을 가해야 평형을 이루는지 구하여라.

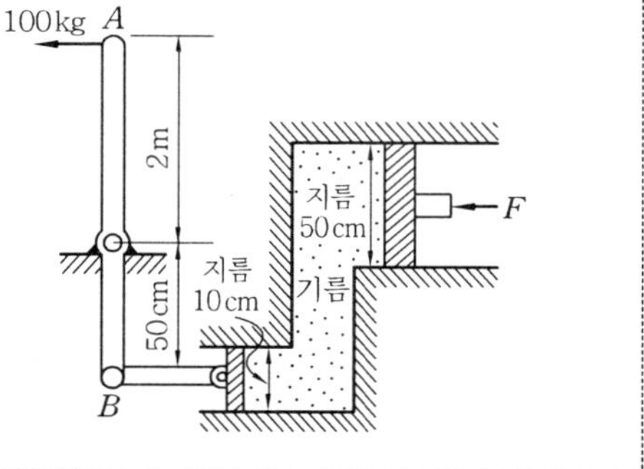

[해설] 레버의 지점을 중심으로 하여 $M_A = M_B$이므로

$$100 \times 2 = F_B \times 0.5 \quad \therefore F_B = 400 \text{ kg}$$

따라서 기름에서 발생하는 압력 $p = \dfrac{F_B}{A} = \dfrac{400}{\dfrac{\pi}{4} \cdot 10^2} = 5.1 \text{ kg/cm}^2$

Pascal의 원리에서 $\dfrac{400}{\dfrac{\pi}{4} \cdot 10^2} = \dfrac{F}{\dfrac{\pi}{4} \cdot 50^2} \quad \therefore F = 10000 \text{ kg}$

문제 4. 강물과 바닷물을 막기 위해 그림과 같이 폭이 2 m인 직사각형 수문을 세웠다. 강물과 바닷물의 수심이 각각 6 m와 2 m일 때 수문에 걸리는 전힘과 그의 작용점 x를 구하여라.

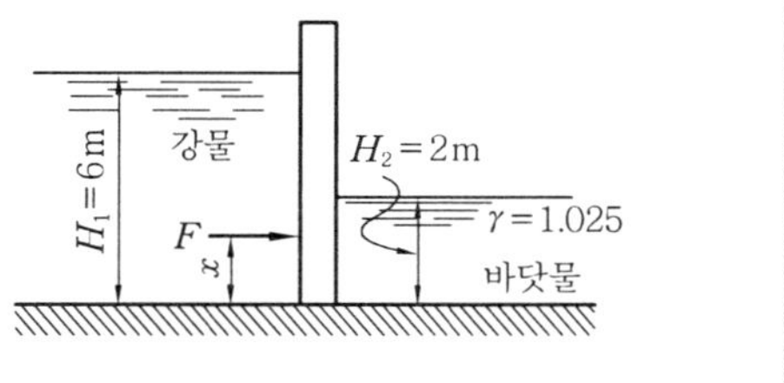

[해설] 강물에 대하여 $F_1 = \gamma h_c A = 10^3 \times 3 \times (6 \times 2) = 3.6 \times 10^4 \text{ kg}$

$$y_{p1} = y_c + \frac{I_c}{y_c A} = 3 + \frac{\dfrac{2 \times 6^3}{12}}{3 \times 12} = 4 \text{ m}$$

바닷물에 대하여 $F_2 = \gamma h_c A = 1025 \times 1 \times (2 \times 2) = 4100 \text{ kg}$

$$y_{p2} = y_c + \frac{I_c}{y_c A} = 1 + \frac{\dfrac{2 \times 2^3}{12}}{1 \times 4} = 1.33 \text{ m이므로}$$

$$F = F_1 - F_2 = 36000 - 4100 = 31900 \text{ kg}$$

$$F \times x = 36000 \times 2 - 4100 \times 0.66 = 69294 \text{ kg} \cdot \text{m} \quad \therefore x = 2.17 \text{ m}$$

[SI 단위] $F = 312.6 \text{ N}, \quad x = 2.17 \text{ m}$

문제 5. 저수지에서 나오는 원형단면의 도관에 댐퍼가 달려 있다. 댐퍼는 관과 같은 직경의 원판으로 되어 있고 중심을 통과하는 수평축을 회전시킬 수 있다. 댐퍼를 회전시키지 않기 위해서는 축에 몇 kg·m의 모멘트를 가해야 하는지 구하여라. (단, 원관의 지름은 50 cm로 한다.)

[해설] 다음 그림과 같이 원관 중심의 수심을 H라고 하면 이 점의 계기 압력은 $p = \gamma H$ 원관의 지름을 d로 하고 물의 비중량을 γ로 하면 전압력의 크기 F는 다음과 같다.

$$F = pA = \frac{\pi}{4} d^2 \gamma H$$

이 힘의 작용점까지의 수심을 y_p로 하면

$$y_p = \frac{I_G}{y_c A} + y_c = \frac{\dfrac{\pi d^4}{64}}{H_1 \dfrac{\pi d^2}{4}} + H = \frac{d^2}{16H} + H$$

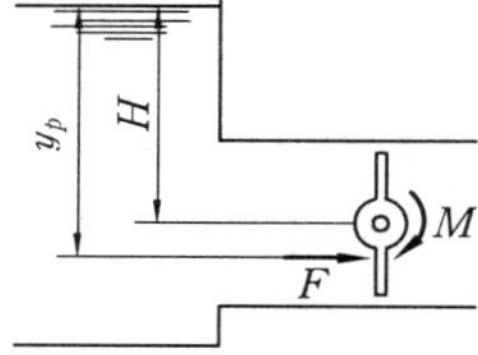

작용점은 댐퍼의 중심보다 $\dfrac{d^2}{16H}$ 만큼 아래에 있다.

따라서 관의 힘 F의 모멘트

$$M = \frac{d^2}{16H} F = \frac{d^2}{16H} \cdot \frac{\pi}{4} d^2 \gamma H = \frac{\pi}{64} d^4 \cdot \gamma = \frac{\pi}{64} \times 0.5^4 \times 1000 \fallingdotseq 3 \text{ kg} \cdot \text{m}$$

문제 6. 그림과 같이 5 m 간격으로 지주(支柱) AB를 세워놓은 댐이 있다. 댐의 무게를 무시한다면 지주 AB가 받는 압축력은 몇 Newton인지 구하여라. [SI 단위]

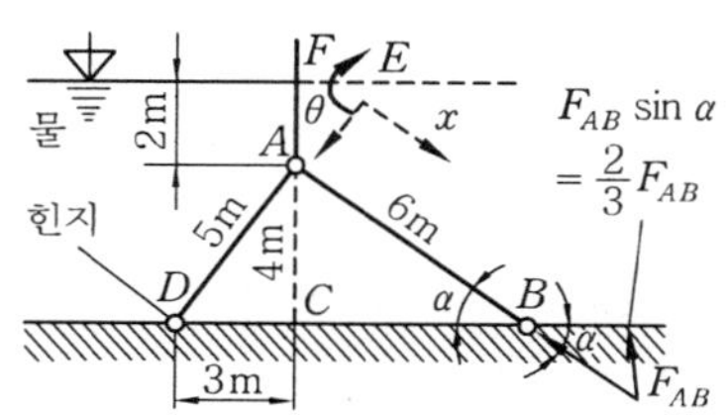

[해설] $\triangle ACD$와 $\triangle AFE$는 닮은 삼각형이므로 $AE : AD = AF : AC$

$$\therefore AE = 2.5 \text{ m}$$

댐 AP가 받는 힘 $F_{AD} = \gamma y_c \sin\theta A = 9800 \times (2.5 + 2.5) \times \frac{4}{5} \times (5 \times 5) = 980000 \text{ N}$

힘의 작용점 $y_p = \dfrac{I_c}{y_c A} + y_c = \dfrac{\dfrac{5 \times 5^3}{12}}{5 \times 25} + 5 = 5.417 \text{ m}$

그리고 지주 AB가 받는 압축력 F_{AB}의 수직 성분 $F_{AB} \sin\alpha = \dfrac{2}{3} F_{AB}$

댐 AD가 평형을 유지하기 위해서는 힌지 D에 관한 모멘트 $\Sigma M_D = 0$이므로

$$\Sigma M_D = F_{AD} \times (5 + 2.5 - y_p) - \frac{2}{3} F_{AB} \overline{BD}$$

$$= 980000 \times (5 + 2.5 - 5.417) - \frac{2}{3} F_{AB}(3 + \sqrt{6^2 - 4^2}) = 0$$

$$\therefore F_{AB} = 409790 \text{ N}$$

제 **3** 장 유체 운동학

1. 유체 흐름의 형태

1-1 정상류와 비정상류

(1) 정상류(steady flow)

유체가 흐르고 있는 과정에서 임의의 한 점에서 유체의 모든 특성이 시간이 경과하여도 조금도 변화하지 않는 흐름의 상태를 말한다.

$$\frac{\partial}{\partial t} = 0 ; \ \frac{\partial \rho}{\partial t} = 0, \ \ \frac{\partial p}{\partial t} = 0, \ \ \frac{\partial T}{\partial t} = 0, \ \ \frac{\partial v}{\partial t} = 0, \cdots$$

(2) 비정상류(unsteady flow)

유체가 흐르고 있는 과정에서 임의의 한 점에서 유체의 여러 가지 특성 중 단 하나의 성질이라도 시간이 경과함에 따라 변화하는 흐름의 상태를 말한다.

$$\frac{\partial}{\partial t} \neq 0 ; \ \frac{\partial \rho}{\partial t} \neq 0 \ \text{또는} \ \ \frac{\partial p}{\partial t} \neq 0 \ \text{또는} \ \ \frac{\partial T}{\partial t} \neq 0 \ \text{또는} \ \ \frac{\partial v}{\partial t} \neq 0 \ \text{또는} \cdots$$

1-2 등속류와 비등속류

(1) 등속류(uniform flow)

유체가 흐르고 있는 과정에서 임의의 순간에 모든 점에서 속도벡터(vector)가 동일한 흐름, 즉 시간은 일정하게 유지되고 어떤 유체의 속도가 임의의 방향으로 속도 변화가 없는 흐름을 말하며, 균속도 유동이라고도 한다.

$$\frac{\partial v}{\partial s} = 0$$

(2) 비등속류(nonuniform flow)

유체가 흐르고 있는 과정에서 임의의 순간에 한 점에서 다른 점으로 속도벡터가 변하는 흐름을 말하며, 비균속도 유동이라고도 한다.

$$\frac{\partial v}{\partial s} \neq 0$$

1-3 1차원 유동, 2차원 유동, 3차원 유동

(1) 1차원 유동(one dimensional flow)

유체의 유동 특성이 하나의 공간 좌표와 시간의 함수로 표시될 수 있는 유동을 말한다.

  예 원관 등 임의의 단면 폐수로에서 유동 특성이 각 단면에서 평균값으로 균일하게 분포되었다고 가정한 경우의 흐름

(2) 2차원 유동(two dimensional flow)

평면 사이의 흐름, 즉 유동 특성이 2개의 공간 좌표(x, y)와 시간의 함수로 표시될 수 있는 유동을 말한다.

  예 단면이 일정하고 길이가 무한히 긴 날개 주위 또는 댐(dam) 위의 흐름, 두 개의 평행한 평판 사이의 점성 유동 등

(3) 3차원 유동(three dimensional flow)

모든 물성과 유동 특성이 3개의 공간 좌표(x, y, z)와 시간의 함수로 표시될 수 있는 유동을 말한다.

  예 관류 입구에서의 유동, 유한한 날개를 갖는 날개 끝 부분에서의 유동, 유동 특성을 평균값으로 생각하지 않는 원관 내의 점성 유동 등

1-4 등온 흐름과 단열 흐름

(1) 등온 흐름

유체가 온도의 변화없이 흐르는 유동을 말한다.

(2) 단열 흐름

유체가 경계면을 지나는 열의 유출입이 없는 흐름을 말하며, 가역 단열 흐름은 가역 등엔트로피 흐름이라고도 한다.

2. 유선과 유관

(1) 유선(stream line)

유체의 흐름 속에 어떤 시간에 하나의 곡선을 가상하여 그 곡선상에서 임의의 점에 접선을 그었을 때 그 점에서의 유속과 방향이 일치하는 선, 즉 유동장의 모든 점에서 속도벡터의 방향을 갖는 연속적인 곡선을 말한다.

유선 위의 미소벡터를 $d\boldsymbol{r} = dx\boldsymbol{i} + dy\boldsymbol{j} + dz\boldsymbol{k}$라 하고, 속도벡터를 $\boldsymbol{v} = u\boldsymbol{i} + v\boldsymbol{j} + w\boldsymbol{k}$라 하면 다음과 같다.

$$\boldsymbol{v} \times d\boldsymbol{r} = 0 \quad \text{또는} \quad \frac{dx}{u} = \frac{dy}{v} = \frac{dz}{w}$$

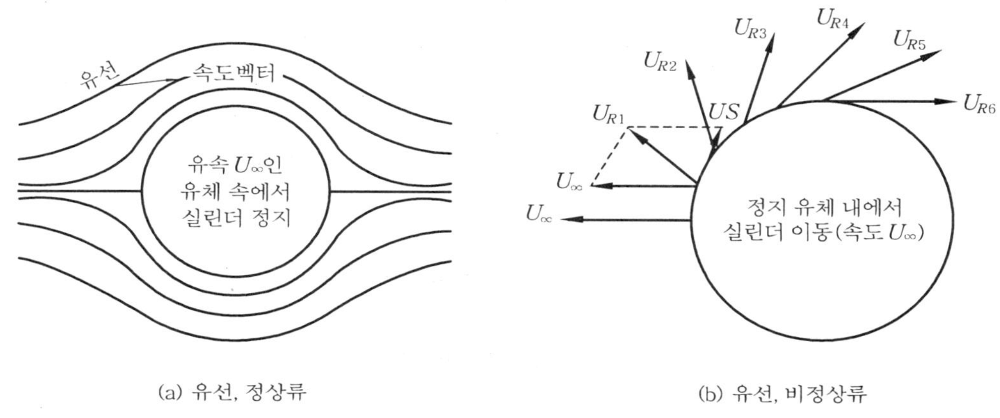

(a) 유선, 정상류　　　　(b) 유선, 비정상류

그림 3-1

(2) 유관(stream tube)

유선으로 둘러싸인 유체의 관을 유선관 또는 유관이라 한다. 모든 속도벡터가 유선과 접선을 이루므로 유관에 직각 방향의 유동 성분은 없다.

(3) 유적선(path line)

한 유체의 입자가 일정한 기간 내에 움직인 경로를 말한다.

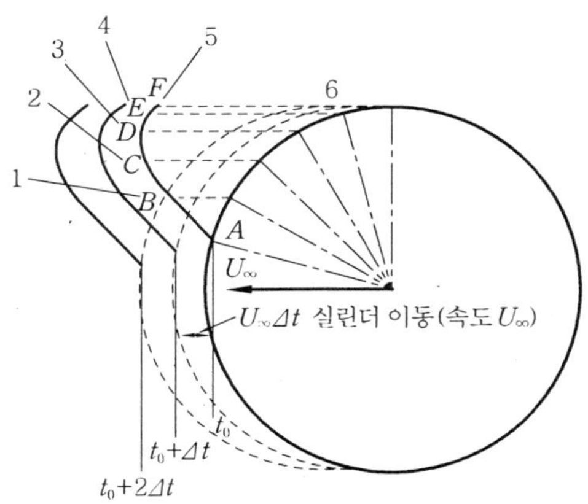

그림 3-2　유적선, 비정상류

(4) 유맥선(streak line)

공간 내의 한 점을 지나는 모든 유체의 순간 궤적을 말한다.

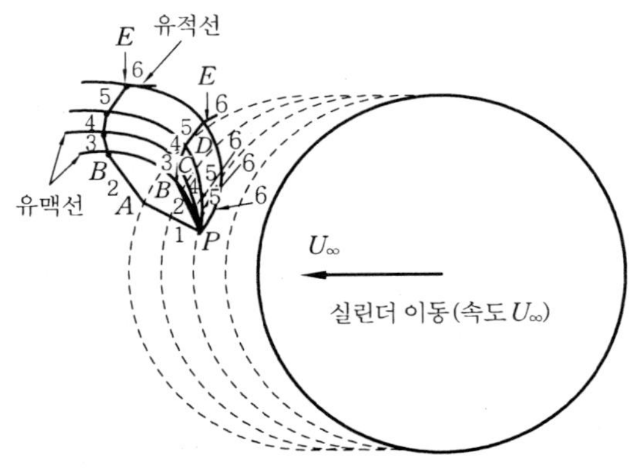

그림 3-3 유맥선, 비정상류

예제 1. 다음 중 유선방정식을 나타내는 식은?

㉮ $\dfrac{dx}{u} = \dfrac{dy}{v} = \dfrac{dz}{w}$ 　　　　　　　 ㉯ $\dfrac{\partial u}{\partial x} + \dfrac{\partial v}{\partial y} + \dfrac{\partial w}{\partial z} = 0$

㉰ $\dfrac{\partial p}{\partial t} = \dfrac{\partial \rho}{\partial t}$ 　　　　　　　　　 ㉱ $\dfrac{dA}{A} = \dfrac{d\rho}{\rho} = \dfrac{dv}{v} = 0$

답 ㉮

예제 2. 정상류와 관계가 있는 식은?

㉮ $\dfrac{\partial u}{\partial s} = 0$ 　　　 ㉯ $\dfrac{\partial u}{\partial s} \neq 0$ 　　　 ㉰ $\dfrac{\partial u}{\partial t} = 0$ 　　　 ㉱ $\dfrac{\partial u}{\partial t} \neq 0$

해설 ㉮ 균속도 유동(등속류), ㉯ 비균속도 유동, ㉱ 비정상류　　　　　　답 ㉰

예제 3. 다음 중 유선에 대하여 바른 설명은?

㉮ 층류와 난류를 구분하는 선이다.

㉯ 3차원 공간에서만 정의될 수 있는 선이다.

㉰ 임의의 순간에 유체입자의 궤적과 일치한다.

㉱ 정상류에서 유체입자의 궤적과 일치한다.

해설 유선(stream line)은 유동장의 모든 점에서 운동의 방향을 나타내도록 유체중에 그려진 가상곡선이다. 즉, 임의의 순간에 속도벡터의 방향을 갖는 모든 점으로 구성된 선을 유선이라 한다.　　　　　　답 ㉱

3. 연속방정식

질량보존의 법칙을 유체의 흐름에 적용하여 유관 내의 유체는 도중에 생성하거나 소멸하는 경우가 없다.

(1) 질량 유량

$$m = \rho_1 A_1 v_1 = \rho_2 A_2 v_2$$

(2) 중량 유량

$$G = \gamma_1 A_1 v_1 = \gamma_2 A_2 v_2$$

$$d(\rho A v) = 0 \ 또는$$

$$\frac{d\rho}{\rho} + \frac{dA}{A} + \frac{dv}{v} = 0$$

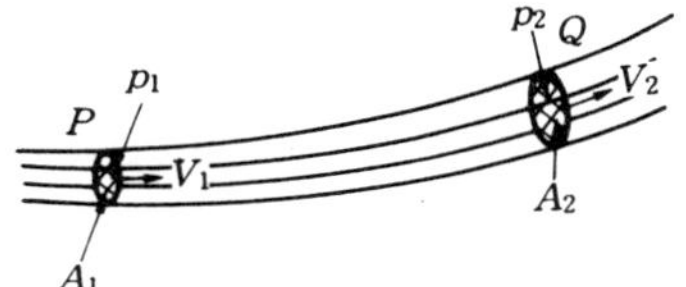

그림 3-4　유관 속을 흐르는 유체

만약 $\rho_1 = \rho_2$이면 체적 유량은 $Q = A_1 v_1 = A_2 v_2$이다.

(3) 벡터(vector) 표시

$$\frac{\partial \rho}{\partial t} + \nabla \cdot (\rho \boldsymbol{v}) = 0 \ 또는 \ \frac{D\rho}{Dt} + \rho \nabla \cdot \boldsymbol{v}$$

비압축성 유체($\rho = \text{const}$)이면 $\nabla \cdot \boldsymbol{v} = 0$이다.

[예제] **4.** 연속방정식이란 어떤 법칙의 일종인가?

　㉮ 질량보존의 법칙　　　　　　㉯ 에너지보존의 법칙
　㉱ 관성의 법칙　　　　　　　　㉰ 뉴턴의 제2법칙

답 ㉮

[예제] **5.** 지름이 $10\,\mathrm{cm}$인 관에 물이 $5\,\mathrm{m/s}$의 속도로 흐르고 있다. 이 관에 출구 지름이 $2\,\mathrm{cm}$인 노즐을 장치한다면 노즐에서 물의 분출속도는 몇 $\mathrm{m/s}$인가?

　㉮ 25　　　　　㉯ 125　　　　　㉱ 50　　　　　㉰ 10

[해설] $A_1 V_1 = A_2 V_2$

$$V_2 = V_1 \cdot \frac{A_1}{A_2} = V_1 \cdot \frac{\frac{\pi}{4} d_1^{\,2}}{\frac{\pi}{4} d_2^{\,2}} = V_1 \cdot \left(\frac{d_1}{d_2}\right)^2$$

$$\therefore \ V_2 = 5\left(\frac{10}{2}\right)^2 = 125\,\mathrm{m/s}$$

답 ㉯

예제 6. 기체가 $1\,\mathrm{kg/s}$로 지름 $40\,\mathrm{cm}$인 파이프 속을 등온적으로 흐른다. 이때 압력은 30 $\mathrm{kg/m^2}$ abs, $R = 20\,\mathrm{kg\cdot m/kg\cdot K}$, $t = 27\,℃$일 때 평균속도는 몇 $\mathrm{m/s}$인가?

  ㉮ 672   ㉯ 56   ㉰ 1607   ㉱ 987

해설 $G = \gamma A V$, $\quad \gamma = \dfrac{p}{RT} = \dfrac{30}{20 \times 303} = 4.95 \times 10^{-3}\,\mathrm{kg/m^3}$

$$V = \frac{G}{\gamma A} = \frac{1}{4.95 \times 10^{-3} \times \dfrac{\pi}{4} \times 0.4^2} = 1607\,\mathrm{m/s}$$

                                                         답 ㉰

4. 네이비어–스토크스 방정식

뉴턴 유체에 관한 운동방정식을 네이비어–스토크스의 운동방정식이라 한다.

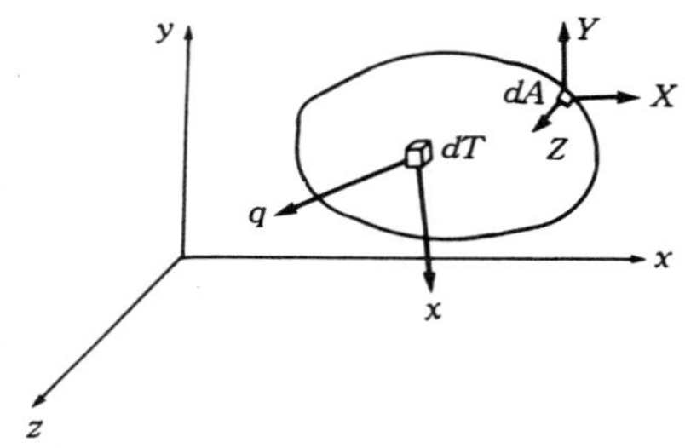

그림 3 - 5

(1) 직각 좌표계

- $$\frac{\partial u}{\partial t} + u\frac{\partial u}{\partial x} + v\frac{\partial u}{\partial y} + w\frac{\partial u}{\partial z}$$

$$= X - \frac{1}{\rho}\frac{\partial p}{\partial x} + \frac{1}{3}\nu\frac{\partial}{\partial x}\left(\frac{\partial u}{\partial x} + \frac{\partial v}{\partial y} + \frac{\partial w}{\partial z}\right) + \nu\left(\frac{\partial^2 u}{\partial x^2} + \frac{\partial^2 u}{\partial y^2} + \frac{\partial^2 u}{\partial z^2}\right)$$

- $$\frac{\partial v}{\partial t} + u\frac{\partial v}{\partial x} + v\frac{\partial v}{\partial y} + w\frac{\partial v}{\partial z}$$

$$= Y - \frac{1}{\rho}\frac{\partial p}{\partial y} + \frac{1}{3}\nu\frac{\partial}{\partial y}\left(\frac{\partial u}{\partial x} + \frac{\partial v}{\partial y} + \frac{\partial w}{\partial z}\right) + \nu\left(\frac{\partial^2 v}{\partial x^2} + \frac{\partial^2 v}{\partial y^2} + \frac{\partial^2 v}{\partial z^2}\right)$$

- $$\frac{\partial w}{\partial t} + u\frac{\partial w}{\partial x} + v\frac{\partial w}{\partial y} + w\frac{\partial w}{\partial z}$$

$$= Z - \frac{1}{\rho}\frac{\partial p}{\partial z} + \frac{1}{3}\nu\frac{\partial}{\partial z}\left(\frac{\partial u}{\partial x} + \frac{\partial v}{\partial y} + \frac{\partial w}{\partial z}\right) + \nu\left(\frac{\partial^2 w}{\partial x^2} + \frac{\partial^2 w}{\partial y^2} + \frac{\partial^2 w}{\partial z^2}\right)$$

(2) **벡터 표시**

$$\frac{\partial \boldsymbol{v}}{\partial t} + \boldsymbol{v}\,\nabla \cdot \boldsymbol{v} = \boldsymbol{F} - \frac{1}{\rho}\,\nabla p + \frac{\nu}{3}\,\nabla(\nabla \cdot \boldsymbol{v}) + \nu\,\nabla^2 \boldsymbol{v}$$

비압축성 유체의 경우 우변 제3항은 없어지므로 다음과 같다.

$$\frac{\partial \boldsymbol{v}}{\partial t} + \boldsymbol{v}\,\nabla \cdot \boldsymbol{v} = \boldsymbol{F} - \frac{1}{\rho}\,\nabla p + \nu\,\nabla^2 \boldsymbol{v}$$

이와 같은 미분방정식은 간단하게 적분할 수 없으며, 방정식 중에서 점성에 의한 항의 계수가 가장 높으므로 점성을 생략한 경우에는 방정식의 계수가 낮아지나, 일반적으로 모든 경계 조건을 만족시킬 수는 없다.

또 네이비어-스토크스의 운동방정식은 비선형이며, 이를 직접 풀기는 어렵고 엄밀한 풀이는 한정된 경우 이외에는 얻을 수 없다.

5. 오일러의 운동방정식

네이비어-스토크스의 운동방정식에서 점성항을 무시한 방정식이 오일러(Euler)의 운동방정식이다.

이 방정식은 압축성 비압축성을 불문하고 완전 유체에 대하여 성립한다.

(1) **직각 좌표계**

$$\cdot\ \ \frac{\partial u}{\partial t} + u\frac{\partial u}{\partial x} + v\frac{\partial u}{\partial y} + w\frac{\partial u}{\partial z} = X - \frac{1}{\rho}\frac{\partial p}{\partial x}$$

$$\cdot\ \ \frac{\partial v}{\partial t} + u\frac{\partial v}{\partial x} + v\frac{\partial v}{\partial y} + w\frac{\partial v}{\partial z} = Y - \frac{1}{\rho}\frac{\partial p}{\partial y}$$

$$\cdot\ \ \frac{\partial w}{\partial t} + u\frac{\partial w}{\partial x} + v\frac{\partial w}{\partial y} + w\frac{\partial w}{\partial z} = Z - \frac{1}{\rho}\frac{\partial p}{\partial z}$$

(2) **벡터 표시**

$$\frac{\partial \boldsymbol{v}}{\partial t} + \boldsymbol{v}\,\nabla \cdot \boldsymbol{v} = \boldsymbol{F} - \frac{1}{\rho}\,\nabla p$$

6. 베르누이의 방정식

6-1 베르누이(Bernoulli)의 방정식

비정상 흐름에서의 오일러(Euler)의 운동방정식을 그 유선에 따라 적분하면 다음과 같다.

$$\int \left(\frac{\partial v}{\partial t} \right) ds + \frac{v^2}{2} + \int \frac{dp}{\rho} + V = \text{const}$$

단, 외력은 하나의 포텐셜(potential)에서 유도되는 것으로 보고, 그 포텐셜을 V 라고 하며, 윗 식을 완전 유체의 비정상 흐름에 대한 에너지의 식이라 한다. 비압축성 완전 유체의 정상 흐름으로 외력이 중력뿐일 경우에는 z축을 연직상방으로 취하면 다음과 같다.

$$\frac{p}{\gamma} + \frac{v^2}{2g} + z = \text{const} = C$$

여기에서 상수 C 는 하나의 유선상의 점에 대해서는 일정하나, 유선이 다르면 일반적으로 다른 값을 가진다.

이 식은 중력의 경우에 있어서 비압축성 완전 유체의 정상류에 대하여 유선 또는 유관에 따라 유체의 단위 질량당의 압력에너지, 속도에너지 및 위치에너지의 합이 일정함을 나타내고 있다. 즉, 하나의 유선 또는 유관에 대한 에너지 보존의 법칙을 표시한 것이다.

- 압력수두(pressure head) : $\dfrac{p}{\gamma}$

- 속도수두(velocity head) : $\dfrac{v^2}{2g}$

- 위치수두(potential head) : z

- 전수두(total head) : $\dfrac{p}{\gamma} + \dfrac{v^2}{2g} + z = H$

$\dfrac{p}{\gamma} + \dfrac{v^2}{2g} + z$ 를 전수두선(total head line) 또는 에너지선(energy line)이라 하며, $\dfrac{p}{\gamma} + z$ 를 연결한 선을 수력 구배선(hydraulic grade line)이라고 한다.

따라서 수력 구배선은 항상 에너지 선보다 속도수두만큼 아래에 위치한다.

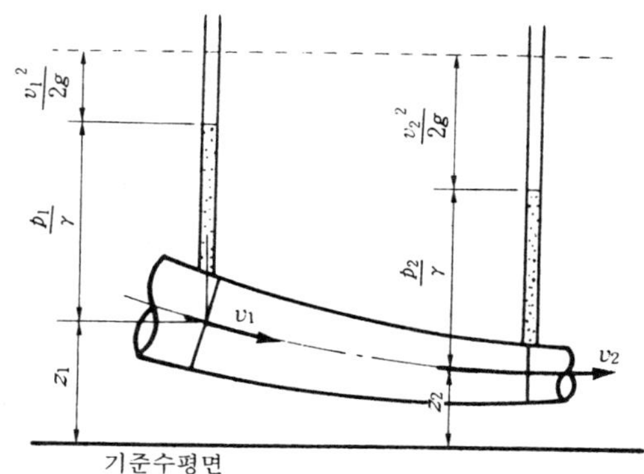

그림 3-6 유관에 있어서 유체의 에너지

위의 베르누이식은 어느 하나의 유선이나 유관에 대하여 성립한다고 하였으나 완전 유체의 vortex가 없는 흐름에 대해서는 흐름의 전체 경우에 대하여 성립한다.

속도 포텐셜을 ϕ라고 하면, 속도 성분은 다음과 같다.

$$u = \frac{\partial \phi}{\partial x}, \quad v = \frac{\partial \phi}{\partial y}, \quad w = \frac{\partial \phi}{\partial z}$$

또, 외력의 포텐셜을 V라고 하면, 오일러의 운동방정식은 다음과 같다.

$$\cdot \ \frac{\partial^2 \phi}{\partial t \partial x} + \frac{\partial \phi}{\partial x}\frac{\partial^2 \phi}{\partial x^2} + \frac{\partial \phi}{\partial y}\frac{\partial^2 \phi}{\partial x \partial y} + \frac{\partial \phi}{\partial z}\frac{\partial^2 \phi}{\partial x \partial z} = -\frac{\partial V}{\partial x} - \frac{1}{\rho}\frac{\partial p}{\partial x}$$

$$\cdot \ \frac{\partial^2 \phi}{\partial t \partial y} + \frac{\partial \phi}{\partial x}\frac{\partial^2 \phi}{\partial x \partial y} + \frac{\partial \phi}{\partial y}\frac{\partial^2 \phi}{\partial y^2} + \frac{\partial \phi}{\partial z}\frac{\partial^2 \phi}{\partial y \partial z} = -\frac{\partial V}{\partial y} - \frac{1}{\rho}\frac{\partial p}{\partial y}$$

$$\cdot \ \frac{\partial^2 \phi}{\partial t \partial z} + \frac{\partial \phi}{\partial x}\frac{\partial^2 \phi}{\partial x \partial z} + \frac{\partial \phi}{\partial y}\frac{\partial^2 \phi}{\partial y \partial z} + \frac{\partial \phi}{\partial z}\frac{\partial^2 \phi}{\partial z^2} = -\frac{\partial V}{\partial z} - \frac{1}{\rho}\frac{\partial p}{\partial z}$$

세 식의 양변에 위에서 차례대로 dx, dy, dz를 곱하고, 각 변을 더한 다음 적분하면 다음과 같다.

$$\frac{\partial \phi}{\partial t} + \frac{v^2}{2} + \int \frac{dp}{\rho} + V = C\,[\mathrm{t}]$$

6-2 점성이 있는 유체의 흐름에 있어서의 베르누이 방정식

하나의 유관에 있어서 상류측의 단면을 ①, 하류측의 단면을 ②를 취하면, 흐름의 전 수두 사이에는 다음의 관계가 성립한다.

$$\left(\frac{p_1}{\gamma} + \frac{v_1{}^2}{2g} + z_1\right) - \left(\frac{p_2}{\gamma} + \frac{v_2{}^2}{2g} + z_2\right) = h_L$$

$$\text{즉, } \frac{p_1}{\gamma} + \frac{v_1^{\,2}}{2g} + z_1 = \frac{p_2}{\gamma} + \frac{v_2^{\,2}}{2g} + z_2 + h_L$$

여기서, h_L : 손실수두

이 손실에는 유체의 점성에 기인하는 관로벽에서의 마찰응력에 저항하여 유체가 흘러 일어나는 손실과 유로의 변화에 따른 유체 내부에서의 마찰응력에 의한 손실이 포함된다. 또 단면 ①과 ② 사이에 펌프와 터빈을 설치할 경우에는 다음과 같다.

$$\frac{p_1}{\gamma} + \frac{v_1^{\,2}}{2g} + z_1 + E_p = \frac{p_2}{\gamma} + \frac{v_2^{\,2}}{2g} + z_2 + h_L + E_T$$

여기서, E_P : 펌프에너지, E_T : 터빈에너지

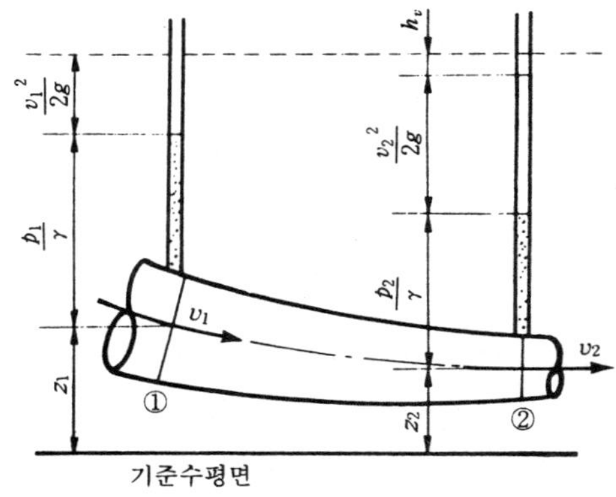

그림 3-7 유관에서의 점성 유체의 에너지

7. 베르누이 방정식의 응용

7-1 용기에서 유체를 유출하는 속도

$$\frac{p_1}{\gamma} + \frac{v_1^{\,2}}{2g} + z_1 = \frac{p_2}{\gamma} + \frac{v_2^{\,2}}{2g} + z_2 \text{에서 } z_1 - z_2 = h \text{로 나타내면 다음과 같다.}$$

$$v_2 = \sqrt{\frac{2g(p_1 - p_2)}{\gamma} + v_1^{\,2} + 2gh}$$

용기가 충분히 크면 즉, $A_1 \gg A_2$ 이면 $V_1 \ll V_2$ 이므로 $V_1 = 0$ 으로 간주할 수 있다.

그리고 용기 내외의 압력이 같으면(대기에 노출되어 있으면) $p_1 = p_2 = p_o$이므로 다음과 같다.

$$v_2 = \sqrt{2gh} \ (\text{토리첼리의 정리})$$

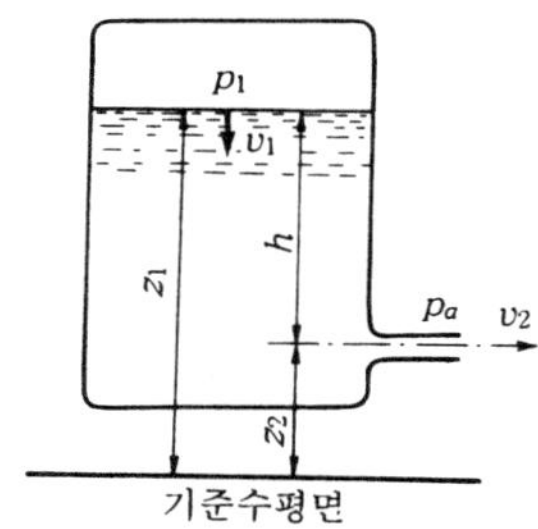

그림 3 - 8 용기에서의 분류

7-2 U자관 내의 운동

$$\left(\frac{p_1}{\rho} + \frac{v_1{}^2}{2} + gz_1 \right) - \left(\frac{p_2}{\rho} + \frac{v_2{}^2}{2} + gz_2 \right) = \int \left(\frac{\partial v}{\partial t} \right) ds$$

그림 3-9에서 $z_1 = h + x$, $z_2 = h - x$, $p_1 = p_2$(개방 ; 대기압), $v_1 = v_2$(U자관 안지름 동일)이면 다음과 같다.

$$2gx = \int \left(\frac{\partial v}{\partial t} \right) ds = \left(\frac{\partial v}{\partial t} \right) l$$

$v = - \dfrac{dx}{dt}$ 이므로 $\dfrac{d^2x}{dt^2} + \left(\dfrac{2g}{l} \right) x = 0$

$$\therefore \ x = A \sin \sqrt{\frac{2g}{l}} \, t \ (\text{단진동})$$

· 주기 $T = 2\pi \sqrt{\dfrac{l}{2g}}$

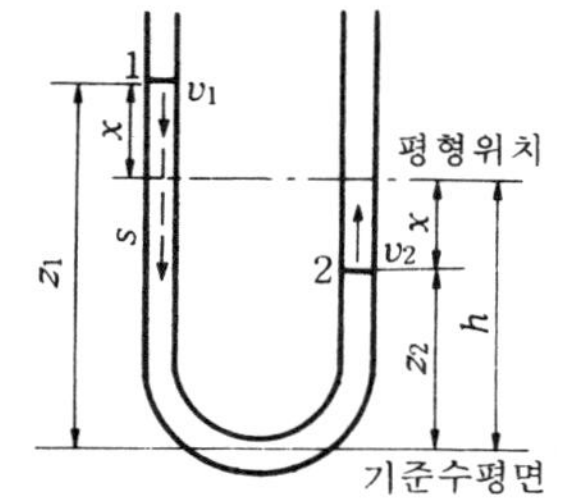

그림 3 - 9 U자관 액면의 진동

7-3 벤투리관(venturi tube)

벤투리관은 압력에너지의 일부를 속도에너지로 변환시켜 유량을 측정하는데 주로 사용된다. 관로의 ①과 ② 사이에는 수평이고 에너지 손실은 없으며, 또 비압축성 유체로 가정하고 베르누이 방정식을 적용하면 다음과 같다.

$$\frac{p_1}{\gamma} + \frac{v_1{}^2}{2g} = \frac{p_2}{\gamma} + \frac{v_2{}^2}{2g}$$

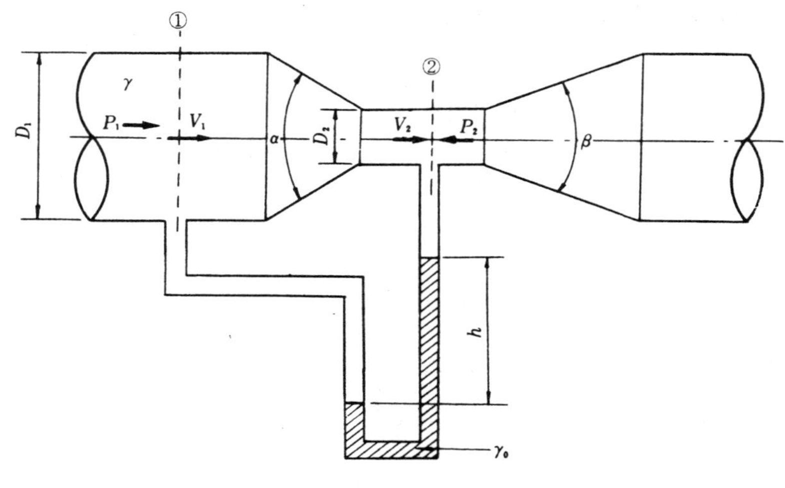

그림 3 -10

연속방정식 $Q = A_1 v_1 = A_2 v_2$ 에서 $\dfrac{v_1}{v_2} = \dfrac{A_2}{A_1}$ 이므로 다음과 같다.

$$\frac{p_1 - p_2}{\gamma} = \frac{v_2{}^2 - v_1{}^2}{2g} = \frac{v_2{}^2}{2g}\left(1 - \frac{v_1{}^2}{v_2{}^2}\right) = \frac{v_2{}^2}{2g}\left\{1 - \left(\frac{A_1}{A_2}\right)^2\right\}$$

$$\therefore\ v_2 = \frac{1}{\sqrt{1 - \left(\dfrac{A_2}{A_1}\right)^2}}\ \sqrt{\frac{2g}{\gamma}(p_1 - p_2)}$$

단면 ①과 ② 사이의 압력차는 시차 액주계의 식에 의하여

$$\frac{p_1 - p_2}{\gamma} = \frac{(\gamma_0 - \gamma)h}{\gamma} = \left(\frac{\gamma_0}{\gamma} - 1\right)h = \left(\frac{S_0}{S} - 1\right)h \text{ 이고,}$$

면적비 $\dfrac{A_2}{A_1} = \left(\dfrac{D_2}{D_1}\right)^2$ 이므로

$$v_2 = \frac{1}{\sqrt{1 - \left(\dfrac{D_1}{D_2}\right)^4}}\ \sqrt{2g\left(\frac{\gamma_0}{\gamma} - 1\right)h}$$

따라서 유량은 다음과 같다.

$$\therefore\ Q = A_v = \frac{A_2}{\sqrt{1 - \left(\dfrac{D_1}{D_2}\right)^4}}\ \sqrt{2gh\left(\frac{\gamma_0}{\gamma} - 1\right)} = \frac{A_2}{\sqrt{1 - \left(\dfrac{D_1}{D_2}\right)^4}}\ \sqrt{2gh\left(\frac{S_0}{S} - 1\right)}$$

7-4 피토관(Pitot tube)

피토관은 동압을 측정하는 속도 계측기이다. 직선적이고, 수평으로 흐르는 강물에 직각으로 구부러진 유리관을 놓으면 관내로 물이 상승하여 h의 높이에서 평형이 될 때 관의 입구를 정체점(stagnation point)이라 한다.

그림에서 ①과 ② 사이에 베르누이 방정식을 적용하면 다음과 같다.

$$\frac{p_1}{\gamma} + \frac{v_1{}^2}{2g} = \frac{p_2}{\gamma} + \frac{v_2{}^2}{2g}$$

$$\frac{v_1{}^2}{2g} = \frac{p_2 - p_1}{\gamma} = h$$

$$\therefore \ h = \frac{v^2}{2g}$$

$$\therefore \ v = \sqrt{2gh}$$

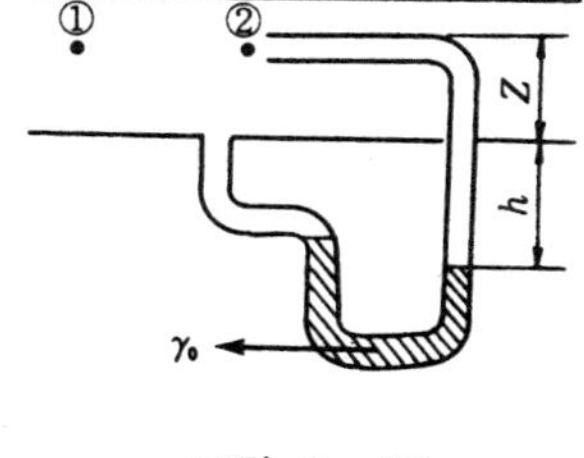

그림 3-11

이 식은 수면에서 피토관의 상승 높이 h를 측정함으로써 임의의 지점에서의 유속을 구하는 식이다.

$$p_2 = p_1 + \frac{\gamma v^2}{2g}$$

여기서, p_2 : 정체압(stagnation pressure) 또는 전압(total pressure)

p_1 : 정압(static pressure), $\dfrac{\gamma v^2}{2g}$: 동압(dynamic pressure)

한편 곧은 관내의 교란되지 않는 유속을 측정할 경우, 단면 ①과 ② 사이에 베르누이 방정식을 적용하면 다음과 같다.

$$\frac{p_1}{\gamma} + \frac{v_1{}^2}{2g} = \frac{p_2}{\gamma} \ (\because \ z_1 = z_2, \ v_2 = 0)$$

$$\frac{v^2}{2g} = \frac{p_2 - p_1}{\gamma}$$

시차 액주계에서 $p_2 - p_1 = (\gamma_o - \gamma)h$ 이므로

$$\frac{v^2}{2g} = \left(\frac{\gamma_o - \gamma}{\gamma} \right)h = \left(\frac{\gamma_o}{\gamma} - 1 \right)h$$

그림 3-12

$$\therefore \ v = \sqrt{2gh\left(\frac{\gamma_o}{\gamma} - 1 \right)}$$

피토관을 흐름과 직각 방향으로 이동함으로써 관 내 각 점의 속도 분포상황을 알 수 있다.

8. 운동에너지의 수정계수

유체 유동에서 유동 단면에 대한 속도 분포는 일반적으로 균일하지 않다. 이러한 유동 장에서 속도 분포를 균일하게 보고, 평균 속도 V 에 대한 운동에너지를 참 운동에너지로 계산하는 것은 오차를 유발하게 되므로 이러한 오차를 줄이기 위하여 수정된 운동에너 지가 사용된다.

즉, 참 운동에너지 = 수정 운동에너지

$$\int \rho \frac{v^2}{2}\, dA = \alpha \rho \frac{v^2}{2}\, A$$

$$\therefore\ \alpha = \frac{1}{A} \int \left(\frac{v}{V}\right)^3 dA \,(\text{운동에너지 수정계수})$$

한편 연속방정식에서 미소 유량을 dQ 라 하면 다음과 같다.

$$dQ = \gamma dA$$

$$\therefore\ Q = \int v dA$$

평균 유속을 V 라 하면 다음과 같다.

$$\therefore\ V = \frac{1}{A} \int v dA$$

[예제] 7. 다음 그림과 같은 사이펀(siphon)에서 흐를 수 있는 유량은 약 몇 $l/\min$인가? (단, 관로 손실은 무시한다.)

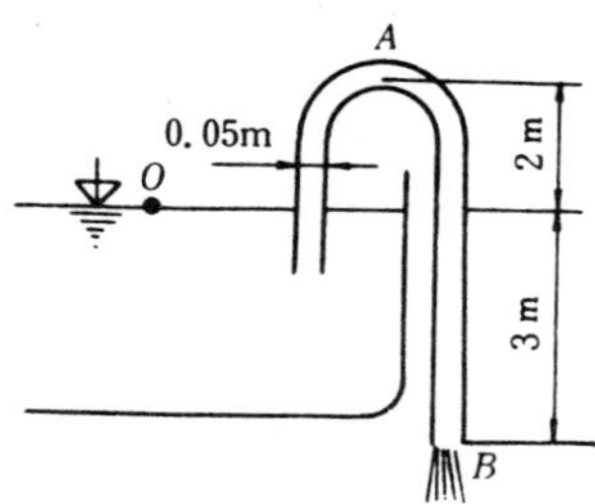

[가] 15　　　　[나] 900　　　　[다] 60　　　　[라] 3611

[해설] 자유표면과 B 점에 대하여 베르누이 방정식을 적용하면

$$\frac{p_o}{\gamma} + \frac{V_o^{\,2}}{2g} + Z_o = \frac{p_B}{\gamma} + \frac{V_B^{\,2}}{2g} + Z_B$$

여기서 $p_o = p_B = 0$,　$V_o = 0$,　$Z_o - Z_B = 3\,\mathrm{m}$이므로

$$V_B = \sqrt{2g(Z_o - Z_B)} = \sqrt{2 \times 9.8 \times 3} = 7.668 \, \text{m/s}$$

따라서 유량 Q 는

$$Q = AV = \frac{\pi(0.05)^2}{4} \times 7.688 \doteqdot 0.015 \, \text{m}^3/\text{s} = 15 \, l/\text{s} = 900 \, l/\text{min} \qquad \boxed{\text{답}} \ \boxed{\text{나}}$$

$\boxed{\text{예제}}$ **8.** 수평원관 속에 물(비중 1)이 $2.8 \, \text{m/s}$의 속도와 $0.36 \, \text{kg/cm}^2$의 압력으로 흐르고 있다. 이 관의 유량이 $0.75 \, \text{m}^3/\text{s}$일 때 손실수두를 무시할 경우 물의 동력은 약 얼마 인가?

$\boxed{\text{가}}$ 40 PS $\qquad\qquad$ $\boxed{\text{나}}$ 56 PS $\qquad\qquad$ $\boxed{\text{다}}$ 78 PS $\qquad\qquad$ $\boxed{\text{라}}$ 91 PS

$\boxed{\text{해설}}$ 전수두 $H = \dfrac{p}{\gamma} + \dfrac{v^2}{2g}$

$$H = \frac{0.36 \times 10^4}{1000} + \frac{2.8^2}{2 \times 9.81} = 4 \, \text{m}$$

$$L = \frac{\gamma Q H}{75} = \frac{1000 \times 0.75 \times 4}{75} = 40 \, \text{PS} \qquad \boxed{\text{답}} \ \boxed{\text{가}}$$

$\boxed{\text{예제}}$ **9.** 그림에서 물이 들어 있는 탱크 밑의 ②부분에 작은 구멍이 뚫려 있을 때 이 구 멍으로부터 흘러나오는 물의 속도는 다음 중 어느 것인가?(단, 물의 자유표면 ① 및 ②에서의 압력을 P_1, P_2라 하고 작은 구멍으로부터 표면까지의 높이를 h 라고 한다. 또 구멍은 작고 정상류로 흐른다.)

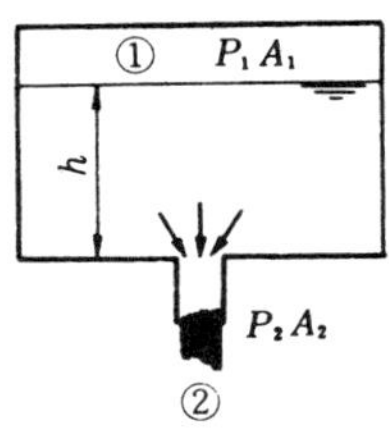

$\boxed{\text{가}}$ $V_2 = \sqrt{h + 2g\left(\dfrac{P_1 - P_2}{\gamma}\right)}$ $\qquad\qquad$ $\boxed{\text{나}}$ $V_2 = \sqrt{h - 2g\left(\dfrac{P_1 - P_2}{\gamma}\right)}$

$\boxed{\text{다}}$ $V_2 = \sqrt{2g\left(h - \dfrac{P_1 - P_2}{\gamma}\right)}$ $\qquad\qquad$ $\boxed{\text{라}}$ $V_2 = \sqrt{2g\left(\dfrac{P_1 - P_2}{\gamma} + h\right)}$

$\boxed{\text{해설}}$ ①과 ②에 베르누이 방정식을 적용하면

$$\frac{P_1}{\gamma} + 0 + h = \frac{P_2}{\gamma} + \frac{V_2^2}{2g} + 0$$

$$\therefore \ V_2 = \sqrt{2g\left(\frac{P_1 - P_2}{\gamma} + h\right)} \qquad \boxed{\text{답}} \ \boxed{\text{라}}$$

연 · 습 · 문 · 제

문제 1. 정상류와 비정상류를 구분하는데 있어서 기준이 되는 것은?

㉮ 질량보존의 법칙 　　　　　　　　㉯ 뉴턴의 점성법칙

㉰ 압축성과 비압축성 　　　　　　　㉱ 유동특성의 시간에 대한 변화율

문제 2. 다음 중에서 비정상 균속도 유동은? (단, V는 속도, t는 시간, U는 유속, S는 변위, p는 압력, T는 온도, ρ는 밀도이다.)

㉮ $\dfrac{\partial V}{\partial t} \neq 0,\ \dfrac{\partial U}{\partial S} = 0$ 　　　　　　　　㉯ $\dfrac{\partial U}{\partial t} = 0,\ \dfrac{\partial U}{\partial S} = 0$

㉰ $\dfrac{\partial p}{\partial t} = 0,\ \dfrac{\partial T}{\partial S} \neq 0$ 　　　　　　　　㉱ $\dfrac{\partial \rho}{\partial t} \neq 0,\ \dfrac{\partial P}{\partial S} = 0$

〔해설〕 비정상류인 경우는 ㉮, ㉱의 경우이며 어떤 순간 위치에 관계없이 속도벡터가 같은 흐름은 $\dfrac{\partial V}{\partial S} = 0$인 경우이므로 정답은 ㉮이다.

문제 3. 다음 설명 중에서 맞는 것은?

㉮ 3차원 흐름이란 하나의 체적 요소의 공간으로 정의되는 흐름이다.

㉯ 1차원 흐름이란 여러 개의 유선 중에서 단지 한 개의 유선만 따른다.

㉰ 2차원 흐름이란 한 개의 유동면으로만 정의되는 흐름이다.

㉱ 유적선이란 유선의 유동 특성이 변하지 않는 흐름이다.

〔해설〕 유동 특성이 단지 한 개의 유선을 따라서만 변하며, 유적선은 유체의 움직인 경로이다.

문제 4. 다음 설명 중 잘못된 것은?

㉮ 정상유동은 유동특성이 시간에 따라 변하지 않는 흐름이다.

㉯ 균일유동은 유동속도의 크기와 방향이 위치에 따라 변하지 않는 흐름이다.

㉰ 유선이란 모든 점에서 속도벡터의 방향을 갖는 연속적인 선으로서 정상류에서는 유적선과 일치한다.

㉱ 일차원 유동이란 직선을 따라 흐르는 유동이다.

〔해설〕 일차원 유동은 유동방향과 수직한 방향으로의 유동특성 변화를 무시하는 유동이다.

해답　1. ㉱　2. ㉮　3. ㉮　4. ㉱

문제 5. 다음 중 유선이란?

㉮ 속도벡터에 대하여 항상 수직이다.

㉯ 유동단면의 중심만을 연결한 선이다.

㉰ 모든 점에서 속도벡터의 방향과 일치되는 연속적인 선이다.

㉱ 정상류에서만 보여주는 선이다.

해설 유선이란 유체의 한 입자가 지나간 자취를 표시하는 선으로 모든 점에서 속도벡터 방향 벡터를 갖는다.

문제 6. 다음 중 실제 유체나 이상 유체 어느 것이나 적용될 수 있는 것끼리 바르게 짝지어진 것은?

① 뉴턴의 점성법칙   ② 뉴턴의 운동 제2법칙

③ 연속방정식   ④ $\tau = (\mu + \eta)\dfrac{du}{dy}$

⑤ 고체경계면에서 접선속도가 0이다.

⑥ 고체경계면에서 경계면에 수직한 속도성분이 0이다.

㉮ ①, ②, ③   ㉯ ①, ③, ⑥   ㉰ ②, ③, ⑤   ㉱ ②, ③, ⑥

문제 7. 안지름이 80 mm인 파이프에 비중 0.9인 기름이 평균속도 4 m / s로 흐를 때 질량유량은 몇 kg / s인가?

㉮ 69.26   ㉯ 72.69   ㉰ 80.38   ㉱ 93.64

해설 질량유량 $m = \rho A V$

$$= 1000 \times 0.9 \times \frac{\pi}{4} \times 0.08^2 \times 4 = 80.38\,\text{kg/s}$$

문제 8. 어떤 물체의 주위를 흐르고 있는 유체의 유동량에서 어느 한 단면에서의 유선의 간격이 25 mm이고, 그 점의 유속은 36 m / s이다. 이 유선이 하류 쪽에서 18 mm로 좁아졌다면 그 곳에서의 유속은 얼마인가?

㉮ 12.5 m / s   ㉯ 25.9 m / s   ㉰ 34.0 m / s   ㉱ 50.0 m / s

해설 $Q = A_1 V_1 = A_2 V_2$에서 $36 \times (0.025 \times 1) = V \times (0.018 \times 1)$

$\therefore\ V = 50\,\text{m / s}$

해답 5. ㉰   6. ㉱   7. ㉰   8. ㉱

문제 9. 지름이 20 cm인 관에 평균속도 40 m / s의 물이 흐르고 있다. 유량은 얼마인가?

  ㉮ 2.83m^3/s   ㉯ 1.256 m^3/ s   ㉰ 0.241 m^3/ s   ㉱ 3.968 m^3/ s

해설 $Q = AV = \dfrac{\pi}{4} \times 0.2^2 \times 40 = 1.256 \, \text{m}^3/\text{s}$

문제 10. 비행기의 날개 주위의 유동장에 있어서 날개 단면의 먼쪽에 있는 유선의 간격은 20 mm, 그 점의 유속은 50 m / s이다. 날개 단면과 가까운 부분의 유선 간격이 15 mm라면 이 곳에서의 유속은 몇 m / s인가?

  ㉮ 66.6   ㉯ 37.6   ㉰ 25   ㉱ 47.3

해설 단위폭당 유량 $q = 20 \times 50 = 15 \times V_B$

$\qquad \therefore \; V_B = 66.6 \, \text{m/s}$

문제 11. 900 kg /s의 물이 그림과 같은 통로에 흐르고 있다. 작은 단면에서의 유량과 평균속도는 얼마인가?

  ㉮ $Q = 0.9 \, \text{m}^3/\text{s}, \; V = 28.6 \, \text{m/s}$

  ㉯ $Q = 9.18 \, \text{m}^3/\text{s}, \; V = 12.7 \, \text{m/s}$

  ㉰ $Q = 0.9 \, \text{m}^3/\text{s}, \; V = 12.7 \, \text{m/s}$

  ㉱ $Q = 9.18 \, \text{m}^3/\text{s}, \; V = 28.6 \, \text{m/s}$

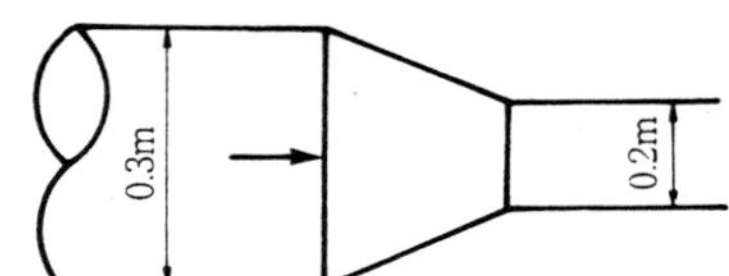

해설 $G = \gamma AV = \gamma Q$에서 $Q = \dfrac{G}{\gamma} = \dfrac{900}{1000} = 0.9 \, \text{m}^3/\text{s}$

$\quad$ 또 $V = \dfrac{Q}{A} = \dfrac{0.9}{\dfrac{\pi}{4} 0.2^2} = 28.66 \, \text{m/s}$

문제 12. 안지름이 100 mm인 관 속을 압력 2 ata, 온도 15℃인 공기가 매초당 0.907 kg이 흐르고 있다. 관 속의 평균유속은 몇 m / s인가? (단, 공기 $R = 29.27 \, \text{kg} \cdot \text{m/kg} \cdot \text{K}$)

  ㉮ 48.7   ㉯ 51.4   ㉰ 56.3   ㉱ 60.9

해설 공기의 비중량은

$$\gamma = \frac{p}{RT} = \frac{2 \times 10^4}{29.27 \times (15 + 273)}$$

$G = \gamma AV$에서 유속은

$$V = \frac{G}{\gamma} A = \frac{4 \times 0.907 \times 29.27 \times (15 + 273)}{\pi \times 0.1^2 \times 2 \times 10^4} \fallingdotseq 48.7 \, \text{m/s}$$

해답   **9.** ㉯   **10.** ㉮   **11.** ㉮   **12.** ㉮

문제 13. 어떤 물체의 주위를 흐르고 있는 유체의 유동량에서 어느 한 단면에서의 유선의 간격이 25 mm이고, 그 점의 유속은 36 m/s이다. 이 유선이 하류 쪽에서 18 mm로 좁아졌다면 그 곳에서의 유속은 얼마인가?

㉮ 12.5 m/s ㉯ 25.9 m/s ㉰ 34.0 m/s ㉱ 50.0 m/s

해설 $Q = A_1 V_1 = A_2 V_2$에서 $36 \times (0.025 \times 1) = V \times (0.018 \times 1)$

$\therefore V = 50 \,\text{m/s}$

문제 14. 지름이 20 cm인 관 내를 기름이 5 m/s의 속도로 흐르고 있을 때 유량은 몇 m^3/s인가?

㉮ 0.53 ㉯ 0.157 ㉰ 0.785 ㉱ 1

해설 연속방정식에서 $Q = AV = \dfrac{\pi}{4}(0.2)^2(5) = 0.785(0.04)(5) = 0.157 \,\text{m}^3/\text{s}$

문제 15. 지름이 10 cm와 20 cm 관으로 구성된 관로에 물이 흐르고 있다. 10 cm 관에서의 평균속도가 5 m/s일 때 20 cm 관에서의 평균속도는 얼마인가?

㉮ 5 m/s ㉯ 2.5 m/s ㉰ 1.25 m/s ㉱ 1 m/s

해설 $Q = A_1 V_1 = A_2 V_2$에서 $\dfrac{\pi}{4} d_1^{\,2} V_1 = \dfrac{\pi}{4} d_2^{\,2} V_2$

$V_2 = \dfrac{d_1^{\,2}}{d_2^{\,2}} V_1 = \dfrac{10^2}{20^2} \times 5 = 1.25 \,\text{m/s}$

문제 16. 글리세린이 중량유량 10 kg/s로 지름이 10 cm인 관로를 흐른다. 이때 평균속도는 얼마인가? (단, 글리세린의 비중 $S = 1.204$이다.)

㉮ 1.204 m/s ㉯ 1.057 m/s ㉰ 10 m/s ㉱ 0.01 m/s

해설 $G = \gamma AV$에서 $V = \dfrac{G}{\gamma} A = \dfrac{10}{1000 \times 1.204 \times \dfrac{\pi}{4} \times 0.12} = 1.057 \,\text{m/s}$

문제 17. 물이 평균속도 19.6 m/s로 관 속을 흐르고 있다. 이때 속도수두는 몇 m인가?

㉮ 9.8 ㉯ 19.6 ㉰ 29.4 ㉱ 78.4

해설 $h = \dfrac{V^2}{2g} = \dfrac{19.6^2}{2 \times 9.8} = 19.6 \,\text{m}$

해답 13. ㉱ 14. ㉯ 15. ㉰ 16. ㉯ 17. ㉯

문제 18. 기름이 채워진 안지름이 157 mm인 실린더 속에 바깥지름이 152 mm인 피스톤이 0.03 m/s의 속도로 주입되어 있다. 피스톤과 실린더 사이의 틈으로 역류하여 올라가는 기름의 속도는 얼마인가?

㉮ 0.449 m/s   ㉯ 0.028 m/s   ㉰ 0.031 m/s   ㉱ 0.025 m/s

[해설] $0.03 \times \dfrac{\pi \times (0.152)^2}{4} = \dfrac{\pi}{4} \times (0.157^2 - 0.152^2) \times V$

$\quad V = 0.449 \, \text{m/s}$

문제 19. 베르누이 방정식 $\dfrac{p}{\gamma} + \dfrac{V^2}{2g} + Z = H$의 단위로서 적당한 것은?

㉮ kg·s/s   ㉯ kg·m   ㉰ N·m   ㉱ J/N

[해설] 주어진 베르누이 방정식은 비압축성 유체의 단위 중량에 대한 에너지 방정식이다. 따라서 J/N = N·m/N = m 이다.

문제 20. 다음 중에서 옳은 것은 어느 것인가?

㉮ 유체의 속도가 빠르면 압력이 작아진다.
㉯ 유체의 속도는 압력에 비례한다.
㉰ 유체의 압력과 속도는 비례한다.
㉱ 유체의 속도는 압력과 관계없다.

문제 21. 다음 설명에서 틀린 것은?

㉮ 위치수두와 압력수두의 합은 수력구배선이다.
㉯ 에너지선은 수력구배선보다 속도수두만큼 위에 있다.
㉰ 위치수두가 에너지선보다 높을 때는 부압이 일어난다.
㉱ 분류에서 물이 대기압 중에 분출된 수력 구배선(HGL)은 압력수두와 속도수두의 합이다.

[해설] 대기 중에서는 압력수두는 zero이므로 위치수두가 된다.

문제 22. 직각으로 굽힌 유리관의 한쪽을 수면 바로 밑에 넣고 다른 쪽은 연직으로 세워 수평방향으로 50 cm/s의 속도로 관을 움직이면 물은 관 속으로 얼마나 올라가는가?

㉮ 0.076 m   ㉯ 0.013 m   ㉰ 0.37 m   ㉱ 0.3 m

[해답] **18.** ㉮   **19.** ㉱   **20.** ㉮   **21.** ㉱   **22.** ㉯

$\boxed{\text{해설}}$ $V = \sqrt{2g \Delta h}$ 에서 $\Delta h = \dfrac{V^2}{2g} = \dfrac{0.5^2}{2 \times 9.8} = 0.013\,\mathrm{m}$

문제 23. 방정식 $gz + \dfrac{V^2}{2} + \displaystyle\int \dfrac{dp}{\rho} = \mathrm{const}$ 를 유도하는데 요구되는 유동에 관한 가정은?

㉮ 유선에 따라서 정상, 무마찰, 비압축
㉯ 유선에 따라서 균일, 무마찰, ρ 는 P 의 함수
㉰ 유선에 따라서 정상, 균일, 비압축
㉱ 정상, 무마찰, ρ 는 P 의 함수 유선에 따른다.

문제 24. 다음 그림과 같은 탱크 오리피스의 지름 d 가 $10\,\mathrm{cm}$, $H = 10\,\mathrm{m}$일 때 오리피스를 통과하는 유량은 몇 m^3/s가 되는가?

㉮ 0.25 ㉯ 0.19
㉰ 0.11 ㉱ 0.08

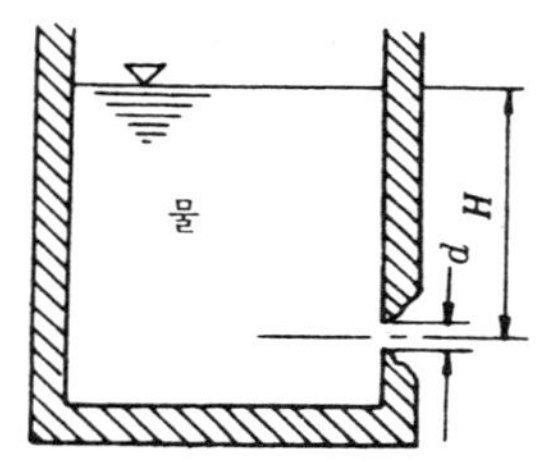

$\boxed{\text{해설}}$ $V = \sqrt{\dfrac{2gH}{1 - \left(\dfrac{A}{A_t}\right)^2}}$ A : 오리피스 단면적, A_t : 탱크의 단면적

여기서 $A_t \gg A$ 이므로 $\dfrac{A}{A_t} ≒ 0$ 이다.

$\therefore V = \sqrt{2gH} = \sqrt{2 \times 9.8 \times 10} = 14\,\mathrm{m/s}$

유량 $Q = AV = \dfrac{\pi}{4} d^2 \cdot V = \dfrac{\pi}{4} \times 0.1^2 \times 14 ≒ 0.11\,\mathrm{m}^3/\mathrm{s}$

문제 25. 다음 그림에서 유속 V 는 몇 $\mathrm{m/s}$인가?

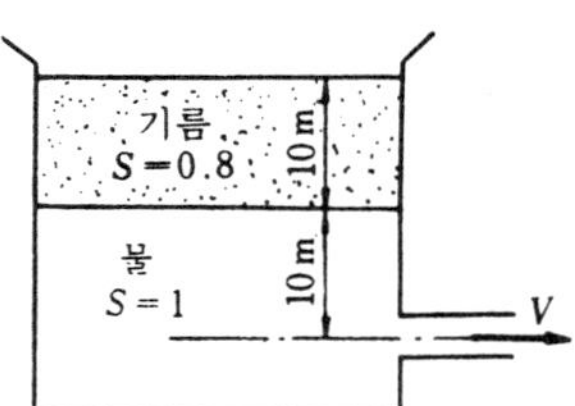

㉮ 19.8 ㉯ 18.78 ㉰ 39.6 ㉱ 39.8

$\boxed{\text{해답}}$ 23. ㉱ 24. ㉰ 25. ㉯

[해설] 기름의 깊이로 생기는 압력과 같은 압력을 만드는 물의 깊이, 즉 상당깊이 h_e는

$$1000 \times 0.8 \times 10 = 1000 \times h_e \qquad \therefore \ h_e = 8\,\text{m}$$

따라서 노즐 깊이는 $H = 8 + 10 = 18\,\text{m}$이므로 토리첼리 공식에 의해서

$$V = \sqrt{2gH} = \sqrt{2 \times 9.8 \times 18} = 18.78\,\text{m/s}$$

문제 26. 물 제트가 수직하향으로 떨어지고 있다. 표고 12 m 지점에서 제트 지름은 5 m, 속도는 24 m / s였다. 표고 4.5 m 지점에서 제트 속도는 얼마인가?

㉮ 26.89 m / s ㉯ 7.5 m / s ㉰ 4.5 m / s ㉱ 20.5 m / s

[해설] 표고 12 m 지점과 4.5 m 지점에 대하여 베르누이 방정식을 대입한다. 여기서 압력수두는 1~2점에서 모두 0이 된다.

$$\frac{V_2{}^2}{2g} = \frac{24^2}{2g} + 7.5 \qquad \therefore \ V_2 = \sqrt{24^2 + 2 \times 9.8 \times 7.5} = 26.89\,\text{m/s}$$

문제 27. 노즐 입구에서 압력계의 압력이 $P\,(\text{kg}/\text{m}^2)$일 때 노즐 출구에서의 속도는 몇 m / s인가? (단, 파이프 내에서의 속도는 노즐 속도에 비하여 극히 작다고 가정하고 무시한다. 또, 노즐을 통과하는 순간에 마찰손실은 없는 것으로 하고, ρ의 단위는 kg · s^2/ m^{4}이다.)

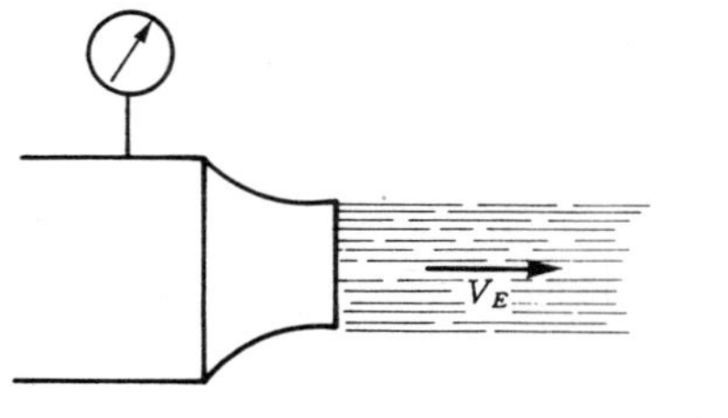

㉮ $\sqrt{\dfrac{2p}{\gamma}}$ ㉯ $\sqrt{\dfrac{2gp}{\rho}}$ ㉰ $\sqrt{\dfrac{2p}{\rho}}$ ㉱ $\sqrt{\dfrac{2gz}{\gamma}}$

[해설] 노즐 입구와 출구 사이에서 베르누이 방정식을 적용하면

$$\frac{p}{\gamma} + \frac{V^2}{2g} + Z = \frac{p_E}{\gamma} + \frac{V_E{}^2}{2g} + Z_E, \qquad Z = Z_E$$

$$\frac{V^2}{2g} = \text{무시}, \quad \frac{p_E}{\gamma} = 0 \text{이므로} \quad V_E = \sqrt{\frac{2gp}{\gamma}} = \sqrt{\frac{2p}{\rho}}$$

문제 28. 물 분류 (jet) 가 수직하향으로 떨어지고 있다. 표고 10 m 지점에서의 분류 지름이 5 cm이고, 유속이 20 m / s이었다. 표고 5 m 지점에서의 분류 속도는 몇 m / s인가?

㉮ 18.7 ㉯ 22.3 ㉰ 24.6 ㉱ 25.9

[해설] 표고 10 m 지점과 5 m 지점 사이에 베르누이 방정식을 세우면

$$\frac{p_1}{\gamma} + \frac{V_1{}^2}{2g} + Z_1 = \frac{p_2}{\gamma} + \frac{V_2{}^2}{2g} + Z_2$$

[해답] **26.** ㉮ **27.** ㉰ **28.** ㉯

여기서 압력 p_1과 p_2는 대기압으로 같으므로

$$\frac{V_2{}^2}{2g} = \frac{V_1{}^2}{2g} + Z_1 - Z_2$$

$$\therefore\ V_2 = \sqrt{V_1{}^2 + 2g(Z_1 - Z_2)} = \sqrt{20^2 + 2 \times 9.8(10-5)} \fallingdotseq 22.3\,\mathrm{m/s}$$

문제 29. 그림과 같이 잔잔히 흐르는 강에 깊이 6 m 지점에 물체를 고정시키고 물체 표면에 작용하는 압력을 측정한 결과 최대 $0.68\,\mathrm{kg/cm^2}$의 압력을 받았다. 이 깊이에 흐르는 물의 속도는 얼마인가?

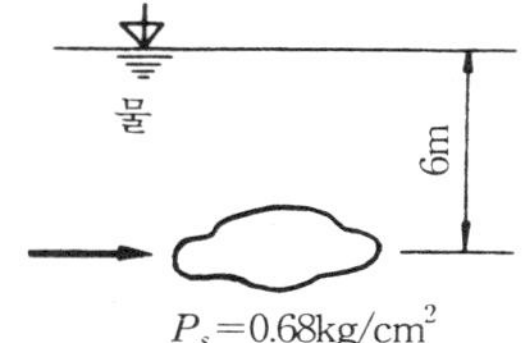

㉮ 2.21 m/s ㉯ 3.96 m/s
㉰ 9.31 m/s ㉱ 5.27 m/s

〔해설〕 깊이 6 m인 곳에서 정압 p_o는

$$p_o = \gamma h = 1000 \times 6 = 6000\,\mathrm{kg/m^2} = 0.6\,\mathrm{kg/cm^2}$$

$$p_s = p_o + \frac{\rho V^2}{2}\ \text{에서}$$

$$p_s = 0.68\,\mathrm{kg/cm^2} = 6800\,\mathrm{kg/m^2}, \quad \rho_w = 102\,\mathrm{kg \cdot s/m^4}\ \text{이므로}$$

$$6800 = 6000 + \frac{102\,V^2}{2}$$

$$\therefore\ V = 3.96\,\mathrm{m/s}$$

문제 30. 그림에서 물이 들어 있는 탱크 밑의 ②부분에 작은 구멍이 뚫려 있을 때 이 구멍으로부터 흘러나오는 물의 속도는 다음 중 어느 것인가?(단, 물의 자유표면 ① 및 ②에서의 압력을 p_1, p_2라 하고, 작은 구멍으로부터 표면까지의 높이를 h라고 하며, 구멍은 작고 정상류로 흐른다.)

㉮ $V_2 = \sqrt{h + 2g\left(\dfrac{p_1 - p_2}{\gamma}\right)}$

㉯ $V_2 = \sqrt{h - 2g\left(\dfrac{p_1 - p_2}{\gamma}\right)}$

㉰ $V_2 = \sqrt{2g\left(h - \dfrac{p_1 - p_2}{\gamma}\right)}$

㉱ $V_2 = \sqrt{2g\left(\dfrac{p_1 - p_2}{\gamma} + h\right)}$

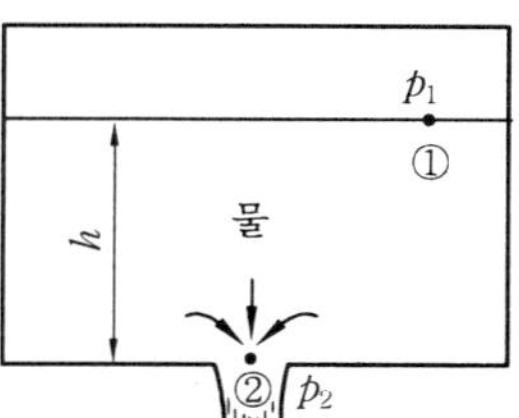

[해설] ①과 ②에 베르누이 방정식을 적용하면

$$\frac{p_1}{\gamma} + 0 + h = \frac{p_2}{\gamma} + \frac{V_2{}^2}{2g} + 0, \quad \frac{V_2{}^2}{2g} = \frac{p_1 - p_2}{\gamma} + h \text{ 이므로}$$

$$\therefore \ V_2 = \sqrt{2g\left(\frac{p_1 - p_2}{\gamma} + h\right)}$$

문제 31. 손실수두가 0.1 m일 때 그림에서
의 A의 속도는 얼마인가? (단, 기압계는
750 mmHg를 가리켰고, 물의 비중량은 γ
$= 9800 \ \text{N/m}^3$이다.) [SI 단위]

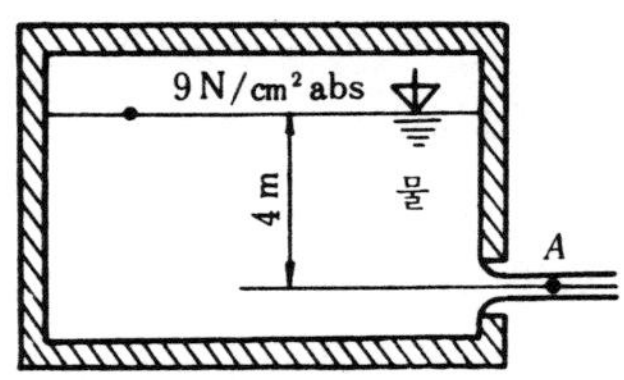

㉮ 7.52 m / s   ㉯ 8.52 m / s

㉰ 9.52 m / s   ㉱ 10.52 m / s

[해설] A점의 압력

$$p_A = 750 \ \text{mmHg} = 9800 \times 13.6 \times 0.75 = 99960 \ \text{N/m}^2$$

물의 자유표면과 A점에 베르누이 방정식을 적용하면

$$\frac{p_1}{\gamma} + \frac{V_1{}^2}{2g} + z_1 = \frac{p_A}{\gamma} + \frac{V_A{}^2}{2g} + z_A + h_L$$

여기서 $p_1 = 9 \ \text{N/cm}^2 = 90000 \ \text{N/m}^2$, $V_1 = 0$, $z_1 - z_A = 4 \ \text{m}$, $p_A = 99960 \ \text{N/m}^2$, $h_L = 0.1 \ \text{m}$

$$\frac{90000}{9800} + \frac{0^2}{2 \times 9.8} + 4 = \frac{99960}{9800} + \frac{V_A{}^2}{2 \times 9.8} + 0.1$$

$$\therefore \ V_A = 7.52 \ \text{m/s}$$

문제 32. 다음 그림에서 수평관이 협류부 A의 안지름 $d_1 = 10 \ \text{cm}$, 관부 B의 안지름
$d_2 = 30 \ \text{cm}$이다. 그림 (b)는 (a)의 모든 침원은 같으나 협류부에 구멍이 뚫려 있다. 두
그림에서 Q_a와 Q_b의 관계는? (단, 관로손실은 없는 것으로 한다.)

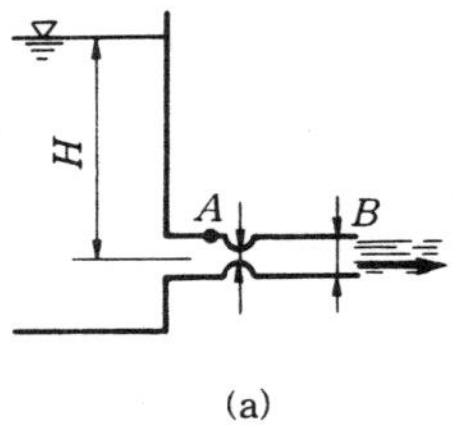

(a)

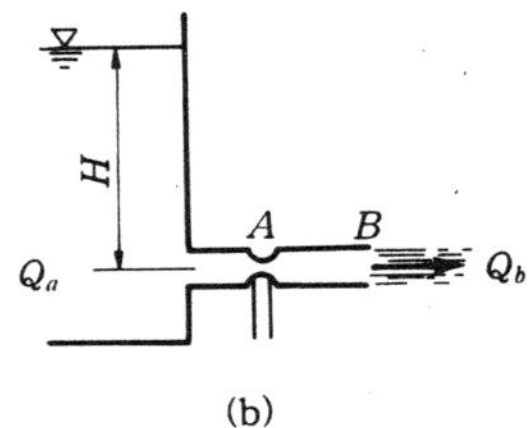

(b)

㉮ $Q_a = 0.9 \, Q_b$ ㉯ $Q_a = 9 \, Q_b$ ㉰ $Q_a = \dfrac{1}{0.9} \, Q_b$ ㉱ $Q_a = \dfrac{1}{9} \, Q_b$

[해설] 그림 (a)에서는 관단 B에서 대기압으로 되므로 자유표면과 B 사이에 베르누이의 정리를 적용하면 관단 B를 유출하는 유속은

$$V = \sqrt{2gH}$$

$$\therefore\ Q_a = \frac{\pi}{4}(0.3)^2\sqrt{2gH}\ \text{m}^3/\text{s}$$

한편 그림 (b)에서는 협류부 A에서 대기압이므로 협류부에서 유출되는 유속이 $V = \sqrt{2gH}$가 된다. 그러므로

$$\therefore\ Q_b = \frac{\pi}{4}\times 0.1^2\sqrt{2gH}$$

Q_a와 Q_b를 비교하면 $Q_a = 9Q_b$, 그림 (b)의 확대부분 $A \sim B$에서는 항상 대기압이므로 속도의 변화가 없이 $\sqrt{2gH}$의 속도로 흐른다. 그러므로 $Q_a - Q_b$만큼의 공간은 협류부의 구멍으로부터 공기가 유입되어 메워진다. 이 관계는 기액혼합에 적용된다.

문제 33. 그림에서 관에 0.3 m³/s의 물이 흐르고 있다. A점에서의 압력은?

㉮ 2.91 kg / cm²(2.85 bar)

㉯ 2.91 kg / cm²(28.5 Pa)

㉰ 3.91 kg / cm²(3.83 bar)

㉱ −3.91 kg / cm²(−3.83 bar)

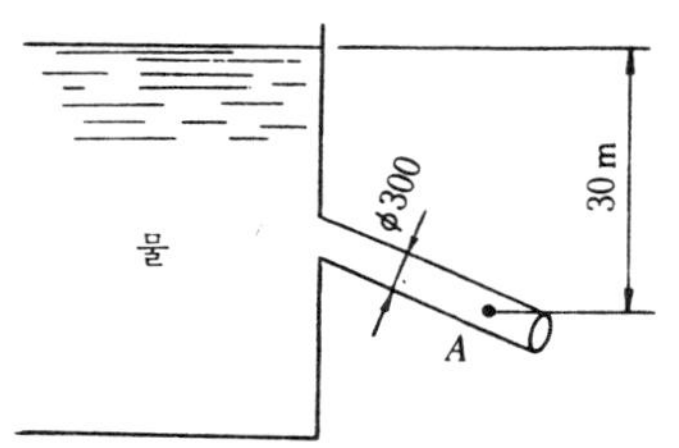

[해설] 연속방정식에서

$$V = \frac{0.3}{\pi \times 0.15^2} = 4.246\,\text{m/s}$$

저수지의 수면과 A점에 대하여 베르누이 방정식을 대입시키면

$$0 + 0 + 30 = \frac{V^2}{2g} + \frac{p}{\gamma} + 0$$

$$\therefore\ p = \left[30 - \frac{(4.246)^2}{2\times 9.8}\right]\times 1000 \times 10^{-4} = 2.91\,\text{kg/cm}^2$$

[SI 단위]

$$p = \left[30 - \frac{(4.246)^2}{2\times 9.8}\right]\times 9800 \times 10^{-4} = 2.852\,\text{bar}$$

문제 34. 그림에서 물 제트가 A점에서 수평을 유지하면서 통과되고 있다. 공기의 저항을 무시할 때 유량은 얼마인가?

㉮ 0.132 m³/ s   ㉯ 0.114 m³/ s

㉰ 0.0132 m³/ s   ㉱ 0.0114 m³/ s

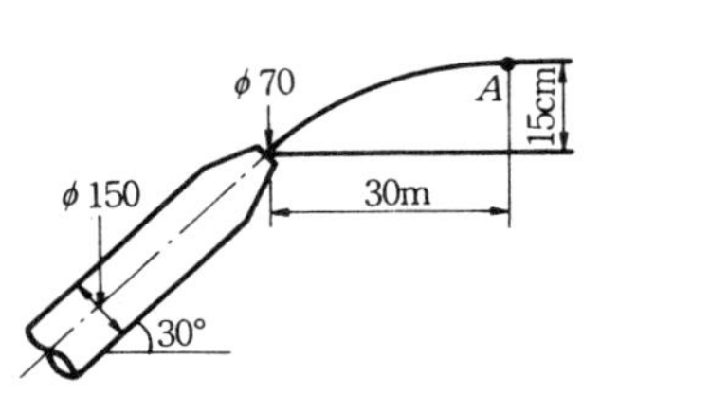

[해설] 노즐 끝점과 A점에 대하여 베르누이 방정식을 대입시키면

$$\frac{V_1{}^2}{2g} + \frac{p_1}{\gamma} + z_1 = \frac{V_2{}^2}{2g} + \frac{p_2}{\gamma} + z_2$$

여기서 $V_2 = V_1 \cos 30°$, $z_1 = 0$, $z_2 = 0.15$, $p_1 = p_2 = 0$이다. 따라서

$$\frac{V_1{}^2}{2 \times 9.8} + 0 + 0 = \frac{V_1{}^2 \cos^2 30°}{2 \times 9.8} + 0 + 0.15$$

$$V_1{}^2(1 - 0.75) = 0.15 \times 2 \times 9.8, \quad V_1 = 3.43 \,\text{m/s}$$

$$Q = A_1 V_1 = \frac{\pi}{4}(0.07)^2 \times 3.43 = 0.0132 \,\text{m}^3/\text{s}$$

문제 35. 수평선에 대하여 $60°$의 경사로서 상방향으로 분출되는 물 제트가 있다. 이 때 물 제트의 올라간 높이와 가장 굵어진 물 제트의 지름은 얼마인가? (단, 원관의 지름은 $10\,\text{cm}$이고, 물 제트의 분출속도는 $7\,\text{m/s}$이다.)

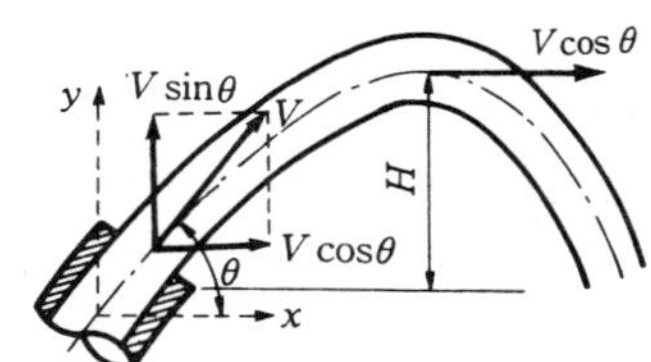

㉮ $H = 1.9\,\text{m}$, $d_2 = 14\,\text{m}$ ㉯ $H = 2.2\,\text{m}$, $d_2 = 14\,\text{m}$

㉰ $H = 2.9\,\text{m}$, $d_2 = 115\,\text{m}$ ㉱ $H = 1.9\,\text{m}$, $d_2 = 11.5\,\text{m}$

[해설] 물 제트가 수평과 이루는 각을 θ, 출구속도를 V라고 할 때

   수평속도 성분 : $V \cos \theta$, 수직속도 성분 : $V \sin \theta$

여기에서 물 제트의 최고 높이는 수직속도 성분이 0이 되는 곳이다. 그리고 물 제트의 수평 속도 성분은 중력의 영향을 받지 않으므로 공기의 저항을 무시할 때 관의 출구지점과 최고지점에서 같은 값을 갖게 된다. 따라서 관의 출구지점과 최고지점에 대하여 베르누이 방정식을 적용하면,

$$\frac{V^2}{2g} + 0 + 0 = \frac{(V \cos \theta)^2}{2g} + 0 + H$$

$$\therefore \ H = \frac{V^2}{2g}(1 - \cos^2 \theta) = \frac{V^2}{2g} \sin^2 \theta$$

제트의 출구와 최고지점에서의 물 제트의 지름을 각각 d_1, d_2라고 할 때 연속방정식에서

$$\frac{\pi}{4} d_1{}^2 V = \frac{\pi}{4} d_2{}^2 V \cos \theta$$

$$d_2 = d\sqrt{s\theta}$$

여기에서 $V = 7\,\text{m/s}$, $d_1 = 10\,\text{cm}$, $\theta = 60°$를 각각 대입하면

$$H = \frac{7^2}{2 \times 9.8} \sin^2 60° = 1.9 \,\text{m}$$

$$d_2 = 10\sqrt{s60°} = 14 \,\text{cm}$$

[해답] 35. ㉮

문제 36. 다음 그림에서 손실과 표면장력의 영향을 무시할 때 분류(jet)에서 반지름 r 의 식을 유도하면?

㉮ $r = \dfrac{D}{2}\left(\dfrac{H}{H+y}\right)^{\frac{1}{4}}$

㉯ $r = \dfrac{2}{D}\left(\dfrac{H}{H+y}\right)^{\frac{1}{4}}$

㉰ $r = \dfrac{1}{2}\left(\dfrac{H+D}{H+y}\right)^{\frac{1}{4}}$

㉱ $r = \dfrac{D}{2}\left(\dfrac{H+y}{H}\right)^{\frac{1}{4}}$

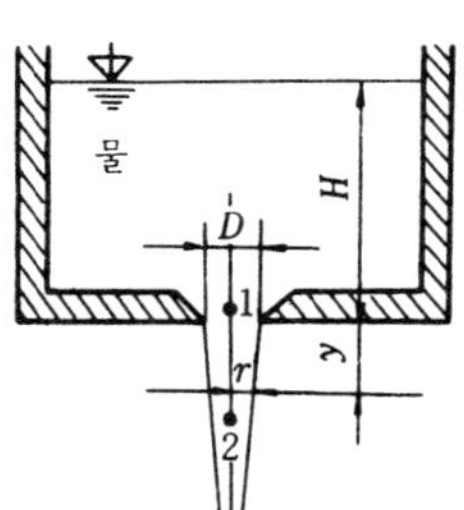

[해설] 1과 2의 유속은 토리첼리 공식에 대입해서

$$V_1 = \sqrt{2gH}, \quad V_2 = \sqrt{2g(H+y)}$$

연속방정식에서

$$A_1 V_1 = A_2 V_2$$

$$\frac{\pi D^2}{4}\sqrt{2gH} = \pi r^2 \sqrt{2g(H+y)}$$

따라서 $r^2 = \dfrac{D^2}{4}\sqrt{\dfrac{H}{H+y}}$ $\therefore\ r = \dfrac{D}{2}\left(\dfrac{H}{H+y}\right)^{\frac{1}{4}}$

문제 37. 그림과 같은 수직관로에서 물이 상방향으로 흐르고 있다. $d_1 = 100\,\text{mm}$, $d_2 = 50\,\text{mm}$이며 단면 1, 2 사이의 높이가 500 mm이고 시차 압력이 70 mmHg이라면 이때 유량은 얼마인가?

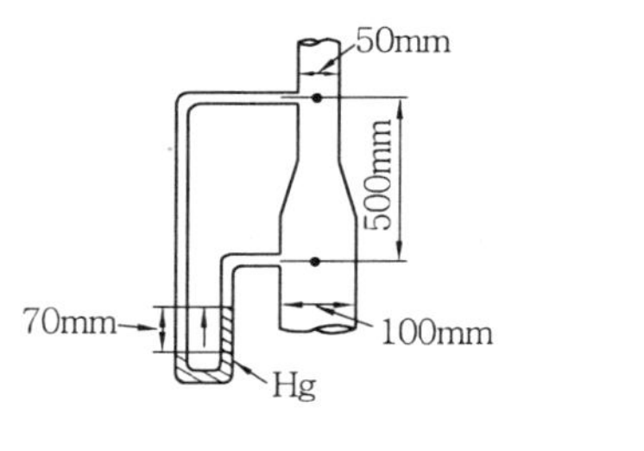

㉮ 0.00233 m³/s   ㉯ 0.00344 m³/s

㉰ 0.00844 m³/s   ㉱ 0.00933 m³/s

[해설] 베르누이식에서

$$\frac{p_1}{\gamma} + \frac{V_1^2}{2g} = \frac{p_2}{\gamma} + \frac{V_2^2}{2g} + z_2$$

$$\left(\frac{p_1}{\gamma} - \frac{p_2}{\gamma} - z_2\right) = \frac{V_1^2 - V_2^2}{2g}$$

$$H\left(\frac{\gamma_F}{\gamma} - 1\right) - z_2 = \frac{\left\{1 - \left(\dfrac{A_2}{A_1}\right)^2\right\} V_2^2}{2g}$$

[해답] 36. ㉮   37. ㉰

$$V_2 = \sqrt{\dfrac{2g \times H\left(\dfrac{S_{Hg}}{S}-1\right)-z}{1-\left(\dfrac{A_2}{A_1}\right)^2}} = \sqrt{\dfrac{2g \times H(12.6)-z_2}{1-\left(\dfrac{d_2}{d_1}\right)^4}}$$

$$= \sqrt{\dfrac{2 \times 9.81 \times 0.07 \times 12.6-0.05}{0.9375}} = 4.224\,\text{m/s}$$

$$Q = \dfrac{\pi}{4}(0.05)^2 \times 4.234 = 0.00831\,\text{m}^3/\text{s}$$

문제 38. 어떤 수평관 속에서 물이 $2.8\,\text{m/s}$의 평균 속도와 $0.46\,\text{kg/cm}^2$의 압력으로 흐르고 있다. 이 물의 유량이 $0.84\,\text{m}^3/\text{s}$일 때 물의 동력은?

㉮ 9.65 PS 　　㉯ 96.5 PS 　　㉰ 5.6 PS 　　㉱ 56 PS

[해설] $L = \dfrac{\gamma QH}{75}$[PS]이므로

$$H_c = \dfrac{p}{\gamma} + \dfrac{V^2}{2g} = \dfrac{0.46 \times 10^4}{1000} + \dfrac{(2.8)^2}{2 \times 9.8} = 5$$

$$\therefore\ L = \dfrac{1000 \times 0.84 \times 5}{75} = 56\,\text{PS} = \dfrac{9800 \times 0.84 \times 5}{1000} = 41.16\,\text{kW}$$

문제 39. 그림과 같은 관에 매초 $33\,l$의 물이 윗방향으로 흐르고 있다. 밑에 있는 압력계의 읽음이 $0.62\,\text{kg/cm}^2$ $(0.608\,\text{bar})$일 때 위쪽 압력계의 읽음은 얼마인가?

㉮ $0.255\,\text{kg/cm}^2$ $(0.25\,\text{bar})$

㉯ $-0.255\,\text{kg/cm}^2$ $(-0.25\,\text{bar})$

㉰ $-1.337\,\text{kg/m}^2$ $(13.1\,\text{Pa})$

㉱ $1.337\,\text{kg/m}^2$ $(13.1\,\text{Pa})$

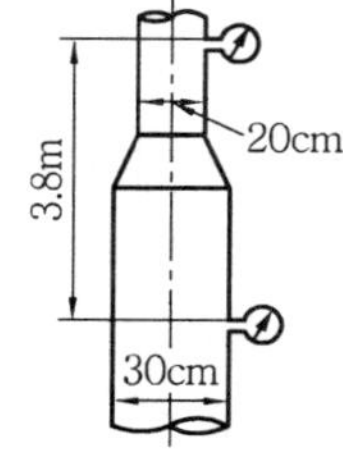

[해설] $V_1 = \dfrac{33 \times 10^{-3}}{\dfrac{\pi \times 0.3^2}{4}} = 0.467\,\text{m/s}$

$$V_2 = \dfrac{33 \times 10^{-3}}{\dfrac{\pi \times 0.2^2}{4}} = 1.05\,\text{m/s}$$

베르누이 방정식에 대입하면

$$\dfrac{V_1^{\,2}}{2g} + \dfrac{p_1}{\gamma} + z_1 = \dfrac{V_2^{\,2}}{2g} + \dfrac{p_2}{\gamma} + z_2$$

여기서 $p_1 = 0.62 \times 10^4\,\text{kg/m}^2$, $z_1 = 0$, $z_2 = 3.8\,\text{m}$

$$\frac{0.467^2}{2 \times 9.8} + \frac{0.62 \times 10^4}{10^3} = \frac{1.05^5}{2 \times 9.8} + \frac{P_2}{10^3} + 3.8$$

$$\therefore \ p_2 = 2554.88 \, \text{kg/m}^2 = 0.255 \, \text{kg/cm}^2$$

[SI 단위]

$$\frac{(0.467)^2}{2 \times 9.8} + \frac{0.608 \times 105}{9800} = \frac{(1.05)^2}{2 \times 9.8} + \frac{P_2}{9800} + 3.8$$

$$\therefore \ p_2 = 0.2504 \, \text{bar}$$

문제 40. 다음 그림과 같이 사이펀(siphon)에서 흐를 수 있는 유량은 몇 l/min인가?
(단, 관로의 손실은 없는 것으로 한다.)

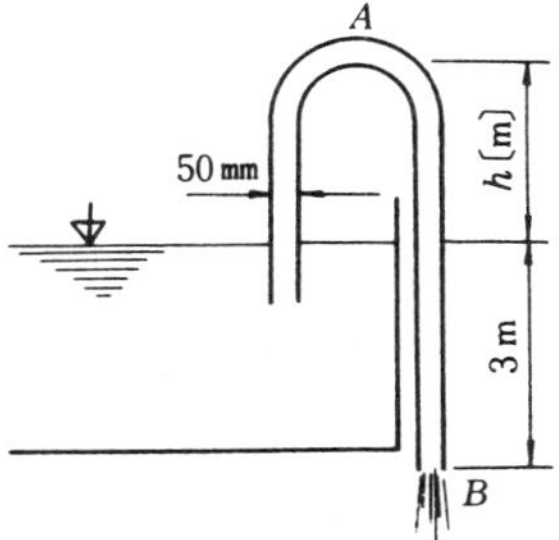

㉮ 15.048　　　　㉯ 766.8　　　　㉰ 902.9　　　　㉱ 15048

[해설] 자유표면과 B점에 대하여 베르누이의 정의를 적용하면

$$\frac{p_o}{\gamma} + \frac{V_o^2}{2g} + Z_o = \frac{p_B}{\gamma} + \frac{V_B^2}{2g} + Z_B$$

$p_o = p_B = $ 대기압, $V_o = 0$이므로

$$V_B = \sqrt{2g(Z_o - Z_B)} = \sqrt{2 \times 9.8 \times 3 \times 10^4} = 766.8 \, \text{cm/s}$$

$$Q = A V_B = \frac{\pi}{4} \times 5^2 \times 766.8 = 15048.44 \, \text{cm}^3/\text{s}$$

$$= \frac{15048.44 \times 60}{1000} = 902.9 \, l/\text{min}$$

문제 41. 펌프 양수량 $0.6 \, \text{m}^3/\text{min}$, 관로의 전손실 수두 $5\,\text{m}$인 펌프가 펌프 중심으로부터 $1\,\text{m}$ 아래에 있는 물을 $20\,\text{m}$의 송출 액면에 양수하고자 할 때 펌프의 필요한 동력은 몇 kW인가?

㉮ 2.55　　　　㉯ 4.24　　　　㉰ 5.86　　　　㉱ 7.42

[해답] **40.** ㉰　 **41.** ㉮

[해설] $H =$ 전수두 + 손실수두 $= (1 + 20) + 5 = 26\,\mathrm{m}$

따라서 동력 $P = \gamma Q H = 9800 \times \left(\dfrac{0.6}{60}\right) \times 26 = 2.548\,\mathrm{kW}$

문제 42. 다음 그림은 비중이 0.8인 기름이 흐르는 관에 설치한 피토관(pitot tube)이다. 동압은 액주로 얼마인가? (단, 액주계에 들어있는 액체는 비중이 1.6인 CCl_4 이다.)

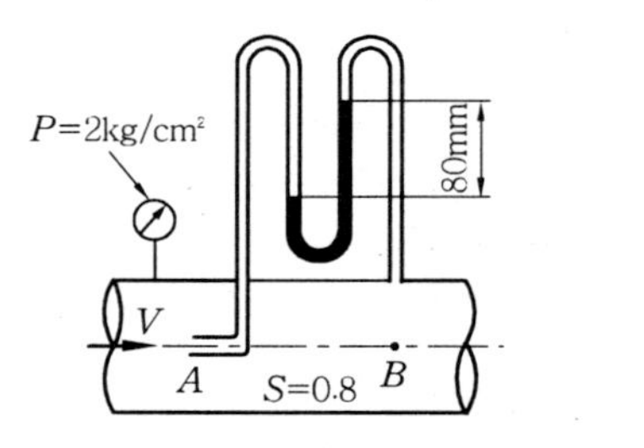

㉮ $80 \times 10^{-3}\,\mathrm{m}$　　㉯ $16 \times 10^{-3}\,\mathrm{m}$

㉰ $80 \times 10^{-4}\,\mathrm{m}$　　㉱ $16 \times 10^{-4}\,\mathrm{m}$

[해설] 정체점 A의 압력을 P_s, B점의 압력을 P라 할 때 A와 B에 베르누이 정리를 적용하면

$$\frac{p_s}{\gamma} = \frac{p}{\gamma} + \frac{V^2}{2g}$$

$$\therefore \ \frac{V^2}{2g} = \frac{p_s - p}{\gamma} = \frac{(80 \times 10^{-3}\,\mathrm{m})(1.6 - 0.8)(1000\,\mathrm{kg/m^3})}{\gamma\,[\mathrm{kg/m^3}]}$$

$$= \frac{(80 \times 10^{-3})(0.8 \times 1000)}{0.8 \times 1000} = 80 \times 10^{-3}\,\mathrm{m}$$

문제 43. 그림에서 최소 지름 부분 A의 지름이 10 cm, 유출구 B의 지름이 40 cm의 관으로부터 유량이 50 l/s로서 유출하고 있을 때 A부분에서 물을 흡상하는 높이는 몇 m인가?

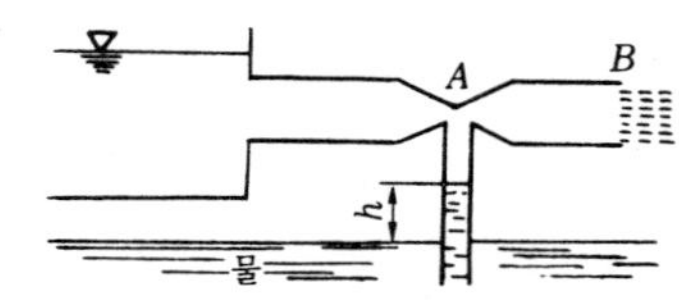

㉮ 2.06　　㉯ 4.32

㉰ 5.45　　㉱ 6.9

[해설] 유속 $V_A = \dfrac{0.05}{\dfrac{\pi(0.1)^2}{4}} = 6.37\,\mathrm{m/s}$, $V_B = \dfrac{0.05}{\dfrac{\pi(0.4)^2}{4}} = 0.4\,\mathrm{m/s}$

A와 B에 베르누이 방정식을 적용하면

$$\frac{p_A}{1000} + \frac{6.37^2}{2 \times 9.8} + z_A = \frac{0}{1000} + \frac{0.4^2}{2 \times 9.8} + z_B$$

여기서 $z_A = z_B$이므로

$$p_A = -2060\,\mathrm{kg/m^2} = -0.206\,\mathrm{kg/cm^2} = -2.06\,\mathrm{mAq}$$

$$\therefore \ h = 2.06\,\mathrm{m}$$

문제 44. 그림과 같은 사이펀에 물이 흐르고 있다. 1, 3점 사이에서의 손실수두 H_L의 값은 얼마인가? (단, 이 사이펀에서의 유량은 $0.08\,\mathrm{m^3/s}$이다.)

㉮ $3.65\,\mathrm{m}$

㉯ $5.66\,\mathrm{m}$

㉰ $0.889\,\mathrm{m}$

㉱ $0.668\,\mathrm{m}$

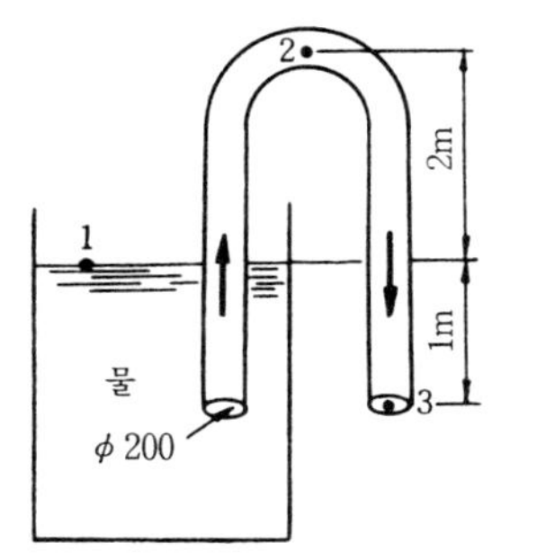

[해설] 1, 3점에 대하여 베르누이 방정식을 적용시키면

$$\frac{V_1^{\,2}}{2g} + \frac{p_1}{\gamma} + z_1 = \frac{V_3^{\,2}}{2g} + \frac{p_3}{\gamma} + z_3 + H_L$$

$$0 + 0 + 1 = \frac{V_3^{\,2}}{2g} + 0 + 0 + K\frac{V_3^{\,2}}{2g}$$

그런데 $V_3 = \dfrac{Q}{A} = \dfrac{0.08}{\pi \times 0.1^2} = 2.55\,\mathrm{m/s}$

따라서 $1 = \dfrac{2.55^2}{2 \times 9.8} + K\dfrac{2.55^2}{2 \times 9.8}$ $\therefore\ K = 2.014$

$$H_L = K\frac{V_3^{\,2}}{2g} = 0.668\,\mathrm{m}$$

문제 45. 다음 그림과 같은 티(tee)에서 압력 p_3는 얼마인가?

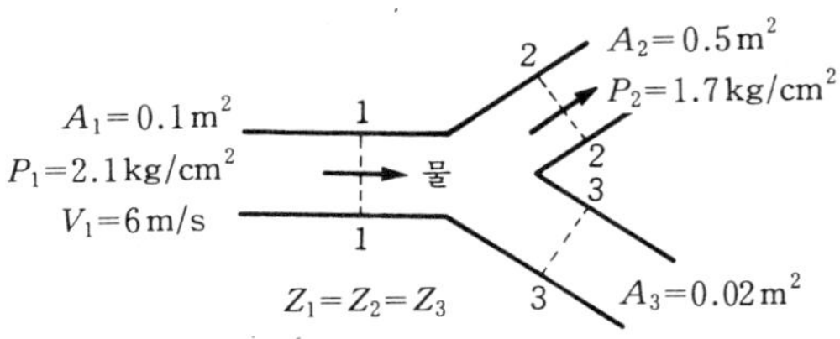

㉮ $0.23\,\mathrm{kg/cm^2}$ ㉯ $1.23\,\mathrm{kg/cm^2}$ ㉰ $2.23\,\mathrm{kg/cm^2}$ ㉱ $3.23\,\mathrm{kg/cm^2}$

[해설] 연속방정식에서

$Q_1 = Q_2 + Q_3$, $0.1 \times 6 = 0.05\,V_2 + 0.02\,V_3$

1과 2에 베르누이 방정식을 적용하면

$$\frac{p_1}{\gamma} + \frac{V_1^{\,2}}{2g} = \frac{p_2}{\gamma} + \frac{V_2^{\,2}}{2g}$$

$$\frac{2.1 \times 10^4}{1000} + \frac{6^2}{2 \times 9.8} = \frac{1.7 \times 10^4}{1000} + \frac{V_2^{\,2}}{2 \times 9.8} \qquad \therefore\ V_2 = 10.69\,\mathrm{m/s}$$

[해답]　**44.** ㉱　　**45.** ㉰

V_2를 연속방정식에 대입하면 $\therefore\ V_3 = 3.275\,\text{m/s}$

1과 3에 베르누이 방정식을 적용하면 $\dfrac{p_1}{\gamma} + \dfrac{V_1{}^2}{2g} = \dfrac{p_3}{\gamma} + \dfrac{V_2{}^2}{2g}$

$$\frac{2.1 \times 10^4}{1000} + \frac{6^2}{2 \times 9.8} = \frac{p_3}{1000} + \frac{3.275^2}{2 \times 9.8}$$

$$\therefore\ p_3 = 22290\,\text{kg/m}^2 \fallingdotseq 2.23\,\text{kg/cm}^2$$

문제 46. 그림과 같이 펌프에서 유량이 $0.157\,\text{m}^3/\text{s}$로 송출될 때 이 펌프의 동력은 얼마인가?

㉮ 32.38 PS

㉯ 43.16 PS

㉰ 56.2 PS

㉱ 60.5 PS

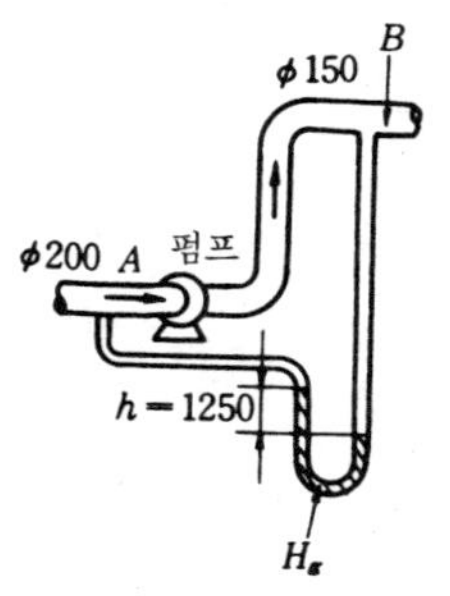

[해설] $E_P = H\left(\dfrac{\gamma_F}{\gamma} - 1\right) + \dfrac{1}{2} \times 9.8\,(8.89^2 - 5^2) = 1.25(12.6) + \dfrac{1}{2 \times 9.31}\,(79 - 25) = 18.5\,\text{m}$

$$L_P = \frac{Q\gamma E_T}{75} = \frac{0.175 \times 1000 \times 18.5}{75} = 43.16\,\text{PS}$$

문제 47. 다음 그림과 같은 펌프계에서 펌프의 송출량이 $30\,l/\text{s}$일 때 펌프의 축동력은 얼마인가? (단, 펌프의 효율은 $80\,\%$이고, 이 계 전체의 손실수두는 $\dfrac{10\,V^2}{2g}$이다. 그리고 $H = 16\,\text{m}$이다.)

㉮ 17.47 PS   ㉯ 6.988 PS

㉰ 8.735 PS   ㉱ 5.241 PS

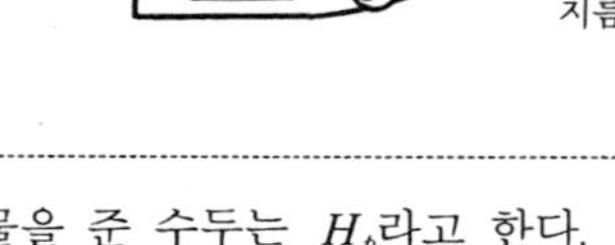

[해설] $V = \dfrac{Q}{A} = \dfrac{0.03}{\dfrac{\pi}{4}(0.15)^2} = 1.698\,\text{m/s}$ 펌프에서 물을 준 수두는 H_p라고 한다.

점 1, 2에 베르누이 방정식을 적용하면, $\dfrac{p_1}{\gamma} + \dfrac{V^2}{2g} + z_1 + H_p = \dfrac{p_2}{\gamma} + \dfrac{V_2{}^2}{2g} + z_2 + h_L{}^{1\cdot 2}$

$0 + 0 + 0 + H_p = 0 + 0 + 16 + \dfrac{10(1.698)^2}{2 \times 9.8}$ $\therefore\ H_p = 1.47\,\text{m}$

유체동력 $P_f = \dfrac{\gamma Q H}{75} = \dfrac{1000 \times 0.03 \times 17.47}{75} = 6.988\,\text{PS}$

따라서 펌프의 동력 $P_p = \dfrac{6.988}{0.8} = 8.735\,\text{PS}$

[해답] 46. ㉯   47. ㉯

문제 1. 다음 중에서 정상유동이 일어나는 경우는?

㉮ 유동상태가 모든 점에서 시간에 따라 변화하지 않을 때
㉯ 모든 순간에 유동상태가 이웃하는 점들과 같을 때
㉰ 유동상태가 시간에 따라 점차적으로 변화할 때
㉱ $\partial V/\partial t$가 일정할 때

문제 2. 한 유체입자가 유동장을 운동할 때 그 입자의 운동궤적은?
㉮ 유선　　　　㉯ 유적선　　　　㉰ 유맥선　　　　㉱ 유관

〔해설〕・유선 : 속도벡터 방향과 일치하도록 그린 연속적인 선이다.
　　　・유맥선 : 유동장 내의 어느 점을 통과하는 모든 유체가 어느 순간에 점유하는 위치를 나타
　　　　내는 선이다.
　　　・유관 : 유동장 속에서 폐곡을 통과하는 유선들에 의해 형성되는 공간정상류인 경우 유선,
　　　　유맥선, 유적선은 일치한다.

문제 3. 다음 중 정상류란?

㉮ 모든 점에서의 흐름의 특성이 시간에 따라 변하지 않는 흐름이다.
㉯ 모든 점에서의 흐름의 특성이 시간에 따라 변하는 흐름이다.
㉰ 모든 점에서 흐름의 특성이 동일한 흐름이다.
㉱ 흐름의 특성이 일정한 대로 방향에 따라 변화되는 흐름이다.

〔해설〕정상류란 어느 한 점을 관찰할 때 그 점에서의 유동특성이 시간에 관계없이 일정하게 유지
　　　되는 흐름을 말한다.

문제 4. 다음 설명 중 틀린 것은?

㉮ 뉴턴의 점성 유체를 완전 유체라 한다.
㉯ 이상 유체란 점성이 없고 비압축성인 유체이다.
㉰ 연속방정식은 실제 유체이나 이상 유체에 적용된다.
㉱ 정상 유동의 유동 특성이 시간에 따라 변하지 않는다.

〔해설〕점성이 없고 비압축성 유체가 완전 유체이고, 뉴턴의 점성 유체는 실제 유체이다.

〔해답〕　1. ㉮　　2. ㉯　　3. ㉮　　4. ㉮

문제 5. $\dfrac{\partial q}{\partial s}=0$인 흐름은? (단, 여기서 q는 속도벡터이다.)

㉮ 정상류　　　　㉯ 비정상류　　　　㉰ 균속도 유동　　　　㉱ 비균속도 유동

문제 6. 유선에 관한 설명으로 옳은 것은?

㉮ 균속도 흐름에 대해서만 정의된다.
㉯ 모든 점에서의 속도벡터에 수직하게 그려진 선이다.
㉰ 항상 입자의 경로이다.
㉱ 정상류의 공간에서는 고정되어 있다.

[해설] 정상류에서 유선, 유적선, 유맥선은 일치한다.

문제 7. 다음 중에서 유선의 방정식은?

㉮ $\dfrac{d\rho}{\rho}+\dfrac{dA}{A}+\dfrac{du}{u}=0$　　　　㉯ $\dfrac{dx}{u}=\dfrac{dy}{v}=\dfrac{dz}{w}$

㉰ $d(\rho AV)=0$　　　　㉱ $\dfrac{\partial V}{\partial t}=0,\ \dfrac{\partial u}{\partial s}=0$

[해설] 유선의 미분방정식은 $\dfrac{dx}{u}=\dfrac{dy}{v}=\dfrac{dz}{w}$

또는 $v \times dr=0$이다. 여기서 dr는 유선방향의 미소변위 벡터이다.

문제 8. 다음 중 유선에 관한 설명으로 옳은 것은?

㉮ 모든 점에서 속도벡터의 방향·접선방향이 일치하는 연속적인 선이다.
㉯ 정상 유동에서 유체 중에 유체 입자가 흘러간 선이다.
㉰ 한 개의 유체 입자가 시간이 경과됨에 따라 이동한 유적선이다.
㉱ 유동하고 있는 유체 중에서 직각방향의 속도 성분을 가지고 있는 선이다.

[해설] 유선이란 유선의 한 입자가 지나간 궤적을 표시하는 선으로 모든 점에서 연속적이다.

문제 9. 일차원 유동에서 연속방정식을 바르게 나타낸 것은 다음 중 어느 것인가? (단, ρ: 밀도, A: 단면적, γ: 비중량, V: 속도, p: 압력, Q: 유량)

㉮ $Q=A\rho V$　　　　㉯ $\rho_1 A_1=\rho_2 A_2$

㉰ $\gamma_1 A_1 V_1=\gamma_2 A_2 V_2$　　　　㉱ $p_1 A_1 V_1=p_2 A_2 V_2$

[해답]　5. ㉰　6. ㉱　7. ㉯　8. ㉮　9. ㉰

문제 10. 다음 사항 중 유맥선이란?

㉮ 모든 유체 입자에 순간 궤적이다.

㉯ 속도벡터의 방향과 일치하도록 그려진 선이다.

㉰ 유체 입자가 일정한 기간 내에 움직인 경로이다.

㉱ 뉴턴의 점성법칙에 따라 그려진 선이다.

문제 11. 다음 사항 중 유관이란?

㉮ 한 개의 유선으로 이루어지는 관을 말한다.

㉯ 어떤 폐곡선을 통과하는 여러 개의 유선으로 이루어지는 유관을 말한다.

㉰ 개방된 곡선을 통과하는 유선으로 이루어지는 평면을 말한다.

㉱ 임의의 여러 유선으로 이루어지는 유동체를 말한다.

[해설] 폐곡선을 지나는 여러 개의 유선에 의해서 이루어지는 가상적인 관을 말한다.

문제 12. 다음 사항 중 유적선(pathline)이란?

㉮ 한 유체입자가 공간을 운동할 때 그 입자의 운동궤적

㉯ 속도벡터 방향과 일치하도록 그려진 연속적인 선

㉰ 층류에서만 정의되는 선

㉱ 유체 입자의 순간궤적

문제 13. 다음 식 중에서 연속방정식이 아닌 것은?

㉮ $d(\rho A V) = 0$

㉯ $\dfrac{dA}{A} + \dfrac{d\rho}{\rho} + \dfrac{dV}{V} = 0$

㉰ $\dfrac{dx}{u} = \dfrac{dy}{v} = \dfrac{dz}{w}$

㉱ $\rho_1 A_1 V_1 = \rho_2 A_2 V_2$

[해설] $\dfrac{dx}{u} = \dfrac{dy}{v} = \dfrac{dz}{w}$ 는 유선의 미분방정식이다.

문제 14. 다음 중 연속방정식이란?

㉮ 유체의 모든 입자에 뉴턴의 관성법칙을 적용시킨 방정식이다.

㉯ 에너지와 일 사이의 관계를 나타낸 방정식이다.

㉰ 유체를 연속체라 가정하고 탄성역학의 훅의 법칙을 적용한 방정식이다.

㉱ 질량보존의 법칙을 유체유동에 적용한 방정식이다.

[해답] 10. ㉮ 11. ㉯ 12. ㉮ 13. ㉰ 14. ㉱

문제 15. 다음 중 중량유량의 단위는?

  ㉮ $kg \cdot s / m (N \cdot s / m)$ ㉯ m^3 / min

  ㉰ $kg / s (N / s)$ ㉱ $kg \cdot m / s (W)$

[해설] $G = \gamma VA = \left(\dfrac{kg}{m^3} \right) \times \left(\dfrac{m}{s} \right) \times (m^2) = kg/s$

[SI 단위]

$G = \gamma VA = \left(\dfrac{N}{m^3} \right) \times \left(\dfrac{m}{s} \right) \times (m^2) = N/s$

문제 16. 베르누이 방정식에서 각 항의 단위는?

  ㉮ $kg \cdot m / s(W)$ ㉯ $kg(N)$

  ㉰ $kg \cdot m / m^3 (N \cdot m / m^3)$ ㉱ $kg \cdot m / kg(N \cdot m / N)$

[해설] 베르누이 방정식의 각 항, 즉 $\dfrac{V^2}{2g}$, $\dfrac{p}{\gamma}$, z는 모두 m의 단위를 가지고 있어서 수두라는 이름이 붙여져 있다. 그러나 이것은 단위무게당 에너지 $kg \cdot m / kg(N \cdot m / N)$이 약분되어 m 의 단위로 나타나는 것이다.

문제 17. 베르누이 방정식이 아닌 것은?

  ㉮ $\dfrac{p_1}{\gamma} + \dfrac{V_1^{\ 2}}{2g} + Z_1 = \dfrac{p_2}{\gamma} + \dfrac{V_2^{\ 2}}{2g} + Z_z$ ㉯ $\dfrac{p}{\gamma} + \dfrac{V^2}{2g} + Z = C$

  ㉰ $\dfrac{dA}{A} + \dfrac{d\rho}{\rho} + \dfrac{dV}{V} = 0$ ㉱ $\dfrac{dp}{\gamma} + d\left(\dfrac{V^2}{2g} \right) + dz = 0$

문제 18. 다음 베르누이 방정식 $\dfrac{p}{\gamma} + \dfrac{V^2}{2g} + z = \text{const}$ 를 유도하는데 필요한 가정이 아닌 것은?

  ㉮ 비점성 유체   ㉯ 정상류

  ㉰ 압축성 유체   ㉱ 동일유선상의 유체

[해설] 베르누이 방정식은 오일러의 운동방정식을 적분한 방정식으로 적분과정에서 압축성 유체 인 경우와 비압축성 유체인 경우는 서로 다른 결과를 얻는다.

즉, 압축성 유체는 밀도 ρ 가 압력 p 의 함수이므로 $\int \dfrac{dp}{\rho} + \dfrac{p}{\rho}$ 이다.

따라서 압축성 유체의 경우는 $\int \dfrac{dp}{\gamma} + \dfrac{V^2}{2g} + Z = \text{const}$ 가 된다.

[해답]   15. ㉰   16. ㉱   17. ㉰   18. ㉰

문제 19. $\int \dfrac{dP}{\gamma} + \dfrac{V^2}{2g} + z = \text{const}$인 베르누이 방정식은 다음과 같은 가정하에서 성립된다. 다음 가정 중 틀리는 것은?

㉮ 비점성 유체이다. ㉯ 유체의 흐름 상태가 정상류이다.

㉰ 유체가 비압축성이다. ㉱ 동일 유선을 따라 흐르는 유체이다.

[해설] 비압축성 유체에 대한 베르누이 방정식은 $\dfrac{p}{\gamma} + \dfrac{V^2}{2g} + z = \text{const}$로 된다.

문제 20. Euler의 방정식은 유체운동에 대하여 어떠한 관계를 표시하는가?

㉮ 유선상의 한점에 있어서 어떤 순간에 여기를 통과하는 유체입자의 속도와 그것에 미치는 힘의 관계를 표시한다.

㉯ 유체가 가지는 에너지와 이것이 일치하는 일과의 관계를 표시한다.

㉰ 유선에 따라 유체의 질량이 어떻게 변화하는가를 표시한다.

㉱ 유체입자의 운동경로와 힘의 관계를 나타낸다.

문제 21. 방정식 $gz + \dfrac{V^2}{2} + \int \dfrac{dp}{\rho} =$ 일정을 유도하는데 필요한 가정은?

㉮ 정상, 마찰이 없고, 비압축성, 유선에 따라

㉯ 균일, 마찰이 없고, 유선에 따라, ρ는 p의 함수

㉰ 정상, 균일, 비압축성, 유선에 따라

㉱ 정상, 마찰이 없고, ρ는 p의 함수, 유선에 따라

문제 22. 에너지선 E.L에 관해 옳게 설명한 것은?

㉮ 수력구배선보다 아래에 있다.

㉯ 수력구배선보다 속도수두만큼 위에 있다.

㉰ 언제나 수평선이 되어야 한다.

㉱ 속도수두와 위치수두의 합이다.

문제 23. 압력 $p\,[\text{kg}/\text{m}^2]$의 유체가 유동할 때 1 kg의 중량이 할 수 있는 일은?

㉮ p ㉯ $\dfrac{p}{\gamma}$ ㉰ $\dfrac{p}{\rho}$ ㉱ $\dfrac{gp}{\rho}$

[해답] 19. ㉰ 20. ㉮ 21. ㉱ 22. ㉯ 23. ㉯

문제 24. 다음 중 베르누이 방정식이란?

㉮ 같은 유체상이 아니더라도 언제나 임의의 점에 대하여 적용된다.
㉯ 주로 비정상상태의 흐름에 대하여 적용된다.
㉰ 유체의 마찰 효과와 전혀 관계가 없다.
㉱ 압력수두, 속도수두, 위치수두의 합이 일정하다.

[해설] 베르누이 방정식은 $\dfrac{p}{\gamma} + \dfrac{V^2}{2g} + z = H$ 이다.

문제 25. 그림과 같이 피토관을 설치하였다. 피토관을 따라 올라간 높이가 Δh 라면 점 1에서 V_1은?

㉮ $V_1 = \sqrt{2\rho\Delta h}$ ㉯ $V_1 = \sqrt{2g\Delta h}$

㉰ $V_1 = \sqrt{\rho\Delta h}$ ㉱ $V_1 = \sqrt{\rho g\Delta h}$

문제 26. 수력구배선 H.G.L에 관해 옳게 설명한 것은?

㉮ 에너지선 E.L보다 위에 있어야 한다.
㉯ 항상 수평이 된다.
㉰ 위치수두와 속도수두의 합을 나타내며 주로 에너지선보다 아래에 위치한다.
㉱ 위치수두와 압력수두와의 합을 나타내며 주로 에너지선보다 아래에 위치한다.

문제 27. 유체가 $V\,[\mathrm{m/s}]$로 흐르고 있을 때 질량 $1\,\mathrm{kg}$이 가지는 운동에너지는?

㉮ $\dfrac{\rho V^2}{2}$ ㉯ $\dfrac{mV^2}{2}$ ㉰ $\dfrac{V^2}{2}$ ㉱ $\dfrac{V^2}{2g}$

[해설] 단위중량의 유체에 대한 베르누이 방정식은 $\dfrac{p_1}{\gamma} + \dfrac{V^2}{2g} + z = \mathrm{const}$

따라서 단위질량에 대해서는 양변에 g를 곱하면 $\dfrac{p}{\gamma} + \dfrac{V^2}{2} + gz = \mathrm{const}$

∴ 운동에너지는 $\dfrac{V^2}{2}$ 이다.

문제 28. 오리피스의 수두는 $5\,\mathrm{m}$이고, 실제 물의 유속이 $9\,\mathrm{m/s}$이면 손실수두는?

㉮ 약 $1\,\mathrm{m}$ ㉯ 약 $2\,\mathrm{m}$ ㉰ 약 $3\,\mathrm{m}$ ㉱ 약 $4\,\mathrm{m}$

[해답] 24. ㉱ 25. ㉯ 26. ㉱ 27. ㉰ 28. ㉮

[해설] $\dfrac{p}{\gamma} + \dfrac{V^2}{2g} + z + H_L = H$

$H_L = 5 - \dfrac{9^2}{2g} = 5 - 4.1 = 0.9\,\mathrm{m}$

문제 29. 유체가 $V\,[\mathrm{m/s}]$의 속도로 유동할 때, 이 유체 1 kg의 중량이 할 수 있는 운동 에너지는?

㉮ $\dfrac{mV^2}{2}$　　　㉯ $\dfrac{\rho V^2}{2}$　　　㉰ $\dfrac{V^2}{2g}$　　　㉱ $\dfrac{V^2}{2}$

문제 30. 다음 그림 중에서 옳게 그려진 것은?

㉮ 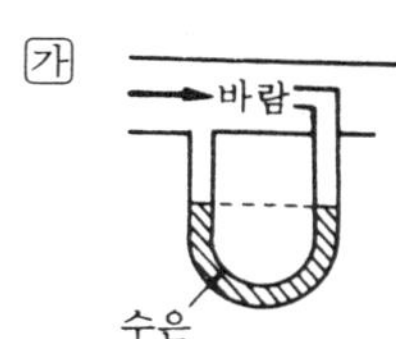

㉯ 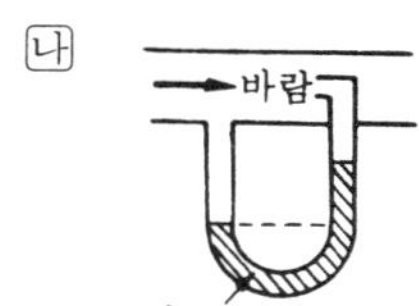

㉰ 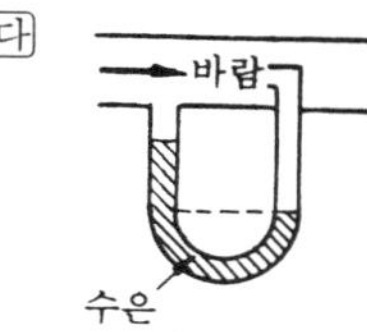

㉱ 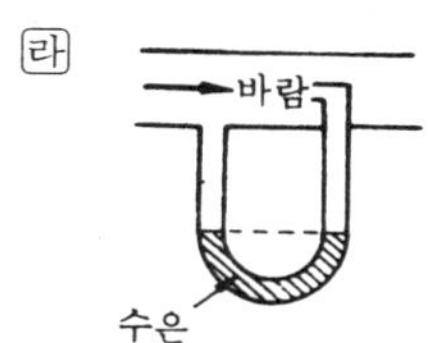

문제 31. 다음 그림은 관내를 흐르는 정상류 그림이다. 옳은 것은?

㉮ 　　㉯ 　　㉰ 　　㉱ 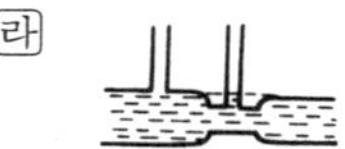

문제 32. 물이 안지름 600 mm의 파이프를 통하여 3 m/s의 속도로 흐를 때 유량은 몇 m³/s인가?

㉮ 0.85　　　㉯ 3.4　　　㉰ 5.6　　　㉱ 2.8

[해설] 연속방정식 $Q = AV = \dfrac{\pi}{4} \times 0.6^2 \times 3 = 0.85\,\mathrm{m^3/s}$

문제 33. 어떤 관 속을 흐르는 물의 평균속도가 14 m/s이다. 속도수두는?

㉮ 100 m　　　㉯ 10 m　　　㉰ 5 m　　　㉱ 1 m

[해설] $\dfrac{V^2}{2g} = \dfrac{(14)^2}{2 \times 9.8} = 10\,\mathrm{m}$

[해답]　29. ㉰　30. ㉰　31. ㉰　32. ㉮　33. ㉯

문제 34. 다음 그림과 같이 지름 20 cm인 물탱크에서 지름 2 cm인 관을 통하여 평균속도 2 m/s로 흘러 나간다. 이때 탱크의 수면이 강하하는 속도는?

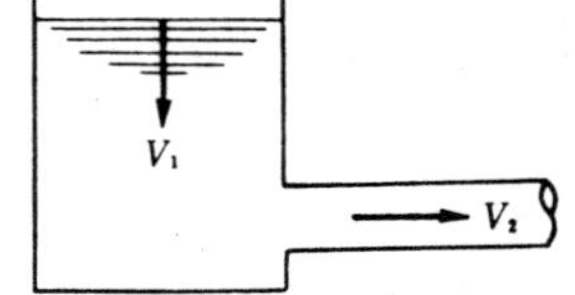

  ㉮ 1 cm/s ㉯ 2 cm/s
  ㉰ 3 cm/s ㉭ 4 cm/s

[해설] 탱크와 관 사이에 연속방정식을 적용하면 $A_1 V_1 = A_2 V_2$

$$\therefore V_1 = \frac{A_2}{A_1} V_2 = \left(\frac{d_2}{d_1}\right)^2 \cdot V_2 = \left(\frac{2}{20}\right)^2 \times 200 = 2 \, \text{cm/s}$$

문제 35. 유동하는 물의 동압이 $13.5 \, \text{kg/m}^2$이었다면 물의 유속은 몇 m/s인가? (단, 물의 밀도는 $102 \, \text{kg} \cdot \text{s}^2/\text{m}^4$이다.)

  ㉮ 2.34 ㉯ 1.68 ㉰ 0.94 ㉭ 0.51

[해설] $\dfrac{\rho V^2}{2} = 13.5 \, \text{kg/m}^2$

$$V = \sqrt{\frac{2 \times 13.5}{\rho}} = \sqrt{\frac{2 \times 13.5}{102}} \fallingdotseq 0.51 \, \text{m/s}$$

문제 36. 어떤 기체가 1 kg/s의 속도로 파이프 속을 등온적으로 흐르고 있다. 한 단면의 지름은 40 cm이고, 압력은 $30 \, \text{kg/m}^2$이다. $R = 20 \, \text{kg} \cdot \text{m/kgK}$, $t = 27\,℃$일 때의 속도는 얼마인가?

  ㉮ 672 ㉯ 56 ㉰ 1592 ㉭ 987

[해설] 상태방정식 $p v_s = RT$에서

$$\rho = \frac{1}{v_s} = \frac{p}{RT}$$

$$= \frac{30 \, \text{kg/m}^2}{20 \, \text{kg} \cdot \text{m/kg} \cdot \text{K} \times (273 + 27)\text{K}}$$

$$= 5 \times 10^{-3} \, \text{kg/m}^3$$

따라서 $\overset{\circ}{m} = \rho A V$ 에서

$$V = \frac{\overset{\circ}{m}}{\rho A} = \frac{1}{5 \times 10^{-2} \times \dfrac{\pi (0.4)^2}{4}} = 1592 \, \text{m/s}$$

문제 37. 다음 중에서 2차원 비압축성 유동의 연속방정식을 만족하지 않는 속도벡터는?

㉮ $q = (2x^2 + y^2)\,i + (-4xy)\,j$ 　　　㉯ $q = (4xy + y^2)\,i + (6xy + 3x)\,j$

㉰ $q = (2x - 3y)t\,i + (x - 2y)t\,j$ 　　㉱ $q = (x - 2y)t\,i - (2x + y)t\,j$

[해설] ㉮ $\nabla \cdot q = \dfrac{\partial}{\partial x}(2x^2 + y^2) + \dfrac{\partial}{\partial y}(-4xy) = 4x - 4x = 0$ 　　∴ 만족한다.

㉯ $\nabla \cdot q = \dfrac{\partial}{\partial x}(4xy + y^2) + \dfrac{\partial}{\partial y}(6xy + 3x) = 4y + 6x \neq 0$ 　　∴ 만족하지 않는다.

㉰ $\nabla \cdot q = \dfrac{\partial}{\partial x}[(2x - 3y)t] + \dfrac{\partial}{\partial y}[(x - 2y)t] = 2t - 2t = 0$ ∴ 만족한다.

㉱ $\nabla \cdot q = \dfrac{\partial}{\partial x}[(x - 2y)]t - \dfrac{\partial}{\partial y}[(2x + y)t] = t - t = 0$ 　　∴ 만족한다.

문제 38. 물이 흐르는 파이프 안에 A점은 지름이 $1\,\mathrm{m}$, 압력은 $1\,\mathrm{kg/cm^2}$, 속도 $1\,\mathrm{m/s}$ 이다. A점보다 $2\,\mathrm{m}$ 위에 있는 B점은 지름 $0.5\,\mathrm{m}$, 압력 $0.2\,\mathrm{kg/cm^2}$이다. 이때 물은 어느 방향으로 흐르는가?

㉮ A에서 B로 흐른다.   　　　　　㉯ B에서 A로 흐른다.

㉰ 흐르지 않는다.   　　　　　　　　㉱ 주어진 데이터로는 알 수 없다.

[해설] 연속방정식 $Q = A_A V_A = A_B V_B$에서

$$V_B = \frac{A_A}{A_B} V_A = \frac{\dfrac{\pi(1)^2}{4}}{\dfrac{\pi(0.5)^2}{\pi}} \times 1 = 4\,\mathrm{m/s}$$ 이므로

· A점의 전수두 : $\dfrac{p_A}{\gamma} + \dfrac{V_A^2}{2g} = \dfrac{1 \times 10^4}{1000} + \dfrac{1^2}{2 \times 9.8} = 10.051\,\mathrm{m}$

· B점의 전수두 : $\dfrac{p_B}{\gamma} + \dfrac{V_B^2}{2g} + z_B = \dfrac{0.2 \times 10^4}{1000} + \dfrac{4^2}{2 \times 9.8} + 2 = 6.816\,\mathrm{m}$

A점의 전수두가 B점의 전수두보다 크므로 유동은 A에서 B로 흐른다.

문제 39. $40\,\mathrm{kg/s}$ $(392\,\mathrm{N/s})$의 물이 $20\,\mathrm{cm}$의 관속에 흐르고 있다. 평균속도는?

㉮ $12.7\,\mathrm{m/s}$ 　　㉯ $1.27\,\mathrm{m/s}$ 　　㉰ $0.127\,\mathrm{m/s}$ 　　㉱ $3.18\,\mathrm{m/s}$

[해설] $W = \gamma A V$

∴ $V = \dfrac{W}{A\gamma} = \dfrac{40}{\pi \times 0.1^2 \times 1000} = 1.27\,\mathrm{m/s}$

[SI 단위]

$$V = \frac{W}{A\gamma} = \frac{392}{\pi \times 0.1^2 \times 9800} = 1.27\,\mathrm{m/s}$$

[해답] **37.** ㉯   **38.** ㉮   **39.** ㉯

문제 40. 다음 그림은 원관 주위에 흐르는 2차원 유동을 표시한 것이다. 원관으로부터 멀리 떨어진 상류에서(A점 부근) 서로 이웃하는 유선이 50 mm 떨어져 있다고 가정하고, 이 두 유선이 원관 주위의 점(B점)에서 25 mm로 좁아졌다고 한다. A점에서 평균속력이 50 m/s라면 B점에서의 속력은 몇 m/s인가? (단, 유체는 비압축성이다.)

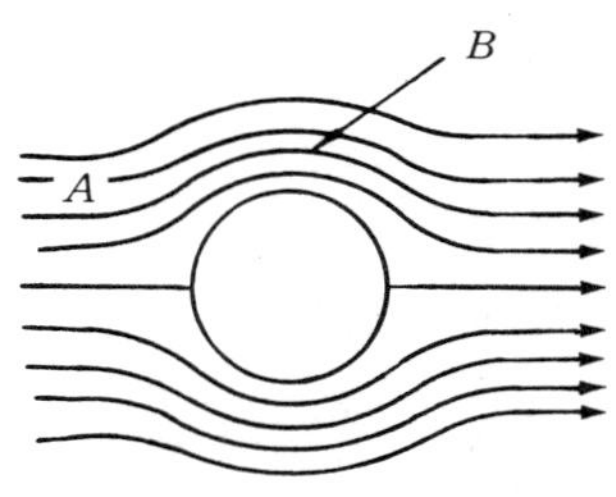

㉮ 30 ㉯ 100 ㉰ 15 ㉭ 120

[해설] 연속방정식 $A_A V_A = A_B V_B$

$$\therefore V_B = \frac{A_A}{A_B} V_A = \frac{50}{25} \times 50 = 100 \, \text{m/s}$$

문제 41. 유속 4.9 m/s로 흐르는 물 속에 피토관을 유동의 방향으로 세웠을 때 그 수주의 높이는?

㉮ 1.225 m ㉯ 1.767 m ㉰ 2.678 m ㉭ 3.696 m

[해설] $V = \sqrt{2g\Delta h}$ 에서 $\Delta h = \dfrac{V^2}{2g} = \dfrac{4.9^2}{2 \times 9.8} = 1.225 \, \text{m}$

문제 42. 다음 그림과 같이 1000 kg/s의 물이 관 속에 흐르고 있다. 단면 1과 단면 2에서 평균속도는 각각 몇 m/s인가?

㉮ $V_1 = 3.26 \, \text{m/s}, \ V_2 = 13.04 \, \text{m/s}$

㉯ $V_1 = 5.8 \, \text{m/s}, \ V_2 = 23.2 \, \text{m/s}$

㉰ $V_1 = 7.96 \, \text{m/s}, \ V_2 = 31.84 \, \text{m/s}$

㉭ $V_1 = 10 \, \text{m/s}, \ V_2 = 40 \, \text{m/s}$

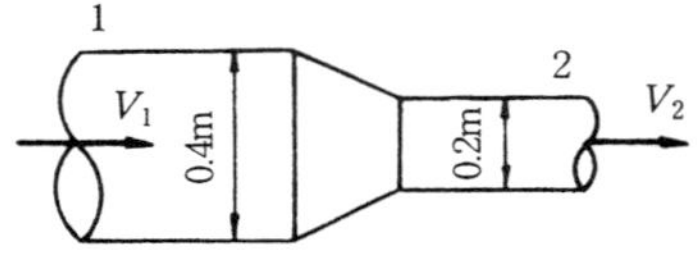

[해설] $\overset{\circ}{G} = \gamma A V$ 에서

$$V_1 = \frac{\overset{\circ}{G}}{\gamma} A_1 = \frac{1000}{1000 \times \dfrac{\pi (0.4)^2}{4}} = 7.96 \, \text{m/s}$$

$$V_2 = \frac{\overset{\circ}{G}}{\gamma} A_2 = \frac{1000}{1000 \times \dfrac{\pi (0.2)^2}{4}} = 31.84 \, \text{m/s}$$

[해답] 40. ㉯ 41. ㉮ 42. ㉰

문제 43. 유체가 가득 찬 안지름이 150 mm의 실린더 속에 바깥지름이 130 mm인 피스톤이 0.03 m/s의 속도로 삽입되고 있다. 피스톤과 실린더 사이의 틈으로 역류하여 올라가는 유체의 속도는?

㉮ 0.04 m/s　　　　㉯ 0.09 m/s　　　　㉰ 0.12 m/s　　　　㉱ 0.18 m/s

[해설] $Q = A_1 V_1 = A_2 V_2$ 에서　 $0.03 \times \dfrac{\pi}{4} \times 0.13^2 = \dfrac{\pi}{4}(0.15^2 - 0.13^2) V_2$

$$\therefore\ V_2 = 0.09\,\text{m/s}$$

문제 44. 안지름이 100 mm인 파이프에 비중 0.8인 기름이 평균속도 4 m/s로 흐를 때 질량유량은 몇 $kg \cdot s^2/m$인가? (단, 물의 비중량은 $1000\,kg/m^3$으로 한다.)

㉮ 25.1　　　　㉯ 44.8　　　　㉰ 3.2　　　　㉱ 2.56

[해설] 질량유량 $M = \rho A V$

$$= 102 \times 0.8 \times \frac{\pi}{4} \times 0.1^2 \times 4 = 2.56\,\text{kg} \cdot \text{s}^2/\text{m}$$

문제 45. 유체가 흐르는 어떤 관의 단면에 설치된 압력계의 읽음이 $4\,kg/cm^2$를 가리키고 있다. 이 단면의 압력수두는 얼마인가?

㉮ 4 m　　　　㉯ 40 m　　　　㉰ 400 m　　　　㉱ 0.4 m

[해설] $h = \dfrac{p}{\gamma} = \dfrac{4 \times 10^4}{1000} = 40\,\text{mAq}$

문제 46. 다음 그림과 같은 유리관의 A, B 부분의 지름이 각각 30 cm, 15 cm이다. 이 관에 물을 흐르게 했더니 A에 세운 관에는 물이 60 cm, B에 세운 관에는 물이 30 cm 올라갔다. A, B 부분에서의 물의 속도는 각각 얼마인가?

㉮ $V_A = 3.76\,\text{m/s}$,　$V_B = 15.04\,\text{m/s}$

㉯ $V_A = 2.78\,\text{m/s}$,　$V_B = 11.12\,\text{m/s}$

㉰ $V_A = 0.482\,\text{m/s}$,　$V_B = 1.928\,\text{m/s}$

㉱ $V_A = 0.626\,\text{m/s}$,　$V_B = 2.504\,\text{m/s}$

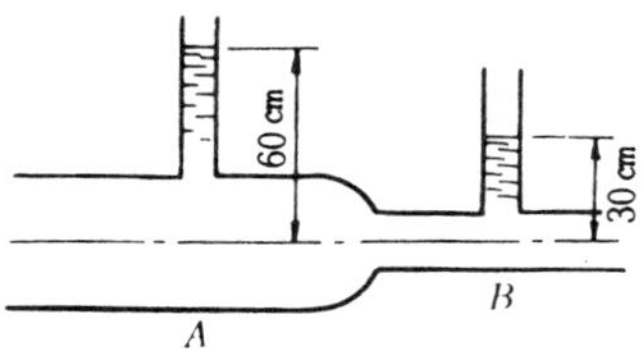

[해설] 연속방정식에서 $Q = A_A V_A = A_B V_B$이므로

$$V_A = \frac{A_B}{A_A} V_B = \frac{\dfrac{\pi}{4}(0.15)^2}{\dfrac{\pi}{4}(0.3)^2} V_B = \frac{1}{4} V_B$$

[해답]　43. ㉯　　44. ㉱　　45. ㉯　　46. ㉱

A와 B에 베르누이 방정식을 적용하면

$$\frac{p_A}{\gamma} + \frac{V_A{}^2}{2g} + z_A = \frac{p_B}{\gamma} + \frac{V_B{}^2}{2g} + z_B$$

여기서, $p_A = \gamma h = 1000 \times 0.6 = 600\,\text{kg/m}^2$

$\qquad p_B = \gamma h = 1000 \times 0.3 = 300\,\text{kg/m}^2$

$\qquad z_A - z_B = 0, \ V_B = 4\,V_A$이므로

$$\frac{600}{1000} + \frac{V_A{}^2}{2g} = \frac{300}{1000} + \frac{16\,V_A{}^2}{2g}, \ \frac{15\,V_A{}^2}{2g} = \frac{300}{1000}$$

$\therefore \ V_A = 0.626\,\text{m/s}$

$\therefore \ V_B = 4\,V_B = 2.504\,\text{m/s}$

문제 47. 비중량이 $1\,\text{kg/m}^3$인 유체가 지름 $20\,\text{cm}$인 관 속을 $6.28\,\text{kg/s}$로 흐른다. 이때 평균유속은 몇 m/s인가?

㉮ 1 ㉯ 20 ㉰ 200 ㉱ 400

[해설] 중량유량 $G = \gamma A V$

$$V = \frac{G}{\gamma A} = \frac{6.28}{1 \times \dfrac{\pi}{4} \times 0.2^2} = 200\,\text{m/s}$$

문제 48. 그림과 같은 관에 물이 $10\,l/\text{s}$로 흐르고 있다. 이때 A와 B점의 압력차는 몇 kg/m^2인가? (단, 모든 손실은 무시한다.)

㉮ 242.15 ㉯ 112.37
㉰ 363.16 ㉱ 56.68

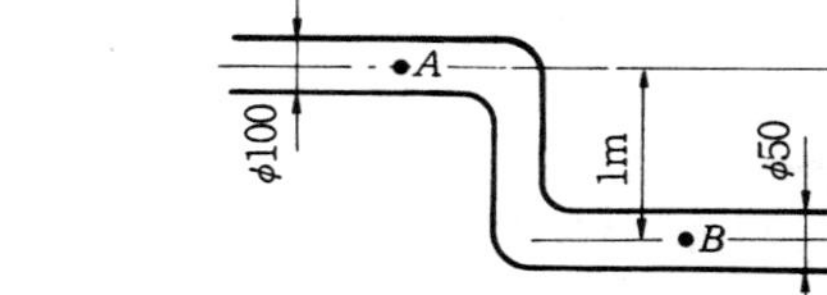

문제 49. 2차원 흐름 속의 한 점 A에서 유선이 $1\,\text{cm}$ 떨어져 있고, 평균유속은 $10\,\text{m/s}$, 다른 점 B에서는 유선이 $5\,\text{cm}$ 떨어져 있을 때 B에서의 평균유속은 몇 m/s인가?

㉮ 1 ㉯ 2 ㉰ 0.4 ㉱ 50

[해설] 연속방정식 $V_A S_A = V_B S_B$에서

$$V_B = \frac{S_A V_A}{S_B} = \frac{1}{5} \times 10 = 2\,\text{m/s}$$

[해답] 47. ㉰ 48. ㉮ 49. ㉯

문제 50. 다음 그림에서 관을 통해 분출되

는 유속은 몇 m / s인가?

㉮ 16.33

㉯ 15.21

㉰ 14.94

㉱ 13.77

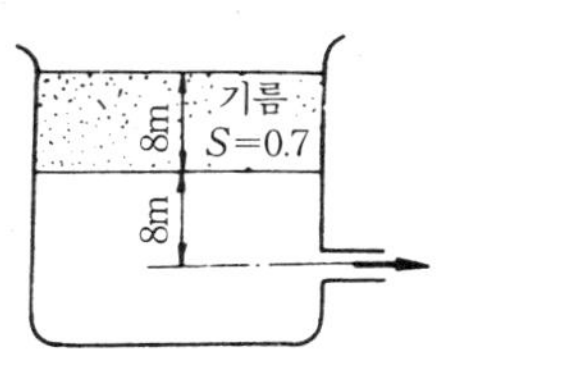

해설 기름의 깊이로 생기는 압력에 상당하는 물의 깊이는

$$1000 \times 0.7 \times 8 = 1000 \times h_e$$

$$\therefore h_e = 5.6\,\mathrm{m}$$

따라서 노즐까지의 물의 깊이는 $5.6 + 8 = 13.6\,\mathrm{m}$에 상당하므로

$$V = \sqrt{2gH} = \sqrt{2 \times 9.8 \times 13.6} \fallingdotseq 16.33\,\mathrm{m/s}$$

문제 51. 다음 그림과 같이 매우 넓은 저

수지 사이를 $\phi\,300\,\mathrm{mm}$의 관으로 연결하

여 놓았다. 이 계의 비가역량(손실에너

지)은 얼마인가?

㉮ 1.16 PS

㉯ 33.9 PS

㉰ 14 PS

㉱ 0 PS

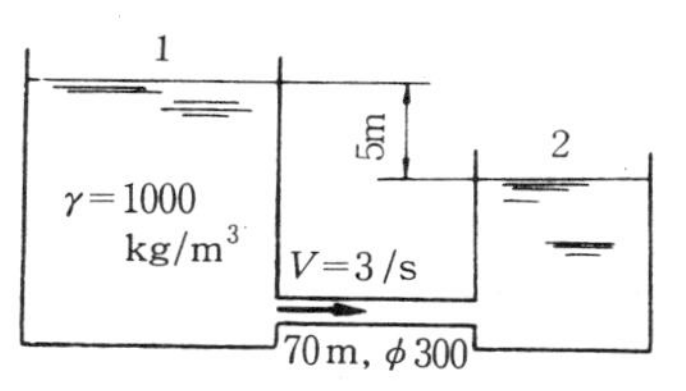

해설 그림의 1과 2 사이에 베르누이 방정식을 적용하면

$$\frac{V_1{}^2}{2g} + \frac{p_1}{\gamma} + z_1 = \frac{V_2{}^2}{2g} + \frac{p_2}{\gamma} + z_2 + h_l$$

$p_1 = p_2 = 0$, 대기압 $V_1 = V_2 \fallingdotseq 0$이므로 $h_l = z_1 - z_2 = 5\,\mathrm{m}$

또한 유량 $Q = 3 \times \dfrac{\pi}{4} \times 0.3^2 = 0.212\,\mathrm{m^3/s}$

따라서 손실동력 $L = \dfrac{\gamma Q h_l}{75} = \dfrac{1000 \times 0.212 \times 5}{75} = 14\,\mathrm{PS}$

문제 52. 안지름 $20\,\mathrm{cm}$의 파이프에 비중이 0.86인 기름이 $V = 2\,\mathrm{m/s}$로 흐른다. 이때

질량 유동률은 몇 kg / s인가?

㉮ 30　　　　㉯ 54　　　　㉰ 63　　　　㉱ 27

해설 $M = \rho A V = 1000 S A V$

$$= 1000 \times 0.86 \times \frac{\pi}{4} \times 0.2^2 \times 2 = 54.035\,\mathrm{kg/s}$$

문제 53. 2차원 흐름 속의 한 점 A에 있어서 유선의 간격은 4 cm이고, 평균유속은 12 cm/s이다. 다른 한 점 B에 있어서의 유선간격이 2 cm일 때 단면 B의 평균유속은 얼마인가?

㉮ 6 cm/s   ㉯ 12 cm/s   ㉰ 24 cm/s   ㉱ 48 cm/s

[해설] 연속방정식 $q = S_A V_A = S_B V_B$

$$V_B = \frac{S_A}{S_B} V_A = \frac{4}{2} \times 12 = 24 \,\text{cm/s}$$

문제 54. 다음 그림에서 $H = 6\,\text{m}$, $h = 5.75\,\text{m}$이다. 이때 손실수두는 몇 m인가?

㉮ 1 m   ㉯ 0.75 m

㉰ 0.5 m   ㉱ 0.25 m

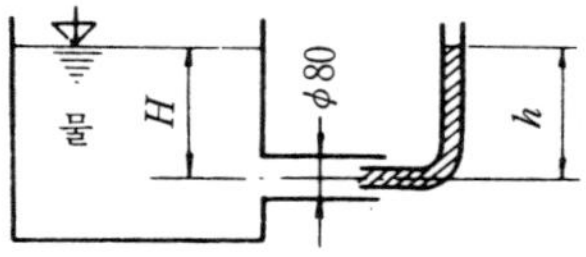

[해설] $h_L = H - h = 6 - 5.75 = 0.25\,\text{m}$

문제 55. 안지름 20 cm의 파이프에 비중이 0.86인 기름이 $V = 2\,\text{m/s}$로 흐른다. 이때 질량 유동률은 몇 kg/s인가?

㉮ 30   ㉯ 54   ㉰ 63   ㉱ 27

[해설] $M = \rho A V = 1000 S A V = 1000 \times 0.86 \times \frac{\pi}{4} \times 0.2^2 \times 2 = 54.035 \,\text{kg/s}$

문제 56. 그림과 같은 관내를 비압축성 유체가 흐르고 있다. 관 A의 지름은 d이고, 관 B의 지름은 $\frac{1}{2}d$이다. 관 A에서의 유체의 흐름의 속도를 V라 하면 관 B에서의 유체의 유속은?

㉮ $\frac{1}{2}V$ ㉯ 2 V5

㉰ $\frac{1}{\sqrt{2}}V$ ㉱ 4 V

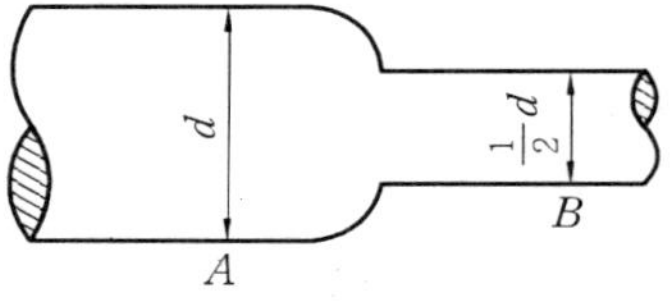

[해설] 연속방정식 $A_1 V_1 = A_2 V_2$에서 $d^2 V_A = \left(\frac{d}{2}\right)^2 V_B$

$$\therefore V_B = 4 V_A$$

해답 53. ㉰   54. ㉱   55. ㉯   56. ㉱

문제 57. 지름 30 cm의 관 내를 물이 평균속도 2 m/s로 흐르고 압력을 1.5 kg/cm^{2}이
었다. 이 물이 가지고 있는 동력은 몇 kW인가?

⑦ 12　　　　　　　④ 21　　　　　　　④ 41　　　　　　　④ 52

[해설] $\dfrac{p_1}{\gamma} + \dfrac{V^2}{2g} = H$ 에서

$$H = \dfrac{1.5 \times 10^4}{1000} + \dfrac{(2)^2}{2(9.81)} = 15 + 0.2 = 15.20 \,\text{m}$$

$$Q = AV = \dfrac{\pi}{4} D^2 V = \dfrac{\pi}{4}(0.3)^2(2) = 0.1413 \,\text{m}^3/\text{s}$$

$$L = \dfrac{\gamma Q H}{102} = \dfrac{1000 \times 0.1413 \times 15.2}{102} = 21 \,\text{kW}$$

$$\dfrac{p_2 - p_1}{\gamma} = \dfrac{V_1{}^2 - V_2{}^2}{2g} = \dfrac{4.46^2 - 0.495^2}{2 \times 9.8} = 1 \,\text{m}$$

문제 58. 물 제트가 수직하 방향으로 떨어지고 있다. 표고 12 m 지점에서의 제트지름은
5 cm, 속도는 24 m/s였다. 표고 4.5 m 지점에서의 물속도는 얼마인가?

⑦ 16.88 m/s　　　④ 26.89 m/s　　　④ 36.88 m/s　　　④ 30.85 m/s

[해설] 표고 12 m 지점과 4.5 m 지점에 대하여 베르누이 방정식을 대입하면 p_1과 p_2가 대기압이

되므로 $\dfrac{V_2{}^2}{2g} = \dfrac{(24)^2}{2g} + 7.5$

따라서 $V_2 = \sqrt{24^2 + 2 \times 9.8 \times 7.5} = 26.89 \,\text{m/s}$

문제 59. 다음 그림과 같이 수평관 목부분
①의 안지름 $d_1 = 10$ cm, ②의 안지름 d_2
= 30 cm로서 유량 2.1 m^3/min일 때 ①에
연결되어 있는 유리관으로 올라가는 수주
의 높이는 몇 m인가?

⑦ 1.6　　　　　④ 0.6

④ 1.5　　　　　④ 1

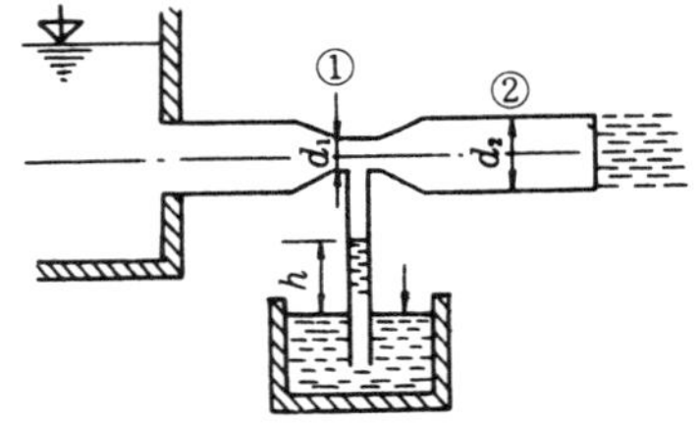

[해설] 유량 $Q = \dfrac{2.1}{60} = 0.035 \,\text{m}^3/\text{s}$

$$V_1 = \dfrac{Q_1}{A_1} = \dfrac{0.035}{\dfrac{\pi}{4}(0.1)^2} = 4.46 \,\text{m/s}, \quad V_2 = \dfrac{Q_2}{A_2} = \dfrac{0.035}{\dfrac{\pi}{4}(0.3)^2} = 0.495 \,\text{m/s}$$

---

①과 ②에 베르누이 방정식을 적용하면

$$\frac{p_1}{\gamma} + \frac{V_1{}^2}{2g} = \frac{p_2}{\gamma} + \frac{V_2{}^2}{2g}$$

$$\frac{p_2 - p_1}{\gamma} = \frac{V_1{}^2 - V_2{}^2}{2g} = \frac{4.46^2 - 0.495^2}{2.98} = 1\,\mathrm{m}$$

문제 60. 그림에서와 같이 양쪽의 수위가 다른 저수지를 벽으로 차단하고 있다. 이 벽의 오리피스를 통하여 ①에서 ②로 물이 흐르고 있을 때 유출속도 V_2는 얼마인가?

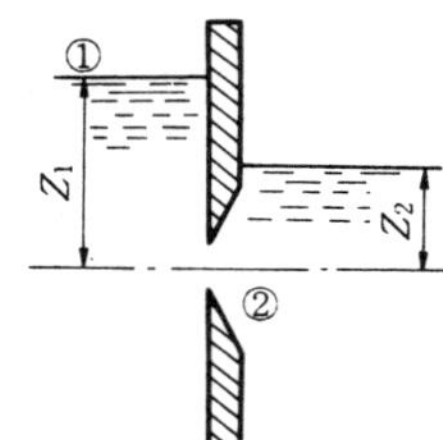

㉮ $V_2 = \sqrt{2gZ_1}$

㉯ $V_2 = \sqrt{2gZ_2}$

㉰ $V_2 = \sqrt{2g(Z_1 + Z_2)}$

㉱ $V_2 = \sqrt{2g(Z_1 - Z_2)}$

[해설] ①, ②에 대하여 베르누이 방정식을 적용하면,

$$\frac{V_1{}^2}{2g} + \frac{p_1}{\gamma} + Z_1 = \frac{V_2{}^2}{2g} + \frac{p_o{}^2}{\gamma} + Z_2 \text{에서}$$

$V_1 = 0$, $p_1 = 0$, $Z_1 = 0$, $\dfrac{p_2}{\gamma} = Z_2$를 각각 대입시키면

$$0 + 0 + Z_1 = \frac{V_2{}^2}{2g} + Z_2 + 0$$

$$\therefore\ V_2 = \sqrt{2g(Z_1 - Z_2)}$$

문제 61. 수면의 높이가 지면에서 h인 물통 벽에 구멍을 뚫고 물을 지면에 분출시킬 때 구멍을 어디에 뚫어야 가장 멀리 떨어지는가?

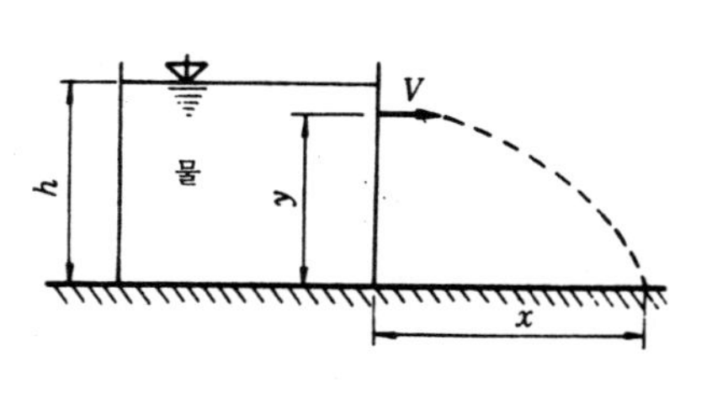

㉮ $\dfrac{h}{3}$ ㉯ $\dfrac{h}{2}$

㉰ $\dfrac{h}{4}$ ㉱ h

[해설] 토리첼리 공식에서 유속 $V = \sqrt{2g(h - y)}$

여기서 자유낙하 높이 $y = \dfrac{1}{2} gt^2$, $x = Vt$ 이므로

$$\frac{x}{t}=\sqrt{2g(h-y)} \text{에서} \quad x=\sqrt{\frac{2y}{g}}\sqrt{2g(h-y)}=2\sqrt{y(h-y)}$$

윗식을 y에 관해서 미분하면 $\dfrac{dx}{dy}=\dfrac{h-2y}{\sqrt{y(h-y)}}$

x가 최대가 되기 위해서는 $\dfrac{dx}{dy}=0$ 이어야 하므로

$$h=2y \quad \therefore \quad y=\frac{h}{2}$$

문제 62. 다음 그림과 같은 관로에 물이 흐르고 있다. 만일 관로에서의 모든 손실을 $\dfrac{KV_2{}^2}{2g}$로 대표할 수 있을 때, 펌프로부터 물에 준 에너지를 계산하기 위하여 다음과 같이 에너지 방정식을 세웠다. 맞는 것은 어느 것인가? (단, 내부에너지의 변화는 무시한다.)

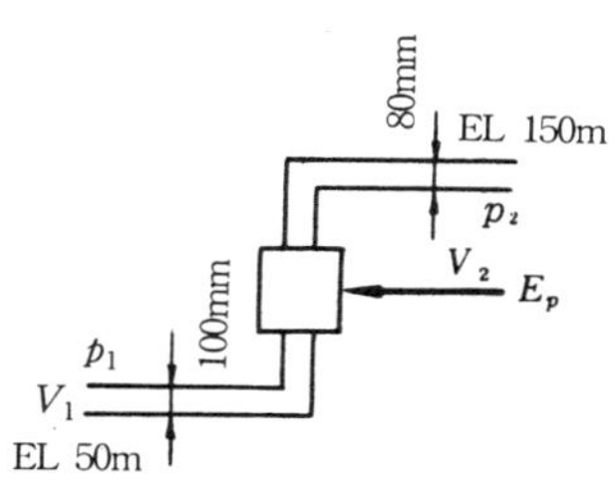

㉮　$\dfrac{p_1}{\gamma}+\dfrac{V_1{}^2}{2g}+50+K\dfrac{V_2{}^2}{2g}=E_p+\dfrac{p_2}{\gamma}+\dfrac{V_2{}^2}{2g}+150$

㉯　$\dfrac{p_1}{\gamma}+\dfrac{V_2{}^2}{2g}+50=E_p+\dfrac{p_2}{\gamma}+\dfrac{V_2{}^2}{2g}+150+K\dfrac{V_2{}^2}{2g}$

㉰　$\dfrac{p_1}{\gamma}+\dfrac{V_1{}^2}{2g}+50+E_p=\dfrac{p_2}{\gamma}+\dfrac{V_2{}^2}{2g}+150+K\dfrac{V_2{}^2}{2g}$

㉱　$\dfrac{p_1}{\gamma}+\dfrac{V_1{}^2}{2g}+50+E_p-K\dfrac{V_2{}^2}{2g}=\dfrac{p_2}{\gamma}+\dfrac{V_2{}^2}{2g}+150$

문제 63. 그림과 같이 축소된 통로에 물이 흐르고 있다. 두 압력계의 읽음이 같게 되는 지름은 얼마인가?

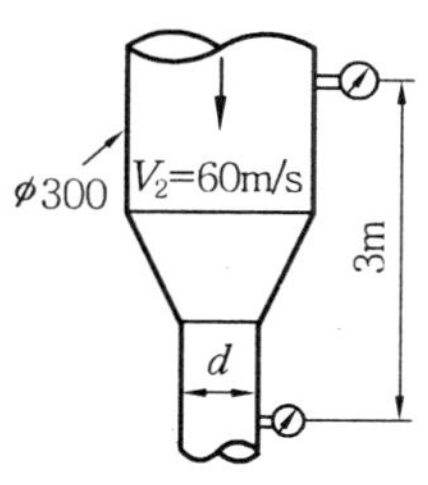

㉮ 55.54 cm

㉯ 5.56 cm

㉰ 23.55 cm

㉱ 13.55 cm

 두 점에 대해서 베르누이 방정식을 적용시키면

$$\frac{6^2}{2g}+\frac{p_1}{\gamma}+3=\frac{V_2{}^2}{2g}+\frac{p_2}{2r}+0$$

문제에서　$\dfrac{p_1}{\gamma} = \dfrac{p_2}{\gamma}$ 의 조건이므로　$V_2{}^2 = 36 + 3 \times 2 \times 9.8 = 94.8$

연속방정식으로부터　$Q = A_2 V_2 = \dfrac{\pi}{4} \times 0.3^2 \times 6 = \dfrac{\pi}{4} d^2 \sqrt{94.8}$

$$\therefore\ d^2 = \frac{6 \times 0.09}{\sqrt{94.8}} = 0.0555 \quad \therefore\ d = 23.55\,\mathrm{cm}$$

문제 64. 다음 그림과 같이 매우 넓은 저 수지 사이를 $\phi\,300$의 관으로 연결하여 놓 았다. 이 계의 동력은 얼마인가?

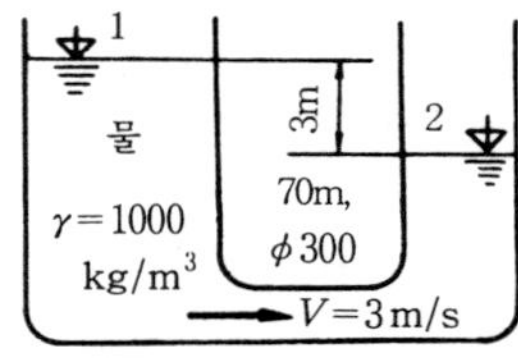

㉮ 1.16 PS　　　　　㉯ 33.9 PS

㉰ 8.48 PS　　　　　㉱ 0 PS

[해설] 1과 2에 베르누이 방정식을 적용하면

$$\frac{p_1}{\gamma} + \frac{V_1{}^2}{2g} + z = \frac{p_2}{\gamma} + \frac{V_2{}^2}{2g} + z_2 + h_L$$

여기서　$p_1 = p_2$,　$V_1 = V_2$,　$z_1 - z_2 = 3\,\mathrm{m}$　　$\therefore\ h_L = 3\,\mathrm{m}$

따라서 손실동력　$P_L = \dfrac{\gamma Q H}{75} = \dfrac{1000 \times \dfrac{\pi(0.3)^2}{4} \times 3 \times 3}{75} = 8.48\,\mathrm{PS}$

문제 65. 그림과 같은 터빈에 $0.23\,\mathrm{m^3/\,s}$로 물이 흐르고 있고, A와 B에서 압력은 각 각 $2\,\mathrm{kg/cm^2}$와 $-0.2\,\mathrm{kg/cm^2}$일 때 물로 부터 터빈이 얻는 동력은 몇 PS인가?

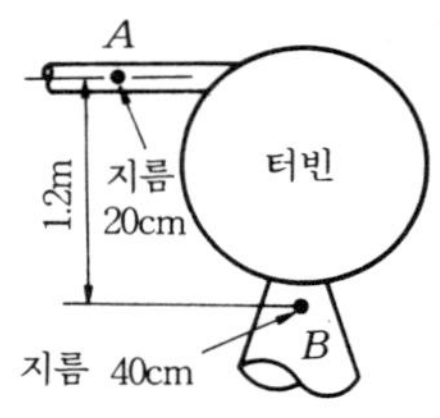

㉮ 25.76　　　　　㉯ 73.2

㉰ 79　　　　　　㉱ 83

[해설] 유속　$V_A = \dfrac{0.23}{\dfrac{\pi}{4} 0.2^2} = 7.32\,\mathrm{m/s}$,　$V_B = \dfrac{0.23}{\dfrac{\pi}{4} 0.4^2} = 1.83\,\mathrm{m/s}$

터빈에 전달된 수두를 H_T라 하고, A와 B에 베르누이 방정식을 적용하면

$$\frac{p_A}{\gamma} + \frac{V_A{}^2}{2g} + z_A = \frac{p_B}{\gamma} + \frac{V_B{}^2}{2g} + z_B + H_T$$

$$\frac{2 \times 10^4}{1000} + \frac{7.32^2}{2 \times 9.8} + 1.2 = \frac{-0.2 \times 10^4}{1000} + \frac{1.83^2}{2 \times 9.8} + H_T$$

$$\therefore\ H_T = 25.76\,\mathrm{m}$$

그러므로 동력　$P = \dfrac{\gamma Q H}{75} = \dfrac{1000 \times 0.23 \times 25.76}{75} = 79\,\mathrm{PS}$

[해답]　64. ㉰　　65. ㉰

문제 66. 다음 그림과 같은 터빈에서 유량이 $0.6\,\mathrm{m^3/s}$일 때 터빈이 얻은 동력은 75 kW이었다. 만일 터빈을 없애면 유량은 얼마로 되는가?

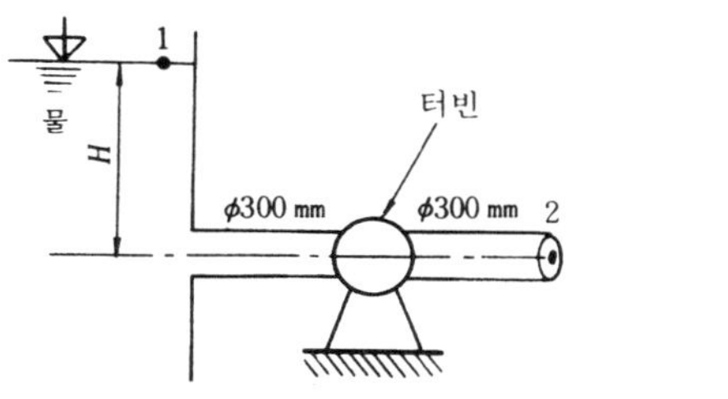

㉠ 8.49 ㉡ 12.75

㉢ 16.43 ㉣ 1.268관

[해설] 터빈이 있을 때 유속 $V_t = \dfrac{Q}{A} = \dfrac{0.6}{\dfrac{\pi}{4}0.3^2} = 8.49\,\mathrm{m/s}$

물이 터빈에 준 수두 $P = \dfrac{\gamma Q H_T}{1000}$ 에서 $75 = \dfrac{9800 \times 0.6 \times H_T}{1000}$

$\therefore\ H_T = 12.75\,\mathrm{m}$

1과 2에 베르누이 방정식을 적용하면

$$0 + 0 + H = 0 + \frac{V_t^{\,2}}{2g} + 0 + H_T$$

$\therefore\ H = \dfrac{8.49^2}{2 \times 9.8}\,\mathrm{m} + 12.75\,\mathrm{m} = 16.43\,\mathrm{m}$

터빈이 없을 때 관에서 유속 V는 토리첼리 공식에 의해서

$$V = \sqrt{2gH} = \sqrt{2 \times 9.8 \times 16.43} = 17.945\,\mathrm{m/s}$$

따라서 유량 $Q = AV = \dfrac{\pi(0.3^2)}{4}(17.945) = 1.268\,\mathrm{m^3/s}$

문제 67. 그림과 같은 사이펀에서 물이 흐르고 있을 때 1과 3점 사이의 손실수두 H_L는 얼마인가?(단, 사이펀에서 유량은 $42\,\mathrm{m^3/min}$이다.)

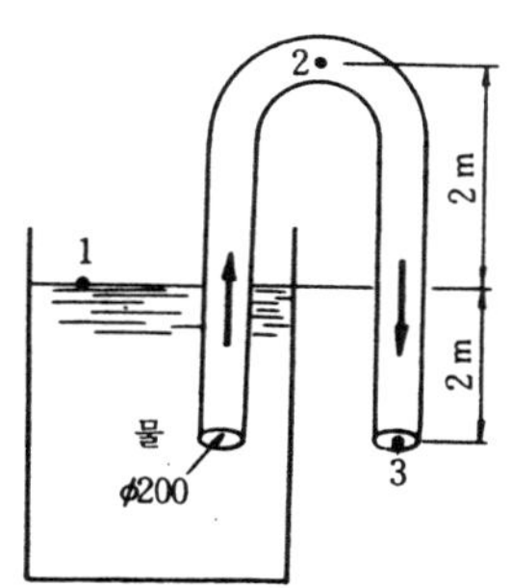

㉠ 1.747 m

㉡ 2.253 m

㉢ 1.4301 m

㉣ 2.569 m

[해설] $z_1 = \dfrac{V_3^{\,2}}{2g} + H_L$

$$V_3 = \frac{Q}{A} = \frac{Q}{\dfrac{\pi}{4}D^2} = \frac{4.2}{\dfrac{\pi}{4} \times (0.2)^2 \times 60} = 2.23\,\mathrm{m/s}$$

$$H_L = Z_1 - \frac{V_3^{\,2}}{2g} = 2 - \frac{2.23^2}{2 \times 9.8} = 1.747\,\mathrm{m}$$

문제 68. 송출구의 지름 200 mm인 펌프의 양수량이 $3.6\,\text{m}^3/\text{min}$일 때 유속은 몇 m/s 인가?

  ㉮ 3.78   ㉯ 2.11   ㉰ 1.35   ㉱ 1.91

[해설] 유량 $Q = 3.6\,\text{m}^3/\text{min} = \dfrac{3.6}{60}\,\text{m}^3/\text{s} = 0.06\,\text{m}^3/\text{s}$

$$\therefore\ V = \frac{Q}{A} = \frac{0.06}{\frac{\pi}{4}\,(0.2)^2} = 1.91\,\text{m/s}$$

문제 69. 다음 그림과 같은 관에 $40\,l/\text{s}$의 물이 흐르고 있다. 1에 있는 압력계가 $78.4\,\text{kPa}$를 가리키고 있을 때 2의 압력계는 얼마의 압력을 가리키는가? (단, 1과 2 사이의 손실은 무시한다.)

  ㉮ 36.8 kPa

  ㉯ 12.74 kPa

  ㉰ 50.96 kPa

  ㉱ 82.04 kPa

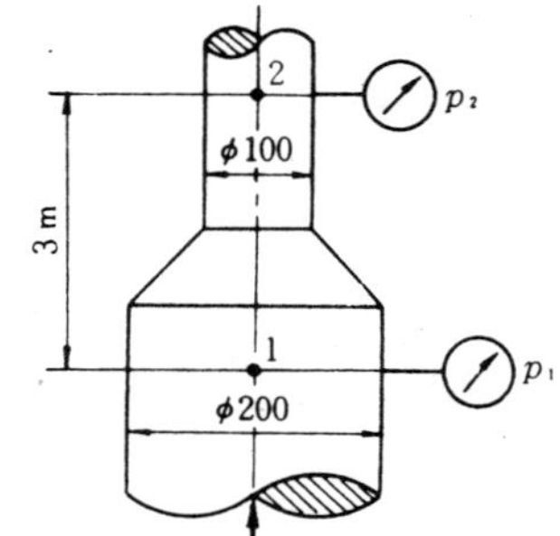

[해설] 연속방정식에서 V_1, V_2는

$$V_1 = \frac{0.04}{\frac{\pi}{4}\,0.2^2} = 1.274\,\text{m/s}, \quad V_2 = 4\,V_1 = 5.096\,\text{m/s}$$

1과 2에 베르누이 방정식을 적용하면 $\dfrac{p_1}{\gamma} + \dfrac{V_1^{\,2}}{2g} + z_1 = \dfrac{p_2}{\gamma} + \dfrac{V_2^{\,2}}{2g} + z_2$

여기서 $p_1 = 78.4\,\text{kPa} = 78400\,\text{N/m}^2$, $V_1 = 1.274\,\text{m/s}$, $V_2 = 5.096\,\text{m/s}$, $z_2 - z_1 = 3\,\text{m}$이므로

$$\frac{78400}{9800} + \frac{1.274^2}{2\times 9.8} + 0 = \frac{p_2}{9800} + \frac{5.096^2}{2\times 9.8} + 3$$

$$\therefore\ p_2 = 36800\,\text{N/m}^2 = 36.8\,\text{kPa}$$

문제 70. 그림과 같은 사이펀을 통해 흐를 수 있는 유량은 몇 m^3/s인가? (단, 손실은 무시한다.)

  ㉮ 3.269   ㉯ 3.611

  ㉰ 4.235   ㉱ 4.816

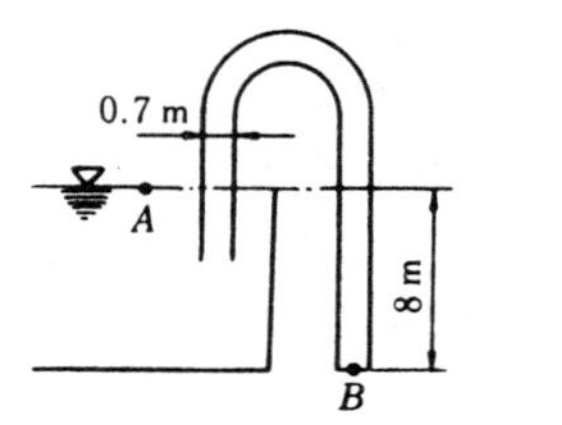

[해설] 수면 위의 한 점 A와 사이펀 출구 B 사이에 베르누이의 방정식을 적용하면

$$\frac{p_A}{\gamma} + \frac{V_A^{\,2}}{2g} + z_A = \frac{p_B}{\gamma} + \frac{V_B^{\,2}}{2g} + z_B$$

여기서 $p_A = p_B$, $z_B = 0$, $V_A = 0$이므로 $z_A = \dfrac{V_B^{\,2}}{2g}$

$$\therefore \ V_B = \sqrt{2gz_A} = \sqrt{2 \times 9.8 \times 8} \fallingdotseq 12.52 \, \text{m/s}$$

$$\therefore \ Q = A_B V_B = \frac{\pi}{4} \times 0.7^2 \times 12.52 \fallingdotseq 4.816 \, \text{m}^3/\text{s}$$

문제 71. 유동하고 있는 물의 동압이 $14.7 \, \text{kg/m}^2$이었다면 이 물의 유속은 얼마인가? (단, ρ는 $102 \, \text{kg} \cdot \text{s}^2/\text{m}$ 이다.)

㉮ $2.88 \, \text{m/s}$ 　㉯ $1.69 \, \text{m/s}$ 　㉰ $1.44 \, \text{m/s}$ 　㉱ $53.7 \, \text{m/s}$

[해설] $\dfrac{\rho V^2}{2} = 14.7 \, \text{kg/m}^2$에서 $V = \sqrt{\dfrac{2 \times 14.7}{\rho}} = 2.88 \, \text{m/s}$

문제 72. 다음 그림과 같은 사이펀(siphon)에서 흐를 수 있는 유량은 약 몇 l/min인가? (단, 관로 손실은 무시한다.)

㉮ 15
㉯ 900
㉰ 60
㉱ 3611

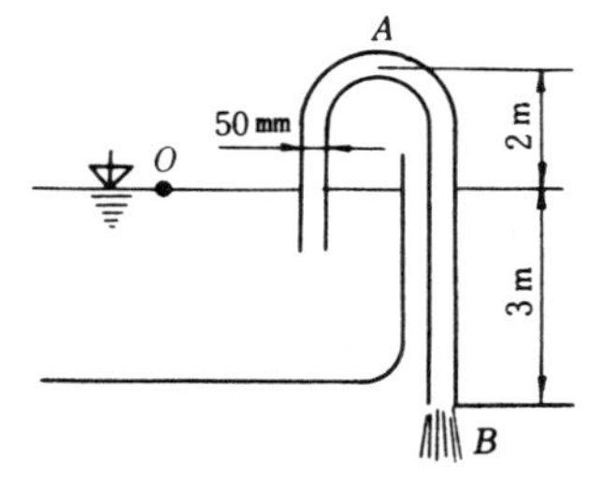

[해설] 자유표면 B점에 대하여 베르누이 방정식을 적용하면

$$\frac{p_o}{\gamma} + \frac{V_o^{\,2}}{2g} + z_o = \frac{p_B}{\gamma} + \frac{V_B^{\,2}}{2g} + z_B$$

여기서 $p_o = p_B = 0$, $V_o = 0$, $z_o - z_B = 3 \, \text{m}$이므로

$$V_B = \sqrt{2g(z_o - z_B)} = \sqrt{2 \times 9.8 \times 3} = 7.668 \, \text{m/s}$$

따라서 유량 Q는

$$Q = AV = \frac{\pi(0.05)^2}{4} \times 7.668 \fallingdotseq 0.015 \, \text{m}^3/\text{s} = 1.5 \, l/s = 900 \, l/\text{min}$$

해답 71. ㉮ 　72. ㉯

![주·관·식]

문제 1. 2차원의 유동에서 속도벡터가 $q = -x\,\boldsymbol{i} + 2y\,\boldsymbol{i}$ 로 주어졌을 때 점 (2, 1)을 지나는 유선의 방정식을 구하여라.

〔해설〕 $u = -x$, $v = 2y$ 이므로 유선의 방정식은 $\dfrac{dx}{-x} = \dfrac{dy}{2y}$

이 식을 적분하면 $-\ln x = \ln\sqrt{y} + \ln C_1$, $x\sqrt{x} = \dfrac{1}{C_1}$

$x = 2$ 에서 $y = 1$ 이므로 $C_1 = \dfrac{1}{2}$ 따라서 유선의 방정식은 $x\sqrt{y} = 2$

문제 2. 3차원 비정상류에 대한 연속방정식을 유도하여라.

〔해설〕

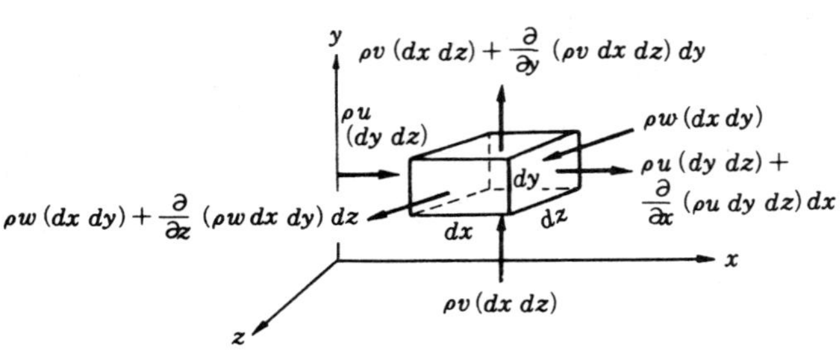

x, y, z 방향에 속도 성분을 각각 u, v, w라 하면, 그림과 같이 미소체적 $dxdydz$에서 x 방향으로 들어오는 질량 유동률은 $\rho u(dydz)$, 나가는 질량 유동률은 $\rho u(dydz) + \dfrac{\partial}{\partial x}(\rho u dydz)$ dx이므로 x방향으로 나가는 정미 유출 질량 유동률은

$$\left[\rho u dydz + \frac{\partial}{\partial x}(\rho u dydz)dx\right] - \rho u dydz = \frac{\partial(\rho u)}{\partial x}\,dxdydz$$

같은 방법으로 y방향, z방향으로 나가는 정미 유출 질량 유동률은

$$\left[\rho v dxdz + \frac{\partial}{\partial y}(\rho v dxdz)dy\right] - \rho v dxdz = \frac{\partial(\rho v)}{\partial y}\,dxdydz$$

$$\left[\rho w dxdy + \frac{\partial}{\partial z}(\rho w dxdy)dz\right] - \rho w dxdy = \frac{\partial(\rho w)}{\partial z}\,dxdydz$$

따라서 세 방향 (x, y, z)으로 나가는 총 정미 유출 질량 유동률은 다음과 같다.

$$\frac{\partial(\rho u)}{\partial x}\,dxdydz + \frac{\partial(\rho v)}{\partial y}\,dxdydz + \frac{\partial(\rho w)}{\partial z}\,dxdydz$$

미소체적 $dxdydz$ 안에서 질량 감소율은

$$-\frac{\partial}{\partial t}(\rho dxdydz) = -\frac{\partial \rho}{\partial t}\,dxdydz$$

이다. 여기서 $\dfrac{\partial \rho}{\partial t}$ 는 시간에 대한 밀도 변화율이다. 질량보존의 법칙에 의해서 총 정미 유출 질량 유동률과 질량 감소율은 같아야 한다.

$$\frac{\partial(\rho u)}{\partial x}\,dxdydz + \frac{\partial(\rho v)}{\partial y}\,dxdydz + \frac{\partial(\rho w)}{\partial z}\,dxdydz = -\frac{\partial \rho}{\partial t}\,dxdydz$$

윗식의 양변을 $dxdydz$로 나누면 3차원 비정상류의 연속방정식은 다음과 같다.

$$\frac{\partial(\rho v)}{\partial x} + \frac{\partial(\rho v)}{\partial z} + \frac{\partial(\rho w)}{\partial z} = -\frac{\partial \rho}{\partial t}$$

또는 $\nabla \cdot (\rho \boldsymbol{q}) = -\dfrac{\partial \rho}{\partial t}$

여기서 $\boldsymbol{q} = u\boldsymbol{i} + v\boldsymbol{j} + w\boldsymbol{k}$는 속도벡터이다.

문제 3. 3차원 비압축성 유동의 속도성분이 다음과 같이 주어졌다. 이와 같은 속도성분이 연속방정식을 만족하는가를 보여라.

$$U = 2x^2 - xy + z^2, \quad V = x^2 - 4xy + y^2, \quad W = -2xy - yz + y^2$$

해설 3차원 비압축성 유동의 연속방정식은

$$\nabla \cdot \boldsymbol{q} = \frac{\partial u}{\partial x} + \frac{\partial v}{\partial y} + \frac{\partial w}{\partial z} = 0$$

그러므로 $\dfrac{\partial u}{\partial x} = 4x - y$, $\dfrac{\partial v}{\partial y} = -4x + 2y$, $\dfrac{\partial w}{\partial z} = -y$

$$\therefore \frac{\partial u}{\partial x} + \frac{\partial v}{\partial y} + \frac{\partial w}{\partial y} = 4x - y - 4x + 2y - y = 0$$

$\therefore$ 이 속도 성분은 연속방정식을 만족한다.

문제 4. 그림과 같은 벤투리미터 (venturi meter)를 이용하여 유량을 측정하려고 한다. 파이프 내에는 비중량이 γ인 유체가 흐르고, 액주계에는 비중량이 γ_0인 유체가 있을 때 유량을 구하여라.

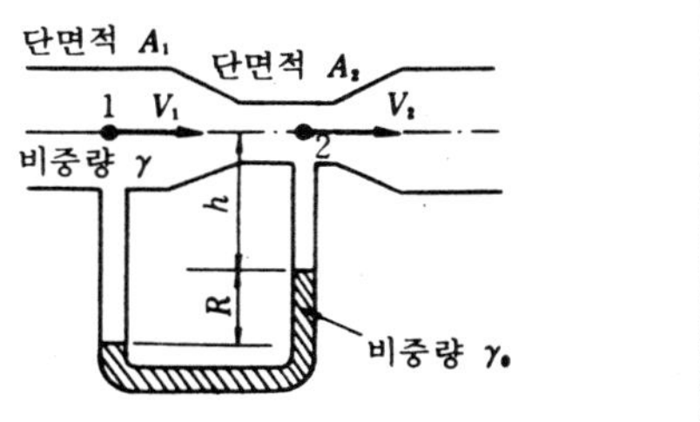

해설 1과 2에 연속방정식과 베르누이 방정식을 적용하면

$$Q = A_1 V_1 = A_2 V_2 \quad\cdots\cdots\cdots\cdots\cdots\cdots\cdots\cdots\cdots\cdots\cdots\cdots ①$$

$$\frac{p_1}{\gamma} + \frac{V_1^2}{2g} + Z_1 = \frac{p_2}{\gamma} + \frac{V_2^2}{2g} + Z_2 \quad\cdots\cdots\cdots\cdots\cdots\cdots\cdots ②$$

식 ①에서　$V_1 = \left(\dfrac{A_2}{A_1}\right)V_2$와　$Z_1 = Z_2$를 식 ②에 대입하면

$$\frac{1}{\gamma}(p_1 - p_2) = \frac{V_2^{\,2}}{2g} - \frac{V_1^{\,2}}{2g} = \frac{V_2^{\,2}}{2g}\left[1 - \left(\frac{A_2}{A_1}\right)^2\right]$$

$$V_2 = \frac{1}{\sqrt{\left[1 - \left(\dfrac{A_2}{A_1}\right)^2\right]}}\sqrt{2g\frac{(p_1 - p_2)}{\gamma}}$$

그러므로 유량　$Q = A_2 V_2 = \dfrac{A_2}{\sqrt{\left[1 - \left(\dfrac{A_2}{A_1}\right)^2\right]}}\sqrt{2g\dfrac{(p_1 - p_2)}{\gamma}}$　............................　③

액주계 방정식에서　$p_1 + \gamma(h + R) = p_2 + \gamma h + \gamma_o R$,　$p_1 - p_2 = (\gamma_o - \gamma)R$

이것을 식 ③에 대입하면　$\therefore\ Q = \dfrac{A_2}{\sqrt{1 - \left(\dfrac{A_2}{A_1}\right)^2}}\sqrt{2g\dfrac{(\gamma_o - \gamma)}{\gamma}R}$

문제 5. 다음 그림에서 A까지의 손실이 $\dfrac{4V_1^{\,2}}{2g}$
이고, 노즐에서의 손실이 $\dfrac{0.05\,V_2^{\,2}}{2g}$ 일 때 유량
과 A점에서의 압력을 구하여라. (단, $H = 8\,\mathrm{m}$
이다.)

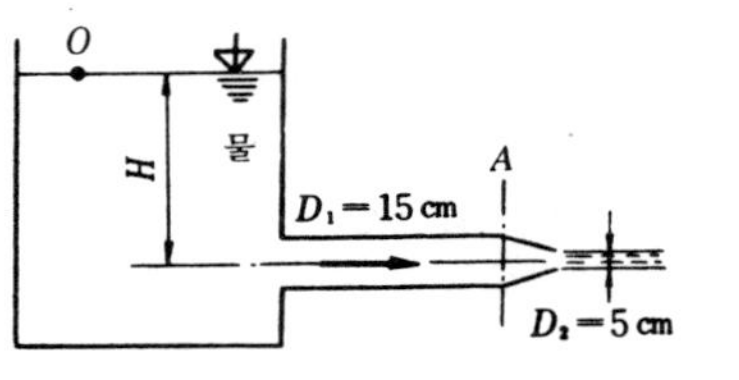

[해설] 연속방정식에서　$Q = A_1 V_1 = A_2 V_2 = \dfrac{\pi(0.15)^2}{4}V_1 = \dfrac{\pi(0.05)^2}{4}V_2$　$\therefore\ V_2 = 9V_1$

물의 자유표면과 노즐 끝에서 베르누이 방정식을 적용하면

$$\frac{p_o}{\gamma} + \frac{V_o^{\,2}}{2g} + Z_o = \frac{p_2}{\gamma} + \frac{V_2^{\,2}}{2g} + Z_2 + h_{LO-2}$$

여기서　$p_o = p_2 = p_{atm}$(대기압),　$V_o = 0$,　$Z_0 - Z_2 = H = 8\,\mathrm{m}$

$h_{LO-2} = \dfrac{4V_1^{\,2}}{2g} + \dfrac{0.05\,V_2^{\,2}}{2g}$ 이므로　$0 + 0 + 8 = 0 + \dfrac{V_2^{\,2}}{2 \times 9.8} + \dfrac{4V_1^{\,2}}{2 \times 9.8} + \dfrac{0.05\,V_2^{\,2}}{2 \times 9.8}$

윗식에 $V_2 = 9V_1$을 대입하면

$$8 = \frac{1}{2 \times 9.8}(81 + 4 + 0.05 \times 81)V_1^{\,2} = \frac{89.05}{2 \times 9.8}V_1^{\,2}\quad \therefore\ V_1 = 1.327\,\mathrm{m/s}$$

그러므로 유량　$Q = A_1 V_1 = \dfrac{\pi(0.15)^2}{4} \times 1.327 = 0.0234\,\mathrm{m^3/s}$

또 자유표면과 A에 베르누이 방정식을 적용하면

$$0 + 0 + 8 = \frac{p_A}{1000} + \frac{1.327^2}{2 \times 9.8} + 0 + \frac{4(1.327)^2}{2 \times 9.8}$$

$\therefore\ p_A = 7550\,\mathrm{kg/m^2} = 0.755\,\mathrm{kg/cm^2}$(계기압력)

제4장 운동량 방정식과 그 응용

1. 운동량과 역적

물체의 질량 m과 이것의 속도 v의 곱을 운동량(momentum)이라 한다. 이때 물체가 갖는 운동량의 시간에 대한 변화율은 외부로부터 작용한 외력 F와 같고, 그 변화의 방향은 외력의 방향으로 생긴다. 즉, 뉴턴의 제2운동법칙에 의하면 다음과 같다.

$$F = ma = m\frac{dv}{dt} = \frac{d}{dt}(mv)$$

$$Fdt = mdv = d(mv)$$

여기서, Fdt : 역적(impulse) 또는 충격력, mdv : 운동량(momentum)의 변화

또한 질량이 시간에 대하여 일정하고, 외력 F에 의하여 운동량이 mv_1에서 mv_2로 변하였다면

$$\int Fdt = \int mdv$$

$$Ft = m(v_2 - v_1)$$

으로 위의 식에서 물체에 작용한 힘은 그 물체의 단위 시간에 대한 운동량의 변화량과 같음을 말해 주고 있다.

[예제] 1. 유체운동량의 법칙은 다음 중 어떤 경우에 적용할 수 있는가?
㉮ 점성유체에만 적용할 수 있다.
㉯ 압축성 유체에만 적용할 수 있다.
㉰ 정상유동하는 이상 유체에만 적용할 수 있다.
㉱ 모든 유체에 적용할 수 있다.

[해설] 운동량 법칙은 모든 유체나 고체, 기체에 적용시킬 수 있는 자연법칙이다.　　　답 ㉱

2. 유체의 운동량 방정식

2-1 운동량 이론

앞에서 운동량의 원리를 유체에 적용할 때 먼저 비압축성 정상 유동으로 생각하여 관계식을 유도한다.

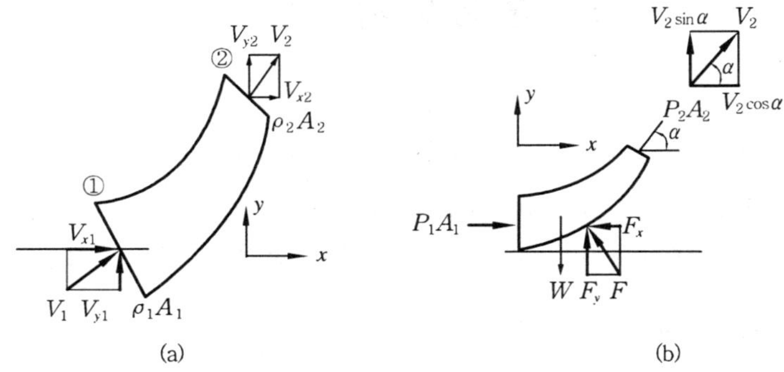

그림 4-1

그림 4-1과 같은 관로의 단면 ①과 ② 사이의 유량 dQ인 미소 유관을 취하여 이 유관을 따라 유체가 시간 dt동안 흘러서 생긴 체적 $dQdt$인 자유체를 생각한다.

x방향에 대한 운동방정식은 다음과 같다.

$$dF_x = dm \frac{dv_x}{dt} = \rho dQdt \frac{dv_x}{dt} = \rho dQdv_x$$

이 식을 단면 ①에서 ②까지 유관에 따라 적분할 때 유체가 비압축성이므로 $\rho =$ const, 또 정상류이므로 $dQ =$ const로 되며, 단면상에 있어서 평균 속도 x방향의 성분을 v_{x1}, v_{x2}로 쓰며 이것은 단면상에서 일정하다고 생각할 수 있다.

$$\Sigma F_x = \rho v_{x2} \int v_2 dA_2 - \rho v_{x1} \int v_1 dA_1 = \rho Q (v_{x2} - v_{x1})$$

같은 방법으로 y, z 방향에 대한 분력은 다음과 같이 된다.

$$\Sigma F_y = \rho v_{y2} \int v_2 dA_2 - \rho v_{y1} \int v_1 dA_1 = \rho Q (v_{y2} - v_{y1})$$

$$\Sigma F_z = \rho v_{z2} \int v_2 dA_2 - \rho v_{z1} \int v_1 dA_1 = \rho Q (v_{z2} - v_{z1})$$

2-2   운동량 보정계수

유동 단면에 대한 속도 분포가 균일하지 않을 때 그 단면에서의 운동량은 운동량 보정계수를 도입함으로써 평균 속도 V의 운동량으로 나타낼 수 있다.

$$즉, \ F = \int \rho vv\, dA = \beta \rho Q V$$

$$\therefore\ \beta = \frac{1}{A} \int \left(\frac{v}{V} \right)^2 dA (운동량\ 보정계수)$$

예제 2. 다음 중 운동량 수정계수는 ?

㉮ $\dfrac{1}{A} \int_A \left(\dfrac{v}{V} \right) dA$ ㉯ $\dfrac{1}{A} \int_A \left(\dfrac{v}{V} \right)^2 dA$

㉰ $\dfrac{1}{A} \int_A \left(\dfrac{v}{V} \right)^3 dA$ ㉱ $\dfrac{1}{A} \int_A \left(\dfrac{v}{V} \right)^4 dA$

해설 ㉰는 운동에너지 수정(보정)계수   답 ㉯

3. 운동량 방정식의 응용

3-1   점차 축소관에 작용하는 힘

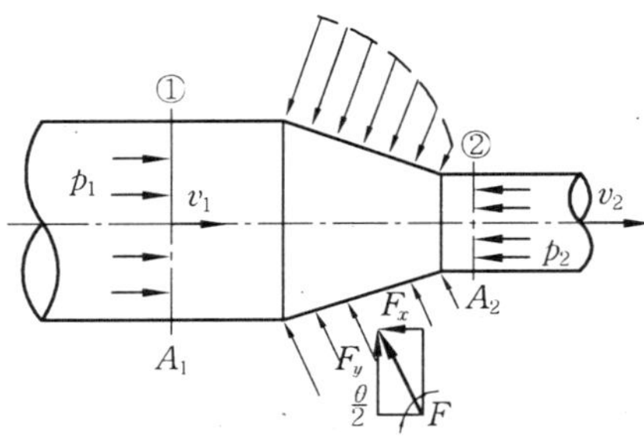

그림 4-2 관로의 원추면에 미치는 힘

그림 4-2와 같은 관로의 단면적이 A_1에서 A_2로 점차 감소할 때 관속을 유동하는 유체의 운동량의 변화로 인하여 원추형 벽에 힘 F가 미친다.

$$p_1 A_1 - p_2 A_2 - F_x = \rho Q (v_2 - v_1)$$

$$\therefore \ F_x = p_1 A_1 - p_2 A_2 + \rho Q (v_1 - v_2)$$

원추각을 θ 라 하면 합력 F는 다음과 같다.

$$F = F_x \cos \left(\frac{\theta}{2} \right)$$

또한 노즐이라면 p_2 는 대기압이므로 $p_2 = 0$ 이다.

$$\therefore \ F_x = p_1 A_1 + \rho Q (v_1 - v_2)$$

힘 F_x는 유체의 흐름에 반대 방향으로 작용하므로 유체가 관에 작용하는 힘은 유체
의 흐름 방향으로 작용하게 된다.

3-2　곡관에 작용하는 힘

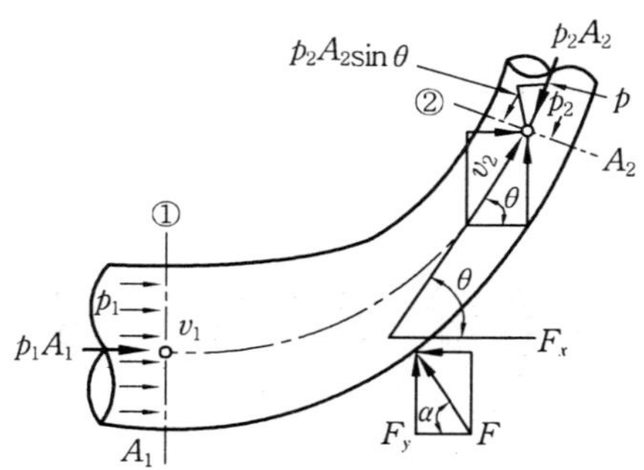

그림 4 -3　만곡 관로에 미치는 힘

그림과 같이 관로의 단면적과 방향이 함께 변하는 곡관속을 유동할 때 단면 ①과 ②
사이의 유체에 운동량 방정식을 적용하면 다음과 같다.

$$\begin{cases} p_1 A_1 - p_2 A_2 \cos \theta - F_x = \rho Q (v_2 \cos \theta - v_1) \\ F_y - p_2 A_2 \sin \theta = \rho Q (v_2 \sin \theta - 0) \end{cases}$$

$$\therefore \ F_x = p_1 A_1 - p_2 A_2 \cos \theta + \rho Q (v_1 \cos \theta - v_2)$$

$$F_y = (\rho Q v_2 - p_2 A_2) \sin \theta$$

따라서 합력의 크기는 다음과 같다.

$$F = \sqrt{ F_x{}^2 + F_y{}^2 }, \quad \theta = \tan^{-1} \frac{F_y}{F_x}$$

3-3 분류가 평판에 작용하는 힘

(1) 고정 평판에 수직으로 작용하는 힘

$$F = \rho Q v = \rho A v^2$$

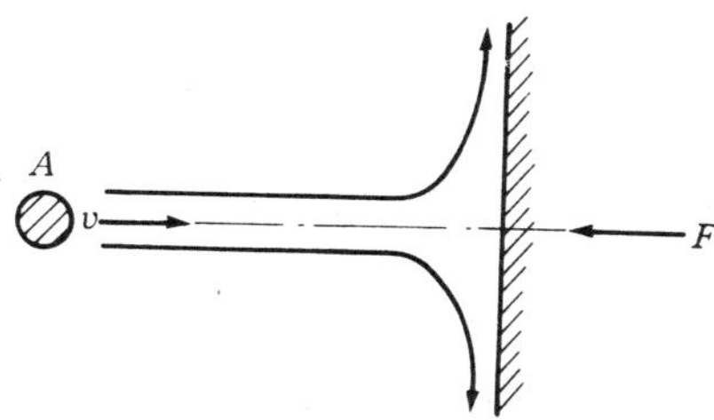

그림 4-4 고정 평판에 충돌하는 분류

(2) 경사진 고정 평판에 작용하는 힘

$$F = \rho Q v \sin \theta$$

$$F_x = F \sin \theta = \rho Q v \sin^2 \theta$$

$$F_y = F \cos \theta = \rho Q v \sin \theta \cos \theta$$

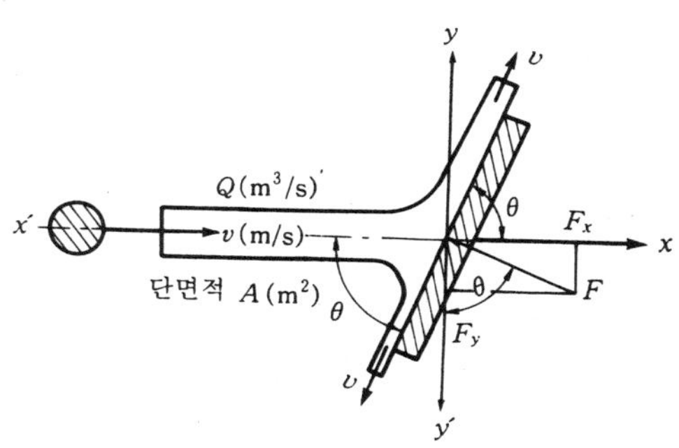

그림 4-5 고정 평판에 경사각으로 충돌하는 분류

평판과 평행한 힘은 작용하지 않고, 평판과 평행한 방향의 운동량의 변화도 없다. 따라서 평행한 분류의 최초의 운동량은 충돌 후의 합과 같으므로

$$\rho Q v \cos \theta = \rho Q_1 v - \rho Q_2 v$$

$$\therefore \ Q \cos \theta = Q_1 - Q_2$$

또한 연속의 방정식에서 $Q = Q_1 + Q_2$ 이므로 다음과 같은 식이 성립한다.

$$Q_1 = \frac{Q}{2}(1 + \cos \theta), \quad Q_2 = \frac{Q}{2}(1 + \cos \theta)$$

(3) 움직이고 있는 평판에 수직으로 작용하는 힘

그림 4-6과 같이 평판이 분류의 방향으로 u 의 속도를 가지고 움직일 때 분류가 평판에 충돌하는 속도는 분류의 속도 v 에서 평판의 속도 u 를 뺀 값, 즉 평판에 대한 분류의 상대 속도이다.

$$F = \rho Q(v - u) = \rho A(v - u)^2$$

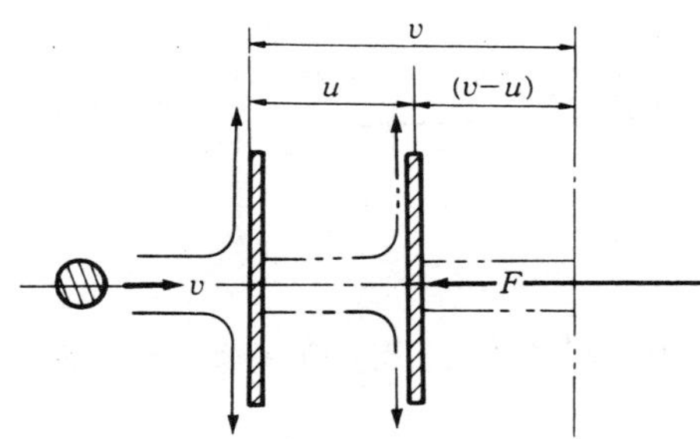

그림 4-6 분류 방향으로 운동하는 평판에 충돌하는 분류의 힘

3-4 분류가 곡면판에 작용하는 힘

(1) 고정 곡면판(고정 날개)에 작용하는 힘

$$F_x = \rho Q v(1 - \cos \theta)$$

$$F_y = \rho Q v \sin \theta$$

$$\therefore \ F \sqrt{F_x{}^2 + F_y{}^2} = \rho Q v \sqrt{(1 - \cos \theta)^2 + \sin^2 \theta} = 2Qv \sin\left(\frac{\theta}{2}\right)$$

$$\theta = \tan^{-1} \frac{F_y}{F_x} = \sin \frac{\theta}{(1 - \cos \theta)} = \cot \frac{\theta}{2} = \tan \frac{\pi - \theta}{2}$$

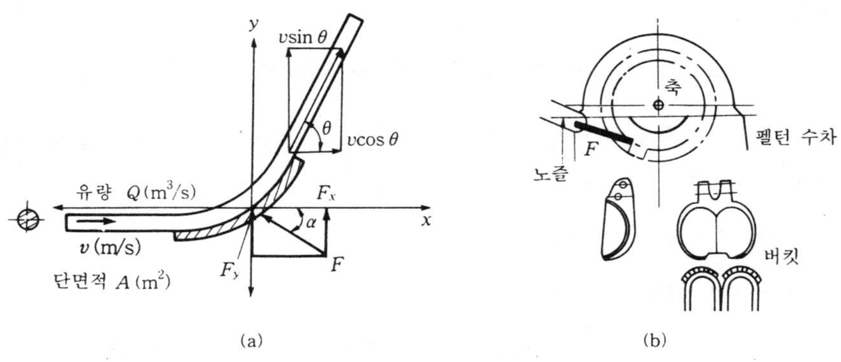

그림 4-7 고정 곡면판에 미치는 분류의 힘

위의 식에 의하면 그 방향은 분류가 곡면판에 부딪치는 전후 속도의 방향을 이등분하는 선의 방향과 일치한다. 또 곡면판이 받는 힘 F는 $\theta = 180°$, 즉 U자형으로 만들 때가 최대로 되고 분류가 평판과 수직인 경우의 2배가 된다.

(2) 움직이는 곡면판(가동 날개)에 작용하는 힘

그림 4-8에서 유체 분류가 가동 날개의 접선 방향으로 유입한다면 유체가 날개에 작용하는 분력 F_x, F_y는 운동량 방정식에 의하여 결정된다. 날개 위를 지나는 상대 속도는 분류의 절대속도 v와 날개의 절대속도 u의 차로서 크기는 변함이 없다.

$$F_x = \rho Q(v_{x1} - v_{x2}) \text{에서}$$

$$v_{x1} = v - u, \quad v_{x2} = (v - u)\cos\theta$$

또한 유량 $Q = A(v - u)$이므로 다음과 같다.

$$\therefore F_x = \rho Q(v - u)(1 - \cos\theta)$$

$$= \rho A(v - u)^2 (1 - \cos\theta)$$

$$F_y = \rho Q(v_{y1} - v_{y2}) \text{에서}$$

$$v_{y1} = 0$$

$$v_{y2} = (v - u)\sin\theta \text{이므로}$$

$$\therefore F_y = -\rho Q(v - u)\sin\theta = -\rho A(v - u)^2 \sin\theta$$

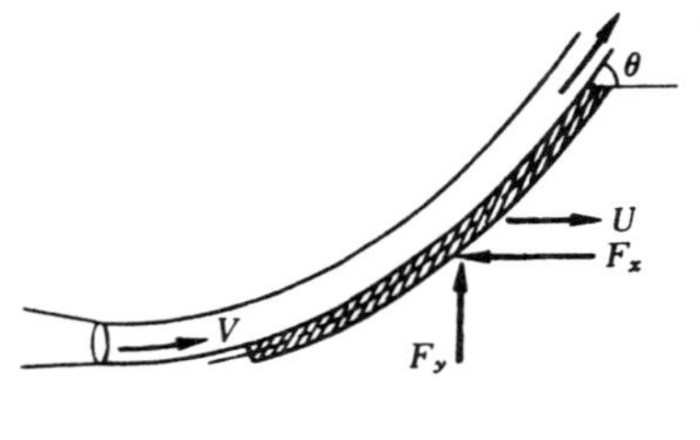

그림 4-8

또한 날개 출구에서의 절대속도 x방향의 성분 V_x와 y방향의 성분 V_y를 구하면 다음과 같다.

$$V_x = (v - u)\cos\theta + u$$

$$V_y = (v - u)\sin\theta$$

단일 가동 날개에서의 유량은 분류의 단면적에 상대속도를 곱한 값이며, 펠톤 수차와 같은 연속 날개에서는 분류의 단면적에 절대속도를 곱한 값이다.

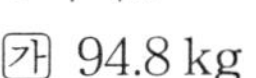 **3.** 그림과 같이 단면적이 $0.002\,\mathrm{m^2}$인 노즐에서 물이 $30\,\mathrm{m/s}$의 속도로 분사되어 평판을 $5\,\mathrm{m/s}$로 분류의 방향으로 움직이고 있을 때 분류가 평판에 미치는 충격력은 약 얼마인가? (단, 물의 비중은 1이다.)

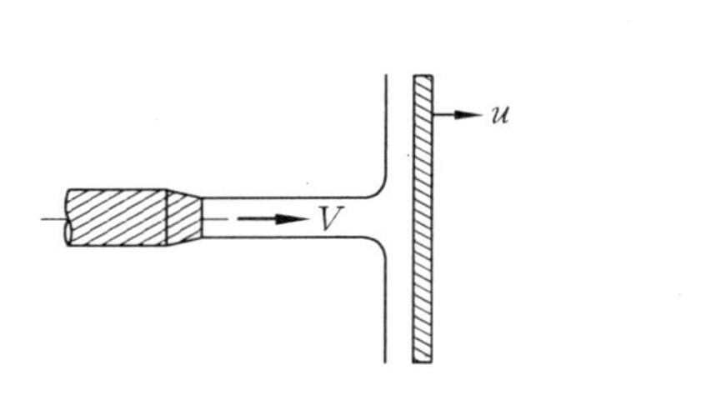

㉮ 94.8 kg　　　　㉯ 134.4 kg

㉰ 127.6 kg　　　　㉱ 183.7 kg

[해설] $F = \rho Q(v - u)^2 = 1000 \cdot (0.002)(30-5)^2 = 1250\,\text{N} = 127.6\,\text{kg}$　　　[답] 〔다〕

[예제] **4.** 다음 그림에서 R_x를 구하는 운동량 방정식은?

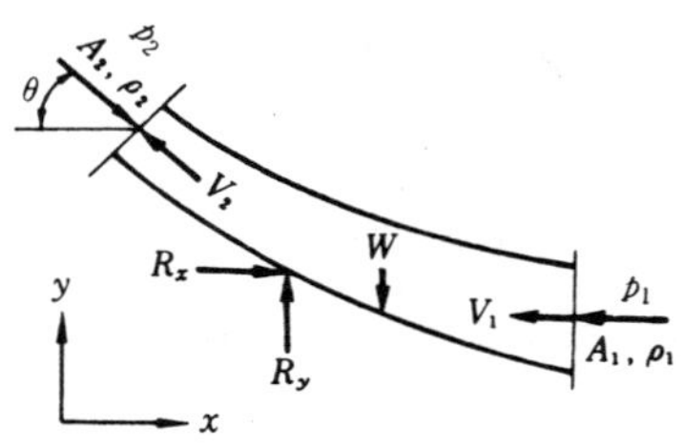

〔가〕　$p_1 A_1 - p_2 A_2 \cos\theta + R_x - W = \rho Q(V_1 - V_2 \cos\theta)$

〔나〕　$-p_1 A_1 + p_2 A_2 \cos\theta + R_x = \rho Q(V_2 \cos\theta - V_1)$

〔다〕　$-p_1 A_1 + p_2 A_2 \cos\theta + R_x = \rho Q(V_1 - V_2 \cos\theta)$

〔라〕　$-p_1 A_1 + p_2 A_2 \sin\theta + R_x = \rho Q(V_2 \sin\theta - V_1)$

[해설] $R_x = p_1 A_1 + \rho_1 A_1 V_1{}^2 - p_2 A_2 \times \cos\theta - \rho_2 A_2 V_2{}^2 \times \cos\theta - p_1 A_1 + p_2 A_2 \cos\theta + R_x$

$\qquad = \rho Q(V_1 - V_2 \cos\theta)$　　　[답] 〔다〕

[예제] **5.** 다음 그림과 같이 벽에 붙어있는 180°의 깃에 단면적 A_0로 분사된 물이 부딪치고 있다. 물이 벽에 미치는 힘은 얼마인가?

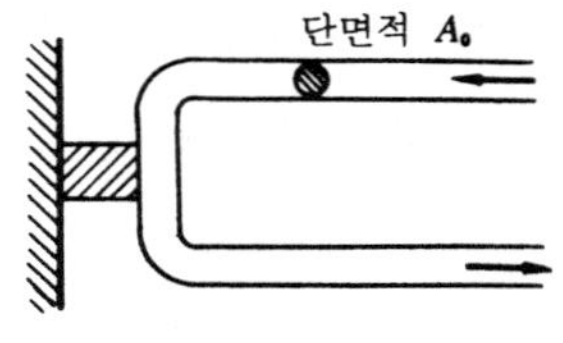

〔가〕　0　　　　　　　〔나〕　$\dfrac{1}{2}\rho A_0 V^2$

〔다〕　$\rho A_0 V^2$　　　　〔라〕　$2\rho A_0 V^2$

[해설] 운동량 방정식에서　$F = \rho(A_0 V)[V - (-V)] = 2\rho A_0 V^2$　　　[답] 〔라〕

[예제] **6.** 단면적이 $25\,\text{cm}^2$이고, 속도가 $60\,\text{m}/\text{s}$인 물제트가 $20\,\text{m}/\text{s}$의 속도로 물제트와 같은 방향으로 이동하고 있는 깃에 분사될 때 깃을 지나는 체적 유량은 몇 m^3/s인가?

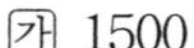

〔가〕　1500　　　　　　〔나〕　1.5

〔다〕　0.1　　　　　　　〔라〕　0.15

[해설]　$Q = AV$이므로 이동하는 깃의 경우에는 $Q = A(V_0 - u)$이다.

$\qquad Q = 25 \times 10^{-4} \times (60 - 20) = 0.1\,\text{m}^3/\text{s}$　　　[답] 〔다〕

4. 프로펠러와 풍차

4-1 프로펠러

항공기, 선박 또는 축류식 유체 기계의 프로펠러는 유체에 운동량의 변화를 주어 추진력 F를 발생시키는 장치이다.

그림 4-9에서 프로펠러의 상류 ①에서의 압력이 p_1, 속도가 v_1인 균일한 흐름이고 프로펠러 가까이에 이르러서는 속도가 증가하며, 압력은 감소한다. 프로펠러를 지나면 다시 압력은 증가하고 흐름의 속도도 증가되며, 흐름의 단면적이 작아져서 단면 ④에 이른다.

이것은 프로펠러가 진행되고 있는 상태이고 프로펠러 우측의 유속은 v_4이다. 따라서 프로펠러의 단면 ②와 ③에서의 속도는 같다고 볼 수 있으므로 $v_2 ≒ v_3$이다.

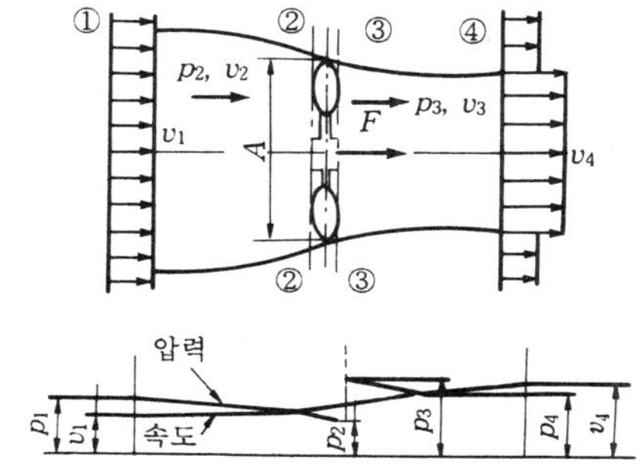

그림 4-9 프로펠러의 운동량

그러나 $p_2 < p_1$, $p_3 > p_4$이고, 프로펠러로부터 멀리 떨어진 p_1과 p_4는 같으므로 $p_2 < p_3$이다.

운동량의 원리를 단면 ①, ② 및 프로펠러의 반류(伴流, slip stream)로 둘러싸인 흐름에 적용하면 이에 미치는 힘은 프로펠러가 주는 힘뿐이다. 따라서 추진력 F는 다음과 같다.

$$F = \rho Q(v_4 - v_1) = (p_3 - p_1)A = \rho A v(v_4 - v_1)$$

단면 ①과 ②, ③과 ④에 베르누이 방정식을 적용하면

$$p_1 + \rho \frac{v_1{}^2}{2} = p_2 + \rho \frac{v_2{}^2}{2}$$

$$p_3 + \rho \frac{v_3{}^2}{2} = p_4 + \rho \frac{v_4{}^2}{2}$$

와 같고, 이 두 식을 정리하면 다음과 같다.

$$p_3 - p_2 = \frac{1}{2} \rho (v_4{}^2 - v_1{}^2) \quad \therefore v = \frac{v_1 + v_4}{2} \text{ (평균 유속)}$$

프로펠러로부터 얻어지는 출력 L_o은 추력 F에 프로펠러의 전진속도 v_1을 곱한 것과 같으므로

$$L_o = Fv_1 = \rho Q(v_4 - v_1)v_1$$

또한 입력 L_i는 유속 v_1을 v_4로 계속적으로 증가시키기 위한 동력이므로

$$L_i = \frac{1}{2}\rho Q(v_4{}^2 - v_1{}^2) = \frac{\rho Q}{2}(v_4 + v_1)(v_4 - v_1) = \rho Qv(v_4 - v_1)$$

따라서 프로펠러의 효율 η은 다음과 같다.

$$\eta = \frac{L_o}{L_i} = \frac{v_1}{v}$$

4-2 풍 차

프로펠러와 풍차는 비슷한 점이 많으나 그 목적은 정반대이다.

즉, 프로펠러는 주로 기계적인 에너지를 주어 추력이나 추진력을 얻는데 목적이 있는 반면, 풍차는 바람에서 기계적인 에너지를 얻는데 그 목적이 있다.

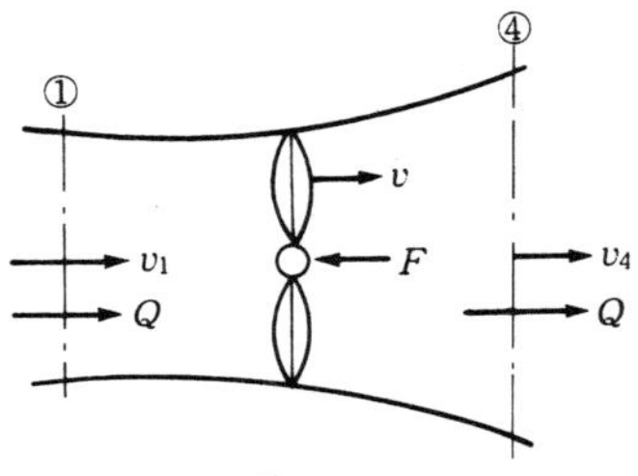

그림 4-10 풍 차

- 평균 유속 : $v = \dfrac{v_1 + v_4}{2}$

- 출력 : $L_o = \dfrac{1}{2}\rho Q(v_1{}^2 - v_4{}^2) = \dfrac{1}{2}\rho Av(v_1{}^2 - v_4{}^2)$

- 입력 : $L_i = \dfrac{1}{2}\rho Qv_1{}^2 = \dfrac{1}{2}\rho Av_1{}^3$

- $\therefore$ 효율$(\eta) = \dfrac{L_o}{L_i} = \dfrac{v(v_1{}^2 - v_4{}^2)}{v_1{}^3} = \dfrac{(v_1 + v_4)(v_1{}^2 - v_4{}^2)}{2v_1{}^3}$

최대 효율은 $\dfrac{v_4}{v_1}$에 대하여 미분하여 0으로 놓으면 $\dfrac{v_4}{v_1} = \dfrac{1}{3}$일 때 59.3 %가 된다.

이때 실제 풍차의 최고 효율은 50% 전후이며, 전통적인 네덜란드의 풍차는 약 5 %의 효율이라고 한다.

예제 7. 나사 프로펠러(screw propeller)로 추진되는 배가 5 m / s의 속도로 달릴 때 프로펠러의 후류속도는 6 m / s이다. 프로펠러의 지름이 1 m이면 이 배의 추력은 몇 kg인가?

　㉮ 3813　　　　㉯ 2547　　　　㉰ 5236　　　　㉱ 4283

[해설] 항공기의 프로펠러의 적용했던 식들은 그대로 이용할 수 있다.

$V_1 = 5\,\text{m/s}$이고 후류(後流)의 속도가 $6\,\text{m/s}$이므로 이동하는 배를 기준으로 할 때 $V_4 = 6 + 5 = 11\,\text{m/s}$임을 알 수 있다.

따라서 평균속도

$$V = \frac{V_1 + V_4}{2} = \frac{5 + 11}{2} = 8\,\text{m/s}$$

$$Q = \frac{\pi}{4} \times 1^2 \times 8 = 6.28\,\text{m}^3/\text{s}$$

추력 $F = \rho Q(V_4 - V_1) = \dfrac{1000}{9.81} \times 6.28 \times (11 - 5) = 3813\,\text{kg}$ 　　답 ㉮

[예제] **8.** [예제 7]의 배의 이론추진효율은 몇 %인가?

㉮ 83　　　　㉯ 62.5　　　　㉰ 50　　　　㉱ 72.5

[해설] $\eta_{th} = \dfrac{2V_1}{V_1 + V_4} = \dfrac{2 \times 5}{5 + 11} = 0.625 = 62.5\%$ 　　답 ㉯

5. 분류에 의한 추진

5-1　탱크에 붙어 있는 노즐에 의한 추진

· 분류의 속도 : $v = C_c\sqrt{2gh}$

· 추력 : $F = \rho Q v$ (단, $Q = C_c A v$)

$$= \rho(C_c A\sqrt{2gh})(C_v\sqrt{2gh})$$

$$= 2\gamma C A h \quad (C = C_c \times C_v)$$

노즐의 경우 $C = 1$이므로 $F = 2\gamma A h$

즉, 탱크는 분류에 의하여 노즐의 면적에 작용하는 정수압의 2배와 같은 힘을 받는다.

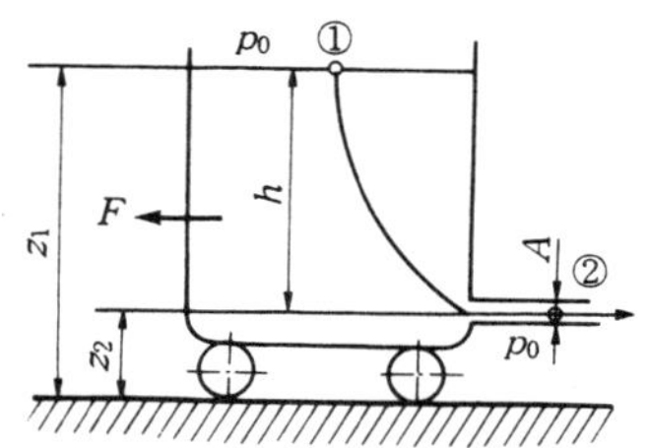

그림 4-11　분사 추진

5-2　제트 추진

공기가 흡입구에서 v_1의 속도로 흡입되어 압축기에서 압축되고, 연소실에 들어가 연료와 같이 연소되어 팽창된다. 이 때 팽창된 가스는 고속도 v_2로 노즐을 통하여 공기 속으로 분출된다.

$$\text{추력} \quad F = \rho_2 Q_2 v_2 - \rho_1 Q_1 v_1$$

만일 연료에 의한 운동량의 변화를 무시하면

$$\rho_1 Q_1 = \rho_2 Q_2 = \rho Q$$

$$\therefore \ F = \rho Q(v_2 - v_1)$$

이며, 또한 출력은 다음과 같다.

$$L_o = F v_1$$

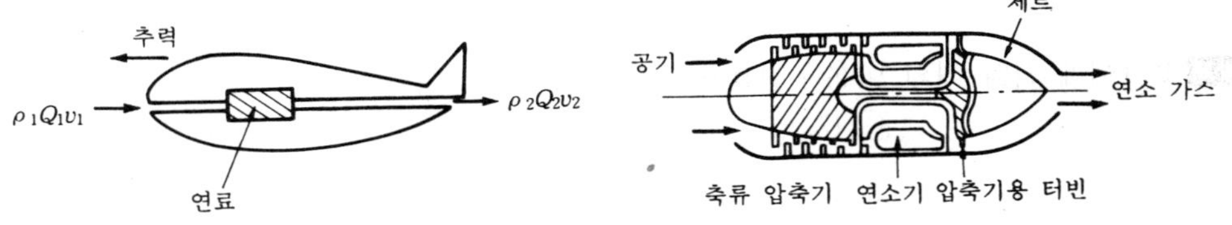

그림 4 - 12 터보 제트 추진의 원리

5-3 로켓 추진

$$\text{추진력} : F = \rho Q v = mv$$

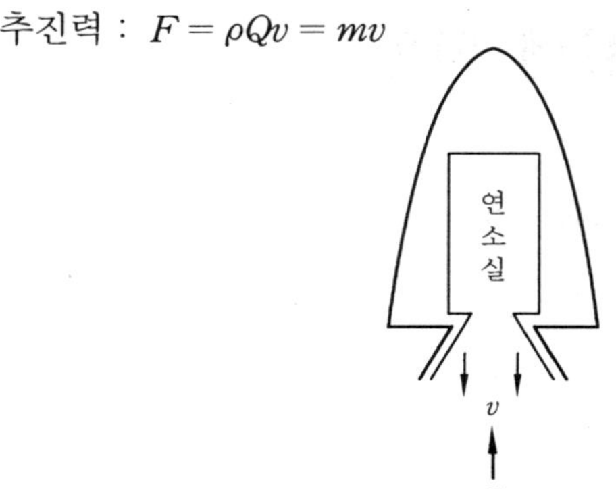

그림 4 - 13 로켓 추진

6. 수력도약

개수로의 흐름에 있어서 유속이 빠른 유동면과 유속이 비교적 느린 유동면이 서로 이어지게 되면 유면의 깊이가 갑자기 껑충 뛰어 오르는 현상이 일어난다. 이때 두 유면의 접촉면에서는 격렬한 난류, 와류, 물거품 등 아주 불안정한 상태를 수반하게 되는데 이러한 일련의 현상을 수력도약(hydraulic jump)이라 한다.

지면에 대하여 수직방향으로 단위 폭에 대한 유량을 q 라 하고, 그림 4-14의 단면 ①
과 ②에 대하여 연속의 식과 운동량 방정식을 적용하면

$$V_1 y_1 = V_2 y_2$$

$$\sum F_x = F_1 - F_2 = \frac{\gamma y_1{}^2}{2} - \frac{\gamma y_2{}^2}{2} = \frac{q\gamma}{g}\,(V_2 - V_1)$$

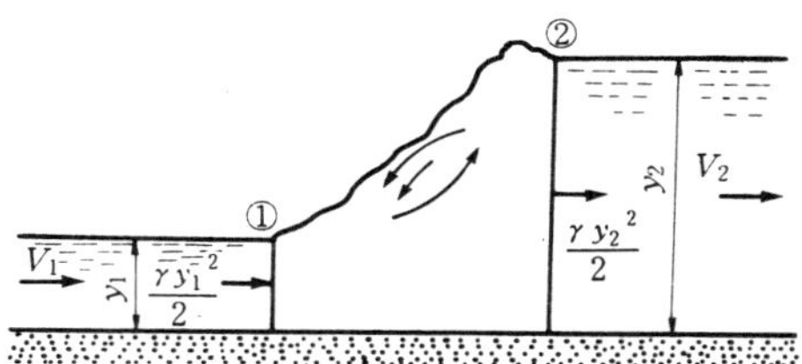

그림 4-14 수력도약

두 식에서 $\dfrac{y_2}{y_1}$ 에 대해서 풀면 다음과 같다.

$$\frac{y_2}{y_1} = \frac{1}{2}\left[\, -1 + \sqrt{1 + \frac{8q^2}{gy_1{}^3}}\,\right] = \frac{1}{2}\left[\, -1 + \sqrt{1 + \frac{8V_1{}^2}{gy_1{}^3}}\,\right]$$

위의 결과에서 다음과 같은 식이 성립한다.

$$\frac{V_1{}^2}{gy_1} = 1 \text{일 때} : \frac{y_2}{y_1} = 1$$

$$\frac{V_1{}^2}{gy_1} > 1 \text{일 때} : \frac{y_2}{y_1} > 1 (\text{수력도약 발생})$$

$$\frac{V_1{}^2}{gy_1} < 1 \text{일 때} : \frac{y_2}{y_1} < 1$$

또 베르누이 방정식을 적용시키면 다음과 같다.

$$\frac{V_1{}^2}{2g} + y_1 = \frac{V_2{}^2}{2g} + y_2 + h_L$$

$$\therefore\ h_L = \frac{(y_2 - y_1)^3}{4y_1 y_2}$$

7. 돌연 확대관에서의 손실

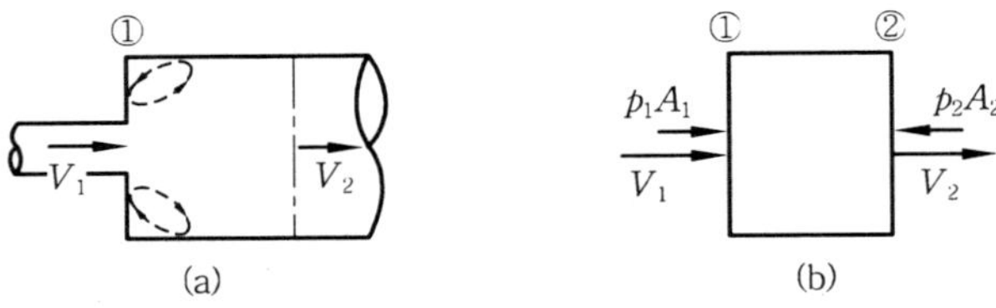

그림 4 - 15 돌연 확대관

단면 ①과 ②에 대하여 운동량 방정식을 적용시키면 다음과 같다.

$$p_1 A_1 - p_2 A_2 = \rho Q(v_2 - v_1)$$

또 베르누이 방정식을 적용시키면 다음과 같다.

$$\frac{p_1}{\gamma} + \frac{v_1{}^2}{2g} = \frac{p_2}{\gamma} + \frac{v_2{}^2}{2g} + h_L$$

$$\therefore h_L = \frac{(V_1 - V_2)^2}{2g} = \frac{V_1{}^2}{2g}\left(1 - \frac{A_1}{A_2}\right)^2$$

8. 각운동량

임의의 한 점을 중심으로 물체에 작용하는 힘의 모멘트는 그 점을 중심으로 한 물체의 운동량 모멘트의 시간에 대한 변화율과 같다. 이것을 운동량 모멘트의 원리(moment of momentum theory) 또는 각운동량의 원리라 한다.

질량 m인 물체가 임의의 한 점을 중심으로 반지름 r인 곡선 위를 속도 v로 운동하고 있을 때 이 물체에 작용하는 힘의 모멘트 T는 다음과 같다.

$$T = \frac{d(mvr)}{dt}$$

이것을 선회체에 적용하면 다음과 같은 식이 성립한다.

$$T = \rho_2 Q_2 (v_2 \cos\alpha_2) r_2 - \rho_1 Q_1 (v_1 \cos\alpha_1) r_1$$

$$= \rho_2 Q_2 u_2 r_2 - \rho_1 Q_1 u_1 r_1$$

여기서, $u_2 = v_2 \cos\alpha_2$, $u_1 = v_1 \cos\alpha_1$

만일 연속의 방정식 $\rho_1 = \rho_2 Q_2 = \rho Q$ 가 성립하면 다음 식이 성립한다.

$$T = \rho Q (u_2\, r_2 - u_1\, r_1)$$

또 동력 L 은 다음과 같다.

$$L = T\omega = \rho Q (u_2\, r_2 - u_1\, r_1)\, \omega$$

여기서, ω : 각속도

이 원리는 펌프, 수차 및 송풍기(blower)의 회전차(impeller) 이론에 적용된다.

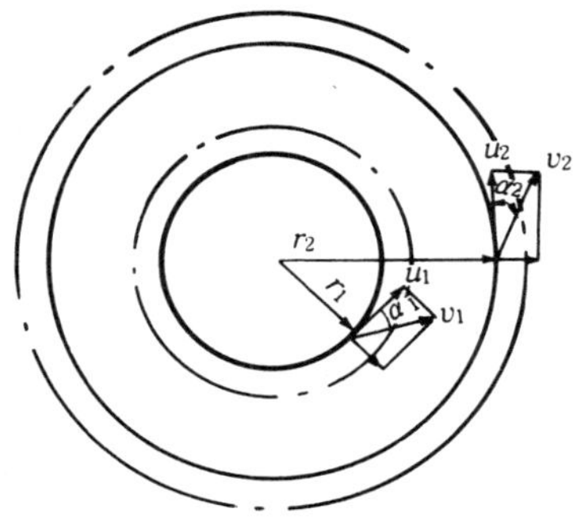

그림 4 - 16 운동량의 작용

예제 9. 다음 그림에서 4개의 노즐은 모두 같은 지름인 2.5 cm를 가지고 있다. 각 노즐에서의 유량이 0.007 m³/s의 물이 분출되고 터빈의 회전수가 100 rpm일 때 여기에서 얻어지는 동력은 얼마인가?

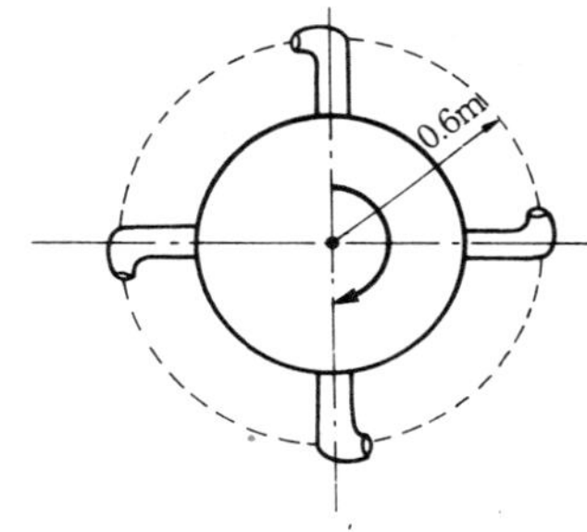

㉮ 11.6 PS   ㉯ 7.36 PS   ㉰ 5.17 PS   ㉱ 3.41 PS

[해설] 분출속도 $V = \dfrac{Q}{A} = \dfrac{0.007}{\dfrac{\pi}{4}(0.025)^2} = 14.26\,\text{m/s}$

각속도 $w = \dfrac{2\pi N}{60} = \dfrac{2\pi \times 100}{60} = \dfrac{10}{3}\pi\,\text{rad/s}$

동력 $L = Tw = (\rho Q V_1\, \gamma)\, w \times 4$

$\qquad = (10.2)(0.007)(14.26)(0.6) \times \dfrac{10}{3}\pi \times 4$

$\qquad = 255.75\,\text{kg} \cdot \text{m/s}$

$\qquad = 3.41\,\text{PS}$

답 ㉱

연 · 습 · 문 · 제

문제 1. 운동량 방정식으로 문제를 풀 때 계기압력을 사용하여야 할 경우는?

㉮ 모든 문제를 풀 때

㉯ 유체의 압력이 표준대기압보다 높을 때

㉰ 계를 둘러싸고 있는 면에 대기압이 작용하지 않을 때

㉱ 계를 둘러싸고 있는 면에 대기압이 작용할 때

문제 2. 역적-운동량 방정식 $\Sigma F = \rho Q(V_2 - V_1)$을 적용할 수 있는 경우는?

㉮ 비압축성 유체 ㉯ 압축성 유체

㉰ 비정상 유동 ㉱ 모든 점에서의 속도가 일정할 때

[해설] 운동량 법칙을 이용하여 식 $\Sigma F = \rho Q(V_2 - V_1)$을 유도하는데 다음과 같은 가정이 필요하다.

① 비압축성 유체

② 정상류

③ 유관의 양 끝 단면에서 속도가 균일하다.

문제 3. 다음 설명 중에서 틀린 것은?

㉮ 질량 m인 물체가 어떤 순간 곡률 반지름으로 회전 운동할 때를 회전력(torque)이라 한다.

㉯ 각운동량은 운동량의 모멘트와 같다.

㉰ 관벽이 유체에 작용하는 마찰력은 유체 유동방향과 항상 같다.

㉱ 유체가 관벽에 작용하는 마찰력은 압력차로 생기는 힘과 같다.

[해설] 유체 속도방향과 반대이다. 즉, 마찰력은 운동방향과 반대이다.

문제 4. 다음에서 차원이 틀린 것은?

㉮ 역적 $= [\mathrm{MLT}^2]$ ㉯ 일 $= [\mathrm{ML}^2\mathrm{T}^{-2}]$

㉰ 운동량 $= [\mathrm{MLT}^{-1}]$ ㉱ 동력 $= [\mathrm{ML}^{-2}\mathrm{T}^{-1}]$

[해설] 역적 $=$ 힘 $\times$ 시간 $= F \times T = [\mathrm{MLT}^{-2}] \times [\mathrm{T}] = [\mathrm{MLT}^{-1}]$

[해답] 1. ㉱ 2. ㉮ 3. ㉰ 4. ㉮

문제 5. 다음 그림과 같이 단면이 일정한 수평원관에 물이 흐르고 있다. 관의 지름은 30 cm이고, ① 단면에서의 압력은 8 kg / cm^2, ② 단면에서의 압력은 6 kg / cm^{2}일 때 ①과 ② 단면 사이에 작용하는 마찰력은 몇 kg인가?

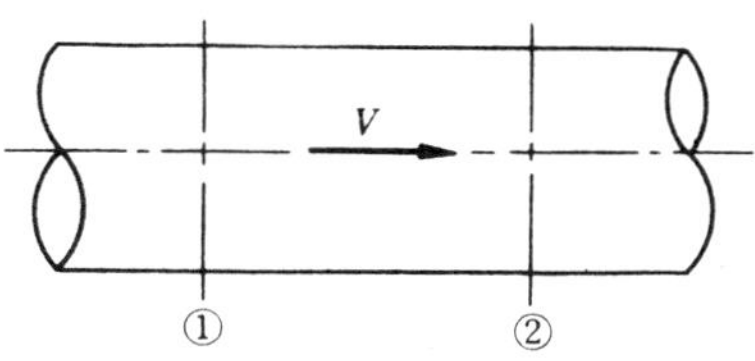

㉮ 1351　　㉯ 1365　　㉰ 1396　　㉱ 1413

[해설] 두 단면 사이에 운동량법칙을 적용하면 $\Sigma F_x = p_1 A - p_2 A - F = \rho Q (V_{2x} - V_{1x})$

연속방정식에서 단면적이 일정하므로 $V_{1x} = V_{2x}$

$$\therefore \ F = p_1 A - p_2 A = (p_1 - p_2) A = (8 - 6) \times \frac{\pi}{4} \times 30^2 = 1413 \, kg$$

문제 6. 기관총이 1000 m / s의 속력으로 0.12 kg의 탄환을 발사한다. 이때 매초당 200 N 의 평균력으로 총을 반동하게 한다면 이 총의 매분당 최대발사량은?

㉮ 50발　　㉯ 100발　　㉰ 150발　　㉱ 200발

[해설] 매분 발사수를 x라 하면 탄환의 총운동량은 $1000 \times 0.12 \times x = 60 \times 200$

$$\therefore \ x = 100발$$

문제 7. 안지름이 30 mm인 수평으로 놓인 곧은 관 속에 물이 흐르고 있다. 단면 ①과 ②에 장치된 시차 액주계의 읽음이 1000 mmHg일 때 관벽에 의한 마찰력은?

㉮ 7.3 kg　　㉯ 7.6 kg　　㉰ 8.2 kg　　㉱ 8.9 kg

[해설] 시차액주계로부터 두 단면 사이의 압력차를 계산하면

$$p_1 + \gamma_w h_1 = p_2 + \gamma_s h_2$$

$$p_1 - p_2 = \gamma_s h_2 - \gamma_w h_1$$

$$= 13.6 \times 1000 \times 1 - 1000 \times 1$$

$$= 12.6 \times 10^3 \, kg/m^2$$

마찰력을 F_f 라고 하고 두 단면 사이에 운동량 방정식을 적용하면

$$p_1 A - p_2 A - F_f = \rho Q (V_2 - V_1)$$

곧은 관이므로 $V_1 = V_2$

$$\therefore \ F_f = (p_1 - p_2) A$$

$$= 12.6 \times 10^3 \times \frac{\pi}{4} \times 0.03^2 \fallingdotseq 8.9 \, kg$$

[해답]　5. ㉱　　6. ㉯　　7. ㉱

문제 8. 지름이 200 mm인 곧은 관에서 비중이 0.85인 기름이 흐르고 있을 때 1, 2 단면에 설치한 시차 압력은 500 mmHg이었다. 이 단면 사이의 마찰력은 얼마인가?

　㉮ 133.45 kg　　　　㉯ 187.8 kg　　　　㉰ 200 kg　　　　㉱ 320 kg

[해설] $p_1 A - p_2 A - F_f = \rho Q(V_2 - V_1) = 0$

$$F_f = (p_1 - p_2)A = \gamma_{\text{oil}} H \left(\frac{\gamma_{\text{Hg}}}{\gamma_{\text{oil}}} - 1 \right) A$$

$$= 850(0.5) \left(\frac{13.6 \times 10^3}{0.85 \times 10^3} - 1 \right) \frac{\pi}{4}(0.2)^2$$

$$= 200\,\text{kg} = 1963.7\,\text{N}$$

문제 9. 그림과 같은 관속을 유량 $0.01\,\text{m}^3/$s의 물이 흐른다. 단면 ①의 지름이 50 mm, 압력이 $3\,\text{kg}/\text{cm}^2$, 단면 ②의 지름이 30 mm일 때 단면축소면에 미치는 힘은 몇 kg인가?

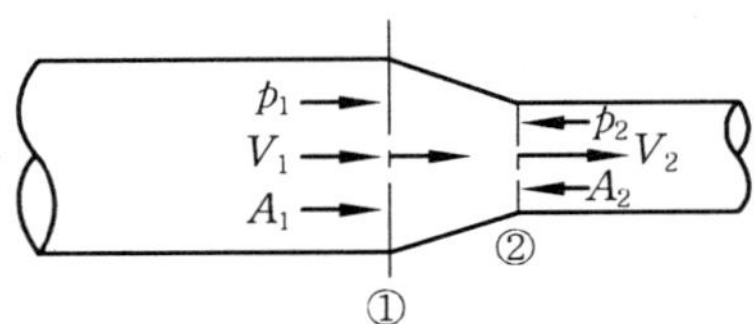

　㉮ 38.4　　　　㉯ 49.6
　㉰ 56.8　　　　㉱ 65.4

[해설] $V_1 = \dfrac{Q}{A_1} = \dfrac{4Q}{\pi d_1{}^2} = \dfrac{4 \times 0.01}{\pi \times 0.05^2} \fallingdotseq 5.1\,\text{m}/\text{s}$

$$V_2 = \frac{Q}{A_2} = \frac{4 \times Q}{\pi \times d_2{}^2} = \frac{4 \times 0.01}{\pi \times 0.03^2} \fallingdotseq 14.2\,\text{m}/\text{s}$$

베르누이 방정식에서

$$\frac{p_1}{\gamma} + \frac{V_1{}^2}{2g} = \frac{p_2}{\gamma} + \frac{V_2{}^2}{2g}$$

$$\therefore\ p_2 = p_1 + \frac{\gamma}{2g}(V_1{}^2 - V_2{}^2)$$

$$= 3 \times 10^4 + \frac{1000}{2 \times 9.8}(5.1^2 - 14.2^2) \fallingdotseq 21039\,\text{kg/m}^2$$

두 단면 사이에 운동량 방정식을 적용하면

$$\Sigma F_x = p_1 A_1 - p_2 A_2 - F = \rho Q(V_2 - V_1)$$

$$\therefore\ F = p_1 A_1 - p_2 A_2 - \rho Q(V_2 - V_1)$$

$$= 3 \times 10^4 \times \frac{\pi}{4} \times 0.05^2 - 21039 \times \frac{\pi}{4} \times 0.03^2 - 102 \times 0.01 \times (14.2 - 5.1)$$

$$\fallingdotseq 34.7\,\text{kg}$$

[해답]　8. ㉰　　9. ㉯

문제 10. 그림과 같이 비중이 0.85인 기름이 분출할 때 노즐에 미치는 힘은 얼마인가? (단, 관의 압력은 $3\,\mathrm{kg/cm^2}$이고, 유량은 $50\,l/\mathrm{s}$이다.)

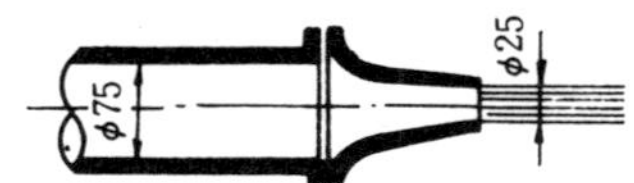

㉮ 1858 kg   ㉯ 1458.5 kg

㉰ 524.5 kg   ㉱ 259.5 kg

[해설] $V_1 = \dfrac{Q}{A_1} = \dfrac{0.05}{\dfrac{\pi}{4} \times (0.075)^2} = 11.3\,\mathrm{m/s}$

$V_2 = \dfrac{Q}{A_2} = \dfrac{0.05}{\dfrac{\pi}{4} \times (0.025)^2} = 101.8\,\mathrm{m/s}$

운동량의 방정식에서

$[x$ 방향$]$

$F_x = -\rho Q(V_2 - V_1) + p_1 A_1$

$\quad = -0.85 \times 102 (0.05)(101.8 - 11.3) + 3 \times 10^4 \times \dfrac{\pi}{4} \times (0.075)^2$

$\quad = -392 + 132.5 = -259.5\,\mathrm{kg}$

$\quad = -2545.7\,\mathrm{N}$

유체와 노즐에 작용하는 힘은 259.5 kg로 반대방향이다.

문제 11. 지름이 $5\,\mathrm{cm}$인 소방노즐에서 물제트가 $40\,\mathrm{m/s}$의 속도로 건물벽에 수직으로 충돌하고 있다. 벽이 받는 힘은 얼마인가?

㉮ 230 kg (2.25 N)   ㉯ 250 kg (2.45 kN)   ㉰ 320 kg (3.14 kN)   ㉱ 280 kg (2.7 kN)

[해설] 운동량 법칙으로부터

$F = Q\rho V = \dfrac{\pi}{4}(0.05)^2 \times 40 \times 102 \times 40 = 320\,\mathrm{kg}$

[SI 단위]

$F = Q\rho V = \dfrac{\pi}{4}(0.05)^2 \times 40 \times 10^3 \times 40 = 3.140\,\mathrm{kN}$

문제 12. 지름 $5\,\mathrm{cm}$인 원형 노즐에서 매초 $0.1\,\mathrm{m^3}$의 물을 수평으로 분출하고 있다. 이때 추력은 몇 N인가?

㉮ 4.579   ㉯ 4.831   ㉰ 5.096   ㉱ 5.520

[해설] $\sum F_x = -F = \rho Q(V_{2x} - V_{1x})$

[해답]   10. ㉱   11. ㉰   12. ㉰

$$\therefore F = \rho Q(V_{1x} - V_{2x}) = \rho Q V_{1x} = \rho \cdot \frac{Q^2}{A}$$

$$= 1000 \times \frac{0.1^2}{\frac{\pi}{4} \times 0.05^2} \fallingdotseq 5096\,\text{N}$$

문제 13. 지름이 $2.54\,\text{cm}$인 물제트가 평판에 수직으로 충돌하여 $72.5\,\text{kg}(710.5\,\text{N})$의 힘을 평판에 유발시켰다. 물 제트의 유량은?

㉮ $0.019\,\text{m}^3/\text{s}$ 　 ㉯ $0.076\,\text{m}^3/\text{s}$ 　 ㉰ $0.025\,\text{m}^3/\text{s}$ 　 ㉱ $0.029\,\text{m}^3/\text{s}$

[해설] $F_x = Q\rho V$에서 $Q = AV = \frac{\pi}{4}(0.0254)^2\,V$

$F_x = 72.5$이므로 $72.5 = \frac{\pi}{4}(0.0254)^2 \times 102 \times V^2$

$\therefore V = 37.5\,\text{m/s}$

$\therefore Q = AV = \frac{\pi}{4}(0.0254)^2 \times 37.5 = 0.019\,\text{m}^3/\text{s}$

[SI 단위]

$710.5 = \frac{5}{4}(0.0254)^2 \times 10^3 \times V^2$

$\therefore V = 37.5\,\text{m/s},\ \ Q = 0.019\,\text{m}^3/\text{s}$

문제 14. 그림에서 판을 유지하기 위한 힘 F는 얼마여야 하는가? (단, 유체의 비중은 0.83, $V_0 = 20\,\text{m/s}$이다.)

㉮ $80.0\,\text{kg}$ 　 ㉯ $66.5\,\text{kg}$

㉰ $266\,\text{kg}$ 　 ㉱ $300\,\text{kg}$

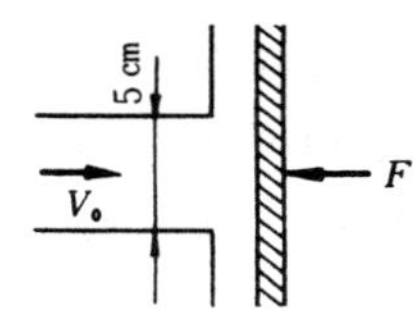

[해설] $F = \rho Q V_0 = \frac{830}{9.8} \times \frac{\pi}{4}(0.05)^2 \times (20)^2 = 66.5\,\text{kg}$

문제 15. 지름이 $3\,\text{cm}$인 분류가 속도 $35\,\text{m/s}$로 움직일 때 분류와 직각으로 놓인 고정판에 작용하는 힘은 얼마인가?

㉮ $75\,\text{kg}$ 　 ㉯ $78.8\,\text{kg}$ 　 ㉰ $88.3\,\text{kg}$ 　 ㉱ $95.2\,\text{kg}$

[해설] $F_x = \rho Q V = \rho A V^2$

$$= \frac{1000}{9.8} \times \frac{\pi}{4}(0.03)^2 \times (35)^2 = 88.3\,\text{kg} = 866.2\,\text{N}$$

문제 16. 다음 그림과 같이 비중이 0.9인 기름이 평판에 수직으로 충돌한다. 분류의 지름이 $10\,\mathrm{cm}$, 속도가 $10\,\mathrm{m/s}$일 때 평판을 지지하는데 필요한 힘은 몇 N인가?

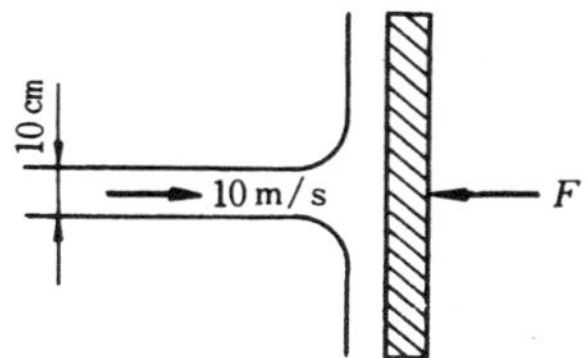

㉮ 706.5　　　　　㉯ 732.4

㉰ 765.1　　　　　㉱ 790.7

[해설] 분류가 평판에 충돌하기 전과 후에 있어서 운동량법칙을 적용하고 평판에 수직 방향인 힘만 생각하면

$$\Sigma F_x = -F = \rho Q(V_{2x} - V_{1x}) = \rho Q(0 - V_1)$$

$$\therefore\ F = \rho Q V_1$$

$$= 1000 \times 0.9 \times \frac{\pi}{4} \times 0.1^2 \times 10 \times 10 = 706.5\,\mathrm{N}$$

문제 17. 지름이 $2.54\,\mathrm{cm}$인 분류가 평판에 수직으로 충돌하여 $72.5\,\mathrm{kg}$의 힘을 평판에 작용시켰다. 분류가 물일 때 유량은 몇 $\mathrm{m^3/s}$인가?

㉮ 0.012　　　　㉯ 0.016　　　　㉰ 0.019　　　　㉱ 0.024

[해설]
$$\Sigma F_x = -R_x = \rho Q(V_2 - V_1)$$

$$R_x = \rho Q V_1 = \rho A V_1{}^2$$

$$V_1 = \sqrt{\frac{R_x}{\rho A}} = \sqrt{\frac{72.5}{102 \times \dfrac{\pi}{4} \times 0.0254^2}} \fallingdotseq 37.5\,\mathrm{m/s}$$

$$\therefore\ 유량\ Q = A V_1 = \frac{\pi}{4} \times 0.0254^2 \times 37.5 \fallingdotseq 0.019\,\mathrm{m^3/s}$$

문제 18. 비중이 0.83인 기름이 $12\,\mathrm{m/s}$의 속도로 수직평판에 직각으로 부딪히고 있다. 판에 작용하는 힘 F는 얼마인가?

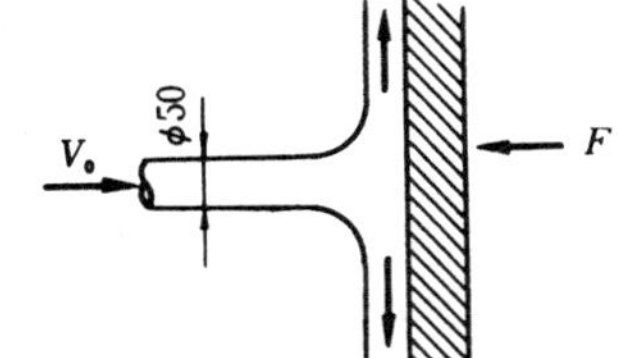

㉮ 236 kg (2313 N)　　㉯ 14.0 kg (137.2 N)

㉰ 240 kg (2352 N)　　㉱ 23.9 kg (234.2 N)

[해설] 운동량 방정식에서 $\Sigma F = Q\rho(V_2 - V_1)$

여기에서 $Q = A V_0 = \dfrac{\pi}{4} \times (0.05)^2 \times 12 = 0.02355\,\mathrm{m^3/s}$

$V_2 = 0$, $V_1 = 12\,\mathrm{m/s}$이므로

$-F = 0.02355 \times 1.02 \times 0.83(0 - 12)$　　　$\therefore\ F = 23.9\,\mathrm{kg}$

[SI 단위]

$$-F = 0.02355 \times 10^3 \times 0.83(0 - 12)$$

$$\therefore F = 234.2\,\text{N}$$

문제 19. 지름 3 cm인 분류가 고정평판에 수직으로 충돌하여 90 kg의 힘을 평판에 가했다. 분류는 물이고 비중량을 1000 kg / m^{3}라고 할 때 유량은 몇 m^3/ s인가 ?

㉮ 0.015　　　　　㉯ 0.018　　　　　㉰ 0.021　　　　　㉱ 0.025

해설 $\Sigma F_x = -R = \rho Q(V_{2x} - V_{1x})$

$$\therefore R = \rho Q(V_{1x} - V_{2x}) = \rho Q V_{1x} = \rho A V_{1x}^2$$

$$V_{1x} = \sqrt{\frac{R}{\rho A}} = \sqrt{\frac{90}{\dfrac{1000}{9.8} \times \dfrac{\pi}{4} \times 0.03^2}} \fallingdotseq 35.33\,\text{m/s}$$

$$Q = A V_{1x} = \frac{\pi}{4} \times 0.03^2 \times 35.33 \fallingdotseq 0.025\,\text{m}^3/\text{s}$$

문제 20. 그림과 같은 노즐로부터 물 제트가 고정평판에 충돌하고 있다. 평판에 걸리는 힘 F 는?

㉮ $Q\rho V$

㉯ $Q\rho V \sin\theta$

㉰ $Q\rho V \cos\theta$

㉱ $Q\rho V(1 - \cos\theta)$

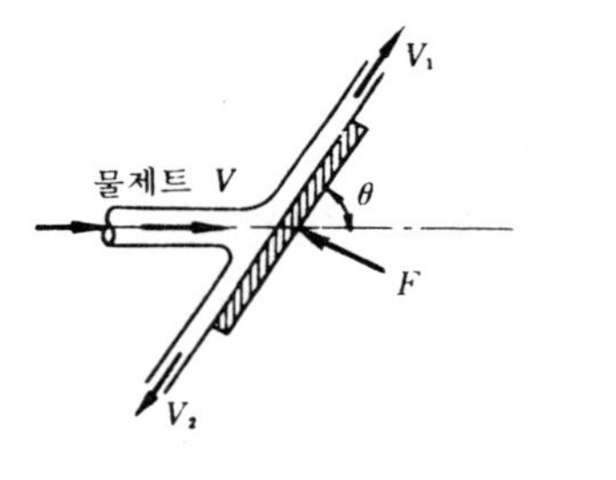

해설 평판에 수직한 물 제트의 속도 성분은 $V \cdot \sin\theta$ 이다. 따라서 운동량의 원리로부터

$$F = Q\rho V \sin\theta$$

문제 21. 그림과 같이 10 m / s의 속도로 이동하고 있는 평판에 유량이 0.628 m^3/ s로 충돌할 때 평면에 작용하는 힘은 얼마인가 ? (단, 제트 지름은 200 mm이다.)

㉮ 3202 kg　　　　　㉯ 6405 kg

㉰ 640 kg　　　　　㉱ 320 kg

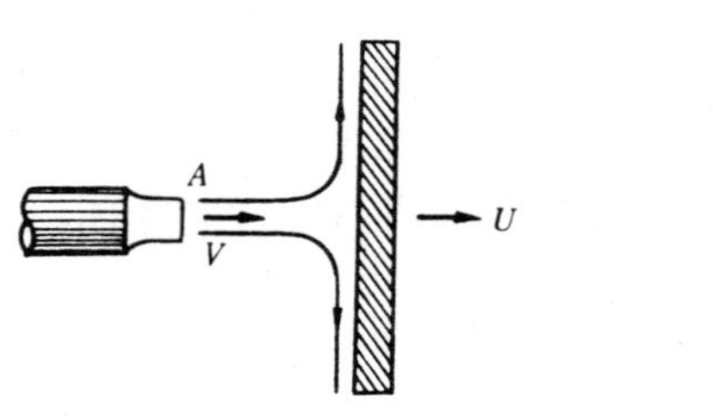

해설 $V_1 = \dfrac{Q}{A_1} = \dfrac{0.628}{\dfrac{\pi}{4}(0.2)^2} = 20\,\text{m / s}$

해답 19. ㉱　20. ㉯　21. ㉱

운동량 방정식에서

$$F = \rho Q(V - u)(1 - \cos\theta) = \rho A(V - u)(V - u)$$

$$= \rho A(V - u)^2 = 102 \times \frac{\pi}{4}(0.2)^2(20 - 10)^2$$

$$= 320\,\text{kg} = 3139.2\,\text{N}$$

문제 22. 다음 그림과 같이 지름 5 cm인 분류가 30 m / s의 속도로 고정된 평판에 30°의 경사를 이루면서 충돌하고 있다. 분류는 물로서 비중량이 9800 N / m³일 때 판에 작용하는 힘 F는 몇 kg인가?

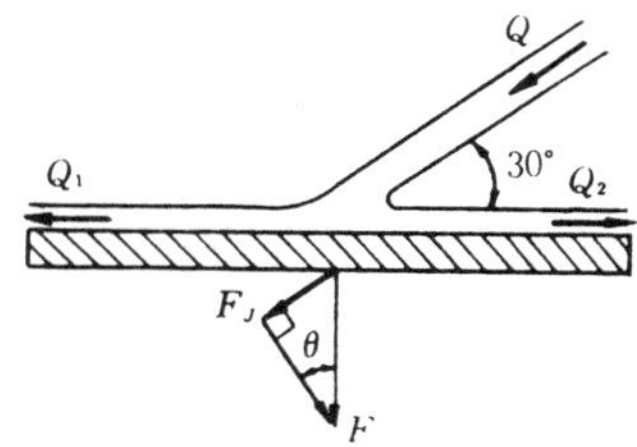

㉮ 75 ㉯ 80
㉰ 85 ㉱ 90

[해설] 물의 밀도는

$$\rho = \frac{\gamma}{g} = \frac{9800}{9.8} = 1000\,\text{kg}/\text{m}^3 = 102\,\text{kg}\cdot\text{s}^2/\text{m}^4$$

분류가 평판에 충돌하기 전·후에 있어서 운동량 법칙을 적용하고 판에 수직인 방향의 힘만 고려하면,

$$\Sigma F_y = -F = \rho Q(V_{2y} - V_{1y}\sin\theta)$$

$$\therefore\ F = \rho Q(V_{1y}\sin\theta - V_{2y})$$

$$= 102 \times \frac{\pi}{4} \times 0.05^2 \times 30(30\sin 30° - 0)$$

$$\fallingdotseq 90\,\text{kg}$$

문제 23. 문제 22에서 평판에 작용하는 힘의 분류방향성분 F_j는 몇 kg인가?

㉮ 45 ㉯ 50 ㉰ 55 ㉱ 60

[해설] $F_j = F\sin\theta = \rho Q V_{1y}\sin^2\theta = 90\sin 30° = 45\,\text{kg}$

문제 24. 문제 22에서 유량 Q_1 및 Q_2는 각각 몇 m³/ s인가?

㉮ $Q_1 = 0.053,\ Q_2 = 0.006$ ㉯ $Q_1 = 0.054,\ Q_2 = 0.005$
㉰ $Q_1 = 0.055,\ Q_2 = 0.004$ ㉱ $Q_1 = 0.056,\ Q_2 = 0.003$

[해설] 전체유량 $Q = \dfrac{\pi}{4} \times 0.05^2 \times 30 \fallingdotseq 0.059\,\text{m}^3/\text{s}$

[해답] **22.** ㉱ **23.** ㉮ **24.** ㉰

$$Q_1 = \frac{Q}{2}(1 + \cos\theta) = \frac{0.059}{2} \times (1 + \cos 30°) \fallingdotseq 0.055\,\mathrm{m^3/s}$$

$$Q_2 = \frac{Q}{2}(1 - \cos\theta) = \frac{0.059}{2} \times (1 - \cos 30°) \fallingdotseq 0.004\,\mathrm{m^3/s}$$

문제 25. 분류가 평판을 60°의 각으로 충돌할 때 유량이 $500\,l/\min$, 유속이 $15\,\mathrm{m/s}$이면 분류가 평판에 수직으로 미치는 힘은 얼마인가?

㉮ 662.5 kg ㉯ 382.5 kg ㉰ 11 kg ㉱ 6.395 kg

[해설] $F = \rho Q V \sin\theta = 102 \times \dfrac{0.5}{60} \times 15 \times \sin 60° = 11\,\mathrm{kg} = 107.9\mathrm{N}$

문제 26. 안지름이 $100\,\mathrm{mm}$인 180° U자형 곡관이 수평으로 놓여 있다. 이 곡관에서 $\rho = 100\,\mathrm{kg\cdot s^2/m^4}$의 액체가 평균유속 $6\,\mathrm{m/s}$로 흐를 때 유체가 곡관에 주는 힘은 몇 kg인가? (단, 액체의 압력은 대기압이고 표준대기압은 $1\,\mathrm{kg/cm^2}$이다.)

㉮ 124 kg ㉯ 214 kg ㉰ 142 kg ㉱ 412 kg

[해설] 유체와 U자형 곡관 사이에서 일어나는 힘의 관계를 알아내는 문제이다.

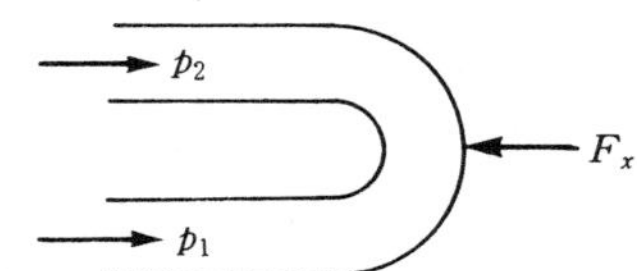

관제면을 U자형관의 내표면을 택하면 대기압은 곡관의 외벽에 작용되므로 관제면에 대기압이 작용하지 않는다. 그러므로 양 출입구에 작용하는 압력은 절대압력을 사용하여야 한다.

$$-F_x + p_1 A + p_2 A = \rho Q(-V_2 - V_1)$$

$$F_x = p_1 A + p_2 A + \rho Q(V_2 - V_1)$$

$$= 1 \times \frac{\pi}{4} \times 0.1^2 \times 2 + 100 \times \frac{\pi}{4} \times 0.1^2 \times 6 \times 2 \times 6$$

$$= 50\pi + 18\pi = 214\,\mathrm{kg}$$

문제 27. 안지름 $300\,\mathrm{mm}$의 90° 엘보에 물이 평균유속 $5\,\mathrm{m/s}$로 흐르고 있으며, 또 물에 $-0.4\,\mathrm{kg/cm^2}$의 압력이 가해지고 있다. 엘보를 고정시키는 데 필요한 힘의 유입방향 성분은 몇 kg인가?

㉮ 102.4 kg ㉯ 1024 kg ㉰ 1.024 kg ㉱ 10240 kg

[해설] $p_1 A_1 + R_x = -\rho Q V_1$

$$R_x = -p_1 A_1 - \rho Q V_1$$

$$= -\left(-0.4 \times \frac{\pi}{4} \times 0.3^2\right) - \left(\frac{1000}{9.8}\right)$$

$$\left(\frac{\pi}{4} \times 0.3^2 \times 5 \times 5\right)$$

$$= 180\,\text{kg}$$

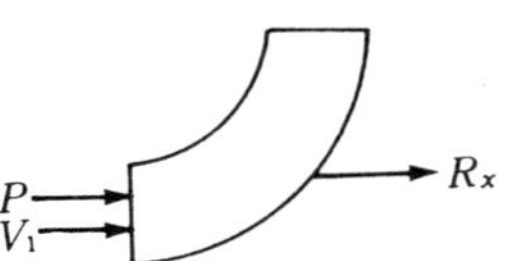

R_x가 양의 값이므로 R_x의 방향은 가정한 방향과 일치한다. 그러므로 엘보를 고정하는 데 필요한 힘의 x성분은 x의 양의 방향으로 180 kg으로 당겨야 한다.

문제 28. 그림에서 물제트의 지름은 40 mm이고, 속도 60 m / s로 고정된 평판에 45°의 각도로 충돌하고 있을 때 판이 받는 힘은 얼마인가?

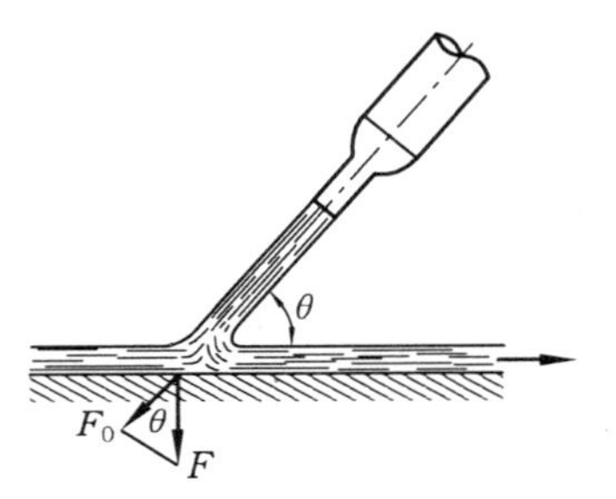

㉮ 1304 kg (12.8 kN)

㉯ 130 kg (1.27 kN)

㉰ 326 kg (3.2 kN)

㉱ 1304 kg (12.78 kN)

[해설] 운동량 방정식으로부터

$$F = Q\rho V \sin\theta = \frac{\pi}{4}(0.04)^2 \times 60 \times 1.02 \times 60 \sin 45° = 326\,\text{kg}$$

[SI 단위]

$$F = \frac{\pi}{4}(0.04)^2 \times 60 \times 10^3 \times 60 \sin 45° = 3.2\,\text{kN}$$

문제 29. 안지름 150 mm의 90° 엘보에 물이 $10\,\text{kg}/\text{cm}^2$로 가압된 상태에서 흐르지 않고 있다. 이 엘보를 유지하는데 필요한 힘의 크기는 얼마인가? (단, 물과 엘보의 무게는 무시한다.)

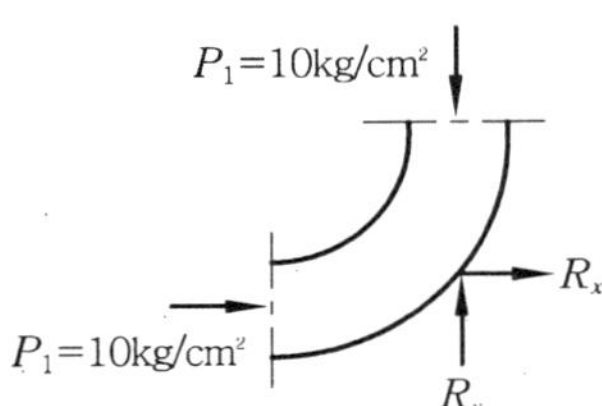

㉮ 1766.5 kg

㉯ 2497.5 kg

㉰ 2752.6 kg

㉱ 3024.8 kg

[해설] $\sum F = \rho Q(V_2 - V_1)$에서 속도의 변화는

$V_2 - V_1 = 0$이므로 $\quad 10 \times \frac{\pi}{4} \times 15^2 + R_x = 0$

$$-10 \times \frac{\pi}{4} \times 15^2 + R_y = 0$$

$$R_x = -1766.25\,\text{kg} = 1766.25\,\text{kg}, \quad R_y = 1766.25\,\text{kg}$$

$$\therefore \ R = \sqrt{R_x{}^2 + R_y{}^2} = 2497.5\,\text{kg}$$

문제 30. 고정된 또는 운동하는 것에 의해서 굽혀진 분류의 유동을 해석하는데 대한 옳은 가정을 다음 표에서 고르면 어는 것인가?

> 1. 분류의 운동량은 변화하지 않는다.
> 2. 깃에 따라 절대속도는 변화하지 않는다.
> 3. 유체의 충격 없이 깃으로 유동한다.
> 4. 노즐에서의 유동은 변화하지 않는다.
> 5. 분류의 단면적은 변화하지 않는다.
> 6. 분류와 깃 사이의 마찰은 무시하였다.
> 7. 분류는 속도없이 떠난다.
> 8. 깃에 접촉하기 전과 후에 분류의 단면적에서의 속도는 균일하다.

㉮ 1, 3, 4, 6　　　㉯ 2, 3, 6, 7　　　㉰ 3, 4, 5, 6　　　㉱ 3, 4, 6, 8

문제 31. 다음 그림과 같이 유량 Q인 분류가 작은 판에 수직으로 부딪쳐 분류와 θ로 2등분되어 나갈 때 판을 고정시키는데 필요한 힘 F_x는?

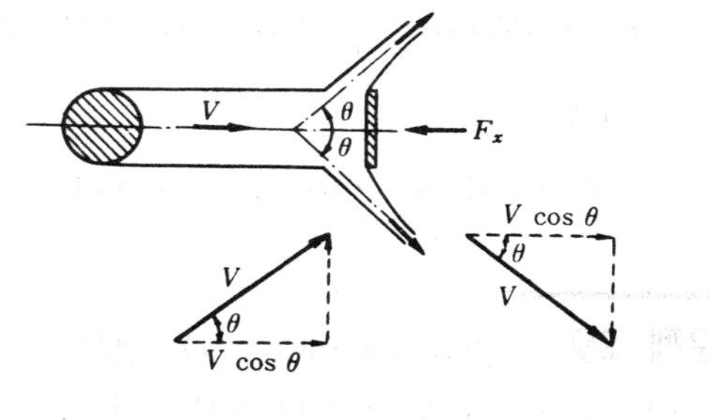

㉮ $F_x = \rho QV(\cos\theta - 1)$

㉯ $F_x = \rho QV(1 - \sin\theta)$

㉰ $F_x = \rho QV(1 - \cos\theta)$

㉱ $F_x = \rho QV\sin\theta$

 x방향 운동량 방정식에서 $-F_x = \rho Q(V_{x2} - V_{x1})$

　여기서 $V_{x2} = V\cos\theta$, $V_{x1} = V$이므로 $F_x = \rho QV(1 - \cos\theta)$

문제 32. 지름 5 cm, 분류속도 20 m/s인 물이 단일 이동날개에 충돌할 때 단위 시간당 운동량 변화를 일으키는 질량유량은 100 kg/s이다. 이때 단일 이동날개의 이동속도는 몇 m/s인가?

㉮ 22　　　　　㉯ 26　　　　　㉰ 31　　　　　㉱ 35

해답　30. ㉰　31. ㉰　32. ㉰

[해설] $\rho Q = 100\,\text{kg/s}$, $\rho Q = \rho A(V-U)$이므로

$$U = V - \frac{100}{\rho A} = 20 - \frac{100}{1000 \times \dfrac{\pi \times 0.05^2}{4}} = -31\,\text{m/s}$$

즉, 분류와 반대방향으로 31 m / s의 속도로 이동한다.

문제 33. 고정 또는 가동날개에 부딪히는 유체제트의 해석에 있어서의 가정은?

㉮ 제트의 모멘트는 변화가 없다.

㉯ 제트의 출구속도는 0이다.

㉰ 제트와 날개 사이에서의 마찰은 무시된다.

㉱ 제트의 유량은 일정하지 않다.

[해설] 고정 또는 가동 날개에 유체제트가 충돌할 때 힘 또는 동력계산에 사용되는 운동량법칙의 유도에 있어서 제트와 날개 사이에는 마찰이 없다고 가정하여 유속을 모두 각 단면에서 일정한 평균속도를 가정하고 있다.

문제 34. 물 제트가 그림과 같은 고정된 날개에 충돌하고 있다. 제트의 유량이 $0.06\,\text{m}^3/\text{s}$이고, 속도가 45 m / s이며, 날개의 각도가 135°일 때 고정 날개에 작용되는 힘은 얼마인가?

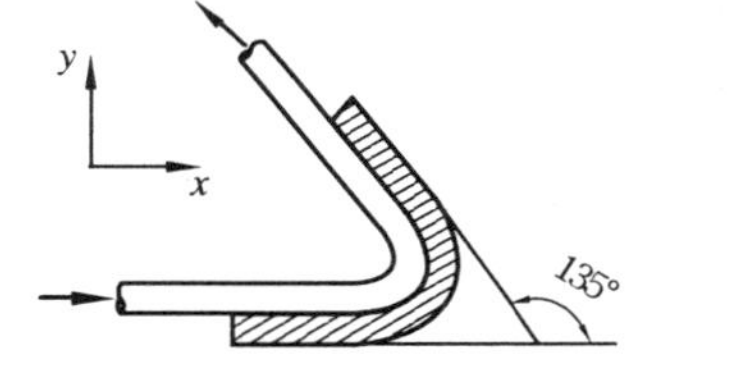

㉮ 471 kg (4.62 kN)   ㉯ 195 kg (1.9 kN)

㉰ 492 kg (4.82 kN)   ㉱ 509 kg (4.99 kN)

[해설] 운동량의 원리로부터

(x방향)

$$F_x = -Q\rho(V_{x2} - V_{x1}) = -0.06 \times 102(45\cos135° - 45) = 470\,\text{kg}$$

(y방향)

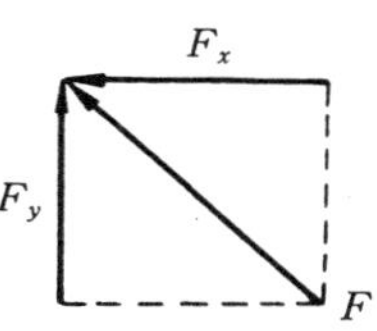

$$F_y = Q\rho(V_{y2} - V_{y1}) = 0.06 \times 102(45\sin135° - 0) = 195\,\text{kg}$$

$$\therefore F = \sqrt{(470)^2 + (195)^2} = 509\,\text{kg}$$

[SI 단위]

(x방향)

$$F_x = -0.06 \times 103(45\cos135° - 45) = 4.606\,\text{kN}$$

(y방향)

$$F_y = 0.06 \times 103(45\sin135° - 0) = 1.911\,\text{kN}$$

$$\therefore F = \sqrt{(4606)^2 + (1911)^2} = 4.99\,\text{kN}$$

[해답] **33.** ㉰   **34.** ㉱

문제 35. 지름 10 cm의 분류가 속도 50 m/s로서 25 m/s로 이동하는 곡면판에 그림과 같이 충돌한다. 충격력은 몇 kg인가?

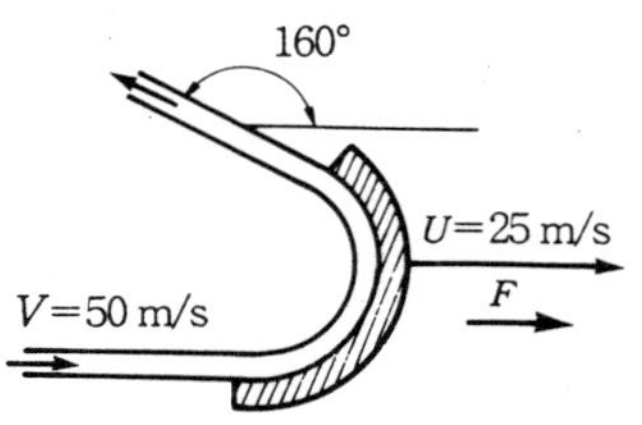

㉮ 388 kg   ㉯ 970 kg

㉱ 30.4 kg   ㉭ 60.4 kg

[해설] 날개에 대한 유체의 상대속도는 $V - u = 50 - 25 = 25$ m/s

그러므로 유량은 $Q = \dfrac{\pi(0.1)^2}{4} \times 25 = 0.196$ m³/s

운동량 방정식을 적용하면

$$-F_x = \rho Q(V_{x2} - V_{x1}) = \frac{1000}{9.8} \times 0.196 \times (-25\cos 20° - 25)$$

$$\therefore \ F_x = 970 \text{kg} = 9515 \text{N}$$

문제 36. 속도 40 m/s의 분류가 $+x$방향으로 분출하고 있다. 이 분류를 고정날개로 120° 구부린다면 날개를 떠날 때의 분류의 속도 성분은? (단, 날개에서의 마찰손실 및 중력의 영향 등은 없는 것으로 한다.)

㉮ $V_x = -20$, $V_y = 20\sqrt{3}$ ㉯ $V_x = 20$, $V_y = 20\sqrt{3}$

㉱ $V_x = -40$, $V_y = 0$ ㉭ $V_x = -20$, $V_y = 20$

[해설] $V_x = V_0 \cos\theta = 40\cos 120° = -20$ m/s

$V_y = V_0 \sin\theta = 40\sin 120° = 20\sqrt{3}$ m/s

문제 37. 절대속도가 20 m/s, 날개각이 150°인 분류가 10 m/s의 속도로 분류방향으로 이동하고 있는 날개에 유입되고 있다. 분류가 날개를 유출하는 순간에 갖는 절대속도의 분류방향성분 (V_x) 과 그것에 수직방향성분 (V_y) 은 각각 몇 m/s인가?

㉮ $\begin{cases} V_x = 2.72 \\ V_y = 3.5 \end{cases}$ ㉯ $\begin{cases} V_x = 2.21 \\ V_y = 4.0 \end{cases}$ ㉱ $\begin{cases} V_x = 1.34 \\ V_y = 5.0 \end{cases}$ ㉭ $\begin{cases} V_x = 1.85 \\ V_y = 4.5 \end{cases}$

[해설] 다음 그림과 같이 날개의 출구에서 속도삼각형을 그리면

$V_x = U + (V - U)\cos\theta$

$\quad = 10 + (20 - 10)\cos 150°$

$\quad \fallingdotseq 1.34$ m/s

$V_y = (V - U)\sin\theta$

$\quad = (20 - 10)\sin 150° = 5$ m/s

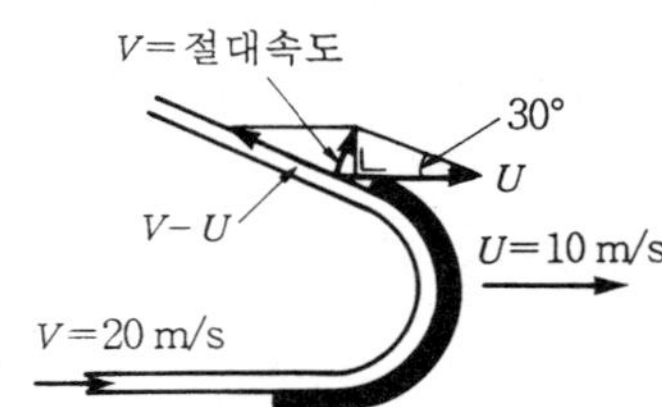

[해답]   **35.** ㉯   **36.** ㉮   **37.** ㉭

문제 38. 다음 그림과 같이 $60\,\mathrm{m/s}$인 물 분류가 $15\,\mathrm{m/s}$로 움직이는 날개에 부딪혀 얻어진 동력이 $135\,\mathrm{kW}$라 할 때 날개각 α는? (단, 분류의 지름은 $60\,\mathrm{mm}$이다.)

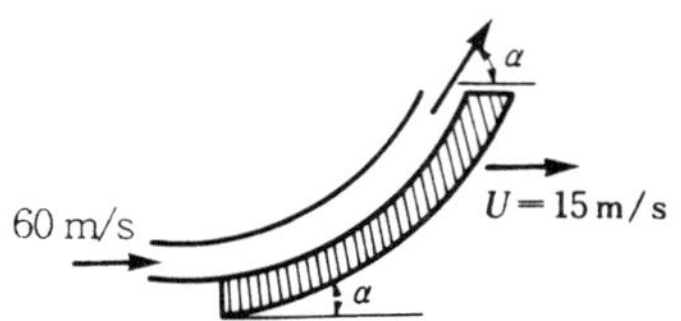

㉮ 125.1° ㉯ 75.8°

㉰ 60.76° ㉱ 150.2°

 날개에 대한 분류의 상대속도는 $V - u = 60 - 15 = 45\,\mathrm{m/s}$

$$Q = A(V - u) = \frac{\pi(0.06)^2}{4} \times 45 = 0.127\,\mathrm{m^3/s}$$

이 날개에서 얻어지는 힘은 $-F_x = \rho Q(V_{x2} - V_{x1})$

여기서 $V_{x2} = (V - u)\cos\alpha = 45\cos\alpha,\quad V_{x1} = 45$

$$\therefore\ F_x = \frac{9800}{9.8} \times 0.127(1 - \cos\alpha) \times 45 = 5715(1 - \cos\alpha)$$

동력 $P = F_x \cdot u$이므로 $135 \times 10^3 = 5715(1 - \cos\alpha) \times 15$

$$\therefore\ \cos\alpha = -0.575 \rightarrow \alpha = 125.1°$$

문제 39. 다음 그림과 같은 원추를 유지하는 데 필요한 힘은 몇 N인가? (단, 원추의 무게는 무시한다.)

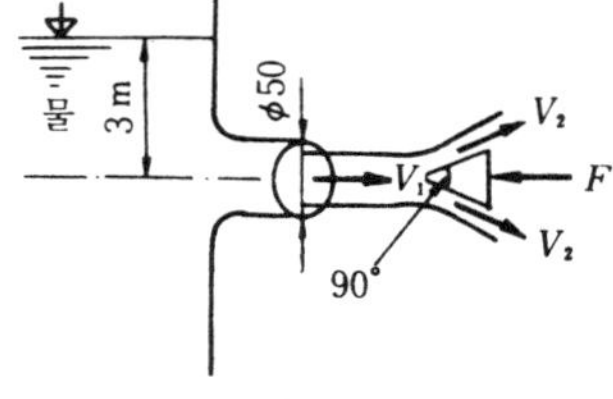

㉮ 33.75

㉯ 42.71

㉰ 52.82

㉱ 63.73

해설 노즐속도 $V_1 = \sqrt{2g \times 3} = 7.67\,\mathrm{m/s}$

$$유량\ Q = AV = \frac{\pi(0.05)^2}{4} \times 7.67 = 0.015\,\mathrm{m^3/s}$$

여기서 $V_1 = V_2$이므로 $V_2 = 7.67\,\mathrm{m/s}$

$$\therefore\ V_{2x} = V_2\cos 45° = 7.67\cos 45° = 5.42\,\mathrm{m/s}$$

$$\therefore\ -F = \frac{9800}{9.8} \times 0.015(5.42 - 7.67)$$

$$\therefore\ F = 33.75\,\mathrm{N}$$

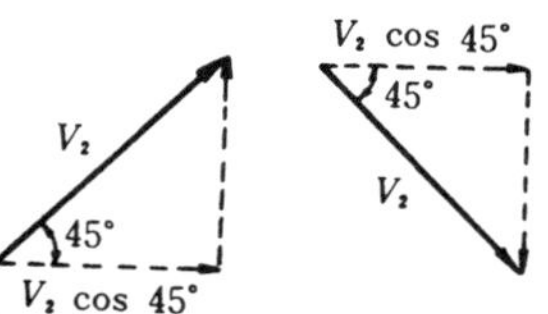

문제 40. 속도가 $30\,\mathrm{m/s}$인 제트가 제트와 같은 방향으로 제트의 $1/2$ 속도로 이동하고 있는 한 개의 날개에 부딪치고 있다. 제트와 날개 사이에는 마찰이 없고 날개의 각도는 $150°$일 때 날개에 미치는 합력의 크기는 얼마인가? (단, 제트의 지름은 $100\,\mathrm{mm}$이다.)

㉮ 133.5 kg   ㉯ 241 kg   ㉰ 336.2 kg   ㉱ 362.6 kg

[해설] $Q = (15)\,\dfrac{\pi}{4}\,(0.1)^2 = 0.1178\,\mathrm{m^3/s}$

운동량의 방정식

(x 방향)

$$F_x = \rho\,Q\,(v - u)(1 - \cos\theta) = 102 \times 0.1178(15)(1 + 0.866) = 336.17\,\mathrm{kg}$$

(y 방향)

$$F_y = \rho\,Q\,(v_1 - u)\sin\theta = 102 \times 0.1178(15)0.5 = 135.78\,\mathrm{kg}$$

합력의 크기 $F = \sqrt{F_x^2 + F_y^2} = \sqrt{336.2^2 + 135.8^2} = 362.6\,\mathrm{kg} = 1557\,\mathrm{N}$

문제 41. 지름이 $2\,\mathrm{m}$인 펠톤 수차가 제트에서 $60\,\mathrm{m/s}$의 속도로 분출되는 물에 의하여 $250\,\mathrm{rpm}$으로 회전하고 있을 때 수차의 동력은 몇 마력인가? (단, 제트의 지름은 $50\,\mathrm{mm}$이고, 날개의 각은 $150°$이다.)

㉮ 1051 PS   ㉯ 761PS   ㉰ 265 PS   ㉱ 183 PS

[해설] $U = \dfrac{\pi DN}{60} = \dfrac{\pi \times 2 \times 250}{60} = 26.1\,\mathrm{m/s}$

$$Q = AV = \dfrac{\pi}{4}\,(0.05)^2 \times 60 = 0.118\,\mathrm{m^3/s}$$

$$F_x = \rho\,Q\,(V_i - u)(1 - \cos 150°) = 102 \times 0.118 \times 33.9(1.866) = 761.4\,\mathrm{kg}$$

따라서, 수차의 동력 $L_0 = \dfrac{F_x\,u}{75} = \dfrac{761.4 \times 26.1}{75} = \dfrac{19872}{75} = 265\,\mathrm{PS}$

문제 42. 지름이 $100\,\mathrm{mm}$인 제트에서 물이 $24\,\mathrm{m/s}$로 임펠러에 분출될 때 임펠러가 제트와 같은 방향으로 $10\,\mathrm{m/s}$로 이동하면 제트가 임펠러에 수평으로 작용하는 힘은 몇 kg인가? (단, 임펠러 각은 $90°$이다.)

㉮ 269 kg   ㉯ 192.17 kg   ㉰ 156.9 kg   ㉱ 11.21 kg

[해설] $Q = AV = \dfrac{\pi}{4}\,(0.1)^2 (24 - 10) = 0.11\,\mathrm{m^3/s}$

운동량 방정식에서 $F_x = \rho\,Q\,(v_1 - u)(\cos 90° - 1)$

$$F_x = \rho\,Q\,(v_1 - u) = 102 \times 0.1099(14) = 156.9\,\mathrm{kg} = 1539\,\mathrm{N}$$

[해답] **40.** ㉱   **41.** ㉰   **42.** ㉰

문제 43. 지름이 30 mm인 공기분류가 터빈 회전차에 붙어 있는 베인열에 그림과 같이 분사되고 있다. 이 공기분류에 의해서 얻어지는 동력은 몇 kW인가?(단, 공기의 비중량 $\gamma = 12.6\,\text{N}/\text{m}^3$)

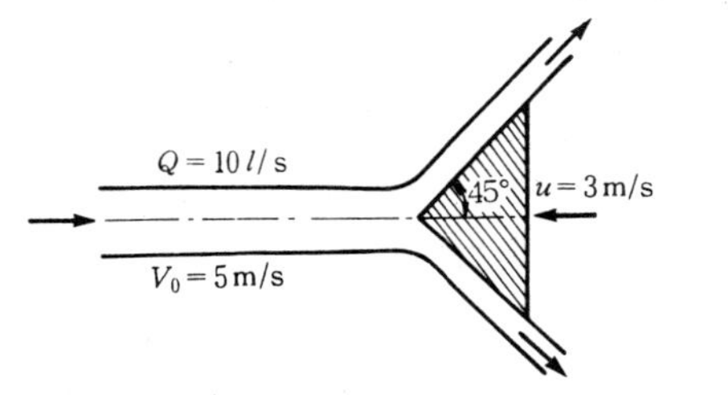

가 5.6   나 1.59

다 3.27   라 4.61

해설 공기제트에서 얻은 동력은 베인의 입구와 출구에서 운동 에너지차이다. 즉,

$$P = \frac{m(V_1{}^2 - V_2{}^2)}{2} = \frac{\rho Q(V_1{}^2 - V_2{}^2)}{2}$$

$$= \frac{\dfrac{12.6}{9.8} \times \left[\dfrac{\pi(0.03)^2}{4} \times 200\right] (200^2 - 150^2)}{2}$$

$$= 1589.6\,\text{N} \cdot \text{m/s} \fallingdotseq 1.59\,\text{kW}$$

문제 44. 그림과 같은 물체가 물 제트 속을 3 m / s의 속도로 거슬러 올라 가고 있다. 이때 물 제트의 유량과 속도가 각각 10 l / s, 5 m / s일 때 물체가 받는 힘은 얼마인가?

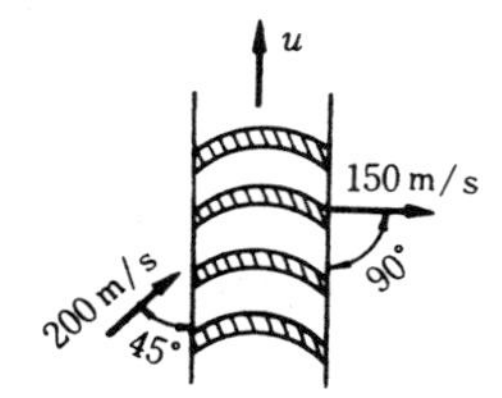

가 4.93 kg (48.3 N)   나 3.82 kg (37.4 N)

다 5.6 kg (54.9 N)   라 10.2 kg (100 N)

해설 운동량의 이론으로부터 $F_x = Q'\rho(V_0 + u)(1 - \cos\theta)$

여기에서 물 제트의 단면적을 A라고 할 때

$$Q' = A(V_0 + u), \quad Q = V_0 A \text{이므로}$$

$$Q' = \frac{(V_0 + u)Q}{V_0}$$

$$\therefore F_x = Q\rho \frac{(V_0 + u)^2}{V_0}(1 - \cos\theta)$$

$$= 10 \times 10^{-3} \times 102 \times \frac{(5+3)^2}{5} \times (1 - \cos 45°) = 3.82\,\text{kg}$$

[SI 단위]

$$F_x = 10 \times 10^{-3} \times 10^3 \times \frac{(5+3)^2}{5} \times (1 - \cos 45°) = 37.44\,\text{N}$$

해답 43. 나   44. 나

문제 45. 그림과 같은 물탱크의 하단에 설치된 노즐을 통하여 물이 분사되고 있다. 이때 탱크는 추력을 받아 운동하게 되는데 물 제트에 의하여 탱크에 작용되는 추력 F 는 얼마인가?

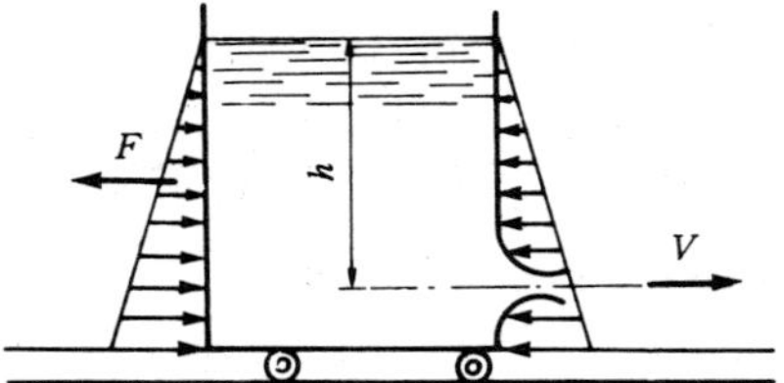

㉮ $\sqrt{2gh}$ 　　㉯ γAh

㉰ $2\gamma Ah$ 　　㉱ $Q\gamma\sqrt{2gh}$

해설 노즐출구에서의 속도 V_2는 탱크의 수면과 노즐의 출구에 대해 베르누이 방정식을 적용하여

$$\frac{V_1^2}{2g} + \frac{p_1}{\gamma} + z_1 = \frac{V_2^2}{2g} + \frac{p_2}{\gamma} + z_2$$

여기에서 $V_1 = 0$, $p_1 = p_2 = 0$, $z_2 = 0$, $z_1 = h$ 이므로 $V_2 = V = \sqrt{2gh}$

역적과 운동량의 원리로부터 물 제트에 의한 추력 $F = Q\rho V$

여기에서 $Q = AV$, $\rho = \dfrac{\gamma}{g}$, $V = \sqrt{2gh}$ 이므로

$$F = A \times \frac{\gamma}{g}(\sqrt{2gh})^2 = 2\gamma Ah$$

문제 46. 문제 45와 같은 물 탱크에 물의 깊이가 3 m일 때 물 탱크가 받게 되는 추력은 얼마인가? (단, 노즐의 지름은 20 cm이고, 노즐에서의 마찰은 무시된다.)

㉮ 188.4 kg (1846.3 N) 　　㉯ 304 kg (2979 N)

㉰ 256.1 kg (2510 N) 　　㉱ 405 kg (3969 N)

해설 운동량의 원리로부터

$$F_p = 2\gamma Ah = 2 \times 10^3 \times \frac{\pi}{4} \times 0.2^2 \times 3 = 188.4\,\text{kg}$$

[SI 단위]

$$F_p = 2\gamma Ah = 2 \times 9800 \times \frac{\pi}{4} \times 0.2^2 \times 3 = 1846.3\,\text{N}$$

문제 47. 단면이 45 cm×30 cm이고, 길이가 600 m인 덕트에 온도가 15℃($\rho = 1.208$ kg / m³, $\mu = 1.795 \times 10^{-5}$ Pas)인 공기가 3 m / s의 속도로 흐를 때 압력강하는 몇 kg / m² 인가? (단, 무디 선도에서 $\lambda = 0.019$이다.)

㉮ 1650 kg / m² 　　㉯ 17.5 kg / m² 　　㉰ 1560 kg / m² 　　㉱ 172 kg / m²

해설 $R_h = \dfrac{45 \times 30}{2 \times 45 + 2 \times 30} = 9\,\text{cm} = 0.09\,\text{m}$

$$R_e = \frac{\rho V d}{\mu} = \frac{\rho V (4Rh)}{\mu} = \frac{1.208 \times 3 \times 4 \times 0.09}{1.795 \times 10^{-5}} = 72682$$

$$H_L = f \times \frac{l}{4R_h} \times \frac{V^2}{2g} = 0.019 \times \frac{600}{4 \times 0.09} \times \frac{3^2}{2 \times 9.81} = 14.5\,\text{m공기}$$

$$\Delta p = \gamma h = 1.208 \times 9.81 \times 14.5 = 172\,\text{kg} \cdot \text{m/s}^2\,\text{m}^2$$

$$= 172\,\text{N/m}^2 = \frac{172}{9.81} = 17.5\,\text{kg/m}^2$$

문제 48. 1000 km / h로 비행하는 분사추진 비행기의 공기흡입량은 40 kg / s이고, 분사 속력이 비행기에 대하여 500 m / s이었다. 연료의 무게를 무시할 때 추력은 몇 N인가?

㉮ 2739　　　　㉯ 10378　　　　㉰ 11088　　　　㉱ 8889

[해설] 비행기속도 $V_1 = \dfrac{1000 \times 1000}{3600} = 277.78\,\text{m/s}$

추력 $F = \rho Q(V_2 - V_1) = 40 \times (500 - 277.78) = 8889\,\text{N}$

문제 49. 연료의 질량유량 5 kg / s와 산소의 질량유량 80 kg / s를 태워서 연소가스를 5 km / s로 방출하는 데 로켓의 추진력은 몇 kg인가?

㉮ 43367　　　　㉯ 48215　　　　㉰ 51633　　　　㉱ 54238

[해설] $\rho Q = 5 + 80 = 85\,\text{kg/s}$

$\therefore\ F_{th} = \rho Q V = 85 \times 5 \times 1000 = 425000\,\text{N} \fallingdotseq 43367\,\text{kg}$

문제 50. 제트엔진이 200 m / s로 비행하여 20 kg / s의 질량을 소비한다. 400 kg의 추진 력을 만들 때 배출되는 가스의 속도는 얼마인가?

㉮ 396.2 m / s　　　　㉯ 220 m / s　　　　㉰ 196 m / s　　　　㉱ 180 m / s

[해설] $F = \rho Q(V_j - V_0)$

$V_j = \dfrac{Fg}{G} + V_0 = \dfrac{400 \times 9.81}{20} + 200 = 396.2\,\text{m/s}$

문제 51. 무게 3000 kg의 로켓이 40 kg / s의 연소가스를 1200 m / s의 속도로 분출한다 면 추력은 몇 kg인가?

㉮ 4268　　　　㉯ 4436　　　　㉰ 4623　　　　㉱ 4898

[해설] $F_{th} = \rho Q V = \dfrac{40}{9.8} \times 1200 \fallingdotseq 4898\,\text{kg}$

[해답]　48. ㉱　　49. ㉮　　50. ㉮　　51. ㉱

문제 52. 1120 km / h로 비행하는 분사 추진 비행기의 공기 흡입량은 75 kg / s이고, 연료의 연소 기체의 질량은 1.35 kg / s이었다. 이때 추진력이 3600 kg일 때 분사속도는 몇 m / s인가?

㉮ 311.11　　　　㉯ 211.32　　　　㉰ 352.76　　　　㉱ 276.38

[해설] 비행기 속도 $V_1 = \dfrac{1120 \times 1000}{3600} = 311.11\,\text{m / s}$

$\rho_1 Q_1 = 75\,\text{kg/s}$

$\rho_2 Q_2 = 75 + 1.35 = 76.35\,\text{kg/s}$

$F = 3600\,\text{kg}$이므로 $F = \rho_2 Q_2 V_2 - \rho_1 Q_1 V_1$

$3600 = 76.35 \times V_2 - 75 \times 311.11$

$\therefore\ V_2 = 352.76\,\text{m / s}$

문제 53. 노즐 지름이 4 mm인 스프링클러가 회전축에서 공급되는 물을 두 노즐에서 매초 $2\,l$를 분출하고 있고, 한 개의 노즐은 축과의 거리가 20 cm이다. 마찰을 무시할 때 회전 토크는 얼마인가? (단, $\theta = 45°$이다.)

㉮ 4.84 kg / m　　　㉯ 3.43 kg / m　　　㉰ 3.82 kg / m　　　㉱ 2.42 kg / m

---

[해설] $V = \dfrac{Q}{2A} = \dfrac{0.002}{2 \times \dfrac{\pi}{4}(0.004)^2} = 83.75\,\text{m / s}$

$u_2 = 83.75 \sin 45° = 59.22\,\text{m / s}$

$T = \rho Q u_2 \gamma = \dfrac{1000}{9.8} \times 0.002 \times 59.22 \times 0.2 = 2.42\,\text{kg/m} = 23.74\,\text{J}$

문제 54. 바깥지름 250 mm, 안지름 80 mm인 원심펌프의 회전차가 1200 rpm으로 회전한다. 회전차의 입구와 출구에서 원주방향속도가 각각 2 m / s, 13 m / s이고, 유량은 $0.02\,\text{m}^3$ / s일 때 이론동력은 몇 PS인가? (단, 물의 비중량은 1000 kg / m^3이다.)

㉮ 4.36　　　　㉯ 5.28　　　　㉰ 6.79　　　　㉱ 7.75

[해설] 회전차의 입구와 출구에 대한 원주속도는

$U_1 = \dfrac{\pi D_1 N}{60} = \dfrac{\pi \times 0.08 \times 1200}{60} = 5.024\,\text{m / s}$

$U_2 = \dfrac{\pi D_2 N}{60} = \dfrac{\pi \times 0.25 \times 1200}{60} = 15.7\,\text{m / s}$

$P_{th} = \dfrac{\rho Q}{75}(U_2 V_2 \cos \alpha_2 - U_1 V_1 \cos \alpha_1) = \dfrac{102 \times 0.02}{75}(15.7 \times 13 - 5.024 \times 2) \fallingdotseq 5.28\,\text{PS}$

예 상 문 제

문제 1. 다음 중 운동량의 단위는 어느 것인가?

㉮ kg ㉯ $kg \cdot s^2/m$ ㉰ $kg \cdot m/s$ ㉱ $kg \cdot s$

문제 2. 다음 사항 중에서 잘못 기술된 것은?

㉮ 유체운동량의 법칙은 모든 유체에 적용할 수 있다.

㉯ 운동량이 일정할 때 외력은 시간에 반비례한다.

㉰ 분류가 고정된 경사평면에 충돌할 때 면에 평행인 운동량의 성분은 변화하지 않는다.

㉱ 유체에 작용하는 외력의 합은 압력과 중력의 곱이다.

[해설] 유체에 작용하는 외력의 합은 운동량의 시간에 대한 변화율과 같다.

문제 3. 운동방정식 $\Sigma F = \rho_2 Q_2 V_2 - \rho_1 Q_1 V_1$은 다음 중 어떤 가정하에서 유도할 수 있는가?

㉮ 각 단면에서의 속도분포는 일정하다.

㉯ 흐름이 비정상수류다.

㉰ 비압축성 유체에서의 흐름에서만 가능하다.

㉱ 점성 흐름에서만 가능하다.

[해설] $\Sigma F = Q\rho(V_2 - V_1)$에서 V_2와 V_1은 임의의 단면에서의 속도이므로 그 단면에서의 평균속도라고 가정된 값이다. 따라서 임의의 단면분포는 일정하여야 한다.

문제 4. 다음 설명 중에서 틀린 것은?

㉮ 질량(m)과 속도(V)를 곱한 것을 역적이라 한다.

㉯ 단위 시간당의 운동량 변화는 힘과 같다.

㉰ 운동량의 변화를 역적이라 한다.

㉱ 질량(m)은 단위 시간당의 질량 유량(ρQ)과 같다.

[해설] 역적은 운동량의 변화와 같다. 즉, $Fdt = mdV$ 이다.

[해답] 1. ㉱ 2. ㉱ 3. ㉮ 4. ㉮

문제 5. 운동량 방정식 $\Sigma F = \rho Q(V_2 - V_1)$을 유도하는데 있어서 필요한 가정은?

  ㉮ 압축성유동   ㉯ 균일유동   ㉰ 비점성유동   ㉱ 정상유동

[해설] 운동량의 법칙은 유체의 점성, 비점성, 압축성, 비압축성에 관계없이 모든 유체의 흐름에 적용되지만 주어진 방정식은 $\rho = $ const, 즉 비압축성 유체 및 정상류라는 가정하에서 성립하는 방정식이며, V_1, V_2는 양쪽 단면에서의 평균속도이므로 각 단면에서의 속도는 균일하다는 것을 알 수 있다.

문제 6. 운동량의 차원은? (단, M : 질량, L : 길이, T : 시간, F : 힘)

  ㉮ $[FL^{-1}T^{-1}]$ ㉯ $[FLT^{-1}]$ ㉰ $[MLT^{-1}]$ ㉱ $[ML^{-1}T^{-1}]$

[해설] 운동량 $= m \cdot V$이므로

   $[M] \cdot [LT^{-1}] = [MLT^{-1}] = [FL^{-1}T^2][LT^{-1}] = [FT]$

문제 7. 다음 중 운동량의 법칙은?

  ㉮ 비점성 유체에만 적용된다.   ㉯ 비압축성 유체에만 적용된다.
  ㉰ 이상 유체에만 적용된다.   ㉱ 모든 유체에 적용된다.

[해설] 운동량의 법칙은 모든 유체나 고체에 적용시킬 수 있는 자연법칙이다.

문제 8. 운동량 방정식에서의 보정계수 β는?

  ㉮ $\dfrac{1}{A} \displaystyle\int_A \left(\dfrac{v}{V}\right) dA$

  ㉯ $\dfrac{1}{A} \displaystyle\int_A \left(\dfrac{v}{V}\right)^2 dA$

  ㉰ $\dfrac{1}{A} \displaystyle\int_A \left(\dfrac{v}{V}\right)^3 dA$

  ㉱ $\dfrac{1}{A} \displaystyle\int_A \left(\dfrac{v}{V}\right)^4 dA$

문제 9. 유량 Q, 비중량 γ인 분류가 V의 속도로 평판에 작용하는 힘은?

  ㉮ γQV ㉯ $\dfrac{QV}{\gamma}$ ㉰ $\dfrac{QV^2}{\gamma}$ ㉱ $\dfrac{\gamma QV}{g}$

[해설] $F = \rho QV = \dfrac{\gamma Q}{g} V$

해답 5. ㉱   6. ㉰   7. ㉱   8. ㉯   9. ㉱

문제 10. 다음 그림과 같이 벽면에 붙어있
는 180°의 깃에 단면적 A_0로 분사된 물이
부딪히고 있다. 물이 벽에 미치는 힘 F는
얼마인가?

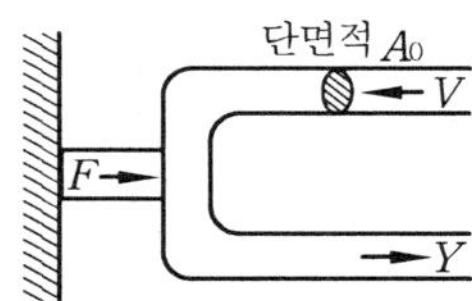

㉮ 0

㉯ $\dfrac{1}{2}\rho A_0 V^2$

㉰ $\rho A_0 V^2$

㉱ $2\rho A_0 V^2$

[해설] $F=\rho Q(V_{x2}-V_{x1})$에서 $Q=A_0 V$, $V_{x2}=V$, $V_{x1}=-V$이므로

$$F=\rho (A_0 V)[V-(-V)]$$

$$\therefore\ F=2\rho A_0 V^2$$

문제 11. 단면이 A인 곧은 관 속을 유체가 흐르고 있다. 1, 2단면 사이의 압력차는 어떻
게 되겠는가? (단, 점성 유체인 경우이다.)

㉮ $p_1-p_2=\dfrac{F}{A}$

㉯ $p_1=p_2$

㉰ $p_1-p_2=\dfrac{1}{A}\{\rho Q(V_2-V_1)\}$

㉱ $p_1-p_2=\rho Q(V_2-V_1)-\dfrac{F}{A}$

[해설] 운동량 방정식에서 $F=\rho Q(V_1-V_2)+p_1 A_1-p_2 A_2$

$A_1=A_2=A$, $V_1=V_2$이므로 $F=(p_1-p_2)A$

$$\therefore\ P_1-P_2=\dfrac{F}{A}$$

문제 12. 그림과 같은 물제트가 고정평판 θ의 각도로서 충돌하여 마찰없이 상하로 흘
러가고 있다. 평판이 물 제트방향으로 받게 되는 힘 F_0는 얼마인가?

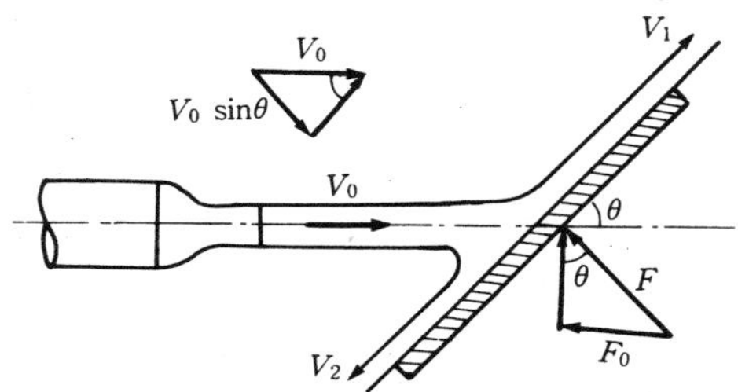

㉮ $Q\rho V_0\sin\theta$

㉯ $Q\rho V_0\cos\theta$

㉰ $Q\rho V_0\sin^2\theta$

㉱ $Q\rho V_0\cos^2\theta$

[해답] 10. ㉱ 11. ㉮ 12. ㉰

[해설] 우선 평판에 작용되는 수직한 힘을 계산하려면, 물 제트의 속도 중에서 평판에 수직한 성분을 구하면 $V_0 \sin \theta$가 된다.

따라서 운동량의 법칙으로부터 평판에 작용되는 힘 $F = Q\rho V_0 \sin \theta$

여기에서 물제트 방향의 힘 F0는 F의 물제트 방향에 대한 분력이 되므로

$$F_0 = F \sin \theta = Q\rho V_0 \sin^2 \theta$$

문제 13. 다음 중 정상 분류가 고정된 경사평면 위에 입사될 경우는?

㉮ 면에 평행인 운동량 성분은 변화하지 않는다.
㉯ 깃에 의해서 분류에 힘이 작용하지 않는다.
㉰ 유동은 면의 경사각에 직접 비례해서 부분으로 나누어진다.
㉱ 속도는 90°보다 크게 굽어진 분류부분에 대해서 감소하고 다른 부분에 대해서는 증가한다.

문제 14. 분류가 움직이는 단일 평판에 수직으로 충돌할 경우 유량은?

㉮ 분류의 절대속도와 분류의 단면적을 곱한 값이다.
㉯ 평판에 대한 분류의 상대속도와 분류의 단면적을 곱한 값이다.
㉰ 분류의 속도와 평판의 속도를 곱한 값에 분류의 단면적을 곱한 값이다.
㉱ 평판의 절대속도와 분류의 단면적을 곱한 값이다.

[해설] $Q = A(V - U)$에서 A : 분류의 단면적, V : 분류의 절대속도, U : 평판의 절대속도

즉, 분류의 단면적과 평판에 대한 분류의 상대속도 $(V - U)$를 곱한 값이 유량이 된다.

문제 15. 다음 그림과 같이 고정된 터빈 날개에 V [m/s]의 분류가 날개를 따라 유입할 때 중심선 방향으로 날개에 미치는 힘은?

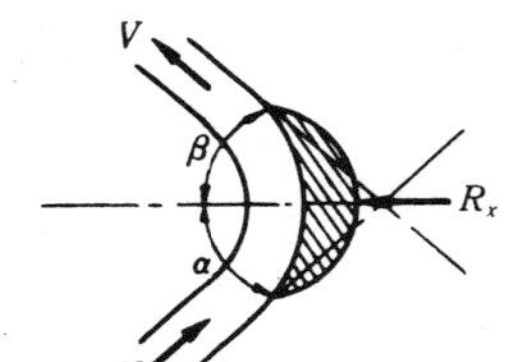

㉮ $\rho Q V(\cos \alpha + \cos \beta)$
㉯ $\rho Q V(\cos \alpha - \cos \beta)$
㉰ $\rho Q V(\cos \alpha + \sin \beta)$
㉱ $\rho Q V(\sin \alpha - \cos \beta)$

[해설] $\Sigma F_x = -R_x = \rho Q(0 - V\cos\alpha) + \rho Q(-V\cos\beta - 0)$

$$\therefore R_x = \rho Q V(\cos\alpha + \cos\beta)$$

문제 16. 원주방향으로 연속날개가 부착되어 있는 충격터빈에서 동력을 최대로 얻는 것은?

㉮ 날개각이 90°에서 얻는다.

㉯ 날개각이 180°이고, 날개의 속도가 제트속의 $\dfrac{1}{2}$일 때 얻는다.

㉰ 날개각과 상관없이 일정하다.

㉱ 터빈의 원주속도에만 관련된다.

[해설] 연속날개이므로 유량은 $Q = AV$

날개에 유입하는 속도는 날개에 대한 분류의 상대속도이므로 $(V-U)$이고, 유출하는 속도는 $(V-U)\cos\theta$ 이다. 따라서 운동법칙을 적용하면

$$\Sigma F_x = -R_x = \rho Q\{(V-U)\cos\theta - (V-U)\} = \rho AV(V-U)(\cos\theta - 1)$$

$$R_x = \rho AV(V-U)(1-\cos\theta)$$

날개에 얻는 동력은 $P = R_x \cdot U = \rho AV(VU - U^2)(1-\cos\theta)$

최대동력을 얻는 U값은 $\dfrac{\partial P}{\partial U} = 0$을 만족하는 값이다.

$$\frac{\partial P}{\partial U} = \rho AV(1-\cos\theta)(V-2U) = 0$$

$\rho AV(1-\cos\theta) \fallingdotseq 0$이므로 $V - 2U = 0$ $\therefore U = \dfrac{V}{2}$

또 최대동력을 얻는 θ 값은 $\dfrac{\partial P}{\partial\theta} = 0$ 을 만족하는 값이다.

$$\frac{\partial P}{\partial\theta} = \rho AV(VU - U^2)\sin\theta = 0$$

$\rho AV(VU - U^2) \fallingdotseq 0$이므로 $\sin\theta = 0$

$\therefore\ \theta = 180°$ ($\therefore\ \theta = 0$인 경우는 $R_x = 0$이 되어 $P = 0$이 된다.)

문제 17. 그림과 같은 제트기에서 공기를 흡입하여 압축시킨 다음 연소실에서 연료와 함께 연소시켜 고온고압의 가스를 발생시켜 그의 일부로서 터빈을 작동하여 공기압축기의 동력으로 사용하고 나머지는 축소확대노즐을 통하여 분출시킴으로써 제트기의 추력을 얻게 된다. 이 제트기의 추력은 얼마인가?

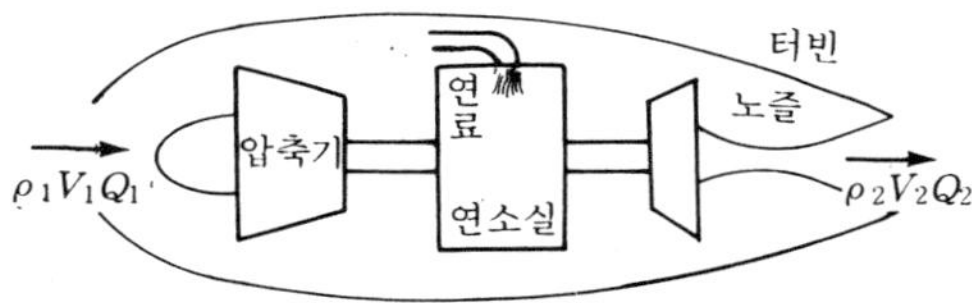

㉮ $F_p = Q_2\rho_2 V_2$

㉯ $F_p = Q_1\rho_1 V_1$

㉰ $F_p = Q_2\rho_2 V_2{}^2$

㉱ $F_p = Q_2\rho_2 V_2 - Q_1\rho_1 V_1$

[해답] 16. ㉯   17. ㉱

[해설] 운동량의 원리로부터 $\Sigma F = Q\rho(V_2 - V_1)$

대기압에 의한 영향과 연료의 영향을 무시하면 $F_p = Q_2\rho_2 V_2 - Q_1\rho_1 V_1$

문제 18. 그림과 같은 펠톤수차의 러너의 원주방향으로 연속적으로 달려 있는 날개에 액체제트가 충돌하고 있다. 제트의 속도를 V_0, 날개의 원주속도를 u, 날개의 각을 θ 라고 할 때 최대동력 P는 얼마인가?

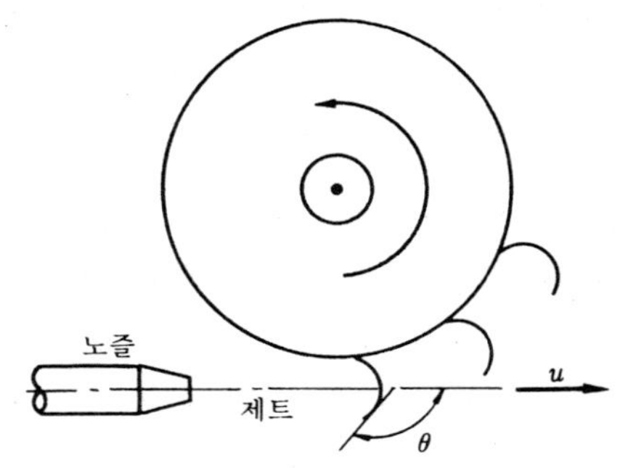

㉮ $Q\gamma \dfrac{V_0^2}{2}$ 　　㉯ $Q\rho \dfrac{V_0^2}{2}$

㉰ $Q\rho \dfrac{V_0^2}{2g}$ 　　㉱ $Q\gamma \dfrac{u^2}{2g}$

[해설] 운동량의 원리로부터 가동날개에서의 수평력 $F_x = Q\rho(V_0 - u)(1 - \cos\theta)$

따라서 동력 $P = F_x u = Q\rho(V_0 - u)(1 - \cos\theta)u$

여기에서 $u = 0$, $u = V_0$일 때 $P = 0$이 되므로,

Q, ρ, θ, V_0를 일정하게 유지할 때에는 $u = \dfrac{V_0}{2}$일 때 최대값이 된다.

$$\therefore P_{\max} = Q\rho \frac{V_0^2}{4}(1 - \cos\theta)$$

그리고 $\theta = 180°$이면 $\cos 180° = -1$이 되어

$$P_{\max} = Q\rho \frac{V_0^2}{2} = \frac{Q\gamma V_0^2}{2g}$$

문제 19. 프로펠러나 풍차에서 그의 전후방에서의 속도를 각각 V_1, V_4 라고 할 때 프로펠러나 풍차를 직접 통과하는 속도 V는?

㉮ $V = \dfrac{(V_1 - V_4)}{2}$ 　　　　㉯ $V = \dfrac{(V_1 + V_4)}{2}$

㉰ $V = (V_1 - V_4)$ 　　　　㉱ $V = (V_1 + V_4)$

[해설] 프로펠러 그림에서 단면 1, 4에 대하여 운동량의 원리를 적용시키면

$$(p_3 - p_2)A = F = Q\rho(V_4 - V_1)$$
$$= A\rho V(V_4 - V_1)$$

여기서 V 는 프로펠러를 지나는 유체의 평균속도이다.

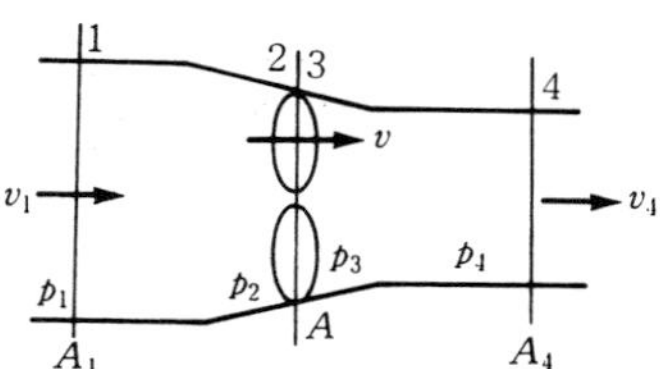

[해답] 18. ㉯　　19. ㉯

따라서 정리하면　$p_3 - p_2 = \rho V(V_4 - V_1)$

1, 2 단면에 대한 베르누이 방정식은　$p_1 + \dfrac{1}{2}\rho V_1{}^2 = p_2 + \dfrac{1}{2}\rho V_2{}^2$

3, 4 단면에 대한 베르누이 방정식은　$p_3 + \dfrac{1}{2}\rho V_3{}^2 = p_4 + \dfrac{1}{2}\rho V_4{}^2$

위의 두 식에서 $p_1 = p_4$가 되므로　$p_3 - p_2 = \dfrac{1}{2}\rho(V_4{}^2 - V_1{}^2)$

①, ②식으로부터　$V = \dfrac{(V_1 + V_4)}{2}$

문제 20. 다음 설명 중 맞지 않는 것은?

㉮ 유체가 외력의 작용을 받아서 선회 운동을 할 때 이것을 자유 볼텍스(free vortex flow)라 한다.

㉯ 임펠러는 전동기에 의해서 회전되고 그 동력을 물에 전달하는 것이 펌프이다.

㉰ 펠톤수차의 최대 효율은 날개의 이동 속도(U)가 제트 속도(V)의 $\dfrac{1}{2}$이 될 때이다.

㉱ 속도의 크기와 방향을 변화시키면 물은 회전력이 작용하게 되고 그 반동력으로 임펠러가 물로부터 회전을 받는 것이 터빈이다.

[해설] free vortex flow란 유체가 외력을 받지 않고 선회 운동을 하는 것이다.

문제 21. 수평으로 설치된 노즐로부터 물이 분출되고 있다. 분류의 지름은 $10\,\text{cm}$이고 압력이 $10\,\text{kg}/\text{cm}^2$일 때 노즐이 미치는 힘은 몇 kg인가?

㉮ 1480　　㉯ 1570　　㉰ 1660　　㉱ 1750

[해설] 노즐 출구에서의 압력은 대기압이므로 $p - p_2 = \Delta p = 10\,\text{kg/cm}^2$이다. 따라서

$$F = \rho Q V = \rho A V^2 = \rho A \left(\sqrt{2g\frac{\Delta p}{\gamma}} \right)^2$$

$$= 2A \cdot \Delta p = 2 \times \frac{\pi}{4} \times 0.1^2 \times 10 \times 10^4 = 1570\,\text{kg}$$

문제 22. 수평으로 놓여진 노즐로부터 물이 분출되고 있다. 이 노즐의 지름은 $2\,\text{cm}$이고 압력은 $7.23\,\text{kg}/\text{cm}^2$이다. 이 노즐에 걸리는 힘은 얼마인가?

㉮ 27.25 kg　　㉯ 43.4 kg　　㉰ 72.19 kg　　㉱ 100 kg

[해설] 노즐에서의 속도 V는 베르누이 방정식에서

$$0 + 0 + \frac{V^2}{2g} = 0 + \frac{p}{\gamma} + 0$$

[해답]　20. ㉮　21. ㉯　22. ㉯

$$\therefore V = \sqrt{2g\frac{p}{\gamma}} = \sqrt{2 \times 9.8 \times \frac{7.23 \times 10^4}{1000}} = 37.65\,\mathrm{m/s}$$

$$\therefore F = \rho QV = \frac{\pi}{4}(0.02)^2 \frac{1000}{9.8} \times (37.65)^2 = 43.4\,\mathrm{kg}$$

문제 23. 지름 500 mm인 수평원관에 물이 흐르고 있다. ① 단면에서의 압력이 100 kg / m², ② 단면에서의 압력이 50 kg / m²일 때 두 단면 사이의 벽면이 받는 마찰력은 몇 kg인가?

㉮ 8.4 　　　　㉯ 9.8 　　　　㉰ 10.5 　　　　㉱ 11.2

해설 그림에서 마찰력을 F, 각 단면에서의 압력을 p_1, p_2, 유속을 V_1, V_2, 단면적을 A라고 하고 두 단면 사이에 운동량 방정식을 적용하면

$\Sigma F_x = \rho Q(V_{2x} - V_{1x})$에서

$$p_1 A - p_2 A - F = \rho Q(V_2 - V_1)$$

$V_1 = V_2$이므로

$$p_1 A - p_2 A - F = 0$$

$$\therefore F = (p_1 - p_2)A$$

$$= (100 - 50) \times \frac{\pi}{4} \times 0.5^2$$

$$\fallingdotseq 9.8\,\mathrm{kg}$$

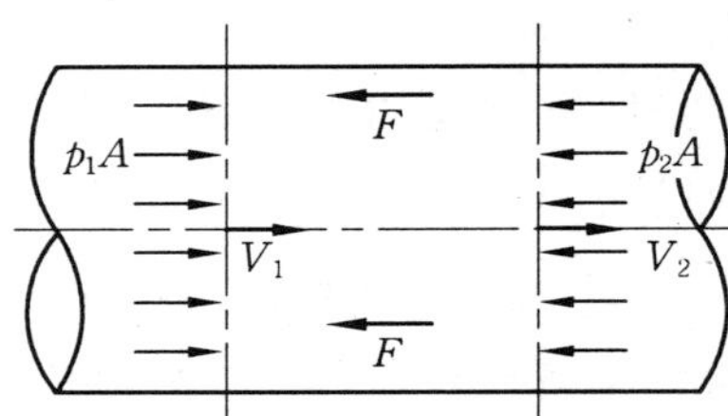

문제 24. 수평으로 5 m / s 움직인 평판에 지름이 20 mm인 노즐에서 물이 30 m / s의 속도로 평판에 수직으로 충돌할 때 평판에 미치는 힘은 얼마인가?

㉮ 20 kg 　　　　㉯ 28 kg 　　　　㉰ 80 kg 　　　　㉱ 112 kg

해설 $F = \rho Q(V - u) = \rho A(V - u)^2$

$$= 102 \times \frac{\pi}{4}(0.02)^2 (30 - 5)^2 = 20\,\mathrm{kg} = 196.2\,\mathrm{N}$$

문제 25. 분류의 속도 $V = 20\,\mathrm{m/s}$, 제트의 지름 50 mm, $\theta = 30°$로 할 때 고정 평판에 직각으로 작용하는 힘과 최초의 제트 방향에 대한 힘 F_x는 얼마인가?

㉮ 70 kg 　　　　㉯ 40 kg 　　　　㉰ 35 kg 　　　　㉱ 20 kg

해설 $Q = \frac{\pi}{4}D^2 V = \frac{\pi}{4}(0.05)^2 \times 20 = 0.03927\,\mathrm{m^3/s}$

평판에 직각으로 작용하는 힘

$$F = \rho QV \sin\theta = 102 \times 0.03927 \times 20 \sin 30° = 40.03\,\mathrm{kg}$$

해답 **23.** ㉯ 　**24.** ㉮ 　**25.** ㉱

따라서 정리하면 $p_3 - p_2 = \rho V(V_4 - V_1)$

1, 2 단면에 대한 베르누이 방정식은 $p_1 + \frac{1}{2}\rho V_1^2 = p_2 + \frac{1}{2}\rho V_2^2$

3, 4 단면에 대한 베르누이 방정식은 $p_3 + \frac{1}{2}\rho V_3^2 = p_4 + \frac{1}{2}\rho V_4^2$

위의 두 식에서 $p_1 = p_4$가 되므로 $p_3 - p_2 = \frac{1}{2}\rho(V_4^2 - V_1^2)$

①, ②식으로부터 $V = \dfrac{(V_1 + V_4)}{2}$

문제 20. 다음 설명 중 맞지 않는 것은?

㉮ 유체가 외력의 작용을 받아서 선회 운동을 할 때 이것을 자유 볼텍스(free vortex flow)라 한다.

㉯ 임펠러는 전동기에 의해서 회전되고 그 동력을 물에 전달하는 것이 펌프이다.

㉰ 펠톤수차의 최대 효율은 날개의 이동 속도(U)가 제트 속도(V)의 $\frac{1}{2}$이 될 때이다.

㉱ 속도의 크기와 방향을 변화시키면 물은 회전력이 작용하게 되고 그 반동력으로 임펠러가 물로부터 회전을 받는 것이 터빈이다.

해설 free vortex flow란 유체가 외력을 받지 않고 선회 운동을 하는 것이다.

문제 21. 수평으로 설치된 노즐로부터 물이 분출되고 있다. 분류의 지름은 $10\,\text{cm}$이고 압력이 $10\,\text{kg}/\text{cm}^2$일 때 노즐이 미치는 힘은 몇 kg인가?

㉮ 1480   ㉯ 1570   ㉰ 1660   ㉱ 1750

해설 노즐 출구에서의 압력은 대기압이므로 $p - p_2 = \Delta p = 10\,\text{kg/cm}^2$이다. 따라서

$$F = \rho Q V = \rho A V^2 = \rho A \left(\sqrt{2g\,\frac{\Delta p}{\gamma}}\right)^2$$

$$= 2A \cdot \Delta p = 2 \times \frac{\pi}{4} \times 0.1^2 \times 10 \times 10^4 = 1570\,\text{kg}$$

문제 22. 수평으로 놓여진 노즐로부터 물이 분출되고 있다. 이 노즐의 지름은 $2\,\text{cm}$이고 압력은 $7.23\,\text{kg}/\text{cm}^2$이다. 이 노즐에 걸리는 힘은 얼마인가?

㉮ 27.25 kg   ㉯ 43.4 kg   ㉰ 72.19 kg   ㉱ 100 kg

해설 노즐에서의 속도 V는 베르누이 방정식에서

$$0 + 0 + \frac{V^2}{2g} = 0 + \frac{p}{\gamma} + 0$$

$$\therefore V = \sqrt{2g\frac{p}{\gamma}} = \sqrt{2 \times 9.8 \times \frac{7.23 \times 10^4}{1000}} = 37.65\,\text{m}/\text{s}$$

$$\therefore F = \rho QV = \frac{\pi}{4}(0.02)^2\frac{1000}{9.8} \times (37.65)^2 = 43.4\,\text{kg}$$

문제 23. 지름 500 mm인 수평원관에 물이 흐르고 있다. ① 단면에서의 압력이 100 kg / m², ② 단면에서의 압력이 50 kg / m²일 때 두 단면 사이의 벽면이 받는 마찰력은 몇 kg인가?

㉮ 8.4　　　　　　㉯ 9.8　　　　　　㉰ 10.5　　　　　　㉱ 11.2

[해설] 그림에서 마찰력을 F, 각 단면에서의 압력을 p_1, p_2, 유속을 V_1, V_2, 단면적을 A라고 하고 두 단면 사이에 운동량 방정식을 적용하면

$$\Sigma F_x = \rho Q(V_{2x} - V_{1x})\text{에서}$$

$$p_1 A - p_2 A - F = \rho Q(V_2 - V_1)$$

$V_1 = V_2$이므로

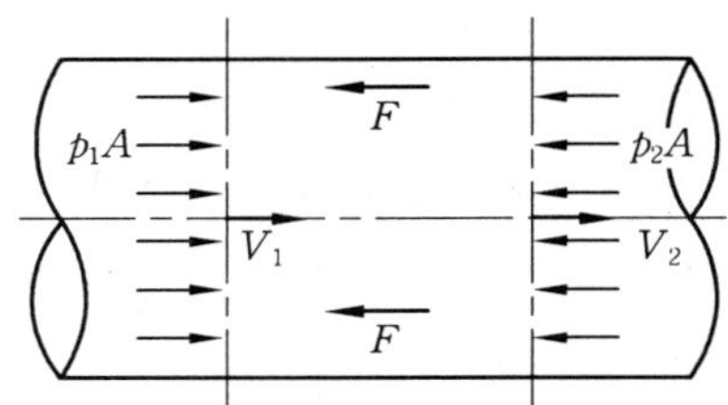

$$p_1 A - p_2 A - F = 0$$

$$\therefore F = (p_1 - p_2)A$$

$$= (100 - 50) \times \frac{\pi}{4} \times 0.5^2$$

$$\fallingdotseq 9.8\,\text{kg}$$

문제 24. 수평으로 5 m / s 움직인 평판에 지름이 20 mm인 노즐에서 물이 30 m / s의 속도로 평판에 수직으로 충돌할 때 평판에 미치는 힘은 얼마인가?

㉮ 20 kg　　　　　　㉯ 28 kg　　　　　　㉰ 80 kg　　　　　　㉱ 112 kg

[해설] $F = \rho Q(V - u) = \rho A(V - u)^2$

$$= 102 \times \frac{\pi}{4}(0.02)^2(30 - 5)^2 = 20\,\text{kg} = 196.2\,\text{N}$$

문제 25. 분류의 속도 $V = 20$ m / s, 제트의 지름 50 mm, $\theta = 30°$로 할 때 고정 평판에 직각으로 작용하는 힘과 최초의 제트 방향에 대한 힘 F_x는 얼마인가?

㉮ 70 kg　　　　　　㉯ 40 kg　　　　　　㉰ 35 kg　　　　　　㉱ 20 kg

[해설] $Q = \frac{\pi}{4}D^2 V = \frac{\pi}{4}(0.05)^2 \times 20 = 0.03927\,\text{m}^3/\text{s}$

평판에 직각으로 작용하는 힘

$$F = \rho QV \sin\theta = 102 \times 0.03927 \times 20 \sin 30° = 40.03\,\text{kg}$$

[해답]　**23.** ㉯　　**24.** ㉮　　**25.** ㉱

최초의 제트 방향의 힘

$$F_x = F \sin 30° = 40.03 \sin 30° = 20.02\,\text{kg} = 196.2\,\text{N}$$

문제 26. 그림과 같이 안지름 $200\,\text{mm}$인 엘보에 $0.28\,\text{m}^3/\text{s}$의 물이 흐를 때 엘보에 미치는 힘은 몇 kg인가? (단, 압력은 $2\,\text{kg}/\text{cm}^2$로서 각 단면에서 일정하고 물과 엘보의 무게는 무시한다.)

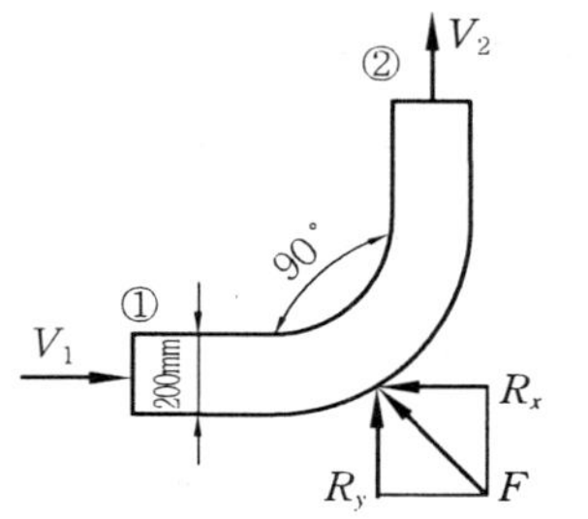

가 1151 나 1249

다 1336 라 1425

[해설] 단면 ①과 ② 사이에 운동량 법칙을 적용하면

$$\Sigma F_x = p_1 A_1 - p_2 A_2 \cos\theta - R_x = \rho Q(V_2 \cos\theta - V_1)$$

$$\therefore\ R_x = p_1 A_1 - p_2 A_2 \cos\theta + \rho Q(V_1 - V_2 \cos\theta)$$

$V_1 = V_2 = V,\ p_1 = p_2 = p,\ A_1 = A_2 = A$이므로

$$R_x = pA(1 - \cos\theta) + \rho QV(1 - \cos\theta)$$

$$= 2 \times 10^4 \times \frac{\pi}{4} \times 0.2^2(1 - \cos 90°) + 102 \times 0.28 \times \frac{4 \times 0.28}{\pi \times 0.2^2}(1 - \cos 90°)$$

$$\fallingdotseq 883\,\text{kg}$$

$$\Sigma F_y = -p_2 A_2 + R_y = \rho Q(V_{2y} - V_{1y})$$

$$\therefore\ R_y = p_2 A_2 + \rho QV_{2y} = 2 \times 10^4 \times \frac{\pi}{4} \times 0.2^2 + 102 \times \frac{4 \times 0.28}{\pi \times 0.2^2} \fallingdotseq 883\,\text{kg}$$

$$R = \sqrt{R_x^2 + R_y^2} = \sqrt{883^2 + 883^2} \fallingdotseq 1249\,\text{kg}$$

문제 27. 그림에서와 같은 $180°$ 구부러진 관에 물이 흐르고 있다. 플랜지 볼트에 걸리는 힘은 얼마인가?

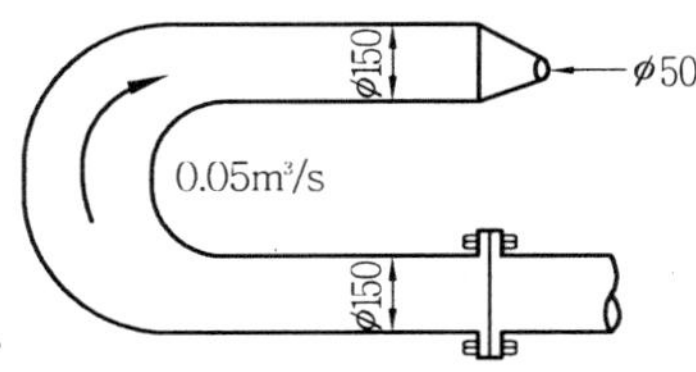

가 724 kg (7.09 kN) 나 824 kg (8.08 kN) 다 625 kg (6.13 kN) 라 549 kg (5.38 kN)

[해설] $V_1 = \dfrac{0.05}{\dfrac{\pi}{4} \times 0.15^2} = 2.83\,\text{m/s},\quad V_2 = \left(\dfrac{15}{5}\right)^2 \times 2.83 = 25.48\,\text{m/s}$

1, 2 단면에 대하여 베르누이 방정식을 대입하면,

$$\frac{V_1{}^2}{2 \times 9.8} + \frac{p_1}{10^3} = \frac{V_2{}^2}{2 \times 9.8} + 0$$

$$\therefore \ p_1 = 32715 \, \text{kg/m}^2$$

운동량 방정식을 이용하면

$$p_1 A_1 - p_2 A_2 \cos 180° - F_x = Q\rho \, (V_2 \cos 180° - V_1)$$

$$32715 \times \frac{\pi}{4} \times (0.15)^2 - 0 - F_x = 0.05 \times 102 (-25.48 - 2.83)$$

$$\therefore \ F_x = 724 \, \text{kg}$$

[SI 단위]

$$F_x = 724 \times 9.8 = 7.095 \, \text{kN}$$

문제 28. 다음 그림과 같이 지름 20 cm인 원관 속을 물이 0.3 m³/s로 흐르고 있다. 관 입구와 출구에서의 게이지압력이 1.2 kg/cm²일 때 이 관을 지지하는 데 필요한 힘은 몇 kg인가?

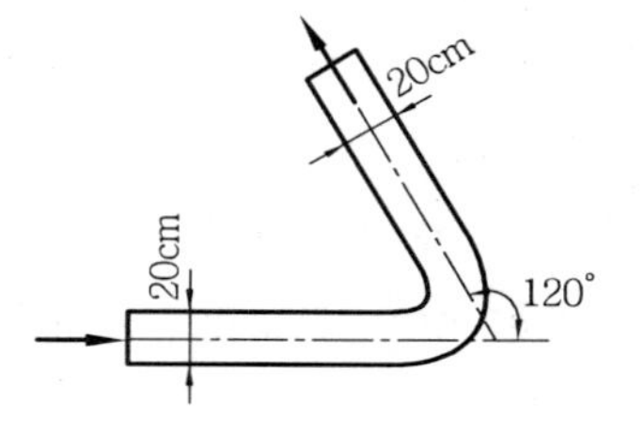

㉮ 940 ㉯ 1042 ㉰ 1159 ㉱ 1260

 관의 단면적과 유속은

$$A_1 = A_2 = \frac{\pi}{4} \times 0.2^2 = 0.0314 \, \text{m}^2$$

$$V_1 = V_2 = \frac{Q}{A} = \frac{0.3}{0.0314} \fallingdotseq 9.55 \, \text{m/s}$$

관의 입·출구 사이에 운동량법칙을 적용하면

$$\Sigma F_x = p_1 A_1 + p_2 A_2 \cos 60° - R_x$$

$$= \rho Q (-V_2 \cos 60° - V_1)$$

$$\therefore \ R_x = p_1 A_1 + p_2 A_2 \cos 60° + \rho Q$$

$$V_2 (\cos 60° + V_1) = 1.2 \times 10^4 \times 0.0314 + 1.2 \times 10^4 \times 0.0314 \times 0.5 + 102$$

$$\times 0.3 (9.55 \times 0.5 + 9.55) = 1003.5 \, \text{kg}$$

$$\Sigma F_y = R_y - p_2 A_2 \sin 60° = \rho Q (V_2 \sin 60° - 0)$$

$$\therefore \ R_y = p_2 A_2 \sin 60° + \rho Q V_2 \sin 60°$$

$$= 1.2 \times 10^4 \times 0.0314 \times \sin 60° + 102 \times 0.3 \times 9.55 \times \sin 60° \fallingdotseq 579.4 \, \text{kg}$$

합력 $R = \sqrt{R_x{}^2 + R_y{}^2} = \sqrt{1003.5^2 + 579.4^2} = 1159 \, \text{kg}$

해답 28. ㉰

문제 29. 그림과 같은 단일 날개에서 분류
에 의해서 작용하는 힘은 몇 kg인가?

㉮ 37

㉯ 56

㉰ 90

㉱ 108

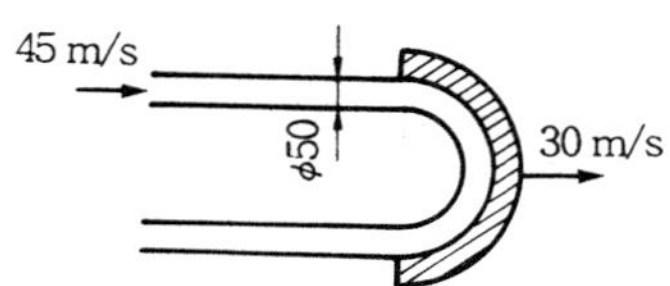

[해설] 날개에 대한 분류의 상대속도는 $45 - 30 = 15\,\text{m/s}$

$$\therefore Q = AV = \frac{\pi(0.05)^2}{4} \times 15 = 0.0294\,\text{m}^3/\text{s}$$

그리고 $V_{x2} = -15\,\text{m/s}$, $V_{x1} = 15\,\text{m/s}$ 이므로 운동량 방정식

$$-F_x = \rho Q(V_{x2} - V_{x1})$$

$$-F_x = \frac{1000}{9.8} \times 0.0294(-15-15) \qquad \therefore F_x = 90\,\text{kg}$$

문제 30. 단면적이 $0.003\,\text{m}^2$인 노즐에서 물이 $25\,\text{m/s}$의 속도로 분사되어 평판에 수직
으로 충돌할 때 평판은 분류방향으로 $3\,\text{m/s}$로 움직인다. 이때 분류가 평판에 미치는
힘은 몇 kg인가?

㉮ 6.732 ㉯ 7.543 ㉰ 8.291 ㉱ 9.366

[해설] 분류의 속도를 V, 평판의 속도를 U라고 하면 평판에 대한 분류의 상대속도는 $V - U$이다.
분류가 평판에 충돌하기 전·후에 있어서 운동량 법칙을 적용하면

$$\Sigma F_x = -R_x = \rho Q\{0 - (V - U)\}$$

$$\therefore R_x = \rho Q(V - U) = 102 \times 0.003 \times (25 - 3) = 6.732\,\text{kg}$$

문제 31. 다음 그림과 같이 지름 $5\,\text{cm}$인 물
이 $35\,\text{m/s}$의 속도로 단일 날개에 충돌된
후 $180°$로 굴곡되어 나온다. 단일 날개가
분류방향으로 $20\,\text{m/s}$로 움직일 때 분류가
단일 날개에 작용하는 힘은 몇 N인가?

㉮ 551 ㉯ 639

㉰ 765 ㉱ 883

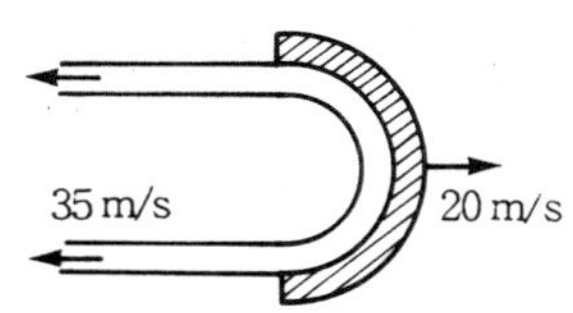

[해설] 분류의 속도를 V, 평판의 속도를 U라고 하면 날개에 대한 분류의 상대속도는

$$V - U = 35 - 20 = 15\,\text{m/s}$$

날개의 입구와 출구 사이에 운동량 법칙을 적용하면

$$\Sigma F_x = -R_x = \rho Q(V_{2x} - V_{1x})$$

$$= \rho Q\{(V-U)\cos\theta - (V-U)\} = \rho A(V-U)^2(\cos\theta - 1)$$

$$\therefore\ R_x = 1000 \times \frac{\pi}{4} \times 0.05^2 \times 15^2 \times (1 - \cos 180°) \fallingdotseq 883\,\mathrm{N}$$

문제 32. 문제 32에서 날개가 얻는 동력은 몇 PS인가?

  ㉮ 9   ㉯ 15   ㉰ 24   ㉱ 36

[해설] $P = R_x \cdot U = \dfrac{883 \times 20}{9.8 \times 75} \fallingdotseq 24\,\mathrm{PS}$

문제 33. 이동 날개에 분류를 분출시켜 분류 방향으로 160 kg의 힘을 가했더니 날개가 분류 방향으로 20 m/s의 속력으로 이동되었다. 이때 얻어진 동력은 몇 마력인가?

  ㉮ 43 PS   ㉯ 10 PS   ㉰ 15 PS   ㉱ 25 PS

[해설] $P = \dfrac{FV}{75} = \dfrac{160 \times 20}{75} = 42.7\,\mathrm{PS}$

문제 34. 시속 800 km의 속도로 날고 있는 제트기가 있다. 이 제트기의 배기의 배출속도가 300 m/s이고 공기의 흡입량이 26 kg/s일 때 제트기의 추력은 몇 kg인가?(단, 배기에는 연소가스가 2.5 % 증가되고 있다.)

  ㉮ 162   ㉯ 186   ㉰ 227   ㉱ 252

[해설] 제트기에 대한 추력 F_{th}는 운동량의 법칙으로부터

$$F_{th} = \rho_2 Q_2 V_2 - \rho_1 Q_1 V_1$$

여기에서

$$V_1 = \frac{800 \times 1000}{3600} = 222.2\,\mathrm{m/s}, \quad V_2 = 300\,\mathrm{m/s}$$

$$\rho_1 Q_1 = \frac{26}{9.8} \fallingdotseq 2.65\,\mathrm{kg \cdot s/m}, \quad \rho_2 Q_2 = \frac{(26 + 26 \times 0.025)}{9.8} \fallingdotseq 2.72\,\mathrm{kg \cdot s/m}$$

$$\therefore\ F = 2.72 \times 300 - 2.65 \times 222.2 \fallingdotseq 227\,\mathrm{kg}$$

주·관·식

문제 1. 다음 그림과 같은 스프링클러(springkler)에서 물이 분출되고 있다. 노즐에서의 분출속도는 $10\,\text{m/s}$이고 노즐의 지름은 $8\,\text{mm}$일 때 토크(Nm)를 구하여라. (단, 마찰손실은 무시한다.)

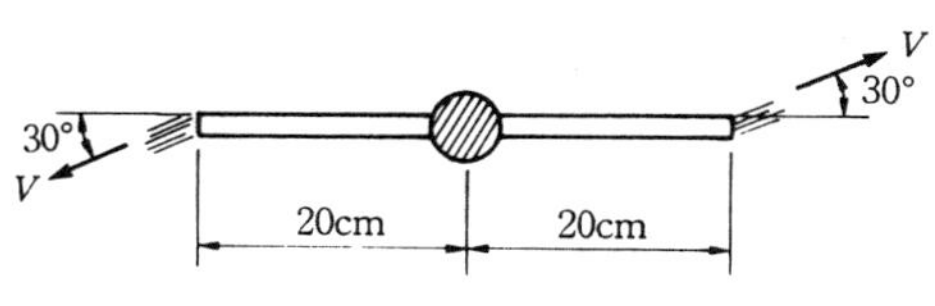

[해설] 유량 $Q = AV = \dfrac{\pi}{4} \times 0.008^2 \times 10 \fallingdotseq 5.024 \times 10^{-4}\,\text{m}^3/\text{s}$

원주방향의 힘은

$F = \rho QV \cos\theta = 1000 \times 5.024 \times 10^{-4} \times 10 \cos 60° = 2.512\,\text{N}$

$T = 2F \cdot r = 2 \times 2.512 \times 0.2 \fallingdotseq 1\,\text{N} \cdot \text{m}$

문제 2. 분사추진으로 움직이는 배가 $4\,\text{m/s}$로 흐르는 강물에서 $10\,\text{m/s}$로 거슬러 올라간다. 이 배는 앞부분에서 물을 공급받아 배의 뒤편으로 $0.157\,\text{m}^3/\text{s}$의 유량을 단면적 $60\,\text{cm}^2$인 노즐로 분출한다. 배의 추진 동력은 몇 PS인지 구하여라.

[해설] 배의 입구에서 물의 상대속도 $V_1 = 14\,\text{m/s}$

$\therefore\ F_{th} = \rho Q(V_2 - V_1) = 102 \times 0.157 \times \left(\dfrac{0.157}{60 \times 10^{-4}} - 14\right) \fallingdotseq 195\,\text{kg}$

$P = \dfrac{F_{th} \cdot U}{75} = \dfrac{195 \times 10}{75} = 26\,\text{PS}$(여기서, U : 배의 추진 속도)

문제 3. 그림과 같은 모터 보트가 $2\,\text{m/s}$로 흐르는 강물에 대하여 $10\,\text{m/s}$로 거슬러 올라가고 있다. 이 배는 앞부분에서 물을 흡입하여 뒤쪽으로 $0.2\,\text{m}^3/\text{s}$로 물을 단면적 $0.01\,\text{m}^2$인 노즐을 통하여 배출한다면, 발생되는 추진력은 몇 N인지 구하여라. (단, 물의 비중량은 $9800\,\text{N/m}^3$이다.)

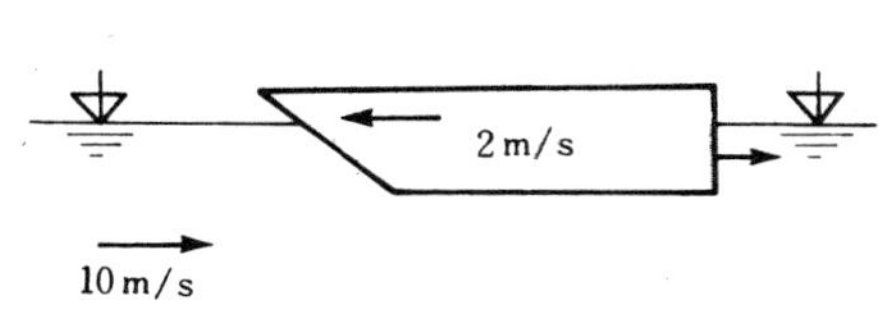

[해설] 입구에서 배에 대한 물의 상대 속도 V_{x1}은

$$V_{x1} = 2 - (-10) = 12\,\mathrm{m/s}$$

출구에서 물의 속도 $V_{x2} = \dfrac{0.2}{0.01} = 20\,\mathrm{m/s}$ 이므로

$$\therefore F_{x2} = \rho Q(V_{x2} - V_{x1}) = \frac{9800}{9.8} \times 0.2 \times (20 - 12) = 1600\,\mathrm{N}$$

문제 4. 분사추진 원리를 이용하는 배에서 흡입구가 배의 축방향과 90°각을 이룰 때 이론 추진 효율을 구하여라. (단, V_1은 분류의 유입속도, V_2는 유출속도, U는 배의 추진속도이다.)

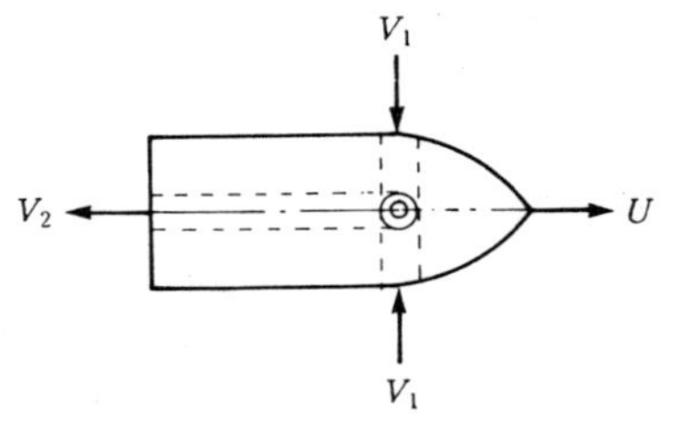

[해설] 추진동력 $= \rho Q V_2 U$, 단위시간에 공급된 에너지 $= \dfrac{\rho Q}{2} V_2{}^2$

$$\therefore \text{추진효율} \quad \eta_{th} = \frac{\rho Q V_2 \cdot U}{\dfrac{\rho Q V_2{}^2}{2}} = \frac{2U}{V_2}$$

문제 5. 프로펠러 지름이 $3\,\mathrm{m}$인 비행기가 $120\,\mathrm{m/s}$로 정지된 공기 속을 날고 있다. 프로펠러를 지나는 공기의 유속이 $140\,\mathrm{m/s}$일 때 비행기의 추력(N)을 구하여라. (단, 밀도 $\rho = 0.04\,\mathrm{kg/m^3}$이다.)

[해설] 프로펠러 출구에서 공기속도

$$V_4 = 2V - V_1 = 2 \times 140 - 120 = 160\,\mathrm{m/s}$$

$$Q = AV = \frac{\pi \times 3^2}{4} \times 140 \fallingdotseq 989\,\mathrm{m^3/s}$$

$$\therefore F_{th} = \rho Q(V_4 - V_1) = 0.04 \times 989 \times (160 - 120) \fallingdotseq 1582\,\mathrm{N}$$

문제 6. 매시 $400\,\mathrm{km}$로 나는 항공기에서 프로펠러가 방출하는 공기량은 $465\,\mathrm{m^3/s}$이다. 이때 프로펠러 비행기의 추진 동력(PS)을 구하여라. (단, 프로펠러의 지름은 $2.1\,\mathrm{m}$이다.)

[해설] $V_1 = \dfrac{400 \times 1000}{3600} = 111\,\mathrm{m/s}, \quad V = \dfrac{Q}{A} = \dfrac{465}{\dfrac{\pi}{4}(2.1)^2} = 134.5\,\mathrm{m/s}$

$$V = \frac{V_1 + V_4}{2} \qquad \therefore V_4 = 2V - V_1 = 2 \times 134.5 - 111 = 158\,\mathrm{m/s}$$

프로펠러의 추력 $F = \rho Q(V_4 - V_1) = 0.125 \times 465(158 - 111) = 2731.9\,\mathrm{kg}$

따라서 비행기의 추력 $L_0 = \dfrac{3732}{75} \times 111 = 4043\,\mathrm{PS}$

문제 7. 풍차에 있어서 마찰저항을 무시하는 경우 최대 효율을 구하여라.

[해설] 풍차에 대한 효율 η 는

$$\eta = \frac{(V_1{}^2 - V_4{}^2)V}{V_1{}^3} = \frac{(V_1 + V_4)(V_1{}^2 - V_4{}^2)}{2V_1{}^3} = \frac{1}{2}\left(1 + \frac{V_4}{V_1}\right)\left[1 - \left(\frac{V_4}{V_1}\right)^2\right]$$

여기서 $\dfrac{V_4}{V_1} = x$ 로 놓으면 $\eta = \dfrac{1}{2}(1 + x)(1 - x^2)$

효율의 최대치를 계산하기 위하여 위의 식을 x 에 대하여 미분한 다음 0으로 놓으면

$1 - 2x - 3x^2 = 0$

따라서 $x = \dfrac{1}{3}$ 또는 $x = -1$ 일 때 η 는 최대가 된다.

그러나 $x = -1$ 은 불필요한 값이 되므로, $x = \dfrac{V_4}{V_1} = \dfrac{1}{3}$ 을 대입하면

$\eta = \dfrac{1}{2}\left(1 + \dfrac{1}{3}\right)\left(1 - \dfrac{1}{9}\right) = \dfrac{16}{27} = 59.26\%$

문제 8. 매시 $200\,\mathrm{km}$로 나는 항공기가 지름 $3\,\mathrm{m}$인 프로펠러로부터 $500\,\mathrm{m^3/s}$의 공기를 방출한다. 공기의 비중량이 $1.4\,\mathrm{kg/m^3}$일 때 추력(kg)을 구하여라.

[해설] 프로펠러에 유입하는 공기속도 : $V_1 = \dfrac{200 \times 1000}{3600} \fallingdotseq 55.6\,\mathrm{m/s}$

프로펠러를 통과하는 공기의 평균 속도 : $V = \dfrac{Q}{A} = \dfrac{4 \times 500}{\pi \times 3} \fallingdotseq 70.74\,\mathrm{m/s}$

프로펠러를 유출하는 공기의 속도 : $V_4 = 2V - V_1 = 2 \times 70.74 - 55.6 = 85.88\,\mathrm{m/s}$

$\therefore F_{th} = \rho Q(V_4 - V_1) = \dfrac{1.4}{9.8} \times 500 \times (85.88 - 55.6) \fallingdotseq 2163\,\mathrm{kg}$

문제 9. 그림과 같은 임펠러에서 $r_1 = 10\,\mathrm{cm}$, $r_2 = 16\,\mathrm{cm}$, $u_1 = 0$, $u_2 = 3\,\mathrm{m/s}$, $Q = 0.2\,\mathrm{m^3/s}$이다. 이때 임펠러가 받는 토크는 몇 $\mathrm{N \cdot m}$인지 구하여라. (단, 사용되는 유체는 물이다.) [SI 단위]

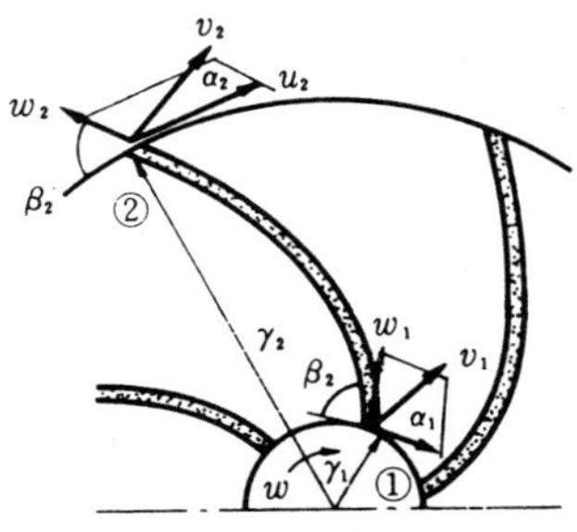

[해설] $T = \rho Q(r_2 u_2 - r_1 u_1) = \dfrac{9800}{9.8} \times 0.2 \times (0.16 \times 3 - 0.1 \times 0) = 96\,\mathrm{N \cdot m}$

문제 10. 배가 바다 위를 $12\,\mathrm{m/s}$의 속도로 항진하고 있다. 배의 프로펠러를 지난 후류 속도는 $6\,\mathrm{m/s}$이고, 프로펠러의 지름이 $0.8\,\mathrm{m}$일 때 추진 동력(kW)을 구하여라. (단, 바닷물의 비중량은 $1025\,\mathrm{kg/m^3}$이다.)

[해설] $V_2 = 12 + 6 = 18\,\mathrm{m/s}, \quad V = \dfrac{V_1 + V_2}{2} = \dfrac{12 + 18}{2} = 15\,\mathrm{m/s}$

$$Q = \frac{\pi}{4} D^2 \times 15 = \frac{\pi}{4} \, 0.81^2 \times 15 = 7.536\,\mathrm{m^3/s}$$

$$F_p = \rho Q(V_2 - V_1) = 104.5 \times 7.536 \times 6 = 4724.4\,\mathrm{kg}$$

$$\therefore \ L_0 = \frac{F_p \times V_1}{102} = \frac{4724.4 \times 12}{102} = 555.8\,\mathrm{kW}$$

문제 11. 그림과 같이 물분류가 터빈에 붙어 있는 베인에 분사되고 있다. 이때 물로부터 베인에 전달된 동력(kW)을 구하여라. (단, 물의 비중량 $\gamma = 9800\,\mathrm{N/m^3}$이다.) [SI 단위]

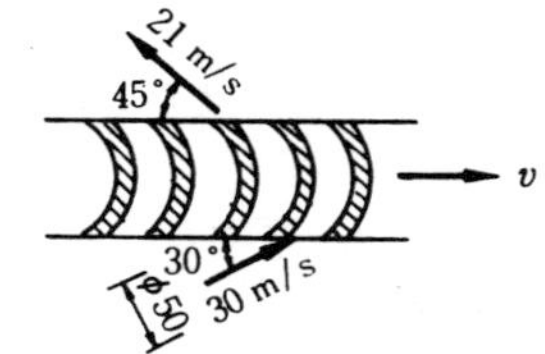

[해설] $P = \dfrac{\rho Q(V_1{}^2 - V_2{}^2)}{2} = \dfrac{\dfrac{9800}{9.8} \times \left[\dfrac{\pi(0.05)^2}{4} \times 30\right](30^2 - 21^2)}{2}$

$$= 13511.8\,\mathrm{N \cdot m/s} \fallingdotseq 13.5\,\mathrm{kW}$$

문제 12. 밀도가 $0.2\,\mathrm{kg \cdot s^2/m^4}$인 공기 속을 나는 비행기의 프로펠러 추력이 $150\,\mathrm{kg}$이고, 유량이 $214\,\mathrm{m^3/s}$라고 하면 이 비행기의 속도는 몇 km/h 인지 구하여라. (단, 프로펠러의 지름은 $3\,\mathrm{m}$이다.)

[해설] 프로펠러를 통과하는 공기속도는

$$V = \frac{Q}{A} = \frac{4 \times 214}{\pi \times 3^2} \fallingdotseq 30.27\,\mathrm{m/s}, \quad V = \frac{V_1 + V_4}{2} \ \text{이므로}$$

$$V_4 = 2V - V_1$$

$$F_{th} = \rho Q(V_4 - V_1) = \rho Q(2V - V_1) - V_1 = 2\rho Q(V - V_1)$$

$$\therefore \ V_1 = V - \frac{F_{th}}{2\rho Q} = 30.27 - \frac{150}{2 \times 0.2 \times 214} \fallingdotseq 1.752\,\mathrm{m/s} \fallingdotseq 6.3\,\mathrm{km/h}$$

문제 13. $400\,\mathrm{km/h}$로 날고 있는 비행기의 프로펠러 지름은 $2.1\,\mathrm{m}$이고 배출유량이 $465\,\mathrm{m^3/s}$일 때 이 비행기의 추진력(kg)을 구하여라. (단, 공기의 비중량은 $1.22\,\mathrm{kg/m^3}$이다.)

[해설] 비행기의 속도는 공기의 유입속도와 같다. 따라서

$$V_1 = \frac{400 \times 1000}{3600} \fallingdotseq 111\,\text{m/s}$$

프로펠러를 통과하는 공기의 유속은 $V = \dfrac{Q}{A} = \dfrac{4Q}{\pi d^2} = \dfrac{4 \times 465}{\pi \times 2.1^2} \fallingdotseq 134.3\,\text{m/s}$

$V = \dfrac{V_1 + V_4}{2}$ 이므로 공기의 유출속도는 $V_4 = 2V - V_1 = 2 \times 134.3 - 111 = 157.6\,\text{m/s}$

따라서 추력은 $F_{th} = \rho Q(V_4 - V_1) = \dfrac{1.22}{9.8} \times 465 \times (157.6 - 111) \fallingdotseq 2698\,\text{kg}$

문제 14. 10 m/s의 속력으로 항해하는 배의 프로펠러 후류의 속도가 6 m/s일 때 이 배의 추진력(kg)을 구하여라. (단, 프로펠러의 지름은 0.5 m이다.)

[해설] 프로펠러와 후류의 상대속도

$$V_4 = 10 + 6 = 16\,\text{m/s}$$

$$V = \frac{V_1 + V_4}{2} = \frac{10 + 16}{2} = \frac{26}{2} = 13, \quad Q = \frac{\pi}{4}(0.5)^2 \times 13 \fallingdotseq 2.55\,\text{m}^3/\text{s}$$

$$\therefore\ F = \rho Q(V_4 - V_1) = 102 \times 2.56(16 - 10) \fallingdotseq 1561\,\text{kg}$$

문제 15. 그림은 제트추진식 보트를 보여주고 있다. 이 보트에서 추진효율이 최대가 되는 경우를 구하여라.

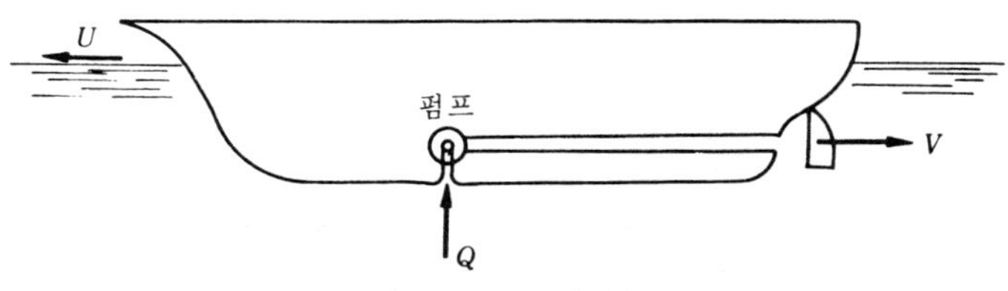

[해설] 여기서 보트의 전진속도를 u, 제트의 보트에 대한 속도를 V라고 할 때 보트의 추력 F_b는 운동량의 원리로부터

$F_b = Q\rho(V - u) = AV\rho(V - u)$ 여기서, A : 물제트의 단면적

보트의 전진속도가 u이므로 $P = F_b u = AV\rho(V - u)u$

또한 보트에 대한 압력 $P_i = Q\rho\dfrac{V^2}{2}$ 가 되므로

효율 $\eta = \dfrac{P}{P_i} = \dfrac{AV\rho(V - u)u}{AV\rho\dfrac{V^2}{2}} = \dfrac{2(V - u)u}{V^2}$

η_{max}을 구하기 위하여 $\dfrac{d\eta}{du} = 0$ 에서 u를 계산하면 $u = \dfrac{V}{2}$ 가 된다.

$$\therefore\ \eta_{max} = \frac{2\left(V - \dfrac{V}{2}\right) \times \dfrac{V}{2}}{V^2} = \frac{1}{2} = 50\,\%$$

제 5 장　실제 유체의 흐름

1. 유체의 유동 형태

1-1　층류와 난류

유체 유동에서 유체 입자들이 대단히 불규칙적인 유동을 할 때 이 유체의 흐름을 난류(turbulent flow)라 하고, 이에 반해 유체 입자들이 각층 내에서 질서정연하게 미끄러지면서 흐르는 유동 상태를 층류(laminar flow)라 한다.

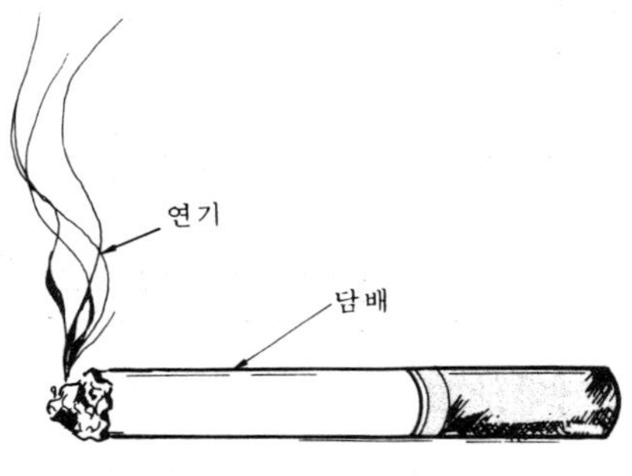

그림 5 - 1

(1) 층류 (laminar flow)

층류에서는 층과 층 사이가 미끄러지면서 흐르며, 뉴턴의 점성 법칙이 성립된다. 따라서 전단응력은 다음과 같다.

$$\tau = \mu \frac{du}{dy}$$

(2) 난류 (turbulent flow)

난류에서는 전단응력이 점성 뿐만 아니라 난류의 불규칙적인 혼합 과정의 결과로 다음과 같이 표시된다(Boussinesq).

$$\tau = \eta \frac{du}{dy}$$

여기에서 η 를 와점성계수(eddy viscosity) 또는 난류 점성계수(turbulent viscosity)라 하며, 난류의 정도와 유체의 밀도에 의하여 결정되는 계수이다. 그러나, 실제 유체의 유동은 일반적으로 층류와 난류의 혼합된 흐름이므로 다음과 같다.

$$\tau = (\mu + \eta)\,\frac{du}{dy}$$

윗 식에서 완전 층류일 때는 η 의 값이 0이 되고, 완전 난류일 때는 μ 는 η 에 비하여 극히 작은 값이 되므로 $\mu = 0$ 으로 쓸 수 있다.

1-2 레이놀즈(Reynolds)수

1883년에 레이놀즈는 층류에서 난류로 바뀌는 조건을 그림 5-2와 같은 장치로써 조사하였다.

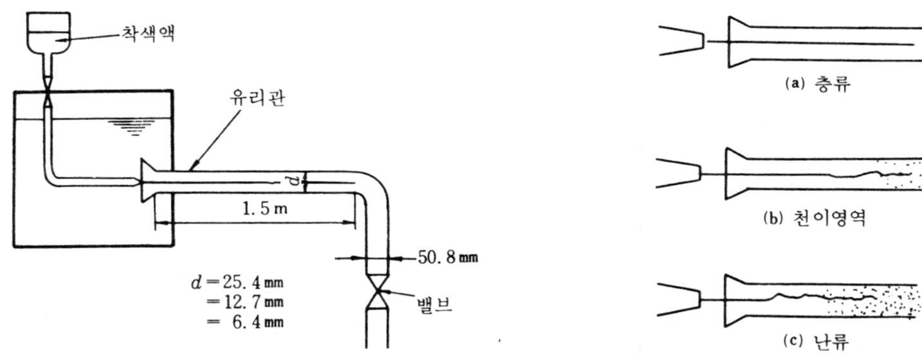

그림 5-2 레이놀즈의 실험식   그림 5-3 착색의 유동상황

관 끝의 밸브를 조금 열어 느리게 한 후 착색 용액을 주입한 결과 선모양의 착색액은 확산됨이 없이 축과 평행으로 전반에 걸쳐 그림 5-3의 (a)와 같이 층류를 이루었다. 다시 밸브를 조금 더 열어 유속을 빠르게 하였더니 착색액은 그림 (c)와 같이 관의 전단면에 걸쳐 확산되어 난류를 이루었다. 그림 (b)와 같이 층류와 난류의 경계를 이루는 구역을 천이 구역이라 한다.

이 결과를 종합하여 레이놀즈는 층류와 난류 사이의 천이 조건으로서 속도 v, 지름 d 및 유체의 점도 μ 가 관계됨을 확인하고, 다음과 같은 식을 세웠다.

$$Re = \frac{\rho vd}{\mu} = \frac{vd}{\nu}$$

이 Re 를 레이놀즈수(Reynolds number)라 하며, 단위가 없는 무차원수로서 실제 유체의 유동에서 점성력과 관성력의 비를 나타낸다.

실험 결과에 의하면 층류와 난류는 다음과 같이 구분된다.

- 층류 : $Re < 2100(2320$ 또는 $2000)$
- 난류 : $Re > 4000$
- 천이구역 : $2100 < Re < 4000$

(1) 하임계 레이놀즈수

난류에서 층류로 천이하는 레이놀즈수로 약 2000 또는 2100, Schiller의 실험으로는 2320 정도이다.

(2) 상임계 레이놀즈수

층류에서 난류로 천이하는 레이놀즈수로 약 4000 정도이다.

예제 1. 난류에서 전단응력과 속도 구배의 비를 나타내는 점성계수는?

㉮ 유체의 성질이므로 온도가 주어지면 일정한 상수이다.
㉯ 뉴턴의 점성법칙으로부터 구한다.
㉰ 임계 레이놀즈수를 이용하여 결정한다.
㉱ 유동의 혼합길이와 평균속도 구배의 함수이다.

해설 $\tau = (\mu + \varepsilon)\dfrac{du}{dy}$ $\therefore \varepsilon = \rho l^2 \dfrac{du}{dy}$ **답** ㉱

예제 2. 비중이 0.85, 동점성계수가 $0.84 \times 10^{-4}\,\mathrm{m^2/s}$인 기름이 지름 $10\,\mathrm{cm}$인 원형관 내를 평균속도 $3\,\mathrm{m/s}$로 흐를 때의 흐름은?

㉮ 층류이다.   ㉯ 난류이다.
㉰ 천이구역이다.   ㉱ 하한임계 레이놀즈수이다.

해설 $Re = \dfrac{Vd}{\nu} = \dfrac{3 \times 0.1}{0.84 \times 10^{-4}} = 3571$ **답** ㉰

---

2. 1차원 층류 유동

2-1 고정된 평판 사이의 정상 유동

간격 $2h$인 고정된 평행 평판 사이의 길이 dl, 두께 $2y$, 단위 폭인 미소체적에 미치는 정상류의 경우 다음과 같은 식을 만족한다.

$$p(2y \times 1) - (p + dp)(2y \times 1) - \tau 2(dl \times 1) = 0$$

$$\tau = -\frac{y dp}{dl}$$

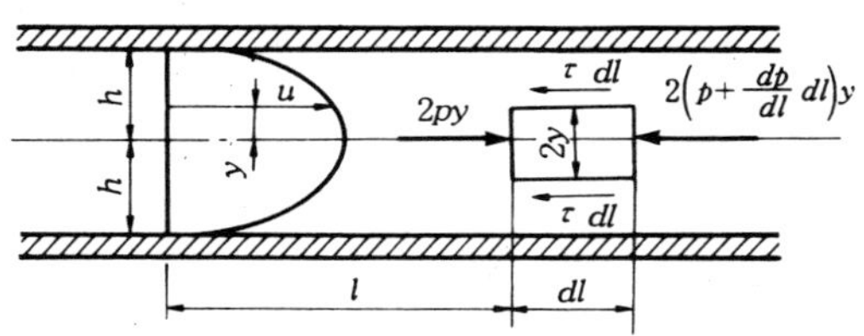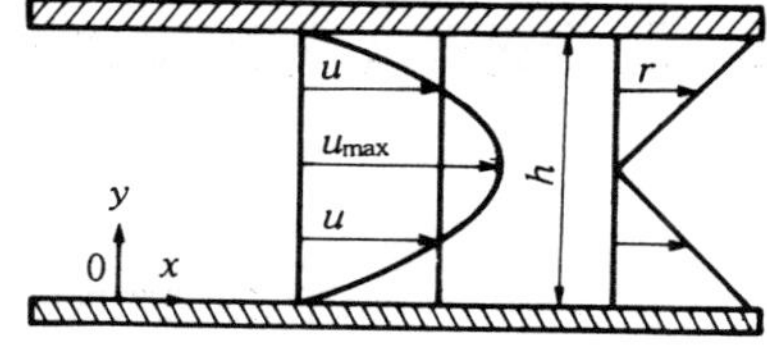

그림 5 - 4 평행 평판 사이의 층류

또 유동 상태가 층류이고, y가 증가함에 따라 속도 u가 감소하므로 뉴턴의 점성법칙은 다음과 같다.

$$\tau = -\mu \frac{du}{dy}$$

$$\therefore \ \frac{du}{dy} = -\frac{1}{\mu} \frac{dp}{dl} y$$

적분하면 다음과 같다.

$$u = -\frac{1}{2\mu} \frac{dp}{dl} y^2 + C$$

경계조건 $y \to \infty$일 때 $u = 0$이므로 다음과 같다.

$$C = -\frac{1}{2\mu} \frac{dp}{dl} h$$

$$\therefore \ u = -\frac{1}{2\mu} \frac{dp}{dl} (h^2 - y^2)$$

윗 식에서 속도 분포는 포물선임을 알 수 있고, $y = 0$에서 최대 속도가 된다.

$$\text{최대 속도} \ \ U_{\max} = -\frac{1}{2\mu} \frac{dp}{dl} h^2$$

유량 Q는 속도를 전단면에 걸쳐 적분하면 다음과 같이 된다.

$$Q = \int u dA = -\frac{1}{2\mu} \frac{dp}{dl} \int_h^h (h^2 - y^2)(dy \times 1) = -\frac{2}{3} \frac{h^3}{\mu} \frac{dp}{dl}$$

또 평균유속 V는 다음과 같다.

$$\therefore \ V = \frac{Q}{A} = \frac{Q}{2h \times 1} = -\frac{h^3}{3\mu} \frac{dp}{dl} = \frac{2}{3} u_{\max}$$

길이 l인 평행 평판 사이의 층류 흐름에서 압력 강하를 Δp라 하면

$$\frac{\Delta p}{l} = \frac{3}{2} \frac{\mu l Q}{h^3}$$

2-2 한 평판이 유동할 때의 정상류

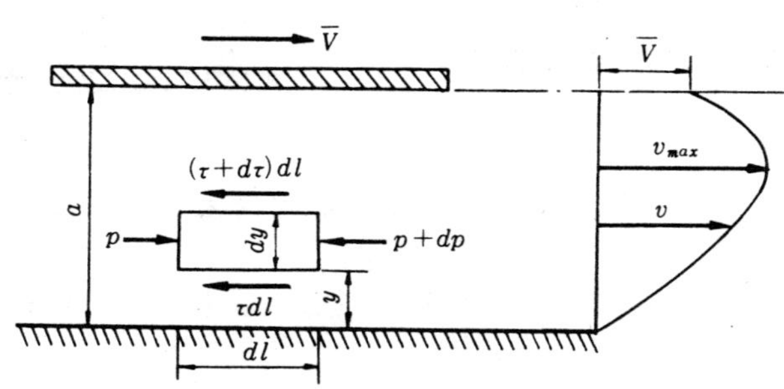

그림 5-5

그림 5-5와 같이 한 평판이 속도 V로 유동하고, 압력이 l방향으로 변화할 때 두 평행 평판 사이의 정상 유동에 대한 운동방정식은 폭을 단위 폭으로 가정하여 표시하면 다음과 같다.

$$p dy - (p + dp) dy - \tau dl + (\tau + d\tau) dl = 0$$

$$\therefore \frac{d\tau}{dy} = \frac{dp}{dl}$$

y에 관하여 적분하면 다음과 같다.

$$\tau = \frac{dp}{dl} y + C_1$$

또 유동 상태가 층류이고, y가 증가함에 따라 속도 u가 증가하므로

$$\tau = \mu \frac{du}{dy}$$

이며, 두 식에서 $\dfrac{du}{dy} = \dfrac{1}{\mu} \dfrac{dp}{dl} y + \dfrac{C_1}{\mu}$ 이므로 y에 관하여 다시 적분하면 다음과 같다.

$$u = \frac{1}{2\mu} \frac{dp}{dl} y^2 + \frac{C_1}{\mu} y + C_2$$

경계 조건 $y = a$일 때 $u = V$, $y = 0$일 때 $u = 0$을 대입하여 정리하면 다음과 같다.

$$y = a, \ u = V; \ V = \frac{1}{2\mu} \frac{dp}{dl} a^2 + \frac{C_1}{\mu} a + C_2$$

$$y = 0, \quad u = 0 \; ; \; C_2 = 0$$

$$\therefore \; u = \frac{Vy}{a} - \frac{1}{2\mu} \frac{dp}{dl} (ay - y^2)$$

$\dfrac{dp}{dl} = 0$이면 압력 강하가 존재하지 않으므로 속도 분포는 직선이 된다. 한편 유량 Q는 속도를 전단면에 걸쳐 적분하면 다음과 같이 된다.

$$Q = \int u\,dy = \frac{Vy}{a} - \frac{1}{12\mu} \frac{dp}{dl} a^3$$

일반적으로 최대 유속은 흐름의 중심이 아닌 다른 점에서 일어난다.

2-3 수평 원관 속에서의 정상 유동

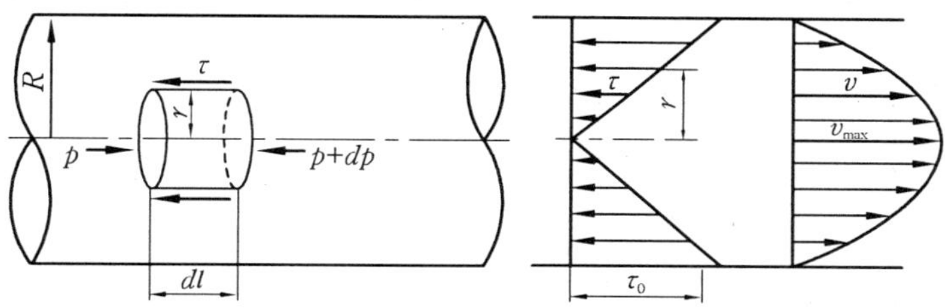

그림 5-6

단면적이 일정한 수평 원관에서 점성 유체가 정상류로 흐르고 있을 때 그림과 같은 모양의 자유물체도에 운동량 방정식을 적용시키면 다음과 같다.

$$p(\pi r^2) - (p + dp)(\pi r^2) - \tau(2\pi r\,dl) = 0$$

$$\tau = -\frac{dp}{dl} \frac{r}{2}$$

1차 층류 유동에 대하여 r가 증가함에 따라 속도 u가 감소하므로 점성법칙 $\tau = -\mu \dfrac{du}{dy}$ 대신에 $\tau = -\mu \dfrac{du}{dr}$ 가 된다.

$$\therefore \; \frac{du}{dr} = \frac{1}{\mu} \frac{dp}{dl} \frac{r}{2}$$

r에 대하여 적분하면 다음과 같다.

$$u = \frac{1}{4\mu} \frac{dp}{dl} r^2 + C$$

경계조건 $r = R$일 때 유속 $u = 0$이므로 $C = -\dfrac{1}{4\mu} \dfrac{dp}{dl} R^2$

$$\therefore \ u = -\frac{1}{4\mu}\frac{dp}{dl}(R^2 - r^2)$$

윗 식에서 속도 분포는 포물선으로 관벽($r=R$)에서 0이며, 중심까지 포물선으로 증가한다. 또 최대 속도는 관의 중심($r=0$)에서 일어나며 다음과 같다.

$$u_{\max} = -\frac{1}{4\mu}\frac{dp}{dl}R^2$$

그러므로 속도 분포방정식은 다음과 같이 바꿔 쓸 수 있다.

$$\therefore \ u = u_{\max}\left(1 - \frac{r^2}{R^2}\right)$$

유량 Q는 속도를 원관의 전단면에 걸쳐 적분하면 다음과 같이 된다.

$$Q = \int u dA = \int u(2\pi r dr) = -\frac{\pi}{2\mu}\frac{dp}{dl}\int(R^2 - r^2)r dr = -\frac{\pi R^4}{8\mu}\frac{dp}{dl}$$

관의 길이 l에서의 압력 강하를 $\varDelta p$라 하면

$$Q = \frac{\varDelta p \pi R^4}{8\mu l} = \frac{\varDelta p \pi d^4}{128\mu l} \quad (\text{Hagen}-\text{Poiseuille 방정식})$$

또 평균유속 V는 다음과 같다.

$$\therefore \ V = \frac{Q}{A} = \frac{\varDelta p R^2}{8\mu l} = \frac{\varDelta p d^2}{32\mu l} = \frac{1}{2}u_{\max}$$

그림 5-7과 같이 관이 경사져 있을 때는 점성으로 인한 손실이 압력에너지 $\varDelta p$와 위치에너지 γz의 합으로 나타난다.

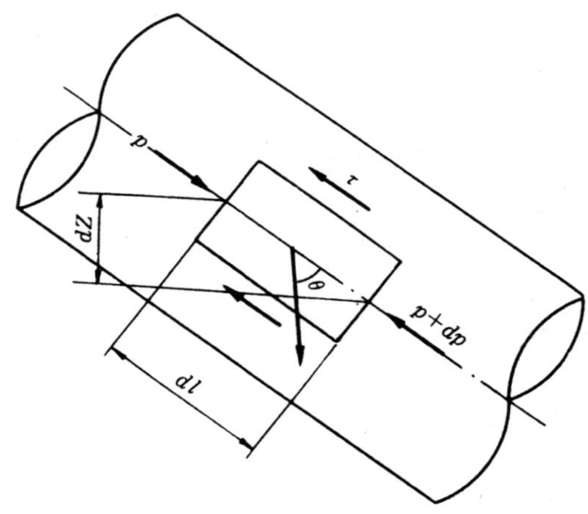

그림 5-7

$$\therefore \tau = -\frac{d}{dl}(p+\gamma z)\frac{r}{2}, \quad Q = -\frac{d}{dl}(p+\gamma z)\frac{\pi R^4}{8\mu}$$

예제 3. 고정된 평판 위에 유체가 놓여 있고, 그 위에 평행하게 평판이 놓여 있으며, 이 평판이 등속도 U로 이동할 때 속도분포 $u = \dfrac{Uy}{a} - \dfrac{1}{2\mu} \cdot \dfrac{dp}{dx}(ay - y^2)$ 으로 표시할 수 있다. 고정 평판에서 전단응력이 0일 때 흐르는 유량을 U와 a의 함수로 나타낸 것 중 옳은 것은?

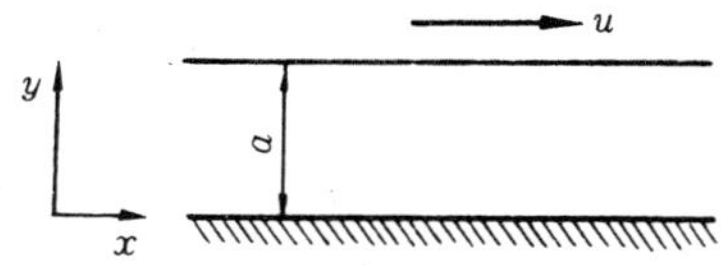

가 Ua	나 $\dfrac{1}{2}U_a$	다 $\dfrac{1}{3}U_a$	라 $\dfrac{1}{4}U_a$

[해설] $\tau = \mu\dfrac{du}{dy} = \mu\left[\dfrac{U}{a} - \dfrac{1}{2\mu} \cdot \dfrac{dp}{dx}(a-2y)\right]$

$y=0$에서 $\tau=0$이면

$$\left[\dfrac{U}{a} - \dfrac{1}{2\mu} \cdot \dfrac{dp}{dx}(a)\right] = 0 \quad \therefore \dfrac{dp}{dx} = \dfrac{2\mu U}{a^2}$$

속도분포 $u = \dfrac{Uy}{a} - \dfrac{U}{a^2}(ay - y^2)$

$$\therefore 유량 \ Q = \int_o^a u\,dy = \int_o^a \left[\dfrac{Uy}{a} - \dfrac{U}{a^2}(ay - y^2)\right]dy = \dfrac{Ua}{3}$$

답 다

예제 4. 원형관에 유체가 흐를 때 최대 속도를 u_c로 표시하면 속도분포식은 어떻게 표시할 수 있는가?

가 $\dfrac{u}{u_c} = \left(\dfrac{r}{r_0}\right)^2$	나 $\dfrac{u}{u_c} = \left(\dfrac{r}{r_0}\right)^2 - 1$
다 $\dfrac{u}{u_c} = 2\left(\dfrac{r}{r_0}\right)^2$	라 $\dfrac{u}{u_c} = 1 - \left(\dfrac{r}{r_0}\right)^2$

[해설] $u = -\dfrac{1}{4\mu} \cdot \dfrac{dp}{dl}(r_0^2 - r^2)$, 최대 속도가 되는 조건은 $\dfrac{du}{dr} = 0$

즉, $r=0$에서 최대 속도가 일어나고 이때 속도를 u_c로 한다.

$$u_c = -\dfrac{1}{4\mu} \cdot \dfrac{dp}{dl} \cdot r_0^2, \quad -\dfrac{1}{4\mu} \cdot \dfrac{dp}{dl} = \dfrac{u_c}{r_0^2}$$

$$u = \frac{u_c}{r_0{}^2}(r_0{}^2 - r^2) = u_c \left[1 - \left(\frac{r}{r_0} \right)^2 \right] \quad \therefore \quad \frac{u}{u_c} = 1 - \left(\frac{r}{r_0} \right)^2 \qquad \boxed{답} \boxed{라}$$

3. 난 류

3-1 난류의 전단응력

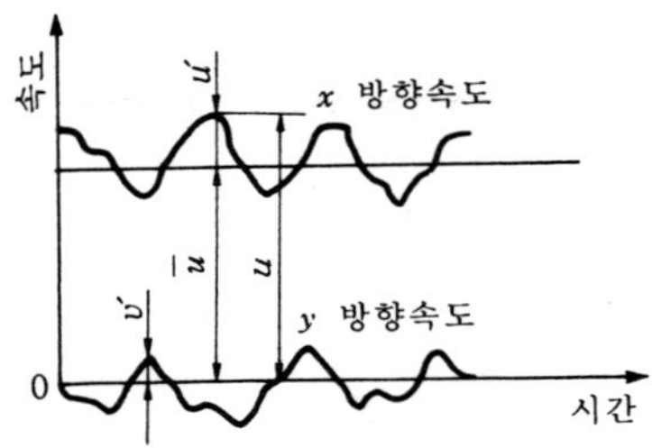

그림 5-8 난류의 속도

난류 유동에서는 불규칙한 2차 유동이 일어난다. 그러므로 순간속도(u)는 평균속도($\overline{u}$)와 변동속도(u')의 합으로 표시할 수 있다.

순간속도 = 평균속도 + 변동속도

x 방향 : $u_x = \overline{u_x} + u_x{}'$

y 방향 : $u_y = \overline{u_y} + u_{y'}$

여기서 평균 변동속도(u')는 시간에 따른 적분항으로 표시할 수 있으며, 그 값은 0이다.

$$x \text{ 방향} : \overline{u_x{}'} = \frac{1}{T} \int u_x{}' \, dt = 0$$

$$y \text{ 방향} : \overline{u_y{}'} = \frac{1}{T} \int u_y{}' \, dt = 0$$

그림 5-9는 x축에 평행한 2차원 난류의 유동을 나타낸 것이다.

벽에서 거리 y만큼 떨어진 곳에 단위 면적($\Delta A = 1$)을 통과하는 유체의 y방향 변동속도가 $u_y{}'$일 때 단위 시간에 통과하는 질량 유량은 다음 식을 만족한다.

$$\rho u_y{}' \Delta A = \rho u_y{}' \quad (1)$$

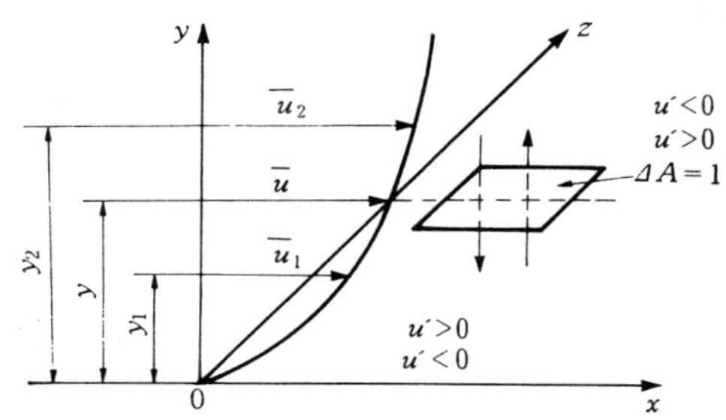

그림 5 - 9 2차원 난류

유동에 있어서 유체의 순간속도는 평균속도와 변동속도의 합으로 표시되므로 x방향의 운동량 성분은 $\rho u_y' u_x$이다. 운동량의 법칙에 의하여 x방향의 전단응력이 작용하게 되며, 다음 식과 같이 표현할 수 있다.

$$\tau = \frac{1}{T} \int \rho u_y' u_x \, dt = \frac{1}{T} \int \rho u_y' (\overline{u_x'} + u_x') \, dt$$

$$= \frac{\rho}{T} \int u_y' u_x' \, dt = \rho \, \overline{u_x'} \, \overline{u_y'}$$

여기서, $\rho \, \overline{u_x'} \, \overline{u_y'}$: $\rho u_x' u_y'$의 시간적 평균값

한편 x방향의 변동속도 u_x'와 y방향의 변동속도 u_y'의 부호에 대하여 조사해 볼 때 $u_x' > 0$의 유체가 이동한다고 하면 그 면은 $-x$방향의 힘을 받는다. 즉 u_x'와 u_y'의 부호는 반대가 되므로 이 때의 전단응력 τ_t은 다음과 같다.

$$\tau_t = -\rho u_x' u_y' : \text{레이놀즈 응력(Reynolds stress)}$$

따라서 난류의 전단응력 τ는 다음과 같다.

$$\tau = \mu \frac{du}{dy} + (-\rho \, \overline{u_x'} \, \overline{u_y'})$$

실험에 의하면 윗식의 $\mu \dfrac{du_x}{dy}$는 벽면 부근을 제외하고는 $-\rho u_x' u_y'$에 비하여 무시할 수 있을 정도로 작으므로 난류의 경우일 때 전단응력은 레이놀즈 응력만으로 표시할 수 있다.

$$\tau = (\mu + \eta) \frac{du_x}{dy} = \mu \frac{du_x}{dy} - \rho u_x' u_y' = -\rho u_x' u_y'$$

$$\therefore \ \tau = \eta \frac{du_x}{dy} = -\rho u_x' u_y'$$

여기서, η 은 와류 점도

3-2 프란틀(Prandtl)의 난류 이론

프란틀은 불규칙한 난류 운동을 설명하기 위하여 기체론의 분자 평균 자유 행로 (molecular mean free path)의 개념과 유사한 프란틀의 혼합 거리를 정의하였다. 즉, 프란틀의 혼합 거리(Prandtl's mixing length)는 난동하는 유체 입자가 운동량의 변화없이 움직일 수 있는 거리로 정의된다. 따라서 난류의 정도가 심하면 난동하는 유체 입자의 운동량이 크므로 운동량의 변화없이 움직일 수 있는 거리는 커진다.

변동 속도 u'는 난류의 혼합 거리 l과 속도 구배 $\dfrac{du}{dy}$에 비례하게 된다. 즉,

$$u' = l\,\frac{du}{dy}, \quad u_x' = l\,\frac{du_x}{dy}, \quad u_y' = l\,\frac{du_y}{dy}$$

따라서 난류의 전단응력 $\tau_t = \rho u_x' u_y' = \rho l^2\left(\dfrac{du}{dy}\right)^2$

전체의 전단응력은 $\tau = \mu\left(\dfrac{du}{dy}\right) + \rho l^2\left(\dfrac{du}{dy}\right)^2$

또한 혼합 거리 l은 그림 5-10과 같이 흐름 환경에 따라 다르지만 실험에 의하면 벽 근처의 흐름은 벽에 가까울수록 혼합 작용이 억제되어 l이 작게 되지만, 벽에서 떨어지면 혼합 작용이 잘 되어 l은 크게 된다. 따라서 l은 벽면으로부터의 거리 y에만 비례한다고 생각하여 $l = ky$로 표시한다.

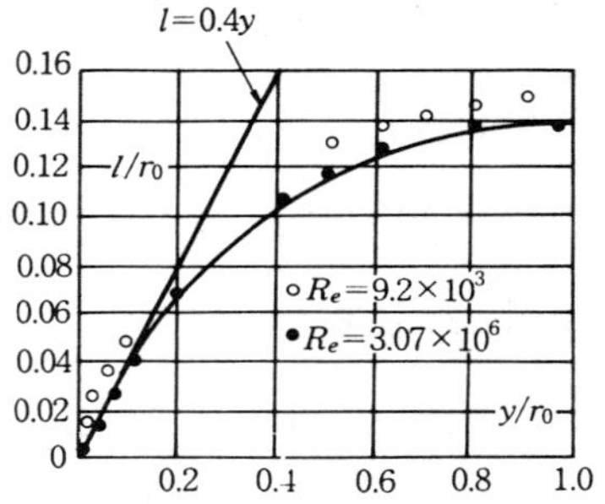

1930년 Karman은 상사 이론에 의하여 임의의 점에 적용할 수 있는 혼합 거리 l을 구하였다.

그림 5-10 혼합 거리 l의 분포

$$l = k\left(\frac{du}{dy}\right)^2 \bigg/ \left(\frac{d^2u}{dy^2}\right)$$

이것을 위의 난류의 전단응력을 구하는 식에 대입하면 다음과 같다.

$$\tau_t = \rho l^2\left(\frac{du}{dy}\right)^2 = k^2\rho\left(\frac{du}{dy}\right)^4 \bigg/ \left(\frac{d^2u}{dy^2}\right)^2$$

3-3 원관 속의 난류 속도 분포

프란틀(Prandtl)은 벽면 부근에서의 전단응력 τ는 일정한 값, 즉 $\tau = \tau_w$로 가정하여 벽 근처의 흐름의 속도 구배 $\dfrac{du}{dy}$를 구하였다.

$$\sqrt{\frac{\tau_w}{\rho}} = ky\,\frac{du}{dy} \quad \left[\frac{\mathrm{MLT}^{-2}}{\mathrm{L}^2}\Big/\frac{\mathrm{M}}{\mathrm{L}^3}\right]^{1/2} : 속도의\ 차원$$

$$\therefore\ u^* = \sqrt{\frac{\tau_w}{\rho}}\ : \ \begin{array}{l}전단\ 속도(\text{shear velocity})\\ 또는\ 마찰\ 속도(\text{friction velocity})\end{array}$$

$$\therefore\ \frac{du}{u^*} = \frac{1}{k}\,\frac{dy}{y}$$

적분하면 $\therefore\ \dfrac{u}{u^*} = \dfrac{1}{k}\ln y + C$

윗식을 무차원 형태로 바꾸면 다음과 같다.

$$\frac{u}{u^*} = \frac{1}{k}\ln\frac{u^* y}{\nu} + C',\quad C' = C - \frac{1}{k}\ln\frac{u^*}{\nu}$$

실험에 의하면 $k = 0.41,\ C' = 4.9$: 매끈한 평판

$$k = 0.4,\ C' = 5.5 : 매끈한\ 원관\ (\text{Nikuradse})$$

$$\therefore\ \frac{u}{u^*} = 2.44\ln\frac{u^* y}{\nu} + 4.9\ :\ 매끈한\ 평판$$

$$\frac{u}{u^*} = 2.5\ln\frac{u^* y}{\nu} + 5.5\ :\ 매끈한\ 원관$$

$$\rightarrow 속도\ 분포의\ 대수\ 법칙(\text{logarithmic law})$$

$\dfrac{u^* y}{\nu}$ 가 작은 벽면 근방에서는 유체의 흐름이 층류이며, 전단응력 $\tau_w = \dfrac{\mu u}{y}$ 이므로

$$\frac{\tau_w}{\rho} = \nu\,\frac{u}{y} \quad \therefore\ u^{*2} = \nu\frac{u}{y},\quad \frac{u}{u^*} = \frac{u^* y}{\nu}$$

특히 층류 저층의 두께가 δ 라면 $y = \delta$에서의 속도를 벽속도라 한다. Karman은 층류 저층과 난류층 사이에 완충층(buffer layer)을 두었다.

· 층류 저층 $\left(0 \le \dfrac{u^* y}{\nu} \le 5\right)$: $\dfrac{u}{u^*} = \dfrac{u^* y}{\nu}$

· 완충층 $\left(5 \le \dfrac{u^* y}{\nu} \le 70\right)$: $\dfrac{u}{u^*} = 5.0\dfrac{u^* y}{\nu} - 3.05$

· 난류층 $\left(70 \le \dfrac{u^* y}{\nu}\right)$: $\dfrac{u}{u^*} = 2.5\ln\dfrac{u^* y}{\nu} + 5.5$

프란틀 (Prandtl)이 구한 원관 내의 난류 속도 분포는 다음과 같다.

$$\frac{u}{u_{\max}} = \left(\frac{y}{R}\right)^{\frac{1}{7}},\quad 3\times10^3 < Re < 10^5$$

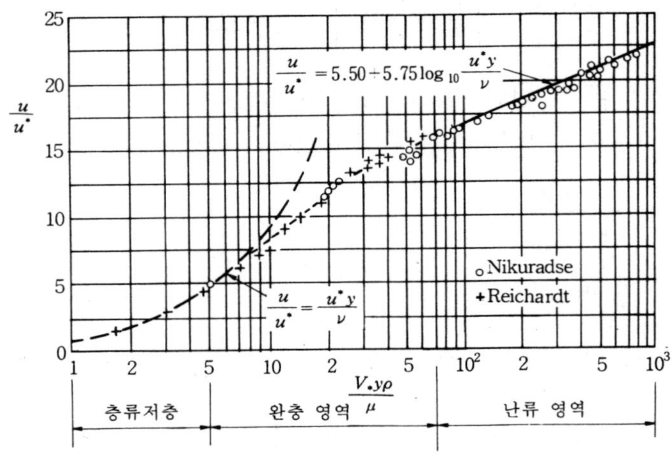

그림 5 - 11

예제 **5.** 난류경계층의 두께는 다음과 같이 표시할 수 있다. 동점성계수가 $1.45\times10^{-5}\,\mathrm{m^2/s}$인 공기가 $30\,\mathrm{m/s}$의 속도로 흐르고 있을 때 레이놀즈수가 2×10^{6}인 곳에서의 경계층 두께는 몇 cm인가?

$$\delta = 0.37\left(\frac{\nu}{u_{\infty}}\right)^{\frac{1}{5}} x^{\frac{4}{5}}$$

㉮ 19.6 ㉯ 8.75 ㉰ 24.5 ㉱ 50

해설 $Re = \dfrac{u_{\infty}x}{\nu}$

$$x = \frac{Re \cdot \nu}{u_{\infty}} = \frac{2\times10^{6}\times1.45\times10^{-5}}{30} = 0.967\,\mathrm{m}$$

$$\delta = 0.37\left(\frac{1.45\times10^{-5}}{30}\right)^{\frac{1}{5}}(0.967)^{\frac{4}{5}} = 0.37\times0.545\times0.9735 = 0.196\,\mathrm{m} = 19.6\,\mathrm{cm}$$

또는 $\delta = \dfrac{0.37x}{Re^{\frac{1}{5}}} = \dfrac{0.37\times0.967}{(2\times10^{6})^{\frac{1}{5}}} = 0.196\,\mathrm{m}$

4. 유체 경계층

4-1 경계층

(1) 경계층의 정의

그림 5-12와 같이 고체 벽면을 흐르는 물의 상태를 관찰하면 2개의 층으로 나누어진다. 첫째층은 물체 표면에 매우 가까운 얇은 영역으로서 여기에서는 점성의 영향이 현저하게 나타나고 속도 구배가 크며 마찰응력이 크게 작용한다.

둘째층은 이 얇은 첫째층의 바깥쪽 전체의 영역으로서 점성에 대한 영향이 거의 없고 이상 유체와 같은 형태의 흐름을 이룬다. 프란틀(Prandtl)은 이 사실을 관찰하여 첫째층, 즉 점성의 영향이 미치는 물체에 따른 얇은 층을 경계층(boundary layer)이라 하였다.

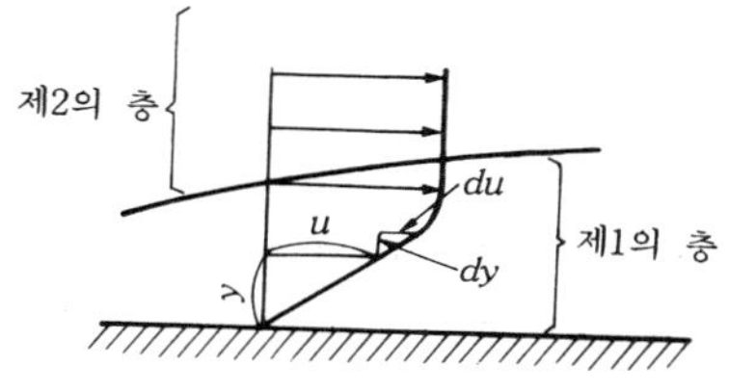

그림 5-12 유체 경계층

(2) 경계층의 종류

경계층 바깥은 완전 유체와 같은 흐름을 이룬다. 즉 포텐셜(potential) 흐름을 이룬다. 경계층 내의 흐름에도 층류와 난류가 있는데 이것을 각각 층류 경계층(laminar boundary layer), 난류 경계층(turbulent boundary layer)이라 하고, 층류 경계층에서 난류 경계층으로 천이되는 영역을 천이 영역이라 한다.

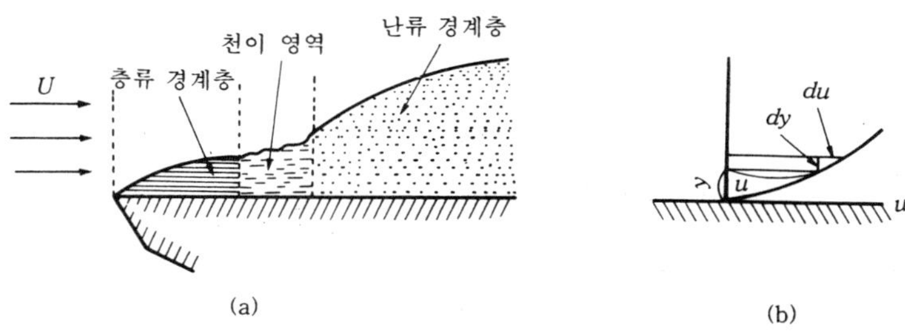

그림 5-13 천이 영역

또 난류 경계층이라 하더라도 표면에 매우 가까운 층은 여전히 층류를 이루는데, 이를 층류 저층(laminar sublayer)이라 하고, 층류 경계층에서 난류 경계층으로 천이할 때의 레이놀즈수를 임계 레이놀즈수(Re_c)라 하며, $Re_c = 5 \times 10^5$ 이다.

$$\text{레이놀즈수 }(Re) = \frac{Ux}{\nu}$$

여기서, U : 경계층 바깥의 유속, x : 평판 위의 거리, ν : 유체의 동점성 계수

4-2 경계층의 두께

경계층 내부와 외부의 속도 변동은 점차적으로 이루어지므로 경계층 두께와 한계는 명확하지 않다.

따라서 경계층 내부와 외부의 유속을 각각 u, U 라고 할 때 그림 5-14와 같이 $\dfrac{u}{U} =$ 0.99가 되는 지점까지의 y 좌표 값이 경계층의 두께 δ 이다.

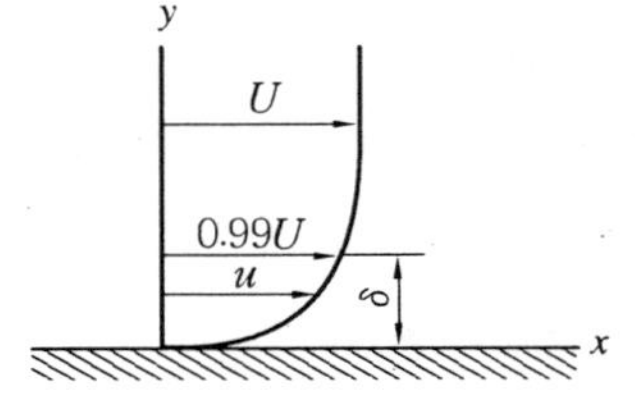

그림 5-14 경계층의 두께

(1) 배제 두께(displacement thickness)

유체의 유동장에 물체를 놓으면 물체 표면에 경계층이 생성되고, 경계층 내의 유동은 점성 마찰력의 작용으로 감속되고 유체의 일부가 배제된다.

이 배제량은 경계층의 두께가 두꺼울수록 많아지므로 배제량을 통과시킬 수 있는 자유 유동에서의 두께를 경계층의 배제 두께라 정의하고 이것을 경계층 두께 대신 사용한다. 따라서 배제량 Δq 와 배제 두께 δ 는 다음과 같다.

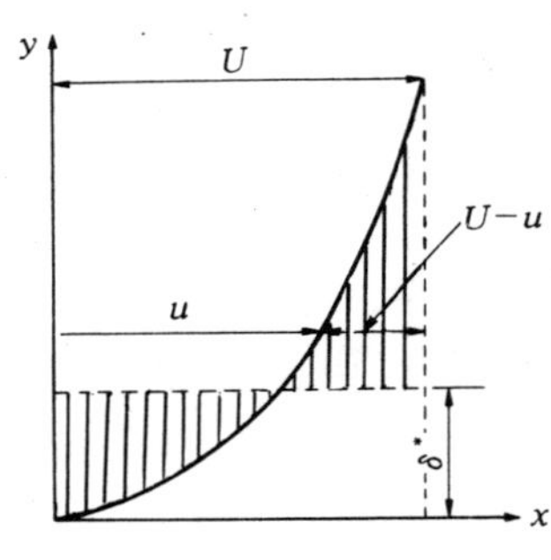

그림 5-15

$$\Delta q = \int (U - u)dy$$

$$\delta^* = \frac{\Delta q}{U} = \frac{1}{U}\int (U - u)dy = \int \left(1 - \frac{u}{U}\right)dy$$

(2) 운동량 두께(momentum thickness)

경계층 생성으로 인하여 배제되는 운동량에 대응하는 자유 유동에서의 두께를 운동량 두께라 한다. 이때 배제된 운동량을 운반하는 자유 유동에서의 두께를 δ^{**} 라 하면 다음과 같다.

$$(\rho U\delta^{**})\,u = \int \rho u(U - u)dy$$

$$\delta^{**} = \int \frac{u}{U}\left(1 - \frac{u}{U}\right)dy$$

4-3 박리와 후류

흐름의 방향으로 속도가 감소하여 압력이 증가할 때는 경계층의 속도 구배가 물체 표면에서 심하게 커지고 드디어 경계층이 물체 표면에서 떨어진다.

이것을 경계층의 박리(separation)라 하고, 박리가 일어나는 경계로부터 하류 구역을 후류(wake)라 한다.

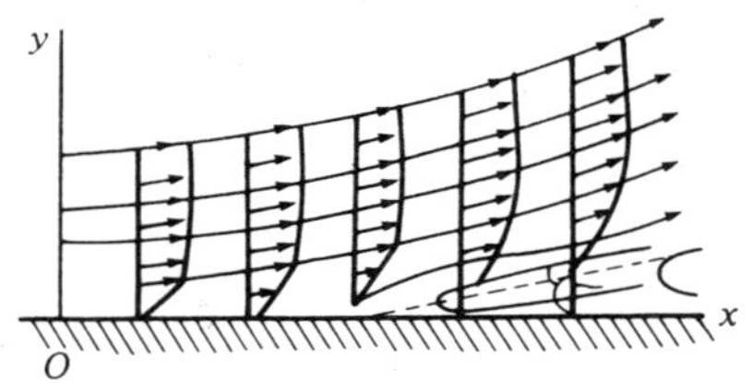

그림 5-16 경계층의 박리와 후류

예제 6. 500 K인 공기가 매끈한 평판 위를 15 m/s로 흐르고 있을 때 경계층이 층류에서 난류로 천이하는 위치는 선단에서 몇 m인가? (단, 동점성계수는 $3.8 \times 10^{-5} \, \mathrm{m^2/s}$ 이다.)

⑦ 3.8 　　　 ④ 2.5 　　　 ④ 1.3 　　　 ④ 1.8

해설 천이가 일어나는 임계 레이놀즈수 $Re = 500000$

$$500000 = \frac{15 \times x}{3.8 \times 10^{-5}} \qquad \therefore \ x = 1.3 \, \mathrm{m}$$

답 ④

5. 유체 속에 잠겨진 물체의 저항

5-1 항력과 양력

물체가 유체 속에 정지하고 있거나 혹은 비유동 유체에서 물체가 움직일 때는 유체의 저항에 의하여 힘을 받는다.

유동 방향 성분 D를 물체의 유체 저항(fluid resistance) 또는 항력(drag force)이라 하며, 유동 방향과 직각 성분을 양력(lift force)이라고 한다.

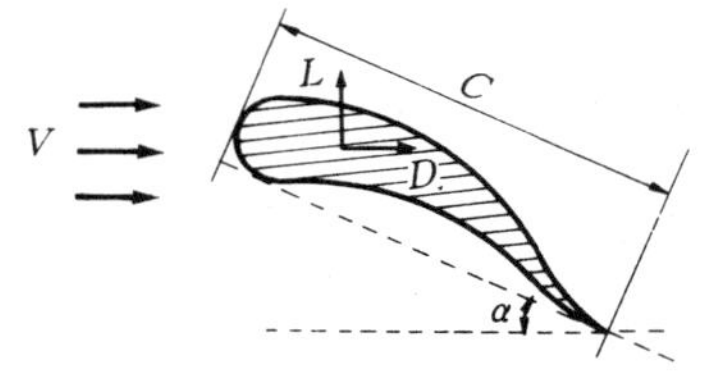

그림 5-17 날개의 양력, 항력 및 양각

5-2 항력(drag)

(1) 후류와 형상저항

그림 6-18 (a)와 같이 원주를 흐름에 직각으로 세우면 원주의 후방에는 복잡한 소용돌이가 발생하는데 이것을 후류(wake)라 한다.

후류의 압력 p_2 는 원주의 압력 p_1 보다 작게 되며, 원주는 유체로부터 흐름의 방향에 힘을 받아서 저항을 일으킨다. 이 저항을 형상저항이라 한다.

유선형(stream line type)은 모양을 완만하게 하여 후류의 발생을 방지하여 형상저항을 작게 만든 것이다.

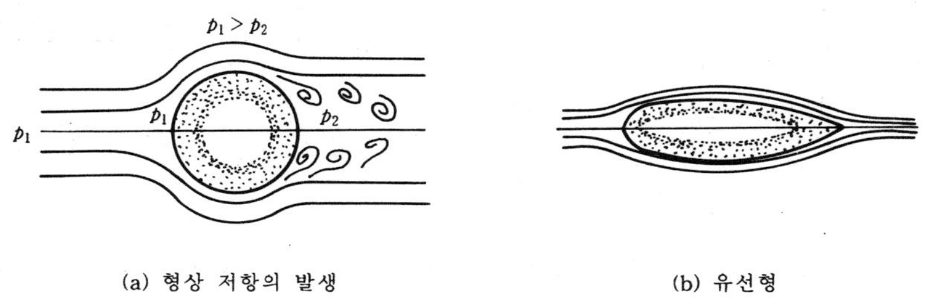

(a) 형상 저항의 발생　　　　　　　(b) 유선형

그림 5 - 18

(2) 경계층과 마찰저항

흐름의 속에 있는 물체의 표면 부근의 흐름의 상태를 조사해 보면 그림 6-19와 같이 물체 표면에서의 유속은 0이며, 표면으로부터 멀어지면 유속은 증가한다. 그러나 어떤 두께보다 멀어지면 유속은 거의 변하지 않게 된다.

이것은 유체의 점성에 의한 것으로 이 점성의 영향이 있는 부분을 경계층이라 한다.

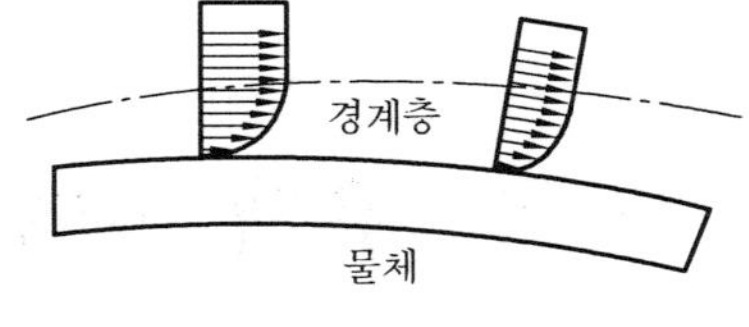

그림 5 - 19　경계층

경계층은 유체의 극히 얇은 층이지만, 이 내부에서는 점성 때문에 마찰을 일으켜 물체의 저항이 된다. 이 저항을 마찰저항이라 한다.

(3) 물체가 받는 항력

유체 속에 있는 물체는 형상저항과 마찰저항 등에 의하여 흐름의 방향으로 힘을 받는다. 이 힘을 항력이라 한다.

$$\text{항력} \quad D = C_D A \frac{1}{2} \rho V^2$$

여기서,　C_D : 무차원으로 표시되는 항력 계수

　　　　　ρ : 유체의 밀도

　　　　　A : 유체의 유동 방향에 수직인 평면에 투영한 면적

　　　　　V : 유체의 유동 속도

항력계수 C_D 는 물체의 형상, 점성, 표면 조도 및 유동 방향에 따라 다르다.

여러 물체의 항력계수

물 체	크 기	기준 면적(A)	항력계수(C_D)
수평원주	$l/d=1$ 2 4 7	$\dfrac{\pi d^2}{4}$	0.91 0.85 0.87 0.99
수직원주	$l/d=1$ 2 5 10 40 ∞	dl	0.63 0.68 0.74 0.82 0.98 1.20
사각형판 (흐름에 직각)	$a/d=1$ 2 4 10 18 ∞	ad	1.12 1.15 1.19 1.29 1.40 2.01
반구	—	$\dfrac{\pi}{4}d^2$	0.34 1.33
원추	$a=60°$ $a=30°$	$\dfrac{\pi}{4}d^2$	0.51 0.34
원판 (흐름에 직각)	—	$\dfrac{\pi}{4}d^2$	1.11

(4) 스토크스(Stokes)의 법칙

특히 구(sphere) 주위의 점성 비압축성 유동에서 $Re \leq 1$ (또는 0.6) 정도이면 박리가 존재하지 않으므로 항력은 점성력만의 영향을 받는다(스토크스의 법칙).

$$항력 : D = 3\pi\mu dV = 6\pi\mu da$$

여기서, d : 구의 지름(a : 구의 반지름), V : 유체에 대한 구의 상대 속도

5-3 양력(lift)

(1) 양력의 발생

그림 5-20과 같이 흐름에 평행하게 놓인 물체가 상하 비대칭이고 윗면이 밑면보다 곡선이 길면 윗면의 속도 v_1은 밑면의 속도 v_2보다 크게 된다.

따라서 베르누이의 정리로부터 윗면의 압력 p_1은 밑면의 압력 p_2보다 낮게 되며, 이 때문에 물체는 위쪽으로 향하는 힘을 받게 된다. 이것을 양력이라 한다.

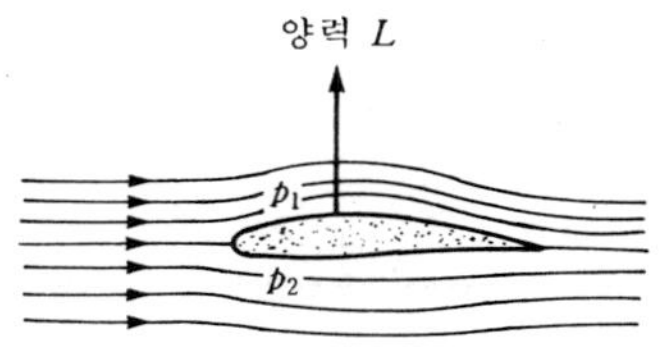

그림 5-20 양력의 발생

(2) Kutter-Joukowski의 정리

밀도가 ρ인 평행류 V속에 놓인 물체 주위의 순환(circulation)이 T일 때 물체에 작용하는 양력 L은 다음과 같다.

$$L = \rho V T$$

공에 회전을 주어 던질 때 공이 커브를 이루는 것은 이 양력이 발생되기 때문이다.

(3) 익형 (wing or airfoil)

큰 양력이 발생되도록 물체의 형을 만들어 그 양력을 이용하도록 한 것을 익형이라 한다. 익형의 앞쪽에서 뒤쪽까지의 수직길이를 익현장(chord length)이라 하고, 유체의 흐름의 방향과 익현장이 이루는 각 α를 앙각(angle of attack)이라 한다.

$$양력 : D = C_L A \frac{1}{2} \rho V^2$$

여기서, C_L : 무차원으로 표시되는 양력 계수
ρ : 유체의 밀도
A : 유체의 유동 방향에 수직인 평면에 투영한 면적
V : 유체의 유동 속도

익형에서 양력이 발생되는 이유는 익형 상하의 압력차 때문이다. 즉, 익형 윗면의 평행류와 순환류의 속도가 가해져서 속도가 커지기 때문에 베르누이의 정리에 의하여 압력이 낮아진다. 또 익형의 아랫면에서는 평행류의 속도가 순환류의 속도 방향의 역이 되기 때문에 속도가 낮아지고, 압력이 높아진다.

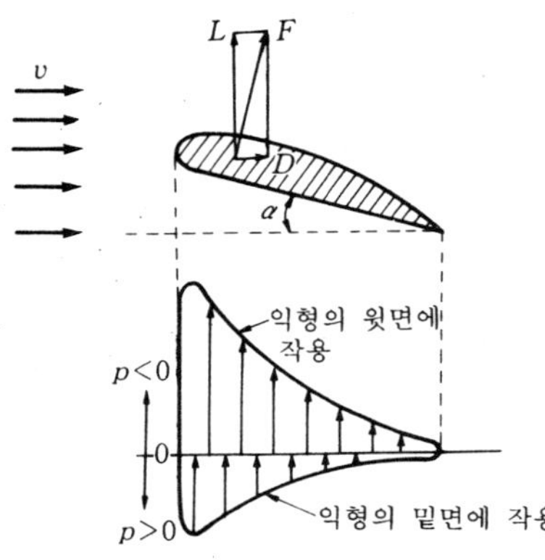

그림 5-21 익형에 작용하는 압력

그림 5-22 익형의 성능 곡선

예제 7. 유동에 수직하게 놓인 원판의 항력계수는 1.12이다. 지름 0.5 m인 원판이 정지공기($\gamma=1.275\,\mathrm{kg/m^3}$) 속에서 15 m/s로 움직일 때 필요한 힘은 몇 kg인가?

㉮ 3.22　　　　㉯ 5.22　　　　㉰ 8.22　　　　㉱ 9.22

해설 항력 $D=C_D\dfrac{\rho A V^2}{2}$

$$=1.12\times\dfrac{\dfrac{1.275}{9.8}\times\dfrac{\pi(0.5)^2}{4}\times15^2}{2}=3.22\,\mathrm{kg}$$

답 ㉮

연 · 습 · 문 · 제

문제 1. 레이놀즈수에 대한 설명 중 옳은 것은?

㉮ 레이놀즈수가 큰 것은 점성 영향이 크다는 것이다.

㉯ 아임계와 초임계를 구분해 주는 척도이다.

㉰ 균속도 유동과 비균속도 유동을 구분해 주는 척도이다.

㉱ 층류와 난류 구분의 척도이다.

문제 2. 레이놀즈수가 아닌 것은?

㉮ $\dfrac{vd}{\nu}$ 　　　㉯ $\dfrac{vd\rho}{\mu}$ 　　　㉰ $\dfrac{\rho l V^2}{\sigma}$ 　　　㉱ $\dfrac{u_\infty x \rho}{\mu}$

[해설] 여기서 $\dfrac{\rho l V^2}{\sigma}$ 은 웨버수(Weber number)로서 레이놀즈수가 아니다.

문제 3. 다음 중 상임계 레이놀즈수는?

㉮ 층류에서 난류로 변하는 레이놀즈수

㉯ 난류에서 층류로 변하는 레이놀즈수

㉰ 등류에서 비등류로 변하는 레이놀즈수

㉱ 비등류에서 등류로 변하는 레이놀즈수

[해설] 층류에서 난류로 변하는 레이놀즈수를 상임계 레이놀즈수라 하고, 난류에서 층류로 변하는 레이놀즈수를 하임계 레이놀즈수라고 한다. 원관 속의 흐름에서 상임계 레이놀즈수는 4000, 하임계 레이놀즈수는 2100이며, 학자에 따라 2000~2300을 쓰기도 한다.

문제 4. 다음 중 상임계 레이놀즈수는?

㉮ 설계에서 중요한 수이다.

㉯ 약 2000이다.

㉰ 층류에서 난류로 변하는 수이다.

㉱ 2000보다 적다.

[해설] 상임계 레이놀즈수는 4000이다.

해답　1. ㉱　2. ㉰　3. ㉮　4. ㉰

문제 5. 레이놀즈수에 대한 설명으로 옳은 것은?

㉮ 정상류와 비정상류를 구별하여 주는 척도이다.

㉯ 등류와 비등류를 구별하여 주는 척도이다.

㉰ 층류와 난류를 구별하여 주는 척도가 된다.

㉱ 실제 유체와 이상 유체를 구별하여 주는 척도가 된다.

해설 레이놀즈수는 층류와 난류를 구별하여 주는 척도가 된다.

$Re < 2100$에서는 층류, $Re > 4000$에서는 난류의 성질을 갖게 된다.

문제 6. 비중이 0.9, 점성계수가 0.25 P인 기름이 지름 50 cm인 원관 속을 흐르고 있다. 유량이 $0.2\,\text{m}^3/\text{s}$일 때 유동형태는?

㉮ 층류　　　　㉯ 난류　　　　㉰ 천이구역　　　　㉱ 정답 없다.

해설 $Re = \dfrac{\rho VD}{\mu} = \dfrac{4\rho QD}{\pi D^2 \mu} = \dfrac{4\rho Q}{\pi D\mu} = \dfrac{4 \times 1000 \times 0.9 \times 0.2}{\pi \times 0.5 \times 0.025} = 18344$

∴ 레이놀즈수가 상임계 레이놀즈수인 4000보다 크므로 난류이다.

문제 7. 지름이 120 mm인 원관에서 유체의 레이놀즈수가 20000이라 할 때 관지름이 240 mm이면 레이놀즈수는 얼마인가?

㉮ 5000　　　　㉯ 10000　　　　㉰ 20000　　　　㉱ 40000

해설 $Q \propto VD^2$, $V \propto \dfrac{Q}{D^2}$ 이므로 $Re \propto VD$, $Re \propto \dfrac{Q}{D}$

∴ $Re = 20000 \times \dfrac{120}{240} = 10000$이 된다.

문제 8. 동점성계수가 $1.0 \times 10^{-6}\,\text{m}^2/\text{s}$인 물이 지름 5 cm인 원관 속을 흐르고 있다. 유량이 $0.001\,\text{m}^3/\text{s}$일 때 레이놀즈수는 얼마인가?

㉮ 22935　　　　㉯ 23711　　　　㉰ 25476　　　　㉱ 27631

해설 유속은 $V = \dfrac{Q}{A} = \dfrac{4Q}{\pi D^2}$

∴ $Re = \dfrac{VD}{\nu} = \dfrac{4QD}{\pi D^2 \nu} = \dfrac{4Q}{\pi D\nu} = \dfrac{4 \times 0.001}{\pi \times 0.05 \times 1.0 \times 10^{-6}} \fallingdotseq 25476$

해답 5. ㉰　 6. ㉯　 7. ㉯　 8. ㉰

문제 9. 동점성계수가 $6.52 \times 10^{-5} \, \mathrm{m^2/s}$인 기름이 곧은 원관 속을 $0.2 \, \mathrm{m^3/s}$로 흐르고 있다. 이때 층류로 흐를 수 있는 관의 최소 지름은 몇 m인가? (단, 하임계 레이놀즈수는 2100이다.)

㉮ 1.37　　　　㉯ 1.53　　　　㉰ 1.86　　　　㉱ 1.93

[해설] $Re = \dfrac{VD}{\nu} = \dfrac{4QD}{\pi D^2 \nu} = \dfrac{4Q}{\pi D \nu}$

$$\therefore \ D = \dfrac{4Q}{\pi \nu Re} = \dfrac{4 \times 0.2}{\pi \times 6.52 \times 10^{-5} \times 2100} \fallingdotseq 1.86 \, \mathrm{m}$$

문제 10. 지름이 $10 \, \mathrm{cm}$인 원관 속에 비중이 0.85인 기름이 $0.01 \, \mathrm{m^3/s}$의 속도로 흐르고 있다. 이 기름의 동점성계수가 $1 \times 10^{-4} \, \mathrm{m^2/s}$일 때 이 흐름의 상태는?

㉮ 층류　　　　㉯ 난류　　　　㉰ 천이구역　　　　㉱ 비정상류

[해설] 평균속도

$$V = \dfrac{Q}{A} = 0.01 \times \dfrac{4}{\pi \times 0.1^2} = 1.27 \, \mathrm{m/s}$$

$$Re = \dfrac{Vd}{\nu} = \dfrac{1.27 \times 0.1}{1 \times 10^{-4}} = 1270 < 2100 \quad \therefore \ 층류$$

문제 11. $30 \, \mathrm{℃}$인 글리세린 (glycerin)이 $0.3 \, \mathrm{m/s}$로 $5 \, \mathrm{cm}$인 관 속을 흐르고 있을 때 유동 상태는? (단, 글리세린은 $30 \, \mathrm{℃}$에서 $\nu = 0.0005 \, \mathrm{m^2/s}$이다.)

㉮ 층류　　　　㉯ 난류　　　　㉰ 천이구역　　　　㉱ 비정상류

[해설] $Re = \dfrac{Vd}{\nu} = \dfrac{0.3 \times 0.05}{0.0005} = 30 < 2100 \quad \therefore \ 층류$

문제 12. $37.5 \, \mathrm{℃}$인 원유가 $0.3 \, \mathrm{m^3/s}$로 원관에 흐르고 있다. 임계 레이놀즈수가 2100일 때 층류로 흐를 수 있는 관의 최소 지름은 몇 m인가? (단, 원유가 $37.5 \, \mathrm{℃}$에서 $\nu = 6 \times 10^{-5} \, \mathrm{m^2/s}$이다.)

㉮ 1.36　　　　㉯ 2.17　　　　㉰ 3.03　　　　㉱ 0.466

[해설] $V = \dfrac{Q}{\dfrac{\pi}{4} d^2} = \dfrac{0.3}{\dfrac{\pi}{4} d^2} = \dfrac{0.382}{d^2} \, \mathrm{m/s}$

$$Re = \dfrac{Vd}{\nu} = 2100 \text{에서} \quad 2100 = \dfrac{\dfrac{0.382}{d^2} \times d}{6 \times 10^{-5}} \qquad \therefore \ d = 3.03 \, \mathrm{m}$$

[해답]　9. ㉰　　10. ㉮　　11. ㉮　　12. ㉰

문제 13. 반지름이 $500\,\mathrm{mm}$인 원관에 물이 매초 $0.01\,\mathrm{m}^3$로 흐르고 있다. 물의 점성계수가 $\mu = 1.145 \times 10^{-2}\,\mathrm{P}$일 때 레이놀즈수는?

㉮ 16.3 　　㉯ 113 　　㉰ 5656 　　㉱ 11124

[해설] $\mu = \dfrac{1.14 \times 10^{-2}}{98} = 1.168 \times 10^{-4}\,\mathrm{kg \cdot s/m^2}$

$$V = \frac{Q}{A} = \frac{0.01}{\dfrac{\pi}{4} \times (1)^2} = 0.0127\,\mathrm{m/s}$$

$$\therefore\ Re = \frac{\rho V D}{\mu} = \frac{102 \times 0.0127 \times 1}{1.168 \times 10^{-4}} = 11124$$

문제 14. 지름 $10\,\mathrm{cm}$인 관에 $20\,^\circ\!\mathrm{C}$인 물이 $0.002\,\mathrm{m}^3/\mathrm{s}$로 흐르고 있을 때 유동상태는? (단, 물의 $20\,^\circ\!\mathrm{C}$에서 $\nu = 1.007 \times 10^{-6}\,\mathrm{m}^2/\mathrm{s}$이다.)

㉮ 층류 　　㉯ 난류 　　㉰ 천이구역 　　㉱ 비정상류

[해설] $V = \dfrac{Q}{A} = \dfrac{0.002}{\dfrac{\pi}{4}(0.1)^2} = 0.2547\,\mathrm{m/s}$

$$Re = \frac{Vd}{\nu} = \frac{0.2547 \times 0.1}{1.007 \times 10^{-6}} = 25300 > 4000 \quad \therefore\ 난류$$

문제 15. $10\,^\circ\!\mathrm{C}$의 물$(\nu = 0.0131\,\mathrm{cm}^2/\mathrm{s})$이 지름 $20\,\mathrm{mm}$인 원관을 통하여 흐른다. 이때 고속의 난류 상태에서 저속으로 떨어뜨려 가면 얼마만한 유속에서 층류로 되겠는가?

㉮ $0.152\,\mathrm{m/s}$ 　　㉯ $0.215\,\mathrm{m/s}$ 　　㉰ $0.512\,\mathrm{m/s}$ 　　㉱ $0.252\,\mathrm{m/s}$

[해설] $Re = \dfrac{VD}{\nu} = 2320$

$$\therefore\ V = \frac{Re\,\nu}{D} = \frac{2320 \times 0.0131 \times 10^{-4}}{0.02} = 0.152\,\mathrm{m/s}$$

문제 16. 비중 0.8, 점성계수 $5 \times 10^{-3}\,\mathrm{kg \cdot s/m^2}$인 기름이 지름 $15\,\mathrm{cm}$의 원관 속을 $0.6\,\mathrm{m/s}$의 속도로 흐르고 있을 때 레이놀즈수는 얼마인가?

㉮ 1527.5 　　㉯ 1468.2 　　㉰ 1648.5 　　㉱ 2400

[해설] $\gamma = 0.8 \times 10^3\,\mathrm{kg/m^3}$에서

· 밀도 $\rho = \dfrac{\gamma}{g} = \dfrac{0.8 \times 10^3}{9.81} = 81.5\,\mathrm{kg \cdot s^2/m^4}$

[해답] 13. ㉱ 　14. ㉯ 　15. ㉮ 　16. ㉯

- 동점성 계수 $\nu = \dfrac{\mu}{\rho} = \dfrac{\mu g}{\gamma} = \dfrac{5 \times 10^{-3} \times 9.8}{0.8 \times 10^{3}} = 6.13 \times 10^{-5}\,\mathrm{m^2/s}$

$$\therefore\ Re = \frac{VD}{\nu} = \frac{0.6 \times 0.15}{6.13 \times 10^{-5}} = 1468.2$$

문제 17. 다음 그림에서 지름이 75 mm인 관에서 $Re = 20000$일 때, 지름이 150 mm인 관에서 Re는? (단, 모든 손실은 무시한다.)

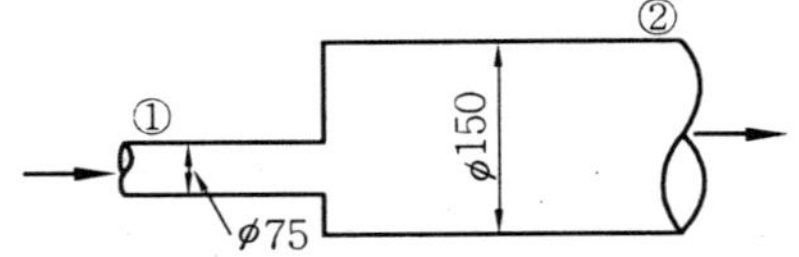

㉮ 40000 ㉯ 80000

㉢ 5000 ㉣ 10000

[해설] $Re = \dfrac{Vd}{\nu} = \dfrac{\dfrac{Q}{\dfrac{\pi}{4}d^2}\,d}{\nu} = \dfrac{4Q}{\pi \nu d}$

그림 ① 과 ② 에서 레이놀즈수는 $Re_1 = \dfrac{4Q}{\pi \nu d_1}$, $Re_2 = \dfrac{4Q}{\pi \nu d_2}$

$\dfrac{Re_2}{Re_1} = \dfrac{\dfrac{4Q}{\pi \nu d_2}}{\dfrac{4Q}{\pi \nu d_1}} = \dfrac{d_1}{d_2}$ 이므로 $\therefore\ Re_2 = Re_1 \dfrac{d_1}{d_2} = 20000 \times \dfrac{75}{150} = 10000$

문제 18. 단면이 A인 관 속에 물이 흐르고 있다. 다음 중에서 층류의 흐름은?

㉮ 레이놀즈수가 4000이다. ㉯ 레이놀즈수가 20000이다.

㉢ 레이놀즈수가 5×10^5이다. ㉣ 레이놀즈수가 1000이다.

[해설] 관속의 흐름중에서 레이놀즈수가 2100보다 작을 때에는 층류가 된다.

문제 19. 비중이 0.86, $\mu = 0.27\,\mathrm{P}$ 의 기름의 안지름 45 cm의 파이프를 통하여 $0.3\,\mathrm{m^3/s}$ 의 유량으로 흐른다. 이때 레이놀즈수는?

㉮ 36153 ㉯ 27047 ㉢ 23013 ㉣ 11036

[해설] $V = \dfrac{Q}{A} = \dfrac{0.3}{\dfrac{\pi}{4}(0.45)^2} = 1.887\,\mathrm{m/s} = 188.7\,\mathrm{cm/s}$

$\rho = \rho_w s = 1000 \times 0.86 = 860\,\mathrm{kg/m^3} = 0.86\,\mathrm{g/cm^3}$

$\therefore\ Re = \dfrac{\rho Vd}{\mu} = \dfrac{0.86\,\mathrm{g/cm^2} \times 188.7\,\mathrm{cm/s} \times 45\,\mathrm{cm}}{0.27\,\mathrm{g/cm \cdot s}} = 27047$

문제 20. 지름이 20 mm에서 층류로 흐를 수 있는 최대 평균속도는 얼마인가? (단, 물의 점성계수 $\mu = 1.173 \times 10^{-4}$ kg·s/m^{2}이고, 임계 레이놀즈수는 2320으로 한다.)

㉮ 13.6 m/s　　　　㉯ 0.1388 m/s　　　　㉰ 1.387 m/s　　　　㉱ 0.1334 m/s

[해설] 레이놀즈수에서 $Re = \dfrac{VD}{\nu} = \dfrac{\rho VD}{\mu}$ 이므로

$$\therefore V = \frac{2320 \times 1.173 \times 10^{-4}}{102 \times D} = 0.1334 \,\text{m/s}$$

문제 21. 지름이 각각 6 cm와 8 cm인 이중 동심관에 20℃의 물이 흐르고 있다. 유량이 4.2×10^{-5} m^3/s일 때 이 흐름의 형태는?

㉮ 층류　　　　㉯ 난류　　　　㉰ 천이구간　　　　㉱ 비정상류

[해설] $V = \dfrac{4.2 \times 10^{-5}}{\dfrac{\pi}{4}(0.08^2 - 0.06^2)} = 0.0191 \,\text{m/s}$

그런데 20℃ 물의 동점성계수 ν 는 표로부터 $D = 1.006 \times 10^{-6}$ m^2/s이므로

$$Re = \frac{VD_e}{\nu} = \frac{0.0191 \times (0.08 - 0.06)}{1.006 \times 10^{-6}} = 380 < 2100 \quad \therefore \text{층류}$$

문제 22. 5 l/s의 물($\nu = 1.006 \times 10^{-6}$ m^2/s)을 층류로 흐르게 할 수 있는 관의 최소 지름은 얼마인가?

㉮ 1.733 m　　　　㉯ 2.196 m　　　　㉰ 2.729 m　　　　㉱ 3 m

[해설] $V = \dfrac{Q}{A} = \dfrac{5 \times 10^{-3}}{\dfrac{\pi}{4}}, \quad Re = \dfrac{VD}{\nu}, \quad 2320 = \dfrac{\dfrac{5 \times 10^{-3}}{\dfrac{\pi}{4}D^2} \times D}{1.006 \times 10^{-6}}$

$$\therefore D = \frac{4 \times 5 \times 10^{-3}}{\pi \times 2320 \times 1.006 \times 10^{-6}} = 2.729 \,\text{m}$$

문제 23. 지름이 10 cm인 관 속에 공기가 흐르고 있다. 지금 공기의 압력이 1.013 kg/cm^2·abs(0.993 bar·abs)이고, 온도가 127℃일 때 층류의 상태로 흐를 수 있는 최대 유량은 얼마인가?

㉮ 0.544 m^3/s　　　　㉯ 0.0043 m^3/s　　　　㉰ 0.0193 m^3/s　　　　㉱ 0.359 m^3/s

[해설] 층류로 흐를 수 있는 최대 레이놀즈수를 2100으로 보면

[해답] 20. ㉱　　21. ㉮　　22. ㉰　　23. ㉯

$$Re_c = \frac{V_c d}{\nu} \qquad \therefore \ V_c = \frac{Re_c \nu}{d}$$

여기서 120℃, 1.013 kg / cm^2 · abs일 때 공기의 동점성계수 표로부터 $\nu = 25.9 \times 10^{-6}$ m^2 / s 이므로

$$V_c = \frac{2100 \times 25.9 \times 10^{-6}}{0.1} = 0.544 \, \text{m / s}$$

$$\therefore \ Q_{max} = \frac{\pi}{4}(0.1)^2 \times 0.544 = 0.0043 \, \text{m}^3/\text{s}$$

문제 24. 20℃의 물이 지름 2 cm인 원관 속을 흐르고 있다. 층류로 흐를 수 있는 최대의 평균유속과 유량은 얼마인가?

㉮ 0.106 m / s, 3.33×10^{-5} m^3 / s 　　㉯ 0.106 m / s, 4.25×10^{-4} m^3 / s

㉰ 0.214 m / s, 3.33×10^{-5} m^3 / s 　　㉱ 0.214 m / s, 4.25×10^{-4} m^3 / s

[해설] $\nu = 1.006 \times 10^{-6}$ m^2/s이므로 층류로 흐를 수 있는 Re 수는

$$Re = 2320 \text{에서} \quad 2320 = \frac{V \times 0.02}{1.006 \times 10^{-6}} \text{이므로}$$

$$\therefore \ V = 0.106 \, \text{m / s}$$

$$\therefore \ Q = 0.106 \times \frac{\pi}{4} \times 0.02^2 = 3.33 \times 10^{-5} \text{m}^3/\text{s}$$

문제 25. 다음 중 하겐-푸아죄유의 방정식은? (단, D 는 관의 지름, $\varDelta p$ 는 관의 길이 L 에서의 압력강하, μ 는 점성계수, Q 는 유량이다.)

㉮ $Q = \dfrac{\pi D^2 \varDelta p}{8 \mu L}$ 　　㉯ $Q = \dfrac{8\pi L}{\pi D^2 \varDelta p}$ 　　㉰ $Q = \dfrac{128 \mu L}{\pi D^4 \varDelta p}$ 　　㉱ $Q = \dfrac{\pi D^4 \varDelta p}{128 \mu L}$

[해설] $Q = \dfrac{\pi D^4 \varDelta p}{128 \mu L}$ 에서 이 식을 하겐-푸아죄유의 방정식이라고 하며, 층류 흐름의 경우에만 적용할 수 있다.

문제 26. 점성 유체가 단면적이 일정한 수평원관 속을 정상류, 층류로 흐를 때 유량은?

㉮ 길이에 비례하고 지름의 제곱에 반비례한다.

㉯ 압력강하에 반비례하고 관 길이의 제곱에 비례한다.

㉰ 점성계수에 반비례하고 관의 지름의 4제곱에 비례한다.

㉱ 압력강하와 관의 지름에 비례한다.

[해설] 하겐-푸아죄유의 방정식에서 $\quad Q = \dfrac{\pi D^4 \varDelta p}{128 \mu L}$

문제 27. 다음 중 실제 유체에 대한 설명은?

　㉮ 점성을 무시할 수 없다.　　　㉯ 점성을 무시할 수 있다.

　㉰ 점성과는 관계가 없다.　　　㉱ 이상 유체라고도 한다.

[해설] 실제 유체라 함은 점성이 있기 때문에 유체가 유동할 때 유체간 및 벽면에서 마찰 응력이 작용하게 된다.

문제 28. 다음 설명 중 틀린 것은?

　㉮ 레이놀즈수는 층류와 난류를 구별할 수 있는 척도가 된다.

　㉯ 압력 강하는 지름의 4승에 반비례한다.

　㉰ 하겐-푸아죄유의 방정식은 층류에만 적용된다.

　㉱ 전단응력은 중심으로부터의 거리에 반비례한다.

[해설] 평판에서는 $\tau = \dfrac{\Delta p}{l}\,y$ 이고 또 원관에서는 $\tau = \dfrac{\Delta p}{l} = \dfrac{r}{2}$ 이므로 중심에서 거리의 증가에 따라 전단응력은 증가한다.

문제 29. 반지름 r_0 인 수평원관 속을 기름이 층류로 흐를 때 반지름 r 인 지점의 속도 분포는?(단, μ 는 기름의 점성계수, $-\dfrac{dp}{dl}$ 는 유동방향 길이에 대한 압력강하이다.)

　㉮ $u = -\dfrac{1}{4\mu}\dfrac{dp}{dl}(r_0{}^2 - r^2)$　　　　㉯ $u = -\dfrac{1}{2\mu}\dfrac{dp}{dl}(r_0 - r)$

　㉰ $u = -\dfrac{1}{4\mu}\dfrac{dp}{dl}(r_0 - r)$　　　　㉱ $u = -\dfrac{1}{2\mu}\dfrac{dp}{dl}(r_0{}^2 - r^2)$

[해설] $u = -\dfrac{1}{4\mu}\dfrac{dp}{dl}(r_0{}^2 - r^2)$

문제 30. 지름 D 인 수평원관 속을 물이 층류로 흐를 때 유량 Q 는?(단, $u_{\max}$ 는 관의 중심속도이다.)

　㉮ $\dfrac{\pi D^4 u_{\max}}{2}$　　　　　　　㉯ $\dfrac{\pi D^4 u_{\max}}{8}$

　㉰ $\dfrac{\pi D^2 u_{\max}}{2}$　　　　　　　㉱ $\dfrac{\pi D^2 u_{\max}}{8}$

[해설] $U = -\dfrac{1}{4\mu}\dfrac{dp}{dl}(r_0^2 - r^2) = u_{\max}\left\{1 - \left(\dfrac{r}{r_0}\right)^2\right\}$ 이므로

[해답]　27. ㉮　28. ㉱　29. ㉮　30. ㉱

$$\therefore\ Q = \int_0^{r_0} u\, 2\pi r dr = 2\pi u_{\max} \int_0^{r_0} \left(1 - \frac{r^2}{r_0{}^2}\right) r dr$$

$$= \frac{2\pi u_{\max}}{r_0{}^2} \int_0^{r_0} (r_0{}^2 - r^2) r dr = \frac{2\pi u_{\max}}{r_0{}^2} \left(\frac{r_0{}^4}{2} - \frac{r_0{}^4}{4}\right)$$

$$= \frac{\pi r_0{}^2 u_{\max}}{2} = \frac{\pi D^2 u_{\max}}{8}$$

문제 31. 반지름이 $30\,\mathrm{cm}$인 원관에서 점성계수가 3.43 P인 액체가 층류로 흐를 때 관 중심에서 $7\mathrm{cm}$ 떨어진 곳에서의 전단응력이 $0.5\,\mathrm{kg/m^2}$이면 이 관의 유량은 몇 $\mathrm{m^3/s}$ 인가?

㉮ 0.081　　　　㉯ 0.093　　　　㉰ 0.108　　　　㉱ 0.191

[해설] $\tau = -\dfrac{dp}{dl} \cdot \dfrac{r}{2} = 0.5\,\mathrm{kg/m^2}$

$\mu = \dfrac{3.43}{98} = 0.035\,\mathrm{kg \cdot s/m^2}$

$\dfrac{\Delta p}{l} = -\dfrac{dp}{dl} = 0.5 \times \dfrac{2}{0.07} = 14.3\,\mathrm{kg/m^2}$

$\therefore\ Q = \dfrac{\pi \Delta p (R_0)^4}{8\mu l} = \dfrac{\pi \times (0.15)^4}{8 \times 0.035} \times 14.3 = 0.081\,\mathrm{m^3/s}$

문제 32. 글리세린(glycerin)이 지름 $2\,\mathrm{cm}$인 관에 흐르고 있다. 이때 단위 길이당 압력 강하가 $200\,\mathrm{kPa/m}$일 때 유량 Q는 몇 $\mathrm{m^3/s}$인가? (단, 글리세린의 점성계수는 $\mu = 0.5$ $\mathrm{N \cdot s/m^2}$이고, 동점성계수는 $\nu = 2.7 \times 10^{-4}\,\mathrm{m^2/s}$이다.)

㉮ 0.32　　　　㉯ 1.57×10^{-3}　　　　㉰ 3.2×10^{-4}　　　　㉱ 0.027

[해설] 이 흐름을 층류라 가정하면 하겐-푸아죄유 방정식에서 유량은

$$Q = \frac{\Delta p \pi d^4}{128 \mu L} = \frac{200 \times 10^3 \times \pi \times (0.02)^4}{128 \times 0.5 \times 1} = 1.57 \times 10^{-3}\,\mathrm{m^3/s}$$

평균속도는

$$V = \frac{Q}{A} = \frac{1.57 \times 10^{-3}}{\dfrac{\pi}{4}(0.02)^2} = 5\,\mathrm{m/s}$$

$$\therefore\ Re = \frac{Vd}{\nu} = \frac{5 \times 0.02}{2.7 \times 10^{-4}} = 370 < 2100$$

따라서 이 흐름은 층류이므로 하겐-푸아죄유 방정식을 사용할 수 있다.

문제 33. 지름이 4 mm이고, 길이가 10 m인 원형관 속에 20℃의 물이 흐르고 있다. 10 m 길이에서 압력강하가 $\Delta p = 0.1\,kg/cm^2(0.098\,bar)$이며, $\mu = 1.02 \times 10^{-8}\,kg \cdot s/cm^2\,(9.996 \times 10^{-8}\,Ns/cm^2)$일 때 유량은 얼마인가?

㉮ $6.15\,m^3/s$　　　㉯ $6.15\,cm^3/s$　　　㉰ $61.5\,cm^3/s$　　　㉱ $3.93\,cm^3/s$

[해설] 하겐-푸아죄유의 방정식을 이용하여

$$Q = \frac{\Delta p \pi r_0^{\,4}}{8\mu L} = \frac{\pi \times 0.2^4 \times 0.1}{8 \times 1.02 \times 10^{-8} \times 1000} = 6.15\,cm^3/s$$

여기서 평균속도 $V = \dfrac{Q}{A} = \dfrac{6.15}{\pi \times 0.2^2} = 49\,cm/s$

$$\therefore Re = \frac{Vd}{\nu} = \frac{49 \times 0.4}{0.01} = 1960 < 2100$$

따라서 층류의 흐름이며, 하겐-푸아죄유의 방정식을 사용하는 것이 타당하다.

[SI 단위]

$$Q = \frac{\Delta p \pi r_0^{\,4}}{8\mu L} = \frac{\pi \times 0.2^4 \times 0.098 \times 10}{8 \times 9.996 \times 10^{-8} \times 1000} = 6.15\,cm^3/s$$

$$V = \frac{Q}{A} = \frac{6.15}{\pi \times 0.2^2} = 49\,cm/s$$

$$Re = \frac{Vd}{\nu} = \frac{49 \times 0.4}{0.01} = 1960 < 2100\,(\therefore\ 층류)$$

문제 34. 반지름이 8 cm, 길이가 150 m인 수평관을 통해서 매분 $450\,l$의 비율로 기름을 송출한다. 이때 관 입구와 출구 사이의 압력차는 얼마인가? (단, 기름의 동점성계수 $\nu = 1 \times 10^{-4}\,m^2/s$이고, 비중은 0.85이다.)

㉮ $12.9\,kg/cm^2$　　　㉯ $6.4979\,kg/cm^2$　　　㉰ $0.0297\,kg/cm^2$　　　㉱ $0.0933\,kg/cm^2$

[해설] $\Delta p = \dfrac{8\mu l}{\pi r_0^{\,4}} = \dfrac{8 \times 0.00866 \times 150}{3.14 \times (0.08)^4} = 64979\,kg/m^2 = 6.4979\,kg/cm^2$

문제 35. 반지름이 50 mm인 원관 속에 점성 계수 $\mu = 1.52 \times 10^{-1}\,kg \cdot s/m^2$인 기름이 매초 5 m로 흐르고 있을 때 관 길이가 25 m라면 압력 손실은 얼마인가? (단, 비중이 0.828인 경유가 흐른다.)

㉮ $6.08\,kg/cm^2$　　　㉯ $9.15\,kg/cm^2$　　　㉰ $15.05\,kg/cm^2$　　　㉱ $21.34\,kg/cm^2$

[해설] $D = 2r = 0.1\,m$

$$\nu = \frac{\mu}{\rho} = \frac{\mu g}{\gamma} = \frac{0.152 \times 9.81}{828} = 1.8 \times 10^{-3}\,m^2/s$$

$$Re = \frac{0.1 \times 5}{0.0018} = 423.7 < 2320 \text{ 층류이므로}$$

$$Q = \frac{\pi}{4} \times (0.1)^2 \times 5 = 0.0393 \, \text{m}^3/\text{s}$$

하겐-푸아죄유의 식에서

$$\Delta p = p_1 - p_2 = \frac{128 \mu l Q}{\pi D^4} = \frac{128 \times 0.152 \times 25 \times 0.0393}{\pi \times (0.1)^4} = 60800 \, \text{kg/m}^2 = 6.08 \text{kg/cm}^2$$

문제 36. 지름이 50 mm, 길이 800 m인 매끈한 원관을 써서 매분 135 l 의 기계유를 수송할 때 가해 주어야 할 오일 펌프의 압력은 얼마인가?(단, 기름의 비중은 0.92, 점성계수를 0.56 P로 한다.)

㉮ 0.149 kg / cm^2 (0.146 bar)   ㉯ 1.49 kg / cm^2 (1.46 bar)

㉰ 0.419 kg / cm^2 (0.41 bar)   ㉱ 0.194 kg / cm^2 (0.190 bar)

[해설] 우선 흐름이 층류인가 난류인가를 판단하기 위하여 레이놀즈수를 구한다.

$$Re = \frac{\rho V d}{\mu} \text{에서} \quad V = \frac{Q}{A} = \frac{\dfrac{0.135}{60}}{\dfrac{\pi}{4} \times 0.05^2} = 1.146 \, \text{m/s}$$

$$1\,\text{P} = \frac{1}{98} \, \text{kg} \cdot \text{s/m}^2 \text{이므로} \quad \mu = \frac{0.56}{98} = 0.005714 \, \text{kg} \cdot \text{s/m}^2$$

$$\rho = \frac{\gamma}{g} = \frac{0.92 \times 1000}{9.8} = 93.88 \, \text{kg} \cdot \text{s}^2/\text{m}^4$$

$$\therefore \ Re = \frac{V d \rho}{\mu} = \frac{1.146 \times 0.05 \times 93.88}{0.005714} = 942 < 2100$$

층류의 흐름이 확인되었으므로 하겐-푸아죄유의 방정식에 대입하면

$$\Delta p = \frac{8 \mu L Q}{\pi r_0^4} = \frac{8 \times 5.714 \times 10^{-3} \times 800}{3.14 \times 0.05^4} \times \left(\frac{0.135}{60} \right) = 0.419 \times 10^4 \, \text{kg/m}^2 = 0.419 \, \text{kg/cm}^2$$

[SI 단위]

$$\Delta p = \frac{8 \mu L Q}{\pi r_0^4} = \frac{8 \times 5.714 \times 10^{-3} \times 9.8 \times 800}{3.14 \times 0.05^4} \times \left(\frac{0.135}{60} \right) = 41 \, \text{kPa} = 0.41 \, \text{bar}$$

문제 37. 지름 180 mm, 길이 1200 m인 수평원관 속을 점성계수 0.089 kg $\cdot$ s / m^2, 비중량 950 kg / m^{3}인 기름이 0.025 m^3 / s로 흐르고 있다. 이 기름을 수송하는 데 필요한 압력은 몇 kg / cm^{2}인가?

㉮ 6.66   ㉯ 8.45   ㉰ 10.37   ㉱ 12.63

[해설] 먼저 층류인가 난류인가를 확인해 본다.

[해답] **36.** ㉰   **37.** ㉰

$$Re = \frac{\rho VD}{\mu} = \frac{\gamma VD}{\mu g} = \frac{4\gamma Q}{\pi \mu g D} = \frac{4 \times 950 \times 0.025}{\pi \times 0.089 \times 9.8 \times 0.18} \fallingdotseq 192.7$$

이 값은 하임계 레이놀즈수 2100보다 작으므로 층류이다. 따라서 하겐-푸아죄유의 방정식을 적용할 수 있다.

$$Q = \frac{\pi D^4 \Delta p}{128 \mu L} \text{에서}$$

$$\therefore \Delta p = \frac{128 \mu L Q}{\pi D^4} = \frac{128 \times 0.089 \times 1200 \times 0.025}{\pi \times 0.18^4}$$

$$\fallingdotseq 103682\,\mathrm{kg/m^2} \fallingdotseq 10.37\,\mathrm{kg/cm^2}$$

문제 38. $0.002\,\mathrm{m^3/s}$의 유량으로 지름 $4\,\mathrm{cm}$, 길이 $10\,\mathrm{m}$인 관 속을 기름 ($s = 0.85$, $\mu = 0.56\,\mathrm{P}$) 이 흐르고 있다. 이 기름을 수송하는데 필요한 펌프의 압력은?

㉮ 10.2 kPa   ㉯ 17.8 kPa   ㉰ 20.6 kPa   ㉱ 18.1 kPa

[해설] 평균속도 $V = \dfrac{Q}{A} = \dfrac{0.002}{\dfrac{\pi}{4}(0.04)^2} = 1.6\,\mathrm{m/s}$

여기서 $\mu = 0.56\,\mathrm{P} = 0.56\,\mathrm{dyne \cdot s/cm^2} = 0.056\,\mathrm{N \cdot s/m^2}$

$\rho = \rho_w s = 1000 \times 0.85 = 850\,\mathrm{kg/m^3} = 850\,\mathrm{N \cdot s/m^4}$

따라서 레이놀즈수는 $Re = \dfrac{(850) \times 1.6 \times 0.04}{0.056} = 971 < 2100$

$\therefore$ 층류

하겐-푸아죄유 방정식에서

$$\therefore \Delta p = \frac{128 Q \mu L}{\pi d^4} = \frac{128 \times 0.002 \times 0.056 \times 10}{\pi \times (0.04)^4} = 17834\,\mathrm{N/m^2} = 17.834\,\mathrm{kPa}$$

문제 39. 지름 $5\,\mathrm{cm}$, 관의 길이 $10\,\mathrm{m}$인 수평원관 속을 비중 0.9, 점성계수 0.6 P인 기름이 $0.003\,\mathrm{m^3/s}$로 흐르고 있다. 이 기름을 수송하는 데 필요한 압력은 몇 kPa인가?

㉮ 11.74   ㉯ 13.46   ㉰ 15.21   ㉱ 17.81

[해설] 먼저 층류인가 난류인가를 확인해야 한다.

$$Re = \frac{\rho VD}{\mu} = \frac{4\rho Q}{\pi \mu D} = \frac{4 \times 1000 \times 0.9 \times 0.003}{\pi \times 0.6 \times 10^{-1} \times 0.05} = 1146 < 2100$$

층류이므로 하겐-푸아죄유의 방정식에서

$$\Delta p = \frac{128 \mu L Q}{\pi D^4} = \frac{128 \times 0.6 \times 10^{-1} \times 10 \times 0.003}{\pi \times (0.05)^4}$$

$$\fallingdotseq 11740\,\mathrm{N/m^2} = 11.74\,\mathrm{kPa}$$

[해답] **38.** ㉯   **39.** ㉮

문제 40. 관 길이 50 m, 지름 10 cm인 원관이 수평과 30° 기울어져 있다. 이 관 속을 유체가 층류로 흐를 때 양쪽 끝의 압력차가 25 kg / m²이었다. 유체의 비중량이 950 kg / m³이라면 관벽에서의 전단응력은 몇 kg / m²인가?

㉮ 8.1　　　　　㉯ 9.8　　　　　㉰ 10.4　　　　　㉱ 11.9

[해설] $\tau = -\dfrac{r}{2} \cdot \dfrac{d}{dl}(p + \gamma h) = -\dfrac{0.05}{2} \times \left(-\dfrac{25 + 950 \times 50 \sin 30°}{50} \right)$

$\fallingdotseq 11.9 \, kg / m^2$

문제 41. 폭 2 cm, 길이 100 cm인 두 평판 사이에 물이 층류로 흐르고 있을 때 압력차가 0.5 kg / cm²였다면 유량은 얼마인가? (단, $\nu = 1.145 \times 10^{-6} \, m^2 / s$, 틈새는 2 cm이다.)

㉮ 58.2 m³ / s　　　　㉯ 4.57 m³ / s　　　　㉰ 1.164 m³ / s　　　　㉱ 0.57 m³ / s

---

[해설] $Q = \dfrac{2 \Delta p b h^3}{3 \mu l} = \dfrac{2 \times 0.5 \times 10^4 \times 0.02 \times (0.02)^3}{3 \times 1.168 \times 10^{-4} \times 1} = 4.57 \, m^3 / s$

문제 42. 틈새가 40 cm인 평판 사이에 유체가 흐르고 있을 때 12 m 사이의 압력차가 100 kg / m²이었다면 평판벽에 작용하는 전단응력은 얼마이며 평균속도는 얼마인가? (단, $\mu = 0.002 \, kg \cdot s / m^2$인 기름이 흐른다.)

㉮ 1.056 kg / m², 47.2 m / s　　　　　㉯ 1.056 kg / m², 55.6 m / s

㉰ 1.667 kg / m², 47.2 m / s　　　　　㉱ 1.667 kg / m², 55.6 m / s

[해설] $\tau = -\dfrac{dp}{dl} \cdot h, \quad \tau = \dfrac{\Delta p}{l} h = \dfrac{100}{12} \times \dfrac{0.4}{2} = 1.667 \, kg / m^2$

$-\dfrac{dp}{dl} \sim \dfrac{\Delta p}{l} = \dfrac{100}{2}$ 이므로　$V = \dfrac{\Delta p (h)^2}{12 \mu l} = \dfrac{100(0.4)^2}{12 \times 12 (0.002)} = 55.6 \, m / s$

문제 43. 다음 흐름 상태에서 틀린 것은?

㉮ 유체와 고체벽 사이에는 마찰 응력은 작용하나 유체층 사이의 전단응력은 작용하지 않는다.

㉯ 유체 내의 상접하는 두 층 사이에 속도차가 생기면 유체 마찰이 생긴다.

㉰ 유체의 마찰은 압력 강하로 나타나기 때문에 압력 손실로 볼 수 있다.

㉱ 층류 유동에서 최대 속도는 평균 속도의 2배가 된다.

[해설] 유체와 고체벽 사이에도 전단응력(마찰응력)이 생기며, 유체 내부에 상접하는 두 층 사이에 속도차로 전단응력이 일어난다.

[해답] 40. ㉱　　41. ㉯　　42. ㉱　　43. ㉮

문제 44. 와점성계수와 관계없는 것은?

㉮ 전단응력　　　　㉯ 난류도　　　　㉰ 유체의 밀도　　　　㉱ 층류

[해설] 난류유동에서의 전단응력은 $\tau = (\mu + \varepsilon) \dfrac{du}{dy}$

여기서 μ는 유체의 점성계수이고, ε은 와점성계수로서 유체의 밀도, 난류도에 따라 결정된다.

문제 45. 다음 중 잘못 설명된 것은?

㉮ 난류의 전단응력은 일반적으로 레이놀즈 응력만으로 표시될 수 있다.

㉯ 레이놀즈 응력은 보통 $(-)$값으로 표시한다.

㉰ 점성저층(viscous sublayer)은 점성의 영향이 지배적이며 벽면에서 가까운 곳을 말한다.

㉱ 난류에서 전단응력과 속도구배의 비를 나타내는 점성계수는 유체의 성질로서 온도만의 함수이다.

[해설] 전단응력 $\tau = (\mu + \varepsilon) \dfrac{du}{dy}$ 이고 $\varepsilon = \rho l^2 \dfrac{du}{dy}$ 이므로 유체의 밀도 및 유동의 혼합길이와 평균 속도구배의 함수이다.

문제 46. 지름 40 cm 관에 물이 난류상태로 흐르고 있다. 물의 속도분포 $u = 10 + \ln y$ [m / s]로 주어질 때 관벽으로부터 0.1 m인 곳에서 와점성계수 η는 몇 kg · s / m^{2}인가? (단, y[m]는 벽면으로부터 잰 수직거리이고, 0.1 m에서 전단응력은 1.5 kg / m^{2}이다.)

㉮ 0.15　　　　㉯ 0.6　　　　㉰ 1　　　　㉱ 1.2

[해설] 속도구배 $\dfrac{du}{dy} = \dfrac{1}{y} = \dfrac{1}{0.1} = 10$

따라서 $\tau = \eta \dfrac{du}{dy}$: $1.5 = \eta(10)$　　$\therefore \eta = 0.15 \, \text{kg} \cdot \text{s} / \text{m}^2$

문제 47. 비중량 1000 kg / m^{3}인 물이 원관 속을 흐를 때 관벽에 작용하는 전단응력은 1.5 kg / cm^{2}이다. 마찰속도는 몇 m / s인가?

㉮ 10.5　　　　㉯ 11.4　　　　㉰ 12.1　　　　㉱ 13.6

[해설] 마찰속도 $u*$은

$$u* = \sqrt{\frac{\tau_0}{\rho}} = \sqrt{\frac{9.8 \times 1.5 \times 10^4}{1000}} \fallingdotseq 12.1 \, \text{m / s}$$

해답　44. ㉮　　45. ㉱　　46. ㉮　　47. ㉰

문제 48. 평판상의 흐름에 있어서 경계층 내의 평판벽면상에서의 전단응력을 나타낸 것 중 옳은 것은?

㉮ $\dfrac{\partial p}{\partial x}$ ㉯ $\mu \dfrac{\partial u}{\partial y}\big|_{y=0}$ ㉰ $\rho \dfrac{\partial u}{\partial y}\big|_{y=0}$ ㉱ $\mu \dfrac{\partial y}{\partial u}\big|_{y=0}$

[해설] 경계층 내의 전단응력은 뉴턴의 점성법칙 $\tau = \mu \dfrac{\partial u}{\partial y}$ 으로 구할 수 있다.

평판벽면에서는 $y = 0$ 이므로 $\tau_0 = \mu \dfrac{\partial u}{\partial y}\big|_{y=0}$

문제 49. 폭 3 m, 길이 30 m인 매끈한 판이 정지하고 있는 물 속을 6.1 m / s의 속도로 끌려가고 있다. 경계층이 층류로부터 난류로 바꾸어지는 점은 어디인가?(단, 물의 동점성계수는 $1.011 \times 10^{-6} \mathrm{m}^2 / \mathrm{s}$ 이다.)

㉮ 8.3 cm ㉯ 8.3 m ㉰ 98 cm ㉱ 9.8 cm

[해설] 천이지점까지의 선단으로부터의 거리를 x 라 하고, 이 천이가 일어나는 임계 레이놀즈수를 5×10^5 이라고 하면,

$$Re_x = \frac{u_\infty x}{\nu} = 5 \times 10^5 \text{에서}$$

$$x = \frac{5 \times 10^5 \times \nu}{u_\infty} = \frac{5 \times 10^5 \times 1.011 \times 10^6}{6.1} = 0.083\,\mathrm{m} = 8.3\,\mathrm{cm}$$

문제 50. 27℃, 1 atm인 공기가 2 m / s의 속도로 평판 위를 흐르고 있다. 선단으로부터 20 cm와 40 cm인 곳에서 경계층 두께는?(단, 27℃에서 공기의 점성계수 $\mu = 1.98 \times 10^{-5}$ kg / m · s, $R = 287$ N · m / kg · K이다.)

㉮ $\delta_{20} = 6.5 \times 10^{-3}\,\mathrm{m}$, $\delta_{40} = 9.17 \times 10^{-3}\,\mathrm{m}$

㉯ $\delta_{20} = 6.5 \times 10^{3}\,\mathrm{m}$, $\delta_{40} = 9.17 \times 10^{3}\,\mathrm{m}$

㉰ $\delta_{20} = 9.17 \times 10^{-3}\,\mathrm{m}$, $\delta_{40} = 6.5 \times 10^{-3}\,\mathrm{m}$

㉱ $\delta_{20} = 9.17 \times 10^{3}\,\mathrm{m}$, $\delta_{40} = 6.5 \times 10^{3}\,\mathrm{m}$

[해설] 공기의 밀도

$$\rho = \frac{p}{RT} = \frac{1.0332 \times 9.8 \times 10^4}{287 \times (273 + 27)} = 1.176\,\mathrm{kg} / \mathrm{m}^3$$

레이놀즈수는

$$x = 20\,\mathrm{cm} \text{에서} \quad Re = \frac{(1.176)(2.0)(0.2)}{1.98 \times 10^{-5}} = 23757 < 5 \times 10^5$$

$$x = 40\,\mathrm{cm} \text{에서} \quad Re = \frac{(1.176)(2.0)(0.4)}{1.98 \times 10^{-5}} = 47514 < 5 \times 10^5$$

따라서 층류이므로 경계층 두께는

$$x = 20\,\text{cm에서}\quad \delta = \frac{5x}{Re_x^{\frac{1}{2}}} = \frac{5 \times 0.2}{23757^{\frac{1}{2}}} = 6.5 \times 10^{-3}\,\text{m}$$

$$x = 40\,\text{cm에서}\quad \delta = \frac{5x}{Re_x^{\frac{1}{2}}} = \frac{5 \times 0.4}{47514^{\frac{1}{2}}} = 9.17 \times 10^{-3}\,\text{m}$$

문제 51. 20℃, 1kg / cm^{2}인 공기가 150 km / h로 평판 위를 흐르고 있다. 선단으로부터 0.4 m인 곳에서 경계층 두께는 몇 mm인가? (단, 20℃에서 공기의 점성계수 $\mu = 2 \times 10^{-6}$ kg · s / m^{2}이고, 기체상수 $R = 29.27$ kg · m / kg · K이다.)

㉮ 2.39　　　　　㉯ 5.67　　　　　㉰ 7.93　　　　　㉱ 9.5

[해설] 자유흐름 속도 $u_\infty = \dfrac{150 \times 10^3}{3600} = 41.66\,\text{m / s}$

공기의 밀도 $\rho = \dfrac{p}{RT} = \dfrac{1 \times 10^4}{29.27 \times (273 + 20)} = 1.166\,\text{kg / m}^3 = 0.119\,\text{kg · s / m}^4$

$x = 0.4$ m에서 레이놀즈수는

$$Re_{x=0.4} = \frac{\rho u_\infty x}{\mu} = \frac{(0.119)(41.66)(0.4)}{2 \times 10^{-6}} = 991508 > 5 \times 10^5$$

∴ 난류

$x = 0.4$ m에서 경계층 두께

$$\delta = \frac{0.376x}{Re_{x=0.4}^{1/5}} = \frac{(0.376)(0.4)}{(991508)^{1/5}} = 9.5 \times 10^{-3}\,\text{m}$$

문제 52. 익형의 폭 10 m, 익현장 1.8 m의 날개를 가진 비행기가 112 m / s의 속도로 날고 있다. 앙각이 1°, 양력계수가 0.326, 항력계수가 0.0761이면 양력과 항력은 얼마인가? (단, 본체의 영향은 무시하고, 공기의 비중량은 1.2 kg / m^3(11.76 N / m^3)이다.)

㉮ 5400 kg, 15500 kg (52.9 kN, 152 kN)　　　㉯ 4500 kg, 1050 kg (44.1 kN, 10.29 kN)

㉰ 3600 kg, 1200 kg (35.3 kN, 11.8 kN)　　　㉱ 6800 kg, 2600 kg (66.6 kN, 22.5 kN)

[해설] $L = C_L A \dfrac{\rho u_\infty^2}{2} = 0.326 \times (10 \times 1.8) \times \dfrac{1.2 \times 112^2}{2 \times 9.8} = 4500\,\text{kg}$

$D = C_D A \dfrac{\rho u_\infty^2}{2} = 0.0761 \times (10 \times 1.8) \times \dfrac{1.2 \times 112^2}{2 \times 9.8} = 1050\,\text{kg}$

[SI 단위]

$$L = 4500 \times 9.8 = 44.1\,\text{kN}$$

$$D = 1050\,\text{kg} \times 9.8 = 10.29\,\text{kN}$$

[해답]　51. ㉱　　52. ㉯

문제 1. 레이놀즈수에 관한 설명 중 틀린 것은?

㉮ 층류와 난류를 구분하는 척도이다.
㉯ 점성력과 관성력의 비이다.
㉰ 레이놀즈수가 작은 경우는 점성력이 크게 영향을 미친다.
㉱ 유동단면의 형상에는 무관하며, 하임계 레이놀즈수는 2100이다.

해설 레이놀즈수는 층류와 난류를 구분하는 척도로서 점성력과 관성력의 비이다.

즉, $Re = \dfrac{관성력}{점성력}$ 이다.

따라서 레이놀즈수가 작은 경우는 점성력이 관성력에 비해 크게 영향을 미친다는 것을 의미하며 상임계 레이놀즈수 및 하임계 레이놀즈수는 각각 원관 속의 흐름에서는 4000과 2100이다. 유동단면의 형상이 변하면 임계 레이놀즈수도 변화한다.

문제 2. 하겐–푸아죄유의 방정식은?

㉮ $Q = g^{\frac{1}{2}} H^{\frac{5}{2}}$ ㉯ $V_0 = \sqrt{gH}$ ㉰ $Q = \dfrac{\Delta p \pi d^4}{128 \mu L}$ ㉱ $H_L = f \dfrac{V^2}{2g}$

해설 하겐–푸아죄유의 방정식은 수평원관에 층류의 흐름이 존재할 때 미소체적에 대한 뉴턴의 제 2 법칙과 뉴턴의 점성법칙을 응용함으로써 얻어지며, $Q = \dfrac{\Delta p \pi d^4}{128 \mu L}$ 이다.

문제 3. 관속 흐름에 대한 문제에 있어서 레이놀즈수를 Q, d 및 ν 의 함수로 표시하면 어느 것인가?

㉮ $Re = \dfrac{4Q}{\pi d \nu}$ ㉯ $Re = \dfrac{Q\rho}{4\pi d \nu}$ ㉰ $Re = \dfrac{\pi \nu}{Q d}$ ㉱ $Re = \dfrac{\pi d}{\nu Q}$

해설 연속방정식에서 $V = \dfrac{Q}{A} = \dfrac{4Q}{\pi d^2}$

레이놀즈수 Re 로부터 $Re = \dfrac{Vd}{\nu} = \dfrac{d}{\nu} \times \dfrac{4Q}{\pi d^2}$

$\therefore Re = \dfrac{4Q}{\pi d \nu}$

해답 **1.** ㉱ **2.** ㉰ **3.** ㉮

문제 4. 원관에서 유체가 층류로 흐를 때 속도 분포는?

㉮ 전단면에서 일정하다.

㉯ 관벽에서 0이고, 관벽까지 선형적으로 증가한다.

㉰ 관 중심에서 0이고, 관벽까지 직선적으로 증가한다.

㉱ 2차 포물선으로 관벽에서 속도는 0이고, 관 중심에서 속도는 최대 속도이다.

문제 5. 비압축성 유체가 원관 속을 층류로 흐를 때 전단응력은?

㉮ 관의 중심에서 0이고 반지름에 따라 선형적으로 증가한다.

㉯ 관의 벽에서 0이고 선형적으로 증가하여 관의 중심에서 최대가 된다.

㉰ 관의 단면 전체에 걸쳐 일정하다.

㉱ 관의 중심에서 0이고 반지름의 제곱에 비례하여 증가한다.

[해설] 전단응력은 $\tau = -\dfrac{r}{2}\dfrac{l}{dl}(p+\gamma h)$

여기서 $-\dfrac{d}{dl}(p+\gamma h)$는 수력구배선의 하강을 의미하므로 $r=0$, 즉 관 중심에서는 전단응력이 0이며 r에 비례하여 증가하게 된다.

문제 6. 원관 내의 층류 유동에서의 유량은?

㉮ 점성계수에 비례한다.

㉯ 반지름의 제곱에 반비례한다.

㉰ 압력 강하에 반비례한다.

㉱ 점성계수에 반비례한다.

[해설] 하겐-푸아죄유의 방정식에서 $Q = \dfrac{\Delta p \pi d^4}{128\mu l}$

문제 7. 일정한 유량의 물이 원관 속을 흐를 때 지름을 2배로 하면 손실수두는 몇 배로 되는가? (단, 층류로 가정한다.)

㉮ $\dfrac{1}{16}$　　　㉯ $\dfrac{1}{8}$　　　㉰ $\dfrac{1}{4}$　　　㉱ $\dfrac{1}{2}$

[해설] 하겐-푸아죄유의 방정식에서 $h_L = \dfrac{128\mu LQ}{\pi D^4 \gamma}$

따라서 손실수두는 지름의 4제곱에 반비례한다. 즉, $h_L = \left(\dfrac{1}{2}\right)^4 = \dfrac{1}{16}$

[해답]　4. ㉱　5. ㉮　6. ㉱　7. ㉮

문제 8. 층류에서 속도분포는 포물선을 그리게 된다. 이때 전단응력의 분포는?

㉮ 직선이다.　　　　㉯ 포물선이다.　　　　㉰ 쌍곡선이다.　　　　㉱ 원이다.

[해설] 속도분포 u가 포물선이면 $u = c_1 y^2 + c_2$에서 c_1, c_2는 일반상수이다.

따라서 $\dfrac{du}{dy} = 2c_1 y$

뉴턴의 점성법칙에 대입하면 $\tau = \mu \dfrac{du}{dy} = 2c_1 \mu y = c' y$

즉, τ는 y만의 함수이므로 반드시 직선이다.

문제 9. 원관 속을 점성 유체가 층류로 흐를 때 평균속도 V와 최대 속도 $u_{\max}$는 어떤 관계가 있는가?

㉮ $V = \dfrac{1}{3} u_{\max}$　　　㉯ $V = \dfrac{1}{2} u_{\max}$　　　㉰ $V = \dfrac{2}{3} u_{\max}$　　　㉱ $V = \dfrac{3}{4} u_{\max}$

문제 10. 수평원관 속을 층류로 흐를 때 최대 속도를 $u_{\max}$라고 하면 속도 분포식은 다음 중 어느 것인가? (단, r_0는 관의 반지름이다.)

㉮ $u = u_{\max}\left\{\left(\dfrac{r}{r_0}\right)^2 - 1\right\}$　　　　　　㉯ $u = u_{\max}\left\{1 - \left(\dfrac{r}{r_0}\right)^2\right\}$

㉰ $u = u_{\max}\left\{\left(\dfrac{r_0}{r}\right)^2 - 1\right\}$　　　　　　㉱ $u = u_{\max}\left\{1 - \left(\dfrac{r_0}{r}\right)^2\right\}$

[해설] $u = -\dfrac{1}{4\mu}\dfrac{dp}{dl}(r_0^2 - r)$

최대 속도는 $r = 0$인 점, 즉 원관의 중심속도이므로

$$u_{\max} = -\dfrac{r_0^2}{4\mu}\dfrac{dp}{dl}, \quad \dfrac{u_{\max}}{r_0^2} = -\dfrac{1}{4\mu}\dfrac{dp}{dl}$$

$$\therefore\ u = -\dfrac{1}{4\mu}\dfrac{dp}{dl}(r_0^2 - r) = \dfrac{u_{\max}}{r_0^2}(r_0^2 - r) = u_{\max}\left\{1 - \left(\dfrac{r}{r_0}\right)^2\right\}$$

문제 11. 어떤 유체가 반지름 r_0인 수평원관 속을 층류로 흐르고 있다. 속도가 평균속도와 같게 되는 위치는 관의 중심에서 얼마나 떨어져 있는가?

㉮ $\sqrt{\dfrac{r_0}{3}}$　　　　　㉯ $\sqrt{\dfrac{r_0}{2}}$　　　　　㉰ $\dfrac{r_0}{\sqrt{2}}$　　　　　㉱ $\dfrac{r_0}{\sqrt{3}}$

[해답] 8. ㉮　9. ㉯　10. ㉯　11. ㉰

[해설] 속도분포 $u = -\dfrac{1}{4\mu} \cdot \dfrac{dp}{dl}(r_0{}^2 - r)$

평균속도 $V = \dfrac{Q}{\pi r_0{}^2} = \dfrac{r_0{}^2 \Delta p}{8\mu L}$

속도 u가 평균속도 V와 같을 때의 r값을 구하면 되므로

$$-\frac{1}{4\mu} \cdot \frac{dp}{dl}(r_0{}^2 - r^2) = \frac{r_0{}^2 \Delta p}{8\mu L}$$

여기서 $\left(-\dfrac{dp}{dl}\right)$는 $\dfrac{\Delta p}{L}$ 이므로 $r_0{}^2 - r^2 = \dfrac{r_0{}^2}{2}$ $\therefore r = \dfrac{r_0}{\sqrt{2}}$

문제 12. 수평으로 놓인 두 평행평판 사이를 층류로 흐를 때 속도분포는?

㉮ 직선   ㉯ 포물선
㉰ 쌍곡선   ㉱ 직선과 포물선의 조합

[해설] 속도분포는 $u = -\dfrac{1}{4\mu} \cdot \dfrac{dp}{dl}(h^2 - y^2)$

따라서 속도분포는 포물선이며 두 평판 사이의 중앙부에서는 최대 속도이고, 평면벽에서의 속도는 0이다.

문제 13. 수평원관 속에 층류의 흐름이 있을 때 유량은?

㉮ 점성에 비례한다.   ㉯ 지름의 4제곱에 비례한다.
㉰ 압력강하에 반비례한다.   ㉱ 관의 길이에 비례한다.

[해설] 하겐-푸아죄유의 식으로부터 $Q = \dfrac{\Delta p \pi d^4}{128\mu L}$ 이다.

즉, Q는 d의 4제곱에 비례한다.

문제 14. 두 고정된 평행평판 사이의 층류흐름에 있어서 전단응력 분포는?

㉮ 포물선 분포이다.
㉯ 평판에서 0이며 중앙면까지 선형적으로 증가한다.
㉰ 두 평판 사이의 중앙면에서 0이며 평판까지 선형적으로 증가한다.
㉱ 단면 전체에 걸쳐 일정하다.

[해설] 전단응력 $\tau = -\dfrac{dp}{dl} y$

여기서 $y = 0$, 즉 두 평판 사이의 중앙면에서는 0 이며 y에 비례하여 평판까지 선형적으로 증가하게 된다.

문제 15. 난류흐름에서의 전단응력의 관계식이 아닌 것은?

  ㉮ $\tau = \rho u' v'$ ㉯ $\tau = \varepsilon \dfrac{du}{dy}$ ㉰ $\tau = (\mu + \varepsilon)\dfrac{du}{dy}$ ㉱ $\tau = \mu \dfrac{du}{dy}$

해설 $\tau = \mu \dfrac{du}{dy}$ 는 뉴턴의 점성법칙으로 층류흐름에서만 적용되는 방정식이다.

문제 16. 난류 유동에서 와점성계수 η 는?

  ㉮ 유동의 성질과 무관하다.

  ㉯ 난류의 점도와 유체의 밀도에 의하여 결정되는 계수이다.

  ㉰ 유체의 물리적 성질이다.

  ㉱ 밀도로 나눈 점성계수이다.

문제 17. 평판 위의 흐름에 대한 레이놀즈수는?

  ㉮ $\dfrac{u_\infty d}{\nu}$ ㉯ $\dfrac{u_\infty x}{\nu}$ ㉰ $\dfrac{u_\infty x}{\mu}$ ㉱ $\dfrac{\rho u_\infty x}{\nu}$

해설 평판상의 흐름에 대한 레이놀즈수는 다음과 같이 정의된다.

  즉, $Re_x = \dfrac{u_\infty \rho x}{\mu}$ 또는 $\dfrac{u_\infty x}{\nu}$

문제 18. 다음 중 프란틀의 혼합거리(mixing length)는?

  ㉮ 점성이 지배적인 거리로서 뉴턴 유체에서는 0.4이다.

  ㉯ 난류에서 유체입자가 이웃에 있는 다른 속도구역으로 이동되는 평균거리로서 경계
면 부근에서는 수직거리에 비례한다.

  ㉰ 유체의 평균속도와 변동속도의 차를 나타내는 거리로서 층류에서보다 난류에서 큰
값을 갖는다.

  ㉱ 난류에서 유체입자가 충돌없이 이동할 수 있는 거리로서 점성이 주어지면 일정한
상수이다.

해설 혼합거리는 분자이론에서 한 분자가 이웃하고 있는 분자와 충돌하는 데 필요한 평균거리인
평균자유행로(mean free path)와 유사한 개념으로서 경계면 부근에서는 수직거리에 비례한다.
즉, $l = ky$ 에서 $k = 0.4$ 이다. 또 경계면에서 멀리 떨어진 난류 구역에서는 다음과 같다.

$$l = k \frac{\left(\dfrac{d\bar{u}}{dy}\right)}{\left(\dfrac{d^2\bar{u}}{dy^2}\right)}$$

문제 19. 평판상의 유체흐름에서 $Re_x = \dfrac{u_\infty x}{\nu}$ 으로 정의된 레이놀즈수가 다음과 같을 때 난류경계층의 경우는?

㉮ 4000 ㉯ 2000 ㉰ 4×10^5 ㉱ 5×10^5

[해설] 평판상의 흐름에서 $Re_x = \dfrac{u_\infty x}{\nu} > 5 \times 10^5$ 에서 난류경계층을 얻는다.

문제 20. 평판 위를 흐르고 있는 유체속도를 $u(y)$ 라 할 때 벽면($y = 0$)에서의 전단응력은?

㉮ $\dfrac{\partial p}{\partial x}$ ㉯ $\mu \dfrac{\partial u}{\partial y}\Big|_{y=0}$ ㉰ $\rho \dfrac{\partial u}{\partial y}\Big|_{y=0}$ ㉱ $\mu \dfrac{\partial u}{\partial y}\Big|_{y=\sigma}$

문제 21. 비중량이 γ 이고, 점성계수 μ 인 유체 속에서 자유 낙하하는 구의 최종 속도 V 는? (단, 구의 반지름을 a, 구의 비중량은 γ_s 이다.)

㉮ $\dfrac{1}{3} \cdot \dfrac{a}{\mu}(\gamma_s - \gamma)$ ㉯ $\dfrac{2}{9} \cdot \dfrac{a^3}{\mu}(\gamma_s - \gamma)$

㉰ $\dfrac{2}{9} \cdot \dfrac{a^2}{\mu}(\gamma_s - \gamma)$ ㉱ $\dfrac{1}{3} \cdot \dfrac{a}{\mu}(\gamma_s - \gamma)^2$

[해설] 구에 작용하는 항력과 유체에 의한 부력의 합은 구의 무게와 같아야 한다.

즉, $D + F_B = W$ 이므로 $6\pi a \mu V + \dfrac{4}{3}\pi a^3 \gamma = \dfrac{4}{3}\pi a^3 \gamma_s$

$\therefore V = \dfrac{2}{9} \cdot \dfrac{a^2}{\mu}(\gamma_s - \gamma)$

문제 22. 익형(airfoil)에 대한 양력계수(lift coefficient) C_L 과 양력 L 과의 관계식은?

㉮ $L = C_L A \dfrac{\rho u_\infty^2}{2}$ ㉯ $L = C_L A \dfrac{p_1 - p_2}{\gamma}$

㉰ $L = C_L \dfrac{2}{\rho u_\infty^2}$ ㉱ $L = C_L \dfrac{A u_\infty^2}{\rho}$

[해설] 비행기의 익형에 대한 양력 L 은 양력계수 C_L 을 사용하여 다음과 같이 정의된다.

$$L = C_L A \cdot \dfrac{\rho u_\infty^2}{2}$$

여기에서 A 는 익형의 익현장과 날개 길이와의 곱이다.

[해답] 19. ㉱ 20. ㉯ 21. ㉰ 22. ㉮

문제 23. 흐르는 유체 속에 잠겨진 물체에 작용되는 항력 D의 관계식으로 옳은 것은?

㉮ $D = C_D A \dfrac{\rho u_\infty^{\,2}}{2g}$　　　　　　㉯ $D = C_D A \dfrac{\rho u_\infty^{\,2}}{2}$

㉰ $D = 6\pi a\mu u_\infty$　　　　　　㉱ $D = f\dfrac{l}{d} \cdot \dfrac{V^2}{2g}$

[해설] 흐름 유체 속에 잠겨진 물체에 작용되는 항력 D는 항력계수 C_D를 사용하여 다음과 같이 정의된다.

$$D = C_D A \frac{\rho u_\infty^{\,2}}{2}$$

문제 24. 원관 속에 유체가 흐르고 있다. 다음 경우에 층류인 것은?

㉮ 레이놀즈수가 200이다.　　　　　㉯ 레이놀즈수가 20000이다.
㉰ 마하수가 0.5이다.　　　　　㉱ 마하수가 1.5이다.

[해설] 층류와 난류의 구분은 레이놀즈수로 하며 $Re < 2320$일 때 층류이다.

문제 25. 지름이 $1\,\mathrm{cm}$인 원통관에 동점성계수가 $1.788 \times 10^{-6}\,\mathrm{m^2/s}$인 유체가 평균속도 $1.2\,\mathrm{m/s}$로 흐르고 있다. 레이놀즈수는?

㉮ 6.690×10^6　　㉯ 6.690×10^3　　㉰ 6.690×10^4　　㉱ 1.49×10^3

[해설] $Re = \dfrac{Vd}{\nu} = \dfrac{1.2 \times 0.01}{1.788 \times 10^{-6}} = 6690$

문제 26. 지름이 $10\,\mathrm{cm}$인 원관에 $0\,℃$의 비중이 0.925인 기름이 흐르고 있다. 기름의 평균 속도가 $1.2\,\mathrm{m/s}$이면 레이놀즈수는 얼마인가? (단, 기름의 점성계수 $\mu = 0.05\,\mathrm{kg \cdot s/m^2}$이다.)

㉮ 168　　　　　㉯ 204　　　　　㉰ 226　　　　　㉱ 288

[해설] 물의 동점성계수는 $0\,℃$에서

$$\nu = \frac{\mu}{\rho} = \frac{0.05}{94.3} = 0.00053\,\mathrm{m^2/s}$$

$$V = 1.2\,\mathrm{m/s},\ D = 0.1\,\mathrm{m}$$

$$Re = \frac{DV}{\nu} = \frac{0.1 \times 1.2}{5.3 \times 10^{-4}} = 226\text{이므로 층류이다.}$$

[해답]　23. ㉯　24. ㉮　25. ㉯　26. ㉰

문제 27. 관내 유통의 임계 Re 수가 2320일 때 20℃ 공기의 임계 속도는 몇 m/s인가?
(단, 20℃ 때의 공기 동점성계수는 $\nu = 1.843 \times 10^{-2}$ St이다.)

㉮ 2.34 m/s ㉯ 3.48 m/s ㉰ 4.27 m/s ㉱ 6.41 m/s

해설 $\gamma = \dfrac{p}{RT} = \dfrac{1.0332 \times 10^4}{29.27 \times 293} = 1.2\,\text{kg/m}^3$

$\nu = \dfrac{\mu}{\rho} = \dfrac{1.843 \times 10^{-6}}{0.1928} = 1.50 \times 10^{-5}\,\text{m}^2/\text{s}$

$V = \dfrac{2320 \times 1.501 \times 10^{-5}}{0.01} = 3.48\,\text{m/s}$

문제 28. 점성계수 $\mu = 10^{-4}\,\text{kg} \cdot \text{s/m}^2$, 밀도 $\rho = 10^2\,\text{kg} \cdot \text{s}^{-2}/\text{m}^4$의 유체가 지름 $d = 0.1$ m인 관 내를 평균유속 10 m/s로 흐르고 있다. 레이놀즈수(Reynolds number)는 얼마인가?

㉮ 10^2 ㉯ 10^4 ㉰ 10^6 ㉱ 10^8

해설 $Re = \dfrac{\rho V d}{\mu} = \dfrac{10^2 \times 10 \times 0.1}{10^{-4}} = 10^6$

문제 29. 비중 0.85, 점성계수 $3.2 \times 10^{-3}\,\text{kg} \cdot \text{s/m}^2$인 기름이 지름 100 mm인 원관 속을 흐를 때 층류로 흐를 수 있는 최대 유속은 몇 m/s인가? (단, 하임계 레이놀즈수는 2100이다.)

㉮ 0.775 ㉯ 1.463 ㉰ 2.191 ㉱ 3.482

해설 하임계 레이놀즈수가 2100이므로 $2100 = \dfrac{\rho V D}{\mu}$

$\therefore V = \dfrac{2100\mu}{\rho D} = \dfrac{2100 \times 3.2 \times 10^{-3}}{102 \times 0.85 \times 0.1} \fallingdotseq 0.775\,\text{m/s}$

문제 30. 지름 50 mm인 원관 속의 흐름에서 Re 수가 24000일 때 지름이 100 mm로 변화하면 Re 수는 얼마인가?

㉮ 10000 ㉯ 12000 ㉰ 14000 ㉱ 16000

해설 $Re = \dfrac{\rho V D}{\mu} = \dfrac{4Q\rho D}{\pi D^2 \mu} = \dfrac{4\rho Q}{\pi D \mu},\quad \dfrac{Re_1}{Re_2} = \dfrac{\dfrac{4\rho Q}{\pi D_1 \mu}}{\dfrac{4\rho Q}{\pi D_2 \mu}} = \dfrac{D_2}{D_1}$

해답 27. ㉯ 28. ㉰ 29. ㉮ 30. ㉯

$$\therefore \ Re_1 = Re_1 \frac{D_1}{D_2} = 24000 \times \frac{50}{100} = 12000$$

문제 31. 지름이 10 cm인 원관에서 층류로 흐를 수 있는 임계 레이놀즈수를 2100으로 할 때 층류로 흐를 수 있는 최대 평균속도는 얼마인가? (단, 관 속에는 $\nu = 1.8 \times 10^{-6}$ m^2/s의 물이 흐르고 있다.)

㉮ 3.78×10^{-2} m/s ㉯ 3.78×10^{-1} m/s ㉰ 3.78×10^{2} m/s ㉱ 1.17×10^{-2} m/s

[해설] $Re_c = \dfrac{V_c d}{\nu} = 2100 \quad \therefore \ V_c = \dfrac{2100 \times \nu}{d} = \dfrac{2100 \times 1.8 \times 10^{-6}}{0.1} = 0.0378$ m/s

---

문제 32. 안지름 50 cm인 수평원관 속을 유체가 층류로 흐를 때 관 길이 100 m에서 16 kg/m^{2}의 압력강하가 생겼다. 관벽에서의 전단응력은 몇 kg/m^{2}인가?

㉮ 0.02 ㉯ 0.04 ㉰ 0.06 ㉱ 0.08

[해설] $\tau = -\dfrac{r}{2} \cdot \dfrac{dp}{dl} = -\dfrac{0.25}{2} \times \left(-\dfrac{16}{100}\right) = 0.02$ kg/m^2

문제 33. 지름이 60 cm인 원관 속에 물이 흐르고 있다. 이 관의 길이 60 m에 대한 수두손실이 9 m였다. 이 관에 대하여 관벽면과 관벽면으로부터 10 cm 떨어진 점에서의 전단응력의 크기는 얼마인가?

㉮ 12.5 kg/m^2, 15.8 kg/m^2 (122.5 Pa, 154.8 Pa)
㉯ 35.6 kg/m^2, 18.2 kg/m^2 (348.9 Pa, 178.4 Pa)
㉰ 22.5 kg/m^2, 15.0 kg/m^2 (221 Pa, 147 Pa)
㉱ 42.6 kg/m^2, 19.5 kg/m^2 (417.5 Pa, 191 Pa)

[해설] $\tau_0 = \left(\dfrac{rH_L}{L}\right)\dfrac{r_0}{2} = \left(\dfrac{1000 \times 9}{60}\right) \times \dfrac{0.3}{2} = 22.5$ kg/m^2

그런데 τ와 r과는 직선적인 관계에 있으며, $r=0$에서 0이고, $r=r_0$에서 최대치가 된다. 따라서 $r=10$ cm에서의 τ의 값은

$$\tau = \frac{0.2}{0.3} \times 22.5 = 15.0 \text{ kg/m}^2$$

[SI 단위]

$$\tau_0 = \left(\frac{\gamma H_L}{L}\right)\frac{r_0}{2} = \left(\frac{9800 \times 9}{60}\right) \times \frac{0.3}{2} = 220.5 \text{ N/m}^2$$

$$\therefore \ \tau = \frac{0.2}{0.3} \times 220.5 = 147 \text{ N/m}^2$$

해답 31. ㉮ 32. ㉮ 33. ㉰

문제 34. 지름이 $60\,\mathrm{cm}$인 수평 원관에 유체가 흐를 때 $50\,\mathrm{m}$ 길이에서 $0.8\,\mathrm{kg/cm^2}$의 압력 강하가 생겼다. 관벽에서의 전단응력은 몇 $\mathrm{kg/m^2}$인가?

　㉮ 50　　　　　㉯ 25　　　　　㉰ 22　　　　　㉱ 12

[해설] $p_1 A - (p_1 - \Delta p)A - \tau A_0 = 0$

$$\tau_0 = \frac{A\Delta p}{A_0} = \frac{\frac{\pi}{4}d^2 \Delta p}{\pi d l} = \frac{d \cdot \Delta p}{4l} = \frac{0.6 \times 0.8 \times 10^4}{4 \times 50} = 12\,\mathrm{kg/m^2}$$

문제 35. 지름이 $180\,\mathrm{mm}$, 길이가 $1260\,\mathrm{m}$인 관로를 통하여 점성계수 $\mu = 0.0888\,\mathrm{kg \cdot s/m^2}$, 비중량 $\gamma = 950\,\mathrm{kg/m^3}$인 기름을 매초 $0.024\,\mathrm{m^3}$로 수송하는데 필요한 압력은 얼마인가?

　㉮ $10.4\,\mathrm{kg/cm^2}$　　㉯ $18.6\,\mathrm{kg/cm^2}$　　㉰ $23.4\,\mathrm{kg/cm^2}$　　㉱ $30.6\,\mathrm{kg/cm^2}$

[해설] $Re = \dfrac{VD}{\nu} = \dfrac{\gamma VD}{g\mu} = \dfrac{950 \times \dfrac{0.024}{\dfrac{\pi}{4} \times (0.18)^2} \times 0.18}{9.8 \times 0.0888} = 186 < 2320$

즉, 층류이므로

$$\Delta p = \frac{8\mu l Q}{\pi r_0{}^4} = \frac{8 \times 0.0888 \times 1260 \times 0.024}{\pi \times 0.09^4} = 1.04 \times 10^5\,\mathrm{kg/m^2} = 10.4\,\mathrm{kg/cm^2}$$

문제 36. 지름이 $4\,\mathrm{mm}$이고 길이가 $10\,\mathrm{m}$인 원관에 점성계수 $\mu = 1.02 \times 10^{-8}\,\mathrm{kg \cdot s/cm^2}$인 물이 흐르고 있을 때 압력차가 $0.1\,\mathrm{kg/cm^2}$였다면 유량은 몇 l/min인가?

　㉮ $16.3\,l/\mathrm{min}$　　㉯ $6.15\,l/\mathrm{min}$　　㉰ $0.369\,l/\mathrm{min}$　　㉱ $0.1025\,l/\mathrm{min}$

[해설] $Q = \dfrac{\Delta p \pi r_0{}^4}{8\mu l} = \dfrac{0.1 \times \pi \times (0.2)^4}{8 \times 1.02 \times 10^{-8} \times 1000} = 6.15\,\mathrm{cm^3/s} = \dfrac{6.15 \times 60}{1000} = 0.369\,l/\mathrm{min}$

문제 37. 지름이 $600\,\mathrm{mm}$, 길이가 $1000\,\mathrm{m}$인 원관을 써서 매분 $600\,l$로 동점성계수가 $0.00118\,\mathrm{m^2/s}$인 기름을 수송할 때 필요한 최소 압력은 몇 $\mathrm{kg/cm^2}$인가? (단, 기름의 비중량은 $1260\,\mathrm{kg/m^3}$이다.)

　㉮ $0.648\,\mathrm{kg/cm^2}$　　㉯ $0.0371\,\mathrm{kg/cm^2}$　　㉰ $0.008\,\mathrm{kg/cm^2}$　　㉱ $0.0476\,\mathrm{kg/cm^2}$

[해설] $\Delta p = p_1 - p_2 = \dfrac{128\mu l Q}{\pi D^4}$

해답 　34. ㉱　　35. ㉮　　36. ㉰　　37. ㉱

$$= \frac{128 \times 0.00118 \times \dfrac{1260}{9.81} \times 1000 \times 0.01}{\pi(0.6)^4} = 476\,\mathrm{kg/m^2} = 0.0476\,\mathrm{kg/cm^2}$$

문제 38. 지름이 10 mm이고 길이가 2000 m인 원형관 속에 점성계수 $\mu = 1.83 \times 10^{-4}$ kg·s/m²인 물이 흐르고 있을 때 압력 강하가 0.2 kg/cm²로 되었다면 이때 흐르는 유속은 얼마인가?

  ㉮ 0.007 m/s   ㉯ 0.017 m/s   ㉰ 0.135 m/s   ㉱ 0.589 m/s

[해설] 하겐-푸아죄유의 식에서

$$V = \frac{\Delta p D^2}{32\mu l} = \frac{0.2 \, 10^4 \times (0.01)^2}{32 \times 1.83 \times 10^{-4} \times 2000} = 0.017\,\mathrm{m/s}$$

$$Re = \frac{\rho V D}{\mu} = 94.75 < 2320$$

∴ 하겐-푸아죄유의 식이 적용된다.

문제 39. 380 l/min의 유량으로 기름($s = 0.9$, $\mu = 0.0575\,\mathrm{N \cdot s/m^2}$)이 지름 75 mm인 관속을 흐르고 있다. 관의 길이가 300 m라 하면 손실수두 h_L은 몇 m인가?

  ㉮ 3.76   ㉯ 12.36   ㉰ 15.94   ㉱ 8.56

[해설] $Q = 380\,l/\mathrm{min} = \dfrac{0.38}{60}\,\mathrm{m^3/s} = 6.33 \times 10^{-3}\,\mathrm{m^3/s}$이므로

유속 $V = \dfrac{Q}{A} = \dfrac{6.33 \times 10^{-3}}{\dfrac{\pi}{4}(0.075)^2} = 1.43\,\mathrm{m/s}$

그러므로 $Re = \dfrac{\rho V d}{\mu} = \dfrac{(1000 \times 0.9) \times 1.43 \times 0.075}{0.0575} = 1683 < 2000$

층류이므로 하겐-푸아죄유 방정식을 적용하면 ∴ $Q = \dfrac{\Delta p \pi d^4}{128 \pi L}$

여기서 $\Delta p = \gamma h_L$이므로

∴ $h_L = \dfrac{128 Q \mu L}{\pi \gamma d^4} = \dfrac{128 \times (6.33 \times 10^{-3}) \times 0.0575 \times 300}{\pi \times (9800 \times 0.9) \times (0.075)^4} = 15.94\,\mathrm{m}$

문제 40. 지름이 100 mm인 원관에서 유속은 층류로 흐르고 있고, 관 속의 최대 속도는 25 m/s이다. 관 중심에서 25 mm 떨어진 곳의 유속은 얼마인가?

  ㉮ 18.25 m/s   ㉯ 32.48 m/s   ㉰ 65 m/s   ㉱ 90.35 m/s

[해답] 38. ㉯   39. ㉰   40. ㉮

[해설] $V = V_{\max}\left\{1 - \left(\dfrac{r}{r_0}\right)^2\right\} = 25\left\{1 - \left(\dfrac{25}{50}\right)^2\right\} = 25\left\{1 - \left(\dfrac{1}{4}\right)\right\}$

$\qquad = 25(1 - 0.25) = 25(0.75) = 18.25\,\mathrm{m/s}$

문제 41. 지름이 $1\,\mathrm{cm}$인 원관 속에 $\mu = 1.800 \times 10^{-4}\,\mathrm{kg/m \cdot s}$ ($\mu = 1.764 \times 10^{-5}\,\mathrm{N/m \cdot s}$) 인 물이 흐르고 있다. 이 관의 길이 $200\,\mathrm{m}$에서의 압력손실이 $0.1\,\mathrm{kg/cm^2}$($0.098\,\mathrm{bar}$)일 때 평균유속은 얼마인가?

㉮ $3.48\,\mathrm{m/s}$ ㉯ $34.8\,\mathrm{m/s}$ ㉰ $0.348\,\mathrm{m/s}$ ㉱ $0.113\,\mathrm{m/s}$

[해설] 흐름을 층류로 가정하여 하겐-푸아죄유의 방정식을 이용하면

$$V = \frac{\Delta p\, r_0^{\,2}}{8\mu L} = \frac{0.1 \times 10^4 \times 0.01^2}{8 \times 1.8 \times 10^{-4} \times 200} = 0.348\,\mathrm{m/s}$$

$$Re = \frac{V d \rho}{\mu} = \frac{0.348 \times 0.01 \times 1000}{1.8 \times 10^{-4} \times 9.8} = 1970 < 2100$$

따라서 처음 층류의 가정은 옳았으며, 하겐-푸아죄유의 방정식은 이용이 가능하다.

[SI 단위]

$$V = \frac{\Delta p\, r_0^{\,2}}{8\mu L} = \frac{0.098 \times 10^6 \times 0.01^2}{8 \times 1.764 \times 10^5 \times 200} = 0.348\,\mathrm{m/s}, \quad Re = 1970 < 2100$$

문제 42. 다음 그림과 같이 간격 a인 두 평행평판 사이에 점성계수가 μ인 유체가 들어 있다. 이동평판이 일정한 속도 U로 이동할 때 유체의 속도분포는 다음과 같다. 이 때 이동하는 평판에서의 전단응력은? (단, 층류로 가정한다.)

$$u = \frac{Uy}{a} - \frac{1}{2\mu} \cdot \frac{dp}{dl}(ay - y^2)$$

㉮ $\dfrac{U}{a} + \dfrac{a}{2\mu} \cdot \dfrac{dp}{dl}$

㉯ $\dfrac{\mu U}{a} + \dfrac{a}{2} \cdot \dfrac{dp}{dl}$

㉰ $\dfrac{U}{2a} + \dfrac{a}{3\mu} \cdot \dfrac{dp}{dl}$

㉱ $\dfrac{\mu U}{2a} + \dfrac{a}{3} \cdot \dfrac{dp}{dl}$

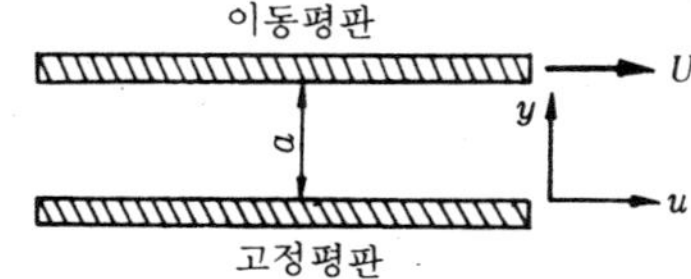

[해설] $\tau = \mu \cdot \dfrac{du}{dy}$

$$= \mu \cdot \frac{d}{dy}\left[\frac{Uy}{a} - \frac{1}{2\mu} \cdot \frac{dp}{dl}(ay - y^2)\right]$$

$$= \mu \cdot \left[\frac{U}{a} - \frac{1}{2\mu} \cdot \frac{dp}{dl}(a - 2y)\right]$$

이동하는 평판은 $y = a$일 때이므로 $\tau = \mu \cdot \left(\frac{U}{a} + \frac{a}{2\mu}\frac{dp}{dl}\right) = \frac{\mu U}{a} + \frac{a}{2} \cdot \frac{dp}{dl}$

문제 43. 원관의 유속은 층류이고 점성계수가 0.98 p인 기름이 지름 250 mm의 수평관으로 수송될 때 .압력 강하가 관 길이 1 m당 0.05 kg / cm^{2}였다. 필요한 소요마력은 몇 kW인가?

㉮ 23.5 kW   ㉯ 24.4 kW   ㉰ 32 kW   ㉱ 375 kW

[해설] $Q = \dfrac{\pi D^4 \Delta p}{128\mu l} = \dfrac{\pi \times (0.25)^4 \times 0.05 \times 10^4}{128 \times 0.01} = 4.79 \, \text{m}^3/\text{s}$

$L_f = \dfrac{Q\Delta p}{102} = \dfrac{4.79 \times 500}{102} = 23.5 \, \text{kW}$

문제 44. 두 평행 평판 사이를 점성 유체가 층류로 흐를 때 최대 속도가 1.2 m / s이면 평균속도는 몇 m / s인가?

㉮ 0.4   ㉯ 0.6   ㉰ 0.8   ㉱ 1.0

[해설] 평균속도는 최대속도의 $\dfrac{2}{3}$이므로 $V = \dfrac{2}{3}u_{\max} = \dfrac{2}{3} \times 1.2 = 0.8 \, \text{m}/\text{s}$

문제 45. 동점성계수가 15.68×10^{-6} m^2 / s의 평판 위를 1.5 m / s의 속도로 흐르고 있다. 평판의 선단으로부터 30 cm 되는 곳에서의 Re_x는 얼마인가?

㉮ 28700   ㉯ 287000   ㉰ 2870   ㉱ 31400

[해설] $Re_x = \dfrac{u_\infty x}{\nu}$에서 $u_\infty = 1.5 \, \text{m}/\text{s}, \ \nu = 15.68 \times 10^{-6} \, \text{m}^2/\text{s}, \ x = 0.3$

$\therefore Re_x = \dfrac{1.5 \times 10^6 \times 0.3}{15.68} = 28700$

문제 46. 지름 50 mm인 원관 속을 물이 난류로 흐를 때 관 중심의 속도가 10 m / s이면 관벽에서 20 mm 되는 지점의 유속은 몇 m / s인가?

㉮ 6.23   ㉯ 7.93   ㉰ 8.51   ㉱ 9.69

[해설] Kármán-Prandtl의 $\frac{1}{7}$ 제곱 법칙에 의하여

$$u = u_{\max}\left(\frac{y}{r_0}\right)^{\frac{1}{7}} = 10 \times \left(\frac{0.02}{0.025}\right)^{\frac{1}{7}} \fallingdotseq 9.69\,\text{m/s}$$

문제 47. 현의 길이가 120 mm, 폭이 1 m인 모형을 1.02 kg/cm² · abs와 20℃인 공기를 사용해서 100 km/h인 풍동 안에서 어떤 앙각으로 시험했다. 이때 양력과 항력이 각각 3 kg과 0.2 kg이었다. 이 앙각에 대한 양력계수와 항력계수는 ?

㉮ $C_D = 0.036$, $C_L = 0.54$　　　　㉯ $C_D = 0.037$, $C_L = 0.17$

㉰ $C_D = 0.017$, $C_L = 0.63$　　　　㉱ $C_D = 0.67$, $C_L = 0.96$

[해설] · 공기의 비중량 $\gamma = \dfrac{1}{v_s} = \dfrac{p}{RT} = \dfrac{1.02 \times 10^4}{29.27 \times (273 + 20)} = 1.18\,\text{kg/m}^3$

· 공기의 밀도 $\rho = 0.12\,\text{kg} \cdot \text{s/m}^4$

· 유체의 자유흐름 속도 $V = \dfrac{100 \times 10^3}{3600} = 27.78\,\text{m/s}$

· 양력계수 C_L은 $L = C_L\dfrac{\rho A V^2}{2}$: $3 = C_D\dfrac{(0.12)(0.12 \times 1)(27.28)^2}{2}$

$\therefore C_L = 0.54$

· 항력계수 C_D는 $D = C_D\dfrac{\rho A V^2}{2}$: $0.2 = C_D\dfrac{(0.12)(0.12 \times 1)(27.78)^2}{2}$

$\therefore C_D = 0.036$

문제 48. 500 K인 공기가 매끈한 평판 위를 10 m/s로 흐르고 있을 때, 경계층이 층류에서 난류로 천이하는 위치는 선단에서 몇 m인가 ? (단, 동점성계수 $\nu = 3.8 \times 10^{-5}\,\text{m}^2/\text{s}$ 이다.)

㉮ 1.9　　　　㉯ 2.7　　　　㉰ 1.1　　　　㉱ 3.4

[해설] 천이가 일어나는 임계 레이놀즈수가 500000이므로

$$500000 = \frac{10 \times x}{3.8} \times 10^{-5} \qquad \therefore x = 1.9\,\text{m}$$

문제 49. 30℃의 표준대기압하의 공기가 평판상을 30 m/s의 속도로 흐르고 있다. 선단으로부터 3 cm인 곳에서의 경계층의 두께는 얼마인가 ? (단, 공기의 동점성계수는 15.68 m²/s이다.)

㉮ 0.065 mm　　　　㉯ 1.56 mm　　　　㉰ 0.58 mm　　　　㉱ 0.25 mm

[해답]　47. ㉮　　48. ㉮　　49. ㉰

[해설] $Re_x = \dfrac{u_\infty x}{\nu} = \dfrac{30 \times 0.03}{15.68 \times 10^{-6}} = 57400 < 5 \times 10^5$

따라서 층류경계층이 되어 다음 식을 적용한다.

$$\delta = \frac{4.64x}{Re_x^{1/2}} = \frac{4.64 \times 0.03}{(57400)^{1/2}} = 0.00058\,\text{m} = 0.58\,\text{mm}$$

문제 50. 지름이 2 mm인 구가 공기($\rho = 0.3716\,\text{kg}/\text{m}^3$, $\nu = 108.2 \times 10^{-6}\,\text{m}^2/\text{s}$) 속을 2.5 cm / s로 운동할 때 항력은 몇 dyne인가? [SI 단위]

  ㉮ 1.9×10^{-3} ㉯ 2.7×10^{-2} ㉰ 3×10^{-1} ㉱ 3.1

[해설] $Re = \dfrac{Vd}{\nu} = \dfrac{0.025 \times 0.002}{108.2 \times 10^{-6}} = 0.462 < 1$

스토크스의 법칙에서

$$D = 3\pi\mu dV = 3\pi(108.2 \times 10^{-6} \times 0.3716) \times 0.002 \times 0.025$$

$$= 1.9 \times 10^{-8}\,\text{N} = 1.9 \times 10^{-3}\,\text{dyne}$$

문제 51. 유동에 수직하게 놓인 원판의 항력계수는 1.12이다. 지름 0.3 m인 원판이 정지 공기($\gamma = 1.275\,\text{kg}/\text{m}^3$) 속에서 14 m / s로 움직일 때 필요한 힘은 몇 kg인가?

  ㉮ 6.36   ㉯ 4.17   ㉰ 1   ㉱ 2.8

[해설] 항력 $D = C_D \dfrac{\rho A V^2}{2} = 1.12 \dfrac{\left(\dfrac{1.275}{9.8}\right) \times \dfrac{\pi}{4}(0.3)^2 \times 14^2}{2} = 1\,\text{kg}$

문제 52. 투영면적이 6.3 m^{2}이고, 속도가 80 km / h인 화물차의 저항력이 200 kg이다. 이 중 25 %는 마찰저항이고, 나머지는 바람에 의한 항력이다. 이때 항력계수는? (단, $\gamma = 1.25\,\text{kg}/\text{m}^3$이다.)

  ㉮ 1.5   ㉯ 3.26   ㉰ 16.8   ㉱ 0.756

[해설] 전항력 200 kg 중에서 항력은 75%이므로 항력 $D = 200 \times 0.75 = 150\,\text{kg}$

$$D = C_D \frac{\rho A V^2}{2}$$

$$150 = C_D \frac{\left(\dfrac{1.25}{9.8}\right) \times 6.3 \times \left(\dfrac{80 \times 10^3}{3600}\right)^2}{2}$$

$$\therefore\ C_D = 0.756$$

문제 53. 폭 10 m, 현의 길이가 2 m인 사각형 날개가 어떤 앙각으로 정지 공기(100 kPa, 15℃) 속을 200 km / h로 날고 있다. 이때 양력과 항력은 각각 몇 N인가? (단, $C_D =$ 0.035, $C_L = 0.46$이다.)

㉮ $D = 3609,\ L = 9607$ ㉯ $D = 9607,\ L = 3009$

㉰ $D = 17179,\ L = 1307$ ㉱ $D = 1307,\ L = 17179$

[해설] 공기의 밀도 $\rho = \dfrac{100 \times 10^3}{(287)(273 + 15)} = 1.21 \, \text{kg} / \text{m}^3$

양력 $L = C_L \dfrac{\rho A V^2}{2} = 0.46 \dfrac{(1.21)(10 \times 2)\left(\dfrac{200 \times 1000}{3600}\right)^2}{2} = 17179 \, \text{N}$

항력 $D = C_D \dfrac{\rho A V^2}{2} = 0.035 \dfrac{(1.21)(10 \times 2)\left(\dfrac{200 \times 1000}{3600}\right)^2}{2} = 1307 \, \text{N}$

문제 54. 어떤 구체로서 같은 유체 속에서 레이놀즈수를 측정하였더니 400000과 2200000을 각각 얻었다. 이때 두 유속에서의 항력의 비는 얼마인가?

㉮ 1.45 ㉯ 2.94 ㉰ 3.56 ㉱ 1.86

[해설] 구체에 대한 항력계수의 표로부터 각각의 레이놀즈수에 해당하는 항력계수 C_D는 0.20과 0.43을 읽을 수 있다. 같은 구의 같은 유체중에서의 레이놀즈수와 유속은 정비례하게 된다. 따라서 항력 D는 $C_D Re^2$에 비례한다고 볼 수 있다.

$$\frac{D_1}{D_2} = \frac{C_{D_1} Re_1^{\,2}}{C_{D_1} Re_3^{\,2}} = \frac{0.2 \times (4 \times 10^5)^2}{0.43 \times (2 \times 10^6)^2} = 1.86$$

문제 55. 평균유속 10 m / s로 균일하게 불고 있는 바람 속에 1 m²의 평판을 바람에 평행하게 놓았을 때 평판 한쪽 면에서의 저항은 얼마인가? (단, 공기의 비중량은 1.22 kg / m³(11.96 N / m³), 동점성계수는 0.14×10^{-4} m²/ s이고, 평판상의 경계층은 층류와 난류로 이어져 있다.)

㉮ 0.002 kg (0.0196 N) ㉯ 0.01 kg (0.098 N)

㉰ 0.018 kg (0.176 N) ㉱ 0.26 kg (2.55 N)

[해설] $Re_x = \dfrac{u_\infty x}{\nu} = \dfrac{10^4 \times 10 \times 1}{0.14} = 7.14 \times 10^5$

Re_x가 5×10^5과 5×10^6의 범위에 있으므로 평판마찰계수

$$C_f = \frac{0.455}{(\log_{10} Re_x)^{2.68}} - \frac{1700}{Re_x} = \frac{0.455}{(\log_{10} 7.14 \times 10^5)^{2.68}} - \frac{1700}{7.14 \times 10^5} = 0.00161$$

해답 53. ㉰ 54. ㉱ 55. ㉯

한쪽 면에 대한 저항력

$$D = C_f \cdot \frac{1}{2} \rho u_\infty^2 A = 0.00161 \times \frac{1}{2} \times \frac{1.22}{9.8} \times 10^2 \times 1 \times 1 = 0.01\,\text{kg}$$

[SI 단위]

$$D = C_f \cdot \frac{1}{2} \rho u_\infty^2 A = 0.00161 \times \frac{1}{2} \times \frac{11.96}{9.8} \times 10^2 \times 1 \times 1 = 0.098\,\text{N}$$

문제 56. 다음 그림과 같이 $1\,\text{m} \times 2\,\text{m}$인 평판이 $15\,\text{m}/\text{s}$의 속력으로 수평과 $12°$로 공기 속을 움직인다. 이때 평판에 작용하는 합력과 이때 평판을 움직이는데 필요한 동력은 얼마인가? (단, $C_D = 0.17$, $C_L = 0.72$, $\gamma = 1.25\,\text{kg}/\text{m}^3$ 이다.)

㉮ $21.27\,\text{kg}$, $0.98\,\text{PS}$ ㉯ $19.22\,\text{kg}$, $0.76\,\text{PS}$
㉰ $24.64\,\text{kg}$, $0.87\,\text{PS}$ ㉱ $17.37\,\text{kg}$, $0.76\,\text{PS}$

[해설]
$$D = C_D A \frac{\rho V^2}{2}$$

$$= 0.72 \times 2 \times \frac{\left(\frac{1.25}{9.8}\right) \times 15^2}{2} = 4.9\,\text{kg}$$

$$L = C_L A \frac{\rho V^2}{2}$$

$$= 0.72 \times 2 \times \frac{\left(\frac{1.25}{9.8}\right) \times 15^2}{2} = 20.7\,\text{kg}$$

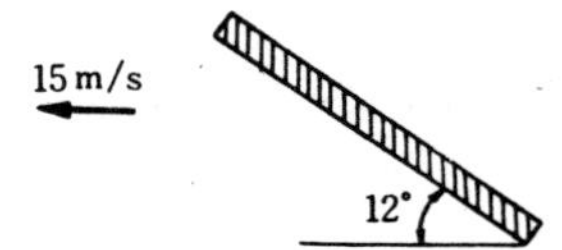

따라서 합력 $R = \sqrt{D^2 + L^2} = \sqrt{4.9^2 + 20.7^2} = 21.27\,\text{kg}$

$$\tan \theta = \frac{L}{D} = \frac{20.7}{4.9} = 4.22 \qquad \therefore\ \theta = 76.6°$$

$$P = \frac{D \cdot V}{75} = \frac{4.9 \times 15}{75} = 0.98\,\text{PS}$$

주·관·식

문제 1. 비중이 0.855이고 점성계수가 $0.01 \, \text{kg} \cdot \text{s} / \text{m}^2$인 원유가 지름이 200 mm인 원관 속에서 평균 유속이 1.5 m/s로 흐를 때 50 m 길이에서의 압력 손실수두를 구하여라.

[해설] $V = \dfrac{\Delta p \, r^2}{8 \mu l}$ 에서 $\Delta p = \dfrac{8 \mu l V}{r^2} = \dfrac{8 \times 0.01 \times 50 \times 1.5}{(0.1)^2} = 600 \, \text{kg/m}^2$

$$H_c = \frac{\Delta p}{\gamma} = \frac{600}{855} = 0.7 \, \text{m}$$

문제 2. 글리세린이 지름이 5 cm인 관속에 평균속도 1.5 m/s로 흐르고 있다. 이 관의 10 m 길이에서의 압력손실과 전손실 동력을 구하여라. (단, 글리세린의 $\gamma = 1264 \, \text{kg} / \text{m}^3$, $\nu = 0.00118 \, \text{m}^2/\text{s}$이며, 흐름은 층류이다.)

[해설] 층류의 흐름이므로 하겐–푸아죄유의 식을 이용하면

$$\Delta p = \frac{128 \mu L Q}{\pi d^4} \left(\text{여기서 } Q = \frac{\pi \times 0.05^2}{4} \times 1.5 = 0.00294 \, \text{m}^3/\text{s} \right)$$

$$\Delta p = \frac{128 \times 0.00118 \times 1264 \times 10 \times 0.00294}{\pi \times 0.05^4 \times 9.8} = 29184.4 \, \text{kg/m}^2$$

$$\therefore \text{전손실 동력} = Q \Delta p = 0.00294 \times 29184.4 = 85.8 \, \text{kg} \cdot \text{m/s}$$

[SI 단위] 하겐–푸아죄유의 방정식으로부터

$$\Delta p = \frac{128 \mu L Q}{\pi d^4} = \frac{128 \times 0.00118 \times 1264 \times 10 \times 0.00294}{\pi \times 0.05^4} = 286 \, \text{kPa}$$

$$\therefore \text{전손실 동력} = Q \Delta p = 0.00294 \times 286 \times 10^2 = 840.8 \, \text{W}$$

문제 3. 지름 75 mm인 수평원관 속을 비중 0.85, 점성계수 $5.867 \times 10^{-3} \, \text{kg} \cdot \text{s} / \text{m}^2$인 기름이 유량 $0.35 \, \text{m}^3/\text{min}$으로 흐르고 있다. 관의 길이가 300 m라면 손실수두는 몇 m인지 구하여라.

[해설] $V = \dfrac{Q}{A} = \dfrac{0.35}{\dfrac{\pi}{4} \times (0.075)^2 \times 60} = 1.32 \, \text{m/s}$

$$Re = \frac{\rho V D}{\mu} = \frac{102 \times 0.85 \times 1.32 \times 0.075}{5.867 \times 10^{-3}} \fallingdotseq 1463$$

이 값은 하임계 레이놀즈수 2100보다 작으므로 층류이다. 따라서 하겐–푸아죄유의 방정식을 적용할 수 있다.

$$Q = \frac{\pi D^4 \Delta p}{128 \mu L} \text{에서} \quad \Delta p = \gamma h_L = \frac{128 \mu L Q}{\pi D^4} \text{이므로}$$

$$\therefore \ h_L = \frac{128 \mu L Q}{\pi \gamma D^4} = \frac{128 \times 5.867 \times 10^{-3} \times 300 \times 0.35}{\pi \times 0.85 \times 1000 \times (0.075)^4 \times 60} \fallingdotseq 15.56 \,\text{m}$$

문제 4. 지름이 200 mm인 원관에서 액체의 흐름이 층류이고, 관 길이가 4 m, 사이의 압력차가 0.4 kg / cm²이었을 때 이 관 중심에서의 최대 속도를 구하여라. (단, 점성계수 $\mu = 4.08 \times 10^{-1}$ kg · s / m²이다.)

[해설] $U_{\max} = -\dfrac{r_0^2}{4\mu} \cdot \dfrac{dp}{dl} \left(\dfrac{\Delta p}{l} = \dfrac{0.4 \times 10^4}{4} = 10^3 \,\text{kg / m}^3 \right)$

$$= \frac{(0.1)^2 \times 0.1 \times 10^4}{4 \times 4.08 \times 10^{-3}} = \frac{0.01 \times 10^3}{4 \times 4.08 \times 10^{-3}} = 6.13 \,\text{m / s}$$

문제 5. 지름이 40 cm인 관 속에서 기름이 6 m / s로 흐르고 있을 때 100 m에서의 손실 동력(kW)을 구하여라. (단, 동점성계수 $\nu = 1.18 \times 10^{-3}$ m²/ s이다.)

[해설] $Q = A V = \dfrac{\pi}{4} D^2 V = \dfrac{\pi}{4}(0.4)^2 \times 6 = 0.7536 \,\text{m}^3/\text{s}$

$$\Delta p = p_1 - p_2 = \frac{128 \mu l Q}{\pi D^4} = \frac{128 \times 0.00118 \times \dfrac{1260}{9.81} \times 100 \times 0.7536}{\pi (0.4)^4} = 18187 \,\text{kg/m}^2$$

$$L_f = \frac{\Delta p \cdot Q}{102} = \frac{0.7536 \times 18187}{102} = 134.3 \,\text{kW}$$

문제 6. 동점성계수가 0.839×10^{-4} m²/ s인 기름이 30 cm 관 속에서 층류로 흐르고 있고, 이 관의 중심에서의 속도는 4.5 m / s이다. 이때 이 관의 벽면으로부터 중심방향으로 4 cm인 곳에서의 전단응력을 구하여라. (단, 이 기름의 비중량은 864 kg / m³ (8467.2 N / m³)이다.)

[해설] 수평원관 속에서 층류의 흐름이 있을 때 속도분포는

$$u = -\frac{1}{4\mu} \cdot \frac{dp}{dl}(r_0^2 - r^2), \quad r = 0 \text{일 때} \quad u \text{는} \quad u_{\max} \text{가 된다.}$$

$$u_{\max} = -\frac{dp}{dl} \cdot \frac{r_0^2}{4\mu}, \quad -\frac{dp}{dl} = \frac{4\mu}{r^2} u_{\max}$$

$$\tau_0 = \frac{r_0}{2}\left(-\frac{dp}{dl} \right) = \frac{2\mu}{r_0} u_{\max} = \frac{2 \times 4.5 \times 0.839 \times 10^{-4} \times 864}{0.15 \times 9.8} = 0.4438 \,\text{kg/m}^2$$

$$\therefore \ \tau = \tau_0 \times \frac{11}{15} = 0.4438 \times \frac{11}{15} = 0.325 \,\text{kg/m}^2$$

[SI 단위]

$$\tau_0 = \frac{2\mu}{r_0}\, u_{\max} = \frac{2 \times 4.5 \times 0.839 \times 10^{-4} \times 8467.2}{0.15 \times 9.8} = 4.349\,\text{N/m}^2 = 4.349\,\text{Pa}$$

$$\therefore\ \tau = \tau_0 \times \frac{11}{15} = 4.349 \times \frac{11}{15} = 3.19\,\text{Pa}$$

문제 7. 반지름 r_0인 관에 층류가 흐르고 있다. 층류속도 분포의 식으로부터 평균속도와 같게 되는 점 r, 즉 중심으로부터의 거리를 구하여라.

[해설] 층류의 흐름이므로 하겐-푸아죄유의 식을 이용하면

$$V = \frac{Q}{A} = -\frac{dp}{dl}\,\frac{\pi r_0^4}{8\mu} \times \frac{1}{\pi r_0^2} = \frac{-dp}{dl}\,\frac{r_0^2}{8\mu}$$

한편, 층류 속도분포 : $U = -\dfrac{1}{4\mu}\,\dfrac{dp}{dl}(r_0^2 - r^2)$

여기서 평균속도 V와 속도분포 U를 같게 놓으면

$$V = U \ \text{즉,}\ -\frac{dp}{dl}\,\frac{r_0^2}{8\mu} = -\frac{1}{4\mu}\,\frac{dp}{dl}(r_0^2 - r^2)\quad \therefore\ r = 0.707\,r_0$$

문제 8. 관손실 이외의 모든 손실을 무시할 때 그림과 같은 관에서의 유량 Q를 구하여라.

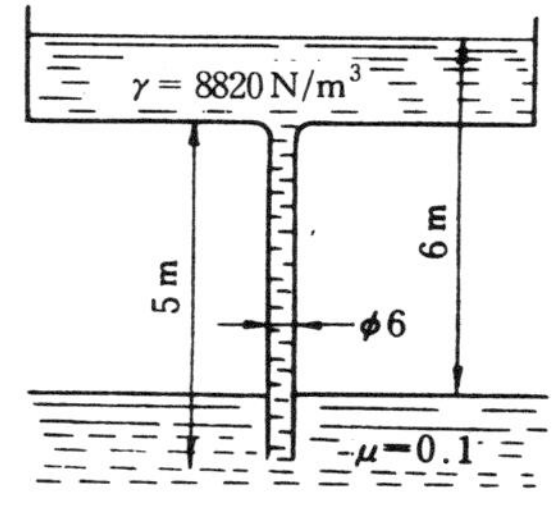

[해설] 이 흐름을 층류로 가정하면 하겐-푸아죄유 방정식에서 유량 $Q = \dfrac{\Delta p\,\pi d^4}{128\mu L}$

여기서 $\Delta p = \gamma h = 8820 \times 6 = 52920\,\text{N/m}^2$, $L = 5\,\text{m}$, $d = 6\,\text{mm} = 6 \times 10^{-3}\,\text{m}$

$$\mu = 0.1\,\text{dyne}\cdot\text{s/cm}^2 = 0.01\,\text{N}\cdot\text{s/m}^2$$

그러므로 $Q = \dfrac{52920 \times \pi \times (6 \times 10^{-3})^4}{128 \times 0.01 \times 5} = 3.365 \times 10^{-5}\,\text{m}^3/\text{s} = 3.365 \times 10^{-2}\,l/\text{s}$

$$V = \frac{Q}{A} = \frac{3.365 \times 10^{-5}}{\frac{\pi}{4}(6 \times 10^{-3})^2} = 1.19\,\text{m/s}$$

$$Re = \frac{\rho V d}{\mu} = \frac{\left(\dfrac{8820}{9.8}\right) \times 1.19 \times (6 \times 10^{-3})}{0.01} = 642.6 < 2100$$

따라서 층류이므로 하겐-푸아죄유 방정식을 적용할 수 있다.

문제 9. 비중량 $800\,\mathrm{kg/m^3}$, 점성계수 0.5 P인 유체가 기울어진 원관 속을 흐르고 있다. 관의 지름은 $12\,\mathrm{mm}$, 관의 길이가 $9\,\mathrm{m}$에 대해 압력차는 $0.7\,\mathrm{kg/cm^2}$이고, 수직 높이차는 $5\,\mathrm{m}$이었다. 이때 유량(l/s)을 구하여라.

[해설] $Q = -\dfrac{\pi r_0{}^4}{8\mu} \cdot \dfrac{d}{dl}(p + \gamma h) = -\dfrac{\pi \times (0.006)^4}{8 \times \dfrac{0.5}{98}} \times (7000 + 800 \times 5)$

$\qquad \fallingdotseq 1.098 \times 10^{-3}\,\mathrm{m^3/s} = 1.098\,l/\mathrm{s}$

층류로 가정하고 다음 식을 적용하였으므로 층류인가를 확인해야 한다.

$$Re = \dfrac{\rho VD}{\mu} = \dfrac{\gamma VD}{\mu g} = \dfrac{4\gamma Q}{\pi D \mu g} = \dfrac{800 \times 1.098 \times 10^{-3}}{\pi \times 0.006 \times \dfrac{0.5}{98} \times 9.8} \fallingdotseq 932.5 < 2100$$

따라서 층류로 가정하고 문제를 푼 것은 타당하다.

문제 10. 다음 그림에서 $H=10\,\mathrm{m}$, $L=20\,\mathrm{m}$, $\theta=30°$, $D=8\,\mathrm{mm}$, $\gamma=1020.4\,\mathrm{kg/m^3}$, $\mu = 8.163 \times 10^{-3}\,\mathrm{kg \cdot s/m^2}$일 때, 단위길이당 손실수두와 유량을 구하여라.

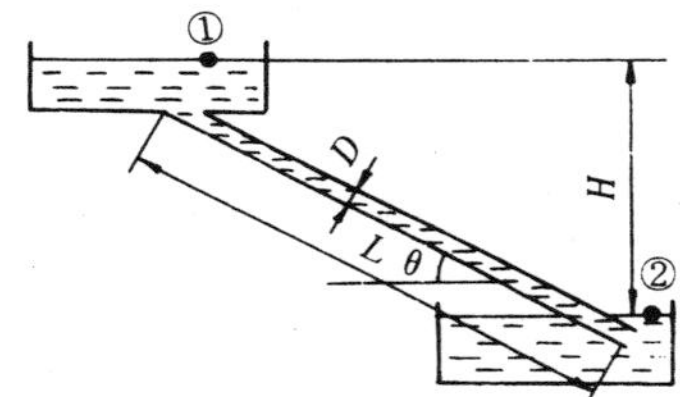

[해설] 그림에서 ①과 ②에 베르누이 방정식을 적용하면

$$\dfrac{p_1}{\gamma} + \dfrac{V_1{}^2}{2g} + Z_1 = \dfrac{p_2}{\gamma} + \dfrac{V_2{}^2}{2g} + Z_2 + h_L$$

(여기서 $p_1 = p_2 =$ 대기압, $V_1 = V_2 = 0$, $Z_1 - Z_2 = H$이므로)

$\therefore\ h_L = Z_1 - Z_2 = H = 10\,\mathrm{m}$

단위길이당 손실수두 : $\dfrac{h_L}{L} = \dfrac{10}{20} = 0.5\,\mathrm{m/m}$

하겐 – 푸아죄유 방정식에서 유량 Q는

$$Q = \dfrac{\Delta p \pi d^4}{128 \mu L} = \dfrac{(1020.4 \times 10) \times \pi \times (0.008)^4}{128 \times (8.163 \times 10^{-3}) \times 20} = 6.28 \times 10^{-6}\,\mathrm{m^3/s}$$

하겐 – 푸아죄유 방정식의 적용여부를 알기 위해서는 흐름이 층류인가 난류인가를 알아보아야 한다. 평균속도 V는

$$V = \dfrac{Q}{A} = \dfrac{6.28 \times 10^{-6}}{\dfrac{\pi}{4}(0.008)^2} = 0.125\,\mathrm{m/s}$$

$\therefore$ 레이놀즈수 $Re = \dfrac{\left(\dfrac{1020.4}{9.8}\right) \times 0.125 \times (0.008)}{8.163 \times 10^{-3}} = 12.75 < 2100$

따라서 이 흐름은 층류이므로 하겐 – 푸아죄유 방정식을 적용할 수 있다.

문제 11. 길이 $3\,\mathrm{m}$인 두 평판이 $5\,\mathrm{cm}$ 간격을 두고 평행으로 놓여 있다. 이 사이에 점성계수가 $15.14\,\mathrm{P}$인 피마자 기름이 $5\,l/\mathrm{s}$로 흐를 때 강하는 몇 $\mathrm{kg/cm^2}$인지 구하여라.

[해설] $\Delta p = \dfrac{3}{2}\cdot\dfrac{\mu Q l}{h^3} = \dfrac{3}{2}\times\dfrac{\dfrac{15.14}{98}\times 5\times 10^{-3}\times 3}{\left(\dfrac{0.05}{2}\right)^3}$

$\qquad = 2.225\times 10^2\,\mathrm{kg/m^2} = 0.02225\,\mathrm{kg/cm^2}$

문제 12. 길이 $1\,\mathrm{m}$, 폭 $1.5\,\mathrm{m}$인 평판이 $15\,\mathrm{m/s}$의 속도로 공기 속을 수평과 $12°$의 각을 이루며 날고 있다. 여기에서 양력계수를 0.72, 항력계수를 0.17로 할 때 판에 작용하는 합력을 구하여라. (단, 공기의 밀도는 $0.125\,\mathrm{kg\cdot s^2/m^4}$ $(1.225\,\mathrm{kg/m^3})$이다.)

[해설] $L = C_L A\dfrac{\rho u_\infty^2}{2} = 0.72\times(1\times 1.5)\times\dfrac{0.125}{2}\times 15^2 = 15.19\,\mathrm{kg}$

$\qquad D = C_D A\dfrac{\rho u_\infty^2}{2} = 0.17\times(1\times 1.5)\times\dfrac{0.125}{2}\times 15^2 = 3.59\,\mathrm{kg}$

$\therefore$ 합력 $R = \sqrt{15.19^2 + 3.59^2} = 15.6\,\mathrm{kg}$

그리고 방향 $\theta = \tan^{-1}\dfrac{15.17}{3.59} = 76.7°$

[SI 단위]

$\qquad L = 15.19\times 9.8 = 148.86\,\mathrm{N},\quad D = 3.59\times 9.8 = 35.18\,\mathrm{N}$

$\qquad\therefore R = \sqrt{148.86^2 + 35.18^2} = 152.96\,\mathrm{N},\quad \theta = \tan^{-1}\dfrac{148.86}{35.18} = 76.7°$

문제 13. 지름이 $10\,\mathrm{mm}$인 구가 공기 속을 $30\,\mathrm{m/s}$의 속도로 날고 있다. 이때 항력에 의한 손실동력을 구하여라. (단, 공기의 비중량은 $1.23\,\mathrm{kg/m^3}$ $(12.054\,\mathrm{N/m^3})$, 공기의 동점성계수는 $0.15\,\mathrm{cm^2/s}$ 이다.)

[해설] $Re = \dfrac{u_\infty d}{\nu} = \dfrac{10^4\times 30\times 0.01}{0.15} = 2\times 10^4$

표로부터 레이놀즈수가 2×10^4일 때 $C_D = 0.5$이므로

항력 $D = C_D\dfrac{1}{2}\rho u_\infty^2 A = 0.5\times\dfrac{1.23}{2\times 9.8}\times 30^2\times\left(\dfrac{\pi}{4}\times 0.01^2\right) = 0.221\times 10^{-2}\,\mathrm{kg}$

$\therefore$ 손실계수 $P = \dfrac{D\times u_\infty}{75} = \dfrac{0.221\times 10^{-2}\times 30}{75} = 8.84\times 10^{-4}\,\mathrm{hp}$

[SI 단위]

$\qquad D = C_D\dfrac{1}{2}\rho u_\infty^2 A = 0.5\times\dfrac{12.054}{2\times 9.8}\times 30^2\times\left(\dfrac{\pi}{4}\times 0.01^2\right) = 0.02166\,\mathrm{N}$

$\qquad\therefore P = D\times u_\infty = 0.02166\times 30 = 0.65\,\mathrm{W}$

문제 14. 앙각이 $6°$일 때 폭이 $12\,m$, 현의 길이가 $2\,m$인 사각형 날개의 양력계수와 항력계수가 각각 0.5와 0.04이다. 이 날개가 정지한 공기(온도 $2℃$, 압력이 $80\,kPa$) 속에서 $50\,m/s$로 날 때 필요한 동력(kW)을 구하여라. (단, 공기의 기체상수 $R = 287\,N \cdot m/kg \cdot K$) [SI 단위]

[해설] 공기의 밀도 $\rho = \dfrac{1}{v_s} = \dfrac{p}{RT} = \dfrac{80 \times 10^3}{(287)(273+2)} = 1\,kg/m^3$ 이므로

항력 $D = C_D \dfrac{\rho A V^2}{2} = 0.04 \dfrac{1(2 \times 12)(50)^2}{2} = 1200\,N$ 이므로

$\therefore$ 동력 $P = D \cdot V = 1200 \times 50 = 600000\,N \cdot m/s = 60\,kW$

문제 15. 표준 대기압하에 $300℃$의 뜨거운 공기 속에서 미립 입자의 종속도를 구하여라. (단, 분체 입자의 지름은 $500\,\mu m$이고, 비중은 0.8이다.)

[해설] $760\,mmHg$, $300℃$에서 공기의 비중량은

$\gamma = 0.946\,kg_f/m^3$, $\mu = 3 \times 10^{-6}\,kg \cdot s/m^2$

스토크스의 식을 써서 $V = \dfrac{D^2(r_s - r)}{18\mu}$ 이므로 r_s에 비하여 r은 매우 작으므로 생략한다.

$\therefore V = \dfrac{25 \times 10^{-8} \times 0.8 \times 10^3}{18 \times 3 \times 10^{-6}} = 3.7\,m/s$

문제 16. 지름이 $5.0\,mm$이고, 비중이 7.84인 강구를 점성계수 $0.2\,kg \cdot s/m^2$ ($1.96\,N \cdot s/m^2$)인 글리세린을 채운 용기 속에 떨어뜨렸을 때에 자유낙하 속도를 구하여라. (단, 글리세린의 비중은 1.26이다.)

[해설] 스토크스 법칙에 대입한다.

$\dfrac{4}{3}\pi a^3 \gamma + 6\pi a \mu u = \dfrac{4}{3}\pi a^3 \gamma_s$ 이므로

$\therefore a = \dfrac{\dfrac{2}{9} a^2(\gamma_s - \gamma)}{\mu} = \dfrac{\dfrac{2}{9}\left(\dfrac{5 \times 10^{-3}}{2}\right)^2 (7.84 - 1.26)10^3}{0.2}$

$= 0.0457\,m/s = 4.57\,cm/s$

제 **6** 장   차원해석과 상사법칙

1. 차원해석

차원해석법(dimensional analysis)은 어떤 물리적 현상에 대한 방정식의 의미, 단위의 변환, 관계식 변수의 배열을 결정하기 위하여 계통적인 실험 계획 등에 사용되는 수학적인 해석방법이다.

차원해석법은 차원의 동차성의 원리(principle of dimensional homogeneity), 즉 물리적 관계를 나타내는 방정식은 좌변과 우변의 차원, 방정식의 가감시 각 항은 동차가 되어야 한다는 원리를 이용하고 있다. 즉, 어떤 물리 현상에 관한 방정식이 $A = B$일 때 A의 차원과 B의 차원은 같아야 한다(차원의 동차성의 원리).

예를 들면, 뉴턴의 제 2 법칙은 $F = ma$이므로 [F의 차원]=[m의 차원]×[a의 차원]이 되어야 한다.

$$\therefore \ [F] = [M][LT^{-2}]$$

한 개의 차원은 여러 가지의 다른 단위로 표시될 수 있으며, 같은 차원을 표시하는 단위 상호간에는 언제나 서로 환산이 가능하다.

2. π 정리

n개의 물리적 양을 포함하고 있는 임의의 물리적 관계에서 기본 차원의 수를 m개라고 할 때, 이 물리적 관계는 $(n - m)$개의 서로 독립적인 무차원 함수로 나타낼 수 있다.

$$(무차원 \ 양의 \ 개수) = (측정 \ 물리량의 \ 개수) - (기본 \ 차원의 \ 개수)$$

어떤 물리적인 현상에 물리량 A_1, A_2, A_3, ……, A_n이 관계되어 있다면 다음과 같이 표시된다.

$$F(A_1, \ A_2, \ A_3, \cdots\cdots, \ A_n) = 0$$

기본 차원의 개수를 m개라고 할 때 π_1, π_2, π_3, ……, π_{n-m}의 $(n-m)$개의 독립 무차원 함수로 고쳐 쓸 수 있다.

$$f(\pi_1,\ \pi_2,\ \pi_3, ……,\ \pi_{n-m}) = 0$$

여기서, π : 무차원 함수, n : 물리적 양의 수, m : 기본 차원의 개수

이 때 무차원 수 π_1, π_2, π_3, ……, π_{n-m}을 구하는 방법은 n개의 물리량 중에서 기본 차원의 개수 m개만큼 반복 변수를 결정한다. 즉, 기본 차원이 M, L, T라면 물리량 중에서 M, L, T를 포함하는 물리량 3개를 반복 변수로 결정하고, 그 반복 변수를 이용하여 독립 무차원의 매개 변수를 다음과 같이 결정한다.

$$\pi_1 = A_1^{x_1}\ A_2^{y_1}\ A_3^{z_1}\ A_4$$

$$\pi_2 = A_1^{x_2}\ A_2^{y_2}\ A_3^{z_2}\ A_5$$

$$\pi_3 = A_1^{x_3}\ A_2^{y_3} A_3^{z_3}\ A_6$$

$$\vdots$$

$$\pi_{n-m} = A_1^{x_{n-m}}\ A_2^{y_{n-m}}\ A_3^{z_{n-m}} A_n$$

여기서 A_1, A_2, A_3은 반복 변수로서 n개의 물리량 중에서 택한 임의의 3개의 변수로서 적어도 기본 차원 M, L, T를 모두 포함하고 있어야 한다.

예제 1. 어떤 유동장을 해석하는데 관계되는 변수는 7개이다. 기본차원을 M.L.T.로 할 때 버킹엄의 파이(π) 정리로 해석한다면 몇 개의 파이(π)를 얻는가?

㉮ 2 ㉯ 3 ㉰ 4 ㉱ 5

해설 변수($n=7$), 기본차원수($m=3$)이므로 독립무차원 매개변수(π)는

$$\pi = (n-m) = 7-3 = 4개$$

답 ㉰

예제 2. 차원해석에 있어서 반복변수는 ?

㉮ 기본차원을 모두 포함하는 변수로 택한다.
㉯ 기본차원의 수를 가능한 한 감소할 수 있도록 택한다.
㉰ 같은 차원을 갖는 두 변수가 있으면 이들 모두를 택한다.
㉱ 중요하지 않은 변수라고 하더라도 꼭 포함시켜야 한다.

해설 반복변수의 개수는 기본차원의 수와 같게하고 반복변수는 기본차원을 모두 포함해야 하며 종속변수는 택하지 않는다.

답 ㉮

3. 상사법칙

　유체역학에서는 유동 현상을 연구할 때 모형(model)을 사용하는 경우가 많다. 이 모형은 원형(prototype)에 비해서 작으므로 시간과 비용이 적게 들어 경제적이지만 모형을 사용하는 것도 해석적인 방법에 비하면 비경제적이다. 그러므로 해석적인 방법으로 믿을 만한 해답을 얻을 수 없는 경우에만 모형 실험을 하는 것이 보통이다.

　이와 같은 모형 실험을 할 때는 모형과 원형 사이에 서로 상사가 되어야 할 뿐만 아니라 모형에 미치는 유체의 상태, 즉 속도 분포나 압력 분포의 상태가 실물에 미치는 유체의 상태와 꼭 상사가 되도록 할 필요가 있다. 이와 같이 모형 실험이 실제의 현상과 상사가 되기 위해서는 기하학적 상사, 운동학적 상사 및 역학적 상사의 세 가지 조건이 필요하다.

3-1 기하학적 상사(geometric similitude)

　원형과 모형은 동일한 모양이 되어야 하고, 원형과 모형 사이에 서로 대응하는 모든 치수의 비가 같아야 한다.

① 길이 : $L_r = \dfrac{L_m}{L_p}$

② 넓이 : $A_r = \dfrac{A_m}{A_p} = \dfrac{L_m{}^2}{L_p{}^2} = L_r{}^2$

3-2 운동학적 상사(kinematic similitude)

　원형과 모형 주위에 흐르는 유체의 유동이 기하학적으로 상사할 때, 즉 유선이 기하학적으로 상사할 때 원형과 모형은 운동학적 상사가 존재한다. 그러므로 운동학적으로 상사하는 두 유동 사이에는 서로 대응하는 점에서의 속도가 평행하여야 하고, 속도의 크기 비는 모든 대응점에서 같아야 한다.

① 속도비 : $v_r = \dfrac{v_m}{v_p} = \dfrac{L_m/T_m}{L_p/T_p}\ \dfrac{L_r}{L_p} = \dfrac{L_r}{T_r}$

② 가속도비 : $a_r = \dfrac{a_m}{a_p} = \dfrac{v_m/T_m}{v_p/T_p} = \dfrac{L_m/T_m{}^2}{L_p/T_p{}^2} = \dfrac{L_r}{T_r{}^2}$

③ 유량비 : $Q_r = \dfrac{Q_m}{Q_p} = \dfrac{v_m A_m}{v_p A_p} = \dfrac{L_r}{T_p} L_r{}^2 = \dfrac{L_r{}^3}{T_r}$

3-3 역학적 상사(dynamic similitude)

기하학적으로 상사하고 또 운동학적으로 상사한 두 원형과 모형 사이에 서로 대응하는 점에서의 힘(전단력, 압력, 관성력, 표면장력, 탄성력, 중력 등)의 방향이 서로 평행하고 크기의 비가 같을 때 두 형은 역학적 상사가 존재한다고 말한다. 따라서 두 원형과 모형 사이에 역학적 상사가 존재하려면 다음과 같이 힘의 비로 정의되는 무차원수가 두 형식에서 같아야 한다.

무차원수 α

명 칭	정 의	물리적 의미	중 요 성
웨버수(Weber number)	$W_e = \dfrac{\rho V^2 L}{\sigma}$	$\dfrac{관성력}{표면장력}$	표면장력이 중요한 유동
마하수(Mach number)	$M_a = \dfrac{V}{\alpha}$	$\dfrac{관성력}{탄성력}$	압축성 유동
레이놀즈수(Reynolds number)	$Re = \dfrac{\rho VL}{\mu}$	$\dfrac{관성력}{점성력}$	모든 유체유동
프루드수(Froude number)	$F_r = \dfrac{V}{\sqrt{Lg}}$	$\dfrac{관성력}{중력}$	자유표면유동
오일러수(Euler number) 압력계수(pressure coefficient)	$E_u(C_P) = \dfrac{P}{\dfrac{\rho V^2}{2}}$	$\dfrac{압축력}{관성력}$	압력차에 의한 유동

여기서, 관성력(inertia force) : $F_i = ma = \rho V^2 L^2$

압축력(pressure force) : $F_p = pA = pL^3$

점성력(viscosity force) : $F_v = \mu A \dfrac{du}{dy} = \mu VL$

중력(gravity force) : $F_g = mg = \rho L^3 g$

탄성력(elasticity force) : $F_e = kA = kL^3$

표면장력(surface tension) : $F_t = \sigma L$, L : 물체의 특성 길이

3-4 역학적 상사의 적용

역학적 상사의 적용

실험 내용	역학적 상사율
관 (원관 운동) 익형 (비행기의 양력과 항력) 경계층 잠수함 압축성 유체의 유동 (단, 유동속도가 $M < 0.3$ 일 때)	레이놀즈수 $(Re)_m = (Re)_p$

개방수력 구조물 (하수로, 위어, 강수로, 댐) 수력 도약 수력선박의 조파저항	프루드수 $(F)_m = (F)_p$
풍동실험 유체기계 (단, 축류 압축기와 가스터빈에서는 마하수가 중요 무차원수가 된다.)	레이놀즈수, 마하수

예제 3. 풍동시험에서 중요한 무차원수는?

  ㉮ 레이놀즈수, 마하수   ㉯ 프루드수, 코시스수

  ㉰ 프루드수, 오일러수   ㉱ 웨버수, 코시스수

해설 풍동시험에서 유속이 작은 경우($M < 0.3$)는 레이놀즈수가 중요한 무차원수이지만 유속이 클 때($M > 0.3$)는 마하수도 중요하다.   **답** ㉮

예제 4. 길이의 비 $\dfrac{L_m}{L_p} = \dfrac{1}{20}$ 로 기하학적 상사인 댐(dam)이 있다. 모형 댐의 상봉에서 유속이 $2\,\text{m/s}$일 때 실형의 대응점에서 유속은 몇 m/s인가?

  ㉮ 5.91   ㉯ 6.36   ㉰ 7.41   ㉱ 8.94

해설 역학적 상사가 존재하기 위해서는 프루드수가 같아야 한다.

$$\therefore \frac{V_p}{\sqrt{L_p g_p}} = \frac{V_m}{\sqrt{L_m g_m}}$$

따라서 $g_p = g_m$이므로

$$V_p = V_m \cdot \sqrt{\frac{L_p}{L_m}} = 2 \times \sqrt{20} \fallingdotseq 8.94\,\text{m/s}$$

    답 ㉱

연 · 습 · 문 · 제

문제 1. 다음 중 차원이 틀린 것은?

㉮ 운동량 $= [ML^{-2}T^{-1}] = [FT]$ ㉯ 일량 $= [ML^2T^2] = [FL]$

㉰ 동력 $= [ML^2T^2] = [FLT^{-1}]$ ㉱ 압력 $= [ML^{-1}T^{-2}] = [FL^{-2}]$

[해설] $M = [MLT^{-2} \times T] = [MLT^{-1}]$

문제 2. 다음 설명 중 틀린 것은?

㉮ 반복 변수는 기본 차원을 모두 포함하는 변수로 택한다.

㉯ 유체 역학에서의 기본 차원은 질량, 길이, 시간이다.

㉰ 한 개의 차원은 여러 가지 단위로 표시할 수 없다.

㉱ 차원해석에 의해서 물리적 현상의 실험식을 세울 수 있다.

[해설] 1개의 차원은 여러 가지 단위로 표시할 수 있고 단위 상호간에는 언제나 환산이 가능하다.

문제 3. 어떤 유체공학적 문제에서 10개의 변수가 관계되고 있음을 알았다. 기본차원을 M, L, T로 할 때 버킹엄의 π정리로서 차원해석을 한다면 몇 개의 π를 얻을 수 있는가?

㉮ 5개   ㉯ 6개   ㉰ 7개   ㉱ 8개

[해설] 변수가 10개이므로 $n = 10$, 기본차원의 수 $m = 3$이므로 $(n-m)$, 즉 (10−3)개의 무차원 함수를 얻을 수 있다.

문제 4. $F(\Delta p, \ l, \ d, \ V, \ \rho, \ \mu)$의 무차원수 π의 개수는? (단, 여기서 Δp는 압력강하, l은 길이, d는 지름, V는 평균유속, ρ는 밀도, μ는 점성계수이다.)

㉮ 6개   ㉯ 5개   ㉰ 4개   ㉱ 3개

[해설] 물리량의 차원은 $[\Delta p] = [FL^{-2}] = [ML^{-1}T^{-2}]$, $[l] = [L]$, $[d] = L$, $[V] = [LT^{-1}]$, $[\rho] = [ML^{-3}]$, $[\mu] = [ML^{-1}T^{-1}]$

물리량은 $n = 6$개, 기본차원은 M, L, T이므로 $m = 3$개이다.

∴ 무차원수의 개수는 $n - m = 6 - 3 = 3$개이다.

[해답] 1. ㉮ 2. ㉰ 3. ㉰ 4. ㉱

문제 5. 다음 설명에서 틀린 것은?

㉮ 기하학적으로 상사인 관의 정상 유동에서 역학적 상사법칙에 중시되는 것은 레이놀즈수이다.

㉯ 기하학적으로 상사인 수문과 위어 등의 개수로에서 역학적 상사법칙이 중시되는 것은 프루드수이다.

㉰ 비행기에 대한 모형과 실물 사이의 역학적 상사법칙에서 중시되는 것은 마하수만 같으면 된다.

㉱ 해상에서 파도를 헤쳐 나가는 항해 속도는 모형과 실물 사이에 역학적 상사법칙에 중요시되는 것은 프루드수이다.

[해설] 비행기에 있어서 모형과 실물 사이에 역학적 상사법칙을 이루는 조건은 레이놀즈수와 마하수가 같게 되는 것이다.

문제 6. 수평관을 통하여 흐르는 유체의 유량은 단위길이 당의 압력강하, 관의 지름, 유체의 점성에 관계된다. π 정리로 관련되는 무차원함수를 구하고, 그로부터 유량에 관한 방정식을 유도한 것으로 옳은 것은?

㉮ $Q = c\dfrac{\Delta p}{l} \cdot \dfrac{d^4}{\mu}$
  　　　　　　　　　　　㉯ $Q = c\dfrac{\Delta p}{l^2} \cdot \dfrac{d^3}{\mu}$

㉰ $Q = c\left(\dfrac{\Delta p}{l}\right)^2 \dfrac{d^5}{\mu^2}$
  　　　　　　　　　　　㉱ $Q = c\dfrac{\Delta p}{l} \dfrac{d^2}{\mu^3}$

[해설] 문제에 관련되는 양과 그 차원을 알아보면

양	기 호	차 원	양	기 호	차 원
유 량	Q	$L^3 T^{-1}$	지 름	d	L
압력강하 / 길이	$\Delta p / l$	$ML^{-2}T^{-2}$	점성계수	μ	$ML^{-1}T^{-1}$

따라서 다음과 같은 함수관계를 갖는다.

$$F\left(Q, \frac{\Delta p}{l}, d, \mu\right) = 0$$

여기에서 기본차원의 수 $m = 3$, 변수의 수 $n = 4$이므로 무차원함수의 수는 $(n - m) = 1$이다.

$$\therefore \ \pi_1 = Q^{x_1}\left(\frac{\Delta p}{e}\right)^{y_1} d^{z_1}\mu$$

차원으로 표시하면

$$\pi_1 = M^\circ L^\circ T^\circ = (L^3 T^{-1})^{x_1}(ML^2 T^{-2})^{y_1}(L)^{z_1}ML^{-1}T^{-1}$$

지수에 관하여 풀면 L에 대하여 $3x_1 - 2y_1 + z_1 - 1 = 0$

　　　　　　　　　　M에 대하여 $y_1 + 1 = 0$

　　　　　　　　　　T에 대하여 $-x_1 - 2y_1 - 1 = 0$

위 식을 풀면 $x_1 - 1$, $y_1 = -1$, $z_1 = -4$ $\therefore \pi_1 = \dfrac{Q\mu}{d^4 \Delta \frac{l}{l}}$

Q에 대하여 풀면 $\therefore Q = C \dfrac{\Delta p}{l} \cdot \dfrac{d^4}{\mu}$

여기에서 C는 임의의 상수로서 실험치로부터 혹은 순수한 이론적인 유도로부터 결정될 수 있다.

문제 7. 개수로 문제에서 물리량 사이의 관계는 $F(Q,\ H,\ g,\ V_0,\ \phi) = 0$으로 주어졌다. 이때 Q와 H 반복변수로 사용했을 때 여기서 얻을 수 있는 무차원수는? (단, Q는 유량, H는 수면깊이, g는 중력, V_0는 유동속도, ϕ는 노치각이다.)

㉮ $\dfrac{gH^5}{Q^2}$　　　　㉯ $\dfrac{Q^2}{gH^4}$　　　　㉰ $\dfrac{Q}{g\phi^2}$　　　　㉱ $\dfrac{Q}{\sqrt{gH}}$

[해설] Q, H를 반복변수로 잡았으므로 여기서 무차원수의 형태는 다음 3가지가 있다.

$\pi_1 = Q^{x_1} H^{y_1} g$,　$\pi_2 = Q^{x_2} H^{y_2} V_0$,　$\pi_3 = \phi$

$\pi_1 = Q^{x_1} H^{y_1} g = (\mathrm{L}^3 \mathrm{T}^{-1})^{x_1} (\mathrm{L})^{y_1} \mathrm{L} \mathrm{T}^{-2}$

$\mathrm{L} : 3x_1 + y_1 + 1 = 0$, $\mathrm{T} : -x_1 - 2 = 0$, $x_1 = -2$, $y_1 = 5$

$\therefore \pi_1 = \dfrac{H^5 g}{Q^2}$

$\pi_2 = Q^{x_2} H^{y_2} V_0 = (\mathrm{L}^3 \mathrm{T}^{-1})^{x_2} (\mathrm{L})^{y_2} \mathrm{L} \mathrm{T}^{-1}$

$\mathrm{L} : 3x_2 + y_2 + 1 = 0$, $\mathrm{T} : -x_2 - 1 = 0$, $x_2 = -1$, $y_2 = 2$

$\therefore \pi_2 = \dfrac{H^2 V_0}{Q}$,　$\pi_3 = \phi$

문제 8. 실물과 모형의 관계에서 틀린 것은?

㉮ 원형과 모형 사이에 상사를 이루기 위해서는 기하학적 상사와 역학적 상사를 만족시켜야 한다.
㉯ 기하학적 상사라 함은 실물과 모형에 있어서 상응하는 길이의 비가 일정할 때이다.
㉰ 운동학적 상사라 함은 실물과 모형에 있어서 유선에는 무관하고 상응하는 가속도의 비가 일정할 때이다.
㉱ 역학적 상사라 함은 실물과 모형에 있어서 상응하는 점의 유체 입자에 작용하는 힘의 비가 같을 때이다.

[해설] 운동학적 상사라 함은 실물과 모형의 주위에 있어 유선 상태가 기하학적으로 상사이고 상응하는 점에 있어서 속도의 비, 가속도의 비가 일정할 때이다.

[해답] 7. ㉮　　8. ㉰

문제 9. 다음 중 조파 저항이 생기는 조건이 아닌 것은?

㉮ 배가 진행될 때 앞부분의 압력의 영향
㉯ 배가 진행할 때 후미 부분의 압력의 영향
㉰ 배의 중력의 작용
㉱ 배와 유체의 마찰

[해설] 배와 유체의 마찰은 마찰저항만을 일으킨다.

문제 10. 관 속에서 난류로 유체가 흐르고 있을 때 단위길이당의 손실 $\Delta\dfrac{h}{l}$ 는 속도 V, 지름 d, 중력의 가속도 g, 점성계수 μ, 밀도 ρ 의 함수가 된다. 이때 차원해석법으로 손실수두에 대한 방정식을 유도한 것 중 맞는 것은?

㉮ $\dfrac{\Delta h}{l}=f(Ma)\dfrac{V^2}{2g}$ ㉯ $\dfrac{\Delta h}{l}=f(Ma,Fr)$

㉰ $\dfrac{\Delta h}{l}=f(Re)\,\dfrac{l}{d}\cdot\dfrac{V^2}{2g}$ ㉱ $\dfrac{\Delta h}{l}=f(Fr)\dfrac{l}{d}\cdot\dfrac{V}{2g}$

[해설] 주어진 변수를 포함하는 방정식은 $F\left(\dfrac{\Delta h}{l},\ V,\ d,\ \rho,\ \mu,\ g\right)=0$ 이다.

변수들의 차원을 표로 만들면

양	기 호	차 원	양	기 호	차 원
단위길이당의 손실	$\Delta h/l$	없 음	밀 도	ρ	ML^{-3}
속 도	V	LT^{-1}	점성계수	μ	$ML^{-1}T^{-1}$
지 름	d	L	중력 가속도	g	LT^{-2}

여기에서 $\Delta h/l$ 는 이미 무차원함수이므로 한 개의 π 가 된다. 반복변수로 $V,\ d,\ \rho$ 를 잡으면

$$\pi_1=V^{x_1}d^{y_1}\rho^{z_1}\mu=(LT^{-1})^{x_1}(L)^{y_1}(L)^{y_1}(ML^{-3})^{z_1}ML^{-1}T^{-1}$$

지수에 대한 방정식을 세우면 L에 대하여 $x_1+y_1-3z_1-1=0$

M에 대하여 $z_1+1=0$

T에 대하여 $-x_1-1=0$

∴ $x_1=-1,\ y_1=-1,\ z_1=-1$

$$\pi_2=V^{x_2}d^{y_2}\rho^{z_2}g=(LT^{-1})^{x_2}(L)^{y_2}(ML^{-3})^{z_2}LT^{-2}$$

지수에 대한 방정식을 세우면 L에 대하여 $x_2+y_2-3z_2+1=0$

M에 대하여 $z_2=0$

T에 대하여 $-x_2-2=0$

∴ $x_2=-2,\ y_2=1,\ z_2=0$

[해답] 9. ㉱ 10. ㉰

위에서 구한 지수를 대입시켜 π를 구하면

$$\pi_1 = \frac{\mu}{Vd\rho}, \quad \pi_2 = \frac{gd}{V^2}, \quad \pi_3 = \frac{\Delta h}{l}$$

함수로 묶어서 표시하면

$$f\left(\frac{Vd\rho}{\mu}, \frac{V^2}{gd}, \frac{\Delta h}{l}\right) = 0$$

여기에서 π_1, π_2를 Re, Fr(Froude number)로 각각 표시하면

$$f\left(Re, Fr, \frac{\Delta h}{l}\right) = 0$$

손실수두에 대하여 풀면

$$\therefore \frac{\Delta h}{l} = f_1(Re, Fr) = f(Re)\frac{l}{d} \cdot \frac{V^2}{2g}$$

문제 11. 실제의 모형실험에서 조파 항력은?

㉮ 프루드수가 같은 상태의 항력에서 마찰저항을 **뺀** 것
㉯ 레이놀즈수가 같은 상태의 항력에서 마찰저항을 **뺀** 것
㉰ 레이놀즈수가 같은 상태의 마찰저항에서 항력을 **뺀** 것
㉱ 프루드수가 같은 상태의 마찰저항에서 저항을 **뺀** 것

[해설] 실제의 모형실험에서 조파 저항의 값은 프루드수가 같은 상태로 배의 항력을 구하여 마찰 저항을 뺀 값이다.

문제 12. 잠수함이 $12\,\text{km/h}$로 잠수하는 상태를 관찰하기 위해서 $1/10$인 길이의 모형을 만들어 해수에 넣어 탱크에서 실험을 하려 한다. 모형의 속도는 몇 km/h인가?

㉮ 38　　　㉯ 180　　　㉰ 74　　　㉱ 120

[해설] 역학적 상사를 만족하기 위해서는 레이놀즈수와 같아야 한다. 즉,

$$(Re)_p = (Re)_m \text{이므로} \quad \left(\frac{Vl}{\nu}\right)_p = \left(\frac{Vl}{\nu}\right)_m$$

$$\therefore V_m = V_p \frac{\nu_m}{\nu_p} \cdot \frac{l_p}{l_m}$$

여기서, $\nu_p = \nu_m$이므로 $\quad V_m = V_p \dfrac{l_p}{l_m} = 12 \times 10 = 120\,\text{km/h}$

문제 13. 실물과 모형이 상사될 경우 길이의 비가 $1:12$이다. 이 모형의 표면적이 $0.2\,\text{m}^2$이면 실물의 표면적은 몇 m^2가 되겠는가?

㉮ 28.8　　　㉯ 40.6　　　㉰ 71.3　　　㉱ 80.8

[해설] $l_m : l_p = 1 : 12$이므로 $l_m{}^2 : l_p{}^2 = 1 : 144$

실물의 표면적은 $\therefore\ l_p{}^2 = 0.2 \times 144 = 28.8\,\mathrm{m}^2$

문제 14. 전길이가 $150\,\mathrm{m}$인 배가 $8\,\mathrm{m/s}$의 속도로 진행할 때의 모형으로 실험할 때 속도는 얼마인가? (단, 모형 전길이는 $3\,\mathrm{m}$이다.)

㉮ $0.16\,\mathrm{m/s}$　　㉯ $1.13\,\mathrm{m/s}$　　㉰ $56.57\,\mathrm{m/s}$　　㉱ $400\,\mathrm{m/s}$

[해설] $(fr)_m = (fr)_p$에서 $\dfrac{V_m}{\sqrt{l_m g}} = \dfrac{V_p}{\sqrt{l_p g}}$ 이므로

$$V_m = V_p \sqrt{\frac{l_m}{l_p}} = 8 \times \sqrt{\frac{3}{150}} = 1.13\,\mathrm{m/s}$$

문제 15. 원심펌프로 윤활유를 압송하고 있다. 이 펌프의 회전속도는 $1200\,\mathrm{rpm}$이고, 윤활유의 동점성계수는 $0.0009\,\mathrm{m}^2/\mathrm{s}$이다. 이 원심펌프의 모형을 만들어서 $20\,℃$의 공기를 이용하여 모형실험을 하려고 한다. 모형펌프의 지름을 원형펌프의 3배로 하였을 때 모형펌프의 회전수는 얼마인가?

㉮ $45\,\mathrm{rpm}$　　㉯ $32\,\mathrm{rpm}$　　㉰ $38\,\mathrm{rpm}$　　㉱ $23\,\mathrm{rpm}$

[해설] 이 경우에 역학적 상사를 만족시키는데 필요한 무차원함수는 레이놀즈수이다.

$$(Re)_p = (Re)_M$$

그런데 여기에서 속도를 회전차의 원주속도를 잡아야 한다. 각속도를 ω 라고 할 때 선속도는 $r\omega$가 된다. 따라서

$$\left(\frac{\frac{d}{2}\,\omega d}{0.0009} \right)_p = \left(\frac{\frac{3}{2}\,d \times \omega \times 3d}{1.56 \times 10^{-4}} \right)_M \qquad \therefore\ \omega_p = 52\,\omega_M$$

그러므로 모형펌프의 회전수는 $\dfrac{1200}{52} \fallingdotseq 23\,\mathrm{rpm}$

문제 16. 해면에 떠 있는 배의 길이가 $120\,\mathrm{m}$이다. 이 배의 모형을 만들어서 시험하기 위하여 모형배의 길이를 $3\,\mathrm{m}$로 만들었다. 배의 항해 속도가 $10\,\mathrm{m/s}$라면 역학적 상사를 이루기 위한 모형배의 속도와 모형배의 시험에서 배의 저항력이 $9\,\mathrm{kg}(88.2\,\mathrm{N})$일 때 원형배의 항력은 얼마인가?

㉮ $3.68\,\mathrm{m/s},\ 576\,\mathrm{kg}\ (3.68\,\mathrm{m/s},\ 5.65\,\mathrm{kN})$

㉯ $4.58\,\mathrm{m/s},\ 4590\,\mathrm{kg}\ (4.58\,\mathrm{m/s},\ 45\,\mathrm{kN})$

㉰ $1.58\,\mathrm{m/s},\ 576.8 \times 10^3\,\mathrm{kg}\ (1.58\,\mathrm{m/s},\ 5.65 \times 10^6\,\mathrm{N})$

㉱ $1.98\,\mathrm{m/s},\ 475 \times 10^3\,\mathrm{kg}\ (1.98\,\mathrm{m/s},\ 4.66 \times 10^6\,\mathrm{N})$

[해답] **14.** ㉯　**15.** ㉱　**16.** ㉰

[해설] 모형과 원형에 대하여 프루드수를 같게 놓으면

$$(Fr)_p = (Fr)_M \ \text{즉,} \ \left(\frac{V^2}{lg}\right)_p = \left(\frac{V^2}{lg}\right)_M$$

$$\frac{10^2}{120 \times 9.8} = \frac{V^2}{3 \times 9.8} \qquad \therefore \ V = 1.58\,\text{m/s}$$

항력에 대한 무차원함수를 모형과 원형에 대하여 같게 놓으면

$$\left(\frac{D}{\rho V^2 l^2}\right)_p = \left(\frac{D}{\rho V^2 l^2}\right)_M$$

같은 유체이므로 ρ 를 소거하면

$$\frac{9}{1.58^2 \times 3^2} = \frac{D_p}{10^2 \times 120^2} \qquad \therefore \ D_p = 576.8 \times 10^3\,\text{kg}$$

[SI 단위]

$$\frac{88.2}{1.58^2 \times 3^2} = \frac{D_p}{10^2 \times 120^2} \qquad \therefore \ D_p = 5.65 \times 10^6\,\text{N}$$

문제 17. 지름이 $5\,\text{cm}$인 수평관에서 유체 실험을 물로 하였을 때 $0.2\,\text{m/s}$의 속도였고 압력 손실은 관의 $100\,\text{cm}$ 길이에서 압력 강하가 $4\,\text{kg/m}^2$로 나타났다. 지름이 $30\,\text{cm}$인 수평관에 비중이 0.855인 기름(동점성계수 $\nu = 1.15 \times 10^{-5}\,\text{m}^2/\text{s}$)이 실제 흐를 때 역학적인 상사를 이루기 위해서는 기름의 속도는 얼마로 해야 하며 압력강하는 얼마나 생기겠는가? (단, 물의 동점성계수 $\nu = 1.31 \times 10^{-6}\,\text{m}^2/\text{s}$)

㉮ $3.93\,\text{m/s},\ 643\,\text{kg/m}^2$　　　　　㉯ $2.93\,\text{m/s},\ 743\,\text{kg/m}^2$

㉰ $4.93\,\text{m/s},\ 853\,\text{kg/m}^2$　　　　　㉱ $5.93\,\text{m/s},\ 1025\,\text{kg/m}^2$

[해설] 기름의 속도는 $(Re)_p = (Re)_m$이므로 $\left(\frac{V_p D_p}{\nu_p}\right) = \left(\frac{V_m D_m}{\nu_m}\right)$

$$\therefore \ V_p = \frac{\nu_p D_m}{\nu_m D_p} V_m = \frac{1.15 \times 10^{-5} \times 5 \times 0.2}{1.31 \times 10^{-6} \times 30} = 2.93\,\text{m/s}$$

압력강하는 $(Eu)_p = (Eu)_m$이므로 $\left(\frac{\Delta p_p}{\rho_p V_p^2}\right) = \left(\frac{\Delta p_m}{\rho_m V_m^2}\right)$

$$\therefore \ \Delta p_p = \frac{\Delta p_m \rho_p V_p^2}{\rho_m V_m^2} = 4 \times \frac{87.1}{102} \times \frac{2.95^2}{0.2^2} = 743\,\text{kg/m}^2$$

문제 18. 회전속도가 $1200\,\text{rpm}$인 원심펌프로 동점성계수가 1.05×10^{-3}인 기름을 수송하고 있다. 원심펌프의 모형을 만들어 동점성계수가 $1.56 \times 10^{-4}\,\text{m}^2/\text{s}$인 유체로 모형실험을 하려고 한다. 모형펌프의 지름을 실형의 2배로 하였을 때 모형펌프의 회전수는 몇 rpm인가?

㉮ 30　　　　　　㉯ 35　　　　　　㉰ 40　　　　　　㉱ 45

[해설] 역학적 상사가 이루어지려면 레이놀즈 상사법칙이 성립해야 한다. 따라서

$$\left(\frac{VD}{\nu}\right)_p = \left(\frac{VD}{\nu}\right)_m$$

여기서 속도는 회전차의 원주속도를 사용해야 하므로 각속도를 ω라고 하면 원주속도는 $r\omega$ 이다. 즉, $\left(\dfrac{r\omega D}{\nu}\right)_p = \left(\dfrac{r\omega D}{\nu}\right)_m$ 이므로

$$\frac{\omega_m}{\omega_p} = \left(\frac{r_p}{r_m}\right)\left(\frac{D_p}{D_n}\right)\left(\frac{\nu_m}{\nu_p}\right) = \left(\frac{1}{2}\right)\left(\frac{1}{2}\right)\left(\frac{1.56 \times 10^{-4}}{1.05 \times 10^{-3}}\right) \fallingdotseq 0.0371$$

$$\therefore\ N_m = N_p \times 0.0371 = 1200 \times 0.0371 \fallingdotseq 45\,\text{rpm}$$

문제 19. 원심 펌프로 윤활유를 압송하고 있다. 이 펌프의 회전속도는 1200 rpm이고 윤활유의 동점성계수는 $0.0009\,\text{m}^2/\text{s}$이다. 이 원심 펌프의 모형을 만들어서 20℃의 공기를 이용하여 모형 실험을 하려고 한다. 모형 펌프의 지름을 원형펌프의 3배로 하였을 때 모형 펌프의 회전수는 얼마인가?

  ㉮ 23   ㉯ 25   ㉰ 27   ㉱ 29

[해설] $(Re)_p = (Re)_m$

여기서 속도를 회전차의 원주 속도로 잡아야 한다. 그리고 각속도를 ω라고 할 때 선속도는 $r\omega$가 된다.

$$\left(\frac{\frac{D}{2}\omega D}{0.0009}\right)_p = \left(\frac{\frac{3}{2}D \times \omega \times 3D}{1.56 \times 10^{-4}}\right)_m \qquad \therefore\ \omega_p = 52\omega_m$$

따라서 모형 펌프의 회전수는 $\quad N_m = \dfrac{1200}{52} \fallingdotseq 23\,\text{rpm}$

문제 20. 안지름이 250 mm, 길이가 100 m의 원관 내를 비중이 0.88인 기름 ($\nu = 3.3 \times 10^{-5}\,\text{m}^2/\text{s}$)이 평균 속도 3 m/s로 흐르고 있다. 지금 조도가 같고 안지름이 25 mm, 길이가 10 m인 원관에 물($\nu = 1.15 \times 10^{-5}\,\text{m}^2/\text{s}$)을 유동하여 실험했을 때 역학적 상사가 되기 위해서는 속도는 얼마로 해야 하며, 25 mm인 관에서 손실 압력이 $1000\,\text{kg}/\text{m}^2$이면 250 mm 관에서의 손실 압력은 얼마인가?

  ㉮ $8.45\,\text{m}/\text{s},\ 74.56\,\text{kg}/\text{m}^2$ ㉯ $9.72\,\text{m}/\text{s},\ 72.56\,\text{kg}/\text{m}^2$

  ㉰ $10.45\,\text{m}/\text{s},\ 72.56\,\text{kg}/\text{m}^2$ ㉱ $10.45\,\text{m}/\text{s},\ 74.56\,\text{kg}/\text{m}^2$

[해설] $\left(\dfrac{VD}{\nu}\right)_p = \left(\dfrac{VD}{\nu}\right)_m$ 에서

$$V_m = \frac{D_p \nu_m}{D_m \nu_p} \times V_p = \frac{250 \times 1.15 \times 10^{-5} \times 3}{25 \times 3.3 \times 10^{-5}} = 10.45$$

$$\left(\frac{\Delta p}{\rho V^2}\right)_p = \left(\frac{\Delta p}{\rho V^2}\right)_n \text{에서}$$

$$\Delta p = p_1 - p_2$$

$$\Delta p_1 = \frac{1000 \times \rho_p V_p{}^2}{\rho_m \times V_m{}^2} = \frac{1000 \times 89.7 \times 3^2}{101.88 \times 10.45^2} = 72.56 \,\text{kg}\,/\,\text{m}^2$$

문제 21. 지름이 5 cm인 모형관에서 물의 속도가 매초 9.6 m이면 실물의 지름이 30 cm 인 관에서 역학적 상사를 이루기 위해서는 물의 속도가 몇 m/s이어야 되며 30 cm 관 에서 압력 강하가 2 kg/m²이면 모형관의 압력 강하는 얼마인가?

㉮ 1.4 m/s, 76 kg/m² 　　　　㉯ 1.8 m/s, 72 kg/m²

㉱ 1.6 m/s, 72 kg/m² 　　　　㉲ 1.2 m/s, 74 kg/m²

[해설] 관 속의 흐름에서 역학적 상사 조건은

$$(Re)_m = (Re)_p \text{에서} \quad \left(\frac{VD}{\nu}\right)_m = \left(\frac{VD}{\nu}\right)_p$$

$$\therefore \quad V_p = \frac{V_m D_m}{D_p} = \frac{5(9.6)}{30} = 1.6 \,\text{m}\,/\,\text{s}$$

$$(Eu)_m = (Eu)_p$$

$$\left(\frac{\Delta p}{\rho V^2}\right)_m = \left(\frac{\Delta p}{\rho V^2}\right)_p \text{에서} \quad \left(\frac{\Delta p}{(9.6)^2}\right)_m = \left(\frac{2}{(1.6)^2}\right)_p$$

$$\therefore \quad \Delta p_m = \frac{(9.6)^2(2)}{(1.6)^2} = 72 \,\text{kg}\,/\,\text{m}^2$$

문제 22. 수면에 떠 있는 길이 100 m의 배가 9 m/s의 속도로 항진하고 있다. 기하학적 상사가 되어 길이를 2.5 m로 모형을 만들고 수면상에서 실험할 때 역학적 상사가 성립 되려면 모형의 속도는 얼마이며, 모형의 항력이 1 kg이면 실물의 항력은 얼마인가?

㉮ 1.42 m/s, 64000 kg 　　　　㉯ 1.52 m/s, 84000 kg

㉱ 1.42 m/s, 74000 kg 　　　　㉲ 1.52 m/s, 97000 kg

[해설] $(Fr)_p = (Fr)_m$, $\left(\dfrac{V^2}{lg}\right)_p = \left(\dfrac{V^2}{lg}\right)_m$

$$V_m{}^2 = \frac{V_p{}^2 l_m}{l_p} = \frac{81 \times 2.5}{100} = 2.025 \quad \therefore \quad V_m = 1.42 \,\text{m}\,/\,\text{s}$$

$$\left(\frac{D_r}{\frac{1}{2} P l^2 V^2}\right)_p = \left(\frac{D_r}{\frac{1}{2} \rho l^2 V^2}\right)_m$$

$$\therefore \quad D_p = \frac{l_p{}^2 V_p{}^2}{l_m{}^2 V_m{}^2} \times D_m = \frac{100^2 \times 9^2}{2.5^2 \times 1.42^2} \times 1 = 64000 \,\text{kg}$$

문제 23. 개수로에서 유량을 측정하기 위하여 위어를 설치하였다. 이때 개수로의 위어로 측정한 유량이 $600\,\mathrm{m^3/s}$를 얻었다. 그런데 $15:1$의 비로 축소된 모형 개수로를 만들고자 할 때 역학적 상사를 만족시키려면 모형에서의 유량은 얼마로 해야 하는가? (단, 위어에서의 마찰 효과는 무시한다.)

㉮ $0.59\,\mathrm{m^3/s}$ ㉯ $0.95\,\mathrm{m^3/s}$ ㉯ $0.75\,\mathrm{m^3/s}$ ㉰ $0.69\,\mathrm{m^3/s}$

[해설] $(Fr)_p = (Fr)_m$ $\quad \therefore \left(\dfrac{V^2}{lg}\right)_p = \left(\dfrac{V^2}{lg}\right)_m$

여기서 $V = \dfrac{Q}{l^2}$를 대입하고 전개하면

$$\left(\frac{Q}{l^2\sqrt{lg}}\right)_p = \left(\frac{Q}{l^2\sqrt{lg}}\right)_m \text{ 또는 } \left(\frac{Q}{l^{\frac{5}{2}}g^{\frac{1}{2}}}\right)_p = \left(\frac{Q}{l^{\frac{5}{2}}g^{\frac{1}{2}}}\right)_m$$

$$\therefore Q_m = 600 \times \left(\frac{1}{15}\right)^{\frac{5}{2}} = 0.69\,\mathrm{m^3/s}$$

문제 24. 지름이 $10\,\mathrm{cm}$인 수평관에 기름이 $3\,\mathrm{m/s}$의 평균속도로 흐르고 있다. 이 관의 $10\,\mathrm{m}$ 길이에서의 압력손실이 $700\,\mathrm{kg/m^2}$($6.86\,\mathrm{kPa}$)이었다. 지름이 $3\,\mathrm{cm}$인 평행관에서 기하학적 및 역학적 상사를 이루기 위해서는 $3\,\mathrm{cm}$ 관에서의 속도는 얼마이며, $3\,\mathrm{cm}$ 관에서의 압력손실은 얼마인가? (단, $3\,\mathrm{cm}$에는 $0\,℃$의 물이 흐르고 있고 기름의 동점성계수는 $9.9 \times 10^{-5}\,\mathrm{m^2/s}$이며, 밀도는 $92.5\,\mathrm{kg \cdot s^2/m^4}$($906.5\,\mathrm{kg/m^3}$)이다.)

㉮ $0.18\,\mathrm{m/s},\ 2.78\,\mathrm{kg/m^2}$ ($0.18\,\mathrm{m/s},\ 27.27\,\mathrm{Pa}$)
㉯ $0.39\,\mathrm{m/s},\ 4.59\,\mathrm{kg/m^2}$ ($0.39\,\mathrm{m/s},\ 4.5\,\mathrm{Pa}$)
㉯ $1.9\,\mathrm{m/s},\ 27.9\,\mathrm{kg/m^2}$ ($1.9\,\mathrm{m/s},\ 273.4\,\mathrm{Pa}$)
㉰ $19.5\,\mathrm{m/s},\ 30.5\,\mathrm{kg/m^2}$ ($19.5\,\mathrm{m/s},\ 299\,\mathrm{Pa}$)

[해설] 역학적 상사를 이루기 위해서는 모형과 원형 사이에서 레이놀즈수가 같아야 한다. 즉,

$$(Re_p) = (Re_m) \quad \therefore \frac{3 \times 0.1}{9.9 \times 10^{-5}} = \frac{V \times 0.03}{1.794 \times 10^{-6}}$$

$$V = 0.18\,\mathrm{m/s}$$

$3\,\mathrm{cm}$관에서의 압력강하를 계산하기 위하여 오일러수 Eu를 같게 놓으면

$$\left(\frac{p}{\rho V^2}\right)_p = \left(\frac{p}{\rho V^2}\right)_M \quad \therefore \frac{700}{92.5 \times 3^2} = \frac{\Delta p}{102 \times 0.18^2}$$

$$\Delta p = 2.78\,\mathrm{kg/m^2}$$

[SI 단위]

$$\frac{6860}{906.5 \times 3^2} = \frac{\Delta p}{1000 \times 0.18^2} \quad \therefore \Delta p = 27.27\,\mathrm{Pa}$$

예　상　문　제

문제 1. 힘을 기본차원으로 표시한 것으로 옳은 것은?

　㉮ $[MLT^{-1}]$　　　㉯ $[ML^{-3}T^{-2}]$　　　㉰ $[ML^{-2}T^{-3}]$　　　㉭ $[MLT^{-2}]$

　[해설] 힘은 뉴턴의 제 2 법칙으로부터
　　$F = ma = 질량 \times 가속도 = [M \times (LT^{-2})] = [MLT^{-2}]$

문제 2. 다음 중 회전력의 차원은?

　㉮ $[ML^2T^{-3}]$　　　㉯ $[ML^{-1}T^{-2}]$　　　㉰ $[ML^{-1}T^2]$　　　㉭ $[ML^2T^{-2}]$

　[해설] 회전력 T의 단위는 $kg \cdot m$이다. 그러므로 차원은
　　$[T] = [FL] = [MLT^{-2}L] = [ML^2T^{-2}]$

문제 3. 다음 물리량에서 차원의 관계가 틀린 것은?

　㉮ $\dfrac{\Delta P}{l} = [FL^{-3}] = [ML^{-1}T^{-2}]$　　　㉯ $\mu = [FL^{-2}T] = [ML^{-1}T^{-1}]$

　㉰ $\gamma = [FL^{-3}] = [ML^{-2}T^2]$　　　㉭ $\rho = [FL^{-4}T^2] = [ML^{-3}]$

　[해설] $\dfrac{\Delta P}{l} = [MLT^{-2}] \times [L^{-2}] \times [L^{-1}] = [ML^{-2}T^{-2}]$

문제 4. 다음 물리량을 차원으로 표시한 것 중 틀린 것은?

　㉮ 운동량 $= mV = [ML^{-3}T^{-1}]$　　　㉯ 각운동량 $= mVr = [ML^2T^{-2}]$

　㉰ 동점성계수 $= \nu = [L^2T^{-1}]$　　　㉭ 역적 $= F \cdot t = [MLT^{-1}]$

　[해설] $mv = [MLT^{-1}]$

문제 5. 다음 중 절대 점성계수의 차원은?

　㉮ $[ML^{-1}T^{-2}]$　　　㉯ $[ML^{-1}T^{-1}]$　　　㉰ $[ML^{-1}T^2]$　　　㉭ $[MT^{-2}]$

　[해설] 전단응력의 차원은 $[\tau] = [FL^{-2}] = [MLT^{-2}L^{-2}] = [ML^{-1}T^{-2}]$

해답　1. ㉭　　2. ㉭　　3. ㉮　　4. ㉮　　5. ㉯

각변형률의 차원은 $\left[\dfrac{du}{dy}\right] = \left[\dfrac{LT^{-1}}{L}\right] = [T^{-1}]$

그러므로 뉴턴의 점성법칙에서 $\mu = \dfrac{\tau}{\dfrac{du}{dy}} = \left[\dfrac{ML^{-1}T^{-2}}{T^{-1}}\right] = [ML^{-1}T^{-1}]$

문제 6. 다음 물리량과 차원이 틀린 것은?

㉮ 압력 $= [ML^{-1}T^{-2}]$ ㉯ 항력 $= [MLT^{-2}]$

㉰ 동력 $= [ML^{2}T^{2}]$ ㉱ 추력 $= [ML^{-3}T^{-2}]$

[해설] 추력 $F = \left[M \times \dfrac{L}{T^{2}}\right] = [MLT^{-2}]$

문제 7. 단위의 차원 환산이 틀린 것은?

㉮ $kg \cdot s^{2}/m = [M]$ ㉯ $kg/m = [MLT^{-2}]$

㉰ $rad/s = [T^{-1}]$ ㉱ $kg/m^{2} = [ML^{-2}T^{-2}]$

[해설] $kg/m = [MLT^{-2}] \times [L^{-1}] = [MT^{-2}]$

문제 8. 물리량은 어떤 기본 단위를 종합해서 측정하게 되는데 다음 설명 중 틀린 것은?

㉮ MKS 단위는 길이, 질량, 시간(m, kg, s)을 기본으로 하는 단위이다.

㉯ 기본 단위를 조합해서 유도되는 단위를 유도 단위라 한다.

㉰ 물리량을 어떤 기본량의 조합으로 표현하는 것을 차원이라 한다.

㉱ 물리량의 차원은 질량(M), 길이(L), 시간(T)의 기본량으로만 표현된다.

[해설] 물리량의 차원은 MLT로 나타낼 수 있고 또 FLT로도 나타낼 수 있다.

문제 9. 차원해석에 있어서 반복변수의 설명으로 옳은 것은?

㉮ 별로 중요하지 않은 변수도 포함시켜야 한다.

㉯ 기본차원을 모두 포함하는 변수로 택하여야 한다.

㉰ 가능하면 같은 차원을 갖는 두 변수를 포함시켜야 한다.

㉱ 각 변수로부터 한 개의 차원을 제거시켜야 한다.

[해설] 물리량이 n개, 기본 차원수가 m개일 때, 반복 변수를 가정하는 데 주의해야 할 점은 다음과 같다.

① 반복 변수의 개수는 m개이고, 반복 변수 속에는 기본 차원 (대개 M, L, T)이 모두 포함되어 있어야 한다.

해답 6. ㉱ 7. ㉯ 8. ㉱ 9. ㉯

② 종속 변수는 반복 변수로 택해서는 안 된다.
③ 가능하면 기하학적 상사, 운동학적 상사, 역학적 상사를 만족하는 변수를 반복 변수로 택한다(예 d, V, ρ).

문제 10. 다음 변수 중에서 무차원함수가 아닌 것은?

㉮ 레이놀즈수　　　㉯ 음속　　　㉰ 마하수　　　㉱ 프루드수

[해설] 음속 $c = \sqrt{kgRT}$ 로서, 단위는 m／s가 되어 $[LT^{-1}]$의 차원을 갖는다.

문제 11. 다음 변수 중에서 무차원함수는?

㉮ 가속도　　　㉯ 동점성계수　　　㉰ 비중　　　㉱ 비중량

[해설] 비중 S는 어떤 물질의 무게에 대한 같은 체적의 양의 무게에 대한 비로서 정의되므로 차원이 없다.

문제 12. 다음에서 무차원이 아닌 것은?

㉮ 마찰계수　　　㉯ 동점성계수　　　㉰ 단면 수축계수　　　㉱ 유량계수

[해설] $\nu = \dfrac{\mu}{\rho} = \left[\dfrac{ML^{-1}T^{-1}}{ML^{-3}} \right] = [L^2 T^{-1}]$

문제 13. $F(\Delta p, l, d, V, \rho, \mu) = 0$의 무차원수 π의 개수는? (단, 여기서 ΔP는 압력 강하, l은 길이, d는 지름, V는 평균유속, ρ는 밀도, μ는 점성계수이다.)

㉮ 6개　　　㉯ 5개　　　㉰ 4개　　　㉱ 3개

[해설] 물리량의 차원은 $[\Delta p] = [FL^{-2}] = [ML^{-1}T^{-2}]$, $[l] = [L]$
$$[d] = [L], \quad [V] = [LT^{-1}], \quad [\rho] = [ML^{-3}]$$
$$[\mu] = [ML^{-1}T^{-1}]$$
물리량 $n = 6$개, 기본차원은 MLT 이므로 $m = 3$개이다.
따라서 무차원수의 개수는 $n - m = 6 - 3 = 3$개이다.

문제 14. ρ, g, V, F의 무차원수는?

㉮ $\dfrac{Fg}{\rho V}$　　　㉯ $\dfrac{F^2 V^3}{\rho^2 g}$　　　㉰ $\dfrac{F^2 \rho}{gV}$　　　㉱ $\dfrac{g^2 F}{\rho V^6}$

[해답]　10. ㉯　11. ㉰　12. ㉯　13. ㉱　14. ㉱

[해설] 물리량의 차원은 $[\rho]=[\mathrm{ML}^{-3}]$, $[\mathrm{g}]=[\mathrm{LT}^{-2}]$, $[V]=[\mathrm{LT}^{-1}]$, $[F]=[\mathrm{MLT}^{-2}]$

그러므로 무차원수 $\pi=\rho^x g^y V^z F=(\mathrm{ML}^{-3})^x(\mathrm{LT}^{-1})^z \mathrm{MLT}^{-2}$

π 는 무차원수이므로 M, L, T의 지수를 0으로 놓으면

$\mathrm{M}:x-1=0$, $\mathrm{L}:-3x+y+z+1=0$, $\mathrm{T}:2y-z-2=0$

$x=-1$, $y=2$, $z=-6$ $\qquad \therefore \pi=\dfrac{g^2 F}{\rho V^6}$

문제 15. 어떤 물리적인 관계가 $F(V, L, \rho, \mu)=0$의 식으로 주어졌다. 이 식을 무차원 수의 함수로 표시할 때 몇 개의 독립 무차원 변수가 있는가? (단, V 는 속도, L 은 길이, ρ 는 밀도, μ 는 점성계수이다.)

㉮ 3 　　　㉯ 2 　　　㉰ 1 　　　㉱ 없다.

[해설] 물리량의 수 : 4, 각 물리량의 차원은

$\quad V:[\mathrm{LT}^{-1}]$, $L:[\mathrm{L}]$, $\rho:[\mathrm{ML}^{-3}]$, $\mu:[\mathrm{ML}^{-1}\mathrm{T}^{-1}]$

따라서 기본차원은 M, L, T, 3개이므로 $4-3=1$개이다.

문제 16. 물리량이 다음과 같은 함수 관계를 가질 때 무차원수는 몇 개인가?

$$f(Q, V, D, \nu, a, N)$$

㉮ 5 　　　㉯ 4 　　　㉰ 3 　　　㉱ 2

[해설] 물리량은 6개이다 (즉, $n=6$). 물리량이 포함하고 있는 기본차원은 L과 T이다 (즉, $m=2$).

그러므로 무차원수는 $n-m$에서 $6-2=4$이다.

문제 17. 압력강하 ΔP, 밀도 ρ, 길이 L, 유량 Q 에서 얻을 수 있는 무차원수는?

㉮ $\sqrt{\dfrac{\rho}{\Delta P}\cdot\dfrac{Q}{L^2}}$ 　　㉯ $\dfrac{\Delta P}{\rho}\cdot\dfrac{L^4}{Q^2}$ 　　㉰ $\left(\dfrac{\rho}{\Delta P}\right)\dfrac{Q^2}{L^4}^{\frac{1}{3}}$ 　　㉱ $\left(\dfrac{\Delta P}{\rho}\right)^2\dfrac{L^2}{Q}$

[해설] 각 물리량의 차원은 $\Delta P=[\mathrm{ML}^{-1}\mathrm{T}^{-2}]$, $\rho=[\mathrm{ML}^{-3}]$, $L=[\mathrm{L}]$, $Q=[\mathrm{L}^3\mathrm{T}^{-1}]$

기본차원은 M, L, T의 3개이므로

(물리량의 수) − (기본차원의 수) $=4-3=1$

$\quad \therefore \pi=\Delta P^a\cdot\rho^b\cdot L^c\cdot Q=[\mathrm{ML}^{-1}\mathrm{T}^{-2}]^a\cdot[\mathrm{ML}^{-3}]^b\cdot[\mathrm{L}]^c\cdot[\mathrm{L}^3\mathrm{T}^{-1}]$

$\mathrm{M}:a+b=0$, $\mathrm{L}:-a-3b+c+3=0$, $\mathrm{T}:-2a-1=0$

$\quad \therefore a=-\dfrac{1}{2}$, $b=\dfrac{1}{2}$, $c=-2$

$\pi=\dfrac{\rho^{\frac{1}{2}}Q}{\Delta P^{\frac{1}{2}}L^2}=\sqrt{\dfrac{\rho}{\Delta P}\cdot\dfrac{Q}{L^2}}$

[해답] 15. ㉰　 16. ㉯　 17. ㉮

문제 18. 다음 무차원 함수 중에서 프루드수(Froude number)는 ?

$$ 〔가〕\ \frac{Vl\rho}{\mu} \qquad 〔나〕\ \frac{V}{c} \qquad 〔다〕\ \frac{\rho V^2}{E} \qquad 〔라〕\ \frac{V^2}{lg} $$

〔해설〕 프루드수 Fr는 다음과 같이 정의된다. $\therefore Fr = \dfrac{V^2}{lg}$

문제 19. 지름이 D인 모세관에서 액면상승높이 Δh는 표면장력 σ, 유체의 비중량 γ 에 의해 결정된다. π정리를 이용하여 Δh에 관한 식을 유도한 것으로 옳은 것은 ?

$$ 〔가〕\ \Delta h = Df\left(\frac{\sigma}{\gamma D^2}\right) \qquad\qquad 〔나〕\ \Delta h = \gamma f\left(\frac{\sigma}{\gamma D}\right) $$

$$ 〔다〕\ \Delta h = Df\left(\frac{\sigma^2}{\gamma^2 D^2}\right) \qquad\qquad 〔라〕\ \Delta h = \gamma f\left(\frac{\sigma^2}{\gamma^2 D^2}\right) $$

〔해설〕 $F(\Delta h,\ D,\ \sigma,\ \gamma) = 0$

각 물리량의 FLT계 차원은 $[\Delta h] = [L]$, $[D] = [L]$, $[\sigma] = [FL^{-1}]$, $[\gamma] = [FL^{-3}]$
기본차원의 수는 F, L의 두 개이다. 따라서 독립 무차원 매개변수의 개수 $4-2=2$ 이다.
반복변수 2개는 D와 γ로 결정한다.

$$ \therefore\ \pi_1 = D^{a1}\gamma^{b1} \cdot \Delta h \ \rightarrow\ [L]^{a1}[FL^{-3}]^{b1} \cdot [L] $$

$$ \left.\begin{array}{l} L:\ a_1 - 3b_1 + 1 = 0 \\ F:\ b_1 = 0 \end{array}\right\} \rightarrow a_1 = -1,\ b_2 = 0 $$

$$ \pi_1 = \frac{\Delta h}{D},\quad \pi_2 = D^{a2}\gamma^{b2} \cdot \sigma \ \rightarrow\ [L]^{a2}[FL^{-3}]^{b2}[FL^{-1}] $$

$$ \left.\begin{array}{l} L:\ a_2 - 3b_2 - 1 = 0 \\ F:\ b_2 + 1 = 0 \end{array}\right\} \rightarrow a_2 = -2,\ b_2 = -1 $$

$$ \pi_2 = \frac{\pi}{\gamma D^2},\ \text{따라서}\ F_1(\pi_1,\ \pi_2) = F_1\left(\frac{\Delta h}{D},\ \frac{\sigma}{\gamma D^2}\right) = 0 $$

그러므로 Δh에 대하여 풀면 $\dfrac{\Delta h}{D} = f\left(\dfrac{\sigma}{\gamma D^2}\right)$

$$ \therefore\ \Delta h = Df\left(\frac{\sigma}{\gamma D^2}\right) $$

문제 20. 다음 무차원 함수에서 레이놀즈수(Reynolds Number)는 ?

$$ 〔가〕\ \frac{VD}{\nu} \qquad 〔나〕\ \frac{\Delta P}{\rho V^2} \qquad 〔다〕\ \frac{V^2}{\sqrt{lg}} \qquad 〔라〕\ \frac{V}{C} $$

〔해설〕 $Re = \dfrac{\rho VD}{\mu} = \dfrac{VD}{\frac{\mu}{\rho}} = \dfrac{VD}{\nu}$

〔해답〕 18. 〔라〕 19. 〔가〕 20. 〔가〕

문제 21. 다음 무차원 함수 중에서 마하수와 관계깊은 것은?

　㉮ 레이놀즈수　　　㉯ 코시스수　　　㉰ 프루드수　　　㉱ 웨버수

[해설] $(Ca)_p = (Ca)_m,\ \left(\dfrac{\rho V^2}{K}\right)_p = \left(\dfrac{\rho V^2}{K}\right)_m,\ \left(\dfrac{V}{\sqrt{\dfrac{K}{\rho}}}\right)_p = \left(\dfrac{V}{\sqrt{\dfrac{K}{\rho}}}\right)_m$

$\therefore\ \left(\dfrac{V}{a}\right)_p = \left(\dfrac{V}{a}\right)_m \rightarrow (M)_p = (M)_m$

문제 22. 수력기계의 문제에 있어서 모형과 원형 사이에 역학적 상사를 이루려면 다음 어느 함수를 주로 고려하여야 하는가?

　㉮ 레이놀즈수, 마하수　　　　　㉯ 레이놀즈수, 웨버수

　㉰ 오일러수, 레이놀즈수　　　　　㉱ 코시스수, 오일러수

[해설] 수력기계에는 러너 또는 임펠러 등의 수차에 있어서 가중부에서의 속도벡터, 점성력에 의한 저항 등이 역학적 상사를 이루는데 중요한 고려요소가 되며, 특히 고속회전시에는 유체의 압축성이 고려되어야 하므로 주로 레이놀즈수와 마하수가 중요하게 된다.

문제 23. 다음 무차원 함수에서 틀린 것은?

　㉮ $We = \dfrac{\rho l V^2}{\sigma}$　　　㉯ $Fr = \dfrac{V}{\sqrt{lg}}$　　　㉰ $Ca = \dfrac{V^2}{\dfrac{E}{\rho}}$　　　㉱ $Fu = \dfrac{\rho V^2}{\Delta P}$

[해설] $E_u = \dfrac{E_p}{F_j} = \dfrac{\Delta P l^2}{\rho l^2 V^2} = \dfrac{\Delta P}{\rho V^2}$

문제 24. 다음 중에서 압력계수는?

　㉮ $\dfrac{\Delta p}{\gamma H}$　　　㉯ $\dfrac{\Delta p}{\dfrac{\rho V^2}{2}}$　　　㉰ $\dfrac{\Delta p}{l \mu V}$　　　㉱ $\Delta p\, \dfrac{\rho}{\mu^2 l^4}$

[해설] 압력계수 $C_p = \dfrac{압력}{동압} = \dfrac{\Delta p}{\dfrac{\rho V^2}{2}}$ 이다.

문제 25. 다음 중 프루드수의 정의는?

　㉮ $\dfrac{관성력}{압력}$　　　㉯ $\dfrac{관성력}{탄성력}$　　　㉰ $\dfrac{관성력}{중력}$　　　㉱ $\dfrac{관성력}{점성력}$

[해답]　21. ㉯　22. ㉮　23. ㉱　24. ㉯　25. ㉰

문제 26. 밀도 ρ, 속도 V, 체적탄성계수 K일 때 관성력과 탄성력의 비로 표시되는 무차원 수 $\dfrac{\rho V^2}{K}$ 은?

㉮ 오일러수　　　㉯ 코시스수　　　㉰ 마하수　　　㉱ 웨버수

[해설] $Ca = \dfrac{\rho V^2}{K} = \dfrac{\text{관성력}}{\text{탄성력}}$

문제 27. 강의 모형시험에서 중요한 무차원수는?

㉮ 레이놀즈수　　　㉯ 프루드수　　　㉰ 오일러수　　　㉱ 코시스수

[해설] 자유표면을 갖는 강의 모형시험에서 중요한 힘은 중력과 관성력이므로 프루드수가 같아야 한다.

문제 28. 압축성을 무시할 수 있는 유체기계에서 모형과 실형 사이에 역학적 상사가 되려면 다음 중 어떤 무차원수가 같아야 하는가?

㉮ 레이놀즈수　　　㉯ 마하수　　　㉰ 웨버수　　　㉱ 프루드수

[해설] 유체기계 문제에서는 레이놀즈수와 마하수가 중요하지만 압축성을 무시할 수 있을 경우에는 레이놀즈수만 고려하면 된다.

문제 29. 두 평행한 평판 사이에서 층류의 흐름이 있을 때 가장 중요한 두 힘은?

㉮ 압력, 관성력　　　㉯ 관성력, 점성력　　　㉰ 중력, 압력　　　㉱ 점성력, 압력

[해설] 층류흐름에 중요한 함수는 레이놀즈수로서 레이놀즈수는 관성력과 점성력의 비로 정의된다.

문제 30. 실형과 모형의 길이가 $L_p : L_m = 10 : 1$인 모형 잠수함을 바닷물에서 실험하고자 할 때 실형을 $5\,\text{m}/\text{s}$로 운전하려면 모형의 속도는 몇 m/s로 해야 하는가?

㉮ 40　　　㉯ 50　　　㉰ 60　　　㉱ 70

[해설] 점성력과 관성력이 관계되므로 역학적 상사가 존재하려면 레이놀즈수가 같아야 한다.

$$\left(\frac{VL}{\nu}\right)_p = \left(\frac{VL}{\nu}\right)_m$$

$\nu_p = \nu_m =$ 바닷물의 동점성계수이므로

$$\therefore V_m = V_p \cdot \frac{L_p}{L_m} = 5 \times \frac{10}{1} = 50\,\text{m}/\text{s}$$

[해답]　26. ㉯　27. ㉯　28. ㉮　29. ㉯　30. ㉱

문제 31. 풍동(wind tunnel)시험에 있어서 실형과 모형 사이에 서로 상사를 이루려면 어떤 무차원 함수들이 같아야 하는가?

㉮ 웨버수, 마하수 ㉯ 레이놀즈수, 마하수

㉰ 오일러수, 레이놀즈수 ㉭ 웨버수, 오일러수

[해설] 풍동시험에 있어서 중요한 무차원 수는 레이놀즈수와 마하수이다.

문제 32. 개수로 흐름에서 가장 중요한 두 힘은 다음 중 어느 것인가?

㉮ 중력과 점성력 ㉯ 표면장력과 탄성력

㉰ 중력과 관성력 ㉭ 표면장력과 관성력

[해설] 개수로 유동에서는 중력과 관성력이 점성력보다 강하게 작용하므로 역학적 상사를 만족하기 위해서는 프루드수가 같아야 한다.

문제 33. 다음 무차원 함수에서 마하수(Mach number)는?

㉮ 레이놀즈수 ㉯ 프루드수 ㉰ 코시스수 ㉭ 웨버수

[해설]
$$(Ca)_p \fallingdotseq (Ca)_m = \left(\frac{\rho V^2}{E}\right)_p \fallingdotseq \left(\frac{\rho V^2}{E}\right)_m$$

$$= \left(\frac{V}{\sqrt{\frac{E}{\rho}}}\right)_p \fallingdotseq \left(\frac{V}{\sqrt{\frac{E}{\rho}}}\right)_m = \left(\frac{V}{C}\right)_p \fallingdotseq \left(\frac{V}{C}\right)_m = (Ma)_p \fallingdotseq (Ma)_m$$

문제 34. 유체의 압축성을 고려하는 경우의 유체기계에 관한 문제에서 레이놀즈수 외에 고려해야 할 무차원 수는?

㉮ 오일러수 ㉯ 마하수 ㉰ 코시스수 ㉭ 프루드수

[해설] 유체의 압축성이 문제가 되는 경우로서 고속 기류의 흐름을 고려하는 경우는 마하수가 중요하다.

$$M = \frac{V}{a} = \frac{유속}{음파속도}$$

문제 35. 대기 속을 30 m / s의 속력으로 날고 있는 비행기의 상태를 알기 위하여 모형을 1 / 5로 만들어서 풍동실험을 할 때 모형에 대한 공기의 속도는 몇 m / s인가?

㉮ 6 ㉯ 13.4 ㉰ 67 ㉭ 150

[해답] 31. ㉯ 32. ㉰ 33. ㉰ 34. ㉯ 35. ㉭

[해설] $V_m = \dfrac{V_p l_p}{l_m} = \dfrac{V_p l_p}{\frac{1}{5} l_p} = 30 \times 5 = 150\,\text{m/s}$

문제 36. 단면이 사각형인 배수로가 있고, 실형의 1/25인 모형의 폭이 1 m이다. 그리고 실형의 높이가 15 m일 때 모형의 높이는 몇 m인가?

㉮ 0.6　　　　　　㉯ 5　　　　　　㉰ 25　　　　　　㉱ 0.2

[해설] $\dfrac{L_m}{L_p} = L_r$에서 기하학적 상사비 $L_r = \dfrac{1}{25}$ 이므로

$$\therefore\; L_m = L_p \times \frac{1}{25} = 15 \times \frac{1}{25} = 0.6\,\text{m}$$

문제 37. 길이 300 m인 유조선을 1 : 25인 모형배로 시험하고자 한다. 유조선이 12 m/s로 항해한다면 역학적 상사를 얻기 위해서 모형은 몇 m/s로 끌어야 하는가? (단, 점성마찰은 무시한다.)

㉮ 4.8　　　　　　㉯ 0.48　　　　　　㉰ 60　　　　　　㉱ 2.4

[해설] 역학적 상사를 만족하기 위해서 프루드수가 같아야 한다.

$F_p = F_m$이므로 $\left(\dfrac{V}{\sqrt{lg}} \right)_p = \left(\dfrac{V}{\sqrt{lg}} \right)_m$

$$\therefore\; V_m = V_p \sqrt{\frac{l_m}{l_p}} = 12 \sqrt{\frac{1}{25}} = 2.4\,\text{m/s}$$

문제 38. 실형의 1/16인 모형 잠수함을 해수에서 시험한다. 실형 잠수함이 5 m/s로 움직인다면, 역학적 상사를 만족하기 위해서는 모형 잠수함을 몇 m/s로 끌어야 하는가?

㉮ 0.3125　　　　　　㉯ 20　　　　　　㉰ 80　　　　　　㉱ 1.25

[해설] 레이놀즈수가 같아야 한다.

$(Re)_p = (Re)_m$이므로 $\left(\dfrac{Vl}{\nu} \right)_p = \left(\dfrac{Vl}{\nu} \right)_m$

$$\therefore\; V_m = V_p \frac{\nu_m}{\nu_p} \cdot \frac{l_p}{l_m} = 5 \times 1 \times 16 = 80\,\text{m/s}$$

[해답]　**36.** ㉮　　**37.** ㉱　　**38.** ㉰

<table><tr><td>⚙️</td><td>**주 · 관 · 식**</td></tr></table>

문제 1. 동점성계수가 $1.004 \times 10^{-6}\,\mathrm{m^2/s}$인 물이 지름 150 mm인 관 속을 유속 $3.5\,\mathrm{m/s}$로 흐른다. 또 동점성계수가 $2.96 \times 10^{-6}\,\mathrm{m^2/s}$인 기름이 75 mm인 관 속을 흐른다고 하면 두 흐름이 역학적 상사를 이루기 위해서는 기름의 유속이 얼마이어야 되는지 구하여라.

[해설] 양쪽 흐름이 역학적 상사를 이루려면 레이놀즈수가 같아야 하므로 $\left(\dfrac{VD}{\nu}\right)_p = \left(\dfrac{VD}{\nu}\right)_m$

$$\therefore \text{ 기름의 유속 } V_m = V_p \left(\frac{\nu_m}{\nu_p}\right)\left(\frac{D_p}{D_m}\right) = 3.5 \times \frac{2.96 \times 10^{-6}}{1.004 \times 10^{-6}} \times \frac{150}{75} \fallingdotseq 2.64\,\mathrm{m/s}$$

문제 2. 모형비가 1/36인 개수로가 있고, 모형에서 수력도약 후의 깊이가 100 mm이었다. 역학적 상사를 만족할 때 실형에서 수력도약 후의 깊이는 몇 m인지 구하여라.

[해설] 실형과 모형의 수력도약 후의 깊이는 다음과 같다.

$$(y_2)_p = \frac{(y_1)_p}{2}\left[-1 + \sqrt{1 + 8\left(\frac{V_1^2}{gy_1}\right)}\right]$$

$$(y_2)_m = \frac{(y_1)_m}{2}\left[-1 + \sqrt{1 + 8\left(\frac{V_1^2}{gy_1}\right)_m}\right]$$

위의 두 식에서 근호 안에 있는 $\dfrac{V_1^2}{gy_1}$은 프루드수이다. 역학적 상사를 만족하려면 실형과 모형의 프루드수는 같아야 하므로 오른쪽 큰 괄호에 있는 값은 두 식에서 같다. 따라서

$$\frac{(y_2)_p}{(y_2)_m} = \frac{(y_1)_p}{(y_1)_m} \rightarrow (y_2)_p = (y_2)_m\frac{(y_1)_p}{(y_1)_m}$$

$$(y_2)_p = 100 \times 36 = 3600\,\mathrm{mm} = 3.6\,\mathrm{m}$$

문제 3. 지름 80 cm인 관에 원유($\nu = 1 \times 10^{-5}\,\mathrm{m^2/s}$, $S = 0.86$)가 $4\,\mathrm{m/s}$로 흐르고 있다. 이 흐름 상태를 조사하기 위해 지름 5 cm인 모형관에 물($\nu = 1 \times 10^{-6}\,\mathrm{m^2/s}$)을 흘려보낼 때 물의 평균 유속을 구하여라.

[해설] 역학적 상사를 만족하려면 모형과 실형 사이에 레이놀즈수가 같아야 한다. 즉,

$$(Re)_p = (Re)_m : \left(\frac{Vd}{\nu}\right)_p = \left(\frac{Vd}{\nu}\right)_m$$

$$\therefore V_m = V_p \cdot \frac{d_p \nu_m}{d_m \nu_p} = 4 \times \frac{80}{5} \times \frac{10^{-6}}{1 \times 10^{-5}} = 6.4\,\mathrm{m/s}$$

문제 4. 해면에 떠 있는 배의 길이가 120 m이다. 이 배의 모형을 만들어서 실험하기 위하여 모형배의 길이를 3 m로 만들었다. 배의 항해 속도가 10 m / s 라면 역학적 상사를 이루기 위한 모형배의 속도는 얼마이며, 모형배의 실험에서 배의 저항력이 9 kg일 때 원형배의 항력은 몇 kg인지 각각 구하여라.

해설 $(Fr)_p = (Fr)_m$

즉, $\left(\dfrac{V^2}{lg}\right)_p = \left(\dfrac{V^2}{lg}\right)_m$ 에서 $\dfrac{10^2}{120 \times 9.8} = \dfrac{V^2}{3 \times 9.8}$ $\therefore\ V = 1.58 \,\text{m/s}$

항력에 대한 무차원 함수를 모형과 원형에 대하여 같게 놓으면

$\left(\dfrac{D}{\rho V^2 l^2}\right)_p = \left(\dfrac{D}{\rho V^2 l^2}\right)_m$ 에서 $\dfrac{D_p}{10^2 \times 120^2} = \dfrac{9}{1.58^2 \times 3^2}$ $\therefore\ D_p = 576.8 \times 10^3\,\text{kg}$

[SI 단위]

$$\dfrac{D_p}{10^2 \times 120^2} = \dfrac{88.2}{1.58^2 \times 3^2}   \therefore\ D_p = 5.65 \times 10^6\,\text{N}$$

문제 5. $\rho = 40\,\text{kg/m}^3$, $\mu = 0.0002\,\text{N} \cdot \text{s/m}^2$ 인 기체가 지름이 1.2 m인 관을 통하여 25 m / s로 흐르고 있고, 역학적 상사를 만족하는 모형관에 20℃인 물을 75 l / s로 흘려보냈다. 이때 모형관의 지름(cm)을 구하여라. (단, 20℃인 물의 동점성계수 $\nu = 1.007 \times 10^{-6}\,\text{m}^2$/ s이다.)

해설 모형관의 지름을 d_m이라고 놓으면 평균유속은 $V_m = \dfrac{0.075}{\dfrac{\pi}{4} d_m^2}$

역학적 상사를 만족하므로 레이놀즈수가 같아야 한다.

$(Re)_p = (Re)_m$ 이므로 $\left(\dfrac{\rho V d}{\mu}\right)_p = \left(\dfrac{\rho V d}{\mu}\right)_m$

$$\dfrac{40 \times 25 \times 1.2}{0.0002} = \dfrac{\dfrac{0.075}{\dfrac{\pi}{4} d_m^2} \times d_m}{1.007 \times 10^{-6} \times 1000}   \therefore\ d_m = 0.0158\,\text{cm}$$

문제 6. 안지름이 75 mm인 관 속을 30℃인 물이 평균 유속 15 cm / s로 흐르고 있다. 안지름이 25 mm인 관에 피마자 기름(동점성계수 : $4.5 \times 10^{-4}\,\text{m}^2$/ s)이 흐를 때 기름의 속도를 구하여라. (단, 물의 점성계수 $\mu = 8.16 \times 10^{-5}\,\text{kg} \cdot \text{s/m}^2$)

해설 $\nu_{\text{H}_2\text{O}} = \dfrac{8.16 \times 10^{-5}}{\rho_{\text{H}_2\text{O}}} = 8.04 \times 10^{-7}\,\text{m}^2/\text{s}$ 이므로

$(Re)_p = (Re)_m$, $\dfrac{V_p l_p}{\nu_p} = \dfrac{V_m l_m}{\nu_m}$

$$\therefore\ V_m = \dfrac{l_p \cdot \nu_m V_p}{l_m \nu_p} = \dfrac{75 \times 4.5 \times 10^{-4} \times 0.15}{25 \times 8.04 \times 10^{-7}} = 252\,\text{m/s}$$

문제 7. 실형이 1/16인 모형배가 물 위를 $2\,\mathrm{m/s}$로 움직일 때 조파항력(wave drag)이 10 Newton이었다. 실형배의 물 위에서 역학적 상사를 만족하기 위한 속도와 조파항력을 구하여라. (단, SI 단위로 한다.)

해설 역학적 상사를 만족하려면 실형과 모형 사이의 프루드수가 같아야 한다. 즉,

$$F_p = F_m \text{이므로} \quad \frac{V_p}{\sqrt{l_p g}} = \frac{V_m}{\sqrt{l_m g}}$$

$$\therefore \ V_p = V_m \sqrt{\frac{l_p}{l_m}} = 2\sqrt{16} = 8\,\mathrm{m/s}$$

역학적 상사를 만족하기 때문에 실형과 모형의 항력계수는 같아야 한다. 즉,

$$(C_D)_p = (C_D)_m \text{이므로} \quad \left(\frac{F}{\dfrac{\rho A V^2}{2}} \right)_p = \left(\frac{F}{\dfrac{\rho A V^2}{2}} \right)_m$$

$$\therefore \ F_p = F_m \frac{A_p}{A_m} \left(\frac{V_p}{V_m} \right)^2 = F_m \left(\frac{l_p}{l_m} \right)^2 \left(\frac{V_p}{V_m} \right)^2 = 10 \times 16^2 \times \left(\frac{8}{2} \right)^2 = 40960\,\mathrm{N}$$

문제 8. 실형의 길이가 $100\,\mathrm{m}$인 배를 길이 $4\,\mathrm{m}$인 모형으로 시험하려고 한다. 실형의 배가 $50\,\mathrm{km/h}$로 움직인다면 실형과 모형 사이에 역학적 상사를 만족하기 위해서 모형은 몇 $\mathrm{km/h}$가 되어야 하며, 모형의 항력이 $5\,\mathrm{kg}$이면 실형의 항력은 몇 kg인지 구하여라. (단, 실형과 모형은 같은 유체에서 실험한다.)

해설 프루드수가 같아야 하므로 $\left(\dfrac{V}{\sqrt{Lg}} \right)_p = \left(\dfrac{V}{\sqrt{Lg}} \right)_m$

$$\therefore \ V_m = V_p \cdot \sqrt{\frac{L_m}{L_p}} = 50 \times \sqrt{\frac{4}{100}} = 10\,\mathrm{km/h}$$

또, 항력계수가 같아야 하므로 $(C_D)_p = (C_D)_m$

$$\therefore \ \left(\frac{D}{\dfrac{\rho A V^2}{2}} \right)_p = \left(\frac{D}{\dfrac{\rho A V^2}{2}} \right)_m$$

$$\therefore \ D_p = D_m \cdot \left(\frac{\rho_p}{\rho_m} \right) \cdot \left(\frac{A_p}{A_m} \right) \cdot \left(\frac{V_p}{V_m} \right)^2 = D_m \cdot \left(\frac{\rho_p}{\rho_m} \right) \cdot \left(\frac{L_p}{L_m} \right)^2 \cdot \left(\frac{V_p}{V_m} \right)^2$$

$$= 5 \times 1 \times \left(\frac{100}{4} \right)^2 \times \left(\frac{50}{10} \right)^2 = 78125\,\mathrm{kg}$$

제 7 장　페수로의 흐름

1. 원형관 속의 손실

1-1　손실수두

그림 7-1과 같이 길고 곧은 수평원관 속의 흐름이 정상류라면 손실수두는 속도수두와 관의 길이에 비례하고, 관의 지름에 반비례하게 된다. 따라서 관로가 층류이거나 난류이거나 관계없이 관벽에 생기는 전단응력은 다음과 같은 식으로 나타낸다.

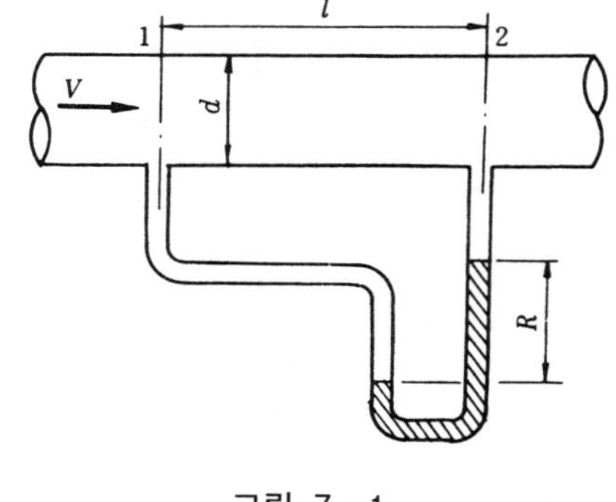

그림 7-1

$$\tau = \frac{\Delta p r}{2l} = \frac{\Delta p d}{2l}$$

$$\therefore 4\tau = \frac{\Delta p d}{l}$$

양변을 동압 $\dfrac{\gamma v^2}{2g}$ 으로 나누면 $\quad \dfrac{4\tau}{\dfrac{\gamma v^2}{2g}} = \dfrac{\dfrac{\Delta p d}{l}}{\dfrac{\gamma v^2}{2g}} = f$

$$\therefore \Delta p = f\frac{l}{d}\frac{\gamma v^2}{2g} \qquad \therefore h_L = \frac{\Delta p}{\gamma} = f\frac{l}{d}\frac{v^2}{2g}$$

단, f 는 관마찰계수(pipe friction coefficient)로서 일반적으로 레이놀즈수와 상대 조도의 함수이다. 이 식을 Darcy-Weisbach 방정식이라 한다.

1-2　관마찰계수

(1) 층류 구역 ($Re < 2100$)

원관 속의 흐름이 층류일 때 Hagen-Poiseuille의 압력 강하식과 Darcy-Weisbach의 압력 손실이 같아야 하므로

$$\Delta p = f\frac{l}{d}\frac{\gamma v^2}{2g} = \frac{128\mu l Q}{\pi d^4} \qquad \therefore f = \frac{64\mu}{\rho v d} = \frac{64}{Re}$$

즉, $Re < 2100$ 인 층류에서 관마찰계수 f 는 Reynolds수만의 함수이다.

(2) 천이 구역 ($2100 < Re < 4000$)

관마찰계수 f 는 상대 조도와 Reynolds수의 함수이다.

(3) 난류 구역 ($Re > 4000$)

① Blasius 의 실험식 : 매끈한 관

$$f = 0.3164 Re^{-\frac{1}{4}}, \quad 3000 < Re < 105$$

② Nikuradse 의 실험식 : 거친 관

$$\frac{1}{\sqrt{f}} = 1.14 - 0.86 \ln\left(\frac{e}{d}\right)$$

③ Colebrook의 실험식 : 중간 영역의 관

$$\frac{1}{\sqrt{f}} = -0.86 \ln\left(\frac{\frac{e}{d}}{3.71} + \frac{2.51}{Re\sqrt{f}}\right)$$

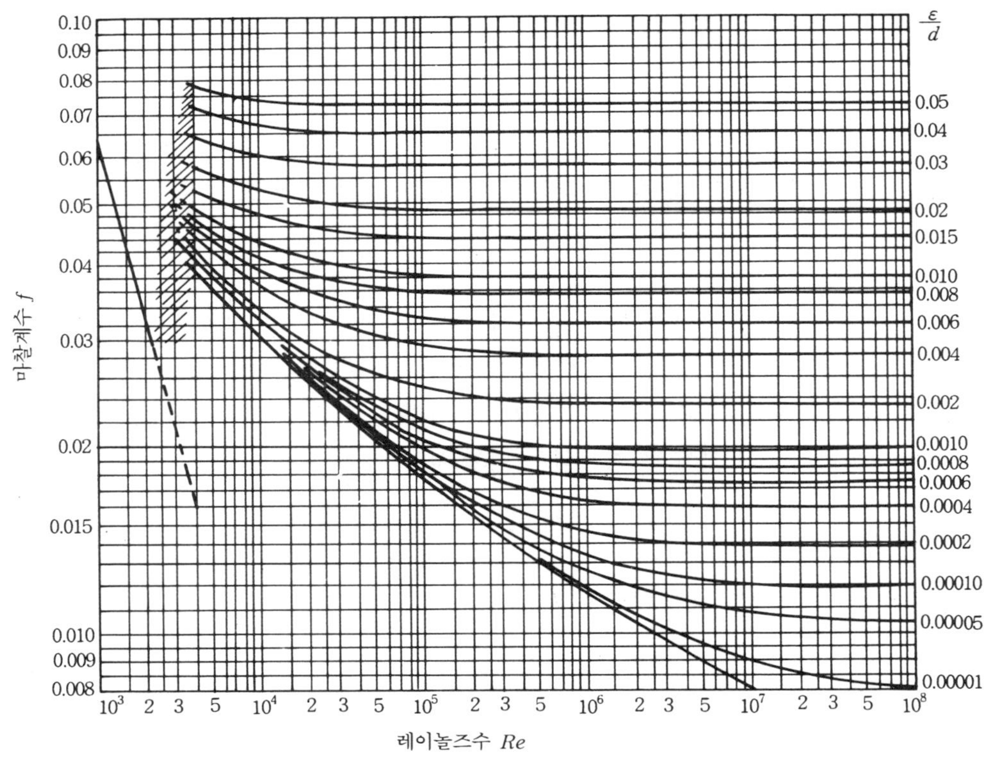

리벳한 강 9.15~0.915, 콘크리트 3.048~0.3048, 목재판 0.915~0.813, 광금철(함석) 0.152

주철 0.183, 아스팔트를 칠한 주철 0.122, 상업용 간판 0.0457, drawing관 0.00152   단위(ε, mm)

그림 7 - 2 무디선도(Moody diagram)

예제 **1.** 완전 난류구역에 있는 거친관에 대한 설명으로 옳은 것은?

㉮ 마찰계수가 레이놀즈수의 함수이다. 　　㉯ 마찰계수가 상대 조도와 무관하다.

㉰ 매끈한 관과 마찰계수가 같다. 　　㉱ 손실수두가 속도 제곱에 비례한다.

해설 다르시의 방정식에서 $h_L = f \dfrac{L}{d} \cdot \dfrac{V^2}{2g}$, $h_L \propto V^2$ 　　　　**답** ㉱

예제 **2.** 안지름 15 cm, 길이 1000 m인 원관 속을 물이 50 l / s의 비율로 흐르고 있을 때 관마찰계수 $f = 0.02$로 가정하면 마찰 손실수두는 몇 m인가?

㉮ 5.45 m 　　　㉯ 54.5 m 　　　㉰ 2.83 m 　　　㉱ 28.3

해설 관 속의 평균유속 $V = \dfrac{Q}{A} = \dfrac{4Q}{\pi d^2} = \dfrac{4 \times 0.05}{\pi \times 0.15^2} = 2.83 \, \text{m/s}$

구하는 손실수두를 Δh라 하면

$$\Delta h = \frac{\Delta p}{\gamma} = \frac{f \cdot \dfrac{l}{d} \cdot \dfrac{\gamma V^2}{2g}}{\gamma} = f \cdot \frac{l}{d} \cdot \frac{V^2}{2g}$$

$$= 0.02 \times \frac{1000}{0.15} \times \frac{2.83^2}{2 \times 9.8} = 54.5 \, \text{m}$$ 　　　　**답** ㉯

2. 비원형 단면관에서의 손실

　실제적인 문제에서 가끔 관의 단면이 원형이 아닌 경우가 있다. 이러한 경우에는 유동 상태가 훨씬 복잡하게 된다. 흐름이 층류인 경우에는 속도 분포 및 압력 손실을 이론적으로 구할 수 있지만 난류의 경우는 불가능하다. 따라서 원관 속의 흐름과 비교하여 비원형 단면의 수력반지름의 개념을 이용하여 마찰 손실을 구할 수 있다.

$$\text{수력반지름} \, (R_h) = \frac{\text{유동 단면적}}{\text{접수 길이}} = \frac{A \, (\text{Area})}{P \, (\text{Perimeter})}$$

원형 단면에 유체가 가득 차 흐르는 경우

$$R_h = \frac{\dfrac{\pi d^2}{4}}{\pi d} = \frac{d}{4} \qquad \therefore \, \text{수력지름} \, (d) = 4R_h$$

비원형 단면에서는 수력지름을 사용하여

$$R_h = \frac{ab}{2(a+b)}$$

$$Re = \frac{V(4R_h)}{\nu}, \quad \frac{e}{d} = \frac{e}{4R_h}$$

$$\therefore \; h_L = f\,\frac{l}{4R_h}\,\frac{v^2}{2g}$$

예제 3. 안지름이 10 cm인 관 속에 한 변의 길이가 5 cm인 정사각형 관이 중심을 같이하고 있다. 원관과 정사각형관 사이에 평균유속 1m/s인 물이 흐른다면 관의 길이 10 m 사이에서 압력 손실수두는 몇 m인가? (단, 마찰계수는 0.04이다.)

㉮ 1.23 m   ㉯ 2.5 m   ㉰ 5.3 m   ㉱ 0.49 m

해설 $R_h = \dfrac{\pi \times 5^2 - 5^2}{10\pi + 4 \times 5} = \dfrac{53.5}{51.4} = 1.04\,\text{cm}$

$\therefore \; h = f \cdot \dfrac{l}{4R_h} \cdot \dfrac{V^2}{2g} = 0.04 \times \dfrac{10}{4 \times 1.04 \times 10^{-2}} \times \dfrac{1}{2 \times 9.8} = 0.49\,\text{m}$ 답 ㉱

3. 부차적 손실

관 속에 유체가 흐를 때 앞의 관마찰 손실 이외에 단면 변화, 곡관부, 벤드(bend), 엘보(elbow), 연결부, 밸브, 기타 배관 부품에서 생기는 손실을 통털어서 부차적 손실(minor loss)이라 한다. 이 부차적 손실은 속도수두에 비례한다.

$$h_L = \frac{KV^2}{2g}$$

여기서, K : 손실계수

3-1 돌연 확대관에서의 손실

압력과 속도가 각 단면에서 일정하다면 각 방정식은 다음과 같다.

① 연속방정식 : $Q = A_1 V_1 = A_2 V_2$

② 운동량 방정식 : $p_1 A - p_2 A = \rho Q = \rho Q(V_2 - V_1)$

확대된 측면 부분의 압력은 그 부분에 와류가 발생하여 압력 p_1이 그대로 유지된다고 가정하였다. 또한 베르누이 방정식을 적용하면 다음과 같다.

$$\frac{p_1}{\gamma} + \frac{V_1^2}{2g} = \frac{p_2}{\gamma} + \frac{V_2^2}{2g} + h_L$$

위의 두 식에서 $\dfrac{(p_1 - p_2)}{\gamma}$ 를 소거하면

$$\therefore \ h_L = \frac{(V_1 - V_2)^2}{2g}$$

연속방정식을 적용시키면 다음과 같다.

$$h_L = \left(1 - \frac{A_1}{A_2}\right)^2 \frac{V_1^{\,2}}{2g} = K \frac{V^2}{2g}$$

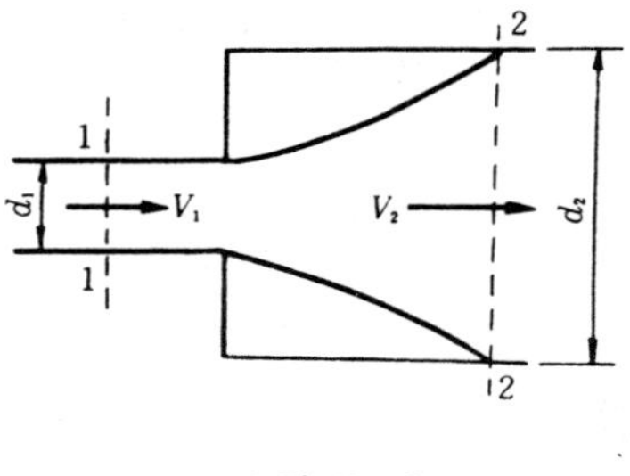

그림 7 - 3

여기서, K는 돌연 확대관에서의 손실계수이고, $A_1 \ll A_2$ 인 경우 $K = 1$ 이 된다.

3-2 돌연 축소관에서의 손실

그림 7-4와 같은 돌연 축소관에서의 손실수두 h_L 은 단면 0으로부터 단면 2까지의 운동에너지가 압력에너지로 변환되는 과정의 손실로서 다음과 같다.

$$h_L = \frac{(V_0 - V_2)^2}{2g}$$

연속방정식 $Q = A_0 V_0 = A_2 V_2$ 에서

$$V_0 = \frac{A_2}{A_0} V_2 = \frac{1}{C_c} V^2$$

여기서, $C_c = \dfrac{A_0}{A_2}$: 단면 축소계수

따라서 손실수두는 다음과 같이 구한다.

$$h_L = \left(\frac{1}{C_c} - 1\right)^2 \frac{V_2^{\,2}}{2g}$$

$$= K \frac{V^2}{2g}$$

여기서, K : 돌연 축소관에서의 손실계수

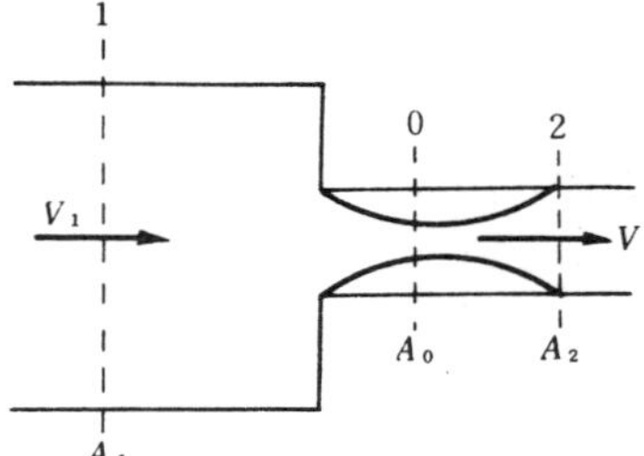

그림 7 - 4 돌연 축소관

급축소 관로의 수축계수

A_2 / A_1	0.1	0.2	0.3	0.4	0.5	0.6	0.7	0.8	0.9	1.0
C_c	0.61	0.62	0.63	065	0.67	0.70	0.73	0.77	0.84	1.00
$\{(1/C_c) - 1\}^2$	0.41	0.38	0.34	0.29	0.24	0.18	0.14	0.089	0.036	0

축소 손실계수 K값은 원관의 부착 현상에 따라 달라진다.

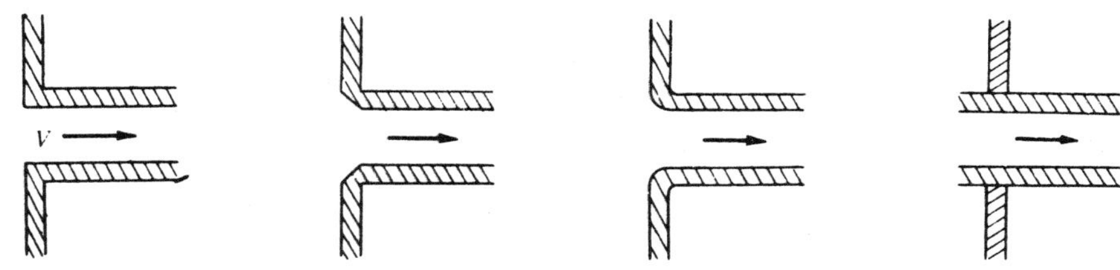

그림 7 - 5

3-3　점차 확대관에서의 손실

　점차 확대되는 원형 단면관에서는 확대각 θ 에 따라 손실이 달라지게 된다. Gibson의 실험에 의하면 $h_L = K \dfrac{(V_1 - V_2)^2}{2g}$ 이며, K값은 다음 그림과 같고, 최대 손실은 θ 가 62° 근방에서, 최소 손실은 6~7° 근방에서 생긴다.

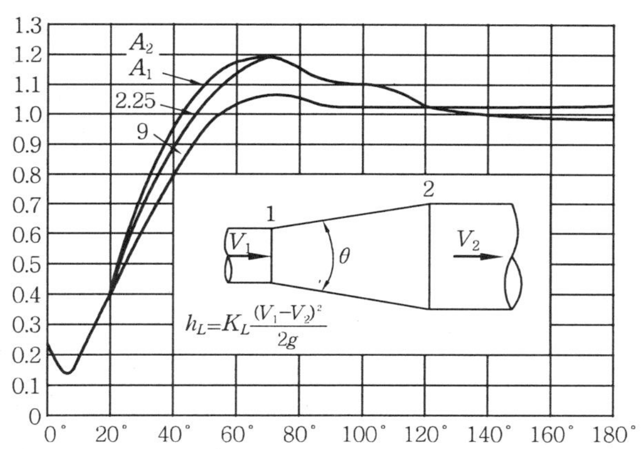

그림 7 - 6　원추 확대관에 대한 미소 손실계수

3-4　관로의 방향이 변화하는 관의 손실

　매끈한 곡관(bend pipe)에서의 손실은 곡호반지름이 큰 곡관에서는 마찰과 2차 흐름(와류)이 손실의 주원인이 되며, 곡호반지름이 작은 곡관에서는 박리와 2차 흐름이 중요하다.

(1) 원형 곡관(bend)에서의 손실

　그림 7-7에서 곡관의 손실수두 h_L은

$$h_L = \left(K + f \frac{l}{d} \right) \frac{V^2}{2g}$$

Weisbach에 의하면 다음과 같다.

$$K = \left[\, 0.131 + 0.1632 \left(\frac{d}{\rho}\right)^{3.5} \right] \frac{\theta°}{90}$$

$\theta = 90°$인 직각 곡관의 경우,

$\dfrac{d}{\rho} = 0.5 \sim 2.5$인 범위에서는

$$\left(K + f\frac{l}{d}\right) = 0.175 = 0.175$$

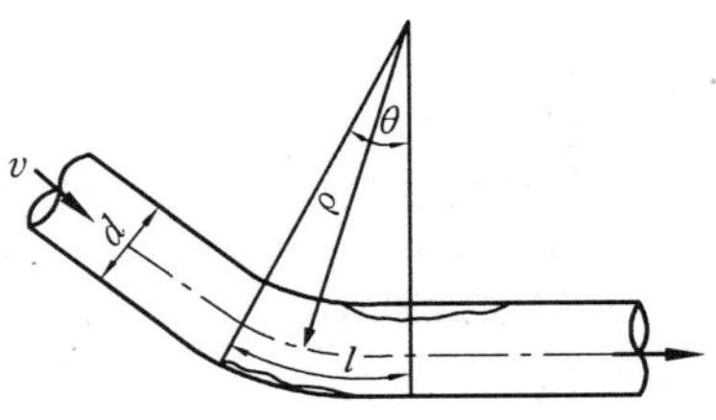

그림 7 - 7 곡관 속의 흐름

곡관의 손실계수

벽 면	ρ/d θ	1	2	4	6	10
매끈한 곡 관	15	0.030	0.030	0.030	0.030	0.030
	22.5	0.045	0.045	0.045	0.045	0.045
	45	0.140	0.090	0.080	0.080	0.070
	60	0.190	0.120	0.095	0.085	0.070
	90	0.210	0.135	0.100	0.085	0.105
거친 곡관	90	0.510	0.300	0.230	0.180	0.200

여기서, 매끈한 벽면 $Re = 2.25 \times 10^5$, 거친 벽면 $Re = 1.46 \times 10^5$

(2) 엘보(elbow)에서의 손실

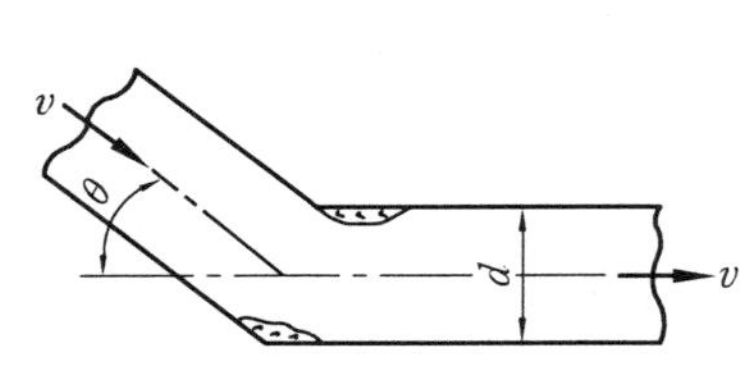

그림 7 - 8 엘보의 흐름

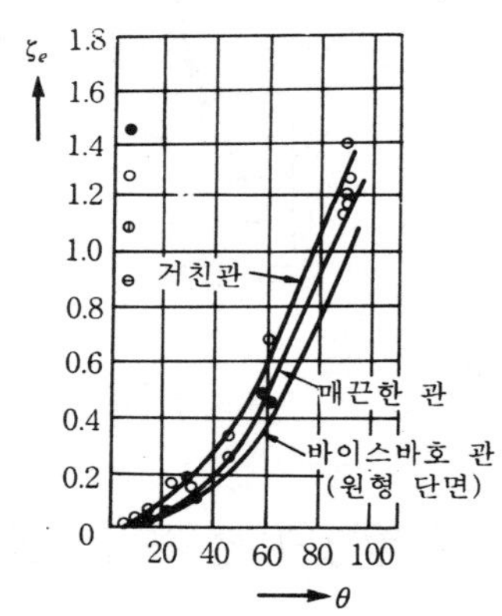

그림 7 - 9 엘보의 손실계수(ζ_e)

그림 7-8에서 곡관의 손실수두 h_L은 다음과 같다.

$$h_L = \left(K + f\frac{l}{d}\right)\frac{V^2}{2g}$$

엘보의 손실계수 (ζ_e)

θ		5	10	15	22.5	30	45	60	90
ζ_e	매끈한 벽면	0.016	0.034	0.042	0.066	0.130	0.236	0.471	1.129
	거친 벽면	0.024	0.044	0.062	0.154	0.165	0.320	0.687	1.265

3-5 관부속품의 부차적 손실

관로를 흐르는 유체의 유량이나 흐름의 방향을 제어하기 위하여 각종 밸브나 콕이 사용되는데 밸브가 달린 부분에서 흐름의 단면적이 변하기 때문에 에너지의 손실이 생긴다.

$$h_L = K \frac{V^2}{2g}$$

(1) 슬루스 밸브

슬루스 밸브(sluice valve)는 밸브 단의 직후에서 흐름의 단면적이 돌연 확대되기 때문에 손실이 발생한다. 이때 $\dfrac{x}{d}$ 가 작을수록 손실은 커져서 관로의 유량이 감소한다.

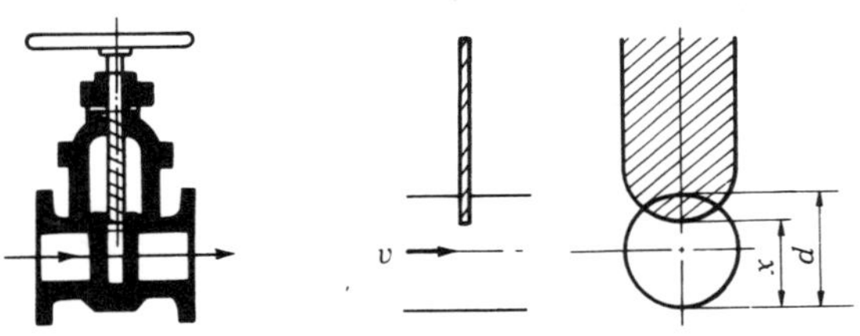

그림 7-10 슬루스 밸브

슬루스 밸브의 K 값

호칭 구의 지름 (in)	x/y					
	1/8	1/4	3/8	1/2	3/4	1
1/2	374.0	53.6	18.26	7.74	2.204	0.808
3/4	303.0	40.3	10.15	4.23	0.920	0.280
1	211.0	34.9	9.81	3.54	0.882	0.233
2	146.0	22.5	7.15	3.22	0.739	0.175
4	67.2	13.0	4.62	1.93	0.412	0.164
6	87.3	17.1	9.12	2.64	0.522	0.145
8	66.3	13.5	4.92	2.19	0.464	0.103
10	96.2	17.4	5.61	2.29	0.414	0.047

(2) 글로브 밸브

글로브 밸브(globe valve)에 있어서 $\dfrac{x}{d}$ 가 클수록 글로브 밸브의 손실계수 값은 작아지지만 전개하였을 때는 아래 표의 값을 가진다.

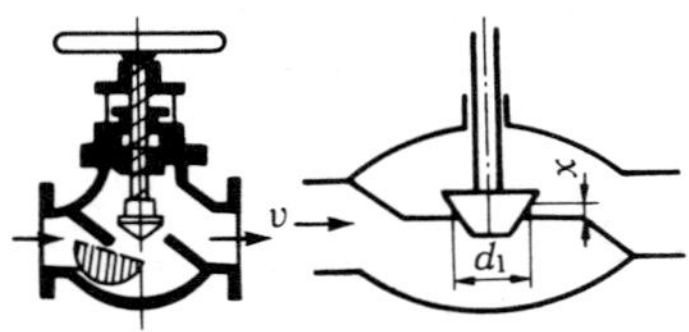

그림 7 - 11 글로브 밸브

글로브 밸브의 K 값

x/d_1	1/4	1/2	3/4	1
K	16.3	10.3	7.36	6.09

(3) 콕 (cock)

콕에 있어서 각 θ 가 증가하면 흐름의 단면적도 커져서 손실이 증대한다. 아래 표는 원형과 사각형에 대하여 원형 콕의 손실계수 값을 나타낸 것이다.

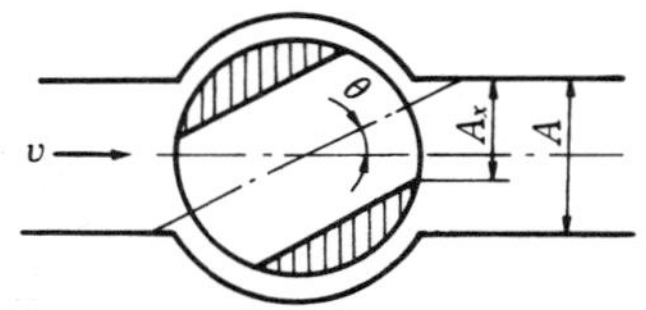

원형의 콕 K 값

구 분	$\theta°$	5	10	15	20	30	40	50	55	60
원 형	A_r/A	0.93	0.85	0.77	0.69	0.52	0.38	0.29	0.91	0.14
	K	0.05	0.25	0.75	1.56	5.47	17.30	52.60	106.00	206.00
사각형	A_r/A	0.93	0.85	0.77	0.69	0.52	0.35	0.19	0.11	—
	K	0.05	0.31	0.88	1.84	6.15	20.70	95.30	275.000	—

3-6 관의 상당 길이

부차적 손실은 같은 손실수두를 갖는 관의 길이로 나타낼 수 있다. 즉,

$$h_L = K\frac{V^2}{2g} = f\frac{L_e}{d}\frac{V^2}{2g}$$

윗 식에서 L_e 에 대하여 풀면 다음과 같다.

$$L_e = \frac{Kd}{f}$$

길이 L_e를 관의 상당 길이 또는 등가 길이(equivalent length of pipe)라 한다.

예제 4. 층류 정상유동에서 x는 유동방향, y는 직교방향의 좌표를 나타낼 때 압력손실과 마찰손실과의 관계식을 나타낸 것은? (단, p는 압력, τ는 전단응력, μ는 점성계수이다.)

$\qquad$ 가 $\dfrac{dp}{dy} = \mu \dfrac{d\tau}{dx}$ $\qquad\qquad\qquad$ 나 $\dfrac{dp}{dx} = \dfrac{d\tau}{dy}$

$\qquad$ 다 $\dfrac{dp}{dy} = \dfrac{d\tau}{dx}$ $\qquad\qquad\qquad$ 라 $\dfrac{dp}{dy} = \dfrac{1}{\mu} \cdot \dfrac{d\tau}{dy}$

해설 층류유동하는 유체의 체적소 $dx \times dy \times 1$에서

$$p\,dy - \left(p + \frac{dp}{dx}\,dx \right) dy$$

$$- \tau\,dx + \left(\tau + \frac{d\tau}{dy}\,dy \right) dx = 0$$

$$\therefore \; -p\,dy + d\tau\,dx = 0$$

$$\therefore \; \frac{dp}{dx} = \frac{d\tau}{dy}$$

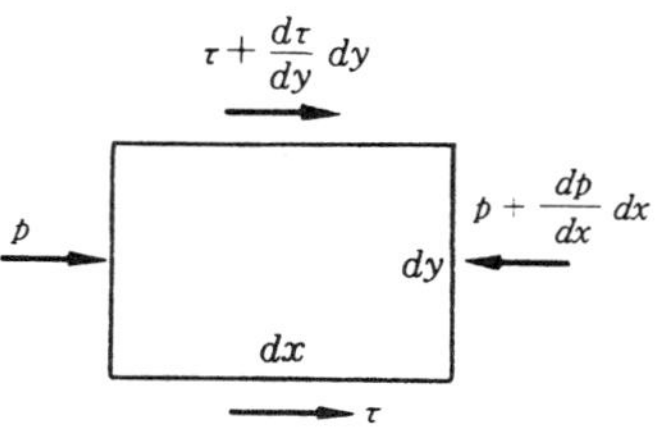

답 나

4. 관로계의 손실

4-1 직렬 관로계의 총 손실

(1) 동일 지름 관로의 손실

관로에서의 여러 가지 손실이 조합되어 있으므로 이들의 압력 손실과 마찰 손실의 총합을 생각하여야 한다. 그림 7-13은 곡관 및 밸브를 가진 일정 단면의 관로로서 수두면의 낙차가 h인 두 물탱크를 연결한 것이다.

이때 관로의 총 손실수두를 h_L로 하여 두 물탱크 사이에 베르누이 방정식을 적용시키면

$$\frac{V_1{}^2}{2g} + z_1 + h_1 = \frac{V_2{}^2}{2g} + z_2 + h_2 + h_L$$

이며, 총 손실수두는 다음과 같이 구한다.

$$h = h_L = \left(f\frac{l}{d} + \Sigma K + 1 \right) \frac{V^2}{2g}$$

여기서, ΣK : 입구, 곡관 및 밸브 등의 손실계수의 합

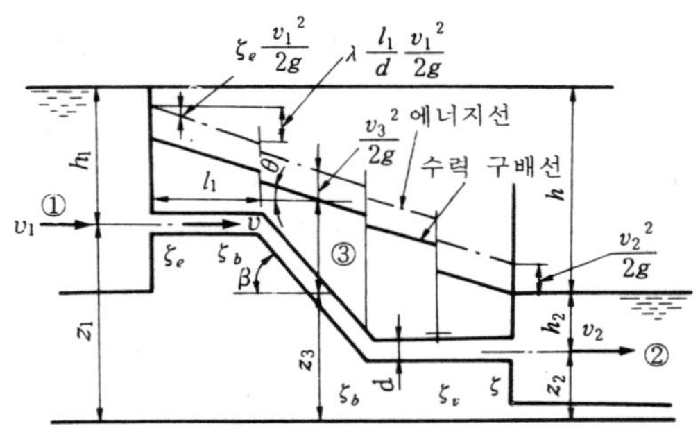

그림 7 - 13 단일 관로의 에너지선과 수력 구배선

(2) 다른 지름 관로의 손실

그림 7−14와 같이 지름이 다른 관로의 총 손실수두 h_L은 다음과 같다.

$$h_L = \Sigma h = h_1 + h_2 + h_3 + h_4 + h_{01} + h_{12} + h_{23} + h_{34} + h_{45}$$

여기서, h_1, h_2, h_3, h_4 : 각 단면에서의 마찰손실

h_{01}, h_{12}, h_{23}, h_{34}, h_{45} : 각 단면에서 다음 단면으로 유입할 때 발생하는 손실

연속방정식 $Q = Q_1 = Q_2 = Q_3 = Q_4$ 에서

$$V_1 = \frac{A_2}{A_1}\,V_2 = \frac{A_3}{A_1}\,V_3 = \frac{A_4}{A_1}\,V_4$$

따라서 총 손실수두 h_L은 다음과 같다.

$$h_L = \left[\, f_1\frac{l_1}{d_1} + f_2\frac{l_2}{d_2}\left(\frac{A_1}{A_2}\right)^2 + \cdots + K_{01} + K_{12}\left(\frac{A_1}{A_2}\right)^2 + \cdots \,\right]\frac{V_1{}^2}{2g}$$

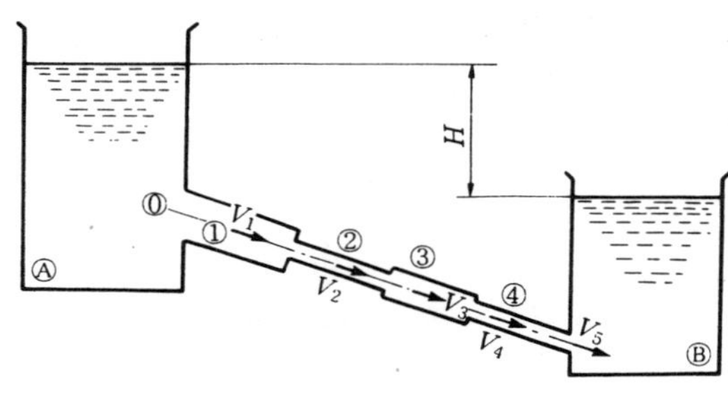

그림 7 - 14 직렬 관로(다른 지름 관로)

4-2 병렬 관로계의 총 손실

그림 7-15와 같이 한 관로에서 여러 개의 관로로 분기되었다가 다시 하나의 관로로 합쳐 지는 것을 병렬 관로라 한다. 병렬 관로의 모든 지관에 있어서 에너지 손실은 같고, 유량은 점차 증가한다. 따라서 관로의 용량을 증가시킬 때 병렬 관로를 이용한다.

$$Q = Q_1 + Q_2 + Q_3$$

$$h_L = h_{L1} = h_{L2} = h_{L3}$$

$$h_{L1} = \left(f_1 \frac{l_1}{d_1} + \Sigma K_1 \right) \frac{V_1^{\,2}}{2g}$$

$$h_{L2} = \left(f_2 \frac{l_2}{d_2} + \Sigma K_2 \right) \frac{V_2^{\,2}}{2g}$$

$$h_{L3} = \left(f_3 \frac{l_3}{d_3} + \Sigma K_3 \right) \frac{V_3^{\,2}}{2g}$$

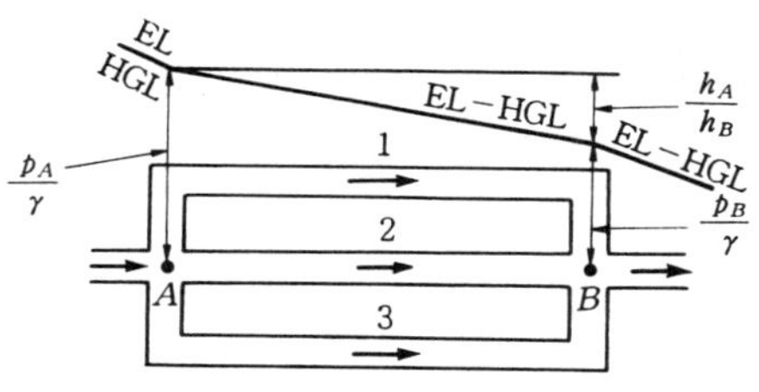

그림 7-15 병렬 관로

4-3 관로망의 손실

그림 7-16과 같이 몇 개의 폐로로 구성된 관로를 관로망(network)이라 한다.

관로망의 각 관의 길이가 충분히 길고, 관마찰 손실이 커서 부차적 손실을 무시할 수 있을 때의 손실수두 h_L은 다음과 같다.

$$h_L = f \frac{l}{d} \frac{V^2}{2g}$$

$$= f \frac{l}{d} \frac{1}{2g} \left(\frac{4Q}{\pi d} \right)^2 = K Q^2$$

$$K = f \frac{l}{d} \frac{1}{2g} \left(\frac{Q}{\pi d} \right)^2$$

$$= \frac{8fl}{g\pi^2 d^5} = 0.0827 f \frac{l}{d^5}$$

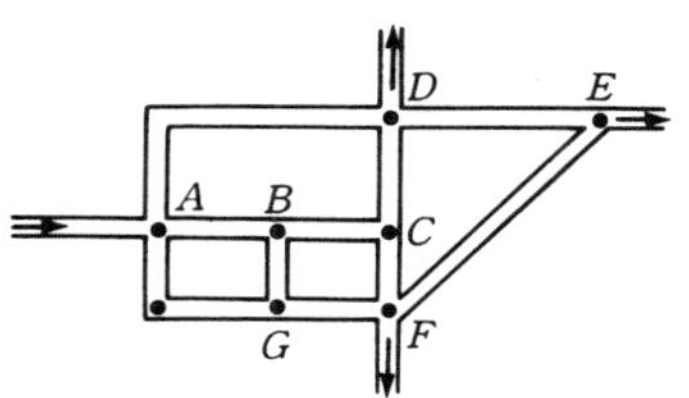

그림 7-16 관로망

(1) 근사 계산법

① 임의의 접합점에서의 유입 유량과 유출 유량은 같다.

② 폐회로를 형성하는 관로에서는 각 지관에서의 손실수두를 폐회로에 따라 합하면 0이 된다.

그림 7-17에서

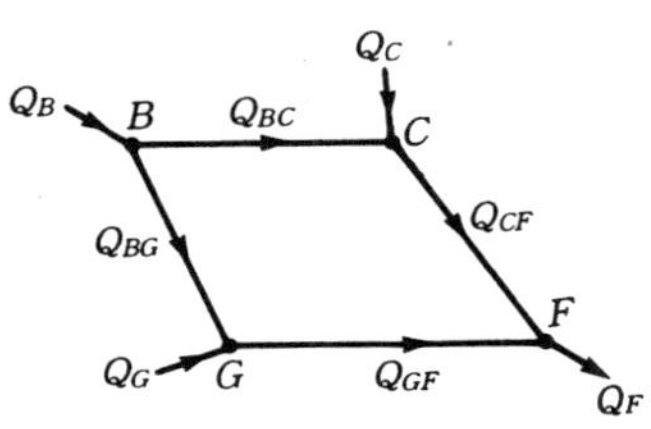

그림 7-17 폐관로

$$Q_B = Q_{BC} + Q_{BG}, \quad Q_{BC} + Q_C = Q_{CF}$$

$$Q_{BG} + Q_G = Q_{GF}, \quad Q_{CF} + Q_{GF} = Q_F$$

$$\therefore (KQ^n)_{BC} + (KQ^n)_{CF} - (KQ^n)_{BG} - (KQ^n)_{GF} = 0$$

(2) Hardy Cross의 방법

각 지관의 접합점에서 연속방정식을 만족시키도록 유량과 그 방향을 가정한 다음 위에서 설명한 손실수두에 대한 지수방정식을 이용하여 가정된 유량을 점차적으로 수정하여 나가는 단계로 이루어진다.

① 각 지관의 접합점에서 연속방정식을 만족시킬 수 있도록 각 관로에 대한 유량 Q_0를 가정한다.

② 각 관에 대하여 손실수두 $h_L = KQ^n$을 계산하고, 관로로 연결된 폐회로에 대하여 $\Sigma h_L = \Sigma(KQ_0^n)$을 계산한다. 이때 가정한 유량이 실제 유량이면 $\Sigma h_L = 0$이 된다.

③ 가정 유량의 수정치 ΔQ를 계산하기 위하여 각 폐회로에 대하여 $\Sigma Kn Q_0^{n-1}$을 계산한다.

④ 유량의 수정치 ΔQ를 계산한다. $\Delta Q = \dfrac{\Sigma KQ_0^{n}}{\Sigma Kn Q_0^{n-1}}$

⑤ 수정치 ΔQ를 이용하여 각 관로에서의 유량을 수정한다.

⑥ ΔQ의 값이 거의 0이 될 때까지 위의 단계를 반복 계산한다.

$$Q = Q_0 + \Delta Q, \quad h_L = KQ^n = K(Q_0 + \Delta Q)^n = K(Q_0^n + nQ_0^{n-1}\Delta Q + \cdots\cdots)$$

여기서, $\Delta Q \ll Q$이므로 전개식의 제2항 이후부터는 무시해도 좋다.

따라서 한 개의 폐회로에 대해서 정리하면

$$\Sigma h_L = \Sigma(KQ_0^n) = \Sigma(KQ_0^n) + \Delta Q \Sigma(Kn Q_0^{n-1}) = 0$$

이고, 유량의 수정치 ΔQ에 대해서 풀면 $\Delta Q = \dfrac{\Sigma KQ_0^{n}}{\Sigma Kn Q_0^{n-1}}$

이 된다. 여기서 ΔQ는 회로망 해석시에 같은 방향이면 $+$가 되고, 반대 방향이면 $-$의 값을 갖는다.

예제 **5.** 분기관에서의 손실계수와 관계없는 것은?

㉮ 주관과 분기관의 면적비   ㉯ 분기각

㉰ 유량배분비   ㉱ 상대조도

해설 분기관에서의 손실수두는 분기관과 주관의 면적비, 분기각, 분기점에서의 모따기 상태, 유량배분비, Re 수에 따라 변한다.

답 ㉱

연 · 습 · 문 · 제

문제 1. 층류구역과 난류구역의 중간 천이구역에서의 관마찰계수 f 는?

㉮ 레이놀즈수 Re와 상대조도 $\dfrac{e}{d}$ 와의 함수이다.

㉯ 마하수와 코우시수와의 함수가 된다.

㉰ 상대조도와 오일러수의 함수가 된다.

㉱ 언제나 레이놀즈수만의 함수가 된다.

문제 2. Nikuradse가 원관에 대해 조도실험을 한 결과 얻은 그래프에서 천이영역이란?

㉮ 상대조도가 변하는 영역

㉯ 층류에서 난류로 변하는 영역

㉰ 상대조도는 변하지 않고 Re 수가 큰 영역

㉱ 수력학적으로 매끈한 원관에서 거친 관으로 관마찰계수가 변하는 영역

해설 수력학적으로 매끈한 관에서 거친 관으로 관마찰계수가 변하는 영역이 천이영역이다.

문제 3. 어떤 유체가 매끈한 관에서 난류유동을 할 때 관마찰계수와 관계없는 것은?

㉮ 유속　　　　㉯ 관의 지름　　　　㉰ 점성계수　　　　㉱ 관의 조도

해설 매끈한 관 속의 난류에 대한 관마찰계수는 레이놀즈수만의 함수이므로 점성계수, 유체의 밀도, 유속, 관의 지름에 관계된다.

문제 4. 유동단면 $10\,cm \times 10\,cm$인 매끈한 관 속에 어떤 액체($\nu = 10^{-5}\,m^2/s$)가 가득 차 흐른다. 이 액체의 평균속도가 $2\,m/s$라면 이때 $10\,m$당 손실수두는 몇 m인가? (단, 관마찰계수는 블라시우스의 공식을 이용한다.)

㉮ 0.542　　　　㉯ 1.327　　　　㉰ 0.316　　　　㉱ 2.73

해설 · 수력반지름 $R_h = \dfrac{10 \times 10}{10 \times 2 + 10 \times 2} = 2.5\,cm = 0.025m$

· 레이놀즈수 $Re = \dfrac{V(4R_h)}{\nu} = \dfrac{2 \times (4 \times 0.025)}{10^{-5}} = 20000$

해답　1. ㉮　2. ㉱　3. ㉱　4. ㉮

블라시우스 공식에서 마찰계수 f를 구하면

$$f = 0.3164Re^{-\frac{1}{4}} = 0.3164(20000)^{-\frac{1}{4}} = 0.0266$$

따라서 다르시 방정식을 이용하면

$$h_l = f\frac{L}{4R_h} \cdot \frac{V^2}{2g} = 0.0266 \times \frac{10}{4 \times 0.025} \times \frac{2^2}{2 \times 9.8} = 0.542\,\text{m}$$

문제 5. 수평 원통관 속에서 일차원 층류흐름일 때 압력손실은? (단, μ는 점성계수, L은 관의 길이, Q는 유량, D는 관의 지름이다.)

㉮ $\dfrac{\pi D^4 Q}{128\mu L}$　　　㉯ $\dfrac{\pi D^4 L}{128\mu Q}$　　　㉰ $\dfrac{128\mu L Q}{\pi D^4}$　　　㉱ $\dfrac{128\mu L}{\pi D^4 Q}$

[해설] Hagen-Poiseuille의 방정식에 의하면 압력손실은 다음과 같다. 즉, $\varDelta p = \dfrac{128\mu L Q}{\pi D^4}$

문제 6. 안지름 20 mm인 원관 속을 평균유속 0.4 m/s로 물이 흐르고 있을 때 관의 길이 50 m에 대한 손실수두는 몇 m인가? (단, 마찰계수는 0.013이다.)

㉮ 0.265　　　㉯ 2.65　　　㉰ 0.432　　　㉱ 4.32

[해설] 다르시 방정식(Darcy equation)에 의하면

$$h_l = \lambda\frac{L}{D} \cdot \frac{V^2}{2g} = 0.013 \times \frac{50}{0.02} \times \frac{(0.4)^2}{2 \times 9.8} \fallingdotseq 0.265\,\text{m}$$

문제 7. 지름 5 cm인 매끈한 관에 동점성계수가 $1.57 \times 10^{-5}\,\text{m}^2/\text{s}$인 공기가 0.5 m/s의 속도로 흐른다. 관의 길이 100 m에 대한 손실수두는 몇 m인가?

㉮ 1.024 m　　　㉯ 1.572 m　　　㉰ 3.540 m　　　㉱ 2.641 m

[해설] $Re = \dfrac{Vd}{\nu} = \dfrac{0.5 \times 0.05}{1.57 \times 10^{-5}} = 1592 < 2320$

$$\lambda = \frac{64}{Re} = \frac{64}{1592} = 0.0402$$

$$h_l = \lambda\frac{l}{d} \cdot \frac{V^2}{2g} = 0.0402 \times \frac{100}{0.05} \times \frac{(0.5)^2}{2 \times 9.81} = 1.024\,\text{m}$$

문제 8. 레이놀즈수가 1800인 유체가 매끈한 원관 속을 흐를 때 관마찰계수는?

㉮ 0.0134　　　㉯ 0.0211　　　㉰ 0.0356　　　㉱ 0.0423

[해답] 5. ㉰　6. ㉮　7. ㉮　8. ㉰

[해설] 층류이므로 $\lambda = \dfrac{64}{Re} = \dfrac{64}{1800} \fallingdotseq 0.0356$

문제 9. 레이놀즈수가 1500일 때 관마찰계수 f는 얼마가 되겠는가?

  ㉮ 0.064   ㉯ 0.0427   ㉰ 0.0625   ㉱ 0.0847

[해설] $f = \dfrac{64}{Re} = \dfrac{64}{1500} = 0.0427$

문제 10. 동점성계수가 $1.15 \times 10^{-6}\,\mathrm{m^2/s}$인 물이 안지름 $25\,\mathrm{cm}$인 주철관 속을 평균유속 $1.5\,\mathrm{m/s}$로 흐를 때 관마찰계수는 얼마인가? (단, Moody 선도를 써서 구한다.)

  ㉮ 0.0187   ㉯ 0.0235   ㉰ 0.0326   ㉱ 0.0432

[해설] $Re = \dfrac{1.5 \times 0.25}{1.15 \times 10^{-6}} \fallingdotseq 326087$

안지름 $25\,\mathrm{cm}$인 주철관의 상대조도 $\dfrac{e}{D} = 0.0008$이다. 따라서 Moody 선도에서 $Re = 326087$과 $\dfrac{e}{D} = 0.0008$의 교점에서 관마찰계수 λ를 읽으면 $\lambda \fallingdotseq 0.0187$이다.

문제 11. 반지름 $15\,\mathrm{cm}$, 길이 $1000\,\mathrm{m}$의 원관 속에 물이 매초 $50\,l$의 율로 흐르고 있다. 관마찰계수가 0.020일 때 마찰 손실수두는 얼마인가?

  ㉮ 54.5 m   ㉯ 48.5 m   ㉰ 86.9 m   ㉱ 38.6 m

[해설] $V = \dfrac{Q}{A} = \dfrac{0.050}{\dfrac{\pi \times 0.15^2}{4}} = 2.83\,\mathrm{m/s}, \quad h_l = f \cdot \dfrac{l}{d} \cdot \dfrac{V^2}{2g}$

문제 12. 다음 그림과 같이 지름 $30\,\mathrm{cm}$인 파이프에서 $0.4\,\mathrm{m^3/s}$의 물이 흐르고 있다. 1에서 압력계가 $900\,\mathrm{kPa}$를 가리키고 있을 때 압력 p_2는 약 몇 kPa인가? (단, 관마찰계수 f는 0.02로 가정한다.)

  ㉮ 36   ㉯ 86   ㉰ 112   ㉱ 276

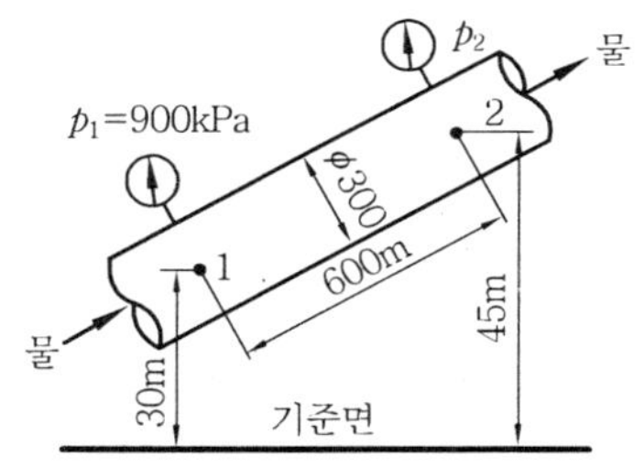

[해설] · 평균유속 $V = \dfrac{Q}{A} = \dfrac{0.4}{\dfrac{\pi}{4}(0.3)^2} = 5.66\,\mathrm{m/s}$

[해답]   9. ㉯   10. ㉮   11. ㉮   12. ㉰

• 손실수두 $h_l = f \cdot \dfrac{L}{d} \cdot \dfrac{V^2}{2g} = 0.02 \dfrac{600}{0.3} \cdot \dfrac{5.66^2}{2 \times 9.8} = 65.38\,\text{m}$

1과 2에 베르누이 방정식을 적용하면,

$$\frac{p_1}{\gamma} + \frac{V_1{}^2}{2g} + Z_1 = \frac{p_2}{\gamma} + \frac{V_2{}^2}{2g} + Z_2 + h_l$$

여기서 $p_1 = 900000\,\text{Pa}$, $V_1 = V_2 = V$, $Z_1 = 30\,\text{m}$, $Z_2 = 45\,\text{m}$, $h_l = 65.38\,\text{m}$이므로

$$\therefore \ \frac{900000}{9800} + \frac{5.66^2}{5 \times 9.8} + 30 = \frac{p_2}{9800} + \frac{5.66^2}{2 \times 9.8} + 45 + 65.38$$

$$\therefore \ p_2 = 112276\,\text{Pa} = 112.276\,\text{kPa}$$

문제 13. 다음 수경반지름에 대한 설명으로 옳은 것은?

㉮ 접수길이(Wetted perimeter)를 면적으로 나눈 것
㉯ 면적을 접수길이의 제곱으로 나눈 것
㉰ 면적의 제곱근
㉱ 면적을 접수길이로 나눈 것

문제 14. 유동 단면의 폭이 3 m, 깊이가 1.5 m인 개수로에서 수력반지름은 몇 m인가?

㉮ 0.42　　　　㉯ 0.75　　　　㉰ 1.33　　　　㉱ 1.48

[해설] $R_h = \dfrac{A}{P} = \dfrac{3 \times 1.5}{1.5 \times 2 + 3} = \dfrac{4.5}{6} = 0.75\,\text{m}$

문제 15. 점성계수 0.95 Pa·s, 비중 0.95인 기름을 매분 100 l 씩 안지름 100 mm 원관을 통하여 30 km 떨어진 곳으로 수송할 때 필요한 동력은 몇 kW인가?

㉮ 25.6　　　　㉯ 33.2　　　　㉰ 46.5　　　　㉱ 51.8

[해설] 평균유속 $V = \dfrac{4Q}{\pi D^2} = \dfrac{4 \times 100 \times 10^{-3}}{\pi \times 0.1^2 \times 60} = 0.212\,\text{m/s}$

$$Re = \frac{\rho VD}{\mu} = \frac{9800 \times 0.95 \times 0.212 \times 0.1}{0.98 \times 9.8} \fallingdotseq 20.55 < 2100 : \text{층류}$$

따라서 관마찰계수 $\lambda = \dfrac{64}{Re} = \dfrac{64}{20.55} \fallingdotseq 3.114$

압력손실 $\Delta p = \gamma \cdot \lambda \dfrac{L}{D} \cdot \dfrac{V^2}{2g}$

$$= 9800 \times 0.95 \times 3.114 \times \frac{30 \times 10^3}{0.1} \times \frac{(0.212)^2}{2 \times 9.8} \fallingdotseq 19943675\,\text{Pa}$$

[해답] 13. ㉱　14. ㉯　15. ㉯

소요동력 $L = \Delta p \cdot Q = \dfrac{19943675 \times 100 \times 10^{-3}}{60} \fallingdotseq 33239\,\mathrm{W} \fallingdotseq 33.2\,\mathrm{kW}$

문제 16. 수력반지름 R_h(m), 관마찰계수 λ, 길이 100 m인 덕트 속의 유속이 5 m/s일 때 손실수두는 몇 m인가?

㉮ $25.3\dfrac{\lambda}{R_h}$ ㉯ $31.9\dfrac{\lambda}{R_h}$ ㉰ $45.3\dfrac{\lambda}{R_h}$ ㉱ $53.6\dfrac{\lambda}{R_h}$

[해설] 비원형관인 경우 손실수두(h_l)는

$$h_l = \lambda\frac{L}{4R_h} \cdot \frac{V^2}{2g} = \lambda\frac{100}{4R_h} \times \frac{5^2}{2\times9.8} \fallingdotseq 31.9\frac{\lambda}{R_h}$$

문제 17. 안지름이 70 mm의 곧은 관 속에 풍속 30 m/s의 공기를 보내고 있다. 이때 관의 길이 1 m 사이에서 정압차가 16 mmAq를 나타냈을 때 관의 마찰계수는 얼마인가? (단, 공기의 비중량은 $1.22\,\mathrm{kg/m^3}(11.956\,\mathrm{N/m^3})$가 된다.)

㉮ 0.04 ㉯ 0.03 ㉰ 0.02 ㉱ 0.01

[해설] 다르시의 방정식으로부터 곧은 관에 대한 손실은

$$h_l = f\frac{l}{d} \cdot \frac{V^2}{2g}$$

그런데 곧고 수평한 관에서의 압력손실과 손실수두와의 관계는 $\Delta p = \gamma h_l$이 되므로

$$\Delta p = f \cdot \frac{l}{d} \cdot \frac{\gamma V^2}{2g}$$

여기에서 $\Delta p = 16\,\mathrm{mmAq} = 16\,\mathrm{kg/m^2}$, $d = 0.07\,\mathrm{m}$, $l = 1\,\mathrm{m}$, $\gamma = 1.22\,\mathrm{kg/m^3}$, $V = 30\,\mathrm{m/s}$

$$\therefore f = \frac{16\times0.07\times2\times9.81}{1\times1.22\times30^2} = 0.02$$

[SI 단위]

$$f = \frac{\Delta p\, d\,(2g)}{l\gamma V^2} = \frac{16\times9.8\times0.07\times2\times9.81}{1\times11.956\times30^2} = 0.02$$

문제 18. 지름이 30 cm인 주철관이 300 m 거리에 있는 두 저수지에 연결되어 있고, 두 저수지의 표고차가 15 m이다. 물의 온도가 20℃일 때 이 관을 통해서 흐를 수 있는 유량은 얼마인가?

㉮ $0.562\,\mathrm{m^3/s}$ ㉯ $0.261\,\mathrm{m^3/s}$ ㉰ $0.489\,\mathrm{m^3/s}$ ㉱ $0.159\,\mathrm{m^3/s}$

[해설] 20℃의 물에 대하여 표로부터 $\nu = 1.006\times10^{-6}\,\mathrm{m^2/s}$이므로

$$Re = \frac{Vd}{\nu} = \frac{V\times0.3}{1.006\times10^{-6}} = 298200\,V$$

전수두 H가 15 m이므로 $15 = \left(0.5 + f\dfrac{300}{0.3} + 1\right)\dfrac{V^2}{2g}$

$f = 0.03$으로 가정하면 $V = 3.055\,\text{m/s},\ Re = 298200 \times V = 911000$

$\dfrac{\varepsilon}{d} = \dfrac{0.00026}{0.3} = 0.00086$

무디선도로부터 $f = 0.02$를 얻게 되어 가정은 약간 어긋났다. $f = 0.02$로 가정한다.

그러면 $V = 3.7\,\text{m/s},\ Re = 298200 \times V = 1100000$

$\dfrac{\varepsilon}{d} = 0.00086$

무디선도로부터 $f \fallingdotseq 0.02$를 얻으므로 가정이 옳았다. 따라서 $V = 3.7\,\text{m/s}$

$\therefore\ Q = AV = \dfrac{\pi \times 0.3^2}{4} \times 3.7 = 0.261\,\text{m}^3/\text{s}$

문제 19. 점성계수 $0.625 \times 10^{-2}\text{P}$, 비중 0.85인 기름이 안지름 100 mm인 곧은 강관 속을 $50\,l/\text{s}$로 흐르고 있다. 관 길이 100 m에 대한 압력손실은 몇 kPa인가?

  ㉮ 19.7   ㉯ 196.7   ㉰ 28.5   ㉱ 284.5

[해설] 평균유속 $V = \dfrac{4Q}{\pi D^2} = \dfrac{4 \times 50 \times 10^{-3}}{\pi \times (0.1)^2} \fallingdotseq 6.37\,\text{m/s}$

점성계수 $\mu = 0.625 \times 10^{-2}\text{P} = \dfrac{0.625 \times 10^{-2} \times 9.8}{98} = 0.625 \times 10^{-3}\,\text{Pa}\cdot\text{s}$

$\therefore\ Re = \dfrac{\rho VD}{\mu} = \dfrac{0.85 \times 9800 \times 6.37 \times 0.1}{0.625 \times 10^{-3} \times 9.8} = 866320 > 2100 : \text{난류}$

지름 100 mm인 상업용 강관의 상대조도 $\dfrac{e}{D}$는 0.00043이므로 Moody 선도에서 관마찰계수를 구하면 $\lambda = 0.0165$이다. 따라서 압력손실은

$\Delta p = \gamma h_l = \gamma \cdot \lambda \dfrac{L}{D} \cdot \dfrac{V^2}{2g}$

$= 9800 \times 0.85 \times 0.0165 \times \dfrac{100}{0.1} \times \dfrac{6.37^2}{2 \times 9.8} \fallingdotseq 284546\,\text{Pa} \fallingdotseq 284.5\,\text{kPa}$

문제 20. 40℃인 물이 레이놀즈수 80000으로 지름 75 mm인 관 속을 흐르고 있다. 조도가 0.15 mm인 상업용 관이라면 관의 길이 300 m에 대해서 예상되는 손실수두는 얼마인가? (단, 물 40℃에서 동점성 계수 ν는 $0.658 \times 10^{-6}\,\text{m}^2/\text{s}$이다.)

  ㉮ 2.55 m   ㉯ 1.55 m   ㉰ 1.75 m   ㉱ 2.25 m

[해설] $Re = 80000$과 $\dfrac{e}{d} = \dfrac{0.15}{75} = 0.002$에서 $f = 0.0255$

그리고 평균유속 V는 $80000 = \dfrac{V \times 0.075}{0.658 \times 10^{-6}}$ $\therefore\ V = 0.7\,\text{m/s}$

손실수두는 $\therefore\ h_l = 0.0255 \times \dfrac{300}{0.075} \times \dfrac{(0.7)^2}{2 \times 9.8} = 2.55\,\mathrm{m}$

문제 21. 23℃의 물이 지름이 25 cm인 리벳한 관에 흐르고 있다. 이 관의 표면조도가 $\varepsilon = 0.004\,\mathrm{m}$이고, 손실수두가 400 m의 길이에 6 m이었다. 유량은 얼마인가?

㉮ $8.96 \times 10^{-2}\,\mathrm{m^3/s}$　　　　　　　㉯ $6.47 \times 10^{-2}\,\mathrm{m^3/s}$

㉰ $3.58 \times 10^{-2}\,\mathrm{m^3/s}$　　　　　　　㉱ $9.44 \times 10^{-3}\,\mathrm{m^3/s}$

[해설] 상대조도를 계산하면 $\dfrac{\varepsilon}{d} = \dfrac{0.004}{0.25} = 0.016$

여기에서 Q와 f가 다같이 미지수이므로 시행착오법을 써야 한다.

먼저 $f = 0.04$로 가정한다.

$h_l = f\dfrac{l}{d} \cdot \dfrac{V^2}{2g}$에서 $\sigma = 0.06 \times \dfrac{400}{0.25} \times \dfrac{V^2}{2 \times 9.8}$

$\therefore\ V = 1.36\,\mathrm{m/s}$

20℃ 물에 대하여 표로부터 $\mu = 1.0 \times 10^{-6}\,\mathrm{m^2/s}$이므로

$Re = \dfrac{0.25 \times 1.36}{1.0 \times 10^{-6}} = 3.4 \times 10^5$

$Re = 3.4 \times 10^5$, $\dfrac{\varepsilon}{d} = 0.016$의 값은 무디선도에서 $f = 0.0422$를 얻는다.

따라서 $f = 0.04$이므로 가정은 약간 틀렸다. $f = 0.0422$로 가정한다.

$h_l = \dfrac{l}{d} \cdot \dfrac{V^2}{2g}$에서 $\sigma = 0.0422 \times \dfrac{40}{0.25} \times \dfrac{V^2}{2 \times 9.8}$

$\therefore\ V = 1.32\,\mathrm{m/s}$

$Re = \dfrac{0.25 \times 1.32}{1.0 \times 10^{-6}} = 3.3 \times 10^5$

$Re = 3.3 \times 10^5$, $\dfrac{\varepsilon}{d} = 0.016$으로부터 무디선도를 읽으면 $f = 0.0422$이다.

그러므로 두번째의 가정은 옳았다.

$\therefore\ V = 1.32\,\mathrm{m/s}$

$\therefore\ Q = AV = \dfrac{\pi}{4}(0.25)^2 \times 1.32 = 6.47 \times 10^{-2}\,\mathrm{m^3/s}$

문제 22. 절대 압력 100 kPa, 온도 15℃인 공기(점성계수 $\mu = 17.95 \times 10^{-6}\,\mathrm{kg/m \cdot s}$)가 평균 속도 2 m/s로 길이가 500 m이고, 단면이 600 mm × 400 mm인 매끈한 사각형 관 속에서 유동할 때 레이놀즈수는? (단, 공기의 기체 상수 $R = 287\,\mathrm{N \cdot m/kg \cdot K}$)

㉮ 29213　　　　　　㉯ 64713　　　　　　㉰ 71623　　　　　　㉱ 51623

[해설] 공기의 밀도 $\rho = \dfrac{1}{v_s} = \dfrac{p}{RT} = \dfrac{100 \times 10^3}{287 \times (273+15)} = 1.21 \, \text{kg} / \text{m}^3$

수력반지름 $R_h = \dfrac{600 \times 400}{600 \times 2 + 400 \times 2} = 120 \, \text{mm} = 0.12 \, \text{m}$

레이놀즈수 $\therefore \ Re = \dfrac{\rho V (4R_h)}{\mu} = \dfrac{1.21 \times 2 \times (4 \times 0.12)}{17.95 \times 10^{-6}} = 64713$

문제 23. 함석으로 된 $60 \times 30 \, \text{cm}$의 사각형 단면을 가진 관을 통하여 $280 \, \text{m}^3 / \text{min}$의 공기를 송출시키려고 한다. $60 \, \text{m}$ 길이에 대하여 발생되는 손실은 얼마인가? (단, 공기의 온도는 $20 \, \text{℃}$이고, 표준 기압하에 있다.)

㉮ 0.105 mAq   ㉯ 0.287 mAq   ㉰ 0.534 mAq   ㉱ 0.916 mAq

[해설] $R_h = \dfrac{0.6 \times 0.3}{1.8} = 0.1 \, \text{m}$

$\dfrac{e}{d} = \dfrac{e}{4R_h} = \dfrac{0.000152}{4 \times 0.1} = 0.00038$

$V = \dfrac{280}{0.6 \times 0.3 \times 60} = 25.9 \, \text{m} / \text{s}$

$Re = \dfrac{(4R_h)V}{\nu} = \dfrac{4 \times 0.1 \times 25.9}{0.156 \times 10^{-4}} = 66400$

$f = 0.017 \quad \therefore \ h_l = f \dfrac{l}{4R_h} \cdot \dfrac{V^2}{2g} = \dfrac{0.017 \times 60 \times (25.9)^2}{4 \times 0.1 \times 2 \times 9.8} = 87.27 \, \text{m}$

$\gamma = \dfrac{p}{RT} = \dfrac{10332}{29.27 \times 293} = 1.2 \, \text{kg} / \text{m}^3, \quad \dfrac{87.27 \times 1.2}{10^3} = 0.105 \, \text{mAq}$

문제 24. 절대 압력 $100 \, \text{kPa}$, 온도 $15 \, \text{℃}$, 동점성계수 $0.15 \times 10^{-4} \, \text{m}^2 / \text{s}$인 공기를 평균유속 $2 \, \text{m} / \text{s}$로 가로 $200 \, \text{mm}$, 세로 $300 \, \text{mm}$인 직사각형 도관을 통하여 수평거리 $1500 \, \text{m}$인 곳으로 수송할 때 압력강하는 몇 Pa인가? (단, 도관의 벽면은 매끈하다.)

㉮ 135   ㉯ 216   ㉰ 348   ㉱ 425

[해설] 수력반지름은

$R_h = \dfrac{A}{P} = \dfrac{0.2 \times 0.3}{2 \times 0.2 + 2 \times 0.3} = 0.06 \, \text{m}$

$Re = \dfrac{4R_h V}{\nu} = \dfrac{4 \times 0.06 \times 2}{0.15 \times 10^{-4}} = 32000$

따라서 흐름은 난류이다.

도관의 가로와 세로의 비는 $\dfrac{b}{a} = \dfrac{300}{200} = \dfrac{3}{2}$

즉, $\dfrac{1}{3} < \dfrac{b}{a} < 3$의 범위 내에 있으므로 원관의 관마찰계수를 적용할 수 있다.

따라서 무디선도를 이용하면 $Re = 32000$에서 $\lambda = 0.023$이다.

또, 공기의 비중량 $\gamma = \dfrac{gp}{RT} = \dfrac{100 \times 10^3 \times 9.8}{287 \times (273 + 15)} \fallingdotseq 11.86\,\mathrm{N/m^3}$

$\therefore \ \Delta p = \gamma \cdot \lambda \dfrac{L}{4R_h} \cdot \dfrac{V^2}{2g}$

$\qquad = 11.86 \times 0.023 \times \dfrac{1500}{4 \times 0.06} \times \dfrac{2^2}{2 \times 9.8} \fallingdotseq 348\,\mathrm{Pa}$

㈜ 타원이나 도관과 같은 비원형관로에 대한 관마찰계수는 흐름이 난류이고 단면의 가로, 세로의 비가 극히 작거나 큰 범위(실제로는 1 : 3과 3 : 1 사이의 범위)일 때는 원관의 관마찰계수와 일치하며 그 밖의 경우는 원관의 관마찰계수보다 조금 큰 값을 갖는다.

문제 25. 부차적 손실이 생기는 이유가 아닌 것은 ?

  ㉮ 유체의 속도변화   ㉯ 유체 유동의 방향

  ㉰ 유동 단면의 장애물   ㉱ 관의 거칠기

〔해설〕 관로에서 마찰손실이 생기게 되므로 $\left(h_l = f\dfrac{l}{D} \cdot \dfrac{V^2}{2g}\right)$, 즉 관로손실이라 한다.

문제 26. 다음 중 부차적 손실이 생기는 이유는 ?

  ㉮ 위치변화   ㉯ 압력변화   ㉰ 속도변화   ㉱ 점성변화

〔해설〕 부차적 손실은 일반적으로 속도의 변화(크기와 방향) 때문에 생기는데 이것을 속도변화 또는 형상변화에 의한 손실이라고 한다. 또 속도의 변화가 클 때에는 충돌손실이라고도 하며 관로 도중에 놓인 장애물의 뒷면에는 와류가 생기는데 이로 인해 생기는 손실을 와류손실이라고 한다.

문제 27. Borda-Carnot의 손실수두는 ?

  ㉮ $\zeta\dfrac{(V_1 - V_2)^2}{2g}$ ㉯ $\zeta\dfrac{V_1{}^2 - V_2{}^2}{g}$ ㉰ $\zeta\dfrac{(V_2 - V_1)^2}{2g}$ ㉱ $\zeta\dfrac{V_2{}^2 - V_1{}^2}{g}$

〔해설〕 손실수두는 실제에 있어서는 수정하여 $h_l = \zeta\dfrac{(V_1 - V_2)^2}{2g}$이며, 이것은 $K\dfrac{V_1{}^2}{2g}$의 꼴로 나타내면 $h_l = \zeta\left(1 - \dfrac{A_1}{A_2}\right)^2 \dfrac{V_1{}^2}{2g}$이다. 즉, $k = \zeta\left(1 - \dfrac{A_1}{A_2}\right)^2$이 된다.

여기서, ζ는 1에 가까운 값이 되고 이 돌연 확대관에서의 손실을 Borda-Carnot의 수두손실이라고 한다.

〔해답〕 25. ㉱   26. ㉰   27. ㉮

문제 28. 관로에서 부차적 손실을 $h_l = k\dfrac{V^2}{2g}$ 으로 나타낼 때 k와 관계없는 것은?

㉮ 상대조도   ㉯ 장애물의 형상   ㉰ 레이놀즈수   ㉱ 마찰응력

[해설] 손실계수 k는 일반적으로 Re수, 장애물의 형상 $\dfrac{y}{D}$ (D는 관의 지름, y는 장애물의 크기),

상대조도와 함수관계가 있다. 난류를 형성하는 관로의 손실계수 k는 거의 장애물의 형상 $\dfrac{y}{D}$

만에 의해 정해진다.

문제 29. 돌연축소관에서 수축부의 속도를 V_c, 지름이 큰 관에서 속도를 V_1, 지름이 작은 관에서의 속도를 V_2라고 할 때 손실수두는?

㉮ $\dfrac{V_c^2 - V_2^2}{2g}$ ㉯ $\dfrac{(V_c - V_2)^2}{2g}$ ㉰ $\dfrac{V_c^2 - V_1^2}{2g}$ ㉱ $\dfrac{(V_c - V_1)^2}{2g}$

[해설] 손실수두는 $h_l = \dfrac{(V_c - V_2)^2}{2g}$

문제 30. 다음 부차적인 손실수두의 관계를 표시한 것 중 틀린 것은?

㉮ 점차 확대관의 손실수두 $= \zeta\dfrac{(V_1 - V_2)^2}{2g}$

㉯ 급격한 확대관의 손실수두 $= \dfrac{V_1^2}{2g}\left\{1 - \left(\dfrac{D_1}{D_2}\right)^2\right\}$

㉰ 급격한 관의 손실수두 $= \left(\dfrac{1}{C_c} - 1\right)^2\dfrac{V_2^2}{2g}$

㉱ 밸브 및 콕의 손실수두 $= \zeta\left(\dfrac{V^2}{2g}\right)$

[해설] 급격 확대관에서 손실수두 $= \left(1 - \dfrac{A_1}{A_2}\right)^2\dfrac{V_1^2}{2g} = \zeta\dfrac{V_1^2}{2g}$

문제 31. 안지름이 각각 300 mm와 450 mm의 원관이 직접 연결되어 있다. 지름 300 mm관에서 450 mm관의 방향으로 매초 230 l의 물이 흐르고 있다. 돌연 확대부분에서의 손실은 얼마인가?

㉮ 0.167 m   ㉯ 0.269 m   ㉰ 0.359 m   ㉱ 1.68 m

[해답] 28. ㉱   29. ㉯   30. ㉯   31. ㉮

[해설] $h_{le} = \zeta \dfrac{V_1^{\,2}}{2g}$, $\zeta = \left\{ 1 - \left(\dfrac{D_1}{D_2} \right)^2 \right\}^2 = \left\{ 1 - \left(\dfrac{300}{450} \right)^2 \right\}^2 = 0.3086$

$$V_1 = \dfrac{0.230}{\dfrac{\pi \times (0.3)^2}{4}} = 3.255 \, \text{m/s}$$

$$\therefore \ h_l = 0.3086 \times \dfrac{(3.255)^2}{2 \times 9.81} = 0.167 \, \text{m}$$

문제 32. 지름이 150 mm인 원관과 지름이 400 mm인 원관이 직접 연결되어 있을 때, 작은 관에서 큰 관쪽으로 매초 300 *l*의 물을 보낸다. 연결부의 손실수두는 몇 mAq인가?

㉮ 12.87 m 　　　 ㉯ 18.16 m 　　　 ㉰ 16.18 m 　　　 ㉱ 11.68 m

[해설] $h_l = \left\{ 1 - \left(\dfrac{A_1}{A_2} \right) \right\}^2 \dfrac{V_1^{\,2}}{2g}$ 에서 $\dfrac{A_1}{A_2} = \left(\dfrac{150}{400} \right)^2 = 0.11$

$$V_1 = \dfrac{Q}{\dfrac{\pi d_1^{\,2}}{4}} = \dfrac{4 \times 0.3}{\pi (0.15)^2} = 17 \, \text{m/s}$$

$$\therefore \ h_l = (1 - 0.11)^2 \dfrac{17^2}{2 \times 9.8} = 11.68 \, \text{m}$$

문제 33. 안지름이 450 mm인 원관이 안지름이 300 mm인 원관에 직접 연결되어 있다. 이러한 큰 관에서 작은 관으로 물이 매초 230 *l*의 율로 흐르고 있다면 축소부분에서의 손실수두는 얼마인가?

㉮ 0.159 m 　　　 ㉯ 0.148 m 　　·　 ㉰ 0.459 m 　　　 ㉱ 0.259 m

[해설] 돌연 축소부분에서의 손실은 $H_{LC} = K_C \dfrac{V_2^{\,2}}{2g}$

여기에서 $\dfrac{A_2}{A_1} = \left(\dfrac{300}{450} \right)^2 = 0.444$ 일 때 표로부터 $K_c = 0.273$

$$V_2 = \dfrac{Q}{A} = \dfrac{0.230}{\dfrac{\pi \times 0.3^2}{4}} = 3.255 \, \text{m/s}$$

$$\therefore \ H_{LC} = 0.273 \times \dfrac{(3.255)^2}{2 \times 9.8} = 0.148 \, \text{m}$$

문제 34. 단면적이 5 m²인 관에 단면적 3 m²인 관이 연결되어 있다. 수축계수가 0.55이면 축류의 단면적은?

㉮ 10.5 m² 　　　 ㉯ 1.65 m² 　　　 ㉰ 16.5 m² 　　　 ㉱ 6.50 m²

[해답]   32. ㉱   　 33. ㉯   　 34. ㉯

해설 $C_c = \dfrac{A_0}{A_2}$ $\therefore A_0 = C_c \cdot A_2 = 0.55 \times 3 = 1.65\,\mathrm{m}^2$

문제 35. 그림과 같은 수평관에서 압력계의 읽음이 $5\,\mathrm{kg/cm^2}$(4.9 bar)이다. 관의 안지름은 60 mm이고 관의 끝에 달린 노즐의 지름은 20 mm이다. 노즐의 분출속도는 얼마인가? (단, 노즐에서의 손실은 무시할 수 있고 관마찰계수는 0.025이다.)

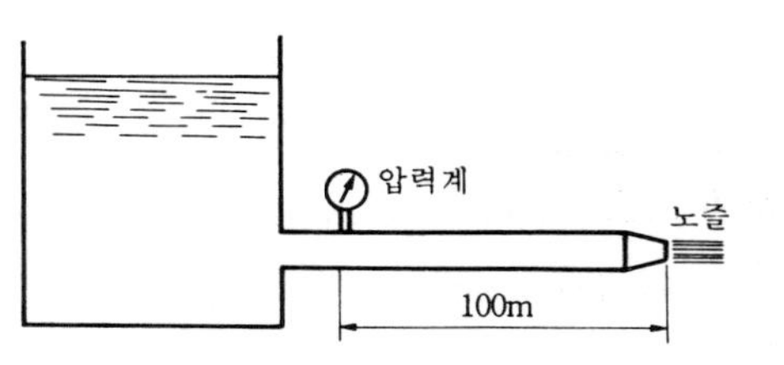

㉮ 25.5 m / s ㉯ 30.6 m / s
㉰ 16.4 m / s ㉱ 15.4 m / s

해설 압력계와 노즐 지점에 대하여 베르누이 방정식을 적용한다.

$$\frac{p_1}{\gamma} + \frac{V_1^{\,2}}{2g} = \frac{p_2}{\gamma} + \frac{V_2^{\,2}}{2g} + h_l$$

여기에서 $p_2 = 0$, $\dfrac{V_1}{V_2} = \left(\dfrac{d_2}{d_1}\right)^2$ $\therefore V_1 = V_2\left(\dfrac{20}{60}\right)^2 = \dfrac{V^2}{9}$

$$h_l = f\frac{l}{d} \cdot \frac{V_1^{\,2}}{2g} = f\frac{l}{d} \cdot \frac{V_2^{\,2}}{2g} \cdot \frac{1}{81}$$

$$\therefore \frac{5 \times 10^4}{10^3} + \frac{V_2^{\,2}}{2 \times 9.8 \times 81}$$

$$= 0 + \frac{V_2^{\,2}}{2 \times 9.8} + 0.025 \times \frac{100}{0.06} \times \frac{V_2^{\,2}}{2 \times 9.8} \times \frac{1}{81}\,50 + 0.00063\,V_2^{\,2}$$

$$= 0 + 0.051\,V_2^{\,2} + 0.0263\,V_2^{\,2}$$

$\therefore V_2^{\,2} = 652$ $\therefore V_2 = 25.5\,\mathrm{m/s}$

[SI 단위]

$$\frac{4.9 \times 10^5}{9800} + \frac{V_2^{\,2}}{2 \times 9.8 \times 81} = 0 + \frac{V_2^{\,2}}{2 \times 9.8} + 0.025 + \frac{100}{0.06} \times \frac{V_2^{\,2}}{2 \times 9.8} \times \frac{1}{81}$$

$\therefore V_2 = 25.5\,\mathrm{m/s}$

문제 36. 단면적이 $4\,\mathrm{m}^2$인 관에 단면적이 $1.5\,\mathrm{m}^2$인 관이 연결되어 있다. 수축계수가 0.68이면 수축부의 단면적은 몇 m^2인가?

㉮ 0.83 ㉯ 1.02 ㉰ 2.13 ㉱ 3.26

해설 수축계수 $C_c = \dfrac{A_c}{A_2}$ $\therefore A_c = C_c \cdot A_2 = 0.68 \times 1.5 = 1.02\,\mathrm{m}^2$

문제 1. 분기관에서의 손실계수와 관계없는 것은?

　㉠ 주관과 분기관의 면적비　　　　　　　㉡ 분기각

　㉢ 유량배분비　　　　　　　　　　　　　㉣ 상대조도

　[해설] 층류분기관에서 손실수두는 분기관과 주관의 면적비, 분기각, 분기점에서의 모따기 상태, 유량배분비, Re수에 따라 변한다.

문제 2. 관마찰계수가 같고 길이가 L_1, L_2인 제1, 제2 관로에서 제2관의 지름이 제1관 지름의 3배일 때 제2관로의 제1관로로서의 등가길이는 얼마인가?

　㉠ $L_{1e} = 243L_1$　　　㉡ $L_{1e} = 81L_1$　　　㉢ $L_{1e} = 27L_1$　　　㉣ $L_{1e} = 9L_1$

　[해설] $\lambda_1 = \lambda_2$, $D_2 = 3D_1$이므로 등가길이 L_{1e}는

$$L_{1e} = L_1 \frac{\lambda_1}{\lambda_2} \left(\frac{D_2}{D_1} \right)^5 = L_1 \left(\frac{3D_1}{D_1} \right)^5 = 243L_1$$

문제 3. 다음 중 다르시(Darcy)의 방정식은?

　㉠ 돌연 수축관에서의 손실수두를 계산하는 데 적용된다.

　㉡ 점차 확대관에서의 손실수두를 계산하는 데 적용된다.

　㉢ 곧고 긴 관에서의 손실수두를 계산하는 데 이용된다.

　㉣ 베르누이 방정식의 변형이다.

　[해설] 다르시 방정식을 곧고 긴 관에 대한 손실수두의 계산에 이용하면 다음과 같다.

$$h_l = f \frac{l}{d} \cdot \frac{V^2}{2g}$$

문제 4. 일반적으로 관마찰계수 f는?

　㉠ 상대조도와 오일러수의 함수이다.　　　㉡ 상대조도와 레이놀즈수의 함수이다.

　㉢ 마하수와 레이놀즈수의 함수이다.　　　㉣ 레이놀즈수와 프루드수의 함수이다.

　[해설] 차원해석에서 관마찰계수 $f = F\left(Re, \dfrac{e}{d} \right)$

[해답]　1. ㉣　　2. ㉠　　3. ㉢　　4. ㉡

문제 5. 완전히 난류구역인 관에 대한 설명은?

㉮ 거친 관과 매끈한 관은 같은 마찰계수를 갖는다.

㉯ 난류막은 조도투영을 덮는다.

㉰ 마찰계수는 레이놀즈수만이 관계된다.

㉱ 수두손실은 속도의 제곱에 따라 변화한다.

문제 6. 다음 중 난류유동에 있어서 거친 관이 매끈한 관과 같은 마찰계수를 가지는 경우는?

㉮ 완전한 난류, 거친 관의 구역

㉯ 마찰계수가 레이놀즈수에 무관할 때

㉰ 조도투영이 경계층의 두께보다 대단히 작을 때

㉱ 천이구역의 모든 곳

문제 7. 어떤 유체가 매끈한 관에서 난류유동을 할 때 마찰계수 f 는 다음 중 어느 함수인가?

㉮ V, d, ρ, L, μ ㉯ Q, L, μ, ρ ㉰ V, d, ρ, P, μ ㉱ V, d, μ, ρ

[해설] 난류 구역에서는 매끈한 관의 경우 마찰계수는 레이놀즈수의 함수이다. 즉,

$$f = F(Re) = F\left(\frac{\rho V d}{\mu}\right)$$

문제 8. 실험에 의하여 관의 시간경과에 따른 변화로 옳은 것은?

㉮ 관마찰계수 f 는 시간에 비례하여 감소된다.

㉯ 관은 매끈한 상태로 변화된다.

㉰ 조도가 차츰 증가된다.

㉱ 조도가 차츰 감소된다.

[해설] 관이 시간이 경과되면 부표면의 부식과 그 밖의 오물의 부착 등으로 자연히 표면에서의 조도(粗度)는 증가된다.

문제 9. 완전한 층류의 흐름에서 관마찰계수에 대한 설명은?

㉮ 상대조도만의 함수가 된다.　　㉯ 레이놀즈수만의 함수이다.

㉰ 마하수만의 함수이다.　　㉱ 오일러수만의 함수이다.

[해답]　5. ㉱　6. ㉰　7. ㉱　8. ㉰　9. ㉯

문제 10. 원관을 흐르는 층류에 있어서 유량은 어떻게 변하는가?

㉮ 점성계수에 따라 선형적으로 ㉯ 반지름의 제곱에 비례해서
㉰ 압력강하에 역비례해서 ㉱ 점성계수에 역비례해서

문제 11. 다음 설명 중 잘못된 것은?

㉮ 에너지선은 수력구배선보다 속도수두만큼 위에 있다.
㉯ 수력구배선은 위치수두와 압력수두를 합한 점을 이은 선이다.
㉰ 에너지선은 항상 하향기울기를 갖는다.
㉱ 수력구배선과 에너지선은 항상 직선으로 나타난다.

[해설] 단면이 균일하고 직관의 손실이 마찰손실만이라면 수력구배선과 에너지선은 직선이 되나 관의 크기가 변하든가 방향이 변할 때는 곡선이 된다.

문제 12. 단면이 일정한 원관 속을 유체가 흐를 때 두 점 사이에 생긴 압력강하 Δp [Pa]는 무엇을 의미하는가?

㉮ 연속의 법칙에 의하여 단위질량의 유체에 대한 중력의 감소를 의미한다.
㉯ 단위체적의 유체에 생기는 에너지 손실이다.
㉰ 원관의 두 점 사이의 위치차 h에 의한 정수압 γh이다.
㉱ 가속으로 인한 속도수두 $\dfrac{V^2}{2g}$의 증가에 해당하는 압력수두의 감소이다.

문제 13. 다음 중 다르시(Darcy) 방정식은?

㉮ $\tau_0 = \dfrac{f \rho v^2}{8}$ ㉯ $h_l = \left(\dfrac{1}{C_c} - 1 \right)^2 \dfrac{V^2}{2g}$

㉰ $h_l = \left[1 - \left(\dfrac{d_1}{d_2} \right) \right] \dfrac{V^2}{2g}\,^2$ ㉱ $h_l = f \dfrac{l}{d} \cdot \dfrac{V^2}{2g}$

문제 14. 안지름 d_1, 바깥지름 d_2인 동심 이중관에 액체가 가득차 흐를 때 수력반지름 R_h는?

㉮ $\dfrac{1}{4}(d_2 + d_1)$ ㉯ $\dfrac{1}{4}(d_2 - d_1)$ ㉰ $\dfrac{1}{2}(d_2 + d_1)$ ㉱ $\dfrac{1}{2}(d_2 - d_1)$

해답 10. ㉱ 11. ㉱ 12. ㉯ 13. ㉱ 14. ㉯

[해설] $R_h = \dfrac{A}{P} = \dfrac{\dfrac{\pi d_2{}^2}{4} - \dfrac{\pi d_1{}^2}{4}}{\pi d_1 + \pi d_2} = \dfrac{1}{4}(d_2 - d_1)$

문제 15. 깊이 y에 비하여 폭 b가 매우 큰 개수로의 수력반지름 R_h는?

  ㉮ $\dfrac{b}{y}$ ㉯ $\dfrac{b}{y+b}$ ㉰ $\dfrac{by}{y+b}$ ㉱ y

[해설] $R_h = \dfrac{A}{P} = \dfrac{by}{b+2y}$, $b \gg y$ 이므로 $H_h = \dfrac{y}{1+2\left(\dfrac{y}{b}\right)} \fallingdotseq y$

문제 16. 원관의 관마찰계수 λ와 비원형 관로에서의 관마찰계수 λ'는 다음 중 어떤 관계가 성립하는가?

  ㉮ $\lambda = \lambda'$ ㉯ $\lambda = 2\lambda'$ ㉰ $\lambda = 3\lambda'$ ㉱ $\lambda = 4\lambda'$

[해설] 비원형 관로에서의 손실수두

$$h_l = \lambda' \dfrac{L}{R_h} \cdot \dfrac{V^2}{2g} = \lambda' \dfrac{L}{\left(\dfrac{D}{4}\right)} \cdot \dfrac{V^2}{2g} = 4\lambda' \dfrac{LV^2}{D2g}$$

원관에서의 손실수두 $h_l = \lambda \dfrac{L}{D} \cdot \dfrac{V^2}{2g}$ 이므로 $\therefore \ \lambda = 4\lambda'$

문제 17. 다음 중 관로의 부차적 손실에 속하지 않는 것은?

  ㉮ 돌연 축소 손실   ㉯ 돌연 확대 손실   ㉰ 밸브 손실   ㉱ 마찰 손실

[해설] 부차적 손실은 관마찰 손실 외에 관로에의 단면적이 돌연 확대되는 경우, 단면적이 돌연 축소되는 경우, 방향이 변화하는 경우 등에 대한 에너지 손실을 말한다.

문제 18. 돌연 축소관이나 돌연 확대관에서 손실수두 $h_l = k \cdot \dfrac{V^2}{2g}$ 으로 나타낼 때 속도수두는?

  ㉮ 축소나 확대된 후의 단면에서의 속도수두이다.
  ㉯ 축소나 확대되기 전의 단면에서의 속도수두이다.
  ㉰ 단면변화 전후의 속도수두 중 큰 값이다.
  ㉱ 단면변화 전후의 속도수두 중 작은 값이다.

[해설] 속도 V는 손실이 생기는 곳의 전후에서 평균유속이 변하므로 큰 쪽의 값을 잡는다.

문제 19. 부차적 손실수두에 관하여 맞는 것은?

　㉮ 점성계수에 반비례한다.　　　　　㉯ 관의 길이에 반비례한다.

　㉰ 속도의 제곱에 비례한다.　　　　　㉭ 유량의 제곱에 비례한다.

해설 부차적 손실수두는 $h_l = k \cdot \dfrac{V^2}{2g}$

여기서 k는 부차적 손실계수이므로 $h_l \propto V^2$

문제 20. 다음 중 관의 상당길이 L_e는? (단, 여기서 K는 부차 손실계수, d는 관의 지름, f는 관마찰계수이다.)

　㉮ $\dfrac{K}{fd}$　　　　　㉯ $\dfrac{fd}{K}$　　　　　㉰ $\dfrac{Kd}{f}$　　　　　㉭ $\dfrac{f}{Kd}$

해설 $h_l = f \dfrac{L_e}{d} \cdot \dfrac{V^2}{2g} = K \dfrac{V^2}{2g}$　　　$\therefore L_e = \dfrac{Kd}{f}$

문제 21. 점차 확대관에서 최소 손실계수를 갖는 원추각은 몇 도인가?

　㉮ 7°　　　　　㉯ 10°　　　　　㉰ 15°　　　　　㉭ 21°

해설 점차 확대관에서 최소 손실계수를 갖는 원추각은 5~7°이다.

문제 22. 점차 확대관에서 최대 손실계수를 갖는 원추각은 몇 도인가?

　㉮ 43°　　　　　㉯ 56°　　　　　㉰ 62°　　　　　㉭ 75°

해설 점차 확대관은 62° 근방에서 최대 손실계수를 갖는다.

문제 23. 다음 그림과 같은 관에서의 손실 수두는 얼마인가?

　㉮ $\dfrac{V^2}{2g}$　　　　　㉯ $0.5\dfrac{V^2}{2g}$

　㉰ $1.5\dfrac{V^2}{2g}$　　　　　㉭ $2.0\dfrac{V^2}{2g}$

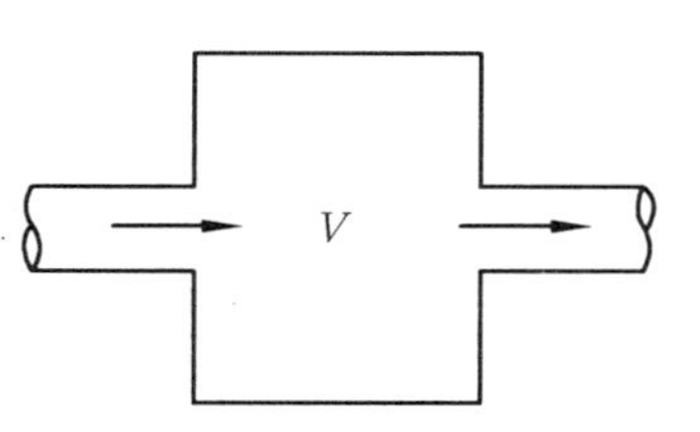

해설 탱크의 유입측에서 $K_L = 1.0$, 탱크의 유출측에서 $K_c = 0.5$

$\therefore$ 전손실 $h_l = (1+0.5)\dfrac{V^2}{2g} = 1.5\dfrac{V^2}{2g}$

해답　19. ㉰　20. ㉰　21. ㉮　22. ㉰　23. ㉰

문제 24. 다음 중 갑자기 확대되는 관에서의 손실수두는?

㉮ $\dfrac{V_1^2 - V_2^2}{2g}$　　㉯ $\dfrac{(V_1 - V_2)^2}{2g}$　　㉰ $\dfrac{V_2^2 - V_1^2}{2g}$　　㉱ $\dfrac{V_1 - V_2}{2g}$

문제 25. 다음 중 돌연 확대관에서의 손실계수 $h_l = k\dfrac{V_1^2}{2g}$ 이라고 할 때 손실계수 k는?

(단, A_1, A_2는 단면적, D_1, D_2는 관의 지름이고, $\dfrac{A_2}{A_1} > 1$, $\dfrac{D_2}{D_1} > 1$이다.)

㉮ $\left(1 - \dfrac{A_1}{A_2}\right)^2$　　㉯ $\left(1 - \dfrac{A_2}{A_1}\right)^2$　　㉰ $\left(1 - \dfrac{D_1}{D_2}\right)^2$　　㉱ $\left(1 - \dfrac{D_2}{D_1}\right)^2$

해설 $h_l = \left(1 - \dfrac{A_1}{A_2}\right)^2 \dfrac{V_1^2}{2g} = k \cdot \dfrac{V_1^2}{2g}$　　$\therefore\ k = \left(1 - \dfrac{A_1}{A_2}\right)^2$

문제 26. 다음 중 미소손실에 대한 설명은?

㉮ 위치수두에 비례한다.　　　　　　㉯ 압력수두에 반비례한다.

㉰ 속도수두에 비례한다.　　　　　　㉱ 레이놀즈수의 제곱에 반비례한다.

해설 미소손실은 다음과 같이 정의된다. $H_L = K_L \dfrac{V^2}{2g}$ 즉, 속도수두에 비례한다.

문제 27. 그림에서와 같이 상하의 두 저수지를 지름 d, 길이 l인 원관으로 직결시킬 때 원관 내의 평균유속은? (단, 관마찰계수를 f 라 하고, 기타의 미소손실은 무시한다.)

㉮ $V = \sqrt{\dfrac{2g(H_1 - H_2)}{f}}$

㉯ $V = \sqrt{\dfrac{2g(H_1 - H_2)}{fl}}$

㉰ $V = \sqrt{\dfrac{2gd(H_1 - H_2)}{fl}}$

㉱ $V = \sqrt{2gd(H_1 - H_2)}$

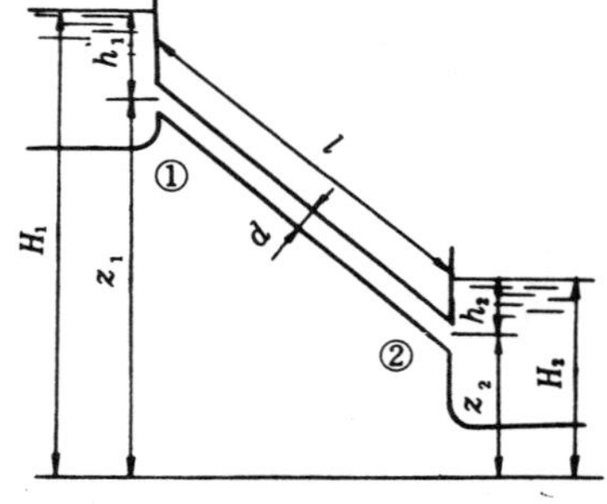

해설 ①, ②에 대하여 베르누이 방정식을 대입시키면

$$\dfrac{V^2}{2g} + \dfrac{p_1}{\gamma} + z_1 = \dfrac{V_2^2}{2g} + \dfrac{p_2}{\gamma} + z_2 + f\dfrac{l}{d} \cdot \dfrac{V^2}{2g}$$

해답　24. ㉯　25. ㉮　26. ㉰　27. ㉰

여기에서 $V_1 = V_2 = V$, $p_1 = \gamma h_1$, $p_2 = \gamma h_2$ 이므로,

$$f\frac{l}{d} \cdot \frac{V^2}{2g} = z_1 + h_1 - (z_2 + h_2) = H_1 - H_2$$

$$\therefore\ V = \sqrt{\frac{2gd(H_1 - H_2)}{fl}}$$

문제 28. 관로문제에서 다음의 두 변수가 같으면 등가의 관이 되는데 그 두 변수는?

㉮ 전수두와 유량　　　　　　　　　㉯ 길이와 유량
㉰ 길이와 지름　　　　　　　　　　㉱ 관마찰계수와 지름

[해설] 전수두와 유량이 같으면 같은 유체의 흐름에 대해서는 언제나 같은 동력을 얻게 된다.

문제 29. 그림에서 전수두 H는?

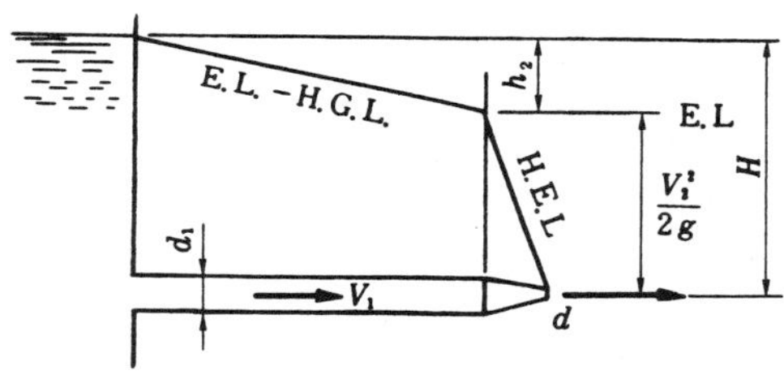

㉮ $H = f\dfrac{l}{d} \cdot \dfrac{V_1^{\,2}}{2g}$ 　　　　　　㉯ $H = \dfrac{V_2^{\,2}}{2g} + f\dfrac{l}{d} \cdot \dfrac{V_1^{\,2}}{2g}$

㉰ $H = \dfrac{V_1^{\,2}}{2g}(1.0 + 0.5) + f\dfrac{l}{d} \cdot \dfrac{V_1^{\,2}}{2g}$ 　　㉱ $H = 0.5\dfrac{V_2^{\,2}}{2g} + f\dfrac{l}{d} \cdot \dfrac{V_1^{\,2}}{2g}$

[해설] 여기에서 전수두 H는 Darcy식에 의한 손실 h_l과 속도수두 $\dfrac{V_2^{\,2}}{2g}$ 뿐이다.

즉, $H = h_l + \dfrac{V_2^{\,2}}{2g} = f\dfrac{l}{d} \cdot \dfrac{V_1^{\,2}}{2g} + \dfrac{V_2^{\,2}}{2g}$

문제 30. 지름 5 cm의 원관에 2 m/s의 유속으로 기름이 흐르고 있다. 이때 기름의 동점성계수 $\nu = 2 \times 10^{-4}$ m²/s라 하면 관마찰계수 f는?

㉮ 0.017　　　　　㉯ 0.128　　　　　㉰ 0.03　　　　　㉱ 0.0422

[해설] 레이놀즈수 $Re = \dfrac{Vd}{\nu} = \dfrac{2 \times 0.05}{2 \times 10^{-4}} = 500 < 2100$이므로 층류이다.

따라서 마찰계수 $f = \dfrac{64}{Re} = \dfrac{64}{500} = 0.128$

[해답]　**28.** ㉮　**29.** ㉯　**30.** ㉯

문제 31. 상당기울기와 관계없는 것은?

㉮ 관의 지름 ㉯ 관의 경사각 ㉰ 유체마찰 ㉱ 유량

[해설] 수력구배선과 수평선이 이루는 각을 θ 라고 할 때 상당기울기 $i = \tan\theta$ 이며 이 값은 관의 실제 경사각과는 관계없고 유량, 관의 크기, 유체마찰에만 관계된다.

문제 32. 그림과 같은 평행 관로에서 물이 흐를 때 ACD와 ABD 사이에서 발생하는 손실수두는?

㉮ 관로 ACD와 ABD 사이에서 생기는 손실은 같다.

㉯ ACD에서 생기는 손실이 ABD에서보다 2배 크다.

㉰ ACD에서 생기는 손실이 ABD에서보다 4배 크다.

㉱ ACD에서 생기는 손실이 ABD에서 생기는 손실의 8배이다.

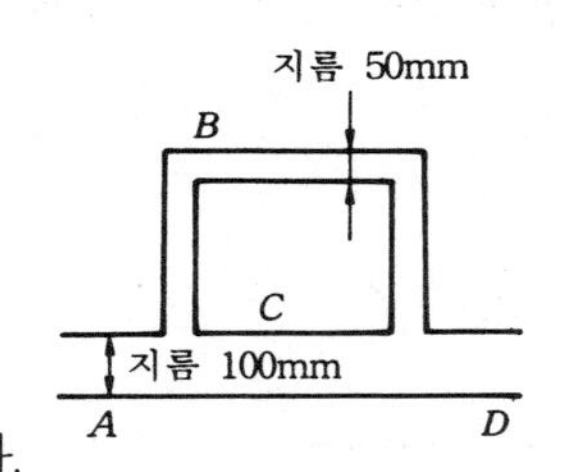

[해설] 평행관에서는 관의 경로에 관계없이 분기관의 손실수두는 같다.

문제 33. 관로강 문제에 있어서 임의의 두 점에서의 압력차는?

㉮ 두 점의 관로구성에 관계없이 같아야 한다.

㉯ 두 점의 관로에 따라서 차이가 생긴다.

㉰ 두 점의 관로를 시계방향으로 잡아야 같게 된다.

㉱ 두 점의 관로를 반시계방향으로 잡아야 같게 된다.

[해설] 관로강의 구성에 있어서 임의의 두 점에서의 압력차는 그 두 점의 관로를 어떠한 경로로 구성하더라도 같아야 한다.

문제 34. 다음 설명 중 틀린 것은?

㉮ 평행관에서는 모든 관의 손실수두가 같다.

㉯ 전수두와 유량이 같을 때 두 관로는 등가라 한다.

㉰ 관로망의 구성에 있어서 임의의 두 점의 압력은 관로의 경로에 따라 다르다.

㉱ 단일관(직관)에서 전수두는 각 관의 손실수두의 합과 같다.

[해설] 관로망에서 임의의 두 점에서의 압력차는 그 두 점의 관로를 어떠한 경로로 구성하더라도 같아야 한다.

문제 35. 레이놀즈수가 1000인 관에 대한 마찰계수 f의 값은?

㉮ 0.064 ㉯ 0.022 ㉰ 0.032 ㉱ 0.016

[해설] $Re < 2100$이므로 $f = \dfrac{64}{Re} = \dfrac{64}{1000} = 0.064$

문제 36. 지름 $2\,cm$인 원형관에 동점성계수가 $1.006 \times 10^{-6}\,m^2/s$인 물이 $5\,m/s$의 속도로 흐를 때의 마찰계수는 얼마인가?

  ㉮ 0.05   ㉯ 0.027   ㉰ 0.018   ㉱ 0.010

[해설] $Re = \dfrac{Vd}{\nu} = \dfrac{5 \times 0.02}{1.006 \times 10^{-6}} = 99404$

흐름은 난류이고, $\lambda = \dfrac{0.3164}{Re^{\frac{1}{4}}} = \dfrac{0.3164}{99404^{\frac{1}{4}}} = 0.018$

문제 37. 동점성계수가 $1.57 \times 10^{-5}\,m^2/s$인 공기가 지름이 $5\,cm$인 매끈한 관 내를 $0.5\,m/s$의 속도로 흐른다. 이때 마찰계수 λ는 얼마인가?

  ㉮ 0.064   ㉯ 0.052   ㉰ 0.025   ㉱ 0.0402

[해설] $Re = \dfrac{Vd}{\nu} = \dfrac{0.5 \times 0.05}{1.57 \times 10^{-5}} = 1592, \quad Re = 1592 < 2320 \quad \therefore$ 층류

$\lambda = \dfrac{64}{Re} = \dfrac{64}{1592} = 0.0402$

문제 38. 길이가 $400\,m$이고, 지름이 $25\,cm$인 관에 평균속도 $1.32\,m/s$로 물이 흐르고 있다. 관마찰계수가 0.0422일 때 손실수두는 얼마인가?

  ㉮ $6\,m$ ㉯ $60\,cm$ ㉰ $4.54\,m$ ㉱ $12\,m$

[해설] 다르시 방정식으로부터

$$h_l = f \dfrac{l}{d} \cdot \dfrac{V^2}{2g} = 0.0422 \times \dfrac{400}{0.25} \times \dfrac{(1.32)^2}{2 \times 9.8} = 6\,m$$

문제 39. 물이 평균유속 $5\,m/s$로 지름 $20\,cm$인 관 속을 흐르고 있다. 관의 길이 $30\,m$에 대하여 손실수두가 $6\,m$로 실험에 의해서 측정되었을 때 마찰계수 f는?

  ㉮ 0.031   ㉯ 0.026   ㉰ 0.017   ㉱ 0.042

[해설] 다르시 방정식에서

$$h_l = f \dfrac{l}{d} \cdot \dfrac{V^2}{2g} = f \dfrac{30}{0.2} \cdot \dfrac{5^2}{2 \times 9.8} = 6$$

$\therefore f = 0.03136$

해답 36. ㉰ 37. ㉱ 38. ㉮ 39. ㉮

문제 40. 물이 지름이 15 cm인 원형관 속을 4.5 m / s의 평균속도로 흐르고 있다. 이때 길이 30 m에 걸친 실험 결과의 수두손실이 5 m임을 알게 되었다. 이때의 마찰계수는 얼마인가 ?

㉮ 0.024　　　　㉯ 0.032　　　　㉰ 0.052　　　　㉱ 0.061

[해설] $h_l = \lambda \cdot \dfrac{l}{d} \cdot \dfrac{V^2}{2g}$　　$\therefore \lambda = h_l \cdot \dfrac{d}{l} \cdot \dfrac{2g}{V^2} = 5 \times \dfrac{0.15}{30} \times \dfrac{2 \times 9.81}{4.5^2} = 0.024$

문제 41. 지름 7.5 cm인 매끈한 관을 통하여 물을 3 m / s의 속도로 보내려 한다. 무디선도로부터 마찰계수는 0.03임을 알았고, 관의 길이가 200 m이면 압력 강하는 몇 kg / cm^2 인가 ?

㉮ 3.67　　　　㉯ 36.7　　　　㉰ 21.5　　　　㉱ 15.4

[해설] $h_l = \lambda \cdot \dfrac{l}{d} \cdot \dfrac{V^2}{2g} = 0.03 \times \dfrac{200}{0.075} \times \dfrac{3^2}{2 \times 9.81} = 36.7 \, \text{m}$

$P = \gamma h = 1000 \times 36.7 = 36700 \, \text{kg} / \text{m}^2 = 3.67 \, \text{kg} / \text{cm}^2$

문제 42. 지름이 20 cm인 주철관에 0.1 m^2/ s의 기름이 흐르고 있다. 관의 길이가 300 m 일 때 손실수두는 얼마인가 ? (단, 기름의 동점성계수는 0.7×10^{-5} m^2/s이다.)

㉮ 28 m　　　　㉯ 18.1 m　　　　㉰ 14.5 m　　　　㉱ 12.6 m

[해설] 주철관에 대하여 $\varepsilon = 0.0026 \, \text{m}$　　$\therefore \dfrac{\varepsilon}{d} = 0.0013$

유량으로부터 평균속도 $V = \dfrac{Q}{A} = \dfrac{0.1}{\dfrac{\pi}{4}(0.2)^2} = 3.18 \, \text{m} / \text{s}$

$Re = \dfrac{3.18 \times 0.2}{0.7 \times 10^{-5}} \fallingdotseq 90800$

$\dfrac{\varepsilon}{d}$ 와 Re의 값으로부터 무디선도에서 $f = 0.0234$를 읽는다.

$\therefore h_l = f \dfrac{l}{d} \cdot \dfrac{V^2}{2g} = 0.0234 \times \dfrac{300}{0.2} \times \dfrac{(3.18)^2}{2 \times 9.8} = 18.1 \, \text{m}$

문제 43. 지름이 5 cm인 내면이 거친 관에 동점성계수 $\nu = 1.57 \times 10^{-6}$ m^2/ s인 물이 5 m / s 의 속도로 흐른다. 상대조도 $e / d = 0.004$일 때 무디선도로부터 $f = 0.028$임을 알 수 있었다. 관 길이 100 m에 대한 수두손실은 몇 m인가 ?

㉮ 71.4　　　　㉯ 10.2　　　　㉰ 51.4　　　　㉱ 30.5

[해설] $Re = \dfrac{Vd}{\nu} = \dfrac{5 \times 0.05}{1.57 \times 10^{-6}} = 159236$

$h_l = \lambda \cdot \dfrac{l}{d} \cdot \dfrac{V^2}{2g} = 0.028 \times \dfrac{100}{0.05} \times \dfrac{5^2}{2 \times 9.81} = 71.4 \, \text{m}$

문제 44. 반지름이 25 cm의 원관으로 수평거리 1500 m의 위치로 24시간에 10000 m³의 물을 송출시키려고 하고 있다. 얼마의 압력을 가하여야 하는가? (단, 관마찰계수는 0.035이다.)

㉮ $8.0 \, \text{kg} / \text{cm}^2$ (7.84 bar)　　　　㉯ $6.0 \, \text{kg} / \text{cm}^2$ (5.88 bar)

㉰ $4 \, \text{kg} / \text{cm}^2$ (3.92 bar)　　　　㉱ $2 \, \text{kg} / \text{cm}^2$ (1.96 bar)

[해설] 평균속도 V는 유량으로부터

$$V = \dfrac{Q}{A} = \dfrac{\dfrac{10^4}{24 \times 60^2}}{\dfrac{\pi \times 0.25^2}{4}} = 2.36 \, \text{m} / \text{s}, \quad h_l = f\dfrac{l}{d} \cdot \dfrac{V^2}{2g}, \quad h_l = \dfrac{\Delta p}{\gamma} \text{ 에서}$$

$$\Delta p = f\dfrac{l}{d} \cdot \dfrac{\gamma V^2}{2g} = 0.035 \times \dfrac{1500}{0.25} \times \dfrac{1000 \times 2.36^2}{2 \times 9.81} = 6 \times 10^4 \, \text{kg/m}^2 = 6.0 \, \text{kg/cm}^2$$

[SI 단위]

$$\Delta p = f\dfrac{l}{d} \cdot \dfrac{\gamma V^2}{2g} = 0.035 \times \dfrac{1500}{0.25} \times \dfrac{9800 \times 2.36^2}{2 \times 9.81} = 5.88 \, \text{bar}$$

문제 45. 지름이 10 cm, 길이 100 m인 수평원관 속을 10 l/s의 유량으로 기름($\nu = 1 \times 10^{-4} \, \text{m}^2/\text{s}$, $S = 0.8$)을 수송하기 위해서는 관 입구와 관 출구 사이에 얼마의 압력차 (kg/m^2)를 주면 되는가?

㉮ 3288　　　　㉯ 1027　　　　㉰ 6731　　　　㉱ 10591

[해설] 평균유속 $V = \dfrac{Q}{A} = \dfrac{0.01}{\dfrac{\pi}{4}(0.1)^2} = 1.27 \, \text{m} / \text{s}$

레이놀즈수 $Re = \dfrac{Vd}{\nu} = \dfrac{1.27 \times 0.1}{1 \times 10^{-4}} = 1270 < 2100$: 층류

따라서 마찰계수 $f = \dfrac{64}{Re} = \dfrac{64}{1270} = 0.05$

그러므로 손실수두 $h_l = f\dfrac{L}{d} \cdot \dfrac{V^2}{2g} = 0.05 \dfrac{100}{0.1} \cdot \dfrac{1.27^2}{2 \times 9.8} = 4.11 \, \text{m}$

따라서 압력차 $\Delta p = \gamma h_l = (1000 \times 0.8) \times 4.11 = 3288 \, \text{kg}/\text{m}^2$

문제 46. 안지름 25 mm, 길이 10 m, 관마찰계수 0.02인 원관 속을 난류로 흐를 때 관 입구
와 출구 사이의 압력차가 40 kPa이다. 이때 유량은 몇 m³/s인가? (단, 비중은 1.12이다.)

㉮ 0.81×10^{-3} ㉯ 1.47×10^{-3} ㉰ 2.31×10^{-4} ㉱ 3.25×10^{-4}

[해설] 손실수두는 $h_l = \Delta \dfrac{p}{\gamma} = \dfrac{40 \times 10^3}{9800 \times 1.12} \fallingdotseq 3.64\,\text{m}$, $h_l = \lambda \cdot \dfrac{L}{D} \cdot \dfrac{V^2}{2g}$ 이므로

$$V = \sqrt{\frac{2g \cdot D \cdot h_l}{\lambda L}} = \sqrt{\frac{2 \times 9.8 \times 0.025 \times 3.64}{0.02 \times 10}} \fallingdotseq 2.99\,\text{m/s}$$

$$\therefore Q = AV = \frac{\pi}{4} D^2 V = \frac{\pi}{4} \times 0.025^4 \times 2.99 \fallingdotseq 1.47 \times 10^{-3}\,\text{m}^3/\text{s}$$

문제 47. 안지름 30 mm, 길이 80 m인 매끈한 원관 속을 동점성계수 1.31×10^{-2} St인 물
이 3 l/s로 흐를 때 마찰에 의한 손실수두는 얼마인가? (단, 관마찰계수는 난류인 경
우 블라시우스(Blasius)의 식을 적용한다.)

㉮ 25   ㉯ 38   ㉰ 44   ㉱ 52

[해설] $Re = \dfrac{VD}{\nu} = \dfrac{\dfrac{0.03 \times 4 \times 0.003}{(\pi \times 0.03^2)}}{1.31 \times 10^{-6}} \fallingdotseq 97243 > 2100 : 난류$

따라서 블라시우스의 식을 적용하면 관마찰계수는

$$\lambda = 0.3164 \times Re^{-\frac{1}{4}} = \frac{0.3164}{(97243)^{0.25}} \fallingdotseq 0.01792$$

손실수두 $h_l = \lambda \cdot \dfrac{L}{D} \cdot \dfrac{V^2}{2g} = 0.01792 \times \dfrac{80}{0.03} \times \dfrac{\left\{\dfrac{4 \times 0.03}{\pi \times 0.03^2}\right\}^2}{2 \times 9.8} \fallingdotseq 44\,\text{m}$

문제 48. 지름 10 cm인 매끈한 원관에 물(동점성계수 $\nu = 10^{-6}\,\text{m}^2/\text{s}$)이 0.02 m³/s의 유
량으로 흐르고 있을 때 길이 100 m당 손실수두는 몇 m인가?

㉮ 18.64   ㉯ 10.68   ㉰ 2.67   ㉱ 4.66

[해설] 평균유속 $V = \dfrac{Q}{A} = \dfrac{0.02}{\dfrac{\pi}{4}(0.1)^2} = 2.547\,\text{m/s}$

레이놀즈수 $Re = \dfrac{Vd}{\nu} = \dfrac{2.547 \times 0.1}{10^{-6}} = 254700$

블라시우스 공식에서 $f = 0.3164 Re^{\frac{1}{4}} = 0.3164(254700)^{\frac{1}{4}} = 0.014$

손실수두 $h_l = f \cdot \dfrac{L}{d} \cdot \dfrac{V^2}{2g} = 0.014 \times \dfrac{100}{0.1} \times \dfrac{2.547^2}{2 \times 9.8} = 4.66\,\text{m}$

[해답] 46. ㉯   47. ㉰   48. ㉱

문제 49. 그림과 같이 15℃인 물($\rho = 998.6$ kg / m^3, $\mu = 1.12$ kg / m · s)이 200 kg / min 으로 관 속을 흐르고 있다. 이때 마찰계수 f는?

㉮ 0.04

㉯ 0.07

㉰ 0.02

㉱ 0.09

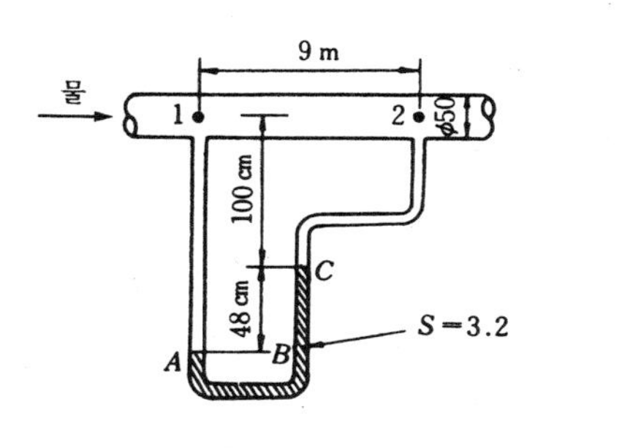

[해설] 시차액주계에서 $p_A = p_B$이므로

$$p_1 + 9800(1+0.48) = p_2 + 9800 \times 1 + 9800 \times 3.2 \times 0.48$$

$$\therefore \frac{p_1 - p_2}{9800} = (3.2 - 1)0.48 = 1.056 \,\text{m}$$

평균유속 V는 $\dot{m} = \rho A V : V = \frac{\dot{m}}{\rho A} = \frac{\left(\dfrac{200}{60}\right)}{998.6 \times \dfrac{\pi(0.05)^2}{4}} = 1.7 \,\text{m/s}$

1과 2에 베르누이 방정식을 적용하면

$$\frac{p_1}{9800} + \frac{1.7^2}{2 \times 9.8} = \frac{p_2}{9800} + \frac{1.7^2}{2 \times 9.8} + h_l$$

$$\therefore h_l = \frac{p_1 - p_2}{9800} = 1.056 \,\text{m}$$

다르시 방정식에서

$$h_l = f \cdot \frac{l}{d} \cdot \frac{V^2}{2g} : 1.056 \,\text{m} = f \times \frac{9}{0.05} \times \frac{1.7^2}{2 \times 9.8}$$

$$\therefore f = 0.03978$$

문제 50. 지름이 5 cm인 원형관에 5000 cm^3/ s의 물이 흐를 때 1 m당 수두손실은 20 cm 이었다. 이때의 마찰계수는?

㉮ 0.0105　　　㉯ 0.0205　　　㉰ 0.0302　　　㉱ 0.0402

[해설] $Q = AV$

$$V = \frac{5000}{\dfrac{\pi}{4} \times 5^2} = 255 \,\text{cm/s} = 2.55 \,\text{m/s}$$

$$h_l = \lambda \cdot \frac{l}{d} \cdot \frac{V^2}{2g}$$

$$\lambda = h_l \cdot \frac{d}{l} \cdot \frac{2g}{V^2} = 0.2 \times \frac{0.05}{1} \times \frac{2 \times 9.81}{2.55^2} = 0.0302$$

문제 51. 표고 30 m인 저수지로부터 표고 75 m인 지점까지 $0.6\,\mathrm{m^3/s}$의 물을 송수시키는 데 필요한 펌프 동력은 얼마인가? (단, 전손실수두는 12 m이다.)

㉮ 536 PS   ㉯ 556 PS   ㉰ 456 PS   ㉱ 350 PS

[해설] $\dfrac{p_1}{\gamma} + \dfrac{V_1^2}{2g} + Z_1 + E_P = \dfrac{p_2}{\gamma} + \dfrac{V_2^2}{2g} + Z_2 + H_L$

$p_1 = p_2 = 0$ 이라면 $V_1 = V_2$ 이므로 $H_L = 12\,\mathrm{m}$, $Z_1 = 30\,\mathrm{m}$, $Z_2 = 75\,\mathrm{m}$

$E_P = (Z_2 - Z_1) + H_L = (75 - 30) + 12 = 57\,\mathrm{m}$

펌프동력 $L_P = \dfrac{\gamma Q E_P}{75} = \dfrac{1000 \times 0.6 \times 57}{75} = 456\,\mathrm{PS}$

문제 52. 깨끗한 단연철(wrought iron) 관을 통하여 $0.2\,\mathrm{m^3/s}$의 기름을 운반하려고 한다. 기름의 동점성계수는 $0.7 \times 10^{-5}\,\mathrm{m^2/s}$이고, 관의 길이 1000 m에서 손실수두를 8 m로 하는 관의 지름은 얼마인가?

㉮ 48 cm   ㉯ 38 cm   ㉰ 28 cm   ㉱ 18 m

[해설] 다르시 방정식을 다시 정리하면

$$h_l = f \frac{l}{d} \cdot \frac{V^2}{2g} = f \frac{l}{d} \cdot \frac{Q^2}{2g\left(\dfrac{d^2 \pi}{4}\right)^2}$$

$$\therefore\ d^5 = \frac{8 l Q^2}{h_l g \pi^2} f = c_1 f$$

주어진 값을 대입시키면 $Re = \dfrac{8 \times 103 \times (0.2)^2}{8 \times 9.8 \times \pi^2} \times f = 0.414 f$

그런데 $Vd^2 = \dfrac{4Q}{\pi}$ 이므로 $Re = \dfrac{Vd}{\nu} = \dfrac{4Q}{\pi \nu} \cdot \dfrac{1}{d}$

$Re = \dfrac{0.2 \times 4}{\pi \times 0.7 \times 10^{-5} \times d} = \dfrac{3.64 \times 10^4}{d}$

단연철관에서 $\varepsilon = 4.57 \times 10^{-5}$, $f = 0.02$로 가정한다.

그리고 이 값을 대입하면 다음과 같이 된다.

$d = 0.383\,\mathrm{m}$, $Re = 95000$, $\dfrac{\varepsilon}{d} = 0.0012$

이 값들로부터 선도에서 $f = 0.019$를 읽으면 가정된 값과 약간 틀린다.

다시 $f = 0.019$로 가정한다.

$d = 0.38\,\mathrm{m}$, $Re = 95800$, $\dfrac{\varepsilon}{d} = 0.00012$

무디선도로부터 $f = 0.019$를 읽으면, 이 값은 앞에서 가정한 값과 같다.

따라서 $d = 38\,\mathrm{cm}$ 이다.

문제 53. 유동단면이 $10\,\text{cm} \times 15\,\text{cm}$인 폐수로에 액체가 가득 차서 흐를 때 수력반지름은 몇 cm인가?

　㉮ 3　　　　　㉯ 4　　　　　㉰ 5　　　　　㉱ 6

[해설] 수력반지름 $R_h = \dfrac{A}{P} \cdot \dfrac{10 \times 15}{10 \times 2 + 15 \times 2} = 3\,\text{cm}$

문제 54. $2\,\text{cm} \times 3\,\text{cm}$의 사각형 단면의 매끈한 관 속을 평균유속 $1\,\text{m/s}$로 20℃의 물이 흐르고 있다. 관의 길이 $1\,\text{m}$당 손실수두는 얼마인가?

　㉮ $0.054\,\text{m}$　　　㉯ $0.064\,\text{m}$　　　㉰ $0.756\,\text{m}$　　　㉱ $0.0026\,\text{m}$

[해설] 수력반지름 $R_h = \dfrac{A}{P} = \dfrac{2 \times 3}{(2+3) \times 2} = 0.6\,\text{cm}$

$$\therefore Re = \frac{V(4R_h)}{\nu} = \frac{1 \times (4 \times 0.006)}{1.0 \times 10^{-6}} = 2400 > 2100$$

난류이므로 블라시우스식을 이용하여 관마찰계수 f를 계산한다.

$$f = 0.3164 Re^{-\frac{1}{4}} = 0.3164 \times 24000^{-\frac{1}{4}} = 0.0254$$

따라서 단위 m당의 손실 h_l은

$$h_l = f \cdot \frac{l}{4R_h} \cdot \frac{V^2}{2g} = 0.0254 \times \frac{1}{0.024} \times \frac{1^2}{2 \times 9.8} = 0.054\,\text{m}$$

문제 55. 송풍용 덕트의 크기가 $60\,\text{cm} \times 40\,\text{cm}$이고 구형 단면이다. 이 덕트를 통해서 동점성계수가 $0.156 \times 10^{-4}\,\text{m}^2/\text{s}$인 공기가 매분 $300\,\text{m}^3$만큼 송풍될 때 흐름의 레이놀즈수는 얼마인가?

　㉮ 640000　　　㉯ 160000　　　㉰ 320000　　　㉱ 480000

[해설] 수력반지름

$$R_h = \frac{0.6 \times 0.4}{0.6 \times 2 + 0.4 \times 2} = 0.12\,\text{m}$$

$$Q = AV, \quad V = \frac{Q}{A} = \frac{300}{0.24 \times 60} = 20.8\,\text{m/s}$$

$$Re = \frac{Vd}{\nu} = \frac{V(4R_h)}{\nu} = \frac{20.8 \times 4 \times 0.12}{0.156 \times 10^{-4}} = 640000$$

해답　53. ㉮　　**54.** ㉮　　**55.** ㉮

주·관·식

문제 1. 안지름 200 mm인 관이 안지름 350 mm로 돌연 확대될 때 유량 $0.3\,\mathrm{m^3/s}$가 흐르면 손실수두는 몇 m가 되는지 구하여라.

[해설] $V_1 = \dfrac{4Q}{\pi D_1{}^2} = \dfrac{4 \times 0.3}{\pi \times 0.2^2} \fallingdotseq 9.554\,\mathrm{m/s}, \quad V_2 = \dfrac{4Q}{\pi D_2{}^2} = \dfrac{4 \times 0.3}{\pi \times 0.35^2} \fallingdotseq 3.12\,\mathrm{m/s}$

$\therefore$ 손실수두 $\ h_l = \dfrac{(V_1 - V_2)^2}{2g} = \dfrac{(9.554 - 3.12)^2}{2 \times 9.8} \fallingdotseq 2.11\,\mathrm{m}$

문제 2. 그림과 같은 관에서 흐르는 유량($\mathrm{m^3/s}$)을 구하여라. (단, 관마찰계수는 0.027 이다.)

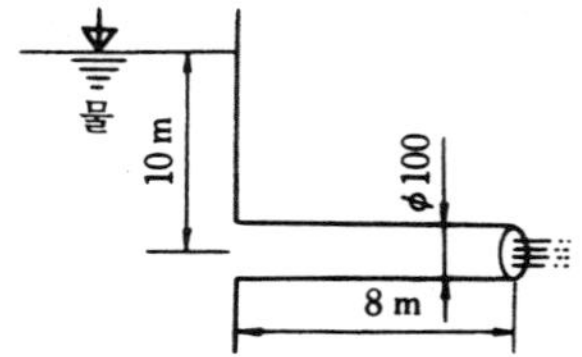

[해설] 손실수두 $\ h_l = 0.5 \times \dfrac{V^2}{2g} + 0.027 \times \dfrac{8}{0.1} \times \dfrac{V^2}{2g} = 2.66 \times \dfrac{V^2}{2g}$

물의 자유표면과 노즐 끝단에 베르누이 방정식을 적용하면

$0 + 0 + 10 = 0 + \dfrac{V^2}{2g} + 0 + 2.66\dfrac{V^2}{2g}$ 이므로 $\ V = 7.318\,\mathrm{m/s}$

$\therefore\ Q = \dfrac{\pi (0.1)^2}{4} \times 7.318 = 0.0575\,\mathrm{m^3/s}$

문제 3. 안지름이 각각 300 mm와 450 mm의 원관이 직접 연결되어 있다. 이때 300 mm 관에서 450 mm관의 방향으로 매초 230 l의 물이 흐르고 있다면 돌연 확대부분에서의 손실은 얼마인가?

[해설] 돌연 확대관에서의 손실 $\ h_l = K_l \dfrac{V_1{}^2}{2g}$ 이므로

$K_l = \left[\, 1 - \left(\dfrac{d_1}{d_2}\right)^2 \,\right]^2 = \left[\, 1 - \left(\dfrac{300}{450}\right)^2 \,\right]^2 = 0.3086, \quad V_1 = \dfrac{0.230}{\dfrac{\pi \times 0.3^2}{4}} = 3.255\,\mathrm{m/s}$

$\therefore\ h_l = 0.3086 \times \dfrac{(3.255)^2}{2 \times 9.8} = 0.167\,\mathrm{m}$

문제 4. 길이 1.5 m, 지름 50 mm인 배관이 탱크의 수면으로로부터 3.6 m인 곳에 붙어 있고, 탱크 가까이에 다음 그림과 같이 글로브 밸브(완전 개방시 $K=10$)를 설치했다. 이때 글로브 밸브를 완전히 열었을 때 유량 Q를 구하여라. (단, 관마찰계수 $f = 0.02$이다.)

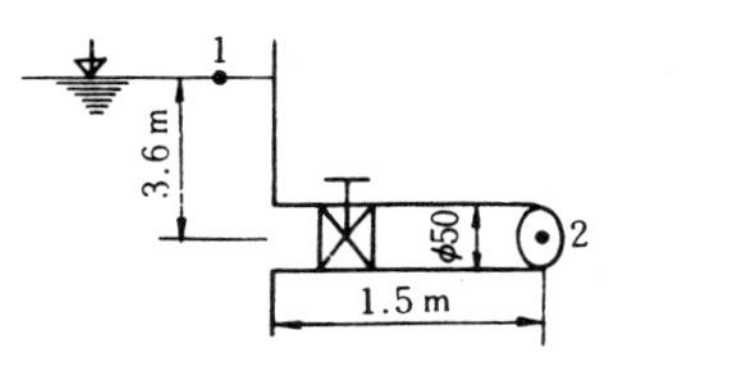

[해설] 총 손실수두 $h_l = 0.5 \times \dfrac{V^2}{2g} + 10 \times \dfrac{V^2}{2g} + 0.02 \times \dfrac{1.5}{0.05} \times \dfrac{V^2}{2g} = 11.1 \dfrac{V^2}{2g}$

1과 2에 베르누이 방정식을 적용하면

$0 + 0 + 3.6 = 0 + \dfrac{V^2}{2g} + 0 + 11.1 \dfrac{V^2}{2g}$ 이므로 $V = 2.41 \, \text{m/s}$

$\therefore\ Q = \dfrac{\pi (0.05)^2}{4} \times 2.41 = 0.00473 \, \text{m}^3/\text{s}$

문제 5. 표고 30 m인 저수지로부터 표고 75 m인 지점까지 0.6 m³/s의 물을 송수시키는 데 필요한 펌프동력을 구하여라. (단, 전손실수두는 12 m이다.)

[해설] 두 저수지에 대하여 베르누이 방정식을 적용시키면

$$\frac{p_1}{\gamma} + \frac{V_1{}^2}{2g} + z_1 + E_P = \frac{p_2}{\gamma} + \frac{V_2{}^2}{2g} + z_2 + H_L$$

여기에서 $p_1 = p_2 = 0$, 같은 관을 사용하였다고 가정하면 $V_1 = V_2$이므로

$h_l = 12 \, \text{m}, \quad z_1 = 30 \, \text{m}, \quad z_2 = 754 \, \text{m}$

$E_P = (z_2 - z_1) + h_l = (75 - 30) + 12 = 57 \, \text{m}$

$\therefore\ P = \dfrac{Q \gamma E_P}{75} = \dfrac{1000 \times 0.6 \times 57}{75} = 456 \, \text{PS}$

[SI 단위]

$P = Q \gamma E_P = 9800 \times 0.6 \times 57 = 335.2 \, \text{kW}$

문제 6. 반지름이 20 mm의 원관에 안지름이 40 mm이고 길이가 1 m인 원관을 직접 연결한 다음 그 끝을 대기로 개방시켰다. 관마찰계수가 0.03일 때 관의 연결점에서 압력수두를 구하여라. (단, 20 mm 관에서의 유속은 4 m/s이다.)

[해설] $V_1 = 4 \, \text{m/s}, \quad V_2 = \left(\dfrac{2}{4} \right)^2 \times 4 = 1 \, \text{m/s}$

돌연 확대부분에서의 손실 h_l은

$$h_l = \left[1 - \left(\frac{d_1}{d_2} \right)^2 \right]^2 \frac{V_1{}^2}{2g} = \left[1 - \left(\frac{2}{4} \right)^2 \right]^2 \frac{4^2}{2 \times 9.8} = 0.46 \, \text{m}$$

1m 길이에서의 손실 $h_l = f\dfrac{l}{d}\cdot\dfrac{V^2}{2g} = 0.03 \times \dfrac{1}{0.04} \times \dfrac{1^2}{2\times 9.8} = 0.038\,\mathrm{m}$

베르누이 방정식에 대입하면 $\dfrac{V_1{}^2}{2g} + \dfrac{p_1}{\gamma} = \dfrac{V_2{}^2}{2g} + \dfrac{p_2}{\gamma} + h_{le} + h_l$

여기에서 $p_2 = 0$이므로

$$\therefore\ \frac{p_1}{\gamma} = \frac{V_2{}^2 - V_1{}^2}{2g} + h_{le} + h_l = \frac{1^2 - 4^2}{2\times 9.8} + 0.46 + 0.038$$

$$\therefore\ \frac{p_1}{\gamma} = -0.272\,\mathrm{m}$$

문제 7. 그림과 같은 펌프의 관의 안지름은 10 cm이고, 관 속에서의 평균유속은 2 m/s이다. 이 관의 수직길이는 3 m로서 그 중 1 m는 물 속에 잠겨져 있고, 90°엘보를 거쳐 수평으로 연결된 관의 길이는 4 m이다. 이때 펌프입구에서의 압력을 구하여라. (단, 관마찰계수는 0.025이다.)

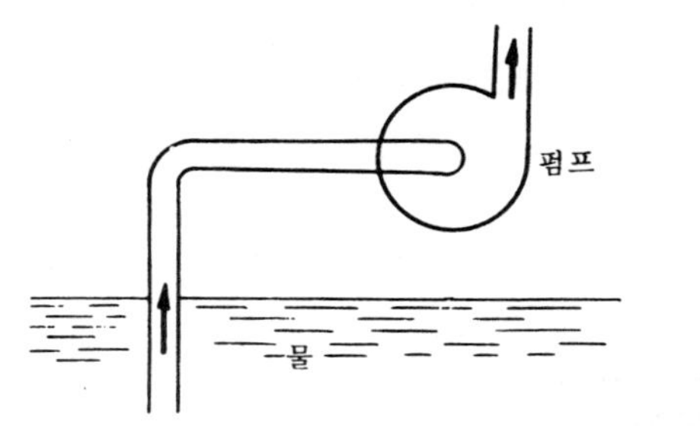

[해설] 수면과 펌프의 흡입구에 대하여 베르누이 방정식을 적용시키면

$$\frac{p}{\gamma} = -\frac{V^2}{2g} - z - \frac{V^2}{2g}\left(f\frac{l}{d} + 0.5 + 0.9\right)$$

$$= -\frac{2^2}{2\times 9.8} - 2 - \frac{2^2}{2\times 9.8}\left(0.025 \times \frac{7}{0.1} + 0.5 + 0.9\right) = -2.85\,\mathrm{mAq}$$

문제 8. 지름 D인 균일한 관로를 유량 Q가 흐를 때 상당기울기를 구하여라.

[해설] 균일한 관로의 관마찰계수를 일정하다고 하면 마찰 손실수두는

$$h_l = \lambda\frac{L}{D}\cdot\frac{V^2}{2g} \quad\cdots\cdots\cdots\cdots\cdots\cdots\cdots\cdots\cdots\cdots\cdots\cdots ①$$

수력구배선이 수평선과 θ 만큼 기울어졌다면 수력기울기의 정의에 의해서

$$i = \tan\theta \fallingdotseq \frac{h_l}{l} \quad\cdots\cdots\cdots\cdots\cdots\cdots\cdots\cdots\cdots\cdots\cdots\cdots ②$$

여기서, h_l은 관의 길이 l에 대한 손실수두이다.

식 ①, ②에서 $i \fallingdotseq \dfrac{h_l}{l} = \dfrac{\lambda}{D}\cdot\dfrac{V^2}{2g}$ $\therefore\ V = \sqrt{\dfrac{2g}{\lambda}D_i}$

이 식은 관로의 흐름에 대한 chézy의 식이라고 한다. 연속의 식에서

$$Q = \frac{\pi}{4}D^2 V = \frac{\pi}{4}D^2\cdot\sqrt{\frac{2g}{\lambda}Di} = \frac{\pi}{4}\sqrt{\frac{2g}{\lambda}D^5 i}$$

$$\therefore\ i = \frac{16\lambda Q^2}{\pi^2 2gD^5} = \frac{8}{\pi^2 g}\cdot\frac{\lambda Q^2}{D^5} \fallingdotseq 0.0828\frac{\lambda Q^2}{D^5}$$

만약 $\lambda = 0.03$이라고 하면 $i = 0.0025\dfrac{Q^2}{D^5}$

문제 9. 지름이 d인 원형관과 한 변의 길이가 b인 정사각형 단면의 관이 있다. 두 관의 길이 l, 단면 A, 유량 Q, 관마찰계수 f가 모두 같을 때 두 관에서의 압력손실비를 구하여라.

[해설] 원형 및 정사각형 단면에서의 압력손실을 각각 Δp_1, Δp_2라고 할 때

$$\Delta p_1 = \gamma H_{L1} = f \cdot \frac{l}{d} \cdot \frac{V_1^2}{2g} \cdot \gamma$$

$$\Delta p_2 = \gamma H_{L2} = f \cdot \frac{l}{4R_h} \cdot \frac{V_2^2}{2g} \cdot \gamma$$

여기에서 단면적이 같으므로 $AV_1 = AV_2$ 즉, $V_1 = V_2$

$R_h = \dfrac{b^2}{4b} = \dfrac{b}{4}$ 이므로 $\dfrac{\Delta p_1}{\Delta p_2} = \dfrac{4R_h}{d} = \dfrac{b}{d}$

그런데 단면적은 $b^2 = \dfrac{\pi}{4}d^2$ $\quad \therefore \dfrac{b}{d} = \sqrt{\dfrac{\pi}{4}} = 0.886$

문제 10. 지름이 $300\,\mathrm{cm}$인 수평관에 물이 흐르고 있다. 이 수평관이 $20°$의 원추각으로 확대되어 지름이 $600\,\mathrm{cm}$인 관에 연결되었다. 유량이 $0.3\,\mathrm{m^3/s}$이고, 확대된 큰 관에서의 압력이 $1.4\,\mathrm{kg/cm^2}$일 때 확대되지 않은 작은 관에서의 압력을 구하여라. (단, 관마찰은 무시한다.)

[해설] $V_1 = \dfrac{0.3}{\pi(1.5)^2} = 0.0425\,\mathrm{m/s}, \quad V_2 = \dfrac{0.0425}{4} = 0.0106\,\mathrm{m/s}$

원추각 $20°$에 대한 $\zeta = 0.43$, 베르누이 방정식에 대입하면

$$\frac{P_1}{10^3} + \frac{(0.0425)^2}{2g} = \frac{1.4 \times 10^4}{10^3} + \frac{(0.0106)^2}{2g} + 0.43\frac{(0.0425 - 0.0106)^2}{2g}$$

$$\therefore P_1 \fallingdotseq 1.399\,\mathrm{kg/cm^2}$$

문제 11. 다음 그림에서 관에 흐르는 유량$(\mathrm{m^3/s})$을 구하여라.

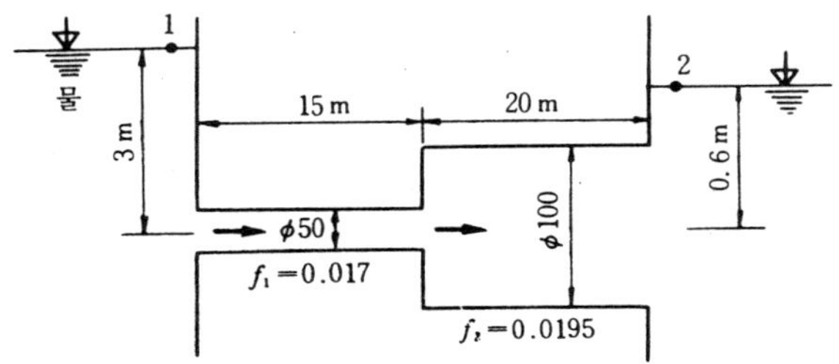

[해설] 총 손실수두 $h_l = 0.5\dfrac{V_1^2}{2g} + f_1\dfrac{L_1}{d_1} \cdot \dfrac{V_1^2}{2g} + \dfrac{(V_1 - V_2)^2}{2g} + f_2\dfrac{L_2}{d_2} \cdot \dfrac{V_2^2}{2g} + \dfrac{V_2^2}{2g}$

여기서 $V_1 = 4V_2$이므로

$$h_L = 0.5\frac{16V_2^{\,2}}{2g} + 0.017\frac{15}{0.05}\cdot\frac{16V_2^{\,2}}{2g} + \frac{9V_2^{\,2}}{2g} + 0.0195\frac{20}{0.1}\cdot\frac{V_2^{\,2}}{2g} + \frac{V_2^{\,2}}{2g} = 103.5\frac{V_2^{\,2}}{2g}$$

1과 2에 베르누이 방정식을 적용하면

$$0+0+3 = 0+0+0.6+103.5\frac{V_2^{\,2}}{2g}$$

$$\therefore\ V_2 = 0.674\,\mathrm{m/s} \qquad \therefore\ Q = \frac{\pi(0.1)^2}{4}\times 0.674 = 5.3\times 10^{-3}\,\mathrm{m^3/s}$$

문제 12. 다음 그림과 같은 돌연 확대관에 물이 $0.2\,\mathrm{m^3/s}$의 유량으로 흐르고 있다. 작은 관에서 압력 p_1이 $100\,\mathrm{kPa}$라 하면 지름 $300\,\mathrm{mm}$인 관에서 압력 p_2는 몇 kPa 인지 구하여라. (단, 관마찰은 무시한다.)

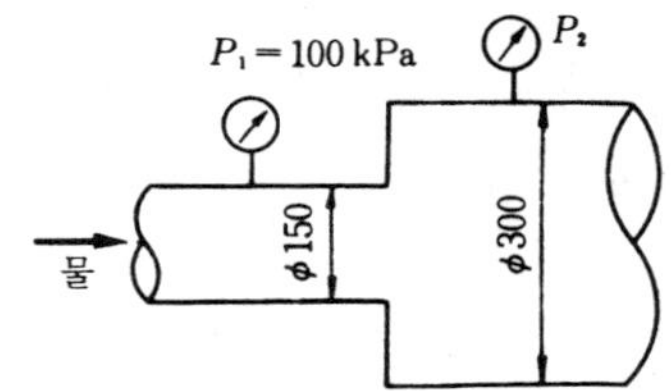

[해설] 유속 V_1과 V_2는

$$V_1 = \frac{Q}{A_1} = \frac{0.2}{\frac{\pi}{4}(0.15)^2} = 11.32\,\mathrm{m/s}, \qquad V_2 = \frac{Q}{A_2} = \frac{0.2}{\frac{\pi}{4}(0.3)^2} = 2.83\,\mathrm{m/s}$$

돌연확대 손실수두 h_l은

$$h_l = \frac{(V_1 - V_2)^2}{2g} = \frac{(11.32 - 2.83)^2}{2\times 9.8} = 3.67\,\mathrm{m}$$

1과 2에 베르누이 방정식을 적용하면

$$\frac{100\times 10^3}{9800} + \frac{11.32^2}{2\times 9.8} = \frac{p_2}{9800} + \frac{2.83^2}{2\times 9.8} + 3.67$$

$$\therefore\ p_2 = 124100\,\mathrm{N/m^2} = 124.1\,\mathrm{kPa}$$

문제 13. 관에서 유속을 줄일 때 유속 V_1을 직접 V_2로 감속시켜 주는 것보다는 관의 굵기를 적당히 중간에 조정하여 중간감속 V를 이용하면 손실을 최소로 줄일 수 있다. 그렇다면 이때의 방정식과 직접 V_1을 V_2로 감속시키는 경우보다 얼마나 작게 할 수 있는지 구하여라.

[해설] 일단 속도 V_1을 V로 줄인 다음 다시 V_2로 감속시킬 때 전손실수두 h_l은

$$h_l = \frac{(V_1 - V)^2}{2g} + \frac{(V - V_1)^2}{2g}$$

여기에서 h_l을 최소로 하는 중간속도 V는 $\dfrac{dh_l}{dV}=0$

$$-(V_1 - V) + (V - V_2) = 0$$

$$\therefore\ V = \frac{V_1 + V_2}{2}$$

$$n_l = \frac{\left(V_1 - \dfrac{V_1 + V_2}{2}\right)^2}{2g} + \frac{\left(\dfrac{V_1 + V_2}{2} - V_2\right)^2}{2g} = \frac{(V_1 - V_2)^2}{4g}$$

따라서 중간속도 V를 이용하면 손실수두를 $\dfrac{1}{2}$로 줄일 수 있다.

문제 14. 속도 V_1인 흐름을 V_2로 바꿀 때 중간 굵기의 관을 사용하여 2단으로 감속함으로써 1단으로 감속할 때보다 손실수두를 줄일 수가 있다. 중간 굵기의 관에서 속도 V를 어떻게 하면 손실수두가 가장 작은지 구하여라.

[해설] 속도 V_1에서 V로 감속할 때의 손실수두와 속도 V에서 V_2로 감속할 때의 손실수두의 합이 전체 손실수두이다. 돌연확대관을 써서 감속하는 경우이므로

$$h_l = \frac{(V_1 - V)^2}{2g} + \frac{(V - V_2)^2}{2g}$$

최소 손실수두를 갖는 V의 값은 $\dfrac{dh_l}{dV} = 0$으로 놓으면

$$- (V_1 - V) + (V - V_2) = 0$$

$$\therefore \ V = \frac{V_1 + V_2}{2}$$

문제 15. 문제 14에서 최소 손실수두는 1단으로 감속할 때의 손실수두에 비해 얼마로 줄어드는지 구하여라.

[해설] $V = \dfrac{V_1 + V_2}{2}$일 때가 최소 손실수두이므로

$$H_l = \frac{\left(V_1 - \dfrac{V_1 + V_2}{2}\right)^2}{2g} + \frac{\left(\dfrac{V_1 + V_2}{2} - V_2\right)^2}{2g} = \frac{(V_1 - V_2)^2}{4g}$$

따라서 1단 감속의 경우 손실수두는 $\dfrac{(V_1 - V_2)^2}{2g}$의 $\dfrac{1}{2}$로 된다.

문제 16. 안지름이 $4\,\mathrm{mm}$인 원관에 안지름이 $0.4\,\mathrm{mm}$의 노즐을 부착시켜 기름을 분당 $680\,\mathrm{cm}^3$의 율로 분출시키고 있다. 기름의 비중량이 $900\,\mathrm{kg/m}^3(8.820\,\mathrm{N/m}^3)$일 때 관의 돌연축소로 인한 압력손실을 구하여라.

[해설] 노즐의 분출속도 $V_2 = \dfrac{Q}{A_2} = \dfrac{\dfrac{680}{60} \times 10^{-6}}{\dfrac{\pi \times 0.4^2}{4} \times 10^{-6}} = 90.23\,\mathrm{m/s}$

$$\frac{A_2}{A_1} = \left(\frac{d_2}{d_1}\right)^2 = \left(\frac{0.4}{4}\right)^2 = 0.01$$

그러므로 $\dfrac{A_2}{A_1} = 0.01$일 때 $K_c = 0.496$

$$h_l = K_c \frac{V_2{}^2}{2g} = 0.496 \times \frac{90.23^2}{2 \times 9.8} = 206 \, \text{m}$$

$$\therefore \; \Delta p = \gamma h_l = 900 \times 206 = 18.54 \, \text{kg/cm}^2$$

[SI 단위]

$$\Delta p = \gamma_l = 8820 \times 206 = 18.16 \, \text{bar}$$

문제 17. 그림과 같은 펌프의 압력계의 읽음값을 구하여라. (단, 관내 유속은 $2 \, \text{m/s}$, 관의 안지름은 $10 \, \text{cm}$, 관마찰계수는 0.025, 밸브의 손실계수는 1.5이다.)

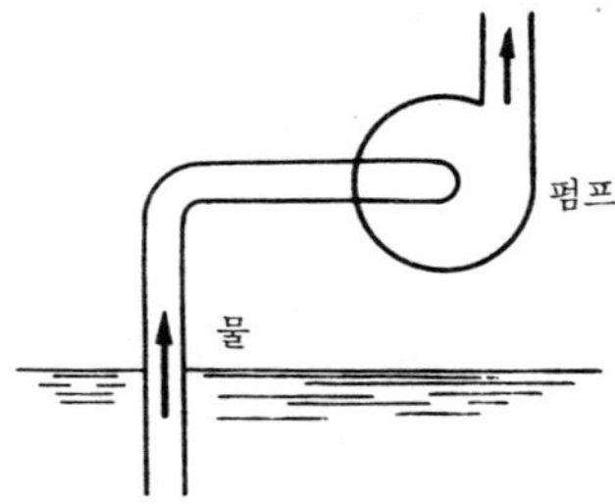

[해설] 베르누이 방정식

$$0 + 0 + 0 = \frac{V^2}{2g} + \frac{P}{\gamma} + Z + h_l \quad \therefore \; \frac{P}{\gamma} = -\left(\frac{V^2}{2g} + Z\right) - h_l$$

$$h_l = \frac{V^2}{2g}\left(f\frac{l}{d} + 1.5 + 0.5\right) = \frac{2^2}{2 \times 9.8}\left(0.025 \times \frac{3}{0.1} + 1.5 + 0.5\right) = 0.56$$

$$\therefore \; \frac{P}{\gamma} = -\left(\frac{2^2}{2 \times 9.8} + 2\right) - 0.56 = -2.76 \, \text{mAq}$$

$$\therefore \; P = 0.276 \, \text{kg/cm}^2 \; 진공$$

문제 18. 다음 그림에서 유량(m³/s)을 구하여라. (단, 관마찰계수는 0.0025, 입구 손실계수는 0.5, 출구 손실계수는 1이다.)

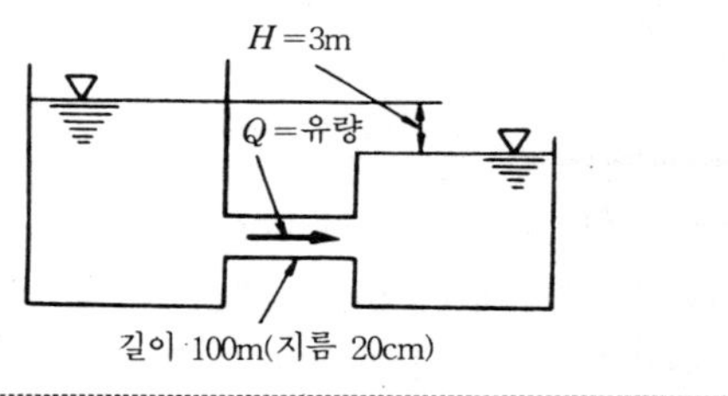

[해설] 손실수두 $h_l = k_1 \dfrac{V^2}{2g} + \lambda \cdot \dfrac{L}{D} \cdot \dfrac{V^2}{2g} + k_2 \dfrac{V^2}{2g} = \left(k_1 + \lambda \dfrac{L}{D} + k_2\right)\dfrac{V^2}{2g}$

양쪽 탱크의 수면을 각각 ①, ②라고 하고, 두 점 사이에 베르누이 방정식을 세우면

$$\frac{p_1}{\gamma} + \frac{V_1{}^2}{2g} + z_1 = \frac{p_2}{\gamma} + \frac{V_2{}^2}{2g} + z_2 + \left(k_1 + \lambda \frac{L}{D} + k_2\right)\frac{V^2}{2g}$$

여기서 $p_1 = p_2 = 0$, $V_1 = V_2 = 0$, $z_1 = H = 3 \, \text{m}$, $z_2 = 0$이므로

$$V = \sqrt{\frac{2gH}{k_1 + \lambda \dfrac{L}{D} + k_2}} = \sqrt{\frac{2 \times 9.8 \times 3}{0.5 + 0.0025 \times \dfrac{100}{0.2} + 1}} \fallingdotseq 4.62 \,\mathrm{m/s}$$

$$\therefore \ Q = \frac{\pi}{4} D^2 V = \frac{\pi}{4} \times (0.2)^2 \times 4.62 \fallingdotseq 0.145 \,\mathrm{m^3/s}$$

문제 19. 다음 그림에서 관입구의 부차손실계수 K를 구하여라.(단, 관마찰계수 $f =$ 0.0188이다.)

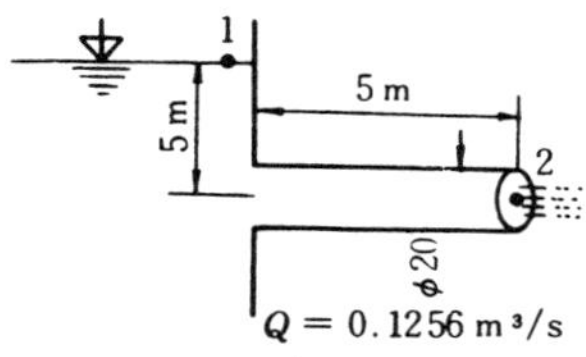

[해설] 평균유속 $V = \dfrac{Q}{A} = \dfrac{0.1256}{\dfrac{\pi(0.2)^2}{4}} = 4 \,\mathrm{m/s}$

1과 2에 베르누이 방정식을 적용하면

$$0 + 0 + 5 = 0 + \frac{4^2}{2 \times 9.8} + 0 + K\frac{4^2}{2 \times 9.8} + 0.0188 \times \frac{5}{0.02} \times \frac{4^2}{2 \times 9.8}$$

$$\therefore \ K = 0.425$$

문제 20. 지름 $80\,\mathrm{cm}$인 관에 원유($\nu = 1 \times 10^{-5}\mathrm{m^2/s}$, $S = 0.86$)가 $4\,\mathrm{m/s}$로 흐르고 있다. 이 흐름 상태를 조사하기 위해 지름 $5\,\mathrm{cm}$인 모형관에 물($\nu = 1 \times 10^{-6}\mathrm{m^2/s}$)을 흘려 보낼 때 물의 평균유속을 구하여라.

[해설] $V_1 = \dfrac{Q}{A_1} = \dfrac{2.8}{\dfrac{\pi \times 1^2}{4}} = 3.57 \,\mathrm{m/s}, \quad V_2 = \dfrac{2.8}{\dfrac{\pi \times 1.5^2}{4}} = 1.585 \,\mathrm{m/s}$

$$p_2 = \frac{760}{150} \times 10332 = -52350 \,\mathrm{kg/m^2}$$

터빈의 입구 및 출구 지점에 대하여 베르누이 방정식을 적용시킨다.

$$\frac{p_1}{\gamma} + \frac{V_1{}^2}{2g} + z_1 = \frac{p_2}{\gamma} + \frac{V_2{}^2}{2g} + z_2 + E_r + h_l$$

$$\frac{3.5 \times 10^4}{10^3} + \frac{(3.57)^2}{2 \times 9.8} + 42 = \frac{-52350}{10^3} + \frac{(1.585)^2}{2 \times 9.8} + 39 + 9 + E_r$$

$$\therefore \ E_r = 81.9 \,\mathrm{m}$$

터빈 동력 $P = \dfrac{Q\gamma E_r}{75} = \dfrac{2.8 \times 10^3 \times 81.9}{75} = 3057 \,\mathrm{PS}$

[SI 단위]

$$P = Q\gamma E_r = 2.8 \times 9800 \times 81.9 = 2247 \,\mathrm{kW}$$

제**8**장 개수로의 흐름

1. 개수로 흐름의 특성

개수로는 유체의 고정 경계면에 의하여 완전히 닫혀지지 않고 대기압이 작용하는 자유 표면을 가진 수로로 하천, 인공 수로, 하수구, 방수로 등이 개수로(open channel)의 예이다. 이 흐름은 수로와 액면의 경사에 의하여 일어난다.

1-1 개수로 흐름의 특성

① 유체의 자유 표면이 대기와 접해 있다.
② 수력 구배선(HGL)은 유체와 일치한다.
③ 에너지선(EL)은 유면 위로 속도수두만큼 높다.
④ 손실수두는 수평선과 에너지선의 차이다.

1-2 개수로 흐름의 형태

(1) 층류 또는 난류

① 층류 : $Re < 500$
② 천이구역 : $500 < Re < 2000$
③ 난류 : $Re > 2000$
④ 레이놀즈수 : $Re = \dfrac{VR_h}{\nu}$

일반적으로 개수로에서는 수력 반지름이 크므로 흐름은 난류이다.

(2) 정상류 또는 비정상류

① 정상류 : 유체의 여러 특성이 시간에 따라 변화가 없는 흐름이다.
② 비정상류 : 유체의 여러 특성이 시간에 따라 변화가 있는 흐름이다.

(3) 등류 또는 비등류

① 등류(등속류 ; uniform flow) : 깊이의 변화가 없고 유속이 일정한 흐름이며, 이것은

점성에 의한 마찰 저항과 중력의 운동방향 성분으로 가속하려는 힘이 평형을 이룰
때 나타난다.

② 비등류(비등속류, 변류 ; varied flow) : 유동 조건이 길이의 변화에 따라서 변화되는
액체의 흐름이다.

(4) 상류(常流)와 사류(射流)

① 상류(tranquil flow) : 경사가 급하지 않은 수로에서 볼 수 있는 느린 흐름으로서 하
류의 작은 교란을 상류로 이동시켜 상류 조건을 변화시키는 흐름이다.

② 사류(rapid flow) : 경사가 급하고 빠른 속도의 흐름으로서 하류에서 생긴 교란이 상
류의 조건에 영향을 주지 못하는 흐름이다.

(5) 이상 유체에 대한 개수로 흐름

하류 방향으로 갈수록 유속은 계속 증가하는 변류(비등속류)이다.

(6) 실제 유체에 대한 개수로 흐름

변류로 시작되지만 일정한 구간에는 등속류로의 상태로 유지되다가 다시 변류가 된다.

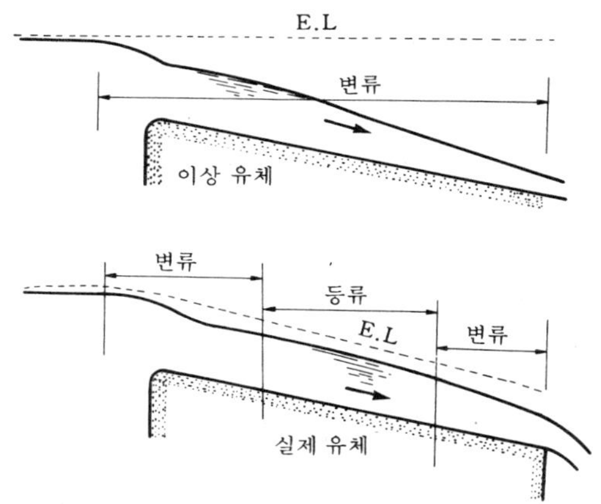

그림 8-1　이상 유체와 실제 유체에서의 개수로 흐름

예제 1. 개수로의 흐름에 대한 다음 설명 중 옳은 것은?

㉮ 수력 구배선은 에너지선과 항상 평행이다.

㉯ 에너지선은 자유표면과 일치한다.

㉰ 수력 구배선은 에너지선과 일치한다.

㉱ 수력 구배선은 자유표면과 일치한다.

해설 개수로의 수력 구배선은 언제나 유체의 자유표면과 일치하고, 에너지선은 유체 자유표면에
서 속도수두 $\dfrac{V^2}{2g}$ 만큼 위에 있다.　　　　　　　　**답** ㉱

예제 **2.** 사류(rapid flow) 유동을 얻을 수 있는 경우는 다음 중 어느 것인가?(단, 여기서 Re는 레이놀즈수이고 Fr은 프루드수이다.)

㉮ $Re < 500$　　　　㉯ $Re > 500$　　　　㉰ $Fr < 1 < 1$　　　　㉱ $F > 1$

해설 사류란 유동속도가 기본파의 진행속도보다 빠를 때의 흐름으로 $F > 1$일 때 일어난다.

답 ·㉱

2. 개수로 흐름에서의 마찰

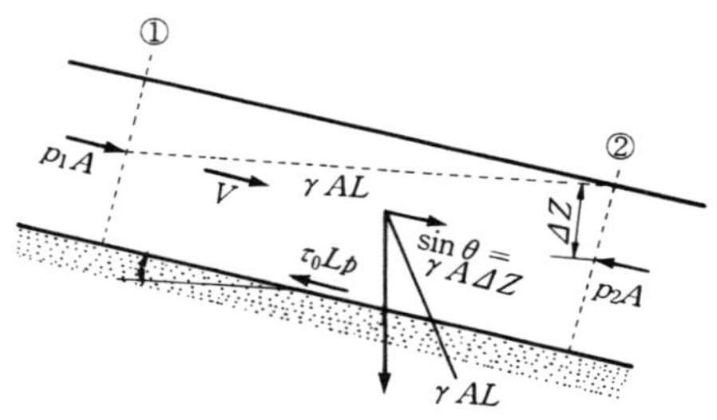

그림 8-2 개수로 흐름에 대한 자유물체도

그림 8-2와 같이 일정한 유동 단면적과 기울기를 갖는 수로에서 단면 ①과 ② 사이의 흐름을 등류(균속도 흐름)라 하고, 운동량 방정식을 적용시키면

$$p_1 A + W\sin\theta - p_2 A - \tau_o pL = 0$$

$$p_1 A + \gamma AL\sin\theta - p_2 A - \tau_o pL = 0$$

$p_1 = p_2$이므로

$$\gamma AL\sin\theta = \tau_o pL$$

$$\therefore \ \tau_o = \gamma \frac{A}{p}\sin\theta$$

일반적으로 θ는 매우 작은 각도이므로 $\sin\theta \fallingdotseq \tan\theta = h_1 = S$로 표시하고, $R_h = \dfrac{A}{P}$

를 대입하면 벽면의 전단응력(τ_o) $= \gamma \dfrac{A}{p}\sin\theta = \gamma R_h \dfrac{h_L}{L} = \gamma R_h S$

또한 벽면의 전단응력 τ_o는 $\tau_o = C_f \rho \dfrac{V^2}{2}$로 나타낼 수 있으므로

$$C_f \frac{\rho V^2}{2} = \gamma R_h S$$

$$\therefore \text{유동속도} \quad V = \sqrt{\frac{2g}{C_f}}\,\sqrt{R_h S} = C\sqrt{R_h S} \quad : \text{Chezy 방정식}$$

$$C = \sqrt{\frac{2g}{C_f}} \quad : \text{Chezy 상수(Chezy constant)}$$

$$\text{유량} \quad Q = AV = AC\sqrt{R_h S}$$

이다. Chezy 상수 C를 결정하는 여러 가지 공식이 다음과 같이 제정되어 있다.

① Ganguillet Kutler 식

$$C = \frac{\left(23 + \dfrac{0.00155}{S}\right) + \dfrac{1}{n}}{1 + \left(23 + \dfrac{0.00155}{S}\right)\dfrac{n}{\sqrt{R_h}}}$$

여기서, n : 조도계수

② Bazan 식

$$C = \frac{87}{1 + \dfrac{K}{\sqrt{R_h}}}$$

③ Manning 식

$$C = \frac{1}{n}\,R_h^{1/6}\,(R_h \text{의 단위} : \text{m}) = \frac{1.49}{n}\,R_h^{1/6}\,(R_h \text{의 단위} : \text{ft})$$

위의 n, K, M은 벽의 상태에 따라 변하는 실험치이다.

- 유속 $V = C\sqrt{R_h S_v} = MR_h^{1/6+1/2}S^{1/2} = MR_h^{2/3}S^{1/2}$

- 개수로의 유량 $Q = AV = MAR_h^{2/3}S^{1/2}$

벽면 재료에 대한 조도계수 n의 평균값

벽면상태	n	벽면상태	n
대패질한 나무	0.012	리벳한 강	0.018
대패질 안한 나무	0.013	주름진 금속	0.022
손질한 콘크리트	0.012	흙	0.025
손질 안한 콘크리트	0.014	잡 석	0.025
주 철	0.015	자 갈	0.029
벽 돌	0.016	돌 또는 잡초가 있는 흙	0.035

예제 3. 셰지 상수가 $127\,\text{m}^{\frac{1}{2}}/\text{s}$인 사각형 수로가 있다. 이 수로의 폭이 2 m, 깊이 1 m, 경사도가 0.0016일 때 유량은 몇 m^3/s인가?

㉮ 4.245　　　㉯ 5.375　　　㉰ 7.184　　　㉱ 10.425

[해설] · 단면적 $(A) = 2 \times 1 = 2\,\mathrm{m}^2$

· 수력반지름 $(R_h) = \dfrac{A}{P} = \dfrac{2}{2 + 2 \times 1} = 0.5\,\mathrm{m}$

$$\therefore\ Q = CA\sqrt{R_h \cdot S} = 127 \times 2 \times \sqrt{0.5 \times 0.0016} = 7.184\,\mathrm{m}^3/\mathrm{s}$$

답 다

[예제] **4.** 벽돌로 된 사각형 수로의 등류 깊이가 1.7 m이고 폭이 6 m이며, 경사는 0.0001이다. 마찰계수 $n = 0.016$일 때 유량은 얼마인가?

㉮ $6.7\,\mathrm{m}^3/\mathrm{s}$ 　　　㉯ $10\,\mathrm{m}^3/\mathrm{s}$ 　　　㉰ $16.7\,\mathrm{m}^3/\mathrm{s}$ 　　　㉱ $20\,\mathrm{m}^3/\mathrm{s}$

[해설] $Q = \dfrac{1}{n} A R_h^{\frac{2}{3}} S^{\frac{1}{2}}$ 에서　$R_h = \dfrac{A}{P} = \dfrac{6 \times 1.7}{(1.7 \times 2 + 6)}$,　$S = 0.0001$

$$\therefore\ Q = \frac{1}{0.016} \times 6 \times 1.7 \times \left(\frac{6 \times 1.7}{1.7 \times 2 + 6} \right)^{\frac{2}{3}} (0.0001)^{\frac{1}{2}} = 6.71\,\mathrm{m}^3/\mathrm{s}$$

답 ㉮

3. 경제적인 수로 단면

3-1 최적 수력 단면

개수로의 유속은 기울기와 조도가 같을 때 수력반지름이 클수록 증가함을 표시하고 있다. 그러므로 단면적이 일정할 때에는 수력반지름이 클수록 유량이 증가하고, 주어진 단면적에 대하여 수력반지름이 최대가 되기 위해서는 접수 길이 P 가 최소가 되어야 한다. 즉, 최소의 접수 길이를 갖는 단면을 최적 수력 단면(best hydraulic cross stion) 또는 최대 효율 단면(best efficient cross stion)이라 한다.

$$\therefore\ A = \left(\frac{Qn}{S^{\frac{1}{2}}} \right)^{\frac{3}{5}} P^{\frac{2}{5}} = CP^{\frac{2}{5}}$$

3-2 사각형 단면

$A = by,\ \ P = b + 2y$ 에서

$$b = P - 2y$$

$$\therefore\ A = (P - 2y)y = CP^{\frac{2}{5}}$$

P 의 값이 최소가 될 조건은 $\dfrac{dP}{dy} = 0$

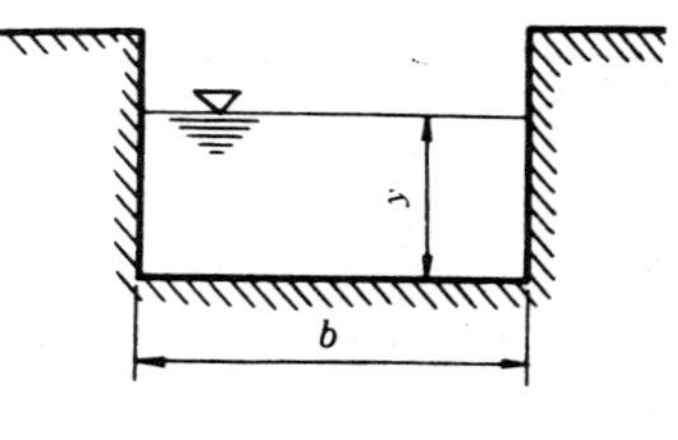

그림 8 - 3

$$\left(\frac{dP}{dy} - 2\right)y + (P - 2y) = \frac{2}{5}\,CP^{-\frac{3}{5}}\frac{dP}{dy}$$

$$\therefore\ P = 4y,\ \ b = 2y$$

사각형 단면의 최적 수량 단면은 깊이 y 가 폭 b 의 $\frac{1}{2}$ 이 될 때이다.

3-3 사다리꼴 단면

$A = by + my^2,\ \ P = b + 2y\sqrt{1+m^2}$ 에서

$$b = P - 2y\sqrt{1+m^2}$$

$$\therefore\ A = (P - 2y\sqrt{1+m^2}) + my^2 = CP^{\frac{2}{5}}$$

① m = 일정한 경우

$$\frac{dP}{dy} = 0 \text{에서}\ \ P = 4y\sqrt{1+m^2} - 2my$$

$$A = y^2\left[2(1+m^2)^{\frac{1}{2}} - m\right]$$

$$R_h = \frac{y}{2}$$

즉, 주어진 m(또는 theta)에 대한 최적 수력 단면은 수력반지름이 깊이 y 의 $\frac{1}{2}$ 이 될 때이다.

② y = 일정인 경우

$$\frac{dP}{dm} = 0 \text{에서}\ \ 2m = (1+m^2)^{\frac{1}{2}}$$

$$\therefore\ m = \frac{1}{\sqrt{3}}\,(\theta = 60°)$$

$$P = 2\sqrt{3}\,y,\ \ A = \sqrt{3}\,y^2,\ \ b = \frac{P}{3}$$

따라서 경사면의 길이와 밑면의 길이가 같고, 경사면의 각도가 60°인 정육각형의 $\frac{1}{2}$ 단면이 될 때이다.

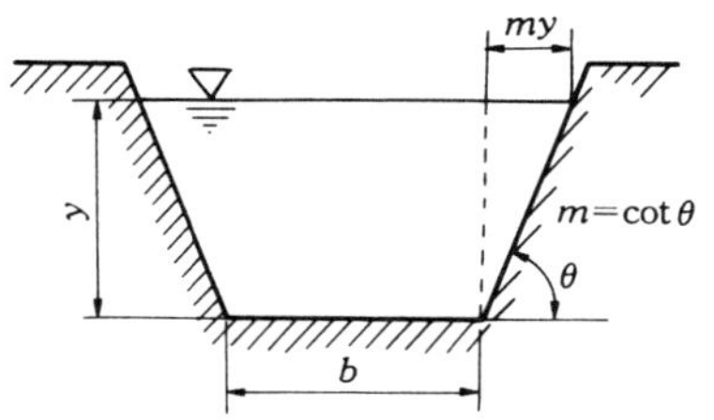

그림 8-4 사다리꼴 단면의 개수로

예제 5. 수로의 깊이가 y 이고 바닥 폭이 b 인 구형 수로에서의 최량 수량 단면은?

㉮ $y = \dfrac{b}{2}$ ㉯ $y = b^2$ ㉰ $y = 2b$ ㉱ $y = b$

답 ㉮

4. 비에너지와 임계 깊이

4-1 비에너지(specific energy)

수로의 밑면 (바닥)을 기준으로 하여 에너지 선(EL)까지의 높이, 즉 수심과 속도수두의 합으로 정의된다.

$$E = \frac{p}{\gamma} + \frac{V^2}{2g} + z$$

$$= y + \frac{V^2}{2g}$$

$$= y + \frac{1}{2g}\left(\frac{Q}{A}\right)^2$$

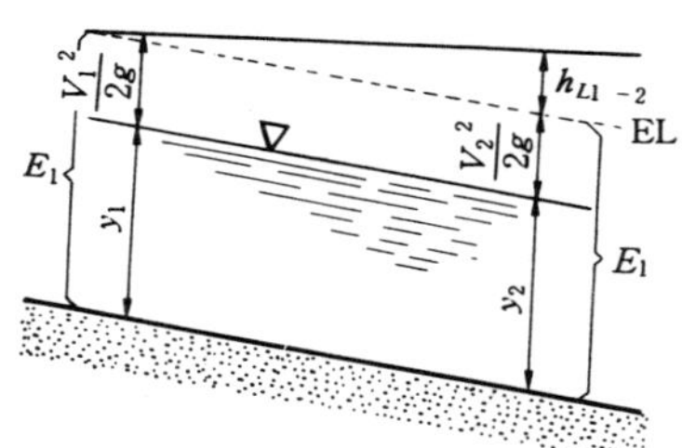

그림 8-5 개수로 흐름에서의 비에너지

단위 폭당 유량 $q = \dfrac{Q}{b} = Vy$인 관계를 이용하면 다음과 같다.

$$E = y + \frac{1}{2g}\left(\frac{q}{y}\right)^2$$

$$\therefore \quad q = \sqrt{2g\,(y^2 E - y_3)} = y\sqrt{2g(E - y)}$$

위 방정식으로부터 다음과 같은 관계를 알 수 있다.

① q를 상수로 놓으면 E와 y의 관계를 함수로 나타낼 수 있다.

② E를 상수로 놓으면 q와 y의 관계를 알 수 있다.

다음 그림은 이러한 관계를 나타낸 것이다.

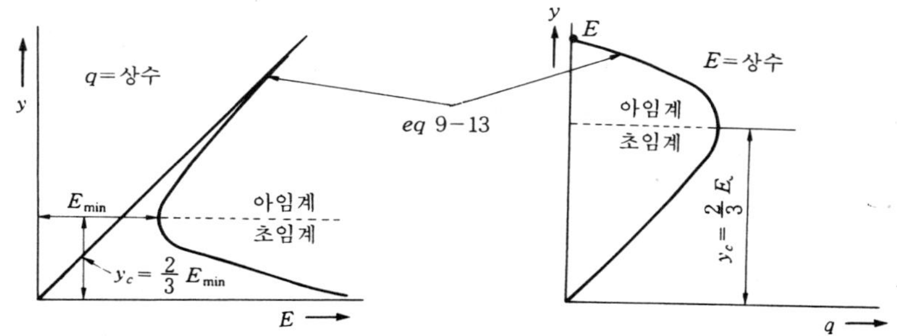

그림 8-6 비에너지 선도   그림 8-7 유량선도

4-2 임계 깊이

비에너지 선도에 의하면 동일 비에너지에 대하여 두 종류의 수심이 존재하고, 거기에 따라서 유속이 정해진다. 이때 q는 일정하게 하고, E가 최소가 될 때의 수심 y_c를 구하기 위해서는 다음 조건을 이용한다.

$$\frac{dE}{dy} = 0 \text{에서} \quad \frac{dE}{dy} = 1 - \frac{q^2}{gy^3} = 0$$

$$\therefore \ y_c = \sqrt[3]{\frac{q^2}{g}} \ \text{또는} \ \ q = \sqrt{gy_c^{\,3}} \ : \text{임계 깊이(critical depth)}$$

임계 상태에 있을 때의 유속을 V_c라 하면 다음과 같다.

$$\therefore \ V_c = \sqrt{gy_c} \ : \text{임계 속도}$$

수심 $y > y_c$일 때 유속은 $V < V_c$가 되고, 이와 같은 흐름을 상류(tranquil flow) 또는 아임계 흐름(subcritical flow)이라 하고, $y < y_c$, 즉 $V > V_c$일 때 이와 같은 흐름을 사류(rapid flow) 또는 초임계 흐름(supercritical flow)이라 한다.

$$\frac{dq}{dy} = 0 \text{에서} \quad \frac{dq}{dy} = \frac{\sqrt{2g}}{2}\left(\frac{2yE - 3y^2}{\sqrt{y^2 E - y^3}}\right) = 0$$

$$\therefore \ y_c = \frac{2}{3}E_{min} \ \text{또는} \ E = \frac{3}{2}y$$

예제 6. 단위폭당 유량이 $2\,\mathrm{m^3/s}$일 때 임계 깊이 y_c는 몇 m인가?

　㉮ 0.46　　　　　㉯ 0.74　　　　　㉰ 2.45　　　　　㉱ 3.25

해설 $y_c = \sqrt[3]{\dfrac{2q^2}{g}} = \sqrt[3]{\dfrac{2^2}{9.8}} = 0.74\,\mathrm{m}$　　　　　　　**답** ㉯

예제 7. 수로폭이 $6\,\mathrm{m}$인 사각형 수로에서 $11\,\mathrm{m^3/s}$의 물이 흐르고 있다. 임계 속도(V_c)는 얼마인가?

　㉮ 0.7 m/s　　　　　㉯ 2.62 m/s　　　　　㉰ 3.45 m/s　　　　　㉱ 4.45 m/s

해설 임계 깊이 $(y_c) = \sqrt[3]{\dfrac{\left(\dfrac{Q}{b}\right)^2}{g}} = \sqrt[3]{\dfrac{\left(\dfrac{11}{6}\right)^2}{9.8}} = 0.7\,\mathrm{m}$

$\therefore$ 임계 속도 $(V_c) = \sqrt{gy_c} = \sqrt{9.8 \times 0.7} = 2.62\,\mathrm{m/s}$　　　　　　**답** ㉯

5. 수력도약

　개수로 유동에서 수로의 경사가 급경사에서 완만한 경사로 변하게 될 때 다시 말하면 흐름의 조건이 초임계 흐름에서 아임계 흐름으로 변할 때 수심이 갑자기 깊어지는데 이 것은 운동에너지가 위치에너지로 변하기 때문이다. 이러한 현상을 수력도약(hydraulic jump)이라 한다.

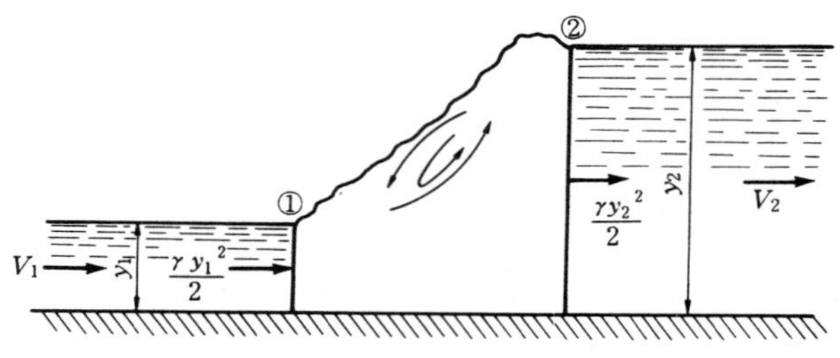

그림 8 - 8　수력도약

　그림에서 단면 ①과 ② 사이에 운동량의 방정식을 적용시키면 다음과 같다.

$$\Sigma F_x = F_1 - F_2 = \rho Q (v_2 - v_1)$$

$$\therefore \ \frac{\gamma y_1^2}{2} - \frac{\gamma y_2^2}{2} = \frac{\gamma q}{g} (v_2 - v_1)$$

연속방정식에서　$q = y_1 v_1 = y_2 v_2$ 이므로

$$v_1 = \frac{q}{y_1}, \quad v_2 = \frac{q}{y_2}$$

위의 두 식을 정리하면

$$\therefore \ \frac{\gamma y_1^2}{2} + \frac{\rho q^2}{y_1} = \frac{\gamma y_2^2}{2} + \frac{\rho q^2}{y_2}$$

이다. 수력도약 후의 깊이 y_2에 대하여 풀면

$$y_2 = \frac{y_1}{2} \left[-1 + \sqrt{1 + \left(\frac{8q^2}{gy_1^3} \right)} \right] = -\frac{y_1}{2} + \sqrt{\left(\frac{y_1}{2} \right)^2 + 2 \left(\frac{v_1^2 y_1}{g} \right)}$$

위의 식 중에서 $\dfrac{v^2}{gy_1}$ = 프루드수(Froude number)이며, 수력도약이 발생할 수 있는 조건 $y_1 < y_2$가 되려면 $Fr > 1$ 이어야 함을 알 수 있다.

$$\frac{v^2}{gy_1} = 1\,(Fr = 1)\text{이면} \quad y_1 = y_2$$

$$\frac{v^2}{gy_1} > 1\,(Fr > 1)\text{이면} \quad y_1 < y_2$$

$$\frac{v^2}{gy_1} < 1\,(Fr < 1)\text{이면} \quad y_1 > y_2$$

수력도약 전후에서의 깊이, 즉 y_1, y_2는 서로 공액 깊이(alternate depth)가 되며, 다음과 같이 M으로 정의한다.

$$M = \frac{q^2}{gy_1} + \frac{y^2}{2}$$

수력도약으로 인한 에너지 손실은 단면 ①과 ② 사이에 베르누이의 방정식을 적용시킴으로써 구해진다.

$$\frac{v_1{}^2}{2g} + y_1 = \frac{v_2{}^2}{2g} + y_2 + h_L$$

$$\therefore\ h_L = \frac{(y_2 - y_1)^3}{4\,y_1 y_2}$$

예제 8. $y_1 = 3\,\mathrm{m}$, $V_1 = 0.3\,\mathrm{m/s} = 3\,\mathrm{m}$일 때 수력도약은 일어나는가?

㉮ 일어난다. 　　　　　　　　　　㉯ 일어날 수도 일어나지 않을 수도 있다.

㉰ 일어나지 않는다. 　　　　　　　㉱ 답이 없다.

[해설] $\dfrac{V_1{}^2}{gy_1} = \dfrac{(0.3)^2}{9.8 \times 3} = 3.06 \times 10^{-3} < 1$

∴ 수력도약이 일어나지 않는다. 　　　　　　　　　　　　　　　　　　　**답 ㉰**

예제 9. 다음 중 수력도약에 의한 손실수두는?

㉮ $h_l = \dfrac{(y_1 - y_2)^2}{4y_1 y_2}$ 　　　　　　㉯ $h_l = \dfrac{(V_1 - V_2)^2}{2g}$

㉰ $h_l = \dfrac{(V_2 - V_1)^3}{2g}$ 　　　　　　㉱ $h_l = \dfrac{(y_2 - y_1)^3}{4y_1 y_2}$

답 ㉱

연·습·문·제

문제 1. 폭이 3.6 m이고, 깊이가 1.5 m인 사각형 수로의 수력반지름은 얼마인가?

  ㉮ 1.22 m   ㉯ 1.5 m   ㉰ 0.818 m   ㉱ 0.18 m

해설 $R_h = \dfrac{A}{P} = \dfrac{3.6 \times 1.5}{3.6 + (2 \times 1.5)} = 0.818\,\text{m}$

문제 2. 세지 상수가 $65\,\text{m}^{\frac{1}{2}}/\text{S}$인 사각형 수로가 있다. 이 수로의 폭이 3 m, 깊이가 1.5 m, 경사도가 0.0009일 때 유량은 몇 m^3/s인가?

  ㉮ 5.276   ㉯ 6.387   ㉰ 7.599   ㉱ 11.311

해설 · 단면적$(A) = 3\,\text{m} \times 1.5\,\text{m} = 4.5\,\text{m}^2$

  · 수력반지름$(R_h) = \dfrac{A}{P} = \dfrac{4.5}{3 + 2 \times 1.5} = 0.75\,\text{m}$

  ∴ $Q = CA\sqrt{R_h S} = 65 \times 4.5 \times \sqrt{0.75 \times 0.0009} = 7.599\,\text{m}^3/\text{s}$

문제 3. 폭 2 m, 밑바닥의 경사가 0.001인 대패질 안한 나무로 만든 사각형 수로에서 유동 깊이가 1 m일 때 등류상태로 흐르는 유량은 몇 m^3/s인가? (단, 대패질 안한 나무의 조도계수 $n = 0.012$이다.)

  ㉮ 3.32   ㉯ 5.17   ㉰ 6.23   ㉱ 9.78

해설 수력반지름$(R_h) = \dfrac{2 \times 1}{2 + 2 \times 1} = 0.5\,\text{m}$

  ∴ 유량$(Q) = \dfrac{1}{0.012}(2 \times 1)(0.5)^{\frac{2}{3}}(0.001)^{\frac{1}{2}} = 3.32\,\text{m}^3/\text{s}$

문제 4. 사각형 단면을 가진 벽돌의 수로에서 폭 5 m, 수심 1.5 m, 기울기 0.0002일 때 유량은 얼마인가? (단, 마찰계수 n은 0.0194이다.)

  ㉮ $6.62\,\text{m}^3/\text{s}$ ㉯ $5.25\,\text{m}^3/\text{s}$ ㉰ $4.63\,\text{m}^3/\text{s}$ ㉱ $3.85\,\text{m}^3/\text{s}$

해설 $R_h = \dfrac{A}{P} = \dfrac{5 \times 1.5}{5 + (1.5 \times 2)} = 0.9375\,\text{m}$

해답   1. ㉰   2. ㉰   3. ㉮   4. ㉯

$$\therefore Q = \frac{1}{0.0194} \times (5 \times 1.5) \times (0.9375)^{\frac{2}{3}} \times (0.0002)^{\frac{1}{2}} = 5.25 \, \mathrm{m^3/s}$$

문제 5. 단면이 사각형인 수로에서 등류가 흐르고 있다. 이 수로의 폭은 3 m이고 깊이가 2 m, 마찰계수가 0.014일 때 세지(Chézy) 상수는 얼마인가?

㉮ 103.7　　　㉯ 10.4　　　㉰ 98.07　　　㉱ 9.07

[해설] $R_h = \dfrac{A}{P} = \dfrac{3 \times 2}{(3+4)} = 0.857 \, \mathrm{m}$

$$\therefore C = \frac{1.49}{n} R_h^{\frac{1}{6}} = \frac{1.49}{0.014} \times (0.857)^{\frac{1}{2}} = 103.7$$

문제 6. 벽돌로 만들어진 사각형 수로에서 등류깊이가 3 m이고 폭이 6 m이며, 경사는 0.0001이다. 마찰계수 n이 0.016일 때 이 수로에서의 유량은 얼마인가?

㉮ 22.113 m³/s　　㉯ 14.742 m³/s　　㉰ 12.878 m³/s　　㉱ 9.963 m³/s

[해설] $Q = \dfrac{1}{n} A R_h^{\frac{2}{3}} S^{\frac{1}{2}}$ 이므로 $R_h = \dfrac{A}{P} = \dfrac{6 \times 3}{6 + (2 \times 3)} = 1.5 \, \mathrm{m}$

$$\therefore Q = \frac{1}{0.016} \times (6 \times 3) \times (1.5)^{\frac{2}{3}} (0.0001)^{\frac{1}{2}} = 14.742 \, \mathrm{m^3/s}$$

문제 7. 콘크리트로 된 사각형 단면의 수로를 통하여 9.5 m³/s의 물을 흘려보내려고 한다. 수면의 경사도를 0.002, 수로 폭을 2 m로 하면 수심은 얼마나 되겠는가? (단, 콘크리트의 마찰계수 $n = 0.0166$이다.)

㉮ 86.6 m　　　㉯ 1.24 m　　　㉰ 75.6 m　　　㉱ 66.5 m

[해설] $R_h = \dfrac{A}{P} = \dfrac{2y}{2 + 2y} = \dfrac{y}{1+y}$, $Q = \dfrac{1}{n} A R_h^{\frac{2}{3}} S^{\frac{1}{2}}$ 에서

$$9.5 = \frac{1}{0.0166} (2y) \left(\frac{y}{1+y} \right)^{\frac{2}{3}} (0.002)^{\frac{1}{2}} \qquad \therefore y = 1.24 \, \mathrm{m}$$

문제 8. 수력학 실험실에 설치된 개수로 실험장치 단면은 직사각형이며, 그 폭은 2 m이고, 수심 1 m와 경사도 0.0004에서 유량이 2.1 m³/s가 됨을 측정하였다. 이때 수로 표면의 마찰계수 n은 얼마인가?

㉮ 0.013　　　㉯ 0.012　　　㉰ 0.019　　　㉱ 0.022

[해답] 5. ㉮　6. ㉯　7. ㉯　8. ㉯

[해설] $R_h = \dfrac{A}{P} = \dfrac{2\times1}{2+(2\times1)} = 0.5\,\text{m}$ 이므로 $Q = \dfrac{1}{n}AR_h^{\frac{2}{3}}S^{\frac{1}{2}}$ 에서

$$2.1 = \frac{1}{n}(2\times1)(0.5)^{\frac{2}{3}}(0.0004)^{\frac{1}{2}} \qquad \therefore\ n = 0.012$$

문제 9. 땅을 파서 만든($n=0.02$) 사다리
꼴 단면의 개수로는 다음 그림과 같다.
이 개수로의 경사도가 0.0001일 때 유량
Q 는 몇 m^3/s인가?

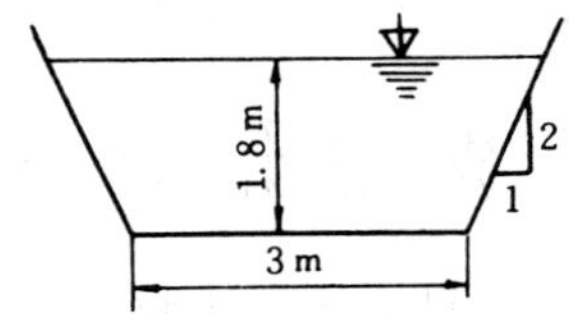

가 1.12   나 12.76

다 8.66   라 6.23

[해설] 접수 길이 P 와 단면적 A 는

$$P = 3+2\times1.8\sqrt{5} = 11.05\,\text{m}$$

$$A = 3\times1.8+1.8\times(1.8\times2) = 11.88\,\text{m}^2$$

수력반지름 $R_h = \dfrac{A}{P} = \dfrac{11.88}{11.05} = 1.075\,\text{m}$

$$\therefore\ Q = \frac{1}{0.02}\times11.88\times(1.075)^{\frac{2}{3}}\times(0.0001)^{\frac{1}{2}} = 6.23\,\text{m}^3/\text{s}$$

문제 10. 토사층의 토지에 새로운 운하가 그림과 같은 사다리꼴 단면을 하고 있다. 여
기에 평균유속 $0.85\,\text{m}/\text{s}$로서 매초 $7.65\,\text{ton}$의 물을 흐르게 하려고 한다. 이때 운하의
상태가 양호하다고 가정하고 필요로 하는 기울기를 산출하면 얼마인가?(단, 마찰계수
n의 값은 0.025이다.)

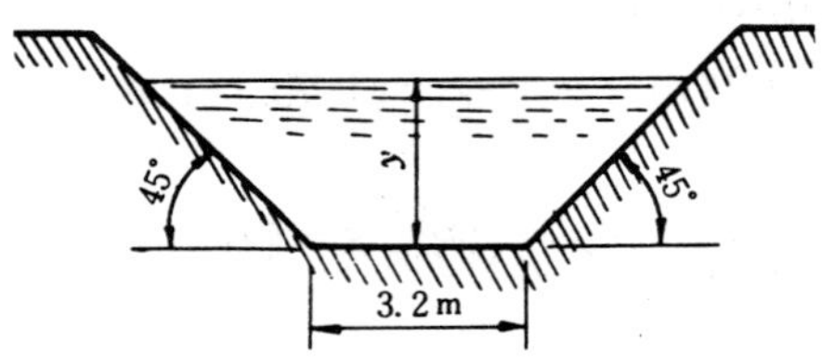

가 $S = 0.0001$ 나 $S = 0.0002$ 다 $S = 0.0003$ 라 $S = 0.0004$

[해설] 운하의 수심 y 는 단면적 A 로부터 구할 수 있다.

$$A = \frac{Q}{V} = \frac{7.65}{0.85} = 9\,\text{m}^2$$

한편 그림으로부터 $A = y(3.2+y\cot45) = y(3.2+y)$

$$\therefore\ y^2+3.2y-9 = 0$$

$$\therefore\ y = 1.8\ \text{또는}\ -5$$

접수길이 $P = 3.2 + (2 \times \sqrt{2} \times 1.8) = 8.29 \, \text{m}$

따라서 수력반지름 $R_h = \dfrac{A}{P} = \dfrac{9}{8.29} = 1.0856 \, \text{m}$

$Q = \dfrac{1}{n} A R_h^{\frac{2}{3}} S^{\frac{1}{2}}$ 에서 $7.65 = \dfrac{1}{0.025}(9)(1.0856)^{\frac{2}{3}} S^{\frac{1}{2}}$

$\therefore \ S = 0.0004$

문제 11. 그림과 같은 개수로가 등류상태로 흐를 때 속도 V 는?

㉮ $y^{\frac{10}{3}}$ 에 비례한다.

㉯ $y^{\frac{8}{3}}$ 에 비례한다.

㉰ $y^{\frac{4}{3}}$ 에 비례한다.

㉱ $y^{\frac{2}{3}}$ 에 비례한다.

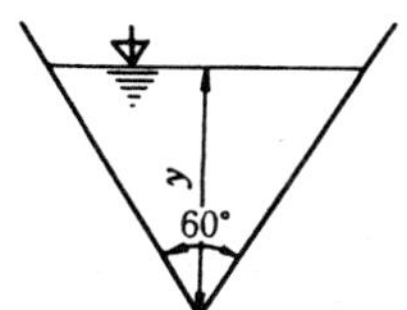

[해설] 단면적 A 는 y^2 에 비례한다. 즉, $A \propto y^2$

접수길이 P 는 y 에 비례한다. 즉, $P \propto y$

$\therefore \ V \propto R_h^{\frac{2}{3}} = \left(\dfrac{A}{P} \right)^{\frac{2}{3}} = A^{\frac{2}{3}} P^{-\frac{2}{3}} \propto y^{\frac{4}{3}} y^{-\frac{2}{3}} = y^{\frac{2}{3}}$

문제 12. 단면이 사각형인 수로에서 매초 $2.0 \, \text{m}^3$ 의 물을 수송시키려고 한다. 경제적인 단면을 설계하면 얼마인가? (단, 벽면은 시멘트로서 조도계수는 0.014이며, 수로경사는 0.0001이다.)

㉮ $y = 1.44 \, \text{m}, \ b = 2.88 \, \text{m}$ ㉯ $y = 1.35 \, \text{m}, \ b = 2.70 \, \text{m}$

㉰ $y = 0.8 \, \text{m}, \ b = 1.6 \, \text{m}$ ㉱ $y = 2.1 \, \text{m}, \ b = 4.2 \, \text{m}$

[해설] 경제적인 단면이 되기 위한 조건은 $b = 2y$ 이다.

$\therefore \ R_h = \dfrac{A}{P} = \dfrac{by}{b+2y} = \dfrac{2y \times y}{2y + 2y} = \dfrac{y}{2}$

또한 세지-맨닝식 $Q = \dfrac{1}{n} A R_h^{\frac{2}{3}} S^{\frac{1}{2}}$ 을 이용하면 다음과 같다.

$2 = \dfrac{1}{0.014} \times (2y \times y) \times \left(\dfrac{y}{2} \right)^{\frac{2}{3}} \times (0.0001)^{\frac{1}{2}}$

$y^{\frac{8}{3}} = 2.22236$

$y = 1.35 \, \text{m}$

$b = 2y = 2.70 \, \text{m}$

문제 13. 대패질을 하지 않은 목재로 만든 하수도가 밑변 2.4 m, 높이 1.8 m인 이등변 삼각형의 단면을 갖는다. 이때 밑바닥의 경사도가 0.01이라면 $Q = 5\,\text{m}^2/\text{s}$의 유량으로 균속도 운동을 할 때 깊이는 얼마나 되겠는가? (단, 나무의 조도계수 $n = 0.013$이다.)

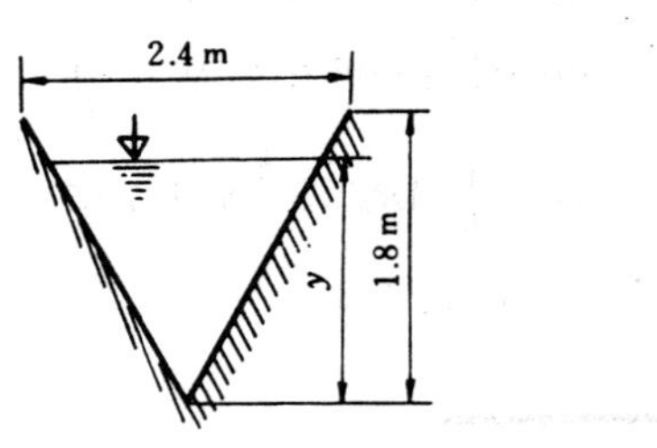

㉮ 0.36 m   ㉯ 1.36 m   ㉰ 2.36 m   ㉱ 3.46 m

[해설] $A = \dfrac{y}{1.8} \times 2.4 \times y \times \dfrac{1}{2} = \dfrac{2}{3}\,y^2$

$$P = 2\sqrt{\left(\dfrac{y}{1.8} \times 1.2\right)^2 + y^2} = 2.4y$$

$$R_h = \dfrac{A}{P} = \dfrac{\dfrac{2}{3}\,y^2}{2.4y} = 0.278y$$

$$5 = \dfrac{1}{0.013}\left(\dfrac{2y^2}{3}\right)(0.278y)^{\frac{2}{3}}(0.01)^{\frac{1}{2}}$$

$$y^{\frac{3}{8}} = 2.29 \quad \therefore\ y = 1.36\,\text{m}$$

문제 14. 그림과 같은 사다리꼴 수로에서 경제적인 단면은?

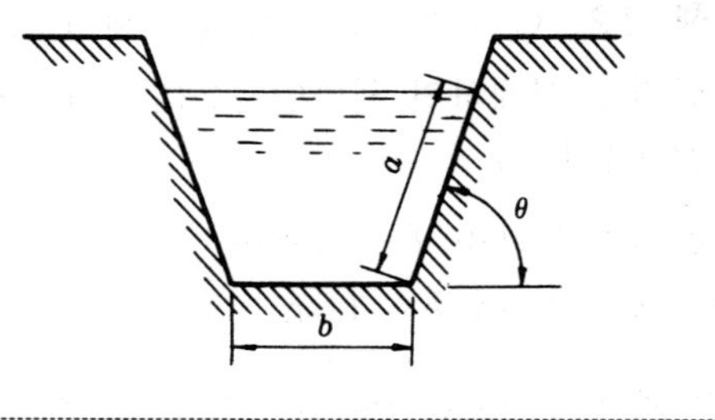

㉮ 정팔각형의 하측반과 같다.
㉯ 정사각형이다.
㉰ 정육각형의 하측반과 같다.
㉱ $b = \dfrac{a}{2}$ 이다.

[해설] 그림에서 단면적 $A = (b + a\cos\theta)\,a\sin\theta$

$\therefore\ b = \dfrac{A}{a\sin\theta} - a\cos\theta$

접수길이 $P = b + 2a = \dfrac{A}{a\sin\theta} - a\cos\theta + 2a$

경제적인 수로단면은 P가 최소일 때이므로 $\dfrac{\partial P}{\partial a} = 0,\ \dfrac{\partial P}{\partial \theta} = 0$을 각각 계산하면

$$-\dfrac{A}{a^2\sin\theta} - \cos\theta + 2 = 0$$

$$-\dfrac{A\cos\theta}{a\sin^2\theta} + a\sin\theta = 0$$

여기에 A값을 대입시키면

$-(B+a\cos\theta)-a\cos\theta+2a=0$

$-(B+a\cos\theta)\cos\theta+a\sin^2\theta=0$

두 식에서 θ, a를 구하면 $\theta=\dfrac{\pi}{3}=60°$, $a=b$

즉, 경제적인 단면은 정육각형의 하측반과 같다.

문제 15. 단면이 사각형인 수로에서 매초 $3.0\,\text{m}^3$의 물을 수송시키려고 한다. 경제적인 단면을 설계하면 얼마인가? (단, 벽면은 시멘트로서 조도계수는 0.0164이며, 수로 경사도는 0.0001이다.)

㉮ $y=1.667\,\text{m}$, $b=3.334\,\text{m}$　　　　㉯ $y=1.333\,\text{m}$, $b=2.666\,\text{m}$

㉰ $y=0.8\,\text{m}$, $b=1.6\,\text{m}$　　　　㉱ $y=2.1\,\text{m}$, $b=4.2\,\text{m}$

[해설] $R_h=\dfrac{A}{P}=\dfrac{by}{b+2y}=\dfrac{2y\times y}{2y+2y}=\dfrac{y}{2}$, $\quad Q=\dfrac{1}{n}AR_h^{\frac{2}{3}}S^{\frac{1}{2}}$

$$3=\dfrac{1}{0.0164}\times(2y\times y)\times\left(\dfrac{y}{2}\right)^{\frac{2}{3}}(0.0001)^{\frac{1}{2}}$$

$$y^{\frac{8}{3}}=3.905, \quad y=1.667\,\text{m}, \quad b=2y=3.334\,\text{m}$$

문제 16. 경사도가 0.0004인 벽돌로 만든 사다리꼴 수로에 물을 $216\,\text{m}^3/\text{s}$의 유량으로 운반하려고 한다. 이 수로의 단면이 최대 효율 단면으로 되기 위한 치수를 구하면 얼마인가? (단, 벽돌의 조도계수 n은 0.016이다.)

㉮ $b=6.68\,\text{m}$, $y=7.71\,\text{m}$　　　　㉯ $b=6.68\,\text{m}$, $y=7.25\,\text{m}$

㉰ $b=7.71\,\text{m}$, $y=6.68\,\text{m}$　　　　㉱ $b=7.25\,\text{m}$, $y=6.68\,\text{m}$

[해설] 사다리꼴의 최대 효율 단면에서는

$$P=2\sqrt{3}\,y, \quad b=2\times\dfrac{\sqrt{3}}{3}\,y, \quad A=\sqrt{3}\,y^2$$

그러므로 수력반지름은 $R_h=\dfrac{A}{P}=\dfrac{\sqrt{3}\,y^2}{2\sqrt{3}\,y}=\dfrac{y}{2}$

$$\therefore\ 216=\dfrac{1}{0.016}\sqrt{3}\,y^2\left(\dfrac{y}{2}\right)^{\frac{2}{3}}(0.0004)^{\frac{1}{2}}$$

정리하면 다음과 같다.

$$y^{\frac{8}{3}}=158 \quad \therefore\ y=6.68\,\text{m}$$

그리고 $b=2\times\dfrac{\sqrt{3}}{3}\times6.68=7.71\,\text{m}$

[해답] **15.** ㉮　　**16.** ㉰

문제 17. 개수로의 흐름은 다음의 어느 경우에 속하는가?

㉮ 수력기울기선(H.G.L)은 에너지선(E.L)과 언제나 평행하게 된다.

㉯ 에너지선은 자유표면과 일치된다.

㉰ 에너지선과 수력기울기선은 일치한다.

㉱ 수력기울기선은 자유표면과 일치한다.

[해설] 개수로의 흐름에서는 언제나 자유표면이 대기압에 노출되고 있으므로, 수력기울기선은 자유표면과 일치되어야 한다.

문제 18. 수력도약이 일어나기 전·후의 수심이 각각 2 m, 8 m일 때 수력도약으로 인한 손실수두는?

㉮ 3.375 m   ㉯ 3.831 m   ㉰ 4.236 m   ㉱ 4.754 m

[해설] $h_l = \dfrac{(y_2 - y_1)^3}{4y_1y_2} = \dfrac{(8-2)^3}{4 \times 2 \times 8} = 3.375\,\text{m}$

문제 19. 다음 설명 중 틀린 것은?

㉮ 개수로유동에서 정상류의 등류일 때 수로면, 자유표면, 에너지선은 모두 평행하다.

㉯ 개수로유동에서 정상류, 등류일 때 수력구배선과 수면은 일치한다.

㉰ 최적단면이란 주어진 유량에서의 최소 단면적을 갖는 단면이다.

㉱ 개수로에서의 표면파는 상류(常流)일 때 하류쪽으로 흐른다.

[해설] 표면파는 상류(常流)일 때는 상류(上流)로, 사류일 때는 하류쪽으로 흐른다.

문제 20. 개수로 흐름에서 등류의 흐름일 때 다음 중 맞는 것은?

㉮ 유속은 점점 빨라진다.   ㉯ 유속은 점점 늦어진다.

㉰ 유속은 일정하게 유지된다.   ㉱ 유체의 속도는 0이다.

[해설] 등류란 개수로 흐름에서 유속이 일정하게 유지되는 구간에서의 흐름을 말한다.

문제 21. 비등류에 대한 설명은?

㉮ 유속이 일정하다.   ㉯ 유속이 변화한다.

㉰ 유속이 느리다.   ㉱ 유속이 빠르다.

[해설] 비등류는 위치에 따라 유속이 변화한다.

[해답] 17. ㉱   18. ㉮   19. ㉱   20. ㉰   21. ㉯

문제 22. 개수로 흐름에 있어서 등속류가 될 수 없는 것은 ?

㉮ 실제 유체에서 유체에 가속되는 힘과 마찰력이 서로 평행을 이룰 때

㉯ 수로의 어느 길이에 걸쳐서 기울기, 조도 등이 일정할 때

㉰ 수로의 어느 구역에서는 저항력으로 유체의 단면이나 수심은 변하지 않는 흐름일 때

㉱ 수로의 유동에서 이상 유체일 때

[해설] 유체의 속도가 일정하게 유지되는 구역에서의 흐름을 등속이라 하며, 이것은 유체의 중력 분력과 마찰력이 평형을 이룰 때 가능하므로 이상 유체에는 불가능하다.

문제 23. 개수로 유동에서 $\dfrac{\partial V}{\partial S} = 0$ 으로 나타낼 수 있는 흐름은 ? (단, V는 속도 벡터, S는 변위이다.)

㉮ 상류　　　　　㉯ 사류　　　　　㉰ 정상류　　　　　㉱ 등류

[해설] 유동단면과 깊이가 일정하게 유지되면서 유속이 일정한 흐름을 등류 또는 균속도유동이라 한다.

문제 24. 사류(rapid flow) 유동을 얻을 수 있는 경우는 다음 중 어느 것인가? (단, 여기서 Re는 레이놀즈수이고, F는 프루드수이다.)

㉮ $Re < 500$　　　㉯ $Re > 500$　　　㉰ $F < 1$　　　㉱ $F > 1$

[해설] 사류란 유동속도가 기본파의 진행속도보다 빠를 때의 흐름으로 $F > 1$일 때 일어난다.

문제 25. 직사각형 개수로에서 깊이에 비하여 폭이 매우 넓을 때 수력반지름은 ? (단, y는 수심이다.)

㉮ y　　　　　㉯ $\dfrac{2}{3}y$　　　　　㉰ $\dfrac{y}{2}$　　　　　㉱ $\dfrac{y}{3}$

[해설] 폭을 b라고 하면 $R_h = \dfrac{by}{b+2y}$

문제에서 $b \gg y$인 경우라고 하였으므로 $R_h ≒ \dfrac{by}{b} = y$

문제 26. 지름 D인 원관에 물이 꽉 차서 흐를 때의 수력반지름은 ?

㉮ $\dfrac{D}{2}$　　　　　㉯ $2D$　　　　　㉰ $4D$　　　　　㉱ $\dfrac{D}{4}$

해답 22. ㉱　23. ㉱　24. ㉱　25. ㉮　26. ㉱

[해설] $R_h = \dfrac{A}{P} = \dfrac{\dfrac{\pi D^2}{4}}{\pi D} = \dfrac{D}{4}$

문제 27. 수로에서 경제적인 단면이 될 수 없는 것은?

㉮ 같은 유량에서 접수 길이를 최소로 하면 경제적인 단면이 될 수 있다.

㉯ 사각형 수로에서 경제적인 단면의 수심은 폭의 반일 때이다.

㉰ 사다리꼴 단면에서 수로폭과 측벽의 길이가 같은 45°일 때 경제적인 단면이 된다.

㉱ 같은 유량에서 접수 길이가 최소가 되면 단면도 최소가 된다.

[해설] 수로 저면폭과 측벽의 길이가 같을 때 경제적인 단면은 60°일 때이다. 즉, 정육각형의 하반부가 수로 단면이 되는 경우이다.

문제 28. 다음 그림과 같은 개수로에서 등류흐름일 경우 Q는?

㉮ $y^{\frac{5}{3}}$에 비례한다.

㉯ $y^{\frac{7}{3}}$에 비례한다.

㉰ $y^{\frac{8}{3}}$에 비례한다.

㉱ $y^{\frac{10}{3}}$에 비례한다.

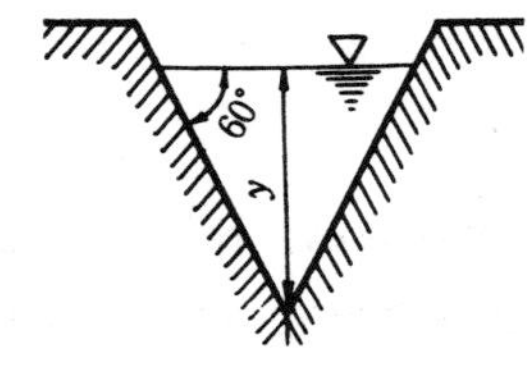

[해설] $Q = \dfrac{1}{n} A R_h^{\frac{2}{3}} S^{\frac{1}{2}}$에서 y값과 관계되는 것은 단면적 A와 수력반지름 R_h이다. 따라서,

$$Q \propto A R_h^{\frac{2}{3}} = A\left(\dfrac{A}{P}\right)^{\frac{2}{3}} = A^{\frac{5}{3}} P^{-\frac{2}{3}}$$

$$A = \dfrac{y^2}{\sqrt{3}} \qquad \therefore \ A \propto y^2$$

$$P = \dfrac{4}{\sqrt{3}} y \qquad \therefore \ P \propto y$$

그러므로 $Q \propto (y^2)^{\frac{5}{3}} \cdot (y)^{\frac{8}{3}} \qquad \therefore \ y^{\frac{8}{3}}$에 비례한다.

문제 29. 사다리꼴 개수로에서 최적 단면은?

㉮ 수심이 단면적의 $1/2$ 되는 단면형　　㉯ 정육각형의 절반되는 단면형

㉰ 수심이 밑면의 $1/2$이 되는 단면형　　㉱ 수심이 밑면과 같은 단면형

[해설] 최적 사다리꼴 단면은 밑면과 경사면의 길이가 같을 때이다. 따라서 정답은 정육각형의 $1/2$인 단면형이다.

문제 30. 비에너지에 대하여 설명한 것 중 틀린 것은?

㉮ 비에너지는 수심과 속도 수두의 합이며, 이것을 비수두라고도 한다.
㉯ 비에너지는 유동 성질에 따라서 증가할 수도 있다.
㉰ 비에너지는 유동 성질에 따라서 감소할 수도 있다.
㉱ 비에너지는 유동 성질에 따라서 불변한다.

[해설] 에너지선은 유동에 따라서 하강하지만 비에너지는 유동 성질에 의해서 증감이 될 수 있다.

문제 31. 임계 깊이(critical depth)란?

㉮ 주어진 유량에 대해 비에너지가 최소로 되는 깊이
㉯ 주어진 유량에 대해 비에너지가 최대로 되는 깊이
㉰ 주어진 비에너지에 대한 유량의 최소로 되는 깊이
㉱ 비에너지와 유량이 일정할 때의 최대 깊이

[해설] 임계 깊이란 주어진 유량에 대해 비에너지가 최소로 되는 깊이이다. 이를 y_c로 표시하면

$$y_c = \frac{2}{3} E_{min} \text{ 또는 } y_c = \left(\frac{q^2}{g} \right)$$

문제 32. 다음 중 초임계 흐름(사류)이 일어나는 경우는?

㉮ 표준 깊이 이상일 때　　　　　　　㉯ 표준 깊이 이하일 때
㉰ 임계 깊이 이상일 때　　　　　　　㉱ 임계 깊이 이하일 때

[해설] 초임계 흐름이란 임계 깊이보다 얕게 흐르는 개수로의 흐름으로 $F > 1$일 때 일어난다.

문제 33. 다음 중 아임계 흐름이란?

㉮ 임계 깊이 이상일 때　　　　　　　㉯ 임계 깊이 이하일 때
㉰ 임계 깊이일 때　　　　　　　　　　㉱ 프루드수가 1보다 클 때

[해설] 아임계 흐름이란 상류를 말하며 수심이 임계 깊이보다 깊은 경우이며, $F < 1$일 때 일어난다.

문제 34. 개수로 흐름에 있어서 임계 속도 V_c는? (단, 수로 깊이를 y, 임계 깊이를 y_c, 중력 가속도를 g 라고 한다.)

㉮ $V_c = \sqrt{gy_c}$　　　　㉯ $V_c = \sqrt{gy}$　　　　㉰ $V_c = (g^2 y_c)^{\frac{1}{2}}$　　　　㉱ $V_c = (gy_c)^{\frac{1}{3}}$

[해답] 30. ㉱ 31. ㉮ 32. ㉱ 33. ㉮ 34. ㉮

[해설] 임계 깊이 y_c에서의 속도를 임계 속도 V_c라고 하므로 $q = V_c y_c$가 되고, 한편 임계 깊이 에서의 유량은 $q = \sqrt{gy_c^3}$이므로 $V_c = \sqrt{gy_c}$

문제 35. 다음 설명 중 틀린 것은?

㉮ 수심 $y > y_c$에서 유속이 $V < V_c$가 될 때 상류라 한다.

㉯ 수심 $y < y_c$에서 유속이 $V > V_c$가 될 때 사류라 한다.

㉱ 임계 수심(y_c)일 때 표면파의 속도는 임계 속도와 같다.

㉲ 수로에 발생된 표면파는 상류일 때에는 하류쪽으로 흐른다.

[해설] 상류일 때는 유속이 표면파의 전파 속도보다 작기 때문에 수로에 발생한 표면파는 상류쪽으로 전파된다.

문제 36. 임계경사보다 작은 완만한 경사에서의 흐름은?

㉮ 아임계 등류가 될 수 있다.   ㉯ 초임계 등류가 될 수 있다.

㉱ 아임계 변류만이 가능하다.   ㉲ 초임계 변류만이 가능하다.

[해설] 임계경사 S_c보다 완만한 경사에서는 아임계 등류가 된다.

문제 37. 공액 깊이에 관한 내용 중 맞는 것은?

㉮ 공액 깊이는 임계점에서만 정의될 수 있다.

㉯ 공액 깊이는 아임계 흐름에서만 존재한다.

㉱ 공액 깊이는 초임계 흐름에서만 존재한다.

㉲ 같은 비에너지 값에 대한 아임계 흐름과 초임계 흐름에서의 깊이를 말한다.

[해설] 임계점을 제외하고는 같은 비에너지 값을 갖는 깊이는 아임계 흐름과 초임계 흐름에서 각각 하나씩 두 개의 깊이가 존재하는 데 이것을 공액 깊이라고 한다.

문제 38. 수심을 y라고 할 때 개수로의 유동속도가 가장 빠른 곳은? (단, y는 수심이다.)

㉮ 수로의 바닥(y)   ㉯ 자유표면($y = 0$)

㉱ 수심의 절반되는 지점($0.5\,y$)   ㉲ 수면에서 ($0.1 \sim 0.4$) y인 지점

[해설] 개수로 단면 내의 속도분포는 균일하지 않고 벽면 가까이는 속도가 느리며, 벽면에서 먼 곳은 빠르다. 보통 수로의 속도분포는 단면 형상에 따라 변하지만 최대 속도는 수면에서 ($0.1 \sim 0.4$)y인 지점의 속도이다.

해답   35. ㉲   36. ㉮   37. ㉲   38. ㉲

문제 1. 폭 4 m, 깊이 1 m인 구형의 개수로에 물이 흐르고 있다. 이 개수로의 수력반지름은 몇 m인가? (단, 이 개수로의 경사도는 0.0004이다.)

　㉮ 0.0133　　　㉯ 0.67　　　㉰ 0.783　　　㉱ 1

해설 수력반지름 $R_h = \dfrac{A}{P} = \dfrac{4 \times 1}{4 + 2 \times 1} = 0.67\,\text{m}$

문제 2. 폭이 0.5 m인 직사각형 수로의 수심이 0.4 m일 때 수력반지름은?

　㉮ 0.154 m　　　㉯ 0.122 m　　　㉰ 0.101 m　　　㉱ 0.094 m

해설 $R_h = \dfrac{A}{P} = \dfrac{0.5 \times 0.4}{0.5 + 2 \times 0.4} = 0.154\,\text{m}$

문제 3. 폭이 3 m, 깊이가 1 m인 사각형 수로에 물이 등류상태로 흐르고 있다. 마찰계수가 $n = 0.014$일 때 셰지 상수는 몇 m/s인가?

　㉮ 31.1　　　㉯ 65.6　　　㉰ 24.8　　　㉱ 48.7

해설 수력반지름 $R_h = \dfrac{3 \times 1}{3 + 2 \times 1} = 0.6\,\text{m}$

∴ 셰지 상수 $C = \dfrac{1}{n} R_h^{\frac{1}{6}} = \dfrac{1}{0.014} \times (0.6)^{\frac{1}{6}} = 65.6\,\text{m/s}$

문제 4. 다음 그림과 같은 삼각형 수로에 물이 등류 상태로 흐르고 있다. 이 수로의 경사도가 1/200일 때 접수길이에 작용하는 전단응력은 몇 N/m²인가? (단, 물의 비중량은 $\gamma = 9800\,\text{N/m}^3$이다.)

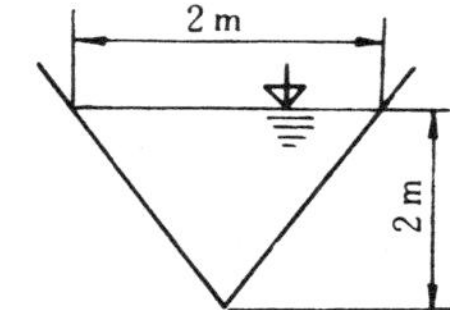

　㉮ 21.9　　　㉯ 10.6
　㉰ 31.3　　　㉱ 16.7

해설 단면적 A와 접수길이 P는 $A = \dfrac{1}{2}(2 \times 2) = 2\,\text{m}^2$, $P = 2\sqrt{1^2 + 2^2} = 2\sqrt{5}\,\text{m}$

해답 1. ㉯　2. ㉮　3. ㉯　4. ㉮

수력반지름 $R_h = \dfrac{A}{P} = \dfrac{2}{2\sqrt{5}} = 0.447\,\text{m}$

$\therefore$ 전단응력 $\tau_0 = \gamma R_h S = 9800 \times 0.447 \times \dfrac{1}{200} = 21.9\,\text{N/m}^2$

문제 5. 폭이 5 m, 수심이 1 m, 수로의 경사도가 0.0002인 사각형 석조 수로에서의 유량은 얼마인가? (단, 수로 마찰계수 $n = 0.0192$이다.)

㉮ $3.62\,\text{m}^3/\text{s}$ ㉯ $2.63\,\text{m}^3/\text{s}$ ㉰ $2.32\,\text{m}^3/\text{s}$ ㉱ $1.87\,\text{m}^3/\text{s}$

[해설] $R_h = \dfrac{5 \times 1}{5 + (2 \times 1)} = 0.5\,\text{m}$

$\therefore Q = \dfrac{1}{0.0192} \times (5) \times (0.5)^{\frac{2}{3}} \times (0.0002)^{\frac{1}{2}} = 2.32\,\text{m}^3/\text{s}$

문제 6. 콘크리트로 만들어진 사각형 수로에서 물이 등속으로 흐르고 있다. 이 수심은 2.5 m, 수로 폭이 5 m, 수로의 경사도가 0.001, 수로 마찰계수 $n = 0.01$일 때 이 수로의 유량은 얼마인가?

㉮ $1.5625\,\text{m}^3/\text{s}$ ㉯ $15\,\text{m}^3/\text{s}$ ㉰ $45.86\,\text{m}^3/\text{s}$ ㉱ $145\,\text{m}^3/\text{s}$

[해설] $R_h = \dfrac{12.5}{10} = 1.25\,\text{m}$

$\therefore Q = \dfrac{1}{n} \times A \times R_h^{\frac{2}{3}} \times S^{\frac{1}{2}} = 100 \times 12.5 \times (1.25)^{\frac{2}{3}} (0.001)^{\frac{1}{2}} = 45.86\,\text{m}^3/\text{s}$

문제 7. 다음 그림의 개수로는 대패질이 안된 나무로 만들어졌다. 이 개수로의 경사도가 0.0009일 때 유량 Q는 몇 m^3/s인가? (단, 조도계수 n은 0.013이다.)

㉮ 0.72   ㉯ 5.72
㉰ 18.93   ㉱ 12.7

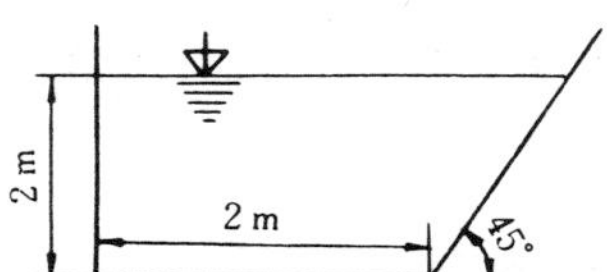

[해설] 단면적 A와 접수길이 P는

$A = 2 \times 2 + \dfrac{1}{2}(2 \times 2\tan 45°) = 6\,\text{m}^2$, $P = 2 + 2 + \dfrac{2}{\cos 45°} = 6.828\,\text{m}$가 된다.

수력반지름 $R_h = \dfrac{A}{P} = \dfrac{6}{6.828} = 0.8787\,\text{m}$

$\therefore Q = \dfrac{1}{0.013} \times 6 \times (0.8787)^{\frac{2}{3}} \times (0.0009)^{\frac{1}{2}} = 12.7\,\text{m}^3/\text{s}$

[해답] 5. ㉰   6. ㉰   7. ㉱

문제 8. 반지름 $2\,\mathrm{m}$인 반원형 개수로가 경사 0.002로 설치되었다. $n = 0.015$ 라면 수로에 물이 꽉 차 흐를 때의 유량은 몇 $\mathrm{m^3/s}$인가?

㉮ 29.7　　　　㉯ 88.5　　　　㉰ 63.2　　　　㉱ 31.2

[해설] 수력반지름 $R_h = \dfrac{A}{P} = \dfrac{\dfrac{\pi 2^2}{2}}{\pi \times 2} = 2\,\mathrm{m}$

$$\therefore\ Q = \frac{1}{0.015}\left(\frac{\pi 2^2}{2}\right)(2)^{\frac{2}{3}}(0.002)^{\frac{1}{2}} = 29.7\,\mathrm{m^3/s}$$

문제 9. 수력학 실험실에 설치된 개수로 실험장치 단면은 직사각형이며 그 폭은 $4\,\mathrm{m}$이고, 수심 $2\,\mathrm{m}$와 경사도는 0.0004로 유량이 $14.56\,\mathrm{m^3/s}$가 됨을 측정하였다. 이때 수로 표면의 조도 마찰계수 n 값은 얼마인가?

㉮ 0.013　　　　㉯ 0.011　　　　㉰ 0.019　　　　㉱ 0.02

[해설] $R_h = \dfrac{A}{P} = \dfrac{4 \times 2}{4 + (2 \times 2)} = 1\,\mathrm{m}, \quad Q = \dfrac{1}{n}AR_h^{\frac{2}{3}}S^{\frac{1}{2}}$

$$14.56 = \frac{1}{n}(4 \times 2) \times (1)^{\frac{2}{3}} \times (0.004)^{\frac{1}{2}}$$

$$\therefore\ n = 0.011$$

문제 10. 흙으로 된 사다리꼴 수로의 바닥폭이 $3\,\mathrm{m}$, 측면경사가 $\dfrac{1}{2}$, 경사도가 0.0001, 깊이가 $2\,\mathrm{m}$일 때 이 수로에서의 유량은 얼마인가?

㉮ $10.36\,\mathrm{m^3/s}$

㉯ $8.85\,\mathrm{m^3/s}$

㉰ $6.22\,\mathrm{m^3/s}$

㉱ $4.88\,\mathrm{m^3/s}$

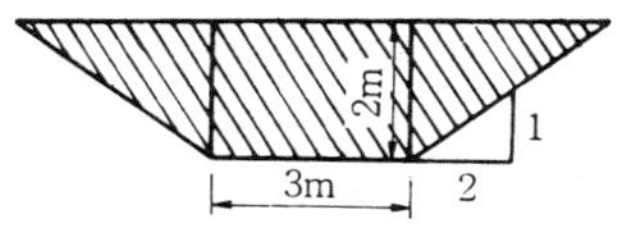

[해설] $P = 3 + 2 \times 2\sqrt{5} = 11.94\,\mathrm{m}$

$$A = \frac{1}{2}(11+3) \times 2 = 14\,\mathrm{m^2}, \quad R_h = \frac{A}{P} = \frac{14}{11.94} = 1.17\,\mathrm{m}$$

표로부터 흙에 대한 $n = 0.025$

$Q = \dfrac{1}{n}AR_h^{\frac{2}{3}}S^{\frac{1}{2}}$에 대입하면

$$\therefore\ Q = \frac{1}{0.025} \times 14 \times (1.17)^{\frac{2}{3}}(0.0001)^{\frac{1}{2}} = 6.22\,\mathrm{m^3/s}$$

[해답]　8. ㉮　　9. ㉯　　10. ㉰

문제 11. 콘크리트로 사다리꼴 수로의 밑바닥의 폭이 3 m, 수심이 2 m, 측면 경사각이 60°일 때 유량은 얼마인가? (단, 수로 마찰계수 $n = 0.01$, 수로경사도 $S = 0.001$이다.)

㉮ 9.87 m³/s   ㉯ 22.6 m³/s   ㉰ 27.8 m³/s   ㉱ 114.75 m³/s

[해설] $R_h = \dfrac{A}{P} = \dfrac{6+2.31}{7.62} = 1.09\,\text{m}$

$$\therefore Q = \frac{1}{n} \times A \times R_h^{\frac{2}{3}} \times S^{\frac{1}{2}}$$

$$= \frac{1}{0.01} \times 8.31(1.09)^{\frac{2}{3}} \times (0.001)^{\frac{1}{2}} = 27.8\,\text{m}^3/\text{s}$$

문제 12. 135 m³/s의 물을 0.0004의 경사를 갖는 지형에서 배수시키는 수로를 설계하려고 한다. 수로바닥을 벽돌로 할 때 경제적인 사다리꼴 단면을 설계하면 한 변의 길이는? (단, 조도계수 $n = 0.016$이다.)

㉮ 3.56 m   ㉯ 5.69 m   ㉰ 6.47 m   ㉱ 4.46 m

[해설] 경제적인 사다리꼴 수로단면에서는

$$P = 2\sqrt{3}\,y, \quad b = 2\frac{\sqrt{3}}{3}\,y, \quad A = \sqrt{3}\,y^2 \ \text{이므로}$$

$$R_h = \frac{A}{P} = \frac{\sqrt{3}\,y^2}{2\sqrt{3}\,y} = \frac{y}{2}$$

표로부터 벽돌에 대하여 $n = 0.016$ 이므로, 이 값들을 셰지-맨닝식에 대입시키면

$$135 = \frac{1}{0.016}\sqrt{3}\,y^2\left(\frac{y}{2}\right)^{\frac{2}{3}}(0.0004)^{\frac{1}{2}}$$

계산하여 $y^{\frac{8}{3}} = 98.98, \quad y = 5.6\,\text{m}$

$$\therefore b = 2\frac{\sqrt{3}}{3}\,y = 6.47\,\text{m}$$

문제 13. 폭 4 m, 수심 1 m인 사각형 수로에 물이 12 m³/s의 유량으로 흐를 때 비에너지는?

㉮ 1 m   ㉯ 1.21 m   ㉰ 1.46 m   ㉱ 2.67 m

[해설] $V = \dfrac{Q}{A} = \dfrac{12}{4} = 3\,\text{m/s}$

$$\therefore E = y + \frac{V^2}{2g} = 1 + \frac{3^2}{2 \times 9.8} = 1.46\,\text{m}$$

[해답]   11. ㉰   12. ㉰   13. ㉰

문제 14. 사각형의 수로가 경사도 0.001에 대하여 $45\,\mathrm{m^3/s}$의 유량으로 흘려 보내려고 한다. 이 수로가 경제적 단면이 되려면 단면의 치수는 얼마로 해야 하는가? (단, $n = 0.035$이다.)

  ㉮ $b = 7.94\,\mathrm{m},\ y = 3.97\,\mathrm{m}$　　　　㉯ $b = 3.34\,\mathrm{m},\ y = 1.67\,\mathrm{m}$

  ㉰ $b = 10.22\,\mathrm{m},\ y = 5.11\,\mathrm{m}$　　　　㉱ $b = 4.77\,\mathrm{m},\ y = 2.41\,\mathrm{m}$

[해설] 사각형의 경제적 단면에서는 $y = \dfrac{b}{2}$이므로 셰지-맨닝식에서

$$Q = \frac{1}{n}\,AR_h^{\frac{2}{3}}S^{\frac{1}{2}} = \frac{1}{0.035}\,(2y^2)\left(\frac{y}{2}\right)^{\frac{2}{3}}(0.001)^{\frac{1}{2}}$$

$$\therefore\ y = 3.97\,\mathrm{m},\ \ b = 2y = 7.94\,\mathrm{m}$$

문제 15. 단위폭당의 유량이 $2.1\,\mathrm{m^3/m}$일 때 임계 깊이 y_c는?

  ㉮ $0.766\,\mathrm{m}$　　　　㉯ $7.66\,\mathrm{m}$　　　　㉰ $0.448\,\mathrm{m}$　　　　㉱ $4.48\,\mathrm{m}$

[해설] $y_c = \sqrt[3]{\dfrac{q^2}{g}} = \sqrt[3]{\dfrac{(2.1)^2}{9.8}} = 0.766\,\mathrm{m}$

문제 16. 사각형 수로에서 단위폭당 유량이 $0.486\,\mathrm{m^3/s}$일 때 임계 깊이 y_c와 임계 속도 V_c는?

  ㉮ $y_c = 0.11\,\mathrm{m},\ V_c = 1.038\,\mathrm{m/s}$　　　㉯ $y_c = 0.73\,\mathrm{m},\ V_c = 2.675\,\mathrm{m/s}$

  ㉰ $y_c = 0.29\,\mathrm{m},\ V_c = 1.686\,\mathrm{m/s}$　　　㉱ $y_c = 0.43\,\mathrm{m},\ V_c = 4.214\,\mathrm{m/s}$

[해설] $y_c = \left(\dfrac{q^2}{g}\right)^{\frac{1}{3}} = \left(\dfrac{0.486^2}{9.8}\right)^{\frac{1}{3}} = 0.29\,\mathrm{m}$

$$V_c = \sqrt{gy_c} = \sqrt{9.8\times0.29} = 1.686\,\mathrm{m/s}$$

문제 17. 바닥 폭이 $3\,\mathrm{m}$이고, 측면 경사가 $\dfrac{1}{2}$인 사다리꼴 수로에서의 깊이가 $1.0\,\mathrm{m}$, 유량이 $7\,\mathrm{m^3/s}$일 때의 흐름의 비에너지는 얼마인가?

  ㉮ $2.0\,\mathrm{m}$　　　　㉯ $1.5\,\mathrm{m}$　　　　㉰ $1.3\,\mathrm{m}$　　　　㉱ $1.1\,\mathrm{m}$

[해설] $E = y + \dfrac{1}{2g}\left(\dfrac{Q}{A}\right)^2 = 1.0 + \dfrac{1}{2\times9.8}\times\left(\dfrac{7}{5}\right)^2 = 1.1\,\mathrm{m}$

[해답]　14. ㉮　15. ㉮　16. ㉰　17. ㉱

문제 18. 직사각형 개수로 유동에서 단위 폭당의 유량이 $3\,\mathrm{m}^3/\mathrm{s}$일 때 임계 깊이는 몇 m 인가? (단, 등류이다.)

  ㉮ 0.685   ㉯ 0.762   ㉰ 0.854   ㉱ 0.972

[해설] $y_c = \left(\dfrac{q^2}{g}\right)^{\frac{1}{3}} = \left(\dfrac{3^2}{9.8}\right)^{\frac{1}{3}} \coloneqq 0.972\,\mathrm{m}$

문제 19. 단위 폭당의 유량이 $1.4\,\mathrm{m}^3/\mathrm{s}$일 때 임계 깊이 y_c는?

  ㉮ 0.584 m   ㉯ 5.84 m   ㉰ 0.448 m   ㉱ 4.48 m

[해설] $y_c = \sqrt[3]{\dfrac{q^2}{g}} = \sqrt[3]{\dfrac{(1.4)^2}{9.8}} = 0.584\,\mathrm{m}$

문제 20. 다음 그림과 같은 사다리꼴 단면의 개수로에 물이 $20\,\mathrm{m}^3/\mathrm{s}$로 흐를 때 비에너지는?

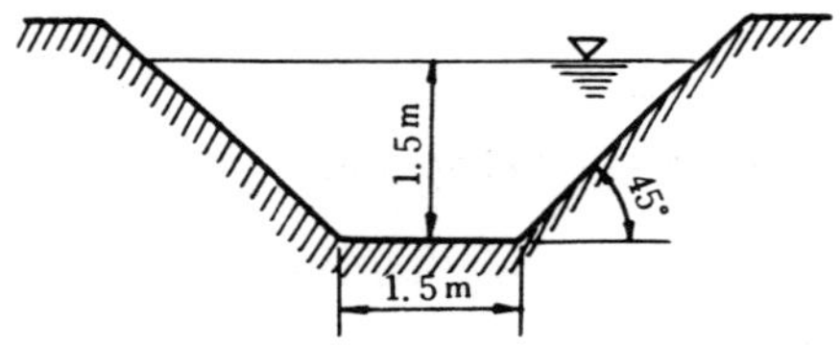

  ㉮ 3.05 m   ㉯ 2.92 m   ㉰ 2.49 m   ㉱ 1.84 m

[해설] 단면적 $A = 1.5^2 + 1.5^2 = 4.5\,\mathrm{m}^2$

$$V = \frac{Q}{A} = \frac{20}{4.5} \coloneqq 4.4\,\mathrm{m/s}$$

비에너지 $E = y + \dfrac{V^2}{2g} = 1.5 + \dfrac{4.4^2}{2 \times 9.8} \coloneqq 2.49\,\mathrm{m}$

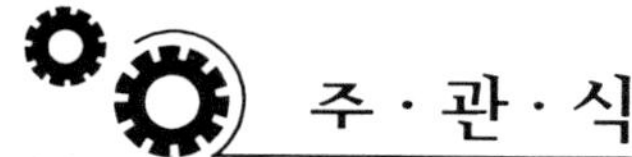

주·관·식

문제 1. 폭 $2.4\,\mathrm{m}$의 직사각형 수로에서 비에너지 $E = 1.5\,\mathrm{m}$일 때 최대 유량을 구하여라.

[해설] 임계 깊이 $y_c = \dfrac{2}{3}E = \dfrac{2}{3}\times 1.5 = 1\,\mathrm{m}$

임계 깊이에서 유량이 최대이므로 $y_c = \left(\dfrac{q^2}{g}\right)^{\frac{1}{3}}$ 에서 $1 = \left(\dfrac{q^2}{9.8}\right)^{\frac{1}{3}}$

$\therefore\ q = 3.13\,\mathrm{m^3/s\cdot m}$ $\qquad \therefore\ bq = 2.4\times 3.13 = 7.51\,\mathrm{m^3/s\cdot m}$

문제 2. 다음 그림과 같은 사각형 단면의 수로에 물이 $Q = 20\,\mathrm{m^3/s}$의 유량으로 등류 상태로 흐르고 있다. $S = 0.0064$, $n = 0.012$일 때 이 유동상태를 판단하여라.

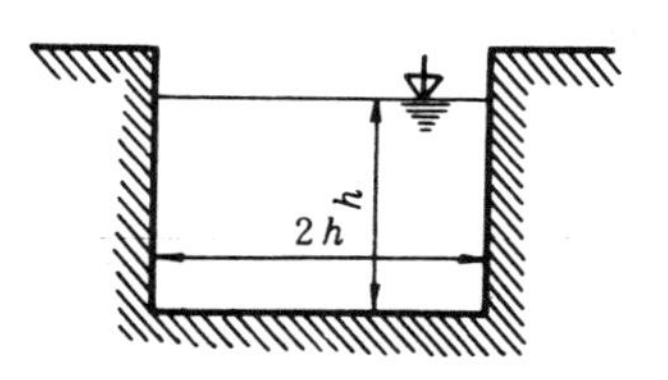

[해설] 단면적 A와 접수길이 P는 $\qquad A = 2h^2,\ P = 4h$

- 수력반지름 $R_h = \dfrac{A}{P} = \dfrac{2h^2}{4h} = \dfrac{h}{2}$

세지-맨닝식에서 $Q = \dfrac{1}{n}AR_h^{\frac{2}{3}}S^{\frac{1}{2}}$이므로

$$20 = \frac{1}{0.012}\times(2h^2)\times\left(\frac{h}{2}\right)^{\frac{2}{3}}\times(0.0064)^{\frac{1}{2}}$$

계산하면 $2.38 = h^{\frac{8}{3}}$ $\qquad \therefore\ h = 1.3845\,\mathrm{m}$

- 단위폭당 유량 $q = \dfrac{Q}{b} = \dfrac{20}{2\times 1.3845} = 7.223\,\mathrm{m^3/s\cdot m}$

이때 임계 깊이 y_c는 다음과 같다.

$$y_c = \left(\frac{q^2}{g}\right)^{\frac{1}{3}} = \left(\frac{7.223^2}{9.8}\right)^{\frac{1}{3}} = 1.746\,\mathrm{m}$$

$\therefore\ h < y_c$이므로 이 흐름은 초임계 흐름(사류)이다.

문제 3. 폭 $2.4\,\mathrm{m}$의 직사각형 수로에서 비에너지 $E = 1.5\,\mathrm{m}$일 때 최대 유량을 구하여라.

[해설] 단위폭당 유량 $q = \dfrac{0.85}{1.8} = 0.47\,\mathrm{m^3/s\cdot m}$

비에너지 정의에서

$$E = y + \frac{q^2}{2gy^2} \text{이므로} \qquad 1.2 = y + \frac{0.47^2}{2gy^2}$$

윗식을 다시 정리하면 다음과 같다.

$y^3 - 1.2y^2 + 0.0113 = 0$이 되며, 시행착오법으로 풀면 다음과 같다.

$$\therefore \ y = 0.1, \ 1.19$$

문제 4. 수심이 0.8 m인 개수로를 물이 단위폭당 $4\,\text{m}^3/\text{s}$로 흐를 때 수력도약을 일으킬 수 있는 깊이를 구하여라.

[해설] $V_1 = \dfrac{q}{y_1} = \dfrac{4}{0.8} = 5\,\text{m/s}, \qquad \dfrac{V_1^{\,2}}{gy_1} = \dfrac{5^2}{9.8 \times 0.8} \fallingdotseq 3.2 > 1$

따라서 수력도약이 발생한다. 수력도약 발생 후의 수심 y_2는 다음과 같다.

$$y_2 = \frac{y_1}{2}\left(-1 + \sqrt{1 + \frac{8V_1^{\,2}}{gy_1}}\right) = \frac{0.8}{2}(-1 + \sqrt{1 + 8 \times 3.2}\,) \fallingdotseq 1.66\,\text{m}$$

문제 5. 수력도약이 일어나기 전의 유속과 수심이 각각 $5\,\text{m/s}$, $0.4\,\text{m}$일 때 수력도약이 일어난 후의 수심을 구하여라.

[해설] $y_2 = \dfrac{y_1}{2}\left(-1 + \sqrt{1 + \dfrac{8V_1^{\,2}}{gy_1}}\,\right) = \dfrac{0.4}{2}\left(-1 + \sqrt{1 + \dfrac{8 \times 5^2}{9.8 \times 0.4}}\,\right) = 1.243\,\text{m}$

문제 6. 수력도약이 일어나기 전후에서의 수로 깊이가 각각 1.5 m, 9.24 m이었다. 이때 수력도약으로 인한 손실수두를 구하여라.

[해설] $h_l = \dfrac{(y_2 - y_1)^3}{4y_1 y_2} = \dfrac{(9.24 - 1.5)^3}{4 \times 1.5 \times 9.24} = 8.35\,\text{m}$

문제 7. 수력도약이 15 m 폭의 수문의 하류에서 발생되었다. 수력도약이 일어나기 전의 깊이가 1.5 m이고, 속도는 18 m/s이었다. 수력도약의 깊이와 손실로 인한 흡수된 동력을 구하여라.

[해설] 수력도약 후의 깊이 y_2는

$$y_2 = -\frac{1.5}{3} + \sqrt{\left(\frac{1.5}{2}\right)^2 + \frac{2 \times 18^2 \times 1.5}{9.8}} = 9.237\,\text{m}$$

· 단위폭당 유량 $q = y_1 V_1 = 1.5 \times 18 = 27\,\text{m}^3/\text{s} \cdot \text{m}$

· 손실수두 $h_l = \dfrac{(y_2 - y_1)^3}{4y_1 y_2} = \dfrac{(9.24 - 1.5)^2}{4 \times 1.5 \times 9.24} = 8.35\,\text{m}$

그러므로 수력도약으로 인하여 흡수된 동력 P는 다음과 같다.

$$\therefore\ P = \frac{Q\gamma h_l}{75} = \frac{15 \times 27 \times 10^3 \times 8.35}{75} = 45100\,\text{PS}$$

[SI 단위]

$$P = Q\gamma h_l = 15 \times 27 \times 9800 \times 8.35 = 3.31 \times 10^4\,\text{kW}$$

문제 8. 반지름 R인 원형 개수로에서 수심이 H이다. 수력반지름 R_h는 수심 H에 따라 어떻게 변화되는지 구하여라.

[해설] 다음 그림에서 접수길이 $P = R\theta$

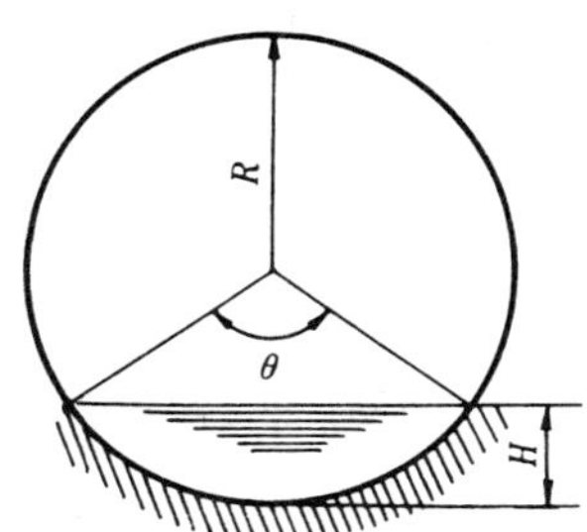

· 개수로의 단면적

$$A = \frac{1}{2} R^2 \theta - \frac{1}{2} R^2 \sin\theta = \frac{R^2}{2}(\theta - \sin\theta)$$

· 수력반지름

$$R_h = \frac{A}{P} = \frac{\dfrac{R^2}{2}(\theta - \sin\theta)}{R\theta} = \frac{R}{2}\left(1 - \frac{\sin\theta}{\theta}\right)$$

θ와 H의 관계는 다음과 같다.

$$H = R - R\cos\frac{\theta}{2}, \quad \cos\frac{\theta}{2} = 1 - \frac{H}{R}, \quad \theta = 2\cos^{-1}\left(1 - \frac{H}{R}\right)$$

$$\therefore\ R_h = \frac{R}{2}\left\{1 - \frac{\sin 2\cos^{-1}\left(1 - \dfrac{H}{R}\right)}{2\cos^{-1}\left(1 - \dfrac{H}{R}\right)}\right\}$$

문제 9. 물의 지름 $3\,\text{m}$인 하수도에 깊이 $1\,\text{m}$인 등류상태로 흐르고 있으며, 이 하수도의 경사도는 0.0001이라 한다. 이때 접수길이에 작용하는 평균 전단응력을 구하여라. (단, 물의 비중량은 $9800\,\text{N}/\text{m}^3$이다.)

[해설] 그림에서

$$\cos\frac{\theta}{2} = \frac{0.5}{1.5}\ \text{이므로}\quad \theta = 141° = 0.783\,\pi$$

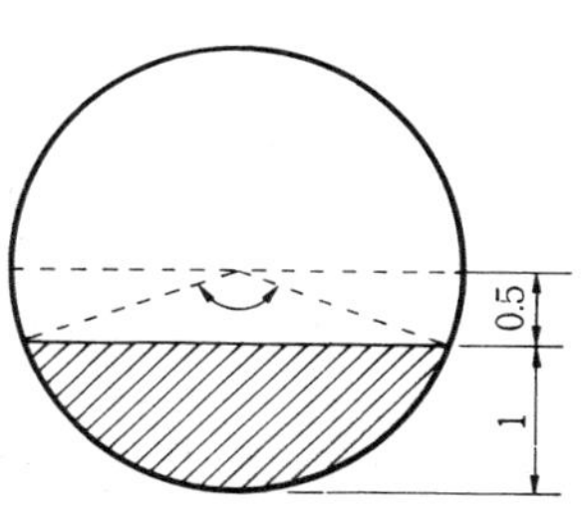

빗금친 부분의 면적은 다음과 같다.

$$A = A - A$$
$$= \frac{1}{2} \times 1.5^2 \times (0.783\pi) - \left(\frac{1}{2} \times 0.5 \times 1.5\sin 70.5\right) \times 2$$
$$= 2.06\,\text{m}^2$$

· 접수길이 $P = r\theta = 1.5(0.783\pi) = 3.688\,\text{m}$이므로

· 수력반지름 $R_h = \dfrac{A}{P} = \dfrac{2.06}{3.688} = 0.56\,\text{m}$

$\therefore$ 전단응력 $\tau_0 = \gamma R_h S = 9800 \times 0.56 \times 0.0001 = 0.547\,\text{N/m}^2$

문제 10. 반지름 R인 원형 개수로에서 유량을 최대로 하기 위한 수심 y를 구하여라.

[해설] 수면의 중심각을 θ라고 하면

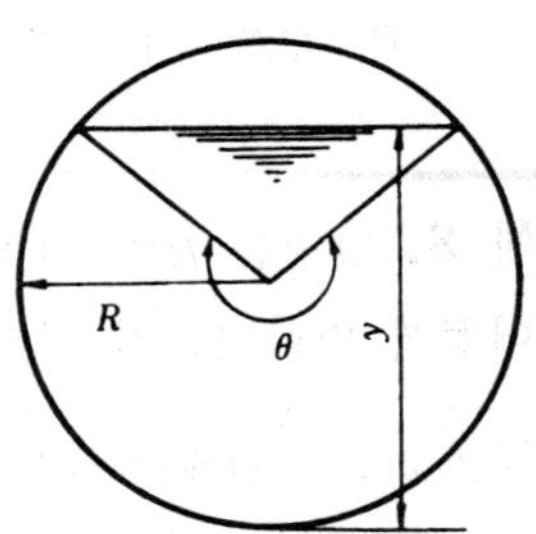

- 접수길이 $P = R\theta$

- 단면적 $A = \dfrac{R^2}{2}(\theta - \sin\theta)$

- 유량 $Q = CA^{1.5}P^{-0.5}S^{0.5}$

C와 S가 일정하다면 Q를 최대로 하기 위해서는 $A^{1.5}P^{-0.5}$를 최대로 할 필요가 있다. 또는 2제곱해서 A^3P^{-1}을 최대로 해도 좋다.

$$A^3P^{-1} \propto \frac{(\theta - \sin\theta)^3}{\theta}$$

$$\frac{d(A^3P^{-1})}{d\theta} = 0 \text{으로 놓으면}$$

$$\frac{3(\theta - \sin\theta)^2(1 - \cos\theta)\theta - (\theta - \sin\theta)^3}{\theta^2} = 0$$

$$3\theta(1 - \cos\theta) - (\theta - \sin\theta) = 3\theta - 3\theta\cos\theta - \theta + \sin\theta = 0$$

이것을 풀면 $\theta = 308°$

$$\therefore \ \text{수심} \ \ y = R - R\cos\frac{\theta}{2} = R(1 - \cos 154°) = R(1 + \cos 26°) = 1.9R$$

문제 11. 폭이 $2\,\text{m}$, 수심이 $0.5\,\text{m}$인 직사각형 개수로가 있다. 이때 유량이 2배로 될 때 수심을 구하여라. (단, 유속계수는 일정한 것으로 본다.)

[해설] 직사각형 개수로의 폭을 b, 수심을 y_1, 유량 증가후의 수심을 y_2로 놓으면 각각의 경우 수력반지름 R_{h1}, R_{h2}는 다음과 같다.

$$R_{h1} = \frac{by_1}{2y_1 + b}, \qquad R_{h2} = \frac{by_2}{2y_2 + b}$$

각각의 경우 유량 Q_1, Q_2는 다음과 같다.

$$Q_1 = by_1 C\sqrt{R_{h1} \cdot S}, \ \ Q_2 = by_2 C\sqrt{R_{h2} \cdot S} \text{이므로}$$

$$\frac{Q_2}{Q_1} = \frac{y_2}{y_1}\sqrt{\frac{R_{h2}}{R_{h1}}} = \frac{y_2}{y_1}\sqrt{\frac{y_2}{y_1} \cdot \frac{2y_1 + b}{2y_2 + b}}$$

$$\frac{Q_2}{Q_1} = 2, \ y_1 = 0.5\,\text{m}, \ b = 2\,\text{m} \text{를 대입하면}$$

$$2 = \frac{y_2}{0.5}\sqrt{\frac{y_2}{0.5} \cdot \frac{2 \times 0.5 + 2}{2y_2 + 2}} = 2y_2\sqrt{\frac{3y_2}{y_2 + 1}} \text{이므로}$$

$$3y_2{}^3 - y_2 - 1 = 0$$

$$\therefore \ y_2 = 0.85\,\text{m}$$

제 **9** 장

압축성 이상 유체의 흐름

압축성의 영향은 액체보다 기체에서 더욱 크다. 또한 속도가 빨라져 음속에 가까우면 압축성을 무시할 수 없게 되어 밀도의 변화도 일어난다.

1. 정상 유동의 에너지 방정식

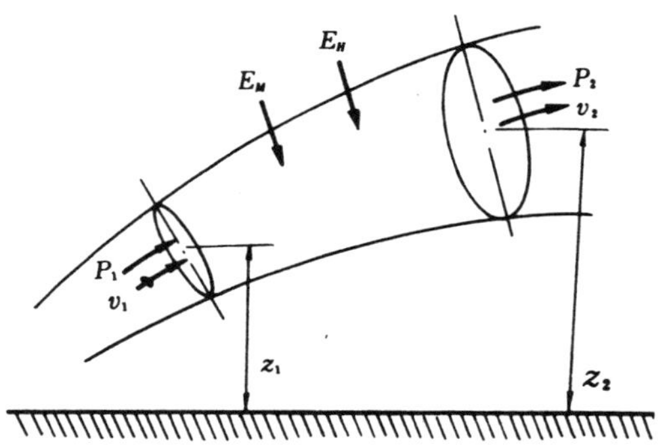

그림 9-1

그림 9-1과 같은 어떤 열역학적인 계에서 에너지보존 법칙을 적용시키면 단면 ①로 들어온 전에너지량과 계에 가해진 열량의 합은 단면 ②로부터 나오는 전에너지량과 축에 가해준 일의 합과 같다.

$$Q + \left(\frac{p_1}{\rho_1} + gz_1 + \frac{v_1{}^2}{2} + u_1 \right)(\rho_1 v_1 A_1)$$

$$= W + \left(\frac{p_2}{\rho_2} + gz_2 + \frac{v_2^2}{2} + u_2 \right)(\rho_2 v_2 A_2)$$

여기서, $\dfrac{p}{\rho}$: 유동일(flow work) 또는 압력에너지, $\dfrac{v^2}{2}$: 운동에너지

gz : 위치에너지, u : 내부에너지

정상류의 흐름에 있어서는　$\rho_1 v_1 A_1 = \rho_2 v_2 A_2$이므로 다음과 같다.

$$q + \frac{p_1}{\rho_1} + gz_1 + \frac{v_1^2}{2} + u_1 = w + \frac{p_2}{\rho_2} + gz_2 + \frac{v_2^2}{2} + u_2$$

이 에너지 방정식을 축일이 없는 경우에 대하여 미분형으로 고쳐 쓰면

$$d\left(\frac{p}{\rho}\right) + gdz + vdv + du - dq = 0$$

$$\frac{dp}{\rho} + gdz + vdv + du + pd\left(\frac{1}{\rho}\right) - dq = 0$$

이 식에서 처음 세 항은 오일러 방정식과 같으며, 나머지 세 항은 열역학 제1법칙의 단순 에너지 방정식과 같음을 알 수 있다.

$$dq = du + pd\left(\frac{1}{\rho}\right)$$

또 엔탈피(enthalpy) h는 내부에너지와 유동일의 합으로 정의된다.

$$h = u + \frac{p}{\rho} \quad \text{또는} \quad dh = du + d\left(\frac{p}{\rho}\right)$$

$$\therefore \ dh + gdz + vdv - dq = 0$$

그리고 이동열 q가 없는 경우에 대하여 위의 방정식을 적분하면 다음과 같다.

$$h_1 + \frac{v_1^2}{2} + gz_1 = h_2 + \frac{v_2^2}{2} + gz_2$$

완전 기체에 대하여 정적 비열과 정압 비열의 정의로부터 다음 식이 성립한다.

$$du = C_v dT, \quad dh = C_p dT$$

$$\therefore \ C_p T_1 + \frac{v_1^2}{2} = C_p T_2 + \frac{v_2^2}{2} \qquad (\because \ z_1 = z_2)$$

예제 1. 수직으로 세워진 노즐에서 물이 초속 15 m/s로 뿜어 올려진다. 마찰 손실을 포함한 모든 손실이 무시된다면 그 물은 몇 m까지 올라갈 수 있겠는가?

㉮ 6.27　　　　　㉯ 8.27　　　　　㉰ 9.27　　　　　㉱ 11.48

해설 내부에너지와 엔탈피는 온도만의 함수이므로, 물의 온도변화가 없다고 하면 $h_1 = h_2$이다.

그리고 $Q = 0$, $W_s = 0$이므로 정상류 에너지 방정식에서

$$gz_1 + \frac{v_1^2}{2} = gz_2 + \frac{v_2^2}{2}$$

최대 상승높이에서 물의 속도 $v_2 = 0$이므로

$$\frac{15^2}{2} = 9.8(z_2 - z_1) = 9.8h \quad \therefore \ h = 11.48\,\text{m}$$

답 ㉱

2. 압축파의 전파 속도

물체가 진동을 일으키면 이와 접한 공기는 압축과 팽창이 교대로 연속되는 파동을 일으키면서 음(音)으로 귀에 들리게 된다.

그림 9-2에서 단면적 A인 관에 진동 물체 M이 v의 속도로 단면 ⓪에서 단면 ①로 진행하면 그 앞의 공기는 압축되어 C의 속도로 단면 ⓪에서 단면 ②까지 진행되고 이로 인하여 압력과 밀도가 p_1, ρ_1으로 된다.

질량 보존의 법칙에 의하여

$$Ax_2\rho_0 = A(x_2 - x_1)\rho_1$$

여기에 $x_1 = vdt$, $x_2 = Cdt$를 대입하면

$$ACdt\rho_0 = A(C - v)dt\rho_1$$

$$\therefore \rho_1 v = C(\rho_1 - \rho_0)$$

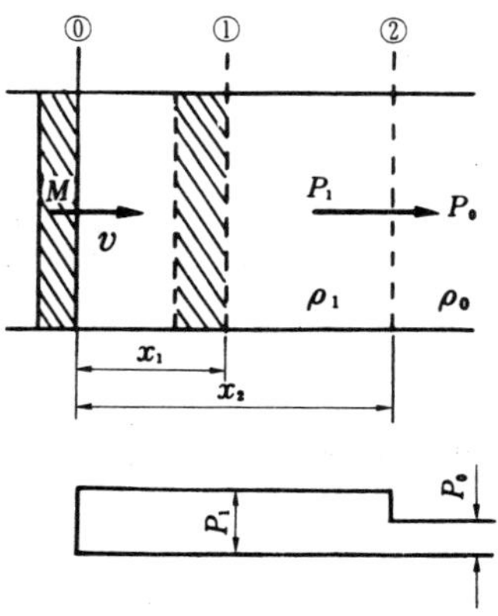

그림 9-2

운동량 방정식을 적용시키면

$$A(p_1 - p_0) = \rho_1 QC - \rho_1 Qv$$

$$= \rho_1 Q(C - v)$$

$$= \rho_1 Av(C - v)$$

또한 $C \gg v$이므로 $C - v \fallingdotseq C$라면 다음과 같다.

$$p_1 - p_0 = \rho_1 vC = C^2(\rho_1 - \rho_0)$$

$$C^2 = \frac{p_1 - p_0}{\rho_1 - \rho_0} \qquad \therefore C = \sqrt{\frac{p_1 - p_0}{\rho_1 - \rho_0}}$$

작은 압력파라면 미소한 질량의 변화로 취급하여 다음과 같이 된다.

$$\therefore C = \sqrt{\frac{dp}{d\rho}} \quad : 소압축파의 전파 속도(음속)$$

기체 속에서 단열 변화를 하면, 즉 $\dfrac{p}{\rho^k} = \mathrm{const}$가 되며

$$\frac{dp}{d\rho} = \mathrm{const}\, k\rho^{k-1} = \frac{kp}{\rho}$$

$$\therefore C = \sqrt{\frac{dp}{d\rho}} = \sqrt{\frac{kp}{\rho}} = \sqrt{kgRT}$$

예제 2. 물 속에서의 유속은 몇 m / s인가 ? (단, 물의 체적 탄성계수 $E = 2 \times 10^8 \, kg/m^2$
이다.)

    ㉮ 346   ㉯ 928   ㉰ 1353   ㉱ 1400

해설 $C = \sqrt{\dfrac{E}{\rho_w}} = \sqrt{\dfrac{2 \times 10^8}{102}} = 1400 \, m / s$ 답 ㉱

예제 3. 20℃인 공기(air) 중에서의 유속은 ?

    ㉮ 268   ㉯ 275   ㉰ 343   ㉱ 365

해설 $C = \sqrt{k \cdot g \cdot R \cdot T} = \sqrt{1.4 \times 9.8 \times 29.27 \times 293} = 343 \, m / s$ 답 ㉰

3. 마하수와 마하각

3-1 마하수(Mach number)

$$\text{마하수} \quad M = \frac{v}{C} = \frac{v}{\sqrt{kgRT}}$$

여기서, v : 물체의 속도, C : 음속

    $M < 1$: 아음속 흐름(subsonic flow)

    $M > 1$: 초음속 흐름(supersonic flow)

    $M > 5$: 극초음속 흐름(hypersonic flow)

3-2 마하각(Mach angle)

물체가 공기 속을 움직이는 경우 공기의 압력파가 생겨서 공기중에 음속으로 전파된
다. 물체의 이동 속도 v가 음속 C보다 아주 작은 경우 압축파의 영향은 균일하다고 볼
수 있으므로 비압축성 유체로 취급하고, 물체의 속도가 음속에 가까우면 압축파의 영향
이 균일하지 않게 된다.

그림 9-3 (a)는 총알이 오른쪽으로 음속 C의 1/2배의 속도 v로 진행하는 상태를
나타낸 것이다. 0의 위치에 있는 총알이 1, 2, 3초 후에 1, 2, 3의 위치에 도달한다고 하
면, 총알에서 0, 1, 2초에 발생한 구면파(압축파)는 3초 후에는 반지름 $3C$, $2C$, C의
원(球形)이 된다.

그림에서 볼 수 있듯이 구형의 파는 총알보다 앞서나가므로 총알 앞에 있는 모든 유체는 총알이 날아오는 것을 알게 된다.

그림 9-3 (b)는 총알의 속도 v가 음속보다 2배 빠른 속도로 진행하는 경우를 나타낸 것이다. 1, 2, 3초 후에 1, 2, 3의 위치에 도달한다고 하면, 총알에서 0, 1, 2초에 발생한 압축파는 3초 후에 총알을 꼭지점으로 하는 구형파의 접선을 그으면 원뿔이 된다.

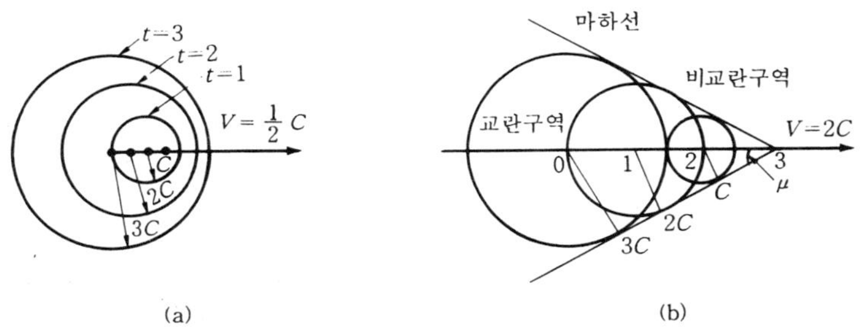

그림 9-3 음파의 전달

이 원뿔의 안쪽은 총알의 운동을 감지할 수 있는 교란 구역(zone of action)이고, 바깥쪽은 총알의 운동을 감지할 수 없는 비교란 구역(zone of silence)이다. 이때 원뿔선을 마하선(Mach line)이라 하고, 마하선과 총알의 운동방향이 이루는 각을 마하각(Mach angle)이라 한다.

$$\sin \mu = \frac{C}{v}$$

$$\therefore \ \mu = \sin^{-1} \frac{C}{v}$$

$$\therefore \ 아음속\,(v < C)\,이면, \ \mu > 90°$$

$$음속\,(v = C)\,이면, \ \mu = 90°$$

$$초음속\,(v > C)\,이면, \ \mu < 90°$$

[예제] **4.** 음속 320 m/s인 공기속을 초음속으로 달리는 물체의 마하각이 45°일 때 물체의 속도는 몇 m/s인가?

   ㉮ 385　　　　　㉯ 453　　　　　㉰ 552　　　　　㉱ 638

[해설] $\sin \alpha = \dfrac{C}{V}$

$$\therefore \ V = \frac{C}{\sin \alpha} = \frac{320}{\sin 45°} = 453 \, \text{m/s}$$

답 ㉯

4. 축소-확대 노즐에서의 흐름

그림 9-4에서 축소-확대 노즐을 지나는 완전 기체에 대한 1차원 정상류에서 위치에너지를 무시하면 오일러의 운동방정식은 다음과 같다.

$$\frac{dp}{\rho} + vdv = 0$$

연속방정식의 미분형은 다음과 같다.

$$\frac{d\rho}{\rho} + \frac{dv}{v} + \frac{dA}{A} = 0$$

또 음속은 다음과 같다.

$$C = \sqrt{\frac{dp}{d\rho}} \text{ 이므로 } dp = C^2 d\rho$$

$$\frac{dp}{\rho} + vdv = 0 \ \rightarrow \ \frac{C^2 d\rho}{\rho} + vdv = 0$$

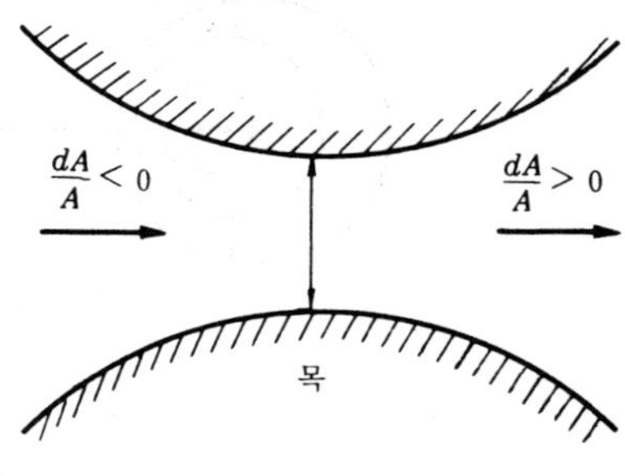

그림 9-4

위의 두 식에서 $d\rho/\rho$를 소거하면

$$\frac{dA}{dv} = \frac{A}{v}\left(\frac{v^2}{C^2} - 1\right) = \frac{A}{v}(M^2 - 1)$$

① 아음속 흐름

$$M < 1, \quad \frac{dA}{dv} < 0$$

$dv > 0$이 되려면 $dA < 0$이어야 한다. 즉, 속도가 증가하기 위해서는 단면적은 감소되어야 한다(축소 노즐).

② 음속 흐름

$$M = 1, \quad \frac{dA}{dv} = 0$$

즉, 속도는 단면적의 변화가 없는 목(throat)까지 증가되고, 목에서 음속을 얻을 수 있다.

③ 초음속 흐름

$$M > 1, \quad \frac{dA}{dv} > 0$$

즉, 속도가 증가하기 위해서는 단면적도 증가되어야 한다(확대 노즐). 이상과 같이 축소 노즐에서는 아음속 흐름을 음속 이상의 속도로 가속시킬 수 없다. 따라서 초음속을 얻으려면 반드시 축소-확대 노즐을 통과시켜야 한다.

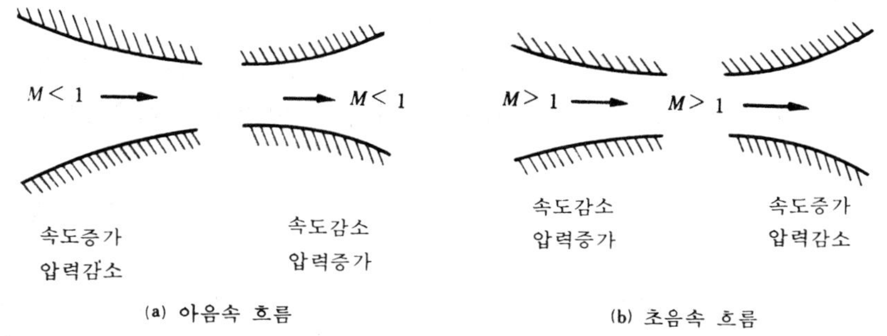

그림 9-5 축소-확대 노즐에서 아음속과 초음속 흐름

예제 5. 축소-확대 노즐에서 목에서의 공기 유속이 음속이 될 때 정체온도와의 비 $\dfrac{T^*}{T_0}$ 의 값은?

  ㉮ 0.528   ㉯ 0.833   ㉰ 0.634   ㉱ 0.428

해설 $\dfrac{T^*}{T_0} = \dfrac{2}{k+1} = 0.833$ 답 ㉯

5. 이상 기체의 등엔트로피 유동

5-1 등엔트로피 유동의 에너지 방정식

완전 기체가 관 속을 고속(음속 부근 또는 음속 이상)으로 흐를 때 마찰이 없고 외부와의 열전달이 없는 흐름, 즉 등엔트로피 유동으로 취급한다. 따라서, 정상 유동의 에너지 방정식은 다음과 같다.

$$h_1 + \frac{v_1{}^2}{2g} = h_2 + \frac{v_2{}^2}{2g}$$

$h = C_p T$ 이므로 다음과 같다.

$$C_p T_1 + \frac{v_1{}^2}{2g} = C_p T_2 + \frac{v_2{}^2}{2g} \quad\cdots\cdots\cdots\cdots\cdots (9-1)$$

5-2 정체점

그림 9-6에서와 같이 외부와 열의 출입이 없는 단열 용기에 들어 있는 기체가 단면적이 변화하는 관을 통하여 흐른다고 가정하고, 용기 안의 단면적은 매우 크다고 생각하면 유속은 0이다.

식 (9-1)에서

$$C_p T_0 = C_p T + \frac{v^2}{2g}$$

$$\therefore \ T_0 = T + \frac{1}{C_p} \frac{v^2}{2g}$$

$C_p = \dfrac{k}{k-1} R$을 대입하면

$$\therefore \ T_0 = T + \frac{k-1}{kR} \frac{v^2}{2g}$$

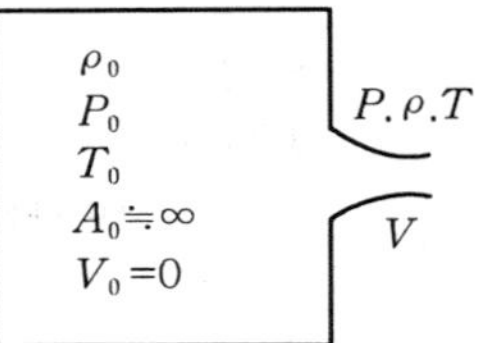

그림 9-6

여기서, T_0 : 정체 온도(stagnation temperature) 또는 전 온도(total temperature)

T : 정온(static temperature)

$\dfrac{k-1}{kR} \dfrac{v^2}{2g}$: 동온(dynamic temperature)

$M = \dfrac{v}{C}$, $C = \sqrt{kgRT}$를 대입시키면 정체 온도비 $\dfrac{T_0}{T}$ 는 다음과 같다.

$$\frac{T_0}{T} = 1 + \frac{k-1}{2} M^2$$

열역학에서 등엔트로피의 상태 방정식을 적용시키면 다음과 같다.

- 정체 압력비 : $\dfrac{p_0}{p} = \left(1 + \dfrac{k-1}{2} M^2\right)^{\frac{k}{k-1}}$

- 정체 밀도비 : $\dfrac{\rho_0}{\rho} = \left(1 + \dfrac{k-1}{2} M^2\right)^{\frac{k}{k-1}}$

5-3 임계점

유체의 속도가 목에서 음속에 도달한 때의 상태를 임계 상태(critical state)라 한다. 에너지 방정식에서 다음과 같은 식을 얻을 수 있다.

$$\frac{v_2^2 - v_1^2}{2g} = C_p(T_1 - T_2) = \frac{kR}{k-1}(T_1 - T_2) = \frac{k}{k-1}(p_1 v_1 - p_2 v_2)$$

$$= \frac{k}{k-1} p_1 v_1 \left\{ 1 - \left(\frac{p_2}{p_1}\right)^{\frac{k}{k-1}} \right\}$$

단열된 노즐 내의 유동이라고 하면, 입구 속도가 출구 속도에 비하여 매우 작으므로 입구 속도를 무시하면

$$v_2 = \sqrt{\frac{2gk}{k-1}\, p_1 v_1 \left\{ 1 - \left(\frac{p_2}{p_1}\right)^{\frac{k}{k-1}} \right\}}$$

따라서 중량 유량 $G = Av$이므로

$$G = \gamma_2 A_2 v_2 = \gamma_2 A_2 \sqrt{\frac{2gk}{k-1}\, p_1 v_1 \left\{ 1 - \left(\frac{p_2}{p_1}\right)^{\frac{k}{k-1}} \right\}}$$

$$= A_2 \sqrt{\frac{2gk}{k-1}\, p_1 \left\{ \left(\frac{p_2}{p_1}\right)^{\frac{2}{k}} - \left(\frac{p_2}{p_1}\right)^{\frac{k}{k-1}} \right\}}$$

$\dfrac{p_2}{p_1}$ 에 대한 중량 유량 G의 변화는 그림 9-7과 같은 곡선이 되며, G가 최대가 되는 값을 임계 상태(critical state)라 한다.

이때의 압력은 임계 압력(critical pressure)이라 하고, 노즐 목에서의 유속이 음속이 될 때의 상태와 일치하게 된다.

따라서 임계점의 상태량은 위의 세 식에서 $M=1$, $k=1.4$를 대입시키면 다음과 같이 된다.

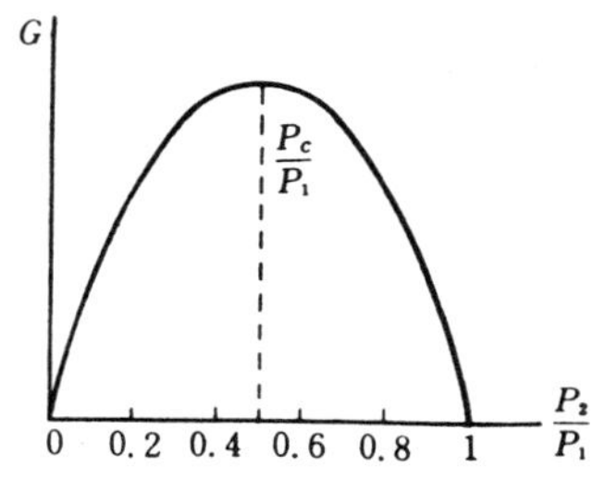

그림 9-7

· 임계 압력비 : $\dfrac{p_c}{p_1} = \left(\dfrac{2}{k+1}\right)^{\frac{k}{k-1}} = 0.5283$

· 임계 온도비 : $\dfrac{T_c}{T_1} = \dfrac{2}{k+1} = 0.8333$

· 임계 밀도비 : $\dfrac{\rho_c}{\rho_1} = \left(\dfrac{2}{k+1}\right)^{\frac{k}{k-1}} = 0.6339$

따라서 최대 중량 유량은 다음과 같다.

$$G_{\max} = \gamma_2 A_2 v_2 = \frac{A_2 p_1}{\sqrt{T_1}} \sqrt{\frac{kg}{R}\left(\frac{2}{k+1}\right)^{\frac{k+1}{k-1}}}$$

· Fanno 방정식 : 단면적 A인 관을 흐르는 기체의 질량유량을 m' 라 하면

$$m' = \rho A V$$

$$\frac{m'}{A} = \rho V = \frac{p}{RT} V = \frac{p}{\sqrt{T_0}} = \sqrt{\frac{k}{R}} \; \frac{V}{\sqrt{kRT}} \sqrt{\frac{T_0}{T}} \; \cdots\cdots\cdots \; (9-2)$$

마하수 M 과 정체온도비 $\dfrac{T_0}{T}$ 를 윗식에 대입하면

$$\frac{m'}{A} = \frac{p}{\sqrt{T_o}} \sqrt{\frac{k}{R}} \; M \sqrt{1 + \frac{k-1}{2} M^2} \; \cdots\cdots\cdots\cdots\cdots\cdots \; (9-3)$$

특히 식 (9-3)은 점성 유체와 비점성 유체에 모두 적용하는 유체이며, 정체압력비를 대입하면 다음과 같다.

$$\frac{m'}{A} = \frac{p_0}{\left(1 + \dfrac{k-1}{2} M^2\right)^{\frac{k}{k-1}}} \; \frac{1}{\sqrt{T_0}} \sqrt{\frac{k}{R}} \; M \sqrt{1 + \frac{k-1}{2} M^2}$$

$$= \frac{p_o}{\sqrt{T_o}} \sqrt{\frac{k}{R}} \; M \left(1 + \frac{k-1}{2} M^2\right)^{\frac{k+1}{2(k-1)}} \; \cdots\cdots\cdots\cdots\cdots \; (9-4)$$

[예제] 6. 20℃인 공기 속을 1000 m/s로 나는 비행기의 정체온도는 몇 ℃인가 ?

[가] 470 　　　　　[나] 495 　　　　　[다] 519.6 　　　　　[라] 623

[해설] $M = \dfrac{V}{a} = \dfrac{V}{\sqrt{k \cdot g \cdot R \cdot T}} = \dfrac{1000}{\sqrt{1.4 \times 9.8 \times 29.27 \times 293}} \fallingdotseq 2.92$

$\therefore \; T_0 = T\left(1 + \dfrac{k-1}{2} M^2\right) = 293 \times \left[\, 1 + \dfrac{(1.4-1) \times 2.92^2}{2} \,\right]$

　　　$= 792.6\,\mathrm{K} = 519.6\,℃$ 　　　　　　　　　　　　　　　　　　　　　　[답] [다]

[예제] 7. 정압비열 $C_p = 0.32\,\mathrm{kcal/kg \cdot K}$, 정적비열 $C_v = 0.24\,\mathrm{kcal/kg \cdot K}$인 어떤 기체의 임계 압력비는 얼마인가 ?

[가] 0.35 　　　　　[나] 0.45 　　　　　[다] 0.58 　　　　　[라] 0.83

[해설] $k = \dfrac{C_p}{C_v} = \dfrac{0.32}{0.24} \fallingdotseq 1.33$이므로

$\dfrac{P^*}{P_0} = \left(\dfrac{2}{k+1}\right)^{\frac{k}{k-1}} = \left(\dfrac{2}{1.33+1}\right)^{\frac{1.33}{1.33-1}} \fallingdotseq 0.45$ 　　　　　　　[답] [나]

[예제] 8. 1 kg/cm² abs, 15℃인 공기 속을 300 m/s의 속도로 움직이는 총알의 코의 압력은 몇 kg/cm² abs인가 ?

[가] 0.528 　　　　　[나] 0.833 　　　　　[다] 1.33 　　　　　[라] 1.66

[해설] ・음속 $C = \sqrt{kgRT} = \sqrt{1.4 \times 9.8 \times 29.27 \times (273 + 15)} = 340\,\mathrm{m/s}$

- 마하수 $M = \dfrac{V}{C} = \dfrac{300}{340} = 0.882$

$$\therefore \ p_0 = p\left(1 + \frac{k-1}{2}M^2\right)^{\frac{k}{k-1}} = 1\left[1 + \frac{1.4-1}{2} \times (0.882)^2\right]^{\frac{1.4}{1.4-1}}$$

$$= 1.66\,\text{kg/cm}^2\,\text{abs}$$

답 라

6. 충격파

초음속 흐름($M>1$)이 갑자기 아음속 흐름($M<1$)으로 변하게 되는 경우, 이 흐름 속에서 매우 얇은 불연속면이 생긴다. 이러한 불연속면을 충격파(shock wave)라 하며, 이 불연속면에서 압력, 온도, 밀도, 엔트로피 등이 급격하게 증가하여 하나의 압축파로 나타난다.

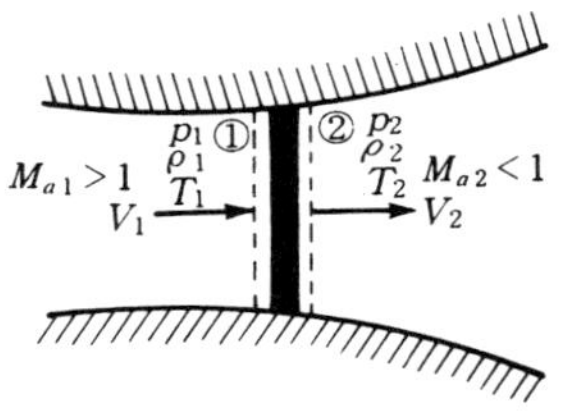

그림 9-8 수직 충격파

그림 9-8과 같이 흐름에 대하여 수직으로 생기는 충격파를 수직 충격파(normal shock wave)라 하고, 흐름에 대하여 경사진 충격파를 경사 충격파(oblique shock wave)라 한다.

연 · 습 · 문 · 제

문제 1. 정압비열이 $0.4\,\text{kcal}/\text{kg}\cdot\text{K}$, 비열비가 1.33인 기체의 기체상수는 몇 $\text{kcal}/\text{kg}\cdot\text{K}$ 인가?

㉮ 0.075   ㉯ 0.099   ㉰ 0.132   ㉱ 0.183

[해설] $C_p = \dfrac{k}{k-1}\,R$

$$\therefore\ R = \dfrac{k-1}{k}\,C_p = \dfrac{1.33-1}{1.33}\times 0.4 = 0.099$$

문제 2. 공기중에서 음파의 전파과정을 등엔트로피 과정으로 볼 때 음속 C는?

㉮ $C = \sqrt{kgRT}$ ㉯ $C = \sqrt{\dfrac{k}{\rho}}$ ㉰ $C = \sqrt{\dfrac{d\rho}{dp}}$ ㉱ $C = \sqrt{\dfrac{\rho}{kp}}$

[해설] 등엔트로피 과정에 대하여 $\dfrac{p}{\gamma^k} = C$, 미분을 하면 $\dfrac{dp}{d\rho} = \dfrac{kp}{\rho}$

그런데, $C = \sqrt{\dfrac{dp}{d\rho}} = \sqrt{\dfrac{E}{\rho}}$ 인 관계를 이용하면 $C = \sqrt{\dfrac{kp}{\rho}}$ 가 된다.

완전기체에 대하여 $p = \gamma RT$ 가 되므로, $C = \sqrt{kgRT}$

[SI 단위]

완전기체에 대하여 $p = \gamma RT$ 가 되어 $C = \sqrt{kRT}$

문제 3. 이산화탄소가 흐르고 있다. 이때 동일선상의 두 점에서 측정한 속도와 온도가 각각 $60\,\text{m}/\text{s}$, $40℃$와 $120\,\text{m}/\text{s}$, $35℃$이었다. 이 흐름이 단열과정이 아닐 때 두 점 사이에서의 열 이동량은 얼마인가?

㉮ $1.0\,\text{kcal}/\text{kg}\,(4.19\,\text{kJ}/\text{N})$ ㉯ $2.0\,\text{kcal}/\text{kg}\,(8.37\,\text{kJ}/\text{N})$

㉰ $0.25\,\text{kcal}/\text{kg}\,(1.045\,\text{kJ}/\text{N})$ ㉱ $0.2\,\text{kcal}/\text{kg}\,(0.84\,\text{kJ}/\text{N})$

[해설] 축일이 없고 위치에너지를 무시하는 경우의 정상유 에너지방정식은

$$q = \Delta h + \dfrac{V_2{}^2 - V_1{}^2}{2g}$$

$$= 0.208 \times (35-40) + \dfrac{120^2 - 60^2}{2\times 9.8 \times 427} = 0.25\,\text{kcal}/\text{kg}$$

[SI 단위]

$$q = \Delta h + \frac{V_2{}^2 - V_1{}^2}{2} = 871 \times (35 - 40) + \frac{120^2 - 60^2}{2} = 1.045 \, \text{kJ/N}$$

문제 4. 다음 중 등엔트로피 유동이란?

㉮ 가역 등온유동   ㉯ 마찰이 없는 단열유동

㉰ 가역 무마찰유동   ㉱ 수축−확대유동

문제 5. −20℃인 추운 겨울에 대기중에서의 음파의 전파속도는?

㉮ 340 m / s   ㉯ 319 m / s   ㉰ 400 m / s   ㉱ 100 m / s

[해설] $C = \sqrt{kgRT} = \sqrt{1.4 \times 9.8 \times 29.27 \times (273 - 20)} = 319 \, \text{m/s}$

[SI 단위]

$C = \sqrt{kRT} = \sqrt{1.4 \times 287 \times (273 - 20)} = 319 \, \text{m/s}$

문제 6. 30℃의 공기 중에서의 음속은?

㉮ 340 m / s   ㉯ 440 m / s   ㉰ 349 m / s   ㉱ 124 m / s

[해설] $C = \sqrt{kgRT} = \sqrt{1.4 \times 9.8 \times 29.27 \times (273 + 30)} = 349 \, \text{m/s}$

[SI 단위]

$C = \sqrt{kRT} = \sqrt{1.4 \times 287 \times (273 + 30)} = 349 \, \text{m/s}$

문제 7. 30℃인 공기 속을 어떤 물체가 960 m / s로 날 때 마하각은?

㉮ 30°   ㉯ 21.3°   ㉰ 15.6°   ㉱ 40.2°

[해설] 음속 $C = \sqrt{1.4 \times 9.8 \times 29.27 \times 303} = 349 \, \text{m/s}$

마하각 $\mu = \sin^{-1} \dfrac{C}{V} = \sin^{-1} \dfrac{349}{960} = 21.3°$

문제 8. 상온의 물 속에서 압력파의 전파속도는 몇 m / s인가? (단, 물의 압축률은 $5.1 \times 10^{-5} \, \text{cm}^2/\text{kg}$이다.)

㉮ 1211   ㉯ 1386   ㉰ 1451   ㉱ 1561

[해설] 압력파의 전파속도는 음속과 같다.

[해답]   4. ㉯   5. ㉯   6. ㉰   7. ㉯   8. ㉯

체적탄성계수 $E = \dfrac{1}{\beta} = \dfrac{1}{5.1 \times 10^{-5}} \fallingdotseq 1.96 \times 10^4 \, kg/cm^2 = 1.96 \times 10^8 \, kg/m^2$

$$\therefore \; \alpha = \sqrt{\dfrac{E}{\rho}} = \sqrt{\dfrac{1.96 \times 10^8}{102}} \fallingdotseq 1386 \, m/s$$

문제 9. 20℃인 공기 속을 1000 m/s로 움직이는 물체가 있을 때 마하각은?

㉮ 18.3°　　　　　　㉯ 20.1°　　　　　　㉰ 23.5°　　　　　　㉱ 26.4°

[해설] 음속 $a = \sqrt{kgRT} = \sqrt{1.4 \times 9.8 \times 29.27 \times (273+20)} = 343 \, m/s$

마하각 $\alpha = \sin^{-1} \dfrac{a}{V} = \sin^{-1} \dfrac{343}{1000} \fallingdotseq 20.1°$

문제 10. 15℃ 사염화탄소의 체적탄성계수가 $1.22 \times 10^4 \, kg/cm^2 (1.099 \times 10^4 \, bar)$이고, 밀도가 $163.3 \, kg \cdot s^2/m^4 (1600 \, kg)$이다. 사염화탄소에서의 음속 C는 얼마인가?

㉮ 400 m/s　　　　　㉯ 628 m/s　　　　　㉰ 829 m/s　　　　　㉱ 495 m/s

[해설] $C = \sqrt{\dfrac{E}{\rho}} = \sqrt{\dfrac{11.22 \times 10^7}{163.3}} = 829 \, m/s$

[SI 단위]

$$C = \sqrt{\dfrac{E}{\rho}} = \sqrt{\dfrac{1.099 \times 10^4 \times 10^5}{1600}} = 829 \, m/s$$

문제 11. 축소–확대 노즐에서 축소 부분의 유속은?

㉮ 아음속만 가능하다.　　　　　　㉯ 초음속만 가능하다.
㉰ 아음속과 초음속이 가능하다.　　㉱ 음속과 초음속이 가능하다.

[해설] 축소 부분에서 $\dfrac{dA}{A} < 0$, $M < 1$이므로 아음속만 가능하다.

문제 12. 축소–확대 노즐의 노즐목에서의 유속이 음속일 경우 출구에서의 유속은?

㉮ 노즐 출구 밖의 압력에 따라 아음속 또는 초음속이 된다.
㉯ 항상 초음속이다.
㉰ 항상 아음속이다.
㉱ 음속이 그대로 유지된다.

[해설] 노즐 밖의 압력조건에 따라 결정된다.

[해답]　9. ㉯　　10. ㉰　　11. ㉮　　12. ㉮

문제 13. 완전기체의 내부에너지는?

  ㉮ 압력만의 함수이다.   ㉯ 온도만의 함수이다.

  ㉰ 마찰 때문에 항상 증가한다.   ㉱ 항상 일정하다.

[해설] $du = wdT$이므로 내부에너지는 온도만의 함수이다.

문제 14. 어떤 기체에서 충격파 전의 음속이 $420\,\text{m/s}$, 속도가 $850\,\text{m/s}$이었다. 충격파 뒤의 음속이 $550\,\text{m/s}$일 때 충격파 뒤의 속도는 몇 m/s인가?(단, 이 기체의 비열비는 $k=1.45$이다.)

  ㉮ 435   ㉯ 412   ㉰ 364   ㉱ 319

[해설] $M_1 = \dfrac{V_1}{a_1} = \dfrac{850}{420} \fallingdotseq 2.02$

$$M_2{}^2 = \frac{2+(k-1)M_1{}^2}{2kM_1{}^2-(k-1)} = \frac{2+(1.45-1)\times 2.02^2}{2\times 1.45 \times 2.02^2 - (1.45-1)} \fallingdotseq 0.337$$

$\therefore M_2 \fallingdotseq 0.58$

$\therefore V_2 = a_2 M_2 = 550 \times 0.58 = 319\,\text{m/s}$

문제 15. 공기유동에 있어서 수직충격파 직전의 마하수가 3.5라고 하면 충격파 후의 마하수는 얼마인가?

  ㉮ 0.3106   ㉯ 0.4511   ㉰ 0.5111   ㉱ 0.6945

[해설] $M_2{}^2 = \dfrac{2+(k-1)M_1{}^2}{2k_1M_1{}^2-(k-1)} = \dfrac{2+(1.4-1)\times 3.5^2}{2\times 1.4 \times 3.5^2 - (1.4-1)} \fallingdotseq 0.2035$

$\therefore M_2 = 0.4511$

문제 16. 단열흐름에서의 축소－확대 노즐에서 수직충격파가 발생되었을 때 그 전후에 대하여 다음 어느 것을 만족시키는가?

  ㉮ 연속방정식, 에너지방정식, 상태방정식, 등엔트로피 관계

  ㉯ 에너지방정식, 모멘텀방정식, 상태방정식, 등엔트로피 관계

  ㉰ 연속방정식, 에너지방정식, 모멘텀방정식, 상태방정식

  ㉱ 상태방정식, 등엔트로피 관계, 모멘텀방정식, 질량보존의 법칙

[해설] 충격파 전후에 대하여 적용시킬 수 있는 방정식은 연속방정식, 에너지방정식, 모멘텀방정식, 상태방정식 등이다.

[해답]　13. ㉯　14. ㉱　15. ㉯　16. ㉰

예) 상) 문) 제)

문제 1. 정적비열 C_v의 정의는?

　㉮ kC_p　　　㉯ $\left(\dfrac{\partial u}{\partial T}\right)_p$　　　㉰ $\left(\dfrac{\partial T}{\partial u}\right)_v$　　　㉱ $\left(\dfrac{\partial u}{\partial T}\right)_v$

[해설] 정적비열 C_v는 다음과 같이 정의된다. 즉, $C_v = \left(\dfrac{\partial u}{\partial T}\right)_v$

문제 2. 다음 중 완전기체란?

　㉮ 포화상태에 있는 포화증기를 말한다.
　㉯ 완전기체의 상태방정식을 만족시키는 기체이다.
　㉰ 체적탄성계수가 언제나 일정한 기체이다.
　㉱ 높은 압력하의 기체를 말한다.

문제 3. 완전기체의 엔탈피는?

　㉮ 마찰로 인해서 언제나 증가한다.　　　㉯ 압력만의 함수이다.
　㉰ 온도만의 함수이다.　　　㉱ 내부에너지 감소로 증가된다.

문제 4. 음파의 속도가 아닌 것은?

　㉮ $\sqrt{kgRT}$　　　㉯ $\sqrt{\dfrac{k}{\rho}}$　　　㉰ $\sqrt{\dfrac{dp}{d}\rho}$　　　㉱ $\sqrt{\dfrac{kp}{\rho}}$

[해설] $\sqrt{\dfrac{k}{\rho}}$ 에서 k는 무차원의 값이다. 따라서 ρ의 차원만으로는 속도의 차원이 될 수 없다.

문제 5. 아음속 흐름의 축소－확대 노즐에서 축소되는 부분에서 증가하는 것은?

　㉮ 압력　　　㉯ 온도　　　㉰ 밀도　　　㉱ 마하수

[해설] 아음속 흐름의 축소－확대 노즐에서 축소 부분에서는 마하수와 속도가 증가하고 압력, 온도 밀도는 감소하며, 확대부분에서는 반대이다.

[해답]　1. ㉱　2. ㉯　3. ㉰　4. ㉯　5. ㉱

문제 6. 이상기체에서 음속에 비례하는 것은?

㉮ 밀도　　　　　　㉯ 절대온도　　　　　　㉰ 절대압력의 역수　㉱ 기체상수의 역수

문제 7. 축소−확대 노즐의 목에서 유속은?

㉮ 초음속을 얻을 수 있다.　　　　　㉯ 언제나 아음속이다.
㉰ 초음속 또는 아음속이다.　　　　　㉱ 음속 또는 아음속이다.

문제 8. 초음속 흐름의 축소−확대 노즐에서 축소되는 부분에서 감소하는 것은?

㉮ 압력　　　　　㉯ 온도　　　　　㉰ 밀도　　　　　㉱ 속도

[해설] 초음속 흐름의 축소−확대 노즐에서 축소부분에서는 압력, 온도, 밀도는 증가하고, 속도, 마하수는 감소한다. 또 확대부분에서는 반대이다.

문제 9. 다음 중 평면 충격파는?

㉮ 가역과정이다.　　　　　㉯ 수축관에서 일어날 수 있다.
㉰ 마찰이 없다.　　　　　㉱ 등엔트로피 변화이다.

문제 10. 수직 충격파와 유사한 것은?

㉮ 정지한 액체에 생기는 기본파　　　　　㉯ 수력도약
㉰ $F<1$인 개수로 유동　　　　　㉱ 팽창 노즐에서 액체유동

[해설] 수직 충격파와 비슷한 것은 속도와 깊이가 급격히 변화하면서 초임계($F>1$)에서 아임계 ($F<1$)로 변하는 수력도약이 있다.

문제 11. 다음 중 내용이 잘못된 것은?

㉮ 충격파는 초음속 흐름에서 갑자기 아음속 흐름으로 변할 때 발생한다.
㉯ 수직충격파가 발생하면 압력, 온도, 밀도가 상승한다.
㉰ 수직충격파는 등엔트로피 과정이다.
㉱ 충격파가 발생하면 압력, 온도, 밀도 등이 불연속적으로 변한다.

[해설] 수직충격파가 발생하면 엔트로피도 갑자기 증가하므로 비가역 과정이다.

[해답]　6. ㉯　7. ㉱　8. ㉱　9. ㉰　10. ㉯　11. ㉰

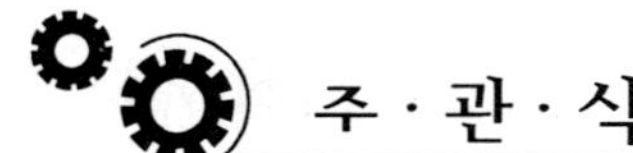

주 · 관 · 식

문제 1. 충격파 전면에서의 공기의 압력, 속도, 음속이 각각 $1\,\mathrm{kg/cm^2\,abs}(0.98\,\mathrm{bar\,abs})$, $528\,\mathrm{m/s}$, 그리고 $263\,\mathrm{m/s}$이다. 이때 충격파가 발생되고 난 다음의 온도 상승을 구하여라.

[해설] $Ma_1 = \dfrac{528}{263} = 2.01$, 따라서 충격파 후면에서의 Ma_2는

$$Ma_2{}^2 = \frac{1 + \dfrac{k-1}{2}Ma_1{}^2}{kMa_1{}^2 - \dfrac{k-1}{2}} = \frac{1 + \dfrac{0.4(2.01)^2}{2}}{1.4(2.01)^2 - \dfrac{0.4}{2}} = 0.271$$

$$\therefore\ Ma_2 = 0.52$$

한편 충격파 후면에서의 압력 p_2는

$$\frac{p_2 - p_1}{p_1} = \frac{2k}{k+1}(Ma_1{}^2 - 1)\text{이므로}$$

$$p_2 = 10^4\left[1 + \frac{2(1.4)}{2.4} \times (2.01^2 - 1)\right] = 45.42\,\mathrm{kg/m^2\,abs}$$

그리고 충격파 전후에서의 속도비 $\dfrac{V_2}{V_1} = \dfrac{(k-1)M_1{}^2 + 2}{(k+1)Ma_1{}^2}$ 로부터

$$V_2 = 528\left[\frac{0.4(2.01)^2 + 2}{2.4(2.01)^2}\right] = 197\,\mathrm{m/s},\quad C_2 = \frac{197}{0.52} = 378\,\mathrm{m/s}$$

여기에서 $C = \sqrt{kgRT}$ 를 이용하면

$$378 = \sqrt{1.4 \times 9.8 \times 29.27 \times T_2} \qquad \therefore\ T_2 = 355\,\mathrm{K}$$

$$263 = \sqrt{1.4 \times 9.8 \times 29.27 \times T_1} \qquad \therefore\ T_1 = 172\,\mathrm{K}$$

$$\therefore\ T_2 - T_1 = 183\,℃$$

[SI 단위]

$$378 = \sqrt{1.4 \times 287 \times T_2} \qquad \therefore\ T_2 = 355\,\mathrm{K}$$

$$263 = \sqrt{1.4 \times 287 \times T_1} \qquad \therefore\ T_1 = 172\,\mathrm{K}$$

문제 2. $1\,\mathrm{kg/cm^2\,abs}$, $15\,℃$, 체적 100의 산소를 등엔트로피 과정으로 압력을 3배로 압축하였다. 압축 후의 온도를 구하여라. (단, 산소의 $C_p = 0.219\,\mathrm{kcal/kg \cdot K}$, $C_v = 0.157\,\mathrm{kcal/kg \cdot K}$이다.)

[해설] 비열비 $k = \dfrac{C_p}{C_v} = \dfrac{0.219}{0.157} = 1.395$

등엔트로피의 관계식

$$\frac{T_2}{T_1} = \left(\frac{p_2}{p_1}\right)^{\frac{k-1}{k}} \quad \text{에서} \quad T_2 = (273+15)(3)^{\frac{1.395-1}{1.395}} = 393\,\text{K} = 120\,\text{℃}$$

문제 3. 단위질량의 기체가 압력 p_1, 체적 v_1인 상태에서 팽창하여 p_2, v_2로 되었다. 이때 기체가 외부에 한 일을 구하여라. (단, 팽창조건으로 각각 ① 등온변화, ② 단열변화의 경우로 구분하여 구한다.)

해설 ① 등온변화의 경우

$pv = \text{const}$ 이므로 $pv = p_1 v_1 = p_2 v_2$

$$\therefore \; w = \int_{v_1}^{v_2} p\,dv = p_1 v_1 \int_{v_1}^{v_2} \frac{dv}{v} = p_2 v_2 \ln\frac{v_2}{v_1} = p_2 v_2 \log\frac{p_1}{p_2}$$

② 단열변화의 경우

$pv^k = \text{const}$ 이므로 $pv^k = p_1 v_2{}^k = p_2 v_2{}^k$

$$\therefore \; w = \int_{v_1}^{v_2} p\,dv = p_1 v_1{}^k \int_{v_1}^{v_2} \frac{dv}{v^k} = \frac{p_1 v_1{}^k}{1-k}\left(v_2{}^{1-k} - v_1{}^{1-k}\right) = \frac{1}{k-1}\left(p_1 v_1 - p_2 v_2\right)$$

문제 4. 압력 $700\,\text{kPa}$, 온도 $400\,\text{℃}$인 압력탱크에서 출구 지름이 $30\,\text{mm}$인 수축노즐을 통하여 공기가 유출할 때 분류의 압력, 밀도, 음속, 유량을 각각 구하여라. (단, 외부의 압력은 $200\,\text{kPa}$이다.)

해설 ① 압력

탱크 속의 절대 압력은 $700+101 = 801\,\text{kPa}$이므로 밀도 ρ_1은

$$\rho_1 = \frac{p_1}{RT_1} = \frac{801 \times 10^3}{287 \times (273+40)} \fallingdotseq 8.92\,\text{kg/m}^3$$

노즐 출구의 압력을 p_2, 외부의 압력을 p_{2a}라고 하면 공기의 임계 압력비는 $\dfrac{P_*}{P_0} = 0.528$이므로

$$\frac{p_{2a}}{p_1} = \frac{301}{801} \fallingdotseq 0.376 < 0.528$$

$$\therefore \; p_2 = 801 \times 0.528 \fallingdotseq 423\,\text{kPa}$$

② 밀도

$$\rho_2 = \left(\frac{p_2}{p_1}\right)^{\frac{1}{k}} \rho_2 = (0.528)^{\frac{1}{1.4}} \times 8.92 \fallingdotseq 5.65\,\text{kg/m}^3$$

③ 음속

$$V_2 = a_2 = \sqrt{\frac{kp_2}{\rho_2}} = \sqrt{\frac{1.4 \times 423 \times 10^3}{5.65}} \fallingdotseq 323.8\,\text{m/s}$$

④ 질량유량

$$G = \rho_2 A_2 V_2 = 5.65 \times \frac{\pi}{4} \times (0.03)^2 \times 323.8 \fallingdotseq 1.29\,\text{kg/s}$$

문제 5. 압력 $1.5\,\mathrm{kg/cm^2}$, 밀도 $11.4\,\mathrm{kg \cdot s^2/m^4}$ 인 공기가 탱크 속에서 노즐을 통해 분출될 때 유속(m/s)을 구하여라. (단, 흐름은 단열적이고 마찰은 무시한다.)

[해설] $Q=0,\ w=0,\ V_1=0$ 이므로

$$V_2 = \sqrt{\frac{2k}{k-1}\,p_1 V_1} = \sqrt{\frac{2k}{k-1} \cdot \frac{p_1}{\rho_1}}$$

여기서 $RT_1 = p_1 v_2,\ RT_2 = p_2 v_2$ 이고, $p_2 = 0$(대기압)이므로

$$\therefore\ V_2 = \sqrt{\frac{2k}{k-1}\,p_1 V_1} = \sqrt{\frac{2k}{k-1} \cdot \frac{p_1}{\rho_1}}\ \sqrt{\frac{2\times 1.4}{1.4-1} \times \frac{1.5\times 10^4}{11.4}} \fallingdotseq 95.97\,\mathrm{m/s}$$

문제 6. 절대 압력 $210\,\mathrm{kPa}$, 온도 $20℃$ 인 탱크 속의 공기가 단면적 $3.5\,\mathrm{cm^2}$ 인 수축노즐을 통하여 대기 속으로 분출되고 있다. 노즐에서 유출되는 질량유량을 구하여라. (단, 대기압은 $101\,\mathrm{kPa}$ 이다.)

[해설] 압력비 $\dfrac{p}{p_0} = \dfrac{101}{210} \fallingdotseq 0.481 < 0.528$

따라서 노즐 출구의 압력은 임계 압력 p_* 와 같고 노즐 출구의 유속은 음속과 같다.

$p_1 = p_* = 0.528\,p_0 = 0.528 \times 210 \fallingdotseq 110.9\,\mathrm{kPa}$

• 탱크 속의 공기 밀도 : $\rho_0 = \dfrac{\rho_0}{R_0 T_0} = \dfrac{210\times 10^3}{287\times(273+20)} \fallingdotseq 2.5\,\mathrm{kg/m^3}$

• 노즐 출구의 밀도 : $\rho_1 = \rho_0\left(\dfrac{p_1}{p_0}\right)^{\frac{1}{k}} = 2.5\times(0.528)^{\frac{1}{1.4}} \fallingdotseq 1.584\,\mathrm{kg/m^3}$

$$\therefore\ G = \rho_A A_1 V_1 = \rho_1 A_1 \sqrt{\frac{k p_1}{\rho_1}} = 1.584 \times 3.5\times 10^{-4} \times \sqrt{\frac{1.4\times 110.9\times 10^3}{1.584}} \fallingdotseq 0.174\,\mathrm{kg/m^3}$$

문제 7. 축소－확대 노즐에 공기가 흐르고 있다. 이때 목에서 임계 속도 즉, 음속을 얻었을 때 압력비 p^*/p_0 의 값을 구하여라.

[해설] $\dfrac{p^*}{p_0} = \left(\dfrac{2}{k+1}\right)^{\frac{k}{k-1}} = 0.528$

문제 8. 산소(O_2)가 축소 노즐을 통해서 탱크로부터 대기로 방출되고 있다. 노즐 출구에서 온도와 속도가 각각 $-10℃$, $250\,\mathrm{m/s}$ 일 때 탱크의 온도($℃$)를 구하여라. (단, 산소의 기체상수 $R = 26.5\,\mathrm{kg \cdot m/kg \cdot K}$, 비열비 $k = 1.4$ 이다.)

[해설] • 음속 : $C = \sqrt{kgRT} = \sqrt{1.4\times 9.8\times 26.5\times 263} = 309\,\mathrm{m/s}$

· 마하수 : $M = \dfrac{V}{C} = \dfrac{250}{309} = 0.81$

$$\therefore T_0 = T\left(1 + \frac{k-1}{2}M^2\right) = (273-10)\left[1 + \frac{1.4-1}{2} \times (0.81)^2\right] = 297.5\,\text{K} = 24.5\,^\circ\!\text{C}$$

문제 9. 축소 노즐을 통하여 수소(H_2)가 흐르고 있다. 입구의 압력이 $200\,\text{kPa}$이고, 120 kPa인 대기로 배출된다고 하면, 노즐 출구에서 마하수는 얼마인지 구하여라. (단, 수소의 비열비 $k = 1.4$이다.)

[해설] $\dfrac{p_0}{p} = \left(1 + \dfrac{k-1}{2}M^2\right)^{\frac{k}{k-1}}$ 에서 $p_0 = 200\,\text{kPa}$, $p = 120\,\text{kPa}$, $k = 1.4$이므로

$$\frac{200}{120} = \left(1 + \frac{1.4-1}{2}M^2\right)^{\frac{1.4}{1.4-1}} \qquad \therefore M = 0.89$$

문제 10. 대기중을 $1\,\text{km/s}$의 속도로 비행하고 있는 물체 표면의 온도증가를 구하여라.

[해설] $\dfrac{V^2}{2g} = \dfrac{kR}{k-1}(T_0 - T)$에서

$$\therefore T_0 - T = \frac{1}{R}\,\frac{k-1}{k}\,\frac{V^2}{2g} = \frac{1}{29.27} \times \frac{0.4}{1.4} \times \frac{1000^2}{2 \times 9.8} = 498\,^\circ\!\text{C}$$

[SI 단위]

$$\frac{V^2}{2} = \frac{kR}{k-1}(T_0 - T), \qquad T_0 - T = \frac{1}{R}\,\frac{k-1}{k}(T_0 - T)$$

$$\therefore T_0 - T = \frac{1}{R}\,\frac{k-1}{k}\,\frac{V^2}{2} = \frac{1}{287} \times \frac{0.4}{1.4} \times \frac{1000^2}{2} = 498\,^\circ\!\text{C}$$

문제 11. 압력 $18\,\text{kg/cm}^2$, 온도 $35\,^\circ\!\text{C}$인 용기 속에서 노즐을 통해 $0.2\,\text{kg/s}$로 기체가 분출된다. 임계상태일 때 필요한 목부분의 단면적(cm^2)을 구하여라. (단, 기체상수는 $R = 30.3\,\text{kg/m/kg·K}$, 비열비는 $k = 1.4$이다.)

[해설] · 용기 속의 기체밀도 : $\rho_0 = \dfrac{p_0}{RT_0} = \dfrac{18 \times 10^4}{30.3(273+35)} \fallingdotseq 19.29\,\text{kg/m}^3$

목부분에서의 유속은 음속이므로 임계온도와 임계밀도는 각각 다음과 같다.

$$T^* = 0.833\,T_0 = 0.833(273+35) \fallingdotseq 256.56\,\text{K}$$

$$\rho^* = 0.634\rho_0 = 0.634 \times 19.29 \fallingdotseq 12.23\,\text{kg/m}^3$$

· 목부분에서의 유속 : $V^* = \sqrt{kgRT^*} = \sqrt{1.4 \times 9.8 \times 30.3 \times 256.56} \fallingdotseq 332.3\,\text{m/s}$

따라서 단면적 : $A^* = \dfrac{G}{\rho^* V^*} = \dfrac{0.2}{12.23 \times 332.3} \fallingdotseq 4.921 \times 10^{-5}\,\text{m}^2 \fallingdotseq 0.49\,\text{cm}^2$

문제 12. 분자량이 36인 완전 기체 3 kg이 완전히 단열된 용기 속에서 외부로부터 1281 kg·m의 일이 행하여져 3℃의 온도 상승이 일어났다. 이때 C_p와 C_v를 구하여라.

[해설] 기체 상수 : $R = \dfrac{848}{36} = 23.55\,\mathrm{kg \cdot m/kg \cdot K}$

밀폐계의 열역학 제 1 법칙 $Q = \Delta U + {}_1W_2$에서 $Q = 0,\ {}_1W_2 = -1281\,\mathrm{kg \cdot m}$이므로

$\Delta U = mC_v(T_2 - T_1) = -{}_1W_2$

$C_v = \dfrac{-{}_1W_2}{m(T_2 - T_1)} = \dfrac{-(-1281)}{3(3)} = 142.3\,\mathrm{kg \cdot m/kg \cdot K} = 0.33\,\mathrm{kcal/kg \cdot K}$

$\therefore\ C_p = R + C_v = 23.55 + 142.3 = 165.85\,\mathrm{kg \cdot m/kg \cdot K} = 0.388\,\mathrm{kcal/kg \cdot K}$

문제 13. 온도 50℃, 압력 5 kg / cm^2 abs인 탱크에서 공기가 유출되고 있다. 이 흐름을 등엔트로피 유동이라고 할 때 $M = 0.5$가 되는 단면에서의 속도, 온도, 압력, 밀도를 구하여라.

[해설] 탱크 속의 공기밀도 ρ_0는

$$\rho_0 = \frac{p_0}{RT_0} = \frac{5 \times 10^4}{29.27 \times (273 + 50)} \fallingdotseq 5.289\,\mathrm{kg/m^3}$$

$M = 0.5$인 단면에서의 온도, 압력, 밀도는

$$T = \frac{T_0}{\left(1 + \dfrac{k-1}{2}M^2\right)} = \frac{273 + 50}{\left(1 + \dfrac{1.4 - 1}{2} \times 0.5^2\right)} \fallingdotseq 4.22\,\mathrm{kg/cm^2\ abs}$$

$$\rho = \frac{\rho_0}{\left(1 + \dfrac{k-1}{2}M^2\right)^{\frac{1}{k-1}}} = \frac{5.289}{\left(1 + \dfrac{1.4 - 1}{2} \times 0.5^2\right)^{\frac{1}{1.4 - 1}}} \fallingdotseq 307.6\,\mathrm{K} = 34.6℃$$

$$p = \frac{p_0}{\left(1 + \dfrac{k-1}{2}M^2\right)^{\frac{k}{k} - 1}} = \frac{5}{\left(1 + \dfrac{1.4 - 1}{2} \times 0.5^2\right)^{\frac{1.4}{1.4 - 1}}} \fallingdotseq 4.68\,\mathrm{kg/m^3}$$

온도 34.6℃에서의 음속 a는

$$a = \sqrt{kgRT} = \sqrt{1.4 \times 9.7 \times 29.27 \times (273 + 34.6)} \fallingdotseq 349.7\,\mathrm{m/s}$$

$$\therefore\ V = aM = 349.7 \times 0.5 = 174.85\,\mathrm{m/s}$$

<table>
<tr><td>제 **10** 장</td><td># 유체의 계측</td></tr>
</table>

1. 유체 성질의 측정

1-1 밀도의 측정

(1) 용기를 이용하는 방법(비중병 ; pycnometer)

용기의 질량을 m_1, 용기에 액체를 채운 후의 질량을 m_2, 용기의 체적을 V라고 할 때 온도 $t(℃)$의 액체의 밀도 ρ_t는 다음과 같다.

$$\rho_t = \frac{m_2 - m_1}{V} \quad \text{또는} \quad \gamma_t = \frac{W_2 - W_1}{V}$$

(2) 추를 이용하는 방법(Archimedes의 원리)

공기 중에서의 질량을 m_1, 액체 속에 추를 담근 후의 질량을 m_2, 추의 체적을 V라고 할 때 온도 $t(℃)$의 액체의 밀도 ρ_t는 다음과 같다(그림 10-1).

$$\rho_t = \frac{m_1 - m_2}{V}$$

(3) 비중계(hydrometer)를 이용하는 방법

액체의 밀도나 비중량을 측정하는 가장 보편적인 방법으로 사용되며, 그림 10-2와 같은 추를 가진 관을 서로 다른 밀도를 가진 액체 속에서 그 평형 위치가 다른 사실을 이용하여 액면과 일치하는 점의 눈금을 읽어 측정한다(그림 10-2).

(4) U자관을 이용하는 방법

측정하고자 하는 액체와 밀도(또는 비중량)를 알고 있는 혼합되지 않은 액체를 그림과 같이 U자관 속에 넣어 액주의 길이 l_1과 l_2를 측정하면 액주계의 원리에 따라 다음과 같이 된다(그림 10-3).

$$\gamma_1 l_1 = \gamma_2 l_2, \quad \rho_1 l_1 = \rho_2 l_2, \quad \rho_1 = \frac{l_2}{l_1} \rho_2$$

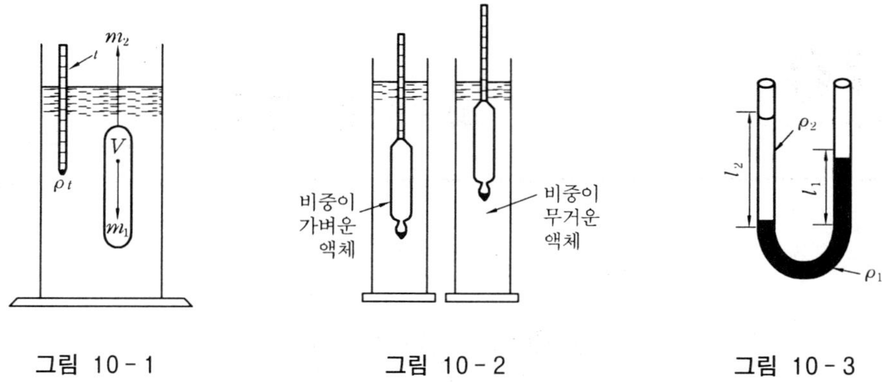

그림 10 - 1   그림 10 - 2   그림 10 - 3

1-2 점성계수의 측정

(1) 낙구에 의한 방법(낙구식 점도계)

층류 조건 ($Re < 1$ 또는 0.6)에서 스토크스의 법칙은 유체 속에 일정한 속도 v로 운동하는 지름 d인 구의 항력 D는 다음과 같다.

$$D = 3\pi\mu v d$$

구가 일정한 속도를 얻은 뒤에는 무게 W, 부력 F_B의 힘 등과 평형을 이루므로

$$D - W - F_B = 0$$

$$\therefore\ 3\pi\mu v d - \frac{\pi}{6} d^3 \gamma_s - \frac{\pi}{6} d^3 \gamma_1$$

$$\therefore\ \mu = \frac{d^2(\gamma_s - \gamma_1)}{18v}$$

여기서, γ_s : 구의 비중량, γ_1 : 액체의 비중량

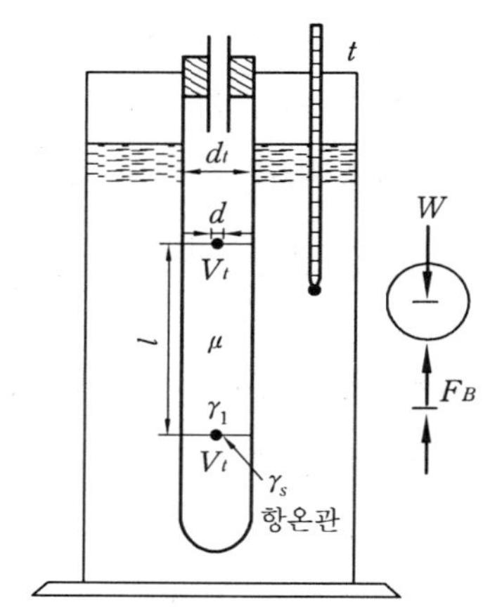

그림 10 - 4 낙구에 의한 점성측정법

(2) 오스트발트(Ostwald)법

그림 10-5에서 A눈금까지 액체를 채운 다음 이 액체를 B눈금까지 밀어 올린 다음에 이 액체가 C눈금까지 내려오는데 요하는 시간으로 측정하는 방법이다.

기준 액체를 물로 하여 그 점도를 μ_w, 비중을 S_w, 소요 시간을 t_w, 또 측정하려는 액체의 것을 각각 μ, S, t 라 하면 다음과 같다. t_w와 t를 측정하여 다음 식에서 μ를 계산한다.

$$\mu = \mu \frac{St}{S_w t_w}$$

(3) 세이볼트(Saybolt)법

그림 10-6에서 측정기의 아래 구멍을 막은 다음 액체를 A점까지 채우고, 막은 구멍을 다시 열어서 B점까지 채워지는데 걸리는 시간으로 측정한다.

배출관을 통하여 B용기에 60cc가 채워질 때까지의 시간을 측정하여 다음 식으로 계산한다.

$$\nu = 0.0022t - \frac{1.8}{t}\ [\text{St}]$$

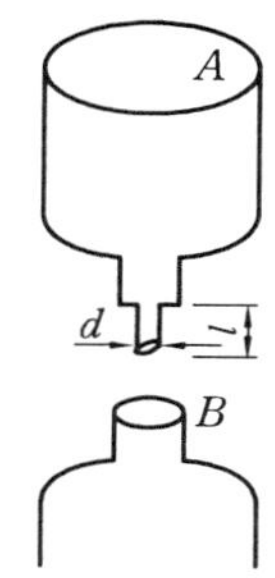

그림 10-5 오스트발트법

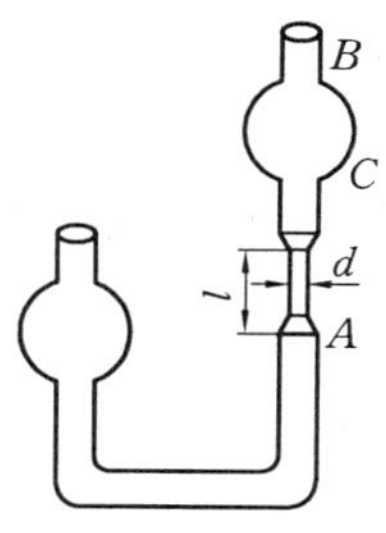

그림 10-6 세이볼트법

(4) 뉴턴의 점성 계측법 (회전식 점도계)

두 동심 원통 사이에 측정하려는 액체를 채우고 외부 원통이 일정한 속도로 회전하면 내부 원통은 점성 작용에 의하여 회전하게 되는데 내부 원통 상부에 달려 있는 스프링의 복원력과 점성력이 평형이 될 때 내부 원통이 정지하는 원리를 이용한 점도계이다.

그림 10-7과 같은 점도계에 있어서 내외 원통의 바닥면 틈새 a가 비교적 커서 점성 모멘트에 주는 영향이 작을 때는 무시할 수 있으나, a가 작을 때는 이를 고려해야 한다.

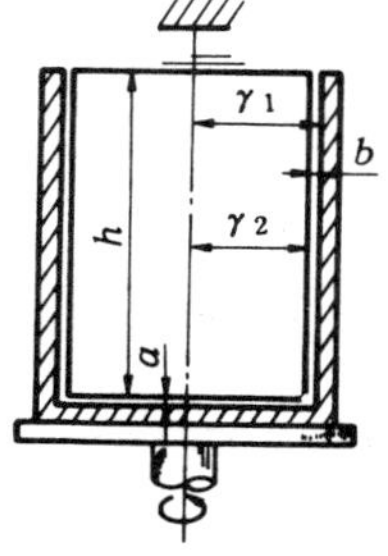

그림 10-7 회전식 점도계

$$T = \frac{\mu \pi^2 n r_1^{\,4}}{60a} + \frac{\mu \pi^2 r_1^{\,2} r_2 hn}{15b}$$

$$= \frac{\mu \pi^2 n r_1^{\,2}}{15}\left(\frac{r_1^{\,2}}{4a} + \frac{r_2 h}{b}\right)$$

$$= \mu Kn$$

$$= k\theta$$

$$\therefore\ \mu = \frac{k\theta}{Kn}$$

예제 1. 비중병에 액체를 채웠을 때의 무게가 1 kg이었다. 비중병의 무게가 0.25 kg이라
면 이 액체의 비중은 얼마인가 ? (단, 비중병 속에 있는 액체의 체적은 0.5 l 이다.)
   ⑦ 1.0   ⑭ 1.2   ⑮ 1.5   ⑯ 2.1

해설 $\gamma = \dfrac{W_2 - W_1}{V} = \dfrac{1 - 0025}{0.5 \times 10^{-3}} = 1500\,\text{kg/m}^3$ $\therefore\ S = \dfrac{\gamma}{\gamma_w} = \dfrac{1500}{1000} = 1.5$ **답** ⑮

2. 압력의 측정

2-1 피에조미터의 구멍을 이용하는 방법

구멍의 단면은 충분히 좁고, 매끈해야 하며, 관 표면에 수직이어야 한다. 또 그 길이는
적어도 지름의 2배가 되어야 하고 이때 정압의 크기는 액주계의 높이로 측정된다.

2-2 정압관을 이용하는 방법

정압관을 유체 속에 직접 넣어서 마노미터의 높이 $\varDelta h$로부터 측정한다. 이때 정압관은
유선의 방향과 일치해야 한다.

$$\varDelta h = C\,\frac{v^2}{2g}$$ 여기서, C : 보정계수

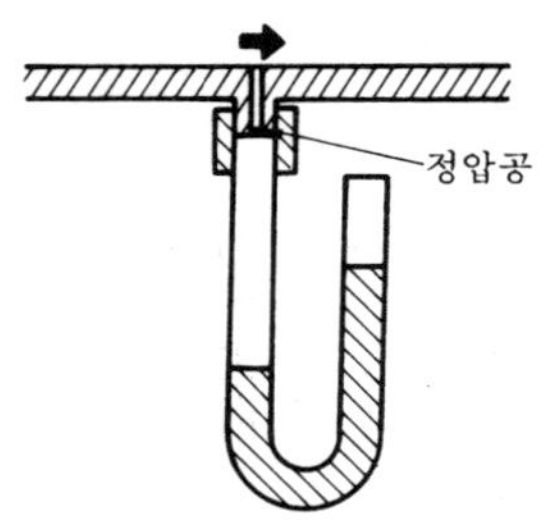

그림 10-8 정압측정

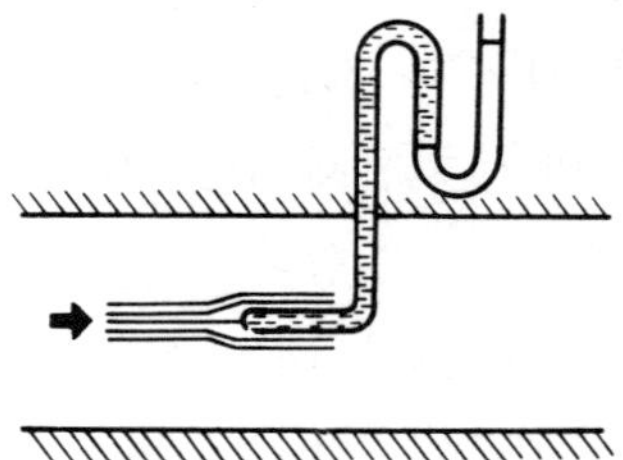

그림 10-9 정압관

예제 2. 하겐－푸아죄유의 법칙을 이용한 점도계는 ?
   ⑦ 낙구식 점도계   ⑭ 세이볼트 점도계
   ⑮ 오스트발트 점도계   ⑯ 회전식 점도계

해설 오스트발트 점도계는 일정량의 액체가 일정한 지름의 모세관을 통과하는 시간을 측정하여
하겐－푸아죄유의 법칙을 이용함으로써 점도계를 계산하는 것이다.   **답** ⑮

3. 유속의 측정

3-1 피토관

그림 10-10과 같이 직각으로 굽은 관으로 선단에 구멍이 뚫어져 있어서 유속을 측정한다. 피토관이 유속이 v_0인 유체 속에 있을 때 점 ①과 ② 사이에 베르누이 방정식을 적용시키면

$$\frac{v_0{}^2}{2g} + \frac{p_0}{\gamma} = \frac{p_s}{\gamma} + \frac{v_s{}^2}{\gamma} \ (v_s = 0 \ ; \ \text{정체점})$$

$$\therefore \ p_s = \gamma \frac{v_0{}^2}{2g} + p_0$$

여기서, $p_0 = \gamma h_0, \ p_s = \gamma h_0 + \Delta h$이므로

$$\therefore \ \Delta h = \frac{v_0{}^2}{2g}$$

$$\therefore \ v_0 = \sqrt{2g\Delta h}$$

$$= \sqrt{\frac{2g(p_s - p_0)}{\gamma}}$$

$$= \sqrt{\frac{2(p_s - p_0)}{\rho}}$$

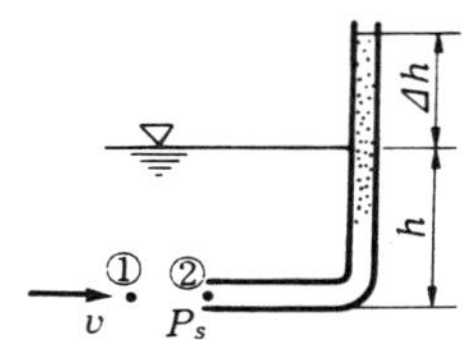

그림 10-10 피토관에 의한 측정

3-2 시차 액주계

그림 10-11과 같이 피에조미터와 피토관을 시차 액주계의 양단에 각각 연결하여 유속을 측정한다. 점 ①과 ②에 베르누이 방정식을 적용시키면 다음과 같다.

$$\frac{v_1{}^2}{2g} + \frac{p_1}{\gamma} = \frac{p_2}{\gamma} \ (v_2 = 0 \ ; \ \text{정체점})$$

시차 액주계에서 $p_A = p_B$이므로

$$p_1 + SK + S_0 R$$

$$= p_2 + (K + R)S$$

$$\therefore \ v_1 = \sqrt{2gR\left(\frac{S_0}{S} - 1 \right)}$$

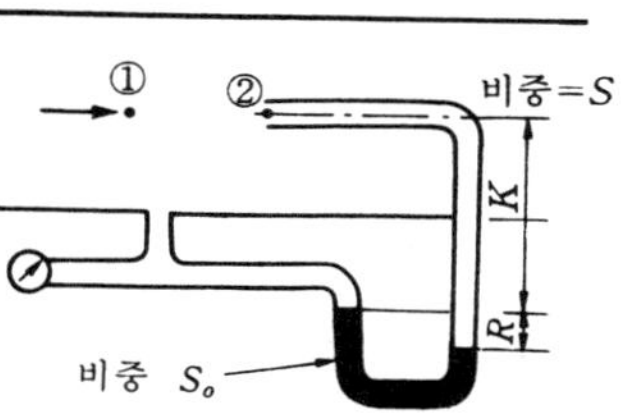

그림 10-11 유속의 측정

3-3 피토-정압관

그림 10-12와 같이 피토관과 정압관을 하나의 기구로 조합하여 유속을 측정한다.

$$\frac{p_s - p_0}{\gamma} = H\left(\frac{S_0}{S} - 1\right)$$

$$\therefore v_0 = \sqrt{2gH\left(\frac{S_0}{S} - 1\right)}$$

그러나 실제의 경우 피토-정압관의 설치로 인하여 교란이 야기되므로 보정계수 C 를 도입한다.

$$\therefore v_0 = C\sqrt{2gH\left(\frac{S_0}{S} - 1\right)}$$

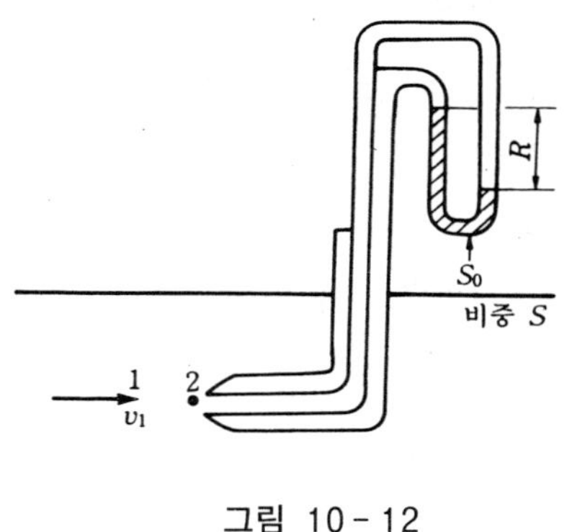

그림 10-12

3-4 열선 풍속계(hot wire anemometer)

금속선에 전류가 흐를 때 일어나는 선의 온도와 전기 저항과의 관계를 이용하여 유속을 측정하는 것으로 현재는 기체의 유동 측정에 사용되고 있다.

전기적으로 가열된 백금선을 흐름에 직각으로 놓으면 기체의 유동 속도가 클수록 냉각이 잘 되어 이 백금선의 온도가 내려간다. 이 온도 변화에 따라 전기 저항이 달라지므로 전류의 변화가 초래된다. 이때 전류와 풍속의 관계를 미리 검토하여 놓았다가 전류의 눈금에서 풍속을 구하는 것이다.

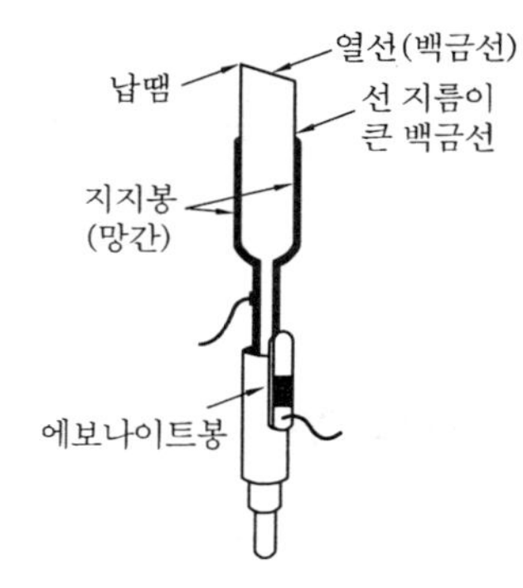

그림 10-13 열선 풍속계

(1) 정전류형

열선에 흐르는 전류의 크기를 일정하게 유지하고, 전기 저항의 변화로 유속을 측정하는 방법의 풍속계이다.

(2) 정온도형

열선의 온도를 일정하게 유지하기 위하여 전류를 변화시켜서 전류의 변화로 유속을 측정하는 방법의 풍속계이다. 정전류형에 비하여 측정의 정확도가 좋고 기구의 조작도 간편하며, 특히 난류의 측정에 장점을 가지고 있다.

(3) 열필름 풍속계(hot film anemometer)

열선은 너무 가늘어(0.01mm 이하) 약하므로 밀도가 크고, 부유물이 많은 유동에 사용한다.

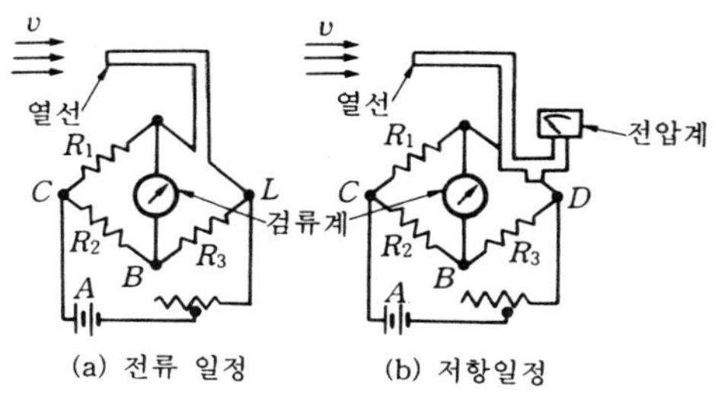

그림 10-14 열선 풍속계의 전기회로

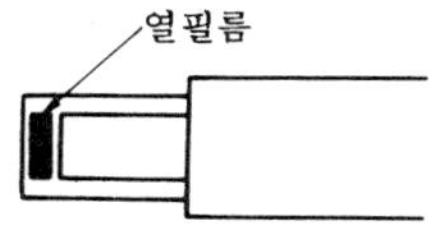

그림 10-15 열필름 속도계

예제 3. 유속계수가 0.97인 피토관에서 정압수두가 5 m, 정체 압력수두가 7 m이었다. 이 때 유속은 얼마인가?

⑦ 6.1 m / s ㉯ 7.5 m / s ㉰ 8.4 m / s ㉴ 9.4 m / s

[해설] $v = W\sqrt{2g\varDelta h} = 0.97 \times \sqrt{2 \times 9.8 \times (7-5)} \coloneqq 6.1\,\text{m/s}$

[답] ⑦

예제 4. 지름이 7.5 cm인 노즐이 지름 15 cm 관의 끝에 부착되어 있다. 이 관에는 비중량이 1.17 kg / m³인 공기가 흐르고 있는데, 마노미터의 읽음이 7mmAq였다면 이 관에서의 유량은 얼마인가? (단, 노즐의 속도계수는 0.97이다.)

⑦ 0.0325 m / s ㉯ 0.0479 m / s ㉰ 0.0578 m / s ㉴ 0.0785 m / s

[해설]

$$C = \frac{C_v}{\sqrt{1 - \left(\dfrac{d_2}{d_1}\right)^4}} = \frac{0.97}{\sqrt{1 - \left(\dfrac{7.5}{15}\right)^4}} = 1.0018$$

$$\therefore Q' = CA_2\sqrt{2gH'\left(\frac{S_0}{S_1} - 1\right)}$$

$$= 1.0018 \times \frac{\pi}{4}(0.075)^2 \sqrt{2 \times 9.8 \times 0.007\left(\frac{1}{0.00117} - 1\right)} = 0.0479\,\text{m}^3/\text{s}$$

[답] ㉯

예제 5. 섀도 그래프 방법은 다음 어느 것을 측정하는데 사용되는가?

⑦ 기체 흐름에 대한 속도의 변화 ㉯ 기체 흐름에 대한 온도의 변화
㉰ 기체 흐름에 대한 밀도기울기의 변화 ㉴ 기체 흐름에 대한 압력의 변화

[해설] 섀도 그래프 방법은 한 점으로부터의 광원을 오목렌즈를 이용하여 평행하게 만들고 밀도가 다른 경로를 빛이 지나갈 때 굴절되는 현상을 이용하는 것으로 주로 밀도의 변화를 보여 주게 된다.

[답] ㉰

4. 유량의 측정

4-1　벤투리미터(Venturimeter)

유량 측정 장치 중에서 비교적 정확한 계측기로 그림 10-16에서와 같이 단면에 축소부가 있어 두 단면에서의 압력차로서 유량을 측정할 수 있도록 되어 있다. 그리고 확대부는 손실을 최소화하기 위하여 5 ~ 7°로 만든다.

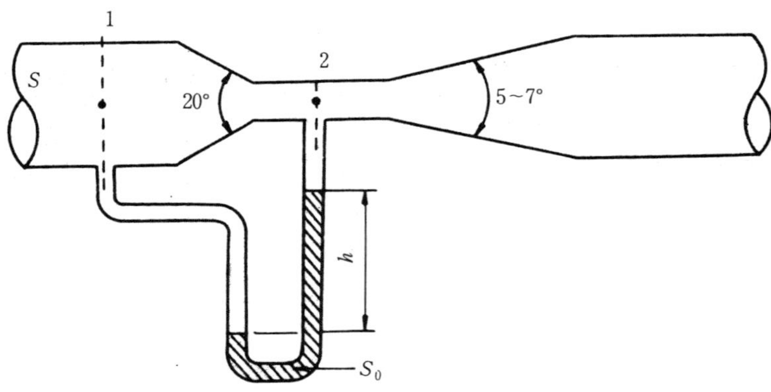

그림 10-16　벤투리미터

$$v_2 = \cfrac{1}{\sqrt{1-\left(\dfrac{A_2}{A_1}\right)^2}} \sqrt{\dfrac{2g}{\gamma}(p_1-p_2)} = \cfrac{1}{\sqrt{1-\left(\dfrac{D_1}{D_2}\right)^4}} \sqrt{2g\left(\dfrac{\gamma_0}{\gamma}-1\right)h}$$

따라서 유량은 다음과 같다.

$$Q = C_v \cfrac{A_2}{\sqrt{1-\left(\dfrac{D_1}{D_2}\right)^4}} \sqrt{2gh\left(\dfrac{\gamma_0}{\gamma}-1\right)}$$

$$= C_v \cfrac{A_2}{\sqrt{1-\left(\dfrac{D_1}{D_2}\right)^4}} \sqrt{2gh\left(\dfrac{S_0}{S}-1\right)}$$

$$= CA_2 v_2$$

여기서,　C_v : 속도계수

　　　　C : 유량계수

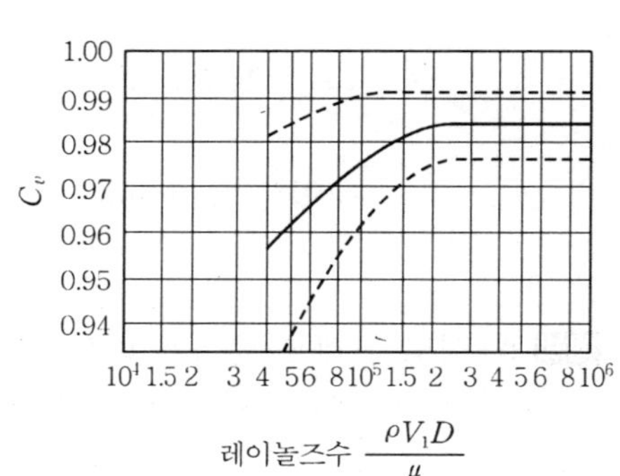

그림 10-17　벤투리미터에서의
속도계수(C_v)

4-2 노즐(nozzle)

벤투리미터에서 수두 손실을 감소시키기 위하여 부착된 확대 원추를 가지지 않은 것으로, 축소부가 없으므로 축소계수는 1이다.

$$v_2 = \frac{1}{\sqrt{1-\left(\dfrac{A_2}{A_1}\right)^2}} \sqrt{\frac{2g}{\gamma}(p_1 - p_2)}$$

$$Q = C_v \frac{A_2}{\sqrt{1-\left(\dfrac{D_1}{D_2}\right)^4}} \sqrt{2gh\left(\frac{\gamma_0}{\gamma} - 1\right)}$$

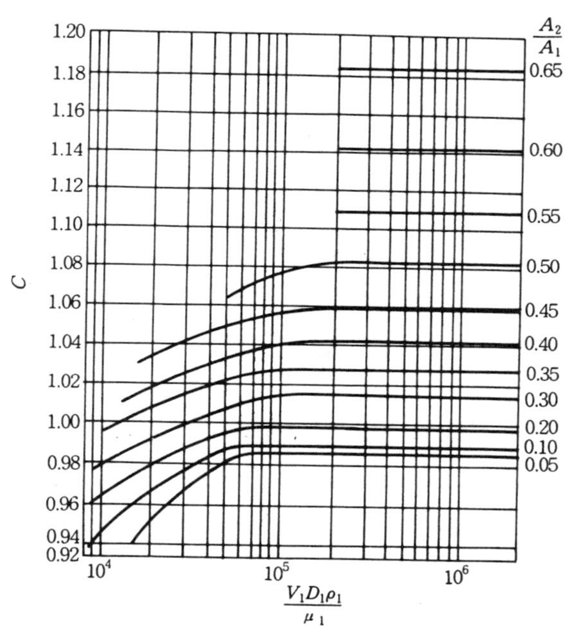

그림 10-18 유동 노즐에서의 유량계수 C

4-3 오리피스(orifice)

오리피스는 플랜지 사이에 끼워 넣은 얇은 평판에 구멍이 뚫려 있는 것으로, 판의 상하류의 압력 측정용 구멍에 시차 액주계와 압력계가 부착된다.

그림 10-19에서 점 ①과 ②에 대하여 베르누이 방정식을 적용시키면

$$\frac{p_1}{\gamma} + \frac{v_1^2}{2g} = \frac{p_2}{\gamma} - \frac{v_2^2}{2g}$$

$C_c = \dfrac{A_2}{A_0}$ 이므로 연속방정식에서

$$v_1 \frac{\pi d_1{}^2}{4} = v_2 C_c \frac{\pi v_2{}^2}{4}$$

위의 두 식에서

$$\frac{v_1{}^2}{2g}\left[1 - C_c{}^2\left(\frac{d_0}{d_1}\right)^4\right] = \frac{p_1 - p_2}{\gamma}$$

$$\therefore\ v_2 = \frac{1}{\sqrt{1 - C_c{}^2\left(\dfrac{d_0}{d_1}\right)^4}}\sqrt{\frac{2g}{\gamma}(p_1 - p_2)}$$

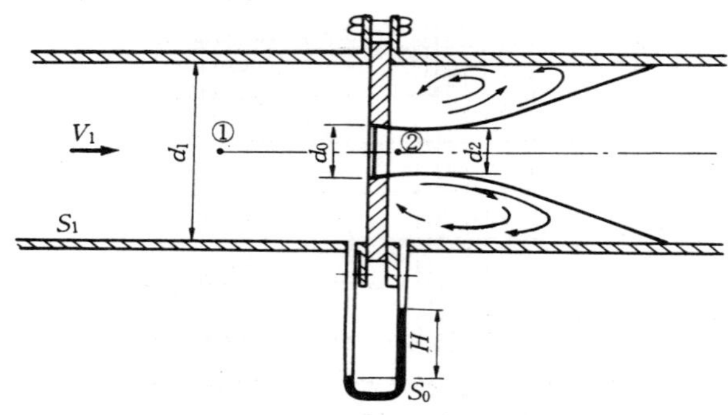

그림 10 - 19 오피리스(orifice)

실제 유체의 속도는

$$\therefore\ v_2{}' = C_v v_2 = C_v \frac{1}{\sqrt{1 - C_c{}^2\left(\dfrac{d_0}{d_1}\right)^4}}\sqrt{\frac{2g}{\gamma}(p_1 - p_2)}$$

실제 유량은 다음과 같다.

$$\therefore\ Q' = C_d A_0 \frac{1}{\sqrt{1 - C_c{}^2\left(\dfrac{d_0}{d_1}\right)^4}}\sqrt{\frac{2g}{\gamma}(p_1 - p_2)}$$

$$C_d = C_v C_c$$

$$\therefore\ Q' = C_d A_0 \frac{1}{\sqrt{1 - C_c{}^2\left(\dfrac{d_0}{d_1}\right)^4}}\sqrt{2gH\left(\frac{S_0}{S_1} - 1\right)}$$

$$= CA_0 \sqrt{\frac{2\Delta p}{\rho}} \; = CA_0 \sqrt{2gH\left(\frac{S_0}{S} - 1\right)}$$

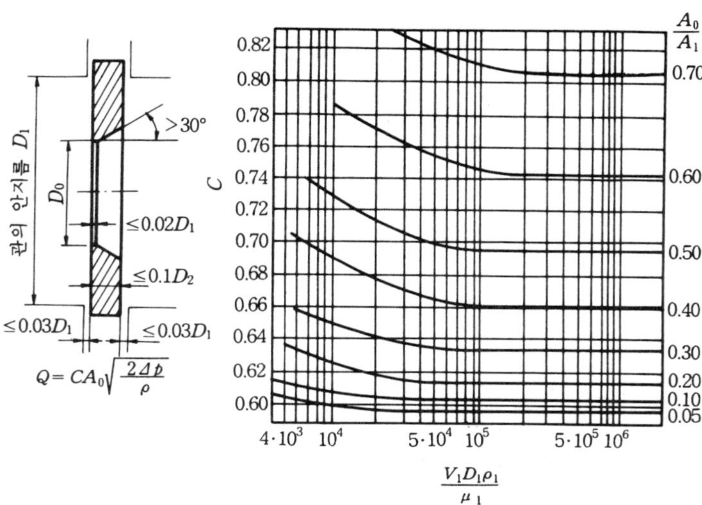

그림 10 - 20 오리피스에서의 유량계수 C

4 - 4 위어(weir)

개수로에 어떤 장애물을 세워서 물이 이 장애물에 일단 차단되었다가 위로 넘쳐 흐르게 함으로써 유량을 측정하도록 만든 장치를 말하며, 이때 넘쳐 흐르는 액체의 높이를 측정함으로써 유량을 계산한다.

(1) 예봉 전폭 위어 (sharp−crested rectangular weir)

위어 판의 끝이 칼날과 같이 예리하고, 수로의 전폭을 하나도 줄이지 않은 형태를 갖는 위어이다.

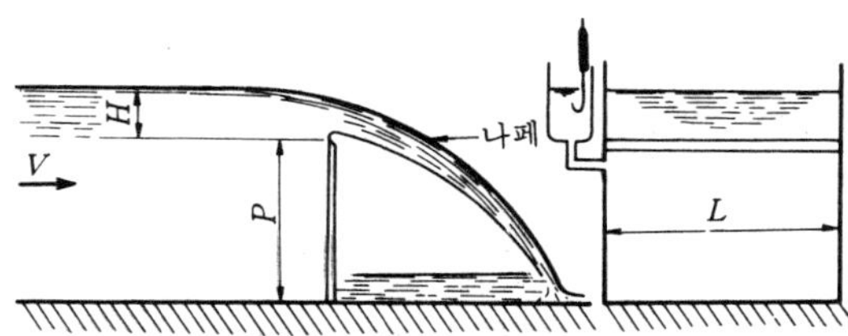

그림 10 - 21 예봉 전폭 위어

$$\cdot \text{이론 유량}: Q = \frac{2}{3}\sqrt{2g}\,LH^{\frac{3}{2}}$$

$$\cdot \text{실제 유량}: Q_a = KLH^{\frac{3}{2}}\,(\text{m}^3/\text{min})$$

(2) 사각 위어 (sharp−edged rectangular weir)

위어가 수로폭 전면에 걸쳐 만들어져 있지 않고, 폭의 일부에만 걸쳐져 있는 위어이다.

$$\cdot \text{실제 유량}: Q_a = KLH^{\frac{3}{2}}$$

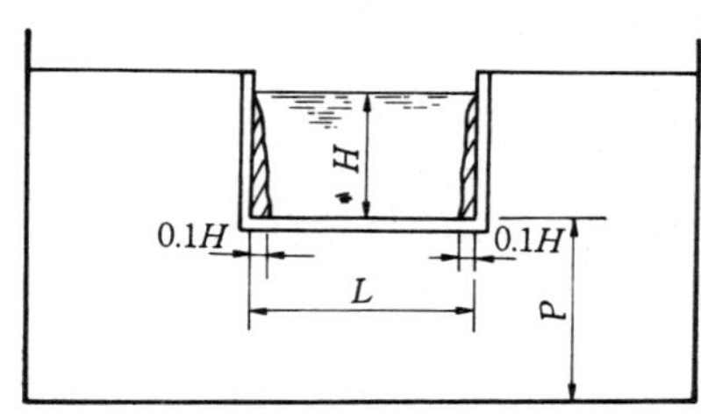

그림 10 - 22　사각 위어

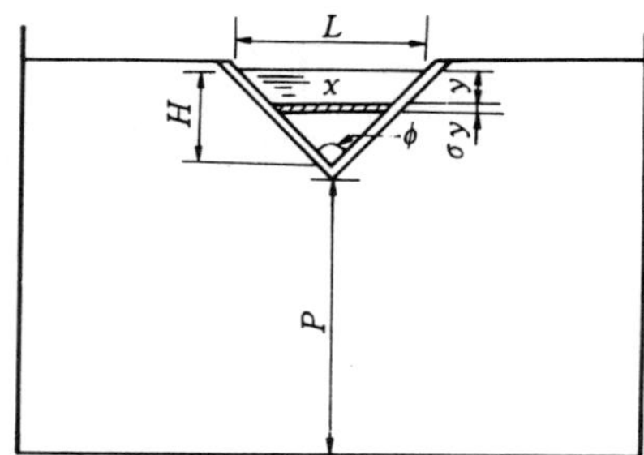

그림 10 - 23　V노치 위어

(3) V노치 위어 (삼각 위어)

꼭지각이 α 인 역삼각형 모양이고, 꼭지각을 사이에 둔 양 끝을 예리하게 한 위어이다.

$$\cdot \text{이론 유량}: Q = Q = \frac{4}{15}\sqrt{2g}\,\frac{L}{H}\,H^{\frac{5}{2}} = \frac{8}{15}\sqrt{2g}\,\tan\frac{\phi}{2}\,H^{\frac{5}{2}}$$

$$\cdot \text{실제 유량}: Q_a = KH^{\frac{5}{2}}$$

(4) 광봉 위어

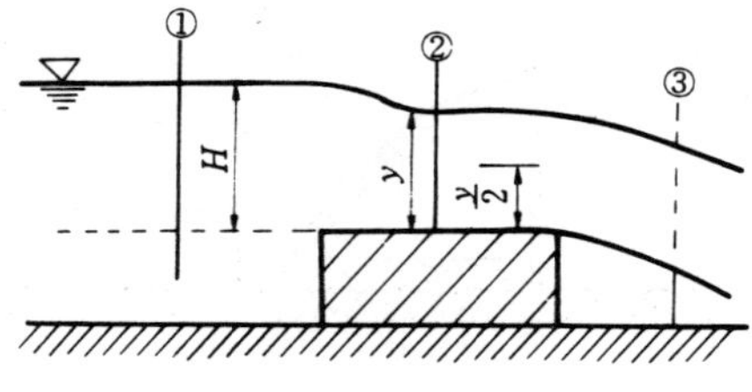

그림 10 - 24　광봉 위어

(5) 사다리꼴 위어

$$Q = C \int_0^b b \sqrt{2gz}\, dz = \frac{2}{15} C \sqrt{(2b_0 + 3b_\mathrm{u})}\, h^{\frac{3}{2}}$$

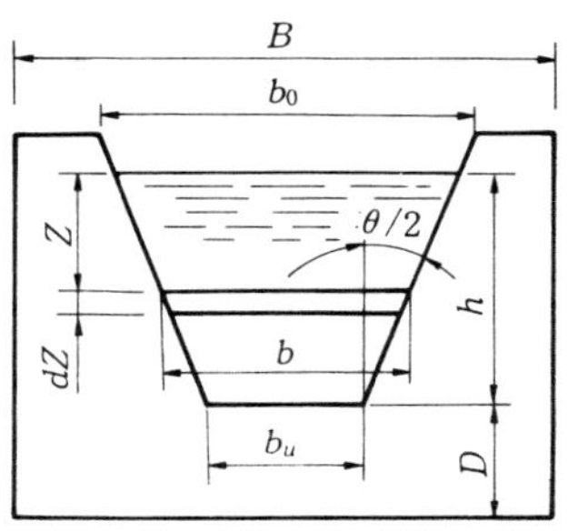

그림 10 - 25   사다리꼴 위어

예제 6. 다음 위어(weir) 중에서 중간 유량 측정에 적합한 것은?

㉮ 삼각 위어　　　　㉯ 사각 위어　　　　㉰ 광봉 위어　　　　㉱ 예봉 위어

해설 삼각 위어는 소유량 측정, 광봉 위어는 대유량 측정　　　　　　답 ㉯

예제 7. 사각 위어에서 유량은 다음 어느 값에 비례하는가? (단, H는 위어의 수두이다.)

㉮ H^2　　　　　㉯ H^3　　　　　㉰ $H^{\frac{3}{2}}$　　　　　㉱ $H^{\frac{5}{2}}$

해설 사각형 위어에서의 유량은 다음과 같다.

$$Q' = KLH^{\frac{3}{2}}\, \mathrm{m^3/min}$$

답 ㉰

연·습·문·제

문제 1. 한 변의 길이가 10 cm인 입방체의 금속 무게를 공기 중에 달았더니 77 N이었고, 어떤 액체 중에 달아보니 70 N이었다. 이 액체의 비중량은 몇 N/m³인가?

㉮ 714.3　　　　　㉯ 7000　　　　　㉰ 785.7　　　　　㉱ 7700

[해설] $W_l = W_a - \gamma V$ 에서 $70 = 77 - \gamma(0.1)^3$　　∴ $\gamma = 7000 \, \text{N}/\text{m}^3$

문제 2. 지름이 1.27 cm, 비중이 7.8인 강구가 비중이 0.90인 기름속에서 6 cm/s의 등속도로 낙하되고 있다. 기름 탱크가 대단히 클 경우 기름의 점성계수는?

㉮ $1.93 \, \text{kg} \cdot \text{s}/\text{m}^2 \, (15.97 \, \text{Ns}/\text{m}^2)$　　　　㉯ $2.26 \, \text{kg} \cdot \text{s}/\text{m}^2 \, (22.15 \, \text{Ns}/\text{m}^2)$

㉰ $1.03 \, \text{kg} \cdot \text{s}/\text{m}^2 \, (10.094 \, \text{Ns}/\text{m}^2)$　　㉱ $2.36 \, \text{kg} \cdot \text{s}/\text{m}^2 \, (23.13 \, \text{Ns}/\text{m}^2)$

[해설] 스토크스의 법칙에 따른다고 가정할 때

$$\mu = \frac{d^2(\gamma_s - \gamma_l)}{18V} = \frac{(0.0127)^2(7.8-0.9)\times 1000}{18\times 0.06} = 1.03 \, \text{kg} \cdot \text{s}/\text{m}^2$$

[SI 단위]

$$\mu = \frac{d^2(\gamma_s - \gamma_l)}{18V} = \frac{(0.0127)^2(7.8-0.9)9800}{18\times 0.06} = 10.094 \, \text{N} \cdot \text{s}/\text{m}^2$$

문제 3. 지름 5 mm, 비중 11.5인 추가 동점성계수 0.0025 m²/s, 비중 1.21인 액체 속으로 등속낙하하고 있을 때 이 추의 낙하속도는 몇 m/s인가?

㉮ 0.031　　　　　㉯ 0.037　　　　　㉰ 0.046　　　　　㉱ 0.049

[해설] $\mu = \rho\nu = \dfrac{1.21\times 1000\times 0.0025}{9.8}$

$$V = d^2\left(\frac{\gamma_s - \gamma_l}{18\mu}\right) = \frac{0.005^2\times(11.5-1.21)\times 1000\times 9.8}{18\times 1.21\times 1000\times 0.0025} = 0.046 \, \text{m}/\text{s}$$

문제 4. 피토관을 흐르는 물 속에 넣었을 때 Δh가 4 cm였다. 이 물의 유속은?

㉮ 0.36 m/s　　　　㉯ 0.75 m/s　　　　㉰ 0.95 m/s　　　　㉱ 0.885 m/s

[해설] $V = \sqrt{2g\Delta h} = \sqrt{2\times 9.8\times 0.04} = 0.885 \, \text{m}/\text{s}$

[해답]　1. ㉯　　2. ㉰　　3. ㉰　　4. ㉱

문제 5. 지름이 75 mm이고 수정계수 C가 0.96인 노즐이 지름 200 mm인 관에 부착되어 물이 분출되고 있다. 이 200 mm 관의 수두가 8.4 m일 때 노즐출구에서의 유속은 얼마인가?

㉮ 42.6 m／s ㉯ 4.26 m／s ㉰ 12.3 m／s ㉱ 10.8 m／s

[해설] 노즐 출구에서의 유속 $V = C\sqrt{2gh} = 0.96\sqrt{9.8 \times 2 \times 84} = 12.3\,\text{m／s}$

문제 6. 물 속에 피토관을 삽입하여 압력을 측정했더니, 전압력이 10 mAq, 정압이 5 mAq이었다. 이 위치에 있어서 유속은 몇 m／s인가?

㉮ 14 ㉯ 17.1 ㉰ 5.2 ㉱ 9.9

[해설] $\dfrac{p_s}{\gamma} = \dfrac{p}{\gamma} + \dfrac{V^2}{2g}$ 에서 $\dfrac{p_s}{\gamma} = 10\,\text{m}$, $\dfrac{p}{\gamma} = 5\,\text{m}$이므로

$$\frac{V^2}{2g} = 5\,\text{m} \quad \therefore\ V = 9.9\,\text{m／s}$$

문제 7. $200 \times 100\,\text{cm}$의 벤투리미터에 30℃의 물을 송출시키고 있다. 이 벤투리미터에 설치된 시차 마노미터의 읽음이 70 mmHg일 때 유량은 얼마인가? (단, 유량계수는 0.98이다.)

㉮ 5.6 m³／s ㉯ 6.6 m³／s ㉰ 3.3 m³／s ㉱ 2.5 m³／s

[해설] $Q = CA_2\sqrt{\dfrac{2gH'\left(\dfrac{S_0}{S_1}-1\right)}{1-\left(\dfrac{d_2}{d_1}\right)^4}} = 0.98 \times \dfrac{\pi}{4}(1)^2\sqrt{\dfrac{2 \times 9.8 \times 0.07 \times \left(\dfrac{13.6}{1}-1\right)}{1-\left(\dfrac{1}{2}\right)^2}}$

$$= 3.3\,\text{m}^3／\text{s}$$

문제 8. U자관의 양쪽에 기름과 물을 넣었더니 $h_1 = 10\,\text{cm}$, $h_2 = 8\,\text{cm}$였다. 기름의 비중량은 몇 kg／m³인가?

㉮ 800 ㉯ 1000
㉰ 1200 ㉱ 1400

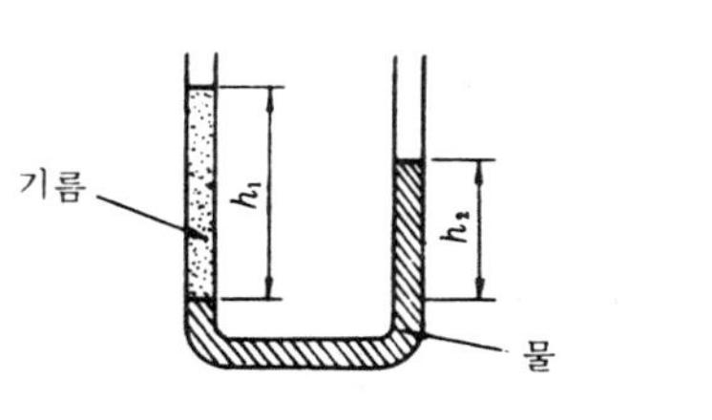

[해설] $\gamma_1 h_1 = \gamma_2 h_2$ 에서 $\gamma_1 = \gamma_2 \dfrac{h_2}{h_1} = 1000 \times \dfrac{8}{10} = 800\,\text{kg／m}^3$

해답 5. ㉰ 6. ㉱ 7. ㉰ 8. ㉮

문제 9. 지름 60 mm인 오리피스로부터 분출되는 분류의 수축부 지름이 50 mm일 경우의 수축계수는?

㉮ 0.58　　　　㉯ 0.69　　　　㉰ 0.75　　　　㉱ 0.82

[해설] $C_c = \dfrac{A_c}{A_0} = \left(\dfrac{50}{60}\right)^2 \fallingdotseq 0.69$

문제 10. 어떤 기름의 높이는 40 mm이고, 수은의 높이는 2.5 mm로 평형을 이루고 있는 U자관에서 이 기름의 비중량은 얼마인가?

㉮ 217.6 kg / m^3　　　㉯ 850 kg / m^3　　　㉰ 1360 kg / m^3　　　㉱ 1000 kg / m^3

[해설] $\gamma_{oil} = \gamma_{Hg} \times \dfrac{h_{Hg}}{h_{oil}} = 13.6 \times 1000 \times \dfrac{2.5}{40} = 850 \, kg / m^3$

문제 11. 풍동에서 유속을 측정하기 위하여 피토관을 사용하였다. 이때 비중이 0.8인 알코올이 10 cm 상승하였다. 압력이 1.013 kg / cm^2 · abs (0.993 bar · abs)이고, 온도가 20℃일 때 풍동에서의 공기의 속도는?

㉮ 36.5 m / s　　　　㉯ 29.4 m / s　　　　㉰ 28.5 m / s　　　　㉱ 25.6 m / s

[해설] $\gamma_{air} = \dfrac{p}{RT} = \dfrac{1.013 \times 10^4}{29.27 \times (273+20)} = 1.181 \, kg/m^3$

$$S_{air} = \dfrac{1.181}{1000} = 0.00181$$

$$V = \sqrt{2gR'\left(\dfrac{S_0}{S}-1\right)} = \sqrt{2 \times 9.8 \times 0.1 \times \left(\dfrac{0.8}{0.00181}-1\right)} = 29.4 \, m / s$$

[SI 단위]

$$\rho = \dfrac{p}{RT} = \dfrac{0.993 \times 10^5}{287 \times (273+20)} = 1.181 \, kg / m^3$$

$$S_{air} = \dfrac{1.181}{1000} = 0.00181$$

$$\therefore \ V = 29.4 \, m / s$$

문제 12. 지름이 10 cm인 오리피스가 지름 15 cm의 수관끝에 부착되었다. 수관내 압력이 2.75 kg / cm^2 (2.695 bar)일 때 유량은 얼마인가?

㉮ 0.098 m^3 / s　　　㉯ 0.080 m^3 / s　　　㉰ 0.088 m^3 / s　　　㉱ 0.075 m^3 / s

---

[해답] 9. ㉯　10. ㉯　11. ㉯　12. ㉮

[해설] $\dfrac{A_0}{A_1} = \left(\dfrac{10}{15}\right)^2 = 0.444$

오리피스 배출계수표에서 수평치를 읽어서 $C = 0.67$을 얻는다.

$$Q' = C \times A_0 \sqrt{\dfrac{2\Delta p}{\rho}} = 0.67 \times \dfrac{\pi}{4} \times (0.1)^2 \times \sqrt{\dfrac{2(2.75-1.013)\times 10^4}{102}} = 0.098\,\mathrm{m^3/s}$$

$$V_1 = \dfrac{Q_1}{A_1} = \dfrac{4 \times 0.98}{\pi(0.15)^2} = 5.548\,\mathrm{m/s}$$

$$Re = \dfrac{V_1 d_1}{\nu} = \dfrac{5.548 \times 0.15}{1.006 \times 10^{-6}} = 8.27 \times 10^5$$

다시 배출계수표에서 $C = 0.67$, 따라서 최초의 가정이 옳았다.

$$\therefore \ Q = 0.098\,\mathrm{m^3/s}$$

문제 13. 폭이 0.9 m인 수로에 삼각 위어를 설치하여 유량을 측정하려고 한다. 노치를 넘는 높이가 150 cm였다면 유량은 얼마인가?(단, C는 0.587이다.)

㉮ 0.012 $\mathrm{m^3/s}$ ㉯ 0.045 $\mathrm{m^3/s}$ ㉰ 0.052 $\mathrm{m^3/s}$ ㉱ 0.065 $\mathrm{m^3/s}$

[해설] $Q = \dfrac{8}{15}C\sqrt{2g}\,H^{\frac{5}{2}} = \dfrac{8}{15} \times 0.587 \times \sqrt{2g} \times 1.5^{\frac{5}{2}} = 0.0121\,\mathrm{m^3/s}$

문제 14. 물이 들어 있는 탱크에 수면으로부터 20 m 깊이에 지름 5 cm의 오리피스가 있다. 이 오리피스의 속도계수가 0.95라 할 때 1분간에 흘러 나오는 유량은 몇 $\mathrm{m^3/min}$인가?(단, 탱크의 수면은 항상 일정하다.)

㉮ 1.1   ㉯ 2.2   ㉰ 3.3   ㉱ 4.4

[해설] 유속 $V = C_v\sqrt{2gh} = 0.95\sqrt{2 \times 9.8 \times 20} = 18.8\,\mathrm{m/s}$

$$\therefore \ Q = AV = \dfrac{\pi(0.05)^2}{4} \times 18.8 = 0.037\,\mathrm{m^3/s} = 2.2\,\mathrm{m^3/min}$$

문제 15. 그림과 같이 설치한 피토-정압관에서 $R = 2$ cm일 때 유속은 몇 m/s인가? (단, 속도계수는 1.13이다.)

㉮ 0.98

㉯ 1.34

㉰ 1.93

㉱ 2.49

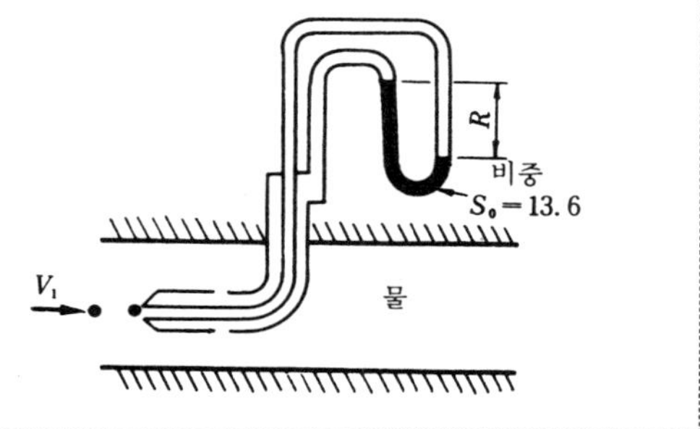

[해설] $V_1 = C_v \sqrt{2gR\left(\dfrac{S_0}{S}-1\right)} = 1.12 \times \sqrt{2 \times 9.8 \times 0.02 \times \left(\dfrac{13.6}{1}-1\right)} \fallingdotseq 2.49\,\mathrm{m/s}$

문제 16. 지름이 7.5 cm인 노즐이 지름 15 cm관의 끝에 부착되어 있다. 이 관에는 비중량이 $1.17\,\mathrm{kg/m^3}$ ($11.466\,\mathrm{N/m^3}$)인 공기가 흐르고 있다. 마노미터의 읽음이 7 mmAq일 때 이 관에서의 유량은 얼마인가? (단, 이 노즐의 수정계수는 0.97이다.)

㉮ $0.0479\,\mathrm{m^3/s}$ ㉯ $0.0653\,\mathrm{m^3/s}$ ㉰ $0.035\,\mathrm{m^3/s}$ ㉱ $0.056\,\mathrm{m^3/s}$

[해설] $C = \dfrac{C_v}{\sqrt{1-\left(\dfrac{d_2}{d_1}\right)^4}} = \dfrac{0.97}{\sqrt{1-\left(\dfrac{7.5}{15}\right)^4}} = 1.0018$

$$\therefore\ Q' = CA_2\sqrt{2gR'\left(\dfrac{S_0}{S_1}-1\right)}$$

$$= 1.0018 \times \dfrac{\pi}{4}(0.075)^2\sqrt{2 \times 9.8 \times 0.007 \times \left(\dfrac{1}{0.0017}-1\right)}$$

$$= 0.0479\,\mathrm{m^3/s}$$

문제 17. 다음 중 간섭계의 방법은?

㉮ 광파의 운동에 있어서 입상변화에 관계된다.
㉯ 칼날 끝(knife−edge)을 사용하여 광선의 일부를 차단시킨다.
㉰ 2개의 광원을 이용한다.
㉱ 단일광원으로부터 3개의 광선으로 분리시킨다.

[해설] 간섭계는 2개의 반사경, 2개의 반투과경을 이용하여 한 개의 광원으로부터의 단색광을 이용하여 유동장에서의 밀도의 변화에 따르는 프린지(fringe)를 나타나게 하여 밀도의 변화를 측정한다. 여기에서 프린지는 빛의 입상변화에 관계된다.

예 상 문 제

문제 1. U자관에 물이 채워져 있다. 여기에 기름을 넣었더니 기름 25 cm와 물기둥 15 cm가 평형을 이루었다면 이 기름의 비중은 얼마인가?

  ㉮ 0.6   ㉯ 1.67   ㉰ 0.06   ㉱ 0.167

[해설] 물의 비중은 1이다. $\therefore\ S_0 = S_w \times \dfrac{h_w}{h_0} = 1 \times \dfrac{15}{25} = 0.6$

문제 2. 지름이 큰 U자관에 수은과 어떤 액체를 넣었더니 수은과 그 액체의 면이 각각 5 cm, 50 cm이었다. 이 액체의 비중은?

  ㉮ 1.04   ㉯ 1.36   ㉰ 1.53   ㉱ 1.81

[해설] $1000\,S \times 0.5 = 13.6 \times 1000 \times 0.05$ $\therefore\ S = \dfrac{13.6 \times 0.05}{0.5} = 1.36$

문제 3. 어떤 추의 무게가 대기 중에서는 400 g, 어떤 액체 속에서는 300 g, 추의 체적이 130 cm^{3}이면 이 액체의 비중은?

  ㉮ 0.769   ㉯ 0.981   ㉰ 1.043   ㉱ 1.123

[해설] $0.3\,\text{kg} = 0.4\,\text{kg} - 1.3 \times 10^{-4} \times \gamma$

$$\gamma = \frac{0.4 - 0.3}{1.3 \times 10^{-4}} \fallingdotseq 769\,\text{kg}/\text{m}^3 \quad \therefore\ S = \frac{\gamma}{\gamma_w} = \frac{769}{1000} = 0.769$$

문제 4. 다음 그림 중에서 교란되지 않는 정압을 측정할 수 있는 것은?

㉮ 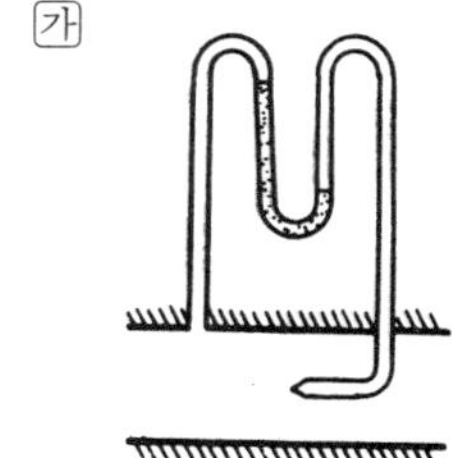 ㉯ 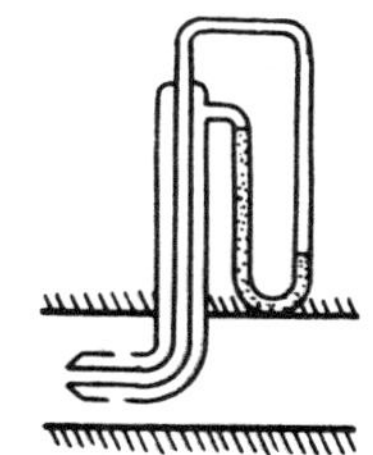 ㉰ 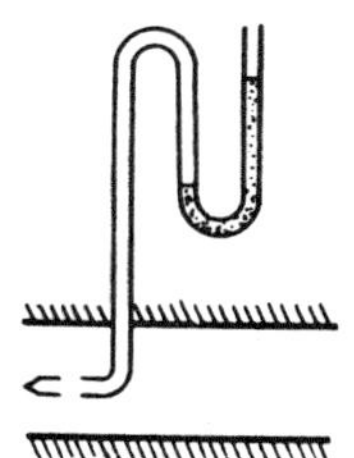 ㉱ 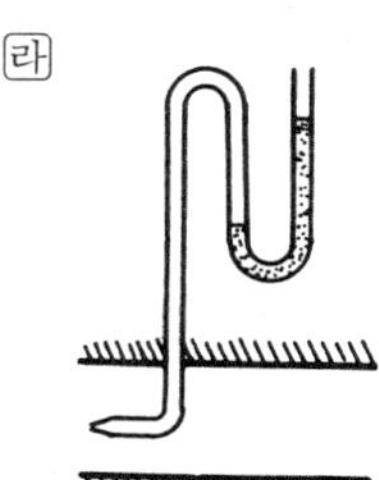

[해설] 피에조미터와 정압관으로 교란되지 않은 정압을 측정할 수 있다.

[해답]   1. ㉮   2. ㉯   3. ㉮   4. ㉰

문제 5. 물이 들어 있는 U자관 속에 기름을 넣었더니 기름 25 cm와 물 18 cm의 액주가 평형을 이루었다면 이 기름의 비중은 얼마인가?

㉮ 0.52　　　　㉯ 0.82　　　　㉰ 1.2　　　　㉱ 0.72

[해설] $S_0 = S_w \times \dfrac{h_w}{h_0} = 1 \times \dfrac{18}{25} = 0.72$

문제 6. 무게가 20 g인 용기 속에 20 cc의 액체를 채운 후의 무게는 40 g이었다. 이 액체의 비중은?

㉮ 0.7　　　　㉯ 0.9　　　　㉰ 1.0　　　　㉱ 1.2

[해설] $\gamma = \dfrac{W_2 - W_1}{V} = \dfrac{40 - 20}{20} = 1\,\mathrm{g/cc} = 1000\,\mathrm{kg/m^3}$

$\therefore S = \dfrac{\gamma}{\gamma_w} = \dfrac{1000}{1000} = 1$

문제 7. 0.5 kg의 비중병이 있다. 황산 $100\,\mathrm{cm^3}$를 비중병에 넣고 달았더니 0.625 kg을 가리켰다. 황산의 밀도는 몇 $\mathrm{kg \cdot s^2/m^4}$인가?

㉮ 122.45　　　　㉯ 127.55　　　　㉰ 153.06　　　　㉱ 204.08

[해설] 황산의 비중량 $\gamma = \dfrac{W_2 - W_1}{V} = \dfrac{0.625 - 0.5}{100 \times 10^{-6}} = 1250\,\mathrm{kg/m^3}$

$\therefore \rho = \dfrac{\gamma}{g} = \dfrac{1250}{9.8} = 127.55\,\mathrm{kg \cdot s^2/m^4}$

문제 8. 다음 점도계 중 뉴턴의 점성법칙을 이용한 것은?

㉮ 낙구식 점도계　　　　㉯ 오스트발트 점도계

㉰ 세이볼트 점도계　　　　㉱ 스토머 점도계

[해설] ・스토크스법칙을 기초로 한 점도계 : 낙구식 점도계
　　　・하겐-푸아죄유의 법칙을 기초로 한 점도계 : 오스트발트 점도계, 세이볼트 점도계
　　　・뉴턴의 점성법칙을 기초로 한 점도계 : 맥미첼 점도계, 스토머 점도계

문제 9. 다음 계측기에서 점성계수를 측정하는 것이 아닌 것은?

㉮ 세이볼트　　　　㉯ 오스트발트　　　　㉰ 스토머　　　　㉱ 하이드로미터

[해설] 부력에 의한 평형으로 액체의 밀도를 계측하는 기구이다.

[해답]　5. ㉱　6. ㉰　7. ㉯　8. ㉱　9. ㉱

문제 10. 다음 점도계 중에서 스토크스 법칙을 이용한 것은?

㉮ 세이볼트 점도계 　　　　㉯ 낙구식 점도계
㉰ 스토머 점도계 　　　　㉭ 오스트발트 점도계

[해설] · 스토크스 법칙을 기초로 한 점도계 : 낙구식 점도계
· 하겐 – 푸아죄유의 법칙을 기초로 한 점도계 : 오스트발트 점도계, 세이볼트 점도계
· 뉴턴의 점성법칙을 기초로 한 점도계 : 맥미첼 점도계, 스토머 점도계

문제 11. 지름이 15 mm, 비중이 7.8인 강구가 비중이 0.8인 기름 속에서 5 m / s로 낙하하였다면 이 기름의 점성계수는 얼마인가?

㉮ $0.0175\,\mathrm{m^2/s}$ 　　㉯ $0.0875\,\mathrm{m^2/s}$ 　　㉰ $0.167\,\mathrm{m^2/s}$ 　　㉭ $41.167\,\mathrm{m^2/s}$

[해설] $\mu = \dfrac{D^2(\gamma_s - \gamma)}{18\,V} = \dfrac{(0.015)^2 \times (7.8 - 0.8) \times 1000}{18 \times 5} = 0.0175\,\mathrm{m^2/s}$

문제 12. 다음 계측기에서 속도를 측정하는 것이 아닌 것은?

㉮ 피토 정압관 　　㉯ 벤투리관 　　㉰ 웨스트펄베랜스 　　㉭ 피토관

[해설] 벤투리관은 유량을 측정하는 계기이다.

문제 13. 피토관을 흐르는 물 속에 넣었을 때 물 위로 높이가 120 mm였다면 이 물의 속도는 얼마인가?

㉮ 0.53 m / s 　　㉯ 1.53 m / s 　　㉰ 2.35 m / s 　　㉭ 4.85 m / s

[해설] $V = \sqrt{2gh} = \sqrt{2 \times 9.81 \times 0.12} = 1.53\,\mathrm{m/s}$

문제 14. 다음 그림과 같은 벤투리관에 물이 흐르고 있다. 단면 1과 단면 2의 단면적비가 2이고, 압력 수두차가 Δh일 때 단면 2에서의 속도는 얼마인가? (단, 모든 손실은 무시한다.)

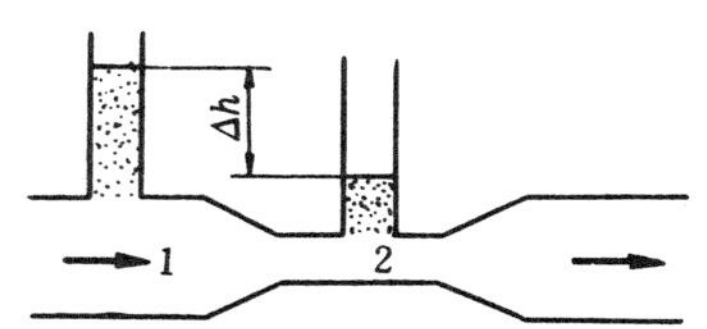

㉮ $\dfrac{\sqrt{g\Delta h}}{3}$ 　　㉯ $\dfrac{\sqrt{g\Delta h}}{2}$ 　　㉰ $2\sqrt{\dfrac{2g\Delta h}{3}}$ 　　㉭ $\sqrt{g\Delta h}$

[해답] 10. ㉯　 11. ㉮　 12. ㉯　 13. ㉯　 14. ㉰

해설 손실이 없는 벤투리관에서 $C_v = 1$이므로

$$V_2 = \frac{Q}{A_2} = \frac{1}{\sqrt{1 - \left(\frac{A_2}{A_1}\right)^2}} \sqrt{2g\left(\frac{p_1 - p_2}{\gamma}\right)}$$

여기서, $\dfrac{A_2}{A_1} = \dfrac{1}{2}$, $\dfrac{p_1 - p_2}{\gamma} = \Delta h$이므로

$$V_2 = \frac{1}{\sqrt{1 - \left(\frac{1}{2}\right)^2}} \sqrt{2g\Delta h} = 2\sqrt{\frac{2g\Delta h}{3}}$$

문제 15. 다음 계측기에서 유량을 측정하는 것이 아닌 것은?

㉮ 오리피스   ㉯ 위어   ㉰ 노즐   ㉱ 피에조미터

해설 압력을 측정할 수 있는 액주계로서 유리관을 용기 또는 관에 연결시켜 액체의 상승 높이를 측정하여 대기와의 차로 압력을 나타낸다.

문제 16. 물 속에 피토관을 설치하였더니 전압이 12 mAq, 정압이 6 mAq이었다. 이때 유속은 몇 m / s인가?

㉮ 8.5   ㉯ 9.6   ㉰ 10.8   ㉱ 11.4

해설 $\dfrac{p_t}{\gamma} = \dfrac{p_s}{\gamma} + \dfrac{V^2}{2g}$, $\dfrac{V^2}{2g} = \dfrac{p_t}{\gamma} - \dfrac{p_s}{\gamma} = 12 - 6 = 6\,\text{mAq}$

$$\therefore\ V = \sqrt{2 \times 9.8 \times 6} \doteqdot 10.8\,\text{m / s}$$

문제 17. 다음 그림과 같이 피토-정압관을 설치하였을 때 속도수두 $\dfrac{V^2}{2g}$ 는?

㉮ R

㉯ $SS_0 R$

㉰ $R\left(\dfrac{S_0}{S} - 1\right)$

㉱ $R\left(\dfrac{S_0}{S}\right)$ ·

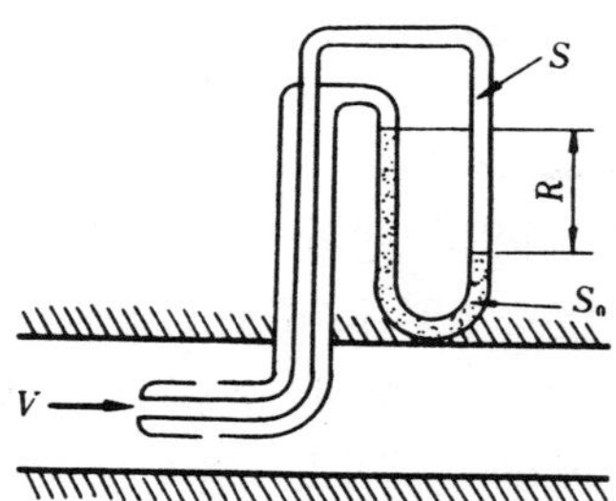

해설 유속 $V = \sqrt{2gR\left(\dfrac{S_0}{S} - 1\right)}$ $\therefore$ 속도수두 $\dfrac{V^2}{2g} = R\left(\dfrac{S_0}{S} - 1\right)$

해답 15. ㉱   16. ㉰   17. ㉰

문제 18. 지름이 15 cm인 관에 질소가 흐르고 있다. 피토 정압관에 의한 마노미터는 4 cmHg의 시차를 나타낼 때 질소의 온도가 27℃이면 중심선에서의 유속은 얼마인가?

　㉮ 105.6 m / s　　　㉯ 96.6 m / s　　　㉰ 85.6 m / s　　　㉱ 76.5 m / s

[해설] 표에서 20℃의 질소의 비중량을 $\gamma = 1.1421\,\text{kg/m}^3$

따라서 $S = 0.0011421$

$$\therefore\ V = \sqrt{2gR'\left(\frac{S_0}{S} - 1\right)} = \sqrt{2 \times 9.8 \times 0.04 \times \frac{13.6}{0.0011421} - 1} = 96.6\,\text{m/s}$$

문제 19. 그림에서 관내에 공기가 흐르고 있을 때 $p = 1.013\,\text{kg/cm} \cdot \text{abs}(0.993\,\text{bar} \cdot \text{abs})$, $t = 20℃$, $R' = 2.8\,\text{cmAq}$이면 공기의 속도는 얼마인가?

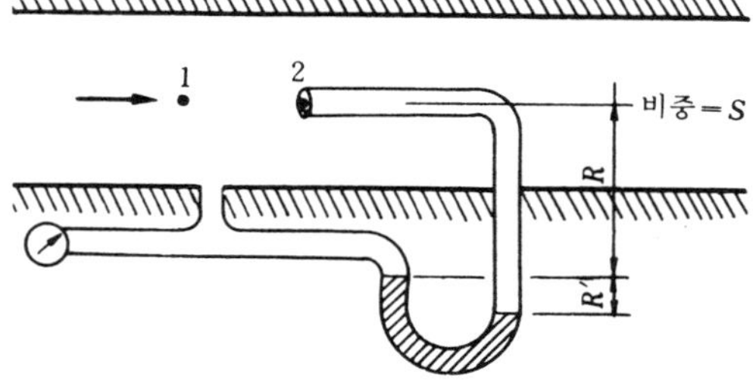

　㉮ 27.5 m / s　　　㉯ 19.5 m / s　　　㉰ 17.40 m / s　　　㉱ 15.6 m / s

[해설] $\gamma_{air} = \dfrac{p}{RT} = \dfrac{1.013 \times 10^4}{29.27(273 + 20)} = 1.181\,\text{kg/m}^3$

$$V = \sqrt{2gR'\left(\frac{S_0}{S} - 1\right)} = \sqrt{2 \times 9.8 \times 0.028\left(\frac{1}{0.001181} - 1\right)} = 17.40\,\text{m/s}$$

[SI 단위]

$$\rho_{air} = \frac{p}{RT} = \frac{0.993 \times 10^5}{287 \times (273 + 20)} = 1.181\,\text{kg/m}^3, \quad V = 17.40\,\text{m/s}$$

문제 20. 수면 밑 2.5 m인 곳에 오리피스를 통하여 매분 1000 l 의 물을 유출시키려면 필요한 지름은 얼마인가?

　㉮ 5 mm　　　㉯ 23 mm　　　㉰ 125 mm　　　㉱ 300 mm

[해설] $Q = C_d \cdot A\sqrt{2gH}$

$$A = \frac{Q}{C_d\sqrt{2gH}} = \frac{\dfrac{1}{60}}{0.6\sqrt{2 \times 9.81 \times 2.5}}$$

[해답]　18. ㉯　　19. ㉰　　20. ㉮

$$d = \left(\cfrac{1}{\cfrac{\pi}{4} \times 0.6 \times 60 \times 7} \right)^{\frac{1}{2}} = 0.005\,\text{m} = 5\,\text{mm}$$

문제 21. 지름이 75 mm이고 속도계수 C_v가 0.96인 노즐이 지름 400 mm 관에 부착되어 물이 분출되고 있다. 이 400 mm 관의 수두가 6 m일 때 노즐 출구에서의 유속은?

㉮ 10.84 m / s ㉯ 10.41 m / s ㉰ 10.62 m / s ㉱ 10.20 m / s

[해설] $V = C_v \sqrt{2gh}$ 에서 $V = 0.96 \times \sqrt{2 \times 9.81 \times 6} = 10.41\,\text{m/s}$

문제 22. 수두 0.5 m에서 물을 매분 $1.2\,\text{m}^3$로 유출시키는 데 필요한 구멍의 지름은 얼마인가? (단, 유량계수는 0.6이다.)

㉮ 110 mm ㉯ 112 mm ㉰ 114 mm ㉱ 116 mm

[해설] $Q = C_d A \sqrt{2gH}$ 에서 $A = \cfrac{Q}{C_d \sqrt{2gH}}$

$$d^2 = \cfrac{\cfrac{1.2}{60}}{0.6 \times 0.785 \times \sqrt{2 \times 9.8 \times 0.5}}$$

$$\therefore\ d = \sqrt{\cfrac{1.2}{60 \times 0.6 \times 0.785 \times 3.13}} = 0.116\,\text{m} = 116\,\text{mm}$$

문제 23. 열선풍속계는 무엇을 측정하는데 사용되는가?

㉮ 유동하고 있는 기체흐름에 있어서의 기체의 압력
㉯ 유동하고 있는 액체흐름에 대한 액체의 압력
㉰ 유동하고 있는 기체의 속도
㉱ 유동하고 있는 기체에 대하여 정체점 온도

[해설] 열선풍속계는 백금선을 센서로 하여 기체흐름 속에 노출시킴으로써 그 냉각효과를 이용하여 유속의 변화를 측정한다.

문제 24. 유속계수가 0.97인 피토관에서 정압수두가 5 m, 정체 압력수두가 7 m이었다. 이 때 유속은 얼마인가?

㉮ 5.4 m / s ㉯ 6.1 m / s ㉰ 7.8 m / s ㉱ 8.5 m / s

[해설] $V = C_v \cdot \sqrt{2g\varDelta h} = 0.97 \times \sqrt{2 \times 9.8 \times (7-5)} \fallingdotseq 6.1\,\text{m/s}$

[해답] 21. ㉯ 22. ㉱ 23. ㉰ 24. ㉯

문제 25. 개수로의 유량측정에 이용되는 것은?

㉮ 위어 ㉯ 벤투리미터 ㉲ 오리피스 ㉴ 피토관

문제 26. 수두가 1.5 m이고 지름이 8 cm인 수조 오리피스에서 물이 유출될 때 $C_c = 0.95$, $C_v = 0.64$였다면 유량은 얼마인가? (단, 수위는 일정하게 유지된다.)

㉮ 0.0125 ㉯ 0.0166 ㉲ 0.0275 ㉴ 0.0485

[해설] $Q = C_v C_c A \sqrt{2gH} = 0.95 \times 0.64 \times \dfrac{\pi}{4} \times (0.08)^2 \times \sqrt{2 \times 9.81 \times 1.5} = 0.0166\,\text{m}^3/\text{s}$

문제 27. 다음 그림과 같이 설치한 피토 - 정압관에서 $R' = 1$ cm일 때 유속은 몇 m / s인가? (단, 속도계 $C_v = 1.12$이다.)

㉮ 0.32
㉯ 1.27
㉲ 1.76
㉴ 4.32

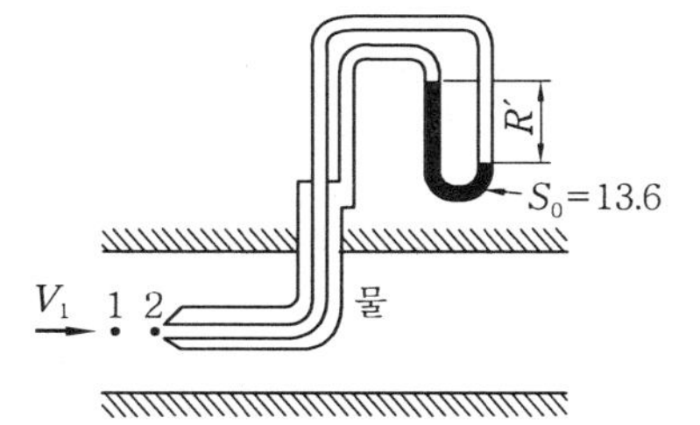

[해설] $V_1 = C_v \sqrt{2gR'\left(\dfrac{S_0}{S} - 1\right)} = 1.12\sqrt{2 \times 9.8 \times 0.01 \times \left(\dfrac{13.6}{1} - 1\right)} = 1.76\,\text{m}/\text{s}$

문제 28. 다음 그림에서 유속 V는 몇 m / s인가?

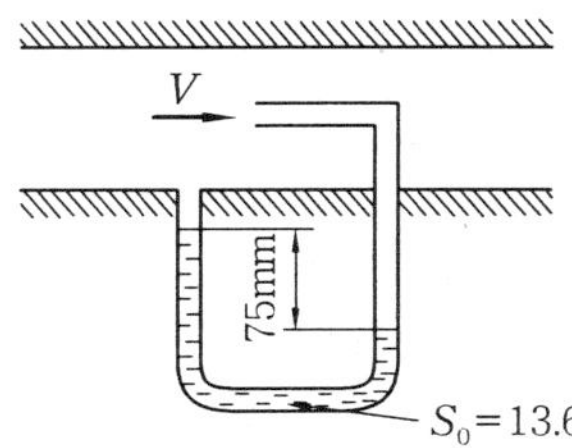

㉮ 4.3 ㉯ 2.2 ㉲ 7.8 ㉴ 3.7

[해설] $V = \sqrt{2gH\left(\dfrac{S_0}{S} - 1\right)} = \sqrt{2 \times 9.8 \times 0.075 \times \left(\dfrac{13.6}{1} - 1\right)} = 4.3\,\text{m}/\text{s}$

[해답] 25. ㉮ 26. ㉯ 27. ㉲ 28. ㉮

문제 29. 풍동에서 유속을 측정하기 위하여 피토관을 설치하였더니 액주계의 읽음이 8 cmAq이었다. 절대 압력이 $1.02\,kg/cm^2$이고, 온도가 25℃인 공기의 유속은 몇 m/s 인가?

㉮ 36.6 ㉯ 29.4 ㉰ 21.3 ㉱ 18.8

해설 $\gamma_{air} = \dfrac{p}{RT} = \dfrac{1.02\times10^4}{29.27\times(273+25)} = 1.169\,kg/m^3$

$S_{air} = \dfrac{\gamma_{air}}{\gamma_w} = \dfrac{1.169}{1000} = 1.169\times10^{-3}$

$V = \sqrt{2gH\left(\dfrac{S_0}{S}-1\right)} = \sqrt{2\times9.8\times0.08\left(\dfrac{1}{1.169\times10^{-3}}-1\right)} \fallingdotseq 36.6\,m/s$

문제 30. 유동하는 기체의 속도를 측정할 수 있는 것은?

㉮ 열선 풍속계(hot-wire anemometer) ㉯ 새도 그래프(shadow graph)
㉰ 간섭계(interferometer) ㉱ 슐리렌 방법(Schlieren method)

해설 열선 풍속계는 가는 금속선(대개 백금선)을 가열하여 기체 유동 속에 놓으면 기체의 유 동 속도에 따라 금속선의 온도가 변화하고, 따라서 금속선의 전기 저항이 변화하는 것을 이 용해서 기체 속도를 추정한다. 새도 그래프, 간섭계, 슐리렌 방법은 빛을 이용해서 밀도 변 화를 측정한다.

문제 31. 슐리렌 방법은 다음 중 무엇을 측정하는 데 사용되는가?

㉮ 기체흐름에 대한 정압변화 ㉯ 기체흐름에 대한 압력변화
㉰ 기체흐름에 대한 밀도변화 ㉱ 기체흐름에 대한 속도변화

해설 슐리렌 방법은 한 개의 광원과 2개의 오목렌즈 및 나이프에지를 이용하여 유동장에서 밀도 의 변화를 측정한다.

문제 32. 위어판의 높이가 70 cm, 폭이 2 m인 사각 위어의 수두가 40 cm일 때 유량은 몇 m^3/s인가? (단, 유량계수는 115.5이다.)

㉮ 0.85 ㉯ 0.97 ㉰ 1.31 ㉱ 1.79

해설 $Q = kbH^{\frac{3}{2}} = 115.5\times2\times0.4^{\frac{3}{2}} \fallingdotseq 58.44\,m^3/min = 0.97\,m^3/s$

해답 **29.** ㉮ **30.** ㉮ **31.** ㉰ **32.** ㉯

주 · 관 · 식

문제 1. 2차원 흐름인 공기 유동 중에 원통형 3공의 피토관을 넣어 양측 압력이 같게 되는 방향으로 놓았더니 중앙부의 전압력이 $70\,\mathrm{mmAq}$였고, 중앙과 편측의 압력차가 $20\,\mathrm{mmAq}$였다. 이때 풍속과 정압을 구하여라. (단, 공기의 비중량은 $1.2\,\mathrm{kg/m^3}$, 압력계의 $\zeta_c = 0.996$이고 $\zeta_c - \zeta_1 = 0.986$이다.)

[해설] $p_d = \dfrac{p_c - p_1}{(\zeta_c - \zeta_1)} = 20.28\,\mathrm{kg/m^2}$

$\dfrac{\gamma V^2}{2g} = p_d$ 이므로 $V = \sqrt{2g\dfrac{p_d}{\gamma}} = \sqrt{19.62 \times \dfrac{20.28}{1.2}} = 18.2\,\mathrm{m/s}$

$p_0 = p_c - \dfrac{\gamma V^2}{2g} = 70 - \dfrac{1.2 \times (1.82)^2}{19.62} = 70 - 20.28 = 49.8\,\mathrm{kg/m^2}$

문제 2. 다음 그림과 같은 삼각 위어(V 노치 위어)에서 유량은? (단, C는 유량계수이다.)

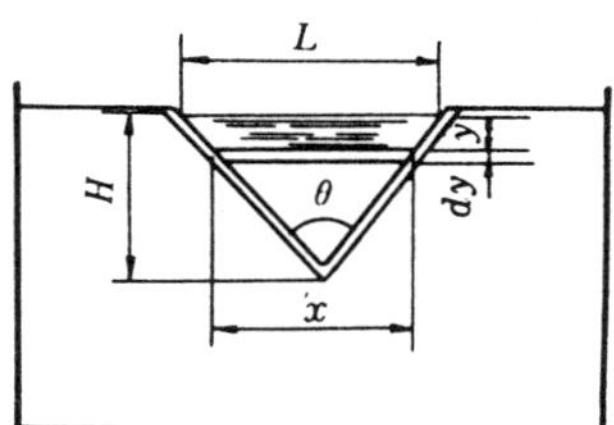

[해설] 그림의 깊이 y에서 유속 $V = \sqrt{2gy}$ 이므로

이론 유량 $Q = \displaystyle\int_0^H V dA = \int_0^H \sqrt{2gy}\, x dy$

닮은 삼각형의 조건으로부터 $\dfrac{x}{H-y} = \dfrac{L}{H}$

x 값을 대입하면 다음과 같다.

$Q = \displaystyle\int_0^H \sqrt{2gy}\left(\dfrac{H-y}{H}L\right)dy = \sqrt{2g}\,\dfrac{L}{H}\int_0^H y^{\frac{1}{2}}(H-y)dy = \dfrac{4}{15}\sqrt{2g}\,\dfrac{L}{H}H^{\frac{5}{2}}$

$\dfrac{L}{H}$을 각 θ로 표시하면, $\tan\dfrac{\theta}{2} = \dfrac{L}{2H}$ 이므로

$\therefore Q = \dfrac{8}{15}\sqrt{2g}\,\tan\dfrac{\theta}{2}H^{\frac{5}{2}}$

실제 유량은 계수가 첨부되어야 하므로 다음과 같다.

$Q' = \dfrac{8}{15}C\tan\dfrac{\theta}{2}\sqrt{2gH^5}$

문제 3. 한 변의 길이가 40 cm인 사각형 수조 밑에 지름 27.6 mm인 구멍을 뚫어서 물을 유출시킨다. 이 수조가 최초 수심이 50 cm에서 30 cm로 될 때까지의 소요 시간을 구하여라. (단, 유량계수는 0.6이다.)

해설
$$t = \frac{8A}{C_d \pi d^2 \sqrt{2g}} (\sqrt{H_1} - \sqrt{H_2}) = \frac{8 \times 1600}{0.6 \times 3.14 \times 7.62 \times 44.29} (7.07 - 5.497)$$
$$= 32.1\,\text{s}$$

문제 4. 이산화탄소가 16×8 cm 벤투리미터에 흐르고 있다. 이 벤투리미터에 부착된 압력계의 읽음이 각각 $1.81\,\text{kg}/\text{cm}^2(1.774\,\text{bar})$와 $0.97\,\text{kg/cm}^2(0.951\,\text{bar})$이고 이 기체의 온도가 30℃일 때 중량유량을 구하여라. (단, 수정계수는 0.99이고 대기압은 $1.013\,\text{kg}/\text{cm}^2(0.993\,\text{bar})$이다.)

해설
$$\gamma = \frac{p}{RT} = \frac{(1.013 + 0.97) \times 10^4}{19.25 \times (273 + 30)} = 3.4\,\text{kg/m}^3$$

$$V_2 = \sqrt{\frac{2g\left(\dfrac{p_1 - p_2}{\gamma}\right)}{1 - \left(\dfrac{d_2}{d_1}\right)^4}} = \sqrt{\frac{2 \times 9.8 \left(\dfrac{1.81 - 0.97}{3.4}\right) \times 10^4}{1 - \left(\dfrac{8}{16}\right)^4}} = 227.3\,\text{m/s}$$

$$\therefore \quad Q' = C_v A_2 V_2 = 0.99 \times \frac{\pi}{4}(0.08)^2 \times 227.3 = 1.13\,\text{m}^3\text{/s}$$

$$W = rQ' = 3.4 \times 1.13 = 3.85\,\text{kg/s}$$

[SI 단위]

$$\rho = \frac{p}{RT} = \frac{(0.993 + 0.951) \times 10^5}{188.9 \times (273 \times 30)} = 3.4\,\text{kg/m}^3$$

$$V_2 = \sqrt{\frac{2 \times 9.8 \left(\dfrac{1.774 - 0.951}{3.4 \times 9.8}\right) \times 10^5}{1 - \left(\dfrac{8}{16}\right)^4}} = 227.3\,\text{m/s}$$

$$W = C_v A_2 V_2\, \gamma_2 = 0.99 \times \frac{\pi}{4}(0.08)^2 \times 227.3 \times 3.4 \times 9.8 = 37.73\,\text{N/s}$$

문제 5. 수조의 측벽에 뚫린 구멍에서 물이 수평방향으로 분출될 때 물은 포물선을 그리며 떨어진다. 구멍에서 수면까지는 2 m이고, 물이 수평방향으로 1.5 m까지 분출될 때 물이 구멍의 중심선에서 수직 방향으로 떨어지는 거리를 구하여라. (단, 속도계수는 0.97이다.)

해설
$$V = C_v \sqrt{2gH} = 0.97\sqrt{2 \times 9.81 \times 2} = 6.076\,\text{m/s}$$

$$x = Vt \text{ 에서 } t = \frac{x}{V} = 0.247 \quad \therefore \quad y = \frac{1}{2}gt^2 = \frac{1}{2} \times 9.8 \times 0.247^2 \fallingdotseq 0.299\,\text{m/s}$$

부 록

1. 유체의 물리적 성질

[물의 물리적 성질]

온도 $T(℃)$	밀도 ρ (kg / m³)	점성계수 μ (N·s /m²)	동점성계수 ν (m² / s)	온도 $T(℃)$	밀도 ρ (kg / m³)	점성계수 μ (N·s /m²)	동점성계수 ν (m² / s)
0	999.8	1.80×10^{-3}	1.80×10^{-6}	55	985.7	0.508×10^{-3}	0.515×10^{-6}
5	1000.0	1.52×10^{-3}	1.52×10^{-6}	60	983.2	0.470×10^{-3}	0.478×10^{-6}
10	999.7	1.31×10^{-3}	1.31×10^{-6}	65	980.5	0.437×10^{-3}	0.446×10^{-6}
15	999.2	1.15×10^{-3}	1.15×10^{-6}	70	977.7	0.405×10^{-3}	0.414×10^{-6}
20	998.3	1.00×10^{-3}	1.00×10^{-6}	75	974.8	0.381×10^{-3}	0.390×10^{-6}
25	997.1	0.897×10^{-3}	0.898×10^{-6}	80	971.6	0.356×10^{-3}	0.367×10^{-6}
30	995.7	0.801×10^{-3}	0.804×10^{-6}	85	968.4	0.336×10^{-3}	0.347×10^{-6}
35	994.0	0.723×10^{-3}	0.727×10^{-6}	90	965.1	0.318×10^{-3}	0.329×10^{-6}
40	992.3	0.659×10^{-3}	0.664×10^{-6}	95	961.6	0.300×10^{-3}	0.312×10^{-6}
45	990.2	0.599×10^{-3}	0.604×10^{-6}	100	958.1	0.284×10^{-3}	0.296×10^{-6}
50	988.0	0.554×10^{-3}	0.561×10^{-6}				

[대기압에서 공기의 물리적 성질]

온도 $T(℃)$	밀도 ρ (kg / m³)	점성계수 μ (N·s /m²)	동점성계수 ν (m² / s)	온도 $T(℃)$	밀도 ρ (kg / m³)	점성계수 μ (N·s /m²)	동점성계수 ν (m² / s)
-50	1.582	1.46×10^{-5}	0.921×10^{-5}	50	1.092	1.95×10^{-5}	1.79×10^{-5}
-40	1.514	1.51×10^{-5}	0.998×10^{-5}	60	1.060	2.00×10^{-5}	1.89×10^{-5}
-30	1.452	1.56×10^{-5}	1.08×10^{-5}	70	1.030	2.05×10^{-5}	1.99×10^{-5}
-20	1.394	1.61×10^{-5}	1.16×10^{-5}	80	1.000	2.09×10^{-5}	2.09×10^{-5}
-10	1.342	1.67×10^{-5}	1.24×10^{-5}	90	0.973	2.13×10^{-5}	2.19×10^{-5}
0	1.292	1.72×10^{-5}	1.33×10^{-5}	100	0.946	2.17×10^{-5}	2.30×10^{-5}
10	1.247	1.76×10^{-5}	1.42×10^{-5}	150	0.834	2.38×10^{-5}	2.85×10^{-5}
20	1.204	1.81×10^{-5}	1.51×10^{-5}	200	0.746	2.57×10^{-5}	3.45×10^{-5}
30	1.164	1.86×10^{-5}	1.60×10^{-5}	250	0.675	2.75×10^{-5}	4.08×10^{-5}
40	1.127	1.91×10^{-5}	1.69×10^{-5}	300	0.616	2.93×10^{-5}	4.75×10^{-5}

[액체의 물리적 성질(1atm, 20℃)]

액 체	밀 도 ρ (kg / m³)	점성계수 μ (N·s / m²)	체적탄성계수 K (kN / m²)
벤 젠	876.2	6.56×10^{-4}	1034250
에틸알콜	788.6	12.0×10^{-4}	1206625
가솔린	680.3	2.9×10^{-4}	—
글리세린	1264.02	14915	4343850
수 은	13579.04	1.548×10^{-3}	26201000
암모니아	611.75	2.196×10^{-4}	—

[가스의 물리적 성질(1atm, 15℃)]

가 스	분자량	기체상수 R (kJ/kg·K)	밀 도 ρ (kg/m³)	점성계수 μ (N·s/m²)	동점성계수 ν (m²/s)	비 열 C_p (kJ/kg·K)	비열비 $\gamma = \dfrac{C_p}{C_v}$
공 기	28.96	0.2870	1.225	1.79×10^{-5}	1.46×10^{-5}	1.006	1.40
산소(O_2)	32.00	0.2598	1.355	1.98×10^{-5}	1.46×10^{-5}	0.920	1.40
질소(N_2)	28.02	0.2968	1.254	1.73×10^{-5}	1.37×10^{-5}	1.041	1.40
수소(H_2)	2.016	4.124	0.0852	0.872×10^{-5}	1.02×10^{-4}	14.27	1.40
헬륨(He)	4.003	2.077	0.169	1.96×10^{-5}	1.16×10^{-4}	5.23	1.66
이산화탄소(CO_2)	44.01	0.1889	0.872	1.44×10^{-5}	0.768×10^{-5}	0.841	1.29
아르곤(Ar)	39.944	0.2081	1.691	2.22×10^{-5}	1.31×10^{-5}	0.522	1.67

2. 압축성 유동을 계산하기 위한 표

[1차원 등엔트로피 흐름 (완전기체, $k = 1.4$)]

M	$\dfrac{T}{T_0}$	$\dfrac{p}{p_0}$	$\dfrac{\rho}{\rho_0}$	$\dfrac{A}{A^*}$	M	$\dfrac{T}{T_0}$	$\dfrac{p}{p_0}$	$\dfrac{\rho}{\rho_0}$	$\dfrac{A}{A^*}$
0.00	1.0000	1.0000	1.0000	∞					
0.02	0.9999	0.9997	0.9998	28.94	0.52	0.9487	0.8317	0.8766	1.303
0.04	0.9997	0.9989	0.9992	14.48	0.54	0.9449	0.8201	0.8679	1.270
0.06	0.9993	0.9975	0.9982	9.666	0.56	0.9410	0.8082	0.8589	1.240
0.08	0.9987	0.9955	0.9968	7.262	0.58	0.9370	0.7962	0.8498	1.213
0.10	0.9980	0.9930	0.9950	5.822	0.60	0.9328	0.7840	0.8405	1.188
0.12	0.9971	0.9900	0.9928	4.864	0.62	0.9286	0.7716	0.8310	1.66
0.14	0.9961	0.9864	0.9903	4.182	0.64	0.9243	0.7591	0.8213	1.145
0.16	0.9949	0.9823	0.9873	3.673	0.66	0.9199	0.7465	0.8115	1.127
0.18	0.9936	0.9777	0.9840	3.278	0.68	0.9154	0.7338	0.8016	1.110
0.20	0.9921	0.9725	0.9803	2.694	0.70	0.9108	0.7209	0.7916	1.094
0.22	0.9904	0.9669	0.9762	2.708	0.72	0.9061	0.7080	0.7814	1.081
0.24	0.9886	0.9607	0.9718	2.496	0.74	0.9013	0.6951	0.7712	1.068
0.26	0.9867	0.9541	0.9670	2.317	0.76	0.8964	0.6821	0.7609	1.057
0.28	0.9846	0.9470	0.9619	2.166	0.78	0.8915	0.6691	0.7505	1.047
0.30	0.9823	0.9395	0.9564	2.035	0.80	0.8865	0.6560	0.7400	1.038
0.32	0.9799	0.9315	0.9506	1.922	0.82	0.8815	0.6430	0.7295	1.030
0.34	0.9774	0.9231	0.9445	1.823	0.84	0.8763	0.6300	0.7189	1.024
0.36	0.9747	0.9143	0.9380	1.736	0.86	0.8711	0.6170	0.7083	1.018
0.38	0.9719	0.9052	0.9313	1.659	0.88	0.8659	0.6041	0.6977	1.013
0.40	0.9690	0.8956	0.9243	1.590	0.90	0.8606	0.5913	0.6870	1.009
0.42	0.9659	0.8857	0.9170	1.529	0.92	0.8552	0.5785	0.6764	1.006
0.44	0.9627	0.8755	0.9094	1.474	0.94	0.8498	0.5658	0.6658	1.003
0.46	0.9564	0.8650	0.9016	1.425	0.96	0.8444	0.5532	0.6551	1.001
0.48	0.9560	0.8541	0.8935	1.380	0.98	0.8389	0.5407	0.6445	1.000
0.50	0.9524	0.8430	0.8852	1.340	1.00	0.8333	0.5283	0.6339	1.000

M	$\dfrac{T}{T_0}$	$\dfrac{p}{p_0}$	$\dfrac{\rho}{\rho_0}$	$\dfrac{A}{A^*}$	M	$\dfrac{T}{T_0}$	$\dfrac{p}{p_0}$	$\dfrac{\rho}{\rho_0}$	$\dfrac{A}{A^*}$
1.02	0.8278	0.5160	0.6234	1.000	2.02	0.5506	0.1239	0.2250	1.716
1.04	0.8222	0.5039	0.6129	1.001	2.04	0.5458	0.1201	0.2200	1.745
1.06	0.8165	0.4919	0.6024	1.003	2.06	0.5409	0.1164	0.2152	1.775
1.08	0.8108	0.4801	0.5920	1.005	2.08	0.5361	0.1128	0.2105	1.806
1.10	0.8052	0.4684	0.5817	1.008	2.10	0.5314	0.1094	0.2058	1.837
1.12	0.7994	0.4568	0.5714	1.011	2.12	0.5266	0.1060	0.2013	1.869
1.14	0.7937	0.4455	0.5612	0.015	2.14	0.5219	0.1027	0.1968	1.902
1.16	0.7880	0.4343	0.5511	1.020	2.16	0.5173	0.09956	0.1925	1.935
1.18	0.7822	0.4232	0.5411	1.025	2.18	0.5127	0.09650	0.1882	1.970
1.20	0.7764	0.4124	0.5311	1.030	2.20	0.5081	0.09352	0.1841	2.005
1.22	0.7706	0.4017	0.5213	1.037	2.22	0.5036	0.09064	0.1800	2.041
1.24	0.7648	0.3912	0.5115	1.043	2.24	0.4991	0.08784	0.1760	2.078
1.26	0.7590	0.3809	0.5019	1.050	2.26	0.4947	0.08514	0.1721	2.115
1.28	0.7532	0.3708	0.4923	1.058	2.28	0.4903	0.08252	0.1683	2.154
1.30	0.7474	0.3609	0.4829	1.066	2.30	0.4859	0.07997	0.1646	2.193
1.32	0.7416	0.3512	0.4736	1.075	2.32	0.4816	0.07751	0.1610	2.233
1.34	0.7358	0.3417	0.4644	1.084	2.34	0.4773	0.07513	0.1574	2.274
1.36	0.7300	0.3323	0.4553	1.094	2.36	0.4731	0.07281	0.1539	2.316
1.38	0.7242	0.3232	0.4463	1.104	2.38	0.4689	0.07057	0.1505	2.359
1.40	0.7184	0.3142	0.4374	1.115	2.40	0.4647	0.06840	0.1472	2.403
1.42	0.7126	0.3055	0.4287	1.126	2.42	0.4606	0.06630	0.1440	2.448
1.44	0.7069	0.2969	0.4201	1.138	2.44	0.4565	0.06426	0.1408	2.494
1.46	0.7011	0.2886	0.4116	1.150	2.46	0.4524	0.06229	0.1377	2.540
1.48	0.6954	0.2804	0.4032	1.163	2.48	0.4484	0.06038	0.1347	2.588
1.50	0.6897	0.2724	0.3950	1.176	2.50	0.4444	0.05853	0.1317	2.637
1.52	1.6840	0.2646	0.3869	1.190	2.52	0.4405	0.05674	0.1288	2.687
1.54	0.6783	0.2570	0.6789	1.204	2.54	0.4366	0.05500	0.1260	2.737
1.56	0.6726	0.2496	0.3711	1.219	2.56	0.4328	0.05332	0.1232	2.789
1.58	0.6670	0.2423	0.3633	1.234	2.58	0.4289	0.05169	0.1205	2.842
1.60	0.6614	0.2553	03557	1.250	2.60	0.4252	0.05012	0.1179	2.896
1.62	0.6558	0.2284	0.3483	1.267	2.62	0.4214	0.04859	0.1153	2.951
1.64	0.6502	0.2217	0.3409	1.284	2.64	0.4177	0.04711	0.1128	3.007
1.66	0.6447	0.2152	0.3337	1.301	2.66	0.4141	0.04568	0.1103	3.065
1.68	06392	0.2088	0.3266	1.319	2.68	0.4104	0.04429	0.1079	3.123
1.70	0.6337	0.2026	0.3197	1.338	2.70	0.4068	0.04295	0.1056	3.183
1.72	0.6283	0.1966	0.3129	1.357	2.72	0.4033	0.04166	0.1033	3.244
1.74	0.6229	0.1907	0.3062	1.376	2.74	0.3998	0.04039	0.1010	3.306
1.76	0.6175	0.1850	0.2996	1.397	2.76	0.3963	0.03917	0.09885	3.370
1.78	0.6121	0.1794	0.2931	1.418	2.78	0.3928	0.03800	0.09671	3.434
1.80	0.6068	0.1740	0.2868	1.439	2.80	0.3894	0.03685	0.09462	3.500
1.82	0.6015	0.1688	0.2806	1.461	2.82	0.3860	0.03574	0.09259	3.567
1.84	0.5963	0.1637	0.2745	1.484	2.84	0.3827	0.03467	0.09059	3.636
1.86	0.5911	0.1587	0.2686	1.507	2.86	0.3794	0.03363	0.08865	3.706
1.88	0.5859	0.1539	0.2627	1.531	2.88	0.3761	0.03262	0.08674	3.777
1.90	0.5807	0.1492	0.2570	1.555	2.90	0.3729	0.03165	0.08489	3.850
1.92	0.5756	0.1447	0.2514	1.580	2.92	0.3697	0.03071	0.08308	3.924
1.94	0.5705	0.1403	0.2459	1.606	2.94	0.3665	0.02980	0.08130	3.999
1.96	0.5655	0.1360	0.2405	1.633	2.96	0.3633	0.02891	0.07957	4.076
1.98	0.5605	0.1318	0.2352	1.660	2.98	0.3602	0.02850	0.07788	4.155
2.00	0.5556	0.1278	0.2301	1.688	3.00	0.3571	0.02722	0.07623	4.235

M	$\dfrac{T}{T_0}$	$\dfrac{p}{p_0}$	$\dfrac{\rho}{\rho_0}$	$\dfrac{A}{A^*}$	M	$\dfrac{T}{T_0}$	$\dfrac{p}{p_0}$	$\dfrac{\rho}{\rho_0}$	$\dfrac{A}{A^*}$
3.10	0.3422	0.02345	0.06852	4.657	4.10	0.2293	0.005769	0.02516	11.71
3.20	0.3281	0.02023	0.06165	5.121	4.20	0.2208	0.005062	0.02292	12.79
3.30	0.3147	0.01748	0.05554	5.629	4.30	0.2129	0.004449	0.02090	13.95
3.40	0.3019	0.01512	0.05009	6.184	4.40	0.2053	0.003918	0.01909	15.21
3.50	0.2899	0.01311	0.04523	6.790	4.50	0.1980	0.003455	0.01745	16.56
3.60	0.2784	0.01138	0.04089	7.450	4.60	0.1911	0.003053	0.01597	18.02
3.70	0.2675	0.009903	0.03702	8.169	4.70	0.1846	0.002701	0.01463	19.58
3.80	0.2572	0.008629	0.03355	8.951	4.80	0.1783	0.002394	0.01343	21.26
3.90	0.2474	0.007532	0.03044	9.799	4.90	0.1724	0.002126	0.01233	23.07
4.00	0.2381	0.006586	0.02766	10.72	5.00	0.1667	0.001890	0.01134	25.00

[1차원 수직충격파(완전기체, $k = 1.4$)]

M_1	M_2	$\dfrac{p_{02}}{p_{01}}$	$\dfrac{T_2}{T_1}$	$\dfrac{p_2}{p_1}$	$\dfrac{\rho_2}{\rho_1}$	M_1	M_2	$\dfrac{p_{02}}{p_{01}}$	$\dfrac{T_2}{T_1}$	$\dfrac{p_2}{p_1}$	$\dfrac{\rho_2}{\rho_1}$
1.00	1.000	1.000	1.000	1.000	1.000						
1.02	0.9805	1.000	1.013	1.047	1.033	1.72	0.6355	0.8474	1.473	3.285	2.230
1.04	0.9620	0.9999	1.026	1.095	1.067	1.74	0.6305	0.8389	1.487	3.366	2.263
1.06	0.9444	0.9998	1.039	1.144	1.101	1.76	0.6257	0.8302	1.502	3.447	2.295
1.08	0.9277	0.9994	1.052	1.194	1.135	1.78	0.6210	0.8215	1.517	3.530	2.327
1.10	0.9118	0.9989	1.065	1.245	1.169	1.80	0.6165	0.8127	1.532	3.613	2.359
1.12	0.8966	0.9982	1.078	1.297	1.203	1.82	0.6121	0.8038	1.547	3.698	2.391
1.14	0.8820	0.9973	1.090	1.350	1.238	1.84	0.6078	0.7947	1.562	3.783	2.422
1.16	0.8682	0.9961	1.103	1.403	1.272	1.86	0.6036	0.7857	1.577	3.870	2.454
1.18	0.8549	0.9946	1.115	1.458	1.307	1.88	0.5996	0.7766	1.592	3.957	2.485
1.20	0.8422	0.9928	1.128	1.513	1.342	1.90	0.5956	0.7674	1.608	4.045	2.516
1.22	0.8300	0.9907	1.141	1.570	1.376	1.92	0.5918	0.7581	1.624	4.134	2.546
1.24	0.8183	0.9884	1.153	1.627	1.411	1.94	0.5880	0.7488	1.639	4.224	2.577
1.26	0.8071	0.9857	1.166	1.686	1.446	1.96	0.5844	0.7395	1.655	4.315	2.607
1.28	0.7963	0.9827	1.178	1.745	1.481	1.98	0.5808	0.7302	1.671	4.407	2.637
1.30	0.7860	0.9794	1.191	1.805	1.516	2.00	0.5774	0.7209	1.687	4.500	2.667
1.32	0.7760	0.9757	1.204	1.866	1.551	2.02	0.5740	0.7115	1.704	4.594	2.696
1.34	0.7664	0.9718	1.216	1.928	1.585	2.04	0.5707	0.7022	1.720	4.689	2.725
1.36	0.7572	0.9676	1.229	1.991	1.620	2.06	0.5675	0.6928	1.737	4.784	2.755
1.38	0.7483	0.9630	1.242	2.055	1.655	2.08	0.5643	0.6835	1.754	4.881	2.783
1.40	0.7397	0.9582	1.255	2.120	1.690	2.10	0.5613	0.6742	1.770	4.978	2.812
1.42	0.7314	0.9531	1.268	2.186	1.724	2.12	0.5583	0.6649	1.787	5.077	2.840
1.44	0.7235	0.9477	1.281	2.253	1.759	2.14	0.5554	0.6557	1.805	5.176	2.868
1.46	0.7157	0.9420	1.294	2.320	1.793	2.16	0.5525	0.6464	1.822	5.277	2896
1.48	0.7083	0.9360	1.307	2.389	1.828	2.18	0.5498	0.6373	1.839	5.378	2.924
1.50	0.7011	0.9298	1.320	2.458	1.862	2.20	0.5471	0.6281	1.857	5.480	2.951
1.52	0.6941	0.9233	1.334	2.529	1.896	2.22	0.5444	0.6191	1.875	5.583	2.978
1.54	0.6874	0.9166	1.347	2.600	1.930	2.24	0.5418	0.6100	1.892	5.687	3.005
1.56	0.6809	0.9097	1.361	2.673	1.964	2.26	0.5393	0.6011	1.910	5.792	3.032
1.58	0.6746	0.9026	1.374	2.746	1.998	2.28	0.5368	0.5921	1.929	5.898	3.058
1.60	0.6684	0.8952	1.388	2.820	2.032	2.30	0.5344	0.5833	1.947	6.005	3.085
1.62	0.6625	0.8876	1.402	2.895	2.065	2.32	0.5321	0.5745	1.965	6.113	3.110
1.64	0.6568	0.8799	1.416	2.971	2.099	2.34	0.5297	0.5658	1.984	6.222	3.136
1.66	0.6512	0.8720	1.430	3.048	2.132	2.36	0.5275	0.5572	2.002	6.331	3.162
1.68	0.6458	0.8640	1.444	3.126	2.165	2.38	0.5253	0.5486	2.021	6.442	3.187
1.70	0.6406	0.8557	1.458	3.205	2.198	2.40	0.5231	0.5402	2.040	6.553	3.212

M_1	M_2	$\dfrac{p_{02}}{p_{01}}$	$\dfrac{T_2}{T_1}$	$\dfrac{p_2}{p_1}$	$\dfrac{\rho_2}{\rho_1}$	M_1	M_2	$\dfrac{p_{02}}{p_{01}}$	$\dfrac{T_2}{T_1}$	$\dfrac{p_2}{p_1}$	$\dfrac{\rho_2}{\rho_1}$
2.42	0.5210	0.5318	2.059	6.666	3.237	2.92	0.4801	0.3517	2.586	9.781	3.782
2.44	0.5189	0.5234	2.079	6.779	3.261	2.94	0.4788	0.3457	2.609	9.918	3.801
2.46	0.5169	0.5152	2.098	6.894	3.285	2.96	0.4776	0.3398	2.632	10.06	3.820
2.48	0.5149	0.5071	2.118	7.009	3.310	2.98	0.4764	0.3340	2.656	10.19	3.839
2.50	0.5130	0.4990	2.137	7.125	3.333	3.00	0.4752	0.3283	2.679	10.33	3.857
2.52	0.5111	0.4910	2.157	7.242	3.357	3.10	0.4695	0.3012	2.799	11.05	3.947
2.54	0.5092	0.4832	2.177	7.360	3.380	3.20	0.4644	0.2762	2.922	11.78	4.031
2.56	0.5074	0.4754	2.198	7.479	3.403	3.30	0.4596	0.2533	3.049	12.54	4.112
2.58	0.5056	0.4677	2.218	7.599	3.426	3.40	0.4552	0.2322	3.180	13.32	4.188
2.60	0.5039	0.4601	2.238	7.720	3.449	3.50	0.4512	0.2130	3.315	14.13	4.261
2.62	0.5022	0.4526	2.259	7.842	3.471	3.60	0.4474	0.1953	3.454	14.95	4.330
2.64	0.5005	0.4452	2.280	7.965	3.494	3.70	0.4440	0.1792	3.596	15.81	4.395
2.66	0.4988	0.4379	2.301	8.088	3.516	3.80	0.4407	0.1645	3.743	16.68	4.457
2.68	0.4972	0.4307	2.322	8.213	3.537	3.90	0.4377	0.1519	3.893	17.58	4.516
2.70	0.4956	0.4236	2.343	8.338	3.559	4.00	0.4350	0.1388	4.047	18.50	4.571
2.72	0.4941	0.4166	2.364	8.465	3.580	4.10	0.4324	0.1276	4.205	19.45	4.624
2.74	0.4926	0.4097	2.386	8.592	3.601	4.20	0.4299	0.1173	4.367	20.41	4.675
2.76	0.4911	0.4028	2.407	8.721	3.622	4.30	0.4277	0.1080	4.532	21.42	4.723
2.78	0.4897	0.3961	2.429	8.850	3.643	4.40	0.4255	0.09948	4.702	22.42	4.768
2.80	0.4882	0.3895	2.451	8.980	3.664	4.50	0.4236	0.09170	4.875	23.46	4.812
2.82	0.4868	0.3829	2.473	9.111	3.684	4.60	0.4217	0.08459	5.052	24.52	4.853
2.84	0.4854	0.3765	2.496	9.243	3.704	4.70	0.4199	0.07809	5.233	25.61	4.893
2.86	0.4840	0.3701	2.518	9.376	3.724	4.80	0.4183	0.07214	5.418	26.71	4.930
2.88	0.4827	0.3639	2.540	9.510	3.743	4.90	0.4167	0.06670	5.607	27.85	4.966
2.90	0.4814	0.3577	2.563	9.645	3.763	5.00	0.4152	0.06172	5.800	29.00	5.000

3. 기하학적 성질

[평면의 기하학적 성질]

명 칭	모 양	면적 A	도심의 위치 $\bar{y}$ 또는 $\bar{x}$	도심축 $\overline{I}$ 에 대한 관성모멘트
원		$A = \dfrac{\pi D^2}{4}$	$\bar{y} = \dfrac{D}{2}$	$\overline{I} = \dfrac{\pi D^4}{64}$
반원		$A = \dfrac{\pi D^2}{8}$	$\bar{y} = \dfrac{4r}{3\pi}$	$\overline{I} = \left(\dfrac{1}{4} - \dfrac{16}{9\pi^2} \right) \times \dfrac{\pi r^4}{2}$

명 칭	모 양	면적 A	도심의 위치 $\overline{y}$ 또는 $\overline{x}$	도심축 $\overline{I}$ 에 대한 관성모멘트
사각형		$A = ab$	$\overline{y} = \dfrac{a}{2}$	$\overline{I} = \dfrac{ba^3}{12}$
삼각형		$A = \dfrac{ab}{2}$	$\overline{y} = \dfrac{a}{3}$	$\overline{I} = \dfrac{ba^3}{36}$
$\dfrac{1}{4}$ 원		$A = \dfrac{\pi D^2}{16}$	$\overline{x} = \overline{y} = \dfrac{4r}{3\pi}$	$\overline{I} = \left(\dfrac{1}{4} - \dfrac{16}{9\pi^2} \right) \times \dfrac{\pi r^4}{4}$
타원		$A = \pi ab$	$\overline{y} = a$	$\overline{I} = \dfrac{\pi a^3 b}{4}$
반타원		$A = \dfrac{\pi ab}{2}$	$\overline{y} = \dfrac{4a}{3\pi}$	$\overline{I} = \left(\dfrac{1}{4} - \dfrac{16}{9\pi^2} \right) \times \dfrac{\pi ba^3}{2}$
$\dfrac{1}{4}$ 타원		$A = \dfrac{\pi ab}{4}$	$\overline{y} = \dfrac{4a}{3\pi}$ $\overline{x} = \dfrac{4b}{3\pi}$	$\overline{I} = \left(\dfrac{1}{4} - \dfrac{16}{9\pi^2} \right) \times \dfrac{\pi ba^3}{4}$
포물선		$A = \dfrac{2ab}{3}$	$\overline{y} = \dfrac{3a}{5}$ $\overline{x} = \dfrac{3b}{8}$	$\overline{I} = \left(\dfrac{3}{7} - \dfrac{9}{25} \right) \times \dfrac{2ba^3}{3}$

[체적의 기하학적 성질]

명 칭	모 양	체적 V	도심 $\bar{y}$
원 통		$V = \dfrac{\pi d^2 a}{4}$	$\bar{y} = \dfrac{a}{2}$
원 추		$V = \dfrac{\pi d^2 a}{12}$	$\bar{y} = \dfrac{a}{4}$
구		$V = \dfrac{\pi d^3}{6}$	$\bar{y} = \dfrac{d}{2}$
반 구		$V = \dfrac{\pi d^3}{12}$	$\bar{y} = \dfrac{3r}{8}$
포물면체		$V = \dfrac{\pi d^2 a}{8}$	$\bar{y} = \dfrac{a}{3}$

4. 과년도 출제 문제

❊ 2005년도 시행 문제 ❊

□ **일반 기계 기사** ▶ 2005. 3. 6 시행

1. 2차원 유동에서 속도 퍼텐셜이 $\phi = x^2 + y - y^2$ 으로 주어진다면 두 점 (2, 1)과 (1, 0)에서의 유동 함수의 값의 차이는? (단, 속도 퍼텐셜은 $V = \Delta\phi$로 정의된다.)

㉮ 1 ㉯ 2
㉰ 3 ㉱ 4

해설 $\phi_1 = 2^2 + 1 - 1^2 = 4$, $\phi_2 = 1^2 + 0 - 0^2 = 1$
$\therefore \phi_1 - \phi_2 = 4 - 1 = 3$

2. 압력이 200 kPa에서 메탄가스의 밀도가 $1.1\,\text{kg/m}^3$이었다면 이때의 온도는 몇 K인가? (단, 일반 기체상수 (universal gas constant)는 8.314 kJ/kmol · K, 메탄 가스의 분자량은 16이다.)

㉮ 250 ㉯ 25 ㉰ 350 ㉱ 35

해설 $PV = RT$, $P\dfrac{1}{\rho} = RT$

$$T = \frac{P}{\rho R} = \frac{200}{1.1 \times \left(\dfrac{8.314}{16}\right)} = 350\,\text{K}$$

3. 안지름이 8 cm인 소방 노즐에서 물 제트가 35 m/s의 속도로 건물 벽에 수직으로 부딪히고 있다. 벽이 받는 힘은 약 몇 N인가?

㉮ 6160 ㉯ 3140
㉰ 4560 ㉱ 5600

해설 $F = \rho Q V = \rho A V^2$
$$= 1000 \times \frac{\pi}{4} \times (0.08)^2 \times 35^2 = 6154.4\,\text{N}$$

4. 다음 중 Stokes의 법칙과 관계되는 점도계는?

㉮ Ostwald 점도계
㉯ 낙구식 점도계
㉰ Saybolt 점도계
㉱ 회전식 점도계

해설 낙구식 점도계는 스토크스 법칙의 원리를 적용한 점도계이다.
$$\mu = \frac{d^2(\gamma_s - \gamma_l)}{18\,V}\,[\text{kg/ms}]$$

5. 프로펠러에서 상류의 유속을 u_0, 하류의 유속을 u_2라 하면 그 추진력 F는 얼마인가? (단, 유체의 밀도와 유량 및 비중량을 ρ, Q, γ라 한다.)

㉮ $F = \rho Q(U_2 - U_0)$
㉯ $F = \rho Q(U_0 - U_2)$
㉰ $F = \gamma Q(U_2 - U_0)$
㉱ $F = \gamma Q(U_0 - U_2)$

해설 프로펠러의 추력(F_{th})
$$= \rho Q(U_2 - U_0)\,[\text{kN}]$$

6. 비중이 0.877인 기름이 단면적이 변하는 원관을 흐르고 있으며 체적 유량은

해답 **1.** ㉰ **2.** ㉰ **3.** ㉮ **4.** ㉯ **5.** ㉮ **6.** ㉮

0.146 m³/s이다. A점에서는 안지름이 150 mm, 압력이 91 kPa이고, B점에서는 안지름이 450 mm, 압력이 60.3 kPa이다. 또한 B점은 A점보다 3.66 m 높은 곳에 위치한다. 기름이 A점에서 B점까지 흐르는 동안 잃어버린 수두는 모두 얼마인가?

㉮ 3.4 m　　　㉯ 3.9 m

㉲ 4.3 m　　　㉴ 4.9 m

해설
$$\frac{P_A}{\gamma} + \frac{V_A^2}{2g} + z_A$$
$$= \frac{P_B}{\gamma} + \frac{V_B^2}{2g} + z_B + h_{l_{1 \to 2}}$$
$$\frac{91 \times 10^3}{9800 \times 0.877} + \frac{(8.27)^2}{2 \times 9.8} + 0$$
$$= \frac{60.3 \times 10^3}{9800 \times 0.877} + \frac{(0.92)^2}{2 \times 9.8} + 3.66 + h_{l_{1 \to 2}}$$
$$h_{l_{1 \to 2}} = 14.077 - 10.719 = 3.358 \fallingdotseq 3.4 \text{ m}$$

7. 압력계의 눈금이 400 kPa를 나타내고 있다. 이 때 실험실에 놓여진 수은 기압계에서 수은의 높이는 750 mm이었다. 이 때 절대 압력은 몇 kPa인가?

㉮ 300　　　㉯ 500

㉲ 410　　　㉴ 600

해설　$P_a = P_o + P_g$
$$= \frac{750}{760} \times 101.325 + 400 = 500 \text{ kPa}$$

8. 점성력과 중력이 지배적인 영향을 미치는 유동 현상에 대한 모형 실험을 레이놀즈수와 프루드수를 모두 만족시키며 수행하고자 한다. 모형비 $\left(\dfrac{L_m}{L_p}\right)$가 $\dfrac{1}{3}$일 경우, 모형에서 사용하는 유체의 동점성계수는 몇 m²/s인가? (단, 실형에서 사용되는 유체의 동점성계수는 6×10⁻⁶ m²/s이

다. 여기에서 p는 실형, m은 모형을 나타낸다.)

㉮ 6.7×10⁻⁷　　　㉯ 1.15×10⁻⁶

㉲ 2×10⁻⁶　　　㉴ 3.46×10⁻⁶

해설　$(Re)_p = (Re)_m, \quad \left(\dfrac{Vd}{\nu}\right)_p = \left(\dfrac{Vd}{\nu}\right)_m$
$$(Fr)_p = (Fr)_m, \quad \left(\frac{V}{\sqrt{lg}}\right)_p = \left(\frac{V}{\sqrt{lg}}\right)_m$$
$$g_p = g_m \text{이므로}, \quad \frac{V_m}{V_p} = \sqrt{\frac{l_m}{l_p}}$$
$$\nu_m = \nu_p \frac{V_m}{V_p} \frac{d_m}{d_p}$$
$$= \nu_p \left(\frac{l_m}{l_p}\right)^{\frac{1}{2}} \left(\frac{l_m}{l_p}\right) = \nu_p \left(\frac{l_m}{l_p}\right)^{\frac{3}{2}}$$
$$= 6 \times 10^{-6} \times \left(\frac{1}{3}\right)^{\frac{3}{2}} = 1.15 \times 10^{-6}$$

9. 액체의 점성계수를 측정하기 위하여 수조로부터 모세관을 연결하여 관의 한 점으로부터 정압을 측정할 수 있도록 액주계를 달아 놓았다. 액주계의 높이가 H가 나타내는 뜻은?

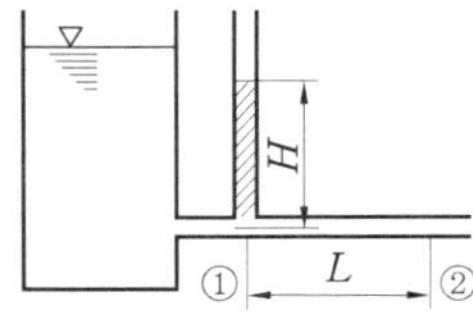

㉮ 모세관의 길이 L에서 생긴 손실수두와 같다.

㉯ 수조 내의 액체가 갖는 단위 중량당의 총 에너지를 나타낸다.

㉲ 모세관에 흐르는 액체의 전압(정압+동압)과 같다.

㉴ 모세관에 흐르는 액체의 동압을 나타낸다.

해설　액주계의 높이 H는 모세관 길이 L에서 생긴 손실수두와 같다.

10. 지름이 d인 관에 물이 0.3 m³/s의 유량으로 흐를 때 길이 500 m에 대해서 손

실 동력이 50 kW이다. 이 때 관마찰계수가 0.011이라 하면 관의 지름 d는 약 몇 cm인가?

㉮ 28 ㉯ 30 ㉰ 32 ㉱ 34

해설
$$\text{kW} = \gamma Q h_l = \gamma Q f \frac{l}{d} \frac{Q^2}{2g A^2}$$
$$= \gamma Q f \frac{l}{d} \frac{4^2 \times Q^2}{2g \pi^2 d^4}$$
$$= \gamma Q^3 f \frac{l \times 16}{2g \pi^2 d^5}$$
$$d = \sqrt[5]{\frac{\gamma Q^3 \times fl \times 16}{2g \pi^2 \text{kW}}}$$
$$= \sqrt[5]{\frac{9800 \times (0.3)^3 \times 0.011 \times 500 \times 16}{2 \times 9.8 \times \pi^2 \times 50000}}$$
$$= 0.2995 \,\text{m} = 29.95 \,\text{cm}$$

11. 밀도가 $1000\,\text{kg/m}^3$이고, 체적 탄성계수가 $2\,\text{GPa}$인 액체 내에서 음속은 몇 m/s인가?

㉮ 340 ㉯ 1000 ㉰ 1414 ㉱ 2000

해설 음속(C)
$$= \sqrt{\frac{E}{\rho}} = \sqrt{\frac{2 \times 10^9}{1000}} = 1414 \,\text{m/s}$$

12. 비중 0.75인 기름이 탱크에 담겨져 있을 때 표면으로부터 5 m 깊이에서의 압력은 몇 kPa인가? (단, 표면에는 대기압이 작용한다.)

㉮ 125.5 ㉯ 86.25 ㉰ 62.35 ㉱ 36.75

해설 $P = \gamma h = 9800 Sh = 9800 \times 0.75 \times 5$
$$= 36750 \,\text{N/m}^2 (\text{Pa}) = 36.75 \,\text{kPa}$$

13. 안지름이 2 m인 직관 내를 물이 6 m/s의 속도로 흐르고 있다. 여기에 재질이 같은 작은 직관을 흐름과 같은 방향으로 직접 연결하여 관내의 유속을 24 m/s로 하려면 작은 관의 안지름을 몇 m로 하면 좋은가?

㉮ 0.25 ㉯ 0.5 ㉰ 1 ㉱ 1.5

해설 $Q = A V \,[\text{m}^3/\text{s}]$
$$A_1 V_1 = A_2 V_2$$
$$\frac{\pi}{4} d_1^2 V_1 = \frac{\pi}{4} d_2^2 V_2 \text{에서,}$$
$$d_2 = d_1 \sqrt{\frac{V_1}{V_2}} = 2 \sqrt{\frac{6}{24}} = 1 \,\text{m}$$

14. 폭이 0.2 m인 평행 평판(간극 4 mm) 사이로 점성계수가 $1\,\text{Pa} \cdot \text{s}$인 물이 흐른다고 한다. 1 m 흐를 때마다 100 kPa의 압력 강하가 일어난다면 물의 유량은 몇 m^3/s 인가?

㉮ 2.35×10^{-4} ㉯ 1.7×10^{-3}
㉰ 2.57×10^{-3} ㉱ 1.1×10^{-4}

해설 $Q = \dfrac{2h^3}{3\mu} \dfrac{\Delta P}{l}$
$$= \frac{2 \times (2 \times 10^{-3})^3}{3 \times 1} \times \frac{100 \times 10^3}{1} \times 0.2$$
$$= 1.06 \times 10^{-4} \,\text{m}^3/\text{s}$$

15. 평판을 지나는 층류 경계층에 대해서 맞지 않은 것은?

㉮ 그 외부는 퍼텐셜 흐름으로 가정하는 경우가 많다.
㉯ 그 내부는 내부 마찰이 큰 흐름이다.
㉰ 그 내부는 속도 기울기가 큰 부분이다.
㉱ 레이놀즈수가 크면 그 두께는 커진다.

해설 층류인 경우$(Rex) < 5 \times 10^5$
경계층의 두께$(\delta) = \dfrac{5x}{\sqrt{Rex}}$ [mm]
층류인 경우 레이놀즈수가 크면 경계층의 두께(δ)는 작아진다.

16. 정압이 100 kPa인 물(밀도 $1000\,\text{kg/m}^3$)이 20 m/s로 흐르고 있을 때 정체압은 몇 kPa인가?

㉮ 150 ㉯ 103 ㉰ 200 ㉱ 300

해답 11. ㉰ 12. ㉱ 13. ㉰ 14. ㉱ 15. ㉱ 16. ㉱

해설 정체압 = 전압 (P_t)

$$= 정압(P_s) + 동압\left(\frac{\rho V^2}{2}\right)$$

$$= 100 + \frac{1000(20)^2}{2} \times 10^{-3} = 300 \text{ kPa}$$

17. 다음 중 유체의 정의를 가장 올바르게 나타낸 것은?

㉮ 아무리 작은 전단응력에도 저항할 수 없어 연속적으로 변형하는 물질

㉯ 고무와 같은 탄성력을 지닌 물질

㉰ 수직응력이 가해지지 않는 물질

㉱ 전단응력이 가해질 때 일정한 양의 변형이 유지되는 물질

해설 유체(fluid)는 아주 작은 전단력이라도 물질 내부에 작용하면 연속적으로 변형하는 물질(정지 상태로 있을 수 없는 물질)로 정의된다.

18. 기체와 액체 혹은 액체와 액체(밀도가 서로 다른)의 접경면(interface) 또는 표면 장력파(capillary wave), 물방울을 형성하는 유동 등에 가장 중요한 무차원수는?

㉮ 레이놀즈수 (Reynolds number)

㉯ 웨버수 (Weber number)

㉰ 마하수 (Mach number)

㉱ 프루드수 (Froude number)

해설 무차원수 중에서, 웨버수 $= \dfrac{관성력}{표면장력}$ 의 비로 정의된다.

19. 저항계수 $C_D = 0.2$, 운동 방향의 투영 면적 $A = 0.25\,\text{m}^2$인 물체가 속도 20 m/s 로 물 속을 움직일 때 물체가 받는 힘은 몇 kN인가?

㉮ 1　　㉯ 2　　㉰ 10　　㉱ 20

해설 항력(drag force)

$$= C_D \frac{\gamma A V^2}{2g} = C_D \frac{\rho A V^2}{2}$$

$$= 0.2 \times \frac{1000 \times 0.25 \times (20)^2}{2} \times 10^{-3} = 10 \text{ kN}$$

20. 다음의 용기에 동일한 액체가 같은 높이로 채워져 있다. 밑바닥에서의 압력은?

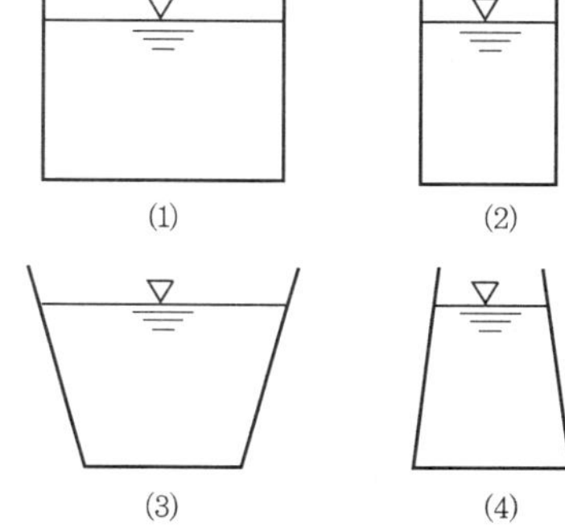

㉮ (2)의 경우가 가장 낮다.

㉯ 모두 동일하다.

㉰ (3)의 경우가 가장 높다.

㉱ (4)의 경우가 가장 낮다.

해설 정지 유체인 경우 연직 방향 압력 (P)의 세기는 비중량(밀도) 일정시 깊이(수두 ; h)만의 함수이다. 따라서, 같은 높이로 채워져 있는 경우 밑바닥에서의 압력의 세기는 모두 동일하다 (같다).

1. 항구의 모형을 400 : 1로 축소 제작하려고 한다. 조수간만의 주기가 12시간이면 모형 항구의 조수간만 주기는 몇 시간이 되어야 하는가?

㉮ 0.05   ㉯ 0.1   ㉰ 0.4   ㉱ 0.6

해설 $T_m = \dfrac{T_t}{\sqrt{\dfrac{l_p}{l_m}}} = \dfrac{12}{\sqrt{\dfrac{400}{1}}} = 0.6$ 시간(h)

2. 어떤 개방된 탱크에 비중이 1.5인 액체 400 mm 위에 물 200 mm가 있다. 이때 탱크 밑면에 작용하는 압력은 몇 Pa인가?

㉮ 0.6   ㉯ 7.84   ㉰ 6000   ㉱ 7840

해설 $P = \gamma_w h_1 + \gamma_w S h_2$
$= 9800 \times 0.2 + (9800 \times 1.5) \times 0.4$
$= 7840\, \text{Pa}\,(= \text{N}/\text{m}^2)$

3. 2차원 유동장에서 속도 벡터는 $V = 6\xi + 2yj$ 일 때 점 (5, 3)을 지나는 유선의 기울기는? (단, i, j는 x, y 방향의 단위 벡터이다.)

㉮ $\dfrac{1}{3}$ ㉯ $\dfrac{1}{5}$ ㉰ $\dfrac{1}{9}$ ㉱ $\dfrac{1}{12}$

해설 2차원 유동의 유선 미분방정식은
$\dfrac{dx}{u} = \dfrac{dy}{v}$ 이므로, 유선의 기울기 $\left(\dfrac{dy}{dx}\right)$
$= \dfrac{v}{u} = \left(\dfrac{2y}{6x}\right)_{5,3} = \dfrac{2 \times 3}{6 \times 5} = \dfrac{1}{5}$

4. 무게 10 kN의 로켓이 10 kg/s의 가스를 980 m/s의 속도로 분출할 때 추력은 몇 kN인가?

㉮ 100   ㉯ 10
㉰ 98   ㉱ 9.8

해설 로켓 추력$(F_{th}) = \dot{m}\, V = \rho\, Q V$
$= 10 \times 980 = 9800\, \text{N}\,(= 9.8\, \text{kN})$

5. 0.7 m³의 물이 16.7 MPa의 압력을 받으면 체적은 얼마로 변하겠는가? (단, 물의 체적 탄성계수 $E = 1960$ MPa이다.)

㉮ 0.694 m³   ㉯ 0.569 m³
㉰ 0.649 m³   ㉱ 0.764 m³

해설 $E = -\dfrac{dP}{\dfrac{dV}{V_1}} = -\dfrac{V_1 dP}{dV}$ [MPa]

$dV = V_2 - V_1 = -\dfrac{V_1 dP}{E}$

$= -\dfrac{0.7 \times 16.7}{1960} = -0.00596$

$\therefore V_2 = V_1 - 0.00596$
$= 0.7 - 0.00596 = 0.694\, \text{m}^3$

6. 길이 150 m인 배를 길이 10 m인 모형으로 조파 저항에 관한 실험을 하고자 한다. 실형의 배가 70 km/h로 움직인다면, 실형과 모형 사이의 역학적 상사를 만족하려면 모형의 속도는 몇 km/h로 하여야 하는가?

㉮ 10   ㉯ 56   ㉰ 18   ㉱ 271

해설 조파 저항에 대한 문제는 프루드수(Froude number) 조건을 만족시켜야 하므로,
$(Fr)_p = (Fr)_m$, $\left(\dfrac{V}{\sqrt{lg}}\right)_p = \left(\dfrac{V}{\sqrt{lg}}\right)_m$
$g_p = g_m$ 이므로,
$V_m = V_p\sqrt{\dfrac{l_m}{l_p}} = 70 \times \sqrt{\dfrac{10}{150}} = 18.07\, \text{km}/\text{h}$

7. 액체의 자유 표면에서부터 2.5 m 깊이의 게이지 압력이 19.6 kPa일 때, 이 액

체의 비중은?

㉮ 0.8　　　　　　㉯ 1

㉰ 8.3　　　　　　㉰ 4.93

해설　$P = \gamma h = \gamma_w Sh$ 에서,

$$S = \frac{P}{\gamma_w h} = \frac{19.6 \times 10^3}{9800 \times 2.5} = 0.8$$

8. 그림과 같이 노즐이 달린 수평관에서 압력계 읽음이 0.49 MPa이었다. 이 관의 안지름이 6 cm이고 관의 끝에 달린 노즐의 지름이 2 cm이라면 노즐 출구에서 물의 분출 속도는 몇 m/s인가? (단, 노즐에서의 손실은 무시하고, 관 마찰계수는 0.025로 잡는다.)

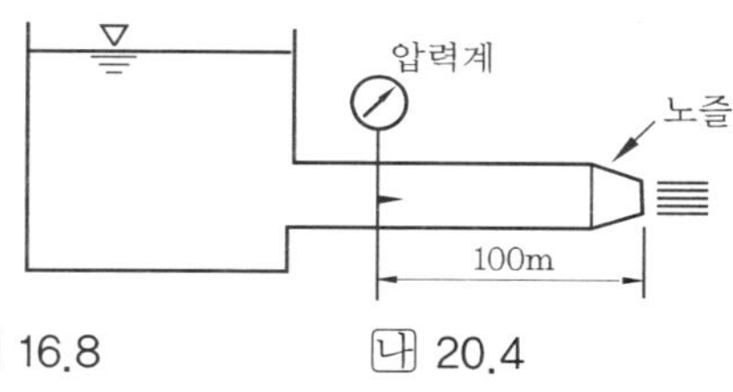

㉮ 16.8　　　　　　㉯ 20.4

㉰ 25.5　　　　　　㉰ 28.4

9. 지름 2.5 cm의 수평 원관(circular pipe)을 흐르는 물의 유동이 길이 5 m당 4 kPa의 압력 손실을 겪는다. 관의 벽면 전단응력(wall shear stress)은?

㉮ 2 Pa　　　　　　㉯ 3 Pa

㉰ 4 Pa　　　　　　㉰ 5 Pa

해설　$\tau_{wall} = \dfrac{\Delta P}{l} \dfrac{\gamma}{2} = \dfrac{\Delta P}{l} \dfrac{d}{4}$

$$= \frac{4 \times 10^3}{5} \times \frac{0.025}{4} = 5 \,\text{Pa}\,(= \text{N}/\text{m}^2)$$

10. 수면의 높이 40 m인 저수조에서 수면의 높이가 15 m인 저수조로 지름 45 cm, 길이 600 m의 주철관을 통해 물이 흐르고 있다. 유량은 0.25 m³/s이며, 관로 중

의 터빈에서 29.4 kW의 이론적인 동력을 얻는다면 관로의 손실 수두는 몇 m인가?

㉮ 11　　　　　　㉯ 12

㉰ 13　　　　　　㉰ 14

해설　관로 손실 수두(h_l)

$$= 40 - 15 - \left(\frac{\text{kW}}{\gamma Q}\right)$$

$$= 40 - 15 - \left(\frac{29.4}{9.8 \times 0.25}\right) = 13 \,\text{m}$$

11. 아주 긴 원관에서 유체가 층류(laminar flow)로 흐를 때 전단응력은 어떻게 변화하는가?

㉮ 전단응력은 일정하다.

㉯ 관벽에서 0이고, 중심까지 포물선 형태로 증가한다.

㉰ 관 중심에서 0이고, 관벽까지 선형적으로 증가한다.

㉰ 관벽에서 0이고, 중심까지 선형적으로 증가한다.

해설　층류 유동 시 전단응력(τ)

$$= \frac{\Delta P}{l} \frac{\gamma}{2} \,[\text{kPa}]$$

$\tau \propto \gamma$ 이므로, $\gamma = 0$ (관의 중심)에서 $\tau = 0$ 이고 선형적으로 증가한다.

γ 이 최대인 관벽에서 $\tau_{\max}$ 이 된다.

12. 빙산은 그 체적의 몇 분의 몇이 노출되어 있는가? (단, 얼음의 밀도는 920 kg/m³, 해수의 밀도는 1030 kg/m³이다.)

㉮ 약 $\dfrac{1}{5}$　　　　　㉯ 약 $\dfrac{2}{5}$

㉰ 약 $\dfrac{1}{10}$　　　　㉰ 약 $\dfrac{3}{10}$

해설　물체 무게(빙산 무게) = 부력(F_B)

$920\,V = 1030\,(V - V_1)$

여기서, V_1 : 해수 밖으로 노출된 체적

V : 빙산의 체적

해답　8. ㉰　　9. ㉰　　10. ㉰　　11. ㉰　　12. ㉰

$$\frac{920}{1030} = 1 - \frac{V_1}{V}$$

$$\frac{V_1}{V} = 1 - \frac{920}{1030} = 0.1067 \left(\fallingdotseq \frac{1}{10} \right)$$

13. 직각 좌표계 (x, y, z) 상에서 다음과 같은 속도 성분을 갖는 3차원 유동장이 있다. 축방향의 유속성분이 각각 다음과 같을 때 와도(vorticity)의 x 성분을 구하면? (여기서 u, v, w 는 각각 x, y, z 방향의 속도 성분을 나타낸다.)

$$u = 3xy + z^2$$
$$v = 2x^2 + 5yz$$
$$w = 4y^2 + 3zx$$

㉮ $13y$　　㉯ $3y$　　㉰ $-3y$　　㉱ $-13y$

해설　$u = 3xy + z^2$ 에서, 와도의 x 성분은

$$\frac{\partial u}{\partial x} = 3y$$

14. 길이가 L 이고, 지름 D 인 수평원관 속에 유체가 흐를 때 관 입구와 출구의 압력차가 ΔP 라면 관벽에서의 전단응력은 얼마인가?

㉮ $\Delta P \dfrac{D}{4L}$　　　　㉯ $\Delta P \dfrac{D}{2L}$

㉰ $\Delta P \dfrac{L}{4D}$　　　　㉱ $\Delta P \dfrac{L}{2D}$

해설　원관 층류 유동 시 전단응력(τ)
$$= \frac{\Delta P}{L}\frac{D}{4} = \Delta P \frac{D}{4L}\,[\text{kPa}]$$

15. 평판을 지나는 경계층 유동에서 속도 분포를 경계층 내에서는 $u = U\dfrac{y}{\delta}$, 경계층 밖에서는 $u = U$ 로 가정할 때, 운동량 두께(momentum thickness)는 경계층 두께 δ의 몇 배인가? (단, $U =$ 자유 흐름

속도, $y =$ 평판으로부터의 수직 거리)

㉮ $1/6$　㉯ $1/3$　㉰ $1/2$　㉱ $7/6$

해설　운동량 두께(δ_m)

$$= \frac{1}{\rho U^2} \int_0^\delta \rho u (U - u)\, dy$$

$$= \int_0^\delta \frac{u}{U}\left(1 - \frac{u}{U}\right) dy$$

$$= \int_0^\delta \frac{y}{\delta}\left(1 - \frac{y}{\delta}\right) dy = \frac{\delta}{6}$$

$$\therefore \frac{\delta_m}{\delta} = \frac{1}{6}$$

16. 그림과 같이 유리관의 A, B부분의 지름은 각각 30 cm, 10 cm이다. 이 관에 물을 흐르게 하였더니 A에 세운 관에는 물이 60 cm, B에 세운 관에는 물이 30 cm 올라갔다. A와 B부분에서의 물의 속도는?

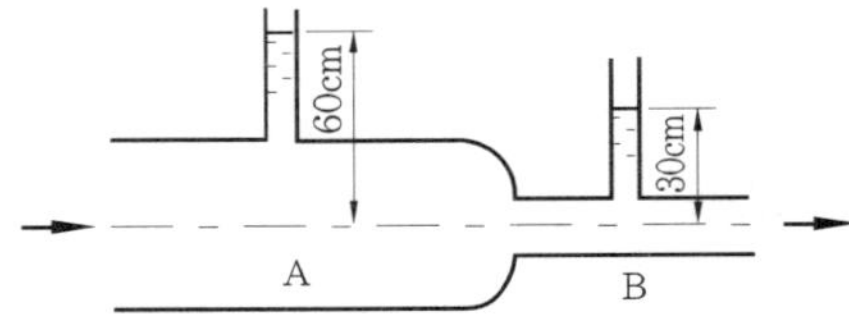

㉮ $V_A = 2.7\,\text{m/s}, \ V_B = 24.3\,\text{m/s}$

㉯ $V_A = 2.44\,\text{m/s}, \ V_B = 2.44\,\text{m/s}$

㉰ $V_A = 0.54\,\text{m/s}, \ V_B = 4.86\,\text{m/s}$

㉱ $V_A = 0.27\,\text{m/s}, \ V_B = 2.44\,\text{m/s}$

해설　연속 방정식에서, $A_A V_A = A_B V_B$

$$V_A = V_B\left(\frac{A_B}{A_A}\right) = V_B\left(\frac{d_B}{d_A}\right)^2$$

$$= V_B\left(\frac{10}{30}\right)^2 = \frac{1}{9} V_B$$

A와 B에 Bernoulli's equation을 적용하면,

$$\frac{P_A}{\gamma} + \frac{V_A^2}{2g} = \frac{P_B}{\gamma} + \frac{V_B^2}{2g}$$

(동일 수평면이므로 $Z_A = Z_B$)

$$\frac{600}{1000} + \frac{V_A^2}{19.6} = \frac{300}{1000} + \frac{81 V_A^2}{19.6}$$

해답　**13.** ㉯　**14.** ㉮　**15.** ㉮　**16.** ㉱

$$\frac{81\,V_A^{\,2}}{19.6} = \frac{300}{1000}$$

$$V_A = \sqrt{\frac{19.6 \times 300}{80 \times 1000}} = 0.271\,\mathrm{m/s}$$

$$\therefore\ V_B = 9\,V_A = 9 \times 0.271 = 2.44\,\mathrm{m/s}$$

17. 원통 속의 액체가 중심축에 대하여 ω 의 각속도로 강체와 같이 등속회전하고 있을 때 가장 압력이 높은 지점은?

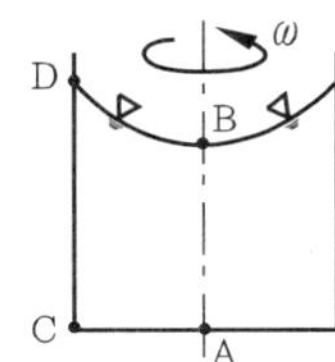

㉮ 바닥면의 중심점 A

㉯ 액체 표면의 중심점 B

㉰ 바닥면의 가장자리 C

㉱ 액체 표면의 가장자리 D

[해설] 바닥면 가장자리인 C점의 압력이 최고로 높다.

$(p = \gamma h)$ 에서, $p \propto h$ (상대적 평형은 정지 유체로 가정한다.)

18. 바다에 비중이 0.88인 얼음이 떠 있는데 수면 위로 나와 있는 체적은 30 m³이다. 이 얼음의 전체 중량은 몇 kN인가? (단, 바닷물의 비중은 1.025이다.)

㉮ 2077.6　　　㉯ 20776

㉰ 1828.9　　　㉱ 17444

[해설] 얼음의 전체 무게 = 부력(F_B)

얼음의 전체 체적(V) = 잠긴 체적(V') + 수면 위의 체적$(30\,\mathrm{m}^3)$

$9800 \times 0.88 \times (V' + 30) = 9800 \times 1.025\,V'$

$8624\,V' + 258720 = 10045\,V'$

$10045\,V' - 8624\,V' = 258720$

$$\therefore\ V' = \frac{258720}{1421} = 182.07\,\mathrm{m}^3$$

$(\,V = V' + 30 = 212.07\,\mathrm{m}^3\,)$

$\therefore$ 얼음 전체의 무게(W)

$= 9800\,SV$

$= 9800 \times 0.88 \times 212.07\,\mathrm{m}^3 \times 10^{-3}$

$= 1828.9\,\mathrm{kN}$

19. 금속선에 전류가 흐를 때 일어나는 온도와 전기 저항과의 관계를 이용하여 유속을 측정하는 장치는?

㉮ 열선 풍속계　　　㉯ 벤투리미터

㉰ 피토관　　　㉱ 오리피스

[해설] 열선 풍속계(hot-wire anemometer) : 금속선에 전류가 흐를 때 일어나는 온도와 전기 저항과의 관계를 이용하여 유속을 측정하는 장치로, 흐름에 직각으로 유지된 가열 원통에 대한 대류 냉각 작용을 이용하여 풍속을 측정하는 기구이다. 이 냉각은 유체와 열선의 온도, 그리고 자유 흐름 속도의 함수가 된다. 열선의 지름은 0.01~0.10 mm, 길이는 약 1.5 mm로 두 갈래의 관에 연결되어 유체 흐름에 노출시킨다.

20. 표준 기압에서 온도 20 ℃인 공기가 평판 위를 20 m/s의 속도로 흐르고 있다. 선단으로부터 5 cm 떨어진 곳에서의 경계층의 두께는? (단, 공기의 동점성계수는 15.68×10^{-6} m²/s이다.)

㉮ 0.99 mm　　　㉯ 0.74 mm

㉰ 0.13 mm　　　㉱ 0.06 mm

[해설]
$$Rex = \frac{U_\infty x}{\nu} = \frac{20 \times 0.05}{15.68 \times 10^{-6}}$$

$$= 63776 < 5 \times 10^5\,(층류)$$

$$\delta = \frac{5x}{\sqrt{Rex}} = \frac{5 \times 50}{\sqrt{637.76}} = 0.99\,\mathrm{mm}$$

1. 다음 중 물리량의 차원이 틀리게 표시된 것은 ?(단, F : 힘, M : 질량, L : 길이, T : 시간을 의미한다.)

㉮ 운동량 : MLT^{-1}

㉯ 각운동량 : ML^2T^{-1}

㉰ 동력 : FLT^{-1}

㉱ 에너지 : MLT^{-1}

해설 에너지는 일할 수 있는 능력(일과 열량)으로 나타낼 수 있다.

중력단위로 에너지(E) = kgf $\cdot$ m = FL
$= (MLT^{-2})L = ML^2T^{-2}$이다.

2. 자동차를 개발하여 풍동에서 모형실험을 하고자 한다. 원형 자동차는 50 km/h로 설계되었다면, 모형의 길이를 1/6으로 축소하면, 풍동의 유속은 몇 m/s로 유지하여야 하나 ?

㉮ 2.31   ㉯ 10.8

㉰ 41.5   ㉱ 83.3

해설 저속 유동 시$(Ma < 0.3)$ 풍동시험에서는 레이놀즈수가 중요한 무차원수이다.

$$\left(\frac{VL}{\nu}\right)_p = \left(\frac{VL}{\nu}\right)_m, \ \nu_p = \nu_m 이므로$$

$$V_m = V_p\left(\frac{L_p}{L_m}\right) = \left(\frac{50}{3.6}\right) \times 6 = 83.3\,\mathrm{m/s}$$

3. 표준대기압 상태인 어떤 지방의 호수에서 지름이 d [cm]인 공기의 기포가 수면으로 올라오면서 2배로 팽창하였다. 이때 기포의 최초의 위치는 수면으로부터 몇 m인가 ? (단, 기포 내의 공기는 Boyle 법칙에 따른다.)

㉮ 71.36   ㉯ 72.32

㉰ 73.27   ㉱ 74.54

해설 보일의 법칙$(T = C)$에서 $pv = c$ 이므로

$$p_0v_0 = p_1v_1 = 1.0332 \times \frac{\pi(2d)^3}{6} = p_1\frac{\pi(2d)^3}{6}$$

$$p_1 = 8 \times 1.0332 = 8.2656\,\mathrm{kgf/cm^2}$$

$$\Delta p = p_1 - p_0 = 8.2656 - 1.0332$$

$$= 7.2324\,\mathrm{kgf/cm^2}$$

$$\therefore h = \frac{\Delta p}{\gamma} = \frac{7.2324 \times 10^4}{1000}$$

$$= 72.324 \ \fallingdotseq 72.32\,\mathrm{m}$$

4. 밀도가 ρ_1, ρ_2인 두 종류의 액체 속에 완전히 잠긴 물체의 중량을 스프링 저울로 측정한 결과 각각 W_1, W_2 이었다. 이 물체의 참 무게 G를 구하면 ?

㉮ $G = \dfrac{W_1\rho_2 + W_2\rho_1}{\rho_2 - \rho_1}$

㉯ $G = \dfrac{W_1\rho_2 - W_2\rho_1}{\rho_2 - \rho_1}$

㉰ $G = \dfrac{W_1\rho_2 + W_2\rho_1}{\rho_2 + \rho_1}$

㉱ $G = \dfrac{W_1\rho_2 - W_2\rho_1}{\rho_2 + \rho_1}$

해설 $G = \dfrac{W_1\rho_2 - W_2\rho_1}{\rho_2 - \rho_1}$ [kgf, kN]

5. 물에 의해서 평판의 윗면에 작용하는 힘은 ?

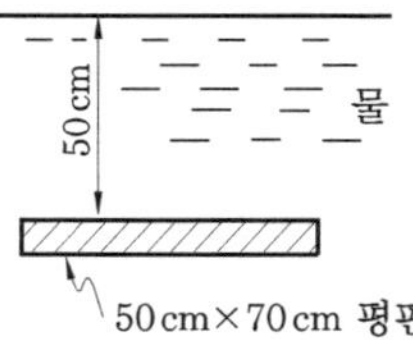

㉮ 1370 N   ㉯ 1715 N

㉰ 1960 N   ㉱ 13720 N

해답 1. ㉱   2. ㉱   3. ㉯   4. ㉯   5. ㉯

해설 수평면인 경우 유체 전압력(F)
$$= \gamma h A = 9800 \times 0.5 \times (0.5 \times 0.7) = 1715\,\mathrm{N}$$

6. 수평으로 놓인 파이프에 완전발달한 정상, 비압축성 유동이 흐르고 있다. 다음 중 일정한 값을 가지지 못하고 위치에 따라 계속 변하는 것은?

㉮ 중심축에서 속도

㉯ 중심축에서 가속도

㉰ 파이프 벽면에서 전단 응력

㉱ 파이프 벽면에서 압력

해설 $\Delta p = \dfrac{128\,\mu\,Ql}{\pi d^4}\,[\mathrm{kPa}],\ \ \Delta P \propto l$

7. 실린더 안에서 압축된 액체가 압력 1 kPa 에서는 0.5 m³인 체적 압력 1.8 kPa에서는 0.495 m³인 체적으로 감소되었다. 이 액체의 체적 탄성계수는 몇 Pa인가?

㉮ 8×10^4　　　㉯ 8×10^3

㉰ 8×10^5　　　㉱ 8×10^6

해설 체적탄성계수(E)
$$= -\dfrac{dP}{\dfrac{dV}{V}} = \dfrac{(1.8-1) \times 10^3}{\dfrac{0.495 - 0.5}{0.5}} = 8 \times 10^4\,\mathrm{Pa}$$

8. 층류(laminar flow) 유동하는 원 관에서 레이놀즈수가 1000인 경우 마찰계수 f의 값은 어느 것이 맞는가?

㉮ 0.064　　　㉯ 0.022

㉰ 0.032　　　㉱ 0.016

해설 $Re < 2100$(층류)이므로
$$\text{관마찰계수}(f) = \dfrac{64}{Re} = \dfrac{64}{1000} = 0.064$$

9. 비압축성 유체가 평판 위를 흐르고 있다. 경계층 내의 속도 분포가 $\dfrac{u}{U} = \dfrac{y}{\delta}$일

때 배제 두께(displacement thickness)는? (단, U_∞ 는 자유 흐름 속도, δ는 경계층 두께, y 는 평판으로부터의 수직거리이다.)

㉮ $\dfrac{\delta}{6}$　　㉯ $\dfrac{\delta}{3}$　　㉰ $\dfrac{\delta}{2}$　　㉱ δ

해설 배제 두께(δ^*)
$$= \int_0^\delta \left(1 - \dfrac{u}{u_0}\right) dy = \int_0^\delta \left(1 - \dfrac{y}{\delta}\right) dy$$
$$= \left[y - \dfrac{y^2}{2\delta}\right]_0^\delta = \left[\delta - \dfrac{\delta^2}{2\delta}\right] = \delta - \dfrac{\delta}{2} = \dfrac{\delta}{2}$$

10. 200 ℃의 어떤 기체 중에서 음속이 400 m/s라면 400 ℃인 이 기체 중에서의 음속은 얼마인가?

㉮ 477 m/s　　　㉯ 800 m/s

㉰ 566 m/s　　　㉱ 400 m/s

해설 음속(C)
$$= \sqrt{kRT}\,[\mathrm{m/s}]\,(C \propto T^{\frac{1}{2}}\,(\sqrt{T}))$$
$$400 : \sqrt{473} = x : \sqrt{673}$$
$$\therefore x = 400 \times \sqrt{\dfrac{673}{473}} = 477\,\mathrm{m/s}$$

11. 수평원관 속을 유체가 층류(laminar flow)로 흐르고 있을 때 유량은 어떻게 표시되는가?

㉮ 지름의 4제곱에 비례한다.

㉯ 점성계수에 비례한다.

㉰ 관의 길이에 반비례한다.

㉱ 압력 강하에 반비례한다.

해설 Hagen−Poiseuille equation
$$Q = \dfrac{\Delta p \pi d^4}{128\,\mu l}\,[\mathrm{m^3/s}]$$
∴ 유량(Q)은 관의 길이에 반비례한다.

12. 바람이 부는 날, 굴뚝에서 나오는 연기 모양을 셔터 속도 1/125 초로 하여 사

진을 찍었다. 이 유동가시화 사진에서 보이는 연기 모양은 다음 중 무엇에 해당하는가 ?

㉮ 유선(stream line)

㉯ 유적선(path line)

㉰ 유맥선(streak line)

㉱ 시간선(time line)

해설 유체입자의 순간 궤적은 유맥선(streak line)이라고 한다(예 담배 연기).

13. 지름 5.08 cm인 물 제트가 물 제트와 직각으로 둔 고정평판에 충돌하여 1200 N의 힘을 평판에 가했다. 수류의 유량은 몇 m^3/s 인가 ?

㉮ 0.069 ㉯ 0.019

㉰ 0.029 ㉱ 0.049

해설 $F = \rho QV = \rho A V^2 [\text{N}]$ 에서

$$V = \sqrt{\frac{F}{\rho A}} = \sqrt{\frac{1200}{1000 \times \frac{\pi}{4} \times (0.0508)^2}}$$

$$= 24.34 \, \text{m/s}$$

$$\therefore Q = AV = \frac{\pi}{4} \times (0.0508)^2 \times 24.34$$

$$= 0.049 \, \text{m}^3/\text{s}$$

14. 안지름 600 mm인 수평원관 속을 유체가 흐르고 있다. 50 m 떨어져 있는 두 단면에서 80 kPa의 압력차가 생기면 이때 관 벽에서의 전단 응력은 몇 kPa인가 ?

㉮ 0.24 ㉯ 2.4 ㉰ 24 ㉱ 240

해설 $\tau = \dfrac{\Delta P}{l} \cdot \dfrac{r}{2} = \dfrac{80}{50} \times \dfrac{0.3}{2} = 0.24 \, \text{kPa}$

15. 다음 2차원 유동 중 속도 퍼텐셜이 존재하는 것은 ? (단, $\vec{V} = (u, \, v)$ 이다.)

㉮ $\vec{V} = (x^2 + y^2, \; 2xy)$

㉯ $\vec{V} = (x^2 + y^2, \; -2xy)$

㉰ $\vec{V} = (x^2 - y^2, \; 2xy)$

㉱ $\vec{V} = (x^2 - y^2, \; -2xy)$

해설 $\vec{V} = -\nabla\phi = -\left(\dfrac{\partial\phi}{\partial x}i + \dfrac{\partial\phi}{\partial y}j\right)$

$$\left(2\text{차원 유동함수조건} \; \frac{\partial\phi}{\partial y} = u, \; \frac{\partial\phi}{\partial x} = -v\right)$$

【별해】 유동함수는 연속방정식을 만족한다.

$$\left(\frac{\partial y}{\partial x} + \frac{\partial u}{\partial y}\right) = 2x - 2x = 0$$

16. 그림과 같은 180° 베인이 지름 5 cm, 속도 30 m/s의 물분류를 받으며 15 m/s의 속도로 분류 방향으로 운동하는 경우 이 베인이 받는 동력은 얼마 정도인가 ?

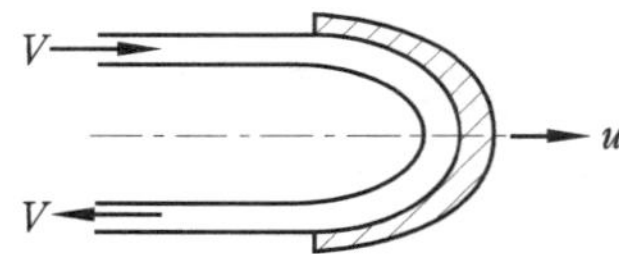

㉮ 13.3 kW ㉯ 14.7 kW

㉰ 18.1 kW ㉱ 19.6 kW

해설 $F = \rho Q V(1 - \cos\theta) = \rho Q V(1 + 1)$

$$= 2\rho A(v - u)^2$$

$$= 2 \times 1000 \times \frac{\pi}{4} \times (0.05)^2 \times (30 - 15)^2$$

$$= 883 \, \text{N} = 0.883 \, \text{kN}$$

$$\text{동력}(P) = F \times U = 0.883 \times 15 = 13.25 \, \text{kW}$$

17. 다음 중 비행기 이착륙 시 플랩(flap)을 주 날개에서 내려 날개의 넓이를 늘린다. 그 이유를 맞게 설명한 것은 ?

㉮ 양력을 증가시키고 조정이 용이하게 한다.

㉯ 항력을 증가시키고 조정이 용이하게 한다.

㉰ 항력을 감소시키고 조정이 용이하게 한다.

㉱ 양력을 감소시키고 조정이 용이하게 한다.

해설 양력(lift force)은 항력(drag force)과 수직방향의 힘으로 물체를 부상시키는 힘으로 비행기 이착륙 시 플랩(flap)을 주 날개에서 내려 날개의 넓이를 늘리는 이유는 양력을 증가시키고 조정이 용이하게 하기 위함이다.

해답 13. ㉱ 14. ㉮ 15. ㉱ 16. ㉮ 17. ㉮

18. $\dfrac{P}{\gamma} + \dfrac{V^2}{2g} + Z = H$(일정)로 표시되는 베르누이(Bernoulli) 방정식이 성립하기 위한 조건이 아닌 것은?

㉮ 정상 유동

㉯ 비점성 유동

㉰ 비압축성 유동

㉱ 액체의 유동

[해설] 베르누이 방정식의 성립(가정) 조건

① 정상류 $\left(\dfrac{\partial v}{\partial t} = 0\right)$ 일 것

② 비점성(마찰이 없을)일 것

③ 비압축성 유체($\gamma = c$)일 것

④ 유체입자는 유선을 따를 것

19. 깊이가 10 cm이고 지름이 6 cm인 물컵에 물이 담겨 있다. 이 컵을 회전반 위의 중심축에 올려놓고 40 rad/s의 각속도로 회전시켰을 때 물이 막 넘치게 된다

면 물은 몇 cm가 담겨있을까? (단, 물의 밀도는 1000 kg/m^3 이다.)

㉮ 6.33

㉯ 3.17

㉰ 4.75

㉱ 9.5

[해설] $h = \dfrac{V^2}{2g} = \dfrac{(r\omega)^2}{2g} = \dfrac{(0.03 \times 40)^2}{2 \times 9.8}$

$= 0.0735$ m(벽면 최대 상승높이)

$\therefore H = 0.1 - \dfrac{h}{2} = 0.1 - \dfrac{0.0735}{2}$

$= 0.0633$ m $= 6.33$ cm

20. 흐르는 물의 유속을 측정하기 위해 피토 정압관을 사용하고 있다. 압력 측정 결과, 전압력수두가 15 m 이고 정압수두가 7 m일 때, 이 위치에서의 유속은?

㉮ 5.91 m/s

㉯ 9.75 m/s

㉰ 10.58 m/s

㉱ 12.52 m/s

[해설] $V_0 = \sqrt{2g\Delta h} = \sqrt{2 \times 9.8 \times (15 - 7)}$

$= 12.52$ m/s

⁂ 2006년도 시행 문제 ⁂

1. 2차원 속도장이 다음과 같이 주어졌을 때 유선의 방정식은 어느 것인가? (여기서 C는 상수이다.)

$$u = -2x, \quad v = 2y$$

㉮ $x^2 y = C$ ㉯ $x^2 y^2 = C$

㉰ $xy = C$ ㉱ $\dfrac{x}{y} = C$

해설 $\dfrac{dx}{u} = \dfrac{dy}{v}$

$\therefore \dfrac{dx}{-2x} = \dfrac{dy}{2y}$

$\ln y = -\ln x + C, \ \ln x + \ln y = C$

$\ln xy = C, \quad xy = e^c = C \quad \therefore xy = C$

2. 그림과 같은 물 제트 펌프(jet pump)는 노즐 단면적(A_j)이 $0.01\,\text{m}^2$이고 속도가 $30\,\text{m/s}$인 물 제트에 의해 작동된다. 관의 단면적(A_p)이 $0.075\,\text{m}^2$이고 하류에서 두 유체가 잘 섞인 후 $6\,\text{m/s}$의 속도로 펌프를 빠져나갈 때 펌프가 양수할 수 있는 체적유량은 몇 L/s인가?

㉮ 100 ㉯ 150

㉰ 200 ㉱ 250

해설 $Q = Q_1 - Q_2 = 0.45 - 0.3$

$\qquad = 0.15\,\text{m}^3/\text{s}(= 150\,\text{L/s})$

3. 유효낙차가 $100\,\text{m}$인 댐의 유량이 $10\,\text{m}^3/\text{s}$일 때 효율 $90\,\%$인 수력터빈의 출력은 몇 MW인가?

㉮ 8.83 ㉯ 9.81

㉰ 10.0 ㉱ 10.9

해설 수력터빈 출력

$= \gamma Q H \eta_T = 9806 \times 10 \times 100 \times 0.9$

$= 8825400\,\text{Watt} \doteqdot 8.83\,\text{MW}$

4. 파이프의 안지름이 $70\,\text{mm}$이고 이 속에 수소가스가 $0.02\,\text{kg/s}$의 질량유량으로 흐르고 있다. 수소의 평균속도는 몇 m/s인가? (이 때, 수소의 압력은 $100\,\text{kPa}$ abs, 온도 $15\,℃$, $R = 287\,\text{J/kg} \cdot \text{K}$이며 이상기체로 가정한다.)

㉮ 4.29 ㉯ 0.15

㉰ 1.21 ㉱ 0.61

해설 $\dot{m} = \rho A V\,[\text{kg/s}]$에서

$V = \dfrac{\dot{m}}{\rho A} = \dfrac{\dot{m}}{\dfrac{P}{RT} A} = \dfrac{\dot{m} R T}{PA}$

$= \dfrac{0.02 \times 287 \times 15 + 273}{100 \times 10^3 \times \dfrac{\pi}{4} \times (0.07)^2} = 4.29\,\text{m/s}$

5. 일정한 유량의 물이 원관 속을 층류로 흐른다고 가정할 때 지름을 3배로 하면 손실수두는 몇 배로 되는가?

㉮ $\dfrac{1}{3}$ ㉯ $\dfrac{1}{9}$

㉰ $\dfrac{1}{27}$ ㉱ $\dfrac{1}{81}$

해답 1. ㉰ 2. ㉯ 3. ㉮ 4. ㉮ 5. ㉱

[해설] 수평층류 원관운동에서의 유량(Q)

$$= \frac{\Delta P \pi d^4}{128 \mu l} \ [\text{m}^3/\text{s}]$$

$$hl \left(= \frac{\Delta P}{\gamma} \right) = \frac{128 \mu Q l}{\gamma \pi d^4} \ [\text{mAq}]$$이므로

$$hl \propto \frac{1}{d^4} \quad \left(\therefore \ hl = \frac{1}{(3)^4} = \frac{1}{81} \right)$$

6. 저항계수 $C_0 = 0.2$, 운동방향의 투영면적 $A = 0.25 \ \text{m}^2$인 물체가 속도 20 m/s로 물 속을 움직일 때 물체가 받는 힘은 몇 kN인가?

㉮ 0.1 ㉯ 0.5
㉰ 10 ㉱ 20

[해설] $D = C_0 \dfrac{\rho A V^2}{2}$

$$= 0.2 \times \frac{1000 \times 0.25 \times 20^2}{2}$$

$$= 10000 \ \text{N} (= 10 \ \text{kN})$$

7. 중유(동점성계수 $3.96 \times 10^{-4} \ \text{m}^2/\text{s}$, 비중 0.9)가 지름 0.2 m인 수평 원관 속을 층류로 흐르고 있다. 총 길이가 2 km이고 입구측 압력은 100 kPa이고 출구측 압력은 45 kPa이었다. 이 때 유량은 몇 m^3/s인가?

㉮ 0.01 ㉯ 0.003
㉰ 0.001 ㉱ 0.03

[해설] 층류수평 원관유동이므로
Hagen−Poiseuille's equation

$$Q = \frac{\Delta P \pi d^4}{128 \mu l} \ [\text{m}^3/\text{s}]$$에서

$$Q = \frac{(100 - 45) \times 10^3 \times \pi \times (0.2)^4}{128 \times (900 \times 3.96 \times 10^{-4}) \times 2000}$$

$$= 0.003 \ \text{m}^3/\text{s}$$

8. 그림과 같이 반지름 2 m, 폭 4 m인 곡면에 작용하는 물에 의한 힘의 수평성분의 크기는?

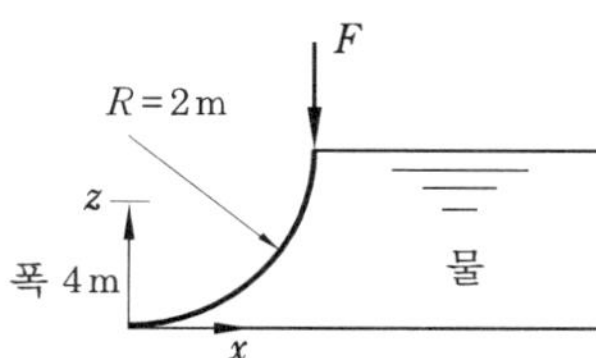

㉮ 8 N ㉯ 8 kN
㉰ 78.4 N ㉱ 78.4 kN

[해설] $F_H = \gamma h A = 9800 \times 1 \times (2 \times 4)$
$$= 78400 \ \text{N} \ (= 78.4 \ \text{kN})$$

9. 다음 중 체력(body force)이 아닌 것은?

㉮ 전기력 ㉯ 자기력
㉰ 중력 ㉱ 표면장력

[해설] ① body force(체적력) : 고체에 질량이 있기 때문에 작용하는 힘으로 동적인 경우 혹은 정적이라도 자중이 문제가 될 때 작용하는 힘으로 물체력이라고도 한다.
② 표면장력 : 유체의 자유표면에 유체입자의 단위길이당 작용하는 힘을 말한다.

10. 표면으로부터의 깊이가 2.5 m인 곳에서 게이지 압력이 20 kPa일 때, 이 액체의 비중은?

㉮ 0.82 ㉯ 1
㉰ 1.2 ㉱ 1.25

[해설] $P = \gamma h = 9800 Sh \ [\text{Pa}]$에서
$$S = \frac{P}{9800h} = \frac{20 \times 10^3}{9800 \times 2.5} = 0.82$$

11. 체적탄성계수 $E = 2.086$ GPa의 기름을 상온에서 1 % 압축하는 데 필요한 압력은 몇 Pa인가?

㉮ 2.86×10^7
㉯ 2.86×10^4
㉰ 2.086×10^3
㉱ 2.086×10^2

[해답] 6. ㉰ 7. ㉯ 8. ㉱ 9. ㉱ 10. ㉮ 11. ㉮

[해설] $E = -\dfrac{dP}{\dfrac{dV}{V}}$ [Pa]에서

$$dP = E \times \left(-\dfrac{dV}{V}\right) = 2.086 \times 10^9 \times 0.01$$
$$= 2.086 \times 10^7 \text{ [Pa]}$$

12. 세 변의 길이가 a, $2a$, $3a$인 작은 직육면체가 점도 μ인 유체 속에서 매우 느린 속도 V로 움직일 때 항력 F는 $F = F(a, \mu, V)$로 가정할 수 있다. 차원해석을 통하여 얻을 수 있는 F에 대한 표현식은?

㉮ $\dfrac{F}{\mu Va} = $ 상수

㉯ $\dfrac{F}{\mu V^2 a} = $ 상수

㉰ $\dfrac{F}{\mu V^2} = f\left(\dfrac{V}{a}\right)$

㉱ $\dfrac{F}{\mu Va} = f\left(\dfrac{a}{\mu V}\right)$

[해설] $\Pi = \dfrac{F}{\mu Va} = \dfrac{MLT^{-2}}{(ML^{-1}T^{-1})LT^{-1}L}$
$$= \text{상수}$$

13. 수평으로 놓인 원관 내의 유동이 층류이고, 완전 발달된 유동일 경우 압력은 유동의 진행방향으로 어떻게 변화하는가?

㉮ 선형으로 감소한다.

㉯ 선형으로 증가한다.

㉰ 포물선형으로 증가한다.

㉱ 포물선형으로 감소한다.

[해설] 수평원관 층류 유동인 경우 압력은 유동의 진행방향으로 선형(직선적)으로 감소한다.

14. 지름 5 cm, 길이 20 m, 관마찰계수 0.02인 원관 속을 난류의 물이 흐른다. 관 출구와 입구의 압력차가 20 kPa이면 유량 (L/s)은?

㉮ 4.4 ㉯ 6.3

㉰ 8.2 ㉱ 10.8

[해설] $\Delta P = f \dfrac{l}{d} \dfrac{\gamma V^2}{2g} = f \dfrac{l}{d} \dfrac{\gamma Q^2}{2gA^2}$ [Pa]

$$Q = \sqrt{\dfrac{2gA^2 d\Delta P}{fl\gamma}} = A\sqrt{\dfrac{2gd\Delta P}{fl\gamma}}$$
$$= \dfrac{\pi}{4} \times (0.05)^2 \sqrt{\dfrac{2g \times 0.05 \times 2000}{0.02 \times 20 \times 9800}}$$
$$= 4.388 \times 10^{-3} \text{m}^3/\text{s}$$
$$(= 4.388 \text{ L/s})$$

15. 폭이 2 m, 길이가 3 m인 평판이 물 속에 수직으로 잠겨 있다. 이 평판의 한 쪽 면에 작용하는 수압은?

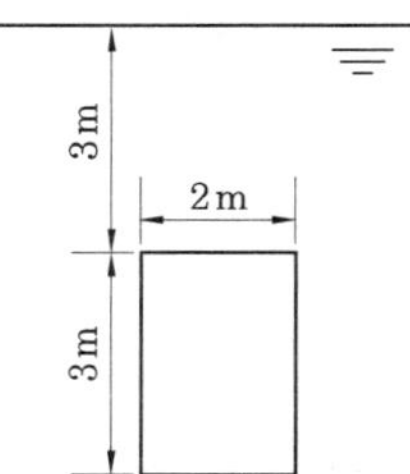

㉮ 268 N ㉯ 176.4 kN

㉰ 264.6 kN ㉱ 352.8 kN

[해설] $F = \gamma h A$
$$= 9800 \times \left(3 + \dfrac{3}{2}\right) \times (2 \times 3) \times 10^{-3}$$
$$= 264.6 \text{ kN}$$

16. 밀도 1.6 kg/m³인 기체가 흐르는 관에 설치한 피토 정압관(Pitot static tube)의 두 단자 간의 압력 차가 4 mmH₂O였다면 기체의 속도는 몇 m/s인가?

㉮ 0.7 ㉯ 5.0

㉰ 7.0 ㉱ 9.8

[해설] $V = \sqrt{2gH\left(\dfrac{\rho_w}{\rho} - 1\right)}$
$$= \sqrt{2 \times 9.8 \times 0.004\left(\dfrac{1000}{1.6} - 1\right)}$$
$$= 7 \text{ m/s}$$

---

17. 다음과 같은 원통형으로 모델링할 수 있는 관제탑의 높이는 25 m이고 지름은 5 m이다. 풍속 36 km/hr의 높이에 대해 등속인 바람이 불어올 때 이 관제탑에 작용되는 힘의 크기는 몇 kN인가? (단, 이 공기의 밀도는 $1.23\,kg/m^3$이며 항력계수 C_D는 0.35 이다.)

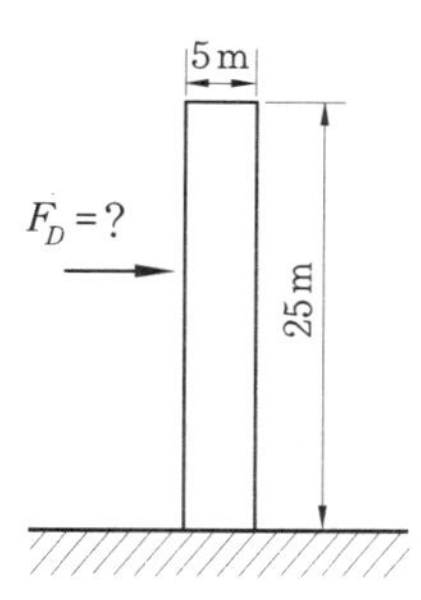

㉮ 269　　　　㉯ 2.69
㉰ 538　　　　㉱ 5.38

해설　$F_D = C_D \dfrac{\gamma A V^2}{2g} = C_D \dfrac{\rho A V^2}{2}$

$$= 0.35 \times \dfrac{1.23 \times (25 \times 5) \times \left(\dfrac{36}{3.6}\right)^2}{2}$$

$$= 2690\,\text{N}\ (= 2.69\,\text{kN})$$

18. 다음 ΔP, L, ρ, Q를 결합했을 때 무차원형은? (단, ΔP : 압력차, ρ : 밀도, L : 길이 , Q : 유량)

㉮ $\dfrac{\rho Q}{\Delta P \cdot L^2}$　　　　㉯ $\dfrac{\rho L}{\Delta P \cdot Q^2}$

㉰ $\dfrac{\Delta P \cdot L \cdot Q}{\rho}$　　　　㉱ $\dfrac{Q}{L^2}\sqrt{\dfrac{\rho}{\Delta P}}$

해설　각물리량의 절대(MLT)차원은

$$\Delta P = (ML^{-1}T^{-2}),\quad L = L,\quad \rho = (ML^{-3})$$
$$Q = (L^3 T^{-1})$$
$$\Pi = \Delta P^x \rho^y L^z Q$$
$$= (ML^{-1}T^{-2})^x \cdot \rho (ML^{-3})^y \cdot L^z \cdot L^3 T^{-1}$$
$$M^Q : x + y = 0$$
$$L^0 : -x - 3y + z + 3 = 0,$$
$$T^0 : -2x - 1 = 0$$
$$x = -\dfrac{1}{2},\ y = \dfrac{1}{2},\ x = -2$$
$$\Pi = \Delta P^{-1/2} \rho^{1/2} L^{-2} Q = \dfrac{Q}{L^2}\sqrt{\dfrac{\rho}{\Delta P}}$$

19. 유동장 안에서 속도가 $V(x,\,y,\,z,\,t) = 10x^2 y t i$로 표현될 때 위치 $x=1$, $y=1$, $z=1$, 시각 $t=1$에서의 x방향 가속도 성분 a_x는? (단, $V = V_x i + V_y J + V_z k$, $a = a_x i + a_y j + a_z k$)

㉮ 10　　　　㉯ 110
㉰ 200　　　　㉱ 210

20. 등온상태에서 이상기체의 체적탄성계수를 바르게 표현한 것은? (단, P : 압력, ρ : 밀도)

㉮ ρP　㉯ P　㉰ $\dfrac{1}{P}$　㉱ $\dfrac{\rho}{P}$

해설　등온상태($T = C$)에서 보일의 법칙 $PV = C$에서 양변을 미분하면 $d(PV) = 0$
$PdV + VdP = 0$
$$P = -\dfrac{VdP}{dV} = E\ (\text{체적탄성계수})$$
$$\therefore E = P\ [\text{Pa}]$$

1. 레이놀즈 수송정리(Reynolds transport theorem)에 대한 설명으로 가장 적합한 것은?

㉮ 시스템에 대한 보존법칙을 검사체적에 대한 것으로 변환시킨다.

㉯ Euler적 기술방법을 Lagrange적 기술방법으로 변환시킨다.

㉰ 질량보존법칙을 그와 대등한 운동량보존 방정식으로 변환시킨다.

㉱ 고정된 검사체적을 운동하는 검사체적으로 변환시킨다.

2. 수평으로 놓인 지름 10 cm, 길이 200 m인 파이프에 완전히 열린 글로브 밸브가 설치되어 있고, 흐르는 물의 평균속도는 2 m/s이다. 파이프의 관마찰계수가 0.02이고, 전체 손실수두가 10 m이면, 글로브 밸브의 저항계수는?

㉮ 0.4 ㉯ 1.8

㉰ 5.8 ㉱ 9.0

해설 전체 손실수두 = 직관 손실수두 + 글로브 저항 손실수두

$$10 = 8.2 + k\frac{V^2}{2g}$$

$$\therefore k = \frac{10 - 8.2}{0.2} = 9.0$$

$$\left(직관\ 손실수두(h_l) = f\frac{l}{d}\frac{V^2}{2g} = 8.2\ \text{m}\right)$$

3. 유속 u가 시간 t와 임의 방향의 좌표 s의 함수일 때 비정상 균일유동(unsteady uniform flow)을 나타내는 것은?

㉮ $(\partial u/\partial t) = 0,\ (\partial u/\partial s) = 0$

㉯ $(\partial u/\partial t) \neq 0,\ (\partial u/\partial s) = 0$

㉰ $(\partial u/\partial t) = 0,\ (\partial u/\partial s) \neq 0$

㉱ $(\partial u/\partial t) \neq 0,\ (\partial u/\partial s) \neq 0$

해설 비정상 유동 $\left(\dfrac{\partial u}{\partial t} \neq 0\right)$

균일유동 $\left(\dfrac{\partial u}{\partial s} = 0\right)$

4. 물체의 자유낙하 거리는 초기 속도, 중력 가속도, 시간외함수라고 알려져 있다. 이 문제를 버킹엄(Buckingham)의 π 정리를 사용하여 해석할 때 무차원수는 몇 개를 구성할 수 있는가?

㉮ 1개 ㉯ 2개

㉰ 3개 ㉱ 4개

해설 $\Pi(\pi) = n - m$

무차원수 = 물리량수 − 기본차원수($L,\ T$)

$\qquad = 4 - 2 = 2$개

5. 다음 중 음속 a를 구하는 식이 아닌 것은? (단, P : 절대압력, ρ : 밀도, T : 절대온도, R : 기체상수, E : 체적탄성계수, k : 비열비, g : 중력가속도, ν : 동점성계수)

㉮ $a = \sqrt{\dfrac{\partial P}{\partial \rho}}$ ㉯ $a = \sqrt{kRT}$

㉰ $a = \sqrt{\dfrac{E}{\rho}}$ ㉱ $a = \sqrt{\dfrac{k}{\rho RT}}$

해설 음속$(a) = \sqrt{\dfrac{\partial P}{\partial \rho}} = \sqrt{\dfrac{E}{\rho}}$

$\qquad = \sqrt{kRT}$ [m/s]

6. 그림과 같이 단면적이 급격히 넓어지는 급확대 흐름에서 1번 위치에서의 압력은 대기압이고, 속도는 2 m/s이다. $A_1/A_2 = 0.3$일 때 유동 손실수두를 계산하면 약 몇 m인가?

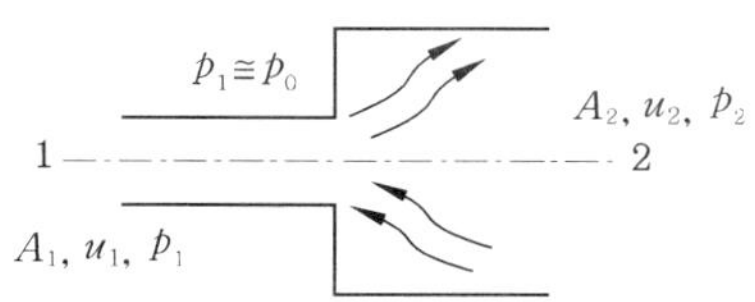

㉮ 0.1 m	㉯ 0.15 m
㉰ 0.2 m	㉱ 0.25 m

해설 $h_{l\,1\to2} = k\dfrac{V^2}{2g} = \left(1 - \dfrac{A_1}{A_2}\right)^2 \dfrac{V^2}{2g}$

$$= (1-0.3)^2 \times \frac{2^2}{2\times 9.8} = 0.098\ \text{m} \fallingdotseq 0.1\ \text{m}$$

7. 150 mm의 관 속을 20℃의 물이 평균유속 4 m/s로 흐르고 있다. 75 mm인 모형 관 속을 40℃의 암모니아가 흐를 때 위와 역학적 상사를 이루려면 암모니아의 평균 유속은 몇 m/s이어야 하는가? (단, 물의 동점성계수는 $1.006\times10^{-6}\ \text{m}^2/\text{s}$이며, 암모니아의 동점성계수는 $0.34\times10^{-6}\ \text{m}^2/\text{s}$이다.)

㉮ 2.0	㉯ 2.7
㉰ 4.6	㉱ 8.0

해설 관 속 흐름은 레이놀즈수를 만족시켜야 하므로

$$\left(\frac{vd}{\nu}\right)_w = \left(\frac{vd}{\nu}\right)_{am} \qquad v_{am} = \frac{v_w \times d_w \times \nu_{am}}{\nu_w \times d_{am}}$$

$$= \frac{4 \times 0.15 \times 0.34 \times 10^{-6}}{1.006 \times 10^{-6} \times 0.075} = 2.7\ \text{m/s}$$

8. 다음 중 표준 대기압의 값이 아닌 것은?

㉮ 14.7 psi	㉯ 760 mmHg
㉰ 1.033 mAq	㉱ 1.013 bar

해설 표준 대기압 (1 atm)

$= 760\ \text{mmHg} = 14.7\ \text{psi} = 1.01325\ \text{bar}$
$= 10.33\ \text{mAq} = 101325\ \text{Pa} = 101.325\ \text{kPa}$

9. 마노미터를 설치하여 액체탱크의 수압을 측정하려고 한다. 수은(비중=13.6) 액주의 높이 차 $H = 50$ cm이면 A점에서의 계기 압력은? (단, 액체의 밀도는 900 kg/m² 이다.)

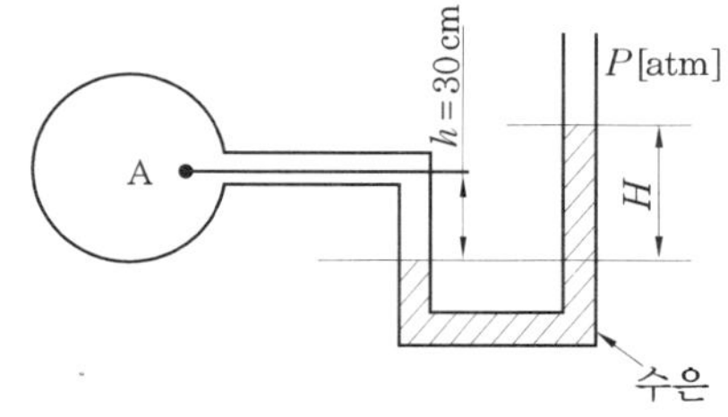

㉮ 63.9 kPa	㉯ 4.2 kPa
㉰ 63.9 Pa	㉱ 4.2 Pa

해설 $P_A = \rho_{Hg}\,gH - \rho gh$

$$= 1000 \times 13.6 \times 9.8 \times 0.5 - 900$$
$$\times 9.8 \times 0.3$$
$$= 63994\ \text{Pa} = 63.994\ \text{kPa}$$

10. 원관에서 난류로 흐르는 어떤 유체의 속도가 2배가 되었을 때, 마찰계수가 $\dfrac{1}{\sqrt{2}}$로 줄었다. 이때 압력 손실은 몇 배가 되겠는가?

㉮ 2배	㉯ $2^{1/2}$배	㉰ 4배	㉱ $2^{2/3}$배

해설 난류유동 시 손실수두 $\left(h_l = \dfrac{\Delta P}{\gamma}\right)$는 속도수두 $\left(\dfrac{V^2}{2g}\right)$에 비례한다.

즉, $h_l \propto V^2$이므로, $h_l \propto 2^2$(4배)

11. 밑면이 1 m×1 m, 높이가 0.5 m인 나무토막 위에 1960 N의 추를 올려놓고 물에 띄웠다. 나무의 비중을 0.5라 할 때 물 속에 잠긴 부분의 부피는 몇 m^3인가?

㉮ 0.5	㉯ 0.45
㉰ 0.25	㉱ 0.05

해설 추의 무게 + 나무토막의 무게 = 부력 (유체비중량×잠겨진 부분 체적)

$$1960 + 9800 \times 0.5\,(1 \times 1 \times 0.5) = 9800\,V$$
$$\therefore\ V = \frac{1960 + 2450}{9800} = \frac{4410}{9800} = 0.45\ \text{m}^3$$

해답 7. ㉯   8. ㉰   9. ㉮   10. ㉰   11. ㉯

12. 그림과 같은 원관 속을 30℃, 절대압력 202 kPa의 공기가 흐르고 있을 때 피토관(pitot tube) 속의 물의 높이 차가 2 cm이면, 관 속을 흐르는 공기의 속도는 몇 m/s인가? (단, 공기의 기체상수는 R =287 J/kg · K이다.)

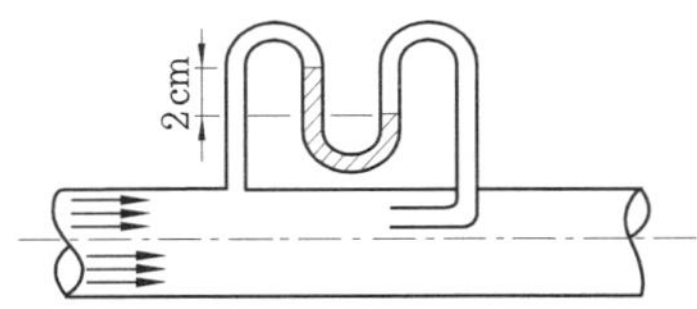

㉮ 7.2 ㉯ 10.2
㉰ 13.0 ㉱ 18.6

해설 $V = \sqrt{2gH\left(\dfrac{\gamma_w}{\gamma_{air}} - 1\right)}$

$\qquad = \sqrt{2gH\left(\dfrac{\rho_w}{\rho_{air}} - 1\right)}$

$\qquad = \sqrt{2 \times 9.8 \times 0.02 \left(\dfrac{1000}{2.32} - 1\right)}$

$\qquad = 12.98 \,(\doteqdot 13 \,\text{m/s})$

$\quad$(여기서, $\rho_{air} = \dfrac{P}{RT} = \dfrac{202}{0.287 \times (30 + 273)}$

$\qquad\qquad\qquad = 2.32 \,\text{kg/m}^3$)

13. 안지름 0.25 m, 길이 100 m인 미끄러운 수평 강관으로 비중 0.8, 점성계수 0.1 Pa · s인 기름을 수송한다. 유량이 100 L/s일 때의 관 마찰손실 수두는 유량이 50 L/s일 때의 몇 배가 되는가? (단, 층류의 관 마찰계수는 $64/Re$이고, 난류일 때의 관 마찰계수는 $0.3164\,Re^{-1/4}$이며, 임계 레이놀즈수는 2300이다.)

㉮ 4.1 ㉯ 5.05
㉰ 0.92 ㉱ 2.9

14. 스토크스의 법칙에 의거해 비압축성 점성 유체 중에 구(球)가 낙하될 때 레이놀즈수가 1보다 아주 작은 범위에서 구에

작용하는 항력(D)은? (단, μ : 유체의 점성계수, a : 구의 반지름, V : 구의 평균 속도, C_D : 항력계수)

㉮ $D = 4\pi a\mu V$ ㉯ $D = 6\pi a\mu V$
㉰ $D = 2\pi a\mu V$ ㉱ $D = C_D \pi a\mu V$

해설 스토크스 법칙(Stokes law)
$\quad$항력(D) $= 3\pi\mu Vd = 6\pi\mu Va$ [N]

15. 2차원 유동의 속도 장이 직각 좌표계 $(x,\ y)$에서 $V = -\xi + 2yj$와 같이 주어질 때 점(2, 1)을 지나는 유선의 방정식은? (단, $i,\ j$는 각각 $x,\ y$ 방향의 단위 벡터를 나타낸다.)

㉮ $x^2 y = 8$ ㉯ $xy^2 = 8$
㉰ $x^2 y = 4$ ㉱ $xy^2 = 4$

해설 $u = -x,\ v = 2y$

$\quad$2차원 유선 방정식 $\dfrac{dx}{-x} = \dfrac{dy}{2y}$

$\quad \ln c - \ln x = \ln\sqrt{y}$

$\quad x\sqrt{y} = c$

$\quad \therefore x\sqrt{y} = 2\,(\because x^2 y = 4)$

16. 밀도 ρ, 평균 단면적 A인 n개의 액체 분무가 평균 V의 속도로 수직 평판에 충돌할 때 분무로 인하여 평판이 받는 충격력은?

㉮ $nV^2 A$ ㉯ $n\rho VA$
㉰ $n\rho V^2 A$ ㉱ $n^2 \rho V^2 A$

해설 $F = n\rho QV = n\rho A V^2$ [N]

17. 10 cm×10 cm 크기의 평판이 벽면으로부터 0.5 mm 떨어져 있고, 평판과 벽면 사이에는 점성계수가 0.2 N · s / m²인 기름으로 채워져 있다. 평판을 5 m/s 속도로 운동시키는 데 필요한 힘은 얼마인가? (단, 기름은 뉴턴 유체이고 기름 막에

서의 유동은 속도분포가 선형인 Couette 유동으로 가정한다.)

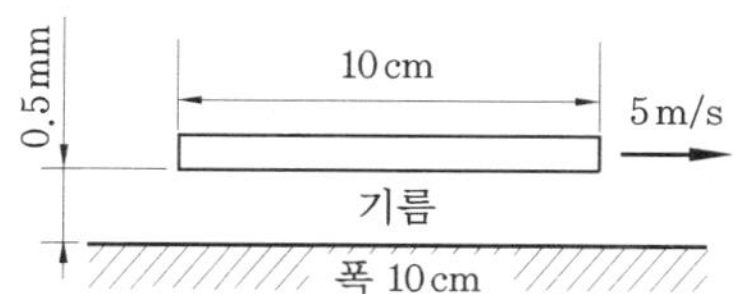

㉮ 0.1 N ㉯ 10 N
㉰ 20 N ㉱ 200 N

해설 $P = \tau A = \mu \dfrac{du}{dy} A$

$$= 0.2 \times \dfrac{5}{0.5 \times 10^{-3}} \times (0.1)^2 = 20 \text{ N}$$

18. 물이 들어 있는 탱크에 수면으로부터 5 m 깊이에 노즐이 달려 있다. 만일 이 노즐의 속도계수가 $C_v = 0.95$ 라고 하면 노즐로부터 나오는 실제 유속은 몇 m/s 인가 ?

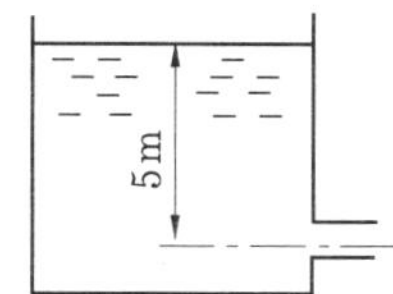

㉮ 14 ㉯ 9.4 ㉰ 14.74 ㉱ 9.9

해설 $V = C_v \sqrt{2gh} = 0.95 \sqrt{2 \times 9.8 \times 5}$

$$= 9.4 \text{ m/s}$$

19. 체적탄성계수에 대한 설명과 가장 관계 있는 것은 ?

㉮ 온도와 무관하다.

㉯ 압력과 같은 단위를 가진다.

㉰ 점성계수에 비례한다.

㉱ 비중량과 같은 단위를 가진다.

해설 체적탄성계수$(E) = -\dfrac{dP}{\dfrac{dV}{V}}$ [Pa]

$$E \propto dP$$

20. 정사각형 판의 한 변과 나란한 방향으로 흘러들어온 유체가 판을 흘러 지나갈 때 판에서의 전단응력 분포는 Pa 단위로 $\tau = \dfrac{0.005}{\sqrt{x}}$ [x는 앞전(leading edge)으로부터의 변을 따른 길이(m)]로 주어진다. 변의 길이가 4 m일 때 전단응력으로 인해 판이 받는 항력은 몇 N인가 ? (단, 판의 상하에 모두 전단응력이 작용하는 것으로 한다.)

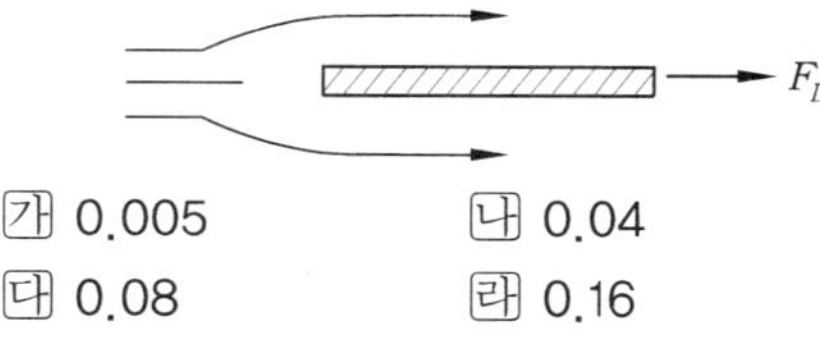

㉮ 0.005 ㉯ 0.04
㉰ 0.08 ㉱ 0.16

1. 그림과 같이 블록이 얇은 오일 층 위로 미끄러져 내려올 때 오일의 점성계수는 몇 N·s/m^{2}인가? (단, 이때 블록의 종말 속도는 2 m/s, 블록의 바닥면 면적은 0.2 m^{2}이다.)

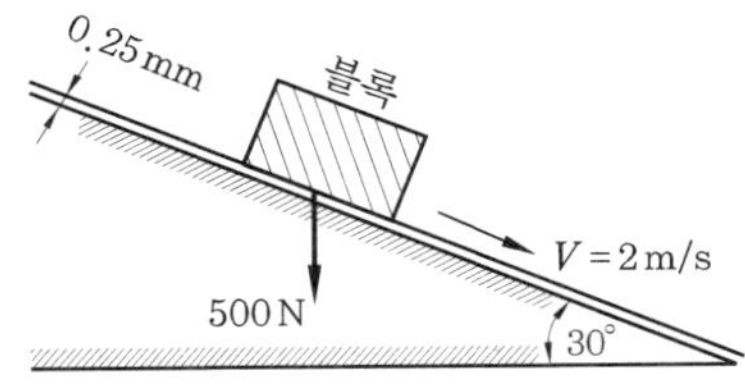

㉮ 0.016 ㉯ 0.031

㉢ 0.156 ㉣ 0.313

해설 $F = \mu A \dfrac{V}{L}$ 에서,

$$\mu = \frac{FL}{AV} = \frac{(500\sin30°) \times 0.25 \times 10^{-3}}{0.2 \times 2}$$
$$= 0.156 \text{ N} \cdot \text{s/m}^2(\text{Pa} \cdot \text{s})$$

2. 2차원 흐름 속의 한 점 A에 있어서 유선 간격은 4 cm이고 평균 유속은 12 m/s 이다. 다른 한 점 B에 있어서의 유선 간격이 2 cm일 때 B의 평균 유속은 얼마인가? (단, 유체의 흐름은 비압축성 유동이다.)

㉮ 24 m/s ㉯ 12 m/s

㉢ 12 cm/s ㉣ 24 cm/s

해설 $q = \dfrac{Q}{b} = V_1 y_1 = V_2 y_2$ 에서

$$V_2 = V_1\left(\frac{y_1}{y_2}\right) = 12\left(\frac{4}{2}\right) = 24 \text{ m/s}$$

3. 그림과 같은 밀폐 용기에 압축공기와 기름(비중 0.8)이 담겨 있고, 수은(비중 13.6)을 사용한 마노미터가 용기에 연결

되어 있다. $h_1 = 40$ cm, $h_2 = 10$ cm, $h_3 = 20$ cm일 때, 압축공기의 게이지 압력은?

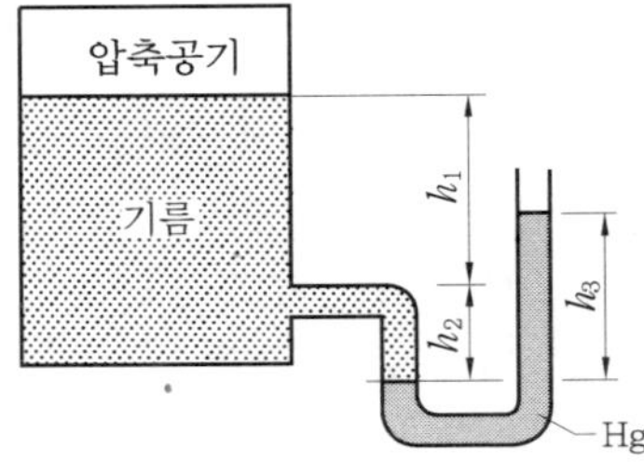

㉮ 30.5 Pa ㉯ 22.7 Pa

㉢ 30.5 kPa ㉣ 22.7 kPa

해설 $p_a + \gamma_{\text{oil}}(h_1 + h_2) = \gamma_{\text{Hg}} h_3$ (압력 평형)

$$\therefore \ p_a = \gamma_{\text{Hg}} h_3 - \gamma_{\text{oil}}(h_1 + h_2)$$
$$= (9800 \times 13.6) \times 0.2 - 9800$$
$$\times 0.8(0.4 + 0.1)$$
$$= 22736 \text{ Pa}(= 22.74 \text{ kPa})$$

4. 유체를 연속체(continuum)로 보기가 어려운 경우는?

㉮ 모세혈관 내 혈액

㉯ 매우 높은 고도에서의 대기층

㉢ 헬리콥터 날개 주위의 공기

㉣ 자동차 라디에이터 내 냉각수

해설 연속체는 문제의 특성길이(관의 지름)가 분자의 평균 자유행로보다 매우 큰 경우로 가정할 수 있으며 매우 높은 고도에서의 대기층은 희박기체로 운동량 보존이 어려우므로 연속체로 볼 수 없다.

5. 원관 속을 층류상태로 흐르는 유체의 속도분포가 $u = 3y^{\frac{1}{2}}$ (u [m/s]는 유속, y [m]는 관벽으로부터의 거리)일 때, 관벽에서 30 mm 떨어진 곳의 유체의 속도구배는?

㉮ 0.87 [1/s] ㉯ 8.66 [1/s]
㉰ 2.74 [1/s] ㉱ 27.4 [1/s]

해설 $u = 3y^{\frac{1}{2}}$ 이므로 $u = f(y)$

$\therefore$ 속도구배 $\left(\dfrac{du}{dy}\right)$

$$= \frac{3}{2}y^{-\frac{1}{2}} = \frac{3}{2} \cdot \frac{1}{\sqrt{y}} = \frac{3}{2} \times \frac{1}{\sqrt{0.03}}$$
$$= 8.66\,\text{s}^{-1}$$

6. 유체가 비회전 유동일 때 만족되어야 하는 식은? (단, u, v는 각각 x, y 방향의 속도를 나타낸다.)

㉮ $\dfrac{\partial u}{\partial x} + \dfrac{\partial v}{\partial y} = 0$ ㉯ $\dfrac{\partial u}{\partial x} = \dfrac{\partial v}{\partial y}$

㉰ $\dfrac{\partial u}{\partial y} = \dfrac{\partial v}{\partial x}$ ㉱ $\dfrac{\partial^2 u}{\partial x^2} + \dfrac{\partial^2 v}{\partial y^2} = 0$

해설 비회전 유동의 조건은 $\dfrac{\partial u}{\partial y} = \dfrac{\partial v}{\partial x}$

(여기서, u : x 방향 속도 성분, v : y 방향 속도 성분)

7. 동점성계수가 1×10^{-4} m²/s인 기름이 안지름 50 mm의 관을 3 m/s의 속도로 흐른다. 관의 마찰계수는?

㉮ 0.015 ㉯ 0.027
㉰ 0.043 ㉱ 0.061

해설 $Re = \dfrac{vd}{\nu} = \dfrac{3 \times 50 \times 10^{-3}}{1 \times 10^{-4}}$

$$= 1500 < 2100 \,(\text{층류})$$

$\therefore$ 관마찰계수$(f) = \dfrac{64}{Re} = \dfrac{64}{1500} = 0.043$

8. 그림과 같이 단면적 A_1은 0.4 m², 단면적 A_2는 0.1 m²인 동일 평면상의 관로에서 물의 유량이 1000 L/s일 때 관을 고정시키는 데 필요한 x방향의 힘 F_x의 크기는? (단, 단면 1과 2의 높이 차는 1.5 m이고 단면 2에서 물은 대기로 방출되며,

곡관의 자체중량, 곡관 내부 물의 중량 및 곡관에서의 마찰손실은 무시한다.)

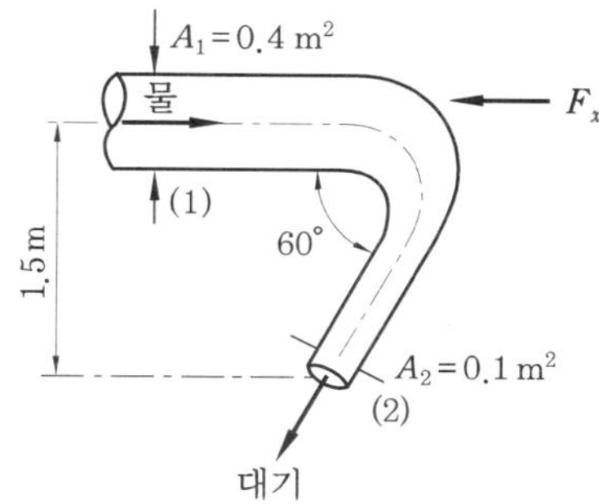

㉮ 10159 N ㉯ 15358 N
㉰ 20370 N ㉱ 24018 N

9. 골프 공에 홈(딤플)이 나 있는 이유를 유체학적으로 가장 잘 설명한 것은?

㉮ 미관상 보기 좋아서
㉯ 점성저항을 줄여 공을 멀리 날아가게 하기 위하여
㉰ 압력저항을 줄여 공을 멀리 날아가게 하기 위하여
㉱ 재료를 절약하여 가볍게 하여 멀리 날아가게 하기 위하여

해설 골프(golf) 공에 홈(딤플)이 나 있는 이유는 압력저항을 줄여 공을 멀리 날아가게 하기 위함이다.

10. 다음 설명 중 옳은 것은?

㉮ 피에조미터는 동압을 측정하기 위해 고안되었다.
㉯ 부양체는 경심(傾心)이 중심(重心)보다 위에 있을 때 안정하다.
㉰ 경심(傾心)은 부심(浮心)과 메타센터 사이의 거리를 나타낸다.
㉱ 자유낙하를 하는 유체에서는 아랫부분의 압력이 윗부분의 압력보다 높다.

[해설] 부양체(floating body)는 경심이 부양체 무게 중심점보다 위에 있을 때 복원 모멘트가 작용되어 안정기조를 유지한다.

$$\text{경심고}(\overline{MG}) = \frac{I_0}{V} - \overline{GB} > 0$$

11. 어떤 잠수함이 $13\,\text{km/h}$의 속도로 잠항하는 상태를 관찰하기 위하여 실물의 $\frac{1}{10}$의 길이의 모형을 만들어 같은 해수에서 실험한다면 모형의 속도는 몇 km/h인가?

㉮ 1.3   ㉯ 13
㉰ 130   ㉱ 1300

[해설] 잠수함에 관한 문제는 점성이 중요하므로 상사법칙에서 레이놀즈 수가 중요하다.

$$(Re)_P = (Re)_m$$
$$\left(\frac{Vl}{\nu}\right)_P = \left(\frac{Vl}{\nu}\right)_m \quad (\nu_P = \nu_m)$$
$$\therefore\ V_m = V_P\left(\frac{l_P}{l_m}\right) = 13 \times \frac{10}{1} = 130\,\text{km/h}$$

12. 다음 중 점성계수를 측정하는 방법과 관련이 없는 것은?

㉮ 오스트발트(ostwald) 법
㉯ 세이볼트(saybolt) 법
㉰ 낙구식 점도계
㉱ 마노미터

[해설] 마노미터(manometer)는 액주계로 압력 측정용 계기이다.

13. 에너지의 차원을 옳게 표시한 것은?
(단, F : 힘, M : 질량, L : 거리, T : 시간)

㉮ $[ML]$ ㉯ $[FLT^{-1}]$
㉰ $[ML^2T^{-2}]$ ㉱ $[MLT^{-2}]$

[해설] 에너지(energy)는 일할 수 있는 능력을 말하며 단위는 일량($\text{kgf}\cdot\text{m}$)과 같으므로
$$\therefore\ FL = (MLT^{-2})L = ML^2T^{-2} \text{이다.}$$

14. 같은 길이를 가지는 두 원관의 지름비가 $1:5$이다. 두 원관 내에 흐르는 유체가 같고, 그 유동이 층류이며, 수두손실이 같을 때, 유량의 비는?

㉮ $1:1.5$ ㉯ $1:25$
㉰ $1:125$ ㉱ $1:625$

[해설] $Q \propto d^4$이므로
$$\frac{Q_1}{Q_2} = \left(\frac{d_1}{d_2}\right)^4 = \left(\frac{1}{5}\right)^4 = 1:625$$

15. 다음 중 연속방정식을 가장 잘 설명한 것은?

㉮ 뉴턴의 제2법칙을 만족시키는 방정식이다.
㉯ 에너지와 일의 관계를 정하는 방정식이다.
㉰ 유선상의 2점에서의 단위 체적당의 모멘트에 관한 방정식이다.
㉱ 질량보존의 법칙을 만족시키는 방정식이다.

[해설] 연속방정식이란 질량보존의 법칙을 유체유동에 적용한 방정식이다(단위시간당 유입질량＝단위시간당 유출질량).

16. 유체가 관속을 흐르고 있을 때 레이놀즈수(Re)를 유량 Q, 관지름 d 및 동점성계수 ν의 함수로 표시하면?

㉮ $Re = \dfrac{\pi d}{\nu Q}$ ㉯ $Re = \dfrac{\pi \nu}{Q d}$
㉰ $Re = \dfrac{Q\rho}{4\pi d\nu}$ ㉱ $Re = \dfrac{4Q}{\pi d\nu}$

[해설]
$$Re = \frac{Vd}{\nu} = \frac{\left(\dfrac{Q}{A}\right)d}{\nu}$$
$$= \frac{Qd}{\nu\dfrac{\pi d^2}{4}} = \frac{4Q}{\nu\pi d}$$

[해답]   **11.** ㉰   **12.** ㉱   **13.** ㉰   **14.** ㉱   **15.** ㉱   **16.** ㉱

17. 탱크에 3종류의 유체(비중 : A = 1.2, B = 1.0, C = 0.8)가 그림과 같이 각각 높이 2 m씩 들어 있다. 탱크 바닥의 계기압력은?

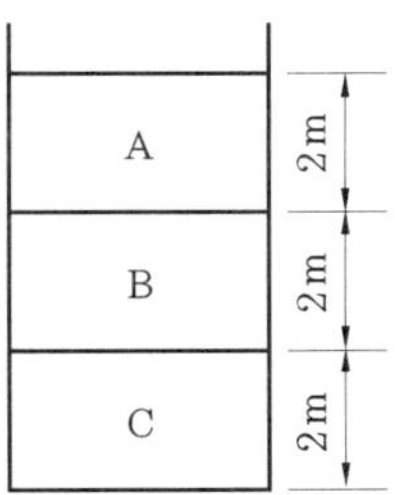

　㉮ 29.5 kPa　　㉯ 58.9 kPa
　㉰ 159.5 kPa　　㉱ 176.7 kPa

해설 탱크 바닥의 게이지 압력(p_g)

$= \gamma_A h_A + \gamma_B h_B + \gamma_C h_C$

$= 9800 \times 1.2 \times 2 + 9800 \times 1.0 \times 2 + 9800 \times 0.8 \times 2$

$= 58800 \ (= 58.8 \ \text{kPa})$

18. 중량 98000 N의 비행기가 시간당 720 km의 속도로 수평비행하고 있다. 이때 비행기에 필요한 동력은 몇 kW인가? (단, $\dfrac{\text{양력}}{\text{항력}} = 5$ 이다.)

　㉮ 3250　　㉯ 3920
　㉰ 4250　　㉱ 4920

해설 동력$(\text{kW}) = 항력 \left(\dfrac{\text{양력}}{5} \right) \times 속도$

$= \left(\dfrac{98000}{5} \right) \times \left(\dfrac{720}{3.6} \right)$

$= 3920000 \,\text{W} (= 3920 \ \text{kW})$

19. 그림에서 물이 흐를 때 관로 ACD와 관로 ABD 사이에서 발생하는 손실수두는?

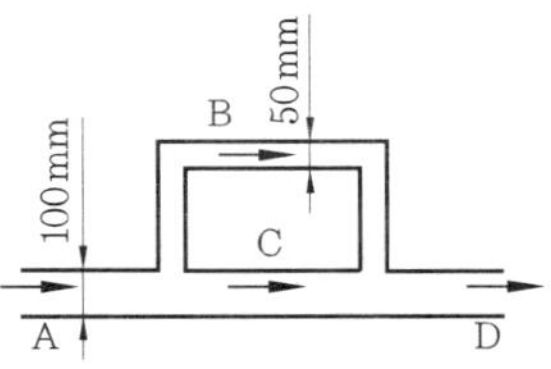

　㉮ 관로 ACD와 ABD 사이에서 생기는 수두손실은 같다.
　㉯ ACD에서 생기는 수두손실이 ABD에서보다 2배 크다.
　㉰ ACD에서 생기는 수두손실이 ABD에서보다 4배 크다.
　㉱ ABD에서 생기는 수두손실이 ACD에서보다 2배 크다.

해설 병렬(다기관)관로에서는 손실수두는 경로에 관계없이 같다.

$\therefore \ h_{l(\text{ACD})} = h_{l(\text{ABD})}$

20. 그림과 같은 수조에 1.0 m×0.3 m 크기의 사각 수문을 통하여 유출되는 유량은 몇 m³/s인가?(단, 마찰손실은 무시하고 수조의 크기는 매우 크다고 가정한다.)

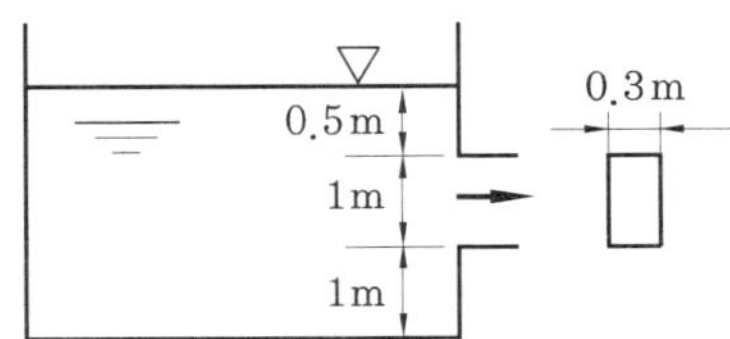

　㉮ 1.31　　㉯ 2.33
　㉰ 3.13　　㉱ 4.43

해설 토리첼리 정리에서 출구유속(v)

$= \sqrt{2gh} = \sqrt{2 \times 9.8 \times \left(0.5 + \dfrac{1}{2} \right)}$

$= 4.43 \ \text{m/s}$

$Q = AV = (0.3 \times 1) \times 4.43 = 1.33 \ \text{m}^3/\text{s}$

❋ 2007년도 시행 문제 ❋

1. 그림과 같이 폭이 3 m이고 높이가 4 m 인 수문의 상단이 수면 아래 1 m에 놓여 있다. 이 수문에 작용하는 압력에 의한 외력의 작용점은 수면 아래로 몇 m인가 ?

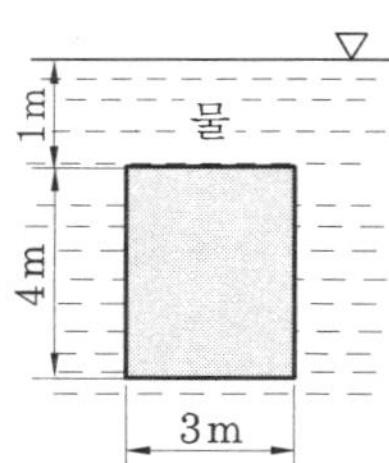

　㉮ 4.77 m　　　　　㉯ 3.44 m
　㉰ 2.36 m　　　　　㉱ 1.86 m

　해설 전압력의 작용위치(y_P)

$$= \bar{y} + \frac{I_G}{A\bar{y}} = 3 + \frac{\dfrac{3 \times 4^3}{12}}{(3 \times 4) \times 3} = 3.44 \text{ m}$$

2. 절대압력을 정하는 데 기준(영점)이 되는 것은 ?

　㉮ 게이지 압력　　　㉯ 표준대기압
　㉰ 국소대기압　　　　㉱ 완전진공

　해설 절대압력은 완전진공(진공 100 %)을 기준으로 추정한 압력이다.

3. 유체를 정의한 것 중 가장 옳은 것은 ?

　㉮ 용기 안에 충만될 때까지 항상 팽창하는 물질
　㉯ 흐르는 모든 물질
　㉰ 흐르는 물질 중 전단응력이 생기지 않는 물질

　㉱ 극히 작은 전단응력이 물질 내부에 생기면 정지 상태에 있을 수 없는 물질

　해설 유체(fluid) : 극히 작은 전단력(전단응력)이라도 물질 내부에 작용하면 정지 상태로 있을 수 없는 물질이다(연속적으로 변형하는 물질).

4. 다음 중에서 이상기체에 대한 음파의 속도가 아닌 것은 ? (단, ρ : 밀도, p : 압력, V : 속도, k : 비열비, g : 중력가속도, R : 기체상수, T : 절대온도, s : 엔트로피)

　㉮ $\dfrac{\sqrt{pV}}{\rho}$　　　　㉯ $\left.\dfrac{\partial p}{\partial \rho}\right|_s$

　㉰ $\sqrt{\dfrac{kp}{\rho}}$　　　　㉱ $\sqrt{kRT}$

5. 물체 표면에 가까운 곳에서 속도분포가 $u = u_0 \sin ky$로 표시될 수 있다고 할 때 물체 표면에 작용하는 전단응력은 어느 것으로 표시되는가 ? (단, u_0는 수류부의 유속, k는 상수, y는 물체 표면에 수직한 방향의 좌표, μ는 점성계수이다.)

　㉮ 0
　㉯ $\mu\, u_0 \sin ky$
　㉰ $\mu\, u_0 \cos k$
　㉱ $\mu\, k\, u_0$

　해설 $u = u_0 \sin ky$에서

$$\left.\frac{du}{dy}\right|_{y=0} = k u_0 \cos ky = k u_0 \,[\text{s}^{-1}]$$

$$\therefore\ T = \mu \frac{du}{dy} = \mu k u_0 \,[\text{Pa}]$$

해답　1. ㉯　2. ㉱　3. ㉱　4. ㉮　5. ㉱

6. 고속도로 톨게이트의 폭이 도로에 비하여 넓게 만들어진 이유를 가장 적절하게 설명해 줄 수 있는 것은?

㉮ 연속 방정식   ㉯ 에너지 방정식
㉰ 베르누이 방정식   ㉱ 열역학 제2법칙

[해설] 고속도로 톨게이트의 폭이 도로에 비하여 넓게 만들어진 이유를 가장 적절하게 설명해 줄 수 있는 것은 연속 방정식(continuity of equation)이다.

7. 그림과 같이 U자관 액주계가 x방향으로 등가속운동하는 경우 x방향 가속도 a_x는? (단, 수은의 비중은 13.6이다.)

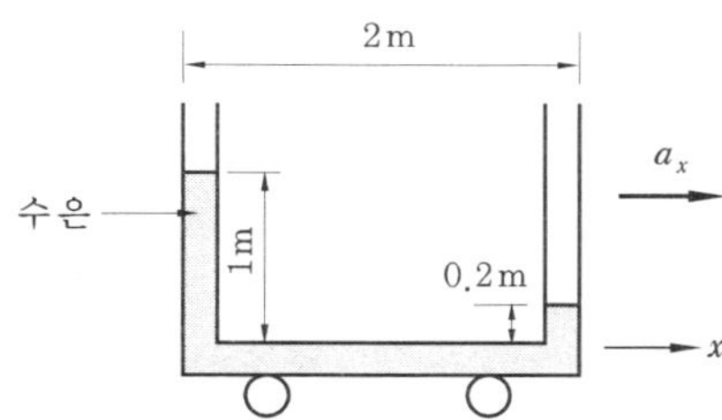

㉮ 0.4 m/s^2 ㉯ 0.98 m/s^2
㉰ 3.92 m/s^2 ㉱ 4.9 m/s^2

[해설] 수평등가속도운동(a_x m/s^2)에서,

$$\tan\theta = \frac{a_x}{g} = \frac{0.8}{2} = 0.4$$
$$\therefore a_x = 0.4g = 0.4 \times 9.8 = 3.92 \text{ m/s}^2$$

8. 어떤 물리적인 계(system)에서 관성력, 점성력, 중력, 표면장력이 중요하다. 이 시스템과 관련된 무차원수가 아닌 것은?

㉮ 웨버 수   ㉯ 레이놀즈 수
㉰ 프루드 수   ㉱ 오일러 수

[해설] 웨버 수(Web) = $\dfrac{관성력}{표면장력}$

레이놀즈 수(Re) = $\dfrac{관성력}{점성력}$

프루드 수(Fr) = $\dfrac{관성력}{중력}$

오일러 수(Eu) = $\dfrac{관성력}{압력}$

9. 지름 0.4 m인 관에 물이 0.5 m^3/s로 흐를 때 길이 300 m에 대해서 동력손실은 60 kW였다. 이때 관마찰계수 f는? (단, 물의 비중량은 9800 N/m^{3}이다.)

㉮ 0.015 ㉯ 0.02   ㉰ 0.025 ㉱ 0.03

[해설] $\text{Power} = \Delta P Q = f\,\dfrac{l}{d}\,\dfrac{\gamma V^2}{2g} \times Q$

$$= f\,\frac{l}{d}\,\frac{\gamma\left(\dfrac{Q}{A}\right)^2}{2g}\,Q = f\,\frac{l\,\gamma\,4^2\,Q^3}{d\,2g\,\pi^2\,d^4}$$

$$\therefore f = \frac{(\text{Power})\,2g\,\pi^2\,d^5}{\gamma\,l\,4^2\,Q^3}$$

$$= \frac{60\times10^3\times2\times9.8\times\pi^2\times(0.4)^5}{9800\times300\times4^2\times(0.5)^3}$$

$$= 0.02$$

10. 지름이 1 cm인 원통 관에 0℃의 물이 흐르고 있다. 평균 속도가 1.2 m/s이고, 0℃ 물의 동점성계수가 $\nu = 1.788\times10^{-6}$ m^2/s일 때, 이 흐름의 레이놀즈 수는?

㉮ 2356   ㉯ 4282
㉰ 6711   ㉱ 7801

[해설] $Re = \dfrac{Vd}{\nu} = \dfrac{\left(\dfrac{Q}{A}\right)d}{\nu} = \dfrac{4Q}{\pi d\nu}$

$$= \frac{4\times\dfrac{\pi\times(0.01)^2\times1.2}{4}}{\pi\times0.01\times1.788\times10^{-6}}$$

$$= 6711 > 4000\,(난류)$$

11. (γ, θ) 극좌표표계에서 속도 퍼텐셜 $\pi = 2\theta$에 대응하는 원주방향 속도(v_θ)는?

㉮ $\dfrac{4\pi}{r}$ ㉯ $\dfrac{2}{r}$

㉰ $2r$ ㉱ $4\pi r$

[해설] $v_\theta = \dfrac{1}{r}\cdot\dfrac{\delta\psi}{\delta\theta} = \dfrac{1}{r}\times2 = \dfrac{2}{r}$

stream function(유동함수)

$$\psi = \int (2\theta)'\,dr = 2r$$

12. 수평 원관 속의 층류유동에서 하겐–푸아죄유 방정식을 나타내는 것은? (단, μ는 점성계수, Q는 유량, p는 압력을 나타낸다.)

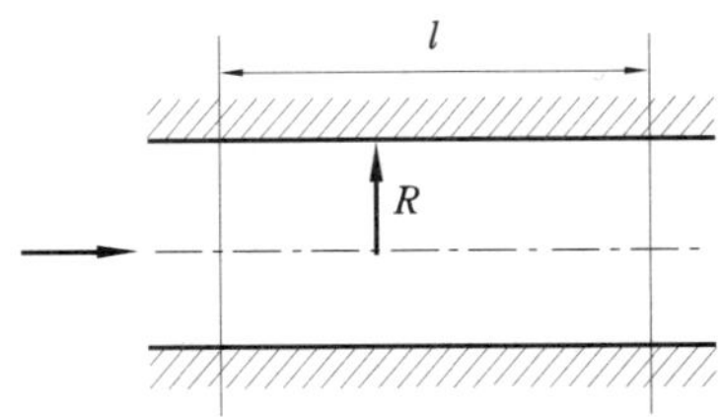

㉮ $Q = \dfrac{\pi R^4}{8\mu l}(p_1 - p_2)$

㉯ $Q = \dfrac{\pi R^3}{6\mu l}(p_1 - p_2)$

㉰ $Q = \dfrac{8\pi R^4}{\mu l}(p_1 - p_2)$

㉱ $Q = \dfrac{6\pi R^2}{\mu l}(p_1 - p_2)$

해설 유량(Q)

$$= \frac{\Delta P \pi d^4}{128 \mu l}$$
$$= \frac{\pi R^4}{8 \mu l}(p_1 - p_2) \ [\text{m}^3/\text{s}]$$

13. 지름이 70 mm인 소방노즐에서 물제트가 50 m/s의 속도로 건물 벽에 수직으로 충돌하고 있다. 벽이 받는 힘은 약 몇 kN인가? (단, 물의 밀도는 1000 kg/m^{3}이다.)

㉮ 21.2 　　　㉯ 5.50

㉰ 7.42 　　　㉱ 9.62

해설 $F_{(\text{wall})} = \rho Q V = \rho A V^2$

$$= 1000 \times \frac{\pi}{4} \times (0.07)^2 \times 50^2 \times 10^{-3}$$
$$= 9.62 \text{ kN}$$

14. 그림과 같이 지름 비가 2:1인 벤투리관에서 압력차 Δp를 바르게 표현한 것은? (단, ρ는 유체의 밀도)

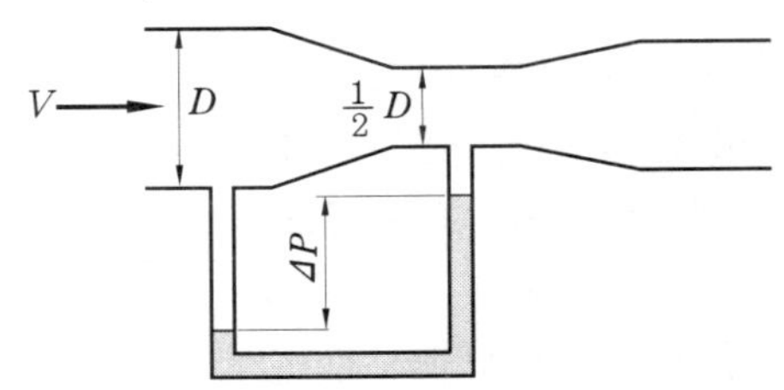

㉮ $\dfrac{1}{2}\rho V^2$ 　　　㉯ $\dfrac{3}{2}\rho V^2$

㉰ $\dfrac{9}{2}\rho V^2$ 　　　㉱ $\dfrac{15}{2}\rho V^2$

해설 $(p_1 - p_2) = (\gamma_0 - \gamma)\Delta p$

$$\frac{p_1}{\gamma} + \frac{V_1^2}{2g} = \frac{p_2}{\gamma} + \frac{V_2^2}{2g}$$
$$(d_2 = 2d_1, \quad V_2 = 4V_1)$$
$$\frac{p_1 - p_2}{\gamma} = \frac{V_2^2}{2g} - \frac{V_1^2}{2g}$$
$$= \frac{16V_1^2 - V_1^2}{2g} = \frac{15V_1^2}{2g}$$
$$\frac{15\rho V^2}{2} = \Delta p(\gamma_0 - \gamma) = \Delta p(\text{압력차})$$

15. 지름이 10 cm인 파이프에 물(밀도 = 1000 kg/m^3)이 평균속도 5 m/s로 흐를 때, 마찰계수가 0.02라고 한다. 이 파이프가 그림과 같이 30° 경사지게 놓여 있고 물이 위로 흐르면 파이프 1 m 당 압력변화는 얼마인가?

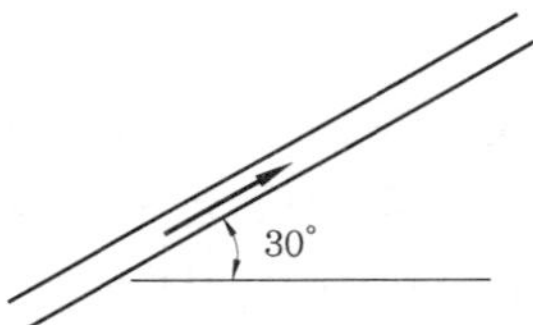

㉮ 2.55 kPa 감소 　　　㉯ 4.95 kPa 증가

㉰ 7.35 kPa 감소 　　　㉱ 12.35 kPa 증가

해설 $h_l = 1 \times \sin 30° + f \cdot \dfrac{l}{d} \cdot \dfrac{V^2}{2g}$

$$= 0.5 + 0.02 \times \frac{1}{0.1} \times \frac{5^2}{2 \times 9.8}$$
$$= 0.755$$
$$\Delta P = \gamma h_l = 9800 \times 10^{-3} \times 0.755$$
$$= 7.39 \text{ kPa(감소)}$$

해답　12. ㉮　13. ㉱　14. ㉱　15. ㉰

16. 다음 그림과 같이 축소되는 사각형 덕트에서 어떤 유체가 흐르고 있다. 그림에 표시된 0지점에서 속도분포를 측정한 결과 다음 식과 같이 y만의 함수이다. $\left[\dfrac{V}{V_{\max}} = 4\dfrac{y}{y_0}\left(1-\dfrac{y}{y_0}\right)\right]$, $y_0 = 50$ mm이고 $V_{\max} = 1$ m/s인 경우 총 유량(m³/s)은?

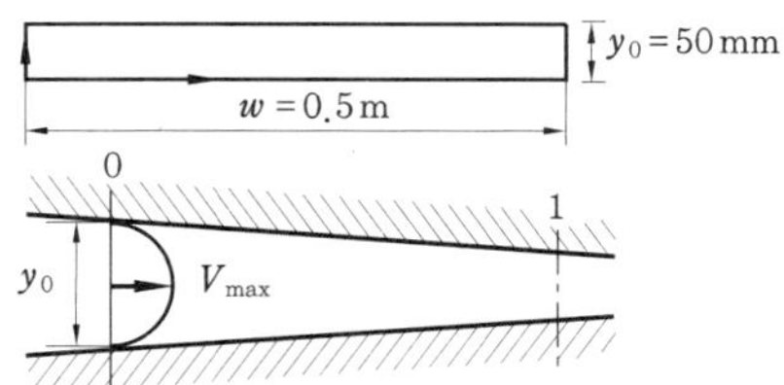

㉮ $\dfrac{1}{60}$ ㉯ $\dfrac{1}{120}$ ㉰ $\dfrac{1}{180}$ ㉱ $\dfrac{1}{240}$

해설 $Q = \displaystyle\int V dA$

$$= 4\,V_{\max}\int_0^{\frac{y_0}{2}}\left(\frac{y}{y_0}-\frac{y^2}{y_0^2}\right)w\,dy$$

$$= 4\times 1\times 2\times 0.5\left(\frac{y_0}{4}-\frac{y_0}{6}\right)$$

$$= \frac{1\times 2\times 0.5\times 0.05}{3} = \frac{5}{300}$$

$$\left(=\frac{1}{60}\right)\ \mathrm{m^3/s}$$

17. 그림과 같이 곡면판이 제트를 받고 있다. 제트속도 V [m/s], 유량 Q [m³/s], 밀도 ρ [kg/m³], 유출방향을 θ라 하면 제트가 곡면판에 주는 x방향의 힘을 나타내는 식은?

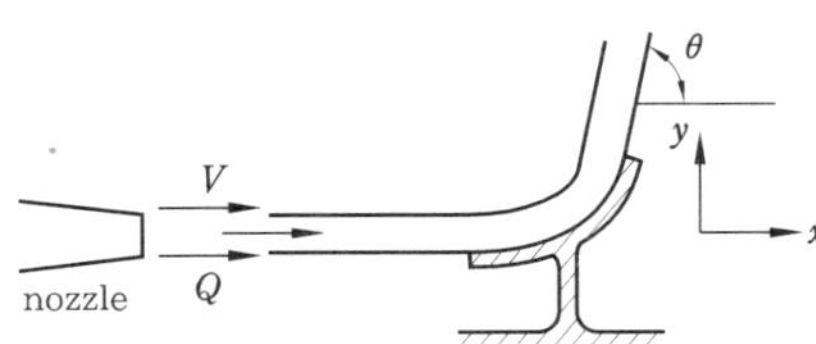

㉮ $\rho Q V^2\cos\theta$ ㉯ $\rho Q V\cos\theta$
㉰ $\rho Q V\sin\theta$ ㉱ $\rho Q V(1-\cos\theta)$

해설 $\sum F = \rho Q(V_2 - V_1)$

$-F_x = \rho Q(V\cos\theta - V)$

$\therefore F_x = \rho Q V(1-\cos\theta)$ [N]

18. 지름 0.015 m의 구가 공기 속을 28 m/s의 속도로 날아가는 경우 항력은 몇 N인가? (단, 공기의 밀도는 1.23 kg/m³, 동점성계수는 0.15 cm²/s, 항력계수는 $C_D = 0.5$이다.)

㉮ 3.56×10^{-4} ㉯ 2.25×10^{-3}
㉰ 4.26×10^{-2} ㉱ 5.64×10^{-4}

해설 항력$(D) = C_D\dfrac{\gamma A V^2}{2g} = C_D\dfrac{\rho A V^2}{2}$

$$= 0.5\times\frac{1.23\times\dfrac{\pi\times(0.015)^2}{4}\times 28^2}{2}$$

$$= 4.26\times10^{-2}\,(=0.0426\ \mathrm{N})$$

19. 어떤 오일의 동점성계수가 2×10^{-4} m²/s이고 비중이 0.9라면 점성계수는 몇 kg/(m·s)인가? (단, 물의 밀도는 1000 kg/m³이다.)

㉮ 0.2   ㉯ 2.0   ㉰ 0.18   ㉱ 1.8

해설 점성계수$(\mu) = \rho\nu = 1000 s\,\nu$

$= (1000\times0.9)\times 2\times10^{-4} = 0.18$

20. 차원 해석에 있어서 반복변수(repeating parameter)의 선정 방법으로 가장 적절한 것은?

㉮ 별로 중요하지 않는 변수도 포함시켜야 한다.
㉯ 기본차원을 모두 포함하여 서로 종속이 아닌 변수로 택하여야 한다.
㉰ 가능하면 같은 차원을 갖는 2개의 변수(물리량)를 포함시켜야 한다.
㉱ 각 변수로부터 한 개의 차원을 제거시켜야 한다.

해설 반복변수는 기본차원 (M, L, T)을 모두 포함하여 서로 종속이 아닌 변수를 택하여야 한다.

해답 16. ㉮   17. ㉱   18. ㉰   19. ㉰   20. ㉯

1. 안지름이 10 cm인 매끈한 관을 통하여 40℃의 물이 흐르고 있다. 이 관내의 유속이 0.01273 m/s일 때 400 m 길이에서 손실수두를 계산한 것은? (단, 40℃의 물의 동점성계수는 0.658×10^{-6} m²/s이다.)

㉮ 0.51×10^{-3} m ㉯ 1.09×10^{-3} m
㉰ 4.26×10^{-3} m ㉱ 5.08×10^{-3} m

[해설] $h_l = f \dfrac{l}{d} \dfrac{V^2}{2g} = \left(\dfrac{64}{Re} \right) \dfrac{l}{d} \dfrac{V^2}{2g}$

$= \left(\dfrac{64}{1935} \right) \times \dfrac{400}{0.1} \times \dfrac{0.01273^2}{2 \times 9.8}$

$= 1.09 \times 10^{-3} \text{m}$

$Re = \dfrac{Vd}{\nu} = \dfrac{0.01273 \times 0.1}{0.658 \times 10^{-6}}$

$= 1935 < 2100 (층류)$

2. 다음 중 무차원수가 되는 것은? (단, ρ : 밀도, μ : 점성계수, F : 힘, Q : 유량, V : 속도)

㉮ $\dfrac{\rho V^2 D^2}{\mu}$ ㉯ $\dfrac{동력}{\rho V^3 D^5}$
㉰ $\dfrac{F}{\mu V L}$ ㉱ $\dfrac{Q}{V D^3}$

[해설] 무차원수(단위가 없는 것)

$= \dfrac{F}{\mu V L} = \dfrac{\text{N}}{\text{N/m}^2 \cdot \text{s} \times \text{m/s} \times \text{m}} = 1$

3. 다음 중 유량을 측정하기 위한 것이 아닌 것은?

㉮ 오리피스(orifice)
㉯ 위어(weir)
㉰ 벤투리미터(venturi meter)
㉱ 피에조 미터(piezo meter)

[해설] 유량 측정용 계기에는 오리피스, 벤투리미터, 로터미터, 위어(weir) 등이 있으며 피에조 미터(piezo meter)는 압력 측정용 계기이다.

4. 안지름이 20 mm인 수평으로 놓인 곧은 파이프 속에 점성계수 0.4 N · s/m², 밀도 900 kg/m³인 기름이 유량 2×10^{-5} m³/s로 흐르고 있을 때, 파이프 내의 10 m 떨어진 두 지점 간의 압력강하는 몇 kPa인가?

㉮ 10.2 ㉯ 20.4
㉰ 30.6 ㉱ 40.8

[해설] $\Delta p = \dfrac{128 \mu Q l}{\pi d^4}$

$= \dfrac{128 \times 0.4 \times 2 \times 10^{-5} \times 10}{\pi \times (0.02)^4}$

$= 20.4 \times 10^3 \text{ Pa} \ (= 20.4 \text{ kPa})$

5. 수평원관 내에 물이 층류로 흐르고 있을 때 평균속도가 10 m/s라면 최대속도는 몇 m/s인가?

㉮ 10 ㉯ 15
㉰ 20 ㉱ 40

[해설] 수평원관에 층류 유동 시 최대유속(V_{max})

$= 2 V_{mean}$ (평균속도)

$= 2 \times 10 = 20 \text{ m/s}$

6. 점성계수가 0.25 kg/(m · s)인 유체가 지면과 수평으로 놓인 평판 위를 흐른다. 평판 근방의 속도분포가 $u = 5.0 - 100(0.3 - y)^2$일 때 평판에서의 전단응력은? (단, y [m]는 평판면에 수직방향의 좌표이고 u

[m/s]는 평판 근방에서 유체가 흐르는 방향의 속도이다.)

㉮ 3 Pa   ㉯ 30 Pa
㉰ 1.5 Pa   ㉱ 15 Pa

해설 뉴턴의 점성법칙

$$\tau = \mu\frac{du}{dy} = 0.25 \times 60 = 15 \text{ Pa}(=\text{N/m}^2)$$

7. 지름이 10 cm인 수평원관으로 3 km 떨어진 곳에 원유(점성계수 $\mu = 0.02$ Pa·s, 비중 $s = 0.86$)를 0.2 m³/min의 유량으로 수송하기 위해서 필요한 동력은 몇 W 인가?

㉮ 127   ㉯ 271   ㉰ 712   ㉱ 1270

해설 $Q = \dfrac{\Delta P\pi d^4}{128\mu l}$ 에서

$$\Delta P = \frac{128\mu Q l}{\pi d^4}$$

$$= \frac{128 \times 0.02 \times \left(\dfrac{0.2}{60}\right) \times 3000}{\pi \times (0.1)^4}$$

$$= 81529 \text{ Pa}$$

동력$(P) = \gamma Q H_L = \Delta P Q$

$$= 81529 \times \left(\frac{0.2}{60}\right) = 271 \text{ W}$$

8. 다음 체적탄성계수에 대한 설명 중 틀린 것은?

㉮ 체적탄성계수가 크다는 것은 어떤 체적을 압축하는 데 큰 압력이 필요하다는 뜻이다.

㉯ 체적탄성계수의 차원은 Pa이다.

㉰ 체적탄성계수가 동일할 때, 밀도가 큰 액체 속에서의 음속이 더 크다.

㉱ 밀도가 동일할 때, 체적탄성계수가 큰 액체 속에서의 음속이 더 크다.

해설 음속$(c) = \sqrt{\dfrac{E}{\rho}}$ [m/s] (체적탄성계수(E) 가 일정 시 밀도(ρ)가 작은 액체가 음속이 더 크다.)

9. 속도 3 m/s로 움직이는 평판에 이것과 같은 방향으로 수직하게 10 m/s의 속도를 가진 제트가 충돌한다. 분류가 평판에 미치는 힘 F는 얼마인가? (단, 유체의 밀도를 ρ라 하고 제트의 단면적을 A라 한다.)

㉮ $F = 10\rho A$ ㉯ $F = 100\rho A$
㉰ $F = 7\rho A$ ㉱ $F = 49\rho A$

해설 $F = \rho Q(v-u) = \rho A(v-u)^2$

$$= \rho A(10-3)^2 = 49\rho A \text{ [N]}$$

10. 다음과 같은 수평으로 놓인 노즐이 있다. 노즐의 입구는 면적이 0.1 m²이고 출구의 면적은 0.02 m²이다. 정상, 비압축성이며 점성의 영향이 없다면 출구의 속도가 50 m/s일 때 입구와 출구의 압력차$(p_1 - p_2)$는 몇 kPa인가? (단, 이 공기의 밀도는 1.23 kg/m³이다.)

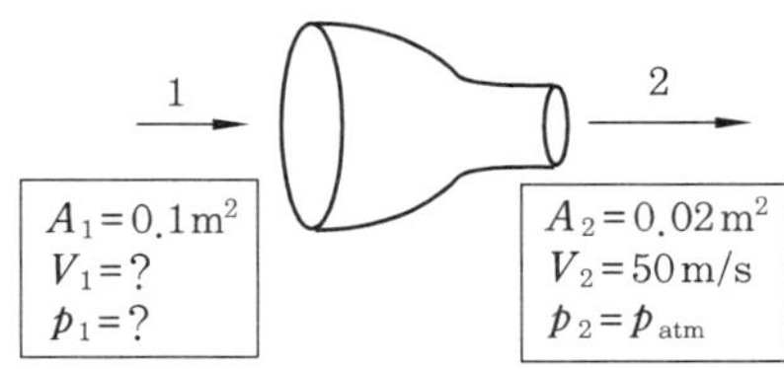

㉮ 1.48   ㉯ 14.8
㉰ 2.96   ㉱ 29.6

해설 $Q = AV$, $A_1 V_1 = A_2 V_2$이므로,

$$V_1 = V_2\left(\frac{A_2}{A_1}\right) = 50 \times \left(\frac{0.02}{0.1}\right) = 10 \text{ m/s}$$

$$\frac{p_1}{\gamma} + \frac{V_1^2}{2g} = \frac{p_2}{\gamma} + \frac{V_2^2}{2g}$$

$$\frac{p_1 - p_2}{\gamma} = \frac{(V_2^2 - V_1^2)}{2g} \text{ 이므로,}$$

$$(p_1 - p_2) = \frac{\gamma}{2g}(V_2^2 - V_1^2)$$

$$= \frac{1.23}{2}(50^2 - 10^2) = 1476 \text{ Pa}$$

$$= 1.48 \text{ kPa}$$

---

11. 밀도가 800 kg/m³인 원통형 물체가 그림과 같이 $\dfrac{1}{3}$이 수면 위로 떠 있는 것이 관측되었다. 이때 이 액체의 비중은 얼마인가?

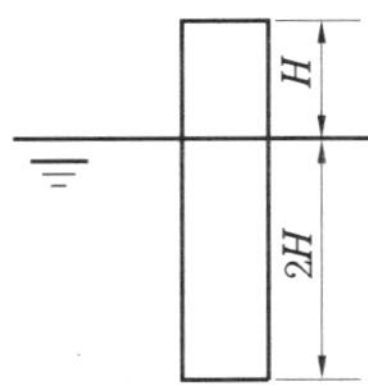

㉮ 0.2　　㉯ 0.67　　㉰ 1.2　　㉱ 1.5

해설 부력(F_B) = 물체의 무게(W)

$$\gamma V = \gamma' V'$$
$$(800 \times 9.8 \times A \times 3H = 9800s \times A \times 2H)$$
$$\therefore \ \text{비중}(s) = \frac{800 \times 9.8 \times 3}{9800 \times 2} = 1.2$$

12. 어떤 기름의 동점성계수가 2.5 stokes이고, 비중은 2.45이다. 점성계수는 몇 N·s/m²인가? (단, 1 stokes $= 1\,\text{cm}^2/\text{s}$이다.)

㉮ 6.125　　　　　㉯ 0.6125

㉰ 0.001　　　　　㉱ 0.01

해설 동점성계수(ν) $= \dfrac{\mu}{\rho}$ [m²/s]에서

$$\mu = \nu \cdot \rho = 2.5 \times 10^{-4} \times (1000 \times 2.45)$$
$$= 0.6125 \ \text{N} \cdot \text{s/m}^2 (\text{Pa} \cdot \text{s})$$

13. 안지름 30 cm의 원관 속을 절대압력 0.32 MPa, 온도 27℃인 공기가 4 kg/s로 흐를 때, 이 원관 속을 흐르는 공기의 평균 속도는? (단, 공기의 기체상수 $R = 287$ J/kg·K이다.)

㉮ 약 15.2 m/s　　　㉯ 약 20.3 m/s

㉰ 약 25.2 m/s　　　㉱ 약 32.5 m/s

해설 $\dot{m} = \rho A V$에서

$$V = \frac{\dot{m}}{\rho A} = \frac{\dot{m}}{\left(\dfrac{p}{RT}\right)A}$$
$$= \frac{4 \times 4}{\left(\dfrac{0.32 \times 10^6}{287 \times 300}\right) \times \pi \times (0.3)^2} \fallingdotseq 15.2 \ \text{m/s}$$

14. 지름이 8 mm인 중공 물방울의 내부 압력(게이지 압력)은? (단, 물의 표면장력은 0.075 N/m이다.)

㉮ 37.5 Pa　　　　㉯ 75 Pa

㉰ 0.037 Pa　　　　㉱ 0.075 Pa

해설 구의 표면장력(σ) $= \dfrac{pd}{4}$ [N/m]에서

$$p = \frac{4\sigma}{d} = \frac{4 \times 0.075}{0.008} = 37.5$$

15. 부차적 손실계수 값이 5인 밸브를 Darcy의 관마찰계수가 0.025이고 지름이 2 cm인 관으로 환산한다면 관의 등가 길이는 몇 m인가?

㉮ 4　　　　　㉯ 0.4

㉰ 2.5　　　　㉱ 0.25

해설 등가길이(l_e) $= \dfrac{kd}{f} = \dfrac{5 \times 0.02}{0.025} = 4$ m

16. 이상 유체를 정의한 것 중 가장 옳은 것은?

㉮ 실제 유체이다.

㉯ 뉴턴 유체이다.

㉰ 점성만 없는 유체이다.

㉱ 점성이 없는 비압축성 유체이다.

해설 이상 유체(ideal fluid)란 점성이 없고 비압축성인 유체이다[비점성·비압축성 유체 = 완전 유체(perfect fluid)].

17. 그림과 같은 수문($b \times h = 3\,\text{m} \times 2\,\text{m}$)

해답　11. ㉰　12. ㉯　13. ㉮　14. ㉮　15. ㉮　16. ㉱　17. ㉰

이 있을 경우 합력의 작용점은 수면에서 몇 m 깊이에 있는가?

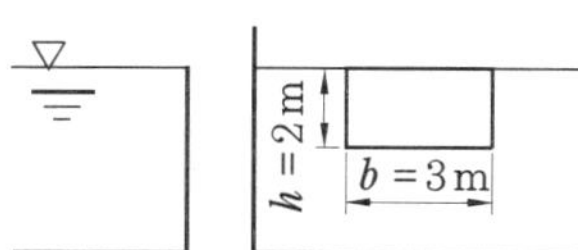

㉮ 약 0.7 m ㉯ 약 1.1 m
㉰ 약 1.3 m ㉱ 약 1.5 m

해설 절대압력의 작용위치(y_P)

$$= \overline{y} + \frac{I_G}{A\overline{y}} = 1 + \frac{\dfrac{3 \times 2^3}{12}}{(2 \times 3) \times 1} \fallingdotseq 1.33 \text{ m}$$

18. 지름 20 cm인 구의 주위에 밀도가 1000 kg/m³, 점성계수는 1.8×10^{-3} Pa·s인 물이 2 m/s의 속도로 흐르고 있다. 항력계수가 0.2인 경우 구에 작용하는 항력은?

㉮ 약 12.6 N
㉯ 약 200 N
㉰ 약 0.2 N
㉱ 약 25.12 N

해설 항력(D) $= C_D \dfrac{\gamma A V^2}{2g} = C_D \dfrac{\rho A V^2}{2}$

$$= 0.2 \times \frac{1000 \times \dfrac{\pi \times (0.2)^2}{4} \times 2^2}{2}$$

$$= 12.56 \ (\fallingdotseq 12.6 \text{N})$$

19. 길이 100 m, 속도 18 m/s인 선박의 모형실험을 길이 5 m인 모형선으로 프루드(Froude) 상사가 성립되게 실험하려면 모형선의 속도는 몇 m/s로 해야 하는가?

㉮ 1.80 ㉯ 4.02
㉰ 0.36 ㉱ 36

해설 모형실험은 중력이 중요시되므로 프루드(Froude)수가 상사조건을 만족시켜야 한다.

$$(Fr)_p = (Fr)_m, \quad \left(\frac{V}{\sqrt{lg}}\right)_p = \left(\frac{V}{\sqrt{lg}}\right)_m$$

$g_p = g_m$이므로

$$V_m = V_p \times \sqrt{\frac{l_m}{l_p}} = 18 \times \sqrt{\frac{5}{100}} = 4.02 \text{ m/s}$$

20. 바닷속 100 m까지 잠수한 잠수함이 받는 압력은 몇 kPa인가? (단, 바닷물의 비중은 1.03이다.)

㉮ 101 ㉯ 404
㉰ 1010 ㉱ 4040

해설 $p = 9806sh = 9806 \times 1.03 \times 100$
$$= 1010018 \text{ Pa} = 1010 \text{ kPa}$$

1. 길이 150 m의 배가 8 m/s의 속도로 항해한다. 배가 받는 조파저항을 연구하는 경우, 길이 1.5 m의 기하학적으로 닮은 모형의 속도는 몇 m/s인가?

㉮ 12   ㉯ 80
㉰ 1   ㉱ 0.8

해설 조파저항에 대한 문제는 중력이 중요한 인자이므로 프루드 수(Froude number)를 만족시켜야 한다.

$$\left(\frac{V}{\sqrt{lg}}\right)_P = \left(\frac{V}{\sqrt{lg}}\right)_m \quad g_p \simeq g_m$$

따라서, $V_m = V_p \times \sqrt{\dfrac{l_m}{l_p}}$

$$= 8 \times \sqrt{\frac{1.5}{150}} = 0.8 \text{ m/s}$$

2. 압력강하 Δp, 밀도 ρ, 길이 L, 유량 Q에서 얻을 수 있는 무차원수는?

㉮ $\dfrac{\rho Q}{\Delta p L^2}$ ㉯ $\dfrac{\rho L}{\Delta p Q^2}$

㉰ $\dfrac{\Delta p L Q}{\rho}$ ㉱ $\sqrt{\dfrac{\rho}{\Delta p}} \cdot \dfrac{Q}{L^2}$

3. 벽면에 평행한 방향의 속도 u만이 있는 유동장에서 전단응력을 τ, 점성계수를 μ, 벽면으로부터의 거리를 y로 표시하면 뉴턴의 점성법칙은 어떻게 쓸 수 있는가?

㉮ $\tau = \mu \dfrac{dy}{dx}$ ㉯ $\tau = \mu \dfrac{du}{dy}$

㉰ $\tau = \dfrac{1}{\mu} \dfrac{du}{dy}$ ㉱ $\mu = \tau \sqrt{\dfrac{du}{dy}}$

해설 뉴턴의 점성법칙(Newton's viscosity law)은 $\tau = \mu \dfrac{du}{dy}$ [Pa]이다.

4. 수력기울기선(hydraulic grade line)의 설명으로 가장 적당한 것은?

㉮ 에너지선보다 위에 있어야 한다.
㉯ 항상 수평이 된다.
㉰ 위치 수두와 속도 수두의 합을 나타낸다.
㉱ 위치 수두와 압력 수두의 합을 나타낸다.

해설 수력구배선(HGL)은 베르누이 방정식에서 위치수두(z)와 압력수두 $\left(\dfrac{p}{\gamma}\right)$의 합을 연결시켜주는 선이다.

5. 어떤 탱크에 유체를 가득 채우고, 수직축을 중심으로 일정한 각속도로 회전시킨다. 탱크 밑면에서의 압력은 어떻게 변화하는가?

㉮ 회전축으로부터의 거리의 제곱에 따라 감소한다.
㉯ 회전축으로부터의 거리에 따라 직선적으로 증가한다.
㉰ 회전축으로부터의 거리에 따라 직선적으로 감소한다.
㉱ 회전축으로부터의 거리의 제곱에 따라 증가한다.

해설 등속회전운동 시 최대상승높이(h)는 다음과 같다.
$$h = \frac{p_1 - p_2}{\gamma} = \frac{\gamma^2 \omega^2}{2g} \text{ [m]이다. } (h \propto \gamma^2)$$

6. 수평 원관 속을 흐르는 유체의 층류 유동에서 관마찰계수는?

㉮ 상대조도만의 함수이다.
㉯ 마하 수만의 함수이다.
㉰ 레이놀즈 수만의 함수이다.
㉱ 프루드 수만의 함수이다.

해답 1. ㉱   2. ㉱   3. ㉯   4. ㉱   5. ㉱   6. ㉰

해설 수평 원관 유동에서 관마찰계수(f)는 레이놀즈 수(Re)만의 함수이다. $\left(f = \dfrac{64}{Re}\right)$

7. 그림과 같이 물제트가 고정된 평판에 수직으로 부딪힌다. 마찰을 무시할 때, 제트에 의해 판이 받는 충격력은 얼마인가? (단, 물제트의 분사속도(V_i)는 10 m/s이고, 제트 단면적은 0.01 m²이다.)

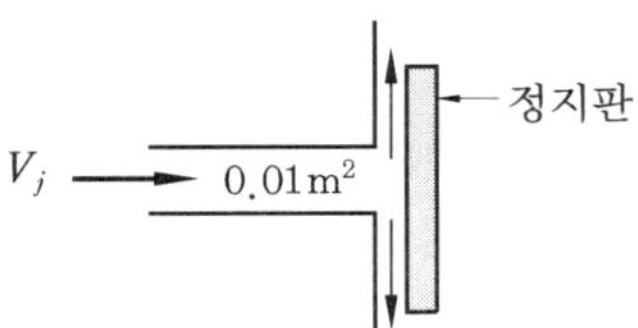

㉮ 10 kN   ㉯ 10 N

㉰ 100 kN   ㉱ 1000 N

해설 $F = \rho Q V = \rho A V^2$
$$= 1000 \times 0.01 \times (10)^2 = 1000 \text{ N}$$

8. 동쪽을 x축 (+)방향, 북쪽을 y축 (+) 방향으로 하는 2차원 직각 좌표계에서 2 m/s의 일정한 속도로 불어오는 남동풍에 대응하는 속도 퍼텐셜은? (단, 속도 퍼텐셜 ϕ는 $\vec{V} \equiv \nabla\phi = grad\,\phi$로 정의한다.)

㉮ $\sqrt{2}\,x + \sqrt{2}\,y +$ 상수

㉯ $-\sqrt{2}\,x + \sqrt{2}\,y +$ 상수

㉰ $2x - 2y +$ 상수

㉱ $2x + 2y +$ 상수

해설 속도 퍼텐셜(ϕ)
$$= \nabla\phi = \vec{V} = u_x + v_y + c$$
$$= -\sqrt{2}\,x + \sqrt{2}\,y + \text{ 상수(C)}$$

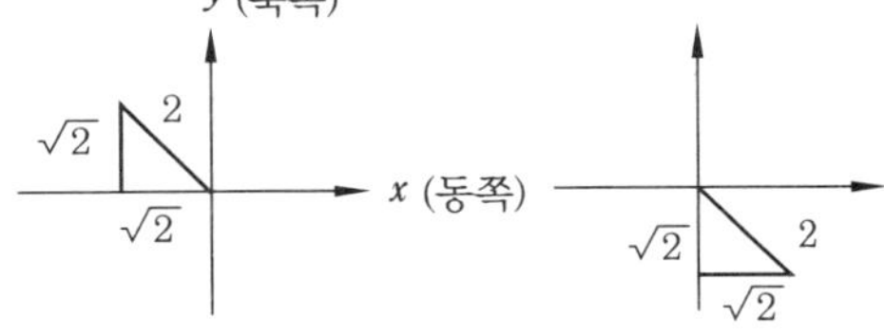

9. 바람에 수직하게 놓인 지름 40 cm의 원판(disc)이 받는 항력은 0.4 N이었다. 공기밀도가 1.2 kg/m³이고 항력계수가 1.1 이라면 풍속은 몇 m/s인가?

㉮ 0.8   ㉯ 1.1   ㉰ 1.6   ㉱ 2.2

해설 $D = C_D \dfrac{\rho A V^2}{2}$ 에서
$$V = \sqrt{\dfrac{2D}{C_p \rho A}}$$
$$= \sqrt{\dfrac{2 \times 0.4}{1.1 \times 1.2 \times \dfrac{\pi \times (0.4)^2}{4}}} = 2.2 \text{ m/s}$$

10. 점성계수가 $\mu = 0.098$ N·s/m²인 유체가 평판 위를 $u = 750y - 2.5 \times 10^{-6}y^3$ m/s의 속도분포로 흐를 때 벽면에서의 전단응력은 몇 N/m²인가? (단, y는 벽면으로부터 m 단위로 잰 수직거리이다.)

㉮ 7.35   ㉯ 73.5

㉰ 735   ㉱ 0.735

해설 $\left.\dfrac{du}{dy}\right|_{y=0} = 750 - 3 \times 2.5 \times 10^{-6}y^2$
$$\tau = \mu \dfrac{du}{dy} = 0.098 \times 750$$
$$= 73.5 \text{ Pa}(= \text{N/m}^2)$$

11. 그림과 같은 수문(ABC)에서 A점은 힌지로 연결되어 있다. 수문을 그림과 같은 닫은 상태로 유지하기 위해 필요한 힘 F는 몇 kN인가?

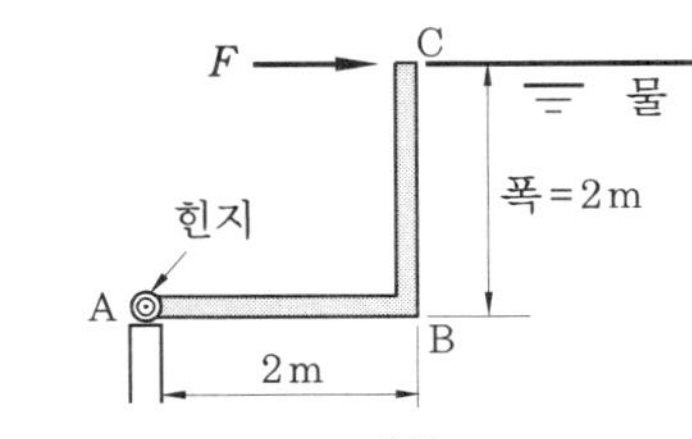

㉮ 39.2   ㉯ 52.3

㉰ 58.8   ㉱ 78.4

[해설] $\sum M_{\text{Hinge}} = 0$

$$F \times 2 - F_H \times \frac{1}{3} \times 2 - F_V \times 1 = 0$$

$$\therefore F = \frac{39.2 \times \frac{2}{3} + 78.4 \times 1}{2} = 52.3 \text{ kN}$$

$$F_H = \gamma \bar{y} A = 9800 \times 1 \times (2 \times 2) \times 10^{-3}$$
$$= 39.2 \text{ kN}$$

$$F_V = \gamma A h = 9800 \times (2 \times 2) \times 2 \times 10^{-3}$$
$$= 78.4 \text{ kN}$$

12. 비중이 0.9인 원유를 1.0 m³/min의 유량으로 지름이 150 mm인 원형관으로 수송하고자 한다. 100 km를 수송하기 위해 필요한 동력은 몇 kW인가?(단, 관마찰계수는 0.02이다.)

㉮ 0.251　㉯ 1.72　　㉰ 25.8　　㉱ 89.0

[해설] $h_l = f \dfrac{l}{d} \dfrac{V^2}{2g}$

$$= 0.02 \times \frac{100 \times 10^3}{0.15} \times \frac{(0.943)^2}{2 \times 9.8}$$
$$= 605 \text{ m}$$

$$V = \frac{Q}{A} = \frac{\left(\dfrac{1.0}{60}\right)}{\dfrac{\pi}{4} \times (0.15)^2} = 0.943 \text{ m/s}$$

동력(kW)
$$= \gamma Q h_l = 9800 \times 0.9 \times 10^{-3} \times \left(\frac{1.0}{60}\right) \times 605$$
$$= 89 \text{ kW}$$

13. 경계층에서 유동박리 현상이 발생하기 제일 어려운 조건은 어느 것인가?

㉮ 역압력 구배가 존재할 때
㉯ 유동방향으로 단면이 확대될 때
㉰ 유체가 감속될 때
㉱ 순압력 구배가 존재할 때

[해설] 순압력 구배가 존재 시 경계층에서 유동박리(separation) 현상이 발생되기 어렵다.

14. 수두 차를 읽어 관내 유체의 속도를

측정할 때 역 U자관(inverted U tube)의 액주계가 사용되었다면 그 이유는?

㉮ 계측 유체의 비중이 작기 때문에
㉯ 설치가 간편하기 때문에
㉰ 이물질 제거가 쉽기 때문에
㉱ 관찰하기 쉽기 때문에

[해설] 역 U자관의 액주계는 계측 유체의 비중이 작을 때 주로 사용한다(수두 차를 읽어 관내 유체의 속도를 측정 시).

15. 공기로 채워진 0.189 m³들이 오일 드럼통을 사용하여 잠수부가 해저 바닥으로부터 오래된 배의 닻을 끌어올리려 한다. 바닷물 속에서 닻을 들어 올리는 데 필요한 힘은 1780 N이고, 공기 중에서 빈 드럼통을 들어 올리는 데 필요한 힘은 222 N이다. 공기로 채워진 드럼통을 닻에 연결할 때 잠수부가 이 닻을 끌어올리는 데 필요한 최소 힘은 몇 N인가?(단, 바닷물의 비중은 1.025이다.)

㉮ 97.5　　　　　㉯ 99.5
㉰ 101.5　　　　㉱ 103.5

[해설] 공기 중에서 빈 드럼통을 들어 올리는 데 필요한 힘$(W) = 222$ N
물속에서 드럼에 작용하는 부력(F_B)
$$= \gamma V = 9800 S V = 9800 \times 1.025 \times 0.189$$
$$= 1898.5 \text{ N}$$
$$\therefore F = 1780 + 222 - 1898.5 = 103.5 \text{ N}$$

16. 안지름이 2 cm이고 길이 100 m인 파이프에 유체가 평균 속도 6.25 cm/s로 흐른다. 파이프 입구에서 압력은 출구 압력보다 약 몇 Pa 더 높은가?(단, 파이프는 수평으로 놓여 있고, 유체의 밀도는 800 kg/m³, 점성계수는 2×10^{-3} kg/m·s이다.)

㉮ 611　　㉯ 764　　㉰ 1000　　㉱ 1243

해설　$Re = \dfrac{\rho\,Vd}{\mu}$

$\qquad = \dfrac{800 \times 6.25 \times 10^{-2} \times 0.02}{2 \times 10^{-3}} = 500$ 이므로

층류이다.

$\Delta p = \gamma h_l = f\,\dfrac{l}{d}\,\dfrac{\rho V^2}{2}$

$\qquad = \left(\dfrac{64}{500}\right) \times \dfrac{100}{0.02} \times \dfrac{800 \times (0.0625)^2}{2}$

$\qquad = 1000\ \text{Pa}$

17. 그림과 같이 입구속도 U_0의 비압축성 유체의 유동이 평판 위를 지나 출구에서의 속도분포가 $U_0\dfrac{y}{\delta}$가 된다. 검사 체적을 ABCD로 취한다면 단면 CD를 통과하는 유량은? (단, 그림에서 경사체적의 두께는 δ, 평판의 폭은 b이다.)

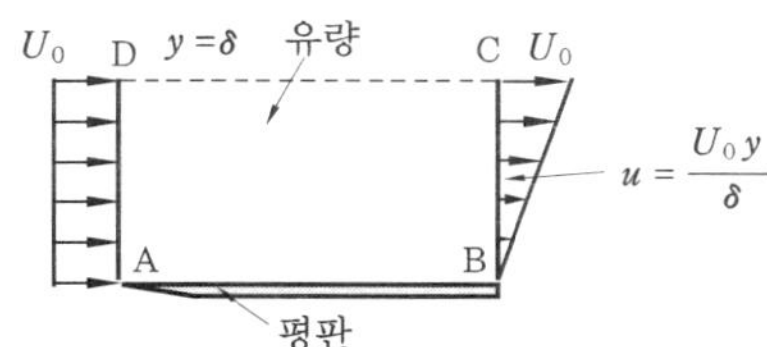

$\boxed{가}\ \dfrac{U_0\,b\,\delta}{2}$ 　　　$\boxed{나}\ U_0\,b\,\delta$

$\boxed{다}\ \dfrac{U_0\,b\,\delta}{4}$ 　　　$\boxed{라}\ \dfrac{U_0\,b\,\delta}{8}$

해설　단변 CD를 통과하는 유량(θ)

$= AU = \displaystyle\int_0^\delta b \times \dfrac{U_0 y}{\delta}\,dy = \dfrac{bU_0}{\delta}\int_0^\delta y\,dy$

$= \dfrac{bU_0}{\delta}\left[\dfrac{y^2}{2}\right]_0^\delta = \dfrac{b\,U_0\,\delta}{2}\ [\text{m}^2/\text{s}]$

18. 지름 0.2 m, 길이 10 m인 파이프에 기름(비중 : 0.8, 동점성계수 : 1.2×10^{-4} m²/s)이 0.0188 m³/s의 유량으로 흐른다. 마찰손실수두는 몇 m인가?

$\boxed{가}\ 0.023$ 　　　$\boxed{나}\ 0.029$

$\boxed{다}\ 0.05$ 　　　$\boxed{라}\ 0.059$

해설　$Re = \dfrac{Vd}{\nu} = \dfrac{0.598 \times 0.2}{1.2 \times 10^{-4}} = 998$ 이므로

층류이다.

$V = \dfrac{Q}{A} = \dfrac{0.0188}{\dfrac{\pi}{4} \times (0.2)^2} = 0.598\ \text{m/s}$

$h_l = f\,\dfrac{l}{d}\,\dfrac{V^2}{2g} = \left(\dfrac{64}{R}\right)\dfrac{l}{d}\,\dfrac{V^2}{2g}$

$\qquad = \left(\dfrac{64}{998}\right)\dfrac{10}{0.2}\,\dfrac{0.598^2}{2 \times 9.8} = 0.0584\ \text{m}$

19. 양쪽 끝이 열린 가는 유리관을 수은이 들어 있는 그릇에 수직으로 세울 때 생겨나는 현상에 대한 설명으로 틀린 것은?

$\boxed{가}$ 표면장력 때문에 생기는 현상으로 모세관현상이라 부른다.

$\boxed{나}$ 접촉각이 둔각이기 때문에 유리관 내 수은면이 내려간다.

$\boxed{다}$ 수은의 응집력이 수은과 유리 사이의 부착력보다 크기 때문에 유리관 내 수은면이 내려간다.

$\boxed{라}$ 유리관의 단면이 타원형으로 바뀌어도 수은면이 내려가는 높이에는 변화가 없다.

20. 유효낙차가 100 m인 댐의 유량이 10 m³/s일 때 효율 90 %인 수력터빈의 출력은 몇 MW인가?

$\boxed{가}\ 8.83$ 　$\boxed{나}\ 9.81$ 　$\boxed{다}\ 10.0$ 　$\boxed{라}\ 10.9$

해설　출력(MW) = 입력 × 터빈 효율(η_t)

$= \gamma Q H \eta_t$

$= (9.8 \times 10 \times 100) \times 10^{-3} \times 0.9$

$= 8.82\ \text{MW (메가와트)}$

❋ 2008년도 시행 문제 ❋

1. 흐르는 물의 속도가 1.4 m/s일 때 속도 수두는 몇 m인가?

㉮ 0.2　　㉯ 10　　㉰ 0.1　　㉱ 1

<해설> 속도 수두$(h) = \dfrac{V^2}{2g} = \dfrac{1.4^2}{2 \times 9.8} = 0.1$ m

2. 비중이 0.877인 기름이 단면적이 변하는 원관을 흐르고 있으며 체적유량은 0.146 m³/s이다. A점에서는 안지름이 150 mm, 압력이 91 kPa이고, B점에서는 안지름이 450 mm, 압력이 60.3 kPa이다. 또한 B점은 A점보다 3.66 m 높은 곳에 위치한다. 기름이 A점에서 B점까지 흐르는 동안 잃어버린 수두는 모두 얼마인가?

㉮ 3.4 m　　　　㉯ 3.9 m

㉰ 4.3 m　　　　㉱ 4.9 m

3. 표면장력이 0.07 N/m인 물방울의 내부 압력이 외부압력보다 10 N/m² 크게 되려면 물방울의 지름은 몇 cm인가?

㉮ 1.4　　㉯ 2.8　　㉰ 0.14　　㉱ 0.28

<해설> $\sigma = \dfrac{pd}{4}$

$d = \dfrac{4\sigma}{p} = \dfrac{4 \times 0.07}{10} = 0.028\,\mathrm{m}\,(=2.8\,\mathrm{cm})$

4. 안지름 15 cm, 길이 1000 m인 수평 직원관 속에 물이 매초 50 L로 흐르고 있다. 관 마찰계수가 0.02일 때 마찰 손실 수두는 몇 m인가?

㉮ 54.4　　　　㉯ 48.5

㉰ 86.9　　　　㉱ 38.6

<해설> $h_l = f\,\dfrac{l}{d}\,\dfrac{V^2}{2g}$

$\qquad = 0.02 \times \dfrac{1000}{0.15} \times \dfrac{2.83^2}{2 \times 9.8} = 54.5$ m

$\therefore Q = AV$ 에서

$V = \dfrac{Q}{A} = \dfrac{50 \times 10^{-3}}{\frac{\pi}{4} \times (0.15)^2} = 2.83$ m/s

5. 안지름 0.1 m의 관로에서 관벽의 마찰 손실 수두가 속도 수두와 같다면 그 관로의 길이는 몇 m인가? (단, 관 마찰계수 $f = 0.03$이다.)

㉮ 1.58　　　　㉯ 2.54

㉰ 3.33　　　　㉱ 4.52

<해설> $h_l = f\,\dfrac{l_l}{d}\,\dfrac{V^2}{2g} = K\dfrac{V^2}{2g}$

$\therefore l_l = \dfrac{kd}{f} = \dfrac{h_l d}{f} = \dfrac{1 \times 0.1}{0.03} = 3.33$ m

6. 5.65 m/s²의 일정한 수평방향 가속도로 가속되고 있는 비행기 속에 물그릇이 놓여 있다면 물의 자유표면은 수평에 대해서 몇 도로 기울어지는가?

㉮ 30°　　　　㉯ 60°

㉰ 45°　　　　㉱ 0°

<해설> 수평 등가속도 운동$(a_x\,[\mathrm{m/s^2}])$

$\tan\theta = \dfrac{a_x}{g}$ 에서

$\theta = \tan^{-1}\left(\dfrac{a_x}{g}\right) = \tan^{-1}\left(\dfrac{5.65}{9.8}\right) \fallingdotseq 30°$

<해답> **1.** ㉰　**2.** ㉮　**3.** ㉯　**4.** ㉮　**5.** ㉰　**6.** ㉮

7. 지름 8 cm의 구가 공기 중을 20 m/s의 속도로 운동할 때 항력은 몇 N인가? (단, 공기 밀도는 1.2 kg/m³, 항력계수는 C_D는 0.6이다.)

㉮ 0.724 ㉯ 7.24
㉰ 72.4 ㉱ 0.0724

해설
$$D = C_D \frac{\rho A V^2}{2}$$
$$= 0.6 \times \frac{1.2 \times \dfrac{\pi \times 0.08^2}{4} \times 20^2}{2}$$
$$= 0.724 \text{ N}$$

8. 그림과 같은 관로 내를 흐르는 물의 유량은? (단, 관벽에서는 마찰이 없다고 가정한다.)

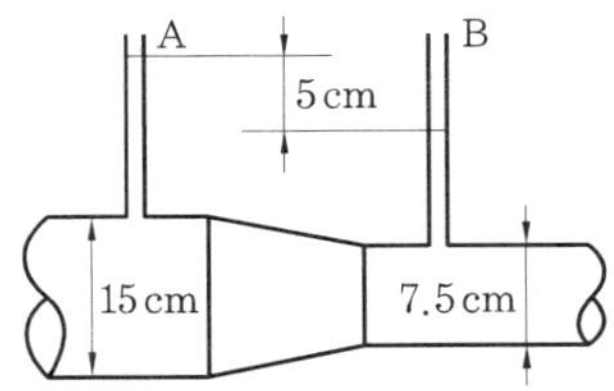

㉮ 0.0175 m³/s ㉯ 0.0045 m³/s
㉰ 0.0017 m³/s ㉱ 0.014 m³/s

해설
$$Q = A_2 V_2 = A_2 \frac{1}{\sqrt{1 - \left(\dfrac{A_2}{A_1}\right)^2}} \sqrt{2gh}$$
$$= A_2 \frac{1}{\sqrt{1 - \left(\dfrac{d_2}{d_1}\right)^4}} \sqrt{2gh}$$
$$= \frac{\pi}{4} \times (0.075)^2$$
$$\times \frac{1}{\sqrt{1 - \left(\dfrac{7.5}{15}\right)^4}} \sqrt{2 \times 9.8 \times 0.05}$$
$$= 4.5 \times 10^{-3}\,(= 0.0045)\ \text{m}^3/\text{s}$$

9. 그림의 시차 압력계에서 두 점의 압력차 $p_x - p_y$는? (단, $\gamma_1, \gamma_2, \gamma_3$는 액체의 비중이다.)

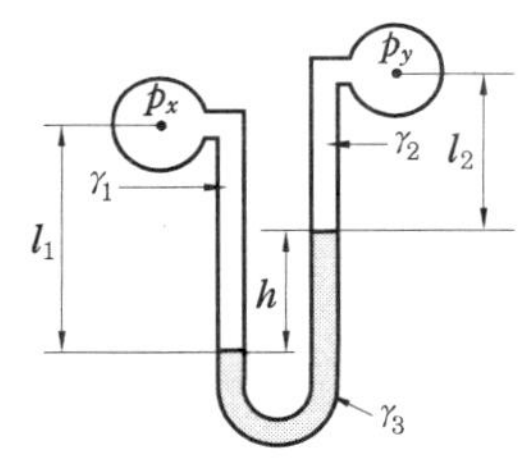

㉮ $p_x - p_y = \gamma_2 l_2 + \gamma_3 h - \gamma_1 l_1$
㉯ $p_x - p_y = \gamma_2 l_2 - \gamma_3 h + \gamma_1 l_1$
㉰ $p_x - p_y = \gamma_1 l_1 - \gamma_2 l_2 + \gamma_3 h$
㉱ $p_x - p_y = \gamma_1 l_1 + \gamma_2 l_2 + \gamma_3 h$

해설 $p_x + \gamma_1 l_1 = p_y + \gamma_2 l_2 + \gamma_3 h$ 이므로
$$p_x - p_y = \gamma_2 l_2 + \gamma_3 h - \gamma_1 l_1\ [\text{kPa}]$$

10. 위가 열린 큰 탱크(tank) 속에 비중량이 γ인 액체가 들어 있다. 이 액체의 자유 표면에서 h 되는 위치에 있는 단면적 A인 노즐(nozzle)을 통하여 액체가 대기 중으로 분출될 때 탱크가 받는 추력(thrust)은? (단, 유량계수는 1이며, 마찰 손실은 무시한다.)

㉮ $\gamma A h$ ㉯ $\gamma A \sqrt{2gh}$
㉰ $2\gamma A h$ ㉱ $\dfrac{\gamma A h}{2}$

해설 탱크에 붙어 있는 노즐에 의한 추력 (thrust force)은 $F_{\text{th}} = 2\gamma A h$ [N]이다.

11. 20℃의 물이 지름 2 cm의 원관 속을 흐르고 있다. 층류로 흐를 수 있는 최대 평균속도는 몇 m/s인가? (단, 임계 레이놀즈 수는 2100이며, 20℃ 물의 동점성 계수는 1.005×10^{-6} m²/s이다.)

㉮ 24.5 ㉯ 10.5 ㉰ 2.45 ㉱ 0.106

해설 $R_{\text{ec}} = \dfrac{Vd}{\nu}$ 에서
$$V = \frac{R_{\text{ec}} \nu}{d} = \frac{2100 \times 1.005 \times 10^{-6}}{0.02}$$
$$= 0.106 \text{ m/s}$$

해답 7. ㉮ 8. ㉯ 9. ㉮ 10. ㉰ 11. ㉱

12. 등온상태에서 이상기체의 체적 탄성계수를 바르게 표현한 것은? (단, p : 압력, ρ : 밀도)

㉮ ρp　　㉯ p　　㉰ $\dfrac{1}{p}$　　㉱ $\dfrac{\rho}{p}$

해설 $pv = C$ 양변미분 $d(pv) = 0$

$$pdv + vdp = 0, \quad p = -\frac{vdp}{dv} = E\,[\text{kPa}]$$

($\therefore$ 체적 탄성계수(E) = 절대압력(p)과 같다.)

13. 일반적으로 뉴턴 유체에서 온도 상승에 따른 객체와 점성계수 변화를 가장 바르게 설명한 것은?

㉮ 분자의 무질서한 운동이 커지므로 점성계수가 증가한다.

㉯ 분자의 무질서한 운동이 커지므로 점성계수가 감소한다.

㉰ 분자 간의 응집력이 약해지므로 점성계수가 증가한다.

㉱ 분자 간의 응집력이 약해지므로 점성계수가 감소한다.

해설 뉴턴 유체에서 일반적으로 액체의 점성계수는 분자 간의 응집력이 약해지므로 점성계수가 감소한다.

14. 비점성, 비압축성 유체가 그림과 같이 작은 구멍을 향해 쐐기모양의 벽면 사이를 흐른다. 이 유동을 근사적으로 표현하는 속도 퍼텐셜이 $\phi = -2\ln r$일 때, 작은 구멍으로 흐르는 단위 깊이당 체적유량은 몇 m^2/s인가? (단, $\vec{V} \equiv \nabla\phi = grad\,\phi$로 정의하고, 음의 부호는 유량의 방향이 구멍을 향한다는 것을 의미한다.)

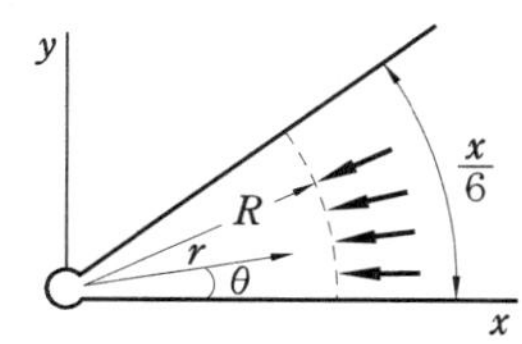

㉮ $-\pi$　　㉯ $-\dfrac{\pi}{2}$

㉰ $-\dfrac{\pi}{3}$　　㉱ $-\dfrac{\pi}{4}$

15. 그림과 같은 (1), (2), (3), (4)의 용기에 동일한 액체가 동일한 높이로 채워져 있다. 밑바닥에서의 압력은?

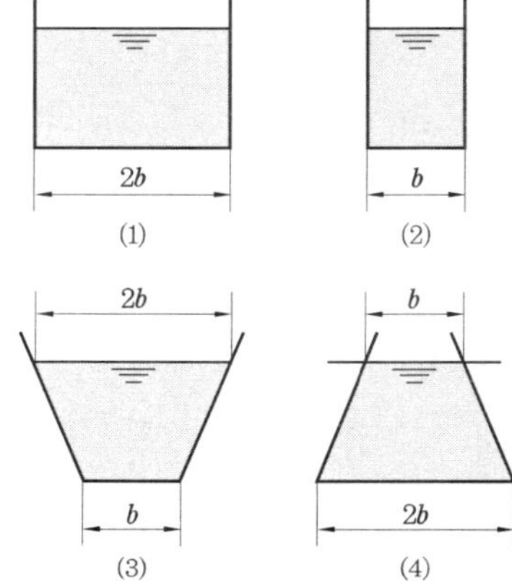

㉮ (2)의 경우가 가장 낮다.

㉯ 모두 동일하다.

㉰ (3)의 경우가 가장 높다.

㉱ (4)의 경우가 가장 낮다.

해설 정지유체인 경우 비중량이 일정 시 압력의 크기는 깊이(수두)만의 함수이므로 모두 동일하다.

16. 평행 흐름 V 속에 놓인 물체 둘레의 순환이 Γ일 때, 이 물체에 발생하는 양력 L(Kutta-Joukowski의 정리)은? (단, 유체의 밀도는 ρ라 한다.)

㉮ $L = \dfrac{\Gamma}{\rho V}$　　㉯ $L = \dfrac{\rho\Gamma}{V}$

㉰ $L = \rho V\Gamma$　　㉱ $L = \dfrac{V\Gamma}{\rho}$

해설 Kutta-Joukowski theorem

양력(L) $= \rho V\Gamma\,[\text{N}]$

해답　**12.** ㉯　**13.** ㉱　**14.** ㉰　**15.** ㉯　**16.** ㉰

17. 모형 잠수함의 거동을 조사하기 위해 바닷물 속에서 실험을 수행하고자 한다. 잠수함의 실형과 모형의 크기 비율은 7 : 1 로 주어졌다. 실제 잠수함이 8 m/s로 운전되기 위한 모형의 속도는?

㉮ 28 m/s ㉯ 56 m/s
㉰ 87 m/s ㉱ 130 m/s

[해설] 잠수함은 상사법칙에서 레이놀즈 수를 만족시켜야 하므로 $(R_e)_p = (R_e)_m$

$$\left(\frac{Vl}{\nu}\right)_p = \left(\frac{Vl}{\nu}\right)_m,\ \nu_p = \nu_m \text{이므로}$$

$$V_m = V_p\left(\frac{l_p}{l_m}\right) = 8 \times \left(\frac{7}{1}\right) = 56 \text{ m/s}$$

18. 경계층 내의 속도분포가 $\dfrac{u}{U_\infty} = \dfrac{y}{\delta}$ 일 때 마찰계수 C는? (단, U_∞는 자유 흐름 속도, δ는 경계층 두께이고, ν는 동점성계수이다.)

㉮ $\dfrac{U_\infty \delta}{\nu}$ ㉯ $\dfrac{U_\infty \delta}{2\nu}$ ㉰ $\dfrac{\nu}{U_\infty \delta}$ ㉱ $\dfrac{2\nu}{U_\infty \delta}$

19. 그림과 같은 피토 관의 액주계 눈금이 $h = 150$ mm이고 관속의 유속이 6.09 m/s로 물이 흐르고 있다면 액주계 액체의 비중은 얼마인가?

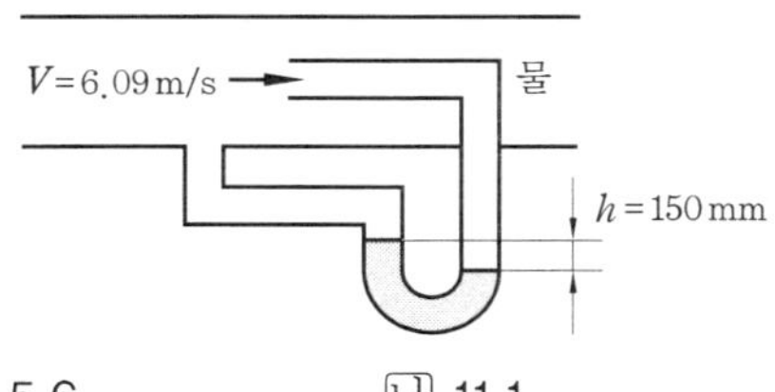

㉮ 5.6 ㉯ 11.1
㉰ 12.1 ㉱ 13.6

[해설] $Q = A_2 V_2 = A_2 \sqrt{2gh\left(\dfrac{s_0}{s} - 1\right)}\ [\text{m}^3/\text{s}]$

$$V_2 = \sqrt{2gh\left(\frac{s_0}{s} - 1\right)} \text{에서}$$

$$V_2^2 = 2gh\left(\frac{s_0}{s} - 1\right),\ \left(\frac{s_0}{s} - 1\right) = \frac{V^2}{2gh}$$

$$\frac{s_0}{s} = 1 + \frac{V^2}{2gh}$$

$$\therefore\ s_0 = s\left(1 + \frac{V^2}{2gh}\right)$$

$$= 1\left(1 + \frac{6.09^2}{2 \times 9.8 \times 0.15}\right) = 13.6$$

20. 스프링클러의 중심축을 통해 공급되는 유량은 3 L/s이고 네 개의 회전이 가능한 관을 통해 유출된다. 출구 부분은 접선 방향과 30°의 경사를 이루고 있고 회전 반지름은 0.3 m이다. 그리고 각 출구 지름은 1.5 cm로 동일하다. 회전축상의 마찰이 무시될 때의 회전속도는 몇 rad/s인가?

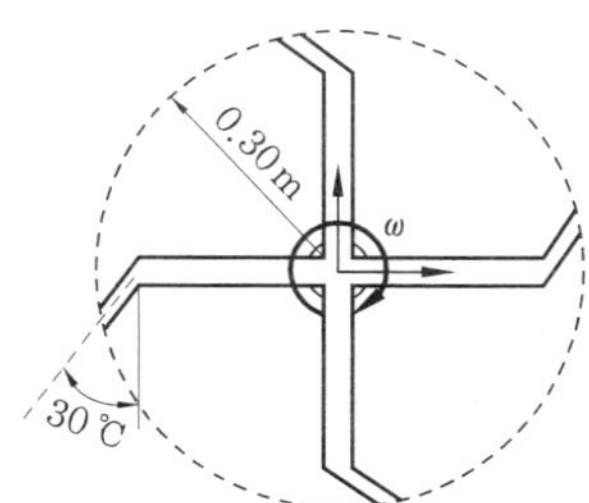

㉮ 1.225 ㉯ 42.4
㉰ 4.24 ㉱ 12.25

[해설] $\omega = \dfrac{V}{r} = \dfrac{4.246\cos 30°}{0.3} = 12.25$ rad/s

$$\because\ Q = AV \text{에서}$$

$$V = \frac{Q}{A} = \frac{\dfrac{3 \times 10^{-3}}{4}}{\dfrac{\pi}{4} \times (0.015)^2} = 4.246 \text{ m/s}$$

[해답] 17. ㉯ 18. ㉱ 19. ㉱ 20. ㉱

1. 탱크 속에 액면이 점선의 위치에서 현 액면위치 D까지 서서히 내려왔다 액면의 속도를 무시할 때 파이프 말단 C에서의 유출 속도 V_C는 약 몇 m/s인가? (단, 관에서의 마찰은 무시한다.)

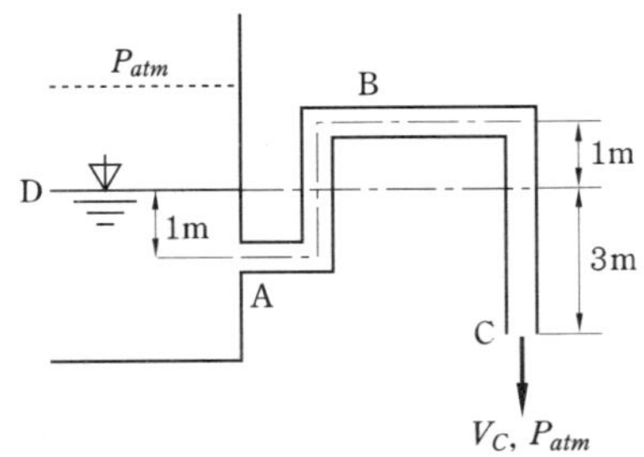

㉮ 3.1   ㉯ 6.2
㉰ 7.7   ㉱ 9.9

해설   Bernoulli equation을 적용하여 출구 속도(V_C)를 구하면
$$V_C = \sqrt{2gh} = \sqrt{2 \times 9.8 \times 3} = 7.7 \text{ m/s}$$

2. 안지름 0.25 m, 길이 100 m인 매끄러운 수평 강관으로 비중 0.8, 점성계수 0.1 Pa·s인 기름을 수송한다. 유량이 100 L/s일 때의 관 마찰손실 수두는 유량이 50 L/s일 때의 몇 배가 되겠는가? (단, 층류의 관 마찰계수는 $\dfrac{64}{Re}$ 이고, 난류일 때의 관 마찰계수는 $0.3164Re^{-\frac{1}{4}}$ 이고 임계 레이놀즈 수는 2300이다.)

㉮ 4.1   ㉯ 5.05
㉰ 0.92   ㉱ 2.0

해설
$$h_{L1} = 0.3164(4076.33)^{-\frac{1}{4}} \times \frac{100}{0.25}$$
$$\times \frac{800 \times (2.04)^2}{2 \times 9.8}$$
$$= 3.397 \text{ m}$$

$$Re_1 = \frac{\rho V d}{\mu}$$
$$= \frac{800 \times \left(\dfrac{0.1}{\dfrac{\pi}{4} \times (0.25)^2}\right) \times 0.25}{0.1}$$
$$= 4076.33 > 4000 (\text{난류})$$

$$h_{L2} = \left(\frac{64}{Re}\right) \times \frac{100}{0.25} \times \frac{800 \times (1.02)^2}{2 \times 9.8}$$
$$= \left(\frac{64}{2038.22}\right) \times \frac{100}{0.25} \times \frac{800 \times (1.02)^2}{19.6}$$
$$= 0.637 \text{ m}$$

$$Re_2 = \frac{\rho V d}{\mu} = \frac{800 \left(\dfrac{0.05}{\dfrac{\pi}{4} \times (0.25)^2}\right) \times 0.25}{0.1}$$
$$= 2038.22 < 2100 (\text{층류})$$

$$\frac{h_{L1}}{h_{L2}} = \left(\frac{3.397}{0.637}\right) = 5.33$$

3. 그림과 같이 비중이 0.83인 기름이 12 m/s의 속도로 수직고정평판에 직각으로 부딪치고 있다. 판에 작용하는 힘 F는 약 몇 N인가?

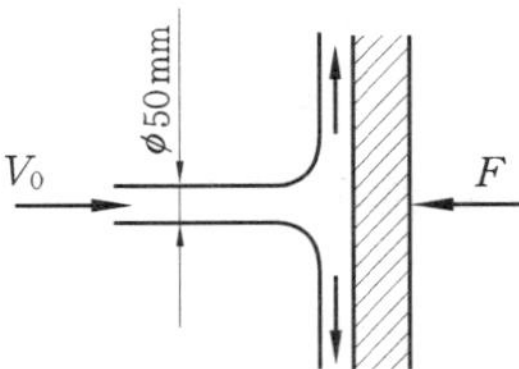

㉮ 23.5   ㉯ 28.9   ㉰ 288.6   ㉱ 234.7

해설
$$F = \rho Q V = \rho A V^2$$
$$= (1000 \times 0.83) \times \frac{\pi}{4} \times (0.05)^2 \times 12^2$$
$$= 234.7 \text{ N}$$

4. 비중 8.16의 금속을 비중 13.6의 수은에 담근다면 수은 속에 잠기는 금속의 체적은 전체 체적의 약 몇 %인가?

해답   **1.** ㉰   **2.** ㉯   **3.** ㉱   **4.** ㉰

㉮ 40 %　　　㉯ 50 %
㉰ 60 %　　　㉲ 70 %

해설 수은 속에 잠기는 금속의 체적은 전체 체적의 약 60 %이다.

$$\left(\frac{8.16}{13.6}=0.6\times100=60\,\%\right)$$

5. 수평으로 놓은 지름 10 cm, 길이 200 m인 파이프에 완전히 열린 글로브 밸브가 설치되어 있고, 흐르는 물의 평균속도는 2 m/s이다. 파이프의 관 마찰계수가 0.02이고, 전체 수두 손실이 10 m이면, 글로브 밸브의 손실계수는?

㉮ 0.4　　　㉯ 1.8
㉰ 5.8　　　㉲ 9.0

해설 직관 손실수두(h_l)

$$=f\,\frac{l}{d}\,\frac{V^2}{2g}=0.02\times\frac{200}{0.1}\times\frac{2^2}{2\times9.8}$$
$$=8.16\text{ m}$$

$$\therefore\ h_{\text{total}}=h_l+\text{부차적 손실수두}(h)\left(=K\frac{V^2}{2g}\right)$$

이므로

$$K=\frac{(h_{\text{total}}-h_l)\times2g}{V^2}$$
$$=\frac{(10-8.16)\times2\times9.8}{2^2}=9.02$$

6. 그림과 같은 용기에 수심 2 m로 물이 채워져 있다. 이 용기가 연직 상방향으로 9.8 m/s^{2}로 가속할 때, B점과 A점의 압력차 p_B-p_A는 약 몇 kPa인가?

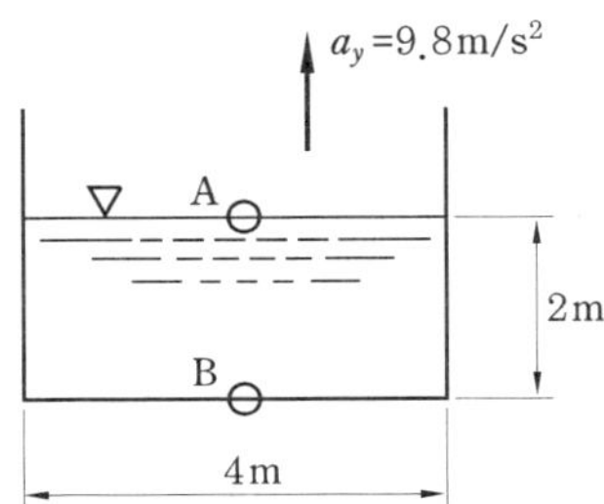

㉮ 39.2　　　㉯ 19.6
㉰ 9.8　　　㉲ 78.4

해설 연직 상방향 등가속도 운동$(a_y\,[\text{m/s}^2])$ 시 B점과 A점의 압력차(p_B-p_A)

$$=\gamma h\left(1+\frac{a_y}{g}\right)$$
$$=9800\times2\left(1+\frac{9.8}{9.8}\right)\times10^{-3}=39.2\text{ kPa}$$

7. 펌프로 물을 양수 시 흡입 측에서의 압력이 진공 압력계로 75 mmHg이다. 이 압력은 절대압력으로 약 몇 kPa인가? (단, 수온의 비중은 13.6이고, 대기압은 760 mmHg이다.)

㉮ 91.3　　　㉯ 10.0
㉰ 100.0　　　㉲ 9.1

해설 $p_a=p_0-p_g$

$$=101.325-\frac{75}{760}\times101.325$$
$$=91.33\text{ kPa}$$

8. 0℃ 수은의 비중은 13.596이다. 수은주 152 cm에 해당하는 압력은 약 몇 MPa인가?

㉮ 0.101　　　㉯ 0.202
㉰ 0.304　　　㉲ 0.405

해설 $p=\gamma h=\rho gh$

$$=(1000\times13.596)\times9.8\times1.52\times10^{-6}$$
$$=0.202\text{ MPa}$$

9. 지름이 5 cm인 원형관에 비중이 0.7인 오일이 3 m/s의 속도로 흐를 때, 체적유량과 질량유량은 각각 얼마인가? (단, 물의 밀도는 1000 kg/m^{3}이다.)

㉮ 0.59 m^3/s, 41.3 kg/s
㉯ 0.059 m^3/s, 41.3 kg/s
㉰ 0.0059 m^3/s, 4.13 kg/s
㉲ 0.59 m^3/s, 4.13 kg/s

해답　5. ㉲　6. ㉮　7. ㉮　8. ㉯　9. ㉰

해설 $Q = A V = \dfrac{\pi}{4} \times (0.05)^2 \times 3$

$\qquad\qquad = 5.9 \times 10^{-3} (0.0059 \, \text{m}^3/\text{s})$

$\dot{m} = \rho A V = \rho Q = 1000 S Q$

$\qquad = (1000 \times 0.7) \times 0.0059 = 4.13 \, \text{kg/s}$

10. 반지름이 R인 비눗방울의 내부 압력은 외부 압력보다 얼마나 더 큰가? (단, 표면장력을 σ라 한다.)

㉮ $-\dfrac{2\sigma}{R}$ ㉯ $\dfrac{2\sigma}{R}$

㉰ $-\dfrac{4\sigma}{R}$ ㉱ $\dfrac{4\sigma}{R}$

해설 반지름이 R인 비눗방울의 내부 초과 압력$(\Delta p) = (p_i - p_0)$

$(p_i - p_0) = \dfrac{4\sigma}{R}$ [Pa]

11. 비점성, 비압축성 유체의 균일한 유동장에 유동 방향과 직각으로 정지된 원형 실린더가 놓여있다고 할 때, 실린더에 작용하는 힘에 관하여 설명한 것으로 옳은 것은?

㉮ 항력과 양력이 모두 영(0)이다.

㉯ 항력은 영(0)이고 양력은 영(0)이 아니다.

㉰ 양력은 영(0)이고 항력은 영(0)이 아니다.

㉱ 항력과 양력 모두 영(0)이 아니다.

12. 비중량이 자유표면(free surface)으로부터 깊이 h의 1차 함수 $\gamma = A + Bh$가 되는 정지유체 내에서 깊이 h인 곳의 계기 압력은?

㉮ $\dfrac{1}{2}(A + Bh)^2$

㉯ $Ah + \dfrac{1}{2}Bh^2$

㉰ $\dfrac{1}{2}(Ah + Bh^2)$

㉱ $Ah + Bh^2$

해설 $p(= p_g) = Ah + \dfrac{1}{2}Bh^2$ [Pa]

13. 공기의 이상기체라 가정할 때 2기압 20℃에서의 공기의 밀도는 약 몇 kg/m^{3}인가? (단, 1기압은 10^5 Pa, 공기의 기체상수 $R = 287$ N·m/kg·K이다.)

㉮ 1.2 ㉯ 2.38

㉰ 1.0 ㉱ 999

해설 $\rho = \dfrac{p}{RT} = \dfrac{2 \times 10^5}{287 \times (20 + 273)}$

$\qquad = 2.38 \, \text{kg/m}^3$

14. 수평 원관 내의 층류 유동에서 유량이 일정할 때 압력 강하는?

㉮ 관의 지름에 비례한다.

㉯ 관의 지름에 반비례한다.

㉰ 관의 지름의 제곱에 반비례한다.

㉱ 관의 지름의 4제곱에 반비례한다.

해설 Hagen – Poiseuille's equation

$Q = \dfrac{\Delta p \pi d^4}{128 \mu l}$ [m^3/s] $Q \propto d^4$

유량은 지름(d) 4승(4제곱)에 비례한다.

15. 일정한 지름을 가지고 수평으로 놓인 파이프에 완전 발달한 정상 상태의 비압축성, 층류 유동이 흐르고 있다. 다음 중 일정한 값을 가지지 못하고 위치에 따라 계속 변하는 것은?

㉮ 중심축에서 속도

㉯ 중심축에서 가속도

㉰ 파이프 벽면에서 전단응력

㉱ 파이프 벽면에서 입력

16. 역학적 상사성(相似性)이 성립하기 위해 프루드(Froude) 수를 같게 해야 되는 흐름은?

⑦ 자유표면을 가지는 유체의 흐름

⑭ 점성 계수가 큰 유체의 흐름

⑭ 표면 장력이 문제가 되는 흐름

㉮ 압축성을 고려해야 되는 유체의 흐름

[해설] 역학적 상사성이 성립되기 위해 자유표면을 가지는 유체의 흐름, 즉 개수로(open channel flow) 유동에서는 프루드 수(Froude number)를 같게 해야 한다.

17. 어떤 잠수함이 1.5 km/h의 속도로 잠항하는 상태를 관찰하기 위하여 실물의 $\dfrac{1}{10}$ 길이의 모형을 만들어 같은 바닷물을 넣은 탱크 안에서 실험하려고 한다. 모형의 속도는 몇 km/h인가 ?

⑦ 0.15 　　　 ⑭ 1.5

⑭ 15 　　　 ㉮ 150

[해설] 잠수함은 Reynolds number를 같게 해야 하므로

$$(p_e)_p = (Re)_m \quad \left(\frac{Vl}{\nu}\right)_p = \left(\frac{Vl}{\nu}\right)_m \quad \nu_p = \nu_m$$

$$V_m = V_p \left(\frac{l_p}{l_m}\right) = 1.5 \times \left(\frac{10}{1}\right) = 15 \text{ km/h}$$

18. 익폭 10 m, 익현의 길이 1.8 m인 날개로 된 비행기가 112 m/s의 속도로 날고 있다. 익현의 받음각이 1°, 양력계수 0.326, 항력계수 0.0761일 때 비행에 필요한 동력은 약 몇 kW인가 ?(단, 공기의 밀도는 1.2173 kg/m³이다.)

⑦ 1172 　　　 ⑭ 1343

⑭ 1570 　　　 ㉮ 6730

[해설] $$kW = \frac{DV}{1000} = \frac{10459 \times 112}{1000} = 1172 \text{kW}$$

$$항력(D) = C_D \frac{\rho A V^2}{2}$$

$$= 0.0761 \times \frac{1.2173 \times (10 \times 1.8) \times 112^2}{2}$$

$$= 10459 \text{N}$$

19. 길이가 10 m이고, 단면이 지름 15 cm인 원기둥이 2 m/s의 바람에 의하여 힘을 받고 있다. 바람에 의하여 기둥의 밑동에 작용되는 최대 굽힘 모멘트는 몇 N·m인가 ?(단, 정면도 면적 기준의 항력계수는 1.20이고, 공기의 밀도 $\rho = 1.2$ kg/m³이다.)

⑦ 4.32 　　　 ⑭ 21.6

⑭ 43.2 　　　 ㉮ 216

[해설] $$M_{\max} = Dl$$

$$= \left(C_D \frac{\rho A V^2}{2}\right) \times l$$

$$= 1.2 \times \frac{1.2}{2} \times \frac{(10 \times 0.15)}{2} \times 2^2 \times 10$$

$$= 21.6 \text{N} \cdot \text{m(J)}$$

20. 2차원 유동장에서 속도벡터가 $\vec{V} = 6y\,\vec{i} + 2x\,\vec{j}$일 때 점(3, 5)을 지나는 유선의 기울기는 ?(단, $\vec{i}$, $\vec{j}$는 x, y 방향의 단위벡터이다.)

⑦ $\dfrac{1}{3}$ 　　 ⑭ $\dfrac{1}{5}$ 　　 ⑭ $\dfrac{1}{9}$ 　　 ㉮ $\dfrac{1}{12}$

[해설] 유선의 기울기 $\left(\dfrac{dy}{dx}\right)$

$$= \frac{2x}{6y} \bigg|_{(3,5)} = \frac{2 \times 3}{6 \times 5} = \frac{6}{30} = \frac{1}{5}$$

1. 펌프의 입구 및 출구의 조건이 아래와 같고 펌프의 송출유량이 0.2 m³/s이면 펌프의 동력은 약 몇 kW인가? (단, 손실은 무시한다.)

> • 입구 : 압력 −3 kPa, 지름 0.2 m, 기준면으로부터 높이 2 m
> • 출구 : 압력 250 kPa, 지름 0.15 m, 기준면으로부터 높이 5 m

㉮ 15.74 ㉯ 53.5 ㉲ 59.3 ㉰ 65.2

해설 $kW = 9.8\, QH = 9.8 \times 0.2 \times 33.27$
$= 65.2 \text{ kW}$

2. 지름 150 mm의 관속을 20℃의 물이 평균유속 4 m/s로 흐르고 있다. 지름 75 mm인 모형 관속을 20℃의 암모니아가 흐를 때 이 유동과 역학적 상사를 이루려면 암모니아의 평균유속은 약 몇 m/s이어야 하는가? (단, 물의 동점성계수는 1.006×10^{-6} m²/s이며, 암모니아의 동점성계수는 0.34×10^{-6} m²/s이다.)

㉮ 2.0 ㉯ 2.7
㉲ 4.6 ㉰ 8.0

해설 역학적 상사조건에서 관속 유동은 레이놀즈 수를 만족시켜야 한다.

$$(Re)_w = (Re)_{am} \qquad \left(\frac{Vd}{\nu}\right)_w = \left(\frac{Vd}{\nu}\right)_{am}$$

$$V_{am} = V_w \times \left(\frac{\nu_{am}}{\nu_w}\right) \times \left(\frac{d_w}{d_{am}}\right)$$

$$= 4 \times \left(\frac{0.34 \times 10^{-6}}{1.006 \times 10^{-6}}\right) \times \left(\frac{150}{75}\right)$$

$$= 2.7 \text{ m/s}$$

3. 피토 정압관(수은 : 비중 13.6)을 사용하여 비중이 0.88인 유체의 속도를 측정하고자 한다. 피토 정압관의 높이 차이가 4 cm이면 유속은 약 몇 m/s인가? (단, 보정계수(C)는 1이다.)

㉮ 124.14 ㉯ 10.64
㉲ 3.36 ㉰ 6.72

해설 $V = C \sqrt{2gh\left(\dfrac{S_{Hg}}{S} - 1\right)}$

$$= \sqrt{2 \times 9.8 \times 0.04 \times \left(\frac{13.6}{0.88} - 1\right)} = 3.36 \text{ m/s}$$

4. 물리량과 차원이 바르게 연결된 것은? (단, M : 질량, L : 길이, T : 시간)

㉮ 동력 : $ML^2 T^{-3}$
㉯ 점성계수 : $M^{-1} L^{-2} T$
㉲ 에너지 : $ML^2 T^{-1}$
㉰ 압력 : $ML^{-2} T^{-1}$

해설 동력(power)
$= W(= J/s) = N \cdot m/s = kg \cdot m^2/s^3$
$= ML^2 T^{-3}$
점성계수$(\mu) = ML^{-1} T^{-1}$
에너지(J) $= N \cdot m = kg \cdot m^2/s^2 = ML^2 T^{-2}$
압력$(p) = N/m^2 = kg/m \cdot s^2 = ML^{-1} T^{-2}$

5. 경계층의 박리(separation)가 일어나는 주 원인은?

㉮ 압력이 증기압 이하로 떨어지기 때문
㉯ 압력 구배가 0으로 감소하기 때문
㉲ 경계층의 두께가 0으로 감소하기 때문
㉰ 역압력 구배 때문

해설 경계층의 박리(separation)의 주된 원인은 역압력 구배 때문이다.
$$\left(\frac{\delta p}{\delta x} > 0, \ \frac{\delta u}{\delta x} < 0\right)$$

해답 1. ㉰ 2. ㉯ 3. ㉲ 4. ㉮ 5. ㉰

6. 물이 들어 있는 아주 큰 탱크에 수면으로부터 5 m 깊이에 노즐이 달려 있다. 만일 이 노즐의 속도 계수 $C_V = 0.95$라고 하면 노즐로부터 나오는 실제 유속은 약 몇 m/s인가?

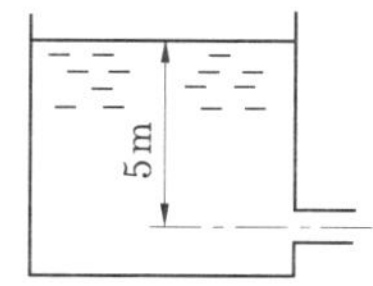

㉮ 14   ㉯ 9.4
㉰ 14.7   ㉱ 9.9

해설 $V = C_V \sqrt{2gh} = 0.95\sqrt{2 \times 9.8 \times 5}$
$= 9.4 \text{ m/s}$

7. 2 m×2 m×2 m의 정육면체로 된 탱크 안에 비중이 0.8인 기름이 가득 차 있고, 위 뚜껑이 없을 때 탱크의 옆 한 면에 작용하는 전체 압력에 의한 힘은 약 몇 kN인가?

㉮ 1.6   ㉯ 15.7
㉰ 31.4   ㉱ 62.8

해설 $F = pA = \gamma \bar{y} A$
$= (9800 \times 0.8) \times 1 \times (2 \times 2)$
$= 31360 \text{ N}(= 31.4 \text{ kN})$

8. 속도 15 m/s로 방해하는 길이 80 m의 화물선의 조파 저항에 관한 성능을 조사하기 위하여 수조에 길이가 원형의 $\dfrac{1}{25}$인 모형 배로 실험하려면 몇 m/s의 속도로 하면 되는가?

㉮ 9.0   ㉯ 0.11   ㉰ 0.33   ㉱ 3.0

해설 $(F_r)_p = (F_r)_m$
$\left(\dfrac{V}{\sqrt{lg}}\right)_p = \left(\dfrac{V}{\sqrt{lg}}\right)_m$, $g_p = g_m$이므로
$V_m = V_p \sqrt{\dfrac{l_m}{l_p}} = 15 \times \sqrt{\dfrac{1}{25}} = 3 \text{ m/s}$

9. 지름 150 mm의 수평 관로 내에 물이 평균속도 3 m/s로 흐르고 있다. 원관의 길이 60 m에 대한 압력차는 몇 kPa인가? (단, 관마찰계수는 0.02이다.)

㉮ 3.6   ㉯ 31.5   ㉰ 36   ㉱ 100

해설 $\Delta p = f \dfrac{L}{d} \dfrac{\rho V^2}{2}$
$= 0.02 \times \dfrac{60}{0.15} \times \dfrac{1000 \times 3^2}{2}$
$= 36000 \text{ Pa}(= 36 \text{ kPa})$

10. 지름 5 cm, 길이 20 m, 관마찰 계수 0.02인 수평 원관 속을 난류로 물이 흐른다. 관 출구와 입구의 압력차가 20 kPa이면 유량은 약 몇 L/s인가?

㉮ 4.4   ㉯ 6.3   ㉰ 8.2   ㉱ 10.8

해설 $\Delta p = f \dfrac{L}{d} \dfrac{\rho V^2}{2}$에서
평균속도$(V) = \sqrt{\dfrac{2d\Delta p}{\rho L f}}$
$= \sqrt{\dfrac{2 \times 0.05 \times 20}{1 \times 20 \times 0.02}} = 2.24 \text{ m/s}$
$\therefore \ Q = AV = \dfrac{\pi}{4}(0.05)^2 \times 2.24$
$= 4.388 \times 10^{-3} \text{ m}^3/\text{s} \fallingdotseq 4.4 \text{ L/s}$

11. 그림과 같은 자유 제트가 고정 평판에 충돌하였을 때의 유량비 $\dfrac{Q_1}{Q_2}$는 얼마인가? (단, 마찰손실과 중력을 무시한다.)

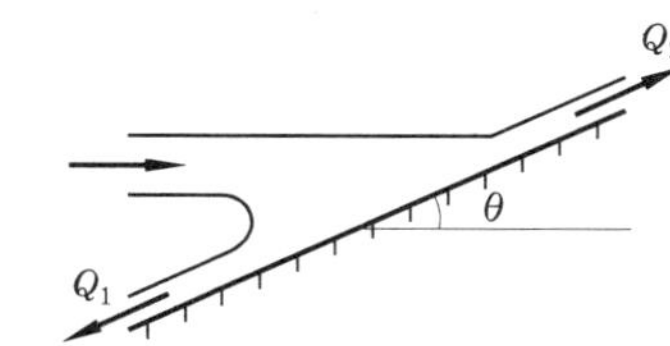

㉮ $\dfrac{1-\cos\theta}{1+\cos\theta}$ ㉯ $\dfrac{1+\cos\theta}{1-\cos\theta}$
㉰ $\dfrac{1-\sin\theta}{1+\sin\theta}$ ㉱ $\dfrac{1+\sin\theta}{1-\sin\theta}$

해답   6. ㉯   7. ㉰   8. ㉱   9. ㉰   10. ㉮   11. ㉮

[해설] 분할유량
$$Q_1 = \frac{Q}{2}(1-\cos\theta), \quad Q_2 = \frac{Q}{2}(1+\cos\theta)$$
$$\therefore \frac{Q_1}{Q_2} = \frac{1-\cos\theta}{1+\cos\theta}$$

12. 지름 2 mm인 구가 밀도 0.4 kg/m³, 동점성계수 1.0×10^{-4} m²/s인 기체 속을 0.03 m/s로 운동한다고 하면 항력은 약 몇 N인가?

㉮ 2.26×10^{-8}　　㉯ 3.5×10^{-7}

㉰ 4.5×10^{-8}　　㉱ 2.86×10^{-7}

[해설] Stokes law 항력(D)
$$= 3\pi\mu Vd = 3\pi(\nu\rho)Vd$$
$$= 3\pi(1.0\times10^{-4})\times0.4\times0.03\times0.002$$
$$= 2.26\times10^{-8} \text{ N}$$

13. 수면의 높이가 40 m인 저수조에서 수면의 높이가 15 m인 저수조로 지름 45 cm, 길이 600 m의 주철관을 통해 물이 흐르고 있다. 유량은 0.25 m³/s이며, 관로 중의 터빈에서 29.4 kW의 이론적인 동력을 얻는다면 관로의 손실수두는 몇 m인가?

㉮ 11　　㉯ 12　　㉰ 13　　㉱ 14

[해설] kW $= 9.8\,QH$에서
$$H = \frac{\text{kW}}{9.8Q} = \frac{2.94}{9.8\times0.25} = 12 \text{ m}$$
$$\therefore \text{ 관로 손실수두 } H_l = 40-15-12 = 13 \text{ m}$$
이다.

14. 완전 발달된 수평 원관 층류 유동의 속도분포(u)에 대한 설명 중 가장 옳은 것은? (단, r은 중심축으로부터 반지름 방향 거리이며, x는 길이 방향 거리이다.)

㉮ $u = f(r,\ x)$　　㉯ $u = f(r)$

㉰ $u = f(x)$　　㉱ $u = f\left(\dfrac{dr}{dx}\right)$

[해설] 수평 원관의 층류 유동 시 속도분포(u)는 반지름(r)의 함수이다.
$$u = f(r)$$

15. 그림과 같이 수직관 속에 비중 0.9인 기름이 흐를 때 액주계를 설치하면 압력계 P_x는 게이지 압력으로 약 몇 Pa인가? (단, 수은의 비중은 13.6이다.)

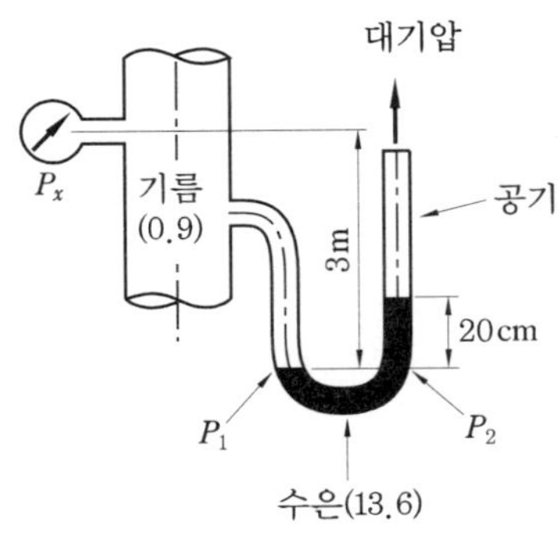

㉮ 0.0196　　㉯ 0.196

㉰ 1.96　　㉱ 196

[해설] $P_1 = P_2$이므로
$$P_x + 9800S_1 h_1 = 9800S_{Hg}h$$
$$\therefore P_x = 9800S_{Hg}h - 9800S_1 h_1$$
$$= (9800\times13.6)\times0.2 - (9800\times0.9)$$
$$\times 3$$
$$= 196 \text{ Pa}$$

16. 지름 2 mm의 유리관이 유체가 담긴 그릇 속에 접촉각 10°인 상태로 세워져 있다. 유리와 액체 사이의 표면장력이 0.06 N/m, 유체 밀도가 800 kg/m³일 때 액면으로부터의 모세관 액체의 상승 높이는 약 몇 mm인가?

㉮ 1.5　　㉯ 15　　㉰ 3　　㉱ 30

[해설] $h = \dfrac{4\sigma\cos\beta}{\gamma d}$
$$= \frac{4\times0.06\times\cos10°}{(800\times9.8)\times0.002}$$
$$= 0.015 \text{ m}(= 15 \text{ mm})$$

---

17. 공기 중에서 무게가 900 N인 돌이 물에 완전히 잠겨있다. 물 속에서의 무게가 400 N이라면, 이 돌의 체적과 비중은 각각 얼마인가? (단, 물의 밀도는 1000 kg/m³이다.)

㉮ 0.051 m³, 1.8　　㉯ 0.51 m³, 1.8

㉰ 0.051 m³, 3.6　　㉱ 0.51 m³, 3.6

해설 $G_a = w + F_B(\gamma V)$

$$G_a - w = \gamma_w V$$

$$V = \frac{G_a - w}{\gamma_w} = \frac{900 - 400}{9800} = 0.051 \text{ m}^3$$

돌의 비중량(γ)

$$= \frac{G_a}{V} = \frac{900}{0.051} = 17647.06 \text{ N/m}^3$$

$$\therefore \text{ 돌의 비중}(s) = \frac{\gamma}{\gamma_w} = \frac{17647.06}{9800} = 1.8$$

18. 평균 반지름이 R인 얇은 막 형태의 작은 비눗방울의 내부 압력을 p_i, 외부 압력을 p_o라고 할 경우, 표면 장력(σ)에 의한 압력차$(p_i - p_o)$는?

㉮ $\dfrac{\sigma}{4R}$　㉯ $\dfrac{\sigma}{R}$　㉰ $\dfrac{4\sigma}{R}$　㉱ $\dfrac{2\sigma}{R}$

해설 비눗방울과 공기는 2개의 계면, 즉 거의 동일한 반지름 R의 내부와 외부 표면을 가지기 때문에 $\Delta p(= p_i - p_0) = \dfrac{4\sigma}{R}$ [N/m³]이다.

19. 그림과 같은 원통 주위의 퍼텐셜 유동이 있다. 원통 표면상에서 상류 유속과 동일한 유속이 나타나는 위치(θ)는?

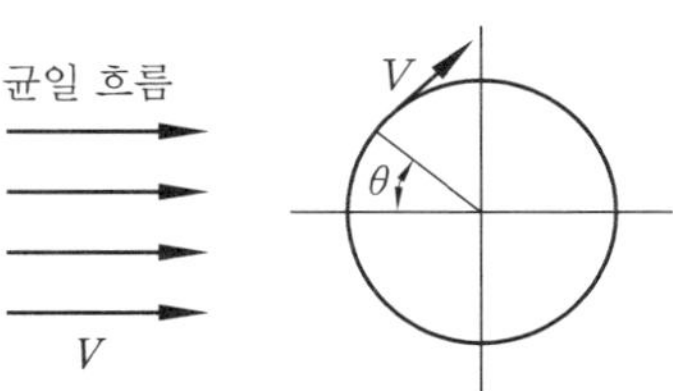

㉮ 0°　　　　　　㉯ 30°

㉰ 45°　　　　　　㉱ 90°

해설 $V_\theta = 2V\sin\theta$ [m/s]

$$\therefore V_\theta = 2V\sin30° = 2V \times \frac{1}{2} = V \text{ [m/s]}$$

20. 비중이 1.204인 글리세린이 질량유량 4 kg/s 안지름이 10 cm인 관로를 흐르고 있다. 이때의 평균속도는 약 몇 m/s인가?

㉮ 4.23　　　　　㉯ 0.423

㉰ 0.915　　　　　㉱ 5.09

해설 $\dot{m} = \rho A V$ [kg/s]에서

$$V = \frac{\dot{m}}{\rho A} = \frac{4}{(1000s)A}$$

$$= \frac{4}{(1000 \times 1.204) \times \frac{\pi}{4} \times (0.1)^2}$$

$$= 0.423 \text{ m/s}$$

✺ 2009년도 시행 문제 ✺

1. 어느 물체의 유동에 대한 투영면적(A)이 $0.5\,\mathrm{m^2}$, 항력계수(C_0)가 0.5이다. 이 물체가 밀도(ρ) $0.12\,\mathrm{kg/m^3}$의 공기 중을 속도(V) $20\,\mathrm{m/s}$로 운동하려면 필요한 동력은 몇 W인가?

㉮ 6　　㉯ 120　　㉰ 240　　㉱ 1230

해설 동력(power)

$=$항력(D)$\times$속도(V)

$= C_D\dfrac{\rho A V^2}{2}\times V$

$= 0.5\times\dfrac{0.12\times0.5\times20^2}{2}\times20 = 120\,\mathrm{W}$

2. 그림과 같은 순간에 마찰에 의한 손실을 무시하면 지름이 $20\,\mathrm{cm}$인 노즐에서 유출하는 유량은 약 몇 $\mathrm{m^3/s}$인가? (단, 기름의 비중은 0.75이다.)

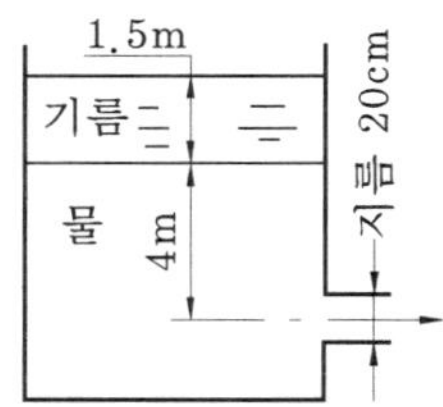

㉮ 0.68　　　　㉯ 0.55
㉰ 0.43　　　　㉱ 0.31

해설 $P=\gamma h=\gamma_w s h=9800\times0.75\times1.5$

$\qquad = 11025\,\mathrm{Pa}$

물의 상당깊이$(h_e)=\dfrac{P}{\gamma_w}=\dfrac{11025}{9800}=1.125\,\mathrm{m}$

$Q=AV=A\sqrt{2gh}$

$\qquad =\dfrac{\pi\times(0.2)^2}{4}\times\sqrt{2\times9.8\times(4+1.125)}$

$\qquad = 0.31\,\mathrm{m^3/s}$

3. 에너지선(energy grade line : EGL)에 대한 설명으로 옳은 것은?

㉮ 수력구배선(hydraulic grade line : HGL)보다 아래에 있게 된다.
㉯ 수력구배선보다 속도수두만큼 위에 있다.
㉰ 압력수두와 속도수두의 합이다.
㉱ 속도수두와 위치수두의 합이다.

해설 에너지선(EGL)은 수력구배선(HGL)보다 항상 속도수두$\left(\dfrac{V^2}{2g}\right)$만큼 위에 있다.

$$\mathrm{EGL}=\mathrm{HGL}+\dfrac{V^2}{2g}=\left(\dfrac{P}{\gamma}+Z\right)+\dfrac{V^2}{2g}$$

4. 선운동량의 차원으로 올바른 것은? (단, M : 질량, L : 길이, T : 시간이다.)

㉮ MLT　　　　　　㉯ $ML^{-1}T$
㉰ MLT^{-1}　　　　㉱ MLT^{-2}

해설 선운동량(linear momentum)

$= mv = MLT^{-1}$

5. 지름이 일정하고 수평으로 놓여진 원관 내의 유동이 완전 발달된 층류 유동일 경우 압력은 유동의 진행 방향으로 어떻게 변화하는가?

㉮ 선형으로 감소한다.
㉯ 선형으로 증가한다.
㉰ 포물선형으로 증가한다.
㉱ 포물선형으로 감소한다.

해설 $\tau=-\left(\dfrac{dp}{dl}\right)\dfrac{r}{2}=\dfrac{\Delta P}{L}\cdot\dfrac{d}{4}\,[\mathrm{Pa}]$에서

해답 1. ㉯　2. ㉱　3. ㉯　4. ㉰　5. ㉮

$$\Delta P = \frac{4L\tau}{d} = \frac{2L\tau}{r} \ [\text{Pa}]$$

압력은 유동의 진행 방향에 따라 선형적으로 감소한다.

6. 한 변의 길이가 3 m인 뚜껑이 없는 정육면체 통에 물이 가득 담겨있다. 이 통을 수평방향으로 9.8 m/s²으로 잡아 끌어 물이 넘쳤을 때, 통에 남아 있는 물의 양은 몇 m³인가?

㉮ 13.5 ㉯ 27.0 ㉰ 9.0 ㉱ 18.5

[해설] $\tan\theta = \dfrac{a_x}{g} = \dfrac{9.8}{9.8} = 1$

$\theta = \tan^{-1}1 = 45°$

처음 물의 양$(Q) = 3 \times 3 \times 3 = 27 \ \text{m}^3$

통에 남아 있는 물의 양 $= \dfrac{27}{2} = 13.5 \ \text{m}^3$

7. 기름의 유량을 측정하기 위해서 그림과 같이 오리피스가 설치되었다. 오리피스에서 두 점간의 압력차$(P_x - P_y)$는 약 몇 Pa인가?

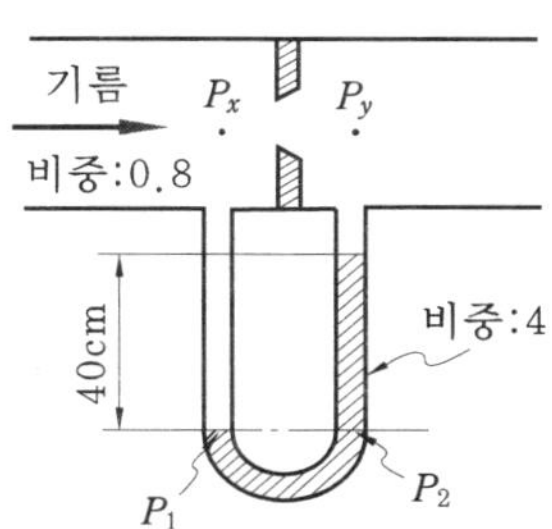

㉮ 12544000 ㉯ 1254400
㉰ 12544 ㉱ 1254.4

[해설] $P_1 = P_2$

$P_x - P_y = (\gamma_0 - \gamma)h = r_w(S_0 - S)h$

$\qquad = 9800(4 - 0.8) \times 0.4 \ \text{Pa} = 12544 \ \text{Pa}$

$\qquad = 12544 \ \text{N/m}^2$

8. 움직일 수 있는 평판이, 그림과 같이 고정된 2개의 커다란 평판 사이에 놓여 있

다. 그림에 표기된 것과 같은 점성계수를 가지고 있는 두 종류의 Newton 유체가 평판들 사이에 채워져 있다. 움직이는 평판의 속도가 4 m/s일 때, 고정된 두 평판에 작용하는 전단응력의 크기는? (단, 평판들 사이의 속도분포는 선형이라 가정한다.)

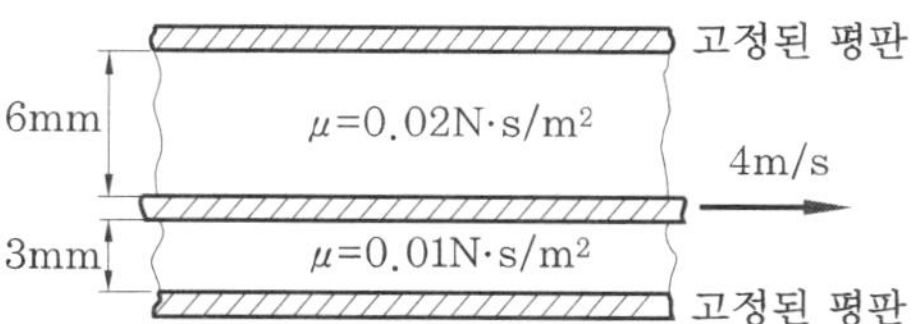

㉮ 위 평판 : 26.6 N/m²
　 아래 평판 : 13.3 N/m²
㉯ 위 평판 : 13.3 N/m²
　 아래 평판 : 13.3 N/m²
㉰ 위 평판 : 26.6 N/m²
　 아래 평판 : 26.6 N/m²
㉱ 위 평판 : 13.3 N/m²
　 아래 평판 : 26.6 N/m²

[해설] 위 평판$(\tau) = \mu\dfrac{du}{dy}$

$\qquad = 0.02 \times \dfrac{4}{6 \times 10^{-3}}$

$\qquad = 13.3 \ \text{N/m}^2$

아래 평판$(\tau) = \mu\dfrac{du}{dy}$

$\qquad = 0.01 \times \dfrac{4}{3 \times 10^{-3}} = 13.3 \ \text{N/m}^2$

9. 그림과 같은 직각 삼각형으로 된 평판이 자유표면에 한 변을 두고 물속에 수직으로 놓여 있을 때 물의 비중량을 γ라고 하면, 이 평판에 작용하는 전체 압력에 의한 힘은?

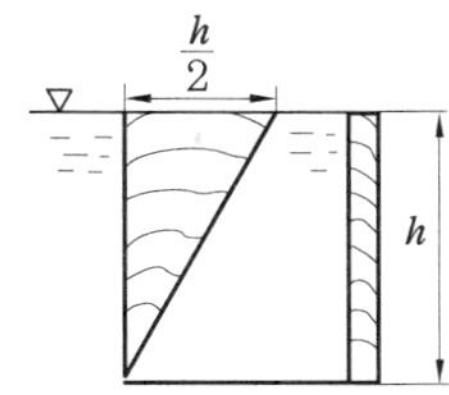

$$\text{㉮} \quad \frac{\gamma h^3}{12} \qquad\qquad \text{㉯} \quad \frac{\gamma h}{2}$$

$$\text{㉰} \quad \frac{\gamma h^2}{6} \qquad\qquad \text{㉱} \quad \frac{\gamma h^3}{8}$$

[해설]
$$F = \gamma FA = r \cdot \frac{h}{3} \cdot \left(\frac{h}{2} \times \frac{h}{2} \right)$$
$$= \frac{\gamma h^3}{12} \ [\text{N}]$$

10. 동점성계수가 16×10^{-6} m²/s인 공기가 평판 위를 4 m/s로 흐르고 있다. 선단으로부터 40 cm 되는 곳에서의 경계층 두께는 약 몇 mm인가? (단, 평판의 임계 레이놀즈수는 5×10^5이다.)

㉮ 63.2   ㉯ 6.32

㉰ 0.632   ㉱ 0.00632

[해설]
$$R_e = \frac{U_\infty x}{\nu} = \frac{4 \times 0.4}{16 \times 10^{-6}}$$
$$= 10^5 < 5 \times 10^5 (\text{층류})$$
$$\therefore \ \text{경계층 두께}(\delta) = \frac{5x}{\sqrt{Re}}$$
$$= \frac{5 \times 400}{\sqrt{10^5}} = 6.32 \ \text{mm}$$

11. 다음의 속도장 중에서 2차원 비압축성 연속방정식을 만족하는 것은? (단, u는 x방향의 속도 성분, v는 y방향의 속도 성분)

㉮ $u = 4xy + y^2, \ v = 6xy + 3x$

㉯ $u = 2x^2 - y^2, \ v = -4xy$

㉰ $u = 2x^2 - y^2, \ v = 4xy$

㉱ $u = 4x^2 - y^2, \ v = -4xy$

[해설]
$$\frac{\partial u}{\partial x} + \frac{\partial v}{\partial y} = 0 \ (\text{비압축성 2차원 연속 방정식})$$
$$\frac{\partial u}{\partial x} = 4x, \quad \frac{\partial v}{\partial y} = -4x$$
$$\frac{\partial u}{\partial x} + \frac{\partial v}{\partial y} = 4x - 4x = 0$$

12. 안지름 2.5 cm인 관이 안지름 7.5 cm인 관에 직접 연결되어 있다. 이 관 속을 비압축성 유체가 정상적으로 유동할 때, 2.5 cm 관내의 평균유속이 V_1이면 7.5 cm 관내의 평균유속은?

㉮ $3V_1$ ㉯ $\dfrac{1}{3}V_1$

㉰ $\dfrac{1}{9}V_1$ ㉱ $\dfrac{1}{27}V_1$

[해설]
$$Q = A_1 V_1 = A_2 V_2 \ [\text{m}^3/\text{s}]$$
$$V_2 = V_1 \left(\frac{A_1}{A_2} \right) = V_1 \left(\frac{d_1}{d_2} \right)^2 = V_1 \left(\frac{2.5}{7.5} \right)^2$$
$$= \frac{1}{9} V_1$$

13. 프루드 수(Froude number)는 다음 어떤 힘의 비인가?

㉮ 관성력과 중력

㉯ 관성력과 압력

㉰ 관성력과 표면장력

㉱ 압력과 중력

[해설] 프루드 수(Froude Number)
$$= \frac{\text{관성력}}{\text{중력}} = \frac{\rho L^2 V^2}{\rho L^3 g} = \frac{V}{\sqrt{Lg}}$$

14. 바다 속 임의 깊이에서 측정한 계기압력이 98.7 MPa이다. 이 지점의 깊이는 몇 m인가? (단, 해수의 비중량은 10 kN/m³이다.)

㉮ 9540   ㉯ 9635

㉰ 9680   ㉱ 9870

[해설] $P = \gamma h$에서 h를 구하면 다음과 같다.
$$h = \frac{P}{\gamma} = \frac{98.7 \times 10^3}{10} = 9870 \ \text{m}$$

15. 다음 중 음속 a를 구하는 식이 아닌 것은? (단, P : 절대압력, ρ : 밀도, T :

[해답]   **10.** ㉯   **11.** ㉯   **12.** ㉰   **13.** ㉮   **14.** ㉱   **15.** ㉱

절대온도, R : 기체상수, E : 체적탄성계수, k : 비열비)

㉮ $a = \sqrt{\dfrac{\partial P}{\partial \rho}}$ ㉯ $a = \sqrt{kRT}$

㉰ $a = \sqrt{\dfrac{E}{\rho}}$ ㉱ $a = \sqrt{\dfrac{k}{\rho RT}}$

해설 음속(a)

$$= \sqrt{\frac{\partial P}{\partial \rho}} = \sqrt{\frac{E}{\rho}} = \sqrt{\frac{1}{\rho\beta}} = \sqrt{kRT}\ [\text{m/s}]$$

대기 중의 음속$(a) = \sqrt{kRT}\ [\text{m/s}]$

액체 속의 음속$(a) = \sqrt{\dfrac{E}{\rho}} = \sqrt{\dfrac{1}{\rho\beta}}\ [\text{m/s}]$

압축률$(\beta) = \dfrac{1}{E}$

16. 길이 100 m의 배를 길이 5 m인 모형으로 실험할 때, 실형이 40 km/h로 움직이는 경우와 역학적 상사를 만족시키기 위한 모형의 속도는 약 몇 km/h인가? (단, 점성마찰은 무시한다.)

㉮ 4.66   ㉯ 8.94
㉰ 12.96   ㉱ 288.66

해설 배의 모형 실험

$$\text{Froude Number} = \frac{V}{\sqrt{Lg}}$$

$$(Fr)_p = (Fr)_m$$

$$\left(\frac{V}{\sqrt{Lg}}\right)_p = \left(\frac{V}{\sqrt{Lg}}\right)_m$$

$$g_p \simeq g_m$$

$$\therefore\ V_m = V_p\left(\sqrt{\frac{L_m}{L_p}}\right) = 40\left(\sqrt{\frac{5}{100}}\right)$$

$$= 8.94\ \text{km/h}$$

17. 동점성계수가 1×10^{-6} m²/s인 물이 지름 50 mm의 원관 내를 흐를 때 층류를 유지할 수 있는 최대 평균속도는 몇 m/s인가? (단, 임계 레이놀즈수는 2100이다.)

㉮ 4.2×10^{-3} ㉯ 0.042
㉰ 0.42   ㉱ 4.2

해설 $R_e = \dfrac{vd}{\nu}$ 에서 v를 구하면 다음과 같다.

$$v = \frac{R_e \nu}{d}$$

$$= \frac{2100 \times 1 \times 10^{-6}}{0.05} = 0.042\ \text{m/s}$$

18. 지름 10 cm인 수평 원관으로 물을 평균속도 2 m/s로 거리 10 km를 이송시키려면 최소한 몇 kW의 동력을 공급하여야 하는가? (단, 관 마찰계수는 0.03이며, 관 입구와 출구에서의 손실은 무시한다.)

㉮ 95   ㉯ 47
㉰ 188   ㉱ 24

해설 동력(P)

$$= \Delta P Q$$

$$= \Delta P (AV)$$

$$= f \cdot \frac{l}{d} \cdot \frac{\gamma V^2}{2g}\left(\frac{\pi}{4}d^2 V\right)$$

$$= \frac{0.03 \times 10000 \times 9.8 \times 2^2}{0.1 \times 2 \times 9.8} \times \frac{\pi}{4} \times (0.1)^2 \times 2$$

$$= 95\ \text{kW}$$

19. 이상유체 유동에서 원통 주위의 순환(circulation)이 없을 때 양력과 항력은 각각 얼마인가? (단, ρ : 밀도, V : 상류속도, D : 원통의 지름)

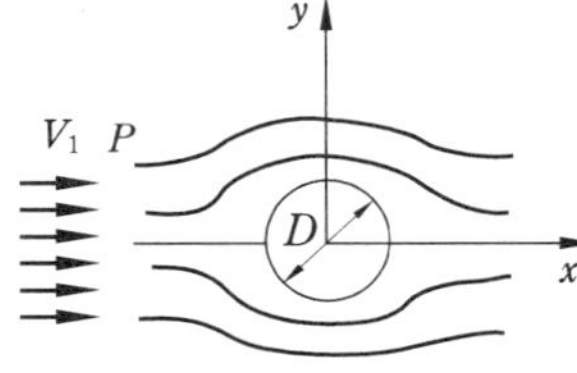

㉮ 양력 $= \rho V^2 D$, 항력 $= \dfrac{1}{2}\rho V^2 D$

㉯ 양력 $= 0$, 항력 $= \dfrac{1}{4}\rho V^2 D$

㉰ 양력 $= \rho V^2 D$, 항력 $= \rho V^2 D$

㉱ 양력 $= 0$, 항력 $= 0$

해답 16. ㉯ 17. ㉯ 18. ㉮ 19. ㉱

(해설) 이상유체(완전유체) 유동 시 원통 주위의 순환(circulation)이 없으면 양력과 항력은 0이다.

20. 그림과 같은 원관 밴드에 물이 흐르고 있다. 밴드의 출구에서는 물의 분류가 10 m/s의 속도로 대기로 분출된다. 입구의 계기압력이 100 kPa일 때, 원과 밴드를 지탱하기 위한 수평방향의 최소 힘 F는 약 몇 kN인가? (단, 물과 원관 밴드의 무게는 무시한다.)

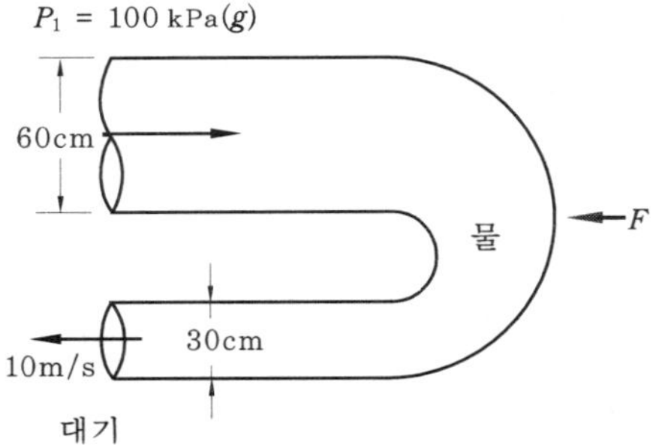

(가) 20
(나) 2
(다) 9
(라) 38

(해설)
$$Q = A_2 V_2$$
$$= \frac{\pi \times (0.3)^2}{4} \times 10$$
$$= 0.71 \text{ m}^3/\text{s}$$

$A_1 V_1 = A_2 V_2$에서

$$V_1 = V_2 \left(\frac{A_2}{A_1} \right) = V_2 \left(\frac{d_2}{d_1} \right)^2$$
$$= 10 \left(\frac{30}{60} \right)^2 = 2.5 \text{ m/s}$$

$$\sum F_x = \rho Q (V_{x_2} - V_{x_1}) \text{ [N]}$$
$$-F_1 + P_1 A_1 - P_2 A_2 = \rho Q (V_2 - V_1)$$
$$F = P_1 A_1 - P_2 A_2^{\,0} = \rho Q (V_1 - V_2)$$
$$= 100 \times \frac{\pi}{4} \times (0.6)^2 + 1$$
$$\times 0.71 [2.5 - (-10)]$$
$$\fallingdotseq 38 \text{ kN}$$

---

1. 길이 150 m인 배를 길이 10 m인 모형으로 조파 저항에 관한 실험을 하고자 한다. 실형의 배가 70 km/hr로 움직인다면, 실형과 모형 사이의 역학적 상사를 만족하기 위한 모형의 속도는 약 몇 km/hr인가?

㉮ 10 ㉯ 56 ㉰ 18 ㉱ 271

[해설] Froude 수를 만족시켜야 한다. 조파 저항은 중력이 중요시되므로

$g_p = g_m$

$(Fr)_p = (Fr)_m$

$\left(\dfrac{V}{\sqrt{gL}}\right)_p = \left(\dfrac{V}{\sqrt{gL}}\right)_m$

$\therefore \ V_m = V_p \sqrt{\dfrac{L_m}{L_p}} = 70\sqrt{\dfrac{10}{150}} = 18 \ \text{km/h}$

2. 다음 중 일반적으로 μ로 표시되는 점성계수(viscosity)의 단위가 아닌 것은?

㉮ Pa · s ㉯ $\dfrac{\text{dyne} \cdot \text{s}}{\text{cm}^2}$

㉰ stokes ㉱ poise

[해설] 1 stokes=1 cm²/s는 동점성계수의 cgs계 유도단위이다.

3. 다음 무차원 변수들 중 힘의 비로 되어 있지 않은 것은?

㉮ 레이놀즈 수(Reynolds number)

㉯ 프루드 수(Froude number)

㉰ 웨버 수(Weber number)

㉱ 프란틀 수(Prandtl number)

[해설] 레이놀즈 수 $= \dfrac{\text{관성력}}{\text{점성력}}$

프루드 수 $= \dfrac{\text{관성력}}{\text{중력}}$

웨버 수 $= \dfrac{\text{관성력}}{\text{표면장력}}$

누셀 수(Nusselt Number)

$= \dfrac{\text{열전달계수} \times \text{길이}}{\text{열전도계수}} \left(= \dfrac{hL}{k}\right)$

프란틀 수(Prandtl's Number)

$= \dfrac{\text{동점성계수}(\nu)}{\text{열확산계수}(\alpha)} = \dfrac{\mu}{\rho} \cdot \dfrac{\rho C_p}{k} = \dfrac{\mu C_p}{k}$

4. 유선(stream line)에 관한 다음 설명 중 틀린 것은?

㉮ 유선으로 만들어지는 관을 유관(stream tube)이라 부르며, 두께가 없는 관벽을 형성한다.

㉯ 유선 위에 있는 유체의 속도 벡터는 유선의 접선 방향이다.

㉰ 비정상 유동에서 속도는 유선에 따라 시간적으로 변화할 수 있으나, 유선 자체는 움직일 수 없다.

㉱ 정상 유동일 때 유선은 유체의 입자가 움직이는 궤적이다.

[해설] 유선(stream line)은 정상 유동인 경우 유적선과 일치되며 임의의 모든 점에서 속도(vector)와 접선 방향이 일치되는 연속적인 가상곡선이다.

5. 평판 위를 지나는 경계층 유동에서 레이놀즈 수는? (단, v : 동점성계수, u_∞ : 흐름의 속도, μ : 점성계수, x : 평판 선단으로부터의 거리, ρ : 밀도)

㉮ $\dfrac{u_\infty x}{\mu}$ ㉯ $\dfrac{\rho u_\infty x}{\nu}$

㉰ $\dfrac{u_\infty x}{\nu}$ ㉱ $\dfrac{\rho u_\infty}{\nu}$

[해설] 경계층 유동에서 $Re = \dfrac{\rho u_\infty x}{u} = \dfrac{u_\infty x}{\nu}$

[해답] 1. ㉰ 2. ㉰ 3. ㉱ 4. ㉰ 5. ㉰

6. 지름 300 mm의 원관에 20 ℃의 물이 12.7×10^3 L/min의 유량으로 흐른다. 레이놀즈 수는? (단, 20 ℃ 물의 동점성계수는 $\nu = 1.007 \times 10^{-6}$ m²/s이다.)

㉮ 120000

㉯ 2000

㉰ 8.92×10^5

㉱ 9.83×10^6

【해설】 $Re = \dfrac{Vd}{\nu} = \dfrac{\left(\dfrac{Q}{A}\right)d}{\nu} = \dfrac{4Q}{\pi d\nu}$

$$= \frac{4 \times \left(\dfrac{12.7}{60}\right)}{\pi \times 0.3 \times 1.007 \times 10^{-6}}$$

$$= 8.92 \times 10^5$$

7. 그림에서 탱크차가 받는 추력은 약 몇 N인가? (단, 노즐의 단면적은 0.03 m²이며 마찰은 무시한다.)

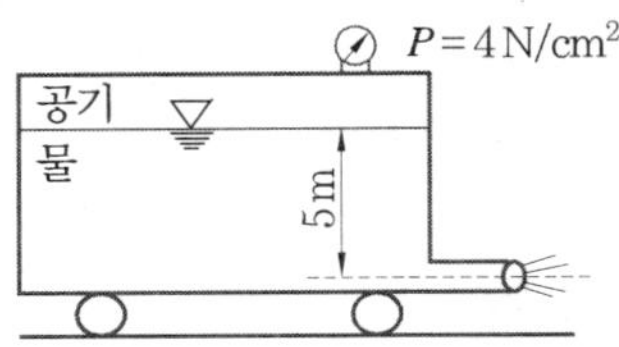

㉮ 2700

㉯ 1480

㉰ 5340

㉱ 800

【해설】 $h = \dfrac{P}{\gamma} + 5 = \dfrac{4 \times 10^4}{9800} + 5 = 9.082$ m

$F = \rho Q V = \rho A V^2 = 2\gamma A h$

$\qquad = 2 \times 9800 \times 0.03 \times 9.082$

$\qquad = 5340$ N

8. 어떤 주어진 관로 유동이 완전 난류 유동일 때 손실 수두에 대한 옳은 설명은?

㉮ 속도에 비례한다.

㉯ 속도에 반비례한다.

㉰ 속도의 제곱에 비례한다.

㉱ 속도의 제곱에 반비례한다.

【해설】 완전 난류 유동 시 손실 수두(h_L)는 속도 수두$\left(\dfrac{V^2}{2g}\right)$에 비례한다. 즉, 속도의 제곱에 비례한다($h_L \propto V^2$).

9. 체적이 0.1 m³인 타이어 속의 공기 온도는 30 ℃이고 계기압력은 175 kPa이다. 타이어 속에 있는 공기의 질량은 약 몇 kg인가? (단, 대기압은 표준대기압이고, 공기의 기체상수는 287 J/kg · K이다.)

㉮ 0.32

㉯ 3.1

㉰ 0.63

㉱ 6.2

【해설】 $PV = mRT$에서

$$m = \frac{PV}{RT} = \frac{(101.325 + 175) \times 0.1}{0.287 \times (30 + 273)}$$

$$\fallingdotseq 0.32 \text{ kg}$$

10. 골프공의 표면이 요철로 되어 있는 이유에 대한 설명으로 가장 알맞은 것은?

㉮ 표면의 경도를 증가시키기 위해서이다.

㉯ 무게를 줄이기 위해서이다.

㉰ 전체 유동 저항을 줄이기 위해서이다.

㉱ 박리를 빨리 일으키기 위해서이다.

【해설】 골프공 표면의 요철은 전체 유동 저항을 감소시키는 요인이 된다.

11. 그림과 같이 베어링 안에서 지름이 20 cm인 축이 1 m/s의 속도로 움직이게 하려면 약 몇 N의 힘이 필요가? (단, 작동유의 점성계수 $\mu = 3.8 \times 10^{-1}$ N · s/m²이다.)

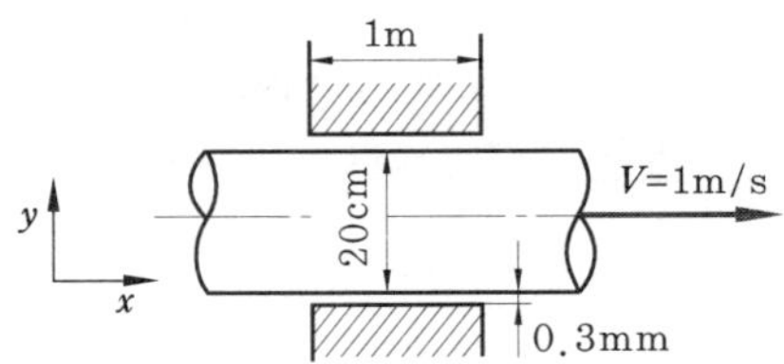

㉮ 2.67

㉯ 109

㉰ 796

㉱ 1590

해설 $\tau\left(=\dfrac{F}{A}\right)=\mu\dfrac{du}{dy}$ [Pa]에서

$$F=\tau A=\mu\dfrac{du}{dy}(\pi d_m L)$$

$$=3.8\times10^{-1}\times\dfrac{1}{0.3\times10^{-3}}$$

$$\times(\pi\times0.2003\times1)$$

$$=796\ \text{N}$$

12. 물 제트(jet)가 수직방향으로 떨어지고 있다. 높이 12 m 지점에서 제트 지름은 5 cm, 속도는 20 m/s이었다. 높이 4 m 지점에서의 제트 속도는 약 몇 m/s인가?

㉮ 35.5 ㉯ 28.5
㉯ 23.6 ㉣ 18.6

해설 $\dfrac{P_1}{\gamma}+\dfrac{V_1^2}{2g}+Z_1=\dfrac{P_2}{\gamma}+\dfrac{V_2^2}{2g}+Z_2$

$$\dfrac{20^2}{2g}+12=\dfrac{V_2^2}{2g}+4$$

$$V_2=23.6\ \text{m/s}$$

13. 다음 중 전압과 정압의 차이를 이용하여 유체의 속도를 측정하는 계측기는?

㉮ 피토 정압관
㉯ U자관 마노미터
㉯ 열선 유속계
㉣ 레이저–도플러 유속계

해설 피토 정압관(pitot-static in tube)은 동압(즉, 전압과 정압의 차) 측정용 계기다.

14. 절대 압력 700 kPa의 공기를 담고 있는 체적은 0.1 m³, 온도는 20 ℃인 탱크가 있다. 순간적으로 공기는 밸브를 통해 바깥으로 단면적 75 mm²을 통해 방출되기 시작한다. 이 공기의 유속은 310 m/s이고 밀도는 6 kg/m³이며 탱크 내의 모든 물성치는 균일한 분포를 갖는다고 가정한

다. 방출하기 시작하는 시각에 탱크 내 밀도의 시간에 따른 변화율은 몇 kg/(m³ · s)인가?

㉮ −12.338 ㉯ −2.582
㉯ −20.381 ㉣ −1.395

해설 $\dfrac{\partial}{\partial t}(eV)=-\rho_1 A_1 V_1$

탱크의 체적 V는 일정하므로 $t=0$일 때 밀도 변화율은 다음과 같다.

$$\dfrac{\partial\rho}{\partial t}=-\dfrac{\rho A_1 V_1}{V}=-\dfrac{6\times\left(\dfrac{75}{10^6}\right)\times310}{0.1}$$

$$=-1.395\,\text{kg/(m}^3\cdot\text{s)}$$

15. 다음 중 표준 대기압의 값이 아닌 것은?

㉮ 14.7 psi
㉯ 760 mmHg
㉯ 10.33 kgf/cm²
㉣ 1.013 bar

해설 표준대기압(1 atm) = 760 mmHg
= 14.7 psi(= lb/in²) = 10.33 mAq(= mH₂O)
= 101.325 kPa = 1.01325 bar
= 1013.25 mmbar
= 1.0332 kgf/cm²(= 29.92 inHg)

16. 길이가 100 m, 안지름(R)이 0.1 m인 원관 내부를 흐르는 물의 유동은 대부분이 완전 발달 층류 유동이고 다음과 같은 속도 분포를 가진다. 물의 점성계수가 μ (N · s/m²)이고, 전체 길이에서 생기는 압력 강하 $\Delta P=100$ Pa일 때 체적 유량 Q[m³/s]는?

$$V=-\dfrac{R^2}{4\mu}\left(\dfrac{\partial P}{\partial x}\right)\left[1-\left(\dfrac{r}{R}\right)^2\right]$$

㉮ $\dfrac{\pi}{80000\mu}$ ㉯ $\dfrac{80000\mu}{\pi}$
㉯ $\dfrac{40000\mu}{\pi}$ ㉣ $\dfrac{\pi}{40000\mu}$

해답 **12.** ㉯ **13.** ㉮ **14.** ㉣ **15.** ㉯ **16.** ㉮

[해설] $Q = \dfrac{\Delta P \pi d^4}{128 \mu L} = \dfrac{100 \times \pi \times 0.2^4}{128 \mu \times 100}$

$\quad = \dfrac{\pi}{80000\mu}\,[\text{m}^3/\text{s}]$

---

17. 액체의 자유 표면에서부터 2.5 m 깊이의 계기 압력이 19.6 kPa일 때 이 액체의 비중은 얼마 정도인가?

　㉮ 0.8　　　　　㉯ 1

　㉰ 0.5　　　　　㉳ 4.93

[해설] $P = \gamma h = 9.8 Sh\,[\text{kPa}]$

$\quad \therefore\ 비중(S) = \dfrac{19.6}{9.8 \times 2.5} = 0.8$

---

18. 그림과 같은 사이펀에 물이 흐르고 있다. 사이펀의 안지름은 5 cm이고, 물탱크의 수면은 항상 일정하게 유지된다고 가정한다. 수면으로부터 출구 사이의 총 손실 수두가 1.5 m이면 사이펀을 통해 나오는 유량은 약 몇 m³/min인가?

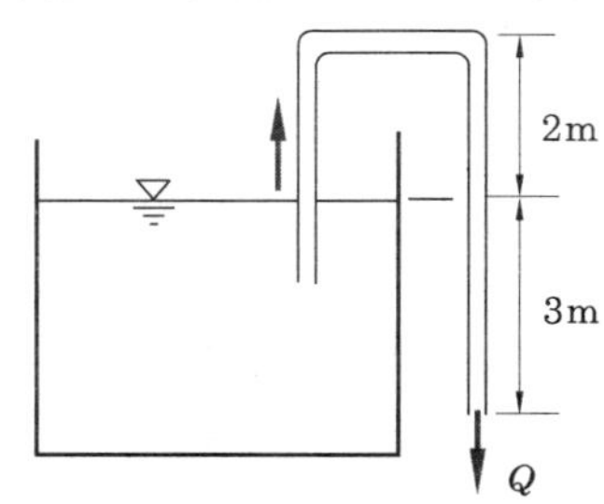

　㉮ 0.38　　　　　㉯ 0.41

　㉰ 0.64　　　　　㉳ 0.92

[해설] 수면과 출구 사이에 베르누이 방정식을 적용하면, 다음과 같다.

$$\frac{P_1}{\gamma} + \frac{V_1^2}{2g} + Z_1 = \frac{P_2}{\gamma} + \frac{V_2^2}{2g} + Z_2 + h_L$$

$$V_2 = \sqrt{2g(Z_1 - Z_2 - h_L)}$$

$$\quad = \sqrt{2 \times 9.8(3 - 1.5)} = 5.42\ \text{m/s}$$

$\therefore\ Q = A_2 V_2 = \dfrac{\pi}{4} \times (0.05)^2 \times 5.42 \times 60$

$\quad = 0.64\ \text{m}^3/\text{min}$

---

19. 강제 회전 운동(forced vortex motion)에 대한 설명으로 옳은 것은?

　㉮ 자유 회전(free vortex) 운동과 반대 방향으로 회전한다.

　㉯ 유체가 강체(rigid body)처럼 회전할 때 일어난다.

　㉰ 항상 자유 회전 운동과 함께 일어난다.

　㉳ 속도가 반지름의 증가에 따라서 감소한다.

[해설] 강제 와류 운동(forced vortex motion)은 유체가 강체처럼 회전 시 일어난다.

---

20. 그림과 같은 수문 ABCD를 여는 데 필요한 최소의 힘 F는 몇 kN인가?

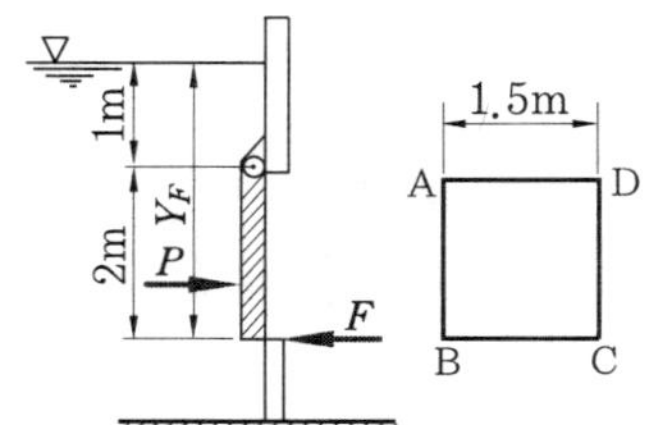

　㉮ 68　　㉯ 44　　㉰ 35　　㉳ 29

[해설] $F = \gamma F A = 9.8 \times \left(1 + \dfrac{2}{2}\right) \times (2 \times 1.5)$

$\quad = 58.8\text{kN}$

힌지(hinge)를 기준으로 하면,

$\sum M_{\text{hinge}} = 0 - P \times (y_F - 1) + F \times 2 = 0$

$\therefore\ F = \dfrac{P \times (y_F - 1)}{2} = \dfrac{58.8 \times (2.17 - 1)}{2}$

$\quad = 34.4\ \text{kN}$

$y_F = \bar{y} + \dfrac{I_G}{A\bar{y}} = 2 + \dfrac{(1.5 \times 2^3)}{(2 \times 1.5) \times 2 \times 12}$

$\quad = 2.167\,\text{m}\,(\fallingdotseq 2.17\,\text{m})$

✸ 2010년도 시행 문제 ✸

1. 그림과 같이 단면적이 A인 관으로 밀도가 ρ인 비압축성 유체가 V의 유속으로 들어와 지름이 절반인 노즐로 분출되고 있다. 제트에 의해서 평판에 작용하는 힘은?

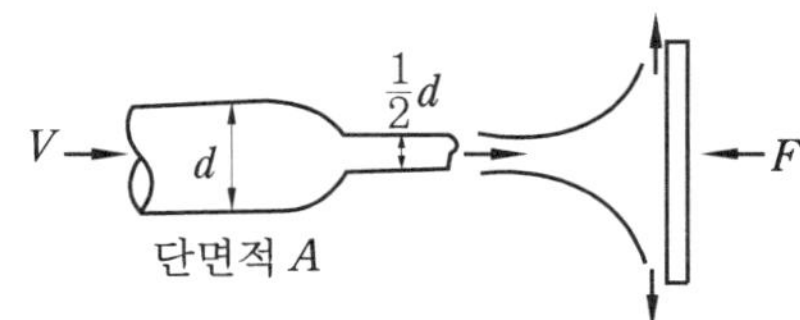

㉮ $\rho V^2 A$ ㉯ $2\rho V^2 A$

㉰ $4\rho V^2 A$ ㉱ $16\rho V^2 A$

해설 $F = \rho QV = \rho A V^2$

$$= \rho \times \frac{\pi}{4}\left(\frac{d}{2}\right)^2 \times (4V)^2 = 4\rho A V^2 \ [\text{N}]$$

2. 실형의 1/25인 기하학적으로 상사한 모형 댐이 있다. 모형 댐의 상봉에서 유속이 1 m/s일 때 실형의 대응점에서의 유속은 몇 m/s인가?

㉮ 0.04 ㉯ 0.2

㉰ 5 ㉱ 25

해설 모형시험은 중력이 중요시되므로

$(Fr)_p = (Fr)_m$

$\left(\dfrac{v}{\sqrt{Lg}}\right)_p = \left(\dfrac{v}{\sqrt{Lg}}\right)_m$

$g_p \simeq g_m$

$\therefore \ V_p = V_m \sqrt{\dfrac{L_p}{L_m}} = 1 \times \sqrt{\dfrac{25}{1}} = 5 \ \text{m/s}$

3. 일정 간격의 두 평판 사이로 흐르는 완

전 발달된 비압축성 정상유동에서 x는 유동방향, y는 직교방향의 좌표를 나타낼 때 압력강하와 마찰손실의 관계가 될 수 있는 것은? (단, P는 압력, τ는 전단응력, μ는 점성계수이다.)

㉮ $\dfrac{dP}{dy} = \mu \dfrac{d\tau}{dx}$ ㉯ $\dfrac{dP}{dx} = \dfrac{d\tau}{dy}$

㉰ $\dfrac{dP}{dy} = \dfrac{d\tau}{dx}$ ㉱ $\dfrac{dP}{dx} = \dfrac{1}{\mu}\dfrac{d\tau}{dy}$

4. 지름이 10 cm인 수평 원관으로 3 km 떨어진 곳에 원유(점성계수 $\mu = 0.02$ Pa·s, 비중 $S = 0.86$)를 0.2 m³/min의 유량으로 수송하기 위해서 필요한 동력은 약 몇 W인가?

㉮ 127 ㉯ 271

㉰ 712 ㉱ 1270

해설 동력(power)

$$= \Delta PQ = \frac{128\mu L Q^2}{\pi d^4}$$

$$= \frac{128 \times 0.02 \times 3000 \times \left(\dfrac{0.2}{60}\right)^2}{\pi (0.1)^4}$$

$$= 271 \ \text{W(J/s)}$$

5. 경계층의 속도분포가 $u = 10y(1 + 0.05y^3)$ 이고 y 방향의 속도성분 $v = 0$일 때 벽면으로부터 수직거리 $y = 1$ m 지점에서의 와도(vorticity)는?

㉮ $-6 \ \text{s}^{-1}$ ㉯ $-10.5 \ \text{s}^{-1}$

㉰ $-12 \ \text{s}^{-1}$ ㉱ $-24 \ \text{s}^{-1}$

해답 1. ㉰ 2. ㉰ 3. ㉯ 4. ㉯ 5. ㉰

해설 와도(vorticity)

$$= \nabla \times \vec{V} = \begin{vmatrix} i & j & k \\ \dfrac{\partial}{\partial x} & \dfrac{\partial}{\partial y} & \dfrac{\partial}{\partial z} \\ u & v & w \end{vmatrix}$$

$$= i\left(\frac{\partial w}{\partial y} - \frac{\partial v}{\partial z}\right) - j\left(\frac{\partial w}{\partial x} - \frac{\partial u}{\partial z}\right) + k\left(\frac{\partial u}{\partial x} - \frac{\partial u}{\partial y}\right)$$

$$= -\left(\frac{\partial u}{\partial y}\right)k = -(10 + 0.5 \times 4y^3)k$$

$$= -(10 + 0.5 \times 4 \times 1^3)k = -12k$$

6. 경계층에 대한 설명으로 가장 적절한 것은?

㉮ 점성 유동 영역과 비점성 유동 영역의 경계를 이루는 층

㉯ 층류 영역과 난류 영역의 경계를 이루는 층

㉰ 정상 유동과 비정상 유동의 경계를 이루는 층

㉱ 아음속 유동과 초음속 유동 사이의 변화에 의하여 발생하는 층

7. 탱크 속의 액면이 점선의 위치에서 현 액면 위치 D까지 서서히 내려왔다. 액면의 속도를 무시할 때 파이프 출구 C에서의 유출 속도 V_c는 약 몇 m/s인가? (단, 관에서의 마찰은 무시한다.)

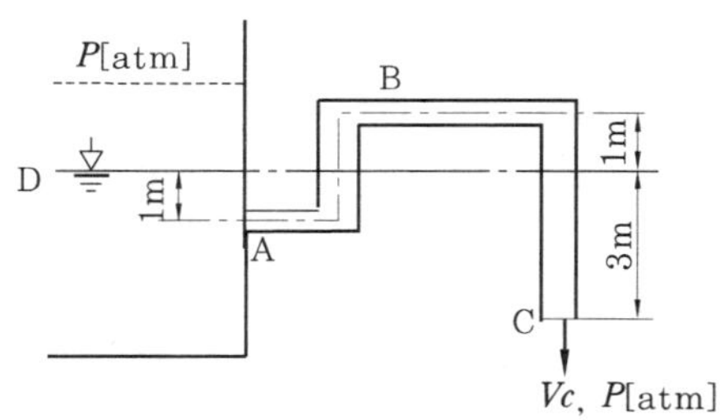

㉮ 3.8 ㉯ 6.2
㉰ 7.7 ㉱ 9.9

해설 $V_c = \sqrt{2gh} = \sqrt{2g(Z_D - Z_C)}$
$\qquad = \sqrt{2 \times 9.8 \times 3} = 7.7$ m/s

8. 펌프로 물을 양수할 때 흡입측에서의 압력이 진공 압력계로 75 mmHg이다. 이 압력은 절대 압력으로 약 몇 kPa인가? (단, 수은의 비중은 13.6이고, 대기압은 760 mmHg이다.)

㉮ 91.3 ㉯ 10.0 ㉰ 100.0 ㉱ 9.1

해설 흡입측 절대 압력(Pa)

$$= P_o - P_g = 101.325 - \frac{75}{760} \times 101.325$$

$$= 91.3 \text{ kPa}$$

9. 주철관을 통하여 유량 0.2 m³/s로 기름을 운반하려 한다. 마찰계수는 0.019로 가정하고 관의 길이 1000 m에서 손실 수두가 8 m로 되는 관의 지름 약 몇 cm인가?

㉮ 3.8 ㉯ 7.6 ㉰ 38 ㉱ 76

해설 $h_L = f\dfrac{L}{d}\dfrac{V^2}{2g} = f\dfrac{L}{d}\dfrac{\left(\dfrac{Q}{A}\right)^2}{2g} = f\dfrac{L}{d}\dfrac{Q^2}{2gA^2}$

$$= f\frac{L}{d}\frac{Q^2}{2g\left(\dfrac{\pi d^2}{4}\right)^2} = f\frac{L}{d}\frac{4^2 Q^2}{2g\pi^2 d^4}$$

$$= f\frac{16LQ^2}{2g\pi^2 d^5}$$

$$\therefore d = 5\sqrt{\frac{16LfQ^2}{2g\pi^2 h_L}}$$

$$= 5\sqrt{\frac{16 \times 1000 \times 0.019 \times (0.2)^2}{2 \times 9.8 \times \pi^2 \times 8}}$$

$$\fallingdotseq 0.38 \text{ m} \fallingdotseq 38 \text{ cm}$$

10. 흐르는 물의 유속을 측정하기 위하여 삽입한 피토 정압관에 비중이 3인 액체를 사용하는 마노미터를 연결하여 측정한 결과 액주의 높이 차이가 10 cm로 나타났다면 유속은 약 몇 m/s인가?

㉮ 0.99 ㉯ 1.40 ㉰ 1.98 ㉱ 2.43

해답 **6.** ㉮ **7.** ㉰ **8.** ㉮ **9.** ㉰ **10.** ㉰

해설 $V = \sqrt{2gh\left(\dfrac{S_0}{S}-1\right)}$

$= \sqrt{2\times9.8\times0.1\left(\dfrac{3}{1}-1\right)} = 1.98$ m/s

11. 지름 2 cm인 수평 원관으로 점성계수가 1×10^{-3} Pa·s인 물이 층류로 흐른다. 1 m 흐를 때마다 100 Pa의 압력 강화가 일어난다면 유량은 몇 m³/s인가?

㉮ 6.25×10^{-5}　　㉯ 1.25×10^{-4}

㉰ 1.97×10^{-4}　　㉭ 3.93×10^{-4}

해설 $Q = \dfrac{\Delta P \pi d^4}{128\mu L} = \dfrac{100\times\pi\times(0.02)^4}{128\times1\times10^{-3}\times1}$

$= 3.93\times10^{-4}$ m³/s

12. 5 cm의 지름을 가진 구가 공기 속을 20 m/s의 속도로 날고 있다. 이때 항력은 몇 N인가? (단, 공기의 비중량은 12 N/m³이고, 항력계수는 0.4이다.)

㉮ 0.192　㉯ 0.214　㉰ 0.321　㉭ 0.428

해설 $D = C_D \dfrac{\gamma A V^2}{2g}$

$= 0.4\times\dfrac{12\times\dfrac{\pi}{4}\times(0.05)^2}{2\times9.8}\times20^2$

$= 0.192$ N

13. 관마찰계수가 거의 상대조도(relative roughness)에만 의존하는 경우는?

㉮ 층류유동　　㉯ 임계유동

㉰ 천이유동　　㉭ 완전난류유동

14. 지름이 30 mm이고, 틈새가 0.2 mm인 슬라이딩 베어링이 1800 rpm으로 회전할 때 윤활유에 작용하는 전단응력은 약 몇 Pa인가? (단, 윤활유의 점성계수 $\mu = 0.38$ N·s/m²이다.)

㉮ 5372　㉯ 8550　㉰ 10744　㉭ 17100

해설 $\tau = \mu\dfrac{u}{h} = 0.38\times\dfrac{2.827}{0.0002}$

$= 5372$ Pa($=$ N/m²)

$\left(u = \dfrac{\pi dN}{60} = \dfrac{\pi\times0.03\times1800}{60} = 2.827\,\text{m/s}\right)$

15. 그림과 같이 입구속도 U_0의 비압축성 유체의 유동이 평판 위를 지나 출구에서의 속도분포가 $U_0\dfrac{y}{\delta}$가 된다. 검사 체적을 ABCD로 취한다면 단면 CD를 통과하는 유량은? (단, 그림에서 검사체적의 두께는 δ, 평판의 폭은 b이다.)

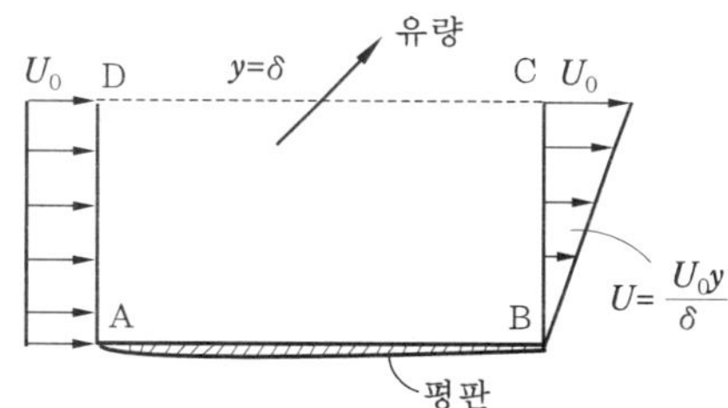

㉮ $\dfrac{U_0 b\delta}{2}$　　　　　㉯ $U_0 b\delta$

㉰ $\dfrac{U_0 b\delta}{4}$　　　　　㉭ $\dfrac{U_0 b\delta}{8}$

해설 $\delta\theta = UdA = U_0\dfrac{y}{\delta}bdy$

$\displaystyle\int_0^\delta \delta\theta = U_0\dfrac{b}{\delta}\int_0^\delta ydy$

$\theta = U_0\dfrac{b}{\delta}\left[\dfrac{y^2}{2}\right]_0^\delta = U_0\dfrac{b}{\delta}\cdot\dfrac{\delta^2}{2} = \dfrac{U_0 b\delta}{2}$ [m³/s]

16. 지름의 비가 1 : 2인 2개의 모세관을 물 속에 수직으로 세울 때 모세관 현상으로 물이 관 속으로 올라가는 높이의 비는?

㉮ 1 : 4　㉯ 1 : 2　㉰ 2 : 1　㉭ 4 : 1

해설 $h = \dfrac{4\alpha\cos\beta}{\gamma d}$ [mm]에서 $h\propto\dfrac{1}{d}$

$h_1 : h_2 = \dfrac{1}{d_1} : \dfrac{1}{d_2} = d_2 : d_1 = 2 : 1$

해답　11. ㉭　12. ㉮　13. ㉭　14. ㉮　15. ㉮　16. ㉰

17. 표면장력의 차원으로 맞는 것은?
(단, M : 질량, L : 길이, T : 시간)

㉮ MLT^{-2}　　　㉯ ML^2T^{-1}

㉰ $ML^{-1}T^{-2}$　　㉱ MT^{-2}

해설 표면장력(α)의 단위는 N/m이므로
$$FL^{-1}=(MLT^{-2})L^{-1}=MT^{-2}$$

18. 밀폐된 탱크 내에 비중이 0.9인 오일이 들어 있고 윗부분의 공간에 절대 압력 5000 Pa인 공기가 차 있다. 공기와 오일의 경계면에서 2 m 아래의 절대 압력은 약 몇 kPa인가? (단, 물의 비중량은 9790 N/m^{3}이다.)

㉮ 1.7　　　㉯ 6.7

㉰ 17.6　　　㉱ 22.6

해설
$$\begin{aligned}P_a &= P_o + P_g\\ &= 5+9.8sh = 5+(9.8\times0.9)\times2\\ &= 22.64 \text{ kPa}\end{aligned}$$

19. 밀도 ρ, 중력가속도 g, 유속 V, 힘 F

에서 얻을 수 있는 무차원수는?

㉮ $\dfrac{Fg}{\rho V}$　　　㉯ $\dfrac{F^2V^2}{\rho^2 g}$

㉰ $\dfrac{F^2\rho}{gV}$　　　㉱ $\dfrac{Fg^2}{\rho V^6}$

20. 정상 유동(steady flow)은 어떤 유동인가? (단, P, V는 임의 점의 압력, 속도이다.)

㉮ $\dfrac{\partial P}{\partial t}=\text{const}$인 유동

㉯ $\dfrac{\partial V}{\partial t}=\text{const}$인 유동

㉰ 유동장 내의 임의 점에서 흐름의 특성이 시간에 따라 변하지 않는 유동

㉱ 유동장 내에서 속도가 균일한 유동

해설 정상 유동은 유동장 내의 임의 점에서 흐름의 특성이 시간에 따라 변하지 않는 유동이다.
$$\frac{\partial V}{\partial t}=0, \quad \frac{\partial T}{\partial t}=0, \quad \frac{\partial P}{\partial t}=0, \quad \frac{\partial \rho}{\partial t}=0$$

해답　17. ㉱　　18. ㉱　　19. ㉱　　20. ㉰

1. 지름이 0.4 m인 관 속을 유량 3 m^3/s로 흐를 때 평균속도는 약 몇 m/s인가?

㉮ 13.9 ㉯ 23.9
㉰ 33.9 ㉱ 43.9

[해설] $Q = AV$에서

$$V = \frac{Q}{A} = \frac{Q}{\frac{\pi d^2}{4}} = \frac{4Q}{\pi d^2} = \frac{4 \times 3}{\pi (0.4)^2}$$

$$= 23.9 \text{ m/s}$$

2. 그림과 같은 수문에서 멈춤 장치 A가 받는 힘은 약 몇 kN인가? (단, 수문의 폭은 3 m이고, 수은의 비중은 13.6이다.)

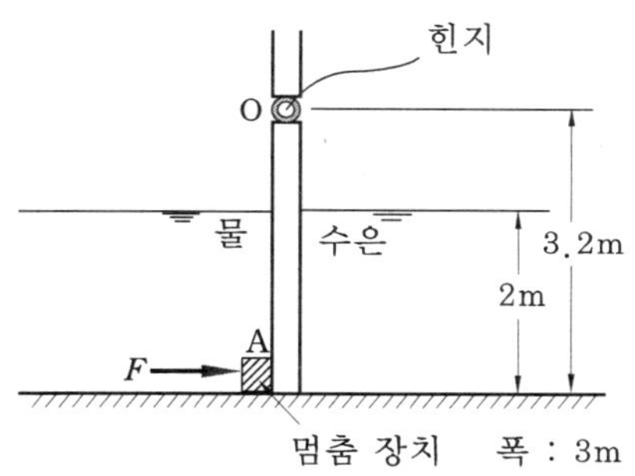

㉮ 37 ㉯ 510
㉰ 586 ㉱ 879

3. 부력(buoyant force)을 가장 적합하게 설명한 것은?

㉮ 부양체에 작용하는 합력
㉯ 부양체의 무게에서 배제 체적 무게를 뺀 힘
㉰ 정지 유체 속에 있는 물체 표면에 작용하는 표면력의 합력
㉱ 물체에 의해 배제된 체적에 해당하는 물체의 무게

4. 바람에 수직하게 놓인 지름 40 cm의 원판(disk)이 받는 항력은 0.4 N이었다. 공기 밀도가 1.2 kg/m^3이고 항력 계수가 1.1이라면 풍속은 약 몇 m/s인가?

㉮ 0.8 ㉯ 1.1 ㉰ 1.6 ㉱ 2.2

5. 위가 열린 큰 탱크(tank) 속에 비중량이 γ인 액체가 들어 있다. 이 액체의 자유 표면에서 h되는 위치에 있는 단면적 A인 노즐(nozzle)을 통하여 액체가 대기 중으로 분출될 때 탱크가 받는 추력 (thrust)은? (단, 유량계수는 1로 가정하며, 마찰손실은 무시한다.)

㉮ $\gamma A h$ ㉯ $\gamma A \sqrt{2gh}$
㉰ $2\gamma A h$ ㉱ $\dfrac{\gamma A h}{2}$

6. 부차적 손실계수 값이 5인 밸브를 Darcy의 관마찰계수가 0.025이고 지름이 2 cm인 관으로 환산한다면 관의 등가 길이는 몇 m인가?

㉮ 4 ㉯ 0.4
㉰ 2.5 ㉱ 0.25

[해설] $l_e = \dfrac{kd}{f} = \dfrac{5 \times 0.02}{0.025} = 4 \text{ m}$

7. 그림의 양수펌프에서 입구관 내의 유속은 3 m/s, 출구관 내의 유속은 5 m/s, 압력계 1의 압력은 300 mmHg(진공), 압력계 2의 게이지 압력은 3 bar, 송출 유량은 0.5 m^3/s이다. 이때 펌프의 출력은 약 몇 kW인가? (단, 모든 손실은 무시한다.)

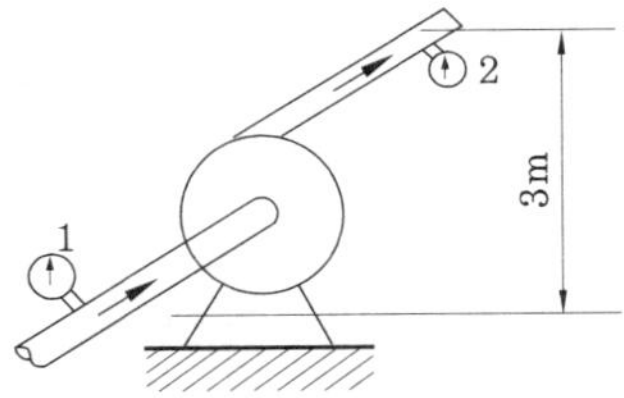

<table>
<tr><td>㉮ 15</td><td>㉯ 165</td></tr>
<tr><td>㉰ 189</td><td>㉴ 377</td></tr>
</table>

해설

$$\frac{P_1}{\gamma}+\frac{V_1^2}{2g}+Z_1+E_p=\frac{P_2}{\gamma}+\frac{V_2^2}{2g}+Z_2$$

$$\frac{-39.984}{9800}+\frac{3^2}{2\times9.8}+E_p$$

$$=\frac{3\times10^5}{9800}+\frac{5^2}{2\times9.8}+3$$

$$E_p=38.51 \text{ m}$$

$$\therefore \ 동력(\text{kW})=\gamma_w QE_p=9.8\,QE_p$$
$$=9.8\times0.5\times38.51=189 \text{ kW}$$

8. 밀도가 1000 kg/m³이고 체적탄성계수가 2 GPa인 액체 내에서 음속은 약 몇 m/s인가?

㉮ 340 ㉯ 1000 ㉰ 1414 ㉴ 2000

해설 음속$(C)=\sqrt{\dfrac{E}{\rho}}$

$$=\sqrt{\frac{2\times10^9}{1000}}=1414\,\text{m/s}$$

9. 비중이 0.8인 액체를 10 m/s 속도로 수직방향으로 분사하였을 때, 도달할 수 있는 최고 높이는 약 몇 m인가?

㉮ 3.1 ㉯ 5.1
㉰ 7.4 ㉴ 10.2

10. 지름이 10 cm인 관에 공기가 층류 상태로 흐를 수 있는 평균 속도의 최대값은 약 몇 m/s인가? (단, 공기의 동점성계수 $\nu=25.90\times10^{-6}$ m²/s, 임계 레이놀즈수는 2100이다.)

<table>
<tr><td>㉮ 1.08</td><td>㉯ 1.63</td></tr>
<tr><td>㉰ 0.54</td><td>㉴ 0.85</td></tr>
</table>

해설 $Rec=\dfrac{Vd}{\nu}$ 에서

$$V=\frac{Rec\,\nu}{d}=\frac{2100\times25.9\times10^{-6}}{0.1}$$
$$=0.543 \text{ m/s}$$

11. 그림과 같은 두 개의 고정된 평판 사이에 얇은 판이 있다. 얇은 판 상부에는 점성계수가 0.05 N·s/m²인 유체가 있고 하부에는 점성계수가 0.1 N·s/m²인 유체가 있다. 이 판을 일정 속도 0.5 m/s로 끌 때, 끄는 힘이 최소가 되는 y는? (단, 고정 평판 사이의 폭은 h[m], 평판들 사이의 속도 분포는 선형이라고 가정한다.)

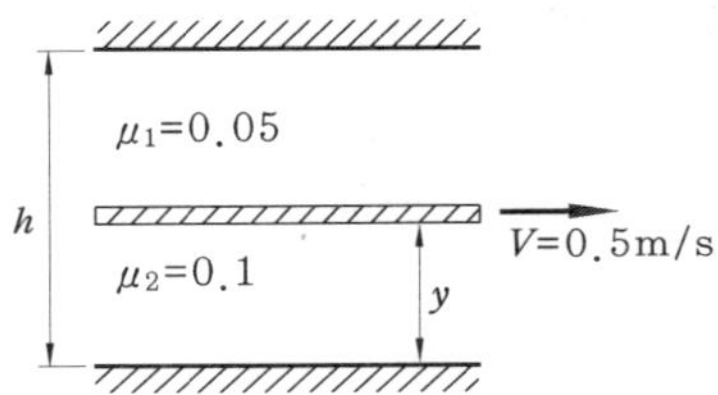

<table>
<tr><td>㉮ 0.293h</td><td>㉯ 0.5h</td></tr>
<tr><td>㉰ 0.586h</td><td>㉴ 0.879h</td></tr>
</table>

해설 $F=$윗면 전단력$(F_1)+$아랫면 전단력(F_2)

$$=\mu_1 A\frac{V}{(h-y)}+\mu_2 A\frac{V}{y}\ [\text{N}]$$

$$\frac{dF}{dy}=\mu_1 A V\left[\frac{1}{(h-y)^2}-\frac{2}{y^2}\right]=0$$

$$y^2-4hy+2h^2=0$$

$$y=(2-\sqrt{2})h=0.586\,h\ [\text{m}]$$

12. 중력가속도 g, 체적유량 Q, 길이 L로 얻을 수 있는 무차원수는?

<table>
<tr><td>㉮ $\dfrac{Q}{\sqrt{gL}}$</td><td>㉯ $\dfrac{Q}{\sqrt{gL^3}}$</td></tr>
<tr><td>㉰ $\dfrac{Q}{\sqrt{gL^5}}$</td><td>㉴ $Q\sqrt{gL^3}$</td></tr>
</table>

해답 8. ㉰ 9. ㉯ 10. ㉰ 11. ㉰ 12. ㉯

13. 경계층(boundary layer)에 관한 설명 중 틀린 것은?

㉮ 경계층 바깥의 흐름은 퍼텐셜 흐름에 가깝다.

㉯ 균일 속도가 크고, 유체의 점성이 클수록 경계층의 두께는 얇아진다.

㉰ 경계층 내에서는 점성의 영향이 크다.

㉱ 경계층은 평판 선단으로부터 하류로 갈수록 두꺼워진다.

14. 점성계수의 차원은? (단, F는 힘, M은 질량, L은 길이, T는 시간의 차원이다.)

㉮ $\left[FL^2T\right]$　　㉯ $\left[ML^{-1}T^{-1}\right]$

㉰ $\left[L^2T^2\right]$　　㉱ $\left[L^2T^{-1}\right]$

해설 점성계수(μ) 단위

$(\text{Pa} \cdot \text{s} = \text{N s/m}^2 = \text{kg/m} \cdot \text{s})$

$\therefore$ 점성계수 차원 $= FTL^{-2}(= ML^{-1}T^{-1})$

15. 다음 중 2차원 정상 비압축성 유동의 x, y 방향 속도 성분 u, v로 가능한 것은?

㉮ $u = 4xy + y^2$, $v = 6xy + 3x$

㉯ $u = 6xy + 3x$, $v = 4xy + y^2$

㉰ $u = 2x^2 + y^2$, $v = -4xy$

㉱ $u = -4xy$, $v = 2x^2 + y^2$

해설 $\dfrac{\partial u}{\partial x} = 4x$　$\dfrac{\partial v}{\partial y} = -4x$

$\left(\dfrac{\partial u}{\partial x} + \dfrac{\partial v}{\partial y} = 4x - 4x = 0\right)$

16. 지름 2.5 cm의 수평 원관(circular pipe)을 흐르는 물의 유동이 길이 5 m당 4 kPa의 압력손실을 갖는다. 관의 벽면 전단응력(wall shear stress)은 몇 Pa인가?

㉮ 2　　　　㉯ 3

㉰ 4　　　　㉱ 5

해설 $\tau_w = \dfrac{\Delta P}{L} \cdot \dfrac{d}{4}$

$= \dfrac{4000}{5} \times \dfrac{0.025}{4}$

$= 5\,\text{Pa}\,(\text{N/m}^2)$

17. 비중 S인 액체의 자유표면으로부터 깊이가 h [m]인 곳의 계기 압력은 수은주의 높이로 몇 mm인가?

㉮ $13600\,Sh$

㉯ $13.6\,Sh$

㉰ $\dfrac{1000\,Sh}{13.6}$

㉱ $\dfrac{Sh}{13.6}$

18. 동쪽을 x축 (+)방향, 북쪽을 y축 (+)방향으로 하는 2차원 직각 좌표계에서 2 m/s의 일정한 속도로 불어오는 남동풍에 대응하는 속도 퍼텐셜은? (단, 속도 퍼텐셜 ϕ는 $\vec{V} = \nabla \phi = grad\,\phi$로 정의된다.)

㉮ $\phi = \sqrt{2}\,x + \sqrt{2}\,y + 상수$

㉯ $\phi = -\sqrt{2}\,x + \sqrt{2}\,y + 상수$

㉰ $\phi = 2x - 2y + 상수$

㉱ $\phi = 2x + 2y + 상수$

19. 항구의 모형을 400 : 1로 축소 제작하려고 한다. 조수 간만의 주기가 12시간이면 모형 항구의 조수 간만의 주기는 몇 시간이 되어야 하는가?

㉮ 0.05　　　　㉯ 0.1

㉰ 0.4　　　　㉱ 0.6

해설 $\dfrac{T_m}{T_p} = \left(\dfrac{l_m}{l_p}\right)^{\frac{1}{2}}$

$T_m = T_p\left(\dfrac{l_m}{l_p}\right)^{\frac{1}{2}} = 12\left(\dfrac{1}{200}\right)^{\frac{1}{2}} = 0.6\ 시간$

---

20. 다음 그림과 같은 상태에서 관로를
흐르는 물의 속도는 약 몇 m/s인가?

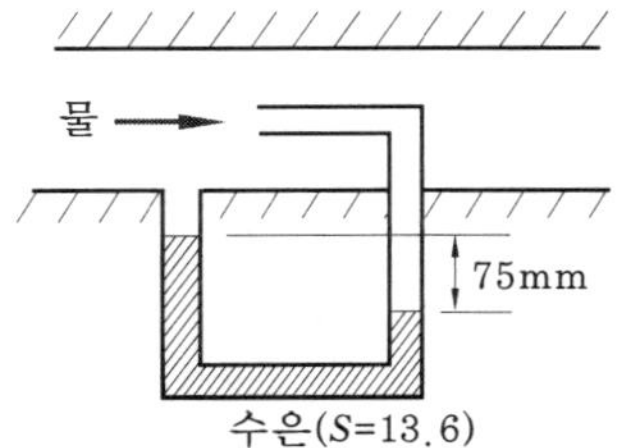

㉮ 3.4	㉯ 34
㉰ 0.43	㉱ 4.3

해설
$$V = \sqrt{2gh\left(\frac{S_{Hg}}{S_w} - 1\right)}$$
$$= \sqrt{2 \times 9.8 \times 0.75\left(\frac{13.6}{1} - 1\right)}$$
$$= 4.3 \text{ m/s}$$

해답 **20.** ㉱

☀ 2011년도 시행 문제 ☀

1. 안지름 1 cm의 원관 내를 유동하는 0 ℃의 물의 층류 임계속도는 약 몇 cm/s인가? (단, 0 ℃인 물의 동점성계수는 0.01794 cm²/s이며, 임계 레이놀즈수는 2100으로 한다.)

㉮ 0.38 ㉯ 3.8
㉰ 38 ㉱ 380

해설 $R_{ec} = \dfrac{V_c d}{\nu}$

$$V_c = \dfrac{R_{ec}\,\nu}{d}$$
$$= \dfrac{2100 \times 0.01794}{1}$$
$$= 37.674 \text{ cm/s} (= 38 \text{ cm/s})$$

2. 다음 그림과 같이 용기 안에 물(밀도 $\rho_w = 1000$ kg/m³), 기름(밀도 $\rho_{oil} = 800$ kg/m³), 공기(압력 $P_a = 200$ kPa)가 들어 있다. 점 A에서의 압력은 약 몇 kPa인가?

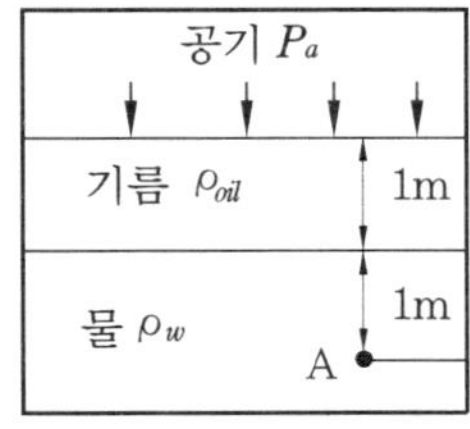

㉮ 218 ㉯ 292
㉰ 408 ㉱ 382

해설 $P_A = P_a + \rho_{oil} g h_1 + \rho_w g h_2$
$$= 200 + 0.8 \times 9.8 \times 1 + 1 \times 9.8 \times 1$$
$$= 217.64 (\fallingdotseq 218 \text{ kPa})$$

3. 다음 중 물리적 의미가 틀린 무차원 수는 무엇인가?

㉮ 프루드수$(Fr) = \dfrac{관성력}{중력}$

㉯ 웨버수$(We) = \dfrac{관성력}{표면장력}$

㉰ 오일러수$(Eu) = \dfrac{탄성력}{관성력}$

㉱ 레이놀즈수$(Re) = \dfrac{관성력}{점성력}$

해설 오일러수$(Eu) = \dfrac{관성력}{압력}$

4. 그림과 같이 수조의 하부에 연결된 작은 관을 통하여 대기 중으로 물이 분출되고 있다. 수면과 출구의 높이 차이는 3 m이고, 그 사이에서 발생하는 총 손실수두가 0.5 m일 때 유체의 분출속도는 약 몇 m/s인가? (단, 수조의 지름은 관에 비해 무한히 크다고 가정한다.)

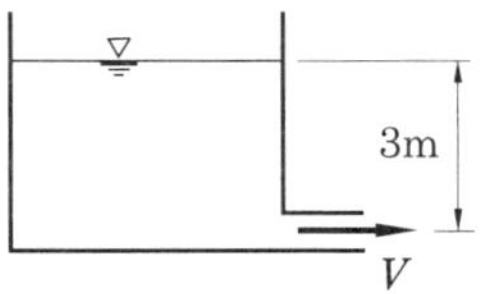

㉮ 6.8 ㉯ 7.0 ㉰ 7.7 ㉱ 8.3

해설 $V = \sqrt{2g(H - h_L)}$
$$= \sqrt{2 \times 9.8 \times (3 - 0.5)} = 7 \text{ m/s}$$

5. 수도꼭지로부터 흘러내리는 물줄기가 밑으로 갈수록 가늘게 되는 이유를 설명하는 데 가장 적합한 두 가지 원리는 무

엇인가?

㉮ 연속 방정식, 운동량 방정식

㉯ 연속 방정식, 베르누이 방정식

㉰ 베르누이 방정식, 운동량 방정식

㉱ 운동량 방정식, 에너지 방정식

6. 고속도로 톨게이트의 폭이 도로에 비하여 넓게 만들어진 이유를 가장 적절하게 설명해 줄 수 있는 것은?

㉮ 연속 방정식

㉯ 에너지 방정식

㉰ 베르누이 방정식

㉱ 열역학 제2법칙

해설 연속 방정식은 질량 보존의 원리를 적용한 식으로 단면적과 속도는 반비례한다. 즉 폭이 넓으면 차량 소통이 원활하다(속도가 빨라진다).

7. 점성계수와 동점성계수에 관한 다음 설명 중 옳은 것은?

㉮ 일반적으로 기체의 온도가 상승하면 점성계수가 감소한다.

㉯ 일반적으로 액체의 온도가 상승하면 점성계수가 증가한다.

㉰ 표준 상태에서의 물의 동점성계수는 공기보다 작다.

㉱ 표준 상태에서의 물의 점성계수는 공기보다 작다.

해설 표준 상태(101.325 kPa, 0℃)에서 물의 동점성계수는 공기보다 작다.

8. 다음 그림과 같은 조건에서 이등변삼각형 수문(그림에서 AB)에 작용하는 합력 F_{AB}(resultant force)을 구한 것은?(단, 삼각형 수문의 꼭짓점은 A이며, 밑변이 1.25 m, 높이가 2 m이다.)

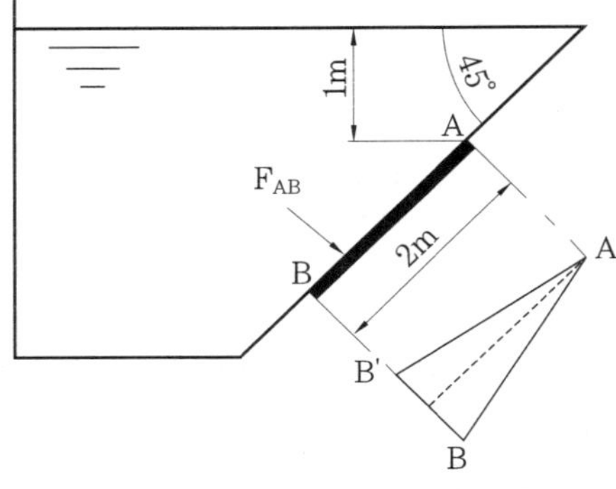

㉮ 23.8 kN   ㉯ 43.8 kN

㉰ 13.8 kN   ㉱ 53.8 kN

해설
$$F_{AB} = \gamma \bar{y} \sin\theta A$$
$$= 9.8 \times (1.414 + 1.414)\sin 45°$$
$$\times \left(\frac{1.2 \times 2}{2}\right)$$
$$\fallingdotseq 23.8 \text{ kN}$$

9. 부력(buoyant force)에 대한 설명으로 틀린 것은?

㉮ 부력은 액체 속에 잠긴 물체가 액체에 의하여 수직 상방으로 받는 힘을 말한다.

㉯ 부력은 액체에 잠긴 물체의 체적에 해당하는 액체의 무게와 같다.

㉰ 같은 물체인 경우 깊은 곳에 잠겨 있을 때의 부력은 얕은 곳에 잠겨 있을 때의 부력보다 더 크다.

㉱ 같은 물체에 작용하는 부력은 액체의 비중량에 따라 다르다.

해설 부력(F_B) = 물체의 무게

10. 속이 찬 물방울 내부압력이 대기압보다 700 Pa만큼 높다. 물방울의 표면장력이 8.75×10^{-2} N/m라면 이때의 물방울의 지름은 몇 cm인가?

㉮ 0.05   ㉯ 0.1

㉰ 5   ㉱ 0.005

해답 6. ㉮   7. ㉰   8. ㉮   9. ㉰   10. ㉮

해설 $\sigma = \dfrac{(P_i - P_o)d}{4}$ [N/m]에서

$$d = 4\frac{\sigma}{(P_i - P_o)} = \frac{4 \times 8.75 \times 10^{-2}}{700}$$
$$= 5 \times 10^{-4}\,\mathrm{m}\,(= 0.05\,\mathrm{cm})$$

11. 그림과 같이 180° 베인이 지름 5 cm, 속도 30 m/s의 물 분류를 받으며 15 m/s의 속도로 오른쪽으로 운동하는 경우, 이 베인이 받는 동력은 약 몇 kW인가?

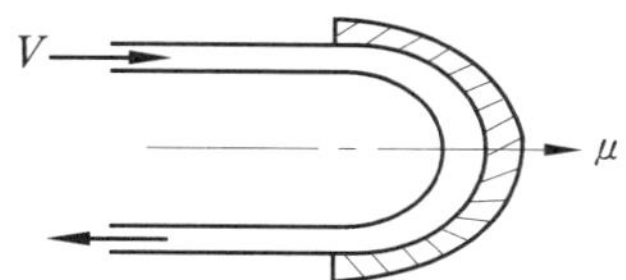

㉮ 13.3 ㉯ 14.7 ㉰ 18.1 ㉱ 19.6

해설 $kW = F_1 \times (V - U)$
$$= \rho A(V - U)^3 (1 - \cos\theta)$$
$$= 1 \times \frac{\pi}{4} \times (0.05)^2$$
$$\times (30 - 15)^3 (1 - \cos 180°)$$
$$= 13.25\,\mathrm{kW}\,(\fallingdotseq 13.3\,\mathrm{kW})$$

12. 무차원 속도 퍼텐셜이 $\phi = 21\ln r$일 때, $r = 2$에서의 반지름 방향 무차원 속도의 크기는?

㉮ $\dfrac{1}{2}$ ㉯ 1

㉰ 2 ㉱ 4

해설 $\dfrac{\partial \phi}{\partial r} = 2\dfrac{1}{r} = 2 \times \dfrac{1}{2} = 1$

13. 다음 중 차원이 잘못 표시된 것은? (단, M : 질량, L : 길이, T : 시간)

㉮ 압력(pressure) : MLT^{-2}

㉯ 일(work) : $ML^2 T^{-2}$

㉰ 동력(power) : $ML^2 T^{-3}$

㉱ 동점성계수(kinematic viscosity) :
$L^2 T^{-1}$

해설 압력(P)[N/m²]의 차원은 다음과 같이 표시한다.
$$FL^{-2} = (MLT^{-2})L^{-2} = ML^{-1}T^{-2}$$

14. 비중이 0.7인 오일을 지름이 20 cm인 수평 원관을 통하여 2 km 떨어진 곳까지 수송하려고 한다. 질량 유량이 20 kg/s, 동점성계수가 2×10^{-4} m²/s라면 원관 2 km에서의 손실 수두는 약 몇 m인가? (단, 물의 밀도는 1000 kg/m³이다.)

㉮ 59.2 ㉯ 29.6

㉰ 2.96 ㉱ 5.92

15. 2차원 직각좌표계$(x,\,y)$상에서 x 방향의 속도를 u, y방향의 속도를 v라고 한다. 어떤 이상유체의 2차원 정상 유동에서 $u = Ax$일 때 다음 중 y방향의 속도 v가 될 수 있는 것은? (단, A는 상수 $(A > 0)$이다.)

㉮ A ㉯ $-A$

㉰ Ay ㉱ $-Ay$

16. 표준 대기압에서 온도 20 ℃인 공기가 평판 위를 20 m/s의 속도로 흐르고 있다. 선단으로부터 5 cm 떨어진 곳에서의 경계층의 두께는 약 몇 mm인가? (단, 공기의 동점성계수는 15.68×10^{-6} m²/s이다.)

㉮ 0.99 ㉯ 0.74

㉰ 0.13 ㉱ 0.06

해설 $R_{ex} = \dfrac{U_a x}{\nu} = \dfrac{20 \times 0.05}{15.68 \times 10^{-6}}$
$$= 63776 < 5 \times 10^5 (층류)$$
$$\delta = \frac{5x}{\sqrt{R_{ex}}} = \frac{5 \times 50}{\sqrt{63776}} = 0.99\,\mathrm{mm}$$

17. 지름 1 m, 높이 40 m인 원통 굴뚝에 바람이 14 m/s의 속도로 불고 있다. 이때 바람에 의해 굴뚝 바닥에 걸리는 모멘트는 약 몇 N·m인가? (단, 공기의 밀도는 1.23 kg/m³, 점성계수는 1.78×10^{-5} kg/m·s, 원통에 대한 항력계수는 0.35이다.)

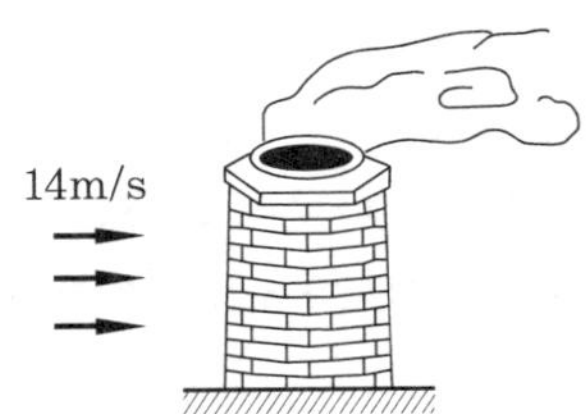

㉮ 168.8   ㉯ 337.6
㉰ 1688   ㉱ 33760

[해설]
$$M = D \times \frac{h}{2} = C_D \frac{\rho A V^2}{2} \times \frac{h}{2}$$
$$= 0.35 \times \frac{1.23 \times (1 \times 40) \times 14^2}{2} \times \frac{40}{2}$$
$$= 33751.2 \text{ N·m} \; (\fallingdotseq 33760 \text{ N·m})$$

18. 길이 100 m인 배가 10 m/s의 속도로 항해한다. 길이 2 m인 모형 배를 만들어 조파 저항을 측정한 후 원형 배의 조파 저항을 구하고자 동일한 조건의 해수에서 실험할 경우 모형 배의 속도를 약 몇 m/s로 하면 되겠는가?

㉮ 0.27   ㉯ 1.41   ㉰ 2.54   ㉱ 3.42

[해설] 조파 저항 문제는 프루드수를 만족시켜야 한다.
$$\left(\frac{V}{\sqrt{Lg}}\right)_p = \left(\frac{V}{\sqrt{Lg}}\right)_m \quad g_p \simeq g_m$$

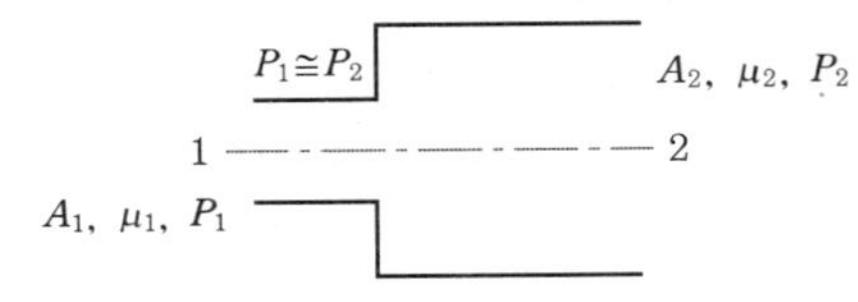
$$V_m = V_p \sqrt{\frac{L_m}{L_p}} = 10 \sqrt{\frac{2}{100}} = 1.41 \text{ m/s}$$

19. 그림과 같이 단면적이 급격히 넓어지는 급확대 흐름에서 1번 위치에서의 압력은 대기압이고, 속도는 2 m/s이다. 단면적 비 $A_1/A_2 = 0.3$일 때 유동 손실수두를 계산하면 약 몇 m인가?

$$P_1 \cong P_2 \qquad A_2, \; \mu_2, \; P_2$$
$$1 \text{—·—·—·—} 2$$
$$A_1, \; \mu_1, \; P_1$$

㉮ 0.1   ㉯ 0.15
㉰ 0.2   ㉱ 0.25

[해설]
$$h_L = \left(1 - \frac{A_1}{A_2}\right)^2 \frac{V^2}{2g}$$
$$= (1 - 0.3)^2 \times \frac{2^2}{2 \times 9.8} = 0.1 \text{ m}$$

20. 다음 중에서 하겐-푸아죄유(Hagen-Poiseuille) 법칙을 이용한 세관식 점도계는?

㉮ 세이볼트(saybolt) 점도계
㉯ 낙구식 점도계
㉰ 스토머(Stomer) 점도계
㉱ 맥미셸(MacMichael) 점도계

[해설] Hagen-poiseuille's eq'n을 이용한 세관식 점도계로 세이볼트(saybolt) 점도계가 있다.

동점성계수$(\nu) = 0.0022t - \frac{1.8}{t}$ [stokes]

---

1. 점성계수가 0.7 poise이고 비중이 0.7인 유체의 동점성계수는 몇 stokes인가?

　㉮ 0.7　　　　㉯ 1.0
　㉰ 1.4　　　　㉴ 2.0

【해설】 $\nu = \dfrac{\mu}{\rho} = \dfrac{\mu}{\rho_w s} = \dfrac{0.7 \times \dfrac{1}{10}}{1000 \times 0.7} = \dfrac{0.07}{700}$
$\qquad = 1 \times 10^{-4}\,\mathrm{m^2/s} = 1\,\mathrm{cm^2/s}\ (\mathrm{stokes})$

2. 길이 100 m, 속도 18 m/s인 선박의 모형실험을 길이 5 m인 모형선으로 프루드 (Froude) 상사가 성립되게 실험하려면 모형선의 속도는 약 몇 m/s로 해야 하는가?

　㉮ 1.80　　　　㉯ 4.02
　㉰ 0.36　　　　㉴ 36

【해설】 $(Fr)_p = (Fr)_m$
$\qquad \left(\dfrac{V}{\sqrt{Lg}}\right)_p = \left(\dfrac{V}{\sqrt{Lg}}\right)_m$
$\qquad V_m = V_p \sqrt{\dfrac{L_m}{L_p}} = 18\sqrt{\dfrac{5}{100}} = 4.02\ \mathrm{m/s}$

3. 안지름 2.5 cm인 관이 안지름 7.5 cm인 관에 직접 연결되어 있다. 이 관 속을 비압축성 유체가 정상적으로 유동할 때, 2.5 cm 관내의 평균유속이 V라면 7.5 cm 관내의 평균유속은?

　㉮ $3V$　　　　㉯ $\dfrac{V}{3}$
　㉰ $\dfrac{V}{9}$　　　　㉴ $\dfrac{V}{27}$

【해설】 $Q = AV\,[\mathrm{m^3/s}]$에서 $A_1 V = A_2 V_2$
$\qquad V_2 = V\left(\dfrac{A_1}{A_2}\right) = V\left(\dfrac{d_1}{d_2}\right)^2 = V\left(\dfrac{2.5}{7.5}\right)^2$
$\qquad = \dfrac{V}{9}\ [\mathrm{m/s}]$

4. 두 평행 평판 사이를 점성 유체가 층류로 흐를 때 완전 발달되어 평균 속도가 1.5 m/s이면 최대 속도는 몇 m/s인가?

　㉮ 1.0　　　　㉯ 1.25
　㉰ 2.0　　　　㉴ 2.25

【해설】 $U_{\max} = 1.5\,V_{mean} = 1.5 \times 1.5$
$\qquad = 2.25\ \mathrm{m/s}$

5. 속도와 압력을 같이 측정할 수 있는 장치는?

　㉮ 피토정압관(Pitot-static tube)
　㉯ LDV
　㉰ hot wire
　㉴ 피에조미터

【해설】 피토정압관(Pitot-static tube)은 동압 측정용 계기로 속도와 압력을 같이 측정할 수 있다.

6. 2차원 유동에서 x, y 방향의 속도를 각각 u, v라 하면 다음 중 그 유체의 와도 (vorticity)는?

　㉮ $\dfrac{\partial u}{\partial x} + \dfrac{\partial v}{\partial y}$　　　　㉯ $\dfrac{\partial v}{\partial x} + \dfrac{\partial u}{\partial y}$
　㉰ $\dfrac{\partial u}{\partial x} - \dfrac{\partial v}{\partial y}$　　　　㉴ $\dfrac{\partial v}{\partial x} - \dfrac{\partial u}{\partial y}$

【해설】 2차원 유동에서 와도(vorticity)
$\qquad = \dfrac{\partial v}{\partial x} - \dfrac{\partial u}{\partial y}$

7. 관지름이 10 mm인 파이프의 엘보(elbow), 밸브(valve) 등 부차적 손실(minor loss) 계수들의 합이 20이고 파이프의 마찰계수가 0.02일 때 부차적 손실에 상당하는 관의 등가 길이는 몇 m인가?

【해답】　1. ㉯　2. ㉯　3. ㉰　4. ㉴　5. ㉮　6. ㉴　7. ㉰

⑦ 0.4   ⑭ 1   ⑮ 10   ㉑ 100

해설 $l_e = \dfrac{kd}{f} = \dfrac{20 \times 0.01}{0.02} = 10$ m

8. 동점성계수가 15.68×10^{-6} m²/s인 유체가 평판 위를 1.5 m/s의 속도로 흐르고 있다. 평판의 선단으로부터 0.3 m 되는 곳에서의 레이놀즈수는?

⑦ 28700   ⑭ 25400

⑮ 22400   ㉑ 20400

해설 $R_{ex} = \dfrac{U_s x}{\nu} = \dfrac{1.5 \times 0.3}{15.68 \times 10^{-6}} \fallingdotseq 28700$

9. 지상에서 압력, 온도가 각각 $P = 100$ kPa, $T = 300$ K일 때 음속이 347 m/s이다. 고도 10 km($P = 26$ kPa, $T = 223$ K)에서 음속은 약 몇 m/s인가?

⑦ 258   ⑭ 300

⑮ 347   ㉑ 402

해설 $C = \sqrt{kRT} = \sqrt{1.4 \times 287 \times 223}$
$= 300$ m/s

10. 비압축성, 정상유동인 유동장에서 속도성분이 다음과 같이 주어져 있다. 이때 z방향의 속도성분 w는 어떻게 되는가?

$$u = x^2 + y^2 + z^2, \quad v = xy + yz + z$$

⑦ $w = -3x - z$

⑭ $w = 3x + z$

⑮ $w = -3xz - \dfrac{z^2}{2} + f(x,\ y)$

㉑ $w = 3xz + \dfrac{z^2}{2} + f(x,\ y)$

11. 그림과 같은 용기에 수심 2 m로 물이 채워져 있다. 이 용기가 연직 상방향으로

9.8 m²/s로 가속할 때, B점과 A점의 압력차 $P_B - P_A$는 약 몇 kPa인가?

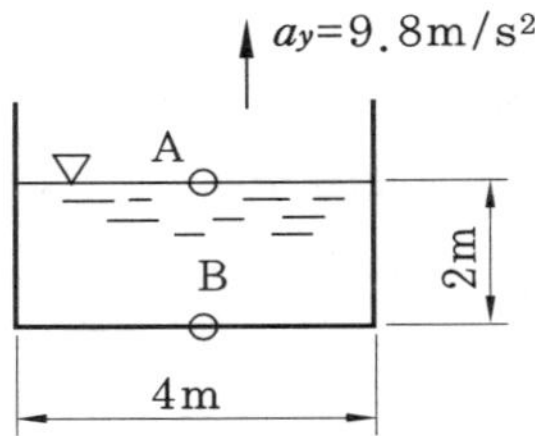

⑦ 39.2   ⑭ 19.6

⑮ 9.8   ㉑ 78.4

해설 $\Delta P(= P_B - P_A) = \gamma h\left(1 + \dfrac{a_y}{g}\right)$
$= 9.8 \times 2\left(1 + \dfrac{9.8}{9.8}\right)$
$= 39.2$ kPa

12. 다음 보기 중 무차원수인 스트라홀수(Strouhal number)와 가장 관련 없는 것은?

⑦ 속도

⑭ 진동수

⑮ 관 지름이나 길이

㉑ 압력

13. 그림과 같은 높이가 4 m인 사각형 수문이 있다. 폭을 1.5 m 라 할 때 수문에 작용하는 힘의 합은 절대값으로 약 몇 kN인가? (단, 수면에서 수문 중심까지의 수직거리는 3 m이다.)

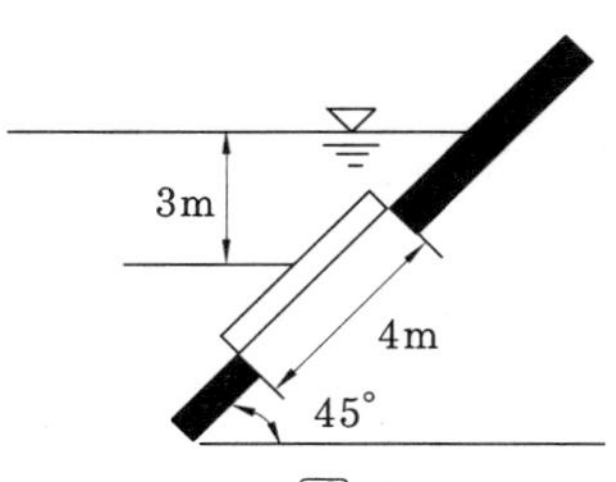

⑦ 18   ⑭ 9

⑮ 96.6   ㉑ 176.4

해답 8. ⑦   9. ⑭   10. ⑮   11. ⑦   12. ㉑   13. ㉑

해설 $F = \gamma \bar{y} \sin 45° A = \gamma \bar{h}(bh)$
$$= 9.8 \times 3 \times (1.5 \times 4)$$
$$= 176.4 \text{ kN}$$

14. 지름 0.015 m의 구가 공기 속을 28 m/s의 속도로 날아가는 경우 항력은 몇 N인가? (단, 공기의 밀도는 1.23 kg/m³, 동점성계수 0.15 cm²/s, 항력계수는 $C_D = 0.5$이다.)

㉮ 3.56×10^{-4}

㉯ 2.25×10^{-3}

㉰ 4.26×10^{-2}

㉱ 5.64×10^{-4}

해설 $D = C_p \dfrac{\rho A V^2}{2}$
$$= 0.5 \times \frac{1.23 \times \dfrac{\pi}{4} \times (0.015)^2 \times (28)^2}{2}$$
$$= 4.26 \times 10^{-2} \text{ N}$$

15. 물을 사용하는 원심 펌프의 설계점에서의 전 양정이 30 m이고 유량은 1.2 m³/min이다. 이 펌프의 전효율이 80 %라면 이 펌프를 설계점에서 운전할 때 필요한 축동력은 몇 kW인가?

㉮ 3.6

㉯ 4.9

㉰ 5.88

㉱ 7.35

해설 $L_s = \dfrac{9.8 QH}{\eta_p} = \dfrac{9.8 \times \left(\dfrac{1.2}{60}\right) \times 30}{0.8}$
$$= \frac{9.8 \times 1.2 \times 30}{0.8 \times 60}$$
$$= 7.35 \text{ kW}$$

16. 10 ℃의 물이 안지름 20 mm인 원관 속을 흐를 때 평균 속도가 약 몇 m/s 이하일 때 층류인가? (단, 임계 레이놀즈 수는 2320이고, 물의 동점성 계수는 0.013 × 10⁻⁴ m²/s이다.)

㉮ 0.015

㉯ 0.15

㉰ 0.3

㉱ 1.24

해설 $R_{ec} = \dfrac{Vd}{\nu}$ 에서
$$V = \frac{R_{ec}\nu}{d} = \frac{2320 \times 0.013 \times 10^{-4}}{0.02}$$
$$= 0.15 \text{ m/s}$$

17. 지름이 70 mm인 소방 노즐에서 물제트가 50 m/s의 속도로 건물 벽에 수직으로 충돌하고 있다. 벽이 받는 힘은 약 몇 kN인가? (단, 물의 밀도는 1000 kg/m³이다.)

㉮ 21.2

㉯ 5.50

㉰ 7.42

㉱ 9.62

해설 $F = \rho Q V = \rho A V^2$
$$= 1000 \times \frac{\pi}{4} \times (0.07)^2 \times (50)^2$$
$$= 9616.25 \text{ N} \fallingdotseq 9.62 \text{ kN}$$

18. 그림과 같은 밀폐된 탱크 안에 비중이 0.7, 1.0인 액체가 채워져 있고, 점 A의 압력이 점 B의 압력보다 6.8 kPa 크다면, 경사관의 각도 θ는 약 몇 도인가?

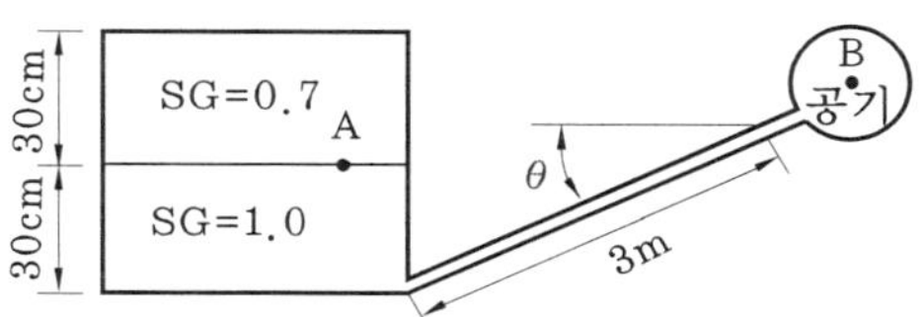

㉮ 12°

㉯ 19.3°

㉰ 22.5°

㉱ 34.5°

해설 $\Delta P + \gamma H = \gamma L \sin \theta$
$$\theta = \sin^{-1}\left(\frac{\Delta P + \gamma H}{\gamma L}\right)$$
$$= \sin^{-1}\left(\frac{6.8 + 9.8 \times 0.3}{9.8 \times 3}\right) = 19.3°$$

19. 연직 상방으로 향한 노즐로부터 물이 분출하고 있다. 노즐 출구에서 물의 속도가 20 m/s라면 물의 최고 상승 높이는 약 몇 m인가?(단, 마찰손실은 무시한다.)

㉮ 20.4 　　㉯ 24.9

㉰ 26.4 　　㉱ 29.8

해설 $h = \dfrac{V^2}{2g}$ m

$\qquad = \dfrac{20^2}{2 \times 9.8} = 20.4$

20. 기체의 점성에 가장 크게 영향을 미치는 것은?

㉮ 기체 분자 간의 충돌 시 에너지 손실

㉯ 기체 분자 간의 충돌 시 운동량 교환

㉰ 기체 분자 간에 작용하는 인력

㉱ 기체 분자의 브라운 운동 속도의 구배

해설 기체의 점성에 가장 크게 영향을 미치는 것은 기체 분자 간 충돌 시 운동량(momen-tum) 교환으로 온도 상승 시 점성은 증가된다.

해답 19. ㉮   20. ㉯

✸ 2012년도 시행 문제 ✸

1. 다음 중 Moody 선도에 대하여 잘못 설명한 것은?

㉮ J.Nikuradse에 의하여 얻어진 자료를 기초로 하였다.

㉯ 압축성 영역의 유동에도 적용이 가능하다.

㉰ 마찰계수와 레이놀즈수와의 관계를 보인다.

㉱ 마찰계수와 상대조도와의 관계를 보인다.

[해설] Moody chart는 비압축성($\rho = c$) 유동 영역에서만 적용이 가능하다.

2. 지름이 5 mm인 원형 직선관 내를 0.2 L/min의 유량으로 물이 흐르고 있다. 유량을 두 배로 하기 위해서는 몇 배의 압력을 가해 주어야 하는가? (단, 물의 동점성계수는 약 10^{-6} m²/s이다.)

㉮ 0.71 배　　　　㉯ 1.41 배

㉰ 2 배　　　　㉱ 4 배

[해설]
$$Re = \frac{Vd}{\nu} = \frac{4Q}{\pi d\nu} = \frac{4 \times \left(\frac{0.2}{60000}\right)}{\pi \times 0.005 \times 10^{-6}}$$
$$= 849.26 < 2100 \,(\text{층류})$$
$$\therefore \Delta P = \frac{128\mu QL}{\pi d^4} \,(\Delta P \propto Q)$$

3. 온도 25℃인 공기의 압력이 200 kPa (abs)일 때 동점성계수는 0.12 cm²/s이다. 이 온도와 압력에서 공기의 점성계수는 약 몇 kg/m·s인가? (단, 공기의 기체상수는 287 J/kg·K이다.)

㉮ 2.338　　　　㉯ 27.87

㉰ 2.8×10^{-5}　　　　㉱ 0.12×10^{-4}

[해설] $pv = RT$　　$p\frac{1}{\rho} = RT$　　$p = \rho RT$
$$\rho = \frac{p}{RT} = \frac{200 \times 10^3}{287 \times (25 + 273)} = 2.34 \,\text{kg/m}^3$$
$$\nu = \frac{\mu}{\rho} \text{에서}$$
$$\mu = \rho\nu = 2.34 \times 0.12 \times 10^{-4}$$
$$= 2.8 \times 10^{-5} \,\text{kg/m·s}$$

4. x, y 좌표계의 비회전 2차원 유동장에서 속도 퍼텐셜(potential) ϕ는 $\phi = 2x^2 y$ 로 주어진다. 점(3, 2)인 곳에서 속도 벡터는? (단, 속도 퍼텐셜 ϕ는 $\overrightarrow{V} \equiv \nabla\phi = grad\,\phi$로 정의된다.)

㉮ $24\vec{i} + 18\vec{j}$

㉯ $-24\vec{i} + 18\vec{j}$

㉰ $12\vec{i} + 9\vec{j}$

㉱ $-12\vec{i} + 9\vec{j}$

5. 모세관 현상에 대한 설명으로 틀린 것은 무엇인가?

㉮ 액체가 관을 적실 때(wet) 액체 기둥은 원래의 표면보다 상승한다.

㉯ 접촉각이 90° 보다 작을 때 관의 지름이 가늘수록 액체는 더 높이 상승한다.

㉰ 접촉각이 90° 보다 클 때 액체 기둥은 원래의 표면보다 상승한다.

㉱ 동일한 조건에서 표면장력만 2배가 되면 액체 기둥의 상승 높이는 2배가 된다.

[해답]　1. ㉯　2. ㉰　3. ㉰　4. ㉮　5. ㉰

[해설] 접촉각이 $90°$ 보다 클 때 액체 기둥은 원래의 표면보다 감소한다(응집력 > 부착력).

6. 그림과 같이 고정된 노즐로부터 밀도가 ρ인 액체의 제트가 속도 V로 분출하여 평판에 충돌하고 있다. 이때 제트의 단면적이 A이고 평판이 u인 속도로 분류 방향으로 운동할 때 평판에 작용하는 힘 F는?

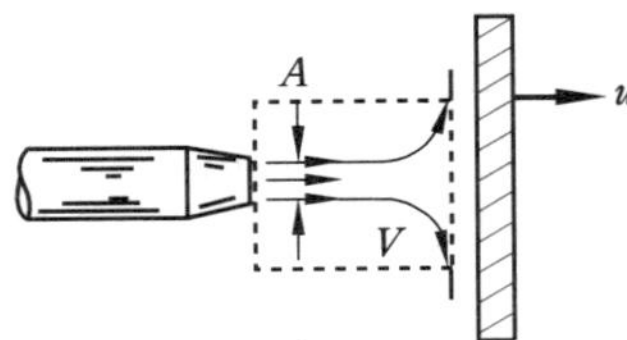

㉮ $F = \rho A(V+u)$

㉯ $F = \rho A(V+u)^2$

㉰ $F = \rho A(V-u)$

㉱ $F = \rho A(V-u)^2$

[해설] $F = \rho Q(V-u) = \rho A(V-u)^2 \, [\text{N}]$

7. 정압이 100 kPa인 물(밀도 1000 kg/m^3)이 20 m/s로 흐르고 있을 때 정체압은 몇 kPa인가?

㉮ 150 　　㉯ 103

㉰ 200 　　㉱ 300

[해설] 정체압(stagnation pressure) P_s

= 정압 + 동압

$$= 100 + \frac{\rho v^2}{2} = 100 + \frac{1 \times 20^2}{2} = 300 \, \text{kPa}$$

8. 프란틀의 혼합거리(mixing length)에 대한 설명 중 옳은 것은?

㉮ 전단응력과 무관하다.

㉯ 벽에서 0이다.

㉰ 항상 일정하다.

㉱ 층류 유동문제를 계산하는 데 유용하다.

[해설] 프란틀의 혼합거리는 벽면에서 수직거리(y)에 비례한다.

$l = ky \, [\text{m}]$

$l \propto y$

벽(wall)면에서 $y = 0$, $l = 0$

9. 지름 $D = 4$ cm, 무게 $W = 0.4$ N인 골프공이 60 m/s의 속도로 날아가고 있을 때, 골프공이 받는 항력과 항력에 의한 가속도의 크기는 중력가속도의 몇 배인가? (단, 골프공의 항력계수 $C_D = 0.25$이고, 공기의 밀도는 1.2 kg/m^{3}이다.)

㉮ 6.78 N, 1.7 배

㉯ 6.78 N, 0.7 배

㉰ 0.678 N, 1.7 배

㉱ 0.678 N, 0.7 배

[해설]
$$D = C_D \frac{\gamma A V^2}{2g} = C_D \frac{\rho A V^2}{2}$$

$$= 0.25 \times \frac{1.2 \times \frac{\pi}{4} \times (0.04)^2 \times 60^2}{2}$$

$$= 0.678 \, \text{N}$$

10. 안지름 10 cm의 원관 속을 0.1 m^3/s의 물이 흐를 때 관 속의 평균 유속은 약 몇 m/s인가?

㉮ 0.127 　㉯ 1.27 　㉰ 12.7 　㉱ 127

[해설] $Q = AV$에서

$$V = \frac{Q}{A} = \frac{0.1}{\frac{\pi}{4} \times (0.1)^2} = 12.74 \, \text{m/s}$$

11. 중력과 관성력의 비로 정의되는 무차원수는? (단, ρ : 밀도, V : 속도, l : 특성 길이, μ : 점성계수, P : 압력, g : 중력가속도, c : 소리의 속도)

㉮ $\dfrac{\rho VL}{\mu}$ 　　　㉯ $\dfrac{V}{\sqrt{gl}}$

㉰ $\dfrac{P}{\rho V^2}$ 　　　㉱ $\dfrac{V}{c}$

[해답] 6. ㉱　7. ㉱　8. ㉯　9. ㉰　10. ㉰　11. ㉯

12. 원통형의 면 ABC에 수평방향으로 작용하는 힘은 약 몇 kN인가? (단, 유체의 비중은 1이다.)

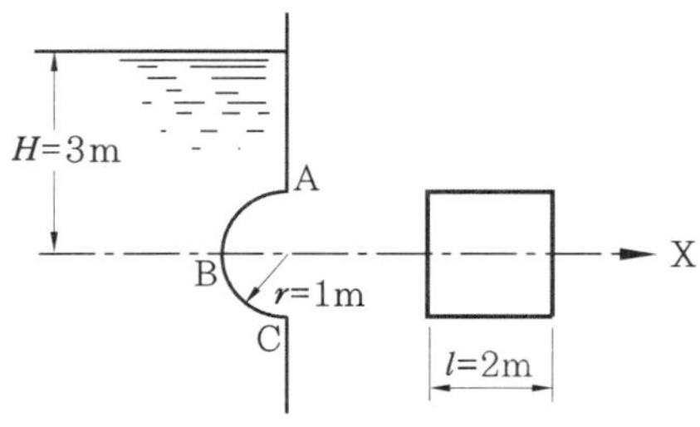

㉮ 117.6   ㉯ 307.9
㉰ 122   ㉱ 3

해설 $F_H = \gamma \overline{H} A = 9.8 \times 3 \times (2 \times 2)$
$= 117.6$ N

13. 물을 사용하는 원심 펌프의 설계점에서의 전 양정이 30 m이고 유량은 1.2 m³/min이다. 이 펌프를 설계점에서 운전할 때 필요한 축 동력이 7.35 kW라면 이 펌프의 전 효율은?

㉮ 70 %   ㉯ 80 %   ㉰ 90 %   ㉱ 100 %

해설 $\eta_p = \dfrac{L_w}{L_s} = \dfrac{9.8\,QH}{7.35}$

$= \dfrac{9.8 \times \left(\dfrac{1.2}{60}\right) \times 30}{7.35} \times 100\% = 80\%$

14. 파이프 유동에 대한 다음 설명 중 틀린 것은?

㉮ 레이놀즈수가 1500일 때 관마찰계수는 약 0.0430이다.
㉯ 수력 반지름은 유동의 단면적과 접수 길이에 의하여 결정된다.
㉰ 원형관 속의 손실 수두는 점성유체에서 발생한다.
㉱ 부차적 손실은 관의 거칠기에 의해 주로 발생한다.

15. 그림에서 $h = 50$ cm이다. 액체의 비중이 1.90일 때 A점의 계기압력은 몇 Pa인가?

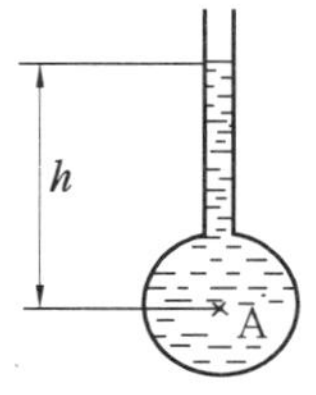

㉮ 9500   ㉯ 950
㉰ 93200   ㉱ 9310

해설 $P = \gamma h = 9800sh = 9800 \times 1.9 \times 0.5$
$= 9310$ Pa

16. 피스톤 A_2의 반지름은 A_1 반지름의 2배이며 A_1과 A_2에 작용하는 압력을 각각 P_1, P_2라 하면 P_1과 P_2 사이의 관계는? (단, 두 피스톤은 같은 높이에 위치하고 있다.)

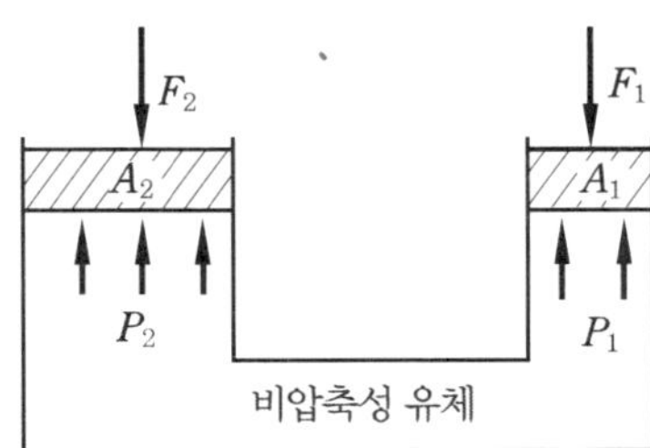

㉮ $P_1 = 2P_2$ ㉯ $P_2 = 4P_1$
㉰ $P_1 = P_2$ ㉱ $P_2 = 2P_1$

해설 $P_1 = P_2$(Pascal의 원리)

$\dfrac{F_1}{A_1} = \dfrac{F_2}{A_2}$

17. 공기 중을 10 m/s로 움직이는 소형 비행선의 항력을 구하려고 1/5 축척의 모형을 물속에서 실험하려고 할 때 모형의 속도는 몇 m/s로 해야 하는가? (단, 밀도: 물 1000 kg/m³, 공기 1 kg/m³, 점성계수

해답   **12.** ㉮   **13.** ㉯   **14.** ㉱   **15.** ㉱   **16.** ㉰   **17.** ㉱

: 물 1.8×10^{-3} N · s/m², 공기 1×10^{-5} N · s/m²)

㉮ 10 ㉯ 2

㉰ 50 ㉱ 9

해설 $\left(\dfrac{\rho VL}{\mu}\right)_p = \left(\dfrac{\rho VL}{\mu}\right)_m$

$\left(\dfrac{VL}{\mu}\right)_p = \left(\dfrac{VL}{\mu}\right)_m$

$V_m = V_p \left(\dfrac{\mu_m}{\mu_p}\right)\left(\dfrac{L_p}{L_m}\right)$

$= 10 \times \left(\dfrac{1.8 \times 10^{-6}}{1 \times 10^{-5}}\right) \times \left(\dfrac{5}{1}\right) = 9 \text{ m/s}$

18. 유량이 10 m^3/s로 일정하고 수심이 1 m 로 일정한 강의 폭이 매 10 m마다 1 m 씩 좁아진다. 강 폭이 5 m인 곳에서 강물의 가속도는 몇 m/s²인가? (단, 흐름 방향으로만 속도 성분이 있다고 가정한다.)

㉮ 0

㉯ 0.02

㉰ 0.04

㉱ 0.08

19. 다음 중 밀도가 가장 큰 액체는?

㉮ 1 g/cm^3 ㉯ 1200 kg/m^3

㉰ 비중 1.5 ㉱ 비중량 8000 N/m^3

해설 밀도가 가장 큰 액체는 비중$(s) = 1.5$인 액체이다.

($\rho = \rho_w s = 1000 \times 1.5 = 1500 \text{ kg/m}^3$)

크기 순서 : 다>나>가>라 (1500>1200> 1000>816)

$\gamma = \rho g$에서 $\rho = \dfrac{\gamma}{g} = \dfrac{8000}{9.8} = 816.33 \text{ kg/m}^3$

20. 공기의 유속을 측정하기 위하여 피토 관을 사용했다. 물을 담은 U자관의 수주 의 높이의 차가 10 cm라면 공기의 유속 은 약 몇 m/s인가? (단, 공기의 밀도는 1.25 kg/m^3이다.)

㉮ 9.8 ㉯ 19.8

㉰ 29.6 ㉱ 39.6

해설 $V = \sqrt{2gh\left(\dfrac{\rho_w}{\rho_a} - 1\right)}$

$= \sqrt{2 \times 9.8 \times 0.1\left(\dfrac{100}{1.25} - 1\right)}$

$\fallingdotseq 39.6 \text{ m/s}$

기계유체역학 문제해설

1996년 2월 15일 1판 1쇄
2012년 7월 30일 6판 1쇄

저   자 : 국가기술시험연구회
펴낸이 : 이정일

펴낸곳 : 도서출판 일진사
www.iljinsa.com
140-896 서울시 용산구 효창원로 64길 6
전화 : 704-1616 / 팩스 : 715-3536
등록 : 제3-40호 (1979.4.2)

값 20,000원

ISBN : 978-89-429-1314-5